国家林业和草原局普通高等教育"十三五"规划教材
"十三五"江苏省高等学校重点教材
全国高等院校林产化工专业系列教材

# 林产化学工艺学

左宋林　主　编
李淑君　张力平　罗金岳　副主编

中国林业出版社

## 内容简介

《林产化学工艺学》是我国林产化工专业的核心专业课教材,是国家林业和草原局"十三五"规划教材和"十三五"江苏省高等学校重点教材。根据林产原料的种类及其化学组成与结构特点,本教材全面系统介绍了它们的主要加工方法、原理、技术和应用,全书分为4篇16章。第一篇分为4章,主要介绍松脂的来源、化学组成和加工;第二篇分为4章,主要介绍植物精油、次生代谢产物和林特资源的提取和利用;第三篇分为5章,主要介绍林产原料的热解与活性炭的性能、生产和应用;第四篇分为3章,主要介绍林产原料的水解原理、水解产物的化学和生物化学加工利用。本教材知识全面、系统,实践性强,重点突出,反映了现代林产化工的发展水平。它不仅是林产化工专业本科学生系统学习林产原料加工利用主要知识的核心教材,也是从事林产化工研究、教学与开发的研究生、教师以及科技工作人员全面了解以林产资源为基础的生物质化学加工利用技术的参考教材。

### 图书在版编目(CIP)数据

林产化学工艺学 / 左宋林主编. —北京:中国林业出版社,2019.3(2024.1 重印)

国家林业和草原局普通高等教育"十三五"规划教材

"十三五"江苏省高等学校重点教材

全国高等院校林产化工专业系列教材

ISBN 978-7-5038-9960-7

Ⅰ.①林⋯　Ⅱ.①左⋯　Ⅲ.①林化产品 - 工艺学 - 高等学校 - 教材　Ⅳ.①TQ351

中国版本图书馆 CIP 数据核字(2019)第 039112 号

---

国家林业和草原局生态文明教材及林业高校教材建设项目

**中国林业出版社·教育分社**

策划编辑:杨长峰　吴　卉　肖基浒　　　责任编辑:肖基浒

电　　话:(010)83143555　　　　　　　传　　真:(010)83143516

| | |
|---|---|
| 出版发行 | 中国林业出版社(100009　北京市西城区德内大街刘海胡同7号) |
| | E-mail:jiaocaipublic@163.com　电话:(010)83143520 |
| | http://www.forestry.gov.cn/lycb.html |
| 经　　销 | 新华书店 |
| 印　　刷 | 北京中科印刷有限公司 |
| 版　　次 | 2019 年 3 月第 1 版 |
| 印　　次 | 2024 年 1 月第 3 次印刷 |
| 开　　本 | 850mm×1168mm　1/16 |
| 印　　张 | 37.25 |
| 字　　数 | 954 千字 |
| 定　　价 | 90.00 元 |

未经许可,不得以任何方式复制或抄袭本书之部分或全部内容。

**版权所有　侵权必究**

# 全国高等院校林产化工专业系列教材
# 编写指导委员会

主　任：王　飞
副主任：蒋建新　　李淑君
委　员：(按姓氏笔画为序)
　　　　王　飞（南京林业大学）
　　　　王宗德（江西农业大学）
　　　　左宋林（南京林业大学）
　　　　李淑君（东北林业大学）
　　　　李湘洲（中南林业科技大学）
　　　　杨　静（西南林业大学）
　　　　黄　彪（福建农林大学）
　　　　蒋建新（北京林业大学）

# 《林产化学工艺学》编写人员

主　编：左宋林

副主编：李淑君　张力平　罗金岳

编写人员：（按姓氏笔画排序）

　　　　　王宗德（江西农业大学）

　　　　　左宋林（南京林业大学）

　　　　　李淑君（东北林业大学）

　　　　　张力平（北京林业大学）

　　　　　罗金岳（南京林业大学）

　　　　　姜　萍（南京林业大学）

　　　　　韩世岩（东北林业大学）

　　　　　廖圣良（江西农业大学）

# 序

随着地球上人口的不断增长和资源的不断消耗，人口、资源和环境之间的矛盾日益突出，作为地球上唯一的可再生含碳资源，生物质资源开发利用受到越来越多的关注。据估计，以高聚糖和木质素为主要组分的植物生物质资源每年以约1600多亿吨的速度再生，其蕴含能量是石油年产量的15~20倍。因此，利用生物质资源生产人类所需要的燃料、化学品和材料等产品，满足人类日益增长的物质需要，成为现代世界科技和产业发展的主要方向和内容。

林产化学加工是以林业资源及其加工剩余物的加工利用为内涵的工程学科。该学科起源于20世纪上半叶，由我国知名的林业教育家、科学家和社会活动家梁希先生在浙江大学和国立中央大学（现南京大学）所创立的森林利用化学研究室。在中华人民共和国成立初期，由于我国石油资源紧缺、石油和煤化工技术落后，依靠化学加工利用森林资源生产人们所必需的化学品，成为我国工业发展的重要组分部分，曾为我国的国民经济建设做出了重要贡献。在20世纪90年代，随着石油和煤等化石资源的大量开采、煤化工和石油化工产业的建立，我国林产化学加工领域受到影响，发展停滞不前。

在21世纪初期，由于生物质资源加工利用的高度重视和快速发展，以林产生物质资源的化学加工利用为内涵的林产化学加工重新焕发出巨大的生机和活力，发展迅速。目前，传统的林产化学加工已发展成为化学和生物化学加工方法并重、化学、化工、生物、医学、材料等学科交融的现代林产化学加工学科，其产品范围包括化学品、能源与材料，服务领域涵盖现代农药、绿色食品、新能源和新材料等新兴产业和行业，在国民经济建设和社会发展中发挥着越来越重要的作用。

我国的林产化工专业由南京林业大学创立于1952年，目前已在全国绝大部分的林业院校和部分农业院校设立了林产化工专业，为我国林产化工行业的建立和发展培养了大量的人才，是我国林产化学加工领域发展的基础。教材资源是专业建设和人才培养的核心内容和基础性工作，具有不可替代的作用。在20世纪80年代和90年代，以南京林业大学林产化工专业教材为主体编写了第一套林产化工专业系列教材；此后，尽管部分教材进行了修订或编写，但总体上已不能反映，尤其是21世纪以来，林产化学加工工程学科发展的内涵变化和对人才培养的新要求，因此，教育部全国林业工程专业教学指导委员会林产化工分会主任单位南京林业大学组织召开了全国林产化工教材工作会议，召集全国林产化工领域一线的专家、教授规划编写能反映现代林产化学加工工程内涵的系列教材。它们不仅包括原有的《林产化学工艺学》《林产精细化学品工艺学》《林源活性物化学与利用》《林特产品化学与利用》等教材，还包括反映林产化学加工新方向的《生物质能源与化学品》《生物资源生物化学加工利用》《生物基功能材料》《生物质热化学转化与炭材料》等教材。均列入国家林业和草原局"十三五"规划教材的编写计划。

本套教材全面系统地反映了现代林产化工的知识技术体系，教材特色鲜明，充分体现了基础性、系统性和实践性，既重视学生知识技术体系的构建，又高度重视学生在学习过程中实践和创新能力的培养。是全国林产化工专业建设和综合改革的主要成果之一，并为进一步打造高质量的林产化工精品课程建设奠定了坚实基础，必将促进全国林产化工专业建设的发展。本套教材不仅是林产化工专业学生系统学习林产化工知识技术的书籍，也是从事林产化工研究、教学与开发的研究生、教师以及科技工作人员全面学习掌握以林产资源为基础的生物质化学加工利用知识和技术的参考用书。

最后，借此机会感谢组织和参与本套教材编写的专家和学者，以及中国林业出版社对本套教材的编写和出版所付出的辛勤劳动和心血。

是为序。

中国工程院院士

2019年1月

# 前 言

自20世纪末开始,随着石油和煤等化石资源的大量消耗和环境的不断恶化,人口、资源和环境之间的矛盾日益突出,生物质作为地球上唯一可为人类生存和发展提供生产燃料、化学品和材料等产品的含碳可再生资源,它的开发利用受到世界各地政府和科技工作者前所未有的重视。在此背景下,以林产生物质资源为主要原料的化学加工利用,即林产化工行业迎来新的发展机遇,重新焕发出巨大的生机和活力。以化学加工利用为主的传统林产化工逐渐演变成为化学和生物化学加工利用并重的现代林产化工,并成为生物质化学加工利用中最具生命力和发展前景的主要方向。因此,林产化工的内涵和外延都呈现出显著的变化:在原料和产品方面,从主要以林产特色资源为原料逐渐发展成为以广泛的林产生物质资源为原料的全质化利用,从生产化学品为主逐渐发展成为生产化学品、生物质燃料和材料等全方位产品;在产业和行业方面,从传统林产化工相关产业发展成为涵盖现代农药、医药、绿色食品、新能源和新材料等新兴产业和行业;在学科基础方面,从主要涉及林学和化学化工逐渐拓展为与生物学、医学、材料学等学科交叉融合;在方法和手段方面,从传统林产化工逐渐发展成为与自动化、数字化、信息化等结合的加工方法和手段;在加工水平和效率方面,林产资源的开发水平和利用效率不断提高;在作用和地位方面,现代林产化工在国民经济建设和社会发展过程中发挥着越来越重要的作用,社会影响力持续提高。本教材正是顺应传统林产化工向现代林产化工快速发展而编写的。

随着林产化工内涵的不断发展和服务的产业范围的不断扩大,一方面,新理论、新技术和新产品不断涌现,另一方面,要求现代林产化工高素质人才具有更加丰富和扎实的基础理论知识、更加全面系统的专业知识,以及更强的理论联系实际和解决问题等方面的实践能力和创新能力。近5年来,南京林业大学承担了教育部全国林产化工专业综合改革以及江苏省品牌专业建设任务,南京林业大学、东北林业大学和江西农业大学分别开展了林产化工专业的卓越农林人才教育培养计划改革,重点推进了现代林产化工专业的内涵建设、人才实践能力和创新能力的培养模式改革。其中,作为全国林产化工专业的核心专业课程资源建设成为专业建设和人才培养模式改革的重要内容和支撑。2002年8月,南京林业大学安鑫南教授第一次主编出版了《林产化学工艺学》,作为林产化工的核心专业课教材在全国使用,获得了各方好评。但该教材已使用了10多年,因此,重新编写该教材已经成为全国林产化工专业建设和人才培养的迫切要求。"十三五"期间,南京林业大学组织全国主要的林产化工专业单位编写《林产化学工艺学》,被列入国家林业和草原局普通高等教育"十三五"规划教材的编写计划,并被江苏省教育厅批准为"十三五"江苏省高等学校重点教材。

为了让读者全面掌握林产化工的知识体系，本教材涵盖林产化工的各个方面，因此，本教材的第一个特点是内容全面系统。在加工原料方面，不仅包括林产原料中有机小分子组分，也包括林产原料中纤维素、半纤维素和木质素等生物高分子组分；既包括了各种特色林产资源，还包括现代林产化工拓展的林产生物质资源。在加工方法方面，不仅有林产原料的化学加工利用方法和技术，也包括生物化学加工利用技术。在生产技术方面，不仅有生产原理等基础知识，也包括主要生产方法的工艺和设备。第二个特点是重点突出。为了提高学生学习效率，在每一章的开始都简要介绍了该章的主要内容和要求掌握的主要内容；在每一章的最后都增加了思考题。第三个特点是理论联系实践的特色鲜明。在知识内容的安排上，按照原料来源、组成与性质、加工方法、生产工艺设备和应用的递进逻辑关系组织知识点，并强调基础化学和化工原理等化学和化工基础知识在专业知识中的运用和体现。同时，高度重视实践过程中实例的讲解和分析。最后，教材体现了现代林产化工的发展趋势和特色，每一章都比较系统地介绍了各种资源的利用现状、采用的加工技术和生产的各类产品，以及对相关领域发展的作用和影响，从而加深对现代林产化工与国民经济和社会发展之间关系的认识。

本教材以林产资源的化学、热化学和生物化学加工为骨架，构建了现代林产化学加工工艺学的知识体系。本教材总计4篇16章，其中第一篇和第二篇主要介绍树木分泌物、次生代谢产物等少量组分提取、分离、纯化和利用的技术、方法和工艺；第三篇介绍林产原料热化学转化和活性炭的基础知识、主要技术、设备与工艺；第四篇介绍林产原料的水解及其化学利用与生物化学利用方法、设备与工艺以及应用。

南京林业大学左宋林教授担任本教材主编，东北林业大学李淑君教授、北京林业大学张力平教授和南京林业大学罗金岳教授担任副主编。第1章至第3章和第5章由南京林业大学罗金岳编写，第4章由江西农业大学王宗德教授和廖圣良助理研究员编写；第6章和第8章由东北林业大学李淑君教授编写，第7章由东北林业大学韩世岩副教授和南京林业大学姜萍副教授编写；第9章至第13章由南京林业大学左宋林教授编写；第14章至第16章由北京林业大学张力平教授编写。统稿工作由南京林业大学左宋林教授完成。感谢南京林业大学王飞教授、中国林业科学研究院林产化学工业研究所王成章研究员、中国林业科学研究院资源昆虫研究所张宏研究员，他们为本教材的编写提供了宝贵意见。

本教材内容涉及范围广，尽管历经3年的组织和编写，但限于编者的水平和能力，难免有不足之处。敬请各位读者提出宝贵意见，以便重印再版时订正，使本教材的质量得到不断提高。

编 者

2018年9月

# 目 录

序
前言

## 第一篇 松脂加工

### 第1章 松脂形成与采集 (2)
- 1.1 采脂树种 (2)
  - 1.1.1 马尾松 (3)
  - 1.1.2 云南松 (3)
  - 1.1.3 思茅松 (3)
  - 1.1.4 南亚松 (3)
  - 1.1.5 湿地松 (3)
- 1.2 松树的树脂道结构 (3)
- 1.3 松脂的形成与分泌 (6)
  - 1.3.1 松脂的形成 (6)
  - 1.3.2 松脂的分泌 (6)
- 1.4 松脂采集工艺 (7)
  - 1.4.1 采脂术语 (7)
  - 1.4.2 采脂工具 (8)
  - 1.4.3 采脂工艺 (9)
- 1.5 影响产脂量的因素 (16)
  - 1.5.1 树种 (17)
  - 1.5.2 树干的直径和树龄 (17)
  - 1.5.3 空气湿度与土壤水分 (17)
  - 1.5.4 气温与季节 (17)
  - 1.5.5 树木生长情况与环境条件 (18)
  - 1.5.6 采脂对树木生长和木材性质的影响 (18)
- 1.6 松脂的分级标准与储运 (18)
  - 1.6.1 松脂的质量标准 (18)
  - 1.6.2 松脂的储运 (19)

### 第2章 松脂化学基础 (21)
- 2.1 松脂的组成与性质 (21)
  - 2.1.1 松脂的一般性状 (21)

2.1.2　松脂的组成 …………………………………………………… (21)
2.2　松节油的组成与性质 ……………………………………………………… (26)
　　2.2.1　脂松节油的组成 ………………………………………………… (26)
　　2.2.2　松节油的性质 …………………………………………………… (29)
2.3　松香的组成与性质 ………………………………………………………… (36)
　　2.3.1　松香的组成 ……………………………………………………… (36)
　　2.3.2　松香的性质 ……………………………………………………… (42)

## 第3章　松脂加工工艺 ……………………………………………………………… (56)

3.1　水蒸气蒸馏的基本原理 …………………………………………………… (56)
3.2　松脂加工工艺流程 ………………………………………………………… (59)
　　3.2.1　连续式水蒸气蒸馏法 …………………………………………… (59)
　　3.2.2　间歇式水蒸气蒸馏法 …………………………………………… (61)
　　3.2.3　简易蒸汽法 ……………………………………………………… (63)
　　3.2.4　滴水法 …………………………………………………………… (63)
　　3.2.5　$CO_2$ 或 $N_2$ 循环活气法 ……………………………………… (64)
　　3.2.6　溶剂沉淀分离法 ………………………………………………… (65)
　　3.2.7　国外松脂加工工艺流程 ………………………………………… (65)
3.3　松脂加工工艺与设备 ……………………………………………………… (67)
　　3.3.1　松脂在工厂中的贮存与输送 …………………………………… (68)
　　3.3.2　松脂的熔解 ……………………………………………………… (72)
　　3.3.3　熔解脂液的净制 ………………………………………………… (78)
　　3.3.4　净制脂液的蒸馏 ………………………………………………… (88)
　　3.3.5　滴水法松脂加工工艺 …………………………………………… (97)
　　3.3.6　产品的包装与贮存 ……………………………………………… (99)
　　3.3.7　松脂加工厂的技术经济指标 …………………………………… (101)
3.4　影响松香、松节油产品质量的因素 ……………………………………… (102)
　　3.4.1　松香、松节油质量指标 ………………………………………… (102)
　　3.4.2　影响脂松香质量指标的因素 …………………………………… (102)
　　3.4.3　松香结晶及其防止 ……………………………………………… (106)
　　3.4.4　影响脂松节油产品质量的因素 ………………………………… (111)
3.5　松脂加工废水处理 ………………………………………………………… (111)
　　3.5.1　松脂加工废水特征 ……………………………………………… (111)
　　3.5.2　松脂加工废水治理技术 ………………………………………… (111)

## 第4章　硫酸盐松节油和木浆浮油加工 ………………………………………… (116)

4.1　硫酸盐松节油的加工与应用 ……………………………………………… (117)
　　4.1.1　粗硫酸盐松节油的回收 ………………………………………… (117)
　　4.1.2　粗硫酸盐松节油的精制 ………………………………………… (119)
　　4.1.3　硫酸盐松节油的应用 …………………………………………… (121)

4.2 木浆浮油的加工与应用 ………………………………………………………… (122)
　　4.2.1 粗木浆浮油的组成与应用 ………………………………………………… (122)
　　4.2.2 粗木浆浮油的提取与精制分离 …………………………………………… (126)
　　4.2.3 精制分离产品的组成与应用 ……………………………………………… (135)
4.3 木浆浮油中植物甾醇的提取与应用 …………………………………………… (138)
　　4.3.1 木浆浮油中植物甾醇的组成 ……………………………………………… (138)
　　4.3.2 植物甾醇的提取 …………………………………………………………… (139)
　　4.3.3 植物甾醇的应用 …………………………………………………………… (140)

# 第二篇　林产原料提取利用

## 第5章　植物精油加工 …………………………………………………………… (144)
5.1 我国植物精油资源及其主要品种 ……………………………………………… (144)
5.2 植物精油的发展历史和现状 …………………………………………………… (149)
　　5.2.1 发展历史 …………………………………………………………………… (149)
　　5.2.2 中国现状 …………………………………………………………………… (150)
5.3 植物精油的应用 ………………………………………………………………… (150)
　　5.3.1 植物精油在杀虫方面的应用 ……………………………………………… (150)
　　5.3.2 植物精油在抗菌方面的应用 ……………………………………………… (151)
　　5.3.3 植物精油在医学方面的应用 ……………………………………………… (151)
　　5.3.4 植物精油在美容护肤品中的应用 ………………………………………… (152)
5.4 植物精油化学基础 ……………………………………………………………… (152)
　　5.4.1 精油在植物体内的分布及分泌 …………………………………………… (152)
　　5.4.2 植物精油的化学成分 ……………………………………………………… (154)
5.5 植物精油的加工方法 …………………………………………………………… (162)
　　5.5.1 植物精油加工方法的选择 ………………………………………………… (162)
　　5.5.2 原料的贮存与预处理 ……………………………………………………… (163)
　　5.5.3 水蒸气蒸馏法 ……………………………………………………………… (164)
　　5.5.4 溶剂浸提法 ………………………………………………………………… (167)
　　5.5.5 榨磨法 ……………………………………………………………………… (180)
　　5.5.6 吸附法 ……………………………………………………………………… (184)
　　5.5.7 超临界流体萃取法 ………………………………………………………… (188)
　　5.5.8 原油精制、成品包装及贮运 ……………………………………………… (189)
5.6 我国主要的植物精油生产 ……………………………………………………… (192)
　　5.6.1 松节油 ……………………………………………………………………… (192)
　　5.6.2 柏木油 ……………………………………………………………………… (192)
　　5.6.3 樟脑油 ……………………………………………………………………… (193)
　　5.6.4 中国肉桂油 ………………………………………………………………… (196)
　　5.6.5 八角茴香油 ………………………………………………………………… (198)
　　5.6.6 山苍子油 …………………………………………………………………… (199)
　　5.6.7 桉叶油 ……………………………………………………………………… (200)

5.6.8 甜橙油 …………………………………………………………… (202)
  5.6.9 茉莉浸膏 ………………………………………………………… (203)

## 第6章 植物单宁提取 …………………………………………………………… (206)
### 6.1 植物单宁及其分类 ………………………………………………………… (206)
  6.1.1 植物单宁的通性 ……………………………………………… (206)
  6.1.2 植物单宁的分类 ……………………………………………… (207)
### 6.2 植物单宁化学基础 ………………………………………………………… (208)
  6.2.1 缩合单宁 ………………………………………………………… (208)
  6.2.2 水解单宁 ………………………………………………………… (223)
### 6.3 单宁的提取与分离 ………………………………………………………… (229)
  6.3.1 单宁的提取 ……………………………………………………… (229)
  6.3.2 单宁的分离和纯化 ……………………………………………… (230)
  6.3.3 单宁的定性鉴定及定量测定 …………………………………… (233)
  6.3.4 单宁化学结构的研究方法 ……………………………………… (234)
### 6.4 栲胶及其生产工艺过程 …………………………………………………… (237)
  6.4.1 栲胶原料 ………………………………………………………… (237)
  6.4.2 栲胶的组成及其理化性质 ……………………………………… (239)
  6.4.3 栲胶生产工艺过程 ……………………………………………… (243)
  6.4.4 没食子酸及其生产工艺 ………………………………………… (253)
### 6.5 单宁的用途 ………………………………………………………………… (254)
  6.5.1 单宁在皮革鞣制中的应用 ……………………………………… (255)
  6.5.2 单宁在食品中的应用 …………………………………………… (257)
  6.5.3 单宁在医药工业中的应用 ……………………………………… (259)
  6.5.4 木工胶黏剂 ……………………………………………………… (261)

## 第7章 林产活性物质提取 ……………………………………………………… (263)
### 7.1 林产原料活性物质提取的基本工艺流程 ………………………………… (263)
  7.1.1 原料的采集 ……………………………………………………… (263)
  7.1.2 原料的预处理 …………………………………………………… (264)
  7.1.3 活性物质的提取 ………………………………………………… (265)
  7.1.4 活性物质的分离纯化 …………………………………………… (266)
  7.1.5 活性物质的干燥 ………………………………………………… (269)
### 7.2 黄酮类化合物 ……………………………………………………………… (270)
  7.2.1 黄酮化合物的结构分类 ………………………………………… (270)
  7.2.2 黄酮化合物的性质 ……………………………………………… (272)
  7.2.3 黄酮化合物的提取 ……………………………………………… (274)
  7.2.4 黄酮化合物的分离 ……………………………………………… (275)
  7.2.5 银杏叶中黄酮化合物的提取分离工艺 ………………………… (277)
  7.2.6 黄酮化合物的生物活性及应用 ………………………………… (278)

7.3 活性多糖类化合物 ……………………………………………………………… (279)
　　7.3.1 多糖化合物的结构分类 …………………………………………………… (279)
　　7.3.2 多糖化合物的性质 ………………………………………………………… (279)
　　7.3.3 多糖化合物的提取与分离 ………………………………………………… (280)
　　7.3.4 落叶松中阿拉伯半乳聚糖的提取分离工艺 ……………………………… (280)
　　7.3.5 多糖化合物的生物活性及应用 …………………………………………… (281)
7.4 生物碱类化合物 ………………………………………………………………… (282)
　　7.4.1 生物碱化合物的结构和分类 ……………………………………………… (282)
　　7.4.2 生物碱化合物的性质 ……………………………………………………… (286)
　　7.4.3 生物碱化合物的提取与分离 ……………………………………………… (288)
　　7.4.4 三颗针中小檗碱的提取分离工艺 ………………………………………… (289)
　　7.4.5 生物碱化合物的生物活性及应用 ………………………………………… (289)
7.5 苯丙素类化合物 ………………………………………………………………… (290)
　　7.5.1 香豆素类化合物 …………………………………………………………… (291)
　　7.5.2 木脂素类化合物 …………………………………………………………… (294)
7.6 醌类化合物 ……………………………………………………………………… (297)
　　7.6.1 醌类化合物的结构分类 …………………………………………………… (297)
　　7.6.2 醌类化合物的性质 ………………………………………………………… (299)
　　7.6.3 醌类化合物的提取分离 …………………………………………………… (300)
　　7.6.4 醌类化合物的生物活性及应用 …………………………………………… (301)

## 第8章 林特资源提取 ……………………………………………………………… (303)
8.1 生漆 ……………………………………………………………………………… (303)
　　8.1.1 中国漆树资源 ……………………………………………………………… (303)
　　8.1.2 生漆采割与萃取 …………………………………………………………… (303)
　　8.1.3 生漆的组成与性质 ………………………………………………………… (303)
　　8.1.4 生漆的致敏性质 …………………………………………………………… (309)
　　8.1.5 生漆的加工 ………………………………………………………………… (309)
　　8.1.6 生漆的产品和应用 ………………………………………………………… (310)
8.2 紫胶 ……………………………………………………………………………… (310)
　　8.2.1 紫胶虫和紫胶原胶 ………………………………………………………… (310)
　　8.2.2 紫胶的组成及理化性质 …………………………………………………… (311)
　　8.2.3 紫胶的加工 ………………………………………………………………… (314)
　　8.2.4 紫胶产品的理化常数 ……………………………………………………… (317)
　　8.2.5 紫胶的利用 ………………………………………………………………… (318)
8.3 天然橡胶 ………………………………………………………………………… (319)
　　8.3.1 天然橡胶的产胶植物 ……………………………………………………… (319)
　　8.3.2 三叶橡胶的加工及性能 …………………………………………………… (320)
　　8.3.3 银胶菊橡胶的制备及性能 ………………………………………………… (329)
　　8.3.4 蒲公英橡胶的制备及性能 ………………………………………………… (330)

8.4 植物色素 ·········· (332)
    8.4.1 植物色素生产的原料 ·········· (332)
    8.4.2 植物色素的加工 ·········· (333)
    8.4.3 植物色素的精制 ·········· (335)

# 第三篇 林产原料热解利用

## 第9章 林产原料热解基础知识 ·········· (340)

9.1 林产原料的种类、结构与化学组成 ·········· (340)
    9.1.1 林产原料的种类与特点 ·········· (340)
    9.1.2 植物细胞壁的基本结构与化学组成 ·········· (341)

9.2 热解基本概念 ·········· (342)

9.3 林产植物原料的干燥 ·········· (342)
    9.3.1 林产植物原料的水分及含水率 ·········· (343)
    9.3.2 林产原料干燥的基本过程、方法与装置 ·········· (343)

9.4 林产原料的热解 ·········· (346)
    9.4.1 林产原料热解的理论基础 ·········· (346)
    9.4.2 木材热解的四个阶段 ·········· (346)
    9.4.3 热解过程中林产原料的物理性质与形态变化 ·········· (348)
    9.4.4 林产原料的热解产物 ·········· (349)

9.5 林产原料主要高分子组分的热解 ·········· (351)
    9.5.1 纤维素的热解 ·········· (351)
    9.5.2 半纤维素的热分解 ·········· (353)
    9.5.3 木质素的热分解 ·········· (354)
    9.5.4 林产原料的热解 ·········· (354)

9.6 影响林产原料热解的主要因素 ·········· (355)
    9.6.1 林产原料的性质 ·········· (355)
    9.6.2 热解温度 ·········· (356)
    9.6.3 升温速度 ·········· (357)
    9.6.4 热解压力 ·········· (357)
    9.6.5 热解气氛 ·········· (358)
    9.6.6 热解溶剂 ·········· (358)
    9.6.7 催化剂或添加剂的影响 ·········· (359)

## 第10章 林产原料热解工艺与设备 ·········· (361)

10.1 热解方式 ·········· (361)
    10.1.1 按热解产物分类 ·········· (361)
    10.1.2 按热解条件分类 ·········· (362)

10.2 林产原料的热解气化 ·········· (362)
    10.2.1 气化技术的发展历史 ·········· (362)
    10.2.2 热解气化技术分类 ·········· (362)

         10.2.3 热解气化原理 …………………………………………………………………… (363)
         10.2.4 热解气化的典型工艺 ……………………………………………………………… (364)
         10.2.5 林产原料热解气化过程的当量比 ………………………………………………… (366)
    10.3 林产原料的热解液化 ……………………………………………………………………… (367)
         10.3.1 快速热解液化 ……………………………………………………………………… (367)
         10.3.2 快速热解液化的典型技术 ………………………………………………………… (367)
         10.3.3 高压热解液化 ……………………………………………………………………… (368)
         10.3.4 林产原料热解油的组成与应用 …………………………………………………… (369)
    10.4 林产原料的炭化 …………………………………………………………………………… (370)
         10.4.1 炭化 ………………………………………………………………………………… (370)
         10.4.2 炭化窑炉 …………………………………………………………………………… (370)
         10.4.3 生物质炭与木炭的用途 …………………………………………………………… (373)
    10.5 干馏装置与工艺 …………………………………………………………………………… (375)
         10.5.1 木材干馏工艺 ……………………………………………………………………… (375)
         10.5.2 明子干馏工艺 ……………………………………………………………………… (376)

# 第11章 活性炭的结构与性能 ……………………………………………………………………… (379)
    11.1 单质碳材料 ………………………………………………………………………………… (379)
         11.1.1 金刚石 ……………………………………………………………………………… (379)
         11.1.2 石墨 ………………………………………………………………………………… (380)
         11.1.3 富勒烯 ……………………………………………………………………………… (380)
         11.1.4 碳纳米管 …………………………………………………………………………… (380)
         11.1.5 石墨烯 ……………………………………………………………………………… (381)
         11.1.6 卡宾碳 ……………………………………………………………………………… (382)
    11.2 微晶质炭 …………………………………………………………………………………… (382)
         11.2.1 微晶质炭的种类 …………………………………………………………………… (382)
         11.2.2 类石墨微晶 ………………………………………………………………………… (382)
         11.2.3 微晶质炭的微观结构组成 ………………………………………………………… (383)
         11.2.4 微晶质炭微观结构的研究手段 …………………………………………………… (384)
    11.3 木炭的组成、微观结构与性能 …………………………………………………………… (384)
         11.3.1 化学组成与性质 …………………………………………………………………… (384)
         11.3.2 炭的物理性能 ……………………………………………………………………… (388)
         11.3.3 木炭质量标准 ……………………………………………………………………… (391)
    11.4 活性炭的微观组织结构 …………………………………………………………………… (392)
    11.5 活性炭的孔隙结构 ………………………………………………………………………… (392)
         11.5.1 孔隙的形成 ………………………………………………………………………… (392)
         11.5.2 孔隙的形状 ………………………………………………………………………… (392)
         11.5.3 孔隙的尺寸与分类 ………………………………………………………………… (393)
         11.5.4 各类孔隙的特点和性质 …………………………………………………………… (393)
         11.5.5 孔隙结构的表征方法 ……………………………………………………………… (394)

11.6 活性炭的化学结构 …………………………………………………………………… (396)
　　11.6.1 活性炭的基本化学结构 ………………………………………………… (396)
　　11.6.2 元素组成和存在方式 …………………………………………………… (396)
　　11.6.3 活性炭表面官能团 ……………………………………………………… (396)
11.7 活性炭的吸附性能 …………………………………………………………………… (398)
　　11.7.1 吸附 ……………………………………………………………………… (398)
　　11.7.2 吸附的作用力和吸附热 ………………………………………………… (399)
　　11.7.3 吸附等温线 ……………………………………………………………… (400)
　　11.7.4 吸附等温线方程 ………………………………………………………… (401)
11.8 活性炭吸附的特点与影响因素 ……………………………………………………… (404)
　　11.8.1 活性炭吸附剂的特点 …………………………………………………… (404)
　　11.8.2 活性炭吸附过程的主要影响因素 ……………………………………… (405)
11.9 活性炭的主要性能指标 ……………………………………………………………… (408)

## 第12章 活性炭生产方法与工艺设备 …………………………………………………… (411)
12.1 活性炭的种类、生产原料与方法 …………………………………………………… (411)
　　12.1.1 活性炭的种类 …………………………………………………………… (411)
　　12.1.2 制备活性炭的原料种类和生产方法 …………………………………… (412)
12.2 气体活化法的基础知识 ……………………………………………………………… (413)
　　12.2.1 气体活化法的基本原理 ………………………………………………… (413)
　　12.2.2 气体活化法的活化反应 ………………………………………………… (413)
　　12.2.3 活化反应动力学 ………………………………………………………… (415)
　　12.2.4 孔隙结构的形成与发展过程 …………………………………………… (417)
　　12.2.5 气体活化的主要影响因素 ……………………………………………… (418)
12.3 气体活化法生产活性炭的典型工艺 ………………………………………………… (420)
　　12.3.1 气体活化法生产不定型颗粒活性炭 …………………………………… (420)
　　12.3.2 气体活化法生产粉状活性炭 …………………………………………… (429)
　　12.3.3 气体活化法生产成型颗粒活性炭 ……………………………………… (434)
12.4 化学药品活化法生产活性炭 ………………………………………………………… (439)
　　12.4.1 化学药品活化法 ………………………………………………………… (439)
　　12.4.2 氯化锌活化法 …………………………………………………………… (440)
　　12.4.3 磷酸活化法生产活性炭 ………………………………………………… (460)
　　12.4.4 碱金属化合物活化法 …………………………………………………… (463)

## 第13章 活性炭应用与再生 ………………………………………………………………… (467)
13.1 活性炭的应用 ………………………………………………………………………… (467)
　　13.1.1 活性炭应用发展历史 …………………………………………………… (467)
　　13.1.2 活性炭在气相吸附中的应用 …………………………………………… (468)
　　13.1.3 活性炭在液相吸附中的应用 …………………………………………… (471)
　　13.1.4 活性炭在催化领域的应用 ……………………………………………… (474)

13.1.5　活性炭用做电极材料 …… (476)
　　13.1.6　活性炭在医疗上的应用 …… (476)
　　13.1.7　其他用途 …… (477)
13.2　活性炭的再生 …… (478)
　　13.2.1　再生原理及分类 …… (478)
　　13.2.2　再生方法 …… (478)

# 第四篇　林产原料水解利用

## 第14章　林产原料水解基础 …… (484)
14.1　林产原料 …… (484)
　　14.1.1　水解原料种类 …… (484)
　　14.1.2　化学组成 …… (485)
14.2　林产原料水解工艺 …… (486)
　　14.2.1　原料预处理和贮存 …… (487)
　　14.2.2　林产原料的稀酸水解 …… (487)
　　14.2.3　林产原料酶水解 …… (496)
　　14.2.4　爆破水解法 …… (499)
14.3　其他新型水解方法 …… (499)
　　14.3.1　固体酸水解 …… (500)
　　14.3.2　离子液体水解 …… (500)

## 第15章　林产原料水解化学加工利用 …… (503)
15.1　糠醛生产基本原理 …… (503)
　　15.1.1　糠醛理化性质 …… (504)
　　15.1.2　糠醛生产原理 …… (505)
15.2　糠醛生产工艺 …… (509)
　　15.2.1　原料种类和特征 …… (509)
　　15.2.2　糠醛生产工艺 …… (510)
　　15.2.3　糠醛蒸馏与净化 …… (513)
　　15.2.4　糠醛生产中副产品 …… (520)
　　15.2.5　糠醛渣综合利用 …… (523)
　　15.2.6　糠醛质量标准 …… (527)
15.3　糠醛的深加工与应用 …… (527)
　　15.3.1　醛基上的反应 …… (527)
　　15.3.2　糠醛呋喃环上的反应 …… (530)
　　15.3.3　一般用途 …… (532)
　　15.3.4　糠醛深加工产品 …… (533)
　　15.3.5　糠醛加氢产品及用途 …… (534)
15.4　木糖醇生产工艺 …… (537)
　　15.4.1　木糖醇生产的基本原理 …… (537)

15.4.2 含聚戊糖原料预处理 …………………………………… (538)
  15.4.3 半纤维素的水解工艺 …………………………………… (538)
  15.4.4 戊糖水解液的化学组成 ………………………………… (538)
  15.4.5 戊糖水解液的氢化前预处理 …………………………… (539)
  15.4.6 木糖加氢 ………………………………………………… (541)
  15.4.7 木糖醇溶液净化、浓缩、结晶 ………………………… (543)
 15.5 木糖醇性质及应用 ………………………………………………… (545)
  15.5.1 木糖醇性质 ……………………………………………… (545)
  15.5.2 木糖醇的主要用途 ……………………………………… (545)
  15.5.3 木糖醇质量指标 ………………………………………… (546)

# 第16章 林产原料水解生物加工利用 …………………………………… (548)
 16.1 微生物加工的共性技术及原理 …………………………………… (548)
  16.1.1 发酵液预处理 …………………………………………… (548)
  16.1.2 菌种扩大培养 …………………………………………… (552)
  16.1.3 生物乙醇发酵生物化学 ………………………………… (553)
 16.2 生物乙醇生产工艺 ………………………………………………… (555)
  16.2.1 生物乙醇生产的原料选择 ……………………………… (555)
  16.2.2 生物乙醇生产菌种选择 ………………………………… (555)
  16.2.3 糖液发酵生产乙醇工艺 ………………………………… (556)
  16.2.4 生物乙醇发酵的现象与特征 …………………………… (556)
  16.2.5 影响生物乙醇发酵的因素 ……………………………… (557)
  16.2.6 生物乙醇发酵工艺流程 ………………………………… (559)
  16.2.7 生物乙醇精馏浓缩和净化工艺 ………………………… (560)
  16.2.8 渗透汽化双膜法 ………………………………………… (563)
  16.2.9 燃料乙醇国家标准 ……………………………………… (564)
 16.3 饲料酵母生产 ……………………………………………………… (564)
  16.3.1 饲料酵母生产原料 ……………………………………… (564)
  16.3.2 饲料酵母生产常用菌种 ………………………………… (565)
  16.3.3 酵母繁殖工艺与设备 …………………………………… (565)
  16.3.4 酵母浓缩、分离和干燥 ………………………………… (569)
  16.3.5 饲料酵母生产工艺流程 ………………………………… (573)
  16.3.6 饲料酵母产品质量标准 ………………………………… (575)

# 第一篇　松脂加工

　　松脂是一种无色、透明的天然树脂，是松属树木在生命活动过程中产生的生理分泌物，具有松树的香气和苦味，是一种主要的林产原料，广泛分布在广西、广东、云南、海南、江西、福建等南部省(自治区)。松脂的主要成分是松香与松节油，它们是重要的化工原料，也是我国的大宗出口物资之一。通过分离和化学改性，松香和松节油可以生产出品种丰富的精细化学品，广泛地用于胶黏剂、涂料、油漆、油墨、橡胶、日化、造纸、食品、医药、香料等工业部门。

　　本篇主要系统阐述林产原料松脂的来源、采集和储运，松脂主要成分松香与松节油的组成、结构、性质及其应用，松脂加工的主要方法、生产工艺与设备及废水的处理；简要介绍了粗硫酸盐松节油和粗木浆浮油来源与组成特点、提取与精制分离方法。

# 第1章　松脂形成与采集

【本章提要与要求】　主要介绍松脂原料来源，松脂形成与分泌理论，树脂道结构特点，松脂采集工艺，以及常法采脂与化学采脂的方法与步骤。

要求掌握采脂树种及树脂道结构，松脂的形成和分泌理论，理解渗透压与分泌压的关系，下降法、上升法及复合法采脂工艺的特点，化学采脂的常用刺激剂及方法；了解影响产脂量的主要因素。

松脂是一种天然树脂，是松属树木生命活动过程中产生的生理分泌物，是无色、透明的黏性液体，它的主要成分是松香与松节油。它聚集于松树的树脂道中，具有松树的香气和苦味。为了获得松脂，需在松树树干的木质部和初生皮层中，有规律地开割伤口，使松脂流出，收集起来，作为生产松香、松节油的原料，这种作业称为采脂。

中国采脂和应用已有悠久的历史。在公元1~2世纪的药物学书《神农本草经》中已有将松脂作为药物治痛疮的记载。4世纪的《抱朴子》有将松树树干凿洞采脂的述说。5~6世纪的《神农本草经注》中有以酒或碱液处理松脂的记述。明朝年间(1634年)宋应星著《天工开物》有采脂的画图。1979年4月在浙江松阳县的一座古墓中，发现棺内存有松香，色泽仍呈褐黄透明，据分析，其树脂酸的组成与今马尾松松香相似。此墓距今已有800多余年(1195年)，说明中国在800多年前已将松香作为随葬品。

中华人民共和国成立以来，南方各省(自治区)大力发展采脂事业，2005—2015年，全国每年产脂量已增至60万~80万t。采脂生产已成为广大山区，尤其是南方山区农村的一项重要副业，它对发展山区经济，繁荣林业生产起着积极的促进作用，是山区脱贫致富的有效途径。南方一个脂农每年采割1000~1200株松树，可获得松脂3.5~4t，松林资源综合利用的经济效益，比单纯生产原木要高出5~6倍。

我国的采脂事业发展较快，自《松脂采集技术规程》颁布后，采脂工作走向正规化，并开始转向基地化，建立高产脂原料基地。松脂加工从直接火炼香改进为蒸汽法，又从间歇法蒸汽加工发展为连续化生产，现在已有部分工厂实现了自动控制和微机控制，说明中国的松脂加工技术已处于世界前列。

## 1.1　采脂树种

针叶树有5个属的树木中具有树脂道，它们是松属、云杉属、落叶松属、黄杉属和油杉属。松属树木中的树脂道最大最多，油杉中的最小最少。从经济效益出发，中国进行采脂利用的主要是松属的各种树种，有马尾松、云南松、思茅松、南亚松、黄山松等；还有引种的湿地松、加勒比松等。

### 1.1.1 马尾松

马尾松(*Pinus massoniana*)广泛分布在南方各省(自治区),是我国的主要采脂树种,产质量较高,一般单株年产脂3~5kg,高的达10kg以上。广东德庆县高良乡有一株产脂量特别高的马尾松,年产脂50kg以上,已采脂数十年,我国的大部分松香、松节油都产自马尾松松脂。

马尾松生长较快,主要分布于淮河流域和汉水流域以南的广大地区,东至台湾,西至四川中部、贵州中部和云南东南部。马尾松适应性强,除盐碱土外,都能生长,最适于酸性砂壤土和黏壤土,耐干旱瘠薄条件,为南方瘠薄荒山造林的先锋树种。

### 1.1.2 云南松

云南松(*Pinus yunnanensis*)是云贵高原的主要树种,在云南分布最广,凡海拔1000~2800m的山地皆可见到。此外,在四川、广西、贵州、西藏东南部海拔600~3100m的山地也有广泛分布,是我国另一个主要采脂树种。云南松松脂的产量在不断扩大,一般单株年产脂3.5~6kg,高的10kg多。

### 1.1.3 思茅松

思茅松(*Pinus kesiya* var. *langbianensis*)主要分布在云南思茅地区,是思茅地区的主要采脂树种。单株采脂量较云南松稍高。

### 1.1.4 南亚松

南亚松(*Pinus latteri*)主要分布在海南,广东西部,广西的东兴、钦州、合浦等地也有生长。它是我国产脂力最高的松树树种,单株年产10kg左右,较马尾松、云南松、思茅松都高。

### 1.1.5 湿地松

湿地松(*Pinus elliottii*)原产美国东南部,是我国近年来南方各省(自治区)大面积引种的树种,要求气候温和、湿润。湿地松松脂含量丰富,产脂量高,尤其富含β-蒎烯。经近几年南方采脂结果,单株平均每对侧沟,每年产脂中龄林为90g,近熟林为125.7g。

除以上几种主要采脂树种外,在不同地区的一些松树树种也可进行采脂,如华北的油松,分布于云南北部、四川西部、湖北西部、贵州及西北的华山松,东北东部、华东北部的赤松,台湾和华中部分地区的黄山松,东北的红松,以及西藏地区和云南西部的高山松等均可采脂。但与南方的树种相比,或因采脂季节短,或因产量低,有的已停采,有的只有少量采割或试验,还有引种的加勒比松、火炬松等也可采脂,但分布面积较小,总产量不大。

世界的主要采脂树种在美洲是湿地松、长叶松、加勒比松等;在欧洲是欧洲赤松、欧洲黑松、阿勒颇松、意大利松、海岸松、卵果松、曲枝松等;在东南亚地区主要是马尾松、云南松、思茅松、南亚松、卡西亚松、苏门答腊松等。

## 1.2 松树的树脂道结构

松木可以采脂是因为它的木材中具有一种特殊结构,称为树脂道,松脂集聚在树脂道中。

松树的树脂道在木质部、针叶和初生皮层中形成三个独立系统。采脂就是割伤松树树干中生活木质部的树脂道或韧皮部，使松脂不断流出。树脂道有纵生、横生两类。在树干横切面上用肉眼仔细观察，或用放大镜，在边材的晚材部分或靠近晚材带的早材处可以看到一些针头状的小白点，单个为主，偶有成对。它们在剥去树皮的树干表面或在树干的弦切面上就成为浅色的短条纹，这类树脂道与树干主轴平行，称为纵生树脂道，直径多为 90~100μm，最大可达 120μm，长度平均约 50cm。树脂道分布在木射线中，与树轴成辐射状排列，在木段表面或弦切面上观察即为带褐色的斑点，在径切面上是一些浅棕色的线条，这类树脂道称为横生树脂道，直径多为 35~45μm，平均 40μm，长度视木射线长度而定。松木的宏观与显微结构如图1-1和图1-2所示。

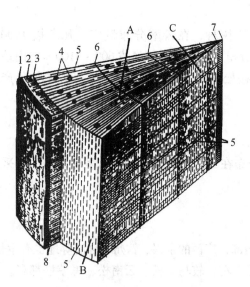

**图1-1　松树树干的三个切面**
A. 横切面　B. 弦切面　C. 径切面
1. 树皮　2. 韧皮部　3. 形成层　4. 树脂道
5. 木射线　6. 年轮线　7. 髓心　8. 韧皮射线

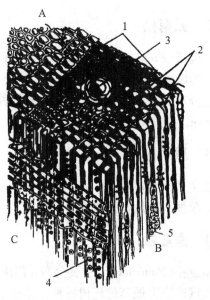

**图1-2　松木的显微结构**
A. 横切面　B. 弦切面　C. 径切面
1. 管胞　2. 木射线　3. 纵生树脂道
4. 具缘纹孔　5. 木射线横生树脂道

树脂道的显微结构可以在普通显微镜下放大 20~200 倍观察。在显微镜下观察松木横切面上的白色小点，可以看到纵生树脂道是 3~4 个泌脂细胞（又称分泌细胞、管壁细胞、薄壁细胞）围成的细胞间隙如图1-3所示。环绕于树脂道周围的薄壁细胞有3层，泌脂细胞、死细胞层和伴生薄壁细胞。

泌脂细胞的侧壁互相紧挨着，围成一个孔道，它与木材中的其他细胞间隙完全隔离。泌脂细胞具有纤维素的薄壁，内有原生质和细胞核，它能形成松脂并将松脂分泌到树脂道去。

泌脂细胞外层围绕着已丧失原生质的并充满空气或水分的木质化死细胞层，它仿佛是树脂道的骨架，在它上面固定着泌脂细胞。泌脂细胞的水分供给与气体交换是通过死细胞来实现。

在死细胞层外的是伴生薄壁细胞，通常为 1~2 列。细胞内含细胞核、原生质、贮藏的脂肪体和淀粉粒。伴生薄壁细胞数目的增加可以促进树脂道生产效能的提高。

在伴生薄壁细胞的外层，是厚壁组织的管胞，松树靠它输送水分。伴生薄壁细胞和死细胞之间，却没有这种细胞间隙。

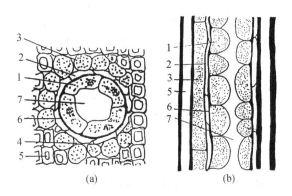 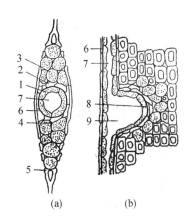

图 1-3 树脂道在显微镜下的解破图

(a)木材横切面上的纵生树脂道

(b)纵生树脂道的纵切面

1. 泌脂细胞  2. 死细胞层  3. 伴生薄壁细胞
4. 细胞间隙  5. 管胞  6. 树脂道  7. 树脂道内充满树脂

图 1-4 松木中横生树脂道及其和纵生树脂道互相沟通示意图

(a)横生树脂道剖面

(b)木材横切面上横生与纵生树脂道沟通图

1. 泌脂细胞  2. 死细胞  3. 伴生薄壁细胞
4. 细胞间隙  5. 射线管胞  6. 横生树脂道
7. 树脂道腔  8. 纵生树脂道  9. 纵生树脂道腔

在弦切面上看到的棕色斑点就是木射线（纺锤形射线）中的横生树脂道，放大时即如图1-4(a)所示。

树脂道的密度是树木产脂力的标志之一。松树树脂道的数目远比其他针叶树多，一般占木材体积的0.3%～0.5%。纵生和横生树脂道在木材中互相连接沟通，形成树脂道系。图1-4(b)就是在横切面上观察到的纵生和横生树脂道的沟通情况。$1cm^3$木材体积中这样结合的树脂道可达数百个，因此采脂时只要割伤树干表面部分，便可使离割口较远木质部中的树脂也能分泌出来（图1-5）。

松木还有这样的特性，绝大部分的树脂道在每年夏季后半期开始形成，新开的割口，在晚材部分才有松脂冒出，早材部分几乎没有松脂渗出。而在受到外伤或菌类侵害、严寒、干旱等影响树木生理作用时，都会刺激新生组织生成大量的受伤树脂道（或称病态树脂道或病理树脂道）（图1-6）。这种树脂道与正常树脂道稍有不同，其主要特征为：在横切面上，轴向受伤树脂道在早材部分切向排成一列；在径切面上，受伤树脂道在木射线中，但腔道增大。采脂后在新生的年轮中也会发现大量的受伤树脂道。刮除粗皮和开割中沟时不会形成受伤树

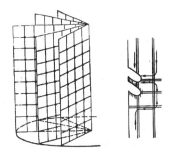 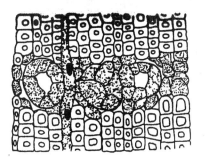

图 1-5 采脂时松脂随沟通的树脂道流出示意

（木材纵切面上）

图 1-6 采脂后形成的受伤树脂道

（横切面观察）

脂道，只有在开割第一对侧沟后，才能在新的木质部形成。采脂时，在伤口的上方和下方，越靠近割面，受伤树脂道越多。贵州省林业科学研究所对采脂和未采脂松木的纵生树脂道数量进行了对比，结果表明：马尾松经过采脂后，树脂道的数量较未经采脂的增加57.7%。

## 1.3 松脂的形成与分泌

### 1.3.1 松脂的形成

松脂的形成是一个复杂的生理过程，松树针叶吸收土壤中的水分和无机盐类，在阳光的照射和叶绿素与酶的作用下合成糖类，再经生物化学反应和一系列中间产物（如β-甲基丁烯醛），进一步合成萜烯和树脂酸。因此，良好的立地条件与充足的光照能使松树形成更多的松脂，保证高产脂量。生产实践中松林孤立木和林缘木的松脂产量较林内木高就说明了这一点。

### 1.3.2 松脂的分泌

松脂的分泌过程一般都以树木内的分泌压力来解释。松脂充满树脂道的过程如图1-7所示。图中(b)~(e)表示泌脂细胞通过细胞壁将松脂深入树脂道，逐渐使树脂道充满松脂的过程。图中(f)表示树脂道已经充满树脂，泌脂细胞受压而呈扁形，泌脂细胞中的水分被挤入周围的死细胞中。因此，当树脂道充满松脂时，泌脂细胞的水分消失，细胞中的原生质被压缩而松脂停止形成，分泌压力亦不再发生作用。

当充满松脂的树脂道被割破时，流体状态的松脂受到树脂道内的压力作用而流失，树脂道内压力下降，泌脂细胞所受的压力减低，恢复细胞内的渗透压，吸水力增大，重新从死细胞层吸收水分，细胞吸水后即膨胀，逐渐挤满树脂道，将松脂逐步压出，最后停止，如图1-7(a)所示。

松脂流出树脂道，降低了树脂道对泌脂细胞的压力，泌脂细胞再膨胀后又形成新的松脂。当树脂道被凝结的松脂阻塞后，泌脂细胞中的分泌压力又开始作用，向树脂道分泌松脂，松脂重新逐渐充满树脂道。当树脂道再度被割破时，松脂又向外流出。

从松脂的分泌过程可以看出，松树中松脂的形成是树木正常的生理活动，而水分的供给对于松脂的产量有重要的意义。

松树的树脂道割破后，松脂开始流出很快，然后速度变慢，经过相当时间后分泌完全停止，必须重新开割伤口。流出的速度与停止流出的间隔期视树种和气候条件而异。树脂道封闭与树脂停止流出的原因为：①渗透压力随着泌脂细胞的膨胀而逐渐减弱，泌脂细胞向内凸入树脂道，致使树脂道腔缩小而被堵塞；②松脂中松节油挥发，松脂结块而阻塞了树脂道；③松脂的形成和充满树脂道的过程

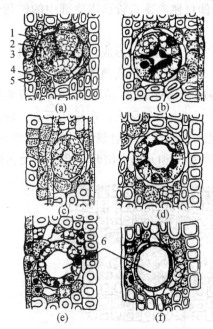

**图1-7 松脂充满程度不同时的树脂道横断面**
1. 泌脂细胞　2. 死细胞层　3. 伴生薄壁细胞
4. 细胞间隙　5. 管胞　6. 树脂道

缓慢。

由于树脂道被堵塞，采脂时就必须在树干上有规律地开割伤口。开割侧沟的目的就是要割破已经闭塞的树脂道，为松脂的不断流出创造条件。在实际采脂工作中，可根据松脂流出的持续时间、树木对松脂补充能力等确定适当的间隔期。

了解了树脂道的结构以及松脂的形成和松脂停止分泌的原因，在生产实践中可拟定合理的采脂工艺措施。

## 1.4 松脂采集工艺

"采脂"是一个笼统的叫法。松脂采割是指在松树的树干上定期有规律地开割割口，并收集从割口流出来的松脂的操作。开割侧沟或割沟作业是单指采割割口。收脂是单指收脂的操作。割沟、收脂、再加上松脂的储运工作，称为松脂采集。

采集作业是指采割松脂的全过程。有时也包括采割松脂的准备工作和松脂储运。

### 1.4.1 采脂术语（图1-8）

（1）刮面、割面、沟面

为了便于在树干上开割口，在开割割口前需要刮除粗皮，刮粗皮的范围，称为刮面。在每年一个采脂季节里刮面上开割口的范围，称为割面。不足一个采脂季节的割口范围，称为沟面。

两个或两个以上的割面，经常开割的割口有一定的倾斜度时，并在割面的中央开割一条主沟（中沟），便构成双割面；如果主沟开割在刮面侧边边缘时，就构成单割面。不割主沟，只要割口是倾斜的，同样会割成双割面或单割面（图1-9）。

（2）割沟、侧沟、中沟

在刮面上开割的割口，称为割沟，割沟有倾斜时（如"V"形或弧形）就称为倾斜的割口，通称侧沟。呈"一"字形的割口，只能称为割沟，不能称为侧沟。在刮面中央开割出来一条与地面垂直导流松脂的主沟称为中沟；至于单割面在刮面边缘开割的主沟，应称为主沟，而不能称为中沟。

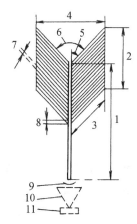

图1-8 采脂术语

1.割面表面长度 2.沟面长 3.侧沟长 4.侧沟宽 5.侧沟角（30°~45°） 6.割面角（60°~90°） 7.侧沟宽度 8.侧沟步距 9.导脂器 10.受脂器 11.受脂器固定物

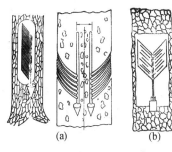

图1-9 单割面和双割面

(a)单割面 (b)双割面

(3) 割面角、割面宽、割面长、割面高、割面负荷率

每对侧沟形成的夹角，称为割面角，也称为侧沟夹角。有人将侧沟夹角与侧沟角两个概念混淆起来，侧沟角是指侧沟夹角的1/2。

割面宽是割面的水平宽度。割面纵向的垂直长度称割面长。

割面高通常指每年的割面上，第一对侧沟偶到最后一对侧沟偶角顶点的长度距离地面的部位而言，亦称为割面部位高。如割面高1.9~2.2m。刮面高则指刮面的上缘和下缘距离地面的高度。

割面负荷是指树干周围长度被采割利用的程度；采割部分的宽度占树干占树干周围长度的百分率称为割面负荷率，又称线负荷率。割面负荷率越大，采脂量越多，对树木的增长影响也越大。如超过80%时，可导致树木停止生长。

(4) 侧沟偶、第一对侧沟、侧沟步距、侧沟间距、侧沟宽、侧沟长、侧沟深

在刮面上从中沟向两侧开出的每一对侧沟，称侧沟偶。每年第一次开出的侧沟偶，称为第一对侧沟；单割面上第一次割的侧沟，称首条侧沟。侧沟步距是每条侧沟在中沟处上缘至下缘的尺寸，侧沟间距是两条侧沟间留有未割除树皮的间隔距离。侧沟宽是每两条侧沟上缘到下缘的垂直尺寸。侧沟深是割沟进入树木的深度，只计算木材被割去的尺寸，而不包括被割除的树皮厚度。侧沟长是每两条侧沟的长度。

(5) 中沟长、中沟宽、中沟深

对下降式采脂法而言，中沟长是指第一对侧沟夹角顶点至导脂器的中沟长度；而上升式采脂法则是指导脂器处到末对侧沟夹角顶点的中沟长度。中沟宽是指中沟的水平宽度。中沟深是指开割中沟时木质部被割去的深度。

(6) 营养带

采脂时，在树干上用以输送水和养分的，未割除的纵列树皮带，称为营养带。

(7) 松树的产脂量

松树的产脂量一般以侧沟产脂量或割面产脂量表示。侧沟产脂量是指一个采脂季节，一个割面上每对或单割面上的每条侧沟所分泌的松脂质量。割面产脂量是指在一个采脂季节中，一个割面上所分泌收集到的松脂质量。一株松树的产量等于这棵树上各割面产脂量的总和。

### 1.4.2 采脂工具

采脂工具包括刮皮工具、采割刀具、受器、储藏物具等。采脂工具的好坏，直接关系工作效率，间接影响产品质量，下面列举常法采脂工具，化学采脂工具将在化学采脂部分叙述。

(1) 刮皮刀

刮皮刀是刮去粗皮的工具，图1-10是常用的刮皮刀。

(2) 割刀

割刀是割沟的工具。图1-11是我国南方通用的割沟工具，多数产区用铲式割刀。铲式割刀宜于推割，沟式割刀宜于拉割。一般说来1.5m以上部位推割起来较省劲，低部位常要蹲着推割，胸高以下部位拉割起来省劲。割刀以轻巧灵便为好，笨重则费劲而减慢采割速度。要选用优质工具钢制作。

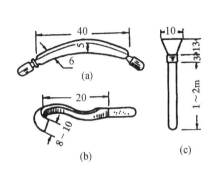

图1-10 刮皮刀(单位:cm)
(a)双柄刮皮刀 (b)刮刀 (c)刮皮铲刀

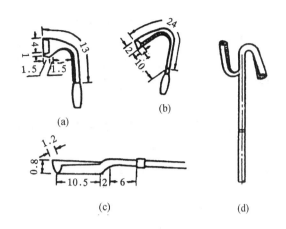

图1-11 割刀(单位:cm)
(a)镰式割刀 (b)钩刀 (c)铲式割刀 (d)铲沟两用割刀

(3)受器

受器是接受从侧沟流出的松脂的盛器,一般包括导脂器、受脂器和盖子三部分。竹制的受器如图1-12所示,还可以用陶瓷、塑料制作。国外多用白铁皮或黑铁皮,我国一般不用。受脂器最好要有盖子,既可保持松脂的清洁,也可减少松节油的挥发。用竹壳、树叶、塑料薄膜作受脂器,成本虽低,但松节油易漏失挥发,松脂含油约比用有盖竹筒或陶器的少50%,松脂易氧化变质,降低松脂产量质量,减少收益。若将薄膜混入贮脂池内,加工时常使设备受损。

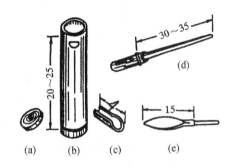

图1-12 受脂器(单位:cm)
(a)盖子 (b)采脂器 (c)导脂器
(d)掏脂器 (e)鸭嘴凿

导脂器是用来将割沟中分泌出来的松脂导流入受脂器中。下降式、鱼骨式采脂法可在中沟下端安装一竹片导流松脂。常用小毛竹秆劈成马耳形,劈去一小半钉入中沟下端。上升式采脂法多用两块白铁片,在割面上订成斜"人"字形导流松脂入受脂器。竹制导脂器也可制成双齿形导脂器钉入树内,只需用双齿铁具在树上订两个小孔,就可把双齿形导脂器钉入。

盖子可用小径木锯成小圆饼状即可。塑料受脂器可同时加工盖子。

掏脂器是用以掏出受脂器内松脂的一种工具,可用钢铁制作,状如扁形锉刀,中央稍厚,两侧稍薄,长度视受脂器的长度而定。掏脂器也可用竹子制成鸭嘴形,如图1-12(e)。

(4)其他用具

收集松脂,还要准备集运松脂的桶,以及凿、柴刀、锯、斧、锄头、磨石等。

### 1.4.3 采脂工艺

对符合采脂规程的松林进行采脂,采脂工艺主要有:常法采脂、强度采脂和化学采脂等,目前国内多进行常法采脂。

#### 1.4.3.1 准备工作

在采脂前必须对采脂林区进行调查计划,通过调查,把采脂林的地势、道路、山谷、河流、气候、松林分布情况、树木大小和疏密、产脂力高低、松脂适宜流向和居民点用水情况调查清楚。林地规划必须采伐采脂相结合，先采脂后采伐，按林子采伐年限决定采脂年限。开好采脂林道应以减少跑路时间、提高功效为目的。

采脂前还要进行技术培训，准备好各类采脂集运器具，进行化学采脂前应将药液、刺激剂配置好。

采脂的松树必须符合松脂采集规程要求，即胸高直径至少达到20cm，3年内要砍伐的松树不受此限。凡有下列情况之一者不准采脂：①松树生长不良，针叶枯黄；②虫灾严重；③风景林；④母树林。严禁采割幼树，以及"挖孔""大割面""砍劈明子"等损害松林的做法。

### 1.4.3.2 常法采脂

不用化学药剂或刺激剂处理割面或割沟的采脂称常法采脂。根据松林采脂年限划分，有长期、中期、短期采脂。一般采10年以上的称长期采脂，5~10年称中期采脂，5年以内称短期采脂。采脂期限不同，采用的方法亦不同。凡是近期不采伐的松林，应当用长期采脂法。从长远经营和总经济效益来说，长期采脂是合算的，采脂量高的松林更是这样。强度采脂虽不用刺激剂也不是常法采脂。

根据割面部位扩展方位不同，采脂工艺分为上升式采脂法和下降式采脂法（图1-13）。上升式采脂法是割面部位从树干根株（距地面20cm）开始采割，第一对侧沟开于割面的下部，以后开割的侧沟都在前一对侧沟的上方，逐渐向上扩展。下降式采脂法则相反，割面部位从树干高处开始采割，第一对侧沟开在割面的顶部，第二对侧沟开在第一对侧沟的下方，逐渐向下扩展，一般割到距离地面20cm为止。复合式采脂法是指上升式和下降式相结合的方法。

（1）配制割面

松树是喜光树种，松树的产脂量一般以阳面为高，因此割面应选在树枝茂盛、节疤少、树皮裂痕较深和松脂能畅流到受脂器的树干上。同时也须考虑采割方便。如果松树生长在土层瘠薄的斜坡上，往往靠斜坡方向的产脂量高，因为该面根系比较发达。

新采脂的松林，上升式采脂法割面的配制，第一年其下缘距地面20cm，逐年向上，直到2m以上，割完一面可在树干的另一面配制新的割面带。下降式采脂法第一年割面的上缘一般不低于220cm；长期采脂可适当提高，短期采脂可酌情下降，下降式割面配制如图1-14所示。

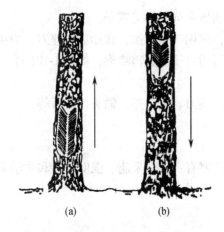

图1-13 上升式、下降式采脂法示意
(a)上升式采脂法 (b)下降式采脂法

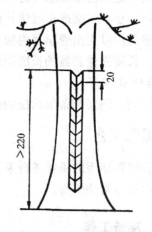

图1-14 下降式采脂法割面配置图
（单位：cm）

割面的宽度随采脂年限而不同，一般为20~35cm。过宽会影响树木养分的输送，损害树木生长，降低产脂力；过窄对树木生长虽好，但不利于采脂劳动生产率的提高。10年以上的长期采脂，割面不要宽于25cm，中期采脂不宽于35cm，短期采脂不宽于40cm。过宽，刮面容易干硬，甚至会造成割面的干裂，松脂产量大大降低。有的采用两个窄单割面，中间留10cm宽的营养带，有利于树液的流动和生长的恢复，提高松树的产脂力。

割面负荷率是采割松脂的一个重要指标。一般负荷率越大，松树的总产脂量越高，但侧沟单位面积产脂量却越低，就是说单位侧沟的产脂量不是按割面负荷率的比例而增加的。大负荷率只用于1~2年的强度采脂。长期采脂的割面负荷率不超过40%，中期的不超过60%，短期采脂也不超过75%。负荷率超过不但影响树木生长，而且松脂产量也会降低。

（2）刮皮

割面的部位选定后，用刮皮刀将鳞片状的粗皮刮去，刮至无裂隙淡红色的较致密的树皮层出现为止。刮面上遗留的粗皮不厚于0.2cm。

刮皮应在早春树液尚未流动时进行，迟了树液流动过畅，内皮含水量过多，粗皮与内皮容易分离，在刮除粗皮时，使粗皮或块状剥落，造成内皮裸露，松脂外流而干硬，降低产量。

刮面宽度应较预计的割面宽4cm（每边2cm），长度应比年所需割面长5cm，一般为25cm。如果是下降式采脂法，第一年采脂还需增加第一对侧沟的长度15~25cm。

（3）开割中沟和第一对侧沟

刮面刮好后，下降式采脂法可开割中沟。单割面的主沟则在刮面的一侧。双割面的中沟在刮面中央。

中沟、主沟与地面垂直，深约0.7~1cm，也有与侧沟等深（0.4cm左右）的；亦有不割破内皮的，即在刮粗皮时，有意把靠近中沟附近的粗皮留厚些，以便割中沟时不伤及韧皮部。中沟长度随割面长短而定。为了留有余量和采割的方便，中沟应比割面长6cm左右。沟槽应外宽内窄，沟面光滑，可用割刀开割成"V"字形，使松脂畅流入受脂器。

采脂不割中沟，或不伤内皮，未伤及形成层和木质部，使中间存留有一条宽约1~1.5cm、厚1mm的韧皮部带，且与割面上下方的树皮相连接，到第二年则生长加宽成小营养带，而后各年按上述方法采割。随着采脂年数的增加，原割面中央营养带自上而下迅速生长加宽，并与两侧营养带逐渐将割面愈合。

中沟割好后，应在中沟的下端（不够中沟的刮面，可在刮面中央下方，单割面在主沟下端）安装导脂器，随后把受脂器悬挂在导脂器或竹钉上，再盖上盖子。

下降式采脂法第一对侧沟开在中沟上端的两侧。侧沟形成的夹角（即割面角）以90°为宜。夹角过大松脂下流缓慢，不利于松脂的分泌；夹角过小松脂下流过快，但会加长割面的长度，增加采脂时间，不利于提高采脂生产率。第一对侧沟的深度，应较中沟稍浅，深入木材0.3~0.4cm，过深影响木材养分和水分的输送。侧沟要光滑平直，不应撕裂发毛，略向内倾斜。互相对称，与中沟交界处割成弧形，不要留棱角，以免松脂外流。

上升式采脂法不开中沟，开割第一对侧沟的技术要求与下降式相同，开在割面的最下端，再往上割。侧沟间留有不带树皮的小鱼骨，步距较下降式的稍大，割沟时由割面边缘向割面中部开割。

（4）经常采割

第一对侧沟割好后，可按开沟的间隔期有规律地挨次开割新的侧沟，下降式采脂新的侧沟应紧挨前一对侧沟，不留间距、等长、等深、平行、挺直光滑，使松脂更易流入受脂器。

要防止把侧沟越割越长,保持割面的整齐,这样以保护了营养带,也控制了割面正确率的负荷率。侧沟一般割入木材 0.3~0.4cm,沟宽 0.1~0.2cm。

"浅修薄割"是采脂能手的经验总结。割的侧沟多为 0.1~0.2cm,深 0.3~0.4cm,年消耗刮面长度 15~20cm。在同样的林区,"深修薄割"者侧沟深 0.6~1cm,宽 0.3~0.4cm,年产脂量仅 1.5~2t,而且消耗刮面长,多达 50~70cm。

割沟间隔期,就是两次开沟之间相隔的时间。合适的间隔期要通过生产实践和科学试验,因为树脂道内松脂流出以后,由泌脂细胞形成和补充新的松脂需要一定的时间,待树脂道内重新充满树脂的时候,才会割出较多的松脂来。因此,选择适宜的割沟间隔期,找出松树间隔期与产脂量的关系,也是提高产脂量和劳动生产率的重要一环。割沟的间隔期与松脂分泌的持续时间、树木对松脂的补充能力,以及采脂年限的长短和气温有关,要考虑多种因素,割沟的一般间隔期,马尾松 1~2 天为好,南亚松 5 天为宜。同种松树形成补充新松脂的能力,也随林地土质、树木生长状况、季节、气温等因素的影响而不同。一般来说,延长采脂间隔期是提高单刀产脂量和劳动生产率的一个重要方面。凡是中、长期采脂的,可采用较长的间隔期,实行分片轮割,以提高产量。只有结合采伐,实行短期采脂时,才缩短间隔期。

(5) 收脂

割口刚流出的松脂含油量达 30% 以上,每天收一次脂,松脂含油量可达 30%;3 天收一次,由于油的挥发,含油量为 25% 左右;每 8~9 天收一次,含油量降为 20%;半个月收一次脂,含油量仅为 15%。松脂含油量高,质量就好,因此,收脂越勤,产品质量越高。但收脂过勤,费工时多,功效降低,一般以 10 天左右为宜。收集的松脂要分级贮存,及时送往收购站。切忌好坏不分,混装在一起,降低松脂等级。

(6) 采脂结束

采脂的稳定一般要求昼夜平均气温在 10℃ 以上,最适的气温为 20~30℃,因为松脂在 10℃ 以下很难流动,甚至凝结起来。气温高也使树木生长快,光合作用强,松脂形成也多。但气温过高,久旱不雨,树木水分供应差,使松节油容易挥发而松脂干结,堵塞树脂道,流出受阻,产脂量反而下降。中国各地气温相差很大,各地采脂季节应根据当地气温情况而定。

松脂采割至昼夜平均气温在 10℃ 以下时即停止开沟,将受脂器、导脂器及其他工具分别整理收藏。如松树上有毛松香可刮下单独收集,不能刮下木材。

在亚热带地区(如海南、云南和四川部分地区)可常年采脂,每年采脂的结束工作可免除。

(7) 安全生产

采脂必须注意安全。还须注意防火。林中的枯枝、松针、落叶都是易燃的,一旦着火很难扑灭,因此,采脂人员绝对不要在林中烧煮食品。存放松脂的地方更要隔绝烟火。贮脂池与住宅至少相距 50m,地势应低于房地面,以免着火,延烧住房。

万一松脂着了火,要尽快打开泡沫灭火器灭火,切忌撒沙、泼水,因为水比脂液重,使脂液上浮,会使着了火的脂液引向高处,使火灾蔓延。

如采用化学采脂,应注意有毒或腐蚀性的刺激剂的妥善保管,采脂人员必须了解刺激剂的性能、配制方法的注意事项,并掌握灼伤或受腐蚀后的急救方法。

(8) 上升式采脂法与下降式采脂法的运用

20 世纪 50 年代前,国内采脂不很规范,采脂量也很少。50 年代初推广下降式采脂法,认为下降式采脂法松脂沿侧沟和中沟流下,不会散流在割面上,松脂中含油量高;侧沟开沟的方向与水流相对，水分供给的条件好，有利于松脂的分泌；无需每次刮去凝固在沟面上的松脂，提高劳动生产率。有的脂农则认为上升式采脂的产量高于下降式。国内对这两种方法未进行过系统的长期的比较试验。

原苏联过去推广下降式采脂法，但70年代经过比较试验，第一年产脂量上升式低于下降式，以后逐年高于下降式，按5~6年计算，总产量可提高10%~14%。以后规划，如采脂10年，前3年用下降式，以后在第一年割面的正上方用上升式采脂法至第10年。其他国家用上升式采脂法。

国内有的脂农在一个采脂季节里，先用上升式采脂法，秋后用下降式采脂法，称为复合式采脂法。

总之，采脂工艺的确定，应根据当地当时的具体情况，经过试验后，选择最佳的工艺过程，以获得高产稳产。

(9) 结合生产做好试验

为了提高采脂的科技水平，采脂单位应结合生产，做好科学试验。采脂试验有它的特殊性，同一林班的松树，从外观看，它们的生长发育、林龄直径、树冠枝叶、高矮程度以及日照条件等很近似，采用同样的工艺技术进行采割，各株树的采脂量却很不一致，甚至有的相差好几倍。这是由于松树的产脂力受遗传等因子的影响。

试验用的对照松树，除了林地和生态环境力求近似外，还必须采用同一工艺技术预割10次左右，然后选择产脂量基本相近（产量误差±5%）的松树作为比较试验树。预割次数少了会影响结果的准确性。因此，采脂试验的树木越多，误差越小，一般不少于20株。大面积的生产性试验看起来很粗放，往往却比选株树少的精密试验的结果还准确，就是这个道理。

### 1.4.3.3 强度采脂

强度采脂的目的是充分利用树木，在采伐前的较短时间内取得大量松脂。强度采脂只用于2年内要砍伐的松林。在技术上包括：加大割面负荷率、增开割面、增加割沟次数、加大割沟宽度和深度，采用分层采脂、阶梯状采脂和化学刺激剂等。

强度采脂一般采用"一树多口"的分层采脂法。即在树干上纵列开割很多割面，但割面均需对正，不得配成品字形，以免隔断树木的营养带。亦有在树干周围配置3~4个窄割面，割面之间必须留有10~15cm宽的营养带。

阶梯状采脂最初两对侧沟按照下降式开割，第三对侧沟沿第一、第二对侧沟的接界线开割，第四对侧沟在第二对侧沟之下好的边材上开割，而第五对侧沟则在第二、第四对侧沟的接界线上开割，如此反复进行。凡偶数的侧沟都在新的边材上，奇数侧沟都开在沟面接界线上。

分层采脂和阶梯状采脂都可配合增加割沟次数，加大割沟宽度和深度以及使用化学刺激剂等进行，促使在短期内大量生产松脂。

### 1.4.3.4 化学采脂

化学采脂时用化学药品刺激松树，使之多分泌松脂，延长流脂时间，提高松脂产量和劳动效率。

(1) 化学刺激剂

化学刺激剂应选择药效显著、容易取得、价格便宜、配制简单和使用安全的药物。

中长期采脂用刺激剂主要是用植物生长激素类药物处理刮面或割沟，加强松树的生理活动，促使分泌细胞形成松脂，树木的生命力少受或不受影响，使化学采脂的年限延长到10年以上。这类刺激剂如：

①乙烯利　主要成分是α-氯乙基膦酸[$ClCH_2CH_2PO(OH)_2$]，所用浓度为8%。

②苯氧乙酸（增产灵-2号）　是一种植物激素；白色结晶，与氨水或碳酸氢铵适量溶解，再用水稀释200mg/kg。

③α-萘乙酸　是一种植物生长刺激剂，1g药剂加25g酒精溶解，再加清水9~14kg配成稀溶液使用。

④尿素　配成30%~40%溶液使用。

⑤亚硫酸盐酒糟液　是亚硫酸盐法制浆废液中和发酵制酒精后的酒糟液浓缩物，波兰和原苏联使用，由于该刺激剂混入松脂后能使溶解的松脂乳化，加工时不易澄清，后又改用饲料酵母浸提液，但成本较高，俄罗斯现在试验推广的是生物活性刺激剂。

⑥松树增脂剂　以稀土为主要成分，是一种营养型植物生长促进剂。外观为无色或微黄色溶液。pH值1~2。松树增脂剂为高浓度水剂，每瓶装50mL配制时，每瓶药剂加入1000mL非石灰石地区的清水稀释即可使用。勿使碱性物质混入。如加入的是含矿物质较高的井水、泉水及石灰岩地区的河水或塘水时，需加入数滴硝酸或盐酸或醋酸调pH值至3.5~5.0方可使用。施药间隔期达到1个月1次，增产率达20%~30%。

⑦9205低温采脂剂　是一种浓缩液、呈酸性，属生物调节剂。在5~15℃的低温下采脂，仍有相当的产脂量。将9205低温采脂剂浓缩液100mL，加入清水1000mL稀释即可使用。可采用喷施或涂刷，施药间隔期为5~10天。

⑧丰脂灵　由有机和无机两大类物质组成。丰脂灵原液，不需兑水可直接使用，可采用毛刷涂施或用喷壶喷施，每刀施药1次，7~10天注药1次即可。

强度采脂用刺激剂以硫酸为主，它对树木生长较大，只适用于伐前强度化学采脂。由于液体硫酸使用不安全，已逐渐被硫酸软膏代替。硫酸软膏药有效期长，耐雨水冲刷，对松脂污染较液体硫酸小，生产比较安全。

1979年，中国林业科学研究院林产化学工业研究所进行了新硫酸黑膏的研制与采脂试验，黑膏的主要成分是硫酸与载体，硫酸由载体吸收，成为黏稠的膏状物。其配方为：浓硫酸（96%~98%工业用）200mL、甘油7mL、水解棉籽壳木素（100~200目）150g、水200mL。

(2) 化学采脂割刀

LHC-82型化学采脂割刀的结构如图1-15所示，给液控制器的结构如图1-16所示。

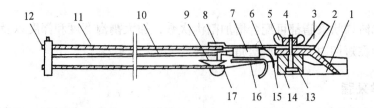

**图1-15　LHC-82型割刀的结构**

1. 割刀　2. 控制器　3. 清沟刀　4. 螺栓　5. 蝶形螺母　6. 刀架　7. 给液控制器
8. 卡箍接头　9. 进气阀　10. 吸液管　11. 空心刀柄　12. 后胶塞　13. 连接头
14. 螺钉　15. 施液管　16. 压钩　17. 前胶塞

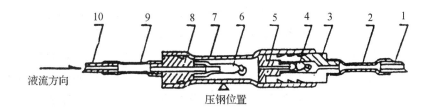

**图1-16 给液控制器的结构**
1. 施液管 2、9. 连接乳胶管 3. 出液帽 4. 前单向阀 5. 底座 6. 后单向阀
7. 橡胶管 8. 吸液管底座 10. 吸液管

LHC-82型化学采脂刀全长780mm，重0.77kg，装药后0.97kg。经过8个省20个县的部分脂农试用证明，LHC-82型刀的割面平均消耗量为常法采脂铲刀的43.7%。比气压式铲刀节省割面的1/3。比常法采脂节省工时18%。即使在180~220cm高处或60~70cm低处采割，至少节省工时6.5%和6.2%。施药量（树径21.7~23.2cm，侧沟长20cm）每对侧沟平均0.35mL。延长松树采割利用年限1/3~1倍。提高采割效率18%。

（3）化学采脂工艺

中长期化学采脂工艺与常法采脂基本相同，除了采割侧沟外，还需喷涂刺激剂。

苯氧乙酸作刺激剂用于马尾松采脂，采用5天施药1次，松脂可增产34%~53.7%；10天施药1次，也可增产20%~25%。

乙烯是植物所需的生理活性物质，当植物体内有微量浓度的乙烯存在，就能表现出显著的生理反应。用8%的乙烯利涂于马尾松松树的刮面，一个月涂1次药进行采脂，产脂量可提高20%左右。

α-萘乙酸用于华山松松树采脂试验，可平均增产48%以上，松脂质量不变。与尿素、乙烯利等复配对湿地松采脂可增产28.5%±4.6%。

云南用尿素溶液作刺激剂采脂，用30%浓度增产67%，用40%浓度增产30.6%~55.1%。采脂操作与常法相同，流脂时间延长1~2天。对松香质量没有影响，对树木生长没有明显影响。

硫酸软膏强度采脂工艺，硫酸是一种强腐蚀剂，其化学采脂机理是杀死了排列在树脂道周围的泌脂细胞，扩大了树脂道，减少松脂在树脂道中的流动阻力，延缓割破树脂道的封闭，延长流脂时间。此法只适用于在松树采伐前1~3年使用。

用硫酸或硫酸软膏化学强度采脂时，在割沟上硫酸渗透部分往往充脂，形成"明子化"，树脂道被堵塞树皮木材变硬。因此，下一对侧沟的开沟留一较宽的间隔带（充脂部分），间隔带与侧沟相间成鱼骨形。

在一个采脂季节中，马尾松硫酸软膏法单株松树流出的松脂量，略低于常法采脂的产值量。但因其流脂时间长，采割次数少，工人可多割树，因而大大提高了劳动生产率。所产松脂的质量含油量稍高，杂质较多，软化点和酸值稍低，色级相同，但含硫量高。

思茅松用上升鱼骨式采割法进行了窄割面割皮硫酸黑膏化学采脂，单株产脂量比常法采脂可提高22.4%。与负荷率60%的宽割面硫酸黑膏强度化学采脂比较，产脂量提高7%，且对松树生长影响小；材积生长量比宽割面约多10%。

（4）国外采脂工艺

国外脂松香生产国家有葡萄牙、俄罗斯、墨西哥、巴西、美国、印度等，产量少的有东欧各国、土耳其、印度尼西亚、越南、中美洲各国等数十个国家。各国都有本国生长的主要采脂树种，如葡萄牙是海岸松，俄罗斯是欧洲赤松，美国、巴西是湿地松、加勒比松，墨西哥为卵果松等。为了提高劳动生产率，大多数国家采用化学采脂，化学刺激剂有用硫酸或硫酸软膏或割皮硫酸法强度采脂，也有应用生物活性刺激剂进行中、长期化学采脂的，如乙烯利、饲料酵母浸提液等。亚硫酸盐发酵酒糟液作刺激剂在树脂加工时产生乳化现象，妨碍生产，已停止应用。采脂工具配合化学药剂的喷涂，有齿轮式给药器、环形化学采脂割刀等。

美国开发了钻孔采脂技术。在胸径 18～36cm 的湿地松下部钻孔，钻孔部位高出地面 10cm，钻头径向，入树表皮 10cm 深，孔径 2.5～3.5cm，钻多孔时，孔间距 10cm。钻孔后还可喷乙烯利和硫酸混合物，乙烯利浓度 10%～20%，硫酸浓度 25%，用量乙烯利 150～300mg/孔，硫酸 375mg/孔，喷射液含 1%$\alpha$-柠檬烯，还可以用膏状剂喷孔。用喷流袋或塑料袋收集，容量 1.6～2.4L。每孔一般得率平均 676g，每棵松树松脂采集松脂 1.84kg。据报道，此法劳动生产率比割皮硫酸采脂高 2 倍，减少松节油挥发，减少树脂酸在树表面结晶，松脂质量好。

我国在 2014 年 6 月中旬进行试验，选取树木胸径约为 20 cm 的 10 株云南松为试验对象，在树干向阳一侧钻直径为 55mm、钻孔深度为 3～5mm。钻至松树韧皮层即可的采脂孔，喷洒专用溶脂剂，进行为期 7 天的钻孔采脂试验。7 天采脂试验中，采脂孔内未出现凝固松脂，第 7 天时韧皮层内仍能渗出松脂，但可明显地观察到渗出松脂液滴小于前 2 天采脂试验中渗出的液滴。在第 7 天采脂试验结束后，取下松脂收集器，称量所采集松脂的平均重量为 127 g。与下降式采脂法所采集松脂重量 131 g 相比，相差仅为 3.05%。这说明采用钻孔采脂，虽说所开切的供松脂流出的韧皮层面积比下降式采脂中的小得多，但并不明显影响所采集松脂的量。

为便于操作，钻孔在距地面高度 20～120cm 之间的树干上进行，采脂树种为人工林马尾松和湿地松，孔径 25cm、30cm、38cm，孔深 10cm，钻孔机略向上倾斜从树表皮钻入木质部，钻成的孔由外到内与水平面成 3°～5°夹角，以利于松脂流出。钻好孔后，加入不同溶脂剂（松节油、85%乙醇、乙酸乙酯、丙酮等），立即装上受脂器（塑料袋或塑料杯），在受脂器底部打 1～2 个竹钉托住受脂器。间隔 20～30 天钻孔 1 次，每个季节钻 6～9 个孔。

试验结果当孔径为 25、30、38mm 时，产脂量分别比对照（孔径 20mm）增加 19.80%、28.70%、34.30%。在距地面不同高度的树干上钻孔对产脂量没有影响。

超低频覆膜采脂技术。覆膜方法：在采割面上方横向开一浅沟，将覆盖塑料薄膜固定在浅沟内，浅沟的深度和宽度以不使树干上面的雨水顺树干流入采割面为原则。薄膜的宽度以围绕树干一圈略超一点，长度以达到受脂袋口略超为标准。在中沟末端两侧、导脂薄膜上方钉一木片或统一制作的塑料片。下方钉子钉住方形薄膜片，上方钉子稍高出木片。两木片之间内空距离约 5～6cm。将受脂袋前面挂孔挂在木片上的钉子上，确保受脂袋口不与中沟松脂相黏连。同时将方形薄膜放入受脂袋内，并将受脂袋侧挂孔回扣到木片上的挂袋钉子上，以使受脂袋口基本封闭。采用 12 天或 19 天割 1 刀。超低频覆膜采脂技术比常用规采脂可增加产量 19%～29%。

## 1.5 影响产脂量的因素

影响松树产脂量的因素很多，比较复杂，而且都有关联。除了采脂技术影响产脂量外，还有自然因子,如树种、树龄、直径、气象、地理地形、环境条件等。

### 1.5.1 树种

松树产脂力的高低与遗传有密切关系,母代产脂量高,子代也高,树种不同,产脂量也不同。如南亚松的产脂量比当地马尾松的高1~2倍。就是同一树种的产脂量,往往也有区别,例如,马尾松的年产脂量,个别高的超过50kg,一般3~5kg,少的不足1kg。美国的湿地松,一般年产约4kg,培育的高产树可达9kg,树木生长速度快,20年就可以采脂,采脂年限可长达30年。在林分的任何位置都可选择产脂力高的植株,而与树干和树冠的尺寸无关。用这种种子繁殖的高产脂林,其产脂力比母代要高75%~200%,采脂种子林场用接枝繁殖高产脂力植株的方法营造,其产脂力可达到天然林场的200%~350%。

### 1.5.2 树干的直径和树龄

树干的直径是影响产脂量的重要因素。生长条件相同的松树,树龄大,直径也大,只要生长没有衰退,直径越大,产脂量越多。割面宽度相同的松树,平均每对侧沟产脂量,一般胸径30cm的比20cm的高60%~90%;胸径40cm的比30cm的高30%~40%;胸径50cm的又比40cm的高20%以上;胸径大于60cm的松树,产脂量提高不显著,生长差的,反而有下降的趋势。胸径20cm以下的幼树,松脂产量很低,也影响树木生长,没有采脂意义。

随着树木年龄的增长,树干直径、树冠和根系也相应增大,增加了树脂道的数目和总容积,形成松脂的能力增强。树冠长占树高40%的,比只占25%的松树产脂量高40%~50%。树龄与松脂组成有一定的关系,如马尾松松脂中的重油(倍半萜)的含量有随树龄的增加而增多的趋势。

### 1.5.3 空气湿度与土壤水分

松脂的形成和分泌与树木含水量有密切的关系。树木内部水分越多,则泌脂细胞渗透溪水越快,当割破树脂道时,松脂流出的速度也越快,而树木的含水量取决于空气中的相对湿度和土壤中的水分,由此可见,在适当的气温下,空气湿度增大和土壤水分适中是采脂时松脂流出的有利条件。当雨后天气温暖的时候,松脂产量显著提高。如果土壤水分过多(水涝地或沼泽地),土中氧气不足,松根呼吸受阻,生理代谢受到抑制,吸水反而困难,根压活动停止,松脂产量下降。冬旱、春旱时水分供应不足,也会影响水分的产脂量。

### 1.5.4 气温与季节

采脂的气温一般要求昼夜平均气温在10℃以上,最适宜的气温是20~30℃。整个采脂季节中,产脂量随气温的高低而增减。春季松脂分泌量少是因为气温低,细胞的生理代谢弱,树液流动比较慢;同时,春季树木生长抽新梢,长新叶,消耗了大量有机物。到了夏季,气温升高,树叶生长茂盛,晚材开始加厚,形成新的树脂道,光合作用增强,生理代谢活跃,树液流动加快,促进了松脂的形成,松脂产量显著上升。当气温升高时,松脂的黏度降低,容易从树脂道流出。高产脂量可以保持到秋季,南方到秋末才开始下降。入秋后马尾松松脂中重油含量相对减少。

### 1.5.5 树木生长情况与环境条件

在相同的母体遗传的植株间,树木的树冠扩展越大,树叶茂密苗壮和翠绿,枝头嫩梢越大,针叶越长,其产脂量越高,因此,边缘木和孤立木产脂量较高,但过稀的林子采脂不经济,最适宜的郁闭度是0.5。同株松树,枝叶砍去一半,产脂量就大大减少。所以,采脂林最好只修剪枯枝,不要砍活的枝丫。

一般生长在养分充足、肥沃地带的松树,产脂量高于生长在贫瘠地带的松树。与阔叶树混交的松林较纯松林的产脂量高。这是因为阔叶树的落叶腐烂,改善了林地的营养条件。阳光是光合作用的要素,是松脂形成的源泉,同时可以提高树温,对松脂的分泌有间接的促进作用。其他自然因素如大气、风等对松脂的形成和流出影响不明显。

### 1.5.6 采脂对树木生长和木材性质的影响

松脂是松树生理代谢的产物,只要采用保护性的、合理的采脂工艺,根据采脂年限和树木直径确定恰当的割面负荷率,合适的侧沟宽度和深度,以及合理的间隔期等,采脂对树木生长的影响不大。实践证明,合理采脂10多年的松树,生长仍然很好,可有效的做到松林的综合利用,强度采脂对树木生长有较大影响。

采脂除了在树干的割面附近增加了树脂的渗透量外,对木材强度没有大的影响。必须指出,由于采脂工艺和技术的不当而引起的木材含脂量过多和木材开裂等缺陷时,就会使木材的强度降低,然而合理的采脂是完全可以避免这些缺点的。因此,在采脂工作中必须严格贯彻采脂规程。

由于采脂后木材含脂较多,将它们作为制浆造纸的原料时,在制浆过程中需增加蒸煮的用碱量,黑液中浮油的量增加。

## 1.6 松脂的分级标准与储运

松脂质量主要按外观、松节油含量、水分、杂质的含量和氧化程度评定级别。松节油含量越高,松脂质量越好;水分、杂质含量多,则会降低松脂质量。松脂易氧化,松节油易挥发。长期暴露在空气中的松脂,会固化和泛黄,所以贮存与运输都要注意,勿使松脂变质。

### 1.6.1 松脂的质量标准

按林业标准《松脂》(LY/T 1355—2010),松脂质量分为3级,分级标准见表1-1。

表1-1 松脂分级标准

| 指标 | 特级 | 一级 | 二级 |
| --- | --- | --- | --- |
| 外观 | 新鲜白色<br>半流体<br>无黄色块状树脂 | 新鲜微黄色或白色<br>半流体<br>无黄色块状树脂<br>无其他人为添加物,不含游离水 | 灰白色<br>半流体<br>无黄色块状松脂 |
| 松节油含量(%) | ≥23 | ≥17 | ≥13 |
| 机械杂质(%) | 直径或最大长度不得大于10mm;特级、一级含量≤3,二级含量≤5 | | |
| 水分 | 水含量应不超4%,水含量超过4%部分从松脂总量中扣除 | | |

①检验规则　松脂的检验以桶（或其他容器）为单位进行验收。

②取样方法　倒净松脂桶中的游离水，然后在松脂的上、中、下三层取样，在每层的中间和靠近桶壁 5~10cm 的四周均匀地选择 5 个点，各取松脂 50~100g，15 个点的样品全部放在一个敞口罐内，压碎罐内样品中的松脂块，使其最大直径不大于 0.5cm。作各项指标时应搅拌均匀。

③外观检验　将树脂翻动数次或由桶内倒出，用肉眼观察松脂的外观状况。

松脂的鉴定方法参见林业标准 LY/T 1355—2010。

## 1.6.2　松脂的储运

松脂的储运以保持清洁、不渗漏、尽量减少松节油挥发为原则。采脂人员收集的松脂宜装入不漏油的容器内，上加盖，在安全处存放，避免日晒和尘土混入，并及时运到收购点或工厂。收购点或工厂应将松脂分级贮存，容器应加盖，注意防火。短期内不能调运或加工的树脂，应加清水保养，以防松脂氧化变质。松脂禁止长时间与铁器接触，以避免加深松脂颜色。

松脂水运时直接倾入船舱可增加装载量但船舱必须清洁，不漏油，并密盖舱板。运输损耗一般约为 1%~3%。汽车运输，如用木桶装运，松脂损耗较大，达 3%~5%，若改用密闭槽车，则可大大提高运输效率和减少松脂的损耗。

## 思考题

1. 我国的主要采脂树种有哪些？主要分布在哪些区域？
2. 根据树脂道理论，说明松树采集为什么只需要开割浅沟？
3. 采脂工艺确定的原则是什么？
4. 影响产脂量的主要因素是什么？
5. 试述常法采脂、复合采脂、强度采脂和化学采脂的定义。
6. 化学采脂有哪些方法及其特点？

## 参考文献

常新民，2003. 几种中长期化学采脂刺激剂的性状及其应用[J]. 广西林业科学，32(3)：152-153.

陈祖洪，2000. 我国采脂刺激剂研究现状和发展趋势[J]. 林产化工通讯，34(5)：32-34.

王远，郭小艳，李明，等，2015. 新型松脂采集技术——钻孔采脂法[J]. 林业科技通讯，10：85-87.

常新民，项东云，周宗明，等，2007. 松树钻孔法采脂技术研究[J]. 林业科技开发，21(4)：63-66.

郭志文，郭逸榴，刘香莲，2016. 超低频覆膜采脂技术研究[J]. 南方林业科学，44(1)：45-48.

南京林产工业学院，1980. 林产化学工业手册(上册)[M]. 北京：中国林业出版社.

程芝，张晋康，1996. 天然树脂生产工艺学[M]. 北京：中国林业出版社.

鲁吉昌，1981. 树脂采割[M]. 北京：中国林业出版社.

王长新，2004. 马尾松采脂量的相关因子分析[J]. 河南科技大学学报(农学版)，24(3)：

22 – 25.

徐彬，等，1992. 苏联松脂生产与科技考察报告[J]. 林产化工通讯，26(1)：2 – 6.

李齐贤，1988. 松脂加工工艺[M]. 北京：中国林业出版社.

刘玉春，1999. 美国开发钻孔采脂技术[J]. 林化科技通讯(2)：12 – 16.

Fuller Thanise Nogueira, de Lima Julio Cesar, de Costa Fernanda, *et al.*, 2016. Stimulant Paste Preparation and Bark Streak Tapping Technique for Pine Oleoresin Extraction[J]. Methods in molecular biology, 1405：19 – 26.

# 第 2 章　松脂化学基础

**【本章提要与要求】**　主要介绍松脂、松香、松节油的组成，松香、松节油的化学性质，松香和松节油主要组成的结构特点，影响松香、松节油产品质量的因素。

要求掌握松脂原料的组成及比例，松香、松节油的化学组成，主要单萜、倍半萜、树脂酸的化学结构，松香、松节油的主要化学反应，松香中树脂酸的分类及特点；了解影响松香、松节油产品质量的主要因素。

松脂的化学组成及其性质是松脂加工工艺的依据，也是加工产品松香和松节油进一步深加工的基础。它们因树种、采脂工艺、地理条件和原料来源等各种因素而异。限于篇幅以及木材化学课程的基础，本章主要涉及松脂加工工艺方面。

## 2.1　松脂的组成与性质

### 2.1.1　松脂的一般性状

松脂刚从松树的树脂道流出时，无色透明，油的含量可达36%。流出后，松节油中的单萜很快挥发，树脂酸也是结晶状析出，松脂逐渐变稠，成白色半流体状或半固体状。

从林区送入工厂的松脂，常含有各种机械混合物，如松针、树皮、木片、昆虫和泥沙等。就原料而言，一般进入工厂优级松脂的平均组成为：松香74%~77%，松节油18%~21%，水分2%~4%，杂质约0.5%。

松脂静置时，树脂酸的结晶从松脂中析出下沉。上层常呈现一层黄色液体，它是由松节油和不易结晶的物质组成，松节油的含量可达50%，不易结晶的物质主要是氧化树脂酸。

长期暴露在空气中的松脂，由于松节油挥发，松脂氧化，颜色变黄并干涸，这种松香称"毛松香"，通常是采脂结束时从树上刮下来的。如果收脂间隔期长，松脂局部变黄，等级也要降低。这类松脂加工后的产品，颜色深，松节油中优油成分少。

### 2.1.2　松脂的组成

松脂是混合物，它的化学组成相当复杂。加工后的产物在室温状况下是固体状的松香和液体状的松节油。松香的主要组分是树脂酸，松节油主要是萜烯类。由于加工条件的关系，松脂加工时不能使树脂酸和萜烯部分完全分离，因此，松香中除了树脂酸外，还含有少量脂肪酸和高沸点的中性物，松节油中也含有微量树脂酸。

松脂化学组分的测定采用气相色谱仪，对我国主要采脂树种马尾松、云南松、思茅松、湿地松、华山松、南亚松等松树的松脂进行分析，松脂中的树脂酸组分都含有海松酸、山达海松酸、长叶松酸、左旋海松酸、异海松酸、脱氢枞酸、枞酸和新枞酸。有的松树的松脂中含有一些独有的组分,如南亚松的松脂中含有二元酸称南亚松酸,湿地松中含有相对较多的湿地松酸等。松脂中的酸性物质除树脂酸外,还有脂肪酸,占酸性物质的9%~10%。我国几种松树松脂中单萜、树脂酸的主要组成见表2-1。

表2-1　6种松树松脂单萜、树脂酸主要组成(%)

| 化学成分 | | 树种及产地 | | | | | | |
|---|---|---|---|---|---|---|---|---|
| | | 马尾松 | 云南松 | 湿地松 | 思茅松 | 华山松 | 南亚松 | |
| | | 广东德庆 | 福建建瓯 | 四川西昌 | 江西吉安 | 云南思茅 | 贵州贵阳 | 海南白沙 |
| 树脂酸 | 长叶松酸+左旋海松酸 | 26.7 | 19.2 | 21.9 | 19.5 | 27.1 | 23.4 | 19.7 |
| | 枞酸 | 41.6 | 50.1 | 46.7 | 29.7 | 37.3 | 64.3 | 28.4 |
| | 新枞酸 | 13.5 | 9.8 | 12.6 | 13.0 | 13.7 | 3.1 | 5.1 |
| | 去氢枞酸 | 7.0 | 6.0 | 5.5 | 9.3 | 8.6 | — | 5.6 |
| | 海松酸 | 9.2 | 9.6 | 6.0 | 5.3 | 7.4 | 微量 | — |
| | 异海松酸 | — | 3.1 | 5.3 | 19.5 | 3.8 | 0.9 | 15.4 |
| | 山达海松酸 | 2.2 | 2.2 | 2.1 | 3.7 | 2.2 | 8.9 | 7.4 |
| | 二元酸 | — | — | — | — | — | — | 18.5 |
| | 枞酸型酸 | 81.8 | 79.1 | 81.2 | 62.2 | 78.1 | 90.8 | 53.2 |
| 单萜 | α-蒎烯 | 82.8 | 89.0 | 81.6 | 52.9 | 97.4 | 80.7 | 87.3 |
| | β-蒎烯 | 8.3 | 5.4 | 6.0 | 39.4 | 0.8 | 15.5 | 9.2 |
| | 莰烯 | 2.0 | 2.0 | 1.4 | 0.8 | 0.6 | 0.4 | 1.1 |
| | 月桂烯 | 1.5 | 1.5 | 1.3 | 1.2 | 0.5 | 0.7 | 0.6 |
| | 蒈烯 | — | — | — | — | — | 0.4 | 0.7 |
| | 双戊烯 | 1.3 | 1.6 | 1.7 | 0.9 | 0.5 | 0.9 | 1.1 |
| | β-水芹烯 | 0.5 | 0.6 | 7.5 | 4.9 | 0.3 | 0.8 | — |
| 混合单萜比旋值$[\alpha]_D^{20}$ | | -45.80 | -46.20 | -39.75 | -21.85 | +52.65 | -42.35 | +39.60 |

20世纪80年代末90年代初,南京林业大学曾对广东阳江引种湿地松间伐材采集的松脂进行分析(采脂树胸径7~13cm),其单萜中β-蒎烯的含量可达49.9%。酸性物中湿地松酸含量为4.6%。在西藏米林和扎木两地高山松松脂中,萜烯的组成为:α-蒎烯为7.81%和16.96%,β-蒎烯为6.17%和3.01%,$\Delta^3$-蒈烯为13.18%和7.33%(除樟子松外我国其他松树的松脂中或缺,或含量极少),γ-萜品烯为1.69%和0.90%,苧烯为2.37%和1.01%,长叶烯为1.12%和0.45%,其他都在1%以下。

在马尾松松脂中,含有较多的倍半萜,其组成主要是α-长叶蒎烯、长叶烯、β-石竹烯等(表2-2)。其含量有随树龄的增高而增加的趋势。

表2-2　马尾松松脂倍半萜组成(%)

| 产地 | α-长叶蒎烯 | 长叶烯 | β-石竹烯 | α-荜草烯/顺β-金合欢烯 | 罗汉柏烯 | 香树烯 | 红没药烯 | 长叶环烯 |
|---|---|---|---|---|---|---|---|---|
| 广东德庆 | 5.7 | 60.4 | 18.7 | 5.2 | 0.4 | 0.4 | 1.7 | 8.2 |
| 广西梧州 | 5.0 | 66.0 | 16.8 | 4.8 | 0.3 | 0.1 | 0.5 | 6.5 |
| 福建建阳 | 5.8 | 70.6 | 13.5 | 3.4 | — | 微量 | 0.2 | 6.6 |
| 江西安远 | 4.6 | 64.9 | 18.9 | 5.1 | 0.2 | 0.1 | 0.7 | 6.0 |

一般认为马尾松松脂 β-蒎烯含量不高，但在组织马尾松高产脂力类型选育研究中发现，β-蒎烯含量较高的植株。广东出现大于20%含量（以单萜为基数）的占6%，其中高于25%含量的有3%（最高含量达37.8%），高 β-蒎烯植株出现的频率按广东、江西、安徽次序而递减。因此，从马尾松中选育出高 β-蒎烯含量的植株是可能的。

思茅松和云南松松脂中 β-蒎烯的含量与地理位置有较大关系。北回归线以北，思茅松松脂含 β-蒎烯量颇高，以南很低。同一生长地的植株之间含量差异也很大，如北回归线以北林区21个点，β-蒎烯平均含量为19.2%，其中含量8%以上的有18个点，占总林区调查点的85.7%。北回归线以南的19个调查点 β-蒎烯平均含量3%以下，其中仅3个点超过8%，为调查点数的15.8%。云南省境内的云南松松脂，β-蒎烯含量平均可达16.0%，个别植株高达39%；而四川省境内的含量平均为5.9%，最高植株也只有6.5%。

马尾松树脂酸的组成也存在地区上的差异，如枞酸型酸含量广东、江西南部的上犹县最高，其次是江西北部的上饶及安徽、浙江，福建最低，而异海松酸含量变化正好相反；枞酸型酸和海松酸型酸含量之和趋于恒定，存在互补关系，各地统计数据见表2-3。马尾松松脂中单萜、倍半萜的主要组成变化见表2-4。

**表2-3　马尾松松脂枞酸型酸、异海松酸的组成变化（平均值）**

| 地　区 | 样品数 | 异海松酸（%） | 枞酸型酸（%） | 枞酸型 + 异海松酸（%） |
| --- | --- | --- | --- | --- |
| 广东（高州、信宜、德庆、郁南） | 155 | 微量（以0计） | 83.4 | 83.4 |
| 江西（上犹） | 32 | 微量（以0计） | 83.8 | 83.8 |
| 江西（上饶） | 28 | 4.8 | 79.5 | 84.3 |
| 安徽（祁门、黟县） | 76 | 3.7 | 79.5 | 83.2 |
| 浙江（庆元、龙泉） | 38 | 4.8 | 78.5 | 83.3 |
| 福建（建瓯） | 24 | 6.7 | 78.0 | 84.7 |

**表2-4　马尾松松脂单萜、倍半萜主要组成变化（%）**

| 地　区 | 样品数 | α-蒎烯 | β-蒎烯 | 长叶烯 | β-石竹烯 | 长叶烯 + 石竹烯 |
| --- | --- | --- | --- | --- | --- | --- |
| 广东 | 208 | 75.2 | 7.2 | 7.0 | 2.0 | 9.0 |
| 江苏 | 204 | 75.8 | 6.2 | 5.6 | 3.2 | 8.8 |
| 浙江 | 41 | 71.8 | 6.6 | 8.3 | 2.5 | 14.5 |
| 安徽 | 143 | 71.3 | 4.4 | 10.3 | 5.3 | 15.6 |
| 福建 | 24 | 70.8 | 5.0 | 10.5 | 4.0 | 14.5 |

注：百分含量系单萜与倍半萜之和为基数。

松脂中还有高沸点的二萜类中性物，将在松香组成中讨论。

2011年，中国林业科学研究院热带林业实验中心等单位采集树龄分别为14年、16年、18年和20年的广西凭祥中国林业科学研究院热带林业实验中心伏波实验场马尾松人工林松脂样品进行研究，结果见表2-5、表2-6。从表2-5及表2-6可以看出，不同年龄的松脂所含主要成分较一致，但各种成分的含量有一定差异，且规律性不明显。

表 2-5　不同年龄松香主要成分及含量(%)

| 松香主要成分 | 年龄 | | | |
|---|---|---|---|---|
| | 14 年 | 16 年 | 18 年 | 20 年 |
| 海松酸 | 0.41 | 0.32 | 0.47 | 0.40 |
| 湿地松酸 | 10.39 | 8.51 | 7.01 | 9.13 |
| 异海松酸 | 1.81 | 1.86 | 1.82 | 1.50 |
| 左旋海松酸 | 52.43 | 40.77 | 47.70 | 43.20 |
| 去氢枞酸 | 0.20 | 0.27 | 0.21 | 0.31 |
| 枞酸 | 7.25 | 17.71 | 11.57 | 8.85 |
| 新枞酸 | 9.46 | 14.95 | 12.73 | 17.92 |

表 2-6　不同年龄松节油主要成分及含量(%)

| 松节油及主要成分 | 年龄 | | | |
|---|---|---|---|---|
| | 14 年 | 16 年 | 18 年 | 20 年 |
| 松节油 | 13.14 | 14.40 | 13.57 | 15.62 |
| α-蒎烯 | 78.03 | 53.02 | 70.35 | 58.48 |
| 莰烯 | 1.50 | 0.96 | 1.22 | 1.03 |
| β-蒎烯 | 3.81 | 10.92 | 4.35 | 2.34 |
| 月桂烯 | — | 0.12 | 0.05 | 0.23 |
| $\Delta^3$-蒈烯 | 1.47 | 0.33 | 0.86 | 0.51 |
| 长叶烯 | 5.82 | 22.39 | 12.80 | 12.85 |
| 石竹烯 | 4.06 | 2.78 | 4.37 | 3.05 |

4 个年龄中,20 年含油量最高为 15.62%,14 年含油量最低为 13.14%,16 年和 18 年的含油量分别为 14.40% 和 13.57%,有随着年龄增大而增加的趋势。在所含树脂酸中左旋海松酸含量最高,均超过 40%,其中 14 年含量最高达到 50.43%,而 16 年含量最低为 40.77%。新枞酸和去氢枞酸与产脂力呈正相关,20 年的新枞酸含量最高为 17.92%,其次为 16 年的 14.95%,最低为 14 年的 9.46%,而去氢枞酸在 4 个年龄中的含量随着年龄处理的增大依次为 0.20%,0.27%,0.21% 和 0.31%,有随年龄增大而增加的趋势。

同时对 6 个径级马尾松样品进行了研究,结果见表 2-7、表 2-8。从表 2-7 及表 2-8 可以看出,在 6 个径级中,26 cm 含油量最高为 18.30%,14 cm 含油量最低为 9.39%,16 cm,18 cm,20 cm,22 cm 的含油量分别为 13.70%,11.21%,17.20% 和 16.59%,随径级增大而增加的趋势。在所含树脂酸中左旋海松酸含量最高,均超过 40%,其中 16 cm 含量最高达到 53.58%,而 26 cm 含量最低为 45.13%。新枞酸含量最高是 18 cm,为 12.73%,其次是 20 cm,为 11.17%,最低是 16 cm,为 9.55%,而去氢枞酸在 4 个年龄中的含量最高是 26 cm,为 0.39%,最低是 18 cm,为 0.11%。

南京林业大学对产自缅甸的卡西亚松松脂化学成分进行了分析和鉴定,并与思茅松松脂化学成分进行了对比,结果见表 2-9。从表 2-9 可以看出,卡西亚松松脂的主要化学组成与思茅松的主要化学组成相似。

表 2-7 不同径级松香主要成分及含量(%)

| 松香主要成分 | 径级 | | | | | |
|---|---|---|---|---|---|---|
| | 14cm | 16cm | 18cm | 20cm | 22cm | 26cm |
| 海松酸 | 0.73 | 0.50 | 0.47 | 0.45 | 0.49 | 0.44 |
| 湿地松酸 | 9.96 | 10.47 | 7.01 | 8.48 | 9.98 | 7.76 |
| 异海松酸 | 1.68 | 1.82 | 1.82 | 1.43 | 1.47 | 1.56 |
| 左旋海松酸 | 47.20 | 53.58 | 47.70 | 49.64 | 50.02 | 45.13 |
| 去氢枞酸 | 0.13 | 0.21 | 0.11 | 0.36 | 0.29 | 0.39 |
| 枞酸 | 8.13 | 8.43 | 11.57 | 9.65 | 8.65 | 9.99 |
| 新枞酸 | 11.66 | 9.55 | 12.73 | 11.17 | 10.08 | 10.25 |

表 2-8 不同径级松节油主要成分及含量(%)

| 松节油及主要成分 | 径级 | | | | | |
|---|---|---|---|---|---|---|
| | 14cm | 16cm | 18cm | 20cm | 22cm | 26cm |
| 松节油 | 9.39 | 13.70 | 11.21 | 17.20 | 16.59 | 18.30 |
| α-蒎烯 | 64.19 | 63.28 | 70.35 | 68.50 | 47.07 | 54.36 |
| 莰烯 | 1.23 | 1.12 | 1.22 | 1.06 | 1.07 | 0.87 |
| β-蒎烯 | 2.30 | 3.41 | 4.35 | 4.13 | 5.98 | 3.80 |
| 月桂烯 | 0.54 | 0.31 | 0.05 | 0.07 | 0.20 | 0.29 |
| $\Delta^3$-蒈烯 | 0.12 | 0.43 | 0.86 | 0.36 | 1.68 | 0.21 |
| 长叶烯 | 14.23 | 16.98 | 12.80 | 14.11 | 26.01 | 27.25 |
| 石竹烯 | 5.15 | 3.34 | 4.37 | 4.55 | 3.97 | 3.23 |

表 2-9 卡西亚松松脂与思茅松松脂主要化学成分和含量的比较

| 类别 | 组分 | GC 含量(%) | |
|---|---|---|---|
| | | 卡西亚松松脂 | 思茅松松脂 |
| 单萜类化合物 | α-蒎烯 | 55.94 | 45.43 |
| | β-蒎烯 | 14.07 | 32.98 |
| | $\Delta^3$-蒈烯 | 1.05 | 3.34 |
| | β-水芹烯 | 28.93 | 18.25 |
| 倍半萜类化合物 | α-长叶蒎烯 | 12.28 | 8.33 |
| | 长叶烯 | 72.27 | 85.42 |
| | β-依兰烯 | 12.46 | 0 |
| 二萜类化合物 | 海松醛 | 7.00 | 5.74 |
| | 海松酸甲酯 | 11.83 | 9.32 |
| | 左旋海松酸甲酯 | 6.72 | 1.27 |
| | 长叶松酸甲酯 | 42.26 | 52.48 |
| | 去氢枞酸甲酯 | 6.66 | 4.03 |
| | 4,14-反式视黄醇 | 3.79 | 0.63 |
| | 枞酸甲酯 | 12.04 | 16.00 |
| | 新枞酸甲酯 | 6.4 | 9.28 |
| | 7,13,15-枞三烯酸甲酯 | 3.29 | 1.25 |

单萜类化合物：卡西亚松松脂的单萜类化合物中 α-蒎烯含量较多，占一半以上，而 β-蒎烯含量较低，β-水芹烯较高。思茅松松脂中 α-蒎烯和 β-蒎烯含量都较高，水芹烯相对少些。高含量 β-蒎烯是思茅松的重要特征。

倍半萜类化合物：两种松脂比较相差很大，卡西亚松脂倍半萜的种类很多，有 α-长叶蒎烯、长叶烯、β-依兰烯等，其中长叶烯含量最高，占 70% 以上，其次是长叶蒎烯和依兰烯。思茅松松脂倍半萜的种类较少，只有长叶烯和长叶蒎烯，前者含量很高，占 80% 以上。β-依兰烯是卡西亚松松脂的特征物质。

二萜类化合物：卡西亚松松脂中的中性物含量较高，主要为海松醛、4，14-反式-视黄醇等。

## 2.2 松节油的组成与性质

我国生产的松节油，绝大部分是脂松节油，木松节油已不生产，硫酸盐松节油只在大的硫酸盐法制浆厂有少量生产，本节主要讨论脂松节油的组成与性质。

### 2.2.1 脂松节油的组成

由松脂加工生产分离出的松节油叫脂松节油。松节油以单萜烯为主要成分的混合液体商品名称为优级松节油（简称优油），亦即通常所称的松节油；以倍半萜长叶烯和石竹烯为主要组成的混合液体商品名称为重级松节油（简称重油）。

#### 2.2.1.1 优级松节油的组成

优级松节油的组成因树种、松脂品质、采脂及加工方法不同而各异。我国的优级松节油以马尾松松脂加工而得的产量最大，其他还有云南松、思茅松、湿地松、加勒比松、南亚松和华山松等松脂加工而得。

20 世纪 70 年代末，中国林业科学研究院林产化学工业研究所分析了几种松树松脂中优级松节油的组成，结果见表 2-10。

表 2-10 各种优级松节油的化学组成及物理常数

| 松脂样品来源地 | 树种 | 气相色谱分析组成(%) | | | | | | 物理常数 | | |
|---|---|---|---|---|---|---|---|---|---|---|
| | | α-蒎烯 | 莰烯 | β-蒎烯 | 香叶烯 | $\Delta^3$-蒈烯 | 苎烯 | β-水芹烯 | 折射率[①] $n_D^{20}$ | 旋光度[①] $[\alpha]_D^{20}$ | 比重 $d_4^{20}$（相对密度） |
| 广西梧州 | 马尾松 | 76.5 | 2.2 | 17.1 | 1.7 | | 1.7 | 0.9 | 1.4683 | -23.63 | 0.8580 |
| 广东河源 | 马尾松 | 88.3 | 2.2 | 4.9 | 1.4 | | 2.2 | 1.1 | 1.4686 | -41.20 | 0.8570 |
| 广东德庆 | 马尾松 | 82.8 | 2.0 | 8.3 | 1.5 | | 1.3 | 0.5 | 1.4678 | -45.30 | 0.8311 |
| 广东禄步 | 马尾松 | 87.4 | 2.3 | 7.0 | 1.7 | | 1.4 | 0.2 | 1.4777 | -29.40 | 0.8574 |
| 福建武平 | 马尾松 | 81.6 | 2.55 | 10.6 | 1.4 | | 2.4 | 1.0 | 1.4698 | -41.30 | 0.8615 |
| 福建尤溪 | 马尾松 | 84.2 | 2.5 | 8.5 | 1.7 | | 2.2 | 1.0 | 1.4687 | -42.60 | 0.8572 |
| 福建建瓯 | 马尾松 | 89.0 | 2.0 | 5.4 | 1.5 | | 1.6 | 0.6 | 1.4677 | -46.20 | 0.8552 |
| 江西崇义 | 马尾松 | 89.1 | 2.4 | 4.7 | 1.7 | | 1.7 | 0.5 | 1.4687 | -42.30 | 0.8576 |
| 江西南丰 | 马尾松 | 88.8 | 2.2 | 4.7 | 1.4 | | 2.1 | 0.9 | 1.4699 | -41.60 | 0.8605 |
| 安徽宁国 | 马尾松 | 88.4 | 2.0 | 5.7 | 1.1 | | 1.9 | 0.9 | 1.4692 | -42.65 | 0.8609 |
| 安徽徽州 | 马尾松 | 89.1 | 2.0 | 5.9 | 1.1 | | 1.4 | 0.5 | 1.4652 | -45.25 | — |

（续）

| 松脂样品来源地 | 树种 | 气相色谱分析组成(%) | | | | | | | 物理常数 | | |
|---|---|---|---|---|---|---|---|---|---|---|---|
| | | α-蒎烯 | 莰烯 | β-蒎烯 | 香叶烯 | $\Delta^3$-蒈烯 | 苧烯 | β-水芹烯 | 折射率[①] $n_D^{20}$ | 旋光度[①] $[\alpha]_D^{20}$ | 比重 $d_4^{20}$（相对密度） |
| 湖南洪江 | 马尾松 | 86.2 | 0.9 | 8.9 | 1.4 | | 1.0 | 1.5 | 1.4701 | -39.90 | — |
| 四川西昌 | 云南松 | 81.6 | 1.4 | 6.0 | 1.3 | | 1.7 | 7.5 | 1.4688 | -39.75 | 0.8583 |
| 四川西昌 | 云南松 | 85.9 | 1.9 | 7.2 | 0.8 | | 1.8 | 2.2 | 1.4674 | -45.10 | 0.8595 |
| 江西吉安（粗枝型） | 湿地松 | 52.1 | 1.5 | 33.1 | 1.5 | | 1.4 | 10.1 | 1.4724 | -30.58 | 0.8590 |
| 江西吉安（中枝型） | 湿地松 | 56.6 | 1.0 | 32.0 | 1.2 | | 1.2 | 7.7 | 1.4717 | -23.35 | 0.8610 |
| 江西吉安（细枝型） | 湿地松 | 52.9 | 0.8 | 39.4 | 1.2 | | 0.9 | 4.9 | 1.4720 | -21.85 | 0.8600 |
| 广东海南红旗厂 | 南亚松 | 87.3 | 1.1 | 9.2 | 0.6 | 0.7 | 1.1 | | 1.4677 | +39.60 | 0.8600 |
| 云南思茅 | 思茅松 | 97.4 | 0.6 | 0.8 | 0.5 | | 0.5 | 0.3 | 1.4633 | +52.85 | — |
| 贵州贵阳 | 华山松 | 80.7 | 0.4 | 15.5 | 0.7 | 0.4 | 0.9 | 0.8 | 1.4663 | -42.35 | — |

注：①折射率 $n_D^{20}$ 和旋光度 $[\alpha]_D^{20}$ 在2%乙醇溶液中测定。

如前所述，商品松节油与松脂中单萜的组分一样，因树种、地理位置不同而各异。有时，同一地区、不同树种的松脂混在一起，生产出的松节油其组成就有更多的变化。因此，松节油深加工时，应先分析其原料的组成。

为了全面反映广西湿地松松脂的松节油化学组成，桂北的松脂样品取自桂林林业科学研究所、临桂凤凰山林场；桂中的取自柳州沙塘林场；桂东的取自岑溪、梧州、陆川；桂西的取自百色林业科学研究所；桂南的取自钦廉林场和三十六曲林场；南宁地区的取自广西林业科学研究院。高海拔地区松脂取自昭平林业科学研究所。每株树分别在6月、8月、10月采样3次，进行连续2年跟踪测定。

经过分析松节油主要成分含量见表2-11，由表2-11可知湿地松松节油的主要成分为α-蒎烯，β-蒎烯含量高是湿地松松节油的特征，其含量高达40%～60%。湿地松的各单株松节油成分有差异，分析结果也发现有15%的湿地松β-蒎烯含量偏低，仅有20%～25%，介于湿地松和马尾松之间。β-蒎烯含量低主要由种了变异而引起，与地域无关。例如，百色地区林业科学研究所同时引种的同一片林，在相距10 m的3株树上采割松脂而得到的松节油中β-蒎烯含量分别为24.1%，42.0%和22.1%。

表2-11 湿地松松节油主要成分含量

| 采样地点及编号 | 主要成分含量(%) | | | | | |
|---|---|---|---|---|---|---|
| | α-蒎烯 | 莰烯 | β-蒎烯 | 月桂烯 | 双戊烯 | α-松油烯 |
| 苍梧-1 | 42.10 | 0.82 | 50.35 | 微量 | 3.85 | 1.05 |
| 苍梧-2 | 38.13 | 0.84 | 48.51 | 0.90 | 4.25 | 0.63 |
| 苍梧-3 | 38.17 | 0.81 | 52.64 | 0.11 | 5.96 | 0.71 |
| 岑溪-1 | 44.54 | 0.80 | 49.22 | 0.08 | 4.32 | 0.37 |
| 岑溪-2 | 30.26 | 0.55 | 57.79 | 1.38 | 8.33 | 0.51 |
| 昭平-1 | 50.68 | 0.95 | 42.46 | 1.32 | 3.69 | 0.15 |
| 昭平-2 | 42.98 | 0.87 | 40.64 | 1.28 | 11.75 | 0.23 |
| 昭平-3 | 31.72 | 0.61 | 57.89 | 3.20 | 5.19 | 0.65 |
| 昭平-4 | 34.70 | 0.62 | 54.25 | 1.19 | 8.29 | 0.83 |
| 藤县 | 46.87 | 0.54 | 43.13 | 微量 | 6.44 | 0.28 |
| 陆川-1 | 44.22 | 0.37 | 48.60 | 微量 | 4.77 | 0.25 |

（续）

| 采样地点及编号 | 主要成分含量(%) | | | | | |
|---|---|---|---|---|---|---|
| | α-蒎烯 | 莰烯 | β-蒎烯 | 月桂烯 | 双戊烯 | α-松油烯 |
| 陆川-2 | 35.43 | 0.64 | 56.80 | 1.08 | 5.56 | 0.45 |
| 钦州-1 | 50.20 | 0.89 | 38.80 | 1.21 | 7.30 | 0.60 |
| 钦州-2 | 52.76 | 0.74 | 42.61 | 0.04 | 1.80 | 0.31 |
| 钦州-3 | 50.65 | 0.87 | 41.45 | 0.95 | 4.75 | 0.68 |
| 百色-1 | 60.01 | 1.19 | 24.16 | 0.17 | 8.61 | 3.62 |
| 百色-2 | 43.20 | 0.60 | 42.00 | 1.04 | 6.47 | 5.90 |
| 百色-3 | 70.38 | 0.78 | 22.10 | 0.80 | 1.28 | 4.39 |
| 桂林 | 46.20 | 0.76 | 44.40 | 0.86 | 5.73 | 1.99 |
| 柳州-1 | 45.50 | 0.67 | 46.70 | 0.76 | 4.88 | 1.20 |
| 柳州-2 | 53.80 | 0.60 | 43.10 | 0.80 | 1.70 | 1.80 |
| 南宁 | 55.87 | 1.10 | 24.40 | 1.36 | 15.20 | 1.10 |
| 临桂-1 | 71.16 | 0.97 | 21.80 | 0.71 | 3.25 | 1.62 |
| 临桂-2 | 51.91 | 0.69 | 35.43 | 0.86 | 9.45 | 1.15 |
| 临桂-3 | 60.60 | 0.59 | 30.80 | 0.73 | 5.78 | 0.98 |

湿地松松节油不含长叶烯和石竹烯，这也是湿地松松脂的特征。

一些国家和地区脂松节油的主要组成见表2-12。

表2-12  一些国家和地区脂松节油的主要组成

| 来源 | α-蒎烯 | | β-蒎烯 | | 苧烯(%) | $\Delta^3$-蒈烯(%) |
|---|---|---|---|---|---|---|
| | 含量(%) | 旋光度(%) | 含量(%) | 旋光度(%) | | |
| 美洲 | 65 | −42 | 30 | | 3 | |
| | 75 | +25 | 20 | −21.8 | | |
| 法国 | 60 | −47.2 | 27 | −21.5 | 2 | |
| 希腊 | 95 | +48 | 2 | | 3 | |
| 印度 | 85 | +37 | 5 | | 5 | |
| 日本 | 85 | −41 | 10 | | | 5 |
| 毛里求斯 | 45 | −25 | 46 | | 6 | |
| 新西兰 | 85 | +3.1 | 65 | −21.5 | | |
| 葡萄牙 | 80 | −42 | 17 | −21.5 | 3 | |
| 俄罗斯 | 75 | +28.8 | | | | 15 |

### 2.2.1.2 重级松节油的组成

重级松节油只有在马尾松松脂加工产区生产，因其松脂中含有较多的倍半萜，沸点较高，与沸点较低的单萜类混在一起利用不方便，因此须分开收集。其组成与松脂中的相应，只是在加工时，如果分离不好，重级松节油中含有少量单萜的成分。它们也随地区、树龄、季节不同而有所变化。一般情况下，长叶烯加石竹烯约含80%。

## 2.2.2 松节油的性质

松节油的性质一般由它含有的主要成分所决定。

### 2.2.2.1 松节油的物理性质

松节油是透明无色、具有芳香气味的液体,是一种优良溶剂,能与乙醚、乙醇、苯、二硫化碳、四氯化碳和汽油等互溶,不溶于水。易挥发,属二级易燃液体,它的一般物理性质见表2-13。

表2-13 松节油的一般物理性质

| 指 标 | 数 值 |
|---|---|
| 外观颜色 | 透明带有芳香气味的液体优级、一级松节油无色,重级松节油淡黄色 |
| 比热 | 0.45~0.47 |
| 导热系数[W/(m²·K)] | 0.136 |
| 热值(kJ/kg) | 45426.8 |
| 闪点(开口式)(℃) | 35 |
| 爆炸下限(体积%) | 0.8(32~35℃) |
| 爆炸下限(g/m³) | 45 |

松节油是液体萜烯的混合物,它的物理性质如相对密度、折射率(折光指数)、比旋值、沸点、黏度等,与油的组成有关。如马尾松的松节油是左旋的,湿地松的松节油也是左旋的,就是因为松节油中的α-蒎烯是左旋的,而思茅松和南亚松的松节油具右旋性,其中的α-蒎烯是右旋的。松节油中主要成分的物理性质见表2-14。

表2-14 松节油中主要成分的物理性质

| 名 称 | 结构式 | 相对密度 $d_4^{20}$ | 沸 点 (℃/kPa) | 熔 点 (℃) | 折射率 $n_D^{20}$ | 旋光度(°)$[\alpha]_D^{20}$ (在乙醇中) | 用做鉴定的衍生物 名称 | 熔点(℃) |
|---|---|---|---|---|---|---|---|---|
| α-蒎烯 | 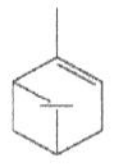 | 0.8578 | 155~156 | — | -1.4653 | +48.3 | 亚硝基氯化物 | 102~103 |
| β-蒎烯 | 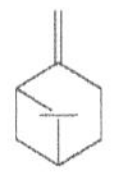 | 0.8712 | 162~163 | — | 1.4787 | -22.44 | β-蒎酸 | 126~128 |
| 二聚戊烯(双戊烯) | 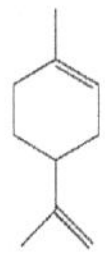 | 0.8420 | 175~176 | — | 1.4750 | 不旋光 | 四溴化物 | 125~126 |
| 苧烯 | 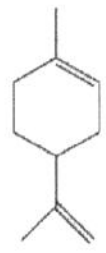 | 0.8420 | 175~176 | — | 1.4750 | 由±123±125 | 四溴化物(旋光性) | 104~105 |

（续）

| 名 称 | 结构式 | 相对密度 $d_4^{20}$ | 沸 点 (℃/kPa) | 熔 点 (℃) | 折射率 $n_D^{20}$ | 旋光度(°)$[\alpha]_D^{20}$ (在乙醇中) | 用做鉴定的衍生物 名称 | 熔点(℃) |
|---|---|---|---|---|---|---|---|---|
| $\Delta^3$-蒈烯 | | 0.8645 | 170~171 | — | 1.4723 | ±17.1 | 硝酯肟 | 140~142 |
| 莰烯 | | 0.8422 | 158~160 | 47~52 | 1.4551 | +18 | 异龙脑 | 212 |
| α-水芹烯 | | $d_{15}$ 0.8480 | 173~175 | — | 1.4769 | ±84 | α-亚硝酯肟 β-亚硝酯肟 | 113 103 |
| β-水芹烯 | | 0.8413 | 171~172 | — | 1.4868 | — | α-亚硝酯肟 β-亚硝酯肟 | 102 97~98 |
| α-香叶烯 (α-月桂烯) | | 0.7912 | (53~54) /1.06 | — | 1.4670 | | | |
| β-香叶烯 (β-月桂烯) | | 0.7898 | 166~168 | — | 1.4699 | 无旋光性 | | |
| 对异丙基甲苯 (对伞花烃) | | 0.8573 | 176 | −67.94 | 1.4904 | 无旋光性 | 对苯二甲酸 | 300 |
| 异松油烯 (α-萜品油烯) | | 0.8623 | 183~185 | — | 1.4860 | 无旋光性 | 四类化物 | 116 |
| α-松油烯 (α-萜品烯) | | 0.8350 | 173~175 | — | 1.4794 | 无旋光性 | 亚硝酸肟 | 155 |
| 长叶烯 | | $d_{30}^{30}$ 0.9284 | 254~256 (150~151) /4.78 | — | $n_D^{30}$ 1.4950 | $[\alpha]_D^{30}$ +42.73 | 长叶烯 HCl 衍生物 | 59~60 |
| α-石竹烯 | | $d_4^{25}$ 0.8865 | 123/10mm (147~148) /1.6 | | $n_D^{20}$ 1.5038 $n_D^{20}$ 1.5015 | $[\alpha]_D^{20}$ −4°40′ $[\alpha]_D^{25}$ 0.0° | 亚硝基氯化物 | 177 |
| β-石竹烯 | | $d_4^{17}$ 0.9052 | (118~119) /1.29 | — | $n_D^{17}$ 1.5009 | $[\alpha]_D^{16}$ −8°31′ | 亚硝基氯化物 | 159 |

#### 2.2.2.2 松节油的化学性质

松节油的化学性质由它含有的各种成分所决定，优级松节油中大部分是蒎烯，重级松节油长叶烯的含量较多，因此，本节阐述以蒎烯和长叶烯所能产生的反应为重点。萜烯类的反应是由于它们具有的双键和环结构。

(1) 异构反应

蒎烯在钛催化剂的作用下易起异构化反应，反应产物以莰烯和三环萜烯为主，副反应为双戊烯、异松油烯、小茴香烯等。莰烯可进一步制成樟脑、合成檀香等。双戊烯、异松油烯在酸性条件下转变为α-松油烯，它能制成定香型香料非兰酮，与马来酐加成环氧树脂。

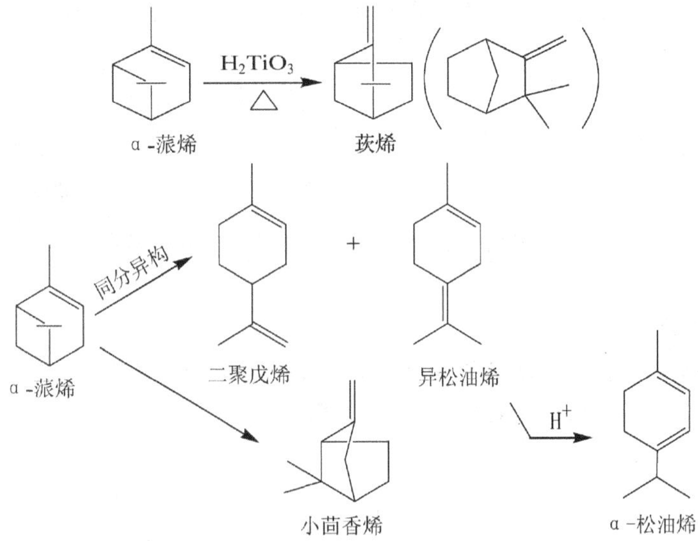

α-蒎烯与β-蒎烯互为异构体，α-蒎烯环内双键较为稳定，因此一般条件下，α-蒎烯不易异构成β-蒎烯。

用丝光沸石和固体超强酸为催化剂时，蒎烯还可生成多种异构体，这些反应尚未用于生产。

长叶烯(1)经过酸催化异构可以得到异长叶烯(2)。在最剧烈的条件下可发生重排芳构化得到1,1-二甲基-7-异丙基-1,2,3,4-四氢萘(3)。其重排反应可能的机理如图2-1所示。异长叶烯可以合成异长叶烷酮、异长叶烯酮、乙酸异长叶烯酸等具有木香和龙涎—琥珀香香气的香料。

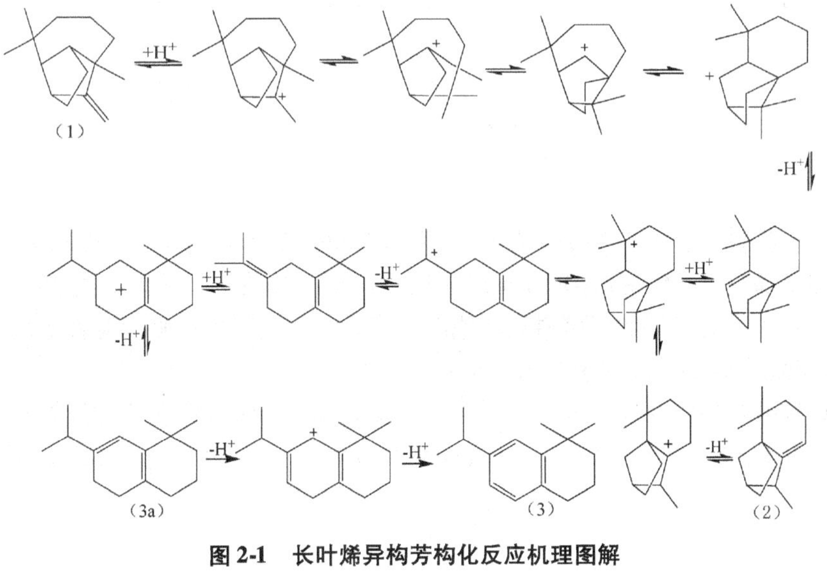

**图2-1　长叶烯异构芳构化反应机理图解**

(2) 氧化反应

蒎烯在空气中，在有水分和阳光的情况下，易吸收氧而变成黄色树脂状产物，因此，松节油包装时应先尽量出去存留的水分。为防止松节油的黄化，可加入阻化剂。

α-蒎烯被臭氧或高锰酸钾氧化，可获得蒎酮酸，蒎酮酸再以次氯酸钠或次溴酸钠进行氧化可得到蒎酸，蒎酸在氧化转变为低蒎酸（一种不能再继续氧化的稳定化合物）。蒎酸和蒎酮酸是有机合成原料，可用来制造增塑剂、润滑剂、合成树脂、化学助剂等。

$$\text{α-蒎烯} \xrightarrow[\text{或}KMnO_4]{O_3} \text{蒎酮酸} \xrightarrow{NaOCl \atop NaOBr} \text{蒎酸} \xrightarrow[\text{或}KMnO_4]{[O]} \text{低蒎酸}$$

β-蒎烯以四醋酸铅氧化，并进行一系列反应，可制得紫苏系列产品，用于作食品添加剂、香料、甜味剂等。

(3) 加成、水合反应

α-蒎烯在酸催化剂（硫酸、磷酸等）的作用下，易与水分子加成水合，生成水合萜二醇，它在室温下为白色晶体，在医药工业中用做止咳药。

$$\text{α-蒎烯} + H_2O \xrightarrow[(30\%H_2SO_4)]{H^+} \text{水合萜二醇} \cdot H_2O$$

水合萜二醇在0.2%硫酸或0.5%磷酸作用下，脱去1分子水，得到萜烯醇的混合物（粗松油醇其主要产物为α-松油醇（图2-2）。粗松油醇经减压蒸馏后，得精制松油醇，含醇量90%以上，是一种价格低廉的合成香料，具有紫丁香型的芳香和甜味，作为香精和调和香料。含醇量为40%~80%的产品用作矿物浮选剂或家庭和工业除垢剂、杀菌剂和消毒剂。合成松油按含醇量不同而分级。

α-蒎烯以固体酸（分子筛）为催化剂，可直接水合成龙脑、异龙脑和松油醇为主的产物。

α-蒎烯、β-蒎烯、莳烯在沸石的催化下于实验室还可进行水合反应，制得系列产品。

α-蒎烯和莳烯与亚硝酰氯（NOCl）起加成反应，生成结晶状固体的α-蒎烯异亚硝基氯化物，熔点102~103℃，莳烯和亚硝酰氯亦能起加成反应生成莳烯异亚硝基氯化物，熔点106~107℃，这是用来鉴定α-蒎烯和莳烯的古老方法。

长叶烯以稀酸为催化剂进行水合，可得长叶莰醇（longiborneol）和长叶莰烷-9-醇（longibornan-9-ol），还生成水合长叶莰烯（longicamphene hydrate）。前二者具有起泡性，可用于浮选有色金属。

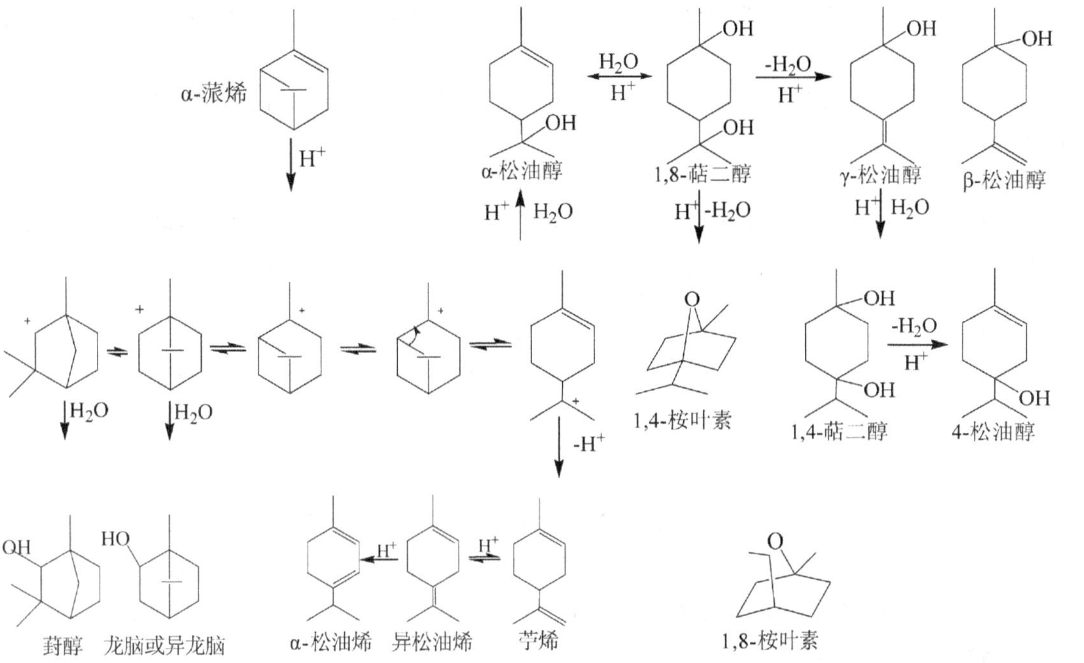

**图2-2  α-蒎烯水合反应合成松油醇的途径**

(4) 热解反应

蒎烯在较高的温度下发生开环反应。

α-蒎烯热解时生成双戊烯和罗勒烯，罗勒烯不稳定，易异构成别罗勒烯。

别罗勒烯有3个双键，具有良好的反应性，可制成多种醇、醛和酯，它们都是有用的香料。

β-蒎烯通过灼热管(400~700℃)热裂解也可得到别罗勒烯。

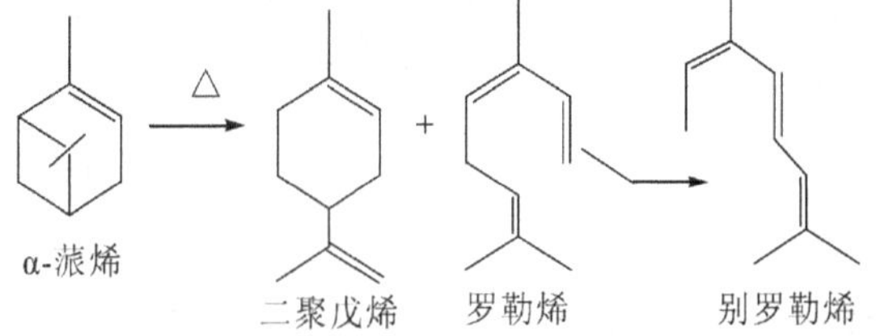

β-蒎烯热裂解时生成约77%~81%的香叶烯(月桂烯)，9%~10%苧烯，3%~4% 1(7),8-对-萜二烯，以及少量其他产物。

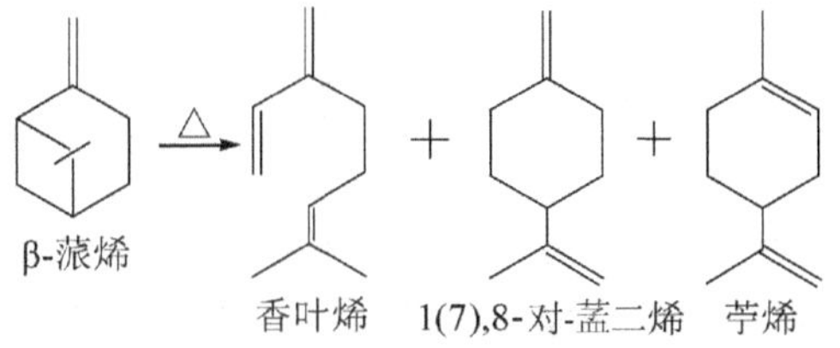

月桂烯再与氯化氢反应、酯化、皂化反应可以制得香叶醇，橙花醇，芳樟醇及其衍生物。这些都是用量较大、用途较广的香料。合成芳樟醇还是合成维生素E的中间体。

此外，月桂烯通过一系列的反应，可以制成多种有价值的香料，如新铃兰醛、新铃兰腈、柑青醛、甲基柑青醛，以及龙涎酮等。

如将蒎烯蒸汽通过灼热的玻璃管，可得到气态的产物（如乙烯、丙烯、丁烯等），也可得到双戊烯、二乙烯等。

(5) 酯化反应

α-蒎烯在乙酸酐或偏硼酸酐的催化作用下，与草酸反应酯化生成草酸龙脑酯，然后水解（皂化）制得龙脑，这是目前生产合成龙脑（冰片）的主要方法，用于医药和香料。

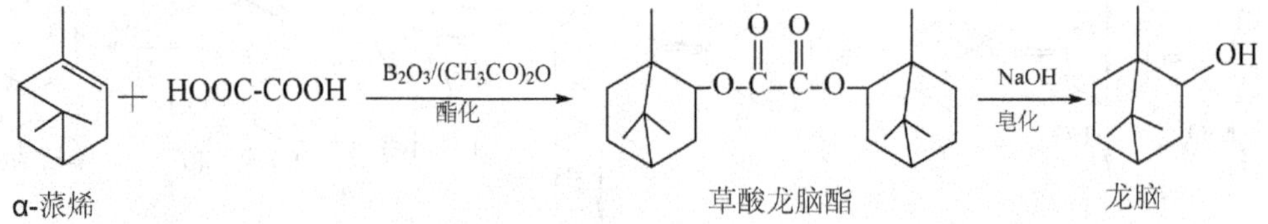

$$\text{α-蒎烯} + \text{HOOC-COOH} \xrightarrow[\text{酯化}]{B_2O_3/(CH_3CO)_2O} \text{草酸龙脑酯} \xrightarrow[\text{皂化}]{NaOH} \text{龙脑}$$

在合成樟脑的过程中，蒎烯异构生成的莰烯在酸催化下与乙酸反应酯化，生成乙酸异龙脑酯，高纯度的乙酸异龙脑酯（含量97%以上）本身就是香料。在合成樟脑过程中，使之进一步水解（皂化）和脱氢而制成合成樟脑。莰烯用处理过的天然丝光沸石作催化剂也可与乙酸起反应，得到乙酸异龙脑酯。

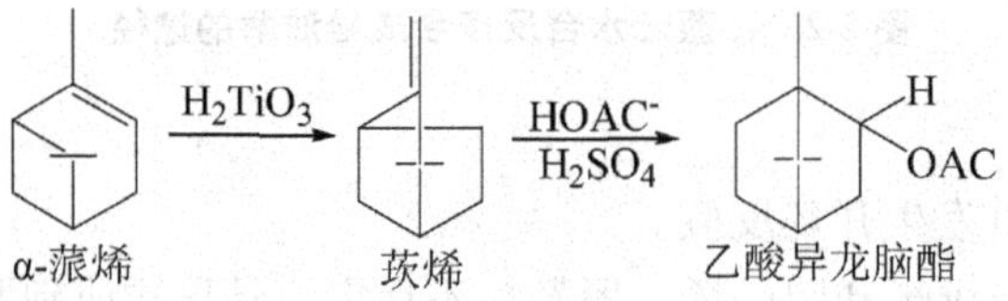

$$\text{α-蒎烯} \xrightarrow{H_2TiO_3} \text{莰烯} \xrightarrow[H_2SO_4]{HOAC^-} \text{乙酸异龙脑酯}$$

长叶烯与甲酸在催化作用下合成甲酸长叶烯酯是具有木香、龙涎香和清香气息的香料，用以调制多种香精。

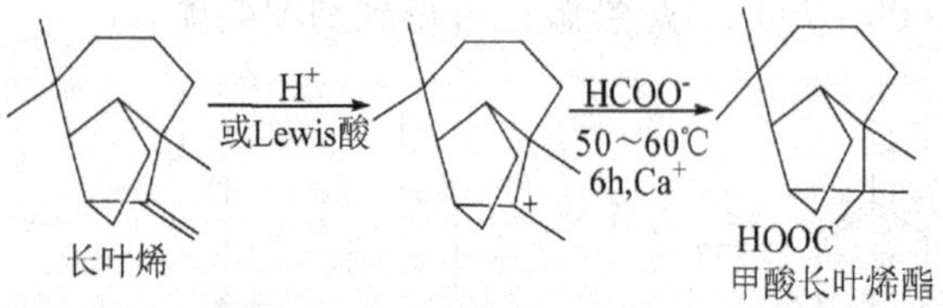

$$\text{长叶烯} \xrightarrow{H^+ \text{或Lewis酸}} \xrightarrow[6h, Ca^+]{HCOO^-, 50\sim60℃} \text{甲酸长叶烯酯}$$

(6) 氢化反应

蒎烯都能氢化，生成物为顺式或反式蒎烷，其相对含量取决于催化剂。

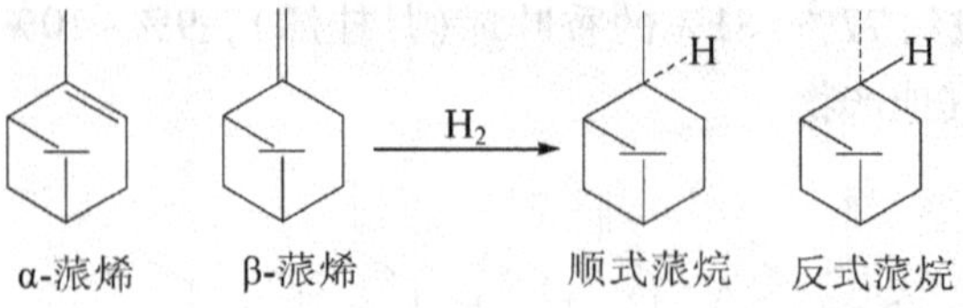

$$\text{α-蒎烯}, \text{β-蒎烯} \xrightarrow{H_2} \text{顺式蒎烷}, \text{反式蒎烷}$$

蒎烷是一个相对重要的中间体，它可以制成多种香料。如蒎烷经氧化得到蒎烷氢过氧化物，再经还原、裂解反应，这是制取合成芳樟醇的另一途径，可以用α-蒎烯作原料。

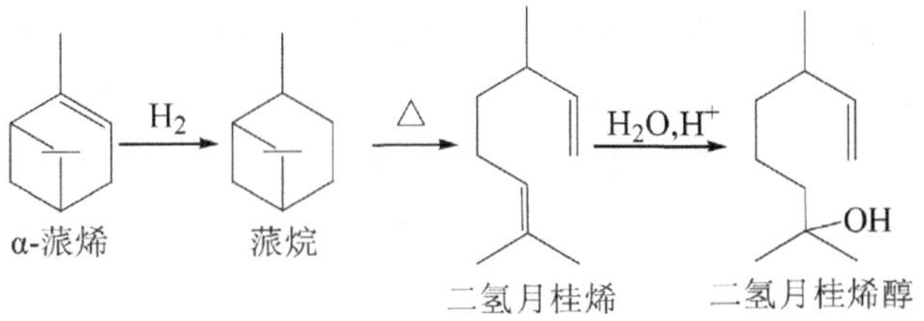

蒎烷还可以直接裂解，得到二氢月桂烯。二氢月桂烯再经水合反应，即得二氢月桂烯醇，是一种花香型香料。二氢月桂烯还可制阿弗曼系列香料和玫瑰型香料。

(7) 脱氢反应

α-蒎烯在碘、硫等试剂的作用下脱氢，生成对-异丙基甲苯(对-伞花烃)。

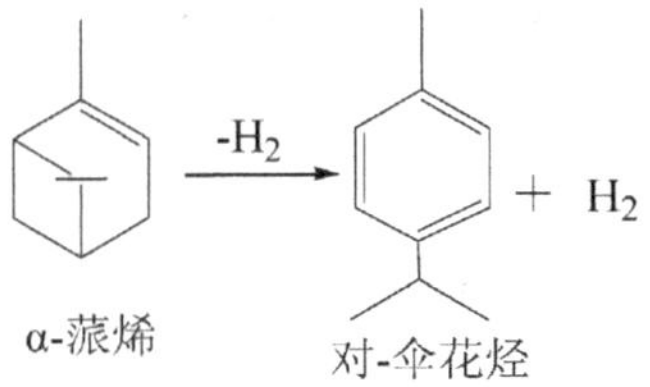

对-异丙基甲苯在硝酸的作用下氧化，生成对-苯二甲酸，再酯化，为制得涤纶的原料，这个路线因成本高而废止。对-异丙基甲苯还可制麝香型香料及农药等。

(8) 环氧化反应

蒎烯经过氧乙酸氧化得到2,3-环氧蒎烷，它在Lewis酸或溴化锌催化下异构重排为樟脑醛，本身有樟脑和松木样香气，并可制成系列檀香型香料。

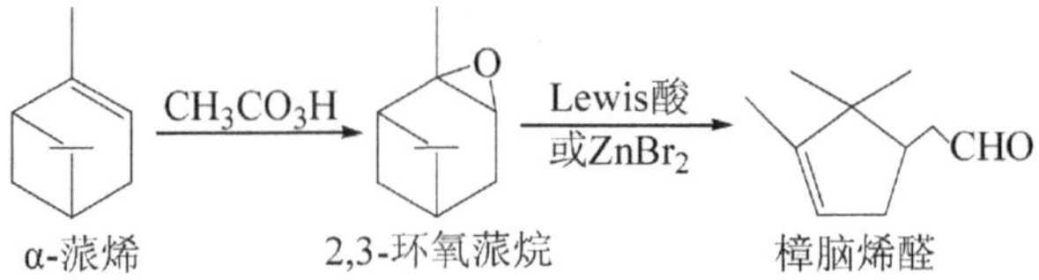

β-蒎烯经过氧乙烯氧化，生成2,10-环氧蒎烯，是一种具有迷迭香似的香气。它在硝酸铵的催化作用下，经异构反应可得51.6%的桃金娘烯醇和33.4%的紫苏醇。

(9) 聚合反应

α-蒎烯、β-蒎烯、双戊醇等的有机溶液在Lewis酸(如 $AlCl_3$，$AlBr_3$，$SnCl_4$，$TiCl_4$，$BF_3$，

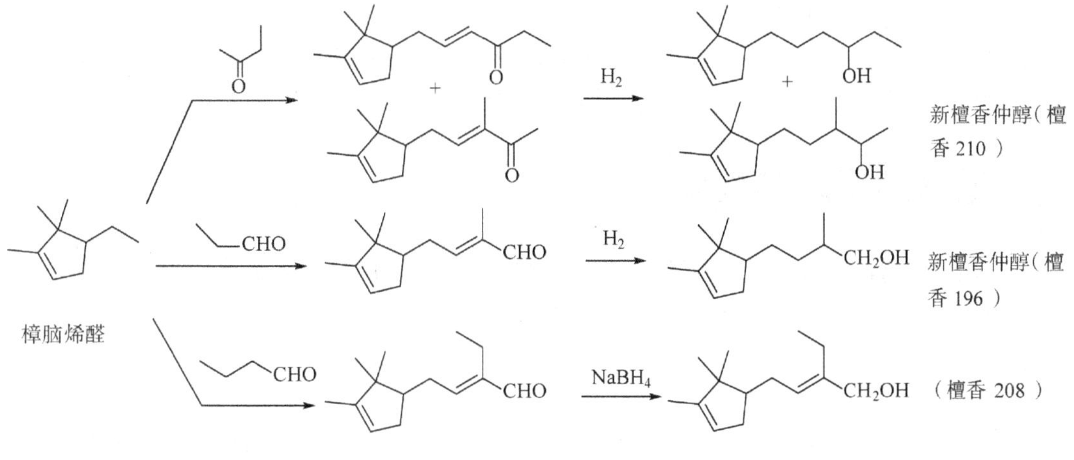

ZrCl$_4$，BiCl$_3$，SbCl$_3$，ZnCl$_2$等)的催化作用下均能被聚合，用得较多的是 AlCl$_3$。阳离子催化聚合都经过链引发、链增长、链终止阶段。

蒎烯、双戊烯、长叶烯等单体，通过阳离子催化进行聚合，聚合产物分别称为 α-蒎烯树脂、β-蒎烯树脂、双戊烯树脂等，是优良的增黏剂，广泛应用于胶黏剂、热熔涂料、橡胶、包装、油墨等工业部门。

3 种萜烯的聚合由于分子结构上的差别，β-蒎烯具有环外亚甲基，双戊烯具有末端亚甲基，均较易于聚合，而 α-蒎烯没有环外亚甲基，比较难以聚合。因此，在 α-蒎烯聚合时，除主催化剂外，常常使用助催化剂，稳定链增长的正碳离子，延长它的停留时间，使其能在这段时间内能与另一个 α-蒎烯相撞而聚合。这里就 α-蒎烯为例说明聚合过程。

链引发：研究发现，α-蒎烯与催化剂生成的 H$^+$ 作用所生成的正碳离子 I 在发生聚合之前首先异构成 II 和 III 两种正碳离子，它们的比例为 76:24。

α-蒎烯通过正碳离子 II 和 III 进行链增长。

链终止：除了因溶剂而生成末端基团使链终止外，聚合过程中因异构而生成莰烯、桂异莰烷、对异丙基甲苯、冰片基氯等稳定结构的副产物，链亦不再增长而终止。

## 2.3 松香的组成与性质

松脂加工制得的松香，其组成除与松脂原料有关外，还因松脂的贮存、运输、加工过程与方法不同而异。组成不同，其性质也随之而有所变化。

### 2.3.1 松香的组成

松香是一种复杂的混合物，其主要成分是树脂酸，还有少量的脂肪酸和中性物质。

1976年，中国林业科学研究院林产化学工业研究所与南京林业大学曾对福建省尤溪县林产化工厂和江西省安远县化工厂生产的马尾松松香进行了树脂酸、脂肪酸和中性物含量测定。中性物含量测定采用 ASTM D-1065-56 法，脂肪酸含量测定用盐酸甲醇法，这两种方法测定误差较小，测定结果为：两地生产的工业松香树脂酸含量 85.63%~88.72%，脂肪酸含量 2.26%~5.44%，中性物质含量 5.24%~7.63%。

### 2.3.1.1 松香的主要成分

**1）树脂酸**

松香的主要成分是树脂酸。它是各种同分异构树脂酸的熔合物。它们具有同一分子式 $C_{19}H_{29}COOH$。可以认为是以羧基代替甲基的二萜类含氧衍生物。

（1）树脂酸的命名

关于各种树脂酸的命名是首先从某树种的树脂中分离和鉴定出的某树脂酸，就以此树种的名字命名。其化学结构系统命名的位次编排有3种，现以枞酸为例说明。图2-3中结构式(1)作为罗汉松烷的衍生物，按甾类化合物的编号法，三环母核依次用 A，B，C 编号，这是美国化学文摘自1963年后采用的。结构式(2)按菲的结构位次编号是美国化学文摘1963年前采用的。结构式(3)按国际纯粹与应用化学协会（IUPAC）规则称树脂酸为枞烷的衍生物而命名，三环母核依次用 A，B，C 编号。1976年国际纯粹化学与应用化学协会部分采用劳氏（Rowe）建议的基于海松烷、异海松烷、枞烷和劳丹烷的暂行命名法，称 IUPAC/Rowe 法。就目前来看，采用结构式(1)编号较为普遍。在结构式中，为了区别在不对称碳原子上氢及取代基的空间位置，习惯上用虚实线表示。β-位在平面之上，以实线（或楔形）表示，此时氢可以用黑点表示；α-位在平面之下，以虚线表示，此时氢可用圆圈表示，如图2-4所示。

（2）树脂酸的结构与分类

树脂酸是一类化合物的总称，它们大多具有三环菲骨架，二个双键的一元羧酸。少量为劳丹烷骨架和个别具二元羧酸。各种树脂酸的结构是由双键和烷基取代基联合的可能位置的结果。各种树脂酸烷基取代基、双键和羧基的位置的不同，已经确定的树脂酸有13种，其结构式如图2-3所示。

从图2-4所示的树脂酸结构进行分析，以烷类表示，可分为海松酸型、异海松酸型、枞酸型、劳丹型4种基本骨架。它们的骨架、位次编号及碳上氢的表示法如图2-4所示。

对图2-4的树脂酸结构进行分类，按照树脂酸连接在 C-13 上的烃基构型不同和双键位置的不同，可将树脂酸分为3个主要类型：

①枞酸型树脂酸　这类型的树脂酸在 C-13 位置上有一个异丙基与之相连。它们具有共轭双键，易受热或酸的作用而异构化，且易被空气中的氧而氧化。这类树脂酸如图2-3 枞酸(1)、左旋海松酸(2)、新枞酸(3)和长叶松酸(4)。脱氢枞酸与二氢枞酸比较稳定，不易起化学反应。四氢枞酸自然界不存在。枞酸型树脂酸(1)~(4)受热或酸异构时形成一种主要是枞酸的平衡混合物，所有具共轭双键的树脂酸加热至200℃时，平衡产物几乎都是81%枞酸、14%长叶松酸和5%新枞酸。在紫外线区域内，它们显示出强烈的吸收光谱。在250~270℃下枞酸型树脂酸部分脱氢，生成脱氢枞酸，完全脱氢时生成苊烯(1-甲基-7-异丙基菲)。枞酸型树脂酸加氢时得到3种二氢异构体，最稳定的是 $\Delta^{8(9)}$-二氢枞酸。

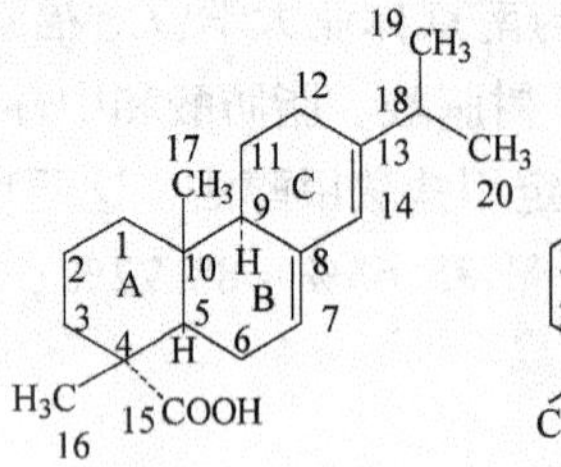

结构式（1） 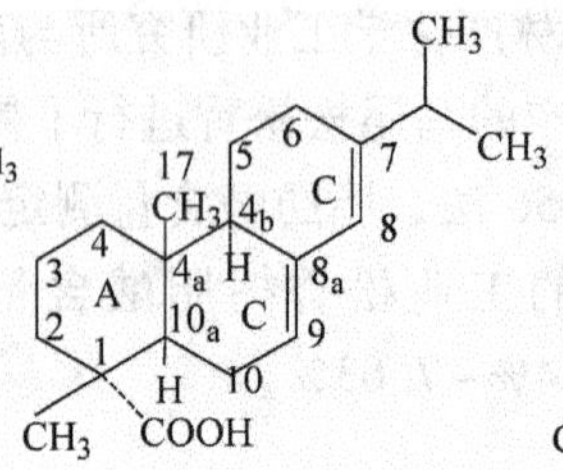　　结构式（2） 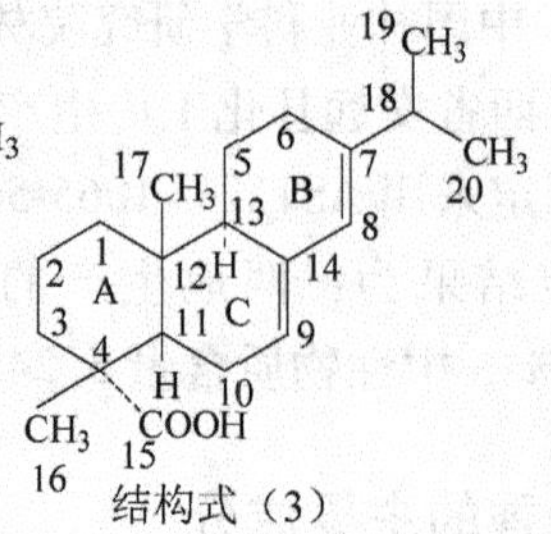　　结构式（3）

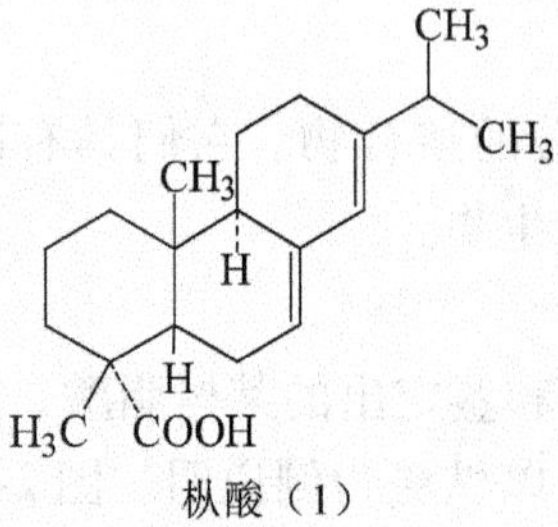

枞酸（1） 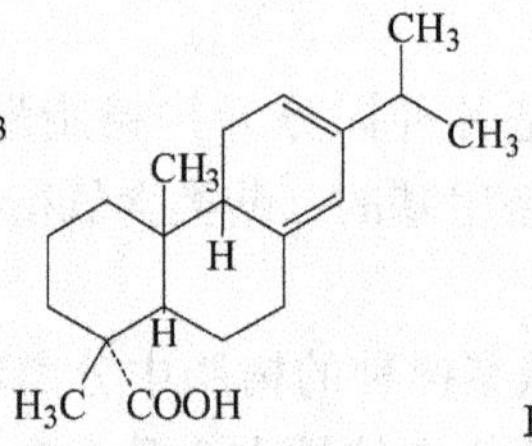　　左旋海松酸（2） 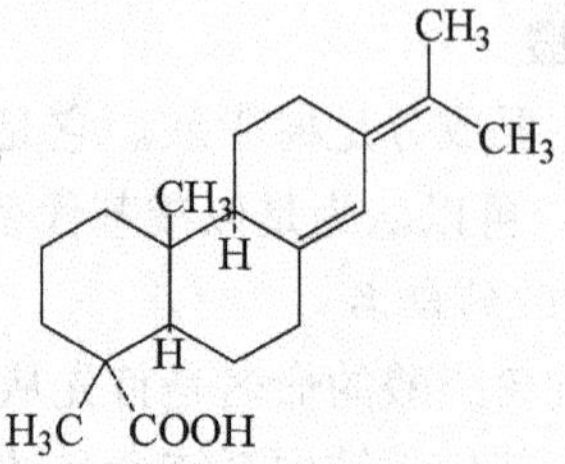　　新枞酸（3）

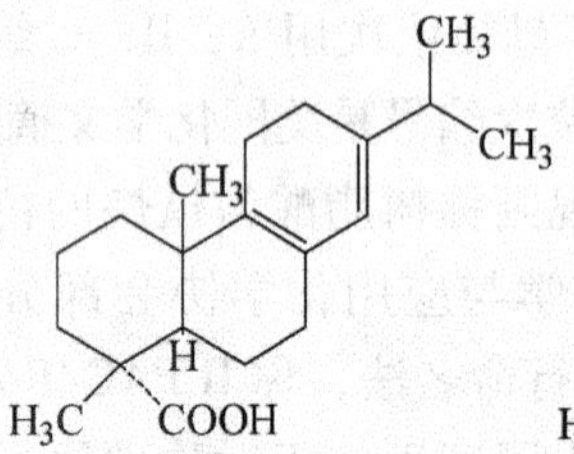

长叶松酸（4） 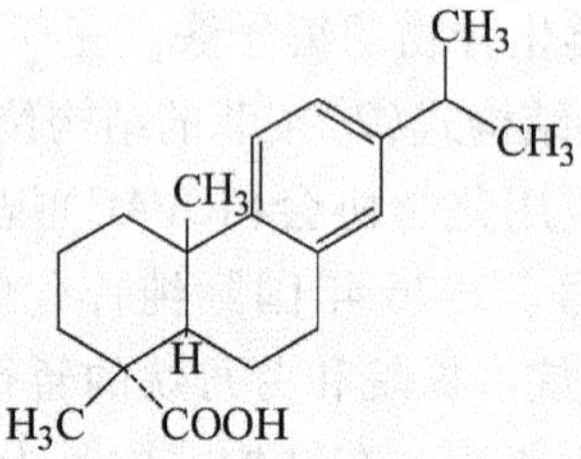　　脱氢枞酸（5） 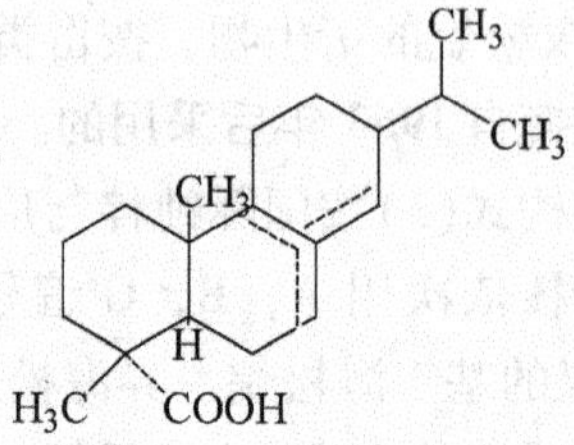　　二氢枞酸（三种可能）（6）

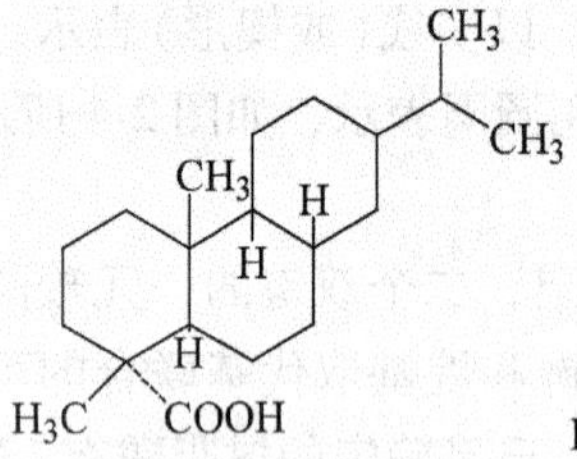

四氢枞酸（7） 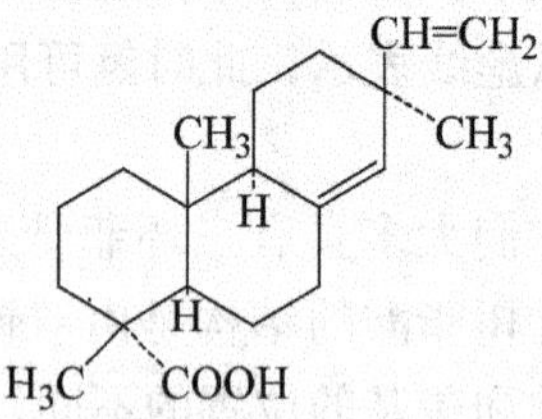　　海松酸（8） 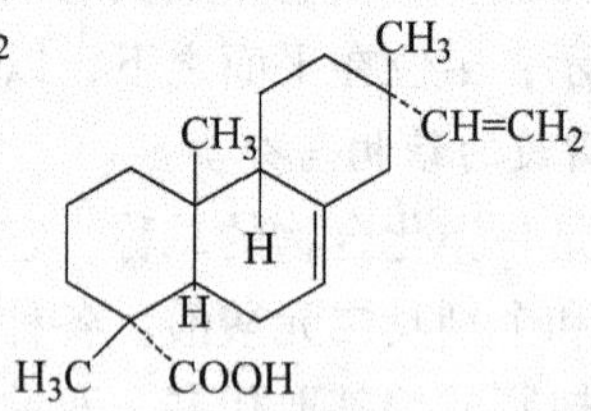　　异海松酸（9）

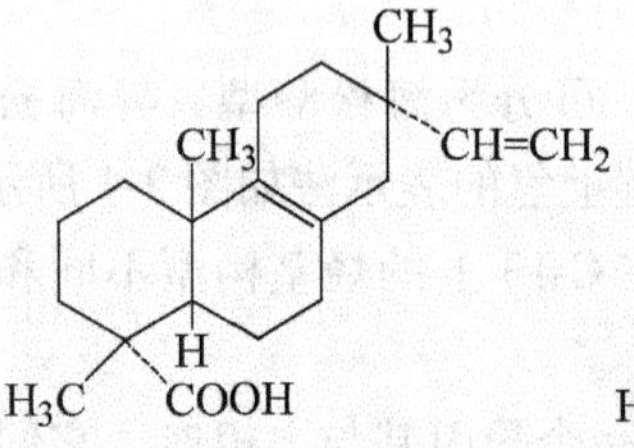

Δ8（9）-异海松酸（10） 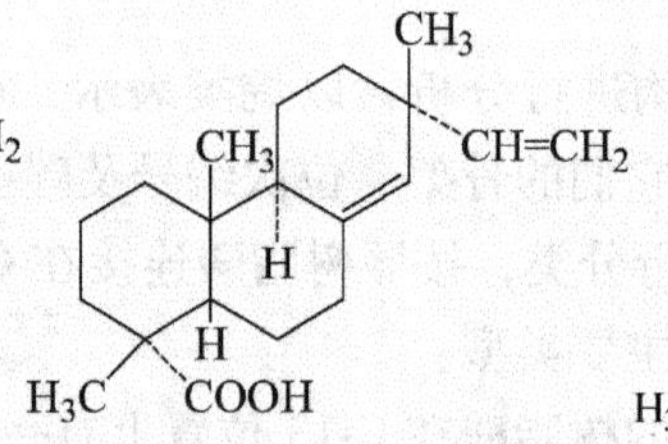　　山达海松酸（11） 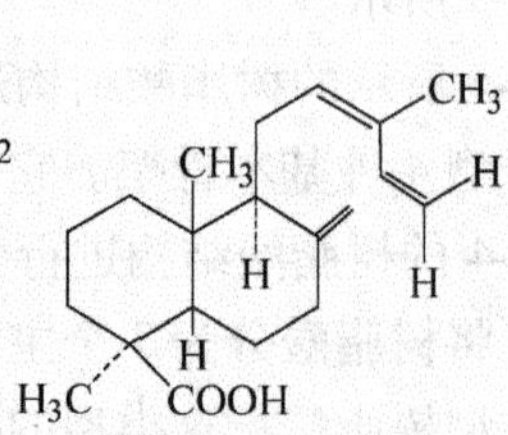　　湿地松酸（12）

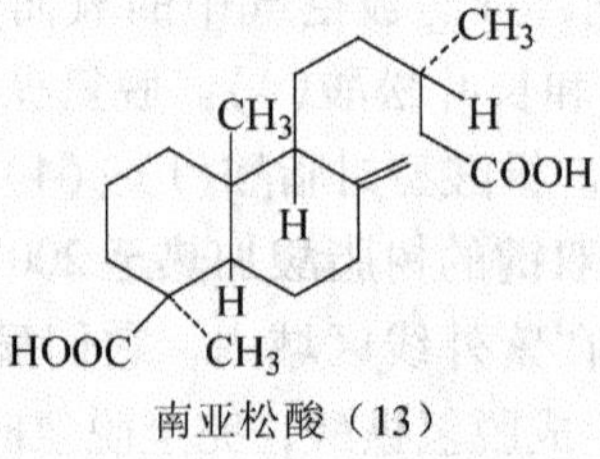

南亚松酸（13）

**图 2-3　树脂酸结构式**

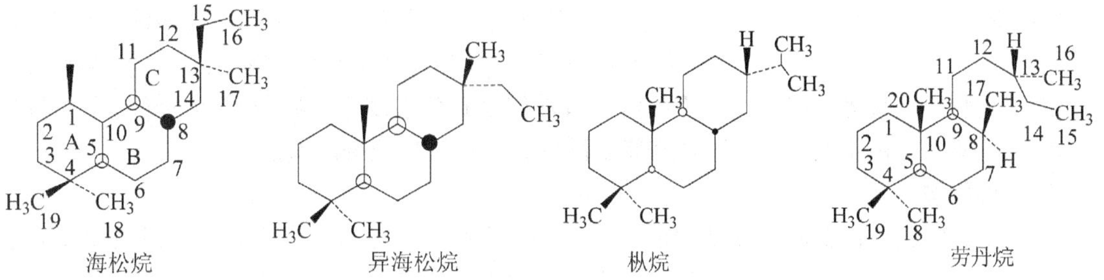

图 2-4 树脂酸结构的基本骨架

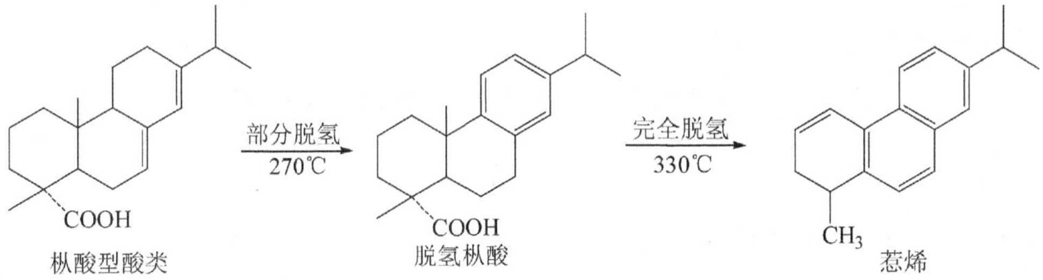

枞酸型酸类 →(部分脱氢 270℃)→ 脱氢枞酸 →(完全脱氢 330℃)→ 苊烯

②海松酸型树脂酸　这类树脂酸有海松酸(8)、$\Delta^{8(9)}$-异海松酸(10)、异海松酸(9)、山达海松酸(11)等(图2-3)。由于在C-13位置上的碳原子是第四碳原子(四面性),有一个甲基和一个乙烯基与之相连,因此它们所具有的两个双键不可能是共轭的。对热和酸的作用相对稳定,在紫外线区域有弱的吸收作用。于温和的条件下海松酸型树脂酸脱氢而得到烃(1,7-二甲基-7-乙基-5,6,7,8-四氢菲),完全脱氢时生成海松烯(1,7-二甲菲)。海松酸型树脂酸氢化时至少生成5种可能的二氢异构体。

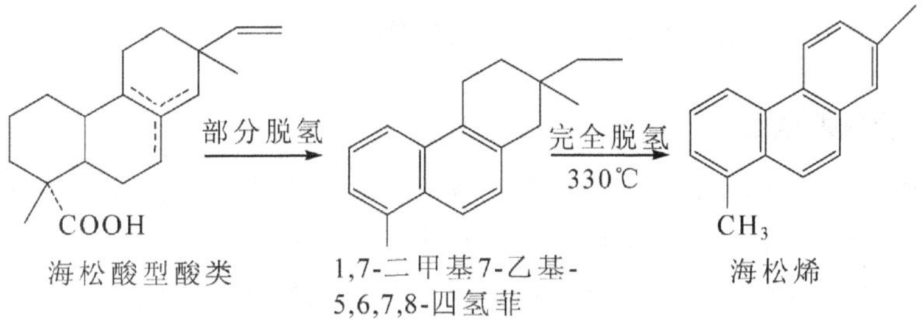

海松酸型酸类 →(部分脱氢)→ 1,7-二甲基7-乙基-5,6,7,8-四氢菲 →(完全脱氢 330℃)→ 海松烯

③劳丹型树脂酸　是以劳丹烷(Labdane)骨架为基础的树脂酸,它们具有两个环,又称双环型树脂酸,湿地松松脂中较多的湿地松酸和南亚松松脂中的南亚松酸属于此类酸。它们分子结构中含有的羧基同样能起羧基的各种反应,因南亚松酸具有两个羧基,为二元酸,故南亚松松香有较高的酸值。

通过分子力学模拟筛选发现枞酸分子最有可能存在的8种构型,按最低能量原理确定其最稳定的构型,如图2-5所示。

**2)脂肪酸**

松香的酸性成分中还有脂肪酸。马尾松脂松

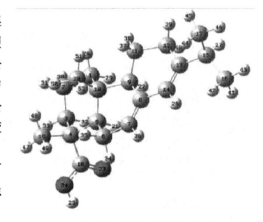

图 2-5　枞酸分子最稳定的构型 I 的全分子结构图

香中脂肪酸含量低于6%，主要由月桂酸($C_{18}H_{34}O_2$)、肉豆蔻酸($C_{14}H_{28}O_2$)、棕榈酸($C_{16}H_{32}O_2$)、硬脂酸($C_{18}H_{36}O_2$)、油酸($C_{18}H_{34}O_2$)、亚油酸($C_{18}H_{32}O_2$)和亚麻酸($C_{18}H_{30}O_2$)等组成。

由于脂肪酸是直链，羧基反应不如树脂酸那样存在位阻现象，在较温和的条件下可发生酯化作用，使之与树脂酸分离。不饱和脂肪酸的存在会影响松香的碘值。

**3) 中性物质**

在脂松香中，中性物质主要是少量的单萜和倍半萜、二萜醛、二萜醇，以及少量二萜烃和树脂酸甲酯等。中性物质的组成和含量受树种及加工工艺的影响。中国脂松香二萜中性物质的组成近年才有报道。

用气相色谱、气质联用技术分析了马尾松、湿地松、云南松、南亚松4种松树松香中各类二萜中性物质的含量(表2-15)。

表2-15　4种松树松香各类二萜中性物质的含量(对松香的%)

| 化合物 | 马尾松(广东德庆) | 湿地松 | 云南松 | 南亚松 |
| --- | --- | --- | --- | --- |
| 二萜总量 | 2.53 | 6.04 | 3.06 | 1.59 |
| 二萜烃 | 0.26(10.3)[①] | 0.51(8.4) | 0.20(6.5) | 0.25(15.7) |
| 二萜醛 | 1.05(41.5) | 2.30(38.1) | 1.37(44.8) | 0.48(30.2) |
| 二萜醇 | 0.92(36.4) | 1.51(25.0) | 1.10(35.9) | 0.42(26.4) |
| 树脂酸甲酯 | 0.12(4.7) | 0.90(14.9) | 0.16(5.2) | 0.31(19.5) |
| 未鉴定化合物 | 0.18 | 0.82 | 0.23 | 0.13 |

注：①括号内数字为占二萜总量的%。

由表2-15可知，湿地松松香中含有较多的二萜中性物(6.04%)，其他3种松树松香中二萜中性物含量差别不大，在1.59%~3.06%。由于二萜烃、醛等熔点很低，二萜醇的熔点比树脂酸也低许多，湿地松松香有较低的软化点及酸值。

## 2.3.1.2　松香的树脂酸组成

松香的组成随原料与加工方法而异。相对而言，木松香中含有较多的氧化树脂酸，故颜色较深，浮油松香中可能含有微量的硫，并含较多的脱氢枞酸。

马尾松脂松香中树脂酸、脂肪酸和中性物质的含量已如前述。其树脂酸的组成由于加工过程中的异构化，与松脂中的不同(表2-16)。

表2-16　马尾松松脂和松香的树脂酸组成

| 样品 | 产物 | 各树脂酸的含量(%)(以树脂酸总量为100) | | | | | | | |
| --- | --- | --- | --- | --- | --- | --- | --- | --- | --- |
| | | 海松酸 | 山达海松酸 | 长叶松酸 | 左旋海松酸 | 异海松酸 | 脱氢枞酸 | 枞酸 | 新枞酸 |
| 松脂 | 福建尤溪 | 9.3 | 4.2 | 20.3 | 36.3 | 4.7 | 7.1 | 7.5 | 10.6 |
| | 福建建瓯 | 8.7 | 4.4 | 18.7 | 34.7 | 6.8 | 7.5 | 8.2 | 10.9 |
| | 江西安远 | 8.7 | 3.3 | 20.6 | 33.0 | 5.1 | 4.3 | 11.2 | 13.9 |
| | 安徽宁国 | 9.2 | 3.8 | 22.5 | 29.4 | 6.7 | 8.8 | 9.6 | 10.5 |
| 松香 | 福建尤溪 | 9.2 | 3.2 | 22.2 | — | 3.5 | 6.0 | 41.3 | 14.2 |
| | 福建建瓯 | 8.7 | 2.9 | 19.4 | — | 4.0 | 6.1 | 45.2 | 13.7 |
| | 江西安远 | 9.2 | 2.6 | 19.5 | — | 2.6 | 4.7 | 46.3 | 15.0 |
| | 安徽宁国 | 9.6 | 3.2 | 27.5 | — | 3.3 | 4.9 | 35.8 | 15.6 |

1979年，中国林业科学研究院林产化学工业研究所对实验室制作的松香作了树脂酸组成的分析，松脂在减压（压力26.7kPa）蒸馏下收集松节油，釜残即作为松香样品进行树脂酸含量的测定，结果见表2-17。

表2-17　各种松香的树脂酸组成

| 来源 | 树种 | 树脂酸含量(%) | | | | | | | | 枞酸型树脂酸含量(%) | 酸值 | 软化点(℃) |
|---|---|---|---|---|---|---|---|---|---|---|---|---|
| | | 长叶松酸 | 枞酸 | 新枞酸 | 脱氢枞酸 | 海松酸 | 异海松酸 | 山达海松酸 | 二元酸 | | | |
| 广西梧州 | 马尾松 | 34.2 | 36.6 | 13.6 | 5.0 | 8.8 | 0 | 1.9 | | 84.4 | 158.3 | 61.6 |
| 广东河源 | 马尾松 | 32.7 | 32.5 | 11.9 | 5.9 | 12.6 | 1.7 | 2.3 | | 77.1 | 156.3 | 65.8 |
| 广东德庆 | 马尾松 | 26.7 | 41.6 | 13.5 | 7.0 | 9.2 | 0 | 2.2 | | 81.6 | 157.8 | 64.2 |
| 福建武平 | 马尾松 | 29.5 | 45.4 | 11.8 | 2.8 | 6.6 | 2.8 | 1.3 | | 86.7 | 164.0 | 67.0 |
| 福建尤溪 | 马尾松 | 25.2 | 42.6 | 9.9 | 9.9 | 8.6 | 5.2 | 2.2 | | 77.9 | 156.2 | 64.5 |
| 江西崇义 | 马尾松 | 25.7 | 38.6 | 11.7 | 8.5 | 12.0 | 1.3 | 2.0 | | 76.0 | 157.3 | 62.2 |
| 江西南丰 | 马尾松 | 23.4 | 45.5 | 11.9 | 6.8 | 8.9 | 2.1 | 1.4 | | 80.8 | 165.4 | 70.6 |
| 安徽宁国 | 马尾松 | 23.4 | 46.9 | 10.4 | 6.2 | 8.9 | 1.9 | 2.3 | | 80.7 | 163.1 | 72.4 |
| 安徽徽州 | 马尾松 | 33.2 | 36.1 | 12.7 | 7.0 | 12.9 | 2.6 | 1.7 | | 82.0 | — | — |
| 湖南洪江 | 马尾松 | 34.6 | 36.6 | 12.6 | 4.6 | 9.7 | 0 | 2.1 | | 83.8 | 165.3 | 72.6 |
| 四川西昌 | 云南松 | 21.9 | 46.7 | 12.6 | 5.5 | 6.0 | 5.3 | 2.1 | | 81.2 | 172.2 | 80.2 |
| 四川西昌 | 云南松 | 16.0 | 51.5 | 11.1 | 6.8 | 6.7 | 6.2 | 1.8 | | 78.6 | 169.3 | 75.4 |
| 江西吉安（粗枝型） | 湿地松 | 18.2 | 26.9 | 13.3 | 9.1 | 4.3 | 24.0 | 3.8 | | 58.4 | 161.4 | 73.2 |
| 江西吉安（中枝型） | 湿地松 | 17.2 | 29.5 | 11.0 | 8.5 | 6.3 | 23.5 | 4.8 | | 57.7 | 162.9 | 72.8 |
| 江西吉安（细枝型） | 湿地松 | 19.5 | 29.7 | 13.0 | 9.3 | 5.3 | 19.5 | 3.7 | | 62.2 | 159.2 | 71.2 |
| 海南 | 南亚松 | 19.7 | 28.4 | 5.1 | 5.6 | 0 | 15.4 | 7.4 | 18.5 | 53.2 | 194.3 | 74.8 |
| 云南思茅 | 思茅松 | 27.1 | 37.3 | 13.7 | 8.6 | 7.4 | 3.8 | 2.2 | | 78.1 | 167.6 | 75.2 |
| 贵州 | 华山松 | 23.4 | 64.3 | 3.1 | 0 | 微量 | 0.9 | 8.3 | | 90.8 | — | — |

各国各类松香树脂酸的组成见表2-18。

表2-18　商品松香的组成

| 样品 | $\Delta^{8(9)}$-异海松酸 | 湿地松酸 | 海松酸 | 山达海松酸 | 长叶松酸[2] | 异海松酸 | 未知酸 | 脱氢枞酸 | 枞酸 | 新枞酸 | 酸值[3] | 计算出的树脂酸[4](%) |
|---|---|---|---|---|---|---|---|---|---|---|---|---|
| | 相对保留时间[1] | | | | | | | | | | | |
| | 1.31 | 1.42 | 1.47 | 1.59 | 1.78 | 1.93 | 2.08 | 2.19 | 2.53 | 2.89 | | |
| | 酸的含量[5] | | | | | | | | | | | |
| 美国（脂松香）[6] | 0.6 | 2.8 | 5.1 | 1.8 | 25 | 17 | 0.9 | 5.7 | 22 | 20 | 163 | 100 |
| 缅甸 | 0 | 0 | 7.9 | 3.0 | 44 | 8.3 | 1.6 | 6.0 | 30 | 2.2 | 165 | 102 |
| 中国 | 0 | 0 | 9.2 | 2.7 | 22 | 1.5 | 0 | 4.3 | 44 | 15 | 163 | 102 |

（续表）

| 样品 | $\Delta^{8(9)}$-异海松酸 | 湿地松酸 | 海松酸 | 山达海松酸 | 长叶松酸② | 异海松酸 | 未知酸 | 脱氢枞酸 | 枞酸 | 新枞酸 | 酸值③ | 计算出的树脂酸④（%） |
|---|---|---|---|---|---|---|---|---|---|---|---|---|
| 法国 | 1.4 | 0.3 | 10.0 | 2.2 | 22 | 7.0 | 0 | 4.9 | 36 | 17 | 173 | 97 |
| 希腊 | 0.7 | 0 | 0 | 1.9 | 14 | 11 | 0 | 4.5 | 50 | 13 | 171 | 96 |
| 洪都拉斯 | 0 | 0 | 9.6 | 2.2 | 21 | 17 | 0.5 | 12 | 22 | 15 | 159 | 91 |
| 印度 | 0 | 0 | 9.2 | 1.5 | 11 | 20 | 0 | 2.0 | 38 | 18 | 161 | 96 |
| 葡萄牙 | 0 | 0.7 | 8.8 | 1.9 | 30 | 5.3 | 0 | 5.1 | 32 | 16 | 167 | 89 |
| 前苏联 | 0.5 | 0 | 7.8 | 2.4 | 27 | 5.6 | 0 | 5.3 | 35 | 17 | 174 | 98 |
| 西班牙 | 0.6 | 0 | 8.7 | 1.5 | 27 | 0 | 0 | 1.9 | 36 | 24 | 158 | 93 |
| 浮油1 | 1.0 | 1.1 | 0.6 | 1.0 | 14 | 7.7 | 5.2 | 29 | 37 | 3.8 | 173 | 99 |
| 浮油2 | 4.4 | 3.3 | 1.7 | 1.6 | 9.9 | 15 | 5.1 | 29 | 27 | 5.3 | 171 | 96 |
| 土耳其 | 0.2 | 0 | 0 | 1.3 | 24 | 13 | 0 | 5.1 | 41 | 15 | 173 | 98 |
| 木松香1 | 0.9 | 0 | 5.8 | 0.8 | 7.1 | 12 | 0 | 15 | 59 | 0 | 168 | 97 |
| 木松香2 | 0 | 0 | 7.4 | 1.8 | 18 | 14 | 0 | 11 | 39 | 9.6 | 172 | 92 |

注：①保留时间相对于内标(1.00)计算；②脂松香中左旋海松酸的含量低于3%；③酸值由四甲基氢氧化铵滴定法测定；④相对保留时间1.00~2.89所流出的酸部分除以总酸；⑤酸部分是相对保留时间1.00~2.89所流出的部分；⑥除了浮油松香和木松香外，全部样品是脂松香。

### 2.3.2 松香的性质

松香的性质随主要成分树脂酸的组成而不同。

#### 2.3.2.1 松香的物理性质

松香是一种透明而硬脆的固态物质，折断面似贝壳且有玻璃光泽，颜色由微黄至褐红色。松香溶于许多有机溶剂，如乙醇、乙醚、丙酮、氯仿、苯、二硫化碳、四氯化碳、松节油、汽油和碱溶液中，但不溶于水。松香的一般物理性质见表2-19。

表2-19 松香的一般物理性质

| 指 标 | 数 值 | 指 标 | 数 值 |
|---|---|---|---|
| 相对密度 | 1.070~1.085 | 热值/(kJ/kg) | 37 991~38 397 |
| 软化点(℃) | 60℃开始软化，120℃成液态 | 闪点(℃) | 216 |
| 沸点(℃/kPa) | 250/0.6666 | 雾状粉尘燃点(℃) | 130 |
| 热熔[kJ/(kg·℃)] | 2.261 | 爆炸下限(g/m³) | 12.60 |
| 溶解热(kJ/kg) | 66.15 | 熔化松香膨胀系数(1/℃) | 0.000 55 |
| 导热系数[W/(m·k)] | 0.128 | | |

松香中树脂酸及其甲酯的物理常数见表2-20。

表 2-20 松香中树脂酸及其甲酯的物理常数

| 试 样 | 熔点 (℃) | 比旋光度 $[\alpha]_D^{25}$ (浓度2%，在95%乙醇中) | 光谱性质 | |
|---|---|---|---|---|
| | | | 波长 λ(nm) | 摩尔吸收系数 ε |
| $\Delta^{8(9)}$-异海松酸 | 106~107 | +113 | — | — |
| $\Delta^{8(9)}$-异海松酸甲酯 | 68~70 | +118 | — | — |
| 湿地松酸 | — | +40 | 232 | 29 000 |
| 湿地松酸甲酯 | 105~106 | +48 | 232 | 27 800 |
| 海松酸 | 217~219 | +73 | — | — |
| 海松酸甲酯 | 68~69 | +72 | — | — |
| 山达海松酸 | 173~174 | -20 | — | — |
| 山达海松酸甲酯 | 68~69 | -21 | — | — |
| 长叶松酸 | 162~167 | +72 | 266 | 9060 |
| 长叶松酸甲酯 | 24~27 | +67 | 265~266 | 8530 |
| 左旋海松酸 | 150~152 | -276 | 272 | 5800 |
| 左旋海松酸甲酯 | 62~64.5 | -269 | 272 | 5690 |
| 异海松酸 | 162~164 | 0 | — | — |
| 异海松酸甲酯 | 61.5~62 | 0 | — | — |
| 脱氢枞酸 | 173~173.5 | +62 | 268(276) | 6980(7740) |
| 脱氢枞酸甲酯 | 63~64.5 | +61 | 268(276) | 7240(7400) |
| 枞酸 | 172~175 | -106 | 241 | 24 150 |
| 枞酸甲酯 | — | -96 | 242 | 24 300 |
| 新枞酸 | 171~173 | +161 | 252 | 24 540 |
| 新枞酸甲酯 | 61.5~62 | +148 | 252 | 24 460 |

松香具有结晶的特性，结晶现象就是在厚而透明的松香块中出现树脂酸的结晶体，松香因而变浑浊，肉眼可见。结晶松香的熔点较高(110~135℃)，难以皂化，在一般有机溶剂中有再结晶的趋向，给肥皂、造纸、油漆等生产造成困难。松香的结晶趋势是松香在一定的有机溶剂(丙酮)中析出树脂酸晶体的倾向性。

松香易被大气中的氧所氧化，尤其在较高温度或呈粉末状态时更易氧化。松香极细的微粒与空气混合极易爆炸。

松香的颜色由微黄到褐红，当松香的其他性能指标符合标准时，则根据颜色将松香分成不同等级。松香的颜色是由松香的光谱特性决定的。

把特级至五级的松香样块在 751 型分光光度计上定出分光曲线。把波长 400~700nm 范围内每隔 10nm 定一个透光率，在坐标上对应有的 35 个点作图，得一光滑曲线，即为松香的分光曲线。每级样块可得一分光曲线，如图 2-6 所示。

用松香的光谱透射率曲线可以看出，用白光照射松香时，松香透射出来的光线(包括波长 410~750 nm 的多种比例不同的色光)，这一范围复杂的色光实际上包含从绿(530nm)到红(630nm)的变化，其中蓝色成分甚微，不计

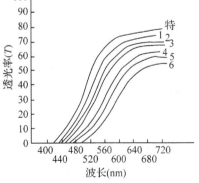

图 2-6 松香光谱透过率曲线

入内。

不同等级的松香各种色素所占的比例在不断地变化。随着松香等级的逐渐降低，松香分光曲线逐渐向长波方向移动，表明等级越低，绿色素的短波成分越少，红色素的长波成分越多，松香就越呈红色。特级松香颜色微黄，一至三级松香颜色由淡黄、黄至深黄，四级、五级松香的颜色则呈黄褐至褐红色。曲线 6 为等外级。

松香在不结晶的情况下是玻璃体，无定形固体，没有确切的熔点，只有软化点。

松香中的树脂酸具有旋光性，比旋光度是松香的重要性质之一。各种树脂酸的比旋光度见表 2-20。

松香的黏度亦是松香重要的物理性质。松香的黏度不仅与温度有关，而且还受松香的组成、树脂酸的氧化程度等因素的影响。因此，不同树种、等级、产地和生产方法的松香，其黏度各异。测定的 11 种不同产地和树种松香的黏度列于表 2-15。将黏度数据和软化点以及温度关联，获得计算这些数据的方程式如下：

$$\lg v = 7.36 \frac{ts}{t} - 1.92 \tag{2-1}$$

式中  $ts$——软化点(℃)；

  $t$——松香的温度(℃)；

  $v$——松香的黏度($m^2/s$)。

由松香的软化点和温度可以按上式计算出松香的黏度。

表 2-21　松香的黏度与温度和软化点的关系

| 松香样品来源 | 黏度 (cst) | | | | | | | | | 软化点 (℃) |
|---|---|---|---|---|---|---|---|---|---|---|
| | 125℃ | 130℃ | 140℃ | 150℃ | 160℃ | 170℃ | 180℃ | 190℃ | 200℃ | |
| 广东蕉岭（马尾松） | 361 | 256 | 113 | 61.8 | 40.7 | 24.6 | 13.8 | 10.3 | 7.61 | 75.25 |
| 广西玉林（马尾松） | 437 | 292 | 147 | 77.6 | 46.3 | 28.1 | 16.0 | 11.3 | 8.16 | 76.55 |
| 广西桂林（马尾松） | — | 210 | 103.2 | 58.0 | 35.8 | 21.7 | 13.3 | 10.4 | 7.31 | 74.45 |
| 福建尤溪（马尾松） | 333 | 221 | 98.0 | 56.0 | 34.6 | 20.18 | 13.9 | 9.91 | 7.04 | 76.20 |
| 安徽宁国（马尾松） | 314 | 212 | 97.2 | 52.2 | 33.2 | 20.1 | 14.0 | 9.80 | 7.24 | 74.85 |
| 广东紫金（马尾松） | 429 | 258 | 117 | 62.2 | 37.7 | 23.5 | 14.5 | 10.6 | 7.89 | 76.60 |
| 广西梧州（马尾松） | 286 | 190 | 92.4 | 47.8 | 30.4 | 19.6 | 13.3 | 9.78 | 7.25 | 74.90 |
| 福建浦城（马尾松） | 347 | 219 | 90.5 | 48.1 | 30.8 | 19.9 | 13.02 | 9.53 | 7.14 | 74.00 |
| 湖南邵阳（马尾松） | 350.5 | 238.5 | 112.0 | 62.5 | 40.4 | 24.4 | 15.3 | 10.7 | 7.86 | 75.50 |
| 四川西昌（云南松） | — | 259 | 125.5 | 59.6 | 39.7 | 25.5 | 17.4 | 11.3 | 8.44 | 78.90 |
| 海南（南亚松） | 675 | 427 | 191 | 89.8 | 55.2 | 34.8 | 30.7 | 14.8 | 10.6 | 83.10 |

注：$1 cst = 1 mm^2/s$。

由表 2-21 可知，松香在 160℃ 以下时，黏度随温度的变化较大，在 160℃ 以上时，黏度随温度的变化较小。

#### 2.3.2.2　松香的化学性质

松香的主要组成是树脂酸，其化学性质取决于树脂酸的结构。树脂酸分子结构中有双键和羧基两个反应活性中心。双键反应较羧基反应更活泼、更重要，因此，常利用共轭双键的反应(包括异构、氧化、氢化、聚合、歧化和加成等)作为松香改性的基础。树脂酸还具有典型的羧基反应，树脂酸盐和酯就是其重要的衍生物。由于树脂酸的结构比较复杂，存在位阻现象，因此，某些反应如酯化反应比一般脂肪酸困难，而需要更高、更强烈的反应条件。

(1) 异构化反应

松香中的枞酸型树脂酸在受热或酸的作用下，会起异构化反应。海松酸型树脂酸比较稳定，不易异构。

枞酸型树脂酸异构平衡反应式如下：

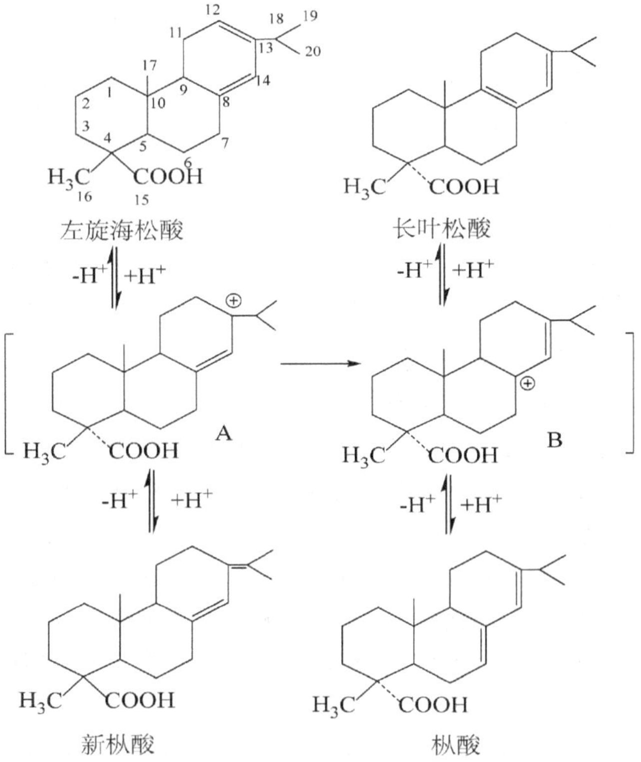

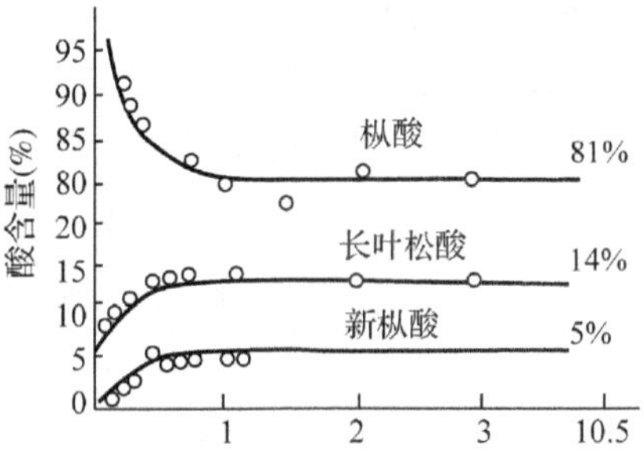

松香中枞酸型树脂酸遇酸异构，最后的平衡产物是93%枞酸、4%长叶松酸和3%新枞酸。温度200℃时，4种枞酸型树脂酸进行热异构，最终得到的是含有81%枞酸、14%长叶松酸和5%新枞酸的平衡产物（图2-7）。单一的树脂酸热异构可得到同样的结果。在异构平衡混合物中还有微量的左旋海松酸。树脂酸在含有2%盐酸的96%乙醇溶液中的异构曲线如图2-8所示。

4种枞酸型树脂酸的异构倾向性并不相同，左旋海松酸最易异构，长叶松酸次之，新枞酸居三，枞酸的异构倾向性最稳定。

图2-7 枞酸在200℃时的同分异构作用

树脂酸的热异构在一定温度下发生，当温度继续升高时，异构更强烈。如左旋海松酸在其熔点（150~152℃）以下，即使经较长时间加热也几乎不异构，温度在155~200℃才出现明显异构。在200℃时异构的速率约比155℃时快8倍。

树脂酸的酯化或中和，能使树脂酸的异构化反应减缓或停止。如左旋海松酸的异构化速率较左旋海松酸甲酯快50倍；新枞酸甲酯在200℃下168h后还有88%的酯未异构。这说明

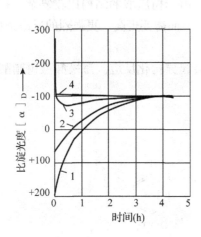

图 2-8　树脂酸在含有 2% 盐酸的 96% 乙醇溶液中的异构曲线

1. 新枞酸　2. 长叶松酸　3. 左旋海松酸　4. 枞酸

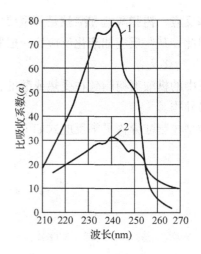

图 2-9　纯枞酸与氧化枞酸的紫外吸收光谱

1. 纯枞酸　2. 氧化枞酸

树脂酸的热异构是羧基的氢离子起催化作用的。

掌握树脂酸的热异构规律,可控制松脂加工工艺条件,防止松香结晶。

中国林业科学研究院林产化学工业研究所研究了松香中枞酸型树脂酸在惰性气体保护下于 180~270℃ 进行高温热处理 1~4h 时的变化规律。结果表明热作用时间低于 3h、温度低于 240℃ 时以长叶松酸、枞酸、新枞酸的相互热异构反应为主,长叶松酸、新枞酸向枞酸异构的速率和比例依松香种类不同略有差异。温度在 240~260℃ 时在热异构反应的同时伴有较多的脱氢反应,其脱氢速度顺序为思茅松松香 > 云南松松香 > 湿地松松香 > 马尾松松香。温度大于 260℃ 时去氢枞酸生成速度进一步加快,但同时树脂酸的脱酸等裂解反应也明显加快,使树脂酸总含量迅速下降。

选用湿地松松香和马尾松松香,不同种类的酸作用不同时间,分析了酸作用对枞酸型树脂酸和去氢枞酸含量变化的影响,研究了枞酸型树脂酸在酸作用下的变化规律。结果表明:在酸处理过程中,长叶松酸、枞酸、新枞酸之间发生相互异构,同时还有脱氢反应和脱羧等裂解反应发生,异构速率、脱氢速率和脱羧速率都与酸的种类、酸强度和反应时间有关。酸强度越大,异构速率、脱氢速率和脱羧速率越快。见表 2-22。

表 2-22　湿地松松香中枞酸型树脂酸和去氢枞酸含量变化

| 时间(h) | $CH_3COOH$ | | 36.5% HCl | | 53.4% $H_2SO_4$ | |
| --- | --- | --- | --- | --- | --- | --- |
| | 去氢枞酸(%) | 枞酸型酸(%) | 去氢枞酸(%) | 枞酸型酸(%) | 去氢枞酸(%) | 枞酸型酸(%) |
| 0 | 3.45 | 68.54 | 3.45 | 68.54 | 3.45 | 68.54 |
| 1 | 3.83 | 68.78 | 4.71 | 69.48 | 4.73 | 66.08 |
| 2 | 4.00 | 67.83 | 4.72 | 69.06 | 4.59 | 64.67 |
| 3 | 4.01 | 67.64 | 4.95 | 62.88 | 5.02 | 63.65 |
| 4 | 4.01 | 67.63 | 4.89 | 62.50 | 5.36 | 63.48 |
| 5 | 4.20 | 67.44 | 5.05 | 62.21 | 5.60 | 62.72 |
| 6 | 4.53 | 66.65 | 5.14 | 61.43 | 5.71 | 61.33 |
| 7 | 4.59 | 66.50 | 5.14 | 60.92 | 6.13 | 60.51 |
| 8 | 4.73 | 65.15 | 5.16 | 59.73 | 6.17 | 58.34 |

原料取自湿地松松香，株洲松本林化有限公司；马尾松松香，梧州日成林化有限公司；思茅松松香，云南景谷林业集团松香厂；云南松松香，海南五指山林业集团玉龙松香厂。中国林业科学研究院林产化学工业研究所研究了松香中海松酸型树脂酸在惰性气体保护下于高温热处理一定时的变化规律。

在惰性气体保护下于 180~270℃ 高温处理松香 1~3h，测到了 6 种海松酸型树脂酸，其中海松酸、异海松酸、山达海松酸为松香原料中原有的，8,15-异海松酸、8,15-海松酸和 7,15-海松酸为高温作用下所形成的。

热作用后，松香中的海松酸、异海松酸、山达海松酸的含量呈下降趋势，温度越高、时间越长、初始含量越高，下降幅度越大。8,15-异海松酸、8,15-海松酸和 7,15-海松酸的含量随热作用温度的提高、时间的延长呈上升趋势。6 种海松酸型树脂酸的总含量基本保持稳定。

根据海松酸型树脂酸环外乙烯基本空间构型、反应机理及相关性分析结果认为，8,15 异海松酸由异海松酸、山达海松酸异构而成，而 8,15-异海松酸和 7,15-海松酸则由海松酸异构而成。

提出了海松酸型树脂酸之间的异构化关系，如图 2-10 所示。

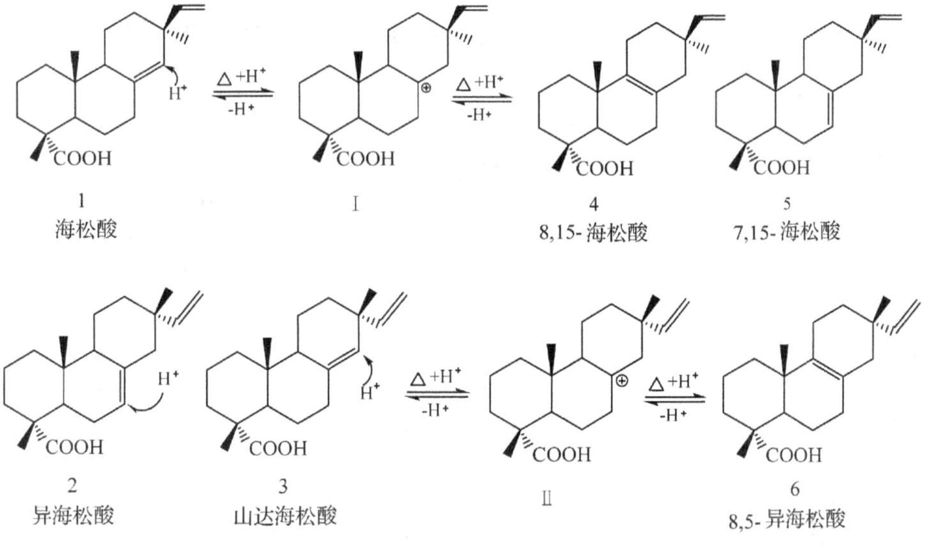

图 2-10 海松酸型树脂酸之间的异构化关系

（2）氧化

松香长期暴露在空气中，能被氧化，在较高的温度下，粉状的松香更易氧化，颜色变深，从而降低其使用价值。松香极细的微粒与空气混合易发生爆炸。松香在石油醚中不溶解部分（氧化树脂酸）的含量，可衡量松香的氧化程度。受高热的松香急速地吸收氧气，颜色显著变深，因此，凡在加热条件下使松香进行反应（蒸馏、酯化、歧化等）时，都要小心地隔离空气中的氧气，如通入氮气或二氧化碳置换空气。

具有共轭双键的枞酸型树脂酸，特别是枞酸易与氧作用，而海松酸型树脂酸则相对地较稳定。纯枞酸样品（比旋光度为 $[\alpha]_D^{24}$ $-106°$）在空气中暴露一段时间，颜色显著变黄，同时出现有负旋光值下降和紫外吸收特征值的变化，如图 2-11 所示。

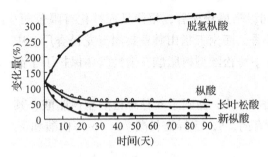

图 2-11 松香中枞酸型树脂酸自动氧化过程中的变化速率(32℃)

变红的松香的紫外光谱,在波长 241nm 处的特性吸收基本消失,表明枞酸含量减少。经红外光谱(SP1000 红外分光光度计,5% 三氯甲烷溶液)分析,变红松香在波数 3450cm$^{-1}$ 处,出现一个新的羟基吸收峰,而羰基的吸收峰很弱,不很明显。

从研究得知,松香在自动氧化过程中,海松酸型树脂酸含量基本不变,而枞酸型树脂酸的变化较大,有较多的脱氢枞酸生成(图2-11)。枞酸氧化不产生脱氢枞酸,纯长叶松酸几乎不氧化,而松香中的长叶松酸易氧化成脱氢枞酸,说明长叶松酸的氧化系他物诱发或加速。

松香中氧化树脂酸增加使松香结晶趋势降低,软化点提高,酸值降低,单位体积电阻系数下降,黏度上升。长期以来,某些地区在贮存松香的过程中常出现发红变质现象,这也是松香氧化的缘故。

树脂酸的氧化反应比较复杂,生成的产物多样,虽有很多研究,但尚未完全清楚。

松香改性后抗氧性增强,14 种粉末状样品的吸氧情况见表 2-23。

表 2-23 松香、改性松香及其衍生物的吸氧量(%)

| 样品 | 时间 (d) | | | | | | | | | | 吸氧能力次序[①] |
|---|---|---|---|---|---|---|---|---|---|---|---|
| | 10 | 40 | 70 | 100 | 130 | 160 | 190 | 250 | 370 | 560 | |
| 脂松香 | 0.02 | 0.08 | 0.24 | 0.70 | 2.70 | 4.41 | 5.78 | 7.50 | 7.91 | 8.96 | 10 |
| 蒸馏松香 | 0.52 | 1.40 | 2.96 | 5.51 | 8.52 | 9.93 | 10.70 | 11.46 | 11.68 | 12.16 | 13 |
| 歧化松香 | 0.01 | 0.01 | 0.01 | 0.03 | 0.09 | 0.19 | 0.28 | 0.64 | 0.80 | 1.31 | 5 |
| 氢化松香 | 0.06 | 0.06 | 0.07 | 0.08 | 0.10 | 0.11 | 0.11 | 0.11 | 0.14 | 0.40 | 1 |
| 聚合松香(115#) | 0.08 | 0.10 | 0.12 | 0.16 | 0.24 | 0.34 | 0.41 | 0.70 | 0.88 | 1.29 | 4 |
| 松香甘油酯 | 0.03 | 0.19 | 0.27 | 0.58 | 1.50 | 2.80 | 4.49 | 7.31 | 8.12 | 10.06 | 12 |
| 松香季戊四醇乙二醇酯 | 0.02 | 0.08 | 0.12 | 0.30 | 0.98 | 2.06 | 3.34 | 5.96 | 6.84 | 9.12 | 11 |
| 蒸馏松香甘油酯 | 0.31 | 1.58 | 3.44 | 6.09 | 9.29 | 11.02 | 12.14 | 13.13 | 13.40 | 14.04 | 14 |
| 氢化松香甘油酯 | 0.03 | 0.04 | 0.04 | 0.06 | 0.11 | 0.18 | 0.22 | 0.31 | 0.31 | 0.93 | 2 |
| 歧化松香甘油酯 | 0 | 0.09 | 0.10 | 0.12 | 0.20 | 0.38 | 0.50 | 0.54 | 0.65 | 1.00 | 3 |
| 马来改性松香甘油酯 | 0.02 | 0.12 | 0.18 | 0.37 | 0.84 | 1.44 | 2.25 | 4.31 | 5.10 | 7.58 | 9 |
| 松香改性酚醛树脂 | 0.15 | 0.27 | 0.38 | 0.71 | 1.13 | 1.72 | 2.45 | 3.68 | 4.17 | 5.71 | 8 |
| 松香改性酚醛季戊四醇乙二醇酯 | 0.03 | 0.04 | 0.06 | 0.16 | 0.38 | 0.65 | 0.92 | 1.55 | 1.86 | 2.80 | 7 |
| 萜烯树脂[②] | 0.02 | 0.14 | 0.14 | 0.16 | 0.31 | 0.45 | 0.60 | 1.20 | 1.54 | 2.44 | 6 |

注:①吸氧能力依次由小到大排序;②由松节油聚合而得的树脂。

广西大学对松脂中枞酸、新枞酸和左旋海松酸的氧化特性及其氧化动力学进行了研究,认为:以紫外标准曲线改良法进行枞酸在 254 nm 和 365 nm 两种不同波长紫外光源照射下的氧化动力学研究,枞酸在两种波长下的光氧化反应动力学均呈现表观一级反应。采用傅立叶变换红外光谱研究了枞酸氧化过程,发现了氧化反应在 3400 cm$^{-1}$ 处有羟基特征峰,得出枞酸热氧化反应级数为一级。

365 nm 和 254 nm 紫外灯辐照下新枞酸的光氧化反应为表观一级反应,氧化反应速率与光强的关系为线性关系。相同温度和光强度下，新枞酸在254 nm紫外光下的反应速率大于365 nm的反应速率，同温下光氧化速率远大于热氧化速率。控制光照可有效地减缓新枞酸氧化。两种光源条件下，活化能均随光强度的增大而减小。

利用红外及二维相关光谱法，结合扰动相关移动窗口二维分析技术（PCMW2D），对左旋海松酸的氧化途径展开研究。通过分析C=C区间、C—O区间和C—H区间的红外图谱变化，发现左旋海松酸的自氧化过程出现酮式结构、过氧结构以及含有单个氧原子的基团。

采用碘量法对左旋海松酸及其氧化物的过氧化值进行测定，确定在氧化过程中生成了过氧化物。结合动力学结果，推测了一条左旋海松酸可能的自氧化途径：首先，左旋海松酸共轭双键与氧分子发生1，4加成反应，生成环内过氧桥型化合物，并在C13和C14位上形成一个新的C=C。该化合物即为8，12-过氧-$\Delta^{13(14)}$-二氢枞酸，是左旋海松酸的典型氧化中间体。然后，氧化中间体以两种不同的方式发生裂解反应：一是直接生成8，14；12，13-二环氧枞酸；二是过氧键发生均裂，首先在C12及C8位上形成氧自由基，然后C13-C14位双键发生迁移，C8位氧自由基转化为环氧基，C12位氧自由基重排形成为酮基。

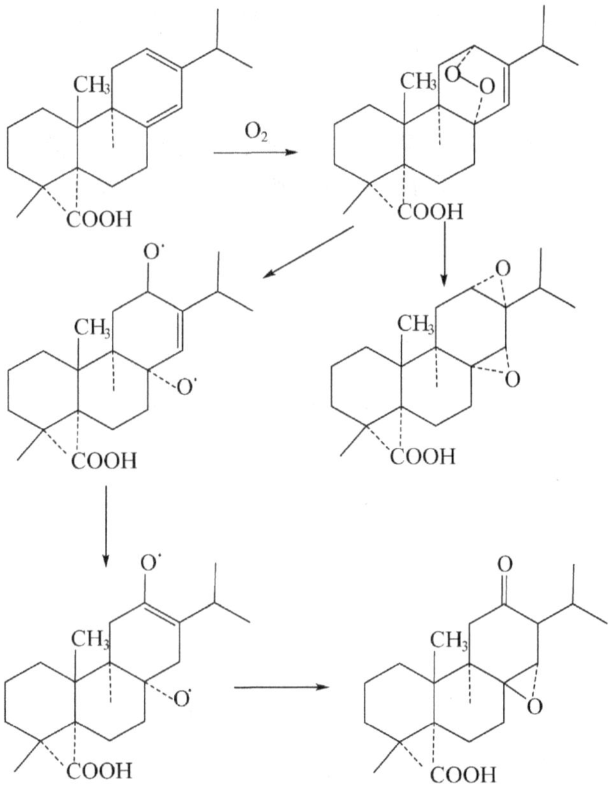

**图2-12 左旋海松酸自动氧化途经**

（3）加成反应

枞酸型树脂酸具有共轭双键，但只有左旋海松酸的共轭双键在一个环内，能在室温下和无催化的情况下与顺丁烯二酸酐（或称马来酐、失水苹果酸酐）发生双烯合成（狄尔斯-阿尔德尔反应），得到结晶状的加合物，其得率是定量的。在相似的情况下，其他枞酸型树脂酸则不能发生反应。在加热的情况下，其他枞酸型树脂酸少量异构成左旋海松酸，如果将马来酐加入至此平衡混合物中，立即发生反应，并由于平衡的移动继续进行反应。最后得到含有

50%以上的加合产物和约35%未起反应的树脂酸,以及10%左右中性物质的混合物。加成反应式如下:

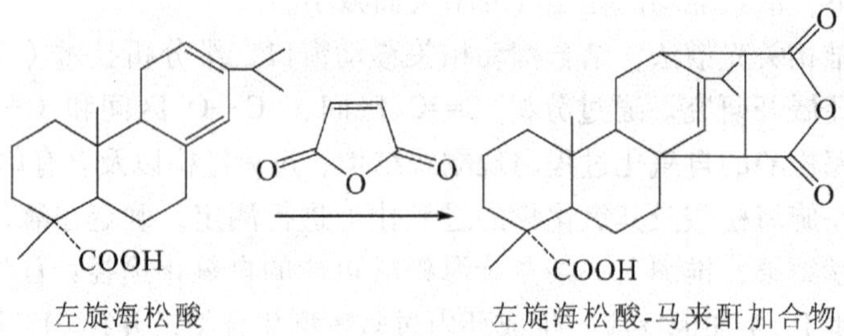

左旋海松酸 → 左旋海松酸-马来酐加合物

工业加成反应一般在150℃以上,一定的时间内完成。加合物称马来松香,作造纸施胶剂的原料,松香与马来酐的质量比例为100:3。

全加合的马来松香还用来制备醇酸树脂、树脂漆、合成橡胶添加剂和水泥起泡剂等。

除与马来酸加成外,松香还可与反丁烯二酸(富马酸)、丙烯酸、β-丙酸内酯等发生加成反应,用于合成不饱和聚酯树脂。还可与甲醛、乙醛、丙醛、苯甲醛、丙烯醛、苯乙烯等反应,作为制聚醚型聚氨基甲酸酯泡沫塑料的原料。

(4) 氢化反应

松香的氢化是松香内枞酸型树脂酸的共轭双键结构经催化剂的作用,在一定的温度和压力下,部分或全部被氢所饱和。部分被氢饱和的松香通称氢化松香,全部被氢饱和的松香称全氢化松香,其反应式如下:

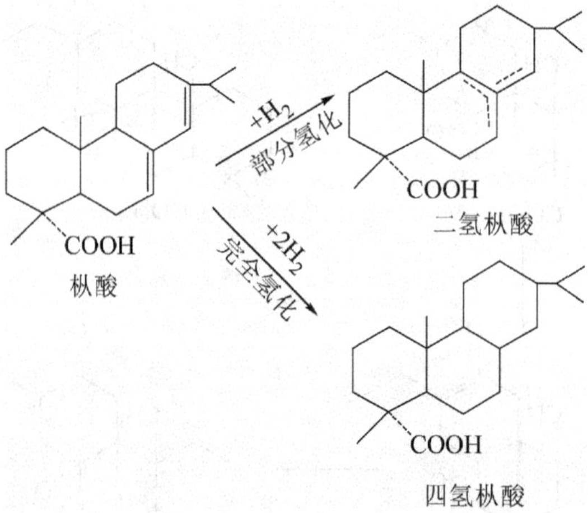

枞酸 $\xrightarrow{+H_2}$ 二氢枞酸(部分氢化)
$\xrightarrow{+2H_2}$ 四氢枞酸(完全氢化)

海松酸型树脂酸的双键也能被氢饱和。松香氢化后颜色变浅,性能稳定。氢化时第一对双键易氢化,第二对双键氢化则受到抵制,故一般只进行到二氢阶段。

研究了 Raney Ni 存在下脂松香催化加氢反应过程中各类树脂酸组成的变化。证实松香催化加氢过程中的主体反应是树脂酸的二氢化,只伴随少量的四氢化和极少量的脱氢反应。发现在二氢海松酸/异海松酸型树脂酸的分子间存在因双键移位而引起的异构现象。在整个跟踪分析过程中,共检出 7 种二氢枞酸型树脂酸、5 种二氢海松酸/异海松酸型树脂酸及 3 种四氢树脂酸。7 种二氢枞酸型树脂酸分别是:8-二氢枞酸、13-二氢枞酸、13β-7-二氢枞酸、13β-8(14)-二氢枞酸、13β-8-二氢枞酸、13(15)-二氢枞酸和 8(14)-二氢枞酸;5 种二氢海松酸/异海松酸型树脂酸分别是:8(14)-二氢海松酸、8(14)-二氢异海松酸、8-二氢海松酸、7-二氢异海松酸和 7-二氢海松酸；3 种四氢树脂酸分别是：8α，13β-四氢枞酸、8α-四氢海松酸和 8α-四氢异海松酸。

氢化松香主要用于胶黏剂、合成橡胶的软化剂、增塑剂、涂料、油墨、造纸施胶剂等方面。

(5) 歧化反应

松香中树脂酸的歧化反应是在一定温度下，经催化剂的作用，枞酸型树脂酸一部分分子脱出两个氢原子，并使双键重排，使其中一个环生成稳定的苯环结构，即脱氢枞酸。脱出的氢原子为另一部分树脂酸分子所吸收，生成二氢枞酸和四氢枞酸。这两个过程同时发生，而完成歧化作用，松香中的枞酸型树脂酸歧化后性能稳定。在歧化过程中，海松酸型树脂酸实际上不起歧化作用，中性物质不起显著变化。枞酸的歧化反应式如下：

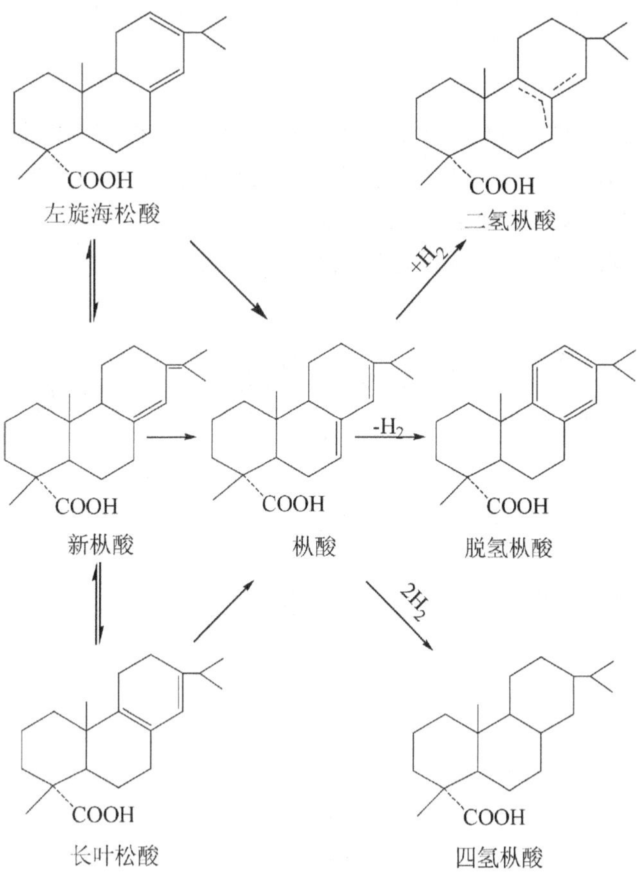

以 Pd/C 为催化剂，在一定温度条件下，对松脂催化歧化反应动力学进行研究，结果认为：枞酸型树脂酸反应可看作二级反应，海松酸型树脂酸反应可看作二级反应；同时得到浓度对歧化松香部分反应影响较大。

歧化反应和脱氢反应的程度都可用紫外吸收光谱来观察，枞酸和脱氢枞酸的紫外吸收光谱如图 2-13 所示。歧化松香中枞酸含量的紫外吸收光谱如图 2-14 所示。

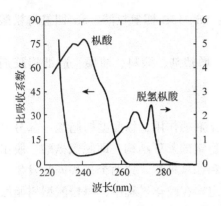

图 2-13 枞酸和脱氢枞酸的紫外吸收光谱　　　图 2-14 歧化松香的紫外吸收光谱

歧化松香主要用做合成橡胶如丁苯橡胶(SBR)、氯丁橡胶(CR)、丁腈橡胶(NBR)和丙烯腈-苯乙烯(ARS)等的聚合乳化剂。

（6）聚合反应

松香中枞酸型树脂酸的共轭双键在适当的条件下（如在有机溶剂中催化或直接加热）可发生聚合反应，反应产物是不均一的二聚体。反应产物称聚合松香。工业聚合松香经紫外光谱测定含有 20%~50% 的二聚体。聚合松香比较稳定，不易氧化。

枞酸二聚体的结构式研究者们提出各种报道，见下式：

聚合松香的相对分子质量增大，软化点提高，酸值降低，抗氧化性能增加，与成膜物质有良好的混溶性。主要用于涂料、油墨、油漆、合成树脂、胶黏剂等。

(7) 氨解反应

松香或歧化松香中的树脂酸在高温(280~340℃)和催化剂(或无催化剂)的作用下通入气态氨可发生氨解反应，树脂酸分子上的羧基和 $NH_3$ 作用而生成松香腈或脱氢枞腈。松香腈在高压条件下加氢可得松香胺，反应式如下(以脱氢枞酸为代表)：

脱氢枞酸 + $NH_3$ $\xrightarrow{\triangle}$ 脱氢枞腈 + $2H_2O$

脱氢枞腈 $\xrightarrow{+2H_2}$ 脱氢枞胺

松香腈主要用做制松香胺的原料，还可作聚乙烯类和聚丙烯树脂的增塑剂、橡胶混合剂、防腐剂、保护涂层、润滑油等。松香胺可用做杀虫剂、除藻剂、润滑剂、阻蚀剂、浮选剂、光学拆分剂，以及制造油溶和醇溶性染料等。

(8) 酯化反应

松香中的树脂酸具有羧基，可以与醇类起酯化反应生成相应的酯。树脂酸的主体结构比较复杂，与脂肪酸相比，空间位阻更大，因此在酯化时要求更高的反应条件。而这种位阻又使制得的酯对水、酸和碱都比较稳定。松香中树脂酸常见的酯化反应如下(树脂酸分子式 $C_{19}H_{29}COOH$ 以 RCOOH 表示)：

一元醇酯，如树脂酸甲酯(一般称松香甲酯，下同)：

$$RCOOH + CH_3OH \longrightarrow RCOOCH_3 + H_2O$$

二元醇酯，如松香乙二醇酯：

$$2RCOOH + \begin{matrix}CH_2OH\\|\\CH_2OH\end{matrix} \longrightarrow \begin{matrix}RCOOCH\\|\\RCOOCH_2\end{matrix} + 2H_2O$$

三元醇酯，如松香甘油酯，又称酯胶：

$$3RCOOH + \begin{matrix}CH_2OH\\|\\CHOH\\|\\CH_2OH\end{matrix} \longrightarrow \begin{matrix}RCOOCH_2\\|\\RCOOCH\\|\\RCOOCH_2\end{matrix} + 3H_2O$$

四元醇酯，如松香季戊四醇酯：

$$4RCOOH + \begin{matrix}HOH_2C\quad CH_2OH\\ \diagdown\;/\\ C\\ \diagup\;\diagdown\\ HOH_2C\quad CH_2OH\end{matrix} \longrightarrow \begin{matrix}RCOOH_2C\quad CH_2COOR\\ \diagdown\;/\\ C\\ \diagup\;\diagdown\\ RCOOH_2C\quad CH_2COOR\end{matrix} + 4H_2O$$

改性松香如氢化松香、歧化松香、聚合松香、马来松香等均能与醇类反应，生成相应的酯。松香酯类产品广泛用于涂料工业和橡胶工业，以及用作黏合剂、增塑剂等。

（9）成盐反应

松香中树脂酸的成盐反应也是羧酸反应。树脂酸与金属氧化物或氢氧化物反应，生成树脂酸盐。树脂酸的成盐反应如下：

$$n(\text{RCOOH}) + \text{M(OH)}_n \longrightarrow (\text{RCOO})_n\text{M} + n\text{H}_2\text{O}$$

式中，$n$ 为 1，2，3，4；M 为一价、二价、三价或四价金属。

松香中树脂酸的碱金属盐主要是钠盐和钾盐，大量的树脂酸钠盐用于制纸张胶料和制皂。树脂酸的碱土金属盐（如钙盐）用于造漆和油墨工业。树脂酸的重金属盐有锰盐、铅盐和钴盐，用做油漆催干剂。树脂酸锌盐用于高质量套色油墨。树脂酸铜盐是一种典型的防腐剂和杀菌剂。

在研究松脂和松香的树脂酸组成时，树脂酸的成盐反应有着重要的意义。树脂酸胺盐作为选择性沉淀剂用于分离个别的树脂酸。例如，二戊胺用来从复杂的树脂酸混合物中沉淀枞酸，丁醇铵特别适用于沉淀左旋海松酸，乙醇胺则用来沉淀脱氢枞酸，新枞酸能与2-氨基-2-甲基-1，3-丙二醇生成新枞酸盐等，这些胺盐用酸再生可以得到相应的纯树脂酸。

（10）松香的热裂解

松香的热裂解反应主要是脱去树脂酸中的羧基，或将菲环打开形成油状物或低沸点化合物。

低级松香或松脂加工厂的残渣进行热裂解，生产轻油和松焦油，用于润滑剂和橡胶再生。

## 思考题

1. 松脂的基本组成是什么？松香、松节油产品对原料松脂有什么要求？
2. 松节油的主要组成及其化学性质是什么。
3. 松脂与松香中树脂酸组成有哪些异同点？
4. 松香中树脂酸按其化学结构如何进行分类？
5. 枞酸型树脂酸、海松酸型树脂酸和劳丹型树脂酸结构特点各是什么。
6. 枞酸型树脂酸和海松酸型树脂酸在化学性质上有何异同。

## 参考文献

安鑫南，2002. 林产化学工艺学[M]. 北京：中国林业出版社.

程芝，张晋康，1996. 天然树脂生产工艺学[M]. 北京：中国林业出版社.

安宁，丁贵杰，2012. 广西马尾松松脂的化学组成研究[J]. 中南林业科技大学学报，32(3)：59-62.

曾韬，杨丽娟，王阿法，2009. 缅甸卡西亚松松脂的化学组成[J]. 林产化学与工业，29(4)：23-26.

陈玉湘，赵振东，古研，等，2009. 松香中枞酸型树脂酸热作用变化规律的研究[J]. 现代化工，29(2)：46-49.

陈玉湘，赵振东，古研，等，2009. 松香中海松酸型树脂酸热作用变化规律的研究[J]. 林产化学与工业，29(2)：33-38.

刘咖伶，2013. 枞酸、新枞酸和松香的氧化动力学研究[D]. 南宁：广西大学博士学位论文.

段文贵,陈小鹏,安鑫南,2003. 松香催化加氢过程中树脂酸组成变化的跟踪分析[J]. 色谱,21(2): 174-177.

孙文静,2007. 松脂催化歧化反应动力学的研究[D]. 南宁:广西大学硕士学位论文.

任凡,2015. 枞酸和左旋海松酸氧化动力学及氧化途径研究[D]. 南宁:广西大学博士学位论文.

古研,陈玉湘,赵振东,等,2015. 松香中枞酸型树脂酸在酸作用下变化规律的研究(英文)[J]. 林产化学与工业,35(3): 73-79.

刁开盛,尹显洪,王海军,2009. 松香枞酸结构和性质的理论研究[J]. 林业科学,45(8): 117-123.

# 第3章 松脂加工工艺

**【本章提要与要求】** 主要介绍水蒸气蒸馏的基本原理，松脂加工中熔解、澄清、蒸馏的工艺及主要设备，松脂生产工艺对松香产品质量的影响规律，松脂加工废水处理方法，松香、松节油产品规格与要求。

要求掌握熔解的工艺条件及设备结构，澄清的理论基础及工艺设备，水蒸气蒸馏的基本原理及在松脂加工蒸馏中的应用，松香结晶原因及对松香质量的影响；了解国外松脂加工工艺，松脂加工废水处理的方法及特点，松脂的贮存与输送。

从松树活立木上采割松脂，经蒸馏加工得到脂松香和脂松节油。这是在中国乃至世界取得松香和松节油的主要方法。松脂加工从直接火炼香改进为蒸汽法，又从间歇法蒸汽加工发展为连续化蒸汽加工。

## 3.1 水蒸气蒸馏的基本原理

水蒸气蒸馏的原理是直接根据道尔顿气体分压定律，即组分互不相溶的混合液在受热时逸出蒸汽，其蒸汽的总压等于该温度下各组分蒸汽压的总和：

$$P = p_1 + p_2 + p_3 + \cdots$$

其中，各组分的分压仅由混合液的温度确定，与组成无关，而在理论上等于该温度下各纯组分的蒸汽压。若外压为大气压，则混合液各组分的蒸汽压之和达到大气压，该混合液就沸腾。此时，它的沸点较任一组分的沸点都低，因此，用水蒸气蒸馏可以在不太高的温度下蒸出易挥发组分。

水蒸气蒸馏的沸腾温度可以根据蒸馏液体的部分蒸汽压力确定，以松节油为例，不同温度下水、松节油优油和以长叶烯为代表倍半萜的蒸汽压力，见表3-1。

由表3-1可知，水和松节油优油的混合液体的温度达到95.6℃时，水和倍半萜混合液体的温度达到99.85℃时，它们的蒸汽压力之和为101.32kPa。如果这时混合液体上部的外压是101.32kPa，则混合液体就开始沸腾。这个温度不但低于松节油的沸点，而且也低于常压下水的沸腾温度。

当气体分压定律用于液面上的蒸汽时，则在一定温度下与液体混合物处于平衡状态的饱和蒸汽总压力，等于该温度下的混合物各个组分的蒸汽分压之和。因此，混合气体中各个气体的分压等于混合气体的总压乘以该气体在混合气体中所占的摩尔分率。

表 3-1　不同温度下水、松节油优油和倍半萜的蒸汽压力

| 温度<br>(℃) | 水蒸气压力<br>(kPa) | 松节油优油蒸汽压力<br>(kPa) | 以长叶烯为代表倍半萜蒸汽压力<br>(kPa) |
|---|---|---|---|
| 0 | 0.60 | 0.15 | $6.67 \times 10^{-4}$ |
| 20 | 2.34 | 0.50 | $4.00 \times 10^{-3}$ |
| 40 | 7.37 | 1.45 | $1.73 \times 10^{-2}$ |
| 60 | 19.92 | 3.66 | 0.06 |
| 80 | 47.36 | 8.34 | 0.19 |
| 90 | 70.11 | 12.25 | 0.32 |
| 95.6 | 86.42 | 14.90 | |
| 99.85 | 100.80 | | 0.52 |
| 100 | 101.32 | 17.39 | 0.53 |
| 120 | | 34.97 | 1.31 |
| 140 | | 61.04 | 3.00 |
| 160 | | 104.84 | 6.36 |
| 180 | | | 12.60 |
| 200 | | | 23.54 |
| 220 | | | 41.90 |
| 240 | | | 71.22 |
| 254.2 | | | 101.32 |

在混合物的沸点时，各成分的分压为 $p_A$ 和 $p_B$，则：

$$\frac{p_B}{p_A} = \frac{PN_B}{PN_A} = \frac{N_B}{N_A} = \frac{n_B}{n_A} = \frac{\dfrac{G_B}{M_B}}{\dfrac{G_A}{M_A}} \tag{3-1}$$

$$\frac{G_B}{G_A} = \frac{p_B M_B}{p_A M_A} \tag{3-2}$$

式中　$P$——混合气体总压(kPa)；

　　　$p_A$——A 组分的蒸汽分压(kPa)；

　　　$p_B$——B 组分的蒸汽分压(kPa)；

　　　$N_A$——A 组分的摩尔分率；

　　　$N_B$——B 组分的摩尔分率；

　　　$n_A$——A 组分的摩尔数(kmol)；

　　　$n_B$——B 组分的摩尔数(kmol)。

　　　$G_A$，$G_B$——在混合蒸汽中各组分的质量(kg)；

　　　$M_A$，$M_B$——各组分的相对分子质量。

即在水蒸气蒸馏时，蒸馏出的水蒸气与被蒸物质重量之比为其相对分子质量和部分蒸汽压力乘积之比。

依上式可计算出一定量产品所需要的水蒸气量。例如，水和松节油优油混合物在标准大气压力（101.32kPa）、蒸馏沸点为 95.6℃时，水的部分蒸汽压力为 86.42kPa，松节油的部分蒸汽压力为 101.32 - 86.42 = 14.90kPa，松节油优油中大部分萜烯的相对分子质量为 136，水

的相对分子质量为18，则：

$$\frac{G_B}{G_A} = \frac{86.42 \times 18}{14.90 \times 136} = 0.77$$

即蒸出1份质量优油需0.77份质量的水或水蒸气，或用1份质量的水可蒸出1.3份质量的松节油优油。

水和倍半萜或水和松节油重油蒸馏时，水蒸气的用量为：

$$\frac{G_B}{G_A} = \frac{100.80 \times 18}{0.52 \times 204} = 17$$

即蒸出1份质量松节油重油中的倍半萜需17份质量的水蒸气。这说明蒸馏液沸点越高所耗的蒸汽越多，且在温度较低时蒸出的极少。

被蒸馏组分实际的部分蒸汽压力 $p_P$ 与同温度下理论的部分蒸汽压 $p_T$ 之比，称为汽化效率 $E$。

$$E = \frac{p_P}{p_T} \tag{3-3}$$

汽化效率与被蒸馏物质的性质及蒸馏设备的结构有关，被蒸馏物质的相对分子质量越小，汽化效率越高；与水蒸气气泡所通过的液层厚度也有关，液层越厚，汽化效率越高（增加接触时间）；水蒸气气泡越小，数目越多，汽化效率也越高（增加接触面积）。在实际生产中，如蒸馏松节油优油时，由于脂液中含油多，油的沸点相对较低，因而 $E$ 可达 0.8~0.9。对马尾松松脂，到蒸馏重油时，松节油的含量越来越少，而且重油的部分蒸汽压低，$E$ 降至 0.7~0.8。

考虑到以上情况，从挥发物和非挥发物的混合液中蒸馏出挥发物时，水蒸气用量常用阿达姆斯（M. C. Adams）公式计算。

根据拉乌尔定律，在蒸馏混合溶液液面上挥发组分（如松脂中的松节油）的理论部分蒸汽压可写为：

$$p_T = p_A \frac{n_A}{n_A + n_R} \tag{3-4}$$

式中　$p_T$——A 纯组分（挥发组分）的理论蒸汽分压(kPa)；

$p_A$——A 纯组分的蒸汽分压(kPa)；

$n_A$——A 组分的摩尔数(kmol)；

$n_R$——R 组分（不挥发组分）的摩尔数(kmol)。

如以 $p_P$ 为 A 组分的实际蒸汽分压，则汽化效率可写为：

$$E = \frac{p_P}{p_A \dfrac{n_A}{n_A + n_R}} \tag{3-5}$$

即：

$$p_P = E p_A \frac{n_A}{n_A + n_R} \tag{3-6}$$

设蒸馏釜内压力为 $P$(kPa)，水蒸气用量为 $S$(kmol)，水蒸气压力为 $p_s$(kPa)。由于溶液中挥发组分（如松脂中的松节油）不断蒸出，水蒸气耗量不断增加，则：

$$\frac{+dS}{-dn_A} = \frac{p_s}{p_P} = \frac{P - p_P}{p_P} = \frac{P}{p_P} - 1$$

将前式代入，得：

$$\frac{+\mathrm{d}S}{-\mathrm{d}n_A} = \frac{P(n_A + n_R)}{Ep_A n_A} - 1$$

$$\mathrm{d}S = \left[\frac{P}{Ep_A} \cdot \frac{n_A + n_R}{n_A} - 1\right](-\mathrm{d}n_A)$$

$$= -\left(\frac{P}{Ep_A} - 1\right)\mathrm{d}n_A - \frac{Pn_R}{Ep_A} \cdot \frac{\mathrm{d}n_A}{n_A}$$

积分得：

$$S = \left(\frac{P}{Ep_A} - 1\right)(n_{A_1} - n_{A_2}) + \frac{Pn_R}{Ep_A}\ln\frac{n_{A_1}}{n_{A_2}}$$

式中 $n_{A_1}$, $n_{A_2}$——蒸馏开始与结束时混合溶液中挥发组分的摩尔数(kmol)。

进行水蒸气蒸馏时，是将混合液放置蒸馏釜内加热，并通入直接水蒸气的鼓泡器，使水蒸气通过被蒸馏的液体，蒸出其中的挥发组分，当水蒸气的气泡穿过液体时，即在液体中形成一个空间，所要蒸馏的挥发组分就向这些空间挥发，并随着水蒸气的气泡逸出。因此，水蒸气蒸馏的过程也可以认为是解吸的过程。除了水蒸气外，还可以用其他与蒸馏液不起化学作用的惰性气体如 $CO_2$、$N_2$ 等作解吸介质。实际生产中以水蒸气为好，因为它除了作解吸介质外，还可作为传热介质，生产上容易制得。发生水蒸气的锅炉与获得惰性气体的设备比较要简单得多，还可根据需要调节一定的压力，只是增加了废水的总量。

气体分压定律还可用下式表示：

$$\frac{G_B}{G_A} = \frac{(P - p_A)M_B}{p_A M_A} \tag{3-7}$$

式中 $P$——总压；

$p_A$——被蒸馏液体在选定温度下的蒸汽压。

从上式可以看出，如总压降低，温度保持不变，即 $p_A$ 不变，水蒸气耗量逐渐减少。说明在减压下，水蒸气耗量还可降低。当总压降低至等于被蒸馏液体的蒸汽压 $p_A$ 时，水蒸气消耗为零，即此时的蒸馏操作已成为真空蒸馏。

## 3.2 松脂加工工艺流程

松脂加工的目的是将发挥性的松节油与不发挥的松香分离，并除去杂质和水分。最原始的方法是置松脂于金属容器中的直接火加热，松节油具挥发性，沸点相对较低，先逸出，经冷凝后收集，留下的便是松香。以后将水蒸气蒸馏的原理应用于松脂加工，就有了水蒸气蒸馏法，分三个工段，松脂先熔解，熔解脂液的净制，除去杂质和水分，净制的脂液再以水蒸气蒸馏分离松节油和松香。松脂加工过程连续进行的为连续式，间歇进行的为间歇式。在松脂产量不高的地区，仍可用直接火法生产，用滴水入松脂加热容器产生水蒸气，以降低加工温度，提高产品质量，称滴水法加工。不同的加工方法各有不同的流程。

### 3.2.1 连续式水蒸气蒸馏法

水蒸气蒸馏法松脂加工三个工段连续进行的为连续式水蒸气蒸馏法，近年来工艺有所改进，如图 3-1 所示，典型的设备流程如图 3-2 所示。

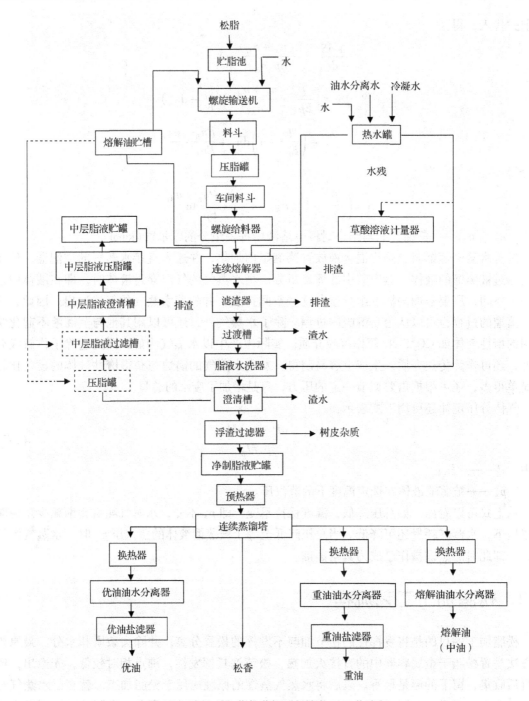

图 3-1 连续式水蒸气蒸馏法松脂加工工艺流程

流程的过程如下：松脂从上料螺旋输送机输入料斗，再经螺旋给料器不断送入连续熔解器，并加入适量的松节油和水。在熔解器中松脂被加入熔解。熔解脂液经除渣器滤去大部分杂质，经过渡槽放出污水，再流入水洗器用热水或搅拌，或对流，或通过静态混合器使之充分搅和，然后送入连续或半连续澄清槽，澄清后的脂液经浮渣过滤器滤去浮渣，流入净脂贮罐，澄清的渣水间歇放出。中层脂液中层脂液澄清槽澄清后流入中层脂液压脂罐，再经高位槽返回熔解器回收。或者单独蒸煮黑松香，回收松节油。脂液泵将澄清脂液从净脂贮罐抽出，经过转子流量计计量、预热器加热后连续送入蒸馏塔。有的工厂从预热器抽取部分松节油，油和水

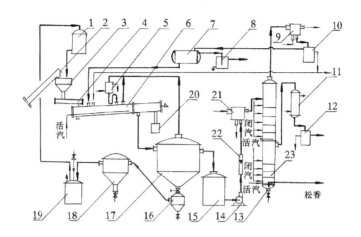

**图 3-2 连续式水蒸气蒸馏法松脂加工工艺设备流程**

1. 熔解油贮罐 2. 螺旋输送器 3. 加料斗 4. 给料器 5、9、11. 冷凝冷却器(换热器) 6. 连续熔解器 7. 优油贮罐 8. 盐滤器 10、12. 油水分离器 13. 放香管 14. 脂液泵 15. 过滤器 16. 稳定器 17. 连续澄清槽 18. 中层脂液澄清槽 19. 压脂罐 20. 残渣受器 21. 脂预热器 22. 转子流量计 23. 连续蒸馏塔

的混合蒸汽经分凝器分出含蒎烯量高的油分,冷凝冷却、油水分离、盐滤后即得工业蒎烯产品(含蒎烯95%以上),含蒎烯量相对较低的油分(90%以上)作为优油收集。脂液进入蒸馏塔后由间接蒸汽加热,直接蒸汽蒸馏,上段蒸出优油和水的混合蒸汽,下段蒸出重油和水的混合蒸汽,分别经冷凝冷却、油水分离和盐滤后称为产品优油和重油入库;有的工厂在蒸馏塔的中段还有熔解油和水的混合蒸汽蒸出,经冷凝冷却、油水分离后的油分作熔解油使用。蒸馏塔蒸出松节油后塔底连续放出松香,进行包装。

有工厂设在山坡上,贮脂池位于最高处,利用地形,松脂从上到下流动,可省去泵等动力设备,节约能源。

## 3.2.2 间歇式水蒸气蒸馏法

间歇式水蒸气蒸馏法松脂加工工艺流程如图3-3和图3-4所示。

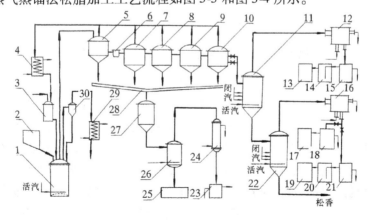

**图 3-3 间歇式水蒸气蒸馏法松脂加工工艺流程设备**

1. 熔解釜 2. 加料斗 3、17. 熔解油(中油)贮罐 4、12、16、24、29. 冷凝冷却器(换热器) 5. 过渡槽 6. 过滤器 7、8、9、10. 澄清槽 11. 一级蒸馏釜 13. 优油贮罐 14、20. 盐滤器 15、18、21、23. 油水分离器 19. 重油贮罐 22. 二级蒸馏釜 25. 黑香或残渣受器 26. 喷提锅 27. 中层脂液澄清罐 28. 排渣水槽 30. 分离器

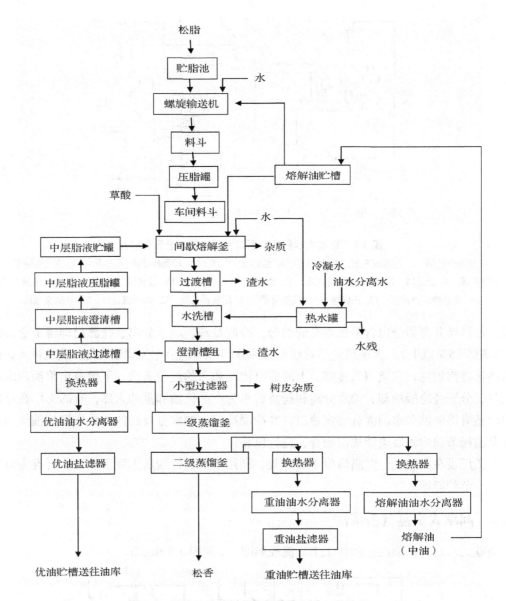

**图 3-4　间歇式水蒸气蒸馏法松脂加工工艺流程**

流程的过程如下：松脂从贮脂池用螺旋输送机输入车间料斗。生产量大的工厂还经过压脂罐用压缩空气压入车间料斗。松脂从车间料斗进入熔解釜，并再加入熔解油和水至一定比例，放入适量草酸。以直接水蒸气加热熔解，熔解脂液用水蒸气压入过渡槽，杂质残留在滤板上定期排出，熔解时逸出的蒸气经冷凝冷却后返回釜中。从过渡槽放去大部渣水的脂液间歇地经水洗器流入澄清槽组澄清。澄清脂液从澄清槽分次流入一级蒸馏釜，入釜前滤去浮渣从一级蒸馏釜蒸出优油和水的混合蒸汽，经冷凝冷却器、油水分离器和盐滤器得到产品优级松节油。蒸完优油的脂液流入二级蒸馏釜，从二级蒸馏釜先后蒸出熔解油和水的混合蒸汽，分别经换热器冷凝冷却和油水分离器，熔解油直接送至熔解油高位槽作稀释和熔解松脂之用；重油再经盐滤器除去残留于油中的水分得产品重油。脂液从二级蒸馏釜蒸完重油后得产品松香，放入松香贮槽，分装于松香包装桶。

## 3.2.3 简易蒸汽法

简易蒸汽法松脂加工有几种流程：一种称小蒸汽法，此法已不再使用；一种称导热油加热松脂加工；还有一种是部分蒸汽法，即蒸馏部分以蒸汽作解吸介质。分述如下：

(1) 导热油加热蒸馏松脂加工工艺

该工艺流程与一般间歇蒸馏工艺基本相同。其热源以导热油强制循环代替过热蒸汽闭气加热松脂脂液；用过热直接蒸汽(活汽)熔解松脂和作蒸馏解吸介质提取松节油。可用 0.8MPa、0.5t/h、400℃ 的锅炉产生直接蒸汽(活汽)，利用锅炉炉膛烟气(温度达800℃以上)加热导热油炉，充分利用热量。由于烟道温度高，采用水膜式除尘器，排风温度可在 180~300℃。生产能力日产20t松香。该工艺锅炉系统加热油炉烟道气走向示意图3-5。

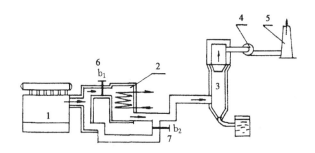

**图3-5　导热油加热蒸馏松脂加工工艺锅炉系统烟道气走向示意**
1. 锅炉　2. 导热油炉　3. 水膜式除尘器　4. 风机　5. 烟囱　6、7. 滕阀

另一种工艺是不用过热蒸汽而用饱和蒸汽作直接蒸汽(170℃)，蒸馏在减压下(真空度 46.7~93.3kPa)进行，按不同温度分别蒸出优、中、重油，185℃下放香。不用过热炉。

(2) 部分蒸汽法

部分蒸汽法是直接火与蒸汽法加工的混合，在生产量较少时，以饱和蒸汽代替滴水，直接火加热脂液，可免去过热炉。据测定，过热蒸汽加热脂液所耗热量占加工脂液全部热量的20%，直接火的供热量不及滴水法的25%。蒸馏前经熔解、过滤、洗涤、澄清除去松脂中的杂质，蒸馏时直接蒸汽起搅拌脂液作用，强化传热效果，不致局部过热，较滴水法缩短蒸馏时间，改善产品质量。

## 3.2.4 滴水法

滴水松脂加工工艺流程如图3-6所示。

滴水法工艺比较简单，将松脂装入蒸馏锅内，用直接火加热，为了降低蒸馏温度，在加热至一定温度时滴入适量清水，水很快加热至沸点以上产生水蒸气，与松节油的蒸汽一同蒸出，经冷凝冷却器冷却后入油水分离器，油分再经盐滤器得商品松节油，按不同蒸馏温度分开收集不同油品。蒸完松节油后，趁热从锅内放出松香，滤去杂质，进行包装。

双锅滴水法是在单一蒸馏锅的同一灶斜上方增设一熔解锅，利用烟道气的余热对松脂进行余热熔解，然后借高位差使熔解的松脂自动流入蒸馏锅中进行煮炼。

松脂加工工艺流程可根据各地松脂产量、技术力量、动力、燃料等辅助条件而定。一般年产松香4000t以上才能选择连续式的工艺流程。连续式工艺流程技术要求较高，操作方便，减轻工人劳动强度，产品质量稳定，由于提高了汽化效率，能耗相对较低，便于自动化、计

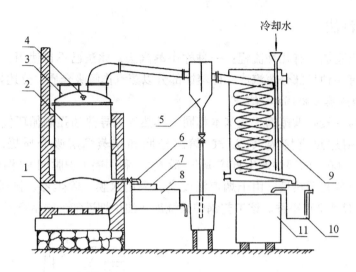

**图 3-6 滴水松脂加工工艺流程**
1. 炉膛  2. 蒸馏锅  3. 装料口  4. 清水入口  5. 捕沫器  6. 放香管  7. 松香过滤器
8. 松香冷却器  9. 冷凝器  10. 油水分离器  11. 松节油贮槽

算机控制。间歇式水蒸气蒸馏法和简易蒸馏法生产操作劳动强度较大,产品质量不够稳定。由于生产过程间歇进行,技术要求相对较低,生产过程易于控制,它适于松香年产量2000~4000t的规模。也有工厂在发展过程中先采用间歇式,后改用连续式,或者部分间歇、部分连续,就形成了流程的多样化。

滴水法适用于当地松脂年产量低于1000t,或开始开发的地区。该工艺设备要求简单对技术要求不高,动力要求不多,燃料一般利用木柴,厂址设于原料基地不远的地方,及时采脂、及时加工,可减少松节油挥发的损失,但该工艺安全性较差,易滋生火灾,由于用直接火加热,造成原料局部过热,加深松香颜色。另外,利用木柴作燃料破坏森林资源,或者直接毁掉松林资源,不利于保护生态环境。

松脂加工厂从管理角度而言,产量大,劳动生产率高,成本低,但产量太大松脂运输困难,路程远易变质,故生产规模不宜过大,且应做到均衡生产。

### 3.2.5 $CO_2$ 或 $N_2$ 循环活气法

$CO_2$ 或 $N_2$ 循环活气法蒸馏松脂的工艺流程如图 3-7 所示。

基本原理同水蒸气蒸馏法,只是把介质水蒸气换成 $CO_2$ 或 $N_2$。用过热蒸汽蒸馏松脂,其工艺流程长、能耗高,不仅浪费大量的作为活气的水蒸气的相变热,而且带走了从松脂蒸馏器出来的水蒸气的冷凝热,需要消耗大量的冷却水,同时其产品松香、松节油会夹带活气残留的微量水分而降低了质量。为解决这些问题,可以采用惰性气体作为活气代替水蒸气,避免了松脂与水蒸气的接触,

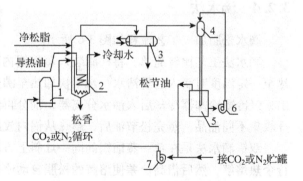

**图 3-7 $CO_2$ 或 $N_2$ 循环活气法蒸馏松脂的工艺流程图**
1. 气体加热炉  2. 松脂蒸馏器  3. 冷凝冷却器  4. 真空泵
5. 气液分离槽  6. 液体循环泵  7. 风机

惰性气体与松节油蒸气分离后，得到的产品质量有很大的提高，松香无贯串现象，松节油透明无混浊，隋性气体可以循环利用，节约了大量水；节省了油水分离器、盐滤器等设备的投资；活气不需排放，没有环境污染问题。

流程：活气 $CO_2$ 或 $N_2$ 经气体加热炉(1)预热后通入松脂蒸馏器(2)，从(2)馏出的松节油蒸气和活气 $CO_2$ 或 $N_2$ 经冷凝冷却器(3)将松节油冷却并收集，不凝性气体 $CO_2$ 或 $N_2$ 进入水流真空泵(4)抽真空，然后再经鼓风机(7)加压循环至(1)。

$CO_2$ 循环活气法蒸馏松脂的工艺条件为：每制得 1kg 松香需 $CO_2$ 流量 $0.14\sim0.16m^3/h$，蒸馏压力 $12.67\sim20.80kPa$，蒸馏终温 $185\sim190℃$ 蒸馏时间 $41\sim45min$。不同活气种类 $CO_2$ 与 $N_2$、活气温度对松脂蒸馏影响不大，并由松脂蒸馏的特点，实施 $CO_2$ 流量为 $0.10\sim0.16m^3/h$，蒸馏温度为 $80\sim185℃$ 的操作序列的蒸馏效果较好。

$CO_2$ 或 $N_2$ 循环活气法蒸馏松脂不需要传统生产工艺的油水分离器、盐滤器，是全封闭式的生产过程，无任何三废排放，是一种清洁的生产方法。

### 3.2.6 溶剂沉淀分离法

基本原理是利用松脂中酸性组分(树脂酸、脂肪酸)和非酸性组分(松节油、不皂化物)在不同溶剂中溶解度有较大差别的原理，而使松香与松节油分离的方法。

溶剂沉淀分离法松脂加工的工艺流程为：

①用二氯甲烷溶解松脂，过滤除去针叶、木片、树皮等不溶性杂质后，在常温下按传统方法用草酸水溶液洗涤松脂溶液，脱除水溶性杂质和与树脂酸结合的铁离子，分去水相。

②在搅拌下向有机相加入乙腈，使树脂酸充分沉淀析出并呈颗粒分散状态，静置30min，过滤回收沉淀。

③在常压条件下，采用分馏方法将滤液加热蒸馏，收集75℃前的馏分为回收良性溶剂二氯甲烷，75～82℃的馏分为回收非良性溶剂乙腈。

④采用水蒸气蒸馏法分离回收松节油，蒸馏残留物为含有较多不皂化物和氧化树脂酸的树脂酸混合物，可作低级松香或其他用途。

按松脂:二氯甲烷:乙腈的质量比为 1:1.3:2 沉淀分离树脂酸，将回收的二氯甲烷和乙腈应用于松脂加工，重复使用两次，均能使松脂树脂酸沉淀析出，而且与采用新鲜溶剂相比，树脂酸沉淀产率变化不大，这表明二氯甲烷和乙腈可以重复利用。

与水蒸气蒸馏法相比，以混合溶剂沉淀分离法进行松脂加工具有明显优点：

①无需特殊设备，操作工艺简单。

②分离所得的松脂树脂酸为洁净白色的易分散性固体颗粒，在 $CO_2$ 或 $N_2$ 保护下加热融合、热异构化处理也可得到松香，该松香为浅黄色透明固体，具有酸值高($>183mg/g$)、不皂化物含量低($<2\%$)的特点，符合精制浅色松香的基本特征。

③松脂树脂酸含有较多的左旋海松酸，可直接用作分离左旋海松酸的原料，简化以松脂为原料的分离工艺，也还可直接用作制备马来海松酸(酐)和马来松香，简化以松香为原料的异构化处理步骤，节省能源消耗。

④与普通松香相比，松脂树脂酸的枞酸含量不高，以松脂树脂酸为原料的光敏氧化反应可以制备得到较多的树脂酸过氧化物。

### 3.2.7 国外松脂加工工艺流程

国外松脂加工工艺今年来发展缓慢，有的几乎停止发展，因此工艺设备停留在原有水平

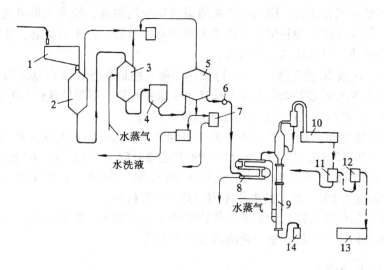

**图 3-8　美国奥鲁斯蒂松脂连续蒸馏工艺流程**
1. 料斗　2、8. 预热器　3. 熔解器　4. 过滤器　5. 水洗槽　6. 脂液泵　7. 中层脂液贮槽
9. 连续蒸馏塔　10. 冷凝器　11. 油水分离器　12. 盐滤器　13. 松节油贮槽　14. 松香包装桶

上,现介绍美国与俄罗斯两国的流程,其他国家基本上大同小异。

(1) 美国奥鲁斯蒂(Olustee)连续式蒸馏工艺

美国的松脂加工工业 1940 年用直接火法生产,1950 年以后全部用间歇式水蒸气蒸馏法,1956 年美国松脂加工厂按奥鲁斯蒂松香松节油采用了脂液连续蒸馏装置,以后推广至其他一些国家。20 世纪 60 年代后,由于松脂产量大幅度下降,工艺没有新的改进。奥鲁斯蒂脂液连续蒸馏工艺流程如图 3-8 所示。由于松脂原料是湿地松松脂,因此蒸馏温度较低,也只是一般蒸馏。

松脂从料斗(1)经预热器(2)预热后送入熔解器(3)熔解,并加入草酸(0.9~1.9kg/t 松脂),加松节油至含油量 30%~35%,熔解温度 93~98℃。熔解后的松脂经过滤器(4)滤去杂质,进入水洗槽(5)洗去单宁和水溶性色素,然后澄清 8~24h,排出水和废渣。澄清脂液由脂液泵经预热器(8)连续送入高 9.15m 的闪急蒸馏塔(9)。脂液在预热器中预热至 170~175℃,在 0.18~0.25MPa 压力下经具有 10mm 直径小孔的平式喷嘴喷入蒸馏塔上部的急蒸室,蒸出全部松节油的 85%~90%,其余的松节油在塔的下部用直接蒸汽蒸出(190℃)。塔下部为一套管装置,内装 11/2 的铝制填料(拉西环),夹套中蒸汽加热。松节油和水的混合蒸汽通过蒸馏塔上部的除沫器进入管式二程冷凝器(10)。冷凝液经油水分离器(11)、盐滤器(12)、分离出的松节油送入松节油贮槽(13)。松香从塔下部流出装入松香包装桶(14),每桶约 235kg。热松香也可装入保温槽车直接送去再加工。塔的生产能力每小时加工松脂 4.08~4.68t,加工 1t 松脂消耗蒸汽 0.489t。

美国松脂加工的洗涤水和废水中主要是溶解和悬浮的固体树脂酸、松节油,以及单宁、草酸、酚类等。试验证明,各种树脂酸对红鳟鱼的平均致命浓度为 0.4~1.1mg/L。因此,美国于废水中加入 0.1%~0.2% 石灰,使废水的 pH 值从 4 上升到 10,有机物成灰色的固体沉淀。这种方法能使废水中的有机物减少 66.7%~75%。沉淀被建议制石灰松香或农用石灰。另一方法是将松脂加工厂的洗涤水通过活性炭填充床吸附塔,可除去 79% 的溶解有机物。废水必须是中性或略带酸性。废活性炭可用多床炉再生。

(2) 俄罗斯松脂加工工艺

俄罗斯的松脂加工工艺大部分为间歇式，或半连续式，即溶解、澄清为间歇而蒸馏为连续式，或后二者为连续式。全部连续式的加工工艺流程如图3-9所示。

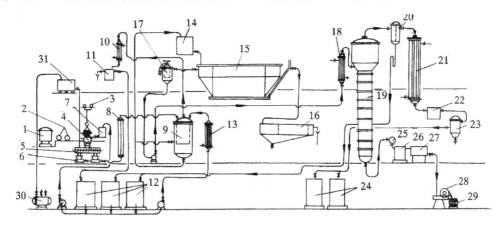

**图3-9　俄罗斯连续蒸汽法松脂加工工艺流程**

1. 车皮　2. 松脂桶　3. 电动小吊车　4. 料斗　5. 盘形松脂粉碎机　6. 泥浆泵　7. 熔解松节油槽　8. 熔解锅
9. 压滤器　10、21. 冷凝器　11、17. 过滤器　12. 回流松节油受器　13、18. 预热器　14. 过滤槽　15. 连续澄清槽
16. 渣水收集器　19. 脂液蒸馏塔　20. 除沫器　22. 油水分离器　23. 盐滤器　24. 松节油贮槽　25. 视镜
26. 复环流松香冷却器　27. 松香收集槽　28. 骤冷器　29. 松香包装桶　30. 磷酸溶液扬液器　31. 磷酸供应槽

俄罗斯松脂加工采用的工艺操作条件与我国的相似，所不同的是，用2%～30%磷酸作脱色剂，用量为3.5～6kg/t。少数工厂在熔解时还加入食盐以增加脂液与水的比重差。熔解脂液澄清采用容量为57m³长方形斜锥体澄清槽，由钢筋混凝土砌成，内衬辉绿岩砖，外包石棉。处理能力为每天250t脂液。松脂蒸馏塔为泡罩筛板混合塔，高约6～7m，直径0.6～1.2m，顶部扩大部分直径为1.0～1.6m，塔内装7块筛板、8块泡罩板。筛板上装有加热盘管。由于欧洲松的松脂中没有倍半萜的成分，因此不分优油和重油，蒸馏温度为165～170℃。在有的工厂已备有自动计量装置。

俄罗斯松脂加工厂的澄清槽放出的废水中含有脂液、磷酸、树脂酸和萜烯的氧化物。通过树脂捕集器再澄清分离脂液和沉淀。沉淀后的废水中含树脂400～3000mg/L，化学耗氧量17000mg/L。用粉状石灰中和废水，可消除树脂物质90%～94.6%。当废水的酸值为300mg/L时，1m³废水用石灰21kg。

其他国家树脂加工厂采用的工艺基本上雷同于以上两个流程。有的工厂脂液溶解后用压滤机滤渣，使细小杂质在水洗前除去，以提高水洗效果。

## 3.3　松脂加工工艺与设备

树脂加工工艺与设备根据选择的流程、原料和投资情况、技术条件等确定。松香与铁等金属接触会加深颜色，过去由于资金不足，一些加热而无振动的主要设备，如熔解釜、澄清槽等用钢板焊制，内衬混凝土，蒸馏釜有用铜板焊制。20世纪80年代后期以来，一般不再使用，而采用不锈钢。

## 3.3.1 松脂在工厂中的贮存与输送

由于采脂有季节性,松脂进入工厂的数量随季节而变化。为了使采脂旺季输入工厂的大量松脂不变质,并保证连续生产,松脂加工厂必须贮存一定数量的松脂。而后再运输至车间。

### 3.3.1.1 松脂在工厂中的贮存

在工厂中,一般用贮脂池贮存松脂,国外亦有用地面上的立式贮罐。松脂的贮存量随生产能力而异。加工能力较大的工厂,须有1~2个月的贮存量,如准备常年生产还须加大;生产量较小的工厂亦要有半个月至1个月的贮存量;更小的工厂可准备1周左右的贮存量。有的工厂将收购点的贮脂池适当扩大,厂本部的贮脂池则可适当减少。

(1) 贮脂池

贮脂池一般建于地下,也有按运输的方便或地形的情况建于地上,或半地下半地上。形状有圆柱体锥底或正方(长方)体斜底,用钢筋混凝土建造或用砖砌成。蒸汽法加工厂每个贮脂池的容量以200~500t为宜。贮脂池的个数随产量而定,并按进厂原料质量不同进行分级贮存。

贮脂池的布局应充分利用地形,以节约基建费用和便于运输为原则。在地下水位较高的地区,周围最好能开渠疏水,以保护贮脂池。

适用的贮脂池布局结构如图3-10所示。贮脂池以2个或4个为1组,每个贮脂池间以钢筋混凝土或砖墙相隔。为使松脂在贮脂池内顺利流动,池底筑成斜面,每个池的最低点位于池组的中心,其对角,即位于池组周边的4个角为每个池底的最高点。池底斜面与地平面的夹角为20°~22°。每个池底侧墙设一松脂流出口。贮脂时将闸门闸住,以防松脂流出,使用时打开闸门。闸门以螺杆连接于池上通道处,以手轮控制开闭。二池或四池合用一台螺旋输送机。

4个池组的总容量为800~2000t,2个池池组的容量减半。松脂分级贮存于各池中。

为防止松脂在贮存时氧化变质和松节油挥发,通常贮脂池内加保养水,超出脂面10~20cm。保养水1个月左右更换一次。启用一池的松脂时,先用泵抽出保养水,然后将该池靠螺旋输送机侧墙低处的闸门打开(其他池的闸门关闭),松脂因重力流出闸口,有螺旋输送机送到加料槽内,再以另一螺旋输送机送至车间。生产能力较大的厂则将松脂从加料槽流入压脂罐,

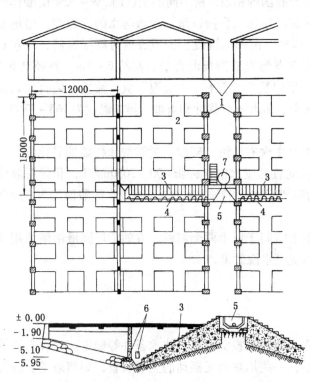

图3-10 贮脂池组布置结构
1. 砖柱 2. 过道 3. 阶梯 4. 螺旋输送机 5. 加料槽
6. 松脂流出口 7. 压脂罐

以压缩空气运脂至车间。松脂在贮存过程中的损耗为1%左右。贮脂池的工艺管道尽量从上口进出，侧壁和底板最好不设预埋管件。

考虑生产安全，贮脂池应离锅炉距离20m以上，并设防火措施。

(2) 松脂卸料

松脂从收购点的贮脂池运至工厂一般用汽车。距离较近或在工厂收购时，也有用拖拉机运输。装运容器过去大多用容量为200L的铁桶，汽车运松脂到厂后，以松香包装车用人力从汽车上推至松脂池倒入池中。现在各厂多采用槽车运输，槽车有封闭式和敞开式。

位于河边的工厂，由水路运来船装的松脂，可用螺旋输送机和压缩空气卸料。工厂在河边设一驳船，船上设有可移动的螺旋输送机、压脂罐等设备。松脂船停靠驳船，以移动的螺旋输送机将船舱中的松脂输入驳船中的压脂罐，然后用压缩空气压到贮脂池，或直接压至松脂加工车间的料斗中，压缩空气由空气压缩机房通过管道输送。为了减小松脂在管内的阻力，松脂从小船运入驳船时常在螺旋输送机槽中滴加适量松节油和水，使之降低黏度，成为半流体状态。实际中输脂管可用DN125或DN150。当水面低于车间20m以下，松脂特级、一级时，用0.3~0.5MPa压力，5~6min可压送1t装贮脂罐的松脂。如贮脂池靠河边近，也可采用皮带输送。

由于采脂受器不同，运入工厂的块状松脂大量增加，在松脂进入贮脂池前一般经过破碎，即松脂不直接倾入贮脂池中，而是倾入贮脂池前的加料池中。加料池长方形，长约4m，宽约3m，锥底有2~3条螺旋输送机将松脂输入贮脂池。每个螺距间的轴上焊有1~2把刀，长度为螺旋叶片宽1/3~1/2，其作用是在输送过程中将块状松脂破碎。为了提高破碎度，螺旋机的安装角度较常用输送松脂的螺旋机要大，因此充满系数低，转速略快，90r/min以上。未破碎的松脂由于重力作用而回滚，重复破碎。如此块状松脂经反复挤压、搅拌而破碎，成为半流体态输入贮脂池备用。

### 3.3.1.2 松脂的输送

松脂在工厂输送的方法有螺旋输送机输送和压缩空气管道输送，前者在中小型工厂中使用，贮脂池离车间较近，可直接用螺旋输送机将松脂送入车间，后者用于规模较大的工厂，贮脂池较多较大，离车间较远，用压缩空气管道输送效率较高。

#### 1) 螺旋输送机输送

贮脂池的松脂用螺旋输送机送至车间加料斗如图3-11所示。如果距离稍远，用一级螺旋输送机过长，可加一过渡料斗，经两级输送至车间，如贮脂池高于熔解器或滴水法的蒸馏釜，则可用水平的或向下的螺旋输送机。松脂随螺旋输送机前进时，进一步被螺旋搅拌和破碎，并适当滴加松节油和清水，提高其流动性。一般使松脂的含油量达20%~25%，含水量达8%~15%。

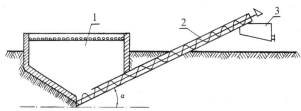

**图3-11 用螺旋输送机输送松脂简图**

1. 贮脂池  2. 螺旋输送机  3. 加料斗

(1) 螺旋输送机的结构

螺旋输送机的机构如图3-12所示。它由螺旋槽1、螺旋叶片2、支承3—级传动机构7等部分组成。螺旋槽外壳用铁板卷成,与螺旋叶的距离以5mm为宜,螺旋叶采用空心轴,分为数节联成,以便于装拆。两轴连接处插入一实心圆铁,由于螺钉拴与槽易为松脂腐蚀,且生成暗色的树脂酸铁盐,因此必须以红丹紫胶漆或不锈钢制造。

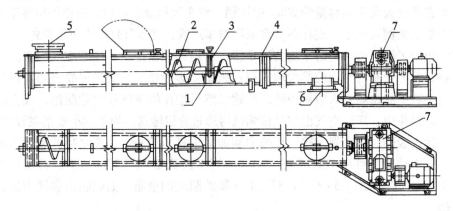

**图3-12 螺旋输送机结构**
1. 螺旋槽 2. 螺旋叶片 3. 支承 4. 槽盖 5. 入料口 6. 出料口 7. 传动机构(减速器)

(2) 螺旋输送机生产能力的计算

螺旋输送机的生产能力以t/h为单位,可由下式计算:

$$Q = 60\varphi S n \rho C \frac{\pi D^2}{4} = 47 \varphi S n \rho C D^2 \quad (3\text{-}8)$$

式中 $Q$——每小时生产能力(t/h);

$\varphi$——松脂充满系数;

$S$——螺距,一般为$(0.5 \sim 1)D$,取$0.8D$;

$n$——螺旋输送机每分钟转数,对脂质好的松脂取$80 \sim 90$r/min,较干的松脂取$60 \sim 70$r/min;

$\rho$——松脂密度,取$1.03$(t/m³);

$C$——螺旋输送机与地平面倾斜度$\alpha$的校正系数,倾斜角一般不宜大于30°(根据实测$C$取0.2);

$D$——螺旋直径$0.2 \sim 0.4$m。

倾斜的螺旋输送机轴所需要的功率$(P_0)$。可用下式计算:

$$P_0 = K \frac{Q}{367}(\omega_0 L + H) \quad (3\text{-}9)$$

式中 $P_0$——螺旋输送机所需功率(kW);

$Q$——每小时的生产能力(t/h);

$\omega_0$——阻力系数,包括螺旋输送机的全部阻力经测定为10;

$L$——螺旋输送机从入口到出口的水平投影长度(m),如图3-13所示;

$H$——螺旋输送机平面上的投影高度(m)(当水

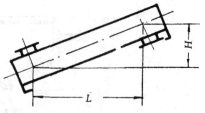

图3-13 倾斜螺旋输送机的水平长度和高

平输送时，$H$ 为 0；向下输送时，$d_2$ 为负值）；

$K$——功率备用系数，常取 1.2~1.4。

螺旋输送机驱动装置的额定功率($P$)按下式计算：

$$P = \frac{P_0}{\eta} \tag{3-10}$$

式中　$P$——驱动装置的额定功率(kW)；

$P_0$——所需功率(kW)；

$\eta$——驱动装置的总效率，一般取 0.9。

### 2) 压缩空气管道输送

在生产能力较大的工厂，松脂从贮脂池用螺旋输送机(1)输入加料槽(2)至一定量，经密闭加料阀(3)放入压脂罐(4)(容量 1~2t)，再用压缩空气机(6)经输送管道送至车间加料斗，加料斗上方设一缓冲罐，以免松脂直接冲向料斗外。其流程如图 3-14 所示。压缩空气压力一般用 0.3~0.5MPa，不得超过 0.6MPa。输脂管道用 DN125~200 的铁管过镀锌管，也可设在地下。

密闭加料阀的结构如图 3-15 所示。这种阀适用于黏度大的半流体物料，并在压力下不漏气，开关迅速。加工不复杂，一般松香厂可自制。

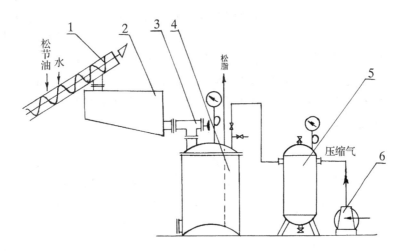

**图 3-14　压缩空气管道输送松脂流程**

1. 螺旋输送机　2. 加料槽　3. 密闭加料阀　4. 压脂罐　5. 缓冲罐　6. 空气压缩机

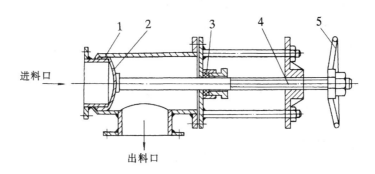

**图 3-15　密闭加料阀**

1, 3. 填料　2. 阀盖　4. 阀杆　5. 手轮

### 3.3.2 松脂的熔解

由贮脂池运至车间的松脂呈黏稠的半流体状态，含有泥沙、树皮、木片等杂质，以及相当量的水。为了出去杂质和水分，必须再加入适量的松节油和水，并加入草酸，加热至93~95℃。加热和加油的目的是使松脂更好地熔解，降低松脂的密度和黏度；加水是为了洗去松脂中的水溶性色素；加入草酸是除去有色的树脂酸铁盐，生成溶于水的盐类。熔解后的脂液呈流动状态，便于进行过滤、净制和输送。

早期的生产中认为，由于受脂器和运输过程中松脂与铁接触，形成树脂酸铁盐产品松香的颜色，使松香的等级下降，因此在熔解时加入草酸（在俄罗斯的工厂中加磷酸），生成草酸（磷酸）铁盐，于净制过程中分离。最近研究说明树脂酸铁盐的含量在0.002%时就开始影响松香的颜色，但铁盐含量的多少，并不与松香颜色的降等成比例关系，铁盐的存在，不是影响松香的唯一因素。草酸或磷酸可以有效地分离出铁离子，但不能去除所有的有色物质。据实测，每吨松脂所用的纯磷酸量不宜超过5~6kg。我国工厂使用草酸不超过0.15%，一般用0.05%~0.10%也有研究认为铁作为氧的载体存在，松脂的氧化速度会增加，树皮中的单宁与铁离子同时存在，对松香的颜色影响较大。试验将0.05%新制备的$Fe_2O_3$和1%~2%从松树皮得到的单宁萃取物与水洗过的松脂相混合，蒸馏得到的松香与未加的对比，松香的等级下降了七级，而且pH值升高，单宁所形成的化合物发生氧化，使颜色迅速变深。松脂中掺有石灰，则可生成树脂酸钙盐，使松香颜色显蓝绿色。松脂中掺有松针和松毛虫排泄物中的叶绿素成分，也会使生产的松香显青色。近年来，中国的松脂加工在熔解后增加了热水水洗的过程，以进一步洗去水溶性的有色物质。应用含硫脱色剂会影响产品质量，收率也降低。

松脂熔解时熔解油的加入量，可根据进入车间松脂中不同含水率和含油率以及要求净制脂液的含油量按下式计算：

$$X = \frac{Z}{100 - Z - 0.5} \times S - T \tag{3-11}$$

式中　$X$——熔解油用量（kg/t松脂）；
　　　$T$——每吨进入车间原料松脂中的松节油重（kg）；
　　　$S$——每吨进入车间原料松脂中松香重（kg）；
　　　$Z$——要求净制脂液的含油量（%）；
　　　0.5——净制脂液中的含水量（%）。

#### 3.3.2.1 松脂间歇熔解

1）间歇熔解工艺

松脂间歇熔解工艺流程如图3-16所示。松脂从加料斗（1）经密闭加料阀（3）进入熔解釜（锅）（2），并从熔解油（中油）贮罐（4）加入熔解油，使松香与松节油的重量比约为（64~62）:（36~38）。并加水，加水量为松脂原料的8%~10%。松香和油的比例是根据澄清和蒸馏的要求确定的。熔解时用饱和或过热直接蒸汽（活汽）搅拌加热至93~95℃。松脂熔解完毕后，从熔解釜顶部通入蒸汽，使脂液面上压力增至0.15~

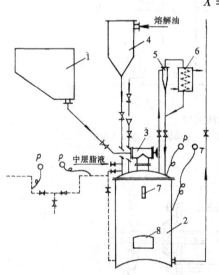

图3-16　松脂间歇熔解工艺流程
1. 加料斗　2. 熔解釜　3. 密闭加料阀　4. 熔解油贮罐　5. 气液分离器　6. 冷凝器　7. 视镜
8. 出渣口

0.3MPa，将熔解脂液经压脂管压入过渡槽。脂液压送时通过滤板，较大的杂质(杂质总量的70%~80%)留在滤板上。熔解3锅后清渣1次，清渣前用直接蒸汽喷出残渣中松节油。在熔解过程中有部分松节油和水的蒸汽一起蒸发，因而熔解釜必须有排气管与冷凝器(6)相连接，以回收松节油。为防止冲料时松脂进入冷凝器将管道堵塞，有时在冷凝器前设一缓冲罐。一般工厂熔解过程操作一次(包括进料、熔解、压脂、清渣)平均约需25min。间歇熔解残渣的成分随松脂熔解是否完全而有异，熔解完全的残渣成分为：松香25%，松节油6%，杂质35%，水分34%。

**2) 间歇熔解过程的主要设备**

(1) 加料斗

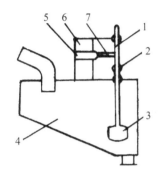

**图3-17 计量料斗装置**
1. 浮标杆 2. 蝶形块 3. 浮球
4. 计量料斗 5. 行程开关
6. 框架 7. 弹性触头

加料斗是车间贮存原料的主要容器。必须具有足够的容量才能不致因运输系统发生故障而影响车间内的正常生产。一般要求容纳1~2h生产的需要量。加料斗可用钢板或铝板加固制造。钢板制料斗内涂红丹紫胶漆，都是矩形、斜锥体底，便于松脂流动，上加盖。用压缩空气管道输脂时，料斗上需设一缓冲罐。也有的厂在料斗前加一细破碎机，使破碎后的松脂颗粒小于10mm，以利准确计量与熔解。间歇熔解可从熔解釜的视镜计量，也可用料斗计量，计量料斗如图3-17所示。料斗中设一浮球标杆和一只行程开关，标杆上有一蝶形块(可调整固定)，行程开关固定在框架上，开关上有一弹性触头，装釜计量时，按下螺旋输送机电钮，输送机将松脂送到计量槽。随着松脂逐渐充满，浮球逐渐上升，当标杆上蝶形块触及行程开关的弹性触头时输送机自动停机，停止进料。据有关工厂总结，按此计量料斗计量，油、水、草酸的加入量控制准确，装载误差≤1%，可提高澄清效果和产品质量的稳定性。

(2) 间歇熔解釜

间歇熔解釜具有加热、搅拌、洗涤、过滤、和压送作用。其结构如图3-18所示。熔解釜的高径比为(2~2.5):1，釜身可用不锈钢板(1Cr18Ni9Ti)焊制。熔解釜底拱形，以承受较大压力，由于泥沙有磨损作用，釜底应适当加厚。拱形底上面是直接蒸汽喷管(或称活气喷管、开口蒸汽管)，管径随生产能力而定。直接蒸汽管上面是不锈钢滤板，分四块安装，用螺钉固定在支架上。滤孔孔径3mm，上小下大，中心距10mm，交叉排列。孔的总截面积为滤板的35%~40%，滤板上面侧向为出渣口。釜身上部的1/3处设一视镜，以观察加料情况与计量。釜顶盖由铝板制成，除密闭加料口外，还设有加油管、加水管、蒸汽管和通往冷凝器的管道。压脂管在熔解釜内直伸至滤板下拱形底的最低处，或从滤板下设管接头通出。

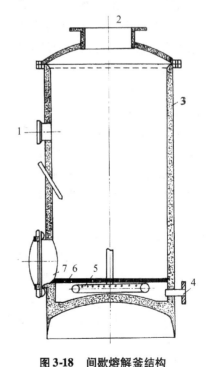

**图3-18 间歇熔解釜结构**
1. 视镜 2. 加料口 3. 釜身 4. 出料口
5. 直接蒸汽喷管 6. 滤板 7. 出渣口

熔解釜中直接蒸汽管的管径随生产能力而定。用不锈钢管弯成环形，直径为釜体内径的2/3。直接蒸汽喷管开在向外下侧方向，分三排排列。小孔总截面积为活气总管截面积的3倍，以求得小孔数目。小孔的数目也可按第一章蒸馏釜直接蒸汽管小孔数的公式求得。

### 3.3.2.2 松脂连续熔解工艺

早期应用卧式连续熔解工艺，近年来用立式连续熔解较为普遍。

**1）卧式连续熔解工艺与设备**

卧式连续熔解工艺流程如图 3-19 所示。

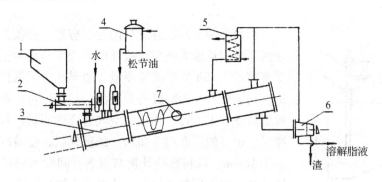

**图 3-19 卧式连续熔解工艺流程**
1. 料斗 2. 给料器 3. 卧式连续熔解器 4. 熔解油贮罐 5. 冷凝器 6. 连续除渣器 7. 视镜

松脂从料斗(1)经给料器(2)进入卧式连续熔解器(3)，从熔解油贮罐4连续加入，水与草酸溶液从另一口进入，油、水和草酸溶液用转子流量计计量，使脂液中松香和松节油的比例为(64~62)∶(36~38)。熔解以直接蒸汽作加热介质，调节熔解器内温度保持93~95℃，同时起搅拌作用。熔解器内有螺旋叶片，松脂和杂质随螺旋叶片的缓慢旋转而向前移动，保证脂块在熔解器中有足够的停留时间而充分熔解。螺旋轴由传动装置带动，转速取1r/min左右。熔解后的脂液连续从熔解器的前部(高端)流出，经过除渣器(6)除去杂质，送到净制工序净制。熔解时蒸出的少量松节油和水的混合蒸汽，经冷凝器(5)冷凝后返回熔解器，以保证脂液的含油量。

连续熔解器的给料器实际上是一个螺旋输送机，外壳常用无缝钢管或镀锌水煤气管制成，为提高产品质量，也可用不锈钢管。它在水平安装的情况下，松脂在其间充满系数为0.7~1，在一定的转速下它可以起到定量的给料作用；并能防止熔解器内的蒸汽逸出。

卧式连续熔解器如图3-20所示。它主要由圆形筒体(5)与螺旋桨叶(7)所组成。螺旋桨叶由螺旋轴(6)带动；桨叶与筒体壁的间距一般取5mm。为装配、制造及维修方便，圆筒可由2~3节合成。圆筒底部两侧焊有半圆形管，内设直接蒸汽喷管(12)，喷管上开有三排喷汽孔。筒体后部上方设有进料口(2)和加油管(3)、加水管(4)，下方设一排污管(14)，在停工时排污用。为了观察松脂在器内的熔解情况及液面位置，在筒体中下部装有视镜(8)和温度计。筒体前部上方装有松节油蒸汽出口管(10)和冷凝液进口管(9)，下方设脂液管(13)放出熔解脂液。螺旋轴末端设一圈反向螺旋桨叶以防止杂质堵塞，熔解器通常倾斜安放，一般倾斜角5°~10°。

圆筒形卧式熔解器的螺旋桨叶直径 $D$ 按下式计算：

$$D = \sqrt{\frac{Q}{47\varphi \, sn\rho}} \quad (\text{m}) \tag{3-12}$$

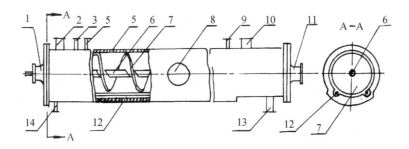

**图 3-20 卧式连续熔解器结构简图**
1. 轴承座 2. 进料口 3. 加油管 4. 加水管 5. 筒体 6. 螺旋轴 7. 螺旋桨叶
8. 视镜 9. 冷凝液进口管 10. 蒸汽出口管 11. 尾封 12. 直接蒸汽喷管 13. 脂液管 14. 排污管

式中　$Q$——进料量(包括原料松脂、熔解油、洗涤水和直接蒸汽冷凝水的总和)(t/h);

$\varphi$——填充系数,取 0.5~0.7;

$s$——螺距,取 $s = 0.5D$ (m);

$n$——转速,取 1~1.5(r/min);

$\rho$——熔解脂液密度(包括水和脂液,其中含油 38%的脂液密度为 0.9386t/m³) (t/m³),可用下式求得:

$$\frac{1}{\rho} = \frac{a_1}{\rho_1} + \frac{a_2}{\rho_2} \tag{3-13}$$

式中　$a_1$, $a_2$——混合液体中水和脂液的质量(%);

$\rho_1$, $\rho_2$——混合液体中水和脂液的密度(t/m³)。

熔解器外壳的内径较螺旋桨直径大 10mm。计算出的直径再圆整成整数。熔解器的长度($L$)按下式计算:

$$L = tsn \tag{3-14}$$

式中　$t$——熔解时间,一般取 20min;

$s$——螺距(m);

$n$——螺旋桨的转速(r/min)。

上式计算出的熔解器的必须长度,应加上进出料的辅助长度。

卧式连续熔解实现了熔解的连续化,熔解效果一般较好。缺点是直接喷气管槽内易落入细砂等杂质,影响蒸汽喷放,需定时清理。

**2)立式连续熔解工艺与设备**

立式连续熔解工艺流程如图 3-21 所示。

松脂从螺旋输送机(1)进入料斗(2)后,由给料器(3)将松脂经下料管送入立式熔解器(5)。熔解油和水经转子流量计(4)从下料管上部同时加入。松脂在立式熔解器内受底部盘管喷出的直接蒸汽加热搅拌,借连通器的作用不断上升而逐渐熔解。熔解脂液从立式熔解器上部的放脂管流出,经除渣器(8)滤去轻质浮渣后送至净制工序。粗渣泥沙等物沉积于立式熔解器底部定期排出。少量蒸发

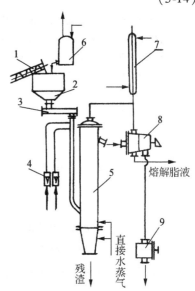

**图 3-21 立式连续熔解工艺流程**
1. 螺旋输送机 2. 料斗 3. 给料器 4. 转子流量计 5. 立式熔解器 6. 熔解油贮槽
7. 冷凝器 8. 除渣器 9. 残渣贮罐

出的松节油和水的混合蒸汽接冷凝器(7)回流。熔解的工艺条件和要求与卧式连续熔解相同。

立式连续熔解一般每班排一次沉渣,排渣前停止进料,用90℃以上的热水将脂液从熔解器上部顶出,再排渣水,排完渣水后重新进料。这种排渣的方法影响生产的连续性,因此,为保证生产的连续性,某些生产能力较大的工厂在熔解器前设两个立式预熔器,轮流操作,松脂经预熔后进入熔解器,泥沙等沉于预熔器底,轮流时排出。熔解器下部一般不再排渣,熔解时间延长,松脂块可充分熔解。

立式连续熔解器的结构如图3-22所示。它主要由一根松脂下料管(11)与立式熔解器相连而成。也有将下料管设于熔解器内,减少热损失,不易堵塞。立式熔解器实际上是一个圆筒体,它的下部设有直接蒸汽盘管(2)和备用蒸汽管(1)。为观察松脂下料和熔解器情况,分别于松脂下料管上部,下料管与立式熔解器接口处以及熔解脂液出口处设视镜(9),(4)。温度计(7),(14)装于熔解器上部接近出口处。锥底装有排渣阀门。与卧式熔解器相比,立式熔解器的结构比较简单,因而设备的设计、制造、安装、维修等方面都比较方便,亦节省金属材料与动力消耗。另外,在熔解过程中,松脂和加热蒸汽同一流向,接触时间长,蒸汽热能可被充分利用。缺点是需要上下出渣。由于优点较多,有替代卧式连续熔解器的趋势。

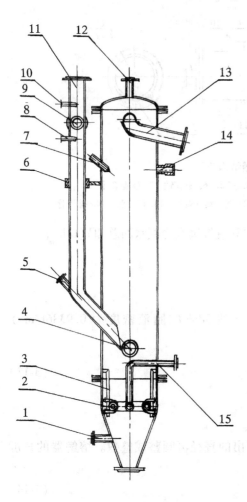

**图 3-22 立式连续熔解器的结构**

1. 备用蒸汽管 2. 直接蒸汽盘管 3. 支架 4、9. 视镜 5. 吹汽管 6. 抱箍 7、14. 温度计 8. 进水管 10. 进油管 11. 松脂下料管 12. 混合蒸汽出口 13. 脂液出口管 15. 直接蒸汽进口管

先计算立式连续熔解器的内径($D$)。日产松香15~20t的,熔解器内径取0.4~0.45m,熔解器截面积($F$)为:

$$F = \frac{\pi}{4}D^2 \tag{3-14}$$

脂液在熔解器内的移动速度($u$)为:

$$u = \frac{Q}{60\rho F} \tag{3-15}$$

式中 $Q$——进料量(原料松脂、熔解油、洗涤水、直接蒸汽冷凝水的总和)(t/h);
 $\rho$——脂液密度(t/m³)。

立式连续熔解器的有效高度($H$)为:

$$H = Tu \tag{3-16}$$

式中 $T$——松脂在熔解器内的停留时间,一般取20min,如松脂中块状松脂较大,可取25min。

### 3) 连续滤渣

熔解脂液中含有少量杂质，其中浮渣必须在水洗净制前用过滤的方法出去。如应用间歇滤渣设备，在清渣过程中常有大量松节油蒸汽外逸而造成损失和污染，连续滤渣设备可避免这些缺点。生产上应用的连续滤渣器有以下几种形式：

**(1) 截头锥篮式连续滤渣器**

截头锥篮式连续滤渣器结构如图3-23所示，其内部不设锥形螺旋叶片，锥篮倾斜安装，倾斜角（α）12°左右（图3-24）。熔解脂液进入锥篮大口，逐渐通过滤筛孔排出，滤渣随倾斜安装的锥篮转动上升，垂直落下，逐渐向锥篮小口方向移动，最后落入贮渣箱（10），可定期扒出。日产15～20t松香车间脂液锥篮式连续滤渣器的结构为锥篮筛网长1～1.2m，锥度（θ）30°，小口直径200mm，转速30～50r/min。筛孔长方形0.8mm×20mm，互相交叉排列，孔距5mm×5mm，开孔率40%～45%，筛面筛孔要求整洁无毛刺，为了不使筛孔堵塞，在锥篮内上方可设一不锈钢丝刷，锥篮外可设一平行的蒸汽喷管，向锥篮筛网方向开喷孔三排，孔径2mm，定期喷射蒸汽。贮渣箱内设一滤渣筛板（13），过滤渣中剩余脂液。

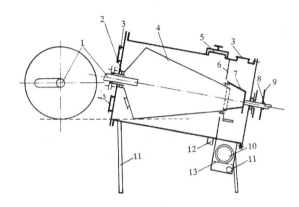

**图3-23 卧式截头锥篮式连续滤渣器**
（孔径1.2mm×12mm）

1. 脂液流入管 2. 轴承 3. 手孔 4. 锥篮 5. 螺栓夹头
6. 隔板 7. 支撑架 8. 传动轴 9. 传动链轮 10. 贮渣箱
11. 设备支架 12. 脂液管 13. 滤渣筛板

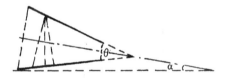

**图3-24 卧式截头锥篮连续除渣器轴线倾斜角示意**

**(2) 卧式锥篮离心机**

它适用于生产能力大的工厂，某厂试验结构示意图如图3-25所示，锥篮离心机

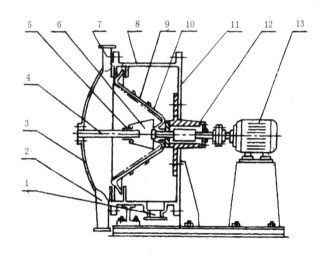

**图3-25 卧式锥篮离心机结构示意**

1. 出脂口 2. 出渣口 3. 机盖 4. 进脂管 5. 挡液杯 6. 布料器 7. 导气管
8. 机壳 9. 滤筛 10. 锥篮 11. 后盖板 12. 传动座 13. 电机

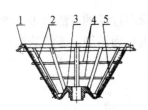

图 3-26 锥篮离心机框架
1. 篮环  2. 筋条  3. 底盘
4. 加强环  5. 滤筛

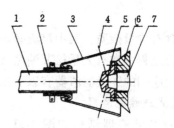

图 3-27 布料器装置
1. 进料管  2. 挡液圈  3. 布料器  4. 固定螺丝
5. 轴端盖  6. 底盘  7. 轴

框架如图 3-26 所示。滤筛紧贴在几个圆环上，上口和下口均用螺丝固定。滤筛用 1mm 不锈钢板冲成，筛孔长 10～15mm，宽 0.1～0.3mm。有滤孔被堵塞时，可用松节油清洗。锥篮夹角 65°。布料器装置如图 3-37 所示。在轴端盖上伸出三根螺丝，固定一个锥形布料器。进料管深入布料器内，布料器随轴一起转动。当脂液从进料管注入布料器，就立即被快速旋转的布料器均匀地撒向锥篮。布料器与锥篮底盘保持一个适当的间距，使进料量维持较大而脂液不致飞溅出来。试验所用离心机滤筛内径 0.25m，转速 1460r/min，锥篮外口直径为 650mm时，生产力可达 13t/h。残渣组成松香 2%～6%，松节油 12%～20%，水分 35%～45%，杂质 28%～35%。动力消耗经测定为 0.3kW·h/t 脂液。除渣后脂液中杂质含量仅 0.02%～0.04%，

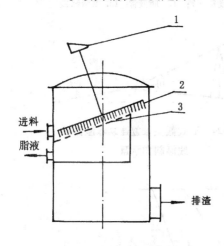

图 3-28 耙式滤网除渣器
1. 减速机  2. 金属丝扫耙  3. 滤筛

净制中间层可以减少。松脂中的杂质很复杂，有木片、松针、树皮、泥沙，甚至铁钉，泥沙易将筛孔堵塞，铁钉又易将筛网刺破，因此卧式离心机须先分离粗渣，并以两台轮换使用，以便清洗和更换筛网。

(3) 密封耙式滤网除渣设备

耙式除渣设备结构示意如图 3-28 所示。脂液从进料口入除渣器的上半部，通过滤网从出料口流出。残渣留在滤网上，由电动机通过减速箱带动一钢丝扫耙转动，将残渣刮进残渣通道落下，落入下部的贮渣室中，排渣时打开室门扒出残渣。这种除渣机由于金属滤网与金属丝扫耙的不断摩擦极易损坏，更换扫耙的周期较短，未熔解的粒状松脂与夹带进入废渣的脂液不能回收利用。

### 3.3.3 熔解脂液的净制

传统的松脂加工工艺是在松脂熔解过程中加入部分冷水，加上熔解松脂用的水蒸气冷凝水，可洗去松脂中的色素。但实际上熔解有一定温度，提高了树皮等杂质中色素的浸出率，这些色素大部分随水于澄清时除去，可仍有部分留在脂液中，使产品的颜色加深。因此，20世纪 80 年代以来，各厂增加了熔解后的水洗工艺。一般的水洗工艺都是在熔解粗滤后进行，粗滤将大部分有色物质滤去，脂液经过渡槽沉去有色的洗涤水，再进行水洗，以进一步除去脂液中的色素，提高产品松香的颜色级别。水洗还可以洗去脂液中残留的无机酸，以减弱蒸馏对树脂酸的异构。水洗后出去水和细小杂质则多数仍采用澄清法。澄清法设备简单，维修

容易，无需消耗动力，缺点是占地面积大，分离时间长，还需加一套中层脂液处理设备。在高压静电场中脂液连续澄清工艺在中、小型厂应用效果显著。

进入净制工序的脂液组成为：松香47%~49%，松节油27%~30%，水20%~30%，杂质0.1%左右。

### 3.3.3.1 水洗工艺与设备

水洗的过程实质上是液-液萃取的过程，色素从脂液中经过脂液—水两相的界面扩散到水中去，这是一个传质过程。为获得较高的传质速率，使两相充分接触，并拌有较强烈的湍动。萃取完毕后还需使两相在较快地达到完善分离。脂液水洗应避免乳化。水的温度应在90~95℃，与脂液同温，过低则会降低脂液温度而使黏度升高，影响二者的分离澄清。由于用水为萃取质，固用水量并不严格。目前生产上用的水洗设备有搅拌式、脉动筛板塔、静态混合器、管道混合和超声波等。也有的工厂熔解时不加草酸，在水洗时加入草酸可节约草酸用量，提高产品松香的色级。但残留在脂液中的酸在蒸馏时可能促进树脂酸异构而导致松香结晶。

(1) 搅拌式水洗

熔解过滤后的脂液经一过渡槽停留约10~20min，排出沉下的废水，再进入带搅拌器的水洗器，不断加入热水，水温不低于90℃，搅拌转速80~90r/min，以提高脂液与水的湍流程度，增加相互间的接触，强化萃取效率。搅拌转速不宜过快，以免引起乳化，影响澄清效果。

(2) 脉动筛板塔水洗

一般使用往复板式脉动筛板水洗塔示意(图3-29)，它是将多层筛板按一定的板间距离固定在中心轴上，操作时塔板随中心轴在塔内做垂直的上下往复运动，故塔板与塔内壁之间要保持一定的间隙。筛板上的孔径为7~16mm。塔板宜用耐腐蚀的密度较小的金属或用聚四氟乙烯等塑料制成。往复板式萃取塔的效率与塔板的往复频率有密切关系。当脉动振幅一定时(6~50mm)，效率随频率的加大而提高。故只要控制好操作条件不发生液泛，选用较大的频率可以获得较高的操作频率。某厂的脉动筛板水洗工艺流程如图3-30所示。

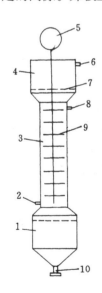

**图3-29 往复板式脉动筛板水洗塔示意**

1. 下澄清区　2. 脂液进口　3. 萃取区　4. 上澄清区　5. 传动机构　6. 脂液出口　7. 筛板　8. 洗涤水进口　9. 筛板　10. 排渣水口

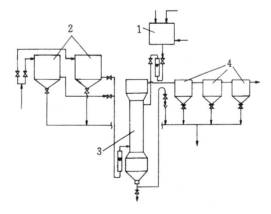

**图3-30 脉动筛板水洗工艺流程**

1. 高位槽　2. 过渡槽　3. 水洗塔　4. 澄清槽组

(3)静态混合器水洗

静态混合器是完全不带机械活动部件的高效混合设备,在管道内放入一些静止的混合元件,如简单的扭曲叶片或交错平板的组合,就能在广阔的领域实现混合、搅拌、熔解、萃取、热交换、吸收、分散、乳化等基本操作,并且,稍有一些动力就能使之运转,具有使生产连续化,装置小型化、节省化、省力、免除经常性的维修保养和提高产品质量等优点。近年来它已在化工、石油、轻工、化纤和环保等部门广泛应用,取得可喜成果,而且正逐步部分取代机械回转式搅拌器。

静态混合器的定义为:"借助流体管路的不同结构,得以在很宽的雷诺数范围内进行流体混合,而又没有机械式可动不见的流体管路结构体。"因而借助于折流板或者简单的迷宫和流体的惯性(湍流区及过渡区)进行混合的管理结构体,均属于静态混合器。对于层流和湍流等不同场合,静态混合器使流体混合的机理差别很大。层流时,是"分割—位置移动—重新汇合"的三要素对流体进行有规则而反复的作用,以达到混合;湍流时,除以上三要素外,由于流体在流动的断面方向产生剧烈的涡流,有很强的剪切力作用于流体,使流体的微细部分进一步被分割而进行混合。在层流(雷诺数 $Re<1$)的流速下,混合器的扭曲角度以接近180°的最佳,其余角度均使混合程度恶化。

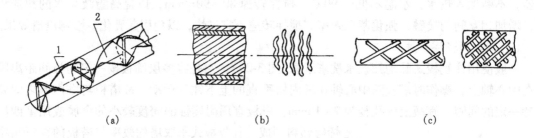

**图 3-31 静态混合器结构示意**
(a)SK 型 (b) SV 型 (c)SX 型
1. 左旋 2. 右旋

目前国外已开发的静态混合器有十几种,国内也已有数种定型产品,它们是 SV 型、SX 型、SL 型、SH 型、SK 型(图 3-31)。虽然脂液的黏度在所有的这些静态混合器的适用范围内,但或因切割的分散度过小,不易分离;或因结构复杂,脂液中带有细小杂质,易堵塞。因此前四种型号不甚合适,而 SK 型混合器结构简单,压力降最小,最高分散度 $\leqslant 10\mu m$,易于在澄清时分层。SK 型静态混合器单元的压力降计算见下式:

$$\Delta P = \varphi_D \frac{\rho_c}{\alpha} W^2 \frac{L}{D} \tag{3-17}$$

式中   $\Delta P$——压力降(Pa);
        $\rho_c$——连续相对密度(kg/m³);
        $L$——混合器长度(m);
        $D$——混合器内径(m);
        $W$——表观线速度(m/s);
        $\varphi_D$——摩擦系数。

SK 静态混合器摩擦系数 $\varphi_D$ 的关系见表 3-2。

表3-2　SK型静态混合器摩擦系数 $\varphi_D$ 的关系式

| 层流区 | | 过渡湍流区 | | 湍流区 | | 完全湍流区 | |
|---|---|---|---|---|---|---|---|
| 范围 | 关系式 | 范围 | 关系式 | 范围 | 关系式 | 范围 | 关系式 |
| $Re_D < 23$ | $\varphi_D =$ 430/$Re_D$ | $23 < Re_D$ $< 300$ | $\varphi_D =$ $87.2Re_D^{-0.491}$ | $300 < Re_D$ $< 11\,000$ | $\varphi_D =$ $17.0Re_D^{-0.205}$ | $Re_D >$ $11\,000$ | $\varphi_D =$ $2.53$ |

福建林学院曾对另一种型号的静态混合器做了试验和应用，它具有切割、交叉旋转和自行搅拌的三重作用，称为TA型静态混合器。TA型静态混合器的结构示意如图3-32所示。其机构简单，用于脂液水洗不易堵塞，且加工方便。经试验，10个单元的TA型静态混合器其级效率是SK型的2.3倍，其体积传质系数

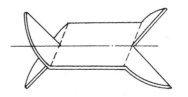

图3-32　TA型静态混合器元件结构示意

接近效率较高的SV型，当流速为0.4~0.8m/s时，体积传质系数为空管的12.1~19.5倍。

进入静态混合器的脂液和水都必须具有相当的能量，以克服脂液和水通过静态混合器所造成的压力降。利用位能克服其压力降是较好的方法，用离心泵和齿轮泵都是不适宜的。设计时要根据生产能力进行机械能的衡算，以确定各设备的相对位置和静态混合器单元大小数量等。由于混合后还有澄清阶段，因此水洗应达到既能充分萃取脂液中的色素又不使脂液乳化的效果。据初步试验，水洗器中的流速不能大于1m/s，否则即使只有5个静态混合但也会使脂液乳化而影响澄清效果。

鉴于脂液水洗不宜采用较高流速，以及熔解脂液中仍有少量杂质，所以用于脂池水洗的静态混合器宜垂直安装，可以收到比水平安装更佳的效果。

(4) 管道混合水洗

它是以较简单的设施进行水洗的方法。熔解脂液经粗滤后，在过渡槽除去大部分水，再通过较长的管道，在管道上方通入90~95℃热水，热水由高位槽供给，有位差，形成一定压力，使脂液与热水在管道中混合，经较长的距离进入澄清槽，达到洗涤的目的。热水用量为脂液量的10%~20%。

(5) 其他水洗设备

有的工厂在水洗器内加扭转叶片结合直接蒸汽搅拌的方法，脂液和洗涤热水从顶部直管沿小喇叭挡板进入水洗器底部，通活气搅拌，经两个半月形扭转叶片后流出水洗器，扭转叶片焊在脂液进管外壁，进水量为脂液量的30%，直接蒸汽压力0.01MPa时水洗效果最佳，水洗后，蒸馏所得松香可提高0.5~1个级别。

此外，还试验过超声波水洗，由于有些问题未能解决，暂未用于生产。

### 3.3.3.2　澄清工艺与设备

**1) 脂液澄清过程的理论基础**

澄清法是利用悬浮液或互不相溶的液体中各种物质密度不同而自行分层的原理。重的杂质，如泥沙等在澄清时较易下沉，水和树皮等细小杂质与脂液的密度差不很大，沉降需要较长时间。它们的粒子比较分散，大小不一，要使绝大部分水下沉，必须按照最接近最小的沉降速度计算。颗粒在流体中以一定的速度相对运动，在层流的情况下复合斯托克斯定律($Re_0$ <0.3，可近似用到$Re_0=2$)，计算公式如下：

$$u_0 = \frac{d^2(\rho_1 - \rho_2)g}{18\mu} \tag{3-18}$$

式中　$u_0$——沉降速度(m/s);
　　　$d$——下沉粒子直径(m);
　　　$\rho_1$——粒子(水粒)密度($kg/m^3$);
　　　$\rho_2$——介质(脂粒)密度($kg/m^3$);
　　　$\mu$——介质(脂液)黏度(cP);
　　　$g$——重力加速度($m/s^2$)。

从上式可知,沉降速度取决于下沉粒子的大小、下沉粒子和介质的密度差以及介质的黏度。

脂液澄清时,下沉的粒子主要是水,还有少量树皮和泥沙等。当用直接蒸汽熔解松脂时,部分水粒直径很小,极不一致,通常不易测定,目前生产上的计算一般采用平均水粒直径0.05~0.2mm。

脂液的密度与松节油的含量和温度有关,它们的关系见表3-3。从表中可以看出,脂液的密度随温度的升高和浓度的降低而减小。一般送往工厂加工的松脂和水的密度接近,因此很难分离。为了使脂液澄清好,必须加大水和脂液的密度差。方法有2种:在熔解时向松脂中加松节油,以降低脂液的密度;或向松脂中加易溶于水的食盐,增大水溶液的密度。加入食盐有几点不利:一是食盐是强电解质,它强烈腐蚀设备与管道,并增加废水中的污染物;二是食盐与草酸和其他杂质形成不溶于水的物质,逐渐将过滤的滤孔堵死;三是在换热器和蒸馏釜中产生锅垢,影响传热效果;四是少量食盐溶于澄清后的脂液和水中,蒸馏后残留在松香中,影响松香的透明度和增加灰分含量。因此,我国松脂加工厂在熔解松脂时一般不加食盐而采用提高脂液中含油量(36%~38%)的方法。

脂液的黏度随脂液的浓度及温度而改变,它们的关系见表3-4。从表3-4可见,在含油量为40%,80~90℃脂液的黏度降低较多。

表3-3　松脂的密度与松节油含量和温度的关系

| 温度 (℃) | 水的密度 ($kg/m^3$) | 不同松节油含量(%)脂液的密度($kg/m^3$) | | | |
|---|---|---|---|---|---|
| | | 15 | 20 | 40 | 50 |
| 20 | 998 | 1028 | 1000 | 978 | 957 |
| 40 | 992 | 1016 | 986 | 964 | 943 |
| 60 | 983 | 1004 | 974 | 948 | 927 |
| 80 | 972 | 990 | 956 | 934 | 911 |
| 90 | 966 | 984 | 948 | 926 | 903 |
| 100 | 959 | 977 | 940 | 919 | 895 |

表3-4　脂液的黏度与脂液的含油量和温度的关系

| 温度 (℃) | 脂液不同含油量(%)的黏度(mPa·s) | | | | |
|---|---|---|---|---|---|
| | 20 | 25 | 30 | 35 | 40 |
| 20 | | | | | 390 |
| 30 | | | | 500 | 180 |
| 40 | | | 660 | 230 | 89 |
| 50 | | 900 | 280 | 100 | 43 |
| 60 | 920 | 300 | 115 | 51 | 28 |
| 70 | 300 | 130 | 58 | 30 | 17 |
| 80 | 145 | 65 | 34 | 19 | 14.54 |
| 90 | | | 26 | | 8.12 |

2)澄清工艺

(1)半连续式澄清工艺

半连续式澄清槽为我国间歇式蒸汽法和大部连续式蒸汽法松脂加工工厂所采用。其工艺流程如图3-33所示。

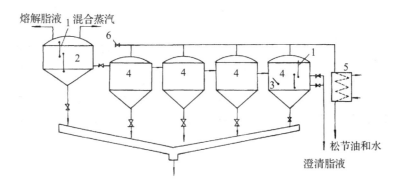

**图3-33 脂液半连续式澄清槽组工艺流程**
1. 液位计 2. 过渡槽 3. 澄清槽 4. 温度计 5. 冷凝器 6. 单向阀

为了使脂液在澄清槽中以较稳定的流速流动,保持正常的液面,取得较好的澄清效果,水洗后的脂液先经过渡槽,在过渡槽中将70%以上的水和细小杂质除去,然后依次流经澄清槽,水分和杂质继续沉降。澄清后的脂液再经一小型过滤器,除去在澄清过程中未沉降的少量树皮杂质,送蒸馏工序。渣水由各槽下部放出,放至中间层熔解锅内收中层脂液中的脂液成分。澄清槽排渣水的时间视澄清槽的个数而定。

为了保证脂液的正常流速和不致溢出,除了过渡槽具有的位能外,各澄清槽脂液的进出口尚须保持一定的位差,一般相差10cm。在压送和澄清过程中,部分松节油蒸发汽化,过渡槽和澄清槽以管道接冷凝器,回收松节油。澄清槽组的温度控制在85~90℃,为了减少热损失,槽壁外应用较厚的保温层(10~15cm)。

生产量较小的连续式松脂加工厂以一个较大的澄清槽处理水洗后的脂液(日产15~20t松香的工厂澄清槽直径约3m),简化了澄清工序,节省了部分设备与材料,减少了操作。由于散热面积减少,热损失也小,有利于脂液的澄清。渣水由以连通管不断流出,泥沙用一小螺旋定期从底部排出。

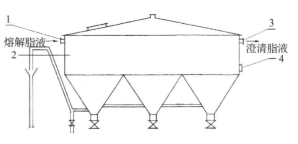

**图3-34 长方形澄清槽示意**
1. 脂液进口 2. 长方形澄清槽 3. 脂液出口 4. 放脂管

长方形半连续式澄清槽是将澄清槽组设备的容积集于一个长方形澄清槽中,下部设2~3个锥形放渣斗和阀门,以定期排出泥沙等杂质,锥形斗下部之间有一连通管,使沉水相通,沉水从一个锥形斗的下部流出,经冂形管流入水沟。冂形管是引用油水分离的远离,使水和脂液都保持一定的液面(图3-34)。

生产上近年又应用螺旋板式澄清槽,将喇叭式改成螺旋形,脂液仍从中间进入,沿螺旋形折板流至出口处,延长了沉降距离,减少搅动,日产25~30t松香的工厂,只需2个有效容积6m³的澄清槽,就能达到脂液含水率0.5%以下。

(2)斜板澄清

在澄清槽长为 $H(\mathrm{m})$，槽中脂水混合液的水平流速为 $u(\mathrm{m/s})$，水粒沉速为 $u_0(\mathrm{m/s})$ 时，当脂水混合液在槽中的流动处于理想状态下时，则下式成立：

$$\frac{L}{u} = \frac{H}{u_0} \quad 即 \quad \frac{L}{H} = \frac{u}{u_0} \tag{3-19}$$

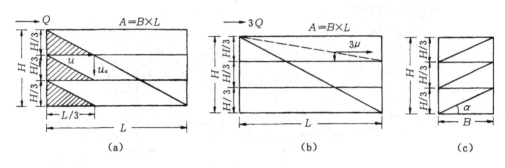

图3-35　斜板澄清槽沉降

(a)缩短槽长　(b)增大流量　(c)横流斜板

可见，$L$ 与 $u$ 值不变时，槽深 $H$ 越浅，则可截留的水粒的沉降速度 $u_0$ 越小，并成正比关系。如在槽中增设水平隔板，将原来的 $H$ 分为多层，例如分为三层，则每层深度为 $H/3$。此时假定不改变水平流速 $u$，则从图3-35可见，由于沉降深度由 $H$ 减小至 $H/3$，在每层隔板上的流动距离 $L$ 缩短为 $L/3$，即可将水粒截留槽内。因此，槽的总容积可减小到1/3。若槽的长度不变，截留的水粒的沉降速度仍采用 $u_0$，沉降速度减少为 $H/3$，则水平流速增大3倍为 $3u$，仍可将沉降速度为 $u_0$ 的水粒截留到槽下锥斗。由此可见，如能将深度为 $H$ 的澄清槽分隔呈平行工作的3个格间，即可使处理能力提高3倍，并能保持它原来的处理效果。

上述说明，在理想条件下，分隔成 $n$ 层的澄清槽，在理论上其处理能力可较原澄清槽提高 $n$ 倍。为了解决各层的排水和杂质问题，工程上将水平隔层改为水平面倾斜成一定角度 $\alpha$（通常 $\alpha$ 为 $50°\sim60°$）的斜面，形成斜板。以各斜板的有效面积总和，乘以倾角 $\alpha$ 的余弦，即得水平总的投影面积，也就是脂水混合液的总沉降面积为：

$$A = \sum_{n=1}^{n} A_1 \cos\alpha \tag{3-20}$$

如上所述，在澄清槽中加设斜板能增大槽中的沉降面积，缩短水粒沉降深度，改善水流状态，能达到提高沉淀效率，减小槽容积的目的。由于脂液的黏度大，细小杂质多，斜板间距大于一般隔油池，采用 $200\sim300\mathrm{mm}$，以免中间层将间隙堵塞。

生产上应用成功的设备为能满足日产松香120t的要求，其结构示意如图3-36所示。

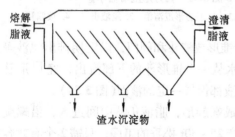

图3-36　斜板澄清槽结构示意

此澄清槽长方形。在长方形的槽体内安装多块斜板，板互相平行，物料流向为由下向上，当脂液到达斜板的上端时，水粒和杂质粒子绝大部分已经沉降到下方斜板的表面上，积聚到一定数量后便自动滑落至澄清槽的锥底中，然后间歇排出体外，澄清了的脂液从斜板的上端汇集后从澄清槽的另一端流出。当熔解脂液中的含油量为 $35\%\sim38\%$，澄清温度 $85\sim90℃$ 时，澄清后的脂液中含水量可降低到0.5%以下，大多数情况下0.2%~0.3%，固体杂质含量0.005%~0.02%，大多为0.01%左右。由于节省了材料和建筑面积，投资比圆形喇叭式澄清槽减少37%。

(3) 澄清槽自动排水

多年来工厂多采用人工操纵阀门排放澄清槽的渣水，操作频繁，且排放时渣水的温度高，汽雾大，还有臭味，影响工人健康。20世纪80年代初，某厂从排放物料的电阻不同，研制成自动排水装置。据测定，80~85℃时澄清的脂液是绝缘的，电阻无穷大；脂液中含水2%左右时，电阻在5000kΩ以上；中层脂液（松香、松节油含量50%左右），电阻为20~35kΩ；澄清后的渣水电阻值为8~10kΩ，据此，可利用各类液体的电阻不同，用继电器、电磁阀等仪器，控制自动开关排水阀门。采用逐个澄清槽远距离按电钮排水，排完后自动关阀。澄清槽自动排水装置如图3-37所示。

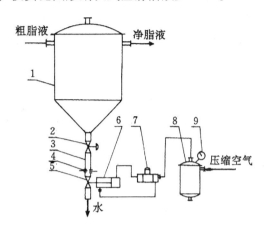

**图3-37 澄清槽自动排水装置示意**

1. 澄清锅  2. 手控阀  3. 排水管  4. 电极  5. 排水阀
6. 气缸  7. 电磁阀  8. 贮气缸  9. 电接点压力表

(4) 高压静电场脂液澄清工艺

在化工生产和环境保护工程中，应用高压电场作为气体的除尘，液体雾滴的捕集和石油原油的脱水等均有良好的效果。其原理是用特高压直流电源（40000~70000V）产生的不均匀电场，利用电场中的电晕放电使杂质和水粒子荷电，然后在电场库仑力作用下把荷电的颗粒集向正极，凝集成较大的颗粒沿正电极沉于底部。

高压静电场的电路连接如图3-38所示。初级电压为220V，用可调变压器控制输入电压，高压变压器为油浸式单相感应变压器，变压比为次级/初级=42000V/200V，整流器为硅堆桥式整流电路。以平板电路与同心电极比较，同心电极的相对除水效率较平板电极高10%~20%。

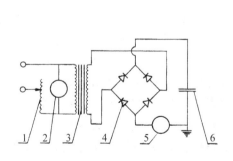

**图3-38 高压静电场电路**

1. 可调变压器  2. 电压表  3. 高压变压器
4. 整流器  5. 毫安表  6. 工作电场

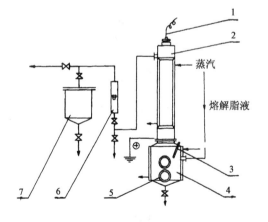

**图3-39 电场脂液连续澄清流程**

1. 电极  2. 电塔  3. 温度计  4. 过渡罐
5. 视镜  6. 流量计  7. 贮罐

在处理能力较小的情况下，澄清效果良好。最佳条件为电场强度1635V/cm，脂液温度90℃，含油量40%。中间试验设备采用同心圆筒电极的塔式结构。材料为2mm厚不锈钢板，塔径160mm，有效高度1.2m，中心电极上部为外径16mm和下部为12mm的不锈钢管焊制。塔体外部用蒸汽夹套保温。塔体下部连接厚度为3mm不锈钢制直径为350mm、高约560mm的圆柱状筒体。作为脂液进塔时的过渡，外有夹套通以蒸汽供保温或加热。电场脂液连续澄清流程如图3-39所示。

熔解脂液或水洗后的脂液首先进入试验设备的过渡罐(4)，在过渡罐内除去大量水分，可使含水量降低至2%以下，然后进入电塔(2)。在电塔的电场中净化后的脂液可放入贮罐(7)也可直接输入净脂贮罐送去蒸馏塔。脂液在电场中的停留时间在20min左右。经电场澄清后的净化脂液含水量在0.5%上下，经蒸馏后的松香中的机械杂质含量可符合国家标准的规定。

在澄清过程中，电场情况稳定，在正常情况下电流小于0.5mA，消耗能量小。在过渡管排渣、水量大时，相应进入罐中的脂液量亦大，脂液含水率偏高，瞬间偶尔有放电，电流可达30mA左右，由于脂液处于密闭设备中，与空气隔绝，不致引起火灾。操作安全可靠，除采用接地措施外，无需特殊防护措施。

中试设备生产能力为170kg/h，生产能力扩大，可以相应增加个数，并联操作。操作时密切注意电表，即使调整。

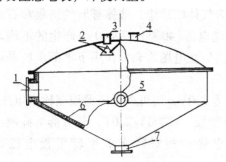

**图3-40　过渡槽结构**

1. 人孔　2. 喇叭口　3. 进脂管　4. 导气管
5. 放脂管　6. 混凝土层　7. 排渣水管

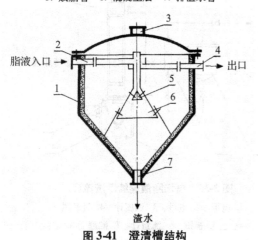

**图3-41　澄清槽结构**

1. 槽身　2. 进脂管　3. 导气管　4. 出脂管
5. 小喇叭　6. 大喇叭　7. 排渣管

### 3) 澄清槽组设备

**(1) 过渡槽**

过渡槽的结构如图3-40所示。为锥底圆柱体，由不锈钢板焊制。为了减轻顶盖重量，便于装拆，顶盖可用铝板制成。在进脂管(3)下面设一铝制喇叭口(2)，进入的脂液可经喇叭口均匀分布至四周而避免冲击。顶盖上还设一导气管(4)接冷凝器。槽的容量大于间歇熔解釜一釜的脂液容量，其高径比为1:(3~4)，扩大其断面积，以便在较短的时间内使大部分水下沉。

**(2) 澄清槽**

澄清槽的结构如图3-41所示。为锥底圆柱体，可由钢板焊制，内衬混凝土，也可由不锈钢板焊制。高径比为1:2，锥底夹角约90°~110°，槽内有铝制喇叭与进脂管相连。喇叭的斜面可使脂液均匀地向四周分布并使水粒凝集。大喇叭(6)的直径为槽身内径的60%左右，用螺钉固定于焊接在最底部的不锈钢支架上。脂液由进脂管(2)进入槽内，经小喇叭(5)分散至四周，再沿大喇叭流下。浮起的脂液从出脂管(4)流至另一澄清槽，而水分和杂质则下沉与槽底，定期由排渣管(7)放出。澄清槽内的加热盘管是考虑到澄清过程中降温过多而补充热量之用，在保温良好的情况下一般不用。槽顶设一导气管(3)接冷凝器。

澄清槽或澄清槽组的最大容量,可以根据需要净制的松脂量和澄清的速度来决定。澄清槽或澄清槽组的总容积($V$)可按下式计算:

$$V = \frac{QT}{\rho} \tag{3-21}$$

式中　$V$——澄清槽或澄清槽组的总容积($m^3$);

　　　$Q$——1h 加工的脂液量(kg/h);

　　　$T$——澄清所需要的时间(h),根据工厂的经验,一般采用 6~7h;

　　　$\rho$——脂液的密度($kg/m^3$)。

求得澄清槽或澄清槽组的容积为有效容积,实际容积尚需加 20%。

(3)螺旋板式澄清槽

澄清槽(图 3-42)圆柱形,在脂液出口处设置一块挡板(12),挡板焊于槽体内壁。取 1.2mm 厚的薄铝板卷制成螺旋板,螺旋板上下端由支撑管(7)固定,杆上有定距板(10)使螺旋板保持 400~500mm 间距,支撑杆固定架在槽壁支座(6)上。支撑杆用不锈钢管。螺旋板的外圈终边用铝制的螺钉和耐油石棉橡胶板紧密地固定在挡板上。脂液从进口管(3)进入澄清槽中部,在螺旋板的导向下成平流向外圈流动,澄清脂液从脂液出口管(9)流出。渣水与中层脂液从排渣水口(11)排出。

### 3.3.3.3　中层脂液的处理与利用

在澄清过程中,澄清脂液和水层之间有一层脂液、水和杂质相混的褐色混合物,称为中层脂液或中间层。其量约为原料量的 1%~3%。中层脂液的组成因原料松脂质量不同而有较大差异,通常在下列范围内:松香 40%~50%,松节油 15~25%,杂质 2%~10%,水 25%~40%。高压电场澄清的过程中,中层脂液往往是随同渣水不断排出的同时被少量带

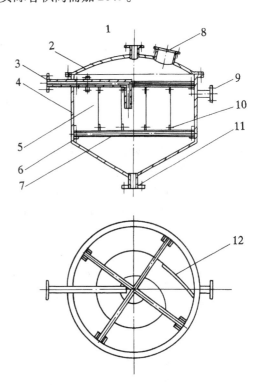

图 3-42　螺旋板澄清锅结构

1. 排汽口　2. 端盖　3. 脂液进口管　4. 锅体　5. 螺旋板　6. 支座　7. 支撑管　8. 入孔　9. 脂液出口管　10. 定距板　11. 排渣水口　12. 挡板

出,中层脂液的量,随着松脂的质量、熔解和澄清时的操作条件,如温度、含水量、含油量的变化而变化。试验时中层脂液的含量一般符合处理脂液量的 1%~5%,同时它的组成情况也略有变化,其组成为:松香 47.2%,松节油 28.6%,水 22.3%,杂质 1.9%,中层脂液的组成说明其中尚有相当量的松脂质,必须进行回收利用。

(1)中层脂液的处理

中层脂液处理的工艺流程如图 3-43 所示。

过渡槽和澄清槽排出的渣水和中层脂液都送入中层脂液澄清槽(1),定期排出渣水,中层脂液留于槽中,当积聚到一定量后加入松节油,使中层脂液的含油量达到 40%,通直接蒸

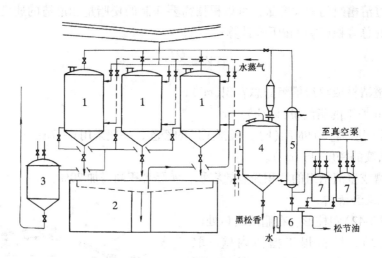

**图 3-43 中层脂液处理工艺流程**
1. 中层脂液澄清槽　2. 排渣水槽　3. 压脂罐　4. 喷提锅
5. 冷凝器　6. 油水分离器　7. 真空受器

汽加热至 90℃，再次进行澄清，澄清 2～4h 后，最下层的水经排渣水槽(2)排至下水道，上层的脂液经压脂罐(3)用蒸汽压送至澄清槽与新熔的脂液混合回收。中层的尾渣放入喷提锅(4)，用直接蒸汽喷提松节油，经冷凝器(5)冷凝后作熔解油用，喷提后的残渣由排水沟排至车间外的残渣池中。其组成为：松香 10%～15%，松节油 5%～6%，水 20%～25%，杂质 52%～67%。

另一种处理方法是澄清渣水和中层脂液放至车间外水泥砌成的池中进一步澄清。澄清后的中层脂液用泥浆泵抽入喷提锅回收松节油，并炼制成黑香。

据试验，中层脂液的深褐色是由细微杂质引起，只要把杂质过滤干净，经水洗脱色加油澄清净制后，蒸馏出来的松香可符合 GB/T 8145—2003 标准的 5 级松香。若掺入脂液中，会降低松香级别，若掺入比例较小可不影响产品松香质量。

(2) 中层脂液残渣的利用

喷提后的残渣中尚有相当量的松香和松节油，还可以再利用。一般工厂将它与干香或等外低级黑香一起经高温裂解制轻油和松焦油。轻油可做选矿的浮选剂，松焦油作橡胶软化剂或木材防腐剂。其流程如图 3-44 所示，干馏裂化时用直接火加热，松香为易燃物品，应特别注意安全。

松焦油为深褐色至黑色黏稠液体，有特殊焦味，密度为 $1.03～1.07g/cm^3$，恩氏黏度为 $200～300s/(85℃·100mL)$，灰分≤0.5%。无机械杂质和水分，酸值小于 $20mg/g$。

### 3.3.4 净制脂液的蒸馏

脂液在净化工序除去杂质和水分后即进入蒸馏工序，在蒸馏工序用水蒸气将松节油蒸出，并制得成品松香。由于脂液中松节油的组成随采脂树种、地区、季节、树龄等不同而有较大差异，因此加工工艺也有所区别。

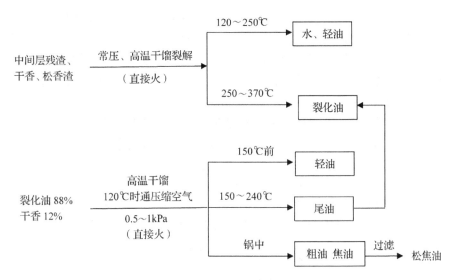

图 3-44 中层脂液残渣利用示意

## 3.3.4.1 间歇式脂液水蒸气蒸馏

### 1) 间歇式常压水蒸气蒸馏

云南松、思茅松、南亚松、湿地松以及广东、广西某些地理位置偏南的地区、径级较小的马尾松松脂的松节油中，绝大部分是蒎烯，不含或少含高沸点的倍半萜。在蒸馏时可考虑一次蒸出全部优油，用一段蒸馏工艺，蒸馏温度 155~170℃，蒸馏时间以松香软化点达到国家标准，松香不出现结晶为度。熔解松脂用优油。我国云南西部和西藏的高山松松脂，倍半萜含量也少，但含有相当数量的 $\Delta^3$-蒈烯，其蒸馏工艺应区别于其他树种松脂的加工工艺。

我国南方大部分地区的马尾松松脂中含有相当量的倍半萜（大部分为长叶烯，沸点为254~256℃）。脂液间歇式蒸馏时，由于是简蒸馏，低沸点与高沸点的组分不易严格分离，因此常分 3 个阶段蒸馏。在 150~160℃前蒸出优油（170℃前的馏分 70% 以上，折射率 1.4650~1.4710，大部分为蒎烯），时间 20~30min。在 160~185℃一部分低沸点油和高沸点油同时蒸出，这部分油不作商品油而用以熔解松脂，循环使用，称为熔解油或中油（含 170℃前馏分55%~65%），在蒸馏的最后阶段蒸出的主要为高沸点的重油（含 170℃前馏分的体积在 5% 以下）。放香温度和蒸馏时间也以松香软化点达到标准、不出现结晶为度。一般为 185~200℃，在春夏季，重油含量多，温度适当提高，秋后重油含量减少，可酌情降低。蒸馏可在一个釜中分 3 个阶段进行，也可在 2 个釜中分二级进行，在一级蒸馏釜中蒸出优油，在二级蒸馏釜中蒸出中油和重油。蒸出各类松节油和水的混合蒸汽经换热器冷凝冷却，再经油水分离器和盐滤器分离残余水分后收集（中油不需盐滤）。优油和重油分别用泵打往仓库，中油泵回熔解油高位槽用以熔解松脂。

水蒸气蒸馏时必须补充松节油蒸发所需的汽化潜热。其加热方法有 2 种：一是利用所通入的直接水蒸气为加热介质，因此必有一部分水蒸气冷凝，结果使得蒸馏釜中有冷凝水存在。水层的存在一方面对于松香的品质有影响，另一方面有二液层存在，依照相律只可能规定操作的总压或温度二者之一，但不能将二者同时自由规定。二是直接通入过热的水蒸气，同时对蒸馏中的脂液进行夹套加热或盘管加热，釜内直接水蒸气不致冷凝，只有一层被蒸馏液而无水层存在，此时只要总压小于二组分在蒸馏温度下蒸汽压之和，依相律即可同时自由规定总压和温度。使用过热蒸汽，在比较高的温度下进行蒸馏，则更有利，原因是：①水蒸气温度越高，单位质量水蒸气的体积越大，其形成的气泡面积越大，扩散出来随着水蒸气带走的松节油蒸汽数量越多。②温度增高，则蒸馏液的部分蒸汽压力加大，因此单位重量水蒸气所能蒸出的松节油量就增多。③过热蒸汽干度大，锅内无水层存在，最后可使松香中的水分降至最低限度，从而保证了产品质量，防止松香结晶。

例如，在150℃下蒸馏松节油优油时，松节油的部分蒸汽压力为80.51kPa，水的部分蒸汽压力为101.32-80.51=20.81kPa，蒸馏1kg松节油优油耗费的水蒸气量为：

$$\frac{20.81 \times 18}{80.51 \times 136} = 0.034(\text{kg})$$

而在140℃下蒸馏松节油时，松节油的部分蒸汽压力为61.05kPa，水的部分蒸汽压为101.32-61.05=40.27kPa，蒸馏1kg松节油优油所需的水蒸气量为：

$$\frac{40.27 \times 18}{61.05 \times 136} = 0.087(\text{kg})$$

由此可见，使用过热水蒸气蒸馏，并提高蒸馏温度，可大大减少直接水蒸气用量。

以上是蒸馏纯松节油的情况，从松脂或脂液中蒸出松节油时，或从非挥发组分和挥发组分的混合物中蒸发挥发组分时，蒸馏就困难些。因为在蒸馏过程中混合物中的挥发组分不断减少，因而挥发组分的蒸汽压和混合物的沸点也随着不断改变。如将脂液直接蒸馏，则脂液中的松香含量与脂液沸点的关系如下：

| 脂液中松香含量(%) | 20 | 50 | 60 | 70 | 85 |
| --- | --- | --- | --- | --- | --- |
| 脂液沸点(℃) | 161 | 168 | 172 | 179 | 195 |

根据乌拉尔定律，在溶液中，挥发组分的蒸汽压力 $p_A$ 为：

$$p_A = P_A N_A \tag{3-22}$$

式中　$N_A$——溶液中挥发组分的摩尔分率；

　　　$P_A$——纯挥发组分的蒸汽压。

脂液在150℃下蒸馏时，松节油含量为30%，则：

$$N_A = \frac{\frac{30}{136}}{\frac{70}{302} + \frac{30}{136}} = 0.49$$

在150℃时纯松节油的蒸汽压为80.51kPa，脂液表面松节油的蒸汽压为：

$$p_A = 0.49 \times 80.51 = 39.45(\text{kPa})$$

此外，水和松节油的质量比例为：

$$\frac{G_B}{G_A} = \frac{(101.32 - 39.45) \times 18}{39.45 \times 136} = \frac{1}{5}$$

如脂液中只含15%松节油，则：

$$N_A = \frac{\frac{15}{136}}{\frac{85}{302} + \frac{15}{136}} = 0.3$$

$$p_A = 0.3 \times 80.51 = 24.15(\text{kPa})$$

$$\frac{G_B}{G_A} = \frac{(101.32 - 24.15) \times 18}{24.15 \times 136} = \frac{1}{2.4}$$

为了计算方便，上述计算是以单萜的相对分子质量计算的，没有列入高沸点组分，但已经可以看出，蒸馏越到后期，耗用的水蒸气量越多。在实际生产中情况还要复杂，这是由于水蒸气离开蒸馏设备时，其中所带松节油的蒸汽量并没有达到饱和状态，在水蒸气和松节油整齐的混合蒸汽中，松节油的部分蒸汽压低于该温度时的可能理论数值，实际蒸馏所耗的水蒸气量常多于理论计算值。

在马尾松脂液中有蒎烯亦有倍半萜，在蒸馏条件保持不变时，脂液中的易挥发组分先蒸出，油的含量将随蒸馏过程逐渐减少，高沸点组分增加，脂液中重油的部分蒸汽压降低，脂液沸点随着上升，水蒸气耗量也增加。

蒸馏脂液时用间接水蒸气(闭汽)加热脂液，用直接水蒸气(活气)蒸出松节油。间歇式蒸馏的直接水蒸气用量应按不同的原料分别进行计算。如对不含或少含倍半萜的脂液，用阿达姆斯公式计算直接水蒸气用量时，松节油的蒸汽压可用松节油优油的蒸汽压，相对分子质量也可用136，汽化效率取 0.85~0.9 进行一段计算。而对含有相当数量高沸点倍半萜的脂液，以松节油优油的蒸汽压力作为整个过程的计算就不够精确，应分优油段、中油段、重油段分别进行计算，即以不同蒎烯含量松节油的蒸汽压进行计算，更切合实际。不同蒎烯含量松节油的蒸汽压力曲线如图3-45所示。其相对分子质量也应用平均相对分子质量。脂液中松节油的一般组成见表3-5。各阶段的汽化效率取 0.75~0.9。在实际生产中，到车间过热水蒸气的总压力要求在 0.8MPa 以上，温度320℃以上所用直接水蒸气(活气)压力视生产量和原料性质而定，与直接水蒸气的管径和开孔量也有一定关系。生产每段松香消耗水蒸气 0.9~1.1t，其中90%用于蒸馏工序，而蒸馏工序又有75%以上用于直接蒸汽。

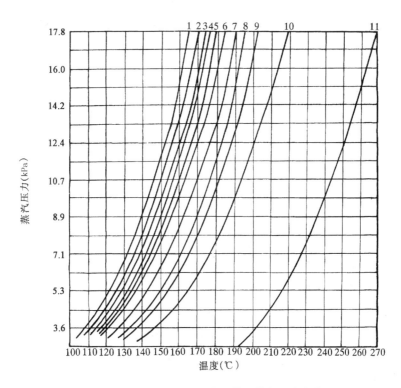

**图 3-45　不同蒎烯含量的松节油蒸汽压力曲线**

1. α-蒎烯　2. 优油　3. 含70%蒎烯　4. 含65%蒎烯　5. 含55%蒎烯　6. 含50%蒎烯
7. 含40%蒎烯　8. 含30%蒎烯　9. 含25%蒎烯　10. 含15%蒎烯　11. 长叶烯

表3-5 各类松节油的组成

| 油分 | 组成 | | 平均相对分子质量 |
|---|---|---|---|
| | 单萜(相对分子质量136) | 倍半萜(相对分子质量240) | |
| 优油 | >95 | <5 | 139.4 |
| 中油 | 55~65 | 35~45 | 163.2 |
| 重油 | <5 | 95 | 200.6 |

广西梧州松脂厂在20世纪50年代测定了间歇式蒸汽法马尾松各类脂松节油的比重、比热、蒸汽压、汽化潜热、表面张力和黏度,所得关联式如下:

(1) 比重($d_4^t$)

$\alpha$-蒎烯(蒸汽) $\gamma = \dfrac{1657.7584}{273+t}$ (常压)

$\alpha$-蒎烯 $d_4^t = 0.87405 - 0.0008124t$

优油 $d_4^t = 0.87566 - 0.0008035t$

中油 $d_4^t = 0.89067 - 0.0007987t$

重油 $d_4^t = 0.92528 - 0.0006921t$

倍半萜 $d_4^t = 0.94186 - 0.0006831t$

式中 $t$ ——温度(℃)。

(2) 比热 $C[J/(kg \cdot ℃)]$

$\alpha$-蒎烯(蒸汽) $C_{\alpha(汽)} = (0.2933 + 0.00041t) \times 4187$

$\alpha$-蒎烯(液体) $C_{\alpha(液)} = (0.4117 + 0.000696t) \times 4187$

重油 $C_{重} = (0.3846 + 0.000651t) \times 4187$

式中 $t$ ——温度(℃)。

(3) 蒸汽压力 $P(Pa)$

$\alpha$-蒎烯 $\log \dfrac{P}{133.3} = 7.5993 - \dfrac{2024.97}{K}$

优油 $\log \dfrac{P}{133.3} = 7.7438 - \dfrac{2101.98}{K}$

重油 $\log \dfrac{P}{133.3} = 7.7086 - \dfrac{2301.7}{K}$

倍半萜 $\log \dfrac{P}{133.3} = 8.4083 - \dfrac{2941.13}{K}$

式中 $K$ ——绝对温度($K$)。

(4) 表面张力 $\sigma$ (dyn/cm)

$\alpha$-蒎烯 $\sigma_{\alpha} = 28.18 - 0.0922t$

优油 $\sigma_{优} = 28.40 - 0.0922t$

重油 $\sigma_{重} = 32.55 - 0.0711t$

式中 $t$ ——温度(℃)。

(5) 黏度 $\mu$ (mPa·s)

$\alpha$-蒎烯 $\mu_{\alpha} = \dfrac{2.011914}{1 + 0.02t + 0.0005186t^2}$

优油 $$\mu_{优} = \frac{2.217158}{1 + 0.025951t + 0.000010399t^2}$$

中油 $$\mu_{中} = \frac{2.278879}{1 + 0.026023t + 0.00005448t^2}$$

重油 $$\mu_{重} = \frac{9.574685}{1 + 0.03735t + 0.00002852t^2}$$

倍半萜 $$\mu_{倍} = \frac{29.9794}{1 + 0.08085t + 0.00007224t^2}$$

式中 $t$——温度(℃)。

表 3-6 不同压力下松节油的沸点

| 压力(kPa) | 沸点(℃) |
|---|---|
| 80 | 149.8 |
| 40 | 125.5 |
| 13.33 | 92.5 |

**2)脂液减压水蒸气蒸馏**

按照分压定律,当总压降低、温度不变时,水蒸气的耗量可逐渐减小。水蒸气蒸馏可以在减压下进行。在松脂脂液蒸馏时,为了提高松香等级,降低拾振器耗量,可采用减压蒸馏,从表3-6可查出松节油在不同压力下的沸点。蒸馏时,如果压力降到13.32kPa(即88kPa真空度),可以使脂液中的松节油在较低的温度下蒸馏出来。进行减压蒸馏有利于高沸点油的蒸出,从而达到减少水蒸气耗量,提高松香质量的目的。

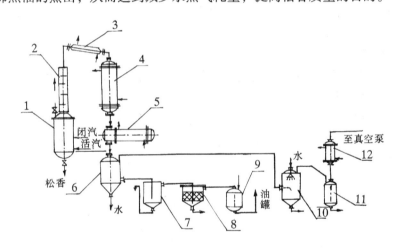

**图 3-46 脂液减压蒸馏工艺流程**

1. 二级蒸馏釜  2. 泡沫分离器  3. 部分冷凝器  4. 冷凝器  5. 冷却器  6. 油水贮槽
7. 油水分离器  8. 盐滤器  9. 油计量槽  10. 洗涤罐  11. 真空缓冲罐  12. 冷凝冷却器

脂液减压蒸馏用于蒸馏中、重油,其工艺流程如图 3-46 所示。脂液在一级蒸馏釜中蒸出优油后,进入二级蒸馏釜(1),釜内压力可取 48~61.33kPa。

在二级蒸馏釜内按不同的温度分别蒸出中油和重油,松节油和水的混合蒸汽经冷凝器(3)、(4)和冷却器(5)流入油水贮槽(6),少量未冷凝油气进入洗涤罐(10)后用自来水喷淋冷凝,不凝缩气体经真空缓冲罐(11)和冷凝冷却器(12)由真空泵排出。蒸完松节油后,关闭真空阀,开放空阀,松节油经油水分离器(7)和盐滤器(8)进入油计量槽(9),中油不经盐滤器直接用泵打入熔解工序熔解油高位槽;重油泵入油库。松香则直接用贮香包装车运至包装厂包装。

在生产实践中,证明减压蒸汽蒸馏有以下几个特点:

①减少水蒸气耗量,降低煤耗。常压蒸馏时,在蒸重油阶段,油水比例为1:(5~6),而减压蒸馏(压力48~61.33kPa)末期,油水比可降至1:3,降低煤耗10%。

②可提高产品质量。在常压下蒸馏加热时间较长,得到的产品一般比原料降低0.5~1个等级,减压蒸馏减少了树脂酸与氧接触的时间机会,颜色变化较小,同时部分中性物、树胶质和色素被抽出,不仅松香颜色改善,软化点也可提高。

③降低松香含油量。由于更多蒸出高沸点馏分,当压力降至48Pa蒸馏时,松香中的含油量可降至1.5%(常压蒸馏时一般为4%~5%)。这对制氢化和歧化松香很有利,松香中的中性物质对其催化剂有害。

④由于松香中的含水量减少,产品松香的结晶现象也有所改善。

⑤进行减压蒸馏时,也由于减压引起气流流速增大,混合蒸汽带出的松香雾沫较多,故重油的酸值较常压蒸馏的高。在油水分离器中由于抽真空时搅动较大,油水分离效果较差,使水层中的含油量增加。常压时水中的含油量0.15%~0.25%,减压蒸馏时含0.5%。另外,设备、电耗、管理人员均要增加。目前生产中除了生产含油特少的松香外,已不再使用。

### 3.3.4.2 连续式脂液水蒸气蒸馏

20世纪60年代后期,我国松脂加工厂开始采用连续式蒸馏工艺,并较快得到推广。连续式蒸馏工艺较间歇式生产缩短蒸馏时间,提高产品质量、回收率和气化效率,降低蒸汽耗量,操作简便,减轻工人劳动强度,产品质量比较稳定。

**1)连续式蒸馏工艺**

由于原料的组成不同,加工工艺的流程与条件也不相同。对不含或少含倍半萜的松脂可采用一塔一段的蒸馏工艺。对马尾松松脂的连续蒸馏由于含一定量的倍半萜,工艺就复杂些。蒸馏一般在常压下操作,塔型主要是浮阀塔,也曾设计用浮喷塔,近年来又应用了筛板塔和舌形塔。工厂根据原料、产量及具体情况选择工艺流程、设备和操作条件。马尾松松脂连续式蒸馏的工艺流程有如下3种:

(1)一塔三段

一塔三段脂液连续式蒸馏工艺流程如图3-47所示。

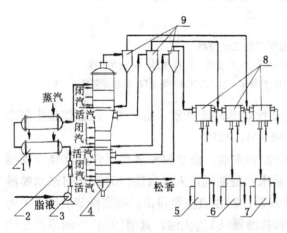

**图3-47　一塔三段脂液连续式蒸馏工艺流程**
1. 预热器　2. 转子流量计　3. 脂液泵
4. 蒸馏塔　5、6、7. 油水分离器
8. 冷凝器　9. 雾沫分离器

此工艺流程是按间歇式蒸馏的3个蒸馏阶段设计的。在1个塔用、中用盲板将全塔分为3个塔段:优油段、中油段、重油段。塔段间以溢流管相通。净制脂液由脂液泵(3)经转子流量计(2)和预热器(1)预热至130~140℃,从优油段的上部连续进入塔内,在3个塔段的顶部分别蒸出优油、中油、重油,从塔底不断放出产品松香。各段蒸出的松节油和水的混合蒸汽经雾沫分离器(9),通过冷凝器(8)冷凝后,在油水分离器(5)、(6)、(7)分离水分,得优油、中油和重油。各段塔底的温度与间歇式蒸馏的三段最终温度基本相同。对过热水蒸气的要求也相同。

(2) 一塔二段

马尾松松脂液间歇式蒸馏由于是简单蒸馏,沸点相对较低的油分与沸点较高的油分不能严格分离,中间一段馏分既不能作优油也不是重油,而生产中刚好需要熔解松脂用的熔解油,于是这部分中间馏分就是它作熔解油。而连续式蒸馏除了解吸作用外,还有分离作用,可以使松节油的低沸点组分与高沸点组分较好地分离,因此,不必像间歇式蒸馏那样再分中油段,可用一塔二段工艺流程,分别蒸出优油和重油,而以优油作熔解油熔解松脂,循环使用,这对澄清、蒸馏都更为有利,还可节省设备投资。一塔二段脂液连续式蒸馏工艺流程如图 3-48 所示。

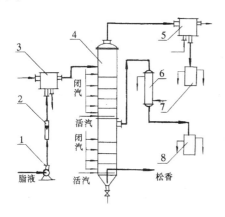 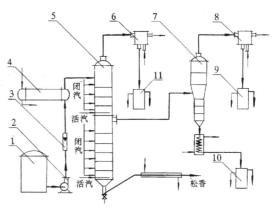

**图 3-48 一塔二段脂液连续式蒸馏工艺流程**
1. 脂液泵 2. 转子流量计 3. 预热器
4. 蒸馏塔 5. 螺旋板冷凝器 6. 列管
冷凝器 7、8. 油水分离器

**图 3-49 二塔三段脂液连续式蒸馏工艺流程**
1. 净脂贮槽 2. 脂液泵 3. 转子流量计 4. 预热器
5. 蒸馏塔 6、8. 螺旋板冷凝器 7. 分凝塔
9、10、11. 油水分离器

净制脂液由脂液泵(1)经转子流量计(2)和预热器(3)预热至140℃,连续进入蒸馏塔(4)内,塔以盲板隔成两段,两段之间用溢流管相通。上部优油段顶部蒸出优油,下部重油段顶部蒸出重油。优油段底部的蒸馏温度为180~185℃,重油段底放香温度为190~200℃左右。

(3) 二塔三段

二塔三段连续式蒸馏工艺流程如图 3-49 所示。

净制脂液从净脂贮罐(1)由脂液泵(2)抽出,经转子流量计(3),预热器(4)预热至130~140℃后不断送入蒸馏塔(5)的上部。蒸馏塔分两段,上段蒸出优油与水的混合蒸汽,下段顶部蒸出中、重油与水的混合蒸汽,塔底放出松香。中、重油与水的混合蒸汽进入一分凝塔(7),分凝后塔顶蒸出中油混合蒸汽,重油与水由塔底流入冷却器,经冷却后入油水分离器。优油段底的温度155~165℃,放香温度190~200℃,分凝塔的温度以控制重油中不含170℃前馏分为度。

某些工厂在分馏优油前先提取蒎烯(蒎烯含量95%以上),再分两段或三段蒸馏,或者增加优油段的塔板数,蒸出的油分分别达到工业蒎烯标准,不再分优油。

由于流程不同,设备结构也各异,各塔段的直接蒸汽压力,各厂控制也不相同。它主要随生产力、松脂含油量、间接蒸汽加热面积、总蒸汽压力和过热蒸汽温度不同而控制,因此油水比完全一致。

**2) 连续式蒸馏塔的塔型**

脂液的水蒸气蒸馏也可以说是解吸过程。塔设备能提供水蒸气与松脂液互相充分接触的机会，使物质传递（油从脂液中传到蒸汽中）和热量传递（蒸汽的热量传到脂液中）过程能迅速而有效地进行，还要使接触后的汽与液很快分开，互不夹带。根据这个要求与物料性质，塔设备的结构形式有板式塔和填料塔。由于脂液黏度大，用填料塔容易堵塞，而且直接蒸汽不足以供给松节油所需的热量，因此一般都用板式塔，还要在各层板上加设间接蒸汽盘管或排管，使松节油得到足够的热量而发挥更快，又不致使水蒸气冷凝。间接蒸汽盘管的传热系数可取 $230\sim350W/(m^2\cdot K)$（优油段）和 $60\sim120W/(m^2\cdot K)$（重油段）。以后的生产实践说明这个数据比较保守。

我国自 20 世纪 60 年代后期开始试验和应用了几种形式板式塔，从浮喷塔、浮阀塔，再到筛板塔和斜孔塔板的发展过程。80 年代后新建工厂不再使用浮喷塔。

连续式蒸馏塔的塔板数、板间距、塔径、排列、压强降、雾沫夹带、淹塔（液泛）、泄露等可参考《化工原理》进行计算。此处不再占用过多的篇幅。由于塔内必须设置加热盘管，板间距较计算的适当放大。因产品（松节油）的纯度要求不高，因此塔板数不多，也不很严格，根据塔设备理论计算与实践经验，对马尾松松脂蒸馏优油段 3~5 块，熔解油段（中油段）3~4 块，重油段 3~4 块。如为一塔二段则优油段为 5 块，重油段 3~4 块。均包括盲板和塔釜。对不含或少含倍半萜的松脂脂液连续式蒸馏则一塔 5 块左右已够。

据测定，马尾松脂液蒸馏塔各塔段脂液的表面张力见表 3-7。

**表 3-7　马尾松脂液连续式蒸馏塔各塔段脂液的表面张力**

| 塔段 | 温度(℃) | 含油量(%) | 表面张力(dyn/cm) |
| --- | --- | --- | --- |
| 优油段 | 140 | 36.6 | 21.49 |
| 中油段 | 170 | 14.9 | 23.86 |
| 重油段 | 195 | 4.9 | 25.60 |

(1) 浮阀塔

我国松脂脂液连续式蒸馏 20 世纪 70 年代开始应用浮阀塔，国内常用的阀片形式为 F1 型，它结构简单，制造方便，节省材料。F1 型浮阀又分轻阀和重阀，重阀采用厚度为 2mm 的不锈钢薄板冲制，每阀质量为 35g；轻阀采用厚度为 1.5mm 的薄板冲制，每阀重量为 25g。阀的质量直接影响塔内气体的压强降，轻阀惯性小，气体压强降小，但操作稳定性差，低气速时较易漏液，影响分离效率。因此，一般都采用重阀。也有工厂浮阀塔塔板液层厚，阻力大而采用轻阀。

(2) 导向筛板塔

筛板塔是在塔板上开有许多均匀分布的筛孔，上升气流通过筛孔分散成细流分配与液体中，鼓泡而出时生成一层泡沫，此泡沫层为筛板上进行物质交换的主要区域。筛板上小孔的数目和孔径的选择，必须使液体能够保持在板上而又不使上升气流经筛孔的速度过大而带出液体。筛孔在塔板上作正三角排列，松脂蒸馏筛孔直径一般为 3~5mm，孔心距与孔径之比常在 2.5~4。塔板上设置溢流堰，以使板上维持一定的液层。为了改善板上脂液流动的不均匀性，在筛板上增设导向孔。鉴于原设计的间接蒸汽管传热系数比较保守，因此减少间接蒸汽管的传热面积，并将间接蒸汽管改为排管式。对可能冷凝的间接蒸汽管采用多管并联，以利于冷凝水的排除，对不致冷凝的间接蒸汽管采用单管串联，以提高管内的给热系数。每块板设一层排管，可降低液层高度（90~100mm）（图 3-50）。

(3) 斜孔塔板

这是一种喷射型塔板，塔板结构如图 3-51 所示。塔板上开设斜孔。孔口的朝向垂直于液

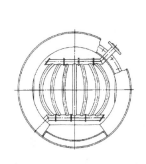
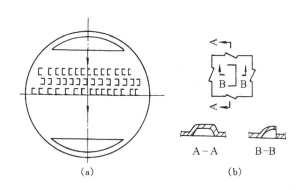

图 3-50　导向筛板塔间接蒸汽排管布置示意

图 3-51　斜孔塔板结构示意
（a）塔板筛孔布置　（b）开孔剖视

流方向，同一排孔的孔口朝向一致。相邻两排的孔口朝向相反交错排列。斜孔上的气流特点是塔板上液层均匀，气体与液体接触良好，物质传递过程效率高，减少直接蒸汽用量；相邻两排孔的孔口朝向相反，气流不致互相对喷，又互相牵制，抑制了雾沫夹带，弹性能满足松脂连续蒸馏的要求，缩短了脂液在塔内停留的时间。塔板结构简单，无活动部件。据报道，斜孔塔板在松脂加工厂应用情况良好。

### 3.3.5　滴水法松脂加工工艺

滴水法松脂加工工艺流程如图 3-52 所示。云南松、思茅松、南亚松、湿地松树脂的加工工艺较简单，马尾松松脂滴水法加工工艺较复杂。

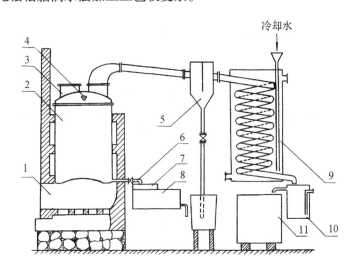

图 3-52　滴水法松脂加工工艺流程
1. 炉膛　2. 蒸馏锅　3. 装料口　4. 清水入口　5. 捕沫器　6. 放香管　7. 松香过滤器
8. 松香冷却槽　9. 冷凝器　10. 油水分离器　11. 松节油贮槽

#### 3.3.5.1　马尾松松脂滴水法加工工艺

（1）加料

松脂由贮脂池用螺旋输送机送入料槽，再由料槽借位流入蒸馏锅。如果贮脂池按地形设于高位处，则可直接由贮脂池经料槽流入蒸馏锅。装料前必须保证锅内清洁，以免影响产品质量。并检查设备是否完好，然后送入松脂，松脂不能加满，加料量视松脂含油量高低而定。含油量高（13%以上）、色泽新鲜的半流体状松脂，可加至蒸馏锅容量的80%；含油量少、色泽较差的松脂装至65%以下。装得太满，锅内泡沫容易冲入冷凝器，使冷凝器堵塞，发生事故。加料后，加入返蒸的中油，再密闭锅盖。加料时间为5~10min。

(2) 熔解

松脂加入锅内后，密封锅盖。炉灶开始生火，从生火到初见来油为熔解阶段。这阶段火力要猛，迅速将锅内温度升到105~108℃，以加速松脂熔解，缩短工时。开始来油后，用受器先接受留在管道中上一锅的重油，再换受器接优油。并即稍减火力，保持温火进行煮炼，每分钟升温1℃左右。

(3) 滴水

当锅内温度高达130~135℃时，出油量显著减少，可开始滴水。用LZB-25型或PC-5型转子流量计计量，滴水量为1.3~2.5kg/min。至160~165℃蒸完优油，以后加大滴水量至2.5~2.8kg/min，并加大火力，大水大火，使在较短时间内蒸出松节油的高沸点馏分。滴水最好是热水，以50~60℃为宜。蒸完优油的尾馏分相对密度为0.885~0.856/33℃。

165~185℃收集中、重油馏分。180℃前为中油，180℃后为重油，可分开收集，也可一次收集，视松脂中重油含量多少而定。尾馏分的相对密度中油为0.856~0.890/34℃，重油为0.900/34℃。

(4) 停滴

在蒸完松节油后即停止滴水。

(5) 煮炼

停止滴水后，再煮炼5min，有的厂开盖搅拌，将剩余的水分蒸尽，待锅内温度达195℃时即可熄火。

(6) 放香

锅内残余水分除尽，而且温度升至195~200℃，即可开阀放香。当松香快放尽时，立即扫锅，除尽残渣。放香完毕后，先向锅内放入一些清水，而后再重新加料，进行下一锅的生产。若暂停生产，则加水量适当增加，以降低锅温。

(7) 过滤

放出的松香经过滤器除尽固体杂质。松香过滤器是嵌有上、下两层铜丝的一个木框。上层80目，下层120目，中间夹脱脂棉，上下两层要容易分开，以便更换脱脂棉。脱脂棉必须放置均匀，以保证过滤作用。过滤器必须清洁无水，以免引起结晶。松香过滤后流入铝板制的敞口冷却槽中，再进行包装。过滤后的棉花放入水中以防着火。

(8) 包装

包装的要求、规格及包装场地的要求与蒸汽法生产相同。

滴水法加工松脂的蒸馏过程一般需100~200min。因松脂含油量及其馏分不同，加工时上升温度与时间的控制各地也不尽相同。一般是熔解阶段用猛火，加速熔化。滴水的目的是降低蒸馏温度，将松香油诱出。但温度过低，松节油的蒸汽压低，水的用量多，热量消耗大，时间延长。因此，在蒸优油时，可适当加快升温至140~150℃，蒸优油时间适当拉长，以缩短整个蒸馏时间，既保证优油质量，又节省时间和燃料。有些地区7、8、9三个月，由于松脂含重油较多，在蒸中油、重油阶段用大水大火，使产生的水蒸气更多更快地带出重油。10

月中以后，松脂含重油减少，氧化树脂多，水分少，为了保证松香色泽，可提早至120℃左右滴水，适当加大水量、火量提取优油，并降低中、重油的蒸馏温度。

### 3.3.5.2 双锅滴水法

双锅滴水法加工松脂是在单锅生产的同一灶斜上方增设熔解锅，利用烟道气的余热对松脂进行预热熔解，然后借高位差使熔解的松脂自动流入蒸馏锅中进行煮炼。炉灶的结构如图3-53所示。

双锅生产的工艺流程和操作条件与单锅生产大体相同。第一次装料的时候，两个锅同时加料，待下面的蒸馏锅煮炼放香后，即将上部熔解锅中已熔解的松脂（温度可达110℃）经一过滤器放入蒸馏锅继续进行下一锅生产。蒸馏锅起火10min就可滴水。熔解锅又重新加料，为收集熔解锅蒸出的少量

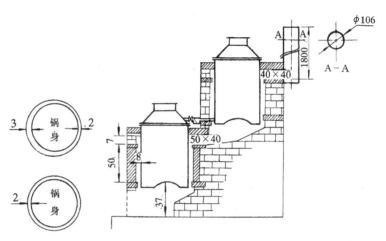

图3-53 双锅滴水法炉灶结构（单位：cm）

松节油，可连接另一冷凝器和油水分离器，蒸出的松节油与蒸馏锅蒸出的优油收集与同一贮槽。当暂停或结束生产时，熔解锅及蒸馏锅都要加一定量的水，以免烧坏锅身。

双锅生产比单锅生产缩短工时约30%~40%，降低柴耗量约20%~40%，从而降低成本。经预热熔解后的松脂经过滤后煮炼，将松脂中所含杂质过滤在煮炼之前，使松脂色泽更浅，提高产品质量。由于预热的松脂直接流入蒸馏锅，不需开盖，装锅前也不用冷水降温，比单锅生产安全。

双锅单灶预热松脂是用炼香锅的灶火烟道余热，由于砌灶的灶型等问题，预热过程与炼香时间不能同步，往往炼香锅放香，预热锅内的块状松脂尚未完全熔化，致使不能及时下流过滤。在松脂质量差、块脂较大较多时，更不能熔化。双锅双灶可改善这种状况，它采用双锅串连，双灶独立的方式，为了安全，两灶距离应不小于5m。预热锅以直接加热，位置高于炼香锅，锅内温度根据需要掌握，可避免上述矛盾。

### 3.3.6 产品的包装与贮存

各种方法生产的松香和松节油，包装的方法和所用材料相同。

#### 3.3.6.1 松香的出料与包装

经过连续蒸馏塔煮炼的松香，可直接从塔底经管道输入包装场，包装于镀锌铁皮的圆形桶中。如输送管道过长，可用蒸汽夹套保温。间歇蒸馏釜放出的松香，必须先集中放入铝板焊制的槽车，然后分装于桶中。圆柱形桶装量225kg，也有230kg。化验员可按时于包装场取样，测定松香的软化点、检验色级和其他项目。刚装完热香的铁桶，用轻便包装车分运至包

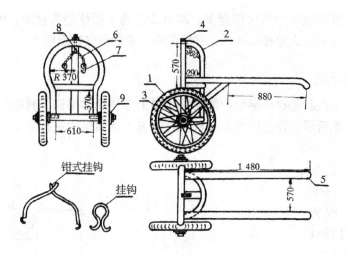

**图 3-54 轻便包装车结构**（单位：mm）
1. 胶轮 2. 铁架 3. 轴心 4. 支承螺丝 5. 把手 6. 铁链 7. 挂钩 8. 支承 9. 防尘帽

装场内排列，进行冷却。轻便包装车结构如图 3-54 所示。

除了桶装外，松香还可用牛皮纸袋包装，纸袋包装的工艺流程为：

热松香（250℃）→热松香预冷槽→计量包装→输送→放置冷却→垛放

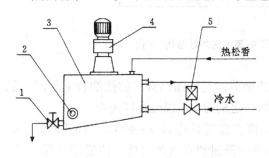

**图 3-55 纸袋包装松香冷却系统**
1. 放香阀 2. 温度计插口 3. 冷却槽
4. 减速器 5. 电磁网

热松香从蒸馏塔或蒸馏釜中放出时温度较高（200℃左右），必须冷却至一定温度才能装入纸袋。纸袋包装松香冷却系统的流程如图 3-55 所示。液态松香流入松香预冷槽中，槽内设有冷却盘管，管内通冷却水，并装置平直叶涡轮搅拌器，转速为 30r/min，使松香冷却均匀。松香冷却至 150℃±5℃后，通过冷却槽边上的两个灌香袋装入纸袋。灌香口下面各放置一台 100kg 称量与地面相平的磅秤。灌装时将小推车连同纸袋推上秤台并计量，将放插香管插入纸袋口，开启阀门放香至 25kg，迅速关闭阀门，放香管移出纸袋口，用铁夹子夹住袋口，把小车推离秤台送至指定位置。启动小推车的退袋子底板及面板，使松香袋自行退出小推车并平躺在地面，于室温自然冷却 12~24h，卸去夹子，用胶带封死袋口，再将松香袋集中在指定无阳光直射和无雨淋的地方，集中垛起。堆放高度 12~15 袋。包装松香袋为四层纸袋，纸袋上、下边均黏合一层包边纸，袋子上端边预留平口形开口，长度为 160mm。袋总长 775mm，宽 420mm。

对松香包装的要求是尽量避免由于包装不慎而产生结晶，准确称量，注意安全。包装场地要有平坦而干燥的水泥地面，并有顶盖，通风必须良好，具有防火措施。场地应先打扫干净并洒水，以免尘埃飞扬进入桶中成为晶种。为了使松香迅速冷却，松香桶应保持一定间距，约 0.5~0.7m，每桶占地面积约 1m²。桶装松香全部固化约需 48h，因此包装场地应保证至少有 3 天生产量的面积。纸袋装松香占地面积较大，但冷却时间快，周转期短故，故占地面积与桶装基本相同。液态松香包装前最好经一不锈钢丝网，以滤去可能从蒸馏设备带出的树皮、木屑等杂物，并除去引槽内可成为晶种的白色混浊物。刚放出的液态松香温度较高，在包装运输时应注意安全。应保证松香桶的质量,以避免漏香和安全事故。松香桶的摆放是"早西晚东",防止日光照射。"南风北摆,北风南摆",避免热风影响。并尽可能避免交接桶(冷热不同的松香装入同一桶)。冷却的松香须经结晶检查,如无严重结晶现象,即可再称量、定级、封桶(封袋),作为产品出厂。

### 3.3.6.2 松节油的收集

从蒸馏釜或蒸馏塔蒸出的水和松节油的混合蒸汽,通过冷凝器冷凝和冷却,然后进入油水分离器分离水分,工业蒎烯或优油和重油再经盐滤器除去所含乳状水分,即得成品松节油。

脂液蒸馏蒸出的水和松节油混合蒸汽的换热设备过去常用列管或盘管换热器。这种类型的换热器虽然结构简单、制造容易,但体积大,传热效率低,容易结垢,清洗困难。螺旋板换热器体积小,传热效率高,已在松脂加工厂普遍使用。

螺旋板换热器是由外壳、螺旋体、密封和进出口等四部分组成。是用两张平行的钢板,在专用的卷床上,卷制成具有两个螺旋通道的螺旋板,加上顶盖、接管等构成。螺旋通道的间距靠焊接在钢板上的定距撑保证。两种介质在两螺旋内作逆向流动。一种介质从中心螺旋流动到周边,另一种介质则由周边螺旋流动到中心。这种换热器的特点是结构紧凑,节省金属材料,单位体积内有效传热面积大,传热效率高,传热系数大。经测定,松节油和水的混合汽冷凝冷却的传热系数($K$值)可达$600W/(m^2 \cdot K)$左右。同时因流体阻力较小,流速较大,不易积垢和沉积泥沙。其主要特点是目前还只能用于工作压力较低的场合,温度400℃一下操作,检修较困难。因此,必须严格控制冷却水的出口温度,使它不超过冷却水中溶解石灰质的结垢温度。

根据使用操作条件,螺旋板换热器可分3种类型。螺旋体的两段可用钢条全部焊死,通常称为Ⅰ型。这种形式结构简单,不需另加封头、法兰等,两个介质间不会发生泄漏,但通道内如结垢则无法进行机械清洗。第二种是两段交错焊死,加可折顶盖密封,称为Ⅱ型。另一种是一个通道全部焊死,另一个通道全部敞开,一种介质在全焊死的通道内作螺旋型流动,另一种介质只做轴向流动,称为Ⅲ型。

## 3.3.7 松脂加工厂的技术经济指标

松脂加工厂的技术经济指标是企业管理的反映,它也关系到成本的核算。总的技术经济指标见表3-8。

在松脂加工企业中,原料费用占成本的88%(蒸汽法)和76%(滴水法)以上,因此,做好原料的收购、保管、贮存、运输和入厂后的贮存是降低成本重要的一环。另外,燃料和能源的消耗也占一定的比重(2%~3%),必须努力节约能源,如提高水蒸气的利用率;滴水法改进炉灶结构,提高燃烧效率等。各工段严格操作规格,把好质量关,减低损耗,提高回收率,也是降低成本的重要环节。

表3-8 松脂加工厂技术经济指标

| 项　目 | 指标 |
| --- | --- |
| 松脂(t) | 1.3~1.4(不大于1.4) |
| (以松香松节油联产品计) | 1.104(不大于1.2) |
| 工业盐(kg) | <6 |
| 草酸(水蒸气法)(kg) | 0.6~1.3(不大于3) |
| 煤(水蒸气法)(kg) | 300~450 |
| 柴(滴水法)(kg) | 280~460 |
| 松香、松节油总回收率(%) | 92~96(不低于90) |
| 松节油产率(%) | 13~16(不低于13) |

注:每吨松香原料消耗。

# 3.4 影响松香、松节油产品质量的因素

我国脂松香质量指标国家标准主要是指外观、颜色、软化点、酸值、不皂化物含量、热乙醇不溶物和灰分等。松香结晶虽非质量指标，但严重结晶的松香按等外品处理。如何保证松香、松节油的质量，原料是一个重要因素，加工过程工艺条件的控制也影响产品质量的优劣。

## 3.4.1 松香、松节油质量指标

(1) 松香国家标准

中国脂松香国家标准的各项技术指标见表3-9。

表3-9 各级脂松香技术指标（GB/T 8145—2003）

| 级别 | 特级 | 一级 | 二级 | 三级 | 四级 | 五级 |
|---|---|---|---|---|---|---|
| 外观 | 透明 | | | | | |
| 颜色 | 微黄 | 淡黄 | 黄色 | 深黄 | 黄棕 | 黄红 |
| | 符合松香色度标准块的颜色要求 | | | | | |
| 软化点(环球法)(℃) ≥ | 76.0 | | 75.0 | | 74.0 | |
| 酸值(m/g) ≥ | 166.0 | | 165.0 | | 164.0 | |
| 不皂化物含量(%) ≤ | 5.0 | | 5.0 | | 6.0 | |
| 乙酸不溶物(%) ≤ | 0.030 | | 0.030 | | 0.040 | |
| 灰分(%) ≤ | 0.020 | | 0.030 | | 0.040 | |

(2) 松节油国家标准

中国脂松节油国家标准的各项技术指标见表3-10。

表3-10 脂松节油质量技术指标要求（GB/T 12901—2006）

| 级别 | 优级 | 一级 |
|---|---|---|
| 外观 | 透明、无水、无杂质和悬浮物 | |
| 颜色 | 无色 | |
| 相对密度 $d_4^{20}$ < | 0.870 | 0.880 |
| 折光率 $n^{20}$ | 1.4650～1.4740 | 1.4650～1.4780 |
| 蒎烯含量(%) ≥ | 85 | 80 |
| 初馏点(℃) > | 150 | 150 |
| 馏程(%) ≥ | 90 | 85 |
| 酸值(mg/g) ≤ | 0.5 | 1.0 |

注：蒎烯含量：包括α-蒎烯和β-蒎烯含量总和；
　　馏程：至170℃时馏出脂松节油的体积分数的数值,%。

## 3.4.2 影响脂松香质量指标的因素

### 3.4.2.1 松香的颜色

各级松香的质量指标，颜色是很重要的一项，由于各国松香的组成不同，一些主要松香

生产国都有本国的颜色标准，以适应各自的松香特性个分级。如美国从1923年前曾采用罗维邦调计的色号，到1936年，他们发现罗维邦色号与美国松香的颜色不一致，因而自建了一套玻璃色块标准。之后，原苏联、法国、葡萄牙、英国等先后根据1931年国际照明学会（C.I.E.）规定的国际色标准制定了本国的玻璃色块标准。

中国在20世纪五六十年代也使用罗维邦色调计衡量松香颜色，以后发现，它的红、黄色号有时同本国的松香颜色不符。而且罗维邦色调计用两种颜色对松香进行颜色比较，是目视比色法，容易产生误差，因而研制了适合我国松香颜色的玻璃色块，作为评定松香颜色的标准。

刚从松树分泌出的松脂无色透明，暴露于空气中较长时间所形成的氧化物，以及采脂、运输、加工过程中与铁金属接触形成的树脂酸铁盐是使松香颜色加深的重要因素。松香的颜色也与溶入其中的有色物质有关。

生产高级别的浅色松香，必须在采脂过程中避免有色杂质混入松脂；勿使松脂接触铁器的时间过长，也勿使松脂长时间暴露在空气中，贮脂池中用水覆盖保护。在加工过程中向松脂中添加脱色剂如草酸等还原物质；在蒸馏前采取措施如熔解后脂池的过滤、水洗、净化等，最大限度地除去有色杂质。另外，在蒸馏期间应避免在高温停留的时间过长，因为温度越高，松香各组分氧化越快。放香后液态松香较快冷却也是缩短高温的时间。松脂加工的设备，最好用奥氏体不锈钢（如1Cr18Ni9Ti）。尽可能不使用铁的设备，尤其是在加温的情况下，要完全避免。

在松香贮存和运输过程中，发现松香有发红变深的现象，这是松香氧化的缘故。大面积和大块发红是粉末松香氧化后再熔合的结果。松香内部发现红丝，是松香开裂面氧化生成的膜层熔合在松香内所致。这种丝状物的颜色较浅时影响松香的外观，严重时影响松香颜色定级。裂面氧化时间越长，温度越高，发红程度越严重。有时因松香包装时计量不足，待松香冷却后添加碎香，以及运输过程中造成松香破碎、开裂和包装桶破损，都能使松香增加与氧的接触面积，加速氧化，碎香多或者破碎严重时，1年后就可使松香变成不合格的产品。因此，包装称量时，应尽量做到装足份量，杜绝添加碎香。铁桶必须盖严密，木桶必须用铁丝捆紧。堆放时，桶口应向下，使桶口松香不受太阳暴晒。松香桶不宜露天堆放，堆在松香厂内就地贮存。运输过程中注意减少或避免松香破碎、桶盖丢失或木箱摔坏。生产后1~2年内使用，勿贮存过久。

氧化松香难溶于石油醚中，在乙醇中能溶解，用丙醇法测其结晶趋势，未见结晶析出。由于其性质改变，在应用上也受影响，如在电缆工业，由于氧化松香的电阻率过低，不宜制作电缆松香。肥皂和造漆工业则因其在反应时泡沫过多，易溢锅而不受欢迎，而且颜色深，不能制成浅色产品。在医药部门，由于它不溶于汽油，黏性差而影响胶布质量。

抗氧剂2,6-二、四丁基对甲酚添加量为0.1%时，抗氧效果不明显，0.5%时有明显效果。在露天贮存条件下，可保持颜色3年基本不变。

### 3.4.2.2 软化点

松香是多种树脂酸的融合物，是过冷的熔体，无定形的固态物质，因此，它没有一定的熔点，也没有固定的软化温度。它只是随着温度上升逐渐变软，直至最后全部变成液态。必须用一种固定的、专门而严格的方法测定其软化温度——软化点，以便得到可以对照的结果。测定方法按照国家标准规定的环球法进行。

松香软化点与它的含油量有一定关系,一般含油量高。软化点则较低,但并不成比例关系。软化点高的松香其硬性和脆性也增加,有关松香厂的产品在同样条件下测定其软化点与含油量的结果见表3-11。

表3-11 松香软化点和含油量的对比

| 指标 | | 松香产地 | | | | | | | |
|---|---|---|---|---|---|---|---|---|---|
| | | 湖南洪江 | 广西玉林 | 广西浦北 | 江西南丰 | 江西会昌 | 广东河源 | 广东河源 | 广东河源 |
| 等级 | | 特级 | 一级 | 一级 | 一级 | 特级 | 特级 | 三级 | 四级 |
| 软化点(℃) | | 75 | 78 | 74.8 | 75.2 | 75.8 | 74 | 77.8 | 78.4 |
| 含量油(%) | 甘油法 | 3.66 | 3.46 | 4.92 | 3.26 | 4.64 | 5.17 | 3.40 | 2.78 |
| | 水蒸气法 | 3.62 | 3.84 | 5.32 | 3.49 | 4.44 | 4.93 | 3.17 | 2.91 |

松香中的含油量代表了松香中的中性物质。我国采脂树种的松香中湿地中性物的含量较高,因其含有较多的二萜中性物,因二萜烃、醛等熔点很低,二萜醇熔点比树脂酸也低许多,同是马尾松松香,软化点也难以达到广东、广西的水平,不只是倍半萜未完全蒸出,而且有二萜类含量高的因素。

松香用户一般要求较高软化点的松香,如肥皂行业以冷板法工艺生产肥皂要求松香软化点在72℃以上,如用真空冷却新工艺,则要求80℃以上,松香用量也可以增加,从而相应降低油脂的用量,降低成本。造纸厂也希望用含油量低,软化点较高的松香制胶剂,以提高其施胶效果。

要制得软化点较高的松香,除原料的因素外,必须在蒸馏过程中尽可能将高沸点中性物质蒸出。采取的措施是采用过热蒸汽将直接蒸汽的气泡扩大,使之具有更大的表面积,提高气化效率;或者提高蒸馏温度,但温度过高会影响松香颜色;采用减压蒸馏也是有效方法,可使高沸点馏分在较低的温度下蒸出。

### 3.4.2.3 酸值

各种树脂酸和脂肪酸以游离酸或化合酸(如酯)形式存在于松香中,酸值的测定主要是测定游离酸的含量。它易与碱中和反应。而以酯的状态存在的化合酸则要经水解后才起反应。因此,松香的酸值是以中和1g松香中的游离酸所耗用的氢氧化钾毫克数来表示。松香的酸值符合国家标准要求,我国脂松香的国家标准要求酸值不小于164~166mg/g。含有二元羧酸树脂酸的南亚松松香,松香酸值可达200mg/g。

松香酸值的高低可以反映出松香中酸性物的含量。它与松香的纯度、软化点、中性物质含量都有一定的关系。一般说,纯度越高,含中性物质越少,软化点越高,酸值也越高。要得到合格酸值的松香,在蒸馏时必须将中性物质尽可能多蒸出一些,因此要控制好蒸馏工艺。

松香的酸值在热的作用下,其变化规律如图3-56所示。由图可知,加热温度只要不超过220℃,在松香的酸值不会因加热而变化,这说明没有发生脱羧反应。但如果提高温度,特别在250℃以上,并延长加热时间,酸值将显著下降。

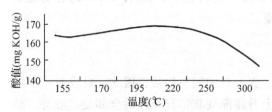

图3-56 加热温度与松香酸值的关系

### 3.4.2.4 不皂化物

松香中的不皂化物是指松香中不与碱起作用的物质。从中国马尾松和中国、美国湿地松脂松香中检出含有82种以上的中性组分。其成分复杂,有双萜烃、醇、醛;有倍半萜、单萜及其醇等。其中有的中性物质(如酯等)能与碱反应者为化合酸,不属于不皂化物。不皂化物能溶于有机溶剂(如乙醇、乙醚等,石油醚除外)但不溶于水。因此,松香用氢氧化钾乙醇溶液皂化后,再用乙醚萃取,分离皂化后的水溶液,用水洗净萃取液,蒸出乙醚,烘干后即可得不皂化物的含量。

松香中不皂化物的含量反映了除游离酸和化合酸外的中性物质的含量。松香的酸值、软化点和黏度都不随不皂化物含量的增加而降低,结晶趋势也随之降低。

使用松香的部门和行业一般不欢迎不皂化物含量多的松香,如肥皂厂,不皂化物含量多时,因皂化过程中因其不与碱反应,最后沉于锅底,清理困难,总得率减少,制成的肥皂发黏,还起消泡作用,降低去污能力。造纸厂制施胶剂时,不皂化物含量多的松香,皂化后乳液分散不均匀,影响施胶度。在制歧化松香时,过多的不皂化物易使催化剂中毒而失去活性,含不皂化物多的松香制成油墨时,会使油墨发黏,不易干燥。

要使松香中不皂化物含量符合国家标准,务必在脂液蒸馏时尽可能地将中性物质蒸出。勿用重油作熔解油,以减轻蒸馏负荷。

湿地松松香中不皂化物含量较高,有的高达8.51%,难以符合国家标准。曾有报道,建议湿地松松脂与马尾松松脂搭配加工,湿地松松脂占15%左右,则加工制出的松香不皂化物含量可符合国家标准。对防止松香结晶也有利。

### 3.4.2.5 乙醇不溶物

松香中的有机物很容易溶解于乙醇中。在采脂、运输过程中带入的机械杂质如树皮、泥沙等在加工过程中未能除尽,则会使松香中乙醇不溶物增多,影响其应用效果,如油漆、橡胶、造纸等行业应用都会降低产品质量。

减少松香中乙醇不溶物含量,尽可能减少采脂和松脂运输中机械杂质的混入;注意松脂加工过程中过滤和澄清的效果,勿使杂质带入蒸馏前的脂液,必要时可以从蒸馏前的脂液取样进行测定。松香包装和运输过程中也应避免尘埃的混入,如为滴水法生产,则应做好放香的过滤过程。

### 3.4.2.6 灰分

松香在高温下灼烧的剩余物为松香的灰分。灰分中的主要成分是金属氧化物和无机盐类。有机物在灼烧过程中烧成碳的氧化物和水分逸出,留下的则是金属氧化物和无机盐类。灰分的量一般反映松香中金属的含量。

控制松香中灰分含量的措施是:在采脂、运输和松脂加工过程中尽量减少与铁的接触,尤其在加温过程中不与铁器接触,应用不锈钢设备,减少松香与金属的反应。在松脂熔解时,加草酸或磷酸或过磷酸钙不但是脱色的需要,也可降低灰分含量。脂液的水洗除了溶解色素外,还可更多地除去可溶性盐类,以降低松香中灰分的含量。

### 3.4.3 松香结晶及其防止

松香结晶是松香质量的重要问题之一。结晶松香熔点较高可达 110～135℃，难以皂化，在一般溶剂中有再结晶的趋向。结晶使松香的使用价值降低，严重的结晶松香作为不列级处理。

我国的云南松、思茅松、南亚松以及引种树种湿地松松香一般不结晶，马尾松松脂加工时如控制不当则易产生结晶。

**1) 脂液中树脂酸组成在加热过程中的变化**

脂液中树脂酸的组成在加热过程中的变化，国内外都做过一些研究。马尾松松脂加工过程中树脂酸组成变化的研究，是围绕着松香结晶问题进行的。从不同的加工工序中以及松香冷却过程中的不同温度下取样，用气相色谱法以 QF-1 固定液分析松香中树脂酸的组成。其结果见表 3-12 和表 3-13（以 QF-1 作固定液分析松香中树脂酸的组成可使长叶松酸和左旋海松酸分别出峰）。

表 3-12 和表 3-13 分析结果表明：

松脂在加工过程中由于受到热的作用而引起树脂酸组成的变化，主要发生在枞酸型树脂酸之间的异构化作用，尤以左旋海松酸在高温下最易异构。

枞酸型树脂酸的异构作用主要发生在蒸馏和放香后维持高温的过程中，熔解、净化工序对其影响不大。这反映了异构过程和异构的完全程度与加工温度和时间有密切的关系，各种组分的含量取决于蒸馏温度、时间和放香后冷却过程的条件。因此，工艺条件的选择对树脂酸异构程度的控制有着重要的意义。

**表 3-12　原料、熔解和净化工序脂液中树脂酸的组成**

| 试样来源 | 树脂酸含量(%) | | | | | | | |
|---|---|---|---|---|---|---|---|---|
| | 海松酸 | 山达海松酸 | 长叶松酸 | 左旋海松酸 | 异海松酸 | 脱氢枞酸 | 枞酸 | 新枞酸 |
| 松脂 | 8.8 | 4.1 | 20.3 | 32.6 | 5.3 | 8.4 | 8.7 | 11.7 |
| 熔解脂液 | 9.7 | 3.9 | 20.4 | 32.9 | 5.4 | 8.1 | 9.0 | 10.6 |
| 澄清脂液 | 10.1 | 3.6 | 19.8 | 34.4 | 5.3 | 6.9 | 9.3 | 10.7 |

**表 3-13　不同蒸馏温度和松香冷却过程中树脂酸的组成**

| 试样来源 | 取样温度(℃) | 树脂酸含量(%) | | | | | | | |
|---|---|---|---|---|---|---|---|---|---|
| | | 海松酸 | 山大海松酸 | 长叶松酸 | 左旋海松酸 | 异海松酸 | 脱氢枞酸 | 枞酸 | 新枞酸 |
| 蒸馏脂液 | 160 | 10.3 | 2.6 | 24.6 | 17.9 | 3.6 | 14.0 | 14.8 | 12.2 |
| | 170 | 9.5 | 2.8 | 27.3 | 17.6 | 3.5 | 7.8 | 17.6 | 13.9 |
| | 180 | 9.7 | 3.1 | 28.3 | 12.5 | 3.6 | 10.0 | 19.2 | 13.6 |
| | 190 | 9.6 | 2.3 | 33.8 | 0.8 | 3.5 | 6.1 | 26.4 | 17.4 |
| 放香槽 | 200 | 9.1 | 2.5 | 31.6 | 微量 | 3.2 | 6.0 | 30.9 | 16.8 |
| | 194.5 | 9.3 | 2.8 | 27.6 | | 3.0 | 6.3 | 35.6 | 15.6 |
| 包装桶 | 183.5 | 9.2 | 2.7 | 23.3 | | 2.7 | 4.1 | 41.7 | 16.1 |
| | 162.5 | 9.6 | 2.7 | 19.7 | | 2.7 | | 45.0 | 14.9 |
| 冷香 | 室温 | 9.2 | 2.6 | 19.5 | | 2.6 | 4.7 | 46.3 | 15.0 |

海松酸型树脂酸、脱氢枞酸及山达海松酸在松脂加工的全过程中一般变化不大，对热比较稳定，工艺条件的改变对其影响较小。

因此，从枞酸型树脂酸的异构变化规律来看，蒸馏过程的温度和时间对异构化程度起着重要的作用。为了保证产品质量，避免产生结晶，在蒸馏时必须对树脂酸异构化程度进行适当控制，不能让其充分异构而形成大量枞酸，或者异构不充分形成大量长叶松酸。两者含量过高都易引起松香结晶。

必须指出，在通常条件下，树脂酸在加工过程中受热的作用而产生异构是不可避免的。

#### 2）松香结晶的概念

对松香的结晶，有两个不同的概念，即结晶现象和结晶趋势。松香在肉眼下可见的结晶现象，通常是指在厚而透明的松香块中形成了树脂酸晶体，使松香变混浊而不透明。这种结晶体在普通光源照射下肉眼可见。松香的结晶趋势是指松香在一定的温度下，在有机溶剂或热熔状态下析出树脂酸晶体的倾向，这种倾向的大小通常以 10g 碎松香于 10mL 丙酮中开始析出结晶的时间来表示。结晶趋势较大的松香，比较容易产生肉眼可见结晶现象，但也存在着结晶趋势大的松香不出现结晶现象，而结晶趋势小的松香反而会出现结晶现象的情况。这说明，结晶现象和结晶趋势之间存在一定的关系，但不是绝对的相应关系，它们是反映松香质量的两个概念。因此，两者都是检验的标志。

#### 3）产生马尾松松香结晶的原因

在我国，生产马尾松松香的地区，结晶现象比较多见，结晶趋势较大，其原因有下列几个方面：

(1) 树脂酸的热异构

从树脂酸的异构性质和在加热过程中的变化说明，树脂酸在加热过程中经过异构，改变了松香的组成，而树脂酸组成的改变是形成松香结晶的内在因子。松香中树脂酸的异构程度可从其比旋光度大致反映出来。树脂酸有旋光性，各种树脂酸有不同的比旋光度，当枞酸型树脂酸发生异构时，松香的比旋光度也随之发生变化。如松脂中左旋海松酸含量较多，松脂中树脂酸的总比旋光度为负值，当加热到一定温度，由于较多的左旋海松酸异构为长叶松酸，而枞酸的形成较少时，比旋光度又呈现为正值。在加热到高温的情况下，经过一般较长的时间，使相当数量的长叶松酸和其他酸又异构为枞酸，使松香的比旋光度又呈负值。

中国科学院福建物质结构研究所曾对海松酸、长叶松酸、左旋海松酸、脱氢枞酸、枞酸和新枞酸的纯样进行了 X-射线衍射的研究，得到了它们的粉末 X-射线衍射的数据如图 3-57

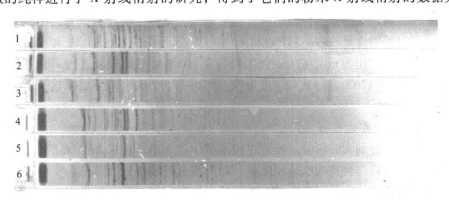

**图 3-57 6 种树脂酸纯样的 X-射线衍射**

1. 海松酸　2. 长叶松酸　3. 左旋海松酸　4. 脱氢枞酸　5. 枞酸　6. 新枞酸

所示，并根据这些数据进而研究了福建、江西、广东等省（自治区）几个产区马尾松新鲜松脂放置几年的松脂中析出结晶颗粒的组成，证明它们都是长叶松酸。还用 X-射线研究了高温、低温工艺生产的松香中不同外形中析出的晶体，以及与之相应的比旋光度为正值或负值的松香从丙酮溶液中析出的晶体，如图 3-58 所示。证明低温放香的比旋光度为正值较大的松香晶体主要是长叶松酸，而高温放香和比旋光度为负值的松香晶体主要是枞酸。

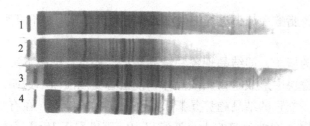

**图 3-58　比旋光度为负值和正值的松香从丙酮溶液中析出结晶的 X-射线衍射**
1. 枞酸结晶粉末　2. 比旋光度为负值的松香　3. 长叶松酸结晶粉末　4. 比旋光度为正值的松香

在偏光显微镜下观察松香的晶体形状时，比旋光度正值大的松香结晶晶体数量少，集中局部位置，晶体形状多为棒状或叶片状。比旋光度负值大的松香晶体数量多，分布均匀且较紧密，晶体形状多为多边形、三角形。比旋光度正值较小的松香晶体形状复杂，三角形和方形、片状同时出现。

在脂液蒸馏过程中，蒸馏温度与时间是影响树脂酸异构的主要因子。当蒸馏温度较低，冷却较快、松香中长叶松酸含量较多、比旋光度正值较大时，易产生低温结晶；加热蒸馏温度过高、时间较长、异构剧烈、形成大量枞酸、比旋光度负值较大时，易产生高温结晶；蒸馏温度适当、冷却过程合理、长叶松酸与枞酸含量的比例在 1:(1.5~1.7) 左右时，不易产生结晶，结晶趋势最小。此点附近的比旋光度为最合适的比旋光度范围。枞酸型树脂酸的含量、比旋光度、结晶趋势变化曲线与相应关系如图 3-59 所示。在生产过程中，春、夏季马尾松松脂中重油成分较多，为了更多蒸出重油，蒸馏温度往往偏高，时间偏长，易产生高温结晶；而秋季后，马尾松松脂中的重油相对减少，蒸馏工艺较温和，易产生低温结晶。

(2) 松香的冷却速度迅速

从表 3-13 可见，松香出锅后，树脂酸的异构化作用继续进行，直至 160℃ 以后才逐渐减慢，因此，松香冷却过程同样影响结晶。对于蒸馏工艺强度大的松香，异构比较剧烈，如果出锅后继续异构，将产生严重的枞酸结晶。而对蒸馏温度较低的松香则异构不足，如果出锅后很快冷却，长叶松酸含量较多，易产生长叶松酸结晶。另外，用热熔法和偏光显微镜观察松香结晶过程时发现，比旋光度正值较大的松香在 105℃ 时晶体成长速度最快；比旋光度负值较大的松香在 115~120℃ 晶体成长速度最快。如果在这个温度范围或接近于这个温度时间过长，极易产生结晶。

(3) 水分对松香结晶的影响

水对松香结晶有特别大的影响。松脂在树脂道中是无水、非结晶的蜂蜜状物质，这才有可能流至伤口，在伤口与大气的水分相接触，即促进晶种的形成而结晶。实验说明，用硅胶干燥过的过滤后的松脂放置几年也不结晶，但只要加入微量水分，摇动后，经几小时或几天就可能全部结晶。水的作用在于树脂酸的分子可在水柱表面定向，造成了结晶条件，如图 3-60 所示。在生产中，由于松香出锅温度偏低，或蒸汽压力不稳定、干度不够、或间接蒸汽管

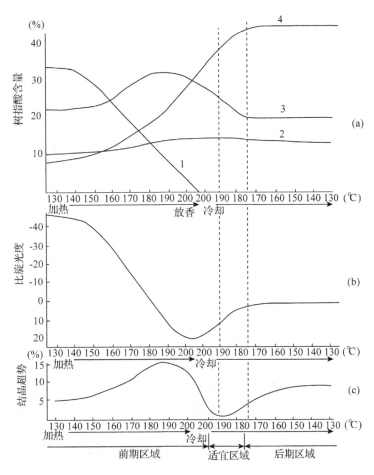

**图 3-59　松脂加工和松香冷却过程中树脂酸含量、
比旋光度和结晶趋势的变化**

(a)四种枞酸型树脂酸的变化　(b)比旋光度曲线　(c)结晶趋势曲线
1. 左旋海松酸　2. 新枞酸　3. 长叶松酸　4. 枞酸

漏汽等，使松香中残存过多的水分，加速结晶的形成。

松香中水分含量与结晶现象的关系见表 3-14。由表 3-14 可看出，松香中有无结晶现象与水分的含量之间有一明显的界限，有肉眼可见的结晶的松香，其水分含量都在 0.169% 以上，无肉眼可见结晶的松香，其水分都在 0.156% 以下。另一工厂也曾测定，松香含水率在 0.15% 以上者结晶，0.08%~0.1% 者不结晶，由此可见，即使松香的比旋光度在适宜的范围内，如果松香中存有一定量的水分，作为晶种，也会引起结晶。

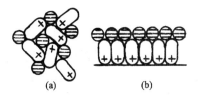

**图 3-60　树脂酸和萜烯在无水(a)
和含水(b)的松脂中的分布情况**

(椭圆形表示树脂酸分子，"+"表示偶极距
(即羧基)位置，圆球表示萜烯分子)

表 3-14 松香中水分含量与结晶现象的关系

| 松香样品来源 | 生产工艺 | | | 软化点（℃） | 色级 | 比旋光度 $[\alpha]_D^{20}$ | 结晶趋势（%） | 水分含量[②]（%） | 结晶现象 |
|---|---|---|---|---|---|---|---|---|---|
| | 二级蒸馏真空度（mmHg） | 蒸馏时间（min）[①] | 放香温度（℃） | | | | | | |
| 福建建阳 | 500~550 | 28/11 | 185 | 76.0 | 特 | +12.82 | 1.13 | 0.236 | 重 |
| | 500~550 | 37/7 | 185 | 77.2 | 特 | +10.61 | — | 0.208 | 重 |
| | 500~550 | 30/8 | 185 | 76.8 | 特 | +13.15 | | 0.169 | 重 |
| | 450 | 25/15 | 190 | 73.4 | 一级 | +8.88 | 1.07 | 0.256 | 重 |
| | 450 | 35/15 | 190 | 68.7 | 一级 | +11.06 | 1.00 | 0.217 | 无 |
| | 500~550 | 52/10 | 182 | 78.4 | 特 | +14.20 | | 0.105 | 无 |
| | 500~550 | 46/7 | 182 | 77.2 | 一级 | +12.68 | | 0.148 | 无 |
| | 500~550 | 38/10 | 185 | 76.5 | 一级 | +13.25 | | 0.156 | 无 |
| | 500~550 | 44/6 | 184 | 75.6 | 一级 | +10.95 | | 0.141 | 无 |
| | 500~550 | 56/16 | 185 | 79.0 | 一级 | +12.07 | | 0.126 | 无 |

注：①分子为二级锅蒸馏总时间，分母为蒸重油的时间；②水分测定采用卡尔·费休法。

（4）晶种和震动对松香结晶的影响

松香在包装过程中，如有晶种存在也会引起结晶。松香包装工段的液香贮槽内或导香槽内常存在着白色混浊物，这种白色混浊物的软化点和酸值都较低，在偏光显微镜下观察，有大量晶体存在，测定其旋光度为+16.0。这种白色混浊物与松香的互溶性不好，被放香时的热香带入包装桶后较难被热香全部熔化，因而悬浮在液香中，如果液香的结晶趋势较大时它就充当了晶种而引起松香结晶。因此，包装时应防止杂质、灰尘等进入包装桶内。

在生产过程中，包装桶不满时常常需要添香，添香时常容易引起结晶。这是由于桶底松香冷得最快，桶上下温度差约在20℃，热香加入时，底部冷香上翻，如未能熔化，就会形成雾状结晶。因此，添香在160℃以上为好。

此外，松香冷却至室温的过程中，温度在80~140℃震动亦易引起结晶。

**4）防止松香结晶的措施**

松香的化学成分比较复杂，含有多种树脂酸以及中性物质等，在加工和冷却过程中，发生着连续不断的化学和物理变化，而这些变化又容易受到外界条件的影响。因此，防止松香结晶必须综合性地考虑到各个方面的因素，如原料组成、设备的结构和工艺条件等，才有可能全面地防止松香结晶，根据试验结果，防止措施有下列几个方面：

①根据原料的组成的特性，确定适宜的蒸馏温度与时间，使松香达到一定的异构程度，使比旋光度能在不易结晶的范围内。同时，结晶趋势也最小。

②根据不同季节的原料所应用的不同蒸馏工艺，配合外界气温，采取适宜的冷却工艺。夏季高温放香加速冷却；秋季气温较低，低温放香可采取槽车保温和包装后加盖保温等措施。在松香冷却过程中，使通过80~140℃时的速度加快，防止松香因热力学上的原因引起结晶。

③保证过热蒸汽的干度和温度，设备中的间接蒸汽加热管不能泄露，使松香中的水分尽量减少。

④保持松香包装工段液香贮槽和导香槽的清洁，消除其中的白色混浊物，勿使晶种带入松香包装桶内。注意添香和震动等造成的结晶，严格松香包装工序的工艺规程。

必须指出，松香在进行再加工时，或先高温熔化，或溶于有机溶剂中，结晶松香并不影响再加工的应用。有的松脂加工厂有再加工车间，结晶松香完全用作再加工的原料。外国发达国家松香直接利用极少，都是经再加工后再利用，因此，松香结晶问题将越来越不重要。

而马尾松松香枞酸型树脂酸含量高，反而对再加工更有利，如制聚合香。

### 3.4.4 影响脂松节油产品质量的因素

保证脂松节油优油的质量，主要是控制好蒸馏温度，如果生产工业蒎烯，蒸馏温度要更低些，以减少高沸点馏分的蒸出；蒸馏设备的上部必须设挡板或分离器，避免带出松香泡沫；保持换热器的清洁；混合冷凝液在油水分离器中停留足够的时间，盐滤器中的盐层必须有足够厚度，以及在油库澄清一定时间，尽可能除去油中的水分；包装桶应先清洁无水、无锈，避免油的混浊；并不得掺入其他有机溶剂。

## 3.5 松脂加工废水处理

根据2015年1月1日实施的《中华人民共和国环境保护法》要求，全面控制污染物排放，狠抓工业污染防治，取缔"十小"企业。全面排查装备水平低、环保设施差的小型工业企业。因此，对松脂加工的废水处理也要积极应对。

### 3.5.1 松脂加工废水特征

松脂生产废水主要污染物是有机物、悬浮物和色度等，而有机物又主要是单宁酸、酚类、树脂酸、草酸及草酸盐、有机色素、乳化状松脂和松节油等。这类废水的特点是：

①污染物的组成、污染负荷量及排放量随原料品种、加工工艺方法及设备等条件而异。且各种产品的生产时段不同，又造成废水排放量和水质波动大。

②由于废水中含树脂酸类物质，它消耗水体中的溶解氧，对鱼类等水生动物产生危害。研究表明，树脂酸对鱼类的致死极限浓度为 1mg/L。

表3-15 广西某林产化工厂的废水污染负荷

| 项目 | 单位 | 综合废水 |
| --- | --- | --- |
| COD | mg/L | 1800~5000 |
| SS | mg/L | 500~1000 |
| 硫化物 | mg/L | 2~5 |
| 锌含量 | mg/L | 100~230 |
| pH | | 3~4 |

③COD 10000~25000mg/L，pH 2~4，甚至还含较高浓度的 $Fe^{2+}$，BOD/COD 值小于 0.1，且成分十分复杂，含有大量抑制细菌生长的有毒有害物质。因此，该废水属难生化降解的高浓度有机废水，不能用生化处理工艺直接处理。

表3-15是广西某林产化工厂的废水污染具体情况。

### 3.5.2 松脂加工废水治理技术

根据松香废水的特性，按照分段处理的思路，废水处理可分为预处理工段、物化处理工段和生化处理工段3个步骤。

预处理工段的工艺过程是：松脂废水进入粗吊筛，去除大部分的粗渣后进入沉渣池，后进入隔油池，然后加碱进入澄清罐进一步去除杂质，经泵进入物化处理阶段。预处理阶段的主要目的是去除废水中的油和悬浮物。

物化处理工段的工艺过程是：预处理阶段的废水进入调节池，经曝气以降低水温；然后进入絮凝沉淀池，加入一定量的石灰中和调节pH值至7~8，然后加絮凝剂使细小悬浮物凝结、沉降，絮凝沉淀去除大部分的悬浮物；再进入过滤罐，以再次降低废水的COD值，提高废水的可生化性能。

生化处理工段的工艺过程是：物化处理的废水经厌氧池后到接触氧化池，由鼓风机供气，然后进入延时曝气池，经沉淀池分离后进入沙滤器，活性炭过滤后达标排放。生化处理是工艺过程的关键，主要措施是采用好氧活性污泥处理物理法难以去除的细小悬浮颗粒。

(1) 电催化氧化 + 混凝沉淀 + 水解酸化 + MBR 处理松脂加工废水

设计的工艺流程如图 3-61 所示。松脂生产废水首先经斜筛、隔油沉渣池后进入到调节池 1 调节水质水量。调节池 1 的生产废水泵入催化氧化塔内，利用生产废水呈酸性的特点，在外加催化剂的作用下，将发生一系列氧化反应，氧化后出水自流入 pH 调节池调 pH 到 8~9，然自流入絮凝池进行絮凝反应，絮凝剂为 PAM 和回流的活性污泥，絮凝池出水自流入沉淀池进行泥水分离，上清液自流入水解酸化池进行水解和酸化作用。至此生产废水的预处理完成，生产废水中的有机物水解酸化、分子转型，在去除部分有机物的基础上提升了 $BOD_5/COD$ 的比值，可生化性显著提高，为后续的好氧生化处理奠定了基础。

经格栅和调节池 2 调节水质水量后的生活污水泵入 VBR 膜生物反应器，在 MBR 膜生物反应器内，混合废水中的有机物和氨氮分别进行好氧分解、硝化反应，最后经 MBR 膜分离，活性污泥留在反应器内，清液经泵抽吸至清水池待回用或排放。

从斜筛分离出来的大块固形物（树皮、木屑、松针叶等）、隔油沉渣池的浮油和沉渣，定期人工清理到污泥干化池；沉淀池的污泥依靠静压排至污泥干化池。污泥干化池内浮油、沉渣、污泥等除石灰渣外，基本上是有机可燃物，经自然滤水，晒干后送锅炉焚烧。

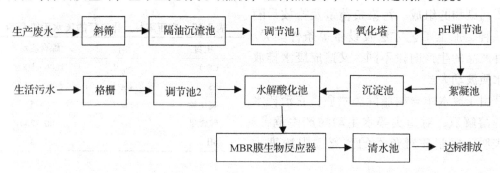

**图 3-61 松脂生产废水处理工艺流程图**

实践表明，在进水 COD 平均浓度为 5000~8000mg/L 和色度≤250 倍时，出水 COD≤100mg/L，色度≤50 倍，完全达到《污水综合排放标准》)（GB 8978—1996）一级标准。

MBR 膜生物反应器：MBR 膜生物反应器为板框抽吸淹没式结构，膜组件为孔径约 0.1~0.4um 的 PVDF 中空纤维膜。MBR 生物反应器水力停留时间为 20h；曝气量为 30~40$m^3$/h，溶解氧为 2~2.5mg/L。

设计采用电催化氧化 + 混凝沉淀 + 水解酸化 + MBR 为主体工艺，对玉林市某松脂加工企业的生产废水进行处理。该厂于 2014 年 4 月开始设计和建造废水处理设施，同年 8 月开始调试运行，经过 1 年的实际运行，处理效果稳定。

(2) 絮凝沉淀 + 絮凝气浮 + SBR 工艺处理松脂加工废水

工艺流程说明（图 3-62）：

生产外排废水的水温约 80℃，此时携带大量的 SS 主要是树皮、木屑、砂石等原料带进的杂物，它们均可被斜筛截留。随着水温下降，大量松脂、松节油亦随之析出、聚集，可通

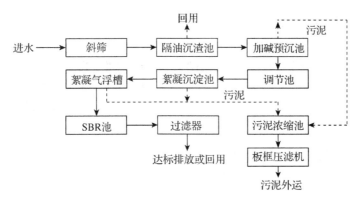

图 3-62 絮凝沉淀 + 絮凝气浮 + SBR 工艺处理松脂生产废水流程方框图

过沉渣和隔油设施收集回收再利用。鉴于处理站离车间废水排放口有一段距离,输送过程中仍会有松脂析出而堵塞管路,因此设置了投加 NaOH 的预沉设施,最大程度延缓管道堵塞。

经过加碱预沉后,废水进入调节池时水温一般为 55~60℃,采用鼓风机鼓风搅拌降温,12h 水温可降至 40~45℃,基本可保证后续物化处理有较佳的效果。调节池出水泵入絮凝沉淀池,投加 $Ca(OH)_2$ 过饱和溶液,pH 控制在 9.0~10.5,根据生成的絮体比重大、易沉的物理特性,采用斜板沉淀。沉淀池出水进入气浮池处理,投加缓冲剂和絮凝剂,使得 pH 控制在 6~7,溶气水比例为 30%。

气浮池出水进入 SBR 池进行生化处理,SBR 艺采用可变容器间歇式反应器,省去了回流污泥系统及沉淀设备,曝气与沉淀在同一容器中完成,利用微生物在不同絮体负荷条件下的生长速率和生物脱氮除磷机理,将生物反应器与可变容积反应器相结合便形成了循环活性污泥系统。

这是 SBR 工艺的一种革新形式。SBR 工艺是在同一生物反应池中完成进水、曝气、沉淀、撇水、闲置四个阶段,其所经历时间周期,可根据进水水质水量预先设定或及时调整。

SBR 池出水进行过滤后,达标外排。

加碱预沉池、絮凝沉淀池污泥排入污泥浓缩池,气浮池浮渣排入污泥浓缩池,浓缩池污泥改性后进行污泥脱水,外运填埋。

(3) 内电解法处理松脂加工废水

该法利用废铁屑/碳粒在废水中形成无数个微电池,微电池产生的电解作用,产生强烈的氧化还原作用,促使大分子有机污染物的断链、断环、发色助色基团的破坏并脱色等。内电解处理技术已广泛用于染料、印染等工业废水的处理。

表 3-16 内电解反应时间对处理效果的影响

| T(反应)(h) | $c(COD)$ (mg/L) | $c(BOD)$ (mg/L) | BOD/COD | pH (出水) | COD 去除率(%) |
|---|---|---|---|---|---|
| 0 | 1612 | 435 | 0.269 | 5.44 | — |
| 2 | 1195 | 412 | 0.345 | 5.57 | 25.89 |
| 4 | 1173 | 411 | 0.350 | 5.62 | 27.23 |
| 6 | 1145 | 427 | 0.372 | 5.70 | 28.95 |
| 8 | 1135 | 487 | 0.429 | 6.02 | 32.86 |
| 9 | 1013 | 436 | 0.430 | 6.18 | 37.13 |
| 10 | 938 | 430 | 0.459 | 6.37 | 41.81 |
| 11 | 940 | 426 | 0.453 | 6.43 | 41.70 |
| 12 | 987 | 430 | 0.360 | 6.22 | 38.75 |

(4) 电催化处理松脂加工废水

电催化处理松脂加工废水如图3-63所示。

其所用催化剂由亚硫酸铁和四水氯化锰制贵金属盐类化合物。

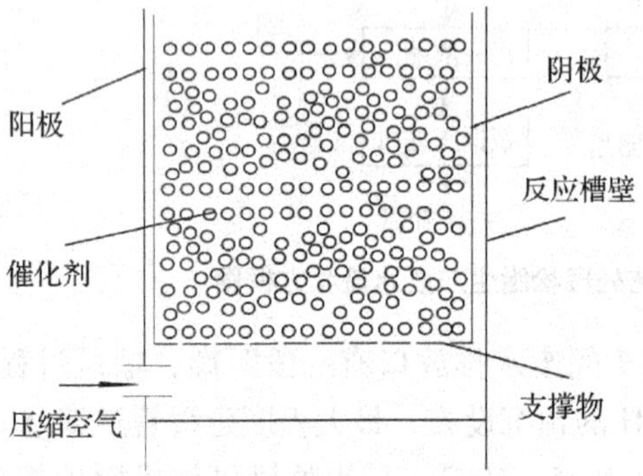

表3-17 以活性炭为载体催化剂降解松香废水结果

| 编号 | 催化剂 | COD去除率(%) |
|---|---|---|
| 1 | Fe | 70.6 |
| 2 | Co | 56.8 |
| 3 | Ni | 52.9 |
| 4 | Mn | 64.6 |
| 5 | Fe + Co | 75.2 |
| 6 | Fe + Ni | 79.3 |
| 7 | Fe + Mn | 83.6 |
| 8 | Co + Ni | 67.1 |
| 9 | Co + Mn | 71.5 |
| 10 | Ni + Mn | 65.4 |

图3-63 电催化处理松脂加工废水

由表可见采用 Fe + Mn 催化剂去除 COD 效果好。

(5) 厌氧-好氧处理松脂加工废水流程

工艺流程如图3-64所示。

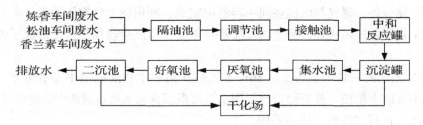

图3-64 厌氧—好氧处理松脂加工废水流程

(6) 内电解—生物—混凝沉淀法松脂加工废水

方框流程图如图3-65所示。

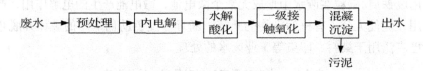

图3-65 内电解—生物—混凝沉淀法松脂加工废水流程图

由于松香企业产品规模、种类的差异，生产废水性质差异较大，对特定企业的生产废水，必须先进行详细的实验试验，才能制订合理的方案，设计建造的工程才能使废水处理达标排放。

## 思考题

1. 松脂在加热炼煮时，树脂酸组成的变化规律？
2. 解释松香结晶原因，如何防止松香结晶？

3. 松香脱羧的产物是什么？对松香产品质量的影响如何？
4. 松脂熔解工艺条件？为什么？
5. 澄清的理论基础是什么？为什么澄清槽扁好？
6. 脂液蒸馏为什么采用水蒸气蒸馏？为什么用过热蒸汽比饱和蒸汽好？
7. 脂液蒸馏时，除活汽外，为何还要用闭汽？
8. 松脂加工废水处理的方法及特点？

## 参考文献

南京林产工业学院，1980. 林产化学工业手册（上册）[M]. 北京：中国林业出版社.

安鑫南，2002. 林产化学工艺学[M]. 北京：中国林业出版社.

周鹏，李爱雯，胡文涛，等，2016. 电催化氧化 + 混凝沉淀 + 水解酸化 + MBR 联合处理松脂生产废水[J]. 能源与环境（2）：80 - 83.

陈小鹏，王琳琳，祝远姣，等，2004. $CO_2$ 或 $N_2$ 循环活气法蒸馏松脂的研究[J]. 林产化学与工业，24(3)：15 - 20.

黄道战，雷福厚，曾韬，2011. 溶剂沉淀分离法松脂加工工艺的研究[J]. 南京林业大学学报（自然科学版）.35(4)：96 - 100.

覃乃朋，2007. $CO_2$ 循环活气法蒸馏松脂过程及其装备研究[D]. 南宁：广西大学硕士论文.

覃乃朋，陈小鹏，祝远姣，等，2007. 水蒸气法与 $CO_2$ 循环活气法蒸馏松脂的比较[J]. 化工设计，17(3)：23 - 26.

文萱，2010. 松脂加工废水处理工程设计方案[J]. 洪都科技（2）：9 - 16

康朝平，陈美娟，2006. 松脂加工废水处理流程探讨[J]. 生物质化学工程，40(6)：34 - 36

江戈华，1999. 导热油取代过热蒸汽减压蒸馏松香生产工艺[J]. 林产科技通讯(3)：33 - 35.

王阿法，等，1997. 一种新型高效脂液澄清设备[J]. 林产化工通讯，(3)：14 - 18.

刘志清，等，1997. 蒸汽炼香的中层脂液净制回收工艺的试验研究[J]. 林产化工通讯(2)：7 - 10.

# 第4章　硫酸盐松节油和木浆浮油加工

**【本章提要与要求】**　主要介绍粗硫酸盐松节油的来源与组成特点、回收工艺和精制方法，以及硫酸盐松节油的应用；粗木浆浮油的来源与组成特点、提取与精制分离方法；木浆浮油精制后产品的组成与应用；木浆浮油中植物甾醇的组成特点、提取方法及其应用。

要求掌握粗硫酸盐松节油的回收工艺和精制方法；木浆浮油的组成和精制分离方法；木浆浮油中植物甾醇的提取方法。了解硫酸盐松节油和木浆浮油精制后产品的应用。

粗硫酸盐松节油和粗木浆浮油是针叶材硫酸盐法制浆的副产品，也是松节油和松香生产的三大来源之一。松节油和松香按原料来源不同，松节油可分为脂松节油、木松节油和硫酸盐松节油，松香可分为脂松香、木松香和浮油松香。

粗硫酸盐松节油（crude sulfate turpentine，CST）是针叶材硫酸盐法制浆的蒸煮过程中，减压放气（小放气）时排出的挥发性物质经冷凝冷却和油水分离得到的黄色或暗红色油状物，主要成分包含萜烯、甲醇、氨和硫化物。粗木浆浮油（crude tall oil，CTO），也称为粗塔尔油、粗妥尔油或粗塔罗油，是针叶材硫酸盐法制浆的蒸煮过程中，对蒸煮液进行过滤、蒸发浓缩、澄清分离、酸化等处理后，所获得由暗红到暗棕色的深色黏稠液体，主要成分包含树脂酸、长链脂肪酸和中性物。

硫酸盐法制浆生产中，粗硫酸盐松节油和粗木浆浮油来源如图 4-1 所示。

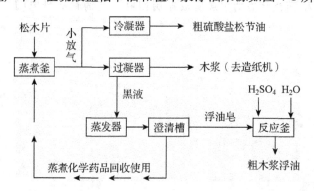

**图 4-1　粗硫酸盐松节油和粗木浆浮油来源示意**

粗硫酸盐松节油的生产国主要包括美国、挪威、瑞典、芬兰、英国、法国、俄罗斯、波兰、新西兰等，2002 年全球粗硫酸盐松节油产量约 $13.2\times10^4$ t，占松节油总产量的 60%。粗木浆浮油的主要生产国有美国、加拿大、挪威、瑞典、芬兰等欧美国家，以及俄罗斯、日本和南非。全球木浆浮油的产量约 $200\times10^4$ t，2008 年全球浮油松香产量约 $41.5\times10^4$ t，占松香总产量的 34.9%。

粗硫酸盐松节油和粗木浆浮油具有广泛的用途。粗硫酸盐松节油可直接用于合成矿物浮选起泡剂，而精制后的硫酸盐松节油与脂松节油一样，可加工成众多衍生产品。木浆浮油可用于生产浮油松香、浮油脂肪酸、浮油沥青、植物甾醇等重要产品。

我国以往造纸工业的原料以草浆为主，木浆所占比例很少，因此木浆浮油产量较小，相关的研究和开发利用起步也较晚。随着我国造纸工业的发展，造纸原料逐步转向以木材纤维为主，并逐步建立了浮油处理生产线。松树是我国分布最广、造林面积最大的针叶树种，已成为造纸工业中木浆最主要的原料之一，因此我国硫酸盐松节油和木浆浮油工业具有广阔的发展前景。

## 4.1　硫酸盐松节油的加工与应用

### 4.1.1　粗硫酸盐松节油的回收

#### 4.1.1.1　粗硫酸盐松节油的组成

粗硫酸盐松节油是具有强烈臭味的黄色或暗红色液体，相对密度为 0.863~0.874，主要组分是来自针叶材的挥发性萜烯类化合物，以 α-蒎烯和 β-蒎烯为主，还有少量单环萜烯和高沸点萜烯。另外，还有木片蒸煮过程中硫化钠与木素中甲氧基反应生成的具有臭味的有机硫化物，一般为 10%~15%，主要包括甲硫醇（$CH_3SH$）、二甲硫醚（$(CH_3)_2S$）和二甲二硫醚（$CH_3SSCH_3$）等。表 4-1 列出了粗硫酸盐松节油的组成与基本性质。

表 4-1　粗硫酸盐松节油的组成与基本性质

| 成分 | 相对密度 | 馏程（℃） | 含量（%） 松树 | 含量（%） 云杉 | 溶解性能 水 | 溶解性能 有机溶剂 |
|---|---|---|---|---|---|---|
| 甲硫醇 $CH_3SH$ | 0.896 | 5.8 | 0.5~4.1 | 1.6~4.3 | 溶 | 溶 |
| 二甲硫醚 $(CH_3)_2S$ | 0.846 | 37.3 | 4.0~19.3 | 10.6~24.0 | 难溶 | 溶 |
| 二甲二硫醚 $CH_3SSCH_3$ | 1.057 | 116~118 | — | 3.5~4.6 | 不溶 | 溶 |
| 未知成分 | — | 149~153 | 1 | 2 | — | — |
| 蒎烯 $C_{10}H_{16}$ | — | 155 | 62~77 | 42~56 | 微溶 | 溶 |
| 单环萜烯 | — | 160~180 | 8~10 | 6~7 | 微溶 | 溶 |
| 其他高沸点组成 | — | 180~212 | 3 | 3 | — | — |
| 釜残 | — | — | 2 | 9.4~17 | — | — |

#### 4.1.1.2　影响粗硫酸盐松节油回收率的因素

粗硫酸松节油的回收率与所用木材种类、贮存条件、蒸煮工艺等因素有关。

（1）木材种类的影响

不同针叶材内所含松脂量各有差异，使得粗硫酸盐松节油的回收率也有差异。以云杉木材为原料，每生产 1t 纸浆可得粗松节油 1.5~2.5kg；以红松和白松为原料时，可达 10kg；以加勒比松为原料时，可得 4.7~10kg。

（2）贮存条件的影响

木片在贮存 18 周后，松节油回收率降低约 60%；30 周后，降低约 80%。木片贮存由于暴露面积大，造成的损失比圆木贮存大。

（3）蒸煮工艺的影响

间歇蒸煮工艺生产的回收率相对较高，而连续蒸煮工艺生产由于回收困难，造成回收率较低。两者的回收率一般分别为75%~85%和40%~65%。此外，有一种"预热机械浆制造法"(Thermomechanical Process)的制浆工艺，其回收量可与硫酸盐制浆法相当，且不含恶臭的硫化物。

### 4.1.1.3 粗硫酸盐松节油的回收工艺

间歇蒸煮工艺的流程图如图4-2所示。在木片蒸煮进行小放气时，萜类蒸汽与甲醇、硫化物气体、水蒸气等一起由蒸煮锅(1)的上部出来，经旋风分离器(2)除去带出的纤维等机械杂质及液滴后，进入冷凝器(3)冷凝。冷凝液在油水分离器(4)中澄清分层。下层为水，通过溢流装置排出，上层即为粗硫酸盐松节油，流入贮槽(5)中。为充分捕集蒸煮锅排出气体中的松节油蒸汽，可将排出的蒸汽混合物连续经过两个串联的冷凝器，这样能将蒸汽混合物中的松节油及其他有用的物质比较充分地分离出来。在一级冷凝器，冷凝温度控制在146~149℃，可以使水汽比松节油更早凝结出来。剩余下来的气体，再通过温度控制在99~104℃的二级冷凝器，使得最终不凝性气体排放时的松节油损失减至最小。

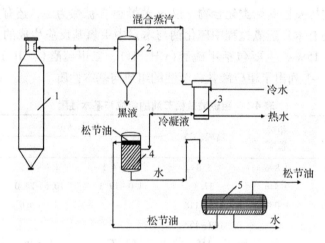

**图4-2 间歇蒸煮锅松节油回收系统**
1. 蒸煮锅　2. 旋风分离器　3. 冷凝器　4. 油水分离器　5. 粗硫酸盐松节油贮槽

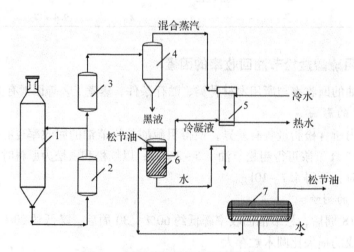

**图4-3 连续蒸煮锅松节油回收系统**
1. 蒸煮器　2、3. 闪急汽化罐　4. 旋风分离器　5. 冷凝器　6. 油水分离器　7. 贮存罐

连续蒸煮工艺的流程图如图4-3所示。连续蒸煮工艺与间歇蒸煮工艺中，收集松节油等气体的方式完全不同。间歇蒸煮器的放气是为了改进循环，控制蒸煮，减少放锅前的压力，除去空气和其他不凝性气体。蒸煮锅升温速度和放气速度存在一定的关系，一般在蒸煮锅升温时，放气流量较大，而达到最高温度和压力后，放气量有所减少，目前大多数工厂都是通过电子设备自动控制放气速度。在连续蒸煮工艺中，由于连续蒸煮器顶部没有气体的积聚空间，无法利用放气来回收松节油，因此在蒸煮后的黑液中回收。从蒸煮器(1)抽出的废蒸煮液，一般通过两个一组的闪急汽化罐。第一个闪急汽化罐(2)出来的蒸汽，通常送往木片汽蒸器，以减少新蒸汽的补充量。第二个闪急汽化罐(3)出来的蒸汽，与汽蒸器出来的气体混合送往旋风分离器(4)，再经冷凝器(5)和油水分离器(6)回收松节油。

预热机械浆法回收工艺的流程图如图4-4所示。木片由输送器(2)送入到蒸煮器(3)中蒸煮，含萜烯类化合物的气液混合物由蒸煮器进入气液分离器(4)中除去混合物中的液体。由气液分离器出来的混合蒸汽通入到蒸汽冷凝器(5)中，萜烯化合物冷凝下来进入油水分离器，上层液体即为松节油。采用预热机械浆法回收工艺获得的松节油的回收量可与硫酸盐法相当。

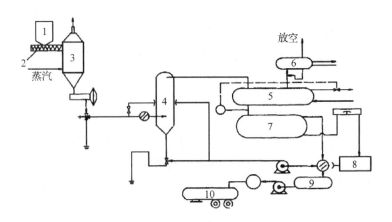

**图 4-4　预热机械浆法松节油回收系统**
1. 木片仓　2. 输送器　3. 蒸煮管　4. 气液分离器　5. 蒸汽冷凝器　6. 冷却器
7. 油水分离器　8. 冷凝液贮槽　9. 受器　10. 松节油槽车

## 4.1.2　粗硫酸盐松节油的精制

### 4.1.2.1　粗硫酸盐松节油的精制方法

粗硫酸盐松节油的显著特征是含有恶臭的硫化物和较深颜色的杂质，因此无法直接应用，需进一步精制净化。粗硫酸盐松节油的精制主要是进行除臭、脱色和单一组分的分离，精制的方法大致可以分成3类，包括物理法、化学法和物理—化学结合法。物理法主要包括一般蒸馏法、精馏法和吸附法。化学法是利用化学试剂与硫化物发生反应达到除臭脱色的目的，包括氧化法、重金属法和碱洗法等。物理—化学结合法是物理法和化学法配合使用，以达到最佳精制效果。实际生产中通常是多种精制方法配合使用。

（1）一般蒸馏法

一次常压蒸馏，可采用泡罩式塔板，首馏分120℃、中间馏分120~160℃、松节油产品160~170℃、釜残用作浮选油。所得松节油除含多种单环萜烯外，还含微量倍半萜烯组分。

表4-2 粗硫酸盐松节油的精制方法

| 精制方法 | | 说　明 |
|---|---|---|
| 物理法 | 一般蒸馏法 | 一次常压蒸馏，收集不同温度馏分，达到初步精制目的 |
| | 精馏法 | 通过常压精馏方法，收集不同温度下的馏分，达到精制分离目的 |
| | 吸附法 | 利用活性炭的吸附作用对硫化粗硫酸盐进行除臭脱色 |
| 化学法 | 氧化法 | 利用氧化剂将含硫化合物氧化成可溶于水的磺酸化合物和砜 |
| | 重金属法 | 重金属离子（铅、汞、银等离子）可以与甲硫醇化合，形成不溶于水的硫醇盐沉淀 |
| | 碱洗法 | 碱溶液（如氢氧化钠溶液）容易与硫醇等发生反应，生成水溶性的硫醇钠 |
| 物理—化学结合法 | 空气氧化—精馏法 | 利用空气中的氧气在100℃左右将含硫化合物氧化，再通过精馏法进一步精制分离 |
| | 碱性次氯酸盐氧化—精馏法 | 利用碱性次氯酸盐将含硫化合物氧化，再通过精馏法进一步精制分离 |

（2）精馏法

精馏法主要是根据粗硫酸盐松节油中各组分的沸点差异来进行精制分离，通常采用连续精馏工艺，其优点是处理量大、得率高、操作费用低、易于实现自动控制。

精馏和简单蒸馏的首馏分主要含硫化合物，可作为煤气加味剂。

（3）吸附法

吸附法主要是使用具有吸附作用的材料如活性炭等，进行除臭脱色。

（4）氧化法

氧化法中的氧化剂主要包括4种：空气、强酸、次氯酸钠和萜烯类过氧化物。

空气作为氧化剂实际上是利用空气中的氧气对含硫化合物进行氧化。一般氧化温度在100℃左右。空气氧化会造成部分松节油一起被氧化而造成损失，且在精馏时会形成较多釜残物。向通入的空气中加入臭氧可提高氧化效果。

强酸如硫酸、硝酸等均可作为氧化剂使用，这些强酸可将甲硫醇等硫化物氧化，同时与硫醚形成稳定的锍盐，达到除臭效果。此法对存放后的粗硫酸盐松节油精制效果不佳，主要是存放之后，甲硫醇已转化为二甲二硫醚，不易氧化。

次氯酸钠是目前最常用的氧化剂，不过要选择适当的浓度和加入量，浓度过高或加入量过大会造成松节油中氯元素含量的急剧增加。

萜烯类过氧化物是一种特殊氧化物，其还原产物萜烯醇本身也是松节油的深加工产物，分离后可直接作为精细化工原料。

（5）重金属法

在粗硫酸盐松节油蒸馏前或蒸馏时加入重金属离子（铅、汞、银等离子），使其与甲硫醇化合，形成不溶于水的硫醇盐。该方法效果好，效率较高，但处理成本高，较少被采用。

（6）碱洗法

碱溶液（如氢氧化钠溶液）容易与硫醇等发生反应，生成硫醇钠，从而除去大部分含硫化合物。如果配合使用一些羰基化合物（如糠醛），可以提高精制效果。

（7）物理—化学结合法

为了达到更好的精制效果，可以将多种物理法配合使用，如在常压蒸馏与真空精馏时辅以活性炭脱色以提高精馏松节油的品质，也可以将物理法和化学法配合使用。常用的有精馏法辅以热空气吹蒸与氧化、精馏法辅以碱性次氯酸盐氧化等精制方法。比如可以采用蒸馏—

空气氧化—精馏的工艺对粗硫酸盐松节油进行精制,首先通过分馏方法将绝大部分硫化物蒸出,然后提高温度,长时间通入空气,再继续分馏,松节油的气味可得到根本改善。

#### 4.1.2.2 粗硫酸盐松节油的连续精馏工艺

硫酸盐松节油各种化学成分的含量随树种、地理位置、木材采伐时间以及制浆工艺不同而有较大差异。表4-3列出了几个不同国家硫酸盐松节油的化学组成。

表4-3 几个不同国家硫酸盐松节油的化学组成

| 组成 | 芬兰 | 瑞典 | 俄罗斯 | 美国 东南部 | 美国 西北部 |
|---|---|---|---|---|---|
| α-蒎烯 | 55~70 | 45~60 | 45~58 | 45~65 | 35~45 |
| β-蒎烯 | 3.5~6 | 6~10 | 2~8 | 20~35 | 10~15 |
| 3-蒈烯 | 15~25 | 20~25 | 10~12 | <1 | 10~15 |
| 双戊烯 | 2.5~3.5 | 2~3 | 9~16 | 3~10 | 3~7 |
| β-水芹烯 | 0.5~1 | 0.5~1 | 1~3 | 2~3 | 10~15 |
| 萜烯醇+酯+倍半萜烯 | 5~10 | 5~10 | 8~12 | 2~7 | 7~12 |

工业上常采用连续精馏工艺对粗硫酸盐松节油同时进行脱色、除臭和单一组分分离。与间歇精馏工艺相比,连续精馏工艺具有处理量大,产率高,操作费用低,便于实现自动控制等优点。图4-5所示的是美国BBA公司的粗硫酸盐松节油连续精馏工艺。4个连续精馏塔的塔体被用来分离粗硫酸盐松节油中各类化合物。首先是从精馏塔(1)塔顶蒸出较低沸点的具有恶臭的有机硫化合物。α-蒎烯、β-蒎烯、苧烯/β-水芹烯等馏分,分别由精馏塔(2)、(3)、(4)塔顶获得。通过分馏得到的α-蒎烯纯度>95%、β-蒎烯纯度约92%。

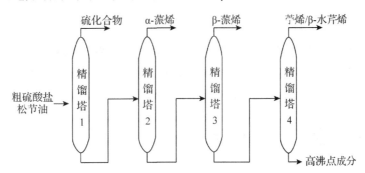

图4-5 粗硫酸盐松节油连续精馏工艺流程示意

### 4.1.3 硫酸盐松节油的应用

粗硫酸盐松节油本身可作为原料用于合成矿物浮选起泡剂等领域,但一般是经过精制后使用。经精制后的硫酸盐松节油的应用与脂松节油大致相同。此处只做简要介绍。

#### 4.1.3.1 合成萜烯树脂及固化剂

传统的萜烯环氧树脂生产一般是以脂松节油为原料,成本较高,用硫酸盐松节油替代脂松节油可以降低生产成本。此外,硫酸盐松节油经氧化后可用于制备环氧树脂及固化剂。环氧树脂主要有萜烯马来酸型环氧树脂和双戊烯—苯酚型环氧树脂，固化剂主要是蒈烷二胺。由于具有萜烯脂环结构，可赋予所合成环氧树脂具有特殊的刚性、耐热性及抗紫外线等性能，从而满足不同应用领域的要求。

### 4.1.3.2 合成香料

硫酸盐松节油可用于合成香料，其主要成分 α-蒎烯可以合成莰烯、二氢月桂烯、乙酸正龙脑酯、檀香210、檀香208、香茅醇、玫瑰醚、香茅醛及甲氧基香茅醇等香料中间体和香料产品。另一个主要成分 β-蒎烯则可用于合成月桂烯，进一步合成香叶醇、橙花醇、柠檬醛、紫罗兰酮系列香料、新铃兰醛等香料。

### 4.1.3.3 合成药物

硫酸盐松节油中的 α-蒎烯可以合成许多药物，如治疗胆结石和胆囊炎的柠檬烯、具有开窍醒神和清热止痛等功效的龙脑、具有减轻不适及疼痛的薄荷脑、可作为皮肤刺激药物的樟脑，以及维生素 E、维生素 $K_1$ 等，而 β-蒎烯可以合成阿片受体药物、前列腺 D2 受体颉颃剂药物和抗糖尿病药物那格列奈等。

### 4.1.3.4 合成农药增效剂和新型农药

硫酸盐松节油能够合成高效低毒的农药增效产品，且价格相对较低，比如可以合成 Syne-pirin500 杀虫增效剂和 N-烷基酰亚胺杀虫增效剂，合成新型农药，包括具有保幼激素作用的蒎酮酸衍生物、龙脑烯衍生物和环氧蒎烷衍生物，也可以合成对蚊虫、蟑螂、小黄家蚁、萝卜蚜等具有驱避或拒食作用的 8-羟基别二氢葛缕醇衍生物、羟基香茅醛衍生物和诺卜醇衍生物等。

### 4.1.3.5 用作燃料添加剂

精制脱硫后的硫酸盐松节油添加到汽油中对发动机的性能，如制动功率、热效率、平均有效压力和燃油消耗有积极影响。硫酸盐松节油使含氮气体的排放有所增加，但减少了一氧化碳的排放，因此有可能作为清洁高效的燃料添加剂。

## 4.2 木浆浮油的加工与应用

### 4.2.1 粗木浆浮油的组成与应用

#### 4.2.1.1 粗木浆浮油的组成

在针叶材木片蒸煮过程中，木材中的树脂和油脂成分被碱皂化而形成树脂酸和脂肪酸的钠盐，溶解在黑液中，同时中性油也被抽出而溶解于皂液中，这就是硫酸盐皂。当黑液浓缩到一定浓度时，硫酸盐皂就浮在黑液上面，分离后用无机酸分解，即得粗木浆浮油。

粗木浆浮油为深色（暗红色到红棕色）黏稠液体，有强烈臭味。不溶于水，但可溶于醇、酯、酮、碳氢化合物和矿物油。在20℃时相对密度为 0.96~1.00，闪点 186~215℃，着火点 216~236℃。

粗木浆浮油是成分复杂的混合物，其化学组成与许多因素有关，例如，树木的种类和产地、采伐季节、树龄、木材堆积方式与堆存时间、制浆工艺、硫酸盐皂酸化条件等。但其主要组成通常是树脂酸、脂肪酸和中性物（不皂化物）。表4-4列出了国内外不同产地粗木浆浮油的主要组成。

表4-4 粗木浆浮油的主要组成

| 国家及地区 | | 粗木浆浮油的组成(%) | | |
|---|---|---|---|---|
| | | 树脂酸 | 脂肪酸 | 中性不皂物 |
| 中国 | 黑龙江佳木斯 | 23~48 | 33~35 | 17~26 |
| | 福建青州 | 50~60 | 20~30 | 7~12 |
| 美国 | 南部 | 33~47 | 42~55 | 6~10 |
| | 北部 | 40~50 | 45~55 | 5~8 |
| 德国 | | 35~60 | 25~55 | 6~12 |
| 加拿大 | | 20~35 | 45~55 | 20~35 |
| 北欧 | 北欧（松树） | 30~35 | 50~55 | 5~10 |
| | 北欧（云杉） | 20~30 | 35~55 | 18~25 |

通过凝胶渗透色谱、高效毛细管柱色谱、皂化萃取法、氧化铝吸附分离法、离子交换柱分离法等现代分离分析手段，研究人员对粗木浆浮油的树脂酸、脂肪酸和中性物的组成成分进行了分析。粗木浆浮油中树脂酸、脂肪酸和中性物的具体组成如下：

（1）树脂酸

粗木浆浮油的主要成分树脂酸是分子式为$C_{20}H_{30}O_2$的各种异构酸和歧化产物的混合物，粗木浆浮油中树脂酸种类与脂松香中所含的树脂酸种类基本相似，有海松酸、山达海松酸、异海松酸、左旋海松酸、长叶枞酸、枞酸、新枞酸、脱氢枞酸等。

表4-5列出了我国和北欧国家芬兰粗木浆浮油中树脂酸的组成。由于地域的差异，组成也存在一定的差异。相比而言，我国南方的粗木浆浮油（松树以马尾松为主）比我国北方（松树以落叶松为主）和芬兰的粗木浆浮油含有更多的长叶松酸和枞酸。我国北方的粗木浆浮油比我国南方和芬兰的含有更多的异海松酸，而芬兰的则含有更多的脱氢枞酸。

表4-5 粗木浆浮油中树脂酸的组成

| 化合物名称 | 各树脂酸组成的含量(%)（以树脂酸总量为100计） | | |
|---|---|---|---|
| | 中国南方木浆浮油 | 中国北方木浆浮油 | 芬兰木浆浮油 |
| 海松酸 | 11 | 1 | 11 |
| 山达海松酸 | 2 | 4 | 3 |
| 异海松酸 | 5 | 41 | 9 |
| 左旋海松酸 | 3 | — | 2 |
| 长叶松酸 | 20 | 9 | 14 |
| 枞酸 | 37 | 26 | 26 |
| 新枞酸 | 10 | 12 | 8 |
| 脱氢枞酸 | 12 | 6 | 26 |
| 其他 | 0.1~1 | 1 | 1 |

(2) 脂肪酸

粗木浆浮油脂肪酸中既含有饱和脂肪酸，也含有不饱和脂肪酸，主要以不饱和脂肪酸油酸、亚油酸等为主。表4-6列出了中国南方、北方和芬兰的粗木浆浮油中脂肪酸的组成，三者都以油酸和亚油酸为主，我国北方和芬兰的粗木浆浮油中还含有较多的亚麻酸。从组分上来看，浮油脂肪酸和大豆油脂肪酸相似，它们的主要成分都是油酸和亚油酸，而且浮油脂肪酸具有较高的光稳定性，可在工业上替代大豆油，在某些应用领域甚至优于大豆油。

表4-6 粗木浆浮油脂肪酸组成

| 化合物名称 | 各脂肪酸组成的含量(%)(以脂肪酸总量为100计) | | |
|---|---|---|---|
| | 中国南方木浆浮油 | 中国北方木浆浮油 | 芬兰木浆浮油 |
| 油酸 | 35 | 12 | 21 |
| 亚油酸 | 23 | 30 | 33 |
| 亚麻酸 | 0.1~1 | 13 | 11 |
| 二十碳二烯酸 | 0.1~1 | 3 | 0.1~1 |
| 二十碳三烯酸 | 3 | 2 | 3 |
| 棕榈酸 | 3 | 4 | 2 |
| 十七烷酸 | 0.1~1 | 3 | 1 |
| 硬脂酸 | 0.1~1 | 0.1~1 | 0.1~1 |
| 二十二烷酸 | 2 | 3 | 1 |
| 二十三烷酸 | — | 0.1~1 | 0.1~1 |
| 二十四烷酸 | 2 | 4 | 0.1~1 |
| 二十六烷酸 | 1 | 0.1~1 | 0.1~1 |
| 其他 | 31 | 26 | 28 |

(3) 中性物

粗木浆浮油中性物的组成十分复杂，主要有树脂醛、树脂醇、植物甾醇等。表4-7列出了粗木浆浮油中性物的主要成分及含量。

不同来源的粗木浆浮油，中性物的组成存在较大差异。南方粗木浆浮油中，海松醛、海松醇和β-谷甾醇的含量较高。北方粗木浆浮油中，β-谷甾醇、环阿屯醇和落叶松醇的含量较高。芬兰粗木浆浮油中，β-谷甾醇的含量较高。

表4-7 粗木浆浮油中性物的主要组成

| 中性物 | 各中性物组成的含量(%)(以中性物总量为100计) | | |
|---|---|---|---|
| | 南方木浆浮油 | 北方木浆浮油 | 芬兰木浆浮油 |
| 海松醛 | 10 | 0.1~1 | 6 |
| 异海松醛 | 7 | 1 | 2 |
| 枞醛 | 5 | 3 | 3 |
| 海松醇 | 12 | — | 5 |
| 异海松醇 | 6 | 1 | 1 |
| 二十二烷醇 | 1 | 5 | 2 |
| 二十四烷醇 | 3 | 3 | 2 |
| 二十六烷醇 | 0.1~1 | 0.1~1 | — |

(续)

| 中性物 | 各中性物组成的含量(%)(以中性物总量为100计) | | |
|---|---|---|---|
| | 南方木浆浮油 | 北方木浆浮油 | 芬兰木浆浮油 |
| 角鲨烯 | — | 1 | 1 |
| 菜油甾醇 | 1 | 3 | 4 |
| 菜油甾烷醇 | 1 | 0.1~1 | 0.1~1 |
| β-谷甾醇 | 16 | 9 | 23 |
| β-谷甾烷醇 | 3 | 2 | 4 |
| 环阿屯醇 | 1 | 9 | 3 |
| 甲基-环阿屯醇 | 0.1~1 | 1 | 5 |
| $α_1$-谷甾醇 | 0.1~1 | 0.1~1 | 2 |
| 羽扇醇 | — | 0.1~1 | 1 |
| 甲基-桦木酯 | — | — | 0.1~1 |
| 桦木脑 | — | 4 | 4 |
| 苏拜精 | — | 4 | — |
| 二萜醇 | — | 7 | — |
| 泪杉醇 | — | 2 | — |
| 落叶松醇 | — | 24 | — |
| 其他中性物 | 34 | 21 | 30 |

## 4.2.1.2 粗木浆浮油的应用

粗木浆浮油作为廉价原料，在油漆涂料、肥皂、润滑油、乳化油、生物柴油等方面应用广泛。

(1) 在油漆涂料方面的应用

德国最早将粗木浆浮油用作油漆原料，北美对此也很重视。首先将木浆浮油直接加工成木浆浮油酯、浮油醇酸树脂、浮油乙烯基酯、马来酸改性浮油酯等产品，再用于制备油漆。

(2) 在肥皂方面的应用

北欧和德国首先应用粗木浆浮油制造肥皂。用粗木浆浮油制造的肥皂泡沫性强，对于油类、脂肪、焦油以及碳氢化合物具有极好的溶解能力，因此粗木浆浮油可用于制造工业肥皂。

(3) 在润滑油和乳化油方面的应用

粗木浆浮油或与其他油脂的混合物可用作润滑剂。木浆浮油的碱皂、胺皂以及磺化的木浆浮油都能用作乳化剂。木浆浮油可在高温下脱羧转变为碳氢化合物，这种碳氢化合物可用作润滑油。由于石油钻探对于颜色和气味要求较低，木浆浮油可用于石油开采钻井润滑剂。

此外，木浆浮油金属盐皂还可用作涂料催干剂、杀虫剂、杀菌剂、增塑剂等，也可用作选矿剂、软化剂、砂黏土模型的黏合剂等。

(4) 在生物柴油方面的应用

粗木浆浮油在生物柴油生产方面具有良好的前景。随着石化资源的匮乏，人们迫切需要寻找替代能源。粗木浆浮油中含有大量浮油脂肪酸，可用作炼制生物柴油的原料。首先将树脂酸分离出来，剩余的浮油脂肪酸进行脱氧处理，形成的碳氢化合物进一步处理后，即可作为生物柴油组分。

## 4.2.2 粗木浆浮油的提取与精制分离

### 4.2.2.1 粗木浆浮油的提取

**1) 硫酸盐皂的回收**

硫酸盐皂在黑液中的溶解度与黑液中固形物含量相关,以固形物含量为横坐标,硫酸盐皂的溶解度为纵坐标,溶解度曲线呈现为开口向上的抛物线形,当固形物含量为25%~30%时,硫酸盐皂的溶解度最低。因此,在黑液蒸发过程中,黑液浓缩至该浓度范围时回收硫酸盐皂的效率最高,从而在获得最高的产率的同时,又可以防止后继蒸发过程中硫酸盐皂造成的起泡现象。

利用四效蒸发设备浓缩黑液时,通常是将第二效和第三效之间已浓缩至固形物含量为25%~30%的黑液送至撇析槽,借助重力将硫酸盐皂分离出来,上层粗硫酸盐皂进入硫酸盐皂贮器。硫酸盐皂撇析槽可以是圆形或长方形贮槽,通常装有隔板,以延长停留时间,撇析槽应设计成使皂化物上升距离最短。设计合理的撇析槽可提供3~5h的停留时间。停留时间应使得排出撇析槽的黑液中硫酸盐皂残留量接近最小溶解量。为优化撇析槽操作,要合理控制硫酸盐皂量和黑液量。黑液上面的硫酸盐皂层越厚,硫酸盐皂中黑液含量越低,硫酸盐皂浓度也越大。但硫酸盐皂层太厚,硫酸盐皂则会重新进入黑液而被排出撇析槽。

为提高硫酸盐皂分离效率,目前工业上还会采用电絮凝法、化学助剂法和空气喷射法等方法,以增加硫酸盐皂粒子的凝聚作用和提高粒子的上升速度。空气喷射法是最常用的撇析槽辅助装置,喷射速度一般为0.15~0.6m/s。

除了从浓缩黑液中回收硫酸盐皂,还可在稀黑液槽回收,此处可回收高达25%~50%的合格皂化物,因而也是重要回收点。稀黑液硫酸盐皂的良好回收,可减少进入黑液蒸发器撇析槽的硫酸盐皂量,从而使撇析槽在设计停留时间内得到更为有效的利用。

最传统的稀黑液木浆浮油皂化物回收方法是使用泡沫塔。泡沫塔是一个高而细窄的塔,顶部有消泡器。硫酸盐皂从稀黑液贮槽溢流到泡沫塔,依靠硫酸盐皂本身的重量使其压实增浓,然后将硫酸盐皂转移到撇析槽除去黑液。另外,可采用浮动式硫酸盐皂撇析槽,该撇析槽呈圆锥形,在皂化物—黑液界面浮动,皂化物溢流到漏斗形接收器,并借重力进入撇析槽。

粗硫酸盐皂是黑褐色的半流体,有难闻的气味。其组成为:水分30%~35%,硫酸盐皂50%~55%,碱($Na_2O$计)5%~6%,难溶解的固体木素等5%~10%。硫酸盐皂经酸化后即可转化为粗木浆浮油。在硫酸盐皂酸化之前,应尽量去除其中的黑液和固体木素等杂质。过量黑液会增加酸化时硫酸的消耗量,并增加酸化系统中木素的含量,从而产生体积庞大的硫化木素泥浆,使粗木浆浮油与废酸液分离的难度增加,导致粗木浆浮油产量减少。

通常可以将硫酸盐皂酸化后废酸液(含硫酸钠)的pH值调节至9~10,用来洗涤硫酸盐皂,洗涤温度40℃左右,洗涤液与硫酸盐皂体积比为1:1~1:2。经洗涤、静置分离后可除去硫酸盐皂中的大部分黑液和木素等杂质。也可用苛性钠、食盐、白液或绿液来处理硫酸盐皂。

**2) 硫酸盐皂的酸化**

硫酸盐皂经酸化后可得到粗木浆浮油。硫酸盐皂的酸化虽为简单反应,但不同酸化试剂和不同酸化工艺对木浆浮油的质量影响较大。工业上比较常用的酸化试剂有无机酸(如:硫酸、盐酸、硝酸等)和二氧化碳。实验研究中也用氟化硼或其络合物作为酸化试剂。

(1) 硫酸酸化工艺

硫酸盐皂中的树脂酸和脂肪酸钠盐与硫酸反应,可得到游离树脂酸和脂肪酸、硫酸钠和硫酸氢钠，其反应式如下：

$$RCOONa + H_2SO_4 \rightarrow RCOOH + NaHSO_4$$

$$2RCOONa + H_2SO_4 \rightarrow 2RCOOH + Na_2SO_4$$

用硫酸分解硫酸盐皂的生产过程有间歇酸化工艺和连续酸化工艺两种。

① 间歇酸化工艺　在20世纪初于瑞典和芬兰首先被应用，目前该工艺在硫酸盐法制浆厂应用较广泛。间歇酸化工艺流程如图4-6所示。

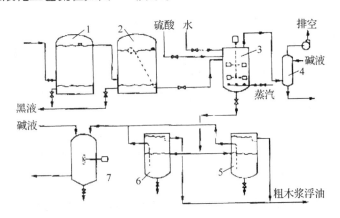

**图4-6　硫酸盐皂间歇酸化工艺流程**
1、2. 硫酸盐皂化物贮槽　3. 反应釜　4. 废气洗涤器
5、6. 粗木浆浮油分离器　7. 废酸中和槽

硫酸盐皂化物送入贮槽(1)进一步分离黑液后，从槽上部溢流至贮槽(2)，再通过浮动吸入器送入酸化反应器(3)进行酸化。贮槽内下层黑液返回蒸发系统继续蒸发浓缩。酸化反应釜中排出的气体经废气洗涤器(4)用碱液洗涤后放空。酸化反应结束后，反应混合物送入粗木浆浮油分离槽(5)或(6)分离木素和废酸液，下层废酸液送至中和槽(7)用碱液中和后可循环用于洗涤粗硫酸盐皂化物。粗木浆浮油再经洗涤、加热干燥后可送入成品贮槽。

酸化反应中，通常采用浓度为30%~50%的硫酸，硫酸应缓慢加入，同时不断搅拌，通入活气并升温。硫酸的用量应适当，一般是在皂化物完全反应的情况下稍微过量，加入过多的硫酸会产生副反应，在生产中控制酸化后废酸液的pH值为3~4。酸化反应温度保持在100~103℃，反应时间约30min。酸化反应时需充分搅拌，如搅拌不够，则反应不完全，浮油中残留下未分解的硫酸盐皂，且木素可能会结成块状，影响后继操作。由于木浆浮油中存在表面活性物质，如果搅拌过分剧烈，则会形成稳定的乳浊液而影响分离。

间歇酸化工艺也可加以改进，如在酸化反应后，首先使反应混合物通过一个振动筛用于分离木素和纤维等杂质，以提高粗木浆浮油的分离效率。

间歇酸化工艺存在不少缺点，如设备庞大、操作复杂、水电汽消耗量大，且生产中由于硫酸与硫酸盐皂接触时间较长，以及粗木浆浮油干燥过程中长时间加热，都会引起树脂酸和脂肪酸的部分氧化，降低产品质量。采用连续酸化工艺，上述缺点能得到一定程度的克服。

② 连续酸化工艺　一种硫酸盐皂连续酸化工艺的流程如图4-7所示。

硫酸盐皂送入贮槽(1)，所夹带的黑液从贮槽下部送回黑液蒸发系统。硫酸盐皂通过与皂泵连接的浮动吸入器，用皂泵打入管道式连续酸化反应器(4)。在进入反应器前先经过直接蒸汽加热器(3)将皂加热至90~95℃。用于酸化的硫酸从贮槽(2)用泵按一定流量打入反应器(4)与硫酸盐皂混合，硫酸浓度32%~35%。管道式连续反应器的材料为聚酯树脂，反应

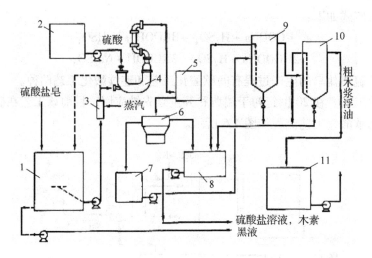

**图 4-7 硫酸盐皂连续酸化工艺流程**
1. 硫酸盐皂贮槽  2. 硫酸贮槽  3. 皂液加热器  4. 酸化反应器  5. 反应混合物贮槽  6. 振动筛
7. 木浆浮油和盐溶液贮槽  8. 木素和盐溶液贮槽  9、10. 分离器  11. 粗木浆浮油贮槽

器内装有 2 块聚四氟乙烯多孔筛板,以保证反应物充分混合。从反应器出来的混合物沿切线方向进入贮槽(5)以促进搅动保证反应更完全。反应混合物流入振动筛(6),除去纤维、木素等杂质后进入贮槽(7),再用泵打入分离器(9),在这里木浆浮油从顶部溢流至分离器(10)进一步除去废酸液后,溢流至粗木浆浮油贮槽(11)。废酸液(含硫酸钠)、木素等送至制浆化学品回收系统。整个系统操作较简单,可全部实行自动控制,只需要及时清理分离器等容器里积聚的木素。

粗木浆浮油的产率取决于许多因素,如树种、采伐季节、木材贮存方法与时间、制浆工艺、硫酸盐皂回收和酸化工艺等。不同的树种产率可相差 1~3 倍。新采伐松材的浮油产率较高。不同国家木浆浮油产率差别也很大,如我国每生产 1t 纸浆能得约 50kg 粗木浆浮油,美国为 18~45kg,俄罗斯为 40~50kg,芬兰为 30~60kg,而瑞典的最大产量可达 90kg。因此,酸化时所消耗硫酸的量也不同,一般生产 1t 粗木浆浮油需硫酸 160~240kg。

(2) 二氧化碳酸化工艺

自 20 世纪 70 年代开始,用二氧化碳进行酸化的工艺开始引起人们关注。二氧化碳的优点是相对温和,腐蚀性弱、不会引入新杂质、不会破坏木浆浮油的组成,且酸化质量高。该工艺在满足优质浮油松香需求和绿色环保方面具有自身优势。

二氧化碳溶于水之后形成碳酸,再与硫酸盐皂中的树脂酸和脂肪酸钠盐反应,可得到相应的游离树脂酸、脂肪酸和碳酸氢钠,其反应如下:

$$RCOONa + CO_2 + H_2O \longrightarrow RCOOH + NaHCO_3$$

图 4-8 是一种二氧化碳酸化工艺的流程图。

硫酸盐皂送入贮槽(1),所夹带的黑液从贮槽下部送回黑液蒸发系统。硫酸盐皂通过与皂泵(2)连接的浮动吸入器,用皂泵打入带搅拌器的酸化反应釜(3),在通入二氧化碳气体之前,预先加入一定量的水和有机溶剂,经搅拌与硫酸盐皂充分混合后形成木浆浮油水乳混合物,在一定压力和温度下通入二氧化碳进行酸化反应。酸化反应之后,获得粗木浆浮油水乳混合物被送至分离槽(5),分离出来的粗木浆浮油贮存于粗木浆浮油贮槽(6),未完全酸化的硫酸盐皂被重新送回酸化反应器中继续酸化。含有碳酸氢钠的水相可以送回到硫酸盐皂贮槽

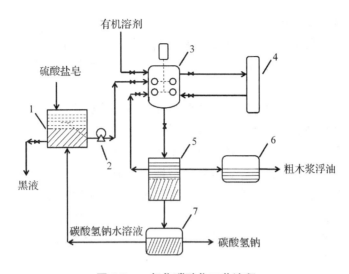

**图 4-8 二氧化碳酸化工艺流程**
1. 硫酸盐皂贮槽  2. 皂泵  3. 酸化反应釜  4. 二氧化碳贮槽  5. 分离器
6. 粗木浆浮油贮槽  7. 碳酸氢钠贮槽

(1)中,用于稀释硫酸盐皂,制备硫酸盐皂加料混合物,也可送至碳酸氢钠贮槽(7),通过回收工段回收碳酸氢钠。

二氧化碳酸化工艺中,温度、压力、硫酸盐皂的水含量和有机溶剂的添加对产率具有重要影响。增加温度会降低液体中二氧化碳的浓度,从而限制酸化反应的转化率,同时还会降低油相的黏度(转化率不变的情况下),提高相分离效果。降低温度可减少碳酸氢钠的水溶性,可以在较低的水皂比下,得到较高转化率。在实际生产中,酸化过程一般在50℃左右进行,而分离过程一般在75~85℃进行。

为达到较高产率,整个生产过程(酸化、分层和分离)必须在加压下进行。在实际生产中发现,不加压会明显发生酸化反应的逆反应,导致粗木浆浮油产率下降。比较适宜的压力范围是50~800 psig(磅/平方英寸),最适宜的压力是250 psig左右。

木浆浮油水乳混合物中水的含量可以影响酸化反应的速率。水和木浆浮油皂的比值一般是在0.75:1到1.25:1之间,含水量过低会导致酸化反应速率过快,使得粗木浆浮油和碳酸氢钠不易分离。含水量过高则需要在酸化过程之前进行蒸发浓缩,导致成本增加。

有机溶剂的添加有利于酸化反应和油水分离。通常使用的溶剂最好是非极性,例如:煤油、石油脑、十六烷或石油醚,或者非极性溶剂的混合物。不过有机溶剂的使用会带来成本增加、溶剂挥发损失后进入环境。实际生产中是否使用溶剂需要进行综合考虑。

#### 4.2.2.2 粗木浆浮油的精制分离

粗木浆浮油是一个混合物,其主要组分是树脂酸、脂肪酸和中性物,还含有许多杂质(氧化酸、硫化物等)。这些杂质导致粗木浆浮油呈暗褐色和具有难闻的气味,严重影响应用。因此,粗木浆浮油需进行精制和分离,从而获得多种用途广阔的产品。

粗木浆浮油精制分离的方法主要有蒸馏与精馏精制分离法、酸处理精制法、溶剂萃取精制法、吸附精制法、溶剂萃取分离法、选择性酯化分离法等,其中蒸馏法因具有操作较简单、成本低、产品质量好等优点,得到了广泛应用。

### 1)粗木浆浮油的蒸馏与精馏

粗木浆浮油的蒸馏和精馏效果受多个因素影响，包括粗木浆浮油中低相对分子质量脂肪酸含量、不皂化物含量、蒸馏和精馏温度、蒸馏和精馏过程中的化学反应、蒸馏和精馏工艺等。

粗木浆浮油中所含的低相对分子质量脂肪酸和不皂化物会影响浮油松香和浮油脂肪酸的质量，而且会导致大量经济价值低的头子油和浮油沥青产生。

粗木浆浮油中主要组成对高温比较敏感，在蒸馏和精馏过程中会发生多种化学反应。

①酯化反应　浮油加热过程中，部分脂肪酸能与不皂化物中存在的高分子脂肪醇、甾醇等发生酯化反应，形成不挥发的酯类，导致不皂化物和沥青含量增加。

②脱羧反应　树脂酸脱羧较脂肪酸容易得多，树脂酸在260℃下长时间加热会发生脱羧反应（脂肪酸在270℃时仍然稳定）。当酸存在时，树脂酸的脱羧反应更严重。这是蒸馏过程中树脂酸损失的主要原因之一。

③二聚反应　在蒸馏过程中，尤其是粗木浆浮油中残存有硫酸时，会形成一些树脂酸的二聚体。有共轭双键的脂肪酸也会发生二聚反应。这将会导致脂肪酸的损失和沥青产量的增加。

④异构和歧化反应　树脂酸容易异构，枞酸型树脂酸的异构，对产品质量影响不大，但歧化反应使脱氢枞酸含量增加很多，这将会导致浮油松香产品与马来酸酐等发生狄尔斯—阿尔德加成反应而使活性降低。

⑤酸酐的形成　树脂酸之间有可能脱水形成较难水解的树脂酸酐，导致浮油松香酸值下降。

为了尽量减少上述不利反应，生产中应尽可能降低温度和缩短时间。目前工业上大多采用高真空蒸馏工艺、加热时间短但效率高的降膜式蒸发器、压降小的不锈钢波纹填料塔等。

(1)粗木浆浮油的间歇蒸馏工艺

粗木浆浮油间歇蒸馏工艺流程如图4-9所示。

从流程中看出，蒸馏装置的主要设备包括带有沸液器的蒸馏锅、蒸汽过热器、空气冷凝器、气压冷凝器、蒸汽喷射器、结晶器和离心分离器。

蒸馏过程是：往空气冷凝器(4)通入冷却水，喷射器通入蒸汽，由此形成真空。借真空将木浆浮油吸入蒸馏釜(1)中，同时通入过热蒸汽。送来进行蒸馏的粗木浆浮油的含水量应小于5%，因此必须预先干燥(120℃)。当蒸馏釜吸入浮油完毕后，即开始加热。蒸馏釜和沸液器内浮油不同组分的比重差异以及过热蒸汽的通入，有利于促进器皿内浮油的均匀加热。

蒸馏时选取3个馏分：

馏分Ⅰ：在200℃前收集的首馏分，直接送回粗木浆浮油贮槽；

馏分Ⅱ：在200~220℃收集的富含脂肪酸馏分，称为蒸馏浮油，是精制产品之一。它的颜色为黄至浅棕色，水分<5%，酸值150~160，皂化值>170，不皂化物8%~10%，树脂酸含量32%~38%。

馏分Ⅲ：220℃以上收集的富含树脂酸馏分，此馏分经受器(9)送入结晶器(11)，随后因温度下降，结晶逐渐析出，再经离心分离器(13)将结晶与母液分开，母液则送回贮槽以备重新蒸馏，白色或黄色浮油松香结晶则作为产品进行包装。

蒸馏结束放出的釜残为浮油沥青。

整个蒸馏周期为25~30h。采用上述工艺的产品产率为：蒸馏浮油47.6%~64.5%，浮油

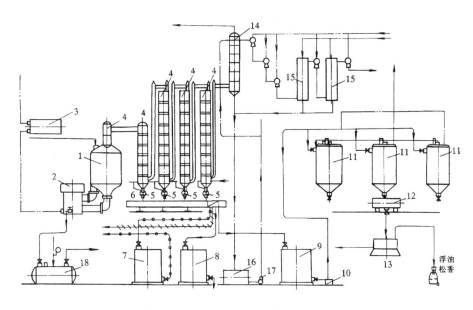

**图 4-9 粗木浆浮油间歇蒸馏工艺流程**
1. 蒸馏釜 2. 沸液器 3. 蒸汽过热器 4. 空气冷凝器 5、7、8、9. 受器 6. 馏槽 10、17. 泵
11. 结晶器 12. 小车 13. 离心分离器 14. 气压冷凝器 15. 蒸汽喷射器 16. 气压受器 18. 沥青贮槽

松香 8.6%~17.5%，浮油沥青 21.3%~33.0%。

上述间歇蒸馏操作过程时间长，浮油受热时间长，易产生分解或缩合反应。连续操作的蒸馏设备可缩短浮油在设备中的停留时间，从而减少沥青的形成。但从连续蒸馏设备中得到的树脂酸和脂肪酸也不是高浓度的，只有通过精馏才能得到高浓度的产品。

(2) 粗木浆浮油的连续精馏工艺

粗木浆浮油连续精馏有两种不同的方法：一种是解吸—精馏法，先从粗木浆浮油中蒸出挥发物，除去非挥发剩余物沥青，可看成是一个解吸的过程，然后通过精馏将挥发性组分中的树脂酸、脂肪酸及轻馏分加以分离。另一种是精馏—解吸法，先蒸出轻馏分，再蒸去脂肪酸馏分，再从含有树脂酸和沥青的釜残中分离出树脂酸(即浮油松香)。由于精馏—解吸法增加了树脂酸、脂肪酸和醇类组分的受热时间，会产生更多高沸点组分，使得沥青量大大增加。因此，目前工业上大多采用解吸—精馏法。

在解吸—精馏法中，首先是要脱除沥青，从木浆浮油中脱除沥青的方法有 3 种：①在常压下采用汽提塔脱去沥青；②采用再沸降膜蒸发器脱除沥青；③采用高真空的高效填料塔脱除沥青。3 种方法工业上均有采用，但各有优缺点。汽提塔能耗大，对轻、重中性物的分离效率不高。再沸降膜蒸发器的蒸馏时间短，脂肪酸和树脂酸回收率高，但脱沥青的效果一般。高真空填料塔，所得产品质量好，但蒸馏时间相对较长，沥青量有所增加。

对脱除沥青后的木浆浮油，普遍采用三塔精馏方法进一步分离各组分而得到产品，图 4-10 是常用的几种三塔精馏方法的流程。

流程(a)：脱除沥青后的浮油进入精馏塔(1)，初步分离成富含树脂酸和富含脂肪酸的两部分。富含脂肪酸部分进入精馏塔(2)，从塔顶得到头油，从塔釜得到脂肪酸。富含树脂酸部分进入精馏塔(3)，从塔顶蒸出蒸馏浮油，塔釜得到松香，蒸馏浮油送回精馏塔(1)进行再分馏。但由于蒸馏浮油的沸点高，进一步的分离相对困难。另外，从精馏塔(2)得到的脂肪酸产品中树脂酸含量较高。

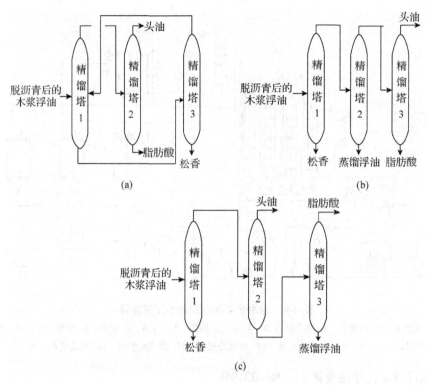

**图 4-10 木浆浮油的几种三塔连续蒸馏工艺流程示意**

流程(b)：脱除沥青后的浮油进入精馏塔(1)，从塔顶蒸出粗脂肪酸，产品松香则从塔釜抽出。粗脂肪酸进入精馏塔(2)的中部，从塔顶蒸出轻馏分和脂肪酸的混合物，塔釜得到蒸馏浮油。轻馏分和脂肪酸的混合物进入精馏塔(3)塔顶蒸出头油，塔釜得到脂肪酸产品。

流程(c)：脱除沥青后的浮油进入精馏塔(1)，从塔顶蒸出粗脂肪酸，从塔釜得到成品松香。粗脂肪酸进入精馏塔(2)，从塔顶蒸出头油，塔釜得到含有一定量树脂酸的脂肪酸进入精馏塔(3)，从塔顶蒸出脂肪酸产品，塔釜得到蒸馏浮油。

上述三种流程中，流程(b)与(c)较流程(a)的产品质量更高。流程(c)与(b)相比，头馏分只需经过一次冷凝，而流程(b)中头馏分要经过两次冷凝过程，所以流程(c)的能耗更小，生产成本更低。此外，脂肪酸在高温下发生聚合作用生成的高沸点组分可在流程(c)中的精馏塔(3)除去，得到的脂肪酸产品纯度较高。流程(c)还能满足生产不同型号蒸馏浮油产品的要求。流程(c)在美国被普遍采用，在其他国家也被广泛应用。

①粗木浆浮油三塔连续精馏工艺　按上述流程(c)的精馏方案设计的粗木浆浮油三塔连续精馏工艺流程，如图 4-11 所示。

粗木浆浮油经过预热器(1)加热后送入带有冷凝器的干燥器(2)，干燥器内温度约为 150℃，压力为 400~665Pa。粗浮油在干燥器内蒸出水分及低沸点的臭味组分。干燥后的粗浮油用泵输送到蒸发器(4)，输送过程中经高温预热器(3)加热，蒸发器内的温度为 255~265℃，压力为 532~665Pa，可以将挥发性组分全部蒸出，剩余物沥青从蒸发器下部排出。为使分离更完全，可将过热蒸汽通入蒸发器。从蒸发器中蒸出的挥发性组分和水蒸气经蒸发器上部的填料冷凝器冷凝后流入蒸馏液贮槽(5)，由循环泵将部分冷凝液经冷凝器(6)送回蒸发器上部的冷凝器，而部分冷凝液则经高温预热器(7)加热后进入蒸馏塔(8)。蒸馏塔(8)由三部分组成，下部为提馏段，中部精馏段，上部为冷凝段。塔底温度 260~280℃，由循环蒸发

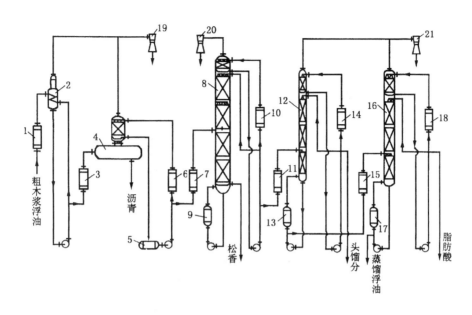

**图 4-11 粗木浆浮油三塔连续精馏工艺流程**
1. 粗浮油预热器  2. 带有冷凝器的干燥器  3、7、11、15. 高温预热器  4. 带有冷凝器的蒸发器  5. 蒸馏液贮槽
6、10、14、18. 冷却器  8、12、16. 精馏塔  9、13、17. 循环蒸发器  19、20、21. 真空喷射装置

器(9)供给热量进行精馏。塔的下部放出浮油松香。塔顶部的蒸汽与同样组成的回流液相遇后冷凝。冷凝液经循环泵部分送回塔顶部回流,部分经高温预热器(11)加热后送入精馏塔(12),此塔顶部温度约150℃,底部温度为250℃。沸点较低的中性物等挥发性组分在塔顶部冷凝后,用循环泵将部分冷凝液送入精馏塔(12)回流,部分冷凝液则作为头馏分(头油)收集。塔底的部分料液经高温预热器(15)加热后,送入精馏塔(16)进一步分离,从塔顶得到浮油脂肪酸产品,塔底放出蒸馏浮油。精馏塔(16)的塔顶温度约205℃,塔底温度约250℃。

此流程在分离过程中采用薄膜蒸发器及强制循环,且精馏塔均为填料塔,不仅压降小,塔内持液量也大大减少,提高了精馏塔的工作效率。

②粗木浆浮油二塔连续精馏工艺  我国在借鉴国外生产技术的基础上,已形成一些成熟的精馏工艺。图 4-12 是一种国内浮油连续精馏工艺流程图。该工艺对国外生产工艺进行了简化,采用降膜蒸发器和两个高效波纹填料塔组成的一器二塔连续减压精馏工艺,可达到国外三塔流程的产品质量指标,所生产的浮油松香已成批出口,浮油脂肪酸也被用来取代进口产品。

按此流程,粗木浆浮油用计量泵(1)从原料槽抽出,经预热器(2)加热至200~300℃,进入薄膜蒸发器(3),大部分挥发性组分迅速蒸发,未汽化部分成薄膜状沿器壁下流,在255℃温度下继续蒸发,残油即为浮油沥青,从底部排出。汽化的浮油经冷凝器(4)冷凝后连续进入松香塔(5),此塔由提馏段、精馏段、冷凝段组成。料液在塔内被进一步分离,塔底料液通过再沸器(6)循环加热,一部分从塔底溢流口流出,得到浮油松香。上升的蒸汽在塔顶部冷凝,冷凝液(主要组成为脂肪酸及低沸点的不皂化物等)连续进入脂肪酸塔(7),其操作原理与松香塔(5)相同。从塔顶蒸出头油,塔底料液由再沸器(8)循环加热,其中部分料液从底部溢流口取出,得到蒸馏浮油。脂肪酸产品从塔底上部的侧线用计量泵(9)抽出。塔底到侧线取出口之间装有0.3m高的填料,既有除沫作用,又可进一步降低脂肪酸中松香的含量。

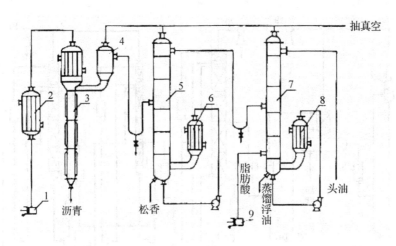

**图 4-12 粗木浆浮油二塔连续精馏工艺流程**
1、9. 计量泵　2. 预热器　3. 薄膜蒸发器　4. 冷凝器　5. 松香塔　6、8. 再沸器　7. 脂肪酸塔

此流程中，松香塔(5)的塔顶压力 270Pa，温度 190℃，塔底温度 270℃，全塔相当于 14 块理论塔板数。脂肪酸塔(7)的塔顶压力 270Pa，温度 160℃，塔底温度 240℃，全塔相当于 25 块理论塔板数。

**2) 粗木浆浮油的其他精制与分离方法**

(1) 酸处理精制法

粗木浆浮油也可通过酸处理方法来改善质量，工业上通常用硫酸。在酸精制过程中，粗木浆浮油先溶解于汽油中，然后以浓硫酸(90%~98%)处理，使木浆浮油中有恶臭的深色物质发生树脂化作用，通过澄清而除去。酸处理温度控制在 30℃ 以下，以防止副反应的发生，反应在剧烈搅拌下进行，反应时间要短，酸处理后的木浆浮油溶液要尽快排出，并以热水和很稀的碱液洗涤，以除去残留的酸和副反应产物，然后蒸出溶剂得到精制浮油。酸处理过程中形成的有臭味的深色酸泥，应及时从反应釜中除去。

硫酸的用量与浓度、溶剂与木浆浮油的比例、酸处理温度等因素对酸处理效果有很大影响。稀硫酸虽然有利于得率，但易产生异构作用，使枞酸含量增加，导致精制浮油贮存过程中易产生结晶。因此，在工业生产中大多选用 90% 以上的浓硫酸。在硫酸作用下会发生脂肪酸磺化和树脂酸缩合等副反应，为避免副反应导致的产品损失和变色，反应温度不能过高。

另一种酸处理方法是用磷酸和硫酸的混合物直接处理粗木浆浮油，不需要溶剂，然后除去酸泥沉淀，木浆浮油再用活性漂白土等处理，经过滤可得到颜色较浅的木浆浮油。

酸处理精制法的优点是产率较高(80%~90%)，加工费用低，但产品的质量相对较差。

(2) 溶剂萃取精制法

目的是用溶剂萃取的方法除去粗木浆浮油的杂质，特别是深色的氧化产物。比较有代表性的是汽油糠醛法，将木浆浮油溶解于汽油中(浮油和溶剂比为 1:3~1:7)，此时氧化物质不溶于汽油，以黑色絮状沉淀析出，其量约为木浆浮油的 5%~10%。过滤后得到透明的木浆浮油汽油溶液，蒸去汽油后即可得颜色较浅的木浆浮油。木浆浮油汽油溶液通常用糠醛进一步处理，因糠醛能溶解氧化物等深色物质。处理方法如下：往木浆浮油汽油溶液中加入 25% 糠醛(以体积计)，然后加热至 52℃ 使混合物形成均相体系，再冷却使其分层，上层为木浆浮油汽油溶液，下层为糠醛溶液。将上下层液体分离，并分别回收汽油糠醛。经上述处理得到浅棕色且基本上不具有臭味的木浆浮油产品。

(3) 吸附精制法

吸附法精制木浆浮油的实质是将木浆浮油溶解于有机溶剂中，再用各种吸附剂漂白。木浆浮油中着色物质被吸附剂吸附并经过滤除去，得到的浅色木浆浮油溶液再经蒸出有机溶剂后得到精制浮油。常用的吸附剂有漂白土、活性炭、骨炭、硅胶等。进行吸附处理时，必须反复多次吸附，也通常与其他精制法结合使用。

(4) 溶剂萃取分离法

目的是利用树脂酸和脂肪酸在溶剂中溶解度的差异来进行分离，比较有代表性的是丙烷萃取分离法，丙烷对树脂酸的溶解性随着温度变化差异极大，室温下能溶解10%的树脂酸，随温度上升溶解度下降，至91.1℃时仅能溶解1.4%。与此相反，在91.1℃时脂肪酸可全部溶于丙烷，在更高的温度下则会出现分相现象。由于在90℃左右时基本上只有脂肪酸能溶解于丙烷中，树脂酸基本上不溶于丙烷，因而可用于木浆浮油的分离。此法虽不能完全分离树脂酸和脂肪酸，但可以增浓其中的一个组分。生产上可在板式或填料塔的中部引入粗木浆浮油，底部通入丙烷，在一定温度下，约5%深色物质留在塔中不溶解，从塔底排出。澄清的丙烷溶液导入第二塔，这个塔的温度比较高，先沉淀出来的主要是浮油树脂酸，可从塔底获得（树脂酸含量60%~70%），继续溶解于丙烷中的主要是脂肪酸，将丙烷蒸发掉可得浮油脂肪酸（脂肪酸含量60%~80%）。

(5) 选择性酯化分离法

由于树脂酸在无机酸存在时不与脂肪醇发生酯化反应，而且在高温下与多元醇的酯化反应也比脂肪酸更困难。因此，可以通过酯化反应活性的差异，在木浆浮油中有选择性地酯化脂肪酸，然后再用吸附、结晶、溶剂萃取和中和等方法将脂肪酸和游离的树脂酸分开。其分离效果可达80%~95%。

### 4.2.3 精制分离产品的组成与应用

木浆浮油精制分离产品主要包括酸处理精制木浆浮油、浮油松香、浮油树脂酸蒸馏浮油、头子油和浮油沥青等。

#### 4.2.3.1 木浆浮油精制分离产品的组成与性质

**1) 酸处理精制木浆浮油的组成与应用**

粗木浆浮油通过酸处理可得到酸处理精制木浆浮油。酸处理精制木浆浮油颜色较浅，基本上无臭味。酸处理前后木浆浮油中树脂酸和脂肪酸含量的比例相同。酸处理精制木浆浮油的组成及性质见表4-8。酸处理精制浮油的应用与粗木浆浮油类似。

表4-8 酸处理精制木浆浮油的组成与性质

| 组 成 | 含 量 | 性质指标 | 数 值 |
|---|---|---|---|
| 树脂酸 | 50%~70% | 颜色（铁钴法） | 8~12 |
| 脂肪酸 | 25%~42% | 比重 | 0.990~1.000 |
| 中性物 | 5%~8% | 酸值（mgKOH/g） | 155~170 |
| | | 皂化值（mgKOH/g） | 160~175 |
| | | 闪点（℃） | 204~216 |

## 2)精馏分离产品的组成与应用

### (1)产品组成

粗木浆浮油经过精馏通常可得到浮油松香、浮油脂肪酸、蒸馏浮油、头子油、浮油沥青等产品。各种产品的得率受到多种因素的影响,因而差异较大,平均收率大约为浮油松香30%、浮油脂肪酸28%、蒸馏浮油7%、头子油11%、浮油沥青19%、损失5%。

表4-9至表4-13分别列出了浮油松香、浮油脂肪酸、蒸馏浮油、头子油及浮油沥青的基本组成和主要性质。

**表4-9 浮油松香的组成与性质**

| 组 成 | 含 量 | 性质指标 | 数 值 |
|---|---|---|---|
| 树脂酸 | 90%~95% | 颜色(美国松香标准) | X-N |
| 脂肪酸 | 2%~3% | 酸值(mgKOH/g) | 162~172 |
| 中性物 | 3%~7% | 软化点(环球法)(℃) | 73~83 |

**表4-10 浮油脂肪酸的组成与性质**

| 项 目 | Ⅰ级脂肪酸 | Ⅱ级脂肪酸 | Ⅲ级脂肪酸 |
|---|---|---|---|
| 脂肪酸含量(%) | 98 | 96 | 90 |
| 树脂酸含量(%) | 1 | 2 | 10 |
| 中性物含量(%) | 1 | 2 | 10 |
| 酸值(mgKOH/g) | 197 | 192 | 190 |
| 颜色(铁钴法) | 4 | 5 | 10 |
| 碘值 | 125~135 | | |

**表4-11 蒸馏浮油的组成与性质**

| 平均组成 | 含 量 | 性 质 | 指 标 |
|---|---|---|---|
| 树脂酸 | 60%~85% | 颜色(铁钴法) | 4~12 |
| 脂肪酸 | 14%~37% | 比重 | 0.940~0.950 |
| 中性物 | 1%~3% | 酸值(mgKOH/g) | 185~190 |
| | | 皂化值(mgKOH/g) | 185~195 |
| | | 闪点(℃) | 182~210 |

**表4-12 头子油的组成与性质**

| 平均组成 | 含 量 | 性 质 | 指 标 |
|---|---|---|---|
| 树脂酸 | 0.1%~1.5% | 颜色(铁钴法) | 10~18 |
| 脂肪酸 | 40%~70% | 比重 | 0.911~0.920 |
| 中性物 | 25%~60% | 酸值(mgKOH/g) | 75~150 |
| | | 皂化值(mgKOH/g) | 105~180 |
| | | 闪点(℃) | 188~199 |

**表4-13 浮油沥青的组成与性质**

| 平均组成 | 含 量 | 性 质 | 指 标 |
|---|---|---|---|
| 树脂酸 | 12%~30% | 颜色(铁钴法)(5%的苯溶液) | 11~18 |
| 脂肪酸 | 35%~50% | 比重 | 0.990~1.010 |
| 中性物 | 20%~35% | 酸值(mgKOH/g) | 20~60 |
| | | 皂化值(mgKOH/g) | 80~135 |
| | | 闪点(℃) | 260~271 |

以上产品的组成与性质简要介绍如下：

浮油松香中脂肪酸含量很低，一般较脂松香和木松香更易产生结晶。

浮油脂肪酸按脂肪酸含量分为三个等级，目前的精馏技术可将其所含树脂酸几乎全部除去，但在大部分情况下，少量树脂酸的存在并不影响使用，且可降低成本。

头子油产品中低沸点的中性物含量较高，其所含脂肪酸中饱和脂肪酸较多。

浮油沥青是一种半流体焦油状物质，含有较多醇类、酯类以及甾醇类化合物，易溶于脂肪族和芳香族烃类溶剂。

(2) 产品应用

① 浮油松香的应用　浮油松香的性质类似于脂松香和木松香，但它的脱氢枞酸的含量更高，并含有微量硫化物(含硫量为 400~600mg/kg)。浮油松香的应用与脂松香和木松香基本相同，但浮油松香的价格更低廉。

松香因其特殊的结构而具有许多优良的性能，如防腐、防潮、绝缘、黏合、乳化等，因此可广泛应用于肥皂、造纸、油漆、橡胶、电气、农药、医药、印刷、印染、胶黏剂、化工等领域。但由于松香本身存在一些不足之处，如在溶剂中的结晶倾向性大、易被空气氧化、软化点低、易与清漆中的重金属盐发生反应等，因而限制了它的应用范围。为了消除松香的这些缺陷，提高其使用价值，可以利用松香树脂酸结构中的双键和羧基两个化学反应活性中心进行松香改性，制备松香衍生物。主要的改性松香衍生物产品有氢化松香、歧化松香、聚合松香、马来松香、松香酯类、松香盐、松香改性酚醛树脂、松香腈与松香胺等。经改性后的松香衍生物性质更为稳定，因而能够更广泛地应用。

② 浮油脂肪酸的应用　木浆浮油作为工业用脂肪酸的第二大原料来源，在脂肪酸工业中占有重要地位。浮油脂肪酸可以代替干性油和半干性油作为涂料的原料。同时，利用浮油脂肪酸的羧基和双键上的反应，可合成许多衍生物，应用于诸多领域。

合成醇酸树脂：在合成醇酸树脂方面，浮油脂肪酸具有加工过程快、均匀性和柔韧性好等优点。生产的树脂可用做各种内用和外用防护涂料。

合成二聚酸：浮油脂肪酸经热二聚化或催化二聚化反应可以合成二聚酸，二聚酸可应用于涂料工业。二聚酸与二元胺反应可以合成聚酰胺树脂，应用于高速胶版印刷油墨，也可作热合黏结剂应用于制鞋、包装方面。二聚酸的盐类等衍生物可作石油生产和运输中的防蚀剂。

合成肥皂和洗涤剂：浮油脂肪酸常用于生产液体肥皂和其他洗涤剂。浮油脂肪酸与甘油酯相比，具有碱耗低、反应时间短、能耗小等优点，且反应设备简单。

用作饲料添加剂：浮油脂肪酸的碱金属盐可以促进反刍动物的体重增加和氮潴留，而经过皂化之后，在调控反刍动物瘤胃的发酵和甲烷产生方面具有良好的效果。

此外，在金属加工中，浮油脂肪酸可作为切削液、润滑剂等的原料。在石油工业中，浮油脂肪酸与多胺反应，合成咪唑啉及其衍生物，作为防蚀剂、杀微生物剂等。浮油脂肪酸及其衍生物还可用作矿石浮选促集剂。

③ 蒸馏浮油的应用　蒸馏浮油的主要组成是脂肪酸和树脂酸，它可用于制造醇酸树脂、墙面涂料、堵漏剂、铸造业中的型芯黏合剂、合成橡胶乳液的稳定剂、乳化剂、油田油井中的防腐蚀剂等。蒸馏浮油与环氧乙烷作用可制得非离子型表面活性剂，且环氧乙烷与蒸馏浮油按照不同的物料比，能得到性能不同的表面活性剂。

④ 头子油的应用　头子油含有较多的中性物。它的应用范围相对较小，可用于矿石的浮选，也可与蒸馏浮油混合，用于生产油井抗腐蚀剂、阳离子浮选收集剂、沥青乳化剂等产品。

⑤浮油沥青的应用　浮油沥青可用于黏合剂、沥青乳化剂、印刷油墨、油漆、路面材料等，但为改善其性能，一般都处理后再使用。

浮油沥青经与马来酸酐反应(马来化)改善酸值后可用于制取醇酸型涂料树脂，该树脂可用来生产搪瓷和金属保护漆。浮油沥青马来酸酐加成物也可用来制备其他类型涂料树脂，如环氧树脂和聚氨酯等。浮油沥青可与马来酸酐或富马酸酐反应，然后用 $Ca(OH)_2$ 处理，可制得压敏热塑胶。

改性沥青用于热塑性水泥。用石灰(用量为沥青的5%)改性后的沥青可使软化点提高，由此种改性沥青制成的热塑性水泥完全符合沥青水泥的技术指标，用熔融硫改性的浮油沥青可提高热塑性水泥的耐热和耐水性。

浮油沥青在100~200℃下用氧化钙、氧化镁处理，可得到性能良好的钻井溶液乳化剂。也可用硅酸钠、氯酸钠等处理浮油沥青制取高乳化性能的憎水乳化剂，它可提高钻井溶液的耐热性和稳定性。

浮油沥青中甾醇含量较高，是提取甾醇的良好原料。

## 4.3　木浆浮油中植物甾醇的提取与应用

### 4.3.1　木浆浮油中植物甾醇的组成

甾醇根据其来源不同可分为三大类：动物甾醇、植物甾醇和菌性甾醇。其中，植物甾醇是以环戊烷全氢菲为骨架的一类化合物，它是由角鲨烯经过环氧化和环化所得到的四环异戊烯类化合物，在C-3位上有一个羟基，在C-17位上有一个侧链。常见的植物甾醇有α-谷甾醇、油菜甾醇、β-谷甾醇和β-谷甾烷醇，它们的分子结构如图4-13所示。

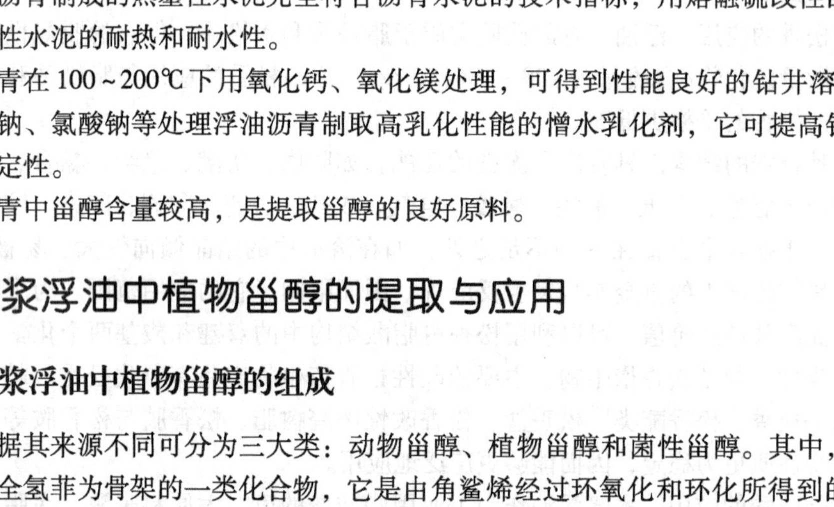

**图4-13　几种植物甾醇的分子结构式**

植物油是生产植物甾醇的主要原料。粗木浆浮油中植物甾醇的含量更高。表4-14列出了粗木浆浮油和多种植物油中植物甾醇的含量。对比可知，粗木浆浮油中植物甾醇含量是其他几种植物油的数倍甚至是数十倍，因此，粗木浆浮油是生产植物甾醇的重要原料。

表 4-14　粗木浆浮油和植物油中植物甾醇的含量

| 原　料 | 总植物甾醇含量(%) | 原　料 | 总植物甾醇含量(%) |
| --- | --- | --- | --- |
| 粗木浆浮油 | 3~7 | 花生油 | 0.2~0.3 |
| 大豆油 | 0.2~0.5 | 橄榄油 | 0.2~0.3 |
| 葵花籽油 | 0.3~0.5 | 芝麻油 | 0.4~0.6 |
| 菜籽油 | 0.5~0.8 | 玉米油 | 0.6~1.5 |

表 4-15　不同产地粗木浆浮油中植物甾醇的组成

| 组　成 | 各植物甾醇组成的含量(以总甾醇的量为100%计) | | |
| --- | --- | --- | --- |
| | 美国东南部 | 加拿大 | 北欧国家 |
| β-谷甾醇 | 72 | 46 | 78 |
| β-谷甾烷醇 | 15 | 30 | 14 |
| 菜油甾醇 | 8 | 14 | 6 |
| 菜油甾烷醇 | 2 | 6 | 1 |
| 豆甾醇 | 1 | | |

不同产地粗木浆浮油植物甾醇的组成存在一定差异，表4-15列出了几个不同国家粗木浆浮油中植物甾醇的组成。

## 4.3.2　植物甾醇的提取

植物甾醇的提取方法很多，如溶剂萃取结晶法、超临界二氧化碳萃取法、柱分离法、酯化法及络合法等。但从生产规模及生产成本方面考虑，工业上普遍采用溶剂萃取结晶法。粗硫酸盐皂和浮油沥青都可以用来提取植物甾醇，两者各有优缺点。从粗硫酸盐皂中提取甾醇的优点是所含甾醇没有受到高温精馏过程的破坏，甾醇的得率较高，而且原料以皂的形式存在，不需要皂化；缺点是处理的原料量太大，而且含水量高，甾醇的浓度相对较低。从浮油沥青中提取甾醇的优点是甾醇已被浓缩到浮油沥青中，需要处理的原料量少；缺点是需要皂化，且一部分甾醇在木浆浮油精馏过程中发生了分解，甾醇的得率降低。

(1) 从粗硫酸盐皂中提取植物甾醇

溶剂萃取结晶法从硫酸盐皂中提取植物甾醇的工艺流程如图4-14所示。

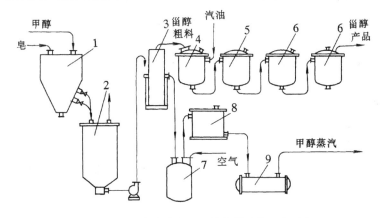

**图 4-14　由硫酸盐皂制取植物甾醇的工艺流程**

1. 硫酸盐皂溶解器　2. 结晶器　3. 真空过滤器　4. 植物甾醇溶解器
5. 过滤器　6. 蒸发器　7. 滤液受器　8. 高位槽　9. 蒸馏釜

硫酸盐皂经预热后，压入预先加入所需甲醇量的溶解液中。硫酸盐皂的溶解在加热和搅拌下进行，然后澄清一定时间(45min左右)，在容器底部排出杂质，澄清液输入结晶器(2)。溶解时甲醇用量应使皂化液中甲醇浓度达到40%~60%。在结晶器中，植物甾醇从溶液中结晶出来，开始结晶温度低于40℃，终点13~15℃，结晶时间48h。然后将溶液送至真空过滤器(3)过滤。得到的粗植物甾醇用压缩空气吹干，送入溶解器(4)用汽油溶解。溶解时需进行加热和搅拌。所得植物甾醇汽油溶液经过滤器(5)过滤除去汽油不溶物(皂)、滤液送至汽油蒸发器(6)。过滤器上的残渣经热空气吹蒸除去汽油后，与除去甲醇的皂液合并在一起。

在蒸发器中先用闭气加热，当蒸出60%的汽油后，溶液进行冷却，此时植物甾醇从汽油中结晶析出，带有结晶的汽油溶液再经过滤器(5)过滤，溶液收集于专门的贮槽中。过滤器上剩下的结晶则经热空气(30~40℃)吹除汽油后即为植物甾醇产品。

蒸发器(6)蒸出的汽油蒸汽和空气吹蒸从过滤器中带出的汽油蒸汽一起在冷凝系统中回收。硫酸盐皂甲醇溶液则由滤液受器(7)经高位槽(8)送蒸馏釜(9)蒸出甲醇，得到净化的硫酸盐皂，根据需要进一步加工。

溶解硫酸盐皂的溶剂除了甲醇以外，还可选用乙酸乙酯，丙酮-己烷等溶剂，这些溶剂能提高植物甾醇的得率和甾醇中β-谷甾醇的含量。

(2) 从浮油沥青中提取植物甾醇

浮油沥青中植物甾醇的含量可高达14%，图4-15是一种常见的工艺流程。

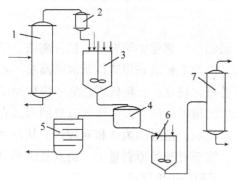

**图4-15 由浮油沥青制取植物甾醇的工艺流程**
1. 蒸馏塔 2. 冷凝器 3. 反应釜 4. 离心分离器
5. 干燥器 6. 酸化槽 7. 甲醇蒸馏塔

浮油沥青在蒸馏塔(1)中蒸馏，塔顶馏分经过冷凝器(2)冷凝后得到浅色液体，它是甾醇、高级脂肪醇、脂肪酸、树脂酸等的混合物，其中甾醇含量可达22%~25%。塔底馏分主要是氧化聚合物，它的用途与浮油沥青一样，而且效果比浮油沥青好。浅色液体塔顶馏分作为甾醇粗料，溶解于2倍体积的甲醇(95%)中，并在反应釜(3)中用过量氢氧化钠皂化。皂化过程在较小的回流条件下进行，并缓慢加入热水至液体体积增加20%为止。反应2h后，在2h之内冷却至52℃，使甾醇析出，用离心分离机(4)分离甾醇。再用60℃左右的甲醇(95%)洗涤滤饼，直至滤液无色，再用80℃的热水洗涤滤饼至中性。洗涤后的甾醇切细，在干燥器(5)中于90℃左右烘干，再进行包装。洗涤后的甲醇废液收集起来在酸化槽(6)中酸化，再送至蒸馏塔(7)回收甲醇，塔顶可得甲醇(95%)，塔底残留物中除水以外，还有7%~12%的甾醇，25%~30%的其他不皂物，58~68%的脂肪酸和树脂酸。

以上工艺流程中第一步的蒸馏操作，也可用丙烷萃取获得甾醇粗料。除了以上工艺，也有不少新提取分离工艺探索，有专利报道首先将浮油沥青分成两个部分，包括不含甾醇的酸性部分、富含游离甾醇或甾醇酯部分，另一部分经催化处理提高游离甾醇含量并加以分离。

### 4.3.3 植物甾醇的应用

#### 4.3.3.1 在医药方面的应用

植物甾醇具有降低人体胆固醇水平的作用。植物甾醇的摄入能抑制人体肠内对胆甾醇的吸收，促进胆甾醇的异化，并能在肝脏内抑制胆甾醇的生物合成。因此，植物甾醇可以有效地治疗高胆甾醇、高甘油三酸酯血症，并可以预防动脉粥样硬化。

植物甾醇具有抗氧化、消炎、退热等作用。β-谷甾醇可抑制超氧阴离子并清除羟自由基，其抗氧化能力随着浓度的上升而增强，尤其是与维生素 E 或其他抗氧化药物联合应用时，可以产生协同效应。β-谷甾醇的抗炎作用类似于氢化可的松和羟基保泰松等，具有较强的抗炎作用，且无可的松等类药物的副作用；谷甾醇还具有类似阿司匹林（乙酰水杨酸）的退热作用，且不会引起溃疡。

植物甾醇具有抗肿瘤的作用，谷甾醇对于治疗皮肤癌和宫颈癌具有显著的疗效。同时，谷甾醇可以作为良好的药物用于晚期癌症病人的综合治疗。植物甾醇还可作为胆结石形成的阻止剂。此外，植物甾醇也可以作为药物中间体，用于合成维生素 $D_3$、维生素 $D_5$、口服避孕药等药物。

植物甾醇具有类激素的作用。植物甾醇与合成甾体类激素的肾上腺、肝脏、睾丸和卵巢等组织有高度亲和性，因此，认为它可作为甾类激素的前体来合成甾体类激素。

#### 4.3.3.2 在化妆品领域的应用

植物甾醇的乳化性能好，对皮肤有很高的渗透性，2%～5% 的乳剂具有降低脂蛋白、增强脂肪酶活性、防御红斑、抑制皮肤炎症等功效。此外，植物甾醇还具有保持皮肤表面的水分、防止皮肤老化等优良性能。植物甾醇亲和性弱，在洗发护发剂中起到调节剂的作用，能使头发变强劲、不易断裂，并减少静电效应，保护头皮。因此，它可以作为皮肤营养剂使用，目前植物甾醇已经代替胆甾醇广泛用于营养雪花膏、生发香水、洗发液等化妆品中。

#### 4.3.3.3 在饲料添加剂中的应用

植物甾醇也可用于合成植物和动物生长调节剂，如日本利用 β-谷甾醇合成一种新型的动物生长调节剂，应用于养蚕、养鱼等行业中。该动物生长调节剂不受温度的影响，不受酶的分解，不仅可作为饲料添加剂，还可直接用于动物皮下注射。

植物甾醇（主要是谷甾醇）具有促进动物性蛋白质合成的功能，因而可以作为一种新型的动物生长调节剂，添加于动物饲料当中。研究表明，植物甾醇对猪、鸡、鸭等家畜家禽的生长均具有重要影响。

植物甾醇能提高生长猪的生产性能，具有提高日增质量、饲料利用率和经济效益的趋势。此外，植物甾醇还具有提高瘦肉率，显著降低皮肤比率，改善肉品质量等作用。

植物甾醇对鸡鸭等禽类具有降低胆固醇、抗氧化、促生长和提高免疫力等功能，这些功能可以提高肉鸭肉鸡的平均日增质量，改善肉鸭的抗氧化性能，降低蛋鸡的病死率。

### 思考题

1. 查阅资料，进一步了解国内外硫酸盐松节油和木浆浮油的生产情况。
2. 概述硫酸盐松节油的回收工艺和精制方法。
3. 粗硫酸盐松节油的化学精制方法中，氧化法、重金属法、碱洗法各自的化学原理和优缺点分别是什么？
4. 简述粗木浆浮油的组成、提取和精制分离方法。
5. 利用解吸—精馏法对粗木浆浮油进行精制涉及哪些化工过程及其原理？

6. 简述木浆浮油中植物甾醇的提取分离方法。
7. 结合文献检索，思考硫酸盐松节油和木浆浮油的精深加工利用新途径。

## 参考文献

安鑫南, 2002. 林产化学工艺学[M]. 北京：中国林业出版社.

Editorial department, 2009. 2008 International Yearbook[J]. Forest chemicals review, 119(1): 6-18.

赵振东, 隋管华, 陈清松, 等, 2008. 粗硫酸盐松节油精炼方法与应用研究进展[J]. 现代化工, 28(S2): 278-281.

Knuuttila P, 2013. Wood sulphate turpentine as a gasoline bio-component[J]. Fuel, 104(2): 101-108.

Petri J A, 2014. Process for separating crude tall oil for processing into fuels[P]. US 8709238 B2.

Vuorenmaa J, Kettunen H, 2016. Use of saponified tall oil fatty acid[P]. US 9358218.

Stigsson L, Naydenov V, Lundbäck J, 2014. Biorefining of crude tall oil[P]. WO 2014098763 A1.

Wong A, Norman H S O, Macmillan A K, 2012. Method for the preparation of phytosterols from tall oil pitch[P]. US 8338564 B2.

Stigsson L, Naydenov V, 2015. Recovery of phytosterols from residual vegetable oil streams[P]. US 9221869 B2.

# 第二篇　林产原料提取利用

　　林产原料的树皮、树叶、果实等常含丰富的植物精油、植物单宁、生物活性物质和林特资源产物等，这些物质通过提取、分离和纯化可以获得多种产品，在人们生产生活中有重要应用。溶剂提取，简称提取，是一种通过选择适当溶剂将原料中的有用成分溶解、分离的方法。该技术历史悠久，应用广泛。

　　我国土地广阔，气候多样，自然条件差异大，植物种类繁多。精油、栲胶、林产活性物质原料资源和生漆、紫胶等林特资源丰富，经提取加工可以获得各类产品，广泛应用于医药、食品、化工、环保、电子等众多领域和产业，是林产化工的主要内容之一，在国民经济和社会发展中发挥着重要的作用。

　　本篇主要介绍植物精油、植物单宁、代表性林产活性物质(包括黄酮类、活性多糖、生物碱、苯丙素类、醌类)和林特资源产品(包括生漆、天然橡胶、紫胶和植物色素)的基本结构特征及理化性质、来源、加工方法，以及应用等内容。

# 第 5 章 植物精油加工

**【本章提要与要求】** 主要介绍中国植物资源品种，植物精油的主要化学成分，植物精油加工的主要四大类工艺及设备，8 种有代表性精油加工方法，植物精油的用途。

要求掌握代表性的萜类化合物、芳香属化合物、脂肪族化合物、含硫含氮化合物，水蒸气法、溶剂萃取法、压榨法，以及吸附法提取精油的工艺、设备及应用；了解植物资源品种，植物精油用途。

精油，又称"芳香油"或"挥发油"，是一类重要的天然香料。是采用蒸馏、压榨、萃取（浸提）或吸附等物理方法从芳香植物的花、草、叶、枝、皮、根、茎、果实、种子或分泌物中提取出来的具有一定香气和挥发性的油状物质。通过提取使香料植物原料中原有的含香成分得到提炼浓缩成为香气的精华，所以称为精油。精油是许多不同化学物质的混合物。一般精油都是易于流动的透明液体或膏状物，无色、淡黄色或带有特有颜色（黄色、绿色、棕色等），有的还有荧光。某些精油在温度略低时成为固体，如玫瑰油、八角茴香油等。精油主要用于香料工业，以及化妆品、食品、药品等制品中。

## 5.1 我国植物精油资源及其主要品种

我国幅员辽阔，自然条件优越，芳香植物资源非常丰富，据不完全统计，我国的香料植物（包括引种）多达 400 余种，分属于 77 个科 192 个属，目前已利用的香料植物有 110 多种，其中较重要的植物有松科的马尾松，柏科的柏木，木兰科的白兰、含笑，八角科的八角，樟科的肉桂、樟树、山苍籽，桃金娘科的柠檬桉、蓝桉、岗松、丁子香；蔷薇科的玫瑰、墨红，含羞草科的金合欢，芸香科的香柠檬、甜橙、九里香、花椒，木犀科的桂花、茉莉，腊梅科的腊梅，茜草科的栀子，楝科的米仔兰，唇形科的薰衣草、麝香草，胡椒科的胡椒，番荔枝科的依兰、鹰爪花，杜鹃花科的烈香杜鹃、千里香杜鹃等。现将其归类分布的中国木本香料植物资源名录列于表 5-1。

表 5-1 中国木本香料植物名录

| 序号 | 科别 | 植物名称 | 学名 | 别名 | 分布 | 主要化学成分 |
|---|---|---|---|---|---|---|
| 1 | 松科 | 马尾松 | Pinus massoniana Lamb. | 山松、枞松 | 黄河以南广大地区 | 松脂含松节油 19%~25%，$\alpha$-蒎烯、$\beta$-蒎烯、长叶烯、$\beta$-石竹烯 |
| 2 | | 红松 | P. koraiensis Sieb. et Zucc. | 海松、果松、红果松、朝鲜松 | 东北长白山区、吉林山区及小兴安岭等地 | 松针含精油 1.73%，$\alpha$-蒎烯、莰烯、$\beta$-蒎烯、月桂烯等 |
| 3 | | 思茅松 | P. kesiya Royle ex Gord. | | 云南南部、思茅、普洱、景东等地 | 松脂含松节油，$\alpha$-蒎烯、$\beta$-蒎烯、莰烯、长叶烯、月桂烯 |

(续)

| 序号 | 科别 | 植物名称 | 学名 | 别名 | 分布 | 主要化学成分 |
|---|---|---|---|---|---|---|
| 4 | | 湿地松 | P. elliottii Engelm. | | 原产美国，我国华南及华东地区引种栽培 | 松脂含松节油19%~29%，β-蒎烯、α-蒎烯、α-蛇麻烯、柠檬烯 |
| 5 | | 新疆五针松 | P. sibirica (Loud.) Mayr | 西伯利亚红松 | 新疆阿尔泰山的卡纳斯河和霍姆河流域 | 松针含精油2.8%，α-蒎烯、莰烯、β-蒎烯、1,8-桉叶油素、β-水芹烯 |
| 6 | 杉科 | 杉木 | Cunninghamia lanceolata (Lamb.) Hook. | 沙木、正木、刺杉 | | 木材含精油、α-松油醇、雪松脑、α-雪松烯、β-榄香烯、β-石竹烯 |
| 7 | | 柏木 | Cupressus funebris Endl. | 香扁柏、垂丝柏、黄柏、柏树 | 华东、华中、华南和西南等地，以四川、湖北、贵州最多 | 树根和树干精油3%~5%，雪松脑、β-雪松烯、α-雪松烯、松油醇 |
| 8 | 柏科 | 刺柏 | Juniperus formosana Hayata | 山刺柏、台桧、台湾柏 | 台湾、江苏、安徽、浙江、福建、江西等，在我国分布很广 | 根干含精油2%~5%，雪松脑、柏木烯、柏木酮、松油醇 |
| 9 | | 侧柏 | Platycladus orientalis (Linn.) Franco | 香柏、扁柏、扁桧 | 我国南北各地均有 | 木材含精油1.1%，罗汉柏烯、α-雪松烯、雪松脑、愈疮木醇 |
| 10 | | 玉兰 | Magnolia denudata Desr. | 木兰、玉堂春 | 浙江、安徽、江西、湖南、广东、广西等地 | 花蕾含精油0.29%~0.67%，桉烯、1,8-桉叶油素、β-波旁烯、α-依兰油烯 |
| 11 | | 紫花玉兰 | M. liliflora Desr. | 辛夷 | 甘肃、四川、湖北 | 花蕾含精油0.17%，反式α-金合欢烯、咕玛烯、δ-杜松烯、月桂烯 |
| 12 | 木兰科 | 白兰 | Michelia alba Dc. | 白兰花、白玉 | 原产印度尼西亚，现福建、广东、广西、云南、四川有栽培 | 叶含精油0.20%~0.28%，芳樟醇、α-橙花叔醇、罗勒烯 |
| 13 | | 黄兰 | M. champaca Linn. | 黄玉兰、黄兰花 | 云南和长江以南各省 | 溶剂萃取，脱蜡净油，戊醇、氧化芳樟醇(呋喃型)、苯甲酸甲酯 |
| 14 | | 含笑 | M. figo (Lour.) Spreng | 含笑花 | 华南各地广泛栽培 | 树脂吸附花精油、乙酸乙酯、异丁酸乙酯、异丁醇、乙酸异丁酯 |
| 15 | | 云南含笑 | M. yannanensts Franch. ex Finet. et Gagnep. | 皮袋香 | 云南 | 花精油、雪松烯、乙酸龙脑酯、茉莉酮十五烷、樟脑、柠檬烯 |
| 16 | 八角科 | 八角 | Illicium verum Hook. f. | 大茴香 | 广西、广东、福建、云南 | 干果实含精油8%~12%，反式-茴脑 |
| 17 | 番荔枝科 | 鹰爪花 | Artabotrys hexapetalys (Linn. f.) Bhanadari | 莺爪、鹰爪兰、五爪兰 | 浙江、台湾、福建、广东、广西、云南 | 花精油0.75%，乙酸丁酯、丁酸乙醚、α-甲基丙酸乙酯、乙酸乙酯 |
| 18 | | 依兰 | Cananga odorata (Lamk.) Hook. f. et Thoms. | 香水树、依兰香、加拿楷 | 原产东南亚，我国台湾、福建、广东、广西 | 花精油、对甲酚甲醚、香叶醇、γ-依兰油烯、金合欢烯、金合欢醇 |
| 19 | 樟科 | 猴樟 | Cinnamomum bodinieri Levl. | 香樟、大胡椒树、香树 | 云南、贵州 | 树干含精油1.2%~1.4%，黄樟油素、樟脑、甲基庚烯酮、α-松油醇 |
| 20 | | 湖北樟 | C. bodinieri Levl. var. hupehaum (Gamble) G. F. Tao | | 湖北、四川、湖南 | 叶含精油1.5%，樟脑、龙脑、莰烯、α-蒎烯、月桂烯 |

(续)

| 序号 | 科别 | 植物名称 | 学名 | 别名 | 分布 | 主要化学成分 |
|---|---|---|---|---|---|---|
| 21 | | 阴香 | C. burmannii (C. G. et Th. Nees) Bl. | 桂树、香胶树、野桂树、香柴 | 云南、广西、广东、福建 | 叶含精油0.34%、α-龙脑、乙酸龙脑酯、月桂烯 |
| 22 | | 樟树 | C. camphora (Linn.) Presl. | 香樟、芳樟、油樟、脑樟、樟木 | 我国南方及西南各地 | 脑樟：树干含精油3%~5%，樟脑、1,8-桉叶油素、黄樟油素 |
| 23 | | 肉桂 | C. cassia Presl. | 玉桂、筒桂、桂 | 广西、广东、云南、福建 | 树皮含精油1.07%~2.60%，肉桂醛、桂酸甲酯、桂酸乙酯 |
| 24 | | 云南樟 | C. glanduliferum (Wall.) Nees. | 臭樟、红樟、香樟、香叶树、青皮树 | 云南、贵州、四川、西藏 | 枝叶精油0.5%、樟脑，对-伞花烃，芳樟醇、丁香酚 |
| 25 | | 天竺桂 | C. japonicum Sieb. | 竺香、山肉桂、土肉桂 | 江苏、浙江、福建、台湾 | 木材含精油、丁香酚、芳樟醇、α-水芹烯、对-伞花烃 |
| 26 | | 沉水樟 | C. micranthum (Hayata.) Hayata. | 水樟、臭樟、牛樟、黄樟树 | 广西、广东、湖南、江西、福建、台湾 | 根含精油1.52%，黄樟油素、芳樟醇、β-罗勒烯 |
| 27 | 樟 | 黄樟 | C. parthenoxylon (Jack.) Nees. | 油樟、大叶樟、冰片樟、樟脑树 | 广西、广东、福建、江西、湖南、贵州、云南 | 大叶油樟枝叶含精油2%，1,8-桉叶油素、β-蒎烯、α-松油醇 |
| 28 | | 香桂 | C. subavenium Miq. | 细叶月桂、月桂、土肉桂 | 云南、贵州、四川、广西、广东、福建、江西、湖北 | 叶含精油、黄樟油素、芳樟醇、丁香酚、对-伞花烃、α-蒎烯 |
| 29 | 科 | 细毛樟 | C. tenuipilis Kosterm. | | 云南 | 叶含精油1.40%~2.09%，L-芳樟醇、金合欢烯、二苯胺 |
| 30 | | 锡兰肉桂 | C. zeylanicum Bl. | | 原产斯里兰卡，广东和台湾有栽培 | 叶含精油、丁香酚、苯甲酸苯酯、乙酸丁香酯、α-水芹烯、芳樟醇 |
| 31 | | 山胡椒 | Lindera glauca (Sieb. et Zncc.) Bl. | 牛筋树、野胡椒、香叶子 | 山东、河南、陕西、甘肃、山西、江苏、安徽、浙江 | 果皮含精油、罗勒烯、1,8-桉叶油素、壬醛、β-蒎烯、黄樟油素 |
| 32 | | 三桠乌药 | L. obtusiloba Bl. | 香丽木、三健风、三角枫 | 辽宁、山东、安徽、江苏、河南、陕西、甘肃、西藏 | 鲜叶含油0.9%~1.1%，樟脑、α-蒎烯、莰烯、罗勒烯、石竹烯、γ-松油烯 |
| 33 | | 山橿 | L. reflexa Hemsl. | 钓樟、野樟树、生姜树、大叶钓樟 | 河南、江苏、安徽、湖北、湖南、江西、浙江、广西 | 叶含精油，芳樟醇、1,8-桉叶油素、α-蒎烯、莰烯、柠檬烯、γ-松油烯 |
| 34 | | 山鸡椒 | Litsea cubeba (Lour.) Pers. | 山苍子、木姜子、毕澄茄、山胡椒 | 广西、广东、福建、台湾、江苏、浙江、安徽 | 鲜果含精油3%~4%，柠檬醛、柠檬烯、莰烯、甲基庚烯酮、香叶醇 |
| 35 | | 清香木姜子 | L. euosma W. W. Sm. | 毛梅桑 | 广东、广西、湖南、江西、四川、贵州、云南、西藏 | 鲜叶含精油2.5%~3.0%，柠檬醛、柠檬烯、香茅醛、甲基庚烯酮 |
| 36 | | 毛叶木姜子 | L. mollis Hemsl. | 木姜子、香桂子、狗胡椒 | 广东、广西、湖南、云南、贵州、四川、西藏 | 果实含精油，柠檬醛、柠檬烯、甲基庚烯酮、芳樟、α-松油醇 |

(续)

| 序号 | 科别 | 植物名称 | 学名 | 别名 | 分布 | 主要化学成分 |
|---|---|---|---|---|---|---|
| 37 | | 木姜子 | L. pungeus Hemsl. | 兰香树、生姜树、香桂子、辣姜子 | 除同上外，甘肃、陕西、河南、山西等地也有分布 | 果实含精油3.0%~4.0%，柠檬醛、香叶醇、柠檬烯，… |
| 38 | 胡椒科 | 胡椒 | Piper nigrum Linn. | | 原产东南亚，我国台湾、福建、海南、广东、广西、云南有栽培 | 果实含精油2.5%~3.0%，β-石竹烯、α-侧柏烯、β-金合欢烯、β-甜没药烯 |
| 39 | 瑞香科 | 白木香 | Aguilaria slnensis (Lour.) Gilg | 土沉香、牙香树、女儿香 | 广西、广东、海南、福建、台湾 | 树脂经水蒸气蒸馏得精油5%~8%，白木香醛、白木香酸、β-呋喃沉香、卡拉酮 |
| 40 | | 岗松 | Baeckea frutescens Linn. | 铁扫把，扫把枝 | 江西、福建、广东、广西 | 枝叶含精油1.4%，反式-葛缕醇、桃金娘烯、α-葛缕酮 |
| 41 | | 水翁 | Cleistocalyx operculatus (Roxb.) Merr. et Perry | 水榕 | 广东、广西、云南 | 花蕾含精油0.18%，β-罗勒烯-Z、蛇麻烯、γ-依兰油烯、δ-杜松烯 |
| 42 | | 柠檬桉 | Eucalyptus citriodora Hook. f. | 油桉树、留香久 | 原产澳大利亚，我国广西、广东、福建栽培甚广 | 鲜叶含精油0.5%~2%，香茅醛、香茅醇、乙酸香茅酯、1,8-桉叶油素 |
| 43 | 桃金娘科 | 隆缘桉 | Eucalyptus exserta F. V. Maell. | 小叶桉、风吹柳 | 原产澳大利亚，我国华南广泛栽培 | 叶含精油0.8%~1%，1,8-桉叶油素、α，β-蒎烯、反式-蒎葛缕醇、小茴香醇 |
| 44 | | 蓝桉 | E. globus Labill. | 灰叶桉、玉树、蓝油木 | 原产澳大利亚，我国云南、广西、四川有栽培 | 叶含精油0.7%~0.9%，1,8-桉叶油素、α-蒎烯、乙酸α-松油酯 |
| 45 | | 桉树 | E. robusta Smith. | 大叶桉、大叶有加利、蚊子树 | 原产澳大利亚，我国广东、广西、云南、四川有栽培 | 枝叶含精油0.6%，1,8-桉叶油素、α-水芹烯、α-蒎烯 |
| 46 | | 白千层 | Melaleuca leucadendra Linn. | 玉树 | 广西、广东、福建、台湾有栽培 | 叶含精油1.0%~1.5%，1,8-桉叶油素、松油醇等 |
| 47 | | 番石榴 | Psidium guajava Linn. | 鸡屎果 | | 果肉含精油，乙酸乙酯、己酸乙酯、丁酸乙酯、辛烷、丁酮、月桂烯 |
| 48 | | 丁子香 | Syzygtum aromaticum (Linn.) Merr. et Perry. | 丁香、公丁香、支解香、雄丁香 | 原产马来群岛和非洲，我国华南有栽培 | 叶含精油6.6%，丁香酚、β-石竹烯、α-蛇麻烯、环氧石竹烯 |
| 49 | | 榅桲 | Cydonia oblonga Mill. | 木梨 | 原产中亚细亚，我国新疆、陕西、江西、福建有栽培 | 果实含精油0.41%，反式-β-金合欢烯、反式-紫花前胡内醛、癸酸乙酯 |
| 50 | 蔷薇科 | 墨红 | Rosa Chinensis Jacq. Crimson Glory H. T. | 株墨双辉 | 浙江、江苏、河北有栽培 | 鲜花浸膏得率0.14%~0.16%，净油主要含：香茅醇、芳樟醇、香叶醇等 |
| 51 | | 玫瑰 | Rosa rugosa Thunb. | 徘徊花、笔头花、湖花、刺玫花 | 各地有栽培 | 净油主要含：β-香茅醇、香叶醇、乙酸香茅酯、甲基丁香酚、γ-依兰油烯 |
| 52 | 腊梅科 | 腊梅 | Chimonanthus praecox (Linn.) Link. | 腊梅、黄梅花、素心腊梅 | 山东、江苏、安徽、湖北、湖南、河南等10多省份有栽培 | 花浸膏得率0.19%~0.20%，芳樟醇、1,8-桉叶油素、龙脑、樟脑、α-和β-蒎烯 |

(续)

| 序号 | 科别 | 植物名称 | 学名 | 别名 | 分布 | 主要化学成分 |
|---|---|---|---|---|---|---|
| 53 | 含羞草科 | 金合欢 | Acacia farnesiana (Linn.) Willd. | 鸭皂树、牛角花 | 浙江、福建、台湾、广东、广西、云南、四川 | 花浸膏得率0.4%～0.6%，香叶醇、苯甲醇、大茴香醛、癸醛、香豆素、莳罗醛 |
| 54 | 云实科 | 油楠 | Sindora glabra Merr. ex De Wit | 火水树 | 海南 | 树干含精油、β-依兰烯、β-石竹烯、β-毕澄加烯、γ-依兰油烯 |
| 55 | 蝶形花科 | 降香 | Dalbergia odorifera T. Chen | 降香檀、花梨母 | 海南 | 心材含精油2.75%、β-甜没药烯、顺式β-金合欢烯、反式-橙花叔醇 |
| 56 | | 山油柑 | Acronychia pedunculata (Linn.) Miq. | 降真香 | 广东、广西、云南 | 叶含精油0.8%～0.9%、β-侧柏烯、柠檬烯、乙酸松油酯、反式-氧化芳樟醇 |
| 57 | | 柚 | Citrus grandis (Linn.) Osbeck | 文旦、朱栾、香栾 | 长江流域以南各地 | 花精油主含芳樟醇、玫瑰呋喃、皮精油主含α-柠檬烯、β-月桂烯 |
| 58 | | 柠檬 | Citrus limon(Linn.) Burm. f. | 洋柠檬 | 广东、广西、四川 | 皮含精油1.5%、柠檬烯、柠檬醛、香茅醛、乙酸香叶酯 |
| 59 | | 甜橙 | Citrus sinensis (Linn.) Osb. | 橙、广柑 | 长江流域以南各地 | 果皮含精油0.7%～0.9%、柠檬烯、月桂烯、桧烯、蒈烯-3、壬醛 |
| 60 | 芸香科 | 广西九里香 | Murraya kwangsiensis (Huang) Huang | 广西黄皮 | 广西 | 叶含精油0.27%、乙酸香叶酯、香叶醛、香叶醇、橙花醇、γ-松油烯 |
| 61 | | 千里香 | Murraya paniculata (Linn.) Jack. | 九里香 | 广东、广西、福建、湖南等地 | 全株含精油，γ-榄香烯、橙花叔醇、反式-石竹烯、蛇麻烯、榧烯醇 |
| 62 | | 千只眼 | Murraya tetramera Huang | | 云南 | 枝叶含精油1.8%，柠檬烯、月桂烯、乙酸香叶酯、紫苏醇 |
| 63 | | 两面针 | Zanthoxylum nitidum (Roxb.)DC. | | 福建、广东、广西、云南、台湾 | 叶含精油0.21%～0.60%、柠檬烯、糠醛等 |
| 64 | | 勒榄 | Zanthoxylum Avicennae (Lam.)DC. | 鸟不宿、鹰不泊 | 福建、海南、广东、广西等地 | 果皮含精油0.5%、枞油烯、辛醛、依兰烯、β-檀香烯、β-榄香烯 |
| 65 | | 花椒 | Zanthoxylum bungeanum Maxim. | 秦椒、蜀椒、巴椒 | 我国除东北及新疆外各地 | 果皮含精油0.2%～0.4%，辣薄荷酮、芳樟醇、棕榈酸、1,8-桉叶油素 |
| 66 | | 吴茱萸 | Evodia rutaecarpa (Juss.) Benth. | | 长江流域以南各地 | 果含精油0.4%、吴茱萸烯、罗勒烯、吴茱萸内酯、吴茱萸醇 |
| 67 | | 大叶臭椒 | Zanthoxylum rhetsoides Drake | | 福建、广东、广西、湖南等地 | 果皮含精油0.32%、β-松油烯、月桂烯、β-水芹烯、乙酸辛酯 |
| 68 | 楝科 | 米仔兰 | Aglaia odorata Lour. | 碎米兰、树兰 | 福建、广东、广西、云南、四川 | 鲜花含精油、蛇麻烯、β-榄香烯、反式-β-金合欢烯 |

(续)

| 序号 | 科别 | 植物名称 | 学名 | 别名 | 分布 | 主要化学成分 |
|---|---|---|---|---|---|---|
| 69 | 杜鹃花科 | 杜香 | *Ledum palustre* Linn. var. *dilatatum* | | 我国东北地区及内蒙古 | 叶含精油0.2%，对-伞花烃、桉烯、松油烯、小茴香烯、β-蒎烯 |
| 70 | | 烈香杜鹃 | *Rhododendron anthopogonoides* Maxim. | 白香柴、黄花杜鹃 | 青海、甘肃、四川 | 叶枝含精油0.7%~1.9%，杜鹃烯、苄基丙酮、牻牛儿酮、γ-芹子烯 |
| 71 | | 千里香杜鹃 | *Rhododendron Thymifolium* Maxim. | | 青海、甘肃 | 枝叶含精油0.5%~2.0%，牻牛儿酮、月桂烯、蛇麻烯、金合欢烯、β-蒎烯 |
| 72 | 木犀科 | 连翘 | *Forsythia suspense* (Thunb.) Vahl. | 绶带、黄绶丹 | 云南、江苏、河南、河北、黑龙江、辽宁、吉林等地 | 种子含精油4%，β-蒎烯、α-蒎烯、芳樟醇、对-伞花烃 |
| 73 | | 茉莉 | *Jasminum sambac* (Linn.) Ait. | 茉莉花、没利、末利 | 广东、广西、福建、云南、贵州等地 | 花萃取物脱脂净油主含：芳樟醇、苯甲酸、顺式-β-己烯酯、乙酸苯甲酯 |
| 74 | | 桂花 | *Osmanthus Fragrans* Lour. | 木犀 | 我国西南部和南部各地 | 花含精油、α-和β-紫罗兰酮、顺反-氧化芳樟醇、芳樟醇、… |
| 75 | 茜草科 | 栀子 | *Gardenia jasminoides* Ellis | 黄栀子 | 我国南部、西南部各地 | 花含精油、α-金合欢烯、茉莉内酯、乙酸苏合香酯、芳樟醇 |

## 5.2 植物精油的发展历史和现状

### 5.2.1 发展历史

早在公元前2600年以前，就有中国人使用植物的记载。从神农氏遍尝百草到李时珍编纂的本草纲目，植物治疗法，几乎已成中国人生活的一环。在西方，《圣经》中也有使用植物于治病及宗教目的之记述；埃及人更将植物精油之艺术发扬光大，广泛运用在医学和美容的用途，而最广为人知的，即是利用植物精油杀菌、防腐的特性，来保存木乃伊的尸体。

植物精油主要应用于香料，而香料的应用历史颇古。公元前3世纪，在印度河流域就有关于薰香的记载。中国、古印度、古埃及、古希腊等文明古国，都是最早应用香料的国家。古人所用的香料，都是从芳香植物中提取或动物分泌的天然香料，大多用以入药医病，供奉祭司或调味和羹。由于某些天然香料具有强烈的杀菌力，故古人也经常将香料用于薰香净身，涂装香料于遗骸以防腐。

中国不仅使用香料历史悠久，而且也是开展香料贸易最早的国家之一。中国古代香料贸易交往，与陆上贸易丝绸之路相对应，构成了泉州海上贸易香料之路。樟脑、乳香、麝香等经由日本、埃及输入欧洲。

大约在8~10世纪，人们已经知道用蒸馏法分离植物精油。在13世纪，人们第一次从精油中分离出萜烯化合物。到15世纪，香料的使用成为许多国家统治阶级、贵族奢华的象征。16~17世纪精油已成为重要的商品，数量多达170种以上。随着科学技术的发展，从19世纪开始，新兴的合成香料工业便逐渐发展起来。时至今日，**各种精油产品已成为人们日常生活中不可缺少的必需品**。

随着现代分析方法，气相色谱（GC）、高效液相色谱（HPLC）、质谱（MS）、核磁共振谱（NMR）、红外（IR）和紫外分光光度法（UV）在有机分子结构分析中的广泛应用，人们对植物精油成分的研究速度加快了，发现了一批很有价值的新型香料化合物，为用化学合成方法制造新型香料化合物提供了依据，促进香料工业的发展，使其成为精细有机合成工业重要的组成部分。

### 5.2.2 中国现状

中国芳香植物有56科380余种，广东、广西、云南、福建、四川、浙江等南方各省（自治区）均有天然香料植物园。中国生产的茉莉花浸膏、柠檬油、香叶油、薰衣草油和薄荷脑都是驰名海内外的优质产品。鸢尾、素馨、香茅、依兰、白兰、山苍子和留兰香油等也享有盛名。

我国用于生产天然精油的植物有约法150种，每年生产各种精油达 $2\times10^4\sim3\times10^4$ t。主要出口品种有50余种，如龙脑、薄荷脑、薄荷素油、留兰香油、桂油、桉叶油、柏木油、黄樟油、山苍子油、香兰素、香豆素、松油醇、洋茉莉醛、酮麝香和香茅油等。天然精油出口是我国香料工业的特色。

随着科学技术的不断发展，人类物质生活的不断提高，香料工业已成为国民经济中不可缺少的配套性行业。香料、香精与人们日常生活息息相关，是食品工业、烟酒工业、日用化学工业、医药卫生工业和其他工业不可缺少的重要原料。特别是近年来，随着保健事业的发展，出现了香疗法，更加扩大了精油的应用范围。

## 5.3 植物精油的应用

人们对植物精油的应用可以追溯到远古时代，主要用于沐浴、制作香料等方面。最早使用的有百里香油、芍药油、乳香油等。目前，人们对植物精油在医药、食品、烟酒、日用化学等工业中的研究和应用日益增多。植物精油是单离与合成香料的重要原料，由表1-1可以看出，虽然植物精油是多组分混合物，但其含量较高的往往是一种或几种成分。如从山苍子油可单离柠檬醛，从留兰香油可单离香芹酮等，并由此可进一步合成其他香料，如用柠檬醛合成紫罗兰酮等。植物精油又是调制各种香精产品的灵魂，在各种香精产品中少不了使用植物精油，尤其是在高档香精产品中，这方面的资料较多，如《调香术》中介绍了许多这方面的配方和知识，在此不再介绍这方面的应用。本书介绍植物精油在杀虫、抗菌、医学、美容护肤品中的应用。

### 5.3.1 植物精油在杀虫方面的应用

植物精油对害虫具有较高的生物活性，又不易产生抗药性，且对人畜毒性很小，不污染环境等优点，因而引起了人们的广泛关注，并对植物精油杀虫剂进行了开发利用。植物精油对害虫的作用，大致为引诱、驱避、拒食、毒杀和生长发育抑制作用等。

用33种植物精油对根瘤线虫幼虫的杀虫活性进行筛选。结果表明：最大杀线虫有效成分是丁香油及其主要成分丁香酚、芳樟醇、香叶醇，它对所有供试线虫均有毒杀作用，这种毒杀作用是不可逆转的。对23种辛香料和药用植物的精油及其某些成分对甲虫类成虫谷囊、米象的熏蒸毒性作了评价。活性物质松油烯醇、1,8-桉叶油素和三叶鼠尾草、鼠尾草、月桂、迷迭香、熏衣草精油对毒杀谷囊最有效；1,8-桉叶油素和回香芹、椒样薄荷油对赤拟谷盗是有效的。研究了花椒香精油的化学成分及其对赤拟谷盗成虫有较强的毒杀作用。

美国专利通过大量事例介绍了柑橘属精油的萜烯部分可用于制取各类杀虫剂，其配方是由4%~7%的柠檬烯和3.5%~4.5%的表面活性剂和乳化剂，其余加水，可杀灭各种小害虫如蚊子、臭虫、飞虱等。将150g精油加入350g苄绿菊酯、150g胺菊酯和100kg 95%酒精在150L的搪瓷衬里的反应锅中，于25~30℃度搅拌1h可得芳香灭害灵，这是一种有国际红十字会推荐的一种高效、低毒、多功能的卫生消毒杀虫剂。

## 5.3.2 植物精油在抗菌方面的应用

世界上的一些公司正在从事具有广谱杀菌活性的植物精油的开发和实际应用，使之取代某些大量使用的合成农药。Virmda等研究表明1000μL/L欧刺柏油对瓜果腐霉有抑菌作用而对番茄的发芽和幼苗的生长没有毒性；2000~3000μL/L时抗真菌谱更广，这种精油可用防止植物倒伏病。

研究表明：2000μL/L白叶过江藤油对菜豆壳球孢菌丝体生长有很好的抑菌作用，而对黄豆的发芽、幼苗生长没有任何负作用。对12种该属精油的化学成分和抗细菌、抗真菌活性进行研究之后，发现柠檬桉精油由于主要含有香茅醛及其衍生物，所以效果最好。Kishore等发现浓度为2000μL/L的万寿菊叶油能完全抑制卒倒病病原体——瓜果腐霉的生长，这种精油具有广谱杀菌活性，对植物无毒性，优于克菌丹、赛力散和代森锌三种合成杀菌剂。盆栽试验结果表明，此精油可控制番茄幼苗卒倒病达50%。

用香精油处理柑橘之后进行储藏试验，发现0.1%的香叶醇就足以杀死青、绿霉菌，柑橘果实在储藏60d后无腐烂现象，品质也好。柠檬醛（从山苍子油中提取）可有效地延长小麦、大麦及水稻的储存期。将山苍子油和光藿香分别采用水蒸气蒸馏法提取的芳香油按65∶35混合，所得复合芳香油对仓储霉菌颇具抑菌效果，特别是对粮油中所能致癌的黄曲霉菌有明显抑制作用。单萜类和醛类能抑制马铃薯块茎萌芽。使用精油保护花卉鳞茎，如郁金香鳞茎置于紫苏醛、水杨醛中储存，其毒霉菌侵染的程度明显减轻。

## 5.3.3 植物精油在医学方面的应用

在医学方面，也有较多应用实例，如李树来(1982)发现香葵精油抗霉效果甚好，印度N. K. Saksena(1980)也认为，精油的各种成分混合使用可提高其对某些皮癣菌的抗菌作用。木香薷中提取的精油不仅有芳香气味，而且具有抗菌和杀菌作用，可以治疗痢疾、肠胃炎、感冒等病症，在香精香料工业和医药方面有极大的应用价值。鱼腥草的精油临床上用于治疗支气管炎、大叶性肺炎、支气管肺炎、肺脓肿等呼吸道炎症，妇科用于宫颈炎、附件炎。薄荷油外用能麻醉神经末梢，具清凉、消炎、止痛、止痒作用，内服作为祛风剂，并可用于头痛、鼻咽炎症等。木香薷中提取的精油不仅有芳香气味，而且具有抗菌和杀菌作用，可以治疗痢疾、肠胃炎、感冒等病症，在香精香料工业和医药方面有极大的应用价值。

细辛精油、柴胡精油具有解热止痛作用，已用于临床并有较好的退热效果。牡丹皮中含有牡丹酚也有镇痛、镇静作用，临床上制成4%的注射剂，用于治疗各种内脏疼痛，也用于风湿痛、皮肤瘙痒、过敏性皮炎、湿疹、鹅掌风等。菖蒲精油中的α-细辛脑具有镇静抗惊作用，用于紧张焦虑失眠、神经衰弱等症。甘松精油成分缬草酮具有抗心率不齐的作用，为安全药物。此外，川芎油、毛叶木姜子果实的精油均能作用于中枢神经系统，有镇静镇痛作用。

芸香草精油主要成分胡椒酮具有松弛支气管平滑肌的作用。临床上用于治疗慢性气管炎和支气管炎、支气管哮喘。临床上用于治疗平喘以及镇咳、祛痰的精油还有绿薄荷精油、兴安杜鹃精油、白皮松精油、樟树精油等。

研究报道人参精油、水菖蒲精油、香叶天竺葵精油、草珊瑚精油、香叶精油中的香茅醇及甲酸香茅酯对癌症有明显的疗效。藿香精油、茴香精油、丁香精油可抑制胃肠的过激蠕动，促进胃液分泌而帮助消化，在临床上均为芳香健胃剂。樟树中的樟脑具有局部止痛止痒的作用。槟榔中的槟榔碱有驱绦虫的作用。

### 5.3.4 植物精油在美容护肤品中的应用

自 1900 年起，天然精油的研究就和化妆品等日化产品的制造联系在一起，为了增加日化产品的魅力，人们在其配方中增加了天然香料成分，使其产生独特的宜人香气。现代香料工业能提供的天然香原料达数百种，日化产品中常用的植物性香料包括茴香油、桉叶油、肉桂皮油、白兰油、茉莉净油、玫瑰油等 70 多种。另外，还能合成出上千种有机香原料，广泛用做香精成分。日化工业除利用植物精油的赋香功能之外，还充分利用各种天然提取物独特的生物活性来提高产品的质量和开发其多种功能。

享有"天然美容师""神奇植物"之美称的天然芦荟提取物含有多种活性成分，具有护肤美容、护发、抗紫外线、X-射线辐射、抗衰老、抗菌和消炎功能，广泛用于日化产品中。如芦荟护肤制品包括营养保湿霜、洗面奶、粉饼、面膜和柔肤液等，洁肤制品包括淋浴液和香皂等，能产生防皱、增白、亮肤、去斑、防晒、防治皮肤病作用的美容化妆品，发用化妆品和口腔卫生用品。利用田七天然提取物的止血、散瘀、消肿、定痛功效，将其用于日化产品如牙膏、香皂、漱口水、洗发水中效果非常好。银杏系列化妆品也倍受人们青睐，由于其提取物中含有的黄酮类化合物能够清除体内自由基，降低过氧化脂质的形成速度，具有 SOD 的活性，可使皮肤光泽，减少黑色素和老年斑的形成，用于抗皱霜、嫩肤霜、免洗定型护发素等新型产品中。肉桂油具有驱虫、防霉和杀菌的作用，能够制成衣物、鞋袜和高档日用品的驱虫剂和防霉剂。此外，还能够利用肉桂醛和其他芳香物质一起生产香皂和除臭剂，应用于家庭卫生的洗涤、除臭和消毒。广泛用于日化产品中的天然精油还有茶树油、椰子油、澳洲坚果油、芒果脂、竹子提取物、甘草提取物等。

## 5.4 植物精油化学基础

### 5.4.1 精油在植物体内的分布及分泌

#### 5.4.1.1 精油在植物体内的分布

精油存在于植物的腺毛、油室、油管、分泌细胞或树脂道中，大多数呈油滴状存在（如柠檬桉的幼嫩叶片和新鲜的橘子皮表现得非常明显），也有些与树脂、黏液质共同存在。还有少数以苷的形式存在，如冬绿苷。冬绿苷水解后产生葡萄糖、木糖及水杨酸甲酯，后者为冬绿油的主要成分。

精油分布在植物体内不同的器官，如根、茎、叶、花、果和种子等。一般精油分布较多的器官是花、果，其次是叶，再次为茎。但精油在植物内各个器官或不同部位的含量多少以及不同部位中精油的组成，都会因植物的种类不同而有很大差别。一般来说，精油不会均匀地分布在植物体内全身,而是相对集中于某一部位(器官),有的植物精油集中在花中,有的是果实中精油最多,有的是叶中最多。例如,松、柏、樟、檀等植物中的精油主要含量在树干的木质部分;冷杉、肉桂则树皮中精油含量最多;玳玳、柑橘、柠檬、山苍子、花椒等果实的外皮含有丰富的精油;沉水樟、鸢尾、香根、菖蒲的精油主要集中在根部;玫瑰、茉莉、桂花、丁香等则花中精油含量最高;柠檬桉、香茅、薄荷、留兰香等精油主要贮存于叶中。

有些香料植物,它的精油在植物体内多部位有分布,不但含量不同,而且精油的化学组成上也有差别,如樟树的樟脑含量在干的部位也有不同,自干部向上逐渐减少,以基部的含量最高。但大多数植物不同器官中的精油成分相差不会太大。

## 5.4.1.2 影响植物精油含量的因素

植物精油的含量不但与植物种类有关,同一种芳香植物中,其精油含量高低及成分的差异也与植株年龄,不同生长发育期,生长季节,立地条件等因素有关。这不仅影响原料采收、精油生产和精油产量,而且影响到精油品质、价值和质量的稳定性。

**1)植株年龄与精油含量、精油成分的关系**

对多年生香料植物,尤其是木本香料植物,体内的精油含量及香成分一般随植株年龄的增加而增加。幼龄植株体内含油量较低。大龄植株体内含油量较高,当含油量高到一定程度后,植株开始衰老,含油量又会随之下降,如薰衣草是一种多年生香料植物,它体内的精油含量与年龄的关系见表5-2。

表5-2 薰衣草含油量与植株年龄的关系

| 植株年龄(年) | 2 | 3 | 4 | 5 | 6 | 7 | 8 | 9 |
| --- | --- | --- | --- | --- | --- | --- | --- | --- |
| 产油量(kg/hm$^2$) | 6 | 9 | 12 | 15 | 18 | 18 | 15 | 9 |

又如,樟树21~25年生含油1.5%、含樟脑0.01%;51~55年生含油0.91%,含樟脑0.67%;111~115年生含油1.43%,含樟脑1.14%。

**2)植株不同的生长期与精油含量、精油成分的关系**

植物体各器官中的含油量一般是随器官的生长发育而不断增加,以刚完成生长发育时器官中的含油量达到最高,当植物器官停止生长,精油的形成速度则开始减慢,生成精油的速度开始落后于精油挥发速度或树脂化(聚合、氧化)速度,因而器官中的精油含量开始下降,特别是1年生植物或1年为一个生长周期的多年生植物,在它们的不同生长发育阶段,体内各器官中的精油含量及组成是一个变数,但最高点总是存在的,掌握这个最高点是很重要的。如椒样薄荷中精油含量与其生长阶段的关系见表5-3。

表5-3 椒样薄荷精油含量与生长阶段的关系

| 生长阶段 | 蓓蕾前 | 蓓蕾中 | 开花中 | 开花后 |
| --- | --- | --- | --- | --- |
| 精油含量(%) | 1.5 | 1.8 | 2.3 | 2.1 |
| 薄荷脑含量(%) | 0.7 | 0.9 | 1.3 | 1.0 |

**3)立地条件与精油含量、精油成分的关系**

立地条件是指香料植物生长地点的自然条件和人工条件,包括气温、光照、湿度、土壤、施肥、管理等。大量的生产实践及跟踪分析表明,立地条件的变化对植物体内的精油含量和质量有着明显的影响,特别是光照、气温和湿度,这些影响因子对花类、叶类植物尤其明显,如香叶，7、8月时含量可达0.109%~0.123%，而气温较低的9月含油量降到0.58%。又如杭州茉莉花，7、8月气温较高时花朵大，香味浓，而5、6月的春花及9、10月的秋花的产油量及质量均不如夏花。草本植物对气象条件的变化也很敏感，它们的含油量一般在无风晴天，气温较高时比阴雨天高。如薰衣草含油量在连续晴天条件下达1.38%~1.8%，阴天含油量降到0.97%~1.17%。

### 5.4.2 植物精油的化学成分

天然植物精油种类繁多，各种精油都具有一定的香气，显示其植物应有的特性。精油都具有挥发性，不溶于水，而溶于有机溶剂，如乙醇、氯仿、石油醚、乙醚、苯等有机溶剂中。精油在不同浓度的乙醇中有一定的溶解度，它对某些物质也有一定的溶解能力，能溶解各种蜡、树脂、石蜡油、脂肪以及树胶等。光、潮气和空气对精油都有不利影响，它们会促进精油氧化、树脂化或发生聚合，引起香气质量变劣，精油是可燃液体，一般精油的闪点均在45~100℃，应属于三级液体易燃危险品。

植物精油是一个组分极为复杂的混合物，大多由几十种甚至几百种化合物组成。随着有机分析的进步，分离和鉴定的有机化合物日益增多，从天然香料中发现的有机化合物已达数千种。分子结构极其复杂，大体上可以分为四大类：萜类化合物、芳香族化合物、脂肪族化合物和含氮含硫化合物。各类中仅选择在天然香料成分中有代表性的化合物简介。

#### 5.4.2.1 萜类化合物

植物性精油中的主要组成化合物属萜类化合物（Terpenoid）。如松节油中的蒎烯（含量在80%以上）、苎烯，柏木油中的柏木烯（80%左右），樟脑油中的樟脑（50%），山苍子油中的柠檬醛（80%左右），薄荷油中的薄荷醇（80%），桉叶油中的桉叶油素（70%）等均属萜类化合物。由精油中分离得到的单离萜类化合物，有些可直接作为香料应用于加香产品，有的是合成香料的重要原料。

萜烯类（Terpene）是自然界中分布极广的一类有机化合物，通式为$(C_5H_8)_n$。通常萜烯类是由若干个异戊二烯（2-甲基丁二烯-1，3）首尾连接而成的化合物。萜烯类能生成许多含氧衍生物：醇类、醛类、酮类及过氧化物等。萜烯及萜烯衍生物统称为萜类化合物。根据异戊二烯的单位数，可把萜类化合物分成若干系列（单萜、倍半萜、二萜、三萜等），在天然精油中最重要的是单萜$(C_5H_8)_2$和倍半萜$(C_5H_8)_3$。各系列又可分为无环萜（开链的不饱和萜烯，如月桂烯、罗勒烯）和含有一个或几个碳环的脂环萜（如单环单萜、双环单萜）。

**1）无环单萜化合物（开链单萜）**

无环单萜化合物的碳骨架可看做由两个异戊二烯首尾相连所形成的$C_{10}H_{16}$化合物，没有环，具有三个双键。

无环单萜在室温下都是液体，天然精油中代表性化合物有：

（1）月桂烯 $C_{10}H_{16}$（myrcene）

又名香叶烯，相对分子质量136.23。已知有两种异构体：α-月桂烯（7-甲基-3-亚甲基辛二烯-1，7）、β-月桂烯（7-甲基-3-亚甲基辛二烯-1，6）。主要以β-型式存在于许多精油中：月桂油、柠檬草油、马鞭草油、啤酒花油、松节油和黄柏树果油。β-月桂烯相对密度$d_4^{15}$ 0.8013，折光指数$n_D^{20}$ 1.4650。月桂烯可用来作为合成月桂烯内酯、月桂烯醛、橙花醇、芳樟醇等的原料或由β-蒎烯合成香料时的重要中间产物。

(2) 罗勒烯 $C_{10}H_{16}$ (ocimene)

相对分子质量 136.23，为 α-罗勒烯(3,7-二甲基辛三烯-1,3,7)和 β-罗勒烯(3,7-二甲基辛三烯-1,3,6)两种异构体的混合物。相对密度 $d_4^{15}$ 0.8031，折光指数 $n_D^{20}=1.4860$，是无色流动液体，具有非常愉快的香气。罗勒烯存在于自然界的许多精油(罗勒叶精油、玳玳花油、万寿花油)中，工业上可由 α-蒎烯高温裂解制取。

(3) 香叶醇(geraniol)和橙花醇(nerol)

$C_{10}H_{18}O$，相对分子质量 154.25，它们是几何异构体。香叶醇为无色带玫瑰香气的液体，相对密度 $d_4^{15}$ 0.883~0.886，折光指数 $n_D^{20}$ 1.4773。橙花醇为无色液体，与香叶醇相比，其玫瑰香气更新鲜、柔和，相对密度 $d_4^{15}$ 0.8813，折光指数 $n_D^{20}$ 1.4746。香叶醇存在于香叶油、玫瑰油、玫瑰香草油、柠檬草油和香茅油中，香叶醇还以酯类的形式存在于野胡萝卜果油中；橙花醇则在玫瑰油、橙花油、苦橙油、依兰油和香柠檬油中有发现。

(4) 芳樟醇(linalool)

又名里哪醇 $C_{10}H_{18}O$，相对分子质量 154.25，芳樟醇由于有一个双键的位置不同而有 α-和 β-异构体；α-芳樟醇(3,7-二甲基辛二烯-1,7-醇-3)，β-芳樟醇(3,7-二甲基辛二烯-1,6-醇-3)。芳樟醇分子中有不对称碳原子，所以有旋光异构体；(+)-芳樟醇和(-)-芳樟醇以及不旋光的(±)-芳樟醇。

芳樟醇为发现最早的萜醇，为无色油状液体，具有铃兰花香气，它以游离状或酯的形式存在于多种精油(芳樟油、玫瑰木油、橘油、芫荽油、香柠檬油、橙花油、薰衣草油等)中，其含量为 40%~90%。芳樟醇的旋光性依来源不同而不同，右旋芳樟醇主要存在于芫荽油、玫瑰木油中，左旋芳樟醇存在于香柠檬油、薰衣草油中。芳樟醇的旋光性不同，其香气也有差别，右旋芳樟醇优于左旋芳樟醇。芳樟醇是重要的香料和香料原料，特别是以它的酯的形式应用于花香型香精、香水、肥皂等工业。芳樟醇可合成其他众多的香料，还可作为制药工业(VE，VK)的中间体。

(5) 香茅醇(citronellol)

又名香草醇，$C_{10}H_{20}O$，相对分子质量 156.27，$n_D^{20}$ 1.4560，为无色透明液体，有比香叶醇更柔和，新鲜的玫瑰香气。香茅醇有 α-香茅醇(3,7-二甲基辛烯-7-醇-1)和 β-香茅醇(3,7-二甲基辛烯-6-醇-1)两种异构体，有时把 β-香茅醇也称玫瑰醇。由于在它们分子里有不对称碳原子，α-香茅醇和玫瑰醇都有右旋(+)、左旋(-)、外消旋(±)的旋光形式，通常以混合物存在。

香茅醇存在于香叶油(35%~40%)、香茅油、玫瑰油(10%~40%)、柠檬桉叶油中。含于精油中的柠檬醛、香茅醛、香叶醇、芳樟醇是从天然原料制取香茅醇的基本原料。

(6) 柠檬醛(citral)

$C_{10}H_{16}O$，相对分子质量 152.23，为浅黄色液体，有柠檬香气，有反式(香叶醛)和顺式(橙花醛)两种形式的几何异构体，又由于两个双键中有一个双键位置不同，柠檬醛分子有 α-式(3,7-二甲基辛二烯-2,7-醛-1)和 β-式(3,7-二甲基辛二烯-2,6醛-1)。柠檬醛广泛存在于自然界，在柠檬草油中其含量高达 60%~70%，在山苍子油中也含有大量柠檬醛，含量可高达 75%，在柠檬油、柑橘油、马鞭草油、桉叶油、姜油等精油中均有存在。

工业上生产的柠檬醛为透明的，略带淡黄色或淡绿色的液体，有柠檬香气，用于配制香水香精、皂用香精、食用香精及用做合成维生素 A 的原料。

(7) 香茅醛(citronellal)

$C_{10}H_{18}O$，相对分子质量 154.25，有两种形式存在：β-式(3,7-二甲基辛烯-6-醛-1)-异松油烯式，或正式香茅醛；α-式(3,7-二甲基辛烯-7-醛-1)-苧烯式，或玫瑰醛，一般为两种形式的混合物。

香茅醛存在于 50 多种精油中，在香茅油、柠檬油、柠檬桉油中含量较多。在柠檬桉油中香茅醛的含量可高达 80%~90%，香茅油中含 30%~40%。具有柠檬香气，它可用于调制花香型和柠檬型香精，皂用、化妆品和食品香精，在这些香精中，它比柠檬醛稳定，它还是制取羟基香茅醛等香料的原料。

2) 单环单萜类化合物

这一类化合物的母体化合物是对䓝烷，通过不同程度的脱氢、取代衍生成一系列单环单萜类化合物，在天然精油中的代表性单环单萜类化合物有：

(1) 苧烯(limonene)和双戊烯(dipentene)

$C_{10}H_{16}$，相对分子质量 136.24，化学名称 1-甲基-4-异丙烯基环己烯-1。苧烯是有类似柠檬或甜橙香气的无色液体，苧烯有光学活性，有(+),(-)旋光体，其消旋体叫双戊烯，它们的性质实际上是一样的。苧烯存在于 300 多种精油中，在柑橘类精油中含量高达 90% 左右。在食品和调香工业上，苧烯可配制人造柠檬油，双戊烯可用作合成香柠檬酯的原料。

(2) 松油烯(terpinene)

$C_{10}H_{16}$，相对分子质量 136.23。有 3 种结构异构体：α-松油烯(对二烯-1,3)，沸点 175°C，$n_D^{20}=1.4783$；β-松油烯(对二烯-1(7)-3)，沸点 174°C，$n_D^{20}=1.4754$；γ-松油烯(对二烯-1,4)，沸点 183°C，$n_D^{20}=1.4753$。α-和 γ-松油烯存在于芫荽油、莳萝油、甜薄荷油、马兰油和松节油里；β-松油烯则很不稳定。

(3) 水芹烯(phellandrene)

$C_{10}H_{16}$，相对分子质量 138.23，已知有 α-水芹烯和 β-水芹烯。α-水芹烯，沸点 173~175°C，$n_D^{20}=1.473~1.478$；$d_4^{15}$ 0.841；β-水芹，沸点 175~177°C，$n_D^{20}=1.4788$；$d_4^{15}=0.852$。水芹烯有(+),(-)和(±)3 种旋光形式，无色液体，有令人愉悦的香气；存在于小茴香油、水芹油和某些桉叶油和松节油里。

(4) 松油醇(terpineol)

$C_{10}H_{18}O$，相对分子质量 154.25。已知有 3 种同分异构体：α-松油醇、β-松油醇和 γ-松油醇。α-松油醇具紫丁香味，β-松油醇具有风信子味，γ-松油醇有较浓紫丁香味。松油醇以游离态或酯的形式存在于许多精油中，如苦橙油、橙花油、橙叶油、樟脑油、马兰油、小豆蔻油等，天然精油中常见的是 α-松油醇。

(5) 薄荷脑(menthol)

亦称薄荷醇，$C_{10}H_{20}O$，相对分子质量 156.7，其化学名称为 1-甲基-4-异丙基环己醇。薄荷脑分子中有三个不对称碳原子，已知有四个空间顺式和反式异构体，薄荷脑、异薄荷脑、新薄荷脑、新异薄荷脑。它们每个都有旋光性，有右旋型(+)、左旋型(-)以及消旋型(±)。薄荷脑具有特有的强烈薄荷香气和凉爽味道，其他三个异构体香气和味道差些。

薄荷脑广泛应用于食品、化妆品、日用品香精工业中，在医药工业上可用作清凉剂、止痛剂等，有杀菌、防腐作用。

(6) 薄荷酮(menthone)

$C_{10}H_{18}O$，相对分子质量 150.24，其化学名称 1-甲基-4-异丙基环己酮-3，存在有顺式和反式异构体形式,每个异构体都有(+)-,(-)-和(±)-形式。反式异构体称为薄荷酮,顺式异构体称为异薄荷酮。薄荷酮、异薄荷酮都是无色油状液体,有薄荷香气,消旋的异薄荷酮则有水果韵调的香气。薄荷酮含在椒样薄荷油、日本薄荷油以及香叶油、山毛榉油等精油中;异薄荷酮则含在椒样薄荷油中。

(7) 香芹酮(carvone)

$C_{10}H_{14}O$,相对分子质量150.21,化学名称为1-甲基-4-异丙烯基-环己烯-1-酮-2,无色液体,有特有的葛缕子香气。香芹酮有(+)-,(-)-和(±)-形式。它是薄荷油、莳萝油、葛缕子油等精油的成分,在食用香精制造中代替葛缕子油,以及用于药品和口香糖的加香。

(8) 驱蛔素(ascaridole)

$C_{10}H_{16}O_2$,相对分子质量168.2,化学名称为1-甲基-4-异丙基环己烷-5-环氧1,4,是唯一的天然萜类过氧化物,被发现于香藜油中,可用真空分离(沸点96~98℃/810Pa),再经过重结晶提纯(熔点25℃)。

(9) 1,8-桉叶素(1,8-cineole)

$C_{10}H_{18}O$,相对分子质量154.25,又称桉树脑,化学名称为1-甲基-4-异丙基环己烷内醚1,8,为无色油状液体。其沸点174~177℃,熔点1~1.5℃,$n_D^{20}$ 1.455~1.466。

桉叶素主要存在于桉叶油(蓝桉)中,含量可达65%~75%,桉叶素化学性质稳定,有清凉薄荷香气,常用于化妆品香精中,也用于各种卫生品以及药皂、牙膏、喷雾剂等产品的加香。

**3) 双环单萜类香料化合物**

双环单萜化合物在自然界分布广泛,它们分子结构中有两个环,其中一个为6元环,另一个为3、4、5元环。双环单萜可分为五类,每一类由下列相应的母体烃衍生而得:苧烷(thujane)类、蒈烷(carane)类、蒎烷(pinane)类、莰烷类(camphane)、葑烷(fenchane)类。天然精油中重要的双环单萜类化合物有:

(1) 蒈烯-3(careen-3)

$C_{10}H_{16}$,相对分子质量136.23,化学名称为3,7,7-三甲基二环[4,1,0]-3-庚烯,其沸点169.5~170.5C,$d_4^{20}$ 0.8645,$n_D^{20}$ 1.4723,$[\alpha]_D^{20}$ +17.08。蒈烷系中自然界分布最广的是蒈烯-3。它存在于各种松节油和其他一些精油中,印度产松节油中蒈烯-3含量高达60%。我国高山松松节油中含20%左右,马尾松脂松节油中蒈烯-3含量较低,在我国北方的木松节油和硫酸盐松节油(以红松、白松、落叶松为原料)中蒈烯-3含量,可达10%,是除了蒎烯外的第二大组成分,蒈烯-3是流动性很好的液体,具有松树香气。

(2) 蒎烯(pinene)

$C_{10}H_{16}$,相对分子质量136.23。有2个同分异构体:α-蒎烯和β-蒎烯,并具有旋光型异构体。α-蒎烯在自然界分布很广,大约存在于400多种天然精油中,尤其是针叶树的精油(松节油)中含量很高,如马尾松松节油中α-蒎烯含量高达85%以上,云南思茅松松节油中甚至高达95%。β-蒎烯常和α-蒎烯同时存在,但数量较少,β-蒎烯在湿地松松节油中的含量可达32%~39%。通过精馏可将α-蒎烯、β-蒎烯单离。蒎烯是一种具有松针气味的无色液体。由于其分子结构上的特殊性,四元环和双键的存在,决定了它的化学活泼性,具有进行多种反应的能力,如异构、氧化、加成、聚合、酯化等。

(3) 莰烯(camphene)

$C_{10}H_{16}$,相对分子质量136.23,化学名称为3,3-二甲基-2-亚甲基二环[1,2,2]庚烷,有 3 种旋光异构体。莰烯是一种具有樟脑气味的白色结晶，熔点 51~52℃，沸点 160~161℃，$d_4^{15}$ 0.8422，$n_D^{20}$ 1.5514。莰烯广泛存在于各种天然精油中，如松节油、柏木油、薰衣草油、柠檬油、小茴香油等，但含量均不多。冷杉油中莰烯含量较多。工业上莰烯是由蒎烯催化异构制得。

(4) 龙脑(borneol)

$C_{10}H_{17}OH$，相对分子质量 154.25，龙脑又名冰片，具有旋光性。异龙脑为龙脑的几何异构体。龙脑为白色结晶，熔点 208℃，沸点 212℃，以游离态或酯的形式存在于一些天然精油中，左旋龙脑在西伯利亚冷杉油中含量高达 30%~40%，可工业规模的制取，产品称为冰片，可药用，亦可用于香料和塑料工业。以 α-蒎烯为原料合成制得的为异龙脑，它可用来制取合成樟脑。

(5) 樟脑(camphor)

$C_{10}H_{16}O$，相对分子质量 152.23，化学名称 1,7,7-三甲基双环[2,2,1]-庚酮-2，为白色半透明晶体，有特殊气味。在樟脑分子中有两个不对称碳原子，所以它本应有 4 个旋光异构体，但已知只有(+)-,(−)-和外消旋型(±)式。天然樟脑为右旋的，(+)-型熔点为 178.5℃，合成樟脑为(±)型，熔点 178~178.5℃，沸点 209.1℃。

樟脑广泛地分布于自然界，存在于罗勒油、樟脑油、松节油等精油中，赋予精油令人愉悦的清凉气味。目前工业上以蒎烯为原料通过催化异构得莰烯中间体而合成制得。樟脑能作赛璐珞的增塑剂，能作无烟火药的钝化剂，使其在存放时具有稳定性；在医药中它被广泛用做防腐剂、解热剂和心脏活动的镇静剂，并赋予清凉气息。

(6) 葑酮(fenchone)

$C_{10}H_{16}O$，相对分子质量 152.23，化学名称 1,3,3-三甲基双环[2,2,1]-庚酮-2。油状液体，有樟脑气味和苦味。有两种旋光形式，右旋葑酮熔点 6.1℃，沸点 193.53℃，$n_D^{20}$ 1.2627，$[\alpha]_D^{16}$ 69.9°；左旋葑酮熔点 5.2℃，沸点 192~194℃，$n_D^{20}$ 1.4628，$[\alpha]_D^{23}$ -66.9°。葑酮的两种旋光异构形式存在于茴香油、莳萝油、小茴香油等多种精油中。葑酮能从小茴香油提取大茴香脑的废料中分离出来，经蒸馏、冷冻将其提纯，葑酮可作强防腐剂。

**4) 倍半萜类化合物**

倍半萜类化合物广泛存在于天然精油中，它含有 15 个碳原子，由三个异戊烷基单位组成，有无环的或环状的烃类、醇类、酮类、内酯类、倍半萜类化合物，它们的异构体较多，沸点高，很多是香气中比较重要的微量成分，有些也是合成香料的重要原料。

(1) 金合欢醇(farnesol)

又名法尼醇，$C_{15}H_{26}O$，相对分子质量 222.35。无色油状液体，其沸点 160℃/1333Pa，无旋光性，广泛存在于玫瑰花、金合欢花、兔耳草花的精油中，具有铃兰的清香味，可用于配制香精，其乙酸酯具有玫瑰香气。

(2) 橙花叔醇(nerolidol)

$C_{15}H_{26}O$，相对分子质量 222.35，它是金合欢醇的异构体。存在于橙花油、甜橙油、檀香油中，其沸点为 276~277℃。橙花叔醇具有温和的木香、花香，可用于配制玫瑰型、紫丁香型香精。由于其沸点高，蒸汽压低，可用作高级香精的定香剂。

(3) 蛇麻烯(humulene)

$C_{15}H_{24}$，亦称葎草烯，四甲基十一碳环三烯，相对分子质量 204.35，有 α-、β-两种异构体。α-蛇麻烯(α-石竹烯),沸点260.93℃,$n_D^{20}$ 1.5038,$[\alpha]_D^{20}$ -4.4°。蛇麻烯是啤酒花精油中的一个主要成分,它与石竹烯共存于丁香油中故亦称为α-石竹烯。

(4) 石竹烯(carryphyllene)

$C_{15}H_{24}$,又名丁香烯,相对分子质量204.35,$n_D^{17}$ 1.5009,$[\alpha]_D^{20}$ -8°31′。双环倍半萜烯,它存在于丁香油、马尾松重质松节油中,是丁香油的主要成分。β-石竹烯可以制取环氧石竹烯,具有粉香、花香香气。

(5) 长叶烯(longifolene)

$C_{15}H_{24}$,相对分子质量204.35,三环倍半萜烯,沸点254~256℃,$n_D^{20}$ 1.5040,$[\alpha]_D^{20}$ +42.73。长叶烯主要存在于长叶松、马尾松松节油重油中,马尾松重级松节油中长叶烯含量高达50%左右。以长叶烯为原料,合成的多种香料具有木香、琥珀香或麝香、花香、香气,可用于调配多种木香型、花香型香精。

(6) 柏木烯(cedrene)

又名雪松烯,$C_{15}H_{24}$,相对分子质量204.35,三环倍半萜烯,有α-、β-二个异构体。

(7) 柏木脑(cedrol)

又名雪松醇,$C_{15}H_{26}O$,相对分子质量222.35,沸点290~292℃。存在于柏木油和几种刺柏属植物的精油中,分馏柏木油,经冷冻可将柏木脑析出,是白色晶体,熔点86℃,亦可利用柏木脑在冷烯乙醇中(65%)的不溶性,将其从柏木油中分离出来。

### 5.4.2.2 芳香族类代表化合物

在天然植物精油中芳香族类化合物的存在仅次于萜类化合物,它们的存在也相当广泛。苯环化合物之所以称为芳香族化合物,就是由于这类化合物中有许多是具有芳香的。

(1) 苄醇(benzyl alcohol)

$C_7H_8O$,相对分子质量108.14,化学名称为苯甲醇。苄醇为无色液体,沸点205.3℃,$n_D^{20}$ 1.5403,$d_4^{20}$ 1.043,具有微弱而愉悦的香气。苄醇是精油里分布最广泛的醇类之一,它以游离态含在茉莉油、晚香玉油、依兰油和丁香油里,有时以酯的形式存在于精油里,如以乙酸酯的形式含于风信子油中,苄醇与苯甲酸的酯含于秘鲁香膏中,苄醇桂酸酯则是安息香树的精油成分之一。

(2) β-苯乙醇(phenethyl alcohol)

$C_8H_{10}O$,相对分子质量122.16,沸点222℃,$n_D^{20}$ 1.5318,$d_4^{15}$ 1.023~1.027。

(3) 桂醇(cinnamic alcohol)

又名肉桂醇,$C_9H_{10}O$,相对分子质量134.18,化学名称为β-苯丙烯醇(3-苯基丙烯-2-醇-1)。桂醇为白色结晶体,熔点34℃,沸点256.6℃,有温和、持久而舒适的香气,类似风信子香气。

(4) 丁香酚(eugenol)

$C_{10}H_{12}O_2$,相对分子质量为164.20,化学名称2-甲氧基-4-烯丙基苯酚。丁香酚为无色至淡黄色液体,具有强烈丁香香气,沸点252.7℃,熔点10.3℃,$n_D^{20}$ 1.5420,$d_4^{20}$ 1.0664。

(5) 百里香酚(thymol)

$C_{10}H_{14}O$,相对分子质量150.22,化学名称为3-甲基-6-异丙基苯酚。百里香酚为白色至淡黄色结晶性粉末。沸点233℃,熔点48~51℃,$n_D^{20}$ 1.523。

(6) 大茴香脑(anethole)

$C_{10}H_{12}O$，相对分子质量148.20，化学名称为1-丙烯基-4-甲氧基苯，有顺、反两种异构体。大茴香脑常温下为半流体状的白色糊状物，在温度22.5℃时是凝固的液体，略有甜味和强烈的茴香味。

(7) 苯甲醛(benzaldehyde)

$C_7H_6O$，俗名安息香醛，相对分子质量106.12。苯甲醛为无色液体，有强烈的苦杏仁味，其沸点179℃，$n_D^{20}$ 1.545，$d_{25}^{25}$ 1.041~1.046。苯甲醛以苷的形态存在于苦杏仁油中，是苦杏仁油的主要成分，占80%左右，它还存在于樱桃核、杏核、桃核以及橙花油、广霍香油等精油中。

(8) 桂醛(cinnamic aldehyde)

$C_9H_8O$，化学名称3-苯基-2-丙烯醛。相对分子质量132.15。桂醛为无色或淡黄色液体，具有强烈的桂皮香气和辛辣味，桂醛的沸点252℃(有部分分解)，120℃/1333Pa，-7.5℃时凝固，$d_4^{20}$ 1.0497，$n_D^{20}$ 1.6195。

(9) 苯丙醛(3-henylpropionaldehyde)

俗名为氢化桂醛，$C_9H_{10}O$，相对分子质量134.2，无色至淡黄色液体，沸点244℃，103~105℃/1733Pa，$d_4^{20}$ 1.018，$n_D^{20}$ 1.5205~1.5240。

(10) 香兰素(vanillin)

又名香草醛，$C_8H_8O_3$，相对分子质量152.14，化学名称4-羟基-3-甲氧基苯甲醛。香兰素为无色结晶，具有类似天然的香荚兰香气，其晶体有两种形式：针状的(熔点77~79℃)和四方的(熔点81~83℃)，其沸点为284~285℃（在$CO_2$气流中），162℃/1100Pa。

(11) 黄樟油素(safrole)

$C_{10}H_{10}O_2$，相对分子质量165.8，化学名称3,4-二氧亚甲基苯丙烯。黄樟油素为无色或淡黄色的有芳香味的液体，熔点11℃，沸点235.9℃，$n_D^{20}$ 1.5365。黄樟油素存在于八角茴香油、黄樟油(含黄樟油素高达90%)、肉桂叶油中，可用冷冻法或真空精馏后再结晶方法将其分离出来。

黄樟油素本身不直接用做香料，但由于它分子结构上的特殊性，与丁香酚、异丁香酚、洋茉莉醛等物质的分子结构有相似之处，所以黄樟油素是合成这几种香料化合物的重要天然原料。

### 5.4.2.3 脂肪族化合物

脂肪族化合物在植物性天然香料中也广泛存在着，但其含量及作用不如萜类化合物和芳香族化合物，天然香料中脂族的一些代表性化合物如下。

(1) 壬醇(1-nonanol)

$CH_3(CH_2)_7CH_2OH$，相对分子质量144.25，熔点-5℃，沸点212℃，$n_D^{20}$ 1.4310。壬醇以游离态及其酯的形式存在于玫瑰油、柠檬油、橘子油、甜橙油等精油中。壬醇有似玫瑰和香茅醇的香气，它可用于调制香水香精和皂用香精及配制人造柠檬油。

(2) 癸醇(decanol)

$CH_3(CH_2)_8CH_2OH$，相对分子质量158.28，无色液体，沸点228~232℃，熔点6~7℃，$n_D^{20}$ 1.4379，有似橙花、玫瑰和橙花油般香气，含于黄葵油中。

(3) 叶醇(3-Hexen-l-ol)

$CH_3CH_2CH=CHCH_2CH_2OH$，$C_6H_{12}O$，相对分子质量 100.16，为无色油状液体，沸点 156~157℃，$d_4^{20}$ 0.849，$n_D^{20}$ 1.4410。

叶醇常以醇和酯的形式存在于许多重要的精油中，如桂花、小花茉莉等以及栀子花、番茄、茶叶、山竹果等，具有优雅的新鲜青叶香气，可直接用于调配香精。它是化妆、皂用青香型香精的重要原料，也可用于其他花香型香精，用量不高于 0.5%。还可用于水果、茶叶、蔬菜等食用香精。

(4) 叶醛(2-Hexen-1-al)

$C_6H_{10}O$，$CH_3(CH_2)_2CH=CHCHO$，相对分子质量 98.13，沸点 47~48℃，$n_D^{17}$ 1.4460。存在于茶叶、桑叶、萝卜叶等精油中。叶醛是构成黄瓜青香的天然醛类。

(5) 癸醛(capric aldehyde)

$C_{10}H_{20}O$，$CH_3(CH_2)_8CHO$，相对分子质量 156.26，无色液体，有类似甜橙的花香辛香气味，沸点 208~209℃，$n_D^{20}$ 1.4287。存在于芫荽油、橘子油、柠檬油、酸橙油和柠檬草油里，用于配制香水香精，在某些食品中也有应用。

(6) 甲基庚烯酮(methyl heptenone)

$C_8H_{14}O$，相对分子质量 126.19，是具有水果香气和新鲜清香香气的液体，沸点 173~174℃，$n_D^{20}$ 1.4404。存在于许多精油中，如柠檬草油、柠檬油、香草油等。几乎不作为香料应用，它是合成柠檬醛和假性紫罗兰酮等重要产品的原料。

(7) 紫罗兰酮(ionone)

$C_{13}H_{20}O$，相对分子质量 102.29，以三种异构体形式存在，它们之间有一个双键的位置不同。紫罗兰酮为无色液体，稀释时有类似紫罗兰的香气，并带有不同的香韵。

α-紫罗兰酮[1-(2,2,6-三甲基环己烯-5-基-1)-丁烯-1-酮-3]，沸点 211℃，$n_D^{20}$ 1.4982，具有强烈的花香、稀释时有类似紫罗兰的香气。

β-紫罗兰酮[1-(2,2,6-三甲基环己烯-l-基-1)-丁烯-1-酮-3]，沸点 127~128℃/1300Pa，$n_D^{20}$ 1.5183，有紫罗兰香气，比 α-紫罗兰酮具有更为鲜明的柏木香韵。

γ-紫罗兰酮[1-(2,2-二甲基-6-次甲基环己基-1)-丁烯-1-酮-3]，香气类似 α-紫罗兰酮，但更为浓重、更为刺鼻。

紫罗兰酮存在于紫罗兰花和叶的精油、金合欢净油及桂花浸膏中，用于配制香水香精、皂用香精、食用香精。β-紫罗兰酮可用于作为维生素 A 的中间体。

(8) 鸢尾酮(irone)

$C_{14}H_{22}O$，相对分子质量 206.32，有三种异构体，它们互相有一个双键的位置不同，从分子结构看，鸢尾酮比紫罗兰酮多了一个甲基，三种异构体混合物为无色液体，沸点 144℃/2133Pa，$d_4^{20}$ 0.9317，$n_D^{20}$ 1.5011。鸢尾酮在自然界存在于由鸢尾根所得的精油里，含量约 5%，其中 75% 为 γ-鸢尾酮，25% 为 α-鸢尾酮及微量的 β-鸢尾酮。

鸢尾酮具有温柔的紫罗兰香气，用于制造人造鸢尾油，配制香水、香霜、香皂等日用香精。鸢尾酮是一种新型香料，我国正处于研制、发展阶段。

(9) 肉豆蔻酸(myristic acid)

$CH_3(CH_2)_{12}COOH$，学名十四烷酸，相对分子质量 216.29，为白色蜡状结晶固体，熔点 54.4℃，沸点 326.2℃，$d_4^{80}$ 0.8439，肉豆蔻酸是鸢尾根油的主要成分，含量高达 85%，肉豆蔻油中也含有。

### 5.4.2.4 含硫含氮化合物

含硫含氮化合物在天然芳香植物中存在，但其含量很少，而在肉类、谷类、豆类、花生、咖啡、可可、茶叶等食品中常有发现，虽然它们属于微量化学成分，但由于气味极强，而且有特征性香气，所以不可忽视。这些物质包括呋喃、噻唑、吡嗪、喹啉、吲哚以及它们带有甲基、乙基等取代基的衍生物，天然香料里存在的含氮含硫化合物简单介绍如下：

(1) 吲哚(indole)

$C_8H_7N$，化学名称为2,3-苯并吡咯，相对分子质量117.14。吲哚为鳞片状白色结晶，遇光日久变成黄红色，其沸点253～254℃，熔点52～53℃。吲哚存在于茉莉花油(3%)、苦橙油、甜橙油、柠檬油中，在未稀释情况下有极不愉快气味，只是在极度稀释下才有茉莉花香，可用于配制香精。但用量很少，为整个香精重量的百分之几，甚至千分之几。

(2) 甲基吲哚(skatol)

$C_9H_9N$，相对分子质量131.17，为无色结晶。沸点265℃，熔点95℃。甲基吲哚溶于水和许多有机溶剂中，在灵猫香内有少量发现。甲基吲哚在香精中是经极度稀释后使用的，主要起定香剂作用。

(3) 邻氨基苯甲酸甲酯(methyl anthranilate)

$C_8H_9O_2N$，相对分子质量151.16。邻氨基苯甲酸甲酯在低温下为结晶物质，有持久的香气，似橙花和葡萄香气，其沸点132℃/1.9kPa，熔点25～25.5℃。

(4) 二甲基硫醚(dimethyl-mercaptan)等含硫香料化合物

二甲基硫醚 $CH_3-S-CH_3$，沸点37.5℃，熔点-83℃。

最近十几年来在食品中检出大量含硫化合物，例如，在肉类、蛋类、牛乳、番茄、马铃薯、萝卜、香菇、洋葱、咖啡、可可中，其中二甲基硫醚也存在于姜油和薄荷油中。这些含硫化合物大多具有肉香、葱蒜香和坚果香，可以作为肉味增香剂。

## 5.5 植物精油的加工方法

根据原料的不同和所含香料化学成分的特征，目前，从香料植物中提取精油常用的方法可分为四大类：水蒸气蒸馏法、溶剂浸提法、榨磨法和吸附法。每一类方法中又可以工艺操作或生产设备结构上的区别分成若干种方法。新发展的精油生产方法有超临界流体萃取法。

### 5.5.1 植物精油加工方法的选择

从植物中提取精油，由于植物原料形态上的多样性，所含精油成分性质上的差异和对热的敏感性，原料数量、生产规模、生产成本和经济效益等因素而选择不同的加工方法。而其最主要考虑的因素可归纳为原料的特点、产品的质量和经济上的合理性。

#### 5.5.1.1 原料特点

香料植物中可以作为提油原料的含油部位因种类的不同，在形态上有极大的差别。有的取其叶为加工原料，有的取其根、干或皮为原料，也有取其花或果为原料。总之，原料形态上的不同，所选用的加工方法必须与之相适应。如某些娇嫩的花类原料，不宜采用水上蒸馏法提油。这是因为花瓣受水蒸气熏蒸后很快变软而黏连成团，物料中的油分就难被蒸出。同时大多数花类原料所含精油成分对热较为敏感，受热时易分解而影响产品的质量。又如，木质类原料所含香成分如沸点较高，热敏性较低，则可采用加压蒸汽蒸馏工艺，以提高得率和缩短加工时间。再如，有些花类原料（如晚香玉），在摘下它以后，只要给予适宜的温度、湿度条件，它就能继续一段时间内不断放香和生香。如果采用先吸附后浸提，把这两种加工方法结合起来，则精油的得率会更高。

### 5.5.1.2 产品质量

天然精油中各个成分对热的敏感性是不同的。尤其是沸点较低的酯类香料化合物耐热性较差，如果对这类原料长时间加热，这些热敏性香料化合物很可能会受热而分解。结果不但因热分解降低了得油率，更有害的是因热分解产生的杂味会严重影响产品的质量，产品的香气与原料的香气有了较大的差距。故此类原料就不适合用水蒸气蒸馏等热加工方法提取精油。

生产实践证明，同一种原料采用不同的加工方法，虽然都可以把精油提取出来，但得到的产品质量是不同的，有时香气质量相差甚远。如柑橘皮的提油，用冷榨方法得到的橘油，其质量大大优于用蒸馏方法所得的橘油。对于茉莉、桂花之类名贵香料的提取，更应该采用低温的方法加工，如浸提法或吸附法。对于那些含有易水解、易溶于水的香料成分的原料，用水蒸气蒸馏法，尤其是水中蒸馏法是不可取的。有些原料的加工，如玫瑰花，虽然水蒸气蒸馏法和溶剂浸提法都在生产中使用，主要是因为水蒸气蒸馏法所需设备较少、工艺简单容易掌握，所得产品玫瑰油和香气尚佳。但浸提法制成的玫瑰浸膏，由于制取过程中受热程度和受热时间远不及水蒸气蒸馏工艺，所以产品的香气完全，定香作用比较好。但浸提法工艺和设备均比较复杂，投资大、成本高。故对玫瑰这类原料究竟采用哪一种方法加工更好，需要作更全面的比较。

### 5.5.1.3 经济合理性

任何一种产品的生产或加工方法，其优、缺点的比较，最终还是要反映在生产过程的经济效益上。加工方法的不同，工艺过程的长短及复杂程度必然有所区别。而工艺过程的不同，所需要的生产设备数量多少及复杂性、投资的大小、辅助材料和能源的消耗等诸因素的差别就更大。所有这些都将反映在产品的生产成本中。这是任何一种香料植物原料在选用何种生产方法加工时必须要考虑的一个重要问题。

## 5.5.2 原料的贮存与预处理

在香料植物加工过程中，对原料的贮存有一定的要求，有些原料在加工前需要作一些预处理，其目的是防止原料发酵变质，保持原料在采集时的精油含量和质量；使某些原料经过适当的贮存发香或香气变得更好；缩短加工时间，提高精油得率。

### 5.5.2.1 鲜花鲜叶的保养和保存

(1) 未发香的鲜花保养

茉莉、大花茉莉、晚香玉等是采集即将开放的成熟花蕾。在未开放前不发香，只有不断通过呼吸作用和代谢过程，经过一定时间后，花蕾才开放和发香。在上述作用和过程中，花蕾会不断地放出一定的热量。在暂时的贮存过程中，如不加以妥善保养，花蕾因受热过度而发酵变质。所以对未开放的花蕾在贮存保养时应注意下列几点：①花蕾应该薄层铺放，厚度不高于5cm。花层周围空气应适当流通。②贮存花蕾的场所，应有合适的室温，一般以28~32℃为宜。③花库中应有适宜的相对湿度，一般以80%~90%为宜。

为了使花蕾能全部均匀一致的开放，每隔一定的时间把花层轻轻地上下翻动。在干热的气候条件下还要经常喷洒雾水，花会开得更好、香气更浓。

(2) 鲜叶保存

一般鲜叶采集后不立即加工，而是薄层铺放放置一段时间后再进行加工，其出油率常高于鲜叶的出油率。如白兰叶、树兰叶、玳玳叶、橙叶、薄荷叶等，放置数天后，其出油率常比原来鲜叶高出5%~20%（按鲜重计）。和鲜花一样，也要防止发热发酵，否则会影响出油率和质量。鲜叶经薄层放置一段时间后，表面水分均匀地散失了一部分，而又不十分干枯，叶表面细胞孔扩大，有利于精油扩散，提高了出油率。

### 5.5.2.2 浸泡处理

(1) 柑橘类果皮的浸泡处理

对柑橘果皮用添加了某种浸泡剂的水溶液浸泡一段时间后，果皮将会充分吸收水分而变脆，细胞内压增加。在采用压榨法提取精油时，果皮内油囊易破裂，精油喷射力强，有利于提出精油。同时，果皮中含有大量的果胶将变为不溶于水的果胶酸盐类。这十分有利于加工过程中的油水分离。对干硬的果皮，更要作浸泡预处理才能进行下一步的加工，否则不可能用压榨法提出其中的精油。

(2) 鲜花的浸泡保存

有些鲜花的开花期极短，仅数日后花朵便会凋谢、香气消失，如桂花。为了不使在极短的花期内采集到的大量桂花因来不及加工而遭到香气损失或霉烂变质，常用浸泡的办法来长期保存。如用食盐水浸泡桂花，保存期可以长达半年以上而不变质。而且浸泡过的桂花在香气上变为浓郁、甜醇。又如玫瑰花，也可以用饱和食盐水浸泡处理，不但可以提高出油率而且延长了加工时间，缓和了大量原料急待加工与加工设备生产能力不足之间的矛盾。

### 5.5.2.3 破碎处理

某些香料植物原料，如果是树干或树根，或者是坚硬的果或籽，常需要在加工前进行破碎处理。采用机械的方法进行不同程度的切碎、压碎或磨碎，这样才有利于水蒸气蒸馏加工或溶剂浸提。主要方法有：磨碎、压碎、切碎和发酵等。

### 5.5.3 水蒸气蒸馏法

在植物性天然香料生产方法中，水蒸气蒸馏法是最常用的一种，植物精油的成分，其沸点通常在150~300℃，常压下均有一定的挥发性，在加热条件下，可随水蒸气一起蒸馏出来。精油成分大多不溶于水，馏出物中的油与水极易分开。此法的特点是设备简单，容易操作，成本低，产量大。除在沸水中主香成分容易溶解、水解或分解的植物原料外（如茉莉、紫罗兰、金合欢、风信子等一些鲜花），绝大多数芳香植物，如薄荷、香茅、柏木、桉叶等原料都可采用水蒸气蒸馏法生产精油。根据原料的特性、生产条件以及生产规模等不同选择蒸馏方法。蒸馏可以在常压、减压或加压下进行。

## 5.5.3.1 水蒸气蒸馏工艺

### 1) 蒸馏工艺要求

水蒸气蒸馏工艺不论采用何种蒸馏方式,从香料植物中提取精油的一般工艺过程如图5-1所示。每一工序按要求进行,才能取得满意的蒸馏效果。

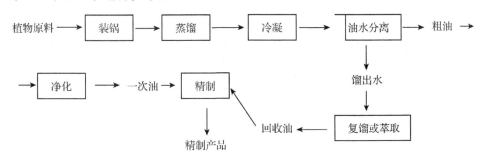

**图5-1 水蒸气蒸馏示意工艺流程**

(1) 装料

香料植物大多是各种不规则形状的固体物,如木质部分、树根、树皮,它们长短、粗细不一。当然也有些原料的形态,大小均匀一致,如花、叶、籽等。对形状和大小不一的原料应加以切断或破碎成大小一致,厚薄均匀。

把原料装入蒸馏锅内的基本要求是:铺放均匀,松紧适宜,高度恰当。装料不好,会产生蒸汽的"短路",严重时会产生料层"穿洞"现象,从而影响得油率,能耗增加,工时延长。如鲜花或干花原料装料以松散为宜;枝叶一类的装料必须层层压实;粉碎后的颗粒原料要求装得均匀和松紧一致,四周料层应压紧;对蒸后会膨胀的果实、种子类原料,如山苍子等,要实行分格装料,料层不能很厚。装料高度要恰当,一般装料体积为蒸馏锅有效容积的70%~80%。

(2) 加热

水蒸气蒸馏的加热热源有锅底直接加热、间接蒸汽加热和直接蒸汽加热三种。无论采取何种蒸馏方式和加热方式,在蒸馏开始阶段均应缓慢加热,缓慢加热阶段一般应维持0.5~1h,然后才可以按蒸馏需要,逐渐加大热量,使之维持正常的蒸馏速度。

(3) 蒸馏速度

单位时间内馏出液的数量称为蒸馏速度。蒸馏速度的大小可以用量具在冷凝器的冷凝液出口处测定。比较适宜的蒸馏速度常以每小时馏出液的数量为蒸锅容积的5%~10%为宜。蒸馏速度与原料的品种、破碎程度、精油成分的沸点高低、蒸锅的大小、装料的紧密程度等因素有关。蒸馏速度的控制应由小到大,逐步增加,操作正常后速度应保持稳定。

(4) 蒸馏终点

蒸馏终点的确定实际上是指蒸馏一锅原料所需要的时间。理论上的蒸馏终点,是指蒸出的精油量不再随蒸馏时间的延长而增加之时。实际生产中蒸馏终点的确定是按得油率达到理论得油率的90%~95%就停止蒸馏。再延长蒸馏时间尽管还可以得到极少量的油,但已经是得不偿失,没有多少经济意义。

(5) 馏出液的冷凝冷却

蒸馏开始后,首先从蒸锅、导气管和冷凝器中驱出不凝性空气。驱出速度宜慢,让油水蒸气缓慢地自下而上取代空气，但切忌水油混合蒸汽和空气一起驱出，影响冷凝效果，造成精油损失，鲜花类的蒸馏更要注意这一点。不凝性空气逐出后，来自蒸锅的水油混合蒸汽应完全能被冷凝成馏出液，馏出液在冷凝器中继续被冷却。大多数精油都要求冷却到室温或接近室温，鲜花类精油宜冷却到室温以下，但对黏度大、沸点高的精油如香根油等，馏出液应保持一定温度，一般为 40~60℃。

(6) 油水分离

精油和水混合蒸汽经冷凝器转变为馏出液而进入油水分离器。根据精油和水的密度不同，可选择轻油油水分离器、重油油水分离器或轻油重油两用油水分离器。为了加强分离效果，还可采用 2 个或 2 个以上的串联油水分离器，进行两级以上的油水分离。油水分离器可按密度差制成连续出油和连续出水的形式，也可制成间歇放油和连续出水的形式。馏出液在油水分离器中的动态分离时间以 30~60min 为宜。

**2) 馏出水的处理**

馏出水中所含精油成分，大多是醇、酚、醛、酮等含氧化合物，它们带有极性较强的基团，也能少量溶解于水中。这些以溶解状态存在于馏出水中的油难以用重力沉降法分离，这些质量较好的香料化合物生产上常用的回收方法有对馏出水进行复馏或萃取两种，或者两法并用。

(1) 复馏

将馏出水重新蒸馏的方法称为复馏。将馏出水集中于蒸馏锅内，可以采用多种形式加热蒸馏，也可以直接通入水蒸气蒸馏。复馏过程比蒸馏过程要快得多，这是由于油水密切接触处于高度混合状态，不需进行"水散"过程的缘故。所以蒸锅内的馏出水沸腾后，其水油混合蒸汽会迅速形成，很快蒸出。混合蒸汽经冷凝冷却和油水分离之后就可以获得复馏精油。但复馏速度也不宜过快，尤其是开始阶段要稍慢些，首先将不凝性空气排除，然后适当控制馏出速度和馏出液温度。通常复馏出的馏出液量为加入锅内馏出水量的 10%~15% 时即可停止蒸馏。这时锅内水液已基本无油，可以弃去。如果馏出水中含沸点较高、黏度较大的油分比较多，可以适当加大馏出液的数量。馏出蒸汽经冷凝、油水分离器后得复馏粗油。

(2) 萃取

可以用挥发性溶剂，如石油醚、苯、环己烷等对馏出水进行萃取而回收其中的少量精油。简易的萃取方法是使馏出水依靠静压力(位能)自动流经 2~3 个装有溶剂和填料的萃取器进行二级或三级萃取。二级萃取效率以苯为例可达 60%~70%。馏出水也可以采用搅拌方法间歇萃取。从萃取液中回收溶剂后就可以得到浸提粗油。

从馏出水中回收的精油，不论是用复馏法得到的复馏粗油，或用萃取法得到的浸提粗油，统称为"水中粗油"。

**3) 粗油净化与精制**

水蒸气蒸馏法生产精油具有萃取与复馏装置的工艺流程如图 5-2 所示。

芳香植物原料在蒸馏锅(1)中加热蒸馏，馏出液经冷凝器(2)冷却后进入油水分离器(3)得到直接粗油。馏出水经萃取器(4)得到萃取液，萃取液回收溶剂后得到浸提粗油。萃取后的馏出水进入贮水槽(5)，用泵(6)打入高位槽(7)后进入复馏锅(8)，复馏馏出液经冷凝器(9)、油水分离器(10)得复馏粗油。

直接粗油与水中粗油(浸提粗油和复馏粗油)往往带有少量固体杂质、水分和不良气味，都要分别进行净化精制处理。净化精制过程包括澄清、脱水和过滤三个步骤。易过滤的精油采用常压过滤法,对于黏度小较难过滤的精油则采用减压过滤。

直接粗油经净化精制后称为"直接油",水中粗油经净化精制后称为"水中油"。直接油和水中油混合后,成为精油产品。

#### 5.5.3.2 水蒸气蒸馏设备

水蒸气蒸馏法生产设备主要是由蒸馏锅、冷凝器和油水分离器三部分组成。水蒸气蒸馏设备一般分为简易单锅蒸馏、加压串联蒸馏和连续蒸馏3种类型。

精油生产中所用冷凝器有盘管式或列管式。换热面积一般采用生产中的经验数据,即每 $1m^3$ 蒸馏锅容积配备 $3m^2$ 面积的

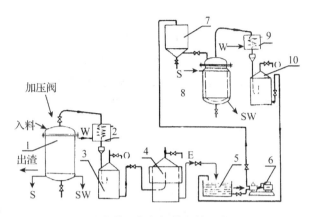

**图 5-2 具有萃取与复馏装置的工艺流程**
1. 蒸馏锅 2. 冷凝器 3. 油水分离器 4. 馏出水萃取器
5. 贮水槽 6. 蒸汽往复泵 7. 高位槽 8. 复馏锅
9. 冷凝器 10. 油水分离器
S—蒸汽 SW—蒸汽冷凝水 O—油 E—萃取液 W—冷水

冷凝器,就可满足要求。如果是减压蒸馏工艺,由于油水混合蒸汽的体积大,流速快,所需要的冷凝面积应增大 50% 以上。

### 5.5.4 溶剂浸提法

浸提法也称萃取法,是用挥发性有机溶剂将原料中某些成分浸提出来,在天然香料生产中的应用十分广泛,如茉莉、大花茉莉、玫瑰、桂花、白兰、晚香玉等名贵花类原料常用浸提方法制取浸膏或净油产品,也有制成酊剂产品。与水蒸气蒸馏方法比较,溶剂浸提法最大的特点是加工过程中受热温度较低,香料受热而分解的情况较轻;原料中的高沸点香料成分也极易被浸提出来,因而产品能在较大程度上保留香花原料的头香和底香;使得产品的香气成分完整,质量较高;一些精油含量极低的香原料,如橡苔等,也宜用浸提法加工。此外,食品香料中含有的不挥发性香气成分只有采用浸提法才能提取出来。

浸提法得到的浸提液中,除含有芳香成分外,还含有植物蜡、色素、脂肪、纤维、淀粉、糖类等杂质。通过蒸发浓缩回收溶剂以后,得到的膏状物质通常称为浸膏。将浸膏用乙醇溶解,冷却后滤去固体杂质,减压蒸馏回收乙醇后,则可得到净油。如果用乙醇浸提芳香物质,则所得产品称为酊剂。

#### 5.5.4.1 浸提原理

溶剂浸提过程是一种物质传递过程。用浸提方法从香料植物中提取香成分一般是液—固接触过程,溶剂与固体原料接触后,经过渗透、溶解、扩散等一系列过程。由于植物原料的组织结构非常复杂,被提取的物质又是一组复杂的混合物,所以较难用统一的浸提理论进行精确的描述。

芳香植物的精油存在于细胞的原生质中。浸提过程是一个物理过程,首先是溶剂由物料表面向内部组织渗透,同时对细胞内原生质中的精油进行选择性溶解;溶入溶剂中的精油连同溶剂再扩散到细胞外。所以,浸提过程可以简要地分为渗透、溶解和扩散三个阶段。

(1) 渗透

浸提的开始随被浸提的植物原料的情况不同而异。对一般干燥原料,首先是润湿问题。当溶剂与原料接触时,还存在亲水性和疏水性问题,一般鲜花中水分含量多达80%,鲜叶中60%左右。当这种植物原料与疏水性的浸提溶剂石油醚接触时,溶剂向植物原料内部的渗透比亲水性溶剂更为困难,为了加快渗透,可在疏水性溶剂中添加少量极性溶剂,如乙醇、丙酮等。

(2) 溶解

溶剂渗入植物组织内部及细胞中之后,可溶解的香成分便按溶解度的大小先后溶解到溶剂中去。但这不单纯是溶解过程,还有分配问题。精油成分存在于油细胞之中的水溶性原生质内,无论极性或非极性溶剂与水溶性原生质之间进行接触,精油在这两者之间都有一个溶解度分配问题。

一般对固体物的萃取,其提取效果除所含成分的溶解度大小之外,还取决于固体物的粉碎度及与物料的接触时间。而溶剂从原生质中提取精油,情况就比较复杂。在细胞原生质中,溶剂与细胞液是分层的,精油成分在溶剂和细胞液两相中都能溶解。若在两相中溶质的浓度不平衡,则在相互接触时,将在相与相之间进行分配,即香成分从细胞液相转入溶剂相中。在这一过程中必须考虑的是香成分在两相中的分配系数。

分配系数是在一定的条件下,被溶解物质在两个液相内,即精油在溶剂和细胞原生质这两个液相内达到完全平衡后浓度的关系,大约相当于溶质在这两相溶液内的溶解度的比值。每一种香成分在细胞原生质与溶剂之间的分配系数在一定温度条件下是一个恒定的常数,可表示为下式:

$$K = \frac{C_1}{C_2} \tag{5-1}$$

式中　$C_1$——两相平衡时被浸提组分在浸提液中的浓度;

　　　$C_2$——两相平衡时被浸提组分在被浸提混合物中的浓度;

　　　$K$——分配系数。

因为溶剂的数量比细胞原生质液体的数量大得多,因此浸提就比较完全。这种分配现象,对某些粉碎植物原料的浸提,可能就不是主要因素。如切碎的岩蔷薇香树脂的提取主要是溶解因素起主导作用,因为它的树脂是分泌在叶表面上的。但用与水不相混合的溶剂从蒸馏液中提取其中的香成分,分配就成为主要因素。

(3) 扩散

细胞原生质中的精油,根据分配系数溶解到周围与之接触的溶剂中之后,一方面溶质将渗透到周围含溶质浓度更低的溶剂中,引起周围溶剂中溶质浓度的上升;另一方面,溶剂本身也会渗透入含高浓度溶质的细胞原生质中。浓度差就成为溶质分子的扩散动力。被浸提的精油成分,即借扩散动力向溶剂中传递,直至达到平衡为止。这时,浸提过程只能通过更换新鲜溶剂才能重新开始,一直到新的浓度平衡时为止。

#### 5.5.4.2　浸提工艺

浸提工艺过程,主要包括原料准备,溶剂浸提,溶液蒸发、浓缩及过滤等工艺步骤。最后得到的有浸膏、香膏、油树脂、净油、酊剂等产品。

**1) 浸提方式**

从原料和溶剂之间的相对运动状态及操作方式上区分，浸提方式可以分为两大类，即间歇分批浸提和逆流连续浸提。每一类中又分若干种工艺：间歇浸提主要有固定式、搅拌式（包括刮板式和浮滤式）和转动式浸提工艺；连续浸提主要有罐组式、平转式和桨叶式逆流连续浸提工艺等。

(1) 固定浸提

固定浸提也就是静止浸提，即原料和溶剂接触时两者都不运动。此法一般为间歇操作。原料先加入浸提器中，然后再加入溶剂并淹没原料。由于两者处于相对静止状态，无论溶剂渗入原料组织中，还是香成分向溶剂中扩散，其速度均较低，因而浸提时间长、效率低，但浸提杂质少。

为了克服这一缺点，可作下列改进：原料静止不动，使溶剂作循环运动，就是从浸提器底部抽出浸提液，用泵再送入浸提器内。这样做可以提高传质效率，加快浸提速度。

另一种改进方法，就是从浸提器底部抽出的浸提液，不直接回流到浸提器内，而是流入浓缩锅中，经初步浓缩时回收到的溶剂再连续地进入浸提器。为了保证浸提过程能正常进行，溶剂用量较大。在浸提过程中，由于循环回入的溶剂是回收溶剂，浓度极低，因而加大了浓度差，进一步提高了浸提效率。

在前两种浸提中，经一定时间浸提后，由于浓度差越来越小，原料中的香成分就难以扩散，这时就需要更换溶剂，以加大浓度差。浸提后所得的浸出液称为浸液，一般浸出率可达60%~70%（按全部得率计）。在洗涤过程中，是以洗为主，浸为辅，为了减少杂质的浸出，一般洗涤时间约为浸提时间的1/3。洗涤2~3次，各次洗涤后所得洗液、按次序分为第一次洗液、第二次洗液及第三次洗液。由于浸液和第一次洗液含油率较高，常合并进行蒸发浓缩，而洗液可循环使用于浸提中，蒸发浓缩后所得回收溶剂，仍可用于浸提或洗涤。固定浸提适宜于加工娇嫩鲜花或怕碰伤的原料，如大花茉莉、晚香玉、紫罗兰花等。

(2) 搅拌浸提

由固定浸提发展而来的一种浸提方法，也为间歇操作。将原料浸泡在有机溶剂中，采用刮板式搅拌器，使原料和溶剂缓慢转动。刮板式浸提机内设有花筛和转动刮板，花层始终浸泡在溶剂中，刮板以2r/min的速度转动，使花和溶剂在动态下充分接触，浸提效率有所提高，达80%左右。由于搅拌很慢，原料不易碰伤，浸提杂质较少。产品质量优于转动浸提。

此种浸提方法适于桂花、米兰等小花或小颗粒状的原料。此法还常用于酊剂类产品的生产以及树苔、岩蔷薇的乙醇加热回流浸提。此法浸提一定时间后，需要更换溶剂再进行洗涤，方法与固定浸提类似。

(3) 转动浸提

转动浸提就是原料与溶剂之间因浸提设备的转动而作相对运动。我国普遍采用转鼓形外壳和分格式转动花筛。溶剂加入量约为转鼓形浸提器体积的50%。转动速度为2~6r/min，此法也是间歇操作。最大优点是：溶剂使用量少，传质速率快，浸提时间也比固定浸提短。最大缺点是：原料因随设备的转动而运动，所以碰伤较厉害，杂质浸出率高。所以转动浸提对不怕碰伤的原料或碰伤后对质量影响不大的原料较为适宜，特别适于小花茉莉、白兰、墨红等花瓣较厚的原料。

转动浸提也和固定浸提一样，浸提到了一定时间后需要更换溶剂。但浸出率尚高于固定浸提，可达80%~90%。为此，洗涤时间也可以短些，一般为浸提时间的1/4~1/3，洗涤二

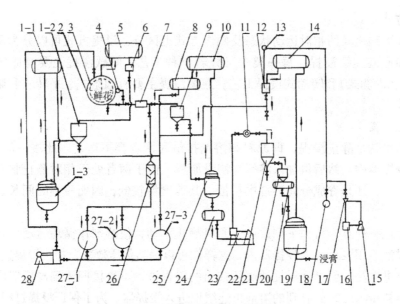

**图 5-3 鼓式转动浸提工艺流程**

1-1. 冷凝器　1-2. 残渣溶剂澄清桶　1-3. 残渣溶剂处理设备　2. 浸花机外壳　3. 浸花机(转动浸提器)
4. 残渣与溶剂临时分离器　5. 冷凝器(回收残渣溶剂时用)　6. 溶剂水分离器　7. 过滤器(粗滤)
8. 回收溶剂中间贮存桶　9. 浸提澄清桶　10. 冷凝器　11. 压滤器　12. 接受器(具水冷却装置)
13. 盐水冷却器　14. 盐水冷凝器　15. 水循环泵　16. 循环水箱　17. 水射真空泵　18. 活塞式真空泵
19. 真空浓缩锅　20. 滤液贮存桶　21. 浓缩液过滤器(常压)　22. 浓缩液沉淀桶　23. 浓缩液输送泵
24. 浓缩液贮存桶　25. 常压浓缩锅　26. 洗涤分离桶　27. 溶剂桶(27-1. 贮存上批原料的第一次洗液；
27-2. 贮存上批原料的第二次洗液；27-3. 贮存上批浸液的回收溶剂)　28. 溶剂输送泵

次即够。洗液作下一批料使用。浸液经蒸发浓缩后所得回收溶剂作为下一批料最后一次洗涤用。鼓式转动浸提工艺流程如图 5-3 所示。

(4) 逆流浸提

逆流浸提是浸提过程中原料和溶剂互相按逆流方向移动。一般新鲜或回收溶剂在出料端前加入，而浸提液从加料端后流出。此过程是连续进行的。在加料端溶剂含香成分的浓度最高，在出料端处则浓度最低。而原料中所含香成分的浓度则相反。因此，在整个浸提过程中，各处始终保持着较大的浓度差，而且在逆流连续接触过程中浸提与洗涤实际上是同时进行的。所以浸提效率高，浸提率 90% 左右，产品质量和香气均优。逆流浸提生产能力大，适于产量大的多种原料。

逆流浸提最早的应用形式是柱式逆流浸提或罐组式逆流浸提。溶剂是连续的，而原料则是间歇地轮流出料和加料。目前，香料植物加工中已应用了平转式逆流连续浸提和泳浸桨叶式连续浸提工艺与设备。

平转式逆流连续浸提特别适用于大花茉莉、茉莉、白兰、黄兰、金合欢等鲜花类原料的加工，同时也适用于茎、叶、根及粒状原料。在这种工艺中，原料与溶剂逆向运动，溶剂自上而下喷淋和洗涤。喷淋级数、喷淋强度及浸提时间均可改变，这主要由原料的性质而定。如茉莉花的喷淋级数为 9 级，浸提时间 96min。用于茉莉花加工的平转式逆流浸提工艺流程如图 5-4 所示。

泳浸桨叶式连续浸提原料由低处靠螺旋推进器和节距不同的桨叶翻动，以泳动式缓慢向高处出料端移动，溶剂则由高向低逆向而下，形成逆流连续浸提过程。由于浸提过程保持了

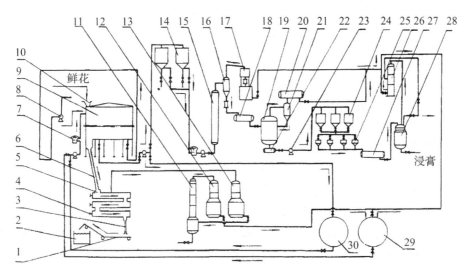

**图 5-4 平转式逆流浸提工艺流程**

1. 残渣皮带运输机 2. 残渣池 3. 残渣螺旋输送机 4. 回收器传动装置 5. 残渣溶剂回收器 6. 浸提后带溶剂残渣输送机 7. 转子流量计(指示式) 8. 溶剂循环喷淋泵 9. 平转式逆流浸提主机 10. 螺旋进料机 11. 残渣溶剂处理塔(筛板塔) 12. 冷凝器与接受器 13. 残渣溶剂回收冷凝器与接受器 14. 浸提液澄清桶 15. 升膜蒸发器 16. 旋风分离器 17. 冷凝器与接受器 18. 初浓液贮存桶 19. 常压浓缩锅 20. 冷凝器 21. 旋风分离器 22. 浓缩液贮存桶 23. 浓缩液输送泵 24. 浓缩液沉淀桶 25. 浓缩液过滤(常压) 26. 盐水冷凝器与接受器 27. 滤液贮存桶 28. 真空浓缩锅 29. 溶剂桶 30. 洗液桶

较大的浓度差,浸提效率高,溶剂损耗低,浸膏质量好。适用于大批量加工玫瑰、墨红等鲜花原料。

以上 4 种浸提方式各有所长,其特点归纳见表 5-4。

**表 5-4 浸提方式比较**

| 特点 | 方式 | | | |
|---|---|---|---|---|
| | 固定浸提 | 搅拌浸提 | 转动浸提 | 逆流浸提 |
| 方法 | 原料浸泡在溶剂中静止不动,溶剂可以静止,也可以回流循环 | 原料浸泡在溶剂中,采用刮板式搅拌器使原料和溶剂缓慢转动 | 原料和溶剂在转鼓中,设备转动时原料和溶剂作相对运动 | 原料和溶剂作逆流方向移动,以提高浸提效率 |
| 原料要求 | 适于大花茉莉、晚香玉、紫罗兰花等娇嫩花朵 | 适于桂花、米兰等小花或粒状原料 | 适于白兰、茉莉,墨红等花瓣较厚的原料 | 适于产量大的多种原料 |
| 生产效率 | 较低 | 较高 | 高 | 最高 |
| 浸提率 | 60%~70% | 80%左右 | 80%~90% | 90%左右 |
| 产品质量 | 原料静止,不易损伤,浸膏杂质少 | 搅拌很慢,原料不易损伤,浸膏杂质较少 | 原料易损伤,浸膏杂质多 | 浸提较充分,浸提效果好,杂质也较多 |

**2) 溶剂选择**

有机溶剂的种类很多,在香料工业中作为挥发性浸提溶剂,应注意以下原则:①无色无味,不易爆炸和燃烧,对人体危害性小。②沸点低,易于蒸除回收。在常温下不易大量挥发,而又能在较低的加热温度下蒸发除净。③应不溶于水,否则会在浸提过程中被鲜花中的水分稀释,从而降低提取能力。④选择性强,即溶解芳香成分的能力要强,对植物蜡、色素、脂肪、蛋白质、淀粉、糖类等杂质的溶解能力要小。⑤化学性质应该是惰性的，不与芳香成分及设备材料发生化学变化。⑥要有较高的纯度，溶剂的沸程范围应小。特别是蒸发后不得有任何残留物，否则会带入产品中，影响产品质量。

根据上述条件，中国目前常用的溶剂有：石油醚、乙醚、乙醇、苯、氯仿、二氯乙烷、丙酮等。选择溶剂还应根据原料品质、性质和产品质量要求进行适当选择。鲜花类溶剂一般均采用60~70℃的石油醚。树苔、岩蔷薇均以乙醇作溶剂。有时用一种溶剂提取后，再用另一种溶剂进行精制。有时也用混合溶剂作主体，加入少量极性溶剂进行提取或精制。挥发性溶剂在使用过程中必须强调安全与防爆工作。

随着科学技术的发展，在20世纪60年代后期，超临界态或液态二氧化碳、液体丙烷等作为溶剂用于精油、辛香料和食品香料的提取。

溶剂在使用前，无论是回收溶剂还是新购入厂的溶剂，都必须经过处理与精制。溶剂的质量关系到产品的质量。溶剂中少量固体杂质及异味、臭气带入产品后将会严重影响产品的香气和其他质量指标。

工业上的简易处理方法，就是把溶剂重新精馏一次。在精馏前加入0.5%液体石蜡。精馏时要控制馏速、不宜太快。并应留下5%左右的残留液不用。液体石蜡的作用是精馏时保留高沸点成分以及吸收臭、杂气味，这对保证鲜花浸膏的质量起到非常关键的作用。

**3）浸提工艺要求**

在原料用溶剂的浸提过程中，影响浸提效率的主要因素有：装料，物料与溶剂比，浸提温度和浸提时间。

(1) 装料

装料的质量与浸提效率密切相关。对于坚硬或体积较大的原料应事先切碎或压碎。在装料时应注意以下几点：原料的尺寸大小尽可能一致，均匀松散地装入浸提设备中，高低一致，要使物料与溶剂有最大的接触面；料层不宜太厚，要有利于溶剂的渗透和精油的扩散；对于固定浸提、搅拌浸提及逆流浸提，其装载量一般为浸提器的60%~70%，对于转动浸提，其装载量一般为浸提器的80%~90%。

(2) 物料与溶剂比

溶剂的加入量，固定浸提及搅拌浸提工艺中溶剂应盖没料层，一般物料与溶剂比为1:4~1:5kg/L；对于转动浸提溶剂比一般为1:3~1:3.5kg/L；对于逆流浸提，溶剂是连续加入的，其总加入量约为原料体积的4倍。

固定、搅拌和转动浸提在浸提后常要更换溶剂进行洗涤，这时溶剂加入量可按原料吸收溶剂的情况进行适当减少。

(3) 浸提温度

浸提温度对浸提效率和产品质量有直接影响。一般而言，浸提温度提高，则浸出率增大，但浸提选择性差，杂质增多，产品质量下降。对于名贵鲜花类的浸提，最好采用室温下浸提，低温浸提往往能获得香气好的优质产品。只有对难以浸出的芳香植物才采用加温浸提。

(4) 浸提时间

在间歇浸提中主要是指从浸提开始到放出浸液时所需的时间。理论上的浸提终点，即浸提时间，就是溶剂中香成分的浓度与原料中香成分浓度开始呈动态平衡之时。工业生产中，当达到平衡时的理论得率的80%~85%时即停止浸提。连续浸提的浸提时间取决于出料端的浓度是否和间歇浸提经过最后一次洗涤后相似。连续浸提虽包括了洗涤过程，但与转动浸提的时间相仿。如茉莉花的平转式逆流浸提为96min，鼓式转动浸提为90min。

### 5.5.4.3 浸膏制备

浸膏生产的工艺流程如图5-5所示。

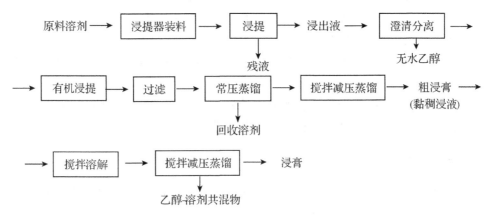

**图 5-5 浸膏生产示意工艺流程**

浸膏生产过程主要有：原料浸提、浸液浓缩、脱溶制膏、残渣处理等4个步骤。

**1) 原料浸提**

根据原料的特性选择适宜的溶剂，确定装载量、溶剂比、浸提温度、浸提时间等最佳浸提工艺条件进行浸提，得到浸出液。

**2) 浸液浓缩**

为了得到浸膏或香树脂类的产品，必须将浸出液中的溶剂蒸除回收。浸出液在浓缩之前须经澄清分离除去水与杂质，得到的有机浸液再经过滤后进行浓缩。浸液浓缩一般采用两步蒸馏法。先进行常压蒸馏回收大部分溶剂，然后再进行减压蒸馏，得到粗浸膏。

（1）浸液的常压蒸馏

浸液的常压蒸馏常用间接蒸汽加热法进行，蒸发后所得的回收溶剂可达90%，可直接用于生产而不必精制。溶剂蒸发后，溶液中溶质的浓度就逐渐增加，根据产品的要求，可浓缩成不同浓度的浓缩产品。浸液用常压蒸发浓缩时，如存在热敏性成分，尤其是鲜花类浸液，宜采用连续式薄膜蒸发器浓缩，此法蒸发速度快，浸液受热时间短，有利于保证产品质量。

（2）浓缩液的减压蒸馏

经过常压浓缩已经回收大量溶剂的浓缩液，为了保护其有效香成分不受破坏和加快浓缩速度，常采用减压蒸馏方法进行第二次蒸发浓缩，得到的黏稠浸液称为粗浸膏。在减压浓缩过程中对鲜花类或含热敏性成分的浓缩液，必须控制好工艺参数。

**3) 脱溶制膏**

当减压浓缩到半凝固状态时（粗膏），绝大部分溶剂已被回收，粗膏中溶剂含量已经很少，为15%~30%。为了把残留在粗膏中的溶剂在较短的时间内快速脱除，常采用无水乙醇与溶剂共沸法：即往粗膏中加入5%左右的无水乙醇，使粗浸膏在搅拌下充分溶解，然后在高于浸膏熔点温度2~3℃，真空度93.3~94.6kPa下减压蒸馏，脱溶减压蒸馏的时间控制在15~20min，蒸除乙醇—溶剂共沸物，即可得到浸膏。对于热敏性强的鲜花类浸膏，在上述条件下，更要控制好时间，越短越好。

### 4)残渣处理

浸提残渣经最后一次洗涤后仍会吸收一部分溶剂,吸水量视原料而异,一般为原料量的40%~60%。因此,残渣必须进行处理,在回收溶剂的同时,得到精油副产品。残渣中溶剂常采用直接蒸汽进行回收。对于回收溶剂,通常采用精馏方法进行处理,每批回收溶剂处理时约留下5%于精馏塔釜内弃之不用,因为青辣杂味已被留在塔釜的残液中。也可以采用相当于溶剂量5%的吸附剂进行搅拌处理。

有些原料如白兰花、玳玳花、橙花等,存在于花萼或花蕊中的精油,绝大部分未被浸出,在用水蒸气回收残渣中的溶剂时,只有一小部分溶入回收溶剂中。所以回收溶剂后的残渣,还要用直接蒸汽蒸馏4~5h以回收留在残渣中的精油。另外,在回收溶剂时也通过蒸发浓缩的方法回收其精油。把这两种所得的精油混合在一起,就成为这些花的副产品。

#### 5.5.4.4 净油制备

在浸提过程中,大量的植物蜡溶入溶剂,在蒸发浓缩过程中又未能析出。而粗膏及浸膏内的蜡质已经与芳香物质溶合在一起。蜡质的存在,降低了产品的质量,限制了浸膏在高级香水及其他高级加香产品中的应用。为了把浸膏中的大部分蜡质除去,需要进一步精制,把浸膏中的真正香料成分提取出来。从浸膏中提取得到的纯香制品称为净油。净油在室温下呈液态或半流体状,质量高的净油在0℃下仍为液态状。

##### 1)制备原理

从浸膏中除去蜡质的原理,是利用蜡质在乙醇中的溶解度随温度的下降而下降,而芳香油在乙醇中的溶解度却不受温度高低的影响,也就是说在低温下浸膏中的芳香物质仍能很好地溶解在乙醇中。利用蜡质和芳香物质在溶解度这一性质上的差别,很容易把它们分离,从而达到除蜡或制取净油的目的。除蜡用乙醇一般采用浓度为95%以上的精制乙醇。除蜡的关键是对浸膏在乙醇中溶解时温度的控制。

##### 2)制备过程

净油制备的工艺过程包括溶解、冷冻、过滤、蒸发浓缩等。示意工艺流程如图5-6所示。

(1)溶解

先将浸膏和乙醇充分溶解,溶解时可在室温进行,也可在加温下进行。净油制备工艺中乙醇的总用量一般为浸膏量的12~15倍。乙醇用量过多,生成的浸膏乙醇溶液浓度太低,冷冻后蜡质析出量减少,造成除蜡困难。用量过少,净油提取率将会降低。开始溶解浸膏用乙醇用量为总用量的50%左右,其余50%为洗涤蜡质滤渣时使用。

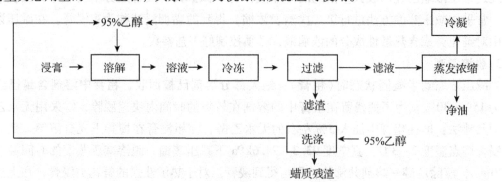

图5-6 净油制备示意工艺流程

(2) 冷冻

把已经溶解好的浸膏乙醇溶液降温冷冻。冷冻温度的控制可以分以下两种方式：

① 分步冷冻，分步过滤：先将溶液冷冻到 0℃ 左右，先析出一部分蜡质，将冷冻液在同温度下过滤除去先析出的这部分蜡质。再将滤液继续冷冻至 -15~-10℃，又析出一部分蜡质，同温度下过滤后的滤液再送去进一步降温冷冻至 -25~20℃，溶液中将会再一次析出蜡质，过滤。

② 一步冷冻：将溶液一次降温冷冻至 -25℃ 左右，把析出的蜡质在同温度下滤除。

由上述两种操作方式可知，冷冻温度的高低将决定蜡质析出量的多少；冷冻时间，一般取 2~3h。

(3) 过滤

过滤时速度要快，对过滤器要求保温。以防过滤过程中因温度升高而使一部分已析出的蜡质又重新溶解到滤液中。为了快速过滤，最好在真空度下减压过滤。

(4) 蜡质洗涤

过滤完冷冻溶液后，留在过滤器内的蜡质残渣表面上或渣缝中沾有滤液，这少量滤液中含有较多的芳香物质。这时可取余下的 50% 新鲜乙醇分 3~4 次洗涤蜡质滤渣，直至基本无香。洗涤液可回收作为第二批浸膏溶解时使用。

(5) 蒸发浓缩

过滤除去蜡质后的滤液送去蒸发浓缩，回收乙醇。为了保证净油产品的质量，蒸发浓缩应该在尽可能低的温度下进行，为此，在真空条件下蒸发乙醇较好。蒸发浓缩这一操作过程直至净油产品中的乙醇残留量不超过 0.5%。

采用以上工艺过程制取的净油中实际上还含有少量蜡质，并没有完全除尽。净油提取率也只有 85%~90%。有时为了得到更高质量的制品从浸膏中提取得到的净油还需进行第二次，以至第三次除蜡，以满足各种加香产品对净油质量的需求。

另外，用选择性较差的溶剂提取的浸膏产品，有时由于质量要求还要用选择性好的溶剂来精制，目的不一定除蜡，主要是减少杂质含量，精制后所得的产品也叫净油。

净油的提取不一定要从浸膏开始。实际上浸提液经蒸发初步浓缩后（其中还含有 7%~10% 浸提溶剂），不必做成浸膏而直接送去除蜡和提取净油。这样可以省去一道工艺步骤，节省能源和操作费用，也可避免因制膏中需真空浓缩造成香气损失。

#### 5.5.4.5 浸提设备

浸提设备的形式很多，根据原料的特性各有不同，一般可分为以下几种：固定浸提器、刮板式浸提机、浮滤式浸提器、转鼓式浸提机、平转式连续浸提器、泳浸桨叶式连续浸提器以及用于制备酊剂的热回流浸提器等。

**1) 固定式浸提器**

将原料浸泡在有机溶剂中静止不动，溶剂可以静止，也可以回流循环。此设备材质为不锈钢，主要结构如图 5-7 所示。

一般以 3 台 2000L 固定浸提器为一组，共用一套回收花渣黏附溶剂的列管式冷凝器、油水分离器。浸提器的大盖采用液压或平衡式开启。浸提器内有装料的多层铝制栅架放置原料，栅架的中央有一根起吊轴。根据需要还可用隔笸将原料分隔成数层，便于吊出卸料和使溶剂与香花充分接触，以免鲜花在浸提时被压实而产生沟流，影响得率。另备有溶剂泵使溶剂不

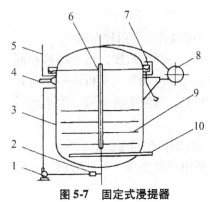

**图 5-7 固定式浸提器**
1. 循环泵 2. 过滤器 3. 浸提器
4. 出气口 5. 放空口 6. 吊杆 7. 快启件
8. 重锤 9. 筛板 10. 蒸汽进口

断循环以加强渗透和扩散作用。设备内还装设有蒸汽盘管和直接蒸汽喷管。每 1000L 容量的浸提器每次可加工花 125kg。加料后，依次用二次洗液、三次洗液和新鲜溶剂浸提 3 次。浸提液经澄清后浓缩。第二次、第三次洗液则依次套用。在第三次洗液放尽之后，将直接蒸汽通入浸提器内，将废花上黏附的溶剂蒸出，冷凝后回收。然后吊出废花、再装新料。每 10h 可加工 2 批，每批总浸提时间为 3~4h，总处理量为 250kg 鲜花。

该设备特点：原料在浸提器内不动，细胞组织不易损伤，且浸没在溶剂里，阻止了酶的活动，有利于提高浸膏质量；主机造价较低；溶剂比大，处理能力较小；另外操作也比较繁琐。

#### 2) 刮板式浸提机

将原料浸泡在有机溶剂中，采用刮板式搅拌器，使原料和溶剂缓慢转动。刮板式浸提机如图 5-8 所示，由不锈钢制造。根据搅拌原理，要求花原料始终浸没在溶剂里。机内设有花筛，固定的外壳内设有中心轴，轴上装有两组刮板。刮板的作用是翻动鲜花，使花与溶剂在动态下充分接触。转速 2r/min。加料口设于外壳上方，可一次直接投料。浸提结束后可开启蒸汽喷管，在转动下回收黏附溶剂。排渣口设在外壳最下部，废花渣可借水力输出。这样既可冲洗干净，又可节省时间、减轻劳动强度。浸提效率比固定浸提有所提高，特别适用于玫瑰、桂花等鲜花加工。

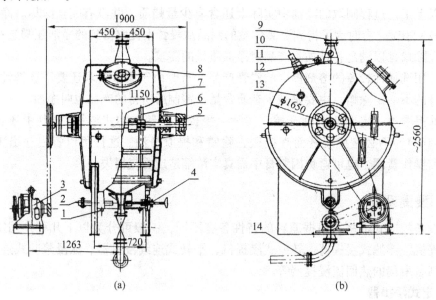

**图 5-8 1.5m² 刮板式浸提机**
1. 浸液出口 2. 蒸汽入口 3. 传动装置 4. 废液出口 5. 主轴 6. 刮板 7. 外壳 8. 进料门
9. 出气口 10. 压力表 11. 温度计 12. 透气口 13. 溶剂入口 14. 排渣口

#### 3) 浮滤式搅拌浸提器

浮滤式浸提器由涡轮搅拌器、浮滤装置、快开盖等主要部件组成（图 5-9）。涡轮搅拌器安装于浸提器底部，是由转动的叶轮、固定的导向轮及挡板组成。作用是使原料与溶剂快速充分地混合，达到高效萃取的目的。动力来自设备底部，其轴封是采用双端面机械密封。浸提器内有一个外包滤布的过滤片，它与装有浮筒的中心吸滤管相通，三者构成一个浮滤装置。中心吸滤管由顶盖中央伸出，可上下滑动，依靠浮筒的浮力，使过滤片始终刚好浸没在清液中，浸提液可经过滤片被吸出。随着浸提液液面的下降，浮筒也跟着下降，直至浸提液被吸滤完、过滤片触及原料沉淀物时为止。为了浸提时需要加热物料或回收溶剂的需要，浸提器外壳焊有夹套，可通入蒸汽加热。

浮滤式浸提工艺的特点：一是由于快速搅拌，所以萃取速度快，浸提时间大大缩短，单位容积设备的生产能力大大提高。二是由于浮滤，所以浸提液与物料残渣的分离与浸提液的抽出速度快，因为过滤是在澄清液中进行的。滤布不易受细小原料的堵塞，故这种工艺极适于颗粒状、粉末状或树脂状原料的浸提。它具有浸提效率高、产品质量好、设备造

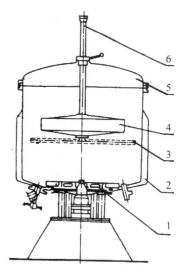

图 5-9　浮滤式搅拌浸提机

1. 涡轮搅拌器　2. 夹套　3. 过滤片
4. 浮筒　5. 快开盖　6. 中心吸滤管

价低、溶剂损耗小等优点。

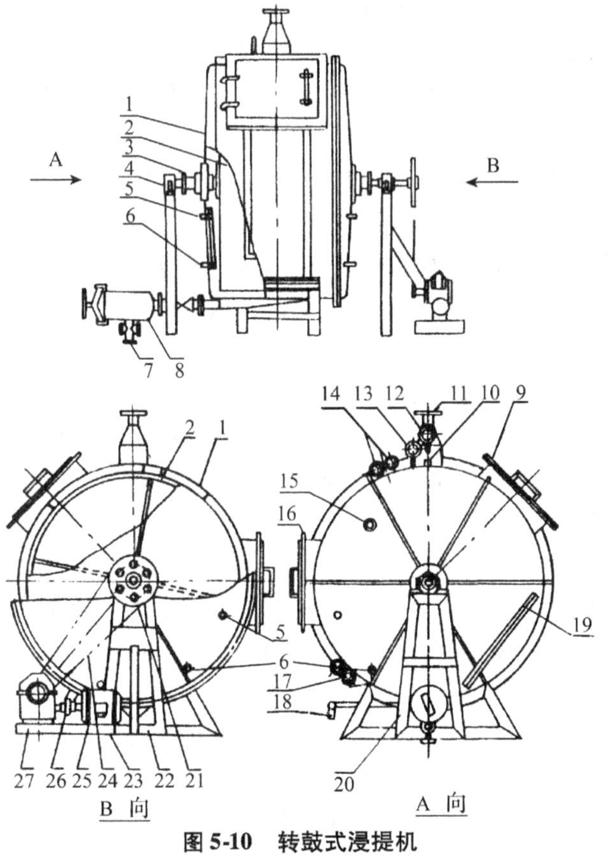

**4) 转鼓式浸提机**

转动浸提的原料和溶剂均在转鼓中，设备转动时原料和溶剂作相对运动。转鼓式浸提机如图 5-10 所示。以不锈钢制造，国内普遍采用。特别适于小花茉莉、白兰、墨红等鲜花加工，同时也适于茎、叶、根及粒状原料。

通常以两台浸提机为一组，配以列管式冷凝器、油水分离器、升膜浓缩器、真空浓缩器、过滤器，澄清桶等。设备容量有 1500L、3000L 两种。设备形式为圆鼓式、外壳固定、内胆转动。内胆为圆柱形，分成四格。花筛圆周上开有四个内门，供加料出渣用。外壳上有进料门和出料门。在进出料时，只要对准花筛的内门就可以进出料。花筛上布满 1.5~2mm 的小孔，起着溶剂透入和防止鲜花漏出的作用。花筛主轴上装有轴承支承于机体上。在外壳两端装有填料以保证设备的气密性。加料后，从溶剂进口打入一定数量的溶剂，然后开动电机，经一组减速装置来带动花筛转动，转速为 2~6r/min。浸(洗)液则通

图 5-10　转鼓式浸提机

1. 外壳　2. 四分格花筛　3. 填料函　4. 轴承　5. 冷盐水出口
6. 冷盐水入口　7. 浸液出口　8. 过滤器　9. 进料门　10. 透气口
11. 溶剂蒸汽　12. 温度计　13. 压力计　14. 冷水入口　15. 溶剂入口　16. 出料门　17. 蒸汽入口　18. 废水出口　19. 液位计
20. 大机架　21. 大链轮　22. 右机架　23. 底座　24. 链条
25. 电动机　26. 联轴器　27. 减速器

过放液口放出。浸提结束后，黏附在残花上的溶剂用直接蒸汽蒸出回收。蒸汽通入机内装置的两根多孔喷汽管，在转动的情况下，缓缓加热蒸发。溶剂蒸汽自顶部出气口入冷凝器冷凝，分水后回收再用。废花渣则通过出料门卸出。出料前可开进水阀淋入冷水以降低机体和花渣的温度。每1000L容积设备可装茉莉花200kg，每天最多加工3批。

该设备主要特点：香花在转动下，上下翻动，浸沥交替，增强和加快了溶剂渗透和扩散作用，亦有利于蒸馏回收溶剂。但翻动过程中会损伤或碰烂鲜花，促进酶的活动而影响了浸膏质量；且主机加工要求和造价均高。

### 5) 平转式连续浸提器

平转式浸提器如图 5-11 所示。此设备生产能力大，能及时地在香花开放的最佳条件下大批量加工大花茉莉、茉莉、白兰、黄兰、金合欢等香花来制取优质浸膏。连续浸提是根据渗滤原理，溶剂喷淋在料层上面，由上而下湿润花层，把香成分从花中浸出。流到料层底部的浸液则通过筛网流入溶剂格内。然后用泵抽出并输送到次一格的料格上方喷淋下来。同样，当再次一格料层由上而下喷淋、渗滤直至溶液格内，再用泵抽出，如此形成溶剂和原料的多级逆流连续浸提过程。原料在浸出格内按顺时针方向转动，浸液浓度自沥干段按逆时针方向逐级递增。喷淋级数因品种而异。浸提时间可以在30min 至 2h 调节，特殊情况亦可在 90min 至 10h 调节。

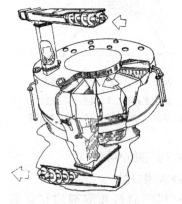

**图 5-11 平转式连续浸提器**

平转浸提器的气密性外壳固定不动，内有 15 或 18 个绕主轴缓慢转动的扇形料斗，用以支承原料的筛门是用铰链绞结在料斗的底部。在浸提周期和沥干周期结束后，筛门自动打开，在出料段卸下带有溶剂的花渣。经双螺旋输送机、刮板升运机送到高位蒸脱机将黏附的溶剂回收。回转的料斗即将筛门自动关闭，料斗转至加料口下端时再次进料。

该设备的主要特点是原料处理量大，最大的每天可加工 10t 鲜花，因而能及时地在原料含香料的最佳状态下大批量加工。料斗内原料不动因而不会受到损坏，有利于保证产品质量。溶剂喷淋量大，浓度梯度明显，得率稳定，浸膏中有效成分完整，劳动条件有所改善。由于溶剂大量喷淋后使尾气中溶剂含量高，应回收使用。

### 6) 泳浸桨叶式连续浸提器

适用于大批量加工墨红、玫瑰、栀子等香花来生产各种优质浸膏。该设备的主要结构包括：卧式密封圆柱筒，安装时与水平成 8°交角，圆柱形筒体内有一根带式螺旋叶的主轴。设备总长可达 11m。如图 5-12 所示。

按逆流连续浸提的操作方法，鲜花用带式提升机运到高位料斗，在此用浓浸液首先喷淋润湿，然后加入浸提器内。由带式螺旋推进器和节距不同的桨叶翻动，原料缓慢地由进料端被推向出料端，香花在溶剂中泳浸向前移动。花中香成分不断地溶解到溶剂中，因此花中香成分的含量也不断地减少。溶剂的进入口则在设备的另一端，它的运动方向正好与原料相反，互为逆流接触。溶剂中香成分的含量不断增加，流出设备前正好接触刚加入设备的新鲜原料，所以此时浸液中香成分的浓度最高。而原料离开设备出料前正好到达新鲜溶剂的进口处，原料中剩余少量香成分再一次被新鲜溶剂萃取，以至原料中的香成分降到最低。在原料与溶剂相反方向运动过程中，它们之间的香成分含量(浓度)始终保持着一定的浓度差。所以它能达

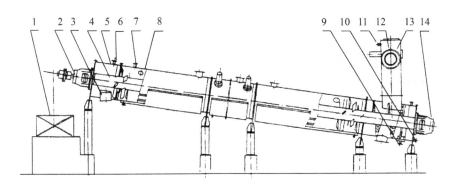

**图 5-12 泳浸桨叶式连续浸提器**
1. 传动装置  2. 后轴承座  3. 废料出口  4. 主轴装置  5. 下半筒体  6、11. 透气口
7. 溶剂进口  8. 上半筒体  9、10. 浸液出口  12. 鲜料进口  13. 进料斗  14. 前轴承座

到最高的浸提率。浸提器筒身的容量足以使香花在机内有 1h 的泳浸时间。带有溶剂的花渣在出料处被耙式输送机沥滤后再送去挤干机挤去部分吸附的溶剂，然后进入蒸脱机，在搅拌条件下用过热蒸汽进行水蒸气蒸馏回收黏附溶剂。残渣随后被排出。原料处理量每天可达 15t。

该设备的特点：可连续操作，并及时地、大批量加工香花原料。得率稳定，质量优良，溶剂损耗低，能源省，操作条件好等优点。

**7) 热回流浸提锅**

适用于岩蔷薇、树苔、鸢尾、灵香草、云木香、枣、桂圆、可可、田七等，以加热回流法制备各种酊剂。根据索氏浸提原理，原料浸没在溶剂里，在加热情况下回流浸提其中的香成分，得浓浸液。原料不同，使用的溶剂也不同。如树苔、岩蔷薇、灵香草、枣、桂圆、田七等选用乙醇为溶剂；鸢尾、云木香等用石油醚为溶剂。浸提器(图 5-13)是密封型立式圆筒，下面焊接一倾斜状锥形底，卸料门则装在锥形底下面。出料门上装有浸液出口，蒸汽进口和筛网。操作时先加料，然后加溶剂。开蒸汽控制浸提温度，回流浸提若干小时后放出浸液到酊剂制备工序，再二次洗浸或三次洗浸。二三次洗液可以依次套用。浸提结束后，开夹套蒸汽及直接蒸汽回收黏附溶剂，溶剂蒸汽经气管到冷凝器和贮存罐。所得稀乙醇溶液需进行分馏后再用。出料时放松锁紧气缸，然后用开盖气缸将料门开启，同时开动推料气缸使推料杆上下移动，以利出料。上述操作可由气动逻辑元件组成的程序控制器来控制，在 1000L 回流浸提器上则采用电动搅拌装置取代气动进料器。

以红枣为原料，采用乙醇加热回流浸提法制备枣酊时，每 $1m^3$ 浸提器可加工枣子 80kg。将 95% 乙醇加蒸馏水配成 86% 的乙醇浸剂。枣子:乙醇 = 1:3。搅拌速度为 60r/min。浸提温度 84℃。浸提时间：加热回流浸提 2 次，时间分别为 5h 和 4h；然后洗涤 2 次，每次 2h。制得的枣酊为黄棕色液体，一般酊剂含膏量 16%～18%，浓酊剂含膏量为 50% 左右。

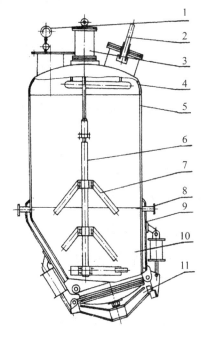

**图 5-13 $3m^3$ 热回流浸提锅**
1. 压力表  2. 人孔加料口  3. 伸缩气缸
4. 锅顶  5. 锅身  6. 轴  7. 桨  8. 蒸汽
进口  9. 夹套  10. 锥底  11. 出渣门

### 5.5.5 榨磨法

榨磨法主要用于柑橘类精油的提取，如红橘、甜橙、柠檬、柚子、佛手等精油的生产。柑橘类精油中含萜烯和萜烯衍生物高达90%以上，这些化合物在高温下或长期放置，会发出氧化聚合等反应而导致精油变质。由于水蒸气蒸馏法是在95～100℃的高温下进行，生产出来的柑橘类精油质量欠佳，香气失真。榨磨法最大的特点是生产过程在室温下进行，可以确保柑橘油中的萜烯类化合物不发生化学反应，从而确保精油质量，精油香气逼真。如果采用溶剂浸提法提取柑橘皮中的橘油，在经济上是不合理的。

#### 5.5.5.1 榨磨原理

柑橘类精油的化学成分都为热敏性物质，如甜橙油，除含有大量易于变化的萜烯类成分外，其主香成分醛（癸醛、柠檬醛）类受热也容易氧化、变质，因此，柑橘的提油适于用冷榨和冷磨法。

柑橘类果皮中精油位于外果皮的表层，含精油的油囊直径一般可达 0.4～0.6mm，较大，无管腺，周围无色壁，是由退化的细胞堆积包围而成。如果不经破碎，无论减压或常压，油囊都不易破裂，精油不易流出。但橘皮放水中浸泡一定时间后，取出用手压挤，会有一股橘油喷射而出，这是因为水能渗入油囊中，使油囊内压增加，施加外压时，油囊破裂，精油从而射出。因此，无论手工的海绵法、剀榨法，还是机械的整果冷磨法、碎散果皮的螺旋压榨法，其原理基本相同，都是利用有尖刺的突起物刺伤橘皮外果皮，使油囊破裂，精油释放出来。精油连同喷淋水，经澄清、分离、过滤，除去部分胶体杂质；最后高速（6000r/min）离心分离，利用油水比重的不同将油分出。

橘皮的中果皮是纤维素所构成的较厚的海绵层，内含丰富的果胶质。而外果皮中含有很多油囊，在榨磨过程中，海绵层将会吸收从破裂油囊中流出的精油，从而阻碍精油从橘皮组织中分离。为了避免这一现象的发生和减少它的阻碍。应在加工之前将整果和散碎果皮用清水浸泡，目的就是使海绵体吸收大量水分，使其吸收精油的能力大大降低。此外，新鲜采集下来的橘果。或者还不很成熟的，压榨时出油率高，但采摘下来多时，或在树上过熟的柑橘，其皮失水后变得坚韧不易破伤，压榨磨刺比较困难。类似这样的橘果，在压榨之前更需要浸泡使之适度变软，才有利于取油。

浸泡剂一般为清水或石灰水。利用石灰水作浸泡剂，可以使果胶先变为不溶于水的果胶酸盐，从而有利于榨磨后的油水分离。

#### 5.5.5.2 榨磨工艺

用磨刺或压榨手段将油囊刺破或压裂时，精油即喷射而出，由于加工在室温进行，因而所得精油称为"冷法油"，有时称磨刺而得的为冷磨油，称压榨得到的为冷榨油。

1）榨磨方法

榨磨法生产柑橘类精油，一般生产方法有整果剀榨法、果皮海绵吸收法、整果冷磨法、果皮压榨法。

（1）整果剀榨法

生产的主要设备是直径20cm的黄铜制漏斗形剀榨器，剀榨器内壁斜面上装有很多小尖钉。用其刺破橘皮表面上的油囊使精油流出。橘类整果水洗、水浸后装入剀榨器，手工转动刺榨。精油和碎屑一起流入漏斗管中，管出口端密封，当管内盛满精油时倾出，集中后将油、水和皮屑过滤、澄清、分离，得橘类精油。此法特点是手工操作，生产效率低，常温加工，精油气味好。

(2) 海绵吸收法

此法的主要设备是在木桶内装有一个凹形海绵下压板，一个海绵凸形上压板上装有螺杆螺柄，可用于旋转。下压板固定不动，将橘皮放在海绵下压板凹形中间，转动海绵上压板摩擦挤压果皮，进行压榨。果皮油囊破裂后精油渗出被海绵吸收。压榨一次后翻动果皮再榨，重复数次，逐渐使板上海绵体吸饱柑橘皮的油和水分。取出压榨过的果皮后，将上、下海绵中的精油黏液挤出，过滤除去悬浮物，澄清分离水分，得橘类精油。此法固体颗粒皮屑和胶体物质则留在海绵内部。

(3) 整果冷磨法

整果冷磨法也称整果磨橘法。主要有两种形式，即平板式磨橘法和激振磨橘法。这两种磨橘法都是柑橘类整果加工的主要方法。

平板式磨橘法是利用两块转动的磨盘和四壁的磨钉来磨刺整个果皮，油囊磨破后精油渗出，然后被水喷淋下来，经分离后得到精油。转速和磨皮时间均可调节（转速调节范围为120~150r/min）以适应不同的果实。一般皮厚而坚硬的果实，磨盘的转速可适当加快，磨皮时间也可适当延长。皮薄而松软的果实，磨盘转速要缓慢，磨皮时间也宜短。磨皮时间既要掌握磨油效率，也要防止磨得过分，伤及中果皮。因为中果皮中含有大量水溶性果胶，能使油与水不易分离。此法最适宜于柠檬、甜橙和广柑等，所得精油品质较优。

激振磨橘法是柑橘类整果在不断上下振动的齿条尖撞击和翻动下，被刺破的表皮中的油囊将精油射出，由喷淋水冲洗下来，油水混合物分离后得冷磨油，此法振幅和鲜果被磨时间可在一定范围内进行调节，振动频率2300次/min。鲜果应分级、清洗、浸泡后再行加工。

(4) 果皮压榨法

此法是利用具有一定压缩比的螺旋压榨机进行压榨。压缩比一般为8:1~10:1，也就是由8~10倍体积压缩到1倍体积。螺旋轴为锥形，由大到小，轴外有两处半圆形多孔板包住。果皮进入转动的螺旋轴后，都被逐渐推向轴小端，受压逐渐增大，果皮破碎，油囊裂开，精油即喷射而出。但果皮破碎时，海绵组织也被破坏，大量果胶溶于水中，随精油一起从多孔板流出。果胶溶入水中后，能使水和油起乳化作用，造成分离困难。所以果皮在生产前必须用石灰水浸泡，使果胶先变为不溶于水的果胶酸钙，同时使果皮变为软硬适中，以利压榨和分离过程。另外，在压榨前，必须把果皮上多余的浸泡剂用清水冲洗掉。在淋洗时用0.2%~0.3%硫酸钠水溶液，可防止胶体的生成，提高油水分离效率。螺旋转速为50r/min，最大处理量为400~500kg/h。螺旋压榨法对各种零散鲜果皮和干果皮较适宜。

**2) 榨磨工艺要求**

榨磨法工艺过程中必须注意下列要求。

(1) 原料的浸泡

用柑橘类鲜果皮或干果皮以压榨法生产精油时，生产前必须对原料进行浸泡处理。浸泡分两步进行，先用清水浸泡，然后用浸泡剂浸泡。浸泡剂一般用过饱和石灰水。果皮与浸泡剂的比例约为1:4。由于压榨法对果皮的损伤非常严重，果胶容易析出而形成胶体，使精油难以分离。果胶与石灰水反应生成不溶于水的果胶酸钙，降低乳胶体的生成，有利于分离。另外，由于浸泡，果皮中纤维溶胀，细胞容易破裂，有利于提高压榨效率。

(2) 装料

将浸泡过的果皮,用清水洗去残留在果皮表面上的浸泡剂,使 pH 值为 7~8。然后进行均匀、恒量、连续或间歇的加料压榨。

(3) 喷淋

无论是磨皮或榨皮,在大部分精油游离出来的同时,总有少许精油留在油囊中或吸收在碎皮表面上。因此,在生产过程中要用水进行喷淋。从离心机分离出来的淋洗液可以循环使用。循环水一般使用到 8~24h 后就要处理。当淋洗液中精油含量较高时,可用水蒸气蒸馏法回收精油。若循环水开始变质,经离心机分离后,即应弃去。

为防止压榨法生产过程中精油黏稠液乳胶液的生成,常在喷淋水中加入少许水溶性电解质,如硫酸钠等,其浓度为 0.2%~0.3%。还要用碳酸氢钠或乙酸,使喷淋液的 pH 值控制在 7~8 或 6~7,弱碱性有利于抑制酶菌的活动,弱酸性可保护柑橘类精油中的有效成分。

(4) 过滤与沉降

磨皮或榨皮时,由于循环喷淋水从果皮上或碎皮上冲洗下来的油水混合液,常带有果皮碎屑,尤其是螺旋压榨后,碎屑更多。为此都要经过粗滤和细滤。粗滤时多数采用连续旋转式圆筛过滤器,铜网网眼一般采用 24~60 目,而细滤铜网网眼则采用 80~120 目。由平板式磨皮法所得的油水混合液,含碎皮屑较少,较易过滤。由螺旋压榨法所得油水混合液,经过过滤后,有时还需要通过多级隔板式沉降槽进行沉降,使成为果胶盐类的物质逐渐沉降下来。

(5) 离心分离

经过滤或沉降后的油水混合液,还须经高速离心分离后才能获得精油。高速离心分离机,转速 6000r/min。当离心机运转正常后,加入油水混合液,进料量一般应稳定地控制在 13~14L/min。如进料量太大,料在机内分离时间就短,影响分离效果。离心机分离一段时间后,由于机内逐渐积聚了渣杂物,分离效率也随之下降,一般连续使用 4~6h 后,应停机拆洗一次。

(6) 静置分离

经过高速离心分离后得到的精油还含有少量的水和细微杂质,需要在 5~10℃ 低温处静置一段时间,使水和杂质充分沉淀下来,静置后分出水和沉淀物。再经减压过滤除去细小的悬浮杂质,便可得到精油产品,称为"冷法油"。

(7) 榨磨后果皮的处理

螺旋压榨后的碎皮,可用水中蒸馏法回收残渣中的精油。由榨磨后果皮残渣中经水中蒸馏法回收的精油,经脱水、过滤后即得"热法油"副产品,此副产品不得混入"冷法油"中。

(8) 精油除萜

柑橘类精油中含有大量的萜烯类化合物,这些萜烯本身对香气的贡献甚小,但经长期放置则易发生氧化、聚合反应而影响精油质量。为提高柑橘类精油的质量,有时需要进行除萜处理。

柑橘类精油除萜一般分两步进行。首先进行减压蒸馏除去沸点较低的单萜烯,沸点较高的精油液再用稀乙醇萃取。由于倍半萜和二萜烯几乎不溶于浓度为 70% 的乙醇中,而柑橘类精油中的其他香成分却易溶。用稀乙醇溶解再经减压蒸馏后的高沸点精油液,经分层分离,便可除去沸点较高的倍半萜烯和二萜烯。

#### 5.5.5.3 榨磨设备

榨磨法生产柑橘类精油,大致可分为整果或碎散果皮加工两种类别。整果冷磨法的定型设备主要是平板式磨橘机,果皮压榨法的生产设备主要是螺旋压榨机。冷磨或压榨得到的油水混合液则通过碟式高速离心分离机分出水分后,才能获得精油。

**1)平板式磨橘机**

平板磨橘机如图 5-14 所示。鲜果在旋转的磨盘上借助于离心力使整果与盘面和器壁上磨橘板相磨撞,使表皮里的油囊破裂。在保持鲜果的完整性的同时,从表皮中提取冷磨油。此设备适于柑橘、柠檬等的加工。

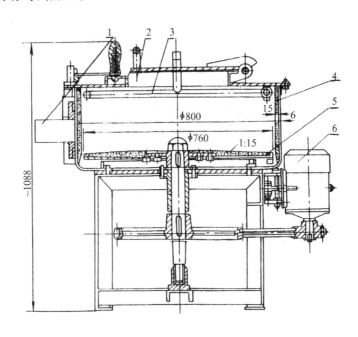

**图 5-14 平板式磨橘机**
1. 排橘口 2. 进料口 3. 喷淋管 4. 壳体 5. 底盘 6. 传动机构

机体内主轴上有上、下两个水平磨盘,磨盘面上镶不锈钢磨橘板,机体四周则砌有玻璃磨橘板,磨橘板的表面均带有棱锥体尖刺。该机是由机身、料斗、加料门、磨盘、主轴传动机构、喷淋系统、出汁刮板、出料门、阻尼器及由涡轮和凸轮组成的定时机构等部分组成。磨盘主轴是通过伞齿、传动轴、皮带轮、无级调速器和电动机带动。传动轴上另一皮带轮为带动过滤压渣机用。加料门与出料门以及喷淋水开关均由连杆、凸轮、涡轮、涡杆、链轮、无级调速器和电动机来带动。

分级后的鲜果经洗刷干净后,在加料门关闭时,定量地加入二格料斗内。根据给定的程序,料门自动打开,整果即落到磨盘上面。同时喷淋水也自动开启不断冲洗。在盘上的鲜果被离心力推向机壁,与水平方向垂直方向的磨橘板相碰击,被刺磨破裂的油囊将精油射出,在水的喷淋冲洗下,得油水混合液。鲜果在机内停留一段时间后,出料门自动向机体内开启,整果随之滚出。出料门打开时喷淋阀也随之关闭。

磨盘转速由无级调速器在 120~200r/min 内调节。鲜果刺磨时间也是由无级调速器在每次 60~150s 内调节。转速与时间随品种、成熟度、新鲜程度和大小等级的不同而异。以柠檬为例,可分为四级;磨盘转速 200~220r/min,停留时间每次 90~135s,加料量每批 10~12kg,平均得油率为 4.3%。广柑可分为大、中、小三级;磨盘转速 145~175r/min,停留时间每次 65~80s,加料量每批 14~16kg,平均得油率 2.33%。每小时每套整果磨橘设备约可加工柠檬 320~400kg。

**2）螺旋压榨机**

该机系柑橘果皮的综合利用设备，适用于各种柑橘类碎散果皮。在连续作用的机械力压榨下，将表皮中油囊挤破，提取冷榨柑橘油。亦可用做整果榨汁用。如图 5-15 所示。

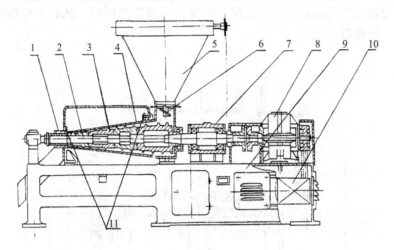

**图 5-15 螺旋压榨机**
1. 闷头 2. 转动轴 3. 榨螺 4. 榨笼 5. 加料斗 6. 加料螺旋 7. 轴承座
8. 减速器 9. 机座 10. 电动机 11. 喷淋水管

该机由机座、加料斗、加料螺旋、螺旋轴、多孔榨笼、调压头、喷淋带等部分组成。其传动是由电动机通过三角皮带轮及减速器后驱动螺旋轴。加料螺旋是由螺旋轴通过链轮等机构带动。

原料（碎散柑橘类果皮）加入料斗后，由加料螺旋均匀地堆入压榨膛内，由推进端螺旋推进。原料在自动连续推进的过程中的速度越来越慢，螺旋与榨笼之间构成的空间体积逐渐缩小，促使原料的密度增加，压力逐渐加大，形成了对原料的压榨作用，表皮中油囊破裂，油囊里的精油受压射出，柑橘皮压成碎渣。在喷淋水冲洗下形成油水混合液，通过多孔榨笼，流入接液斗。碎渣是通过螺旋机尾排出。

处理能力：碎散果皮 400~500kg/h，果肉 2t/d，最大压缩比 10:1，榨笼外径锥度 1:5，压榨旋转速度 80r/min。

**3）碟式高速离心分离机**

碟式高速离心分离机适用于冷磨、冷榨出来并经沉淀过滤后的柑橘油、水混合液，借助离心力将两种不同比重的液体分离，以分得粗制柑橘油。

该机由传动装置、机架、转鼓、定位销、计数器、刹车等部分组成。转鼓内装有分离碟片、碟座、碟盖、分水环、紧圈、压盖等部件。油水混合液存于混合液高位槽内，通过调节管道上的阀门来控制流量，可分离混合液 1000~1500L/h。油、水混合液的离心分离也可采用自动排渣离心机。

### 5.5.6 吸附法

吸附法也是精油提取的一种方法。即利用吸附剂吸附精油成分，再用溶剂进行脱附，把精油从吸附剂中分离出来。由于吸附法加工过程温度低，芳香成分不易破坏，产品香气质最佳。但由于吸附法手工操作多，生产周期长，生产效率低，一般不常使用。吸附法所加工的原料，大多是芳香化学成分容易释放，香势强的茉莉花、橙花、兰花、晚香玉、水仙等名贵花朵。

#### 5.5.6.1 吸附原理

吸附现象是指两个不同的相界面上所发生的一种物理化学现象。物质的相界面上分子所处的位置与位于相内部的分子是不同的，相内部的分子由于被同种物质分子所包围，分子之间的吸引力（即范德华力）完全被抵消。而相界面上的表层分子却处于受力不平衡的状态之中，它们受到相内部同种物质分子的吸引力，但它们朝向另一相的方向必然存在剩余吸引力，使相表面的这层分子处在一种不平衡的特殊受力状态之中。这种剩余吸引力的存在，就为吸附现象的产生提供了基本条件。因为剩余吸引力还能吸附（吸着）另一相的其他物质分子，使得该相界面上的这层分子处于受力的平衡状态之中。这种两相不同种类的物质分子由于范德华吸引力的存在而发生的吸附现象称为物理吸附。因为这两种物质分子虽然吸附在一起，但并未发生化学反应。如果不同种类分子吸附在一起还伴随着化学反应发生就称为化学吸附。物理吸附过程进行得很快，短时间就能完成。而且这类吸附现象通常以相表面积很大的固体物质作为吸附剂，其周围的气体分子被它所吸附。另一类吸附现象是以液体作为吸附剂，被吸附的物质分子不仅仅停留在液体表面，而且还由于分子的运动而扩散到吸附剂液体的内部，这种吸附现象称为吸收。天然香料生产上采用吸附法提取精油主要是应用物理吸附，不希望发生化学吸附而影响精油的质量。这样才比较容易通过脱附而回收精油，精油的质量也不会发生改变。

被吸附物质的分子，由于剩余吸引力的作用被吸着在吸附剂相界面时，它原来因自由运动而具有的动能被释放出来，这种放出的热称为吸附热。所以吸附过程是一个放热过程。吸附热量不太大。因为吸附过程伴随着放热，所以降低温度有利于吸附过程的进行，吸附量可以增加。吸附量的多少除与温度有关外，还与被吸附物质在吸附剂周围的气相中的分压（或浓度）有关。吸附量可以用下式简单表示：

$$a = f(p,t) \tag{5-2}$$

式中 $a$——吸附量，被单位重量的吸附剂吸附物质的量；

$f$——函数关系；

$p$——被吸附组分在气相中的分压；

$t$——吸附过程的温度。

与吸附相反的逆过程称为脱附，当吸附剂吸附了大量另一相物质的分子后，吸附量不再增加时，达到了平衡状态。这时如果条件改变，如 $p$、$t$ 发生变化，则平衡吸附量 $a$ 也随之变化。如果提高温度，增加被吸附物质分子的动能，它们将很快脱离吸附剂相界面而重新逸入气相中，即发生了脱附。所以升高温度将发生吸附质的脱附。为了达到脱附的目的，除采用升温的办法外还可以运用某种溶剂接触吸附后的吸附剂，使吸附质溶解在溶剂中。经过滤除去吸附剂，溶液经蒸发回收溶剂就可以得到被吸附的物质。天然精油中的某些品种就是利用这一原理进行提取。

#### 5.5.6.2 吸附剂及其种类

用作吸附剂的物质要有大量的表面积。精油生产中，无论是气相与固相间的吸附，还是液相与固相间的吸附,通常使用的固体吸附剂有硅胶与活性炭两种。

**1)硅胶**

硅酸($H_2SiO_3$ 或 $SiO_2 \cdot H_2O$)凝胶脱水所得的产物称为硅胶。干燥后的硅胶为硬的具有高度孔隙率的玻璃状物。其特点是孔隙大小一致,分布均匀。孔隙大小取决于制法,改进制法的目的在于如何制得最大孔隙率和足够的机械强度。一般使用粒状的硅胶,其直径 0.2~7mm。按照孔隙的大小,硅胶分为细孔(松密度约 $700kg/m^3$)、粗孔(松密度 $400~500kg/m^3$)和中孔(松密度介于细孔与粗孔之间)3 种。

**2)活性炭**

将含炭的原料经高温干馏炭化即得粗炭。粗炭由于其孔隙为干馏时的树脂等物质所遮盖和阻塞,实际上没有活性,也没有多大的比表面积。粗炭经过活化,除去了孔隙中的树脂等物质,扩大了原有的孔隙并形成新的孔隙,从而增加了比表面积,提高了吸附活性。粗炭经活化处理后的产品称为活性炭。粗炭也可以有机溶剂萃取孔隙中的有机物,然后再灼烧并通以气态氧化剂(氧、空气、水蒸气)氧化炭的表面,以除去溶剂等挥发性杂质得到活性炭。

各种活性炭等都有一定吸附性和规格。比较重要的有:单位重量活性表面、活性度、比重(视比重)及粒度等。活性炭的单位活化表面积一般为 $600~1700m^2/g$,炭中含有水分则降低其活性。活性炭有粉状和粒状。在香料行业中,从馏出液中和用固体吸附法从空气中吸收芳香物质都采用颗粒炭,而脱色吸附色素物质多用粉状炭。

### 5.5.6.3 吸附法工艺与设备

吸附法生产天然香料基本上有两种形式,即非挥发性溶剂吸附法和固体吸附剂吸附法。非挥发性溶剂吸附法根据吸附时的温度不同,又可分为冷吸法和温浸法两种。

**1)冷吸法**

冷吸法所用非挥发性溶剂为精制的猪油和牛油。将 2 份猪油和 1 份牛油混合后,小火加热搅拌使其充分互相溶解,待冷至室温后所得膏状脂肪混合物称为脂肪基。由于是在室温下用脂肪基吸收鲜花芳香成分,所以称为冷吸法,此法适用于加工芳香化学成分容易释放,香势强的茉莉、大花茉莉和晚香玉等名贵鲜花。

冷吸法的主要设备为 50cm×40cm×5cm 的长方形木制花框,如图 5-16 所示。在花框中间夹入玻璃板。加工时,在玻璃板的两面涂上脂肪基,然后在脂肪基上铺满鲜花。铺了花的框子应层层叠起。木框内的鲜花直接与脂肪基接触,脂肪基起到溶剂作用。玻璃板下面的脂肪基不与鲜花相接触,吸收鲜花挥发出来的气体芳香成分则起到吸附作用。一般放置 24h 后,花中精油大部分已被吸收,这时就必须摘花,即除去花框中的残花。残花除去后,立即换铺新花。铺新花时所有花框均应上下翻转,新花铺在原来不铺花的一面。这样每天更换一次鲜花,直至脂肪基被芳香成分所饱和为止。茉莉花的冷吸过程约需 30d。

从玻璃板上刮下的被芳香成分所饱和的油脂即为产品,统称香脂,香脂为天然香料中的名贵佳品,可直接用于高级化妆品中。

此外,从冷吸法摘除的残花中,仍含有一些芳香成分,可用石油醚浸提,制取浸膏。但浸膏中含有较多的脂肪,浸膏用乙醇溶解后进行低温冷冻和过滤以除去脂肪和蜡质,即得残花净油。

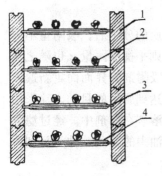

图 5-16 冷吸法花框
1. 木框 2. 鲜花 3. 玻璃板
4. 脂肪基

冷吸香脂和净油具有鲜花的真正香气，品质极优。但处理量小，操作繁琐，加工时间长，消耗劳力大。目前，此法已极少采用。

### 2）温浸法

温浸法所用的非挥发性溶剂为精制的动物油脂、橄榄油、麻油等。适于加工已开放的香花，如玫瑰花、橙花、金合欢花等。将鲜花浸在50~70℃温热的精制油脂中，经一定时间后更换鲜花，直至油脂中芳香成分达饱和时为止。除去废花后，即得香脂，如橙花香脂、玫瑰香脂等。这些香脂也可用乙醇制成香脂净油。

残花可用挥发性溶剂浸提法进一步加工，尚可得到副产品浸膏。油脂作为吸附剂有不少缺点，此法已不再采用。

### 3）固体吸附剂

吸附法利用具有一定湿度的空气和风量均匀地鼓入一格格盛装鲜花的花筛中，从花层中吹出的芳香成分进入活性炭吸附层，香气被活性炭吸附达到饱和时，再用溶剂进行多次脱附，回收溶剂即得脱附精油。吸附剂用颗粒活性炭，活性炭在使用前必须置于120℃的烘箱中干燥2~3h。活性炭层一般有三层，每层高度为10cm。为了使鼓入空气保持一定的湿度，常在风机和花室之间，设一增湿室，鼓入花室中的风量必须通过花筛鲜花层，防止短路。常用的脱附溶剂为石油醚。固体吸附剂吸附所用设备如图5-17所示。

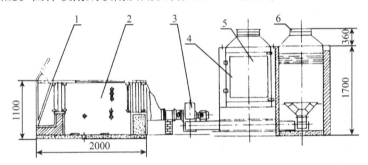

**图5-17 固体吸附剂吸附设备**

1. 空气过滤器  2. 增湿室  3. 鼓风机  4. 花室门  5. 花盘  6. 活性炭吸附器

固体吸附剂吸附设备适用于大花茉莉、茉莉、晚香玉等，载体是相对湿度为85%~90%的增湿空气。主要设备由空气过滤器、增湿器、鼓风机、花室、活性炭吸附层等部分组成。

将吸附用活性炭分装于三层吸附器中，炭层厚度约为10cm。然后将微开的花朵疏松地以适当的厚度分层分装于花盘中。关好花室门，开动鼓风机，调节空气的风量及相对湿度。空气需经过滤，花室温度不加控制。进行连续吹气吸附18~24h。含香活性炭用精制石油醚（沸点68~71℃）以1:2的比例，在浸提设备中进行脱附。脱附液经常压浓缩和真空蒸馏回收石油醚后得吸附花精油。残花经浸提制得的浸膏后进一步加工成净油，即得浸提净油。

以大花茉莉为例，吹气吸附过程在下列工艺条件下：空气风量1kg鲜花50L/min；空气增湿后相对湿度90%；花室每格花筛鲜花厚度6cm；吹气吸附时间18~24h；石油醚脱附（醚:炭=2:1）时，大花茉莉吹附精油得率0.2%~0.22%。残花用溶剂浸提法制得的吹附残膏得率为0.17%~0.2%。由吹附残膏制得的吹附残膏净油得率为残膏的45%~60%。由此可见，采用吹气吸附法，精油和净油总得率比采用单纯溶剂浸提法要高得多。

饱和活性炭的脱附，如采用超临界二氧化碳，其脱附效率会大大提高。

### 5.5.7 超临界流体萃取法

超临界流体萃取是一种新的萃取工艺,目前应用于少数名贵植物香料的萃取。它是利用超临界流体在临界温度和临界压力附近具有的特殊性能而进行萃取的一种分离方法。因为在超过临界温度与临界压力状态的流体具有接近液体的密度,接近气体的黏度和扩散速度等特性,具有很大的溶解能力、很高的传质速率和很快达到萃取平衡的能力。

#### 5.5.7.1 超临界流体萃取原理与萃取剂

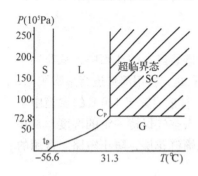

**图 5-18 二氧化碳状态图**
S—固态 L—液态 G—气态 tp—气、液、固三相点 Cp—临界点 SC—超临界态

超临界流体萃取分离过程的原理是在超临界状态下,将超临界流体与待分离的物质接触,使其有选择性地萃取其中某一组分,然后借助减压、升温的方法,使超临界流体变成普通气体,被萃取物质则完全或基本析出,从而达到分离提纯的目的。所以,超临界流体萃取过程是由萃取和分离组合而成的一种分离方法。

在香料提取中,超临界二氧化碳是最常用的萃取剂,这是由于二氧化碳的性质决定的。二氧化碳是一种化学惰性物质,它在常压下为气态,在一定温度和压力条件下还可以以液态、固态(干冰)及超临界状态存在。二氧化碳的状态相图如图 5-18 所示。

三相点 tp 时的温度和压力为 $P=0.51\text{MPa}$,$T=-56.6℃$。此时二氧化碳处于气、液、固三相共存状态。

临界点 Cp 时的温度和压力分别为 $P=7.28\text{MPa}$,$T=31.05℃$。此时二氧化碳处于气、液、超临界共存状态。即当压力在临界点时,而温度低于临界点时,二氧化碳以液体状态存在;当温度在临界点,而压力低于临界点时,二氧化碳以气体状态存在;当温度大于 31.05℃、压力大于 7.28MPa 时,二氧化碳处于超临界状态。

一般说来,处于超临界状态的物质仍是一种气态,但它又不同于通常概念的气态,而是一种高压下的稠密气态。这种物质状态有其自身的特点,故称为超临界流体。主要特点表现为:①密度比气态大得多,约大 2 个数量级,接近液态密度。这使它像液体那样,具有较好的溶解能力。②黏度比液体小,因而它有较好的流动性。③扩散系数虽比气态小,但比液态大得多,有较好的传递性能。④介电常数能随压力的变化而变化。超临界二氧化碳对极性物质的溶解能力随介电常数的增大而增大。改变压力可以调节它的溶解能力。

二氧化碳在几种状态下的主要性质见表 5-5。

**表 5-5 二氧化碳在几种状态下的主要性质**

| 主要性质 | 气体 | 超临界流体 | 液体 |
| --- | --- | --- | --- |
| 密度($\text{kg/m}^3$) | 1 | 200~700 | 1000 |
| 黏度($\text{Pa}\cdot\text{s}$) | $10^{-5}$ | $10^{-4}$ | $10^{-3}$ |
| 扩散系数($\text{m}^2/\text{s}$) | $10^{-5}$ | $10^{-7}$ | $5\times10^{-10}$ |

超临界二氧化碳能有选择地提取无极性或弱极性的物质,对纯酯类、萜类等化合物具有良好的溶解能力。除了用二氧化碳作萃取剂外,也可用液态丙烷、丁烷等作超临界萃取剂使用。

### 5.5.7.2 超临界萃取工艺过程

利用有机天然产物在各种不同物理状态的二氧化碳中的溶解性的不同,就可以从植物原料中提取所需要的物质。其工艺过程包括下列各操作步骤:①首先改变二氧化碳的温度、压力,使它成为超临界状态后送入萃取器(E)中。②超临界态二氧化碳在萃取器中与原料接触后,完成渗透、溶解、扩散等香成分的转移过程,原料中的香成分便溶解到二氧化碳中。③超临界二氧化碳及其溶入的萃取物一起经过一减压阀(V)减压后进入分离器(S)。分离器中的压力大大低于萃取器中的压力,但温度不变。分离器中的压力较低,此时二氧化碳很快变成气态。而原来溶解在超临界状态下的二氧化碳中的萃取物不再溶解于气态的二氧化碳中,而自动分离并沉积于分离器底。排出便可得到萃取物。④从分离器(S)排出的气态二氧化碳,经过冷却器(HE)降低温度便成为低温低压的液体二氧化碳。然后送入压缩机(C)加压使之压力提高。⑤把高压低温的液体二氧化碳再送进换热器(HE)加热。使之成为超临界状态再次进入萃取器,与新鲜原料接触进行第二次萃取。

全部萃取过程照上述步骤循环进行。图5-19是超临界二氧化碳萃取工艺过程叠放在其相图上的流程示意。

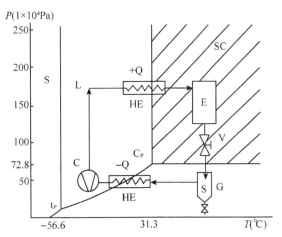

**图 5-19 超临界萃取示意工艺流程**

### 5.5.7.3 超临界流体萃取的应用

采用超临界态二氧化碳作为溶剂采取天然香料具有如下优点:①二氧化碳为化学惰性物质,萃取过程不会发生化学反应,且属不燃性气体,无味、无臭、无毒、安全性好。②对大多数香气或香味物质的溶解性能好,萃取出来的天然香料品质极为优良。既保留了非常清晰的头香香韵的香气轮廓,又对相对分子质量较大香气组分或不挥发的味觉成分萃取也比较完全,因而萃取物有很好的香气底蕴。③二氧化碳在常温下是气体,极易与萃取物分离,所得产品中几乎无残留量,安全、卫生。④二氧化碳价格便宜;纯度高,容易获得;回收容易,可反复使用。

由于以上优点,超临界二氧化碳用做天然香料的萃取剂已有代替有机溶剂的趋向,日益受到人们的重视。除天然精油外,辛香料中的油树脂如胡椒、辣椒、姜油树脂等,用二氧化碳萃取得到的产品不但保留了辛香料的挥发性和非挥发性的香气和香味成分,而且直接食用时,不用担心溶剂残留的危害性。

在其他一些天然产物和萃取中,采用二氧化碳为溶剂萃取的产品也不断取得进展。如从咖啡中提取咖啡因,从烟叶提取焦油和尼古丁。啤酒花和除虫菊素等的二氧化碳提取也取得了成功。

### 5.5.8 原油精制、成品包装及贮运

芳香植物原料加工得到的粗制精油(原油),其质量往往达不到商品质量指标的要求。如

水蒸气蒸馏法得到的蒸馏原油中，常含有微量水分和固体杂质，有时带有较深的颜色。又如，榨磨法得到的柑橘类精油中含有大量的萜烯类成分（单萜、倍半萜等），一般高达40%~50%。萜烯类化合物易发生氧化、聚合等反应，这类物质大量存在，既淡化了主香成分的香气，又使精油易变质而不易贮存。因此，从香料植物中提取得到的原油需根据具体情况通过各种方法进行精制，使其符合使用的要求。

为了保证精油的质量，在成品包装、贮存和运输方面亦需要按规定的要求执行。

#### 5.5.8.1 原油精制

对粗制原油的精制包括：除去固体杂质、异味化学杂质、水分、有色物质、萜烯类物质，以及调整精油中主香成分的含量使之达到商品质量标准规定的指标等。

(1) 固体杂质

固体杂质常用过滤法去除。可以常压过滤，也可以真空抽滤或加压过滤。如果原油黏度大，可以适当加温降低黏度后再过滤。如果原油中含有较多的细小黏性粒子或胶状沉淀物，为防滤孔堵塞可加快过滤速度，也常添加助滤剂后再过滤，如硅藻土、活性炭等。

(2) 异味化学杂质

在蒸馏法提取原油时易发生酯类物质水解，热敏性物质分解等副反应，生成一定数量的低分子醇、酸、醛等。这些低相对分子质量物质随水蒸气蒸出，混于馏出液和粗油中，使得精油往往带有异味或不良气息。

除去异味化学杂质最简单的方法是把贮存原油设备的盖子打开，让带有杂味的低分子物自然挥发逸散出去。对某些精油，可以用化学方法，如用酸化的过氧化物或$O_3$处理，也能消除异杂臭味。也可用分馏的方法，除去含低分子杂味的头馏分。

(3) 有色杂质

对香料植物的加工过程中，以及粗油的加工、贮存过程中，精油与金属设备或容器接触，因精油中若含有酸性成分，有可能生成少量的有色的金属离子化合物。使得精油带上颜色。此外，香料植物中的水溶性或油溶性色素物质在加工过程中也可能混入精油中。

可用柠檬酸或酒石酸的水溶液洗涤有色精油，使之生成可溶于水的柠檬酸或酒石酸金属盐类，然后脱水即可使精油色泽变浅。

(4) 水分

蒸汽蒸馏得到的馏出液，经油水分离器后仅得到初步分离，实际上粗油中还含有一定数量悬浮于其中的极微细水粒，它会使酯类物质水解，生成的酸和醇不但破坏了精油香气的纯正，而且酸的存在又会促使精油中萜烯类物质异构、聚合或树脂化。总之，水分的存在是引起精油在贮存过程中酸败、变质的重要原因。

除去水分，可将精油继续静止澄清，有足够长的时间让精油中含有的微量水分沉降下来。或利用水和精油之间的重度差，使用高速离心机，在强大的离心力场的作用下迅速分离出少量水分。亦可用某些固体干燥剂处理含水粗油，油中水分可被干燥剂吸收。如食盐、无水硫酸钠、无水硫酸镁等。

(5) 萜烯类物质

柑橘类精油大都含有大量的萜烯类化合物，如红橘油、甜橙油、柠檬油等。由于精油中萜烯类化合物含量大，而使精油中的香成分含量相对地减少。对于这类精油，可根据消费者的需要，除去一部分萜，使精油中的含氧香料化合物的相对含量得到提高，因而香气也就得到了浓缩。常用的除萜方法如下：

①根据单萜、倍半萜等萜烯物质的沸点与含氧香料化合物之间沸点差较大的性质，可以通过分馏的方法大致将这三类物质分开。因为大多数单萜烯烃的沸点在150~180℃，分馏时可以作为头馏分（即头子）分开；含氧香料化合物的沸点大多数在180~240℃，分馏时可以作为主馏分（即产品）取出；倍半萜烯烃的沸点一般在240~280℃，分馏时可以作为尾馏分（或釜残）收集。一般来说，含有较多量倍半萜烯的精油种类很少，除萜浓缩时往往只需要分馏出只含单萜烯烃的头馏分即可。这种方法也适合于山苍子油、薄荷油、留兰香油等精油为除去一部分单萜烯，使余下部分中主香成分的含量相对提高。

②利用倍半萜烯烃、单萜烯烃只能溶解在浓乙醇水溶液，而含氧香料化合物既能溶解在浓乙醇水溶液中又能溶解在稀乙醇水溶液中的性质上的差别，可以用稀乙醇水溶液（浓度一般为60%~70%）把含氧香料化合物从含有大量萜烯类物质的精油中萃取出来。得到的稀乙醇香料化合物的混合液。再从混合液中蒸出乙醇，余下的便是香料化合物和水，这两种液体由于互不混溶而自行分层。这样便可得到高度浓缩的香料化合物产品。此即稀乙醇萃取法除萜。

### 5.5.8.2 成品包装

精油中的某些成分容易氧化、聚合、树脂化、水解，以及在官能团之间相互作用。这些反应可能由于光照、空气、水分的存在，也可能由于酸、酶的存在，引起或促进了反应。含有大量的萜类的精油容易发生聚合现象。有些精油对金属材料较为敏感，从而引起成品变色或成分的转化变质。因此，在精油的包装上必须注意以下几点：①成品在包装前必须是澄清、透明的，不允许有水分和杂质（包括金属杂质）存在。②如果由于加工设备而造成成品颜色较深，有条件时则应进行脱色处理，除去重金属离子后，再行包装。③名贵的香花类浸膏、净油、香脂类产品必须用铝瓶或棕色（蓝色）玻璃瓶包装。有些十分名贵的精油和净油，最好用铝瓶包装。④一般精油、浸膏、酊剂等产品可用白铁罐、塑料罐或棕色玻璃瓶包装。有些精油对塑料有腐蚀性，不能用塑料罐包装。有些精油酸性大，应避免用白铁罐包装。⑤包装容器必须干燥、洁净、无味。包装后应严密封口，倒置时不渗漏。⑥包装时除考虑热胀冷缩因素外，应尽量装得满些，以减小空气存在的空间。如有条件在封口前，注入二氧化碳或氮的气体，逐出成品面上的空气，可以有效地防止成品氧化。⑦为了防止精油变味变质。可适当地加入一些必要的抗氧剂或稳定剂，尤其是食品香料。

### 5.5.8.3 成品贮存

需要库存的成品，应选择温度低和阴暗而干燥的地方。以避开光和热的作用，以及对酶的抑制作用，使成品的质量保持较长时间不变或变得较少。

含有大量柠檬烯的柑橘类精油很容易聚合或树脂化，使油质变为黏稠，并产生不良的气味，从而大大的影响油的品质，为此柑橘类精油特别需要贮存在低温处（10℃左右）。

### 5.5.8.4 成品运输

成品外包装必须牢固坚实，使成品在运输中不因互相碰击而破裂，也不因过于挤压而爆破。成品在运输途中必须防晒、防热、防湿，也就是成品在运输过程中应置于阴凉、干燥的地方。不要倒置，以避免封口不严密而渗漏。

精油和酊剂易燃，而在成品包装运输和贮存过程中应注意安全和防火。

## 5.6 我国主要的植物精油生产

我国现已能生产的天然香料达100余种，其中与林产香料有关的有数十种。择其主要者如松节油、柏木油、樟油、中国肉桂油、八角茴香油、山苍子油、桉叶油、甜橙油、玫瑰油、薄荷油、香茅油、香根油、丁香罗勒油、茉莉浸膏、桂花浸膏、栀子花浸膏、树苔净油、香荚兰酊剂等，就其生产的植物原料、原料的采集与加工、产品的理化性质及用途等分别详述。

### 5.6.1 松节油

松节油(turpentine oil)是产量最大的植物精油，见前面有关章节内容，此处不另述。

### 5.6.2 柏木油

柏木油(cedar wood oil)由柏科植物，如柏木 *Cupressus funebris*、圆柏 *Sabina chinensis*、刺柏 *Juniperus formosana* 等树种的根、茎、枝、叶以水蒸气蒸馏而得的精油的通称，但常冠以树种和采油部位的名称，以示区别。其中最主要的植物原料为柏木。

1) 原料植物

柏木，学名 *Cupressus funebris* Endl.，属于柏科柏木属。常绿乔木，树高可达35m，树皮灰褐色。产区很广，东起江苏、浙江、福建，西经江西、湖南直至四川西，北达陕南，南抵广东、广西、云南、贵州。

2) 采收与加工

柏树的木材、伐根、木屑、枝叶都含有精油，其树干是上等木材。作为提取精油用的原料，主要是采收木材、树根、边材、木屑以及伐区现场收集枝叶等进行加工提油。柏木根、干采收后，应剔除杂木，清洗泥土，剥去表面棕黑与白色表皮，然后晒干。用特制的弯刀从木材纤维的横断面切成长宽约为1cm×3cm的小薄片，或用机械碾成细粒，再装锅进行蒸馏。

柏木加工多采用常压水上蒸馏，也可用加压蒸馏。由于不同树种的精油成分不同，因此，加工时不同树种的原料必须分开，否则所得精油的成分就会混杂不一，香气混合，不符合产品规格，没有使用价值。

利用直接火加热时，灶内火苗应力求分布均匀。烧到有油馏出时，应使灶温稳步上升，不要忽高忽低。蒸馏时间一般为14~16h。如果设备较差，蒸馏时间延长到20h。

柏木油的主要成分为柏木脑。蒸馏时，前10h左右馏出的均为低沸点的成分，含脑成分不高。后馏出的大部分为柏木脑，呈白色半固体黏稠状。天气冷的时候柏木脑会冻结，冷凝冷却程度过快过低，会使柏木脑在冷凝器的盘管中凝结，造成堵塞，使蒸锅内压力增加，严重时会导致爆炸。因此，蒸馏10h后火力必须加猛，升高蒸锅温度，使柏木脑容易蒸出，同时冷凝器冷却水的出口温度必须保持在60~70℃。

柏木油的产油率随树种和采油部位而异。一般根部收油率3%~5%；树干(木材)收油率2%~3%；树叶收油率0.2%~0.6%。

3) 理化性质及主要成分

柏树种类很多，不同品种的柏树中提取的柏木油，其颜色、外观形态、香气等理化性质均有区别，柏木、圆柏、刺柏生产的3种柏木油的理化性质及主要成分见表5-6。

柏木所产的柏木油中富含柏木脑，单离柏木脑得率约40%。

### 4)柏木油的用途

柏木油,香气优异。可直接用于木香型化妆品、皂用香精的配制中,具有定香作用。

**表5-6　3种柏木油的理化性质及主要成分**

| 项　目 | 柏木油 | 圆柏油 | 刺柏油 |
|---|---|---|---|
| 颜色 | 淡黄色、暗红 | 血红或暗红 | 比柏木油淡 |
| 香气 | 具柏木特有香气 | 檀香香气 | 含佛珠气味,略带香气 |
| 相对密度 $d_{20}^{20}$ | 0.940~0.960 | 0.935~0.960 | 0.928~0.948 |
| 折光率 $n_D^{20}$ | 1.5050~1.5065 | 1.5080~1.5110 | 1.5085~1.520 |
| 旋光度 $[\alpha]_D^{20}$ | -27°~-35° | -13°~-20° | -10°~-15° |
| 稠度 | 较大 | 中等 | 较小 |
| 结晶形状 | 针状或粒状结晶常见于沉淀中 | 少见,疏松海绵状结晶,浮于油中 | 无 |
| 90%乙醇溶解度(20℃) | 1:(20~25) | 1:(15~20) | 1:(25~30) |
| 沸点(℃) | 255~260 | 250~255 | 250左右 |
| 主要成分 | 柏木脑(30%~40%),松油醇,柏木烯,松油烯 | 柏木脑,侧柏醇,松油烯,柏木烯 | 柏木脑,香柏木烯,柏木酮,松油烯 |

柏木油也常用来单离出柏木烯和柏木醇(柏木脑),供进一步合成其他品种的香料,如甲酸柏木酯、柏木烷酮、乙酰基柏木烯、柏木醚等。

柏木油也有驱虫、杀虫功用,也可用来配制消毒剂、杀虫剂。柏木油在医药上也有一定的医疗作用。精制柏木油可用做显微镜头油浸剂等。

### 5.6.3　樟脑油

#### 1)原料植物

樟脑油(Camphor oil)由樟科植物樟属樟树的根、干、枝、叶用水蒸气蒸馏法制得。其中结晶部分为樟脑,非结晶部分为樟油。樟科植物的品种很多,除樟树外,用以提取樟脑油的其他樟科植物主要有沉水樟、岩桂、黄樟等。樟脑油的产率与樟树品种及树龄大小有关,同一株树不同部位的油脑含量也各异。根部油脑含量最高,茎部次之,枝条再次之,叶部最低。

(1)樟树

学名 *Cinnamomum camphora*,别名香樟、乌樟、栲樟、小叶樟,属于樟科樟属。常绿乔木。高达30m,胸径可达5m。树皮灰黄褐色。枝叶均有樟脑味,小枝无毛。我国特产。产于长江流域以南各地,主产台湾、福建、江西、广东、广西、湖南、湖北、云南、浙江,尤以台湾为多。

根据樟脑油中的化学成分和含量的不同,樟树又可分为3个生理类型,即本樟、油樟、芳樟。这3种类型,外部形态相似,但所含油的成分不同,因此被视作生理上的不同品种。所提取的油分别称为本樟油、油樟油和芳樟油。

(2)沉水樟

学名 *C. micranthum*。又称水樟、牛樟。产于广西、广东、湖南、福建、台湾。出油率1.3%~1.5%,油中黄樟油素的含量为85%~95%,几乎不含樟脑。产于江西的一种沉水樟,其根油中黄樟油素更高达98.12%,而叶油中黄樟油素仅为39.49%,同时含芳樟醇38.08%。

(3) 岩桂

学名 *C. petrophilum*。又名香桂。产于湖南、湖北、四川，尤以四川盆地南部及长江河谷边缘山地有大量营造的经济岩桂林。其枝、干、根含精油量很低，但鲜叶含油量特高，可达 3%~4%。油中主要成分为黄樟油素，含量达 90% 以上。

(4) 黄樟

学名 *C. porrectum*。产于广东、海南、广西、福建、江西、湖南、贵州、云南。根、茎、枝、叶均可提樟脑樟油，叶出油率 2%~3.7%。主要成分为黄樟油素。黄樟有两种生理化学类型：一种的精油富含黄樟油素；另一种的精油中富含芳樟醇。如广东惠阳地区生长的大叶黄樟精油中芳樟醇含量达 95%。

2) 采收与加工

原料因树木的部位不同，采集方法也各异。以采伐树干提取樟脑油为目的，可以全株或全林砍伐。

以采收枝叶提取樟脑油为目的的，有 3 种方式：①截枝林：栽植 10 年后截取枝条利用，保护主干不受损伤，以后大约每隔 2~3 年可以再次截取枝叶。②头木林：幼林 5~10 年生的，截去离地面约 2m 以上的主干和枝叶利用。使主干萌发枝叶，以后每隔 2~3 年用同样的方式截取主干梢头加以利用。③矮林：栽植 5~6 年后离地面 20cm 截断幼树，利用其枝叶和茎干，并促使根株萌芽成林，以后每 3~4 年进行一次，大约可连续进行三四次。

樟树加工为樟脑油的生产均采用水蒸气蒸馏。蒸馏前将樟树的根、树干剥去外皮，刨成长 5~6cm，宽 2.5~3cm，厚 0.3cm 的小木块，或将采收的枝叶截成 12~16cm。蒸馏时间因投料的多少以及采自樟树不同部位的原料不同而异。蒸馏樟树木片一般为 10~18h，而蒸馏萌芽林枝叶为 6~7h。

由于樟树有 3 种不同的生理化学类型，以本樟、油樟、芳樟为原料得到的本樟油、油樟油和芳樟油的主要化学成分也各异（表 5-7）。从樟树中提取各种樟油制品的工艺流程如图 5-20 所示。

以樟树为原料，就樟林地区，设寮灶用水蒸气蒸馏法提出粗制樟脑和粗制樟脑油。用真空分馏的方法将粗制樟脑油中的溶解樟脑（再制樟脑）及沸点不同的白油、芳油、松油醇油、红油、蓝油、沥青等副产油先后提出。粗制樟脑和再制樟脑混合，利用升华结晶法提高其纯

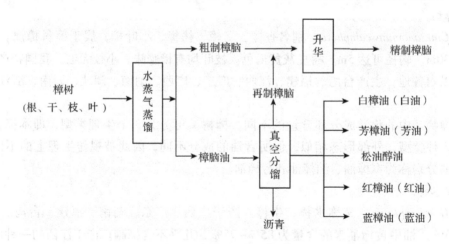

图 5-20 樟脑油提取的示意工艺流程

度，除去所含油、水分及其他固体杂质，精制樟脑的纯度可达99.6%以上。白油、芳油、松油醇油、红油、蓝油可进一步经过减压精油得到桉叶素、芳樟醇、松油醇、黄樟油素等产品。

**3) 理化性质及主要成分**

本樟油、油樟油、芳樟油的理化性质及主要成分列于表5-7。

**表5-7　3种樟脑油的理化性质及主要成分**

| 项　目 | 本樟油 | 油樟油 | 芳樟油 |
| --- | --- | --- | --- |
| 外　观 | 黄色透明液体 | 灰黄色透明液体 | 淡黄色液体，具芬芳清香 |
| 相对密度 $d^t$ (20℃) | 0.937～0.960 | 0.915～0.930 | 0.880～0.915 |
| 折光率 $n_D^t$ (30℃) | 1.4734～1.4751 | 1.4705～1.4735 | (25℃) 1.4640～1.4710 |
| 旋光度 $[\alpha]_D^t$ (25℃) | +20°～+30° | +5°～+18° | -0.5°～-12° |
| 主要成分 | 樟脑45%～50%，松油醇15%～17%，桉叶素、黄樟油素等 | 桉叶素20%～30%，樟脑18%～35%，松油醇15%～20%等 | 芳樟醇50%～60%，桉叶素、樟脑15%～18%，松油醇20% |

本樟脑油中主要成分樟脑45%～50%，油樟油中主要成分桉叶素20%～30%，而芳樟油中主要成分芳樟醇占50%～60%。

樟脑油的组分比较复杂，主要含有蒎烯、莰烯、桉叶素、双戊烯、芳樟醇、樟脑等50多种化学成分。而各种樟脑油又有其特殊高含量的成分。

樟脑油经分馏得到的樟脑、白油、芳油、松油醇油、红油、蓝油的理化性质如下：

①白油　樟脑油减压分馏所得的第一馏分，无色至微黄色透明液体。主要成分为蒎烯和莰烯20%～30%，桉叶素30%，双戊烯30%～40%，芳樟醇2%～5%，樟脑含量<2.5%。

②芳油　樟脑油减压分馏的第二馏分。主要成分芳樟醇含量95%，樟脑含量<1.5%。

③松油醇油　松油醇油为次于樟脑的馏分，主要成分为松油醇70%以上，黄樟油素10%，樟脑含量10%。

④红油　淡黄色至橘黄色透明液体。主要成分为黄樟油素50%～60%，松油醇20%，少量丁香酚，倍半萜及倍半萜醇5%，樟脑含量<3%。

⑤蓝油　樟脑油分馏的最后馏分。蓝色黏稠油状液体。主要成分为倍半萜烯和倍半萜醇类化合物，樟脑含量<2.5%。

⑥沥青　樟脑油分馏的釜残，一般量为1.5%～3%。油樟油无沥青。

樟脑油分出的樟脑为白色晶体。有特殊香气，刺鼻；味初辛，后清凉。天然樟脑存在右旋(d-)、左旋(l-)、外消旋体(dl-)。熔点178.6℃(l-樟脑)，179.5℃(d-樟脑)；沸点204℃(l-樟脑)，207℃(d-樟脑)。由于沸点和熔点和沸点接近，樟脑易升华。相对密度 $d^{12}$ 0.9950，$d^6$ 时为1。旋光度 $[\alpha]_D^{20}$ +44.2°(在20%乙醇溶液中为右旋性)。樟脑易溶于多种有机溶剂中，但难溶于水(约1/1000)。

**4) 樟脑油的用途**

樟脑油分馏得到的多种产品，在香料、医药等工业中的应用占有重要地位。

①白油　主要成分为蒎烯、双戊烯、桉叶素，是提取桉叶素，合成松油醇、冰片等的原料。用于油漆稀释剂、防臭剂、消毒剂、防腐剂以及浮选剂等。

②芳油　用以提取芳樟醇。

③松油醇油　用以提取松油醇。

④红油　用以提取黄樟油素。

⑤蓝油　主要成分为倍半萜烯类等高沸点化合物，用于低档皂用香精、消毒剂或烫伤油膏中。

⑥樟脑　樟脑是硝化纤维最理想的增韧剂，曾大量用于赛璐珞工业，医药上用做中枢神经兴奋剂、局部麻醉剂，用于调配清凉油、红花油、十滴水、痱子水，也用于制备止痒剂、驱风剂。樟脑具有消毒、杀菌、防腐、防蠹等功用，且具馨香，是衣物、书籍、标本、档案的防护珍品。还用做食品、冷饮、糖果、调味等的微量添加剂。

### 5.6.4　中国肉桂油

中国肉桂油（Cassia oil）又称桂皮油、桂油。用水蒸气蒸馏法自中国肉桂树、大叶清化桂的枝叶、树皮提取的精油。

**1) 原料植物**

(1) 中国肉桂树

学名 *Cinnamomum cassia*。别名肉桂、筒桂、木桂、牡桂、玉桂。属樟科樟属。常绿乔木，高达 8~17m。产于广西、广东、海南、云南、福建、台湾、江西、湖南等地。肉桂经过长期的人工与自然选择，主要有两种：

①白芽肉桂　又名黑肉桂。主要特征是春季新芽和嫩芽均为淡黄色。树皮采剥晒干后，油层呈黑色，与非油层界线分明。此品种桂皮品质较优。

②红芽肉桂　又名黄肉桂。其主要特征是新芽和嫩叶呈红色。树皮晒干后韧皮部油层呈黄色，桂皮和桂油品质较次。

(2) 大叶清化肉桂

学名 *Cinnamomum cassia var. macrophyllum*，原产越南清化，在越南称清化玉桂。1968 年引进我国，中国广西和广东已有一定的种植面积，其树皮、枝叶、果实作药材或提取精油，与中国肉桂的品质同等。植物形态上的特征为叶片大，长 25~35（38）cm，宽 8~11(13)cm，花丝几乎无毛。其他植物形态、桂皮组织特征及所含精油组分与中国肉桂甚为相似，因此，定其为肉桂的一个新变种，作为一种提取桂油的新原料。

**2) 采收与加工**

(1) 采收

肉桂的树皮、枝叶、果实都含有精油。蒸制桂油，用桂叶、细枝、小枝、嫩枝和桂碎为原料，并以桂叶为主。桂碎含油量 1%~2%，鲜枝为 0.3%~0.4%，干枝为 2%，鲜果为 1.5%。桂叶有"剥叶"和"秋叶"之分。剥叶为每年 3~6 月份剥取桂皮时，将其叶和枝条收集晒干后蒸油，称"春油"，含油量 0.23%~0.26%。油质佳，含醛量达 85%~90%。8~12 月采摘的桂叶称"秋叶"，蒸出的油称"秋油"，含油量 0.33%~0.37%，产量较高，但含醛量较低，一般 80%~86%。夏季采制的油质最差，得率也低。

矮林定植 3~5 年后树高可达 2.5m，胸径可达 5cm 以上，可以进行第一次采伐剥皮。采剥的时间以 3 月下旬树液开始流动时为宜。树皮既容易剥落，伐根上萌芽也快，伐根应与地平面平齐。由于采伐后的萌条生长速度不一，因此以后采伐用择伐或小面积分区轮伐。乔林定植 10 年以上的植株可以采剥桂皮。未砍伐的大桂树，每年 3~6 月或 8~12 月可以修枝，除可剥取侧枝的桂皮外，还可以收获大量枝叶制取桂油。砍伐大桂树宜在白露至秋分期间进行，这时的产品质量好，晒率也高。

肉桂的枝叶采收后晒至六成干，然后扎成小捆，每捆重 12~15kg，堆放在密封的仓库里贮藏30~40d，待叶色由青黄转变成猪肝色时，再拿出来蒸油，这样油的得率高，品质好。若春季贮存至秋季加工，油中的含醛量甚至可达90%以上。

(2) 加工

肉桂油的提取，农村多采用水中蒸馏。装料时，将贮藏过的枝叶折成60~70cm长短，再扎成重约6~7kg的小捆。开始蒸馏时，应始终保持旺火，以利出油。冷凝下来的油水混合物流出时的温度应在25℃以下，以便甑内产生的蒸汽能快速冷凝，流出管道，这样出油快易蒸完，出油率也高。每甑蒸馏约需3~4h。快蒸完时，抽取少量流出的冷凝液进行观察，如液面尚有油点表明需要继续蒸馏，液面无油点表明蒸馏可以结束。其工艺流程如图5-21所示。

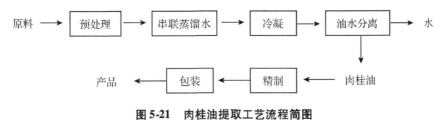

图5-21 肉桂油提取工艺流程简图

桂油要用锡桶、玻璃罐或塑料罐盛装贮运。不能使用铁桶，以防止油中含有的桂醛氧化成桂酸，影响产品的质量。

3) 理化性质及主要成分

肉桂油为淡黄色至黄棕色流动性液体，有类似桂醛的香气，具辛香和热辣味。中国肉桂和大叶清化肉桂不同部位精油含量及其理化常数见表5-8。

表5-8 两种肉桂树不同部位精油含量及其理化常数

| 种 类 | 来 源 | 树龄（年） | 胸径（cm） | 部位 | 精油含量（%） | 相对密度 $d^{29}$ | 折光率 $n_D^{20}$ | 旋光度 $[\alpha]_D^{25}$ |
| --- | --- | --- | --- | --- | --- | --- | --- | --- |
| 中国肉桂 | 广西岭溪 | 15 | 14 | 皮 | 1.98 | 1.0512 | 1.5966 | -1.8° |
|  |  |  |  | 枝 | 0.69 | 1.0604 | 1.6084 | 0 |
|  |  |  |  | 叶 | 0.37 | 1.0564 | 1.5834 | +2.28° |
| 大叶清化肉桂 | 广西岭溪 | 12 | 10 | 皮 | 2.08 | 1.0505 | 1.6059 | -1.4° |
|  |  |  |  | 枝 | 0.36 | 1.0400 | 1.5860 | -1.1° |
|  |  |  |  | 叶 | 1.96 | 1.0560 | 1.5574 | 0 |

由表5-8可见，变种大叶清化肉桂油与中国肉桂的品质相似，但其皮、叶的精油含量高于中国肉桂。

由中国肉桂的皮、枝、叶混合制得的精油质量指标如下：相对密度 $d_{20}^{20}$ 1.062~1.070；折光率 $n_D^{20}$ 1.6000~1.6140，旋光度 $[\alpha]_D^{25}$ -1°~+6°，混溶度在20℃时1:3全溶于70%乙醇，酸值(mgKOH/g) 6~15，肉桂醛含量≥80%。

中国肉桂油的成分有数十种，主要为肉桂醛，含量80%~94.8%，其余为丁香酚、苯甲醛、α-胡椒烯、β-榄香烯、水杨醛、肉桂酸、羟基肉桂醛、乙酸肉桂酯、白菖蒲烯、丁香烯、苯甲酸、香兰素、桉叶素、对-伞花烃、α-蒎烯、莰烯等。

4) 中国肉桂油用途

中国肉桂油主要用于食品调味、饮料、化妆品及其他日用香精。也用于单离肉桂醛，再合成一系列香料，如溴代苏合香烯、肉桂酸及其酯、肉桂醇及其酯等。肉桂油为我国重要的出口特产,在国际上久负盛誉。在医药上对风湿关节痛、皮肤湿痒、昏迷、头痛、感冒、腹泻胃痛、咳喘,毒虫咬伤等均有显著疗效。

### 5.6.5 八角茴香油

八角茴香油(Star anise oil)是从八角茴香树果实中提取而得的精油。

#### 1)原料植物

八角茴香,学名 *Illicium verum*。别名大茴香、八角树(广西)、香。属于木兰科八角属。八角果在北方俗称大料。常绿乔木,高约10~15cm,胸径30cm。八角茴香原产于广西西南部,为我国南亚热带地区的特产。现主要分布于广西、广东、贵州、云南,福建南部和台湾有少量栽培。

#### 2)采收与加工

(1)原料采收

八角茴香定植5年后即可开花结果,每年开花结实2次,果实有春果和秋果之分。秋果在2~3月开花,11月上旬成熟,应在10月末成熟前采收。从果色上判断,当果实由青转黄时采收质量最佳。秋果又称"秋造果""大红果",果大,产量高,品质好,为正品。占全年产量的80%~90%。春果在8~9月开花,至翌年3~4月成熟,于4月前后采收。春果又称"春造果""四季果""角红""角花",果小,产量低,质差,为次品。占全年产量的10%~20%。

采收后的果实立即晒干或烘干。也可将鲜果置于90~100℃的热水锅中,用木棒搅拌5~10min后,即速捞出,在竹席上摊晒5~6d即干。再用麻袋装包,在阴凉干燥处贮藏。经热水浸泡处理过的果实,色棕红、鲜艳而有光泽,品质好。

叶用林定植三、四年即可采枝叶蒸油。因为老叶含油多于嫩叶,所以应在每年秋后11月至翌年1月采收,并应随采随蒸,以防油挥发损失。每株枝叶一次只采一半。如经营面积较大,可分为两三个作业区,每区隔一二年循环采收一次。采收枝叶时用利刀从枝条的基部割断,割口要整齐平滑,这样才容易愈合,也有利于萌发新枝,也可以截去树干顶部,培养成多侧枝的头木林,果实林则不能采收枝叶,以免影响开花结果。

(2)加工

八角茴香油是采收八角茴香的果实、枝叶通过水上蒸馏方法而得。因果实售价较高,一般多用枝叶蒸油,果实多直接用作食品的调味香料。出油率鲜果为4%~5%,高者可达6%,干果为12%~13%,鲜嫩枝叶为0.7%~0.8%,老叶为1.5%左右。

八角茴香油的凝固点越高越好,利用水蒸气蒸馏枝叶得到的粗制原油有的凝固点很低,常在15℃左右,因此粗制原油须再加工制成精制品,方法如下:

①冷冻 将原油放进温度为-5~-10℃的盐水池或冷库内冷冻。

②分离 将冻结的原油放进离心机内分离油、脑,得到粗制茴脑及去脑油(二次油)。

③分馏 将粗制脑蒸馏,收集不同温度下的馏分,可得凝固点为18~19℃、20℃的八角茴香油精品。

④将去脑油再进行更低温度的冷冻、分离及蒸馏,也可得凝固点为18~19℃的八角茴香油。

八角茴香油为保持油质的稳定,宜包装在玻璃或白铁皮制的容器内,存放于温度5~25℃、空气相对湿度不超过70%的避光库房内。

#### 3) 理化性质及主要成分

八角茴香油为无色至黄色液体,略具黏性。具有浓馥的八角香气,并带有天然适口的甜味。在稍冷温度(低于15℃)时即凝成固体。中国天然八角茴香油的主要理化性质如下:相对密度 $d^{25} 0.978 \sim 0.988$,折光率 $n_D^{20} 1.553 \sim 1.558$,旋光度 $[\alpha]_D^{20} -2° \sim +1°$,凝固点在15℃以上,混溶度15.5℃时1:3全溶于90%乙醇,茴香脑含量>80%。

八角茴香油的主要成分为茴香脑,是两种异构体反式茴香脑和顺式茴香脑的混合体。一般果油茴香脑含量比叶油多,约80%~85%,但昆明八角叶油茴香脑含量达95%。其他成分为黄樟油素、茴香醛、茴香酮、茴香酸、甲基胡椒酚、蒎烯、水芹烯、苧烯、1,8-桉叶素、3,3-二甲基烯丙基-对-丙烯基苯醚等。

#### 4) 用途

八角茴香油主要用于酿酒工业,其次用于食品和牙膏加香。国外大量用它配制利口酒,用于汤类、蛋糕、面包中,也用于肉类及糖果中。此外,还用于改善药剂的味道及口腔保护剂等。

八角茴香油还用来单离大茴香脑,制取醛、醇、酸、酯、腈等一系列香料产品,广泛用于牙膏、食品、香皂、化妆品及烟草香精。

八角茴香果也直接应用于食品调味,如烹调、腌制。可供药用,有开胃下气、温肾散寒、止痛、杀菌和促进血液循环的作用。

八角茴香油也可以用做合成阴性性激素己烷雌粉和抗癌药物"派洛克萨隆"的主要原料。

### 5.6.6 山苍子油

山苍子油(Litsea cubeba oil)是从山苍子树所结的果实(种子)中用水蒸气蒸馏方法提取出来的一种精油。

#### 1) 原料植物

山苍子,学名 *Litsea cubeba*,别名山鸡椒、山苍树、赛樟树、香叶。属樟科木姜子属。其中除山苍子外,已知可以制取山苍子油的还有清香木姜子、毛叶木姜子、木姜子3种。它们果实的大小,成熟时的颜色,物候期和产地见表5-9。

表5-9 几种山苍子油原料植物果实及产地概况

| 种 名 | 果实 | | | 物候期 | | 产 地 |
|---|---|---|---|---|---|---|
| | 直径(mm) | 成熟时颜色 | 果梗长(mm) | 花期(月) | 果期(月) | |
| 山苍子 | 5 | 黑 | 2~4 | 2~3 | 7~8 | 江苏南部、浙江、安徽南部及大别山区、江西、福建、广西、广东、湖南、湖北、四川、贵州、云南、西藏 |
| 清香木姜子 | 5~7 | 黑 | 5~7 | 2~3 | 9 | 江西、湖南、广西、广东、贵州、云南 |
| 毛叶木姜子 | 5 | 蓝黑 | 5~6 | 3~4 | 9~10 | 湖南、湖北、四川、贵州、云南、西藏 |
| 木姜子 | 7~10 | 蓝黑 | 10~12.5 | 3~5 | 9~10 | 河南南部、山西南部、陕西、甘肃、浙江南部、广西、广东北部、湖南、湖北、四川、贵州、云南、西藏 |

#### 2) 采收与加工

(1) 采收

山苍子果实含精油4%~7%,核仁含脂肪油约38%。果实成熟迟早与地域气候有关,气

温高的地区早熟,低的地区迟熟,采摘时间必须因地而异,果实成熟过程可分为4个阶段:

第一阶段:外皮呈青色,剥开外皮时,内有白色浆液,为未成熟现象,不宜采摘。

第二阶段:外皮青色有光泽,不皱,果实较坚硬,剥开时有浅红色核仁,可能尚有微量的浆液,此时果实将熟未熟,含醛量最高,采摘最为适宜。

第三阶段:外皮青色,但带有花白斑点,核仁已成熟,此时采摘已稍晚,但仍可加工利用。

第四阶段:高度成熟,外皮呈黑色,皮已皱,柠檬醛已渐损失,风雨过后即掉落而腐烂。

能够制取山苍子油的果实压碎后有浓烈而带有生姜味的柠檬醛气味,人口有麻舌感。无此气味、无麻舌感的为伪品。新鲜的青色山苍子果实出油率高,最好随采随加工。不能立即加工的应薄摊于阴凉通风处,厚度不宜超过5cm。并勤加翻动检查,防止发热。需要运输的,必须将其阴干或日晒(防止强烈日光曝晒)至七成干(可保持品质15~25d)或四五成干(可保存7~8个月)。

(2)加工

山苍子果实加工采用水上蒸馏或直接蒸汽蒸馏。一般装料200kg的蒸锅,每锅蒸馏时间约13h,装料多的蒸馏时间长,反之则短。鲜果含油量4%~7%。

果实蒸馏后晒干,可再榨取种仁中的脂肪油,得率为8%~10%,可用于制造肥皂,作机器润滑油的代用品和表面活性剂等工业原料。油饼还可作肥料。

**3)理化性质及主要成分**

山苍子油为淡黄色至橘黄色澄清流动液体,有类似柠檬草的香气。相对密度 $d_{20}^{20}$ 0.880~0.905,折光率 $n_D^{20}$ 1.4810~1.4880;旋光度 $[\alpha]_D^{20}$ +2°~+12°,在20℃时1:3全溶于70%乙醇。

主要成分为柠檬醛,含量60%~85%。其他还有柠檬烯、α-蒎烯、β-蒎烯、甲基庚烯醇、芳樟醇等。

**4)山苍子油的用途**

山苍子油是合成紫罗兰酮的主要原料。用于化妆品、食品、烟草工业。在医药方面,山苍子油可治胃病、关节炎和溃疡等症。还有抑制致癌物质黄曲霉菌的代谢产物黄曲霉毒素的作用,可作除臭剂。山苍子油所含的柠檬醛可用于合成维生素A。山苍子油常用于单离柠檬醛以供配制各种香精。它也是我国出口量较大的天然精油之一,在国际香料市场上是取得天然柠檬醛的主要原料之一。

## 5.6.7 桉叶油

桉叶油(Eucalyptus oil)又称桉树油。将一种桉树(*Eucalyptus* spp.)的叶子和顶端枝条经水蒸气蒸馏而得的精油。

**1)原料植物**

桉树原产澳大利亚,引种我国,品种很多。我国用以提取精油的主要品种有柠檬桉和蓝桉等。

(1)柠檬桉

学名 *Eucalyptus citriodora*。属于桃金娘科桉树属。常绿大乔木。树高可达28m,树皮薄,每年大片剥落,剥落后树干光滑呈灰白色。原产澳大利亚。我国的福建、广东、广西栽培较多,四川、云南也有少量引种。

(2) 蓝桉

学名 *Eucalyptus globulus*。属桃金娘科桉树属。大乔木，高达 40~60m。树皮灰色，片状脱落。原产澳大利亚。我国广西、广东、云南、四川、浙江、江西等地栽培。

### 2) 采收与加工

(1) 采收

柠檬桉与蓝桉枝叶的采收方法相同。一般定植 3 年后即可采收枝叶。在春夏自然疏枝前生长旺季进行最好，每年可采收 2~3 次。采叶宜从茎下部枝条向上剪修，枝条茎粗最好不超过 2cm。柠檬桉树叶含精油，一般鲜枝叶得油率为 0.6%~2%。蓝桉幼态叶含油 1.5%，成熟叶 2% 左右，干叶得油 1.5%~3.9%。

(2) 加工

柠檬桉枝叶的加工一般采用水蒸气蒸馏，采用蒸汽蒸馏出油较快，约 5~10min 即开始出油，90min 后枝叶中的油分即可蒸完。而用直接火蒸馏最快也要 30min 才开始出油，4~5h 才能完全蒸完。蒸馏时要特别注意不要把枝叶烧焦而影响油的质量。蒸出的原油用坚固的铁桶包装。加工得到的柠檬桉叶油，其成分与枝叶的生长阶段有密切的关系。根据有人测定，老叶和嫩叶中提出的精油成分差别甚大。如老叶油中香茅醛含量 66.6%，香茅醇 23.1%。而嫩叶油中香茅醛仅为 32%，但香茅醇可达 51.7%。

蓝桉枝叶加工采用水蒸气蒸馏。蒸馏期以 4~9 月最适宜，油中桉叶素含量为 63%~73%。冬季出油率稍低，含桉叶素 60%~65%。原油经精馏、冷冻单离后，桉叶素含量可达 85% 以上。原油采用镀锡铁桶包装。

### 3) 理化性质及主要成分

柠檬桉与蓝桉枝叶精油的理化性质指标见表 5-10。

表 5-10　柠檬桉油与蓝桉油的理化性质指标

| 指　标 | 柠檬桉油 | 蓝桉油 |
| --- | --- | --- |
| 外　观 | 无色至浅黄或绿黄色流动液体，具类似柠檬醛香气 | 无色至淡黄色流动液体，具清凉桉叶樟脑香气 |
| 相对密度 $d^{20}$ | 0.858~0.877 | 0.9146~0.9304 |
| 折光率 $n_D^{20}$ | 1.4500~1.4590 | 1.4592~1.4608 |
| 旋光度 $[\alpha]_D^t$ | (20℃) $-2°$~$+4°$ | (24℃) $+5.95°$~$+7.2°$ |
| 溶解度(20℃) | 1:2 全溶于 70% 乙醇 | 1:5 全溶于 70% 乙醇 |

柠檬桉油主要成分为香茅醛(含量 65%~85%)、香叶醇(20%)及二者的酯。此外，还含有蒎烯、香茅醇、异薄荷醇、愈创木醇等。

蓝桉油主要成分为桉叶素(含量 65%~75%)，余为 α-蒎烯、β-蒎烯、γ-松油烯、莰烯、对-伞花烃、龙脑、异戊醇、倍半萜类等。

### 4) 用途

桉叶油是世界十大精油品种之一，用途极为广泛。可用于调配化妆品、牙膏、香皂、洗涤剂、口腔清洁剂、室内清洁剂、口香糖等香精。还可以作口腔用、鼻炎用、祛痰用、清凉油、驱风膏等药用原料，以及用做矿石浮选剂等。

柠檬桉油可以单离香茅醛、香叶醇，香茅醛可进一步合成羟基香茅醛、薄荷脑等。蓝桉油可用以单离桉叶素。在医药、香料方面与柠檬桉油有相同的用途。桉叶油是我国出口的重要天然精油之一。

### 5.6.8 甜橙油

甜橙油(Sweet orange oil)是从芸香科柑橘属甜橙果皮中提取的精油。

**1) 原料植物**

甜橙,学名 *Citrus sinensis*。别名黄果、广柑、橙。属芸香科柑橘属。常绿小乔木,高5m左右,分枝较密。叶互生、革质,椭圆形。花一至数朵簇生于叶腋。果近球形。果皮不易分离,果肉柔软多汁,有香气。原产我国西南部。现我国的四川、广东、广西、湖南、福建、台湾、江西、湖北等地都是主要的栽培区。

**2) 采收与加工**

(1) 采收

一般果皮有70%～80%由绿色转变为橙黄色即可采收。采收过早,香气不浓,含精油量低。过分成熟,容易成浮皮果,对整果磨油带来困难,并易产生油斑病,易腐烂,不耐贮运。如以生产精油为主,则应适当提前采收。采果时应尽量少用机械,多用平口果刀从长萼上端平剪。

(2) 加工

甜橙整果用冷磨法加工,所得精油质量最佳,香气好,精油得率0.35%～0.37%。碎散果皮用压榨法加工,但精油颜色较深,一般呈红棕色,得率为0.3%～0.5%。冷磨和压榨后的残渣用水蒸气蒸馏法回收其中的部分精油,所得精油质量最差,得率0.5%左右。

整果冷磨法甜橙油的生产工艺流程如图5-22所示。

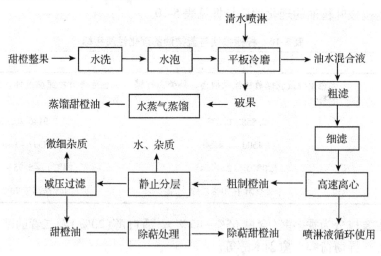

**图5-22　甜橙整果冷磨法工艺流程示意**

甜橙的花和叶也可以提取精油。甜橙开花的数量很多,但只有其中的1%～2%才会结果。因此可以采取多余的鲜花进行提油,得油率为0.4%～2.8%,叶的得油率为0.2%～0.34%。甜橙油宜包装在棕色玻璃制或白铁制容器中,在不高于15℃的条件下存放在暗处。

**3) 理化性质及主要成分**

冷磨甜橙油为橘黄色液体,具甜清果香,柑橘香气,香气飘逸,但留香不长,遇冷时会变浑浊。相对密度 $d_D^{20}$ 0.844～0.849,折光率 $n_D^{20}$ 1.472～1.475,旋光度 $[\alpha]_D^{20}$ +95°～+97°。

蒸馏甜橙油相对密度 $d^{20}$ 0.840~0.846，折光率 $n_D^{20}$ 1.471~1.473，旋光度 $[\alpha]_D^{20}$ +95°~+96°50′。

甜橙油的化学组成、性质及质量与其加工方法、采果时间、生长地点以及橙树的品种有关。主要成分为 $d$-苧烯（含量 90% 左右）、柠檬醛、芳樟醇、橙花醇、松油醇、乙酸香叶酯、α-、β-蒎烯、月桂烯、辛醛、癸醛等。

4）甜橙油的用途

甜橙油是最常用的 3 种果香香料之一，是果香型香料中需要量最大的一种，它在食用香精和牙膏香精中占有较重要的位置，如饮料、食品、肥皂、糖果、烟草、化妆品、调味料等。也可供医药用。

甜橙油中含有大量苧烯，含量有时高达 90% 以上，通过浓缩除萜的方法把苧烯单离出来，可以合成香芹酮和制备萜烯树脂。

## 5.6.9 茉莉浸膏

茉莉浸膏（Jasmine concrete）是从木犀科茉莉属大花茉莉、小花茉莉鲜花中提制而得。茉莉是仅次于玫瑰的最重要的鲜花品种。

**1）原料植物**

（1）小花茉莉

学名 *Jasminum sambac*，又称茉莉花、茉莉。木犀科茉莉属。常绿小灌木，高 1m 左右。叶呈椭圆形，花蕾为青白色，花冠白色，多为重瓣，有 7~17 片，长圆形，生于枝条顶端，有浓郁芳香，开花但不结实。

茉莉原产印度，但早在 1000 多年前就已经传入中国。目前，长江以南各地均有栽培，以广州、福州、苏州等地栽培最多，生产茉莉浸膏。

（2）大花茉莉

学名 *Jasminum grandiflorum*，又名大花素馨。木犀科茉莉属。常绿小灌木，高 1m 多，小枝叶细长，叶对生，花为顶生聚伞花序，花冠直径只有 2.5cm 左右。花冠 5 裂，裂片呈长椭圆形，常向外反曲，香气浓郁。花常不孕不结果。

大花茉莉原产法国、摩洛哥、埃及。我国是 1957 年从国外引进，现在大多数栽培在广州、福建、四川、浙江等地。

**2）采收与加工**

（1）采收

茉莉及大花茉莉一般定植后第二年便有花收。茉莉定植后 3~6 年，大花茉莉 3~4 年，花的产量最高。

花的开放特性：

①小花茉莉　从花蕾形成到花朵开放需 15d 左右，每隔 30~35d 开放一批花，每年花期（广州地区）从 4 月中下旬起至 10 月中下旬止，可以开放 4~6 批花。全年花产量以 5~6 月最多，约占 50%~60%。而每年花初期、花末期的花开放得不好，花小，质量、得率都较差，8~9 月开的花得膏率高。

茉莉花的采摘时间十分重要，它在活树上正常开放时间是 19：00~21：00。生长健壮成熟的花蕾，如能在适当时间采下，并妥善保存在温度、湿度相宜，通风良好的地方，它也能和长在树上的花蕾一样在同一时间内开放。含苞待放的花蕾，采摘时间一般为 10：00 开始，最好是在 12：00 后进行采摘，以越靠近花的开放时间越好。采摘花蕾时，所带花蒂柄越短越好,不超过 0.3cm。摘下过长的花蒂柄会使产品带上青杂气。

②大花茉莉 花的开放特性与小花茉莉相似,它也是每天傍晚时开放,但要比小花茉莉早 0.5h 左右,每年花期从 5~11 月,与小花茉莉相比,批次产花量形成高峰不明显,但一年中以 6 月中下旬至 8 月上旬产花量最好。花蕾的最佳采摘时间,最早也应该在 10∶00 以后进行,否则也难于保证在当天晚上开放。

(2)加工

两种茉莉花的加工方法相同,一般采用平转式逆流连续浸提,以 60~70℃ 的石油醚作溶剂。此法浸膏得率,小花茉莉为 0.24%~0.26%;大花茉莉为 0.33%~0.36%。浸膏制净油,得率为原料浸膏的 40%~55%。大花茉莉亦可采用固定浸提或转动浸提法加工。

茉莉浸膏平转式逆流浸提的示意工艺流程如图 5-23 所示。

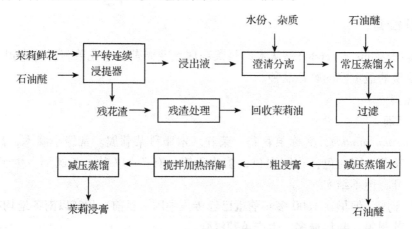

**图 5-23 茉莉浸膏生产工艺流程示意**

平转式逆流连续浸提生产茉莉浸膏的工艺条件如下:

装料要求:平转式浸提连续加花量 800kg/h。

物料配比:茉莉花∶石油醚 = 1kg∶4L。

浸提温度:室温。

浸提转速:平转式连续浸提设备转速 128r/min。

浸提时间:平转式浸提为 96min/次。

浸液浓缩:在所得到的粗茉莉浸膏中,尚残存 17% 左右的石油醚。为进一步除去石油醚向粗膏中加入浸膏量 5% 的无水乙醇,在搅拌下逐步加温至 55℃ 左右,压力控制在 92.2kPa 下减压蒸馏 20min 左右,使乙醇-石油醚混合液尽量蒸除,即可得茉莉浸膏。

花渣处理:在花渣中尚含有一定数量的溶剂,向装有花渣的蒸馏设备中直接通入水蒸气,然后经油水分离器将溶剂分出。所剩残渣再用直接蒸汽蒸馏法蒸馏 4~5h,尚可回收少许茉莉精油。

茉莉浸膏中含有大量植物蜡等杂质,可利用乙醇对芳香成分溶解受温度变化影响小,而乙醇对植物蜡等杂质溶解随温度降低而下降的特点,先用乙醇溶解浸膏,经降温除去不溶杂质,然后再除去乙醇的方法制取净油。

3)理化性质及主要成分

茉莉浸膏按其提取原料品种不同可分为小花茉莉浸膏和大花茉莉浸膏两种。我国生产的茉莉浸膏以小花茉莉浸膏为主,国际上见到的品种都是大花茉莉浸膏。

(1) 小花茉莉浸膏

黄绿色或浅棕色膏状物。具茉莉鲜花香气。熔点 46~52℃，酸值<11，酯值>80。净油含量60%左右。

主要成分包括：茉莉内酯、乙酸苄酯、苯甲酸顺式-己烯-3-酯、苯甲酸苄酯、茉莉酮酸甲酯、苄醇、芳樟醇、茉莉酮、顺式-己烯-3 醇及其乙酸酯、反式橙花醇等。

(2) 大花茉莉浸膏

为红棕色蜡状固体，具有大花茉莉的清新鲜花香气。熔点 47~52℃，酸值 9~16，酯值 68~105。净油含量45%以上。

主要成分包括：乙酸苄酯、乙酸芳樟酯、苯甲酸甲酯及苄酯、苯甲酸顺式-己烯-3-酯、茉莉酮酸甲酯及乙酯、茉莉内酯、苄醇、芳樟醇、吲哚、顺式茉莉酮、香叶醇、叶醇、异植物醇、松油醇、对甲酚等。

4) 茉莉浸膏的用途

茉莉浸膏和净油具有清鲜温浓的茉莉花香，鲜韵。香气细致而透发，有清新感。是高级香水、日用化妆品、香皂、香精配方中广泛应用的花香香料。在茉莉香精中为主香剂，在多种花香型香精中起修饰剂作用。小花茉莉还用于窨茶，制成的茉莉花茶亦为名品。

## 思考题

1. 我国植物精油的主要品种及用途？
2. 植物精油的主要化学成分是什么？
3. 水蒸气法、萃取法、压榨法及吸附法提取精油的工艺及设备。
4. 举例说明山苍子油、樟脑油、茉莉浸膏、甜橙油等加工工艺及设备。
5. 植物原料采收时机及部位对精油收率及香气有何影响？

## 参考文献

罗金岳，安鑫南，2005. 植物精油和天然色素加工工艺[M]. 北京：化学工业出版社.

安鑫南，2002. 林产化学工艺学[M]. 北京：中国林业出版社.

何坚，孙宝国，1995. 香料化学与工艺学——天然、合成、调和香料[M]. 北京：化学工业出版社.

金琦，1996. 香料生产工艺学[M]. 哈尔滨：东北林业大学出版社.

南京林业大学，1994. 中国林业辞典[M]. 上海：上海科学技术出版社.

孙宝国，何坚，1996. 香料概论——香料、调配、应用[M]. 北京：化学工业出版社.

哈成勇，2003. 天然产物化学与应用[M]. 北京：化学工业出版社.

冯庆华，2010. 玫瑰精油系列产品的提取及工艺研究[D]. 兰州：兰州大学研究生博士学位论文.

郭素枝，张明辉，邱栋梁，等，2011. 3 个茉莉品种花蕾香精油化学成分的 GC-MS 分析[J]. 西北植物学报，31(8)：1695-1699.

付臣臣，2013. 11 种植物精油驱蚊活性筛选及制剂研究[D]. 杨凌：西北农林科技大学研究生硕士学位论文.

叶秋萍，金心怡，徐小东，2014. 茉莉花精油提取技术的研究进展[J]. 热带作物学报，35(2)：406-412.

彭彪，2014. 山苍子精油的提取及其应用研究[D]. 衡阳：南华大学研究生硕士学位论文.

# 第6章 植物单宁提取

【**本章提要与要求**】 主要介绍植物单宁的定义与通性，单宁的分类、结构特征与化学性质，单宁的提取分离与结构表征等研究方法，以五倍子单宁为例讲授单宁的工业品——栲胶及其生产工艺过程，以及单宁的用途。

要求掌握植物单宁的分类、基本结构特征与主要化学性质，掌握常见的植物单宁的原料来源、主要化学组成，以及相应栲胶的生产工艺过程、主要影响因素；了解植物单宁的主要分离纯化、结构表征等研究方法，了解没食子酸的生产工艺过程、植物单宁的应用等。

植物单宁是重要的天然酚类物质，在植物界的分布十分广泛，对植物的生长及利用有着多方面的影响。除了用于传统的鞣革外，植物单宁的用途已经扩展到许多新的领域，如食品、医药、石油、矿业、建材、化工、农林等方面。

## 6.1 植物单宁及其分类

植物单宁，又名植物鞣质，是植物体内产生的、能使生皮成革的复杂多羟基酚。它是植物的次生代谢产物，属于天然有机化合物。

植物体内的多元酚有单宁和非单宁，它们的区别在于单宁能将生皮鞣制成革，而非单宁多元酚不具有这种能力。能使生皮成革的多酚，必须有合适的相对分子质量和较多的酚羟基。1962 年，Bate-Smith 给出的定义为：单宁是相对分子质量 500~3000 的能沉淀生物碱、明胶及其他蛋白质的水溶性酚类化合物。维基百科给出了类似的定义，认为单宁是一类有涩性、能沉淀蛋白质和包括氨基酸、生物碱等多种有机物的多酚类生物分子，但是相对分子质量对于棓酸酯单宁是 500~3000，而对于原花青定单宁可高达 20000。

除了植物单宁外，能使生皮成革的物质还有碱式金属盐、合成鞣剂等。凡能与生皮蛋白质结合成革的物质，在纯的状态下称为鞣质(或单宁)。含有单宁的工业制品称为"鞣剂"。从植物原料中提取的含有植物单宁为主的浓缩产品称为栲胶。用于制取栲胶的植物原料称为植物鞣料。

### 6.1.1 植物单宁的通性

植物单宁是可再生的天然有机化合物，它广泛分布于高等植物的叶、皮、木、果、根皮内，并且影响着这些植物性物料的性质和应用。单宁与蛋白质的结合是单宁最重要的特征。单宁的收敛性、涩味、生物活性无不与它和蛋白质的结合有关。单宁能与蛋白质结合产生不溶于水的化合物，能使明胶从水溶液中沉出，能使生皮成革。单宁有涩味，这是由于单宁与口腔的唾液蛋白、糖元结合，使它们失去对口腔的润滑作用，并能引起舌的上皮组织收缩，产生干燥的感觉。但是，非单宁酚在浓度大时也有涩味。含单宁的茶叶是重要的饮料；大麦、高粱、葡萄中的单宁成分赋予酿制酒以特殊的风味；饲料中少量的单宁有助于反刍动物的消化。单宁的高涩味又使植物免于受到动物的噬食。在医药上单宁有止血、止泻作用。单宁有抑制多种微生物的活性，含单宁高的木材不易腐烂，但是桉树心材中的单宁给制浆造纸带来困难，也抑制了微生物分解植物体形成土壤。单宁在不同的科、属植物中的组成也不尽相同，这能够为植物成分的生源关系及化学植物分类学的研究提供依据。

植物单宁大多含于木本植物体内，是森林资源综合利用的主要对象之一，在林产化学工业中属于树木提取物。森林是可再生资源，能够人工培育更新，永续不断，单宁在许多针叶树皮中的含量高达20%~40%，仅次于三素（纤维素、半纤维素、木质素）的含量。随着今后煤、石油等不可再生资源的日益减少，单宁作为天然酚资源的重要性将日益增加。

## 6.1.2 植物单宁的分类

在单宁的化学结构尚不清楚的时候，人们只能根据单宁的某种特征进行分类。有清晰记载的植物单宁的分类方法见表6-1。

表6-1 植物单宁的分类方法

| 时间 | 人物 | 依据 | 分类 | 特征 | 备注 |
|---|---|---|---|---|---|
| 1894年 | Procter | 在180~200℃受热分解产物不同 | 儿茶酚类单宁 | 与三价铁盐生绿色，受热分解产物含邻苯二酚 | 曾得到制革业的长期沿用 |
| | | | 焦棓酚（焦性没食子酸）类单宁 | 与三价铁盐生蓝色，受热分解产物含邻苯三酚 | |
| | | | 混合类单宁 | 受热分解产物含有上述两种产物 | |
| 1920年 | Freudenberg | 单宁的化学结构特征 | 缩合单宁 | 羟基黄烷类单体组成的缩合物，单体间以C—C键连接，在水溶液中不易分解，在强酸的作用下，缩合单宁发生缩聚，产生暗红棕色沉淀。属于$C_6C_3C_6$类植物酚类化合物，又称聚黄烷类单宁 | 至今仍然被接受。大体上，焦棓酚单宁相当于水解单宁，儿茶酚单宁相当于缩合单宁 |
| | | | 水解单宁 | 棓酸，或与棓酸有生源关系的酚羧酸与多元醇组成的酯。水解单宁分子内的酯键在酸、酶或碱作用下易于水解，产生多元醇及酚酸。根据所产生多元酚羧酸的不同，水解单宁又分为棓单宁（没食子单宁）及鞣花单宁。属于$C_6C_1$类的植物酚类化合物 | |
| | | | 复杂单宁 | 有缩合单宁和水解单宁两种类型的结构单元（$C_6C_3C_6$及$C_6C_1$），具有两类单宁的特征 | |
| | | | 混合单宁 | 是缩合单宁与水解单宁的混合物 | |
| 1977年 | Glombitza | 单宁的化学结构特征 | 褐藻单宁（在水解单宁和缩合单宁的基础上补充） | 存在于褐藻（如海带、岩藻、砂藻等中），为多聚间苯三酚结构，具有沉淀蛋白质的能力 | |

## 6.2 植物单宁化学基础

### 6.2.1 缩合单宁

黄烷-3-醇、黄烷-3,4-二醇是缩合单宁的前体化合物，是缩合单宁化学研究的基本对象，反映出了缩合单宁的结构特征、化学性质、波谱特征等。

#### 6.2.1.1 黄烷-3-醇

**1) 天然存在的黄烷-3-醇及其结构**

部分天然存在的黄烷-3-醇，如图6-1和表6-2所示。

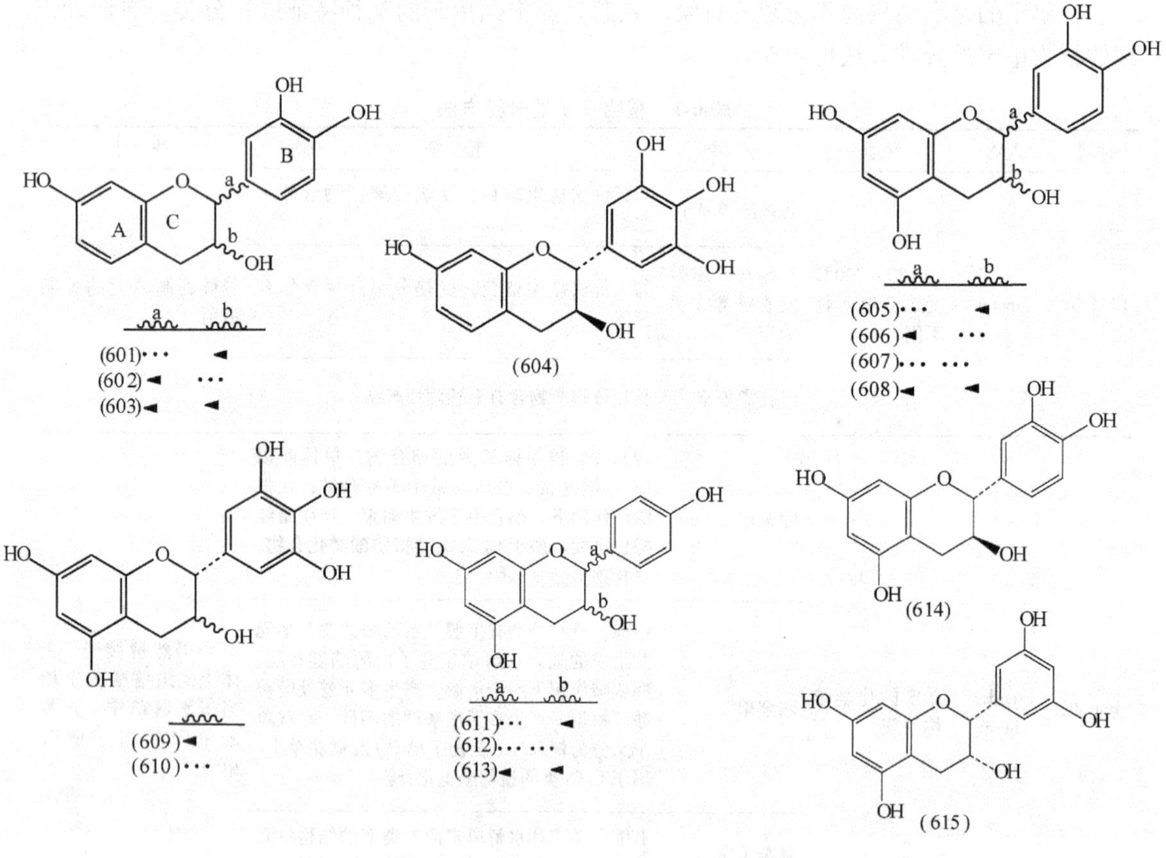

图6-1 部分天然存在的黄烷-3-醇结构

表6-2 部分天然存在的黄烷-3-醇

| 名称 | 英文名称 | 羟基取代位置 | 绝对构型 |
|---|---|---|---|
| (−)-菲瑟亭醇(601) | (−)-fisetinidol | 3, 7, 3′, 4′ | 2R, 3S |
| (+)-菲瑟亭醇(602) | (+)-fisetinidol | 3, 7, 3′, 4′ | 2S, 3R |
| (+)-表菲瑟亭醇(603) | (+)-epifisetinidol | 3, 7, 3′, 4′ | 2S, 3S |
| (−)-刺槐亭醇(604) | (−)-robinetinidol | 3, 7, 3′, 4′, 5′ | 2R, 3S |
| (+)-儿茶素(605) | (+)-catechin | 3, 5, 7, 3′, 4′ | 2R, 3S |
| (−)-儿茶素(606) | (−)-catechin | 3, 5, 7, 3′, 4′ | 2S, 3R |

(续)

| 名 称 | 英文名称 | 羟基取代位置 | 绝对构型 |
|---|---|---|---|
| (-)-表儿茶素(607) | (-)-epicatechin | 3,5,7,3',4' | 2R,3R |
| (+)-表儿茶素(对映-表儿茶素)(608) | (+)-epicatechin(*ent*-epicatechin) | 3,5,7,3',4' | 2S,3S |
| (+)-棓儿茶素(609) | (+)-gallocatechin | 3,5,7,3',4',5' | 2R,3S |
| (-)-表棓儿茶素(610) | (-)-epigallocatechin | 3,5,7,3',4',5' | 2R,3R |
| (+)-阿福豆素(611) | (+)-afzelechin | 3,5,7,4' | 2R,3S |
| (-)-表阿福豆素(612) | (-)-epiafzelechin | 3,5,7,4' | 2R,3R |
| (+)-表阿福豆素(613) | (+)-epiafzelechin | 3,5,7,4' | 2S,3S |
| (+)-牧豆素(614) | (+)-prosopin | 3,7,8,3',4' | 2R,3S |
| (2R,3R)-5,7,3',5'-四羟基-黄烷-3-醇(615) | (2R,3R)-5,7,3',5'-tetrahydroxyl-flavan-3-ol | 3,5,7,3',5' | 2R,3R |

依照 A 环羟基取代格式的不同,黄烷-3-醇有 3 类:

间苯三酚 A 环(5,7—OH)型,如儿茶素、棓儿茶素、阿福豆素等,分布最广;

间苯二酚 A 环(7—OH)型,如菲瑟亭醇、刺槐亭醇等,分布较窄;

邻苯三酚 A 环(7,8—OH)型,如牧豆素,分布最少。

在黄烷-3-醇中,儿茶素是最重要的化合物,分布最广,共有 4 个立体异构体,即:(+)-儿茶素(605)、(-)-儿茶素(606)、(-)-表儿茶素(607)及(+)-表儿茶素(608)。(+)-儿茶素与(-)-儿茶素是一对对映异构体,(-)-表儿茶素与(+)-表儿茶素是一对对映异构体。

**2)黄烷-3-醇的化学性质**

黄烷-3-醇的化学反应主要体现为酚类物质的反应和呋喃环的反应。

(1)溴化反应

黄烷-3-醇的 A 环 8-及 6-位易于发生溴化反应。以过溴氢溴化吡啶处理(+)-儿茶素(摩尔比1:1,室温),生成 8-溴-、6-溴-及 6,8-二溴-(+)-儿茶素,三者的比率为2:1:2,处理(-)-表儿茶素的结果也大致相同。

用相同的方法处理四-O-甲基-3-O-苄基(+)-儿茶素时,由于-OCH$_3$对 C-6 位的空间位阻较大,只生成 8-溴取代物,在 C-8 全部溴化后,才生成 6,8-二溴取代物。有过量的试剂时,B 环也被溴化,生成 6,8,2'-三溴取代物。用局部脱溴法可从 6,8-二溴取代物制取 6-溴取代物,如图 6-2 所示。

(2)氢化反应

儿茶素在催化氢化下(H$_2$,钯-碳催化剂,乙醇溶液)杂环被打开,3—OH 也被氢取代,生成 1-(3,4-二羟基苯基)-3-(2,4,6-三羟基苯基)-丙烷-2-醇(伴有局部的外消旋化)(616、617)及 1-(3,4-二羟基苯基)-3-(2,4,6-三羟基苯基)-丙烷(618),如图 6-3 所示。

(3)黄酮类化合物转化反应

四-O-甲基-(+)-儿茶素在溴的氧化作用下生成溴取代的四甲基溴化花青定。再以碘化氢脱去甲基,转化为氯化花青定,如图 6-4 所示。

(4)亚硫酸盐反应

用亚硫酸氢钠处理黄烷-3-醇时,亚硫酸盐离子起着亲核试剂的作用。如图 6-5 所示,杂环的醚键被打开,磺酸基加到 C-2 上,并且与醇—OH 处于反式位(619),这表明反应有高度

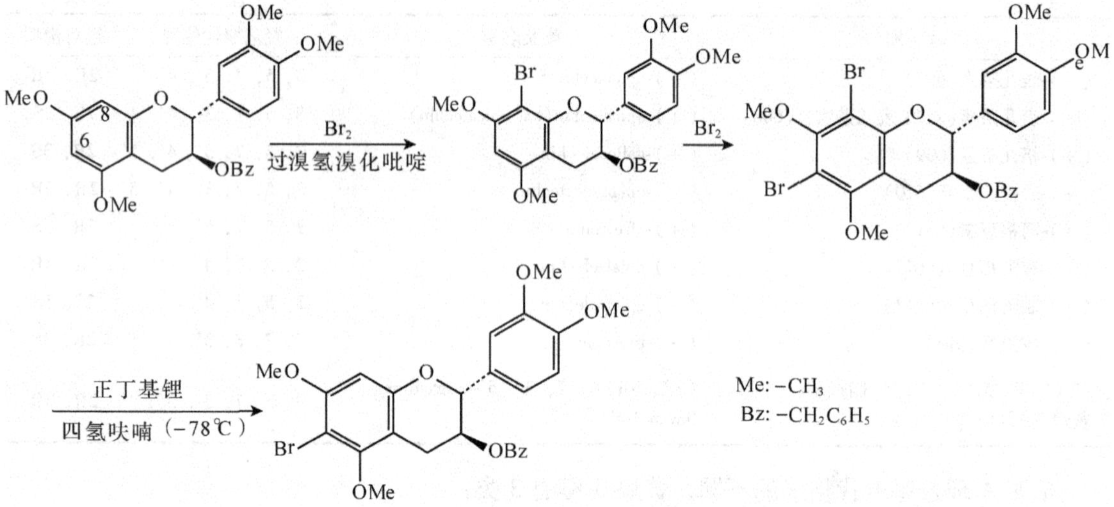

图 6-2　四-O-甲基-3-O-苄基(+)-儿茶素的 6-溴取代物制备

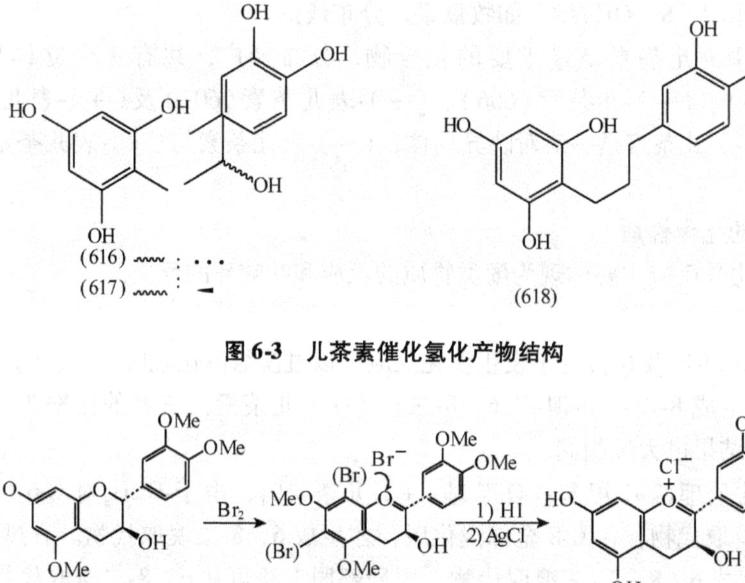

图 6-3　儿茶素催化氢化产物结构

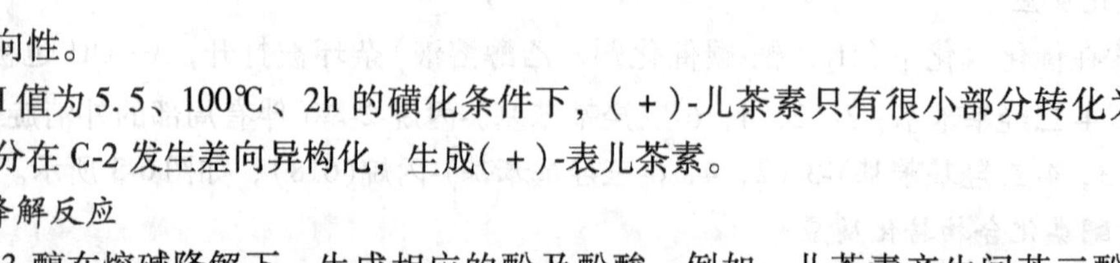

图 6-4　四-O-甲基-(+)-儿茶素的花青定转化

的立体择向性。

在 pH 值为 5.5、100℃、2h 的磺化条件下,(+)-儿茶素只有很小部分转化为该产物。较多的部分在 C-2 发生差向异构化,生成(+)-表儿茶素。

(5) 降解反应

黄烷-3-醇在熔碱降解下,生成相应的酚及酚酸。例如,儿茶素产生间苯三酚、原儿茶素、邻苯二酚、3,4-二羟基苯甲酸等。氧化降解法常用于黄烷-3-醇的结构测定。例如,三-O-甲基表阿福豆素在高锰酸钾的氧化降解下得到的茴香酸,证明有对-羟基苯型结构。

(6) 黄烷-3-醇与醛类的反应

黄烷-3-醇能与醛发生亲电取代反应,产生缩合产物。(+)-儿茶素与甲醛很快形成二聚

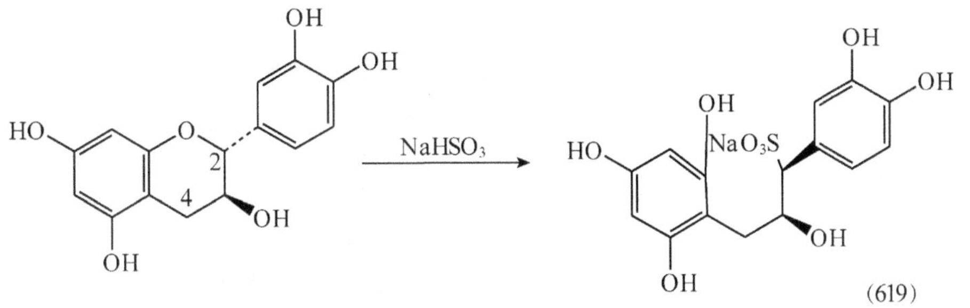

图6-5 (+)-儿茶素与亚硫酸氢钠的反应

合物,如图6-6所示,其中主要的是二-(8-儿茶素基)-甲烷(620)。(+)-儿茶素与糠醛反应生成2-呋喃基-二-(8-儿茶素基)-甲烷(621)及两个非对映异构的2-呋喃基-(6-儿茶素基)(8-儿茶素基)-甲烷。

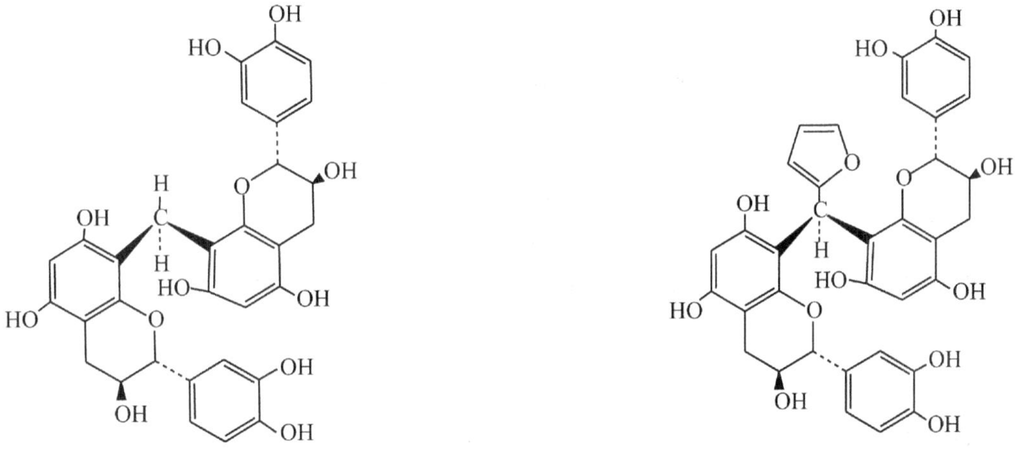

图6-6 (+)-儿茶素与甲醛和糠醛反应产物结构式

(7) 黄烷-3-醇与羟甲基酚的反应

羟甲基酚是苯酚与甲醛缩合反应的初阶段产物。在碱催化下反应时,最先形成邻或对-羟甲基酚。作为模型化合物的黄烷-3-醇与羟甲基酚的反应,反映了单宁胶黏剂制作的基本反应。(+)-儿茶素与对羟甲基酚反应时(水溶液,回流沸腾7.5h),生成8-,6-,6,8-二取代产物,三者的产率比例几乎相等,如图6-7所示。

(8) 黄烷-3-醇与简单酚的反应

黄烷-3-醇与简单酚的反应,是研究黄烷醇之间的缩合反应的基础。(+)-儿茶素与间苯二酚在酸的催化作用下反应生成化合物(622)及其脱水产物(623)。在酸的作用下,黄烷-3-醇的杂环O原子得到一个质子,形成氧离子,在4′—OH的活化作用下(对位作用),处于苄醚键位置的杂环醚键被打开,形成了C-2正碳离子。正碳离子与亲核试剂间苯二酚在酚羟基的邻位或对位发生取代反应,在空间阻力最小的一侧(与3—OH成反方向)受到亲核试剂的进攻(图6-8)。

(9) 黄烷-3-醇的酸催化自缩合反应

黄烷-3-醇在强酸的催化作用下发生自缩合反应。(+)-儿茶素的酸催化自缩合:(+)-儿

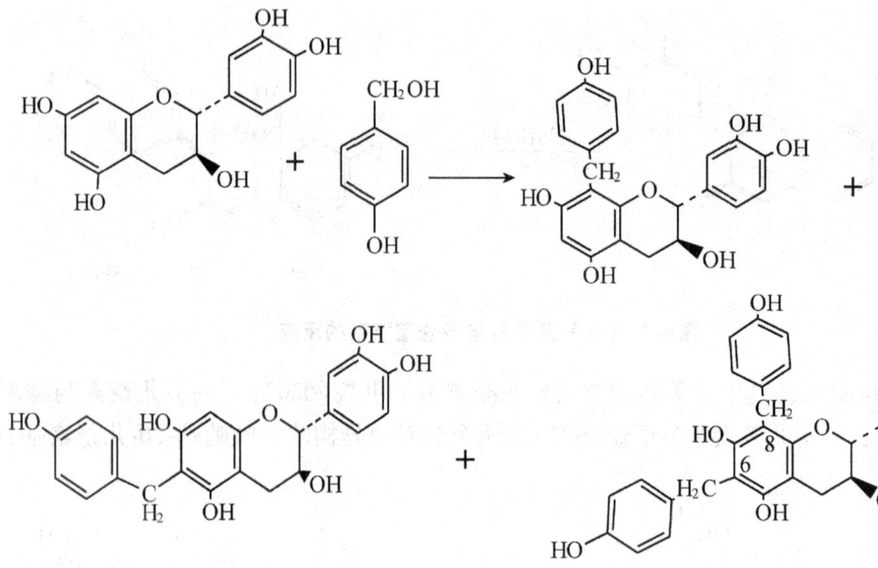

图 6-7 儿茶素与羟甲基酚的反应

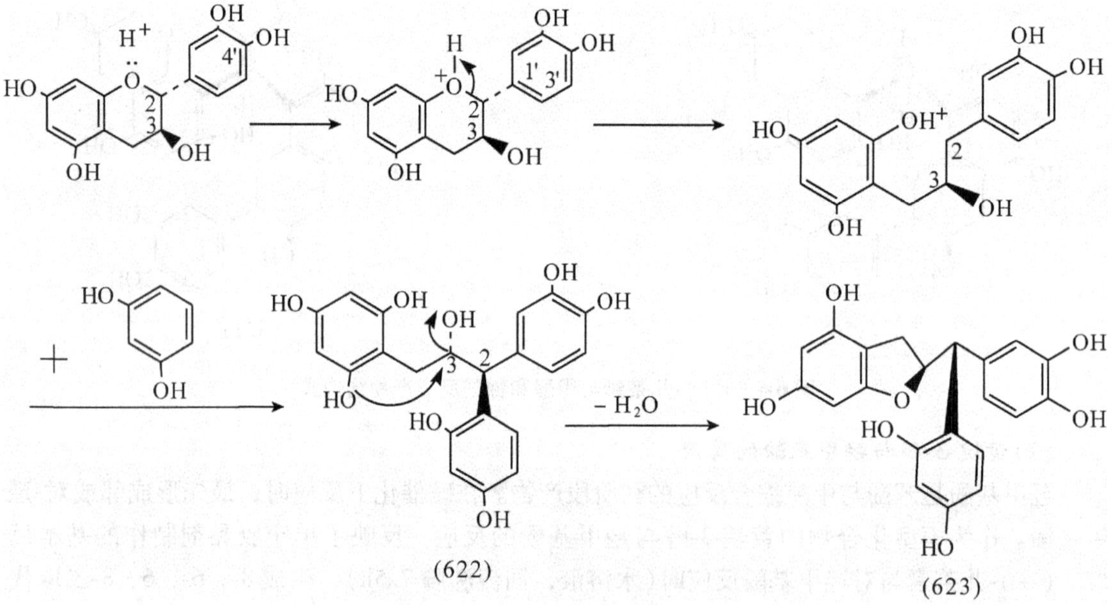

图 6-8 儿茶素与间苯二酚在酸性条件下的反应

茶素在强酸的催化作用下(二恶烷溶液,2mol/L HCl,室温,30h)发生自缩合,生成二儿茶素(624),若(+)-儿茶素在90℃水溶液内(pH 为 4)反应数天,产物中就出现脱水二儿茶素(625)(图6-9)。二聚体仍具有亲电和亲核中心,可以继续缩合,生成的多聚体就是人工合成的单宁。

酚羟基对黄烷-3-醇的酸催化自缩反应有较大影响:黄烷本身在酸的作用下不发生自缩合,但是 7,4′-二羟基黄烷能够自缩合。如果在 7—OH 和 4′—OH 二者中少了任意一个羟基,就不能发生自缩合。7,4′-二羟基黄烷是能够发生自缩合的最简单的羟基黄烷。自缩合速度快的化合物都有 7—OH 或 4′—OH。如果 7—OH 或 4′—OH 被醚化,缩合速度就降低。若两个

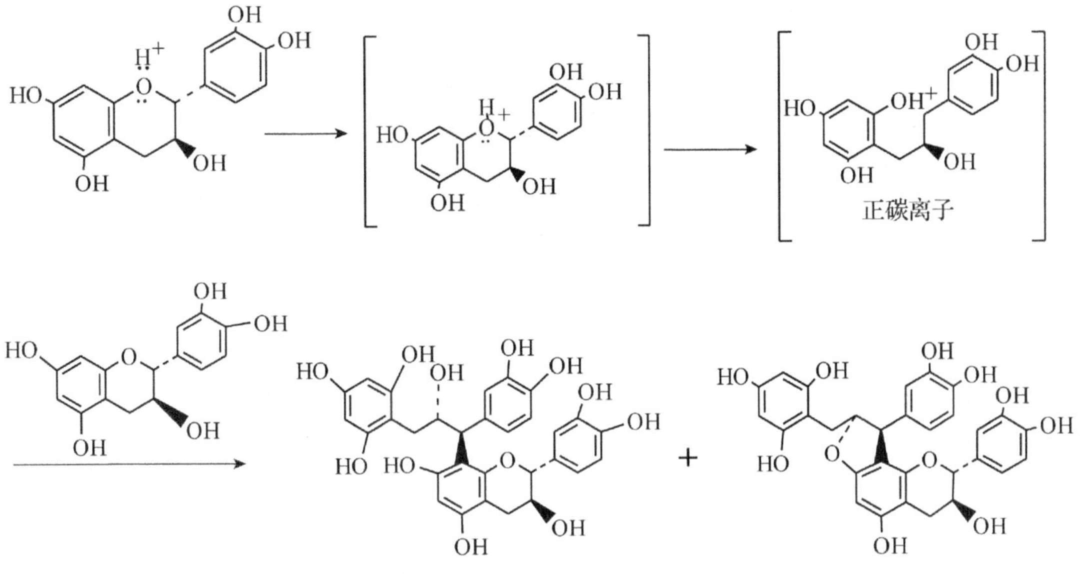

**图6-9 儿茶素的酸催化自缩合(624、625)**

都被醚化就不再缩合。

(10) 黄烷-3-醇的氧化偶合反应

在合适的氧化条件下,例如,在空气、$Ag_2O$ 或多元酚氧化酶的作用下,黄烷-3-醇发生脱氢偶合反应生成单宁。简单酚的氧化偶合原理主要包括**游离基历程、游离基—离子反应历程、离子反应历程**,以及进一步的反应。

### 6.2.1.2 黄烷-3,4-二醇

**1) 天然存在的黄烷-3,4-二醇**

黄烷-3,4-二醇是一种单体的原花色素,又名无色花色素,在酸—醇处理下生成花色素。黄烷-3,4-二醇的化学性质极为活泼,容易发生聚缩反应,在植物体内含量很少。最活泼的黄烷-3,4-二醇如无色花青定、无色翠雀定至今尚未能够从植物体中分离出来。

依照A环羟基取代格式的不同,黄烷-3,4-二醇也有3类,即:间苯二酚A环型(如无色菲瑟定、无色刺槐定);间苯三酚A环型(如无色花青定、无色翠雀定)及邻苯三酚A环型(如无色特金合欢定、无色黑木金合欢定)。

部分黄烷-3,4-二醇如图6-10和表6-3所示。

**2) 生成原花色素的反应**

黄烷-3,4-二醇与黄烷-3-醇在十分缓和的酸性条件下就能发生缩合反应。黄烷-3,4-二醇(亲电试剂)以其C-4亲电中心与黄烷-3-醇(亲核试剂)的C-6或8亲核中心结合生成二聚的原花色素。来自黄烷-3,4-二醇的单元(已失去4—OH)及来自黄烷-3-醇的单元分别组成了二聚体的"上部"及"下部"。黑荆定与儿茶素的缩合反应如图6-11所示。二聚体仍然具有亲核中心,能够继续与更多的黄烷-3,4-二醇发生缩合,生成聚缩物,即聚合的原花色素(缩合单宁)。

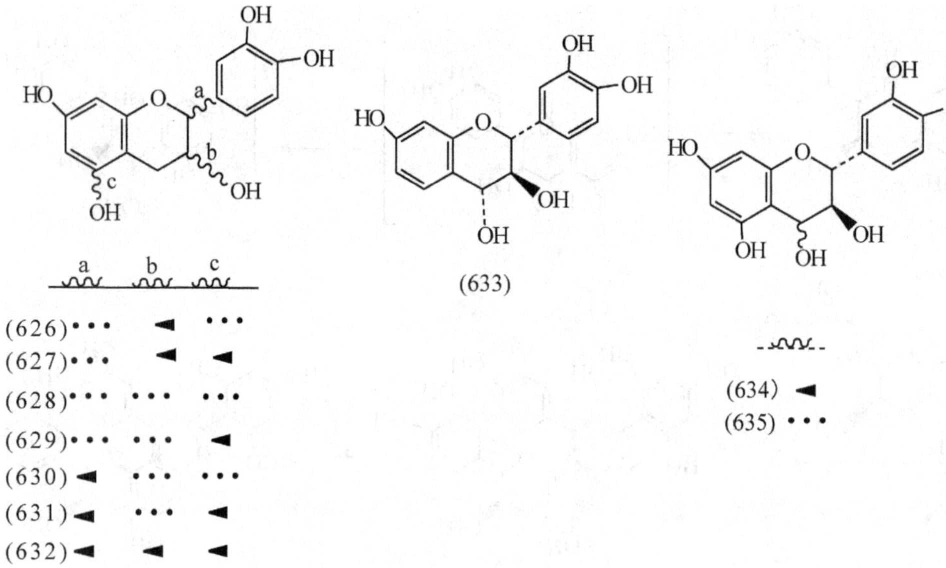

图 6-10　部分黄烷-3,4-二醇结构

表 6-3　部分黄烷-3,4-二醇

| | 名　称 | 羟基取代位置 | 绝对构型 |
|---|---|---|---|
| (a)无色菲瑟定类 | 菲瑟亭醇-4α-醇[(+)-黑荆定](626) | 3,4,7,3',4' | 2R, 3S, 4R |
| | 菲瑟亭醇-4β-醇(627) | | 2R, 3S, 4S |
| | 表菲瑟亭醇-4α-醇(628) | | 2R, 3R, 4R |
| | 表菲瑟亭醇-4β-醇(629) | | 2R, 3R, 4S |
| | 对映菲瑟亭醇-4α-醇(630) | | 2S, 3R, 4R |
| | 对映菲瑟亭醇-4β-醇(631) | | 2S, 3R, 4S |
| | 对映表菲瑟亭醇-4β-醇(632) | | 2S, 3S, 4S |
| (b)无色刺槐定类 | 刺槐亭醇-4α-醇[(+)-无色刺槐定](633) | 3,4,7,3',4',5' | 2R, 3S, 4R |
| (c)无色花青定类 | 儿茶素-4β-醇(634) | 3,4,5,7,3',4' | 2R, 3S, 4S |
| | 儿茶素-4α-醇(635) | | 2R, 3S, 4R |

反应时,黄烷-3-醇 A 环的亲核中心的取代位置(C-6 或 C-8)主要决定于 A 环的羟基。A 环为间苯二酚型(7—OH)时(如菲瑟亭醇),取代位置总是在 C-6 上。A 环为间苯三酚型(5,7—OH)时(如儿茶素),取代位置以 C-8 为主、C-6 为次。取代位置也受黄烷-3-醇的构型的影响。与(+)-儿茶素相比,(-)-表儿茶素与(+)-黑荆定缩合时,4→8 位的优势大于(+)-儿茶素的。

缩合产物在 C-4 的构型(4α 或 4β)取决于亲核试剂在接近亲电试剂的 C-4 时的空间位阻。例如,2,3-顺式的黄烷-3,4-二醇的缩合产物总是 3,4-反式的,而 3,4-反式的黄烷-3,4-二醇的缩合产物兼有 3,4-反式及 3,4-顺式,且以 3,4-反式为主。缩合反应的速率取决于反应物的活泼性。间苯三酚的 A 环型的黄烷醇反应最快,间苯二酚 A 环型次之,而邻苯三酚 A

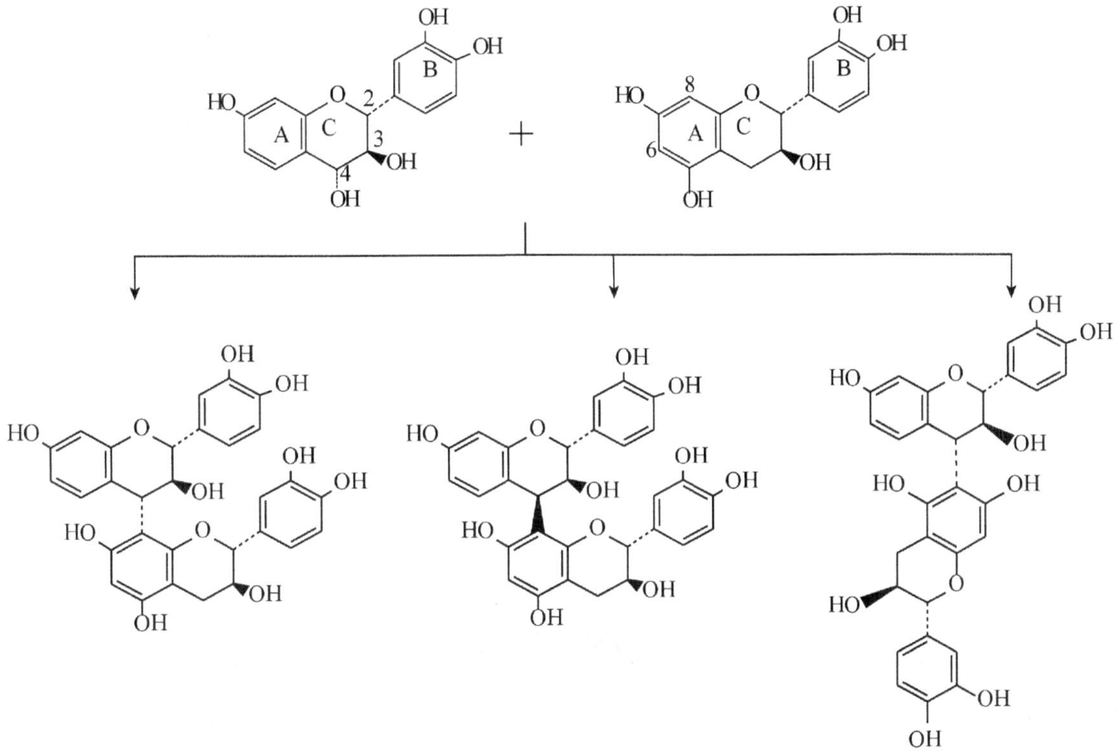

图 6-11 黑荆定与儿茶素的缩合反应

环型则慢得多。

黄烷-3,4-二醇还能发生自缩合而形成单宁。例如，向无色花青定滴入盐酸，就立即生成聚合度很高的缩合单宁。黄烷-3-醇[如(+)-儿茶素]在强酸的催化作用下也能发生自聚合，所生成的聚合物虽然也是单宁，但不具有原花色素型的化学结构。此外，黄烷-3-醇在适当的氧化条件下发生脱氢偶合反应也生成单宁，这类单宁也不具有原花色素型的化学结构，如红茶中的单宁。

### 6.2.1.3 原花色素

#### 1) 天然存在的原花色素

绝大部分天然植物单宁都是聚合原花色素。单体原花色素(又称无色花色素)不是单宁，也不具有鞣性，二聚原花色素能沉淀水溶液中的蛋白质。自三聚体起有明显的鞣性，并随着聚合度增加而增加，到一定限度为止。聚合度大的不溶于热水但溶于醇或亚硫酸盐水溶液的原花色素相当于水不溶性单宁，习惯上称为"红粉"。

原花色素在热的酸—醇处理下能生成花色素，但是植物体内的原花色素和花色素间并不存在着生源上的关系。原花色素的上部组成单元不同，在酸-醇作用下生成的花色素也不同。据此，原花色素可分为原花青定、原翠雀定等不同类型，见表6-4。例如，原花青定的上部组成单元是3,5,7,3′,4′—OH 取代型的黄烷醇单元(相当于儿茶素或表儿茶素基)，在酸-醇处理下生成的花色素是花青定(636)。原翠雀定、原菲瑟定及原刺槐定在酸—醇处理下生成的花色素分别是翠雀定(637)、菲瑟定(638)及刺槐定(639)。常见的几种原花色素见表6-4。

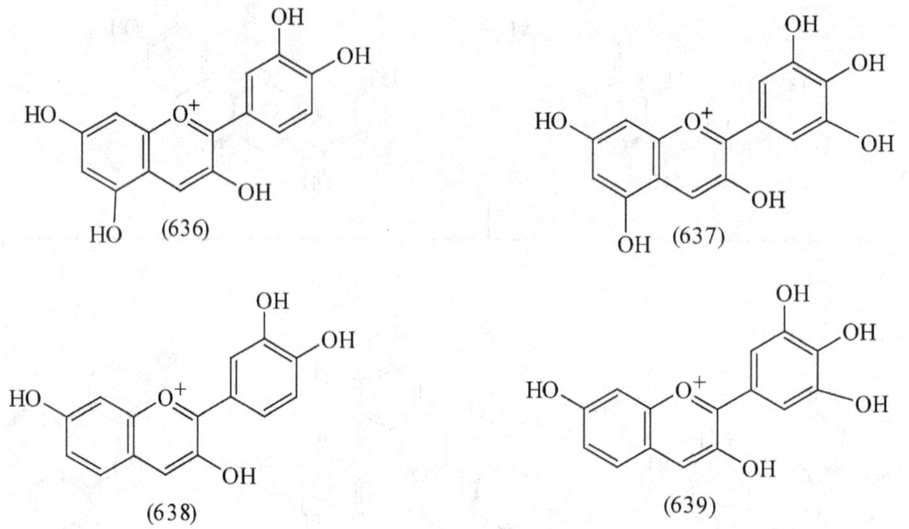

(636) (637)
(638) (639)

图 6-12 部分花色素的结构

表 6-4 常见的几种原花色素

| 原花色素名称 | 对应于组成单元的黄烷-3-醇 | 羟基取代位置 |
|---|---|---|
| 原天竺葵定 | 阿福豆素 | 3，5，7，4′ |
| 原花青定 | 儿茶素 | 3，5，7，3′，4′ |
| 原翠雀定 | 棓儿茶素 | 3，5，7，3′，4′，5′ |
| 原桂金合欢定 | 桂金合欢亭醇 | 3，7，4′ |
| 原菲瑟定 | 菲瑟亭醇 | 3，7，3′，4′ |
| 原刺槐定 | 刺槐亭醇 | 3，7，3′，4′，5′ |
| 原特金合欢定 | 奥利素 | 3，7，8，4′ |
| 原黑木金合欢定 | 牧豆素 | 3，7，8，3′，4′ |

原花色素的组成单元之间，通常以一个 4→8 位或 4→6 位的 C—C 键相连接，这种单连接键型的原花色素分布最广，例如原花色素 B。

双连接链型的原花色素的组成单元之间，除了有 4-8 或 4-6 位的 C—C 键外，还有一个 C—O—C 连接键（如 2→O→7 或 2→O→5 位），例如原花青定 A。

聚合原花色素的组成单元的排列形式有直链型、角链型及支链型（图 6-13）。不同链型的下端均只有一个底端单元（B）。顶端单元（T）和中间单元（M）合称为延伸单元或上部单元。

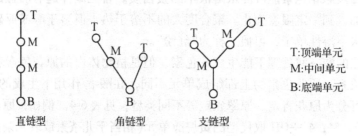

图 6-13 聚合原花色素组成单元的排列形式

普通的原花色素全由黄烷型的单元组成。复杂原花色素的组成单元除黄烷基外，还有其他类型的单元，在酸—醇处理下生成复杂的花色素。

原花青定是分布最广、数量最多的原花色素，含于许多植物的叶、果、皮、木内。原花青定 B-1(640)、B-2(641)、B-3(642)、B-4(643)、B-5(644)、B-6(645)、B-7(646)、B-8(647)的组成单元是(+)-儿茶素基或(-)-表儿茶素基上、下单元间以 4→8 或 4→6 位 C—C 键连接，且均是 3,4-反式的，结构如图 6-14 所示。

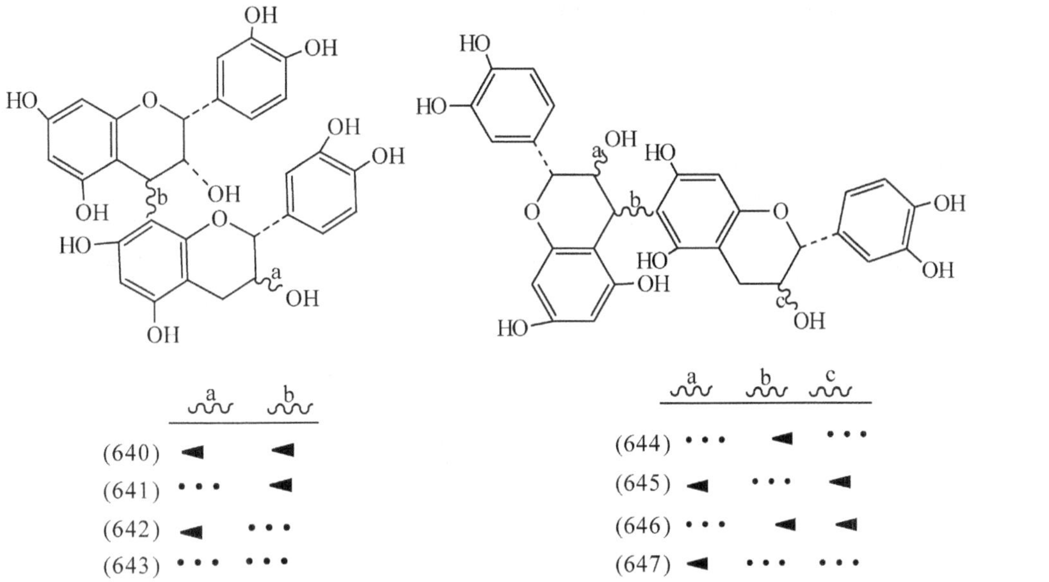

图 6-14 原花青定 B 的结构

**2) 原花色素的化学反应**

原花色素的化学反应主要是组成单元 A 环的亲电取代反应、B 环的氧化反应、络合反应，以及单元间连接键处的裂解反应等。

(1) 花色素反应

对原花青定在正丁醇-浓盐酸(95:5)中 95℃处理 40min，即可产生花色素，如图 6-15 所示。

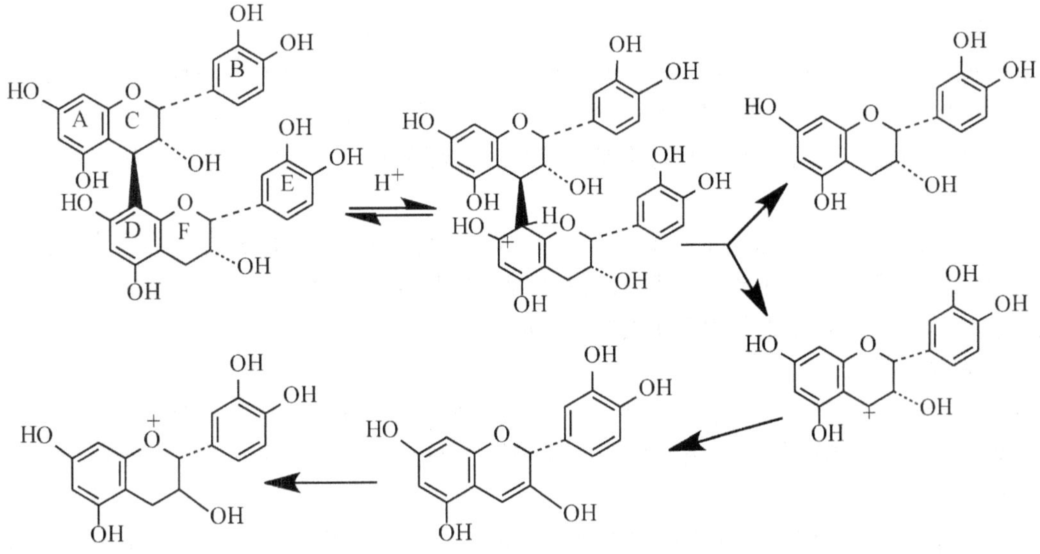

图 6-15 由原花青定 B2 制备花色素的反应

(2) 溶剂分解反应

溶剂分解反应是聚合原花色素的降解反应。在酸性介质内，原花色素的单元间连接键发生断裂，上部单元成为正碳离子。如果这时伴有亲核试剂（如硫醇、间苯三酚等）时，正碳离子就迅速被亲核试剂俘获，生产新的加成产物，这些加成产物的结构反映了聚合原花色素组成单元的结构。原花青定 B-1 的溶剂分解反应如图 6-16 所示。

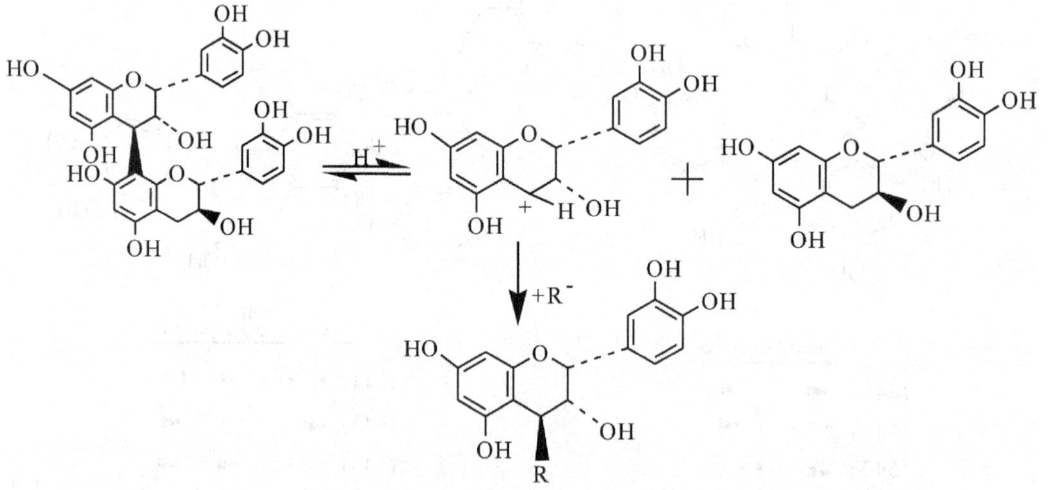

$R^-$亲核试剂，如 $SCH_2C_6H_5$

**图 6-16 原花青定 B-1 的溶剂分解反应**

反应速率受多方面因素影响，其中：上、下单元 A 环羟基的影响很大，尤以上部单元 A 环羟基的影响最大。5，7—OH 型 A 环的单元间 C—C 键最易开裂，在有 HCl（室温）或乙酸（100℃）条件下就裂解。7—OH 型 A 环（如原菲瑟定）单元间 C—C 键开裂难度较大。下部单元 D 环羟基的影响仅次于 A 环。上下单元的 A、D 环都是 5，7—OH 型的原花色素最易降解。上下单元的 A、D 环都是 7—OH 型的原花色素最难降解。4-8 键比 4-6 键易于断裂，在上、下单元 A、D 环有相同的酚羟基时，4-8 与 4-6 位连接的 A、D 环酚羟基与连接键的相对位置不同。D 环上有两个羟基时（与连接键形成一个邻位、一个对位，或者形成两个邻位）有利于原花色素的质子化和 C—C 键断裂。对位羟基的作用大于邻位。4-8 位连接键有一个对位和一个邻位酚羟基，4-6 键有两个邻位酚羟基，因此 4-8 键的断裂快于 4-6 键。下部单元（D 环）的位置在直立键上的原花色素比在平伏键上易于断裂。下部单元 F 环的相对构型，对降解速率没有明显的影响。

需要注意的是：原花色素在强无机酸中加热时发生降解和缩合两种竞争的反应。在醇溶液中优先发生降解反应，生成花色素及黄烷-3-醇，同时也有缩合反应。在水溶液中优先发生缩和反应，形成不溶于水的红褐色沉淀物"红粉"。

(3) 亚硫酸盐反应

原花色素的亚硫酸盐处理应用较多。5，7—OH 型（如原花青定）与 7—OH 型 A 环（如原菲瑟定）由于单元间连接键相对于杂环醚键的稳定性不同，原花色素的亚硫酸盐处理产物有明显区别。

用亚硫酸氢钠处理原花青定 B-1（100℃，pH 为 5.5），单元间连接键断裂，上部单元生成表儿茶素-4β-磺酸盐，下部单元生成儿茶素及其差向异构物——(+)-表儿茶素，如图 6-17 所示。

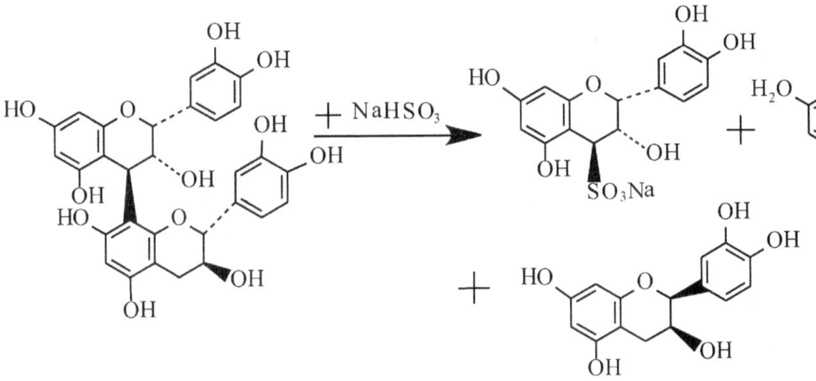

**图 6-17 原花青定 B-1 与亚硫酸氢钠的反应**

用亚硫酸氢钠处理黑荆树皮单宁(原刺槐定为主)时,如图 6-18 所示,单元间连接键的相对稳定性使杂环醚键先被打开,磺酸盐加到 C-2 位。原花色素没有明显的降解。

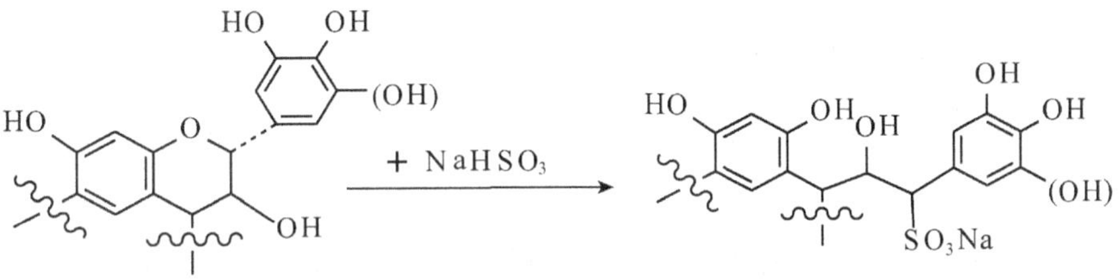

**图 6-18 黑荆树皮单宁与亚硫酸氢钠的反应**

(4) 溴化反应

用过溴氢溴化吡啶在乙腈溶液内处理表儿茶素-(2β-O-7,4β-8)-表儿茶素-(4α-8)-表儿茶素时,A 环的可反应位置全被溴化,生成四溴化物。用 0.2mol/L HCl-乙醇分解(回流沸腾 3h)四溴化物,生成 6-溴-儿茶素及混合的溴化花色素,说明反应物中底端的表儿茶素基是以 C-8 位连接的,如图 6-19 所示。

(5) 氢解反应

氢解反应能够打开原花青定的单元间连接键和单元的杂环。原花青定 B-2 在催化氢化下(Pd-C 催化、乙醇内,常温常压),半小时就有(-)-表儿茶素产生。48h 产生如下 1,3-二苯基-丙烷型化合物(648)和(649)(图 6-20)。

(6) 碱性降解反应

原花色素在碱性条件下的反应,对于单宁胶黏剂的研究有实用上的意义。

①苄硫醇反应 如图 6-21 所示,火炬松树皮多聚原花青定(数均相对分子质量 2500~3000)在强碱性条件下与苄硫醇反应(pH12、室温 16~48h),上部单元生成 4-硫醚(650),4-硫醚的杂环在碱性条件下易被打开,通过亚甲基醌中间物与苄硫醇继续反应生成化合物(651)。反应是择向性的,C-1 上的硫醚反式于 2—OH。原花色青定的下部单元先形成(+)-儿茶素,儿茶素在碱性条件下也通过开环的亚甲基醌中间物生成硫醚(652)。

②间苯三酚反应 火炬松树皮多聚原花青定在强碱性条件下与间苯三酚反应(pH12,23℃)时,多聚原花色素的单元键被打开,上部单元形成单体或二聚体的 4-间苯三酚加成物,然后发生杂环的开环、重排,产物(653)、(654)虽不含羧基,但有较明显的酸性,且与甲醛的反应活性降低(图 6-22)。

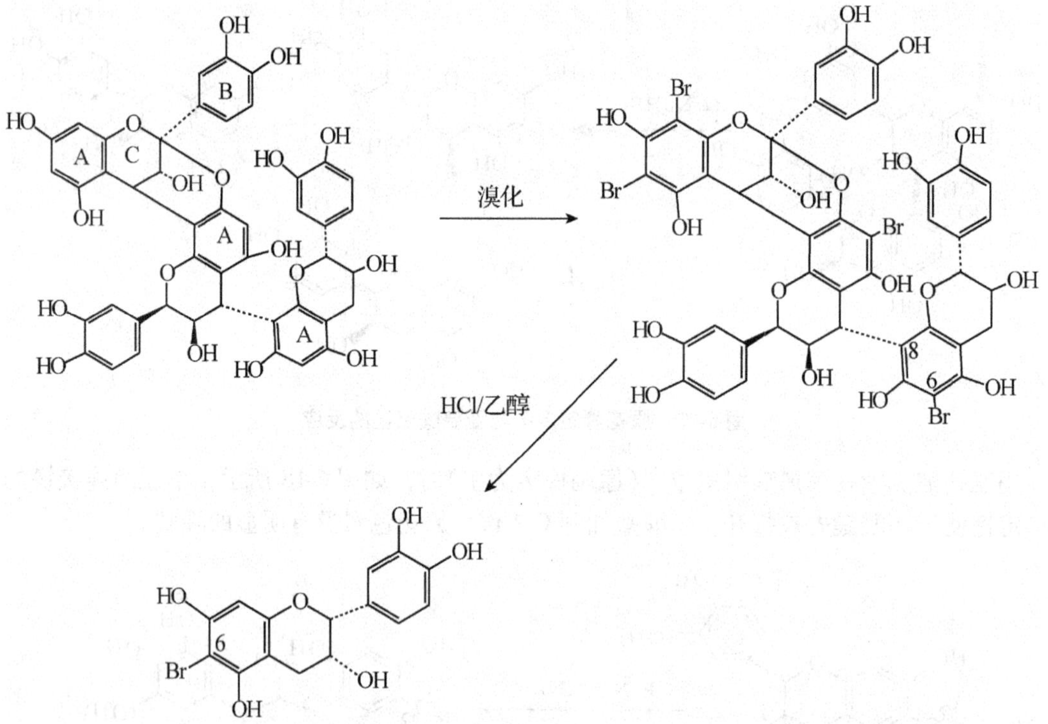

图 6-19 表儿茶素-(2β-O-7,4β-8)-表儿茶素-(4α-8)-表儿茶素的溴化反应

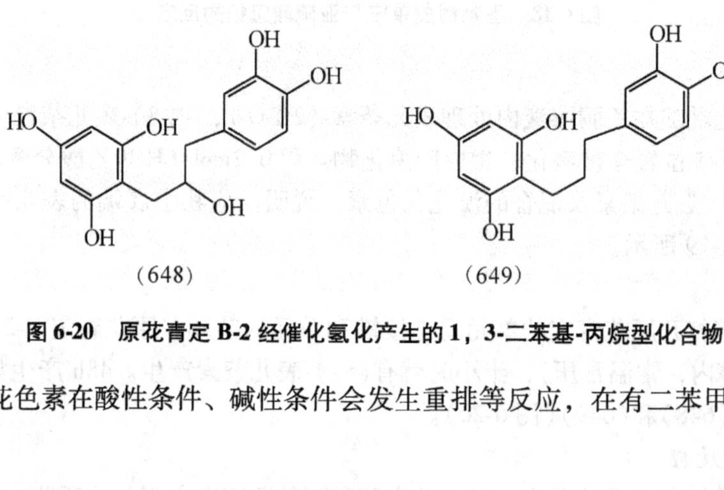

图 6-20 原花青定 B-2 经催化氢化产生的 1,3-二苯基-丙烷型化合物

此外，原花色素在酸性条件、碱性条件会发生重排等反应，在有二苯甲酮存在时还可发生光解重排。

### 6.2.1.4 原花色素以外的缩合单宁

原花色素以外的缩合单宁在酸-醇的处理下不生成花色素。这类单宁与原花色素同属于聚黄烷类化合物，如棕儿茶素 A-1 (655)、茶素 A (656)、乌龙同二黄烷 B(657) 等（图 6-23）。

### 6.2.1.5 常见的缩合类单宁

常见的缩合单宁，除黑荆树皮单宁和坚木单宁为间苯二酚 A 环型的原花色素外，大多属于间苯三酚 A 环型的原花色素，例如：落叶松、木麻黄、山槐树皮、红根根皮、薯莨块茎所含的单宁为原花青定。余甘、榭树皮所含的单宁为原翠雀定-原花青定。毛杨梅树皮单宁为原翠雀定。榭树皮及毛杨梅单宁还含少量的鞣花单宁。全世界在数量上占了单宁资源绝大

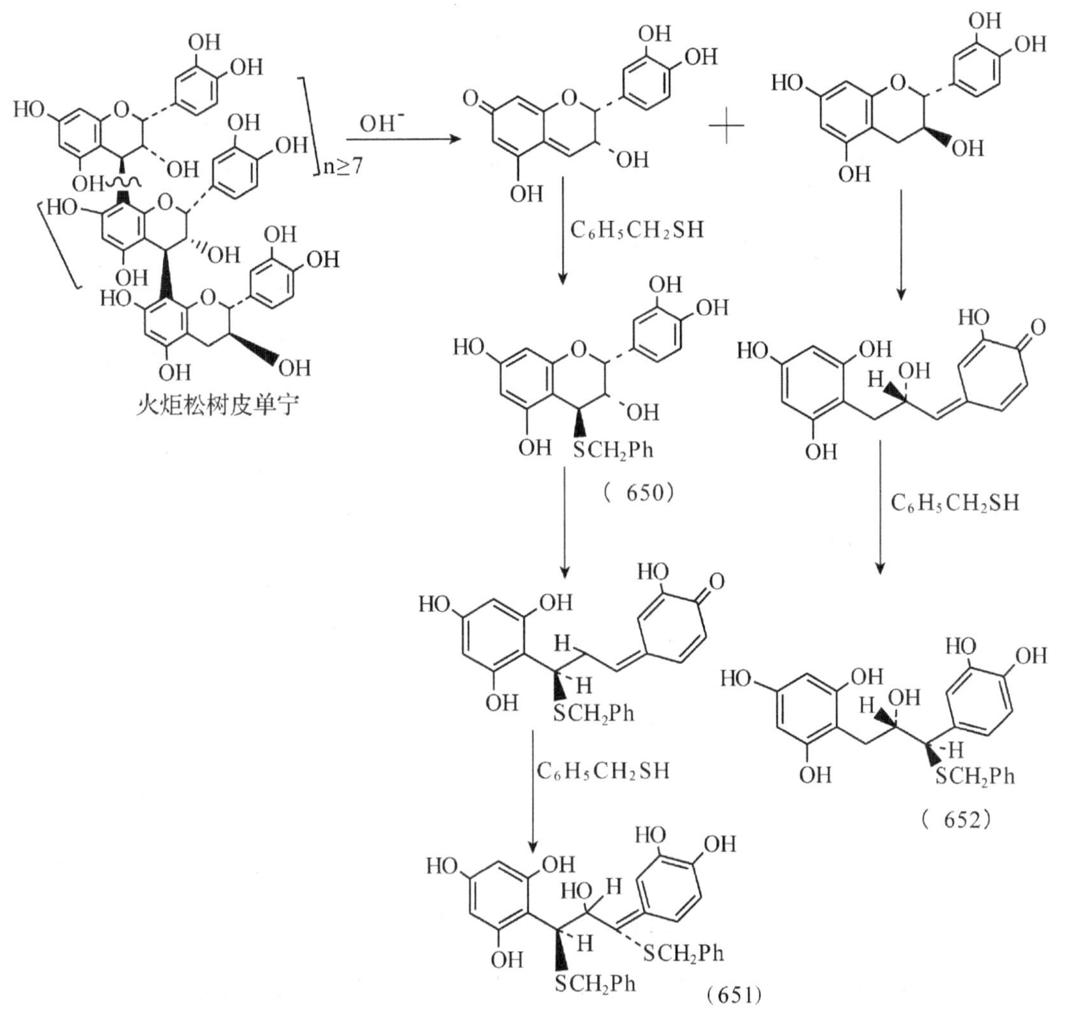

图 6-21 火炬松树皮多聚原花青定与苄硫醇的反应

分的针叶树(如云杉、铁杉、辐射松、北美云杉等)树皮所含单宁均为原花青定,间或兼有少量的原翠雀定。

(1) 落叶松树皮单宁

从兴安落叶松树皮获得的黄烷醇有:(-)-表阿福豆素、(+)-儿茶素、(-)-表儿茶素。二聚原花色素有:原花青定 B-1、B-2、B-3、B-4。落叶松树皮的水溶性单宁是多聚原花青定,数均相对分子质量约 2800,相当于 9~10 聚体。多聚原花青定上部单元中,2,3-顺式与反式的比例约为 6:4,底端单元由(+)-儿茶素、(-)-表儿茶素组成,二者的比例约为 8:2。除了水溶性单宁外,落叶松树皮还含有大量的水不溶性红粉单宁(约占总单宁的 1/4~1/2)。红粉单宁在酸—醇处理下也生成花青定。

(2) 坚木单宁

坚木单宁属于原菲瑟定,其特点是组成单元为 2S 构型的。坚木多酚的相对分子质量在 200~50000,数均相对分子质量 1230。在坚木心材中,除原菲瑟定外,还有(-)-无色菲瑟定和(+)-儿茶素等黄烷醇。从坚木单宁中找到的二聚原菲瑟定有:对映-菲瑟亭醇-(4β→8)-儿茶素、对映-菲瑟亭醇-(4α→8)-儿茶素、对映-菲瑟亭醇-(4β→6)-儿茶素、对映-菲瑟亭醇-

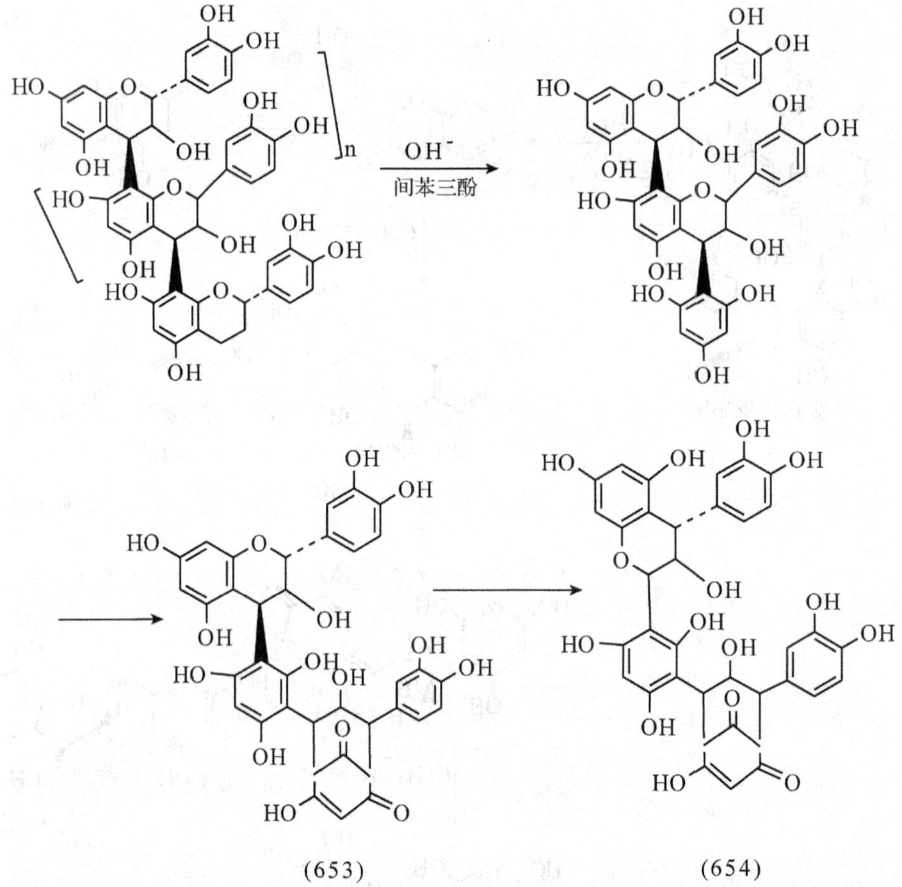

图 6-22 火炬松树皮多聚原花青定与间苯三酚的反应

($4\alpha\rightarrow6$)-儿茶素，相对含量为 11:5:3:1。坚木单宁的三聚原菲瑟定全是角链型的。

(3) 黑荆树皮单宁

黑荆树皮单宁组成复杂，以聚合原刺槐定为主(约占70%)，伴有原菲瑟定及少量的原翠雀定。单宁的相对分子质量为 550~3250，数均相对分子质量 1250。黑荆树皮内的黄烷醇有：(+)-儿茶素、(+)-棓儿茶素、(−)-菲瑟亭醇、(−)-刺槐亭醇、(+)-无色刺槐定、(+)-无色菲瑟定。二聚原花色素有：菲瑟亭醇-($4\alpha\rightarrow8$)-儿茶素、菲瑟亭醇-($4\beta\rightarrow8$)-儿茶素、刺槐亭醇-($4\alpha\rightarrow8$)-儿茶素、刺槐亭醇-($4\alpha\rightarrow8$)-棓儿茶素。三聚原花色素也都是角链型的。黑荆树的不成熟的枝皮内含有原刺槐定、原菲瑟定及原翠雀定，成熟了的干皮只含前二者而几乎不含原翠雀定。

(4) 云杉树皮单宁

云杉树皮单宁的组成是葡萄糖苷化了的多聚原花青定。2,3-顺式单元占70%，底端单元为(+)-儿茶素。糖基可能连在组成单元的酚羟基上，但具体位置尚未确定。此外，欧洲云杉树皮还含有较多的云杉鞣酚等芪类化合物。

(5) 辐射松树皮单宁

辐射松树皮单宁是多聚原花青定-原翠雀定，数均相对分子质量达 8400。内皮中原翠雀定较多，约占50%，外皮中原花青定约占90%。从树皮单离出来的有关化合物有(+)-儿茶素，二聚原花青定 B-1、B-3、B-6 及三聚原花青定 C-2。

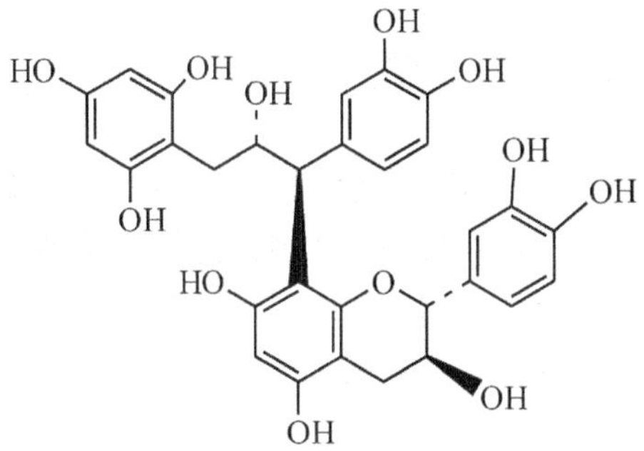

图 6-23 棕儿茶素 A-1、茶素 A、乌龙同二黄烷 B 的化学结构

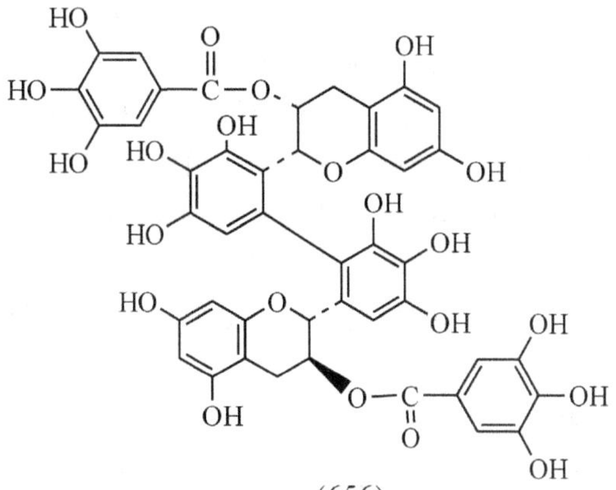

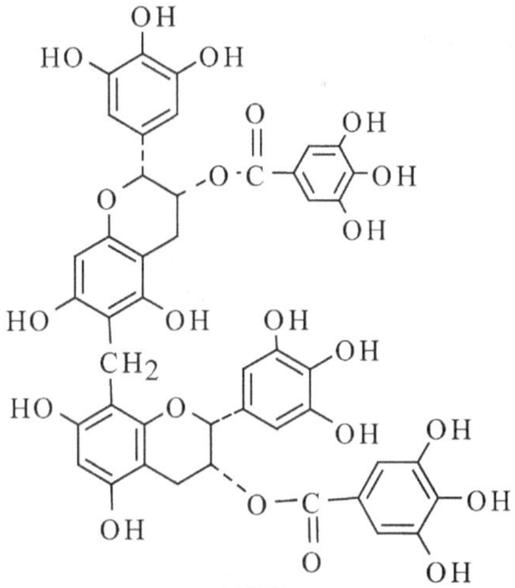

(6) 火炬松与短叶松树皮单宁

火炬松与短叶松树皮单宁的组成十分相似，均为 2,3-顺式的多聚原花青定。火炬松树皮单宁的重均及数均相对分子质量分别为 4100 及 2150，4→8 与 4→6 位连接单元的比例约为 3:1。从火炬松树皮单离出来的有关化合物有：(+)-儿茶素、二聚原花青定 B-1、B-3、B-7 等。

(7) 毛杨梅树皮单宁

毛杨梅树皮中的水溶性单宁是局部棓酰化了的多聚原翠雀定，棓酰化的单元约占 40%，2,3-顺式单元约占 90%，底端单元为表棓儿茶素-3-O-棓酰酯。数均相对分子质量约 5000。从毛杨梅树皮单离出来的有关化合物有：棓酸、(−)-表棓儿茶素-3-O-棓酰酯及二聚原花青定，包括表棓儿茶素-(4β→8)-3-O-棓酰-表棓儿茶素、3-O-棓酰-表棓儿茶素-(4β→8)-3-O-棓酰-表棓儿茶素。此外，还有少量栗木鞣花素。

## 6.2.2 水解单宁

### 6.2.2.1 棓单宁

棓酸酯是棓酸(即没食子酸)与多元醇组成的酯。棓酸酯在植物界的分布极为广泛，主要是葡萄糖的棓酸酯。此外，还有金缕梅糖、果糖、木糖、蔗糖、奎尼酸、莽草酸、栎醇等的棓酸酯。目前尚未发现含氮化合物（胺、氨基酸、生物碱）组成的天然棓酸酯。

棓单宁是具有鞣性的棓酸酯。一般说来，相对分子质量在500以上的多棓酸酯（分子中含棓酰基在2~3个以上）才具有鞣性，可被称为棓单宁。

根据棓酰基结合形式的不同，可将棓酸酯分为简单棓酸酯与缩酚酸型棓酸酯。简单棓酸酯是棓酸与多元醇以酯键结合形成的酯。缩酚酸型的棓酸酯（即聚棓酸酯）是简单棓酸酯与更多的棓酸以缩酚酸的形式结合形成的酯。缩酚酸是棓酸以其羧基与另一个棓酰基的酚羟基结合形成的，因而具有聚棓酸的形式。这种形式使一个葡萄糖基能够与10个以上的棓酰基相结合。

(1) 棓酸

棓酸在水解单宁化学中处于核心地位。在植物体内，所有水解单宁都是棓酸的代谢产物，是棓酸（或与棓酸有生源关系的酚羧酸）和多元醇形成的酯。

棓酸(658)，即3，4，5-三羟基苯甲酸，又名没食子酸，$C_7H_6O_5$，为无色针状结晶。熔点253℃，易溶于丙酮，溶于乙醇、热水，难溶于冷水、乙醚，不溶于三氯甲烷及苯。遇$FeCl_3$生蓝色。棓酸的化学性质活泼，能形成多种酯、酰胺、酰卤和有色的金属络合物。加热到250~260℃发生脱羧，生成邻苯三酚。通过各种氧化偶合反应能从棓酸制得鞣花酸(660)、黄棓酚(661)、脱氢二鞣花酸(662)等联苯型化合物（图6-24）。

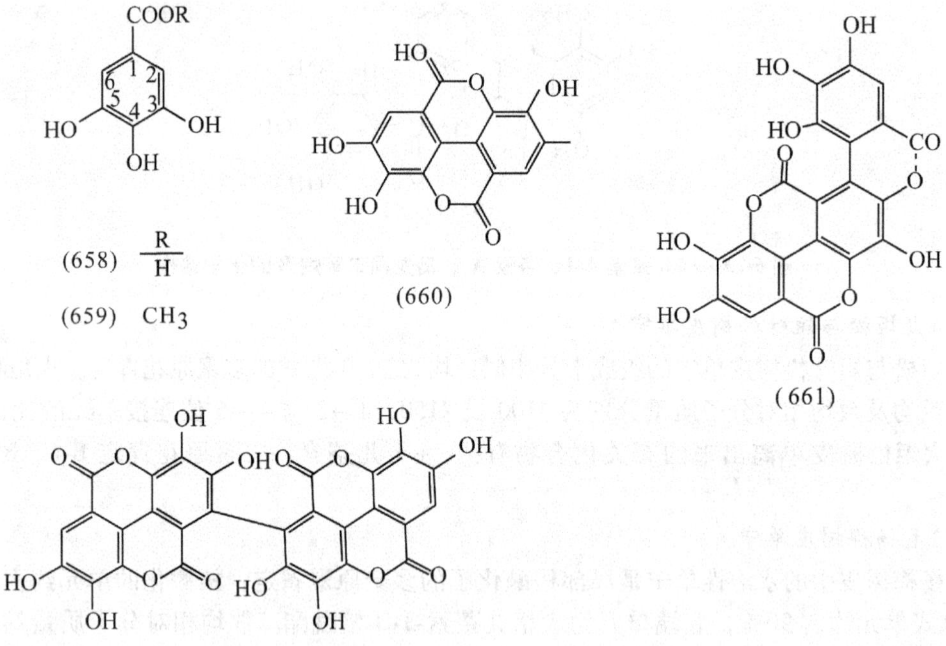

**图 6-24 几种棓酸代谢产物的结构式**

二棓酸及三棓酸都是缩酚酸，由棓酸的羧基与其他棓酸的酚羟基结合而成。五倍子及刺云实内都有天然游离的二棓酸及三棓酸存在。五倍子单宁的缓和酸水解产物中也能够发现二棓酸(663)及三棓酸(664)。用甲醇对五倍子单宁进行局部醇解，能够得到二棓酸甲酯(663a)及三棓酸甲酯(664a)（图6-25）。

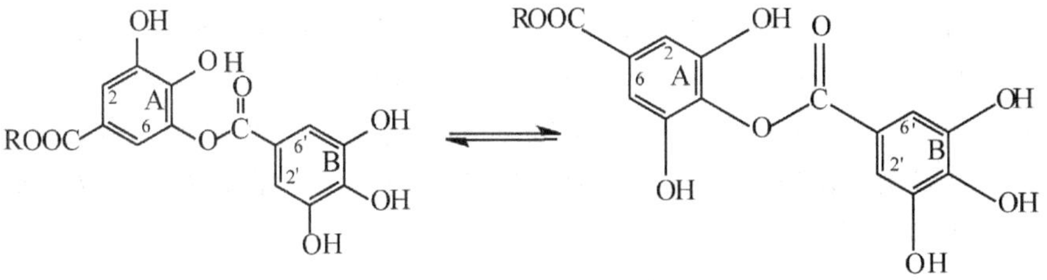


| R | |
|---|---|
| (663) | H |
| (663a) | $CH_3$ |

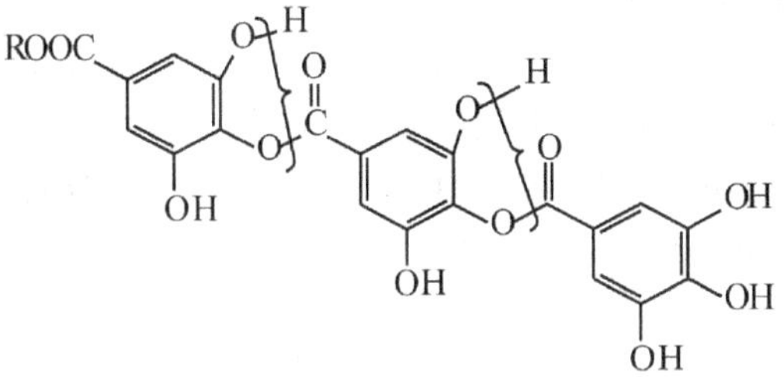


| R | |
|---|---|
| (664) | H |
| (664a) | $CH_3$ |

**图 6-25　二棓酸、三棓酸及其甲酯的结构式**

二棓酸甲酯实际是间-二棓酸甲酯及对-二棓酸甲酯的平衡混合物。用重氮甲烷处理二棓酸甲酯时，生成物只有间-五-O-甲基二棓酸甲酯。这是由于对位酚羟基的酸性较强而优先甲基化，因此得不到对-五-O-甲基-二棓酸甲酯。

(2) 葡萄糖的棓酸酯

葡萄糖的棓酸酯包括简单棓酸酯和聚棓酸酯。在棓酸酯分子中、葡萄糖基以吡喃环的形式存在并具有正椅式构象，棓酰基位于平伏键上，使分子呈盘形。

葡萄糖分子有 5 个醇羟基，可以与 1～5 个棓酰基结合，生成一、二、三、四或五取代的简单棓酸酯。最早得到的棓酰葡萄糖是 1903 年从中国大黄(*Rheum officinale*)中分离出来的 β-D-葡棓素结晶。棓酰葡萄糖在水解下均生成葡萄糖和数量不等的棓酸。一、二、三-O-棓酰葡萄糖相对分子质量小，不属于单宁，没有涩味，几种简单的结构(665、666、667)如图 6-26 所示。随着棓酰基个数的增加，棓酸酯的鞣性也迅速增加。

葡萄糖聚棓酸酯在自然界中存在较少，虫瘿五倍子、芍药树根是其主要来源。五倍子单宁又名单宁酸，在国外称为中国棓单宁，是水解类单宁的典型代表。五倍子单宁实际上是许多葡萄糖聚棓酸酯的混合物，而不是单一的化合物。Fischer 等提出了五倍子单宁的平均化学

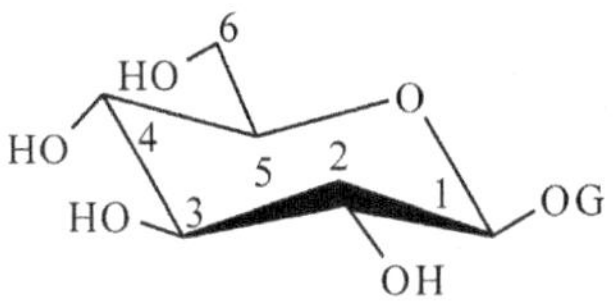


(665)

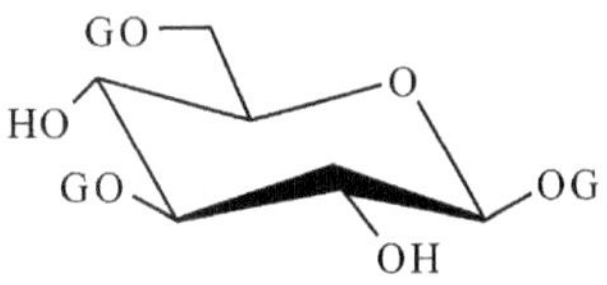


(667)

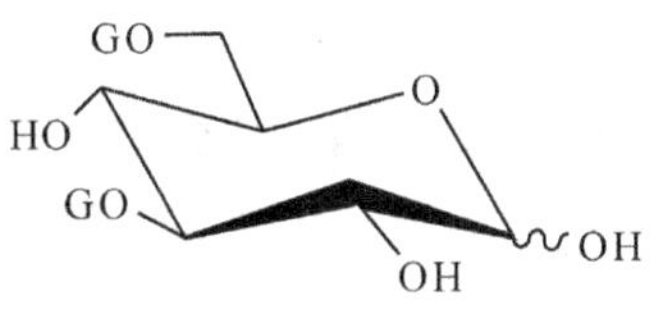


(666)

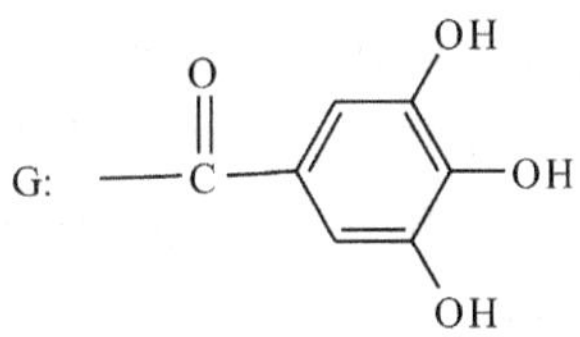


**图 6-26　一、二、三-O-棓酰葡萄糖结构式**

结构式是五-O-间-双棓酰-β-D-吡喃葡萄糖，相当于一个葡萄糖基与10个棓酰基结合，实验式 $C_{76}H_{52}O_{46}$。五倍子单宁在酸催化下完全水解，生成葡萄糖及棓酸（比例为1:7~1:9）。在水解中途有间-二棓酸生成。甲基化的五倍子单宁在酸的水解作用下生成葡萄糖、3,4-二-O-甲基棓酸及3,4,5-三-O-甲基-棓酸。两种棓酸的比例为1:1。3,4-二-O-甲基棓酸的生成，证明五倍子单宁的分子内有缩酚酸型聚棓酸存在。

葡萄糖的聚棓酸酯分子结构中有缩酚酸型的键（图6-26），且大多是以1,2,3,4,6-五-O-β-D-棓酰葡萄糖或1,2,3,6-四-O-β-D-棓酰葡萄糖为"核心"(668)，由更多的棓酰基以缩酚酸的形式连在"核心"上。缩酚酸型棓酰基的酯键比糖与棓酰基间酯键易于水解。由于有邻位酚羟基的存在，缩酚酸型的酯键（669、670）能在极温和的条件下（pH6.0，室温）发生甲醇醇解，生成棓酸甲酯。而棓酰基与糖之间的酯键不被甲醇打开（图6-27）。

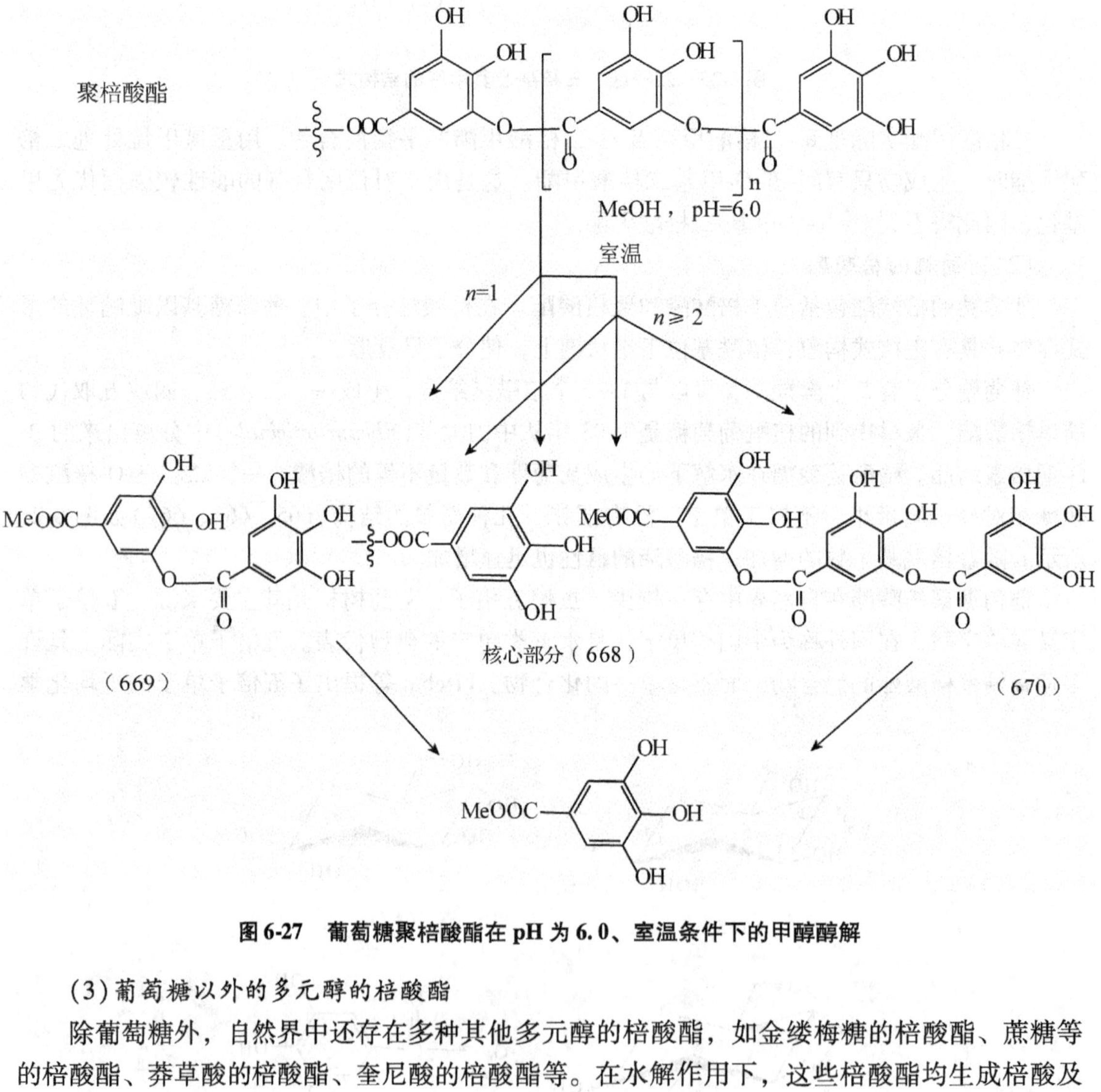

**图6-27 葡萄糖聚棓酸酯在pH为6.0、室温条件下的甲醇醇解**

(3) 葡萄糖以外的多元醇的棓酸酯

除葡萄糖外，自然界中还存在多种其他多元醇的棓酸酯，如金缕梅糖的棓酸酯、蔗糖等的棓酸酯、莽草酸的棓酸酯、奎尼酸的棓酸酯等。在水解作用下，这些棓酸酯均生成棓酸及相应的多元醇或多元醇酸。

#### 6.2.2.2 鞣花单宁

鞣花单宁是六羟基联苯二酰基(或其他与六羟基联苯二酰基有生源关系的酚羧酸基)与多元醇(主要是葡萄糖)形成的酯。六羟基联苯二酸酯在水解时生成不溶于水的黄色沉淀——鞣花酸，因此称为鞣花单宁。狭义的鞣花单宁仅指六羟基联苯二酸酯。鞣花酸(671)并不存在于鞣花单宁分子结构内，它只是在六羟基联苯二酰基(672)从单宁分子中被水解下来后发生内酯化的产物。鞣花酸广泛存在于植物界，常和棓酸酯共同存在。棓酸酯在光的氧化作用或自氧化作用下都能产生鞣花酸。

鞣花酸，$C_{14}H_6O_8$ 为黄色针状结晶。熔点大于 360℃，极不溶于水，可溶于二甲基甲酰胺、二甲基亚砜，在加有 NaOH 的水中形成钠盐黄色溶液。紫外光下为蓝色，$NH_3$ 薰后紫外光下为黄色。遇 $FeCl_3$ 呈深蓝色，遇 $K_3Fe(CN)_6$ 呈蓝色，遇对-硝基苯胺呈黄褐色，遇 $AgNO_3$-$NH_4OH$ 呈暗褐色。鞣花酸不旋光。

与鞣花酸结构密切相关的酚羧酸酰基有：脱氢六羟基联苯二酰基(673)、脱氢二棓酰基(674a，674b)、九羟基联三苯三酰基(675)、橡椀酰基(676)、地榆酰基(677)、榄棓酰基(678)、桤木酰基(679)、椀刺酰基(680)、鞣花酰基(681)等。这些以酰基态存在于植物体内的酚羧酸可能均来源于棓酰基，是相邻的二个、三个或四个棓酰基之间发生脱氢、偶合、重排、环裂等变化形成的(图 6-28)。

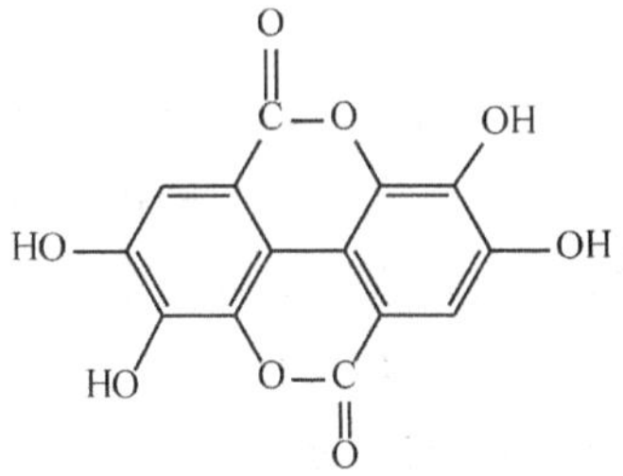

(671)

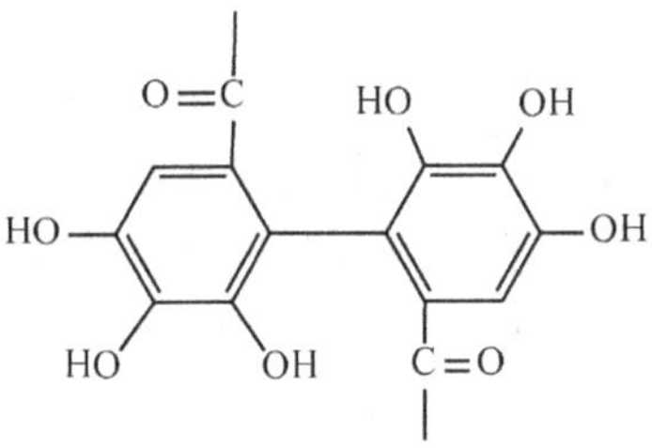

(672)

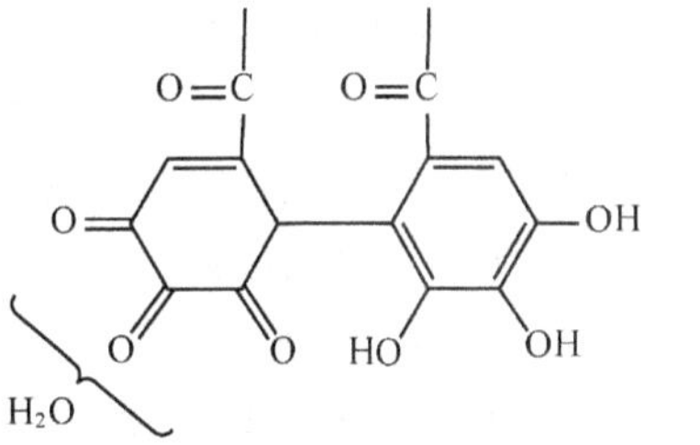

(673)

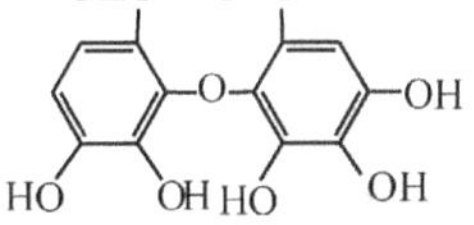

(674 a)

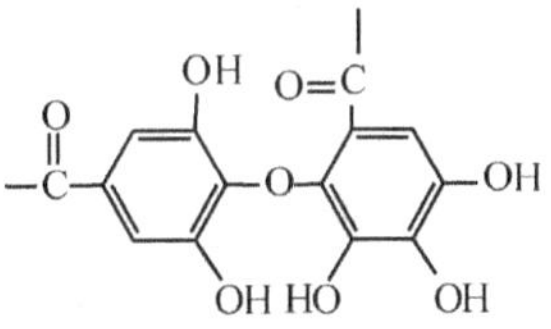

(674 b)

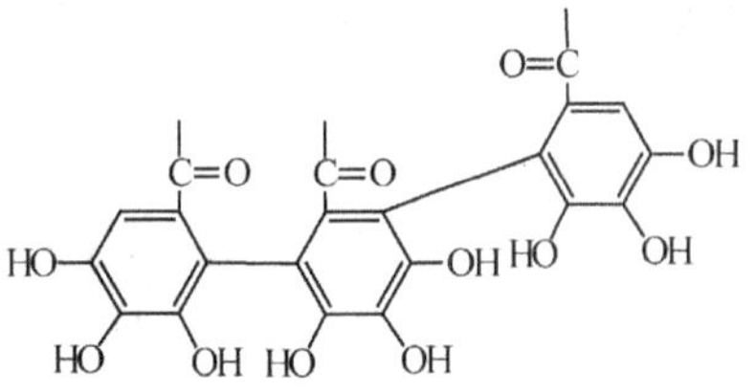

(675)

**图 6-28 鞣花酸及与其密切相关的酚羧酸酰基结构**

六羟基联苯二酸酯在自然界存在广泛，但未发现天然游离的六羟基联苯二酸。人工合成六羟基联苯二酸为无色固体，无固定熔点，在紫外光下有浅蓝色，$NH_3$ 薰后变为黄绿色。易溶于甲醇、乙醇、二噁烷、四氢呋喃、水或丙酮。难溶于乙醚、乙酸乙酯，不溶于氯仿及苯。遇 $FeCl_3$ 呈蓝色。六羟基联苯二酸的两个羧基易与相邻的酚羟基发生内酯化，生成浅黄色的鞣花酸。在固态受热时，内酯化较慢。100℃、8d 仍有六羟基联苯二酸存在。加热到 280℃时转变为鞣花酸。在沸水中 11h 六羟基联苯二酸就全部消失。在酸性条件下也能迅速变为鞣花酸。因此，一般在加热酸水解条件下，从鞣花单宁只能得到鞣花酸。

与酚羧酸结合组成鞣花单宁的多元醇除了葡萄糖以外,还有葡萄糖酸、原栎醇、葡萄糖苷等。

### 6.2.2.3 常见的水解类单宁

(1)五倍子单宁

五倍子是瘿绵蚜科一些种类的蚜虫寄生在漆树科盐肤木属盐肤木等植物叶上所形成的、富含单宁物质的各种虫瘿的总称,其中的单宁物质被称作五倍子单宁。五倍子单宁是聚棓酰葡萄糖的混合物,其化学结构均是以 1,2,3,4,6-五-O-棓酰-β-D-吡喃葡萄糖为"核心",在 2,3,4 位上有更多的棓酰基以缩酚酸的形式存在。五倍子单宁是五至十二-O-棓酰-葡萄糖的混合物,最多的组分是七至九-O-棓酰葡萄糖。平均相对分子质量1434。平均每个葡萄糖基结合了8.3个棓酰基。混合物的结构式可用(682)代表,如图6-29所示。

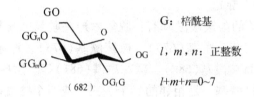

图 6-29　五倍子单宁的代表结构式

(2)土耳其棓子单宁

土耳其棓子为没食子蜂科(瘿蜂科)昆虫没食子蜂的幼虫,寄生于壳斗科植物没食子树幼枝上,雌虫产卵器刺伤没食子树的幼芽,使其长出赘生物,并将卵产于其中,至孵化成幼虫后,能分泌含有酶的液体,使植物体细胞中的淀粉迅速转变为糖,刺激植物细胞分生,赘生物逐渐长大,即成土耳其棓子。土耳其棓子单宁的组成比五倍子单宁复杂,有两种"核心": 1,2,3,6-四-O-棓酰-β-D-吡喃葡萄糖、1,2,3,4,6-五-O-棓酰-β-D-吡喃葡萄糖,结构式可用(683)与(684)来代表(图6-30)。土耳其棓子单宁是三至九-O-棓酰葡萄糖的混合物,最多的组分是五至六-O-棓酰葡萄糖,平均相对分子质量1032,平均每个糖基结合5.6个棓酰基。

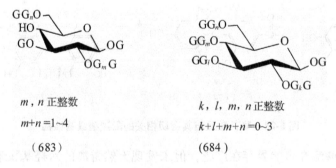

图 6-30　土耳其棓子单宁代表结构式

(3)刺云实单宁

刺云实果荚内的单宁是奎尼酸的棓酸酯及聚棓酸酯,有较大的酸性,这来源于奎尼酸的游离的羧基。平均1个奎尼酸结合4～5个棓酰基。它的化学结构式可能是以 3,4,5-三-O-棓酰-奎尼酸为"核心"的聚棓酸酯。刺云实果荚还含有少量的葡萄糖、奎尼酸、莽草酸、棓酸、二棓酸、β-葡棓素及茶棓素等。

(4)栗木单宁和栎木单宁

欧洲栗及无梗花栎木材中的单宁组成十分相似。两种单宁的主要组分都是栗木素、甜栗素、栗木鞣花素及甜栗鞣花素,其含量在栗木单宁中分别占3%、8%、25%、53%,在栎木单宁中分别占7%、10%、19%、20%。

(5)橡椀单宁

小亚细亚栎及大叶栎的橡椀所含单宁由栗木鞣花素、甜栗鞣花素、栗椀宁酸、甜栗椀宁酸、橡椀鞣花素酸、异橡椀鞣花素酸及甜栗素组成。它们在单宁中所占比例分别为14.4%(栗木鞣花素与栗椀宁酸)、29.3%(甜栗鞣花素与甜栗椀宁酸)、20.4%(橡椀鞣花素酸)及14.2%(异橡椀鞣花素酸及甜栗素)。

(6)柯子单宁

柯子单宁含于柯子树的果实中。占单宁含量2/3的6种组分是:柯黎勒酸、柯黎勒鞣花酸、榄柯子素、1,2,3,4,6-五-O-棓酰-葡萄糖、鞣料云实素及1,3,6-三-O-棓酰葡萄糖。6种组分在柯子粉中的含量分别为16.4%、3.3%、1.3%、2.8%、0.8%及5.2%。

### 6.2.2.4 水解类单宁的水解和醇解

研究水解类单宁(棓单宁、鞣花单宁)的化学结构最常用的化学方法,是对水解单宁进行完全的或局部的水解,将全部或一部分酯键打开,以根据水解生成物判断单宁的化学结构。常用的水解和醇解方法有:

①酸水解　一般为完全水解,生成酚缩酸及多元醇。

②碱水解　需在无氧的条件下进行,以避免单宁的氧化。

③热水水解　一般为局部水解。

④酶水解　单宁酶用于水解一般酯键,棓酸酯的分解一般快于六羟基联苯二酸酯。橙皮苷酶用于水解O-苷键。

⑤甲醇醇解　用于分解缩酚酸酯键。

⑥甲基化单宁的碱性甲醇醇解　可生成多元醇及酚缩酸的甲基醚甲酯,以保持酚缩酸的原有的构性。

## 6.3 单宁的提取与分离

由某一植物来源获得的单宁通常是由多种结构相近的植物多酚组成,需采用溶剂提取的方法获得,一般为米色、浅褐色至红褐色无定形固体,少数单宁在纯化后能形成晶体。

### 6.3.1 单宁的提取

用于提取单宁的原料最好是刚刚采摘的原料,或以用冷冻或浸泡在丙酮中的方法储存,工业生产时多为气干原料,但干燥时间要尽量缩短,避免单宁在水分、日光、氧气和酶的作用下发生变质。

经过粉碎的原料以渗滤或震荡方法进行溶剂浸提。所用溶剂应该对单宁有良好的溶解能力、不与单宁起化学反应、浸出杂质少、且易于分离,此外还应低毒、安全、经济、易得。工业上常用热水为溶剂。

丙酮-水(100:0~50:50,v/v)是研究中最常使用的溶剂。丙酮-水对单宁的溶解能力最强，能够打开植物内单宁-蛋白质的连接键，使单宁的抽出率提高，减压蒸发很容易将丙酮从浸提液中除去，剩下单宁的水溶液。甲醇或甲醇－水也是良好的溶剂，得率较高，且可以避免单宁的氧化。但是，甲醇能使水解单宁中缩酚酸键发生醇解。因此，对五倍子宜用冷的丙酮、丙酮－水浸提。乙醇或乙醇－水的溶解能力不及甲醇－水。水虽然是栲胶生产中使用的溶剂，但是水的极性大，溶出杂质多，给下一步的分离带来麻烦，在研究中很少单独使用。对于高聚合度的缩合单宁，需采用加碱或亚硫酸盐的水进行浸提。乙酸乙酯的溶解能力较弱，能够溶解多种水解单宁及低聚的缩合单宁。乙醚只溶解相对分子质量小的多元酚。采用乙醚、乙酸乙酯、乙醇、甲醇逐次浸提，可以将不同聚合度的单宁分开。但是更常用的方法是用丙酮－水系统将单宁全部浸提出来，以后再进行分级分离。

### 6.3.2 单宁的分离和纯化

提取原料得到的溶液是单宁与其他物质的混合物，需进一步分离、纯化。由于单宁是复杂多元酚、有较大相对分子质量和强极性，又是许多化学结构和理化性质十分接近的复杂混合物，因此单宁的分离和纯化难度很大。此外，单宁化学性质活泼，分离时可能发生氧化、离解、聚合等反应而结构发生改变。将单宁制成衍生物（甲基醚、乙酸酯）有助于单宁的分离。

#### 6.3.2.1 单宁的分离

单宁的分离，是指用色谱以外的方法对单宁进行初步的分离、精制、纯化。除了结晶法外，其他方法只能将单宁与非单宁分开，或者将单宁分为不同的组分，得到粗分离的单宁混合物。

(1) 皮粉法

用皮粉将栲胶溶液中的单宁吸附出来，经挤压、水洗，再以丙酮－水(1:1)将单宁从皮粉中洗脱出来。这个方法能够从黑荆树皮栲胶得到纯度为95.6%的单宁，但因为一部分单宁不被洗脱，获得率仅76%。

(2) 沉淀法

①化学沉淀法　在中性条件下用醋酸铅将单宁从溶液中沉淀出来，再以酸或 $H_2S$ 分解沉淀收回单宁。此法能从黑荆树皮栲胶中回收全部单宁，纯度95.1%。用铜、铝、钙离子、聚酰胺、生物碱处理也有相同的作用。

②冷却沉淀法　将热水浸提的坚木单宁溶液冷却时，一部分大分子单宁就沉降出来。冷却柯子栲胶溶液到8℃左右产生的沉淀主要是单宁。可用倾析法或离心法将沉淀分开。

③盐析法　向栲胶溶液加入氯化钠，一部分大颗粒的亲水性低的单宁失去稳定性而聚集、絮凝，成为沉淀。随着氯化钠加入量的增加，小颗粒的单宁也陆续沉淀出来。因此，分级盐析法可以将单宁分级。

(3) 渗析法及超滤法

用半透膜进行渗析时，非单宁通过半透膜而透析，留下纯度较高的单宁，但总有少量非单宁因吸附作用而与单宁留在一起。

超滤法则利用多孔膜的不同系列孔径进行超滤分级，将相对分子质量不同的单宁分为不同的级分，或将相对分子质量过小、过大的部分去掉。

### （4）结晶法

由于植物单宁大多是相似化合物的混合物，所以通常是无定形状态。不同结构分子间的相互作用使难溶的单宁部分可溶，并且难于结晶。例如，纯的鞣花酸难溶于水，但可以部分溶于栲胶水溶液。只有在单宁组分具有结晶能力、含量高，并且分离开大量的伴存物时才能从合适的溶剂中结晶出来。例如，棕儿茶叶子的水浸提液经活性炭脱色后，能从水溶液中析出(+)-儿茶素结晶。儿茶木材的乙醚浸提物可以从水溶液中析出(-)-表儿茶素结晶。

### （5）溶剂浸提法及溶剂沉淀法

利用不同化合物在溶剂中的溶解度不同，可以对混合物分组，例如：从原料得到的原花色素的丙酮-水提取物的水溶液（经蒸发除去丙酮），经氯仿或石油醚浸提，除去脂溶性部分，再用乙酸乙酯或正丁醇浸提，以富集黄烷-3-醇及低聚原花色素在乙酸乙酯内。剩下的水溶液则富集了多聚原花色素。反之，向黑荆树皮单宁水溶液加入过量的95%乙醇，树胶类物质就沉淀出来，向单宁的甲醇或乙酸乙酯溶液加入乙醚，单宁就因溶解度降低而沉淀。

逆流分配法相当于多级液-液浸提，按照液-液分配原理实现分离，处理样品量较大，适于色谱法以前阶段的处理。

## 6.3.2.2 纯化

现代色谱分离法在制备单宁纯样中不可或缺，这里主要介绍色谱法纯化单宁的应用。

### （1）纸色谱

纸色谱法(Paper Chromatography, PC)在单宁化学研究中用于检测或鉴别已知化合物，监测化学反应或柱色谱的进行、化合物纸上定量、纸上化学反应等，也用于制备性分离。纸色谱对于黄烷醇、二聚原花色素及许多水解单宁的分离效果很好，但是分不开多聚原花色素。

常用的一对双向纸色谱流动相是：水相展开剂为乙酸水溶液(2%~20%不等，一般用6%~10%，v/v，下同)；有机溶剂相展开剂为BAW(仲丁醇：乙酸：水)4:1:5 上层液（其成分相当于6:1:2 单相液）或TBA(叔丁醇：乙酸：水)3:1:1。乙酸的作用是：防止酚的氧化；减少酚的离子化，以减少展开时的"拖尾"现象；增加溶剂的极性以利于分离。BAW或TBA中的水可以防止固定相的吸附水被带走而发生失水。BAW的展开时间短于TBA，但是TBA溶液易配制，而且展开的比移值($R_f$)大些。6%乙酸的展开时间短于BAW，但是BAW的分离能力强，在进行双向纸色谱时，先用BAW，再用6%乙酸展开，效果较好。

### （2）薄层色谱

薄层色谱(Thin Layer Chromatography, TLC)需用样品量少、展开快、分离能力强，适于代替纸色谱用于柱色谱或化学反应的监督，供层析鉴别已知化合物，也用于制备性分离。常用的薄层色谱板有纤维素板、硅胶板。纤维素板的移动相与纸色谱相同。硅胶板的移动相种类较多，例如：乙酸乙酯-甲酸-水(90:5:5)等，用于分析性(厚≤0.3mm)或制备性(厚0.5~1mm)的分离。常用的纸色谱及薄层色谱的喷洒显色剂见表6-5。

聚酰胺板也有较好的分离效果。以丙酮-甲醇-甲酸-水(3:6:5:5)、丙酮-甲醇-1mol/L 吡啶(5:4:1)或丙酮-甲醇-1mol/L 乙酸(5:4:2)为流动相的双向色谱能够将栗木的甲醇提取物分开为22个点，将五倍子的乙酸乙酯提取物分开为15个点。

### （3）柱色谱

柱色谱(Column Chromatography, CC)是目前制备纯单宁及有关化合物的最主要的方法。

表 6-5　常用的纸色谱及薄层色谱的喷洒显色剂

| 名称 | 配方 | 特征 |
|---|---|---|
| 香草醛-盐酸 | 5%香草醛(甲醇) – 浓盐酸(5:1) | 间苯三酚形化合物生淡红色 |
| 三氯化铁 | 2%(乙醇) | 邻位酚羟基生绿或蓝色 |
| 三氯化铁-铁氰化钾 | 2% $FeCl_3$-2% $K_3Ke(CN)_6$ | 邻位酚羟基生蓝色 |
| 亚硝酸钠 – 醋酸(或亚硝酸) | 10% $NaNO_2$ + HOAc | 六羟基联苯二酸酯生红色或褐色，以后转为蓝色 |
| 碘酸钾 | $KIO_3$ 饱和溶液 | 棓酸酯生红色，以后转为褐色 |
| 硝酸银 | 14% $AgNO_3$(水)加 6mol/L 氨水至沉淀刚溶解 | 酚类生褐黑色 |
| 重氮化对氨基苯磺酸 | 0.3%对氨基苯磺酸(8% HCl) – 5% $NaNO_2$ (25:1.5) | 酚类生黄、橙或红色 |
| 茴香醛 – 硫酸 | 茴香醛 – 浓硫酸 – 乙醇(1:1:18) | 间苯三酚型化合物生橙色或黄色 |

已用过的固定相有硅胶、纤维素、聚酰胺及葡聚糖凝胶 G-25 等。但是，目前普遍采用的固定相是葡聚糖凝胶 Sephadex LH-20。它是 G 型葡聚糖凝胶的羟丙基化合物，有较强的吸附能力及分辨能力，以水-乙醇、乙醇-水，甲醇、甲醇-水，丙酮-水为流动相，已成功地用于原花青定 B 的分离，并得到广泛使用。Sephadex LH-20 的分离过程主要是吸附色谱过程。配比不同的水-甲醇或水-乙醇为流动相的梯度洗脱，也提高了 LH-20 柱色谱的分离效果。

(4) 高效液相色谱

高效液相色谱(High Performance Liquid Chromatography，HPLC)用于单宁及其有关化合物的分析性分离，也用于半制备性分离，分离效果好、速度快，能够方便地对多组分进行定性鉴定及定量测定，而且耗用样品很少。正相 HPLC 常用于分开相对分子质量不同的化合物，反向 HPLC 可用于分开相对分子质量相同的结构异构体，手性 HPLC 将一对对映异构体分开。HPLC 的缺点是柱容量小，宜配合柱色谱用于末级精制，也不适于多聚原花色素的分离。

(5) 液滴逆流色谱

液滴逆流色谱(Droplet Reflux Chromatography，DRC)按照液-液分配的原理进行分离，使样品溶液以液滴的形式(流动相)流经溶剂(固定相)。流动相应该轻于或重于固定相。当轻于固定相时，流动相从柱的下部进入(上升法)，反之从上部进入(下降法)。液滴逆流色谱的优点是没有固体相，不存在不可逆吸附问题，其分离效果优于逆流分布法、操作简单。适于制备性的分离。

(6) 凝胶渗透色谱

凝胶渗透色谱(Gel Permeation Chromatography，GPC)用于测定缩合单宁的数均相对分子质量(Mn)、重均相对分子质量(Mw)及相对分子质量分布。多聚原花色素由于极性太强，在 GPC 中难以分离。常制成乙酸酯衍生物来降低极性，用四氢呋喃洗脱。

(7) 气相色谱

单宁及其有关化合物是非挥发性的热敏性物质，不能用气相色谱(Gas Chromatography)直接分离，必须制成可挥发的衍生物(甲基醚、三甲硅醚、乙酸酯)或分解产物之后，才能用气相色谱法分析。

## 6.3.3 单宁的定性鉴定及定量测定

### 6.3.3.1 单宁的定性鉴定

单宁的定性鉴定反应很多,最基本的定性反应是使明胶溶液变浑浊或生沉淀。用颜色反应和沉淀反应可以辨认单宁的类别:与三价铁盐生绿色的单宁是缩合类的,绿色来源于分子内的邻苯二酚基;与三价铁盐生蓝色的则不能确定是哪一类的、蓝色反应来源于分子中的邻苯三酚基,水解类单宁和缩合单宁中的原翠雀定、原刺槐定都有邻苯三酚基;与甲醛—盐酸共沸时,缩合类单宁与甲醛聚合,基本上全部沉淀下来,水解类单宁则不生沉淀;溴水与缩合类单宁产生沉淀,与水解类单宁不生沉淀;水解类单宁与醋酸铅—醋酸产生沉淀,缩合类单宁一般不生沉淀;缩合类单宁遇浓硫酸变红色,水解类单宁仍保持黄色或褐色;有间苯三酚型 A 环的缩合单宁,遇香草醛-盐酸生红色、遇茴香醛-硫酸生橙色;六羟基联苯二酰酯遇亚硝酸($NaNO_2$HOAc)生红色或棕色,以后经绿、紫色变为蓝色。

### 6.3.3.2 单宁的定量测定

单宁的定量方法很多,有重量法、容量法、比色法、分光光度法、高效液相色谱法等。

**1) 重量分析法——皮粉法**

皮粉法是国际公认的单宁分析方法,通过皮粉蛋白质与单宁的结合测定单宁含量。根据皮粉与单宁溶液接触方式的不同,将皮粉法分为振荡法和过滤法。振荡法是皮粉与单宁溶液在一起振荡法以脱去溶液中的单宁。过滤法是单宁溶液流过皮粉柱层以脱去单宁。过滤法测的单宁值比振荡法高 5%~7%。我国和大多数国家一样,采用振荡法。

皮粉法适用的范围广,在严格的操作条件下有较好的重复性,缺点是耗用样品多,测定时间长。除皮粉外,聚酰胺也用于单宁的含量测定。

**2) 容量分析法**

(1) 锌离子络合滴定法

$Zn^{2+}$ 离子有较好的选择性,只与单宁络合而不与非单宁反应,以过量的醋酸锌为络合沉淀剂加到单宁溶液内,在 pH 为 10、温度 35℃±2℃下反应 30min。溶液内多余的锌离子以乙二胺四乙酸二钠(EDTA)溶液滴定。每毫升 1mol/L 浓度醋酸锌溶液平均消耗单宁 0.1556g。

(2) 高锰酸钾氧化法(又名 Lowenthal 法)

单宁溶液在伴有靛蓝及稀酸下以 $KMnO_4$ 溶液滴定,将单宁氧化达到终点时,靛蓝由蓝色变为黄色。将测得的总氧化物换算出单宁量。

(3) 碱性乙酸铅沉淀法

用碱性乙酸铅使单宁溶液沉淀出来,从沉淀的质量求出单宁含量。

(4) 明胶沉淀法

以明胶溶液滴定单宁溶液使单宁沉淀,至反应物的滤液不再有明胶反应。

(5) 偶氮法

以对-硝基苯胺配制的偶氮溶液在避光下与单宁反应,反应后多余的偶氮以 β-萘酚溶液滴定到红色消失。

**3) 比色法**

(1) 赛璐玢薄膜染色法

以经过 $AlCl_3$ 预处理过的赛璐玢薄膜浸蘸单宁溶液,再用亚甲基蓝或氯化铁对薄膜染色。

以光电比色计测薄膜的吸光度。吸光度随单宁溶液浓度的增加而增加。

(2) 钨酸钠法

钨酸钠($Na_2WO_4$)与单宁反应产生蓝色(使 $W^{+6}$ 变为 $W^{+5}$),用比色计测定。

#### 4) 分光光度法

(1) 福林酚试剂

在碱性条件下,多酚类物质可以把 Folin-Ciocalteu 试剂(F-C 试剂)中的磷钨酸和钼酸还原(使 $W^{6+}$ 变为 $W^{5+}$),生成蓝色混合物,在一定范围内,其吸光度与总酚含量呈线性关系。可以用分光光度计进行测量,在波长 760nm 左右有最大吸收。

(2) 酒石酸亚铁试剂

用酒石酸钾钠、硫酸铁与硫酸配成的试剂,与单宁形成蓝紫色络合物,在 545nm 光下测定,可测定 20~30μg/L 的单宁含量。

(3) 紫外分光光度法

在波长 280nm 下测定黑荆树皮栲胶水溶液的吸光度,所反映的是单宁与非单宁酚总量。

(4) 香草醛-盐酸法

香草醛-盐酸适用于间苯三酚 A 环型的原花色素及黄烷醇的定量测定。此法灵敏、快速,需用样品量少,但不能将单体与聚合体区分开来。

(5) 亚硝酸法

亚硝酸钠与六羟基联苯二酸酯在甲醇-乙酸溶液中产生蓝色(最初为红色,以后转为蓝色)。此法用于测定各种植物提取物中的六羟基联苯二酸酯的量。

#### 5) 高效液相色谱法

随着科技的进步,现代仪器分析方法应用愈加广泛。日本公定书中已采用高效液相色谱法测定植物单宁含量。

### 6.3.4 单宁化学结构的研究方法

单宁化学结构的研究方法有两类,即化学方法和物理方法。

化学方法主要有:元素分析、实验式的建立;衍生物(甲基醚、乙酸酯、甲基醚乙酸酯、苄醚、异亚丙基衍生物)的制备、官能基(酚羟基、醇羟基、羧基、内酯键、缩酚酸基)的测定;分解反应——如碱熔反应、氧化降解、水解单宁的酸水解、酶水解、热水水解、甲醇醇解反应;缩合单宁的酸降解、硫解、间苯三酚降解、溴解反应;合成反应——以棓酸与糖合成棓酸酯、以棓酸合成聚棓酸,以黄烷-3,4-二醇与黄烷-3-醇合成原花色素等;其他化学反应——如黄酮类化合物间的氧化还原互变反应等。

物理方法主要有:物理参数的测定——熔点、比旋值($[\alpha]_D$)、色谱比移值($R_f$)、保留时间、相对分子质量等;紫外-可见光吸收光谱、红外吸收光谱、质谱、$^1H$- 及 $^{13}C$-核磁共振谱;圆二向色性谱、旋光色散谱、X-射线衍射等。

#### 6.3.4.1 元素分析

单宁由 C、H、O 三种元素组成。水解单宁比缩合单宁有较多的羟基和酯基,较多的氧和较少的碳含量。水分含量影响元素的组成,单宁样品在做元素分析前需充分脱水。

### 6.3.4.2 衍生物制备

最常制成的是甲基醚(—OCH$_3$)、乙酸酯(—OCOCH$_3$)、甲基醚乙酸酯等。重氮甲烷(CH$_2$N$_2$)法及硫酸二甲酯 – 丙酮 – 碳酸钾法用于使化合物的大部分或全部酚羟基转化为甲基醚。乙酸酐 – 吡啶法用于使全部醇羟基及酚羟基转化为乙酸酯。将甲基醚进一步乙酰化，生成甲基醚乙酸酯。从甲氧基、乙酰基的个数可以判断酚羟基及醇羟基的个数。苄基醚化产物易于以氢化方法脱去苄基，获得酚态化合物。

单宁极性强、不具有挥发性，制成衍生物后可用气相色谱分离、质谱法测定相对分子质量、GPC 测定相对分子质量分布等，还使单宁的 $^1$H-核磁共振谱得到改善而能够辨认，为结构的判断提供信息。

### 6.3.4.3 碱熔法与氧化降解法

黄烷醇式原花色素在碱熔作用下发生降解。从产生的各种简单酚及酚酸，可以判断结构单元内芳环的羟基取代情况。

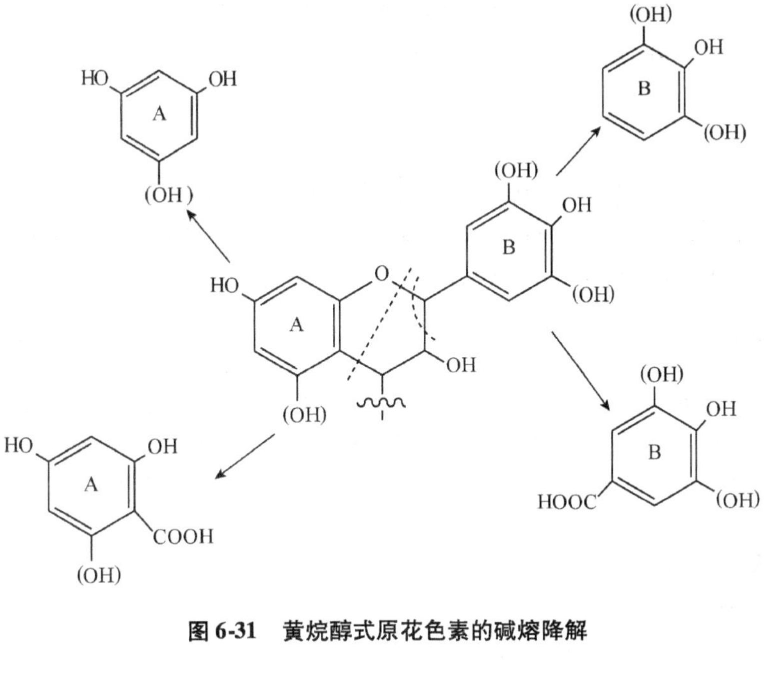

**图 6-31　黄烷醇式原花色素的碱熔降解**

### 6.3.4.4 旋光及圆二向色性法

(1) 旋光

绝大多数的单宁及其有关化合物分子中均有不对称碳原子，具有光学活性，能使偏振光的振动面发生旋转，产生旋光现象。向左旋为负旋光，向右旋为正旋光。通常用 589.3nm(钠焰的 D 线)等测得的旋光数据称为比旋值，记作 $[\alpha]_D$，是化合物的重要物理参数。同一化合物在不同溶剂内的比旋值不同，例如：(+)-儿茶素在乙醇和丙酮 – 水(1:1)中的比旋值 $[\alpha]_D$ 分别为 0°和 +17.1°。

### (2) 圆二色谱法

圆二色谱法 (Circular Dichroism Spectroscopy, CD) 在单宁化学研究中用于测定原花色素和鞣花单宁的构型。CD 光谱反映介质对左旋和右旋圆偏振光束的折射率与吸收率的不同。通过椭圆 (代表偏振的矢量图) 的椭圆率 $\theta$ 表示其大小。从圆二向色性仪测得的 CD 图谱上可以看到分子椭圆率 $[\theta]$ 与波长的关系。鞣花单宁分子内的六羟基联苯二酰基、九羟基联三苯三酰基等酚羧酸的绝对构型，也可以从它们的甲基醚甲酯衍生物的 CD 谱得到确认。

#### 6.3.4.5 紫外-可见光吸收光谱法

用紫外-可见光谱法 (Ultra-violet and Visible Spectroscopy, UV-Vis) 测定花色素的最大吸收峰波长 ($\lambda_{max}$)，及 $AlCl_3$ 加入后的位移 ($\Delta\lambda_{max}$)，参照花色素的色谱 $R_f$ 值，就能对它做出可靠的判断。这个方法还可用于定量地求得原花色素中原花青定与原翠雀定的相对含量。

典型的原花色素的 $\lambda_{max}$ 在 280nm 附近。当原花色素由于氧化、缩合作用，在分子内出现红粉、邻醌或呫吨鎓型结构时，就在 400~500nm 区呈显肩峰。

除了用于柱色谱及高效液相色谱的检测外，紫外-可见光分光光度法广泛用于各种微量快速定量测定。例如：黑荆树皮单宁的分光光度定量测定——分别用 276nm 及 262nm 测定水溶液的吸光度；"香草醛-盐酸法"测定原花色素 (间苯三酚型) 的分光光度法——测定反应物在 500nm 的吸光度；亚硝酸法测定鞣花单宁的分光光度定量法在 600nm 下测定。

#### 6.3.4.6 红外光谱法

红外光谱法 (Infrared Spectroscopy, IR) 常用于判断单宁类别。单宁的红外光谱图形复杂，最具特征的是羧基峰。羧基在所有的水解单宁中存在，也在一部分酰化的缩合单宁 (如棓酰化) 中存在，而普通的缩合单宁及黄烷-3-醇都没有羧基峰。

#### 6.3.4.7 质谱法

质谱法 (Mass Spectrometry, MS) 用于单宁及有关化合物的相对分子质量测定和结构分析。对于纯的化合物的相对分子质量测定，MS 法是很好的方法，包括电喷雾质谱 (ESI-MS)、快原子轰击电离质谱 (FAB-MS)、基质辅助激光解析离子化飞行时间质谱 (MALDI-TOF-MS) 等。

#### 6.3.4.8 核磁共振法

核磁共振法 (Nuclear Magnetic Resonance, NMR) 是研究单宁结构强有力的工具。与其他仪器分析法相比，核磁共振法提供的信息最为丰富，且样品可以回收。它已成为单宁化学研究中不可缺少的方法。

#### 6.3.4.9 X-射线衍射法

X-射线衍射法 (XRD) 是研究晶体分子结构的有力的工具，结论精练可靠，已经用于测定多种晶体的黄烷-3-醇、黄烷-3,4-二醇及其衍生物的杂环构象及取代基的空间位置。

此外，电化学技术等也开始用于植物多酚抗氧化能力的分析。

## 6.4 栲胶及其生产工艺过程

### 6.4.1 栲胶原料

由富含单宁的植物原料,经过浸提、浓缩等步骤加工制得的化工产品,称为栲胶。富含单宁的植物各部位(如树皮、根皮、果壳、木材和叶等),通称为栲胶原料或植物鞣料。世界上著名的栲胶原料是黑荆树皮、坚木、栗木和橡椀。

#### 6.4.1.1 栲胶生产对原料的要求

植物界中含单宁的植物很多,但不是所有含单宁的植物都可以作为栲胶原料。栲胶生产一般对原料有如下要求:

①原料的单宁含量和纯度较高 对于较分散的原料,一般要求单宁含量在15%以上,纯度50%以上。

②栲胶性能良好 鞣制性能最好具有渗透速度快、结合牢固、颜色浅淡,以便数种栲胶搭配使用,成革丰满、富有弹性。

③原料资源丰富、生长较快 根据现有的生产水平,每生产1t栲胶需要的原料量较大,一般是2~8t,必须有足够的数量才能保证栲胶厂常年生产,同时原料生长快,形成良性循环,使原料资源不会逐年减少。

#### 6.4.1.2 栲胶原料资源

我国土地广阔,气候多样,自然条件差异大,植物种类繁多。很多科植物富含单宁,如:松科、杨梅科、大戟科、壳斗科、含羞草科、大麻黄科、茶科、蔷薇科等,可用于栲胶生产的主要植物鞣料资源见表6-6。

**表6-6 我国主要植物鞣料**

| 科名 | 树种 | 学名 | 部位 | 单宁含量(%) | 纯度(%) | 类别 | 主要生长地 |
| --- | --- | --- | --- | --- | --- | --- | --- |
| 松科 | 落叶松 | Larix gmelini | 树皮 | 6~16 | 45~65 | 缩合 | 内蒙古、东北 |
| | 西伯利亚落叶松 | Larix sibirica | 树皮 | 9~12 | 43~60 | 缩合 | 内蒙古、新疆、四川 |
| | 云杉 | Picea asperata | 树皮 | 7~21 | 46~62 | 缩合 | 四川、云南、甘肃 |
| | 铁杉 | Tsuga chinensis | 树皮 | 10~15 | 60~69 | 缩合 | 四川、湖北西部、浙江、云南 |
| | 思茅松 | Pinus kesiya | 树皮 | 18 | 68 | 缩合 | 云南 |
| 杨梅科 | 毛杨梅 | Myrica esculenta | 树皮 | 15~25 | 63~77 | 缩合 | 广西、广东、福建、江西、湖南、四川 |
| 大戟科 | 余甘 | Phyllanthus emblica | 树皮 | 21~33 | 56~80 | 缩合 | 广西、广东、福建、台湾 |
| | 千年桐 | Vernica mentana (Aleurites montana) | 树皮 | 18 | 70 | 缩合 | 广西、广东、福建 |

(续)

| 科名 | 树种 | 学名 | 部位 | 单宁含量（%） | 纯度（%） | 类别 | 主要生长地 |
|---|---|---|---|---|---|---|---|
| 含羞草科 | 相思 | Acacia confusa | 树皮 | 22~26 | 63~65 | 缩合 | 广东、广西、福建、台湾 |
| | 马占相思 | Acacia mangium | 树皮 | 27 | 83 | 缩合 | 福建、广西、云南 |
| | 黑荆树 | Acacia mearnsii | 树皮 | 36~48 | 77~85 | 缩合 | 广东、广西、福建、江西、四川 |
| | 山槐 | Albizzia kalkora | 树皮 | 15~24 | 55~75 | 缩合 | 广东、广西、福建 |
| | 楹树 | Albizzia chinensis | 树皮 | 11~21 | 51~61 | 缩合 | 广东、广西、福建 |
| | 羊蹄藤 | Bauhinia kwangtungensis | 根皮 | 20 | 73 | 缩合 | 广东、福建 |
| 木麻黄科 | 木麻黄 | Casuarina equisetifolia | 树皮 | 13~18 | 74~86 | 缩合 | 广东、广西、福建 |
| 蔷薇科 | 金樱子 | Rosa laevigata | 根皮 | 19~23 | 60~68 | 缩合 | 湖北、湖南、浙江、福建 |
| | 野蔷薇 | Rosa multiflora | 根皮 | 21~23 | 70 | 缩合 | 湖北、湖南、浙江 |
| | 茶蘼花 | Rosa rubus | 根皮 | 14~22 | | 缩合 | 陕西、四川、云南、贵州 |
| | 木香花 | Rosa banksiae | 根皮 | 15~27 | 55~73 | 缩合 | 四川、云南、贵州 |
| | 山木香 | Rosa microcarpa | 根皮 | 13~27 | 65~74 | 缩合 | 广东、广西、浙江、四川 |
| 胡桃科 | 化香树 | Platycarya strobilacea | 果 | 12~31 | 53~79 | 水解 | 安徽、江苏、浙江、江西、湖南、河北、河南、山东、福建 |
| 壳斗科 | 麻栎 | Quercus acutissima | 壳斗 | 14~33 | 45~75 | 水解 | 华中、华东、西南、华北 |
| | 栓皮栎 | Quercus variabilis | 壳斗 | 18~27 | 59~70 | 水解 | 华中、西南、华北 |
| | 槲栎 | Quercus aliena | 壳斗 | 10 | 71 | 水解 | 华中、西南、西北 |
| | 蒙古栎 | Quercus mongolica | 树皮 | 10 | 64 | 水解 | 山东、河北、河南 |
| | 小叶栎 | Quercus chenii | 壳斗 | 14 | 70 | 水解 | 安徽 |
| | 小叶青冈 | Quercus engleriana | 树皮 | 18 | 64 | 水解 | 福建 |
| | 青冈栎 | Quercus glauca | 树皮 | 16 | 47 | 水解 | 湖北、四川、安徽 |
| | 栲树 | Castanopsis hystrix | 树皮 | 19 | 64 | 缩合 | 福建、广东、浙江 |
| | 南岭栲树 | Castanopsis fordii | 树皮 | 18 | 68 | 缩合 | 福建、广东 |
| 红树科 | 海莲 | Bruguiera sexangula | 树皮 | 20~33 | 64~73 | 缩合 | 广东、福建 |
| | 红茄苳 | Rhizophora mucronata | 树皮 | 12~23 | 43~61 | 缩合 | 福建、广东 |
| | 角果木 | Ceriops tagal | 树皮 | 27~29 | 68~71 | 缩合 | 福建、广东 |
| | 秋茄 | Kandelia candel | 树皮 | 17~30 | 50~70 | 缩合 | 福建、广东 |
| | 木榄 | Bruguiear gymnorrhiza | 树皮 | 19~20 | 51~55 | 缩合 | 广东、福建 |
| 茶科 | 厚皮香 | Ternstroemia japonica | 树皮 | 21~25 | 70~75 | 缩合 | 广西、云南、广东、福建 |
| 桃金娘科 | 桃金娘 | Rhodomyrtus tomenosa | 干枝及叶 | 10~20 | 52 | 水解 | 广西、广东、福建、云南 |
| 薯蓣科 | 薯莨 | Dioscorea cirrhosa | 块茎 | 16~31 | 54~74 | 缩合 | 四川、广东、云南、湖南、贵州 |
| 紫金牛科 | 桐花树 | Aegiceras corniculatum | 树皮 | 7~20 | 34~52 | | 广东 |
| 使君子科 | 榄李 | Lumnitzera racemosa | 树皮 | 21 | 64 | | 广东 |
| 蓼科 | 酸膜（根） | Rumex acelosa | 根 | 16 | 70 | | 河北 |
| | 拳参 | Polygonum bistorta | 根 | 12 | 41 | 缩合 | 新疆 |
| 麻黄科 | 草麻黄 | Ephedra sinica | 根 | 19 | 57 | | 新疆 |
| 漆树科 | 盐肤木 | Rhus chinensis | 五倍子 | 60~68 | | 水解 | 贵州、四川、湖北、湖南、陕西、云南 |
| | 青麸杨 | Rhus potaninii | 五倍子 | 70 | | 水解 | 陕西、河北 |
| | 红麸杨 | Rhus punjabensis | 五倍子 | 68~74 | | 水解 | 贵州、四川、湖北、云南 |

### 6.4.1.3 栲胶原料的采集

栲胶原料种类较多,采集时间、采集方式各不相同。例如:余甘树皮一般在5~6月时立木剥皮,树干留1~3cm的树皮营养带,不损伤木质部,这样经1年后可长出再生树皮,以保护资源。毛杨梅树皮常在初夏树液流动时剥皮。落叶松树皮是在采伐、运到贮木场后剥皮。剥下的树皮尽快送到工厂加工,可提高栲胶质量和产量。对于果壳类原料,我国栓皮栎和麻栎的果实8~9月和9~10月成熟,一般是橡椀过熟落地后收集则颜色变深,还有霉烂和杂物,影响质量。土耳其大鳞栎橡椀一般是在成熟前采集,橡椀颜色浅、质量好。

### 6.4.1.4 栲胶原料的贮存

新鲜栲胶原料含单宁多、颜色浅,栲胶产量高、质量好,因此尽量使用新鲜原料,避免使用陈料。但是由于植物原料季节性强,部分地区使用陈料是不可避免的。总体来说,原料在贮存过程中会发生质量下降,主要表现为:

①栲胶得率降低 由于非单宁中糖类发酵分解,以及单宁水解或缩合等原因,可作为栲胶被提取出来的物质含量减少。

②颜色变浅 原料在贮存过程中受空气中的氧、阳光及酶的作用,使单宁的酚羟基氧化成醌基,其颜色变深,并随温度、pH值提高而增加。所以原料贮存应避免日晒、高温和发酵。

③红粉值增大 在水中加5%(占原料重)的亚硫酸钠浸提原料所得的单宁量与清水浸提所得的单宁量之比值,称红粉值。如前所述,红粉是聚合度大、不溶于热水但溶于醇或亚硫酸盐水溶液的原花色素,相当于水不溶性单宁。栲胶原料在生长或存放过程中,随着时间的延长,缩合程度加大。

④发霉 原料含水率高、被雨淋湿、堆放不通风等条件,使微生物繁殖而引起发霉,导致栲胶产率和单宁含量大大下降,颜色变深。

## 6.4.2 栲胶的组成及其理化性质

### 6.4.2.1 栲胶的组成

用水将植物鞣料中的单宁浸提出来,再经进一步加工浓缩而得到栲胶。栲胶中的有效组分是单宁,伴随在一起的还有非单宁、水不溶物及水,组成了复杂的混合物,单宁和非单宁均溶于水,二者合称为可溶物。可溶物与不溶物一起称为总固物。事实上,单宁与非单宁之间,可溶物与不溶物之间并没有明显的界限,需采用公认的分析方法,在规定的操作条件下测定,才能得到比较可靠的、一致的数据。

单宁在可溶物中的相对含量,可以用单宁的比例值表示,也可以用纯度表示。纯度是单宁在可溶物中的百分率,亦即单宁在单宁与非单宁总量中所占的比率。

(1)单宁

单宁是栲胶中的有效组分,具有鞣制能力,能被皮粉吸收。单宁总是以多种化学结构相近的植物多酚组成的复杂混合物状态存在。

(2)非单宁

非单宁是栲胶中的不具有鞣制能力的水溶性物质,由非单宁酚类物质、糖、有机酸、含氮化合物、无机盐等组成，随栲胶的种类而异。非单宁酚类物质中，有些是单宁的前体化合物或分解物（如黄烷醇、棓酸），还有各种黄酮类化合物、羟基肉桂酸，低相对分子质量棓酸酯等。有的低聚黄烷醇或低相对分子质量的棓酸酯具有不完全的鞣性，被称为半单宁。半单宁的存在模糊了单宁和非单宁之间的界限，也造成了不同的单宁定量分析测定数据间的差异。糖是非单宁中的主要部分，例如：葡萄糖、果糖、半乳糖、木糖等。橡椀栲胶含糖6%~8%；落叶松栲胶含糖8%~10%。栲胶中的有机酸有乙酸、甲酸、乳酸、柠檬酸等。含氮化合物有植物蛋白、氨基酸、亚氨基酸等。黑荆树皮栲胶含氮约0.25%。无机盐中常见的是钙、镁、钠和钾盐，这些盐多是由栲胶浸提用水及栲胶原料所带入。经过亚硫酸盐处理使栲胶含盐量增加。

(3) 不溶物

不溶物是常温下不溶于水的物质，主要有：单宁的分解产物（黄粉）、缩合产物（红粉）、果胶、树胶、低分散度的单宁、无机盐、机械杂质等。

### 6.4.2.2 栲胶的物理性质

块状栲胶的比重为1.42~1.55；粉状栲胶的相对密度为0.4~0.7。栲胶水溶液的相对密度随浓度增加而增加，但随温度增加而降低。在相同浓度下，水解类栲胶的比重大于缩合类栲胶。

由于栲胶组成物的亲水性及各组分间的助溶作用等原因，栲胶在水中的溶解度较大，而单离单宁的溶解度较小。单宁的水溶性随分子中酚羟基的相对个数的增加而增加、随相对分子质量的增加而减少。除了水以外，栲胶还溶于丙酮、甲醇、乙醇等有机溶剂。这些有机溶剂与水的混合物对栲胶的溶解性能大于纯的有机溶剂。

### 6.4.2.3 栲胶的化学性质

栲胶水溶液具有弱酸性，这来源于单宁的酚羟基、羧基及伴存的有机酸。水解类栲胶水溶液的pH值为3~4，缩合类栲胶pH值为4~5，经亚硫酸盐处理后pH值为5~6。

由于栲胶的亲水性及多分散性，栲胶水溶液具有半胶体溶液的性质。单宁在胶体溶液中以胶团的形式存在，胶粒带负电。落叶松树皮单宁的动电电位（浓度19.5g/L时）为-18mV。胶粒间的静电斥力，使栲胶溶液具有相对的稳定性而不易聚结。向栲胶溶液加入盐（例如NaCl）后，溶液中部分单宁因失去稳定性而析出。利用分级盐析法可将单宁分离为重的（粗分散的）、基本的（中等分散的）和轻的（细分散的）单宁组分。

栲胶是以单宁为主要成分的工业品的名称，因此栲胶的化学性质即为单宁的化学性质，其中花色素的生成反应和原花色素的溶剂分解反应、亚硫酸盐反应等见6.2.1.3内容。

(1) 甲醛反应

缩合单宁与甲醛的反应是缩合单宁的定性反应之一。原花色素的黄烷醇单元A环有高度活泼的亲核中心（C-6、8位），容易发生亲电取代反应。与甲醛反应时，先在A环生成羟甲基取代基，然后与另一个A环发生脱水，生成亚甲基桥，将二个单宁分子桥连起来（图6-32）。

反应继续进行时，产物的聚合度增加，成为热固性树脂，其原理与过程与酚醛树脂基本相同。原花色素组成单元的B环，还有水解单宁的芳环均有邻位的酚羟基而使反应活性降低，只有在金属离子催化或在较高pH值条件下才与甲醛发生反应。

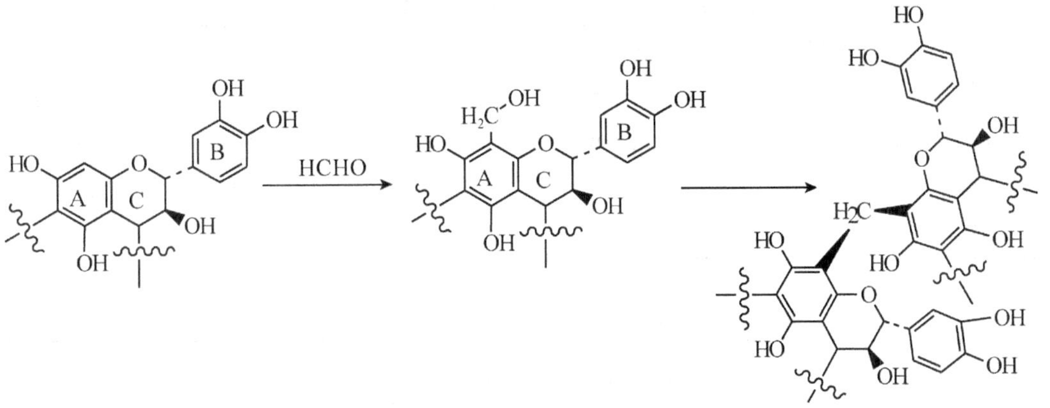

**图 6-32　缩合单宁(以 C8 位为例)与甲醛的反应**

(2) 水解单宁的水解反应

在酸、碱或酶的水解作用下,水解单宁分子中的酯键发生断裂,生成多元醇(多数是葡萄糖)及酚羧酸。工业上对五倍子单宁或刺云实单宁进行水解,用以制取棓酸。

(3) 氧化反应

单宁分子具有邻位酚羟基取代的芳环(邻苯二酚型或邻苯三酚型)而易于氧化,生成邻醌或各种不同的氧化偶合产物。氧化反应的产物视反应物及反应条件而异。在碱性或有氧化酶的条件下,单宁的氧化很快。

五倍子单宁在水溶液中,随 pH 值的增加而被氧化,一般 pH 值在 2 以下时,氧化缓慢,pH 值为 3.5~4.6 时,氧化加快。如图 6-33 所示,单宁中的棓酰被氧化成醌型或发生芳环间的氧化偶合,进而脱水,形成鞣花酸。

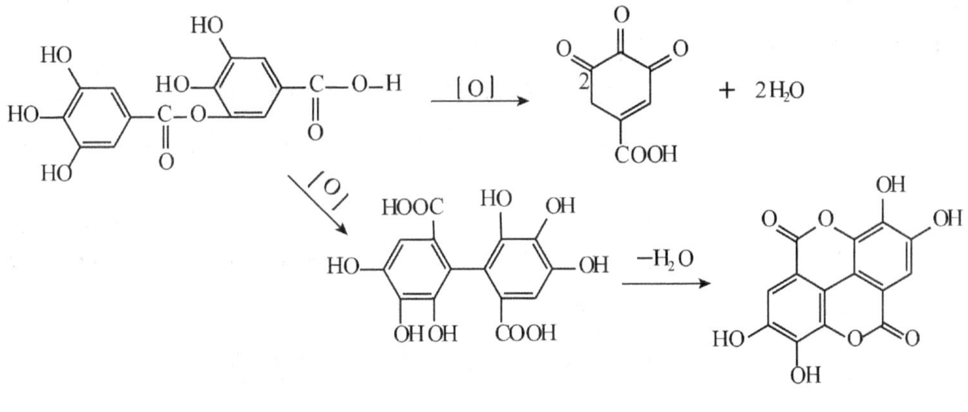

**图 6-33　二棓酸的氧化反应**

向栲胶溶液加入具有高于单宁分子中邻苯二酚或邻苯三酚基的氧化势的化合物,如亚硫酸氢钠或二氧化硫,单宁的氧化即可停止。

(4) 金属配合反应

单宁分子内有许多邻位的酚羟基,对金属离子有较强的配位作用。表 6-7 为几种单宁及其前体化合物的加质子常数。表 6-8 为两种单宁及有关的模型化合物与不同金属离子生成的配合物的稳定常数。

表 6-7　几种单宁及其前化合物的加质子常数

| $\lg K^H$ | 五倍子单宁(单宁酸) | 木麻黄单宁 | 儿茶素 | 表儿茶素 | 原花青定 B-2 |
|---|---|---|---|---|---|
| $\lg K_1^H$ | 11.05 | 11.47 | 13.26 | 13.40 | 11.20 |
| $\lg K_2^H$ | 10.81 | 11.40 | 11.26 | 11.23 | 9.61 |
| $\lg K_3^H$ | 8.42 | 10.70 | 9.41 | 9.49 | 9.52 |
| $\lg K_4^H$ | — | 9.92 | 8.64 | 8.72 | 8.59 |

表 6-8　单宁金属配位化合物的稳定常数($\lg K$)(20℃)

| 金属离子 | 模型化合物 | | | 单宁 | |
|---|---|---|---|---|---|
| | 苯酚 | 邻苯二酚 | 棓酸 | 五倍子单宁 | 木麻黄单宁 |
| $Mn^{2+}$ | 3.09 | 5.93 | 8.46 | 9.20 | 5.80 |
| $Zn^{2+}$ | 4.01 | 6.42 | 7.50 | 14.70 | 14.45 |
| $Cu^{2+}$ | 5.57 | 10.67 | 13.60 | 18.30 | 18.80 |
| $Fe^{3+}$ | 8.34 | 15.33 | 20.90 | 24.60 | 27.60 |

单宁的金属配合物的稳定常数依顺序为 $Fe^{3+} > Cu^{2+} > Zn^{2+} > Mn^{2+} > Ca^{2+}$。单宁对金属的配合能力随 pH 值的增加而增加。

(5) 蛋白质反应

单宁能与蛋白质结合，使水溶性蛋白质(如明胶)从溶液中沉淀出来，并具有鞣革能力。单宁对蛋白质的沉淀能力，可用 RA 值(即相对涩性)表示，或用 RAG、RMBG 值表示。

单宁的 RA 值，是使蛋白质(如血红蛋白或各葡萄糖苷酶)产生相同程度的沉淀时所耗用的单宁酸(即五倍子单宁)溶液与该单宁的溶液浓度的比值。RA 值大则结合能力强。RAG 值是使蛋白质产生相同程度的沉淀所耗用的老鹤草素[为鞣花单宁，结构式为：1-O-棓酰-3,6-O-(R)-六羟基联苯二酰-2,4-O-(R)-脱氢六羟基联苯二酰-β-D-吡喃葡萄糖]溶液与该单宁溶液浓度的比值。RMBG 值是使亚甲基蓝产生相同程度的沉淀所耗用的老鹤草素溶液与该单宁溶液浓度的比值。

在相对分子质量 500~1000 范围内，单宁的 RA 值随相对分子质量的增加而呈直线增加到约为 1，相对分子质量继续增加时 RA 值基本不变。表 6-9 及表 6-10 分别示出几种水解单宁及缩合单宁(以及有关化合物)的 RAG 值及 RMBG 值。

表 6-9　水解单宁及有关化合物的 RAG 及 RMBG 值

| 化合物 | 相对分子质量 | RAG 值 | RMBG 值 |
|---|---|---|---|
| 棓酸 | 170 | 0.11 | 0.07 |
| 六羟基联苯二酸 | 338 | 0.23 | 0.20 |
| 1,2,6-三-O-棓酰葡萄糖 | 636 | 0.64 | 0.80 |
| 1,2,3,4,6-五-O-棓酰葡萄糖 | 940 | 1.29 | 1.21 |
| 木麻黄亭 | 937 | 0.59 | 1.20 |
| 老鹤草素 | 953 | 1.00 | 1.00 |
| 栗木鞣花素 | 935 | — | 1.07 |

表 6-10　缩合单宁及有关化合物的 RAG 及 RMBG 值

| 化合物 | 相对分子质量 | RAG 值 | RMBG 值 |
| --- | --- | --- | --- |
| (-)-表儿茶素 | 290 | 0.08 | 0.01 |
| 3-O-棓酰-表儿茶素 | 442 | 0.81 | 0.60 |
| 原花青定 B-2 | 578 | 0.10 | 0.05 |
| 原花青定 B-2-3,3′-二-O-棓酰酯 | 883 | 1.01 | 0.98 |
| 大黄单宁 C | 110 | 1.03 | 0.91 |

此外，单宁分子的形状（构象）的挠变性小，也使它与蛋白质结合能力降低。例如：五-O-棓酰葡萄糖与木麻黄亭（即 1-O-棓酰-2,3,4,6-二-O-六羟基联苯二酰葡萄糖）的相对分子质量几乎相等，但后者的结合能力不及前者。这是由于前者的分子是可变形的盘状，而木麻黄亭分子内有两个六羟基联苯二酰基环存在，使分子僵硬、难于变形，结合能力降低。

皮革生产中的鞣制过程就是单宁与胶原结合，将生皮转变为革的质变过程。这个过程是由单宁（以及非单宁）的扩散、渗透、吸附、结合等过程组成的复杂的物理和化学过程。只有相对分子质量合适的（500～4000）单宁才能进入胶原纤维结构间并产生交联，以完成鞣制过程。

单宁分子参加反应的官能团主要是邻位酚羟基，其他基团如羧基、醇羟基、醚氧基等也参加反应，但不居主要地位。单宁与蛋白质的可能的结合形式有：氢键结合、疏水结合、离子结合、共价结合。前面三种是可逆结合，共价结合是不可逆结合。一般认为氢键和疏水结合是主要的形式。单宁的邻位酚羟基与蛋白质的肽基（RCH—NH—CO—）之间的双点氢键结合(685)示意如图 6-34 所示。

（6）栲胶的陈化变质

栲胶水溶液经长期存放会发生变质，水解类栲胶一般比缩合类栲胶易于变质。陈化变质过程中的化学变化很复杂，例如：单宁水溶液黏度增大、聚集稳定性降低、盐析程度增

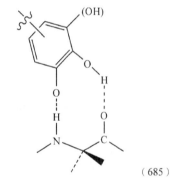

(685)

图 6-34　单宁邻位酚羟基与蛋白质肽基之间的氢键结合示意图

加；单宁发生氧化颜色加深；水解单宁在酶的作用下水解；鞣花单宁水解后产生黄粉沉淀；缩合单宁在酶催氧化下发生聚合，产生红粉沉淀；非单宁中的糖，以及水解类单宁水解后产生的糖，发酵生成乙醇、乙酸。此外，还有其他产物如乳酸、丁酸、甲酸等。

### 6.4.3 栲胶生产工艺过程

一般来说，栲胶生产工艺过程有原料粉碎、筛选和输送、单宁浸提、浸提液蒸发、浓胶喷雾干燥等。我国特有的五倍子单宁酸因其在医药、食品、化工等工业部门等应用广泛，且不同的化工操作可以生产出工业单宁酸、墨水单宁酸、染料单宁酸、药用单宁酸、试剂单宁酸和食用单宁酸等不同品种的五倍子单宁酸，因此在栲胶生产行业具有重要的地位。本节以五倍子单宁的生产为主线，兼顾其他原料，讲述栲胶生产工艺。

各种栲胶的生产，都需要有备料、浸提、蒸发、干燥这些化工单元操作，而其他辅助化工单元操作，根据产品要求不同而异。在五倍子单宁的生产过程中，用水直接浸提五倍子原

料，将浸出的溶液经真空浓缩，喷雾干燥，所得的粉剂即为工业单宁酸。湖南省张家界贸源化工有限公司在中国林业科学研究院林产化学工业研究所的技术支持下，生产多种纯度规格单宁酸产品，其技术路线如图 6-35 所示。五倍子浸提液以活性炭处理后浓缩干燥，可获得墨水单宁酸。将五倍子的水浸提液冷冻澄清、去除混浊部分，然后浓缩干燥，制得低没食子酸含量单宁酸作染料固色用，称作染料单宁酸。五倍子浸提液经浓缩后，采用乙酸乙酯溶剂萃取、活性炭处理组合的纯化技术路线，可获得药用单宁酸。采用冷冻澄清、溶剂萃取、活性炭处理组合的纯化技术路线，可获得食用单宁酸。采用冷冻澄清、大孔树脂吸附组合的纯化技术路线可获得高纯度的酿造单宁酸。

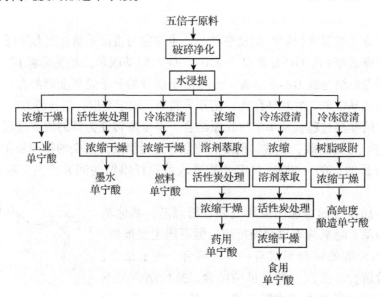

图 6-35　湖南省张家界贸源化工有限公司的多种单宁酸产品生产路线图

#### 6.4.3.1　备料

如前所述，五倍子是寄生于植物叶上所形成的、富含单宁物质的虫瘿，其主要成分为五倍子单宁、纤维素、木质素、淀粉、树胶、树脂等。随种类、产地、采收期不同，各组分的含量存有很大差异。商品五倍子应具有色泽纯正、个体饱满、无潮湿、无霉烂、质地脆、手感重等特征。我国对角倍、肚倍和倍花三大类五倍子的分级指标见表 6-11。

表 6-11　中国五倍子标准

| 指　标 | | 肚　倍 | | 角　倍 | | 倍　花 |
|---|---|---|---|---|---|---|
| | | 一级 | 二级 | 一级 | 二级 | 不分级 |
| 个体数(个/500g) | ≤ | 80 | 130 | 100 | 180 | — |
| 夹杂物(%) | ≤ | 0.6 | 1.0 | 0.6 | 1.0 | 3.0 |
| 水分(%) | ≤ | 14.0 | 14.0 | 14.0 | 14.0 | 14.0 |
| 单宁(%) | ≤ | 67.0 | 63.0 | 64.0 | 60.0 | 30.0 |

(1) 备料过程

由于五倍子原料泥沙杂质较多，质量不均，特别是生产要求把倍子壳中的虫尸去掉，因此五倍子单宁备料生产过程较为复杂，如图 6-36 所示。

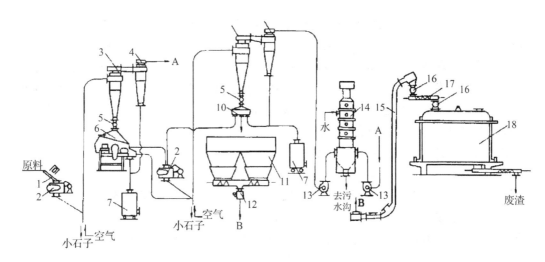

**图 6-36 备料生产工艺流程**
1. 吸铁溜槽  2. 对辊破碎机  3,4,8,9. 旋风分离器  5. 星形排料器  6. 振动筛  7. 贮灰斗
10. 摇动筛  11. 贮料斗  12. 回转吸铁机  13. 吸风机  14. 旋流塔  15. 埋刮板输送机
16. 星形排料机  17. 预浸螺旋输送机  18. 连续浸提器

　　五倍子由上方有电磁铁的溜槽(1)进入带压条的对辊破碎机(2)进行粗碎，吸风机(13)将粗碎料吸入到旋风分离器(3)中分离，经星形排料器(5)落入振动筛(6)，带有灰尘的气体经旋风分离器(4)分离后进入旋流塔(14)，湿法除尘后排入大气中。灰落入灰斗，大块料经对辊破碎机(2)细碎后，与小料一起被吸风机(13)吸到旋风分离器(8)进行分离，带有灰尘的气体经旋风分离器(9)分离后进入旋流塔(14)，湿法除尘后排入大气中。分离出的碎料经星形排料器(5)落到振动筛(10)再分离，除去灰和虫尸，合格料进入贮料斗(11)，经回转吸铁机(12)进入不锈钢埋刮板输送机(15)，再经两端有星形排料机(16)的螺旋输送机(17)进入平转型连续浸提器(18)。该流程基本上实现了机械化、连续化，备料系统处于密封状态。五倍子经二次风选、二次筛选、二次除铁、二次粉碎等，碎料质量较好，卫生条件也较好。

　　(2) 原料的粉碎

　　碎料的粒度是影响浸提过程的重要因素。碎料粒度小，可以缩短水溶物从碎料内部转移到淡液中的距离，增大碎料与水的接触面积，从而加速浸提过程，缩短浸提时间，减少单宁损失，提高浸提率和浸提液的质量。单宁大多含于植物细胞组织中，这些细胞绝大多数是顺数轴方向排列的，因此原料粉碎时，横向切断树皮和木材，就能更多地破坏细胞组织。由于原料细胞组织被破坏，从而加速水分的渗入、单宁的溶解和扩散。粉碎在一定范围内还能增加原料的堆积密度，从而增加浸提罐的装料量，提高浸提罐的利用率和能力。通过粉碎可以为浸提供应合格碎料，破坏细胞组织、加速浸提过程，还可以增加浸提罐加料量，但是需注意减少粉末，提高碎料合格率，降低原料消耗。选择粉碎物料的方法，主要根据物料的物理性质、物料大小、粉碎程度，特别注意物料的硬脆性。对脆性物料，挤压和冲击比较有效。五倍子原料较脆，选用对辊破碎机(图6-37)较适宜。

　　(3) 原料的筛选

　　将颗粒大小不一的物料通过具有

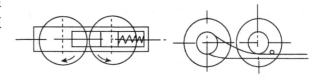

**图 6-37 对辊破碎机结构图**

(引自贺近恪等，《林产化学工业全书》第三卷，2001)

一定孔径的筛面,分成不同粒度级别的过程称之为筛选(筛分)。目的一是改善粉碎原料粒度的分配情况;二是除去尘粒杂质,净化原料。原料在采集、包装、贮存过程中,往往混入一些泥沙、石块、铁质等有害物质。其中钙、镁可以与单宁生产沉淀,使单宁损失,不溶物增加,还易沉积在蒸发器加热管上,形成管垢,降低增发器生产能力;铁与单宁生成蓝黑色络合物,使成品颜色变深,质量下降;石头、铁块的存在,不仅降低产品质量,而且损坏粉碎机。筛选常在原料粉碎前和后进行,粉碎后筛选主要是改善粒度趋于均匀。五倍子单宁酸生产所采用的筛选设备有:滚筒筛、振动筛和摇动筛。

(4) 原料的输送

固体原料的输送关系到改善劳动条件、提高工作效率、特别是满足连续化生产的要求,因此,它在生产上占有重要的地位。目前,在植物单宁生产中较普遍采用的原料输送装置有:皮带输送机、斗式提升机、螺旋输送机、气力输送设备及机动车等。五倍子备料中,采用吸送式气力输送。系统内压力低于大气压力,风机装于系统末端,空气和物料经吸入口进入输送管到终点处被分开,物料经分离器下方的星形排料器排出,空气经风机、旋流塔排出。气力输送装置的设备简单,占地面积小,费用少,劳动条件好,输送能力和距离较大。弯处管道易磨损,动力消耗和噪音均较大。

(5) 除尘

原料在输送、粉碎、筛选过程中,均产生较多的灰尘,影响职工健康和环境卫生,因此必须有良好的防尘除尘设施。有效的办法是采用吸送式气力输送装置,即对筛选机、粉碎机、斗式提升机、皮带运输机等装卸料口扬尘部位进行可能的密封,并在这些部位安装吸尘罩吸风以产生局部负压,并吸走粉尘,使粉尘不致大量逸散出来。各个吸尘罩支管都汇集在一个总吸管上,总吸尘管与旋风分离器相通,将大部分粉末分离出来,空气进一步除去尘土后由排风机将尾气排放到大气中。

### 6.4.3.2 浸提

为提高浸提效率,栲胶生产中常采用平转型连续浸提和罐组浸提。

**1) 平转型连续浸提**

五倍子平转型连续浸提工艺流程如图 6-38 所示:五倍子碎料从料斗(1)经过加料螺旋输送机(2)、除铁器(3),落入埋刮板输送机(4),送到预浸螺旋输送机(5),用星形排料器(6)定量地加入平转型连续浸提器(7)的回转料格中而成为首格,浸提水或尾部液从浸提水池(8)或尾部液贮槽(12)流入固定溶液格(尾格),经泵、预热器、喷淋装置喷入尾料格、浸泡、穿料层、落入溶液格,多次喷淋、浸泡,溶液逐渐向首格流动而增浓,浸提新料后成为浸提液流入浸提液贮槽(9),再由泵(15)送去蒸发工段,新料经若干次浸提后成为废渣,经滴干后落入出渣螺旋输送机(10)中排出。用平转型连续浸提器浸提黑荆树皮时,从出渣螺旋输送机(10)排出的废渣(单宁未浸提完全)再送入废渣加压罐(11)浸提,其后用压缩空气将液压至尾部液贮槽(12),渣被送入旋风分离器(13)、落入贮渣槽(14)排出。

采用平转型连续浸提器浸提五倍子原料,一方面由于原料在与溶剂逆流接触中,处在喷淋和浸泡状态,通过泵的外动力,不断更新接触面,减薄滞流层,提高浓度差,加速传质过程;另一方面,根据原料的状态(即粒度的大小、厚薄、堆积分布、吸水膨胀)来选择料层高度和回转速度,以提供扩散所需要的总面积,找到适于溶剂流动的孔隙率,充分发挥孔尺寸二次效应的重要作用。

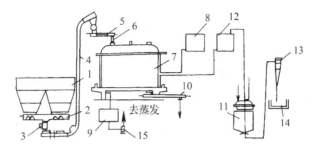

**图 6-38 五倍子平转型连续浸提工艺流程**

1. 料斗  2. 加料螺旋输送机  3. 除铁器  4. 埋刮板输送机  5. 预浸螺旋输送机
6. 星形排料器  7. 平转型连续浸提器  8. 浸提水池  9. 浸提液贮槽  10. 出渣螺旋输送机
11. 废渣加压罐  12. 尾部液贮槽  13. 旋风分离器  14. 贮渣槽  15. 泵

流体的动力和物料的阻力是通过粒度、料层高度进行协调的。调节不当，浸提过程就会出现"沟流"或"膨液"现象，影响浸提过程的正常进行。五倍子原料浸提的工艺条件：原料粒度 1~1.5cm，浸提时间 18~20h，浸提温度 55~75℃，喷淋次数 12 次，料层高度 40~60cm，总固物抽出率 95% 以上。

平转型连续浸提器结构主要由回转料格、溶液格及喷淋装置等部分组成，如图 6-39 所示。原料与溶液逆流移动，连续加料、进水、放液和自动排渣，整个过程处于连续化状态。平转型连续浸提器结构简单，操作方便，生产灵活性大，对原料自身状态的适应性较强，浸提时间短，浸提液质量好；干法除渣，减轻了环境污染，又利于废渣利用。主要缺点是传动部件多，维修不便。

由于五倍子原料渗透性较差，吸水后溶胀性大（吸水率、膨胀率），出渣有困难，因此在溶液和原料接触方式上采用浸泡式。五倍子单宁吸氧能力很强，为减少与空气接触，设备需密封，预浸器采用真空抽气装置，改静止喷淋管为动喷淋槽，使可调式喷淋槽插入料格，其结构如图 6-40 所示。传动装置采用调速电机，扩大调节范围，增加设备灵活性。材料选择上，单宁酸易被铁离子污染，设备腐蚀和对单

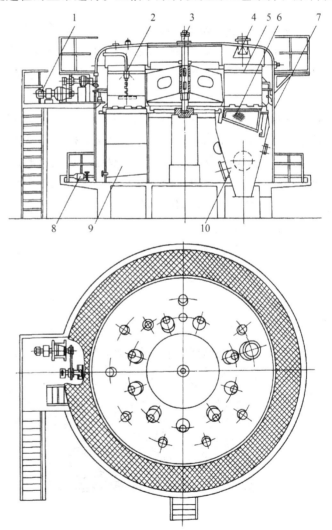

**图 6-39 平转型连续浸提器**

1. 外传动装置  2. 喷淋槽  3. 中心轴  4. 加料口  5. 回转料格
6. 活动筛板  7. 保温罩  8. 循环泵  9. 溶液格  10. 出渣斗

宁颜色影响都需考虑。

平转型连续浸提器尺寸主要根据工业要求和物料热量衡算结果，在满足强度和经济效果的前提下，确定设备的工艺尺寸和动力消耗。

#### 2) 罐组逆流浸提

毛杨梅、余甘树皮等原料，多采用罐组逆流浸提工艺，流程如图 6-41 所示。合格料由上料皮带输送机(1)上的卸料器(2)加入加料斗(3)，再放入浸提罐(4)后，浸提水从贮槽经上水泵(8)送入预热器(7)加热到120℃，进入浸提罐组尾罐，并逐罐前进进行浸提，最后在首罐内浸提新料成为浸提液，从首罐排出，经斜筛(5)过滤后入浸提液贮槽(6)澄清，供蒸发用。亚硫酸盐溶液从计量槽(9)经上水泵(8)送入浸提罐组内。首罐内的碎料经多次浸提后成为尾罐的废渣。尾罐内部分水经过滤器排入浸提上水贮槽内，并排气。当尾罐压力降到 0.03MPa 时，打开水压开关下进水阀，放出密封圈内水，拧动操纵

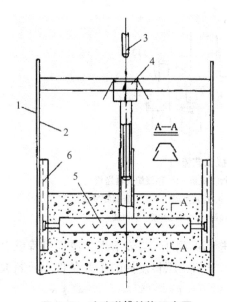

**图 6-40 动喷淋槽结构示意图**
1. 回新料格外壁  2. 回新料格内壁
3. 静喷淋管  4. 动液流喷淋槽
5. 下喷淋槽  6. 调节导轨

杆，浸提罐下盖自动打开，借罐内余压喷放废渣，由铲车和拖拉机运走。开阀冲洗上下筛，打开水压开关上进水阀，关底盖，拧紧操纵杆，开始加料。加完料，上好盖，给密封圈充水，此罐成为首罐。该流程的特点是：①浸提水预热器的蒸汽冷凝水排入闪蒸罐，产生低压蒸汽经热泵压缩，提高其压力，作浸提水预热器的加热蒸汽，闪蒸罐中余水和尾水作浸提用，热量和水利用充分；②浸提罐较小(容积6.3m³)，适于中小型工厂(年产量约3000t)使用；③浸提罐斜锥顶角40°，带压排渣安全可靠；④上转液口与阀门组的连接管下部设排空气管(废上排气管)，操作较方便。

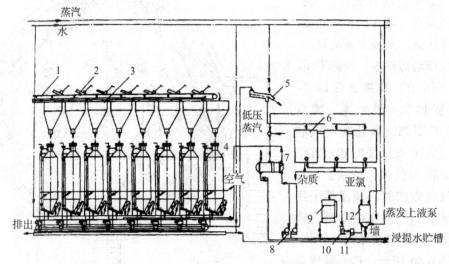

**图 6-41 毛杨梅、余甘树皮罐组逆流浸提工艺流程**
1. 上料皮带输送机  2. 卸料器  3. 加料斗  4. 浸提罐  5. 斜筛  6. 浸提液贮槽  7. 浸提水预热器
8. 浸提上水泵  9. 亚硫酸盐计量槽  10. 泵  11. 过滤器  12. 亚硫酸盐溶解器

由于五倍子单宁含量高,可采用双头部浸提法,即每一罐原料改原来的放一次头部液为放二次头部液,增加每罐浸提次数,不降低提取物质量,还可以提高抽出率,常用于浸提五倍子等比较贵重的原料。此外,对于水解单宁的提取,不需添加亚硫酸盐。

浸提是栲胶生产的重要环节,它对栲胶质量和产量有较大的影响。合理安排浸提工艺条件,达到优质高产低消耗,才能取得良好的经济效益。这些工艺条件包括原料的性质与粒度、浸提温度、时间和次数、出液系数、溶液流动和搅拌、化学添加剂的品种和数量、浸提水质等。

(1) 原料的性质与粒度

根据菲克定律,原料粒度小,浸提时溶质在原料内的扩散距离减小,扩散表面积增加,被打开的细胞壁增多,使浸提速度加快,从而提高浸提液质量(纯度)和单宁或抽出物的产量(抽出率)。然而,当粒度太小(如粉末)时,透水性差,在罐组浸提中,粉末阻碍转液,堵塞罐的筛板和管路,造成排渣和转液困难,甚至形成不透水的团块而无法浸提。因此,一般不采用粉末浸提。

(2) 浸提温度

扩散速度与绝对温度成正比,与溶剂黏度成反比。提高温度,使单宁快而完全地浸出,从而提高抽出率。但温度过高,单宁受热分解或缩合,使浸提液质量下降。

(3) 浸提时间和次数

浸提时间是指原料与溶剂接触的时间,浸提次数是指原料被溶剂浸提的次数。一般是根据浸提液质量、抽出率及设备的生产率选择最合理的时间和次数,一般由实验确定。

(4) 出液系数

出液系数是浸提时放出的浸提液量与气干原料的质量百分比。其下限值是溶液浸没原料所需的体积决定的,低于比值,浸提不能正常进行。采用过大的出液系数,虽然可以在一定程度上提高抽出率,但是浸提液浓度稀,蒸发负荷和蒸汽耗量增加。

(5) 溶液流动和搅拌

浸提时溶液在原料表面上的流动速度达到湍流状态时,有分子扩散、涡流扩散,大大加快单宁的浸出。搅拌使原料颗粒离开原来位置而移动,不仅加速扩散,也增加液固接触表面,消除粉末结块和不透水的现象。

(6) 化学添加剂的品种和数量

浸提时添加某些化学药剂,可以提高单宁的产率,改善栲胶质量。最常用的是缩合单宁浸提时加入亚硫酸盐。

(7) 浸提水质

浸提用水质量主要是指水的硬度、含铁量、pH值、含盐量及悬浮物量。单宁与硬水中的钙、镁离子结合形成络合物,使单宁损失,颜色加深,且易于在蒸发器内结垢。单宁与铁盐形成深色的络合物,溶液颜色加深严重。

### 6.4.3.3 蒸发和干燥

从浸提工段得到的浸提液浓度低,总固物含量一般低于10%,需要通过蒸发操作来提高浓度。由于单宁化学性质活泼,高温或长时间加热都很使单宁变质严重,因此通常采用多效真空蒸发,使溶液浓度达到35%~55%,以便喷雾干燥成粉状栲胶。

常用的真空降膜蒸发工艺流程如图6-42所示,其中的关键设备降膜式蒸发器结构如图6-

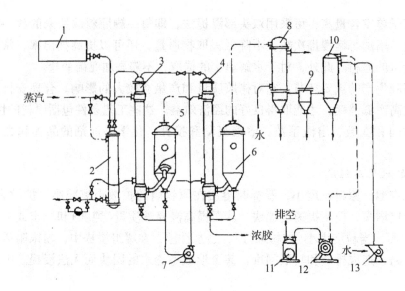

**图 6-42　真空降膜蒸发工艺流程**
1. 浸提液高位槽　2、4. 预热器　3. 加热室　5、6. 分离器　7. 循环泵　8. 表面冷凝器
9. 捕集器　10. 混合冷凝器　11. 排空罐　12. 水环式真空泵　13. 水泵

43 所示。料液从加热管上部经分配装置均匀进入加热管内，在自身重力和二次蒸汽运动的拖带作用下，溶液在管壁内呈膜状下降，进行蒸发、浓缩的溶液由加热室底部进入气液分离器，二次蒸汽从顶部逸出，浓缩液由底部排出。

栲胶的干燥大多为喷雾干燥。喷雾干燥是采用雾化器使料液分散为雾滴，并用热空气等干燥介质干燥雾滴而获得产品的一种干燥技术。喷雾干燥过程可分为四个阶段：料液雾化为雾滴、雾滴与空气接触（混合流动）、雾滴干燥（水分蒸发）、干燥产品与空气分离。

五倍子单宁酸干燥生产流程与设备如图 6-44 所示。该流程在雾滴与热空气接触上采用顺流方式，高温气体与含水率较高的雾滴接触，雾滴水分迅速蒸发，大量吸收气体的热量，很大程度上避免了单宁因过热而发生结构改变。

在干燥工艺计算时，物料衡算和热量衡算可按照图 6-45 的示意计算：

物料：　$W = G(x_1 - x_2) = L(H_2 - H_1)$　(6-1)

$$L = W/(H_2 - H_1)$$　(6-2)

式中　$W$——水分蒸发量（kg/h）；

$G$——绝干物料量（kg/h）；

$L$——蒸发水分所消耗的绝干空气重（kg/h）；

$H_1$，$H_2$——空气进、出干燥器湿度（kg 水/kg 绝干气）；

$x_1$，$x_2$——湿物料进、出干燥器的干基含水量（kg 水/kg 绝干物）。

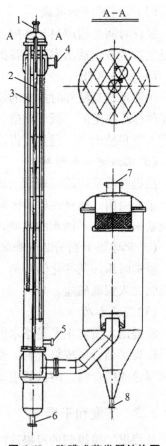

**图 6-43　降膜式蒸发器结构图**
1. 进液管　2. 蒸发管　3. 定距管
4. 蒸汽进口　5. 冷凝水出口　6. 循环液出口　7. 二次蒸汽出口　8. 浓缩物料出口

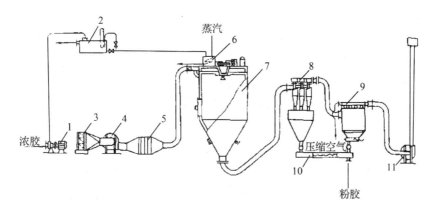

**图 6-44 五倍子单宁酸干燥生产流程**
1. 浓胶泵 2. 高位槽 3. 空气过滤器 4. 鼓风机 5. 空气加热器 6. 预热器
7. 干燥塔 8. 旋风分离器 9. 袋滤机 10. 出料螺旋 11. 预热器

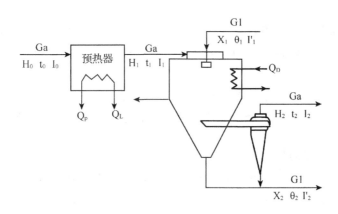

**图 6-45 干燥工艺物料衡算和热量衡算示意图**

热量:
$$Q = Q_P + Q_D \tag{6-3}$$
$$= L(I_2 - I_P) + G_1(I'_2 - I'_1) + Q_L$$

如果 $Q_D = 0$,则 $Q_P = 1.01L(t_2 - t_0) + W(2490 + 1.88t_2) + G_1C_m(Q_2 - Q_1) + Q_L$

式中 $Q$——进入干燥系统总热量(kJ/h);

$Q_P$——预热器传入热量(kJ/h);

$Q_D$——干燥器补充热量(kJ/h);

$Q_L$——干燥器损失热量(kJ/h);

$t_0$,$I_0$,$H_0$——新鲜空气的温度、焓和湿度;

$Q_1$,$Q_2$——进、出干燥器的物料温度(℃);

$t_1$,$t_2$——进、出干燥器的空气温度(℃);

$I'_1$,$I'_2$——出干燥器湿物料的焓(kJ/kg);

$C_m$——湿物料比热[kJ/(kg·℃)]。

在干燥操作中,通常采用热空气为干燥介质,因此在干燥过程的计算中,要掌握湿空气的物理性质(温度、相对湿度、比容、焓、干湿球湿度、绝对饱和温度及露点等)和它们之间的关系。由于公式计算湿空气的性质比较繁琐,常利用算图查取有关参数,常利用的湿度-焓图($H-I$),温度-湿度图($t-H$)。

关于干燥塔直径和高度的计算,由于在喷雾干燥塔内空气-雾滴(和颗粒)的运动非常复杂,影响因素很多,例如:与空气分布器的结构与配置,雾化器结构、配置与操作,雾滴的干燥特性,空气进出塔的温度及塔内的温度分布等。目前塔径和塔高还只能靠经验式计算。

对于热敏物料的离心喷雾干燥,其塔径可按下式计算:

$$D = (3 \sim 3.4)R_{99} \tag{6-4}$$

式中　$D$——塔径(m);

　　　$R_{99}$——离心雾化器的雾矩半径(m)。

$$(R_{99})_{0.9} = 3.46 d^{0.3} G^{0.25} n^{-0.16}（圆盘下0.9m处实验式）$$
$$(R_{99})_{2.04} = 4.33 d^{0.2} G^{0.25} n^{-0.16}（圆盘下2.04m处实验式） \tag{6-5}$$

式中　$d$——圆盘直径(m);

　　　$G$——供料速度(kg/h);

　　　$n$——圆盘转速(r/min)。

塔高:　　　　　　　　　　　$H/b = 0.5 \sim 1.0 \tag{6-6}$

无论是旋转式雾化器还是喷嘴式雾化器的干燥塔,塔内操作的空塔速度 $u$ 一般在 0.5~2.0 m/s 为宜。速度太低会导致气固混合不好,对干燥不利;速度过快,则停留时间太短、干燥不完全。

为了使干燥产品从干燥塔底部顺利排出,喷雾干燥塔下锥角要等于或小于60°。如果要制取纯度较高的五倍子单宁酸,则提取液还需增加冷冻、澄清、离子交换、溶剂萃取等处理过程。

#### 6.4.3.4　单宁酸的产品性能

五倍子的提取物,经过不同的纯化处理,可获得工业单宁酸、食用单宁酸和药用单宁酸等不同产品。用水直接浸提五倍子原料,将浸出的溶液经真空浓缩、喷雾干燥,所得的粉剂为工业单宁酸;五倍子的提取物,经纯化处理制成的可在酒类酿造、饮料等食品制造过程中使用的单宁酸产品为食用单宁酸,可用于药物制造的单宁酸产品为药用单宁酸。产品均为淡黄色至浅棕色无定形粉末,技术指标分别见表6-12、表6-13和表6-14,检验方法参照LY/T 1642—2005。

表6-12　工业单宁酸的技术指标

| 指标名称 | | 优等品 | 一等品 | 合格品 |
| --- | --- | --- | --- | --- |
| 单宁酸含量(以干基计)(%) | ≥ | 83.0 | 81.0 | 78.0 |
| 干燥失重(%) | ≤ | 9.0 | 9.0 | 9.0 |
| 水不溶物(%) | ≤ | 0.5 | 0.6 | 0.8 |
| 颜色(罗维邦单位) | ≤ | 1.2 | 2.0 | 3.0 |

表6-13　食用单宁酸技术指标

| 指标名称 | | 优等品 | 一等品 | 合格品 |
| --- | --- | --- | --- | --- |
| 单宁酸含量(以干基计)(%) | ≥ | 98.0 | 96.0 | 93.0 |
| 干燥失重(%) | ≤ | 9.0 | 9.0 | 9.0 |
| 灼烧残渣(%) | ≤ | 0.6 | 1.0 | 1.0 |
| 砷(μg/g) | ≤ | 3 | 3 | 3 |
| 铅(μg/g) | ≤ | 5 | 5 | 5 |

(续表)

| 指标名称 | | 优等品 | 一等品 | 合格品 |
|---|---|---|---|---|
| 重金属(以 Pb 计)(μg/g) | ≤ | 20 | 20 | 20 |
| 树胶、糊精试验 | | 无浑浊 | 无浑浊 | 无浑浊 |
| 树脂试验 | | 无浑浊 | 无浑浊 | 无浑浊 |
| 没食子酸(%) | ≤ | 0.75 | 2.5 | 4.0 |

表6-14 药用单宁酸技术指标

| 指标名称 | | 优等品 | 一等品 | 合格品 |
|---|---|---|---|---|
| 单宁酸含量(以干基计)(%) | ≥ | 93.0 | 90.0 | 88.0 |
| 干燥失重(%) | ≤ | 9.0 | 9.0 | 9.0 |
| 灼烧残渣(%) | ≤ | 1.0 | 1.0 | 1.0 |
| 砷(μg/g) | ≤ | 3 | 3 | 3 |
| 重金属(以 Pb 计)(μg/g) | ≤ | 20 | 30 | 40 |
| 树胶、糊精试验 | | 无浑浊 | 无浑浊 | 无浑浊 |
| 树脂试验 | | 无浑浊 | 无浑浊 | 无浑浊 |

## 6.4.4 没食子酸及其生产工艺

没食子酸又称棓酸，五倍子酸，其化学名为3,4,5-三羟基苯甲酸，分子式为 $C_7H_6O_5$ 或 $(OH)_3C_6H_2COOH$，相对分子质量170.1。没食子酸的广泛应用在有机合成、医药、墨水、涂料、国防、食品和轻工业部门等。制取没食子酸有两种方法：一是有机合成，但仍处于研究状态；二是林产资源提取、水解加工。可用于生产没食子酸的林产资源较多，除五倍子外，还有刺云实(商品名为塔拉Tara)、漆树叶等。其中，五倍子是最好的原料，但价格高、数量有限，需要开拓新的原料资源。

有研究从五倍子加工废水中回收没食子酸，以磷酸三丁酯为萃取剂、煤油为稀释剂。采用工业规模萃取和反萃装置，五级萃取和三级反萃取，萃余液中没食子酸的平均含量为0.85g/L，没食子酸的回收率大于120g/L，没食子酸的平均提取率达94.14%。

从林产资源提取、水解加工没食子酸方法有：酸水解、碱水解和酶水解。由于酸水解法具有周期短、操作容易控制、设备少、得率高的特点，目前仍以酸水解法为主。五倍子单宁酸或五倍子原料等，在酸的作用下水解，生成没食子酸和葡萄糖。酸水解法基本流程包括水解、粗制、精制、干燥和回收等。

### 6.4.4.1 原料

生产没食子酸的主要原料有单宁酸溶液、五倍子及其他水解类单宁原料等。从经济性和生产实际情况来考虑，生产药用单宁酸等纯度较高产品的工厂，可在冷冻(0~5℃，7d)分层后，上层清液经提纯制备高纯度单宁酸产品，下层浊液经水解制取没食子酸。对于生产普通单宁酸的厂家，可以采用浸提浓缩液、五倍子原料联合水解的工艺。如果不生产单宁酸，就可以直接用原料进行水解，省去浸提过程，以降低成本。

生产没食子酸的辅助原料有硫酸、活性炭和草酸等。硫酸与其他酸相比，成本低、来源广、设备材料易解决。水解操作时，所需水解时间根据酸用量(酸浓度)来确定，而酸用量则根据原料单宁含量来确定：酸量过多，产品颜色加深，增加脱色剂的用量；酸用量过少则使水解时间长，影响产品的收率。

活性炭具有优异的吸附性能，利用其在液相中的吸附作用，脱去色素、胶体等物质，提高没食子酸的纯度。没食子酸的脱色炭一般为粉状化学炭，吸附时间短、效率高，缺点是过滤性能差。

草酸能置换出没食子酸中的铁离子，形成更稳定的络合物，从而提高了没食子酸的纯度、改善产品颜色。草酸的用量以正好消除没食子酸与金属离子的络合物为佳。用量过多，产品中含有草酸，颜色会发红；用量过少则使提纯不完全。

#### 6.4.4.2 水解

水解是没食子酸生产的主要工序，包括水解、冷却结晶、离心分离等过程。水解原料单宁酸浓度26%~35%，按照硫酸（浓度95%~98%）：单宁酸总固物为1:(3~4)(w/w)的比例加入硫酸，在125~135℃下水解2~3h。水解完全后，将水解液压入冷却结晶罐进行冷却结晶、离心甩干，出料为水解粗晶体，出液进入水解废酸池准备回收。水解过程中的升压阶段，一定要保持锅炉蒸汽压力高于罐内，否则会发生"倒罐"事故。冷却结晶可以把水解液中没食子酸结晶出来，该步骤的关键是没食子酸的溶解度。没食子酸的溶解度随温度的降低而降低。对于敞开式的结晶罐，用冷却水的方法，冷却时间为20~40h。此外，有少量单宁酸或焦棓酸等的存在会大大增加没食子酸的溶解度。

在水解过程中，水解过度会产生部分焦棓酸和其他产物，使没食子酸得率降低、增大溶解度、难于结晶，且水解液颜色加深；水解不完全，也会降低没食子酸得率、增加没食子酸溶解度。因此，判断水解是否完全很重要，常用的方法是：①将橡皮手套的手指部分浸入没食子酸中1~2min后取出，如果手套上结出厚厚一层白色没食子酸，即为水解完全；如果几分钟后仍未结出、或淡薄一层，则水解反应未完成。②明胶试验，取2mL反应液稀释到约40mL，摇匀后，取一些加几滴明胶，看是否有白色沉淀。③取1mL反应液稀释到1000mL做紫外测定。④用乙酸乙酯萃取水溶液100mL，酯液蒸干称重。①、②可以指导生产，③、④用于科研。

#### 6.4.4.3 没食子酸产品性能

在没食子酸生产过程中，经过不同的纯化处理，可获得工业没食子酸、高纯没食子酸等不同产品。没食子单宁经水解、分离、脱色制得的没食子酸产品，所得的白色或淡灰色晶形粉末为工业没食子酸；没食子单宁经水解、分离、脱色和精制制得的高含量低杂质的没食子酸产品为高纯没食子酸，产品为白色晶形粉末，技术指标分别见表6-15，检验方法参照LY/T 1644—2005。

## 6.5 单宁的用途

植物单宁是植物体内的次生代谢产物。单宁具有独特的化学特性和生理活性，例如：单宁涩味可以使植物免于受到动物的噬食，含单宁的木材不易腐烂；单宁能够结合蛋白质，在植物体内可以抑制微生物酶和病毒的生长；植物体受到外伤时，单宁的聚合物可以形成不溶性保护层，抵抗微生物侵入；叶子在合成多酚时，能够将日光的强紫外辐射转化为较温和的

表 6-15 高纯没食子酸技术指标

| 指标名称 | | 高纯没食子酸 | 工业没食子酸 | | |
|---|---|---|---|---|---|
| | | | 优等品 | 一等品 | 合格品 |
| 没食子酸含量（以干基计）（%） | ≥ | 99.5 | 99.0 | 98.5 | 98.0 |
| 干燥失重（%） | ≤ | 10.0 | 10.0 | 10.0 | 10.0 |
| 灼烧残渣（%） | ≤ | 0.05 | 0.1 | 0.1 | — |
| 水溶解试验 | | 无浑浊 | 无浑浊 | 微浑浊 | — |
| 单宁酸试验 | | 无浑浊 | 无浑浊 | 微浑浊 | — |
| 硫酸盐（以 $SO_4^{2-}$ 计）（%） | ≤ | 0.005 | 0.01 | 0.02 | — |
| 氯化物（$Cl^-$）（%） | ≤ | 0.001 | 0.01 | 0.02 | — |
| 色度（铂-钴色号） | ≤ | 120 | 180 | 250 | — |
| 浊度（NTU） | ≤ | 5 | 10 | — | — |
| 铁（μg/g） | ≤ | 5 | — | — | — |
| 重金属（以 Pb 计）（μg/g） | ≤ | 10 | — | — | — |

辐射。此外，单宁还可能参与了植物的呼吸和木质化过程等。目前，基于植物单宁的鞣革、络合金属以及食品保健功能等，在制革、食品、医药等工业中被广泛应用。

## 6.5.1 单宁在皮革鞣制中的应用

铬鞣法发明之前，植物单宁一直是最主要的制革鞣剂。植物单宁具有填充性、成型性好等特性，植鞣革坚实、丰满，具有较高的收缩温度和较强的耐化学试剂能力，这些都是其他鞣剂难以替代的。目前，世界制革行业每年仍使用约 $50 \times 10^4$ t 栲胶，主要用于底革、带革、箱包革的鞣制和鞋面革的复鞣。

单宁只在水溶液中有鞣制作用。植物鞣制过程，是由扩散、渗透、吸收及结合等过程组成的复杂的物理的和化学的过程。单宁微粒借助于浓度差而向裸皮内部扩散和渗透，分布于胶原纤维结构间，受到胶原纤维固相表面的吸附而沉积。这时单宁分子和胶原多肽链官能团之间在多点上、以多种不同形式结合，产生新的分子交联键，完成鞣制过程。

单宁分子参与结合的官能团主要是邻位酚羟基。羧基、醇羟基、醚氧基等基团也参与结合。单宁是多基配位体，它的多酚羟基能够与蛋白质的官能团形成多点结合。单宁与蛋白质的可能的结合形式有：氢键结合、疏水结合、离子结合、共价结合。前三种是可逆结合，共价结合是不可逆结合。

### 6.5.1.1 植鞣法

用栲胶溶液加工裸皮成革的方法称做植鞣法，植鞣法已有六千多年历史，由于使用栲胶溶液鞣制的革具有独特的优点，例如：得革率大，成革组织紧密、坚实饱满、延伸性小，不易变形及抗水性较强等独特的优点，直到现在仍然是生产重革的基本鞣法。目前在轻革的生产过程中，也多利用植物鞣剂进行预鞣、复鞣或填充，尤其是对容易空松的皮革鞣制，广泛应用。

根据植物鞣制成革的特点，栲胶在制革工业中主要用于制重革，少数用来制轻革，以植鞣底革为主，其次还有植鞣轮带革、植鞣装具革、植鞣密封革等，轻革的植鞣几乎只限于鞋里革的鞣制。使用栲胶配合其他鞣剂进行预鞣、复鞣或填充主要生产轻革。铬—植结合鞣是最重要，最普遍的方法，用植鞣做复鞣后，铬鞣制的革丰满性有很大改善，吸水性、透气性、保温性、可塑性和可磨性都有改善，有利于涂饰层的附着。革的厚度也将增加，能多加油而不致松软透油，革利用率也显著提高，适用于做多脂鞋面革的生产，也适用于制造丰满柔软、舒适的鞋面革、服装革和手套革生产。

可见，植鞣在制革工业中占有一定地位，栲胶是制革工业的重要材料之一。

### 6.5.1.2 制革工业对栲胶的选用

制革工业要求栲胶溶解性能好、渗透速度快、颜色浅、沉淀物少、结合好、不易发霉变质、pH 值合适、成分均匀稳定、得革率高等。制革工业对栲胶质量要求是多方面的，从我国现有的栲胶品种来看，只有少数几种原料如油柑、杨梅、木麻黄等生产的栲胶能较好地满足制革工业对质量的要求（油柑、杨梅、木麻黄、橡椀栲胶鞣制的革成品质量见表 6-16），其他都不同程度地存在着缺陷，所以实际上，制革工业很少单独用一种栲胶去鞣制皮革，而是采用多种不同品种栲胶按不同比例混合配用。

表 6-16 余甘、橡椀、木麻黄与荆树皮栲胶鞣革性能

| 指标名称 | 余甘栲胶鞣制的牛皮底革 | 橡椀栲胶鞣制的牛皮底革 | 木麻黄栲胶鞣制羊皮革 | 荆树皮栲胶鞣制羊皮革 |
| --- | --- | --- | --- | --- |
| 水分(%) | 16.99 | 16.27 | 14.74 | 13.06 |
| 油脂(%) | 2.39 | 4.82 | 5.68 | 6.48 |
| 水溶物(%) | 7.44 | 9.13 | 7.44 | 7.63 |
| 水不溶灰分(%) | 0.14 | 0.27 | | |
| 皮质(%) | 42.95 | 40.00 | 36.31 | 42.73 |
| 结合鞣质(%) | 29.08 | 27.49 | 32.61 | 23.92 |
| 鞣制系数(%) | 67.71 | 67.98 | 89 | 56 |
| 总灰分(%) | 0.46 | 0.52 | 0.74 | 0.41 |
| 抗张强度(纵)(kg/mm$^2$) | 3.67 | 3.00 | 1.57 | 3.14 |
| 抗张强度(横)(kg/mm$^2$) | 3.40 | 3.53 | 1.14 | 2.21 |
| 吸水性 2h 不大于(%) | 29.46 | 30.62 | | |
| 吸水性 24h 不大于(%) | 31.25 | 32.37 | | |
| 收缩温度(℃) | 82 | 77 | 72 | 72 |
| 密度(g/cm$^3$) | 1 | 1 | | |
| 延长率(纵)(%) | 6.00 | 5.0 | 20 | 15 |
| 延长率(横)(%) | 8 | 5.90 | 40 | 22 |
| 革质(%) | | | 68.27 | 67.28 |
| 得革率(%) | | | 280 | 231 |
| 厚度(mm) | | | 1.02 | 0.78 |
| 渗透速度 | | | 48h 全透 | 48h 全透 |

### 6.5.1.3 植鞣重革工艺

植鞣重革工艺基本流程包括：

原料皮→准备→裸皮→预鞣→鞣制→初革→整理→成品革

准备：包括浸水、去肉、浸灰碱、脱毛、剖层、脱灰碱、软化等工序。将原料制成适合于鞣制的裸皮。

裸皮的预处理（或预鞣）：使皮纤维有适当的分散度，并使纤维走向趋于基本定型，减少黏合性，保持多微孔结构，使鞣质向皮内渗透的途径畅通，以加速鞣质渗透。常采用浸酸—去酸法进行预处理和预鞣。

鞣制：一般采用无液速鞣法，此法通过裸皮预处理，选用优良植物鞣剂，采用高浓度干粉鞣剂等措施，达到快速鞣皮成革的目的。此法鞣期短（3~4d）、成革质量好。速鞣应选用易冷溶、渗透速度快、含盐量低、结合好、沉淀少的栲胶。

植鞣后经漂洗、退鞣成为初革，再经过包括初革挤水、加油、干燥、打光等整理工序成为成品革。

## 6.5.2 单宁在食品中的应用

广泛存在于植物体的单宁是人类膳食中的一类重要成分。由于单宁独特的化学和生物特性，从食用植物中提取单宁并将其纯化，作为一类天然的食品添加剂，做米酒、啤酒、果汁中的澄清剂，可以调节食品风味，还可以起到高效、无毒且具有保健性的抗氧化和防腐作用。

单宁对人体有良好的保健作用，具体表现如下：

①抗炎作用 过敏反应和炎症反应的发生均伴随有机体组织中组胺的释放。有研究证明，单宁等物质对组胺的释放具有50%以上的抑制作用。

②抗病毒作用 经反复实验证明，单宁类物质对疱疹病毒具有抵抗作用。

③抗脂质氧化作用 脂质过氧化物在人体内的沉积能够损伤肝脏、肾脏和血管，从而引发多种疾病。单宁物质可通过抑制过氧化物的形成而对肝脏和组织起到一定的保护作用。

④自由基清除作用 人体在代谢过程中，随时都可能受各种内外环境因素的影响而产生超氧自由基，若不能靠自身防御系统将其及时清除，则会对血管、细胞膜及肝脏产生损害而导致各种疾病的发生。众多研究表明：单宁物质对超氧自由基具有清除作用。

⑤抗癌作用 单宁作为癌症促发剂与受体结合的阻断物，可抑制癌症的发展。

由上述可见，单宁类物质具有消炎、止痛、杀菌、抗衰老、抗癌等多种生物活性，各种中草药内的单宁的研究表明，单宁还具有降低血液中尿素氮的作用、治疗精神病作用、抗过敏作用等多方面的生物活性。许多研究单宁的中外科技工作者，把单宁称为"生命的保护神"，并积极开发了单宁类保健食品。

### 6.5.2.1 单宁对食品风味的影响

单宁可从色、味方面影响食品的风味。天然植物单宁容易被氧化成红棕色或褐色的醌类产物，成为食品色素，或天然色素具有辅色作用。食物中的涩味源自单宁与口腔黏膜或唾液蛋白结合并生成沉淀，引起粗糙褶皱的收敛感和干燥感。涩味可以促进口腔对其他味觉的感受能力，特别是对于多种饮料，如茶、葡萄酒、咖啡、啤酒，涩味对于产品独特口感的形成具有不可替代的作用。果酒和果汁饮料中的颜色、涩味和苦味都与单宁等多酚类物质密切相关。

### 6.5.2.2　单宁与茶

根据制造工艺的不同，茶分为发酵茶(红茶)、半发酵茶(乌龙茶)和非发酵茶(绿茶)三大类。单宁为茶的主要成分(茶多酚)，在不同的生产工艺中发生复杂的变化，茶的生产过程即是单宁发生各类化学变化的过程。绿茶不经过发酵，其主要成分仍然保持鲜叶中原有的状态，单宁的结构和含量基本不变。红茶的制作要经过发酵，利用单宁的氧化作用得到红茶特有的红色色调和较弱的涩味。乌龙茶的生产方法介于绿茶与红茶之间，即虽有发酵工序，但发酵时间短而不完全，其单宁的化学变化也介于绿茶和红茶之间。

### 6.5.2.3　单宁与葡萄酒

红葡萄酒由果皮带色的葡萄制成，同时具有涩、苦和甜味，其中涩味和苦味都产生于单宁。葡萄酒在陈放时单宁的各种化学反应是酒色泽和口感变化的主要原因，单宁对葡萄酒风味的形成、酒的类型和品质起到重要作用。白葡萄酒由不带色的葡萄果肉发酵制成，通常单宁含量较低，尤其不含花色素。白兰地是由葡萄酒蒸馏而成，因此不含葡萄单宁，但在橡木桶内存放过程中，可从橡木中溶出水解单宁和鞣花酸为主的单宁成分。

### 6.5.2.4　单宁与食品添加剂

单宁因具有很高的抗氧化活性和自由基清除能力而用作抗氧化剂。单宁在弱酸性和中性条件下对于大多数微生物的生长具有抑制能力，对于食品防腐非常有利。单宁具有抗氧化和清除自由基的能力，从食用资源中提取、分离的单宁，可作为天然的食品添加剂，用以调节食品风味，具有保健性的抗氧化和防腐作用。一些低分子质量的单宁(如茶单宁和棓酸)已经在食品工业中得到实际应用。目前，茶单宁作为食品添加剂已被广泛应用于饮料、面包、糖果等食品中。

单宁在食品中应用广泛，国际食品法典委员会食品添加剂联合专家委员会、美国食品化学品法典、日本食品添加物公定书均公布了食品添加剂食用单宁相关的质量规格标准和相关试验方法，详见表6-17、表6-18。

表6-17　国内外食用单宁相关标准技术指标对比表

| 项　目 | | JECFA(2009)单宁酸 | FCC VIII 单宁酸 | 日本公定书(第八版)植物单宁 | LY/T 1641—2005 食用单宁酸 | | |
|---|---|---|---|---|---|---|---|
| | | | | | 优等品 | 一等品 | 合格品 |
| 感官 | | 无定形粉末，闪光鳞片或类似海绵，黄白色至浅棕色；无臭或有轻微的特征性气味 | 无定形粉末，闪光鳞片或类似海绵，黄白色至浅棕色；无臭或有轻微的特征性气味 | 黄白色至浅棕色粉末，有轻微的特征性气味，有强烈的涩味 | — | | |
| 单宁酸含量(以干基计)(%) | ≥ | 96 | 96 | 96 | 98.0 | 96.0 | 93.0 |
| 水不溶物 | | — | — | — | 无指标，有方法 | | |
| 颜色 | | — | — | — | 无指标，有方法 | | |
| 干燥减量(%) | ≤ | 7 | 7.0 | 7.0 | 9.0 | | |
| 灼烧残渣(%) | ≤ | 1 | 1.0 | 1.0 | 0.6 | 1.0 | |

(续)

| 项目 | JECFA(2009) 单宁酸 | FCC VIII 单宁酸 | 日本公定书(第八版) 植物单宁 | LY/T 1641—2005 食用单宁酸 | | |
|---|---|---|---|---|---|---|
| | | | | 优等品 | 一等品 | 合格品 |
| 树胶或糊精 | 通过试验 | 通过试验 | 通过试验 | 无浑浊 | | |
| 树脂物质 | 通过试验 | 通过试验 | 通过试验 | 无浑浊 | | |
| 凝缩类单宁(%) ≤ | 0.5 | — | — | — | | |
| 没食子酸(%) ≤ | — | — | — | 0.75 | 2.5 | 4.0 |
| 残留溶剂(mg/kg) ≤ | 25(丙酮和乙酸乙酯,单独或合并) | | | | | |
| 砷(As)(mg/kg) ≤ | — | — | 4.0($As_2O_3$) | 3 | | |
| 铅(Pb)(mg/kg) ≤ | 2 | 2 | 10 | 5 | | |
| 重金属(以 Pb 计)(mg/kg) ≤ | — | — | 40 | 20 | | |

表 6-18  国内外食用单宁相关标准试验方法对比表

| 项目 | JECFA(2009) 单宁酸 | FCC VIII 单宁酸 | 日本公定书(第八版) 植物单宁 | LY/T 1641—2005 食用单宁酸 |
|---|---|---|---|---|
| 鉴别试验 | 1. 溶解性<br>2. $FeCl_3$ 试验<br>3. 沉淀试验(白蛋白或明胶)<br>4 没食子酸试验(薄层色谱法) | 1. $FeCl_3$ 试验<br>2. 沉淀试验(生物碱盐、白蛋白或明胶) | 1. $FeCl_3$ 试验<br>2. 沉淀试验(淀粉、白蛋白和明胶)<br>3. 没食子酸试验(薄层色谱法)<br>4. 颜色反应(NaOH) | 1. 水溶解试验(2g 加 10mL 水)<br>2. 没食子酸(作为指标要求) |
| 单宁酸含量(以干基计) | 重量法(Hide 粉) | 重量法(Hide 粉) | 液相色谱法(面积归一化法) | 紫外分光光度法 |
| 干燥减量 | 105℃, 2h | 105℃, 2h | 105℃, 2h | GB/T 6284—2006 化工产品中水分测定的通用方法 干燥减量法, 105℃±2℃ |
| 灼烧残渣 | 2g, 800℃±25℃ | 1g, 800℃±25℃ | — | 1g, 800℃±25℃ |
| 树胶或糊精 | 1g 溶解于 5mL 水, 过滤, 滤液加 10mL 乙醇, 15min 无浑浊 | 1g 溶解于 5mL 水, 过滤, 滤液加 10mL 乙醇, 15min 无浑浊 | 3.0g 溶解于 15mL 热水, 溶液澄清或微浊. 冷却、过滤, 5mL 滤液加 5mL 乙醇, 无浑浊 | 1g 溶解于 5mL 水(60~70℃), 冷却、过滤, 滤液加 10mL 95% 乙醇, 15min 无浑浊 |
| 树脂物质 | 1g 溶解于 5mL 水, 过滤, 滤液稀释至 15mL, 无浑浊 | 1g 溶解于 5mL 水, 过滤, 滤液稀释至 15mL, 无浑浊 | 5mL 滤液(上述)加 10mL 水, 无浑浊 | 1g 溶解于 5mL 水(60~70℃), 冷却、过滤, 滤液加 10mL 水, 无浑浊 |
| 残留溶剂 | 顶空气相色谱法 | — | — | — |
| 铅(Pb) | 原子吸收光谱法 | 原子吸收光谱法 | 原子吸收光谱法 | GB 5009.75—2003 |

## 6.5.3 单宁在医药工业中的应用

单宁酸的药理活性综合体现在其与蛋白质、酶、多糖、核酸等的相互作用,以及单宁酸的抗氧化和与金属离子相络合等性质。

单宁具有与生物体内的蛋白质、多糖、核酸等作用的生理活性,使其在医药领域应用广泛,自古以来就是多种传统草药和药方中的活性成分。单宁与蛋白质的结合是单宁最重要的特征，单宁的生理活性与它和蛋白质的结合密切相关。

### 6.5.3.1 抑菌

单宁能凝固微生物体内的原生质并作用于多种酶，对多种病菌（如霍乱菌、大肠杆菌、金黄色葡萄球菌等）有明显的抑制作用，而在相同的抑制浓度下不影响动物体细胞的生长。例如，柿子单宁可抑制百日咳毒素、破伤风杆菌、白喉菌、葡萄球菌等病菌的生长；茶单宁可作胃炎和溃疡药物成分，抑制幽门螺旋菌的生长；睡莲根所含的水解单宁具有杀菌能力，可治喉炎、眼部感染等疾病；槟榔单宁和茶单宁可阻止链球菌在牙齿表面的吸附和生长，并抑制糖苷转移酶的活性及糖苷合成，从而减少龋齿发生。已有生产将单宁用作防龋齿糖果的原料和消臭剂。

### 6.5.3.2 抗病毒

单宁可以抑制许多对人体有害病毒。单宁的抗病毒性质和抑菌性相似，其中鞣花单宁抗病毒作用显著。一些低分子质量的水解类单宁，尤其是二聚鞣花单宁和没食子单宁，具有明显的抗病毒和抗 HIV 活性。治疗流感、疱疹的药物，都与单宁抗病毒作用有关。单宁的抗病毒作用机制主要是由于单宁能够和酶作用形成复合物，抑制很多微生物酶的活性，如纤维素酶、胶质酶、木聚糖酶、过氧化物酶、紫胶酶和糖基转化酶等。另外，损伤微生物膜、与金属离子复合也是单宁抗病毒的机制。单宁分子内的酚羟基，能够与很多金属离子发生螯合作用，减少微生物生长所必需的金属离子，从而影响金属酶的活性。

### 6.5.3.3 抗过敏

食物中某些未消化的小分子（源自蛋白质）对特殊人群来说是过敏原，其体内因过敏原产生特异的抗体，放出某种化学物质，从而引起过敏。单宁抗过敏机制是抑制化学物质的释放。临床试验表明，甜茶对许多过敏患者具有显著疗效，经分析认为是鞣花单宁聚合物起到抗过敏作用。

### 6.5.3.4 抗氧化和延缓衰老

生物体内过剩的自由基会损伤生物大分子、破坏蛋白质构象，引发组织器官老化，促进衰老进程和导致多种疾病。研究表明，单宁对超氧自由基（$O_2\cdot$、$HO_2\cdot$）和羟基自由基（$\cdot OH$）、二氧化氮自由基（$NO_2\cdot$）、臭氧（$O_3$）和过氧化氢（$H_2O_2$）等多种活性氧和脂质过氧化自由基（$ROO\cdot$、$R\cdot$）等具有广谱清除能力，比常用抗氧化剂维生素 C、维生素 E 的自由基清除能力强。单宁可以通过还原反应降低环境中氧的含量，也可以作为氢体与环境中的自由基结合，终止自由基引发的连锁反应，从而阻止氧化的继续。如桑葚、肉桂、杜仲等含有的单宁可减少肝脏线粒体自由基，从而抑制肝脂质过氧化而保护肝肾。单宁还可以防止 UV 照射所致的皮肤红斑等伤害，增加皮肤弹性和光滑度。

### 6.5.3.5 预防心脑血管疾病

血液流变性降低、血脂浓度增加、血小板功能异常是心脑血管疾病发生的重要因素。一些单宁（如大黄、三七、紫荆皮等草药中的多酚）具有活血化瘀的功能，可以改善血液流变性。单宁还可以通过降低小肠对胆固醇的吸收从而降低血脂浓度，减少心脑血管疾病的发生。

单宁具有突出的抗高血压性质，柯子酸、槟榔单宁本身具有降血压作用，虎杖鞣质具有降血糖的作用。一些水解类单宁（如云实素、大黄单宁等）虽然不能降血压，但是可以减少患脑出血、脑梗塞的发生。

### 6.5.3.6 抗肿瘤和抗癌变

单宁相对分子质量大小、棓酰基含量及酚羟基的立体构象对抗癌活性有影响。研究发现，含棓酰基越多、单宁的抗癌活性越强。单宁的抗肿瘤作用是通过提高受体对肿瘤细胞的免疫力来实现的。仙鹤草、猪牙皂等草药具有抗肿瘤活性，长期饮用绿茶和食用水果、蔬菜可有效减少癌症和肿瘤的发病率，这些都与植物中所含的单宁类化合物有关。单宁是有效的抗诱变剂，对多种诱变剂具有多重抑制活性，并能促进生物大分子（DNA）和细胞的损伤修复，体现出一定的抗癌作用。单宁可以提高染色体精确修复的能力和细胞的免疫力，抑制肿瘤细胞的生长。在这些作用中，单宁的收敛性、酶抑制、清除自由基、抗脂质过氧化等活性得到了集中体现。

### 6.5.3.7 其他作用

柿子单宁具有能抑制蛇毒蛋白的活性，对多种眼镜蛇的毒素有很强的解毒作用。单宁除了其本身具有生物活性外，其降解后的小分子产物还可用于合成药物中间体。对单宁进行化学修饰和改性，以单宁为中间体进一步合成药物已成为研究热点。

### 6.5.4 木工胶黏剂

由于单宁是一种天然多元酚，因此可以代替苯酚与甲醛等聚合形成树脂，用做胶合板等的胶黏剂。

黑荆树、落叶松、毛杨梅单宁，具有间苯二酚或间苯三酚型A环，A环对甲醛的反应活性大于苯酚。黑荆树单宁大体上与间苯二酚相当。落叶松、毛杨梅单宁的反应活性更大，大体上与间苯三酚相当。B环的反应活性远不及A环。通常不参加交联反应。只有在高碱性（pH值10以上）或二价金属的催化下，B环才参加交联反应。

(1) 黑荆树单宁胶黏剂的制备与应用

采用酚醛树脂或酚-脲醛树脂作加强剂兼固化剂，与黑荆树栲胶水溶液混合成胶。例如：45%黑荆树栲胶水溶液70份，45%酚醛树脂液30份，面粉8份，40% NaOH调pH值5~7。以此配方的黑荆树单宁胶压制的马尾松胶合板符合室外级胶合板的要求。

(2) 落叶松单宁胶的制备和应用

用落叶松栲胶取代60%苯酚制成的单宁-苯酚-甲醛预树脂（暗红色稠状液体）。以该预树脂与其重6%~10%工业甲醛（浓度37%）混合成胶，涂于厚5mm、含水量8%的竹片上，涂胶量450g/m$^2$。三层板预压10h，热压温度145~150℃、压力3.3MPa、时间17min。所制竹材胶合板都符合汽车车厢底板的要求（胶合强度≥2.5MPa，静电强度≥95MPa）。

除了上述用途以外，单宁还在其他许多方面得到了应用，如脱硫剂、钻井泥浆处理剂、锅炉的除垢防垢剂、水处理剂、金属防腐防锈剂等，但是植物单宁的高附加值应用材料仍然有待开发。

## 思考题

1. 说明植物单宁及其主要通性。

2. 解释植物单宁的分类方法以及它们的主要的来源。
3. 说明缩合单宁的前体化合物以及它们的化学性质。
4. 解释原花色素的来源、组成与主要性质。
5. 比较说明缩合单宁和水解单宁在化学结构和性质上的根本区别。
6. 说明栲胶的组成及理化性质。
7. 请以五倍子单宁举例，说明栲胶的生产工艺过程。
8. 浸提是栲胶生产的关键环节，对栲胶质量和产量有重要影响，分析如何合理安排浸提工艺条件，达到优质高产低消耗的要求？
9. 说明植物单宁的一般定性和定量分析方法。
10. 说明常用的植物单宁化学结构的主要研究方法。
11. 比较在生产上和科学研究上，植物单宁的提取方法的差异。
12. 解释工业上生产没食子酸的基本工艺过程。
13. 说明从五倍子原料制备出不同纯度级别的单宁酸产品的方法和主要过程。
14. 说明植物单宁的主要用途。

## 参考文献

孙达旺，1992. 植物单宁化学[M]. 北京：中国林业出版社.

石碧，狄莹，2000. 植物多酚[M]. 北京：科学出版社.

安鑫南，2002. 林产化学工艺学[M]. 北京：中国林业出版社.

贺近恪，李启基，2001. 林产化学工业全书[M]. 北京：中国林业出版社.

张亮亮，汪咏梅，徐曼，等，2012. 植物单宁化学结构分析方法研究进展[J]. 林产化学与工业，32(3)：107-115.

王玉增，刘彦，2014. 植物单宁研究进展综述[J]. 西部皮革，36(16)：23-30.

余先纯，李湘苏，龚铃午，2013. 石榴皮单宁的超声波—半仿生法提取及抗氧化性分析[J]. 化学研究与应用，25(5)：636-641.

傅长明，黄科林，王则奋，等，2010. 植物单宁的性质及应用[J]. 企业科技与发展，(22)：57-60.

刘延麟，邓旭明，王大成，等，2008. 土耳其棓子化学成分及抑菌活性的研究[J]. 林产化学与工业，28(4)：44-48.

陈笳鸿，汪咏梅，吴冬梅，等，2008. 单宁酸纯化技术的研究开发[J]. 现代化工，28(增刊2)：301-304.

Yundong Wu, Xihe Xia, Shuyu Dong, 2017. Industrial scale extraction and strippingdevices for continuous recovery of gallic acid from Chinese nutgall processing wastewater[J]. Environmental Engineering Research, 22(3)：288-293.

Jiayu Gao, Xiao Yang, Weiping Yin, et al., 2018. Gallnuts：A Potential Treasure in Anticancer Drug Discovery[J]. Evidence-Based Complementary and Alternative Medicine, 4930371：1-9.

Glombitza, K.W, 1977. In Marine Natural Product Chemistry[A]//Faulkner D J, Fenical W H, Eds. New York：Plenum Press, p 191.

Jorge Hoyos-Arbeláez, Mario Vázquez, José Contreras-Calderón, 2017. Electrochemical methods as a tool for determining the antioxidant capacity of food and beverages：A review[J]. Food Chemistry, 221：1371-1381.

# 第 7 章 林产活性物质提取

**【本章提要与要求】** 主要介绍林产原料活性物质提取的基本工艺流程，以活性物质中黄酮、活性多糖、生物碱、苯丙素、醌类化合物为代表分别介绍了它们的分类、性质、提取分离方法、生物活性及应用。

要求掌握林产原料活性物质提取的基本流程及工艺设备，掌握黄酮、活性多糖、生物碱、苯丙素、醌类化合物的结构分类、物理化学性质，提取分离基本方法及工艺流程；了解五类化合物的生物活性、应用以及它们的基本鉴定方法。

林产资源是大自然赋予人类的巨额财富，林产原料中含有的多种天然活性成分，如黄酮类、糖类、生物碱类、苯丙素类、醌类、萜类、甾类等化合物，可通过提取分离方法获得，其相应的产品已被广泛用于医药、食品、保健品及化工品等领域。

林产活性物质的提取，就是选择合适的方法，不破坏天然化合物结构、性质与活性，将生物活性物质从林产原料中提取分离出来。林产原料活性物质的提取效率与提取分离方法、提取溶剂、提取时间及被提物质性质等有直接关系。因此，林产活性物质的提取，不仅需要深入细致了解林产原料中活性物质的基本提取工艺流程，也要详细了解被提活性物质的结构、性质、生物活性及应用等，以保证林产原料中活性物质的有效提取与合理开发利用。因此，林产原料中活性物质的提取是林产资源高附加值利用的重要研究内容之一。

本章主要系统介绍了林产原料活性物质的基本提取工艺流程，分别介绍了林产活性物质中黄酮、活性多糖、生物碱、苯丙素、醌类化合物的结构分类、性质、提取分离工艺及生物活性等。

## 7.1 林产原料活性物质提取的基本工艺流程

为了从林产原料中高效率，高质量获得天然活性物质，并避免有效成分的状态、性质发生改变使其活性降低，因此，合理有效的提取分离工艺是提取天然活性物质的关键。主要包括以下几方面，如原料采集、原料预处理、活性物质提取及分离、活性物质干燥等。

### 7.1.1 原料的采集

为得到高含量的天然活性成分，林产原料的采集不仅要考虑其生长环境及年龄，还需考虑季节对林产原料中活性物质含量的影响，例如：曼陀罗叶生长在常被日光照射的地方，其生物碱含量相对较高；用于提取香豆素的秦皮，其采收主要是树栽后 5~8 年，树干直径达 15cm 以上时，于春、秋两季剥取树皮；银杏叶中的黄酮和萜内酯含量相对较高的采收季节，是以夏末至秋中期(大约 10 月初)，叶片绿或微黄时为宜；用于提取小檗碱的三颗针其根皮全年可采，茎皮春、秋季采收。

## 7.1.2 原料的预处理

林产原料在进行活性物质提取前，需经过一系列的原料预处理。直接采摘得到的林产原料，它们在进行活性物质提取前的预处理主要包括原料的除杂、洗涤、切割、干燥和粉碎等工序。

### 7.1.2.1 原料的除杂、洗涤和切割

提取活性物质前需要对林产原料进行清洗灰尘、去除腐烂部位以及切割等加工过程。因原料在采摘过程中含有灰屑、泥沙、腐烂等部位，必须进行剔除，而除杂、洗涤等方法可根据具体的提取工艺要求以及原料特性等方面选择合适的方法进行。如采收的三颗针根皮，首先要除去须根，然后洗净，切片，烤干或弱太阳下晒干，不宜曝晒；而茎枝需刮去外皮，剥取深黄色的内皮，阴干放置。有些原料也可不必切割，可在除杂、洗涤、干燥后直接进行粉碎并进行活性物质提取。

### 7.1.2.2 原料的干燥

为了便于原料的储存和运输，在除杂、洗涤、切割之后要对原料进行干燥，以利于活性物质的提出，并避免损失和破坏。为了保证活性成分不被破坏和提高提取效率，要根据原料的性状选择合适的干燥方法，常用的干燥方法有风干法、晒干法和加热干燥法等。风干法是适用于热不稳定性活性物质的原料，风干时温度相对于晒干法和加热干燥法要低，避免了活性成分的破坏，如风干法干燥含有热不稳定成分双苄基异喹啉生物碱的小檗根和唐松草。风干法是大多数原材料常选用的一种干燥方法。晒干法和加热干燥法相对于风干法温度要高，其干燥速度快，对于原料中含有的活性成分热稳定性较高，则可以利用这两种方法干燥。图7-1为箱式干燥机结构图。

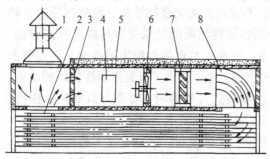

**图 7-1 箱式干燥机结构图**
1. 排风管  2. 料筛车  3. 回风口  4. 人孔门  5. 绝热材料  6. 鼓风机  7. 加热器  8. 分风板

### 7.1.2.3 原料的粉碎

干燥后的原料，需要对其进行粉碎处理，以此增加原料与浸出溶剂的接触，提高活性成分的浸出速度。原料粉碎的粒度大小要根据生产的需求以及原料的种类和性质而定。例如：草、叶类的原料因其没有坚硬的木质结构，粉碎得到的粒度可以略粗一些；对于木质结构的根、茎、果实和种子类等原料，则要粉碎的细一些，便于溶剂的渗透。

除了以上原料预处理工序外，有些原料中由于含有较多的油、脂等成分而影响活性物质的提取、分离及纯化，因而还要进行脱脂工序；对于含有挥发油类的原料则需要在干燥前进行蒸馏操作除去原料中的挥发油；对于存在于不易被破坏的细胞膜或细胞壁内的活性成分，则还需要发酵、水解、酶解等方法进行处理。

## 7.1.3 活性物质的提取

林产原料活性物质的提取方法很多,主要包括溶剂提取法、超临界流体提取法、超声波辅助提取法和微波辅助提取法等。

### 7.1.3.1 溶剂提取法

溶剂提取法主要依据"相似相溶"原理,选用对活性物质溶解度大、杂质溶解度小的溶剂,通过渗透、溶解和扩散等过程,将活性物质从原料中提取出来。当溶剂加入到原料中时,溶剂与原料接触,逐渐通过细胞壁渗透到细胞内,将可溶性物质溶解,并不断将浓溶液向细胞外扩散,如此多次反复渗透、溶解以及扩散,可将需要的活性物质提出。在溶剂提取过程中,原料的粉碎粒度、提取温度、提取时间以及提取中浓度差都直接影响提取效率。

(1) 溶剂的选择

在溶剂提取工艺中,提取溶剂的性质直接影响提取效率。提取溶剂的选择一般遵循以下几点原则:①采用的溶剂浸提速度快;②对有效成分的溶解度尽可能大,对杂质的溶解度尽可能小;③易于回收,成本低廉,来源丰富;④不污染被提物质,不与被提物质发生不可逆的化学反应。常用的提取溶剂可分为亲水性和亲脂性两类溶剂。它们按照极性从大到小的顺序排列是:含盐水>水>甲醇>乙醇、丙醇>正丁醇>乙酸乙酯>二氯甲烷~乙醚>环己烷>石油醚。不同极性的溶剂种类及其提取的有效成分见表7-1。

表7-1 溶剂和有效成分极性相似对照

| 极性强弱 | 溶剂名称 | 有效成分类型 |
| --- | --- | --- |
| 非极性(亲脂性)溶剂 | 石油醚、环己烷、甲苯等 | 油脂、挥发油、植物甾醇(游离态)、某些生物碱、亲脂性强的香豆素等 |
| 弱极性溶剂 | 乙醚 | 树脂、内酯、黄酮类化合物的苷元、醌类、游离生物碱及醚溶性有机酸等 |
| 弱极性溶剂 | 二氯甲烷 | 游离生物碱等 |
| 中等极性溶剂 | 乙酸乙酯 | 极性较小的苷类(单糖苷) |
| 中等极性溶剂 | 正丁醇 | 极性较大的苷类(二糖和三糖苷)等 |
| 极性溶剂 | 丙酮、甲醇、乙醇 | 生物碱及其盐、有机酸及其盐、苷类、氨基酸、鞣质和某些单糖等 |
| 强极性溶剂 | 水 | 氨基酸、蛋白质、糖类、水溶性生物碱、胺类、鞣质、苷类、无机盐等 |

溶剂提取法主要有浸提法、煎煮法、渗漉法、回流提取法和连续提取法等。除了溶剂种类和提取方法外,原料的粒度、提取温度、提取时间、浓度差以及设备条件等也是影响提取效果的因素。

(2) 溶剂法提取设备

选择提取设备时,要根据原料的物理化学性质、提取量大小,选择合适的提取设备。在工业上,当提取的原料量较大时,一般都采用连续化的浸提罐,如单罐循环浸提器、渗漉罐浸提器、连续逆流浸提器和罐组逆流浸提器等。

在工业上,单罐循环又称单级热回流,由浓缩罐、浸提罐和冷却塔等组成。这种浸提灌设备在实验室就是简单的索氏提取器。

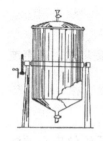 

图 7-2　常用小型渗漉罐

渗漉罐一般有圆柱形和圆锥形两种。原料具有膨胀性或可用水作溶剂进行提取时多采用圆锥形渗漉罐，其他的则多采用圆柱形渗漉罐。常用小型渗漉罐结构如图 7-2 所示。

由于单罐浸提或渗漉提取皆受扩散原理浓度差的影响，一次浸提的效率不高，为了提高提取效率，常将一定数量的单罐用输液管道联通，先后排成一定顺序，组成浸提或渗漉罐组，原料经过多次提取后可实现提取完全。

连续逆流浸提器是将固体原料与提取溶剂分别从浸提器的两端加入，形成固体原料与溶剂同时逆向连续流动的状态，即从一端连续加入新的固体原料，另一端不断地排出提取后的残渣，从排出残渣的一端又不断地加入新的提取溶剂，从加入新原料的一端不断地流出浸提液，从而提取出活性物质。这种浸提工艺的操作简单、自动化程度高、浸提速度快，且收率高。图 7-3 为螺旋桨式连续逆流浸提器。

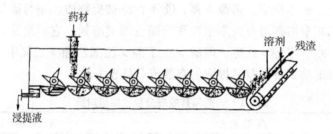

图 7-3　螺旋桨式连续浸提器

（引自贺近恪等，《林产化学工业全书》第三卷，2001）

#### 7.1.3.2　超声波提取法

超声波提取法是一个物理提取的过程，主要是利用超声波的空化效应、强烈的机械作用，加速被提取物质在原料细胞内的释放、扩散和溶解进入溶剂中，同时保持被提取物质的结构和生物活性不发生变化。影响其提取效率的因素有超声频率、强度和时间等。超声波提取法具有提取时间短、溶剂量消耗少、提取效率高等特点。

#### 7.1.3.3　微波辅助提取法

微波辅助提取法适用于极性物质的提取，主要是利用微波加热使极性分子迅速吸收微波能量，使被提取物质有选择性的溶出，达到提取分离的目的。提取溶剂、提取频率、功率、时间、原料粒度及含水量对提取效率皆有影响。

除了以上的提取方法外，现代提取方法还有超临界流体萃取法（见第 5 章 5.5.7 内容）、分子蒸馏法、半仿生提取法和酶提取法等。

### 7.1.4　活性物质的分离纯化

提取出的活性物质一般为粗提物，将粗提液浓缩、回收溶剂后，需进一步分离纯化。分离纯化的方法主要有结晶法、萃取法、沉淀分离法和吸附分离法等。

## 7.1.4.1 结晶法

结晶是一种常用的分离纯化手段,得到产品一般纯度很高。常用的结晶方法有:① 溶解度随温度变化不大的物质,可通过蒸发浓缩溶剂,使溶液达到过饱和状态,从而析出结晶。② 溶解度随温度变化大的物质,可直接通过降低温度使溶液达到饱和状态而将被分离物质结晶析出。天然活性成分在溶液中达到一定浓度时,选择合适的溶剂都能够结晶析出,因此,选择合适的溶剂是形成结晶的关键,结晶常用的溶剂见表 7-2。

表 7-2 结晶常用的溶剂

| 溶剂名称 | 沸点(℃) | 相对密度 | 溶剂名称 | 沸点(℃) | 相对密度 |
| --- | --- | --- | --- | --- | --- |
| 水 | 100.0 | 1.00 | 乙酸乙酯 | 77.1 | 0.90 |
| 甲醇 | 64.7 | 0.79 | 二氧六环 | 101.3 | 1.03 |
| 乙醇 | 78.0 | 0.79 | 二氯甲烷 | 40.8 | 1.34 |
| 丙酮 | 56.1 | 0.79 | 二氯乙烷 | 83.8 | 1.24 |
| 乙醚 | 34.6 | 0.71 | 三氯甲烷 | 61.2 | 1.49 |
| 石油醚 | 60~90 | 0.68~0.72 | 四氯甲烷 | 76.8 | 1.58 |
| 环己烷 | 80.8 | 0.78 | 硝基甲烷 | 120.0 | 1.14 |
| 苯 | 80.1 | 0.88 | 甲乙酮 | 76.6 | 0.81 |
| 甲苯 | 110.6 | 0.87 | 乙腈 | 81.6 | 0.78 |

除浓缩溶剂和降低温度结晶外,还可通过加入晶种形成晶核,加快或促进结晶生长,从而析出晶体。另外,还可加入某种试剂使溶液达到饱和状态,从而析出结晶,这种方法主要包括盐析结晶法、等电点结晶法、有机溶剂结晶法等。采用结晶纯化分离时,有效成分的含量及在溶液中的浓度、结晶选用的溶剂、结晶温度和时间皆对结晶的效果有直接影响。

## 7.1.4.2 萃取法

液液萃取法是利用混合物中各成分在两种互不相溶(或微溶)的溶剂中分配系数(或溶解度)的不同进行分离的一种方法。液液萃取法是纯化有效成分的一种常用分离技术,选择萃取溶剂时可以是单一溶剂也可以是两种或两种以上溶剂组成的混合溶剂,要求萃取溶剂必须对被萃取成分溶解度大,对杂质溶解度小。

实验室中常用的萃取主要为分液漏斗振摇装置,而在工业上常用液液萃取设备如图 7-4 所示。

## 7.1.4.3 沉淀分离法

沉淀分离法是在样品溶液中加入某些溶剂或沉淀剂,通过化学反应或者改变溶液的 pH 值、温度等,使被分离物质以固相形式沉淀析出,或使杂质沉淀除出的一种方法。主要包括盐析法、溶剂沉淀法和沉淀剂沉淀法。

盐析法是溶液中加入中性盐而使被分离物质沉淀析出的一种方法。常用的中性盐有氯化钠、硫酸钠、硫酸铵、硫酸镁、磷酸钠、醋酸钠等。

溶剂沉淀法是利用一些物质在不同溶剂中的溶解度不同,通过向粗提液中加入某种溶剂显著降低其溶解度,从而使目标产物沉淀析出。在溶剂沉淀法中溶剂的种类、样品浓度、温度及 pH 值等因素直接影响目标产物的分离纯化程度。

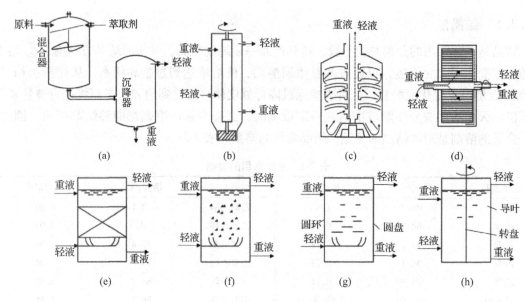

**图 7-4 工业上常用液液萃取设备图**

(引自徐怀德,2009)

(a)混合器-沉降器 (b)旋转圆萃取塔 (c)Luwesta 式萃取器 (d)Podieliniak 式离心萃取器
(e)填充塔 (f)喷雾塔 (g)折流挡板(挡板塔) (h)旋转圆盘式

沉淀剂沉淀法主要是向粗提液中加入某种化合物与目标物质发生化学反应,生成难溶性复合沉淀物析出,再对析出物质进行脱沉淀剂处理,即可分离出目标产物。主要包括金属离子沉淀法、酸类及阴离子沉淀法、非离子型聚合物沉淀法和均相沉淀法等。

在使用沉淀分离技术时需要考虑到选用的沉淀方法和技术应不会破坏目标物质的活性和化学结构。几种实验室常用的沉淀剂见表 7-3。

**表 7-3 几种实验室常用的沉淀剂**

| 常用沉淀剂 | 化合物 |
| --- | --- |
| 中性乙酸铅 | 酸性、邻位酚羟基化合物,有机酸、蛋白质、黏液质、鞣质、树脂、酸性皂苷、部分黄酮苷 |
| 碱式乙酸铅 | 除上述物质外,还可以沉淀某些苷类、生物碱等碱性物质 |
| 明矾 | 黄芩苷 |
| 雷氏铵盐 | 生物碱 |
| 碘化钾 | 季铵生物碱 |
| 咖啡碱、明胶、蛋白 | 鞣质 |
| 胆固醇 | 皂苷 |
| 苦味酸、苦酮酸 | 生物碱 |
| 氯化钙、石灰 | 有机酸 |

### 7.1.4.4 吸附色谱法

吸附色谱法是指混合物随流动相通过吸附剂(固定相)时,由于吸附剂对不同物质具有不同的吸附力而使混合物中各组分分离的方法。被分离的物质与吸附剂、洗脱剂共同构成吸附色谱的三要素。被吸附的化学结构如与吸附剂有相似的电子特性，吸附就更牢固。常用吸附剂及特点见表7-4。

表7-4 常见吸附剂及特点

| 常用吸附剂 | 吸附原理 | 性状特点 | 适合范围 | 装柱方式 | 注意事项 | 是否可再生 |
|---|---|---|---|---|---|---|
| 硅胶（$SiO_2 \cdot xH_2O$） | 依据"相似相吸附"的原理，属于物理吸附 | 无定形或球形的中性无色多孔颗粒状物质 | 可用于极性化合物分离也可用于非极性化合物的分离 | 干法和湿法装柱皆可。装柱时要均匀、紧密、无气泡、无断层等 | 硅胶吸附剂的含水量需小于12%，否则吸附能力降低 | 可再生（如用乙醇或甲醇洗涤活化） |
| 氧化铝 | 根据被分离物质与吸附剂的吸附力不同而进行分离。即"相似相吸附"的原理，属于物理吸附 | 分为酸性、中性、碱性氧化铝 | 易于分离碱性成分如生物碱，不宜于分离醛、酮、酯、内酯类等化合物 | 分干法和湿法装柱 | 氧化铝含水量6%为宜，否则其吸附选择性能变差 | 可再生（可经甲醇、稀乙酸、稀氢氧化钠溶液、水依次洗涤后再高温活化即可） |
| 活性炭 | 对非极性物质具有较强的吸附能力 | 为非极性吸附剂，通常为粉末或颗粒状 | 可用于水溶性芳香族化合物和脂肪族化合物、氨基酸与肽、多糖与单糖的分离等 | 用前需活化处理，根据被分离化合物的极性而选择不同的活性炭 | 吸附能力强，易于吸附气体，用前需活化处理 | 可再生（使用稀酸稀碱交替处理，再水洗后加热活化） |
| 聚酰胺 | 属于氢键吸附，主要是通过分子中酰胺羰基、游离氨基与被分离分子中的酚羟基、羧酸上的羰基形成氢键缔合而产生吸附 | 兼具有吸附色谱和分配色谱特点的颗粒状吸附剂 | 水溶性和脂溶性化合物皆可分离 | 常采用湿法装柱 | 因醇溶液可降低聚酰胺与化合物间的氢键缔合，故通常采用水装柱 | 可再生（常用10%醋酸、3%氨水、5%氢氧化钠水溶液活化） |
| 大孔吸附树脂 | 为吸附性和分子筛原理相结合的分离材料 | 具有多孔性特点和较大比表面积的高分子吸附剂。多为白色球状颗粒 | 易于分离组分间极性差别大的物质 | 采用湿法装柱 | 使用前需进行预处理，处理试剂一般为甲醇、乙醇、丙酮、稀酸、稀碱等 | 可再生（可使用甲醇、乙醇、1mol/L盐酸或氢氧化钠浸泡活化） |

吸附色谱法的应用与发展，对于天然活性物质的纯化分离工作起到了很大的推动作用。从目前研究来看，树脂吸附法在天然产物的提取分离领域应用较为广泛，例如，通过Duo-liteS-761或国产的SDS-17树脂吸附、洗脱银杏叶的乙醇粗提物，可得到符合指标的黄酮苷和萜内酯混合物，再采用ADS-F8将黄酮苷和萜内酯进行分离；采用AB-8非极性树脂吸附、洗脱喜树果粉的乙醇浸提液，可分离得到喜树碱；采用非极性吸附树脂吸附、洗脱三颗针的稀酸溶稀碱沉浸提液，可得到小檗碱等。

除上述介绍的分离纯化方法外，目前还在应用和发展分子蒸馏法、色谱分离法、透析法和膜分离技术等方法。

## 7.1.5 活性物质的干燥

为了便于活性物质的包装、储存及运输等，需要对提取分离出的活性物质进行干燥。普通的常压干燥和真空干燥是最早采用的干燥方法，随着干燥技术的发展，为了不破坏天然活性物质结构和性质，按照活性物质干燥前的形态及性质，常采用气流干燥、沸腾干燥、喷雾干燥、冷冻干燥等。

气流干燥和沸腾干燥主要用于粉状或颗粒状湿物料的干燥。气流干燥利用空气与粉状或颗粒状湿物料在流动过程中充分接触,使气体与固体物料之间进行传热与传质,从而达到干燥的目的,其干燥时间极短,也称为瞬间干燥。沸腾干燥利用热空气使孔板上的粒状湿物料呈流化沸腾状态,从而使水分迅速汽化达到干燥目的,此方法干燥温度均匀,易控制。

喷雾干燥主要用于液态原料(如溶液、黏滞液体、悬浮液或乳状液)的干燥,喷雾干燥利用不同的喷雾器将液态原料喷成雾状分散的微粒,在热气态干燥介质(通常为空气)运动过程中物料被干燥成单个小颗粒,从而达到干燥的目的。喷雾干燥主要分为压力式、气流式、离心式3种喷雾技术。当干燥易燃、易爆或需除去有机溶剂的固体物料时,可通入惰性气体,随惰性气体(含有机溶剂蒸汽)排出后经重新凝结可回收溶剂。天然活性物质结构的多样性和复杂性,当单一设备不能达到要求的干燥效果时,也可以将两种或两种以上干燥设备联用。

冷冻干燥是利用升华原理,在高真空状态下,使预先冻结的物料中的水分直接升华为水蒸气被除去。此干燥技术避免了干燥过程中天然活性成分的污染、氧化、转化和状态变化等,特别适用于易挥发和热敏性活性物质的干燥。冻干后的物质常具有海绵状、无干缩、复水性好、水分含量极少等特点,易于产品的长期保存和运输。

以上主要介绍了林产原料活性物质提取的基本工艺流程,下面介绍林产原料活性物质中黄酮类、活性多糖、生物碱类、苯丙素类、醌类化合物的结构分类、性质、提取分离、生物活性及应用。

## 7.2 黄酮类化合物

黄酮类化合物(flavonoids)在自然界中存在广泛,它们常以游离态或与糖结合成苷的形式几乎存在于所有绿色植物体中,对植物的生长、发育、开花、结果,以及抵御异物的侵入、防止病虫害等起着重要的作用。黄酮类化合物最早报道于1682年Nehemiah Grew的一篇论文中。自1962年T. A. Geissman在他主编的 The Chemistry of Flavonoid 中综述了黄酮类化合物以来,相继有许多关于黄酮类化合物的研究专著和综述发表。随着人们对黄酮类化合物的深入研究,愈来愈多的研究结果表明,黄酮类化合物显示出了多种多样的生物活性,特别是在抗癌、抗HIV、抗氧化等方面具有显著活性,广泛引起了学者们的研究兴趣与关注。在天然林产资源中,黄酮类化合物作为一种重要的活性物质被广泛从各种植物原料中提取得到,如松树皮提取物、绿茶提取物、银杏叶提取物、红花提取物等。

### 7.2.1 黄酮化合物的结构分类

1952年以前,黄酮类化合物主要是指基本母核为2-苯基色原酮(2-phenylchromone)(图7-5)结构的一系列化合物。现在,泛指含有$C_6$—$C_3$—$C_6$基本骨架结构的系列化合物,即A、B两个苯环通过3个碳原子(若环合则称为C环)相互联接而成,如图7-6所示。天然黄酮类化合物的母核上常连接有助色基团使其大多数黄酮化合物显黄色,如酚羟基、甲氧基、甲基、异戊烯基等助色官能团。

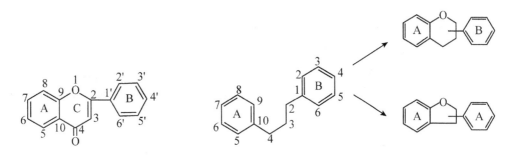

图 7-5　2-苯基色原酮的结构式　　　　图 7-6　黄酮化合物的基本骨架

根据 $C_3$ 部分的成环、氧化和取代方式的差异，黄酮类化合物可分为以下几种主要结构类型，见表 7-5。

表 7-5　黄酮类化合物的主要结构型及分布

| 结构类型 | 名称 | 分布概况 |
|---|---|---|
|  | 黄酮<br>(flavone) | 广泛分布于被子植物中，在苔藓植物和蕨类植物及裸子植物中也有分布 |
|  | 黄酮醇<br>(flavonol) | 主要分布于双子叶植物特别是木本植物的花和叶中 |
|  | 二氢黄酮<br>(flavanone) | 分布较普遍，常见于被子植物的蔷薇科、芸香科、豆科、杜鹃花科、菊科、姜科中 |
|  | 二氢黄酮醇<br>(flavanonol) | 较普遍地存在于双子叶植物中，特别是豆科植物中相对较多。也存在于裸子植物、单子叶植物姜科的少数植物中 |
|  | 花色素<br>(anthocyanidin) | 在被子植物中分布较广 |
|  | 黄烷-3-醇<br>(flavan-3-ol) | 分布较广泛，主要存在于含鞣质的木本植物 |
|  | 黄烷-3，4-二醇类<br>(flavan-3，4-diol) | 分布较广泛，在含鞣质的木本植物和蕨类植物中存在较多 |

(续)

| 结构类型 | 名 称 | 分布概况 |
|---|---|---|
| | 异黄酮<br>(isoflavone) | 主要分布于被子植物中，优以豆科植物中最多，桑科、鸢尾科、蔷薇科植物也有分布 |
| | 二氢异黄酮<br>(dihydroisoflavone) | 仅限分布于豆科植物中，个别存在于蔷薇科的樱桃属中 |
| | 查耳酮<br>(chalcone) | 大多分布在菊科、豆科、苦苣苔科植物中分布较多；在蕨类、苔藓和种子植物中也有发现 |
| | 橙酮(噢呀)<br>(aurone) | 多存在于双子叶植物的玄参科、菊科、苦苣薹科及单子叶植物莎草科中 |
| | 苯骈色原酮(双苯吡酮)<br>(xanthone) | 主要分布在被子植物的龙胆科、桑科、豆科、远志科、藤黄科，其苷类大部分都存在于龙胆科。集中于单子叶植物鸢尾科和百合科，在真菌、地衣、蕨类植物中也有发现 |
| | 双黄酮<br>(biflavone) | 主要分布于裸子植物中，在苔藓植物、蕨类植物以及被子植物中也有发现 |
| | 高异黄酮<br>(homo-isoflavone) | 分布较零星 |

## 7.2.2 黄酮化合物的性质

### 7.2.2.1 性状

黄酮类化合物多为结晶性固体，且熔点高，少数（如黄酮苷类、化色苷及苷元）为无定形粉末。黄酮类化合物分子中因存在交叉共轭体系及助色团（—OH，—$OCH_3$）而显色，其颜色与助色团的种类、数目以及取代位置有关，多数呈黄色或淡黄色；有些黄酮类化合物分子因结构中不存在共轭体系而无色，如二氢黄酮、异黄酮类。有些黄酮化合物在不同 pH 值溶液中会显示不同颜色，如花色素及其苷元一般在 pH＜7 显红色，pH＝7 为无色，pH＝8.5 显紫色，pH＞8.5 显蓝色。

#### 7.2.2.2 旋光性

黄酮苷类均有旋光性，且多为左旋。在游离的黄酮类化合物中，分子内含有不对称碳原子(2位或2，3位)结构的黄酮类化合物具有旋光性，如二氢黄酮、二氢黄酮醇、二氢异黄酮、黄烷醇等类型；其余类型的游离型黄酮类化合物无旋光性。

#### 7.2.2.3 溶解性

黄酮类化合物的溶解度因结构及存在状态(糖苷或游离苷元)不同而有很大差异。游离黄酮苷元一般难溶或不溶于水，易溶于甲醇、乙醇、乙酸乙酯、乙醚等有机溶剂及稀碱水溶液中，如黄酮、黄酮醇等；也有些黄酮苷元因分子结构的非平面形存在(如二氢黄酮、二氢黄酮醇等)和以离子形式(花青素)存在而对水的溶解性大。游离黄酮苷元基本母核上取代基的种类、数量及位置对其溶解度也有影响。黄酮苷类化合物易溶于水、甲醇、乙醇等强极性溶剂中；难溶或不溶于苯、氯仿、石油醚等有机溶剂中。

#### 7.2.2.4 酸碱性

大多数黄酮类化合物分子由于具有酚羟基而显酸性，酸性的强弱与酚羟基数目的多少和取代位置直接相关。黄酮类化合物可溶于碱性水溶液、吡啶、甲酰胺及 N，N-二甲基甲酰胺等溶剂中。以具有 4 位 C=O 的黄酮类化合物为例，其酸性强弱次序为：7，4′-二羟基>7-羟基或 4′-羟基 > 一般酚羟基 >5-羟基。在天然产物的提取分离过程中，可利用黄酮类化合物的这一性质，将其从混合物中提取或分离出来。

#### 7.2.2.5 显色反应

黄酮类的显色反应主要是与分子内酚羟基及 $\gamma$-吡喃酮环有关。黄酮类化合物的显色反应主要有：还原反应(还原试剂包括 HCl–Mg、HCl–Zn 和 NaBH$_4$)，与金属盐类试剂的络合反应，硼酸显色反应和碱性试剂显色反应。其显色反应见表7-6。

表7-6 黄酮类化合物的显色反应

| 试剂 | | 黄酮类 | 黄酮醇类 | 二氢黄酮类 | 异黄酮类 | 查耳酮类 | 噢哢类 | 花色甙类 |
|---|---|---|---|---|---|---|---|---|
| 盐酸-镁粉 | | 黄色 | 紫红色 | 紫红色 | — | — | — | 粉红色 |
| 四氢硼钠 | | — | — | 洋红色 | — | — | — | — |
| 硼酸-柠檬酸 | | 黄色 | 黄色 | 黄色 | — | 紫红或橙红色 | — | — |
| 浓硫酸 | | 深黄色* | 深黄色* | 橙红色 | 黄色 | 橙红色 | 红色 | 橙黄色 |
| 醋酸镁 | | 黄→橙黄色 | 橙黄→褐色 | 天蓝色荧光 | 橙黄色 | 褐色 | 褐色 | |
| 三氧化铝 | 可见光下 | 灰黄色 | 黄色 | — | — | 橙黄色 | 灰黄色或橙色 | — |
| | 紫外光下 | 黄绿色荧光 | 黄或绿色荧光 | 黄绿色或蓝 | 黄色荧光 | 橙色荧光 | 绿色或黄白色荧光 | 无色或灰黄色 |
| 氢氧化钠 | | 黄色 | 浅黄→橙色 | 黄色→橙色 | 黄色 | 橙红色 | 橙红色 | — |
| 氨蒸气 | 可见光下 | 黄色 | 黄色 | — | — | 橙红或粉红色 | 橙红或棕色 | 蓝色 |
| | 紫外光下 | 亮黄或亮绿色 | 亮黄绿色 | 浅黄绿色 | — | 粉红→棕色 | 黄橙色 | 浅蓝色 |

注：*有时有特殊荧光。引自魏雄辉，2013。

### 7.2.3 黄酮化合物的提取

黄酮化合物的提取可根据原料及其所含黄酮类化合物的理化性质特点，选择适合的提取方法将游离黄酮和黄酮苷类化合物提取出来。黄酮化合物的分离纯化过程中主要是将黄酮类化合物和非黄酮类化合物分离，游离黄酮和黄酮苷类化合物分离，以及不同黄酮类成分相互分离加以纯化的过程。

#### 7.2.3.1 溶剂提取法

黄酮类化合物的极性差异较大，要根据被提原料中含有黄酮类化合物的极性选择适合的提取溶剂，如羟基黄酮、双黄酮等游离黄酮类化合物及黄酮苷类化合物的极性较强，一般可用乙醇、水、丙酮、甲醇或某些极性较大的混合溶剂进行提取。如图 7-7 所示为 60% 乙醇溶液回流法提取分离银杏叶中的黄酮类化合物，此方法收率远高于水煎法。有时在提取时为避免极性黄酮苷类化合物在水中发生酶水解，常按一般提取苷的方法先破坏酶的活性，然后才进行溶剂提取。对于极性小的游离黄酮类化合物，可选用三氯甲烷、乙醚、乙酸乙酯等极性较弱的溶剂进行提取。

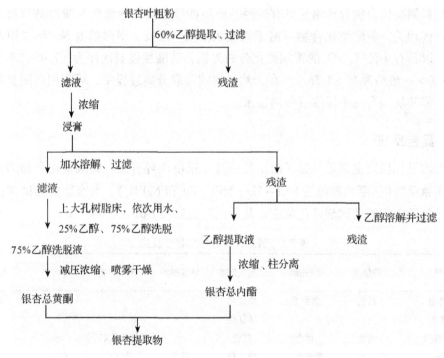

**图 7-7 回流溶剂法银杏叶提取流程图**
(引自杨世林，2010)

#### 7.2.3.2 碱溶酸沉淀法

大多数黄酮苷类及游离黄酮化合物因含有酚羟基而显弱酸性，因此易溶于碱水溶液（石灰水、碳酸钠、稀氢氧化钠）或碱性稀醇溶液（如 50% 的乙醇）中，而难溶于酸性水溶液中，利用此性质可选用碱溶酸沉的方法进行提取。其过程是，首先选用碱性水溶液或碱性稀醇溶液浸提，然后使用盐酸酸化浸提液，游离状态的黄酮及水溶性小的黄酮苷可沉淀析出。此方

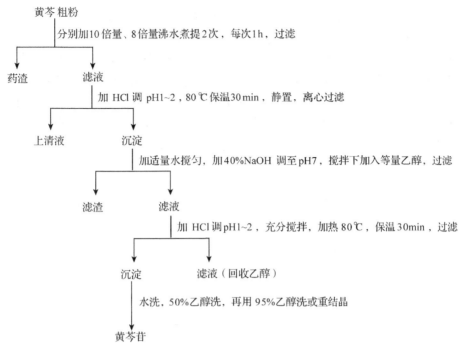

**图 7-8 从黄芩中提取黄芩苷**
(引自魏雄辉,2013)

法简便易行,用此种方法提取时,应注意所用的碱浓度不宜过高,酸性不易过强。图7-8为黄芩苷化合物的提取流程图。

除以上的溶剂提取法和碱溶酸沉提取法,也可采用超临界流体萃取法、微波辅助提取法和超声波提取法等。

## 7.2.4 黄酮化合物的分离

柱色谱法是分离纯化黄酮类化合物的常用方法,主要是依据化合物的极性大小不同和相对分子质量大小不同(相对分子质量),利用各种吸附色谱或分配色谱进行分离。按照色谱柱不同,用于分离纯化黄酮类化合物的柱色谱主要有以下几种方法。

### 7.2.4.1 硅胶柱色谱

硅胶柱色谱适应于极性和非极性黄酮类化合物的分离,如异黄酮类、黄酮醇类、二氢黄酮类、二氢黄酮醇类等的纯化分离。常用的洗脱溶剂有氯仿-丙酮、氯仿-甲醇、石油醚-乙酸乙酯、石油醚-丙酮等。加水去活化后的硅胶可用于极性较大的多羟基黄酮、黄酮醇及黄酮苷类的分离;对于含有少量金属离子的硅胶可预先使用浓硫酸或浓盐酸处理后再使用。

### 7.2.4.2 聚酰胺柱色谱

聚酰胺柱色谱是目前分离黄酮类化合物效果较好的一种方法。聚酰胺对黄酮类化合物的吸附主要是"氢键吸附",影响其强弱的主要有:①黄酮类化合物分子中羟基的数目和位置。黄酮类化合物中能形成氢键的酚羟基数目越多其吸附能力越强,当酚羟基数目相同,而处于羰基间位或对位的酚羟基吸附能力强于邻位的酚羟基。因此,对于不同类型黄酮类化合物,被聚酰胺吸附强弱顺序为：黄酮醇＞黄酮＞二氢黄酮醇＞异黄酮；②黄酮苷元连接糖的数目。当苷元相同，所含糖的数目不同时，含水洗脱剂（如甲醇－水）洗脱时先后顺序一般是叁糖苷、双糖苷、糖苷、苷元，有机溶剂（如氯仿－甲醇）洗脱时顺序则相反；③溶剂与黄酮类化合物或与聚酰胺之间形成氢键缔合能力的大小。溶剂与黄酮类化合物的氢键结合能力越强则与聚酰胺的吸附能力越弱，否则则越强。不同溶剂在聚酰胺中的洗脱能力由强至弱的顺序为：尿素水溶液＞二甲基甲酰胺（DMF）＞甲酰胺＞稀氢氧化钠水溶液或氨水＞丙酮＞甲醇或乙醇＞水。图7-9为从金钱草中纯化分离黄酮类化合物的流程图。

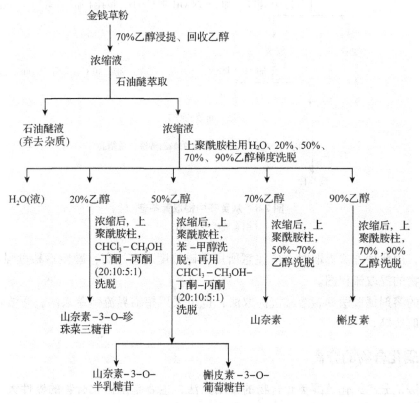

**图7-9　从金钱草中分离黄酮类化合物**
（引自魏雄辉，2013）

### 7.2.4.3　葡聚糖凝胶柱色谱

葡聚糖凝胶柱色谱主要使用Sephadex G型凝胶和Sephadex LH-20型凝胶。分离黄酮苷元时，游离羟基数目越多，凝胶对苷元的吸附能力越强，越难洗脱，即对黄酮苷元的分离主要是吸附作用。分离黄酮苷类化合物时一般按照相对分子质量的由大到小被依次洗脱出柱体，此种分离主要依据的是分子筛作用。常用的洗脱剂有碱性水溶液（如0.1mol/L氨水）、盐水溶液（0.5mol/L NaCl等）、醇（如甲醇、乙醇等）、含水醇（如甲醇－水）、混合溶剂（如甲醇－三氯甲烷）等。除常用以上几种柱色谱分离黄酮类化合物外，对于黄酮类化合物富集和总黄酮的制备可采用大孔吸附树脂柱色谱；对于3位和5位没有羟基的黄酮类化合物可采用氧化铝柱色谱进行分离。

在黄酮类化合物的分离中除常用的柱色谱分离，还可采用pH梯度萃取法以及薄层色谱法、高效液相色谱法、高速逆流色谱法等。

下面以银杏叶中银杏黄酮的提取作为实例介绍黄酮类化合物的提取分离工艺。

## 7.2.5 银杏叶中黄酮化合物的提取分离工艺

银杏(*Ginkgo biloba*)为落叶乔木，树干直立，高达30～40m。树皮淡灰色或灰褐色，有纵裂纹；叶扁平扇形，具长柄，上缘呈波状或有不规则浅裂，基部楔形，初叶浅绿色，夏季深绿，秋季变黄；花雌雄异株，雌花生于短枝先端，雌花球有长梗，雄花球为段柔荑花序状；种子核果状，椭圆形至近球形，熟时淡黄色或橙黄色，外、中和内种皮分别为肉质、骨质和膜质；花期3～4月，种子9～10月成熟。

银杏是生长在我国的独特裸子植物。古银杏仅在浙江天目山、四川和湖北交界处神农架地区及河南和安徽邻接的大别山有少量野生或半野生。我国人工栽培银杏已有3000多年历史，范围广（辽宁沈阳、广东广州、江苏、浙江、甘肃东南部、四川峨眉山、贵州和云南等地），已成为世界银杏分布中心，占世界总数的70%以上。

银杏叶中黄酮化合物的提取工艺过程分为叶的采收、洗涤除杂、粉碎、提取、纯化、浓缩干燥等过程。银杏黄酮提取分离工艺流程如图7-10所示。

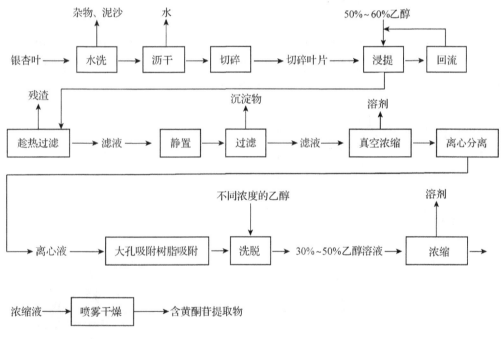

**图7-10 银杏叶黄酮提取分离工艺流程示意图**

银杏叶的采收多以夏末至秋中期（大约10月初），叶片绿或微黄时为宜。鲜叶应摊开阴干，常翻动，也可应用干燥设备在60℃以下烘燥。将银杏叶用冷水洗涤除去叶中杂物和泥沙，然后洗净沥干、粉碎后装入回流提取罐中，加入银杏叶重6～10倍的50%～60%（质量百分比）乙醇，在50～60℃下使用单罐循环器进行回流提取。提取液趁热过滤，滤液室温下静置后滤去沉淀，滤液在真空下浓缩至原滤液体积的1/5左右，再冷至室温，经离心得离心液。图7-11热回流抽提浓缩生产工艺示意图。

将离心液加入大孔吸附树脂柱内，充分吸附生物活性成分，再用水、10%、20%、…、80%乙醇洗脱，收集30%～80%的乙醇洗脱液，溶液颜色为淡黄、黄色，供浓缩。吸附柱吸附洗脱流程示意如图7-12所示。

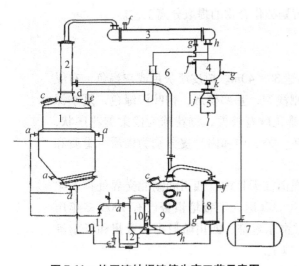
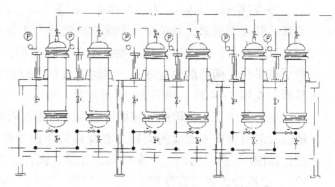

图 7-11　热回流抽提浓缩生产工艺示意图
1. 提取罐　2. 冷凝器　3. 冷却器　4. 油水分离器
5. 油水分离器　6. 流量计　7. 贮罐　8. 冷凝器
9. 气液分离器　10. 加热器

图 7-12　吸附柱吸附洗脱流程示意图

洗脱液在60℃下真空浓缩回收乙醇，使其浓度约30%。真空浓缩酒精回收流程示意如图7-13所示。浓缩液在60℃下用喷雾干燥(进口温度180℃，出口温度80℃)。得到银杏叶提取物黄酮苷。图7-14为LPG系列高速离心喷雾干燥机图。

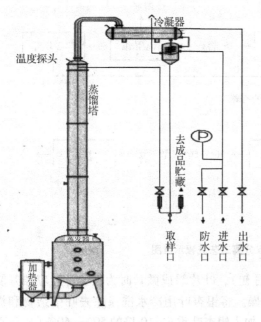

图 7-13　真空浓缩酒精回收流程示意图　　　图 7-14　LPG系列高速离心喷雾干燥机图

### 7.2.6　黄酮化合物的生物活性及应用

黄酮类化合物具有潜在的抗氧化活性，是一种很强的天然抗氧化剂，它可有效清除体内的氧自由基。在医药方面黄酮类化合物是临床上治疗心血管疾病的良药，有强心、扩张冠状血管、抗心律失常、降压、降低血胆固醇、降低毛细血管渗透性等作用。如橙皮苷可作为治疗冠心病药物的重要原料之一。黄酮及其苷类化合物的主要生物活性还有止咳平喘和祛痰作用、抗菌及抗病毒活性、抗肿瘤活性、抗炎和镇痛活性、保肝活性等。

黄酮类化合物的抗菌、抗光敏、解毒和增白等作用，可将其应用于化妆品行业中，如银杏叶提取物、葡萄籽提取物和松树皮提取物等。黄酮类化合物也可用于保健食品、染料中和作为甜味剂使用等。

## 7.3 活性多糖类化合物

多糖类化合物（polysaccharides），是由10个及以上单糖基通过糖苷键聚合而成的高分子化合物，又称多聚糖，一般多糖都是由成百上千个单糖分子组成。多糖是自然界中广泛存在于生物体内的一类生物大分子，它是生物体的基本组成成分，具有能量储存、结构支持和防御等多种生物功能。

### 7.3.1 多糖化合物的结构分类

多糖的来源较为广泛，因此其分类也有不同的方法，可按照功能、化学组成和来源进行分类，具体如图7-15所示。

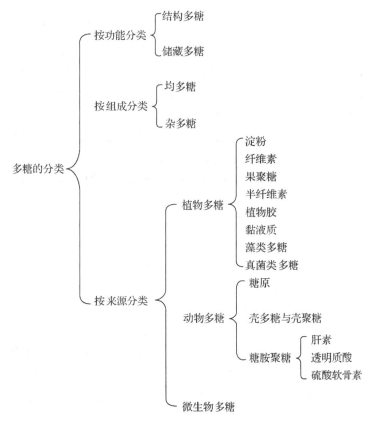

**图7-15 多糖的分类**

### 7.3.2 多糖化合物的性质

多糖类化合物一般为非晶形，无还原性，有旋光性但没有变旋现象，无甜味。多糖大多难溶于冷水，中性多糖一般易溶于热水；酸性多糖可溶于稀碱液中，碱性多糖可溶于稀酸。有些多糖，在各种溶剂中均不溶，如纤维素；有的多糖与水加热可形成糊状或胶体溶液。多糖在酸或酶的作用下可水解成单糖和寡糖。

### 7.3.3 多糖化合物的提取与分离

#### 7.3.3.1 多糖类化合物的提取

溶剂提取法是提取多糖类化合物的常用方法，在提取之前可根据糖类化合物的存在形式及原料，考虑是否先进行脱脂、脱色预处理。多糖极性大，可用热水、冷水、醇等极性溶剂浸提，也可以用热或冷的 0.1~1.0mol/L NaOH 溶液、热或冷的 0.1~1.0mol/L 醋酸或 1% 苯酚溶液浸提。在稀酸提取多糖时，酸性条件下容易引起糖苷键的水解断裂，因此提取时间宜短，温度不宜超过 50℃；在碱溶液提取多糖过程中，常通入氮气或加入硼氢化钠（硼氢化钾）防止多糖降解。

除了溶剂提取法外，多糖类化合物还可采用微波提取法、超声波提取法、超临界流体萃取法以及酶提取法等。

#### 7.3.3.2 多糖类化合物的分离

提取的粗多糖，常含有无机盐、单糖、寡糖、低相对分子质量的非极性物质及高相对分子质量的有机杂质等。在纯化分离多糖的过程中要避免破坏多糖结构和生物活性。多糖的纯化可按照以下步骤进行：①用有机溶剂沉淀法去除多糖中有机溶剂能溶解的杂质；②透析法去除多糖中的小分子杂质；③采用 Sevag 法、三氯乙酸法、酶解法或三氟三氯乙烷法等去除多糖中的蛋白质；④采用氧化法（如过氧化氢）、吸附法（如活性炭、硅藻土、纤维素等）、离子交换法或金属络合物法等去除多糖中的色素；⑤采用季铵盐沉淀法（季铵盐如 CTAB、CTA-OH、CP-OH 等）、分级沉淀法、超滤法、色谱法、盐析法等对多糖进行纯化分离。

下面以落叶松中阿拉伯半乳聚糖的提取作为实例介绍多糖的提取分离工艺。

### 7.3.4 落叶松中阿拉伯半乳聚糖的提取分离工艺

落叶松（*Larix gmelini*），为松科落叶松属的落叶乔木，树干端直，节少，高达 35 m。树皮灰色、暗灰色或灰褐色。心材与边材区别显著，材质坚韧，结构略粗，纹理直。年轮分界明显。雌雄同株，球果当年成熟，球果成熟时上部种鳞张开呈杯状或为椭圆形，黄褐色、淡褐色或有时带紫色。花期 5~6 月，球果 9~10 月成熟。

落叶松的天然分布很广，它是一个寒温带及温带的树种，在针叶树种中是最耐寒的，垂直分布达到森林分布的最上限。它是中国东北、内蒙古林区的主要森林组成树种，是东北地区主要三大针叶用材林树种之一。分布于中国东北，为大、小兴安岭海拔 300~1200m 地带的主要林木。俄罗斯（远东地区）也有分布。落叶松在中国北方地区天然分布和人工栽培的主要有兴安落叶松（*Larix gmelini*）、长白落叶松（*Larix olgensis*）、华北落叶松（*Larix principis-rupprechtii*）、日本落叶松（*Larix leptolepis*）和新疆落叶松（*Larix sibirica*）。

兴安落叶松和长白落叶松是东北林区的主要树种，占东北林区针叶树林木总蓄积量的 39.4%，在黑龙江省内其蓄积量为全省用材林蓄积量的 26.7%。兴安落叶松是大兴安岭林区最主要的针叶用材林树种，其蓄积量为该林区用材林总蓄积量的 70%。落叶松有以下特点：

能够强力抵抗恶劣气候及病虫害，适应环境能力强，生长速度较快，树形较好且成活率高，并且有着丰富的森林资源。

落叶松中主要的天然成分是黄酮类和多糖类，黄酮类以二氢槲皮素为主，多糖类则以阿拉伯半乳聚糖为主，阿拉伯半乳聚糖在落叶松心材中含量为20%~30%，边材含量仅为1%~2%，平均含量约为木材重量的10%~12%。

超声波法提取分离阿拉伯半乳聚糖的工艺流程如图7-16所示。粉碎的落叶松木粉，在超声功率为0~120W下，采用35倍用量的蒸馏水进行超声提取40min。得到的提取液然后进行过滤除去木粉，经过膜分离后浓缩滤液得到固体粗糖，再采用聚酰胺色谱柱（100~200目）进行分离。合并洗脱液后浓缩，然后采用无水乙醇沉淀，得到白色絮状沉淀物，冷冻干燥后得到纯化后的白色固体粉末。纯化后阿拉伯半乳聚糖的含量达到药用级标准（>95%）。

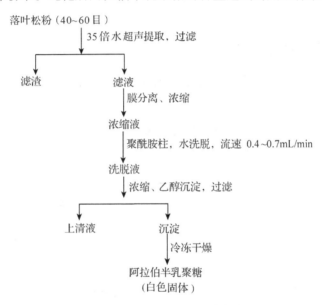

**图7-16　超声波法提取分离阿拉伯半乳聚糖的工艺流程**

## 7.3.5　多糖化合物的生物活性及应用

在医药方面，多糖的药理活性非常广泛，多糖对免疫系统有重要的调节作用，如人参多糖、黄芪多糖；多糖的抗肿瘤、抗癌作用是通过增强宿主免疫功能或对肿瘤细胞呈细胞毒作用，以抑制肿瘤生长，毒副作用少，可与化疗药物有协同作用，如茯苓多糖、灵芝多糖、冬虫夏草多糖；活性多糖还具有抗病毒、抗感染、抗溃疡、降血糖、降血脂等活性。在食品工业方面，由于多糖的无毒、抗氧化、保健等作用，在市场上已出现菌类多糖为原料开发的功能饮料，如银耳多糖；在食品中多糖也可作为一种添加剂，如凝结多糖；多糖也可作为食品包装的膜材料。在石化工业中，微生物多糖已用于石油开采，菌类多糖用作黏合剂、凝固剂和保护膜等，菌类多糖还可用于环保工业中，如制备环保型膜及环保型包装材料等。活性多糖作为糖类化合物中的一类，其生理功能较多，在食品、医疗、环保等方面的应用越来越广泛。

## 7.4 生物碱类化合物

生物碱类化合物(alkaloids)主要是指存在于生物体(主要为植物)中的一类除蛋白质、肽类、氨基酸及维生素 B 以外的含氮化合物。它是一类结构复杂且具有类似碱的性质的重要天然有机化合物,能与酸结合成盐。生物碱是科学家研究最早的一类生物活性天然产物,它主要分布于植物中,动物中分出的生物碱很少。在植物体内大部分生物碱与有机酸(酒石酸、草酸)以盐的形式共存,少数与无机酸(硫酸、盐酸)成盐,极少数以酯、苷、氮氧化物的形式存在。无论从数量上或生理活性方面看,生物碱类化合物在人类疾病治疗和化学药物开发方面都起到了很大的作用。因此,生物碱类化合物在天然林产活性物质提取研究中都占有极其重要的地位。

### 7.4.1 生物碱化合物的结构和分类

生物碱的种类繁多,表 7-7 主要是按照来源结合化学结构进行分类,并列举了各类结构的代表化合物。

表 7-7 生物碱的分类

| | 来源分类 | 结构分类 | 化合物举例 |
|---|---|---|---|
| 生物碱 | 来源于氨基酸 | | |
| | 来源于鸟氨酸 | 吡咯类 | 红古豆碱 |
| | | 吡咯里西啶类 | 大叶千里光碱 |
| | | 托品烷类 | 莨菪碱 |
| | | 哌啶类 | 胡椒碱 |
| | 来源于赖氨酸 | 石松碱类 | 马尾杉碱 |

(续)

| | 来源分类 | 结构分类 | 化合物举例 |
|---|---|---|---|
| 生物碱 | 来源于赖氨酸 | 吲哚里西啶类 | 一叶萩碱 |
| | | 喹诺里西啶类 | 羽扇豆碱 |
| | 来源于邻氨基苯甲酸 | 吖啶酮类 | 山油柑碱 |
| | 来源于氨基酸 | 苯丙胺类 | 麻黄碱 |
| | | 简单四氢异喹啉类 | 哌劳亭 |
| | 来源于苯丙氨酸或酪氨酸 | 苄基四氢异喹啉类 | 罂粟碱 |
| | | 苯乙基四氢异喹啉类 | 秋水仙碱 |
| | | 苄基苯乙胺类 | 石蒜碱 |

(续)

| 来源分类 | | 结构分类 | 化合物举例 |
|---|---|---|---|
| 生物碱 | 来源于氨基酸 | | |
| | 来源于苯丙氨酸或酪氨酸 | 吐根碱类 | 吐根碱 |
| | 来源于色氨酸 | 简单吲哚类 | 芦竹碱 |
| | | 简单 β-卡波林类 | 哈尔明碱 |
| | | 半萜吲哚类 | 麦角新碱 |
| | | 单萜吲哚类 | 长春胺 |
| | | 喹啉类 | 喜树碱 |
| | 来源于多种氨基酸 | 肽类 | 环肽生物碱 |

(续)

| | 来源分类 | 结构分类 | 化合物举例 |
|---|---|---|---|
| 生物碱 | 来源于异戊烯 | 单萜类 | 猕猴桃碱 |
| | | 倍半萜类 | 萍蓬定 |
| | | 二萜类 | 乌头碱 |
| | | 三萜类 | 交让木碱 |
| | 来源于甾体 | 孕甾烷($C_{21}$)类 | 康斯生 |
| | | 环孕甾烷($C_{24}$)类 | 环氧黄杨木己碱 |

| 来源分类 | 结构分类 | 化合物举例 |
|---|---|---|
| 来源于异戊烯 | 来源于甾体 胆甾烷($C_{27}$)类 | 辣茄碱 |

### 7.4.2 生物碱化合物的性质

#### 7.4.2.1 性状

生物碱类化合物绝大多数含有 C、H、O、N 元素，少数不含氧原子，也有极少数分子还含有 Cl、S 等元素。生物碱一般为无色或白色的化合物，只有少数具有高度共轭体系结构的生物碱带有颜色，如小檗碱（黄色）。多数生物碱是结晶状固体，有一定的熔点，也有少数生物碱在常温下是液体，如烟碱。生物碱多味苦，有些味极苦而辛辣，如盐酸小檗碱；还有些刺激唇舌的焦灼感；极少数生物碱如甜菜碱有甜味。生物碱一般性质较稳定，在储存上除避光外，不需特殊储存保管。

#### 7.4.2.2 旋光性

大多数生物碱分子有手性碳原子存在，有光学活性，且多为左旋光性。旋光性与手性原子的构型有关，具加和性。旋光性除了受手性碳原子的结构影响外，还易受溶剂、pH 值、浓度、温度等因素影响而产生变旋现象。生物碱的生理活性与旋光性有密切关系，通常左旋体的生理活性比右旋体强，也有少数右旋体活性强于左旋体。

#### 7.4.2.3 溶解性

生物碱及其盐类的溶解度与其分子中 N 原子的存在形式、分子大小、极性基团的数目和溶剂种类等密切相关。大多数游离生物碱极性极小，不溶或难溶于水，能溶于氯仿、乙醚、丙酮、乙醇或苯等有机溶剂；生物碱的盐类尤其是无机酸盐和小分子的有机酸盐极性较大，大多易溶于水及醇，其溶解性与游离生物碱恰好相反。生物碱盐类在水中溶解度大小与成盐所用酸的种类有关，一般情况下，无机酸盐的水溶性大于有机酸盐。

#### 7.4.2.4 酸碱性

生物碱分子中氮原子具有孤对电子，可接受质子而显碱性，因此除酰胺生物碱呈中性外，大多数生物碱呈碱性，含有酚羟基或羧基的生物碱可显现出两性。生物碱的碱性强弱，与氮原子的杂化状态、诱导效应、共轭效应、空间效应、氢键等因素有关。一般生物碱的碱性强弱顺序为：季铵碱>脂仲氨碱>脂叔氨碱>芳叔氨碱>酰胺碱。

#### 7.4.2.5 显色反应

一些生物碱能和某些显色试剂反应生成具有特殊颜色的产物。生物碱的显色反应原理一一般被认为是氧化反应、脱水反应、缩合反应，或氧化、脱水与缩合的共同反应。生物碱的纯度不同则显色会有差别，因此显色反应对生物碱的纯度要求较高。利用显色反应可作为检识生物碱存在与判断结构的参考。常见生物碱的显色反应见表7-8。

表7-8 常见生物碱的显色反应

| 反应名称 | 试剂 | 生物碱及反应结果 |
|---|---|---|
| Mandelin 试剂 | 1%的钒酸铵的浓硫酸溶液 | 阿托品显红色<br>奎宁显淡橙色<br>吗啡显蓝紫色<br>可待因显蓝色<br>士的宁显蓝紫色至红色 |
| Fröhde 试剂 | 1%的钼酸钠或5%钼酸铵的浓硫酸溶液 | 乌头碱显黄棕色<br>吗啡显紫色转棕色<br>可待因显暗绿色至淡黄色<br>莨菪碱不显色 |
| Marquis 试剂 | 0.2mL的30%甲醛溶液与10mL浓硫酸混合溶液 | 吗啡显橙色至紫色<br>可待因显洋红色至黄棕色<br>古柯碱和咖啡碱不显色 |
| Labat 反应 | 5%没食子酸的醇溶液 | 具有亚甲二氧基结构的生物碱呈翠绿色 |
| Vitali 反应 | 发烟硝酸和苛性碱醇溶液 | 结构中有苄氢存在则呈阳性反应 |
| 与浓酸类反应 | 浓硫酸 | 秋水仙碱显黄色<br>可待因碱显淡蓝色<br>小檗碱显绿色<br>阿托品、古柯碱、吗啡及士的宁等不显色 |
| | 浓盐酸 | 藜芦碱显红色<br>小檗碱在加氨水的情况下可显红色<br>其他大部分生物碱均不显色 |
| | 浓硝酸 | 吗啡碱显蓝色至黄色<br>可待因显黄色<br>士的宁显黄色<br>阿托品、咖啡因、古柯碱不显色 |

### 7.4.2.6 沉淀反应

大多数生物碱在酸性或稀醇溶液中能和某些试剂反应，生成难溶于水的复盐或分子络合物，这些试剂称为生物碱沉淀试剂。生物碱的沉淀反应可用于鉴别生物碱的存在，也可用于生物碱的提取分离。生物碱的沉淀试剂较多，根据其组成，有碘化物复盐、重金属盐和大分子酸类等三大类。常用的生物碱沉淀剂见表7-9。

表7-9 常用的生物碱沉淀试剂

| 试剂名称 | 试剂主要组成 | 反应产物 | 备注 |
|---|---|---|---|
| 碘-碘化钾试剂 | $KI-I_2$ | 多生成棕色或褐色沉淀($B^* \cdot I_2 \cdot HI$) | 用于鉴别 |
| 碘化铋钾试剂 | $KBiI_4$ | 多生成黄至橘红色无定形沉淀 $B^* \cdot HBiI_4$ | 改良碘化铋钾试剂用于色谱的显色剂 |

(续)

| 试剂名称 | 试剂主要组成 | 反应产物 | 备注 |
|---|---|---|---|
| 碘化汞钾试剂 | $K_2HgI_4$ | 类白色沉淀，$B^* \cdot H \cdot HgI_3$ 或 $(B^* \cdot H)_2HgI_4$ | 用于鉴别 |
| 硅钨酸(10%)试剂 | $SiO_2 \cdot 12WO_3 \cdot nH_2O$ | $12WO_3 \cdot 2H_2O$ 或 $3B^* \cdot SiO_2 \cdot 12WO_3 \cdot 2H_2O$ | 用于分离或含量测定 |
| 磷钼酸(10%)试剂 | $H_3PO_4 \cdot 12MoO_3 \cdot H_2O$ | 白色或黄褐色无定形沉淀，$H_3PO_4 \cdot 12MoO_3 \cdot 3B^* \cdot 2H_2O$，加氨水转变为蓝色 | 用于分离 |
| 磷钨酸(10%)试剂 | $H_3PO_4 \cdot 12WO_3 \cdot 2H_2O$ | 白色或黄褐色无定形沉淀，$H_3PO_4 \cdot 12WO_3 \cdot 3B^* \cdot 2H_2O$ | 用于分离 |
| 饱和苦味酸试剂（水溶液） | （2,4,6-三硝基苯酚结构式） | 生成晶形沉淀 | 用于鉴定及含量测定 |
| 三硝基间苯二酚试剂（饱和水溶液） | （2,4,6-三硝基间苯二酚结构式） | 生成黄色晶形沉淀 | 用于鉴定及含量测定 |
| 苦酮酸（N/10 乙醇或饱和水溶液）试剂 | （苦酮酸结构式） | 黄色结晶 | 用于鉴定及含量测定 |
| 硫氰酸铬铵（雷氏铵盐）饱和水溶液 | $NH_4[Cr(NH_3)_2(SCN)_4]$ | 红色沉淀或结晶 $B^* \cdot H[Cr(NH_3)_2(SCN)_4]$ | 用于分离或含量测定 |
| 四苯硼钠（0.1mol/L）试剂 | $NaB(C_6H_5)_4$ | $B^* \cdot HB(C_6H_5)_4$ | 含量测定 |
| 氯化金(3%) | $HAuCl_4$ | 黄色晶形沉淀（$B_2^* \cdot HAuCl_4$ 或 $B_2^* \cdot 4HCl \cdot 3AuCl_4$） | 用于鉴别 |
| 氯化铂(10%) | $H_2PtCl_6$ | 白色晶形沉淀（$B_2^* \cdot H_2PtCl_6$ 或 $B^* \cdot H_2PtCl_6$） | 用于鉴别 |

注：$B^*$ 代表生物碱分子。

### 7.4.3 生物碱化合物的提取与分离

#### 7.4.3.1 生物碱类化合物的提取

生物碱的提取需考虑被提生物碱的性质与其在生物体中的存在形式，选择适合的溶剂和方法提取。除具有挥发性的生物碱可用水蒸气蒸馏法或升华法进行提取外，一般情况下可用溶剂提取法进行提取。

(1) 水和酸性水溶剂提取法

一些亲脂性的生物碱用水提取不完全或难以被提出时，可将此类生物碱变为溶解度较大的盐后采用酸水为溶剂进行提取；多以盐的形式存在的生物碱，也常采用酸性水溶剂提取，浸提溶液浓缩后用碱（如氨水、石灰乳等）碱化，使成盐的生物碱重新游离出来，然后用有机溶剂萃取得到总生物碱。酸水提取法常采用 0.1%~1% 硫酸、乙酸、盐酸或酒石酸等稀酸水溶液为提取溶剂，浸提方法多采用渗漉法、浸渍法等冷提法，因生物碱苷类在酸性条件下加热容易水解，使苷键断裂，应尽量少用煎煮法。

(2) 醇溶剂提取法

游离生物碱及其盐类一般均可溶于甲醇和乙醇，因此常用甲醇和乙醇作为生物碱的提取溶剂。因甲醇对视神经的毒性较大，多采用乙醇或稀乙醇（60%~80%）作为生物碱的提取溶剂，有时也用酸性乙醇或甲醇（含 0.5%~1.0% 硫酸或醋酸）作为提取溶剂。浸提方法有渗漉法、浸渍法、回流法和连续回流法，纯化可采用有机溶剂萃取法。

(3) 有机溶剂提取法

大多数游离生物碱为亲脂性生物碱，可选用氯仿、二氯甲烷、乙酸乙酯等亲脂性溶剂通过冷浸法、回流法、连续回流法提取。也可在提取前先用少量碱水使生物碱盐转变为游离生物碱，再用亲脂性有机溶剂进行提取。提取液用酸水溶液萃取，萃取液碱化后再用亲脂性有机溶剂萃取，就可以得到较纯的亲脂性总生物碱。

还有一些总生物碱的提取方法，如超临界流体萃取法、超声波提取法、膜分离法和微波法等。

### 7.4.3.2 生物碱的分离

通过上述方法提取得到的总生物碱中存在多种生物碱，可以有如下几种分离方法：① 依据单体生物碱的碱性差异，采用 pH 梯度萃取法进行分离；② 依据游离生物碱及其生物碱盐类在有机溶剂中的溶解度不同进行分离；③ 利用生物碱中除碱性基团外，存在的其他特殊官能团（如酚羟基、内酯、酰胺等）性质进行分离；④ 依据液体生物碱的沸点不同，可通过常压或减压分馏进行分离；⑤ 有一些生物碱因结构相近等，可采用色谱法（如吸附色谱）进行分离，该方法广泛地用于生物碱的分离。

下面以三颗针中小檗碱的提取作为实例介绍生物碱的提取分离工艺。

## 7.4.4 三颗针中小檗碱的提取分离工艺

三颗针，为小檗科植物刺黑珠、毛叶小檗、黑石珠等的根皮或茎皮。多为落叶灌木和常绿灌木。生长在不同海拔高度的山坡、荒地、路旁及山地灌丛中等地方，主要分布在我国的山东、河南、湖北、四川、贵州、河北、甘肃、青海及新疆等地区。根皮全年可采，除去须根，洗净、切片、烤干或弱太阳下晒干，不宜曝晒；茎皮春、秋季采收，取茎枝刮去外皮，剥取深黄色的内皮，阴干。《中华人民共和国药典》规定，三颗针中含盐酸小檗碱不得少于 0.6%。三颗针中提取小檗碱可以采用稀酸渗漉法或冷水浸提等方法，其生产工艺流程如图 7-17 所示。

## 7.4.5 生物碱化合物的生物活性及应用

生物碱可作为药物的主要来源之一，目前常用的生物碱药物，有的是天然产物，有的经

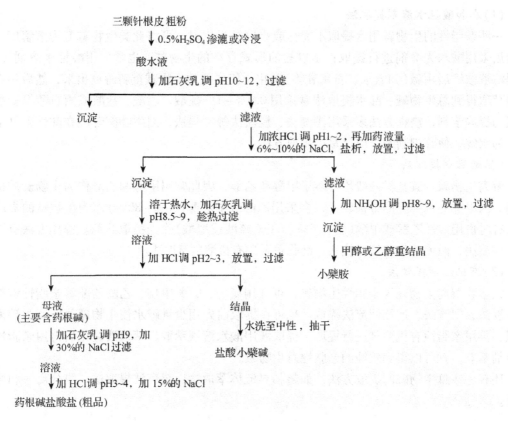

图 7-17 三颗针生物碱的提取分离流程
（引自徐怀德，2009）

过化学修饰。生物碱大多具有生物活性，是许多中草药的有效成分，如麦角碱能使脑动脉过度扩张与搏动恢复正常，主治偏头痛，还有收缩子宫作用，用于产后止血；长春碱、长春新碱、喜树碱等均具有抗肿瘤作用；乌头碱、延胡索乙素、吗啡等均有很强的止痛作用；北山豆根碱、野百合碱等有明显的降压作用；另外，茄科多种植物含有托品类生物碱如东莨菪碱、山莨菪碱、阿托品等，可用于解除平滑肌痉挛、急性微循环障碍、有机磷中毒及眼科扩瞳等；麻黄碱主要用于支气管哮喘等症，伪麻黄碱作为解热镇痛药主要用于治疗感冒；小檗碱类，具有抗菌、消炎的功效；石杉碱是一种胆碱酯酶抑制剂，用于阿尔茨海默病及重症肌无力的治疗；一叶萩碱用作小儿麻痹后遗症辅助治疗等；川芎嗪用于高血压及缺血性脑血管疾病等的治疗。

## 7.5 苯丙素类化合物

苯丙素类化合物（phenylpropanoids）是指一类含有苯丙烷结构（$C_6$—$C_3$）单元的天然有机化合物，这类基本单元可单独存在，也可两个、三个或多个单元聚合存在的。苯丙素类化合物包含了苯丙烯、苯丙醇、苯丙酸及其缩酯、香豆素、木脂素、黄酮和木质素等；从生物合成途径上来看，苯丙素类化合物多数是通过莽草酸衍化，再由苯丙氨酸和酪氨酸等芳香氨基酸，经脱氨、羟基化、偶合等反应形成终产物。

在植物体内，苯丙素类化合物可以游离存在或者与糖结合成苷的形式存在。该类化合物在植物体中发挥着植物生长调节及抗御病害侵袭的作用。本节将重点介绍苯丙素类化合物中的香豆素类和木脂素类化合物。

## 7.5.1 香豆素类化合物

香豆素(coumarin)最早是由豆科植物香豆中分离得到，具有芳香气味，故称为香豆素，是一种重要的香料。香豆素类化合物是一类具有苯骈 α-吡喃酮母核(图 7-18)基本骨架结构的天然产物，是由顺式邻羟基桂皮酸形成的内酯，且绝大多数的香豆素化合物在 C-7 位存在羟基或醚基取代。香豆素类化合物在植物体内大多以游离态或与糖结合以苷的形式存在，它广泛分布于高等植物中，尤其是在芸香科和伞形科中普遍存在，少数发现于动物和微生物中，它们在植物体内起着植物激素的作用或作为植物受到外来侵害时的应激素。

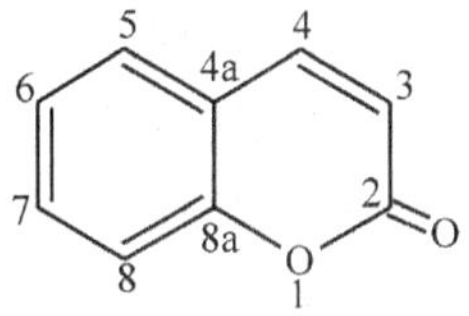

图 7-18 苯骈 α-吡喃酮母核

### 7.5.1.1 香豆素化合物的结构分类

香豆素类化合物分子中苯环或 α-吡喃酮环上常有羟基、烷氧基、异戊烯基等取代基团，根据其取代基及连接方式不同，香豆素化合物可大致分为以下几类，见表 7-10。

表 7-10 香豆素类化合物的分类

| 类型 | 结构特点 | 化合物结构举例 |
| --- | --- | --- |
| 简单香豆素 | 母核苯环上有取代基(如羟基、甲氧基和异戊烯氧基等)。取代位置主要在 C-7、C-6 和 C-8 位，C-5 位较少，且 C-7 位上大多有存在含氧官能团 | 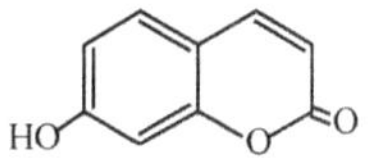 伞形花内酯 |
| 呋喃香豆素类 | 母核苯环上的异戊烯基与邻位酚羟基环合形成呋喃环，有时常伴有降解而失去 3 个碳原子 | 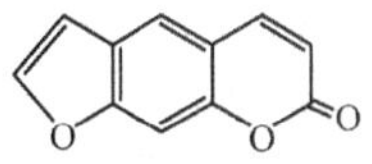 补骨脂内酯 |
| 吡喃香豆素类 | 母核苯环上 C-6 或 C-8 异戊烯基与邻位酚羟基环合形成吡喃环 | 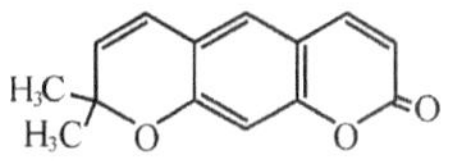 花椒内酯 |
| 异香豆素 | 是香豆素的异构体，可看成邻羟基苯乙烯醇的内酯 | 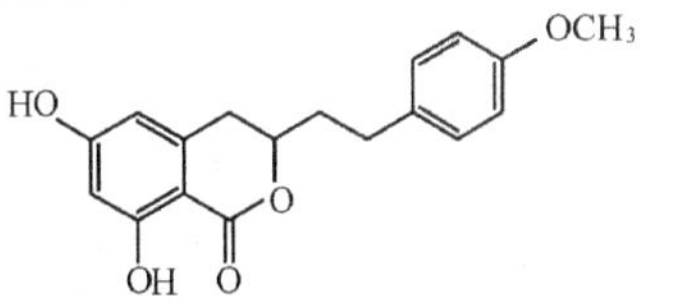 仙鹤草内酯 |
| 其他香豆素 | 指 α-吡喃酮环上 C-3，C-4 位有取代基(苯基、羟基、异戊烯基等)的香豆素类，也包括香豆素的二聚体、三聚体，香豆素苷类化合物等 | 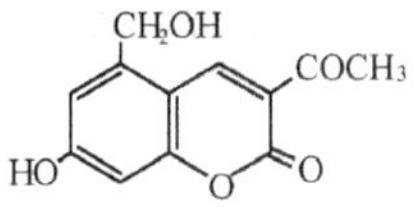 亮菌甲素 |

### 7.5.1.2 香豆素化合物的性质

**(1) 性状**

游离的香豆素多数呈较好的结晶，有一定的熔点，多具有芳香气味。相对分子质量小的游离香豆素具有挥发性，能随着水蒸气蒸馏挥发，还能升华。形成苷类的香豆素类化合物，多数无香味和挥发性，且不能升华。香豆素在可见光下多为无色或浅黄色，其母核本身无荧光，但其衍生物在紫外灯下显荧光，荧光的强弱与结构中的取代基种类和位置有关。

**(2) 溶解性**

游离的香豆素类化合物一般能溶于沸水，难溶或不溶冷水，易溶于甲醇、乙醇、氯仿、乙醚、石油醚等有机溶剂。香豆素成苷后极性增大，能溶于水、甲醇、乙醇，而难溶于乙醚和苯等极性小的有机溶剂。

**(3) 酸碱性**

香豆素具有内酯环性质，在稀碱液中其内酯环易被水解生成顺式邻羟基桂皮酸的黄色溶液，在酸性条件下可重新环合成原来的内酯环。香豆素长时间在碱液中加热或 UV 光照射下，其顺式邻羟基桂皮酸衍生物易发生异构化，可生成稳定的反式邻羟基桂皮酸衍生物（图 7-19），加酸也不发生内酯化闭环反应。

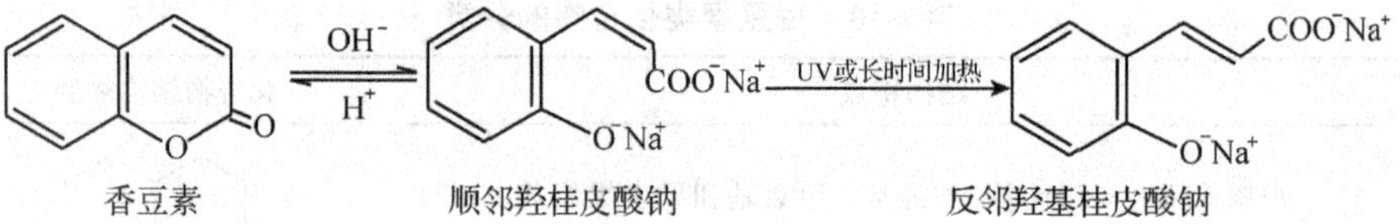

**图 7-19 香豆素异构化反应**

香豆素内酯环发生碱水解反应的速度与芳环上尤其是 C-7 位取代基的性质有关，其水解的难易顺序为：香豆素 > 7—$OCH_3$ 香豆素 > 7—OH。在酸性条件下，香豆素还可发生环化、醚键开裂和双键加成等反应。

**(4) 显色反应**

香豆素类化合物的显色反应见表 7-11。

**表 7-11 香豆素类化合物的显色反应**

| 反应名称 | 反应过程 | 颜色 | 备注 |
| --- | --- | --- | --- |
| 异羟肟酸铁反应 | 在碱性条件下内酯环开环与盐酸羟胺缩合成异羟肟酸，再在酸性条件下与 $Fe^{3+}$ 络合成盐。 | 红色或紫红色 | 可识别内酯的反应 |
| 三氯化铁反应 | 与具有酚羟基取代的香豆素类化合物产生显色反应。 | 不同颜色（酚羟基数目、位置有关） | 可识别带有酚羟基取代的香豆素类化合物 |
| Gibbs 试剂（2,6-二氯（溴）苯醌氯亚胺）反应 | 在弱碱性条件下与酚羟基对位的活泼氢发生缩合反应 | 蓝色 | 可识别有酚羟基且其对位无取代或 $C_6$ 位上无取代的香豆素类化合物 |
| Emerson 试剂（氨基安替比林和铁氰化钾）反应 | 在碱性溶液中与游离酚羟基对位的活泼氢生成缩合物。 | 红色 | 可识别有酚羟基且其对位或 $C_6$ 位上有活泼氢的香豆素类化合物 |

### 7.5.1.3 香豆素的提取与分离

游离的香豆素大多数极性低,而与糖结合的香豆素苷类化合物的极性较高,有些香豆素具有挥发性或升华性,也有些香豆素类化合物结构较不稳定,遇酸、碱、热、色谱分离时的吸附剂、甚至重结晶的溶剂都有可能使其结构发生变化。因此,可依据香豆素的溶解性、挥发性、升华性及其内酯结构的性质选择适合的提取分离方法。

小分子的香豆素类因具有挥发性,可采用水蒸气蒸馏法进行提取。对于热敏感性强、容易氧化分解的小分子或挥发性香豆素类,可采用超临界流体萃取法提取。也可采用酸碱沉淀提取香豆素及其苷类,但此方法中应注意对酸碱敏感的香豆素类化合物所使用的酸碱试剂浓度不能太高,并避免长时间加热。香豆素类化合物最常用的是溶剂提取法,一般选用甲醇、乙醇或水作为提取溶剂,将提取液浓缩后,再分别使用低极性到高极性的有机溶剂(如石油醚、乙醚、乙酸乙酯、丙酮和甲醇)依次进行萃取,石油醚对香豆素的溶解度小,萃取液浓缩后即可得到结晶,乙醚对香豆素的溶解性好,同时也伴随着一些杂质溶出,因此需要进一步分离纯化。

香豆素类化合物的分离纯化可以采用:①酸、碱分离法。此方法是利用香豆素内酯遇碱能皂化,加酸能恢复的性质而达到分离的目的。②柱色谱分离法。硅胶色谱是最常用的分离方法,常用的洗脱剂有:己烷-乙醚、己烷-乙酸乙酯、二氯甲烷(或四氯化碳)-乙酸乙酯等混合溶剂;中性和酸性氧化铝色谱常采用的洗脱剂有:石油醚-乙酸乙酯、石油醚-氯仿、石油醚-丙酮、石油醚-乙醚等混合溶剂。还可使用葡聚糖凝胶及大孔吸附树脂等柱色谱进行分离纯化。可用于香豆素的分离方法还有结晶法、制备薄层色谱、气相色谱和高效液相色谱等。蛇床子素和欧前胡素的提取分离如图 7-20 所示。

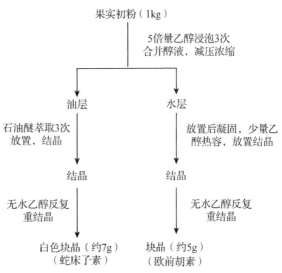

**图 7-20 蛇床子素和欧前胡素的提取分离**
(引自宋晓凯,2016)

### 7.5.1.4 香豆素化合物的活性及应用

香豆素类化合物在多方面具有生物活性,在医药领域、农业、香料及日化领域等有广泛的应用。香豆素在医药领域具有抗菌、抗病毒和抗肿瘤等活性,许多香豆素还具有血管扩张作用,可起到平滑肌松弛作用,如滨蒿内酯;可作为抗凝血药物,用以防止血栓的形成,如海棠果内酯;具有抗急性肾功能衰竭和较强的肝保护作用,如 6,7-二甲氧基香豆素;某些香豆素可能对肝有一定的毒性,可导致癌变,如黄曲霉素。香豆素为无色结晶,多具有香荚兰豆香气,是一种重要的香料,常用作定香剂,可用于橡胶、塑料制品的增香剂,还可用作金属表面加工的打磨剂和增光剂,也可作为防止香烟焦油中苯并芘引起的肿瘤的添加剂。低浓度的香豆素可刺激植物发芽和生长,高浓度时抑制发芽和生长,因此可作为植物生长调节作用。

## 7.5.2 木脂素类化合物

木脂素(lignans)也称木脂体,是一类由两个或多个苯丙烷($C_6$—$C_3$)结构单元偶联衍生而成的低相对分子质量天然产物,由两个 $C_6$—$C_3$结构单元构成的化合物最为常见。木脂素多以游离状态存在,也有少量与糖结合成苷,它最早是从树脂中被分离得到。代表性骨架结构如图7-21所示。

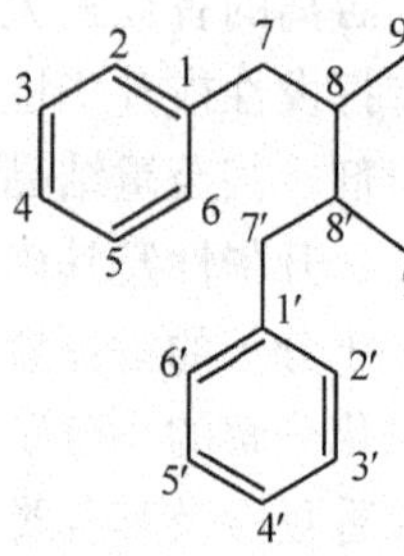

### 7.5.2.1 木脂素化合物的结构分类

木脂素的结构类型丰富多样,根据木脂素的结构和连接方式可简单将木脂素分为木脂素、新木脂素、氧新木脂素、低聚木脂素和其他木脂素五大类。具体分类见表7-12。

图7-21 木脂素代表性骨架结构

表7-12 木脂素类化合物的结构分类

| 结构分类 | 结构类型 | 结构特点 | 化合物举例 |
| --- | --- | --- | --- |
| 木脂素类(指两个苯丙烷单元C8 – C8′相连而形成的二聚体) | 二芳基丁烷类 | 两个苯丙烷单元中 C8 – C8′相连的简单木脂素 | 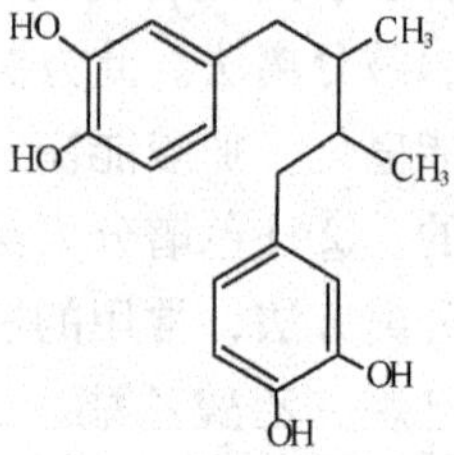 去甲二氢愈创木脂酸 |
| | 二芳基丁内酯类 | 一个苯丙烷单元侧链 C9 氧化成羧基与另一个苯丙烷单元 C9′羟基缩合形成 γ-内酯化合物 | 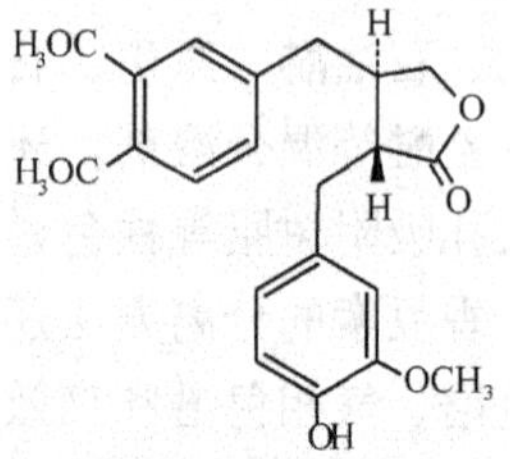 牛蒡子素 |
| | 芳基萘类 | 两个苯丙烷单元中 C7, C8 和 C7′, C8′构成一个萘环 | 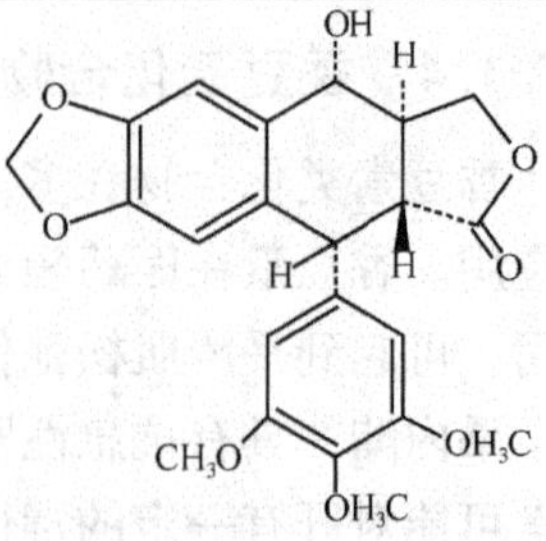 鬼臼毒素 |
| | 四氢呋喃类 | 两个苯丙烷单元中存在 C7-O-C7′或 C7′-O-C9′或 C9-O-C9′结构的化合物 | 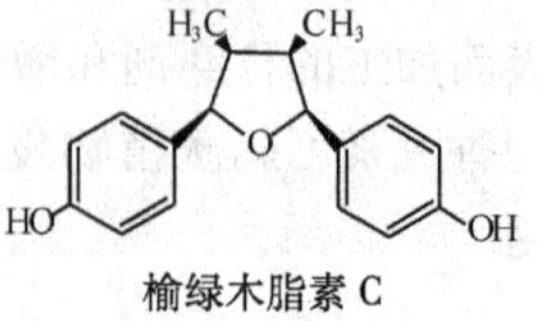 榆绿木脂素 C |

（续）

| 结构分类 | 结构类型 | 结构特点 | 化合物举例 |
|---|---|---|---|
| 木脂素类（指两个苯丙烷单元 C8-C8′ 相连而形成的二聚体） | 双四氢呋喃类 | 由两个取代四氢呋喃单元形成四氢呋喃骈四氢呋喃结构的一类化合物 | 阿斯堪素 |
|  | 联苯环辛烯类 | 两个苯丙烷单元除了 C8-C8′ 连接外，C2-C2′ 之间也连接形成与两个苯环骈合的连氧取代环辛烯结构骨架 | 五味子甲素 |
| 新木脂素类（指两个苯丙烷单元非 C8-C8′ 连接的二聚体） | 苯骈呋喃类 | 一个苯丙烷单元的 C8 和 C7（通过氧）与另一个苯丙烷单元的苯环上两个相邻碳相连，形成呋喃环 | 海风藤酮 |
|  | 双环辛烷类 | 一个苯丙烷单元中芳环被氧化，另一个苯丙烷单元中 $C_3$ 部分与被氧化的芳环相连，构成两个酯环 | puberulin A |
|  | 苯骈二氧六环类 | 两个苯丙烷单元通过氧桥连接，形成二氧化六环结构 | 血竭宁 |
|  | 联苯类 | 两个苯丙烷单元的芳基碳（C3-C3′）直接相连构成 | 厚朴酚 |

(续)

| 结构分类 | 结构类型 | 结构特点 | 化合物举例 |
|---|---|---|---|
| 氧新木脂素类 | | 两个苯丙烷单元之间以氧原子连接，又称二芳基醚 | 樟叶素 |
| 多聚体木脂素类 | 包含倍半木脂素、二聚木脂素、三聚木脂素等 | 是3个或3个以上苯丙烷单元聚合构成 | 牛蒡子酚A |
| 其他木脂素类 | 包含螺二烯酮类、杂木脂素、去甲木脂素等 | 主要是苯丙烷单元间连接发生较大变异或与其他组分相连构成 | 猫眼草素 |

#### 7.5.2.2 木脂素化合物的性质

木脂素多以游离形式存在于植物体内，除不易结晶的新木脂素外，通常为无色结晶；多数木脂素类化合物不具有挥发性，少数可升华。游离木脂素多数为亲脂性，难溶于水，易溶于苯、氯仿、乙醚、乙酸乙酯、丙酮、乙醇、甲醇等亲脂性溶剂中，少数木脂素与糖结合成苷后水溶性增大。多数木脂素类化合物分子中具有手性碳原子或手性中心结构，因此具有光学活性。有些木脂素类化合物遇酸易发生异构或结构重排。木脂素分子中常见的功能基有醇羟基、酚羟基、甲氧基、亚甲二氧基、羧基、酯基及内酯环等，因此它具有这些功能基所具有的化学性质，可利用重氮化试剂、Gibb's试剂等检出酚羟基的存在；利用Labat反应（遇浓硫酸及没食子酸产生蓝绿色）或Ecgrine反应（遇浓硫酸及变色酸产生蓝绿色）显色检验亚甲二氧基的存在；利用酸碱指示剂鉴别羧基的存在；利用异羟肟酸铁试剂鉴别内酯环的结构。

#### 7.5.2.3 木脂素化合物的提取分离

植物体内的木脂素多以游离形式存在，是亲脂性物质，易溶于氯仿、乙醚等溶剂中，但在石油醚和苯中的溶解度小。常先用丙酮或乙醇从植物体内提取，浓缩提取液后使用氯仿、乙醚等抽提得到粗的游离总木脂素，再选用硅胶或中性氧化铝色谱柱进行洗脱分离，常采用的洗脱剂为石油醚-乙酸乙酯、石油醚-乙醚、氯仿-甲醇等。此外，分配色谱也可用于分离木脂素；对于具有内酯结构的木脂素可利用碱液使其皂化成钠盐后与其他脂溶性物质分离，但碱液易使木脂素发生异构化，所以此法不宜用于有旋光活性的木脂素；其他适于酚性苷的分离方法同样可用于木脂素苷类化合物的分离。鬼臼素的提取分离如图 7-22 所示。

### 7.5.2.4 木脂素化合物的生物活性

木脂素结构类型多样，兼有大量的取代基变化和立体异构体，因而具有广泛的生物活性。许多类型的木脂素具有抗病毒、抗肿瘤作用，如鬼臼毒素类木脂素；联苯环辛烯类木脂素具有保肝作用；木脂素还具有显著的抗脂质过氧化和清除氧自由基作用，作用强过维生素 E；一些木脂素对中枢神经系统（CNS）既有抑制又有抗抑制作用，如厚朴酚与和厚朴酚；木脂素还具有血小板活化因子（PAF）受体颉颃活性、平滑肌解痉作用、抗过敏、抗炎、抗菌、杀虫等其他生物活性。

## 7.6 醌类化合物

醌类化合物（quinonoids）是一类分子内具有不饱和共轭双键的六元环状二酮（含两个羰基）或容易转变成这种结构的天然有机化合物，它是一类广泛

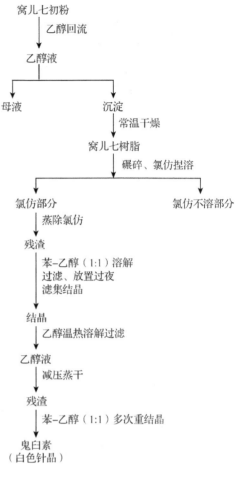

**图 7-22 鬼臼素的提取分离流程图**
（引自宋晓凯，2016）

存在于自然界的重要天然产物，也是一类重要的活性成分。天然醌类化合物具有共轭体系，又多具有酚羟基或羟基结构，因此有些醌类化合物常显色（如黄、红、紫色等）。

### 7.6.1 醌类化合物的结构分类

醌类化合物根据分子母核的结构类型将醌类化合物主要可分为苯醌、萘醌、蒽醌和菲醌4 种类型，见表 7-13。

**表 7-13 醌类化合物的结构类型**

| 分类 | | 基本结构单元 | 基本特点 | 化合物举例 |
|---|---|---|---|---|
| 苯醌类 | 对苯醌 | (结构式) | 天然多以对苯醌及衍生物存在，多为黄色或橙色结晶 | 2,6-二甲氧基苯醌 |
| | 邻苯醌 | (结构式) | | |

(续)

| 分类 | | 基本结构单元 | 基本特点 | 化合物举例 |
|---|---|---|---|---|
| 萘醌类 | 1,4-萘醌（α萘醌） | (结构图) | 自然界中多以1,4-萘醌结构存在，多为橙色或橙红色结晶 | 胡桃醌 |
| | 1,2-萘醌（β萘醌） | (结构图) | | |
| | 2,6-萘醌（amphi-萘醌） | (结构图) | | |
| 菲醌类 | 邻菲醌 | (结构图) | 多为橙色、红色或黑色结晶 | 丹参醌 A |
| | 对菲醌 | (结构图) | | 荷茗草醌 |
| 蒽醌类 | 蒽醌衍生物类 | (结构图) | 多以游离或糖苷形式存在 | 大黄素 |

(续)

| 分类 | | 基本结构单元 | 基本特点 | 化合物举例 |
|---|---|---|---|---|
| 蒽醌类 | 蒽酚（或蒽酮）衍生物 | | 多以游离或糖苷形式存在 | 柯桠素<br>9-蒽酮大黄酚 |
| | 双蒽酮（醌）类衍生物 | | | 金丝桃素<br>4-4'二聚大黄酚 |

## 7.6.2 醌类化合物的性质

### 7.6.2.1 物理性质

醌类化合物不具有芳香性，多为有色晶体，颜色与不饱和环己二酮上酚羟基等助色团的取代基数目相关，取代的助色团越多，其颜色越深，有黄、橙、红、棕红色、暗棕，甚至于黑色等，若结构中无酚羟基取代则为无色。天然苯醌和萘醌多以游离状态存在，而天然蒽醌一般与糖结合成苷存在于植物体中，游离醌类化合物极性较小，难溶于水，易溶于乙醇、乙酸乙酯、乙醚、苯、氯仿等有机溶剂。成苷后的蒽醌类化合物极性较大，易溶于甲醇、乙醇和热水中，冷水中溶解度较小。游离醌类化合物一般具有升华性，而蒽醌类化合物成苷后则不能升华。小分子的苯醌、萘醌还具有挥发性能，可随水蒸气蒸馏，游离的蒽醌却没有挥发性。

### 7.6.2.2 酸性

大多数游离醌类化合物分子中具有酚羟基、羧基等酸性官能团，因此具有一定的酸性，在碱溶液中易于溶解成盐，加酸后又可沉淀析出。醌类化合物的酸性强弱与分子结构中酚羟基、羧基等基团的数目和位置有关。一般带羧基的蒽醌类化合物的酸性强于不带羧基的醌类化合物，此类化合物易溶于 $NaHCO_3$ 水溶液中。带羟基的蒽醌类化合物酸性一般随着羟基数目的增多而增加。蒽醌和萘醌结构中苯环上有 β-位羟基取代的酸性强于 α-位羟基取代的醌类化合物，因此，β-位羟基取代的醌类化合物易溶于 $Na_2CO_3$ 水溶液中，α-位羟基取代的醌类化合物在 NaOH 中才能溶解。游离蒽醌的酸性强弱顺序：含—COOH > 含 2 个以上 β—OH > 含 1 个 β—OH > 含 2 个 α—OH > 含 1 个 α—OH。利用此酸碱性可选用不同浓度的碱溶液从有机溶剂中进行萃取分离。

### 7.6.2.3 显色反应

醌类化合物分子结构中含有羰基、共轭体系及酚羟基等基团，可以和一些试剂发生显色反应，其颜色与羟基位置的不同而不同。表 7-14 为醌类化合物的显色反应。

表 7-14 醌类化合物的显色反应

| 显色反应 | 试剂 | 颜色 | 备注 |
| --- | --- | --- | --- |
| Feigl(菲格尔)反应 | 25% $Na_2CO_3$ 水溶液，4% 甲醛及 5% 邻二硝基苯的苯溶液 | 呈紫色 | 适应于苯醌、萘醌、菲醌及蒽醌 |
| 无色亚甲蓝反应 | 100mg 亚甲基蓝 + 100mL 乙醇 + 1mL 冰醋酸 + 1g 锌粉 | 呈蓝色 | 专用于检测苯醌和萘醌，可与蒽醌类化合物区别 |
| Kesting-Craven（活性亚甲基试剂）反应 | 含亚甲基试剂(如乙酰醋酸酯、丙二酸酯、丙二腈等)的醇溶液 | 呈蓝绿色或蓝紫色 | 适用于苯醌和萘醌的醌环上无取代基的化合物；蒽醌类化合物不反应 |
| Borntrager's 反应 | 氨气、3% NaOH 或 $Na_2CO_3$ 溶液、10% 氢氧化钾甲醇溶液、饱和碳酸钾溶液等 | 呈橙、红、紫红色及蓝色 | 适应于检识羟基蒽醌及具有游离酚羟基的蒽醌苷类化合物 |
| 对亚硝基二甲苯胺反应 | 0.1% 对亚硝基二甲苯胺吡啶溶液 | 呈紫、绿、蓝、灰色 | 用于检识蒽酮类化合物，尤其是 1,8-二羟基蒽酮衍生物的专属反应 |
| 金属离子反应 | $Pb^{2+}$、$Mg^{2+}$、$Ca^{2+}$ 等金属离子 | 呈橙、橙红至红、紫红至紫、蓝至蓝紫色等 | α-酚羟基或邻二酚羟基蒽醌类化合物 |

## 7.6.3 醌类化合物的提取分离

### 7.6.3.1 醌类化合物的提取

植物体中存在着游离醌类及醌苷类化合物，游离醌的极性小，而醌苷类化合物的极性大，因此，在溶解度上存在很大差异。采用溶剂提取法时，苯醌、萘醌或菲醌类化合物可以使用氯仿、苯、乙醚等低极性溶剂提取，蒽醌苷类化合物常用热水为溶剂提取。具有挥发性和升华特点的小相对分子质量苯醌及萘醌类化合物可采用水蒸气蒸馏法提取。带游离酚羟基的醌类化合物因具有酸性，可采用碱溶酸沉方法进行提取，但蒽醌类化合物因在碱性条件下，会发生异构，一般不适合用碱溶酸沉法。另外，还可采用超临界流体萃取法和超声波提取法等提取醌类化合物。

### 7.6.3.2 醌类化合物的分离

(1) 游离蒽醌类化合物的分离

蒽醌是醌类化合物中存在的主要结构，在蒽醌类化合物的分离中主要包括游离蒽醌类和蒽醌苷类化合物的分离。对于游离蒽醌类化合物的的分离，可利用羟基蒽醌结构中酚羟基位置和数目的不同，结合其理化性质不同进行分离纯化，分离方法主要有 pH 梯度萃取法和色谱法。pH 梯度萃取法主要利用含游离羧基、酚羟基的蒽醌类化合物的酸性强弱不同，常选用适当的有机溶剂溶解出，再选用 pH 值由低到高的碱性缓冲溶液依次进行萃取溶出，后再加酸酸化沉淀析出可得到酸性不同的羟基蒽醌类化合物。

对于有些酸性强弱差别不明显的蒽醌类化合物，采用 pH 值梯度萃取法分离有一定的局限性。对于这些酸性性质相似的蒽醌类化合物，可在 pH 值梯度萃取法的基础上，结合色谱法进行分离，吸附色谱多可采用硅胶、聚酰胺作为吸附剂，而不宜采用氧化铝吸附剂。在色谱分离中可采用多次分离蒽醌类化合物效果更好。大黄中游离蒽醌的提取流程如图 7-23 所示。

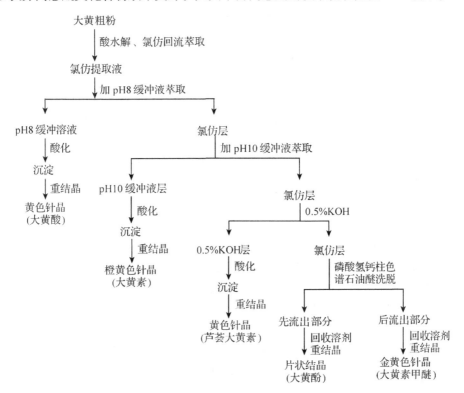

**图 7-23　大黄中游离蒽醌的提取流程图**

(引自杨世林，2010)

(2)蒽醌苷类化合物的分离

根据蒽醌苷类和游离蒽醌的极性差别，通过乙醇提取后，将提取液浓缩后，用有机溶剂(如氯仿、苯、乙醚)反复萃取，得到溶于有机溶剂中的游离蒽醌类和溶于水中的蒽醌苷类化合物。也可将乙醇浓缩液减压蒸干，置回流提取器中，用氯仿等有机溶剂提取游离蒽醌类化合物，蒽醌苷类化合物则留在残渣中。

因蒽醌苷类化合物极性较大，易溶于水，分离纯化较为困难，一般先采用溶剂法(如乙酸乙酯、正丁醇等)或铅盐法(如醋酸铅)将粗提物中的大部分杂质除去，得到较纯的总蒽醌苷类化合物，再结合色谱进行分离纯化，常用的色谱填料有硅胶、聚酰胺和葡聚糖凝胶。

## 7.6.4　醌类化合物的生物活性及应用

醌类化合物具有多方面的生物活性。蒽醌类化合物许多具有泻下作用，其作用强度与结构类型密切相关，其中蒽醌苷类化合物具有较好的泻下作用，而游离蒽醌衍生物几无泻下作用。大多数醌类化合物具有抗菌、抗炎、抗病毒活性。游离蒽醌类化合物的抑菌活性一般比蒽醌苷类化合物强。许多醌类化合物具有抗癌、抗肿瘤活性，它对肿瘤细胞有较强的细胞毒活性。某些蒽醌类化合物（如大黄素）具有明显的抗氧化能力，蒽醌类化合物的抗氧化能力与羟基在蒽醌上的取代位置有关。醌类化合物除在药用方面表现出较优的生物活性外，在工业方面可用于染料中间体和造纸制浆蒸煮剂等。

## 思考题

1. 请举例说明林产原料活性物质提取的工艺基本流程有哪些？
2. 举例说明黄酮类化合物的主要显色反应及各显色反应的用途。
3. 设计1~2种林产原料中活性多糖类化合物的提取分离方案。
4. 香豆素类和木脂素类化合物的显色试剂有哪些？
5. 举例说明林产原料中生物碱类化合物的鉴定、提取分离原理和方法。
6. 说明林产原料中蒽醌类化合物的鉴定方法，并根据化学性质鉴别苯醌、蒽醌、及蒽醌苷类化合物。
7. 说明大黄中大黄酸、大黄素、芦荟大黄素、大黄酚、大黄素甲醚的酸性顺序，选用何种方法可以将5种化合物提取分离？

## 参考文献

贺近恪，李启基，等，2001. 林产化学工业全书（第三卷）[M]. 北京：中国林业出版社.
安鑫南，2002. 林产化学工艺学[M]. 北京：中国林业出版社.
徐怀德，等，2009. 天然产物提取工艺学[M]. 北京：中国轻工业出版社.
张玉军，刘星，等，2015. 天然产物化学[M]. 北京：化学工业出版社.
杨世林，热娜·卡斯木，等，2010. 天然药物化学[M]. 北京：科学出版社.
何兰，姜志宏，等，2008. 天然产物资源化学[M]. 北京：科学出版社.
魏雄辉，张建斌，2013. 天然药物化学[M]. 北京：北京大学出版社.
宋晓凯，等，2016. 天然药物化学[M]. 2版. 北京：化学工业出版社.
孔令义，等，2015. 天然药物化学[M]. 2版. 北京：中国医药科技出版社.
李炳奇，廉宜君，2011. 天然产物化学实验技术[M]. 北京：化学工业出版社.
张卫明，王红，等，1995. 银杏叶黄酮干浸膏的制备工艺研究[J]. 中国野生植物资源（1）：27-29.
陈冲等，王文丰，等，1997. 从银杏叶中提取银杏黄酮的最佳工艺条件研究[J]. 精细化工，14(6)：19-22.
黄占华，2003. 微波与超声波辅助提取落叶松中的阿拉伯半乳聚糖及纯化[D]. 哈尔滨：东北林业大学.
Vanessa M Munhoz, Renata Longhini, et al., 2014. Extraction of flavonoids from Tagetes patula: process optimization and screening for biological activity[J]. Rev Bras Farmacogn, 24: 576-583.
Bikash Debnath, Waikhom Somraj Singh, et al., 2018. Role of plant alkaloids on human health: A review of biological activities[J]. materialatoday chemistry, 9: 56-72.
Wing Yanli, Shun Wanchan, et al., 2009. Water extract of Rheum officinale Baill. induces apoptosis in human lung adenocarcinoma A549 and human breast cancer MCF-7 cell lines[J]. Journal of Ethnopharmacology, 124(2): 251-256.

# 第8章 林特资源提取

**【本章提要与要求】** 主要介绍生漆、紫胶、天然橡胶和植物色素等具有特殊意义的林产资源及其提取加工产品,包括它们的来源与主要原料、组成与相关化学基础,以及生产与加工利用等知识和技术。

要求掌握生漆、天然橡胶、紫胶的结构特点、溶剂提取分离和加工方法,植物色素的加工工艺及设备等;熟悉天然橡胶、生漆、紫胶的物理化学性质;了解植物色素、天然橡胶、生漆、紫胶的来源和应用。

中国生漆(Lacquer)的生产和使用历史悠久,生漆作为性能优良的天然树脂涂料,被称作"涂料之王"。紫胶(Lac)是紫胶虫的新陈代谢产物,又名虫胶,古称赤胶,产地主要有印度、泰国和中国等。紫胶具有多种优异特性,很多领域的应用目前还不能替代。天然橡胶是从产胶植物(以三叶橡胶树为主),通过采割或溶剂提取等方法制取,是一种重要的战略物资。植物色素是天然色素的重要组成部分,安全性高,且大多数具有一定的生理机能或药用价值,应用广泛。这些都是特色林产资源加工产品,它们的提取加工都具有重要的意义。

## 8.1 生漆

### 8.1.1 中国漆树资源

漆树(*Rhus verniciflua*)是漆树科(Anacardiaceae)漆树属(*Toxicodendron*)的重要经济林树种,原产于中国。中国是漆树资源最多的国家,日本、韩国、越南、柬埔寨、老挝、泰国、缅甸和印度也有少量分布。

中国是漆树之乡,不仅有丰富的资源,还有众多的漆树种类和品种。其中大红袍(*Rhus verniciflua* cv. Dahongpao)、高八尺(*Rhus verniciflua* cv. Gaobachi)、大毛叶(*Rhus verniciflua* cv. Damaoye)等都是优良的品种,生长快,种植后8~10年即可开割,割漆寿命15~30年,平均单株产漆350~500g,漆酚含量65%~75%。

### 8.1.2 生漆采割与萃取

采收生漆,是漆树栽培最主要的经济目的,通常称割漆。即在漆树主干上割口,让漆液流出以取得生漆。漆树经几年割漆后就趋于衰老,无法再割。但实际树皮内还含有较多生漆应给予充分利用,可采用乙醇直接从衰老漆树皮中提取漆酚。基本做法是将漆树皮剥下后粉碎,放入乙醇中浸泡,然后取上清液蒸馏除去乙醇,剩余物则为粗漆酚,得率可高达8.25%。

### 8.1.3 生漆的组成与性质

生漆含有漆酚、水、糖类物(以树胶质或多糖为主,还有麦芽糖、乳糖、L-鼠李糖、D-木糖、D-半乳糖）、含氮物（糖蛋白）、挥发性有机化合物（丙烯醛、甲酸、乙酸、丙烯酸、丁醇、漆敏内酯）、氨基酸（亮氨酸、色氨酸、组氨酸）、油和漆酶等。

大多数生漆中漆酚含量占40%~80%，它的主要成分是3-十五烃基邻苯二酚。依漆酚侧链上双键数目的不同，又分为饱和漆酚、单烯漆酚、二烯漆酚和三烯漆酚等，总称漆酚。漆酚的物理性质似植物油，遇水不溶，但因有一对亲水羟基，可同水混合成乳液。

### 8.1.3.1 漆酚

#### 1）漆酚的分子结构

漆酚主要成分是3-十五烃基邻苯二酚，分子式$C_{21}H_{32}O_2$，状态为无色油状液体，相对密度0.9687，折光度1.5234，沸点210~220℃（53~67Pa）、175~180℃（1.3Pa）。

漆酚具有邻苯二酚型特征反应：①与乙酸铅生成白色沉淀；②遇氯化铁呈变色反应，先绿后黑。其次还与邻苯二酚和对苯二酚还有相同的反应：能还原银氨溶液、在碱性溶液中它们的摩尔吸氧量相近。

漆酚不溶于水，侧链的平均双键数为2，所得饱和漆酚熔点窄，在58~59℃之间，其固有组分之一是饱和漆酚。我国的漆酚也是3-烃基邻苯二酚结构，侧链为$C_{15}$（主）和$C_{17}$。我国台湾和越南的野漆树（*Rhus succedance*），其漆酚是3-正烃基邻苯二酚，侧链是$C_{17}$（主）和$C_{15}$。

#### 2）漆酚的化学性质

（1）漆酚的醚化

漆酚羟基呈弱酸性，但遇氢氧化钠水溶液即被氧化破坏，只能在无水时与金属钠、乙醇钠、碳酸钾等反应生成酚盐，再与烷基化试剂作用成醚。

醚化漆酚较难被氧化，常用于保护羟基，之后加碘化氢得到游离漆酚。无水$AlCl_3$或$NaNH_2$在甲苯等惰性溶剂中也能使醚化漆酚还原成漆酚。

漆酚和环氧氯丙烷在乙醇钠存在下反应生成漆酚二环氧基醚，这是制备浅色生漆的基础。

高温下，四个漆酚羟基可以脱水醚化成环，导致漆酚形成网状结构：

### (2) 漆酚的酯化

漆酚和酸酐、酰氯容易进行定量反应，生成单酯或双酯。

漆酚丙酮溶液和乙酸酐、吡啶于85℃回流45min完成酯化反应。加水使酸酐水解。用KOH滴定残余乙酸以计算漆酚含量。其中吡啶是缚酸剂，它和产物乙酸形成乙酸吡啶，使反应完全，并避免生成的酯水解。

$$\text{邻苯二酚-R} + 2(CH_3CO)_2O + 2C_5H_5N \longrightarrow \text{邻苯二乙酸酯-R} + 2C_5H_5N \cdot HOOCCH_3$$

### (3) 漆酚双羟基和金属配位反应

在二甲苯溶液中漆酚和四氯化钛反应，放出氯化氢气体，同时生成不溶不熔的黑褐色沉淀，即漆酚-钛螯合物，它对强酸、强碱和有机溶剂很稳定，甚至加热也难破坏。

$$2\;\text{邻苯二酚-R} + TiCl_4 \xrightarrow{\text{催化剂}} \text{漆酚-Ti 螯合物} \downarrow + 4HCl \uparrow$$

漆酚和乙酸铁反应生成可溶的三价铁盐。

$$3\;\text{邻苯二酚-R} + Fe(CH_3COO)_3 \longrightarrow \text{漆酚-Fe 配合物} + 3CH_3COOH$$

在$FeCl_3$和漆酚的乙醇溶液中，Fe(Ⅲ)氧化漆酚成漆酚醌。所生成的Fe(Ⅱ)和漆酚醌再形成黑色的漆酚醌Fe(Ⅱ)螯合物。

$FeSO_4 \cdot 7H_2O$的甲醇溶液为浅绿色，即Fe(Ⅱ)与$H_2O$配合物的颜色，由于酚羟基的富电性和亲核性，漆酚易取代其中$H_2O$分子而成黑绿色的漆酚Fe(Ⅱ)螯合物。

在黑推光漆中添加$Fe(OH)_3$时，漆酚羟基取代$Fe(OH)_3$中的OH而形成漆酚Fe(Ⅲ)配合物，再经氧化还原而成空间结构更加稳定的漆酚醌Fe(Ⅱ)螯合物。这也是黑推光漆永不褪色的原因。

### (4) 漆酚苯环上氢的反应

$$n\;\text{邻苯二酚-R} + nHCHO \xrightarrow{NH_4OH} n\;\text{羟甲基化产物}$$

$$\longrightarrow \text{聚合物(含-CH}_2\text{-桥)}_{n-2}$$

与苯酚相比，漆酚苯环上具有较多的供电子基团——酚羟基、烃基，因而漆酚苯环上的氢比较活泼，容易和醛类缩合。等摩尔漆酚和甲醛在氨水催化下先发生羟甲基化反应，再和另一个漆酚苯核上的氢缩合脱水，反复多次最终形成以亚甲基桥连接漆酚苯环的线型高分子。

这个反应常用于制备改性生漆的中间体。漆酚和糠醛也能进行类似的缩聚反应。

漆酚苯核氢易进行取代反应，但要防止酚羟基和侧链双键上的副反应。漆酚苯环上的氢可以溴代，但这时侧链双键可能发生加成副反应，故溴代只适用于饱和漆酚。

(5) 漆酚环的氧化反应

漆酚的天然催化剂是漆酶。漆酶催化漆酚氧化的实质是酚羟基脱氢。pH 值为 6~8 时漆酶的 $Cu^{2+}$ 夺走漆酚羟基上的 1 个氢，使之变成半醌自由基。

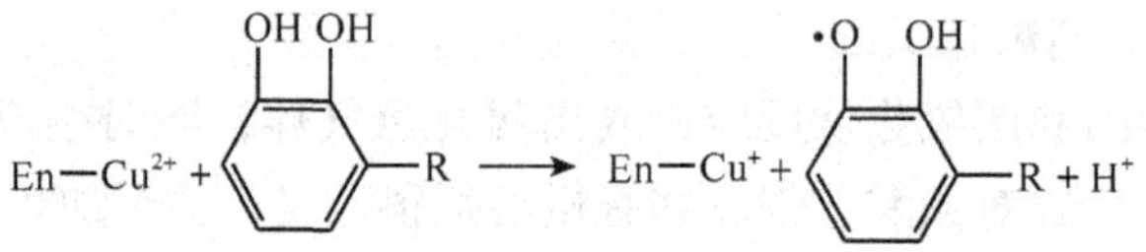

$$En-Cu^{2+} + \text{(漆酚)} \longrightarrow En-Cu^+ + \text{(半醌自由基)} + H^+$$

半醌自由基可以和苯核上的氢换位而成 3 种异构体：

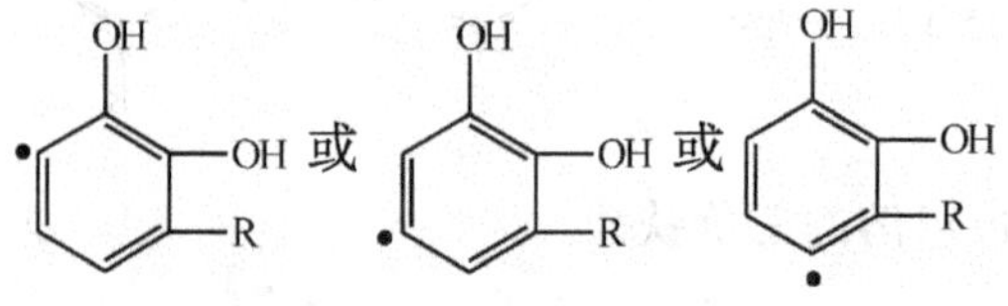

其中任意两种半醌异构体可偶联成漆酚联苯二聚体，两个半醌自由基还可以互相歧化而成漆酚和漆酚醌：

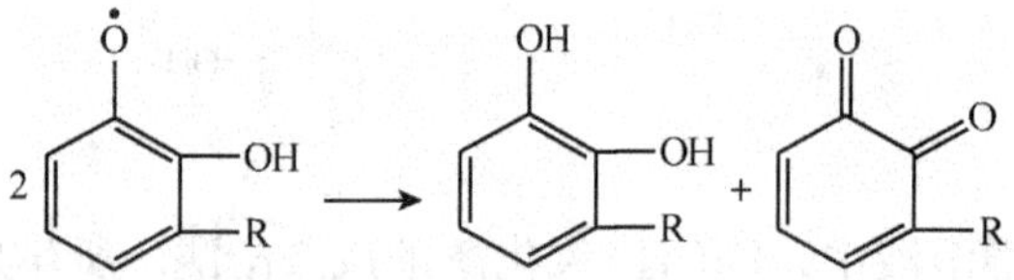

高锰酸钾不能氧化饱和漆酚二甲醚，但可以氧化破坏饱和漆酚的苯环，残留的侧链转化为软脂酸。同理，硝酸对漆酚的作用不是硝化，也是氧化破坏苯环，同时氧化裂解侧链双键成多种二元酸。

室温下，生漆在漆酶的作用下干燥成膜，其机理为：氧化型漆酶 $En-Cu^{2+}$ 将漆酚氧化成漆酚醌，同时还原型漆酶 $En-Cu^+$ 在充足水分和高湿度帮助下，从空气中吸氧再转化成氧化型漆酶。漆酚醌具有较高的氧化电势，可夺取漆酚环上的活性氢原子而成联苯型二聚体(801)，也可夺取共轭三烯漆酚侧链上的活性氢原子而成 C—O 偶合型二聚体(802)和 C—C 偶合型二聚体(803)。这些二聚漆酚中的邻苯二酚核，还可以被漆酶催化氧化成醌类，随后再与漆酚或者二聚体漆酚进行类似的 C—O 或 C—C 偶合反应，进一步形成三聚体或四聚体漆酚。如此继续往下反应，到生漆干燥成膜时线型聚合漆酚的数量平均相对分子质量 Mn 可达 2 万~3 万，之后漆酚侧链双键自动氧化交联形成网状结构，表现为漆膜实干。

生漆乳液中含水量越多时，漆液的黏度越大，这将严重阻碍漆酚偶合链的增长，以致到漆膜表干时线型聚合漆酚的相对分子质量仍很小。这种低相对分子质量的漆膜实干慢，有时要经历半年硬度才达 0.8，而且它的流平性、光泽度和力学性能也都较差。

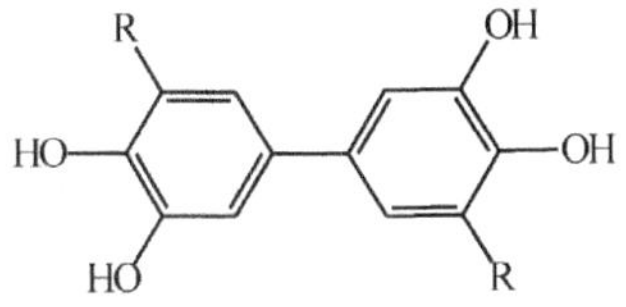

其次，上述3种偶合结构对漆膜性能的影响各不相同。四羟基联苯(801)分子中偶合生成的C—C键，由于苯基的位阻大和羟基的极性大，其自由旋转困难，宏观效果是增加漆膜的刚性。反之，(802)中偶合的C—O是醚键，旋转最自由，将增加漆膜的挠性。至于(803)中偶合的C—C键，旋转难度适中，可能有利于漆膜的韧性。

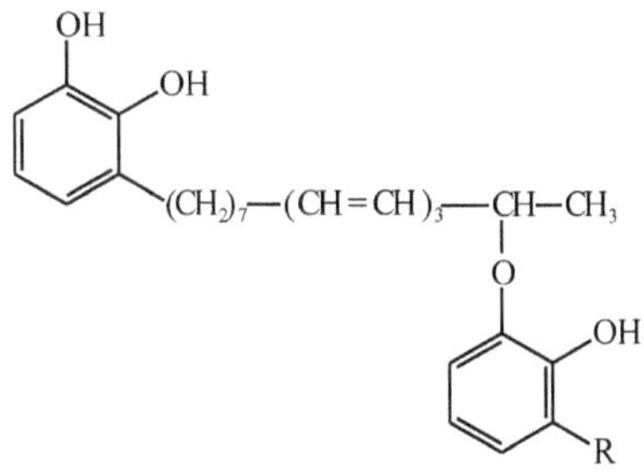

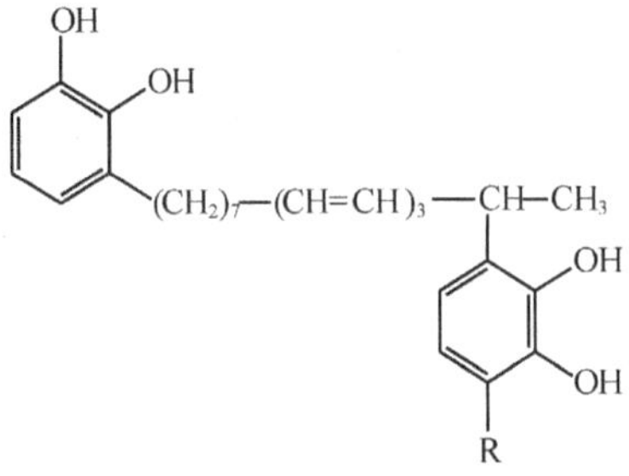

(801)式偶合与溶剂极性关系很大，如饱和漆酚或饱和漆酚醌在水、乙醇中，主要产物是多羟基联苯型。如果改用环己烷为溶剂，则基本不反应。通过控制生漆中水分含量，可以调节漆膜中3种偶合结构的比例，达到以下3个目的：①降低漆液黏度，提高线型聚合漆酚相对分子质量；②控制漆酶活性以防暴聚使聚合物相对分子质量分布过宽和平均相对分子质量偏低；③降低多羟基联苯型结构所占的比例以防漆膜发脆。因此，精制脱水是提高漆膜质量的关键。

(6) 漆酚催化加氢

漆酚侧链双键催化加氢可制备饱和漆酚及其衍生物，也能测定其不饱和度。如果利用孤立双键和共轭双键加氢速度的不同，还能测定它们的相对含量。臭氧裂解漆酚侧链双键时也要用到催化加氢。此外，催化氢解漆酚苄醚易游离出饱和漆酚。

早期用昂贵的氧化铂为漆酚加氢催化剂，后来改用钯/碳和便宜的雷尼镍(Raney Ni)。

(7) 漆酚侧链双键的加成反应

除少量末端双键外，漆酚侧链双键属于1,2-二元取代型CHR═CHR′，这类双键空间位阻大，100℃以下很难均聚合，但靠近末端的双键位阻较小，可以和活泼单体苯乙烯共聚合。例如，三烯漆酚的第3个双键将优先与苯乙烯共聚合，不过此时需要吸电子性强的四氯化锡作引发剂，得到交替共聚物(804)：

$$\left[\begin{array}{c}CH_3\\|\\CH-CH-CH_2-CH\\|\qquad\qquad\qquad|\\R\qquad\qquad\phi\end{array}\right]_n \quad R=-CH=CH-\overset{H_2}{C}-CH=CH(CH_2)_7-\text{(二羟基苯环)} \tag{804}$$

单体的双键间极性相反有利于共聚合。漆酚侧链双键因连供电子基呈负极性。反之，顺丁烯二酸酐的 C═C 双键因连吸电子基而带正极性。所以有引发剂时，位阻较小的漆酚侧链双键和顺丁烯二酸酐发生交替共聚合。70℃下即使无引发剂，每摩尔漆酚可消耗 0.60mol 顺丁烯二酸酐；升温到 140℃时每摩尔漆酚消耗 0.82mol 顺丁烯二酸酐；高于 140℃漆酚侧链双键的均聚合也开始进行；200℃时硫加成于漆酚侧链双键形成硫桥(805)，结果使漆酚硫化成块状固体。

$$2\text{—CH}=\text{CH—} + S_2 \longrightarrow \begin{array}{c}\text{—CH—CH—}\\|\quad\;\;|\\S\quad\;\;S\\|\quad\;\;|\\\text{—CH—CH—}\end{array} \tag{805}$$

漆酚和硫反应后可配合氯化橡胶作耐热耐酸涂料。聚硫橡胶也能和漆酚侧链双键加成而改善性能。

(8) 漆酚的均聚合

酸类可催化漆酚发生均聚合。浓硫酸可使漆酚聚合成一种皮膜物质，不溶于苯及乙醇混合溶剂中，曾用作漆酚定量的分析方法。

漆酚和盐酸煮沸得柔软的固体。若漆酚和过量浓盐酸加热 3d，开始时呈海绵状，接着变橡胶状，最后成块，无黏性。产物洗净后的分析值与原料漆酚相等，不含氯，所以盐酸只是催化剂。

### 8.1.3.2 水分

生漆是漆酚包水型乳液结构。生漆含水量与漆树品种、生长环境、割漆时间和技术有关，一般为 15%~40%。

漆酶溶解在水珠中，它能吸收空气中氧气并催化漆酚干燥固化成膜。漆酶的催化活性与生漆含水量和空气湿度有关。含水少的生漆干燥成膜慢，而且对空气湿度要求高，但漆膜质量好；含水多的生漆干燥快，但漆膜发脆光泽差，因为水多时漆膜内外层干燥不均匀而且易形成联苯型聚合物。所以通常将生漆精制脱水到含水 6% 左右，然后在高湿度下涂成膜。

### 8.1.3.3 生漆多糖(树胶质)

生漆多糖的精制产品为白色粉末，不溶于乙醇、乙醚、丙酮等有机溶剂中，易溶于水成黏稠状。在浓硫酸存在下遇 α-萘酚作用呈紫色环，并在 490nm 处出现特征吸收峰。将样品点于滤纸上，遇 Schiff 试剂染呈玫瑰红色，遇甲苯胺蓝染呈蓝色。其水溶液可被 2% CTAB 络合沉淀。用 1mol/L 的 $H_2SO_4$ 回流水解后，根据 $R_f$ 值可初步确定产物为阿拉伯糖、鼠李糖、葡萄糖、半乳糖和己糖醛酸。水解前后与斐林试剂分别呈阴、阳性反应。

### 8.1.3.4 糖蛋白(含氮物)

在漆液糖蛋白中，单糖约占10%，其中半乳糖含量较多，还有阿拉伯糖、葡萄糖、甘露糖以及氨基葡萄糖等。含量占90%的蛋白质，主要由亲油性氨基酸构成，使糖蛋白不溶于水。糖蛋白可作为漆液中乳浊液的稳定分散剂，通常大木漆中含量较多，约1%~5%。

### 8.1.3.5 漆酶

漆酶仅占生漆重量的0.074%，但它是室温下生漆干燥成膜必不可少的催化剂。

## 8.1.4 生漆的致敏性质

生漆的致敏性很强，1μg足以引起皮炎或漆疮。生漆过敏反应表现为接触性皮炎，属于迟发型变态反应(细胞免疫)。生漆的主要致敏源是漆酚。

漆酚类似物致敏强弱与结构的关系如图8-1所示，由强到弱依次为：三烯漆酚＞二烯漆酚＞单烯漆酚＞饱和漆酚＞4-十五烷基邻二苯酚＞丙基邻苯二酚＞甲基邻苯二酚＞邻苯二酚，饱和漆酚＞漆酚二甲醚＞饱和漆酚二甲醚。

可见，邻苯二酚母体结构加长烃基是致敏的根源，酚羟基醚化后毒性变小，烃基上双键越多越易致敏。

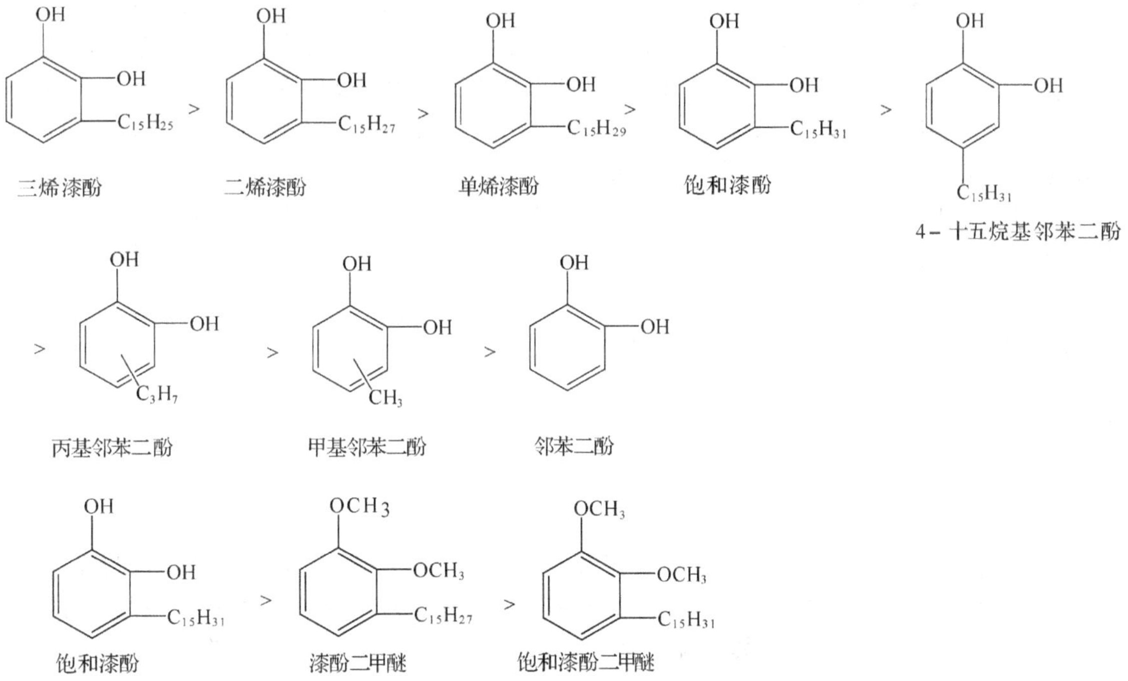

**图8-1 漆酚类似物致敏强弱与结构的关系**

## 8.1.5 生漆的加工

生漆的精制加工，在脱水的同时可以活化漆酶、促进氧化聚合，提高透明度和光泽度，调节干燥性能。精制工艺一般包括选料、过滤、搅拌和装桶。

#### 8.1.5.1 选料

生漆质量受漆树品种、立地条件、割漆条件、储存时间等多方面因素影响，差异很大。因此，精制漆时首先要根据预定用途的质量要求，结合各地生漆的性能进行选择和调配。

#### 8.1.5.2 过滤方法

根据产品要求对原料漆液进行2~3遍过滤除杂。将原料漆液水浴加热至50℃以上，边搅拌边向其中加入棉絮，以滤布为过滤介质，进行压滤、离心过滤。

#### 8.1.5.3 搅拌及干燥

过滤完成后，将漆液在40℃左右搅拌以除去其中水分、增加溶解氧、活化漆酶、促进聚合。在搅拌过程中，需要严格控制周围环境的温度和湿度，该过程持续时间较长，一般为十几小时。当含水率不超过7%时即可停止搅拌出料，获得精制产品。若要制备彩色生漆，需要在此步骤加入颜料。

### 8.1.6 生漆的产品和应用

天然生漆作为一种传统的生物质涂料，具有耐酸、耐热、耐候、耐磨、耐腐蚀、耐原子辐射以及节能环保等优点，曾广泛应用于军工、工业设备、农林机械及手工艺品等领域。但由于其高昂的价格，附着力差、干燥时间长、柔韧性不强、黏度大不易施工等缺陷，限制了应用。为了改善生漆性能，主要通过溶剂提取法获取生漆的主要成分——漆酚，再通过醚化、酯化、氧化、催化加氢及与金属配位反应等方式进行改性，得到性能增强的改性生漆树脂，如漆酚醛树脂漆、漆酚环氧防腐漆、氨基大漆等。

金属离子和漆酚的络合物多数有颜色，为了避免金属污染，加工设备应选用搪瓷或紫铜釜，并要求车间无尘。

## 8.2 紫胶

### 8.2.1 紫胶虫和紫胶原胶

#### 8.2.1.1 紫胶虫

紫胶虫是一种微小的广食性昆虫。紫胶虫分泌的紫胶树脂把自己包围起来形成胶壳，起保护作用，紫胶虫则在胶壳内生长发育。寄主植物的种类丰富，全世界约有350种，中国近300种，生产上常用约30种，其中优良种类为13种，如钝叶黄檀、思茅黄檀、南岭黄檀、木豆等。

#### 8.2.1.2 紫胶原胶

紫胶原胶的质量体现在原胶的色泽、颜色指数、厚度、水分、热乙醇不溶物和热硬化时间等指标上。原胶的外观色泽越浅、颜色指数越低、原胶胶被厚度越大、热乙醇不溶物含量越低，质量越好。水分反映原胶的干湿程度。过高的含水量是导致原胶发霉、结块、变质的主要原因。热硬化时间反映原胶热塑性能。影响原胶热硬化时间的主要因素是：贮存时间、温度以及结块霉变。贮存期越长,温度越高,热硬化时间就越短。

## 8.2.2 紫胶的组成及理化性质

### 8.2.2.1 紫胶的组成

紫胶的主要成分是树脂(约占原胶的65%~80%)、蜡质(5%~6%)和色素(0.6%~3%),还有水分(1%~4%)、水溶物(2%~6%)和以虫尸为主的杂质(6%~18%)等,含量随寄主、产地和采收季节等变化。

### 8.2.2.2 紫胶的物理性质

(1)紫胶的一般物理性质

紫胶是强氢键树脂,溶液能生成强韧的连续膜,有很强的黏着力和较好的强度,坚硬、耐磨,膨胀系数在46℃时突变:从100℃冷却到46℃时收缩大,而在46℃以下收缩很小。紫胶电绝缘性好,对紫外线稳定,有良好热塑成型性和热硬化性,还有耐酸、耐油、无味、无臭、无毒的优点。

(2)紫胶的溶解性

紫胶在强氢键溶剂(如低碳醇)中溶解最好,醇对紫胶的溶解力随醇的碳链加长而降低。紫胶也溶于低碳的羧酸、醛和酮以及胺中,而在酯类碳氢化合物和卤代烃中不溶解。

紫胶在稀溶液中呈分子状态,浓度增大时发生集聚作用,黏度增大。用双溶剂溶解紫胶,溶液黏度大幅度下降。紫胶是酸性树脂,易溶于碱性水溶液中。

### 8.2.2.3 紫胶树脂

紫胶树脂主要是由羟基脂肪酸和羟基倍半萜烯酸构成的聚酯混合物,平均相对分子质量在1000左右,每个平均分子中含有1个羧基、5个羟基和1个醛基。紫胶树脂经碱水解,会发生差向异构化和康尼查罗反应而产生一种复杂的酸混合物。研究紫胶树脂化学结构时,常用乙醚将紫胶树脂分成两部分,可溶部分称为"软树脂",不溶部分称为"硬树脂"。从"软树脂"中分离出4种主要酯类,并已确定为:紫胶壳脑醛酸酯Ⅰ、壳脑醛酸酯Ⅰ、紫胶壳脑醛酸酯Ⅱ、壳脑醛酸酯Ⅱ,还分离出紫铆醇酸,结构式如图8-2所示。

"硬树脂"约占紫胶树脂70%,主要成分是1个分子紫胶壳脑醛酸、3个分子壳脑醛酸和4个分子紫胶桐酸组成的内酯和交酯,其结构式如图8-3所示。

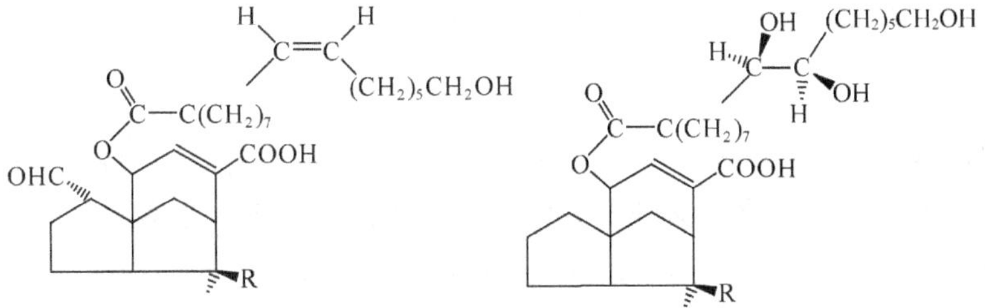

紫胶壳脑醛酸酯Ⅰ,R=CH₃
壳脑醛酸酯Ⅰ,R=CH₂OH

紫胶壳脑醛酸酯Ⅱ,R=CH₃
壳脑醛酸酯Ⅱ,R=CH₂OH

$CH_3(CH_2)_7CHOH(CH_2)_4COOH$
Ⅲ.紫铆醇酸

**图8-2 紫胶"软树脂"主要成分结构式**

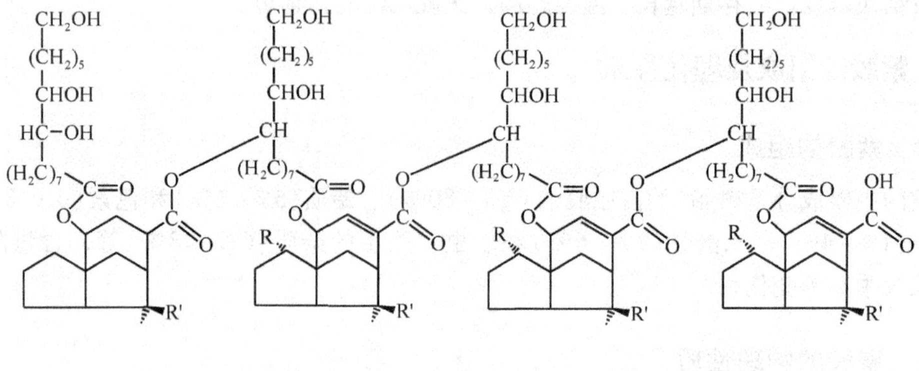

R= CHO或COOH, R'=CH₂OH或CH₃(平均每4个单体中有3个R= CH₂OH)
XV. 硬树脂的结构

图 8-3 紫胶“硬树脂”结构式

**1）紫胶树脂的水解反应**

紫胶树脂用苛性碱皂化后，以酸沉淀得到的黏性物质，称为水解紫胶。从中分离获得了紫胶桐酸、壳脑酸、紫铆醇酸、表壳脑酸、壳脑醇酸、表壳脑醇酸、壳脑醛酸、紫胶壳脑酸、表紫胶壳脑酸、紫胶壳脑醛酸等，部分结构式如图 8-4 所示。紫胶桐酸是合成香料、药物和胶黏剂的原料。

紫胶桐酸
壳脑酸
表壳脑酸，R= COOH
壳脑醛酸，R= CHO
表壳脑醇酸，R= CH₂OH
壳脑醇酸
紫胶壳脑醇酸
表紫胶壳脑酸，R= COOH
紫胶壳脑醛酸，R= CHO

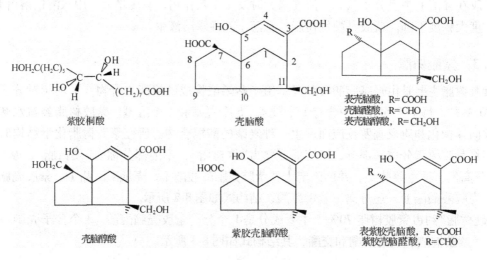

图 8-4 紫胶树脂水解产物分离部分成分结构式

**2）紫胶树脂的酯化反应**

紫胶游离羧基和羟基可分别用醇和酸酯化。紫胶醇溶液（特别是漂白胶液）存放过久涂膜变软就是羧基部分乙酯化造成的。醇酯化的紫胶曾用作某些树脂的增塑剂和助黏剂。用低碳酸酯化紫胶所得的酯具有黏性，而紫胶树脂的月桂酸和硬脂酸酯则为蜡状。

**3）紫胶树脂的接枝共聚反应**

紫胶树脂在氨溶液中，在氧化还原型催化剂作用下，萜烯酸叔碳原子上生成氢过氧化物分解，生成游离基与乙烯型单体生成接枝共聚物。HO· 的生成会影响单体的均聚，生成紫胶均聚物与接枝共聚物的混合物，如图 8-5 所示。在接枝共聚过程中，需加入高铁离子，以消除 HO·游离基、阻止紫胶均聚物的生成。紫胶接枝共聚物涂膜，附着力强、坚韧抗水，且有高度光泽。

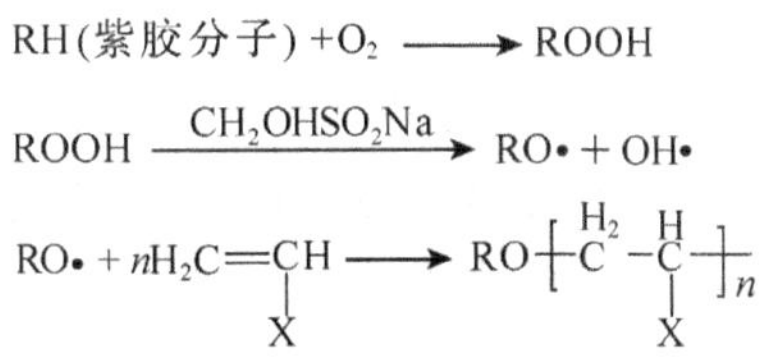

#### 4) 聚合作用

（1）紫胶的老化

紫胶在贮存期中因聚合作用分子逐渐变大，软化点升高，热寿命缩短，最后甚

$$RH(紫胶分子)+O_2 \longrightarrow ROOH$$
$$ROOH \xrightarrow{CH_2OHSO_2Na} RO\cdot + OH\cdot$$
$$RO\cdot + nH_2C=CH\underset{X}{} \longrightarrow RO\underset{}{\left[\underset{X}{\overset{H_2}{C}}-\underset{X}{\overset{H}{C}}\right]_n}$$

**图 8-5　紫胶树脂与乙烯型单体的接枝共聚反应**

至变为不熔的三维网状结构的聚合物。在温度和湿度高的条件下尤为严重。紫胶贮存性质与加工程度有关，原胶老化快，粒胶次之，片胶贮存期最长，漂白胶因含结合氯，释放出氯化氢与水汽结合，催化树脂聚合，通常漂白胶只能存放 5~10 个月。

（2）紫胶的热聚合

紫胶的热聚合首先是分子间反应，通过半缩醛生成线型聚合体，进而形成网状结构。通常认为聚合过程可分为 ABC 三个阶段：新鲜紫胶能熔化和溶于酒精时属 A 阶段；受热逐渐变为橡胶状，但仍能溶于酒精时属 B 阶段，由 A 到 B 的转化时间称为热硬化时间（或称热寿命）；继续受热时，分子内基团（主要是羟基）之间发生反应形成网状结构，进入 C 阶段，由 B 到 C 的过程称为熟化时间。

紫胶树脂受热过程中，热寿命不断缩短、软化点逐步提高，平均相对分子质量不断增大。受热初期树脂主要是线性聚合，聚合到一定程度后，曲线突然变化，说明出现了网状结构。热寿命 3~5min 的紫胶不仅有较高软化点（不易结块），其溶液也有较好使用黏度。漆膜的耐热、耐水、耐腐蚀性，机械程度也都比较好，并能满足某些特殊用途的要求。

紫胶热聚合反应的速度可用化学试剂加以控制，一般地说，酸类物质加速聚合而碱性物质则起延缓作用。紫胶聚合生成不溶物质而失去使用价值，但聚合过程是可逆的。向聚合紫胶分子中加水可使之解聚，重新获得可溶可熔性。

### 8.2.2.4　紫胶蜡质

紫胶蜡质可分为热乙醇可溶部分（约占 80%）和热乙醇不溶（苯可溶）部分（约占 20%）。主要是醇类（约 77%）、酸类（约 21%）和碳氢化合物（约 2%）。

醇类主要是 $C_{28}$ 醇（66.6%）、$C_{30}$ 醇（21.0%）和 $C_{32}$ 醇（9.0%），少量 $C_{34}$ 醇（2.8%）和 $C_{26}$ 醇（0.6%），没有发现奇数碳原子醇。蜡中含醇量大大超过含酸量说明游离醇含量高，酸有偶数碳原子酸 $C_{28~34}$，只有痕量奇数同系物存在，碳氢化合物中 $C_{27}$ 烷和 $C_{29}$ 烷为主要组分，并有小量 $C_{31}$ 烷和偶数碳氢化合物。

紫胶蜡的击穿电压比紫胶树脂高。放置一段时间会发生轻微变质，如出现轻微熔点下降和硬化等。30~100℃ 有 16% 体积收缩。

### 8.2.2.5　紫胶色素

紫胶色素分为两类：溶于水的色素为紫胶色酸（又称紫胶红色素），在原胶中约占 1.5%~3%，主要存在于紫胶虫体内，可能以钠盐或钾盐形式存在，在紫胶加工中几乎完全被水洗出；不溶于水的色素叫红紫胶素（又称紫胶黄色素），含量较少，约 0.1%，在紫胶加工过程中，与树脂同溶于乙醇溶剂中，是紫胶树脂产品呈现黄色、橙色或棕色的主要原因。

(1) 紫胶色酸

紫胶色酸是一些蒽醌衍生物,已知的紫胶色酸 A、B、C、D、E 五种,其结构如图 8-6 所示。一般 A、B 为主要组分,D、E 含量相对较少。表观性状为鲜红色粉末,溶于水后呈橙红至紫红色不等,理化性质稳定,是食品、医药、化妆品及纺织品行业的优良着色剂。

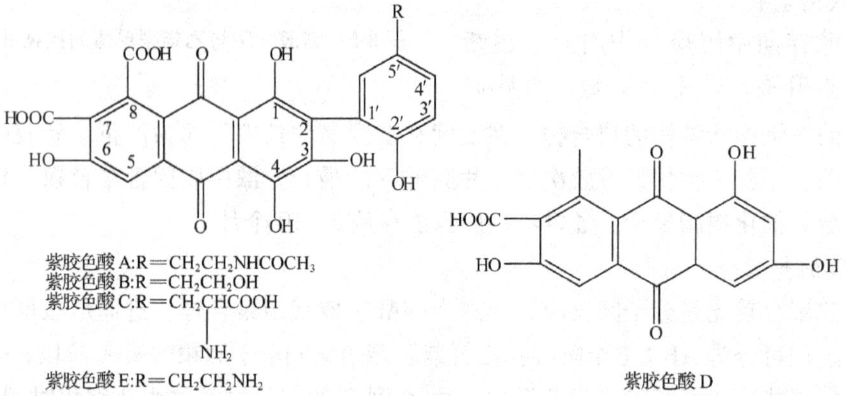

紫胶色酸 A:R=CH$_2$CH$_2$NHCOCH$_3$
紫胶色酸 B:R=CH$_2$CH$_2$OH
紫胶色酸 C:R=CH$_2$CHCOOH
                NH$_2$
紫胶色酸 E:R=CH$_2$CH$_2$NH$_2$

紫胶色酸 D

**图 8-6 紫胶色酸结构式**

紫胶色酸微溶于水,易溶于碱、甲醇、乙醇、丙醇、丙酮,溶于甲酸后结晶良好,不溶于醚、三氯甲烷、苯等。热稳定性好,180℃ 开始分解。pH 值 4.5 以下为橙黄色,pH 值 4.5~5.5 为橙红色,pH 值 5.5 以上为紫红色,pH 值 12 以上放置则褪色。与蛋白质或铁离子反应变成紫蓝色、容易与碱金属之外的金属离子生成有色沉淀。

(2) 红紫胶素

红紫胶素不溶于水,而溶于乙醇等所有紫胶溶剂中,是成品片胶颜色的主要来源。可溶于乙醚等溶剂,可以被亚硫酸钠破坏。最先发现了红紫胶素(a),后来又相继发现了脱氧红紫胶素(b)和异红紫胶素(c),结构式如图 8-7 所示。

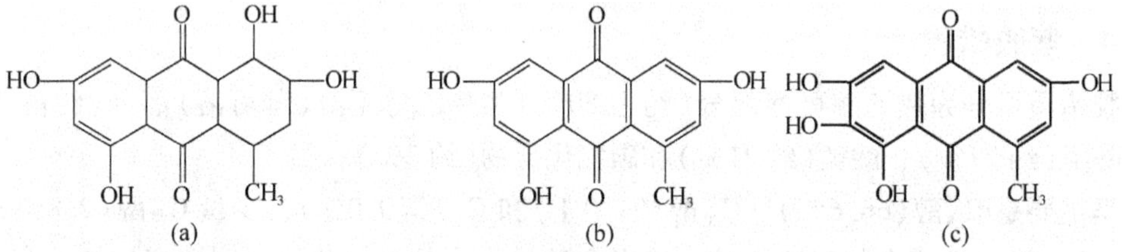

(a)　　　(b)　　　(c)

**图 8-7 红紫胶素结构式**
(a)红紫胶素　(b)脱氧红紫胶素　(b)异红紫胶素

## 8.2.3 紫胶的加工

紫胶原胶中含大量虫尸、树枝和泥沙等杂质,需经加工精制后才能利用。

### 8.2.3.1 粒胶的加工

印度和泰国的粒胶产量占世界的 80% 以上,其加工方法多为:原胶经破碎、筛分去树枝等杂质后,合格的胶粒送入洗色桶洗色。在洗色桶中用直径 0.178mm(80 目)金属丝网防止胶粒随水流出。每次投料为 1t,有时加入 0.2% 碳酸钠作为助洗剂,浸水后开动搅拌,待浸胀的虫尸被运动的胶粒磨碎后,调节进出水量进行漂洗,洗好后晾晒或烘干,干燥的粒胶经筛分,除去细粉胶和杂质。在合格的粒胶中掺入一定比例细粉胶,调配成不同规格的商品粒胶出售,多余的细粉胶另作处理。

### 8.2.3.2 紫胶色素的回收与利用

紫胶原胶中的水溶性色素,在粒胶加工过程中,大部分溶解于洗水中,可以回收并加以精制利用。

在洗色水中加入稀酸把 pH 值调到 4.5 以下,使蛋白质和树脂等杂质沉淀分离,在清色水中加入氯化钙,并将 pH 值调至弱碱性使色素钙盐沉淀,过滤分离色素钙盐,用盐酸酸化色素钙盐使生成色素并在母液中结晶,将结晶色素取出,洗净、烘干、磨碎过筛即得成品。

### 8.2.3.3 紫胶片的加工

(1) 热滤法片胶的加工

该方法是在密封的容器内通蒸汽加热夹套和列管使粒胶熔化,然后用压缩空气将熔化的胶压滤出来,经双辊压片机(炼胶机)制成片胶。

(2) 溶剂法片胶的加工

在溶胶釜中用乙醇在室温下在缓慢搅拌下溶解粒胶,过滤后在蒸胶釜中蒸馏回收乙醇,蒸干的胶经双辊压片机压制成片。溶剂法的优点是滤渣少,片胶得率高;缺点是车间要防火防爆,建设费用提高,损耗乙醇会提高成本,而且乙醇不易蒸干,片胶软化点低,易结块。

### 8.2.3.4 脱蜡胶的生产

原胶中含蜡6%以上,普通片胶中含蜡不到5%,蜡质作为紫胶树脂的天然增塑剂和增亮剂在许多用途上是有益的,但某些用途要求紫胶溶液均相透明,则需要脱除蜡质。生产脱蜡胶有3种方法:

(1) 控制乙醇温度和浓度的脱蜡法

蜡质在乙醇中的溶解度随乙醇浓度和温度的升高而增加,在18℃的浓乙醇和25℃的稀乙醇中紫胶蜡基本不溶解,可将蜡过滤除去。

(2) 沉降脱蜡法

用4倍原胶量的浓乙醇在40~50℃下溶解粒胶,在澄清槽中静置10多个小时后,放出上层清液过滤,蒸干压片即得产品。残渣用于回收蜡质。

(3) 溶剂萃取法

用乙醇和汽油两种溶剂加热萃取粒胶,或用汽油加热萃取乙醇清液,经40~50h澄清,下层为脱蜡胶液,可放出制成脱蜡片胶,上层为含蜡汽油层,中层为悬浮蜡粒,均用于回收紫胶蜡。

### 8.2.3.5 脱色胶的生产

加工粒胶时,大部分水溶性色素已被洗掉,粒胶中还含有水不溶色素和少量水溶性色素。我国原胶颜色深、变色快,无论是热滤法还是溶剂法都生产不出浅色的、颜色稳定的片胶,只有通过活性炭脱色或次氯酸钠漂白才能生产出浅色的、颜色稳定的产品。

#### 8.2.3.6 由原胶直接制片胶

将原胶加工成粒胶,再加工成片胶,两个步骤都会损失紫胶树脂。若用乙醇直接萃取未破碎的原胶来制取片胶,不仅省去了粒胶加工过程,得率可达 80%,比传统方法提高 10%~20%;而且,如果辅以活性炭脱色,可从原胶直接制取颜色浅且不变色的片胶。印度紫胶研究所于 20 世纪 70 年代进行了原胶直接制脱色片胶的中试试验,其工艺流程如图 8-8 所示。

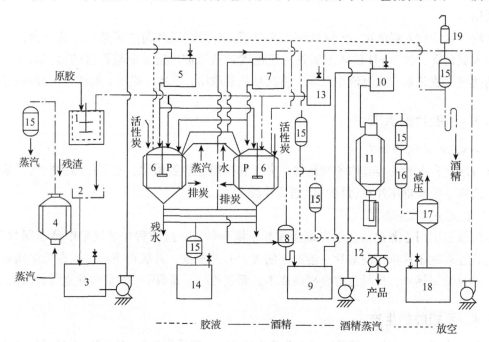

**图 8-8 用原胶直接制备脱色胶工艺流程图**(引自贺近恪,李启基等,2001)
1. 溶胶釜 2. 滤槽 3. 原胶液贮槽 4. 烘渣釜 5. 原胶液计量槽 6. 脱色过滤釜 7. 中间贮槽
8. 分离器 9. 脱色胶液贮槽 10. 高位槽 11. 薄膜蒸发器 12. 压片机 13. 酒精计量槽
14. 稀酒精贮槽 15. 冷凝器 16. 冷却器 17. 贮槽 18. 酒精贮槽 19. 阻火器

(1) 原胶的萃取

将 0.5t 原胶装入内部衬有不锈钢丝网套的溶胶釜中,加 2 倍的乙醇充分浸泡后,略加搅拌,使树脂全部溶解。将胶液放入贮槽中,用乙醇清洗网套中的虫尸和杂质(10%~20%)二次,洗渣乙醇也放入贮槽中。

将带 30%乙醇的以虫尸为主的杂质取出,装入烘渣釜中,在夹套中通蒸汽并从釜底通入活汽,冷凝的水分取代虫尸上的乙醇,乙醇汽化上升,蒸汽从顶部出来经冷凝器回收,大部分乙醇的浓度在 90%以上,到冷凝的乙醇浓度降低到 80%时,虫尸上的乙醇已基本被水所取代了,回收的乙醇可用于溶胶,从釜中取出潮湿的虫尸,晾干后保存供回收色素用。

(2) 原胶制含蜡胶液的脱色

贮槽中含蜡的原胶溶液在脱色釜中用活性炭脱色,可得到含蜡脱色紫胶片。

(3) 原胶制脱蜡脱色片胶

贮槽中的胶液经压滤机过滤脱蜡后,再投入脱色釜中脱色,可制成脱蜡脱色片胶。

### 8.2.3.7 漂白胶的生产

粒胶中含有色素，直接加工成片胶颜色较深，影响利用。活性炭脱色制成的脱色胶可以制成浅色清漆，但因含残留色素，其碱性水溶液颜色深暗，故不宜用作合成树脂的碱溶组分。唯有用化学方法彻底破坏色素，才能得到浅色的紫胶碱性溶液。在世界紫胶用量中，漂白胶的用量早已超过50%。常用的方法是次氯酸钠漂白法。

漂白胶的基本生产工艺是先将粒胶溶于碳酸钠溶液中，过滤并冷却后，用稀次氯酸钠溶液漂白，然后用稀酸酸化，析出的白胶经过滤和水洗后，经过烘干即得产品，在生产脱蜡漂白胶时，漂白前先进行脱蜡处理。

漂白胶贮存期短，是因为加成到紫胶树脂上的结合氯在存放期中，容易以氯化氢的形式脱落下来，遇到湿气就成了紫胶树脂聚合的催化剂。为此，可以在漂白之后进行脱氯处理，降低产品贮存时的返黄趋势。

### 8.2.4 紫胶产品的理化常数

紫胶产品的普通物理性质、机械性质和化学性质分别见表8-1至表8-3。

**表8-1 普通物理性质**

| 指标 | 数值 | | |
|---|---|---|---|
| | 片胶 | 脱蜡胶 | 漂白胶 |
| 相对密度 | 1.143~1.207 | | 1.110~1.196 |
| 折射率(20℃) | 1.5210~1.5272 | 1.5228 | 1.520(23℃) |
| 温度系数 | -0.000112~0.000210(20~40℃) | -0.000200(20~30℃) | |

**表8-2 机械性质**

| 指标 | | 数值 | | |
|---|---|---|---|---|
| | | 片胶 | 脱蜡胶 | 漂白胶 |
| 黏附力(MPa) | 对于钢 | 22.06 | | |
| | 在光学平面上 | 44.13 | | |
| | 对于铜 | 22.75 | | |
| | 对于黄铜 | 17.24~22.75 | | |
| | 对于玻璃 | | 7.58 | 6.69 |
| 弹性模数(15~20)(kg/cm$^2$) | | 13.5×10$^3$ | | |
| 极限拉力(20℃)(kg/cm$^2$) | | 132 | | |
| 硬度(kg) | 肖氏 | 60~61 | | |
| | 白氏 | 18.1~19.1 | | |

**表8-3 化学性质常数**

| 指标 | 数值 | | | |
|---|---|---|---|---|
| | 片胶 | 漂白胶 | 硬树脂 | 软树脂 |
| 酸值(mgKOH/g) | 65~75 | 73~118 | 55~60 | 103~110 |
| 皂化值(mgKOH/g) | 220~230 | 176~276 | 218~225 | 207~229 |

(续)

| 指 标 | | 数 值 | | | |
|---|---|---|---|---|---|
| | | 片胶 | 漂白胶 | 硬树脂 | 软树脂 |
| 酯值(mgKOH/g) | | 155~165 | 113~158 | 163~165 | 104~119 |
| 羟基值 | | 250~280 | | 235~240 | 116~117 |
| 碘值 | Wijs1h | 14~18 | 10~11 | 11~13 | 50~55 |
| | Huebl | 8~12 | | | |
| 硫氰值 | | 18~20 | 9~11 | | |
| 羰基值 | 亚硫酸钠法 | 7.8~27.5 | | 17.6[①] | 17.8[①] |
| | 盐酸羟胺法 | 1.6~23 | | | |
| | 碱性过氧化氢法 | 35~65 | | | |
| 相对分子质量 | 兰斯特法 | 1006 | 947 | 1900~2000 | 513~556 |
| | 渗透压法 | | | 1800~1857 | 480~489 |
| | 酸值与碱性法 | | | 1918~1932 | 535 |

注:① 指修正值。

## 8.2.5 紫胶的利用

紫胶具有绝缘、耐高电压、防潮、防锈、防紫外线、耐酸、耐油、易干、可塑性强、固色性好、化学性稳定、黏合力强等优良特性,广泛用于电气、五金、塑料、橡胶、机械、油漆、印刷、医药等行业,是迄今为止化学合成物质所不能完全代替的重要工业原料。由于合成树脂的快速发展和紫胶产量的下降,紫胶的许多用途都已由合成树脂所取代,但在以下几个方面紫胶仍深受欢迎。

### 8.2.5.1 紫胶在食品工业中的应用

紫胶是一种天然树脂,对人无毒无刺激性,是一种重要的食品添加剂。它不但可以为食品行业提供可靠的涂层系统,而且紫胶膜可用于封装食品和需要屏蔽异味的产品、食物黏合剂、水果及食品保鲜剂等。

### 8.2.5.2 紫胶在医药工业中的应用

紫胶在医药方面的应用历史悠久,可利用紫胶树脂耐酸不抗碱的特点,制备不溶于胃而溶于肠的肠溶性片剂包衣。

### 8.2.5.3 紫胶在日用化工中的应用

紫胶作为一种纯天然树脂组分可应用于日用化工行业,如护发剂及洗发水和指甲油等化妆品中。紫胶具有抗紫外线辐射的功能,同时能够增加防晒油、防晒乳液、晒后保养油、防晒凝胶等防晒化妆品在水中的稳定性。

### 8.2.5.4 紫胶用于木器

紫胶清漆制备容易、使用方便、漆膜干燥快、光泽好、透明、附着力强、有弹性,对木材分泌物有良好封闭作用，易于保持表面干净，对挥发分的封闭还使木材不易变形。长期以来，被广泛用于家具、地板、门窗、家用电器外壳等。

## 8.3 天然橡胶

### 8.3.1 天然橡胶的产胶植物

已知全世界有20多科900属12500种植物含有乳汁，其中含有橡胶成分的约2000种，它们含胶量都有所不同，采制橡胶的难易差别也大，适于不同方法进行商业性开发利用的种类不多。本节以巴西三叶橡胶树、银胶菊、橡胶草为例，介绍天然橡胶的原料、提取、加工和利用。

#### 8.3.1.1 三叶橡胶树

三叶橡胶树[*Hevea brasiliensis* (Willd. ex A. Juss.) Muell. Arg]又称巴西橡胶树、巴西三叶橡胶树，在植物分类上属于大戟科(Euphobiaceae)橡胶树属(*Hevea*)巴西橡胶树种(*Hevea brasiliensis*)，属高大乔木，茎干通直，高可达30m。有丰富乳汁，各器官都含胶，但仅利用茎干树皮割取胶乳。胶乳通常白色，产量高，品质好。巴西三叶橡胶树原产巴西、秘鲁、玻利维亚以及哥伦比亚的南部，有很多栽培品种，是世界商业性栽培的唯一种类。橡胶树的生长发育分为5个阶段：从播种、发芽到开始分枝阶段，需要1.5~2年的时间(2树龄前)，称为苗期；从分枝到开割阶段，要4~5年(约3~7树龄)，称为幼树期；从开割到产量趋于稳定的阶段，需要3~5年的时间(约8~12树龄)，称为初产期；从产量稳定到产量明显下降，大约持续20~25年(约12~35树龄)，称为旺产期；从产量明显下降到失去经济价值阶段，称为降产衰老期(约35树龄以上)。

#### 8.3.1.2 银胶菊

银胶菊(*Parthenium hysterophorus* A. Gray)为菊科(Compositae)银胶菊属(*Parthenium*)植物。原产墨西哥中北部和美国得克萨斯州西南部，其橡胶产物称为银胶菊橡胶。1876年墨西哥开始研究银胶菊的实用价值。20世纪初作为天然橡胶来源之一而引人注目。1988年美国在亚利桑那州Sacaton设厂提取银胶菊橡胶。

银胶菊为半荒漠地区矮灌木，适生条件为年平均气温15~20℃，年降水量280~640mm，土壤为排水良好，pH值7~8的沙性土。成龄植株高50~70cm，根特发达。单株干重500~900g，含胶6%~10%，胶含于薄壁细胞中。茎和枝的含胶量占全株的2/3，皮层含胶为木质部的3~4倍，其余的1/3含于根内，根皮含胶比木质部高11倍。一般说来，植株生长旺盛，橡胶积累缓慢，相反，生长缓慢，橡胶积累快。对2年生植株进行收获较好，如兼收树脂，也可延迟到4年生时收获。收割后的材料尽快送工厂加工，因为在贮藏过程中，橡胶会发生降解、相对分子质量降低、质量下降。

#### 8.3.1.3 蒲公英橡胶草

橡胶草(*Taraxacum kok-saghyz* Rodin，TKS)又名俄罗斯蒲公英、青胶蒲公英，为菊科蒲公英属的一种多年生草本植物。原产于哈萨克斯坦、欧洲以及我国的新疆等地，在我国的东北、华北、西北等地区也有分布。第二次世界大战期间，橡胶草在前苏联、美国、西班牙、英国、德国、瑞典等国广泛种植。目前，中亚地区、俄罗斯、北美和欧洲都有橡胶草分布。我国的新疆、甘肃、陕西、河北、东北、华北、西北等地也均有过栽培史。橡胶草适应性很强，在干旱、盐碱等地上仍可良好生长，在平原、高山、坡地上都能正常生长，经常生长在盐碱化草甸、河漫滩草甸及农田水渠边。野生的橡胶草含有4%~5%的高质量天然橡胶，这些橡胶成分存在于橡胶草植株的乳汁管和维管束之中。

橡胶草生长迅速，容易种植以及收获，能快速满足市场需求，适合高效、合理的田间作物轮作机制。为生产橡胶而栽培的橡胶草，生长一年或两年即可收获，是一种较为理想的产胶植物。橡胶草的形态与一般蒲公英类似，但橡胶草根，折断后在断口上有橡胶丝出现，是橡胶草的特征。新鲜的根折断或擦伤后有白色的乳浆流出来。橡胶主要存在于橡胶草的根内，其根为直根，略微肉质化，支根数量不一。蒲公英橡胶就是从橡胶草根中提取出来的，含量在2.89%~27.89%之间。橡胶草的产胶量与种子的类型及栽培地区的环境有很大关系。生长期不同的橡胶草含胶量差距较大，通常一年生橡胶草的含胶量不及多年生的高。

## 8.3.2 三叶橡胶的加工及性能

### 8.3.2.1 巴西三叶橡胶树的产胶和排胶

在现代优良品种商业性胶园，巴西橡胶树产量一般约为2000kg/hm$^2$。最高产的胶树品种可年产胶20kg以上。橡胶树的胶乳在乳管里形成，并贮藏在乳管内。一旦割断乳管或刺穿乳管壁，胶乳就涌流出来。胶乳从乳管流出的现象叫排胶。如同割脂，有计划、有控制地割掉适当部分树皮，切断其中乳管，使胶乳排流出来，称为割胶。

### 8.3.2.2 胶乳的成分及性质

从巴西橡胶树采集的胶乳是一种乳白色液体，其外观与牛奶相似，它是橡胶树生物合成的产物，其结构、成分十分复杂。鲜胶乳除含橡胶烃(顺式-1,4-聚异戊二烯)和水外，还有种类繁多的非橡胶物质。这些物质部分溶于水成为乳清；部分吸附在橡胶粒子上，形成保护层；另一部分构成悬浮于乳清中的非橡胶粒子。鲜胶乳中橡胶烃含量约20%~40%，水52%~75%，其他非橡胶物质含量，如蛋白质约1%~2%，类脂物1%左右，水溶物1%~2%，丙酮溶解物1%~2%，无机盐0.3%~0.7%。非橡胶物质虽然数量较少，但对胶乳的性质、生胶的工艺性能和应用性质却影响很大。

(1) 橡胶烃

橡胶烃是指纯的橡胶，系异戊二烯($C_5H_8$)的线型顺式聚合物，分子式为：$\mathrm{{+}C{-}C{=}C{-}C{+}_n}$（含$H_2$、$H_2$、$H$、$CH_3$），重均相对分子质量范围是$3.4 \times 10^6 \sim 10.17 \times 10^6$。由于构成此聚合物的主链上含有很多σ电子组成的C—C单键，其两个C原子可绕单键自由旋转，故使橡胶具有良好的弹性。此主链又含有一定的由σ键与π键共同组成的C=C双键，因此双键容易极化，极化后使邻近的基团(特别是α-位的次甲基)变得非常活泼，故容易硫化和改性。但由于π键键能较小，容易断裂，造成双键不稳定，化学活性大，故又使天然胶不太耐热和不耐氧化。尽管在双键中的π电子云是无轴对称性的，不能旋转，但由于它隔开了邻近的单键，又减少了这些单键旋转时的互相干扰,故天然橡胶仍不失为弹性优良的橡胶。

(2) 水

水在鲜胶乳中含量最多,约占胶乳重的52%~75%。一部分水分布在胶粒与乳清界面,形成一层水化膜,使胶粒不易聚结,起着保护胶粒的作用;另一部分水与非橡胶粒子结合,构成它们(特别是黄色体)的一些内含物;其余大部分水则成为非橡胶物质均匀分布的介质,构成乳清。因此,水是胶乳分散体系中整个分散介质的主要成分。胶乳含水量的多少,对胶乳性质特别是稳定性有一定的影响。在其他条件相同的情况下,胶乳含水越多,意味着胶粒之间的距离越大,互相碰撞的频率越低,稳定性越高。鲜胶乳本身的含水量对制胶生产也有较大影响。用含水多的鲜胶乳生产离心浓缩胶乳,不仅干胶制成率低、劳动工效也低,用来生产生胶,则所得产品的纯度往往较低。为了有利于制胶产品的贮存、运输和进一步加工,在制胶过程中要尽量除去鲜胶乳所含的水分。

(3) 非橡胶物质

鲜胶乳中除了橡胶烃和水外,还含有约5%的非橡胶物质。这些物质虽数量不多,但种类繁杂,对胶乳工艺性能和产品性能均有不同程度的影响。根据它们的化学性质,大体上可分为以下几类。

① 蛋白质　鲜胶乳的蛋白质含量占胶乳重的1%~3%,其中约有20%分布在胶粒表面,是胶粒保护层的重要组成物质;65%溶于乳清;其余以黄色固体粒子的形式存在。天然橡胶因其中含有致敏蛋白,能够引起过敏性反应。橡胶树所产生的蛋白质,至少有62种橡胶树抗原与I型胶乳过敏有关。

② 类脂物　鲜胶乳中的类脂物由脂肪、蜡、甾醇、甾醇酯和磷脂组成。这些化合物都不溶于水,主要分布在橡胶相,少量存在于底层部分和由脂肪及其他类脂物组成的非橡胶粒子中。胶乳含类脂物总量约0.9%。其中,大部分(0.6%)是磷脂。胶乳磷脂的表面活性度很高,它是类脂物中与蛋白质形成胶粒保护层的主要物质,对保持鲜胶乳稳定性起着重要作用。

③ 丙酮溶物　胶乳里能溶于丙酮的物质,统称丙酮溶物。胶乳的丙酮溶物含量占1%~2%。其主要成分有油酸、亚油酸、硬脂酸、甾醇、甾醇酯、生育酚等。脂肪酸对橡胶起物理软化作用,使橡胶塑炼时容易获得可塑性。甾醇和生育酚则是橡胶的天然防老剂。

(4) 细菌

胶乳中的细菌不是胶乳本身固有的,而是从周围环境感染而来。胶树开割后由于胶刀的污染,细菌可从割口进入乳管。因此,从胶树刚收集的胶乳往往也含有细菌。细菌污染较严重的胶树,不仅所产胶乳含菌量多,割胶后排胶时间较短,一般产量也低。对割口进行抗菌处理,可使胶树增产,所得胶乳的细菌含量减少,颜色增白,产胶量提高。

(5) 酶

酶是具有特殊催化作用的蛋白质。鲜胶乳中的酶,部分是固有的、部分是外界感染的细菌所分泌,包括凝固酶、氧化酶、过氧化酶、还原酶、蛋白分解酶、尿素酶、磷脂酶等。凝固酶能促使胶乳凝固;氧化酶能使类胡萝卜素氧化而颜色加深;蛋白酶能使蛋白质分解产生氨基酸等。尿素酶能使加入的少量尿素分解为氨和二氧化碳而产生明显的氨味。

酶是一种蛋白质,凡能使蛋白质变性的因素,如热、浓酸、浓碱、紫外线等都可使其变性而失去活力。据此对胶乳酶可以进行控制和利用。

(6) 水溶物

胶乳中能溶于水的一切物质,统称水溶物。鲜胶乳的水溶物以白坚木皮醇(甲基环己六醇)含量最多,还有少量环己六醇异构体、单糖、二糖以及一些可溶性无机盐、蛋白质等。水溶物含量占胶乳的1%~2%,主要分布在乳清相。水溶物具有较强的吸水性,能促使橡胶和橡胶制品吸潮、发霉,导致绝缘性降低。

从胶树流出的胶乳,不含挥发性脂肪酸,但它所含的糖类受微需氧细菌的代谢作用后会产生乙酸、甲酸、丙酸等水溶性挥发脂肪酸,可根据这些酸含量判断胶乳受细菌降解程度。

(7)无机盐

鲜胶乳的无机盐占胶乳重的0.3%~0.7%。其主要成分有:钾、镁、铁、钠、钙、铜、磷酸根等离子。无机盐大部分分布在乳清中,少量铜、钙、钾可能还有铁与橡胶粒子缔合。大量的镁则存在于底层部分。无机盐对胶乳稳定性和橡胶性能都有一定的影响。例如,钙、镁之类的金属离子是酶的活化剂,能增强酶的活动能力。镁和钙含量相对高时,会降低胶乳的稳定性。镁离子与磷酸根含量之比特别大时,胶乳稳定性往往很低。在这种情况下,如制造浓缩胶乳,除在鲜胶乳中加氨外需再加入适量可溶性磷酸盐,使过量的镁离子生成溶解度极小的磷酸镁铵沉淀而除去。铜、锰、铁都是橡胶的氧化强化剂,如含量过多,势必促进橡胶老化。无机盐含量多时,不但吸水性大,还会使硫化胶的蠕变和应力松弛增大。

### 8.3.2.3 标准橡胶(颗粒胶)的制备

在我国,标准橡胶目前只限于采用颗粒胶生产工艺生产的天然生胶。标准橡胶的造粒主要有锤磨法造粒、剪切法造粒和挤压法造粒。我国锤磨法造粒已发展成标准橡胶生产的主要方法,基本包括如下步骤:

①新鲜胶乳的离心沉降分离杂质 首先通过40目或60目过滤筛粗滤,在凝固前再用60目筛细滤或通过离心沉降器进行净化除杂。

②胶乳混合 为了提高产品性能的均一性,胶乳需最大限度地混合。

③氨含量测定 胶乳稀释至预先确定的浓度后,取样测定胶乳的氨含量。

④胶乳的凝固 是天然生胶生产的重要环节,胶乳的凝固条件、凝固方法不仅影响到机械脱水、干燥等后续工序,而且影响生胶的性能。胶乳的凝固方法可分为3类:加入酸、盐、脱水剂等凝固剂使胶乳凝固的化学法,其中酸类(如乙酸、甲酸和硫酸)是目前生产中普遍使用的凝固剂;用加热、冷冻或强烈机械搅拌使胶乳凝固的物理法;以及利用细菌或酶的作用使胶乳凝固的生物法。

⑤凝块的压薄 胶乳凝固后,形成凝块。凝块的厚度在10cm以上时,必须先经压薄机压薄,使厚度减少到5~6cm再送入绉片机进行压绉。

⑥凝块的脱水和压绉 主要通过绉片机(又称脱水机)完成。当凝块通过绉片机时,由于受到强烈的滚压和剪切作用,导致大量脱水且表面起绉。压出的绉片经锤磨机造粒后所得的粒子表面粗糙,表面积大,干燥时间较短。粒子间也不容易互相黏结,透气性好。

⑦绉片机/锤磨机造粒 其原理是利用高速转动的锤子具有的巨大动量,与进料绉片机压出的绉片接触的瞬间,把部分动量传递给胶料产生强烈的碰撞作用时胶料被撕碎成小颗粒。

### 8.3.2.4 三叶橡胶的结晶及理化性质

(1)三叶橡胶的结晶

天然橡胶最显著的特点是能够结晶,特别是应变诱导结晶。天然橡胶在未硫化状态时具有很强的自黏性和很高的生胶强度,在交联状态时又具有很高的拉伸强度和优异的耐龟裂和耐疲劳裂纹增长性能,这些特征都与天然橡胶的结晶有关。很多因素都能导致天然橡胶的结晶,其中最主要的是温度和应变作用,而天然橡胶的高顺式-1,4-异戊二烯构型是其结晶的根本原因。

(2) 一般物理学参数

天然橡胶一般物理学参数见表8-4。在各种橡胶材料中,天然橡胶的生胶混炼胶机械强度较高,这是因为:①天然橡胶是自补强型橡胶,在拉伸应力的作用下易发生结晶,晶粒分散在无定形大分子链中起到增强作用;②天然橡胶中含有一定量的由交联引起的不能被溶剂溶解的凝胶,包括松散凝胶和紧密凝胶,经过塑炼后松散凝胶被破坏,成为可以溶解的凝胶,而微小颗粒的紧密凝胶仍不能被溶解,分散在可溶性橡胶相中对提高强度有一定作用。

表8-4 天然橡胶一般物理学参数表

| 性能 | 数值 | 性能 | 数值 |
|---|---|---|---|
| 密度($g/cm^3$) | 0.913 | 折射率(20℃) | 1.52 |
| 内聚能密度($MJ/m^3$) | 266.2 | 燃烧热($kJ/kg$) | 44.8 |
| 体积膨胀系数($\times 10^{-4}/K$) | 6.6 | 热导率[$W/(m \cdot K)$] | 0.134 |
| 介电常数 | 2.37 | 体积电阻率($\Omega \cdot cm$) | $10^{15} \sim 10^{17}$ |
| 击穿强度($MV/m$) | 20~40 | 热比容[$kJ/(kg \cdot K)$] | 1.88~2.09 |

(3) 玻璃化转变

天然橡胶在特定的低温下冷冻会失去弹性,受到外力冲击时会如玻璃般粉碎,称之为玻璃化转变。在常温下,橡胶具有弹性,而在较高温度下,受外力拉伸时又会逐渐流动变长,发生黏流。橡胶的热力学性质对解释橡胶的加工和使用性能有着重要意义。

(4) 弹性

天然橡胶有非常好的弹性,具体表现为:①弹性变形大,最高可达1000%。而一般金属材料的弹性变形不超过1%,普遍在0.2%以下;②弹性模量小,高弹模量约为$10^5 Pa$。而一般金属材料弹性模量可达$10^{10} \sim 10^{11} Pa$;③弹性模量随绝对温度的升高呈正比增加,而一般金属材料的弹性模量随温度升高而降低;④形变时有明显热效应。当把橡胶试样快速拉伸(绝热过程),温度升高(放热过程);形变回复时,温度降低(吸热过程)。

(5) 动态力学性能

橡胶的动态力学性能涉及材料在周期性外力作用下的应力、应变和损耗与时间、频率、温度等之间的关系。考察橡胶材料的动态力学性能随温度、时间、频率和组成的变化,可以研究橡胶材料的玻璃化转变和次级松弛转变、结晶、交联、取向、界面等理论问题,还可用于解决实际的工程问题,如根据动态力学性能评价材料优劣,不断改进配方及工艺,从而研制出具有优良阻尼性能和声学性能、耐环境老化和抗疲劳破坏性能等的橡胶材料。

使橡胶试样拉伸达到给定长度所需施加的单位截面积上的负荷量,称为定应力(tensile stress at a given elongation, Se)。橡胶材料常见的定伸应力有100%、200%、300%、500%。试样拉伸至扯断时的最大拉伸应力称为拉伸强度(tensile strength, TS),又称扯断强度和抗张强度。

天然橡胶的动态力学性能与填充补强剂的品种和用量、橡胶与填料之间的相互作用、硫化过程以及其他配合剂等密切相关。

(6) 溶胀性能

溶剂分子可进入橡胶内部,使其溶胀,体系网链密度降低,平均末端距增加。溶胀过程可看作两个过程的叠加,即溶剂与网链的混合过程和网络弹性体的形变过程。耐溶剂性能是指橡胶抗溶剂作用(溶胀、硬化、裂解、力学性能恶化)的能力。

天然橡胶的溶胀同样遵循极性相似和溶解度参数相近原则,能溶于苯、石油醚、甲苯、己烷、四氯化碳等,但不溶于乙醇。

(7) 耐化学腐蚀性能

天然橡胶制品在与各种腐蚀性物质(如强氧化剂、酸、碱、盐和卤化物等)接触时,会发生一系列化学和物理变化,导致制品性能变差而损坏。

腐蚀性物质对橡胶的破坏作用,是其向橡胶内部渗透、扩散后,与橡胶中的活性基团(双键、酯键、活泼氢等)发生反应,引发橡胶大分子链中的化学键和次价键破坏,产生结构降解,导致性能下降甚至破坏。总体来讲,耐腐蚀橡胶应具有较高的饱和度、较少的活泼基团和较大的分子间作用力。另外,结晶结构有利于提高天然橡胶的化学稳定性。

通过以下措施,可以提高天然橡胶的耐腐蚀性能:①在橡胶表面形成一层防护层,降低腐蚀性物质向天然橡胶基体内部渗透扩散的速率,如:利用石蜡或聚四氟乙烯涂覆表面等;②在天然橡胶基体中加入能够与腐蚀性物质反应的助剂,抑制对橡胶基体的腐蚀;③对天然橡胶基体进行化学改性,减少活性基团;④降低天然橡胶制品的含胶率。

(8) 气密性

聚合物的气密性能与气体在聚合物中的溶解和扩散有关,这由两个方面的因素决定:一方面是聚合物体系中空洞的数量和大小,即所谓静态自由体积,决定着气体在聚合物中的溶解度;另一方面是空洞之间通道的形成频率,即所谓动态自由体积,决定着气体在聚合物中的扩散率。

天然橡胶分子链有较高的柔性,弹性好,且没有极性,因此气体在其中的溶解和扩散都较大,气密性能不够理想。作为空气主要组成部分的氮气,在天然橡胶中的溶解度为1.8g/100g 橡胶,扩散率为 $8 \times 10^{-10} m^2/s$。但由于其包括加工性能在内的综合性能良好,历史上曾一直是制备气密制品的主要材料。

(9) 吸水性

天然橡胶大多由高聚合度的碳、氢元素构成,本身是疏水性物质。因此,橡胶材料广泛应用于输水胶管、水密封件、雨衣、雨鞋、橡胶水坝、橡皮艇等。

天然橡胶含有电解质和蛋白质等水溶性杂质,而且分子链柔顺、自由体积大。虽然天然橡胶是疏水材料,但与其他橡胶相比,其吸水性较大。

(10) 耐疲劳性能

橡胶材料的疲劳破坏都是源于外加因素作用下,材料内部的微观缺陷或薄弱处的逐渐破坏。一般来讲,橡胶材料的动态疲劳过程可以分为 3 个阶段:第一阶段,橡胶材料在应力作用下变软;第二阶段,在持续外应力作用下,橡胶材料表面或内部产生微裂纹;第三阶段,微裂纹发展成为裂纹并连续不断地扩展,直到橡胶材料断裂破坏。

天然橡胶由于具有拉伸结晶性能,因此耐疲劳性能优异,特别是在较大变形条件下。天然橡胶的疲劳裂纹扩展速率常数低,具有很好的耐破坏性能,但其耐疲劳性能也受到硫化体系、增强体系和环境等影响。

(11) 耐磨耗性能

磨耗是指制品或试样在实验室或使用条件下因磨损而改变其重量或尺寸的过程。磨耗性能是橡胶制品的一项非常重要的指标,表征其抵抗摩擦力作用下因表面破坏而使材料损耗的能力。

根据接触表面粗糙度不同,橡胶的磨耗机理也不同,随着粗糙度增加,依次是疲劳磨耗、磨蚀磨耗和图纹磨耗。橡胶在光滑表面上摩擦时,由于周期应力作用,橡胶表面会产生疲劳,造成的磨耗称为疲劳磨耗。疲劳磨耗是低苛刻度下的磨耗,是橡胶制品在实际使用条件下最普遍存在的形式,不产生磨耗图纹,但在橡胶硬度较低或接触压力及滑动速率大于某一临界值时,橡胶表面起卷、剥离而产生高强度的磨耗,称为卷曲磨耗;这种磨耗是高弹材料特有的现象,会在橡胶表面形成横的花纹。橡胶在粗糙表面上摩擦时,由于摩擦面上尖锐点的刮擦,使橡胶表面产生局部的应力集中,并被不断切割和扯断成微小颗粒,这种磨耗和金属及塑料的磨耗相似,称为磨蚀磨耗,其特点是在磨损后的橡胶表面形成一条与滑动方向平行的痕带。随着苛刻度的增加(更尖锐的摩擦表面,更大的摩擦力,特别是更低的橡胶硬度),橡胶将产生剧烈的磨损,并且在和滑动方向垂直的方向产生一系列表面凸纹,叫做沙拉马赫图纹,这类磨耗称为图纹磨耗。

(12)撕裂强度

橡胶的撕裂是从橡胶中存在的缺陷或微裂纹处开始,然后渐渐发展至断裂。撕裂强度的含义是单位厚度试样产生单位裂纹所需的能量,同橡胶材料的应力—应变曲线形状、黏弹行为相关。需要指出的是,橡胶的撕裂强度与拉伸强度之间没有直接的联系,拉伸强度高的胶料,其撕裂强度不一定好。通常撕裂强度随断裂伸长率和滞后损失的增大而增加;随定伸应力和硬度的增加而降低。

(13)黏合性能

通常橡胶制品成型操作是将胶料或部件黏合在一起,因此橡胶的黏合性能对半成品的成型非常重要。同种橡胶两表面之间的黏合性能称为自黏性;不同种橡胶两表面之间的黏合性能称为互黏性。

橡胶黏合的本质是橡胶高分子链的界面扩散。扩散过程的热力学先决条件是接触物质的相容性;动力学的先决条件是接触物质具有足够的活动性。在外力作用下,使两个橡胶接触面压合在一起,通过一个流动过程,接触表面形成宏观结合。由于橡胶分子链的热运动,在胶料中产生微孔隙,分子链链端或链段的一小部分逐渐扩散进去,在接触区和整体之间发生微观调节作用。活动性高分子链端在界面间的扩散,导致黏合力随接触时间延长而增大。这种扩散最后造成接触区界面完全消失。因此,橡胶的黏合与压力、时间有关,接触压力越大、时间越长,黏合越好。

(14)电学性能

天然橡胶是非极性橡胶,是一种绝缘性较好的材料。绝缘体的体积电阻率在 $10^{10} \sim 10^{20} \Omega \cdot cm$ 范围内,而天然橡胶生胶一般为 $10^{15} \Omega \cdot cm$,脱蛋白纯化天然橡胶一般为 $10^{17} \Omega \cdot cm$。

### 8.3.2.5 三叶橡胶的改性及应用

现代科学技术的发展对橡胶制品的性能提出了更复杂、更高的要求,天然橡胶已不能满足使用要求。这就需要对天然橡胶进行改性,常见的改性包括物理改性(包括填料共混改性、聚合物共混改性)和化学改性(如硫化改性、卤化改性等)。

(1)填料共混改性

天然橡胶是一种由拉伸结晶所决定的自补强橡胶,填料对天然橡胶共混改性的最重要的目的是提高其定伸应力、耐磨性、小变形下的抗疲劳破坏性能等。除此之外,有时也为了提高其导电性、导热性、抗辐射性等。

传统理论认为橡胶增强剂有3个主要因素：粒径、结构性和表面活性，其中粒径是第一要素。增强剂的粒径越小、越与橡胶的自由体积匹配，自身的杂质效应越小、分裂大裂纹的能力越强；增强剂粒径越小，比表面积越大，表面效应（如小尺寸效应、量子效应、不饱和价效应、电子隧道效应等）越强，限制橡胶高分子链的能力也越强。

常用填料有：炭黑、硅微粉、陶土、石墨、硅藻土、碳酸钙等。

从理论上考虑，填料都可以提高橡胶基体的气密性能。因为填料本身不发生气体渗透，也不溶解气体，填料还能够增加气体分子透过时的绕行路径。因此，一般情况下橡胶基体的气密性能会随着填料用量的增大而提高，到达一定数值后趋于平衡。但填料对溶解度的贡献还需考虑填料与聚合物的结合情况。填料与聚合物结合较好时，气体在聚合物中的溶解度随填料体积分数增加而降低；填料与聚合物结合较差时，则会在聚合物中形成一些"界面空洞"，反而增加了气体在聚合物中的溶解度。有的活性填料有可能在其表面吸附气体分子，造成气密性下降。

填充体系对橡胶的电绝缘性能影响较大。炭黑能使电绝缘性能降低，特别是结构规整、大比表面积的炭黑，用量较大时容易形成导电通道，使电绝缘性能明显下降，因此在电绝缘橡胶中一般不采用炭黑。除少量用作着色剂外，一般不宜采用。

(2) 聚合物共混改性

聚合物共混（polymer blend）是将两种或两种以上的聚合物按照适当的比例，通过共混来得到单一聚合物无法达到的性能。聚合物共混不但使各组分性能互补，还可根据实际需要对其进行设计，以期得到性能优异的新材料。由于不需要新单体合成，无须新聚合工艺，聚合物共混改性是实现高分子材料高性能化、精细化、功能化发展新品种的重要途径。在橡胶工业中出现了橡胶和塑料共混使用，以便充分发挥橡胶和塑料的优良性能而克服其不足之处，取得兼收并蓄的效果。橡胶并用就是指两种或两种以上的橡胶（或橡胶与塑料）经过工艺加工共混在一起，所得到的混合物比单独使用一种橡胶在综合性能上要优越得多，称为天然橡胶共混物。

(3) 硫化

橡胶的硫化（或者交联），是橡胶最重要的化学改性。三叶橡胶生胶虽然具有良好的弹性、强度等性能，但在使用过程中需要配合各种配合剂，经过硫化才能满足各种用途的要求。橡胶的硫化是指生胶或混炼胶在能量（如辐射）或外加化学物质如硫黄、过氧化物和二胺类等存在下，橡胶分子链间形成共价或离子交联网络结构的化学过程（图8-9）。三叶橡胶适用的硫化剂有硫黄、硫黄给予体、有机过氧化物、酯类和醌类等。

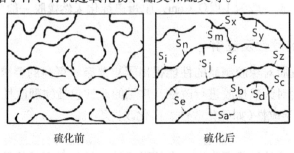

图8-9 天然橡胶硫化示意图

天然橡胶的硫化体系对其耐腐蚀性能影响很大。一方面，由于橡胶硫化，形成交联网络，交联密度增加，橡胶大分子链结构中的活性基团和双键减少；另一方面，交联网络的形成，增加了大分子链间的相互作用力，降低腐蚀性物质的渗透扩散速率。因此，天然橡胶可以在硬度和物理机械性能允许的情况下，尽可能提高交联密度，增加硫黄用量，提高耐腐蚀性能。

硫化体系对橡胶的电绝缘性能有重要影响。硫化胶由于配合了一些极性物料，如硫黄、促进剂等，因此绝缘性能下降。不同类型的交联键，可使硫化胶产生不同的偶极矩。单硫键、双硫键、多硫键、碳碳键，其分子偶极矩各不相同，因此电绝缘性能也不同。天然橡胶、丁苯橡胶等通用橡胶，多以硫黄硫化体系为主。一般来说，硫黄用量加大会导致绝缘性变差。

(4) 天然橡胶的卤化改性

卤化改性是橡胶化学改性中的一种重要方法，它是通过橡胶与卤素单质或含卤化合物反应，在橡胶分子链上引入卤原子，如氟、氯、溴等。橡胶卤化后，分子链极性增加，提高了弹性体的黏结强度，改善了胶料的硫化性能以及与其他聚合物特别是极性聚合物间的相容性，从而拓宽了改性空间以及产品的应用领域。

(5) 天然橡胶的氢卤化改性

氢卤化是指卤化氢（如 HCl、HBr 等）与烯烃发生加成反应生成对应的卤代烃。在天然橡胶氯化改性中，可以通过 HCl 与天然橡胶分子链上的 C=C 的加成反应进行氯化，这种改性通常被称作氢氯化改性。天然橡胶的氢氯化改性反应既可以在极性溶剂（如 $ClCH_2CH_2Cl$）中进行，也可以直接用天然橡胶胶乳作原料在水乳液中进行。

氢氯化改性反应具有明显的离子加成的性质，即使 HCl 以 $42 \times 10^{-7} m^3/s$ 的速率在橡胶稀溶液中于 20℃ 下鼓泡反应，不到 20min，橡胶中的氯含量就可以达到 30%。在天然橡胶的氢氯化改性反应过程中，当氯含量达到 30% 时，会发生急剧相转变，反应速率急剧下降，天然橡胶的改性产品的性能也发生急剧变化。当氯含量由 29% 增加到 30% 时，氢氯化天然橡胶的拉伸强度急剧升高，而伸长率骤降至 10% 以下，变为拉伸强度很高的结晶性塑料。

(6) 天然橡胶的环氧化改性

环氧化改性是一种简单、有效的化学改性方法，它可以在聚合物主链中引入极性基团，从而赋予其新的、有用的性能。除此之外，环氧基团的引入还可以帮助橡胶聚合物的进一步改性。

环氧化天然橡胶是在橡胶分子链的双键上接上环氧基而制成。由于引入了环氧基团，橡胶分子的极性增大，分子间的作用力加强，从而使天然橡胶产生了许多独特的性能，例如：优异的气密性、优良的耐油性、与其他材料间的良好黏合性以及与其他高聚物较好的相容性等。

(7) 天然橡胶氢化改性

加氢改性是橡胶改性的重要途径之一，几乎所有的不饱和橡胶都可以进行加氢改性。橡胶的加氢改性主要是 $H_2$ 与橡胶分子链内的不饱和 C=C 的加成反应。橡胶经过加氢改性后，由于分子链的不饱和度降低，其耐热、耐氧化和耐老化性能能够得到显著提高。

(8) 解聚制备低相对分子质量天然橡胶

将天然橡胶解聚，可以得到相对分子质量在 1 万~2 万之间的低聚物，即液体天然橡胶。液体天然橡胶都由顺式-1,4-异戊二烯结构单元组成，具有天然橡胶的一些基本的物化性能。液体天然橡胶在常温下是可以流动的黏稠液体，可以作为其他天然橡胶的成型加工助剂。

(9) 天然橡胶的异构化

天然橡胶的构型单一而规整,具有结晶性。橡胶结晶对硫化胶的性能有相当大的影响:结晶时分子链高度定向排列而成分子链聚集体,产生自然补强作用,提高韧性和抗破裂能力。但是低温结晶则使橡胶变硬、弹性下降、相对密度增大,会丧失使用价值。为提高天然橡胶的耐寒性,除使用增塑剂降低天然橡胶的玻璃化温度外,还可以通过异构化来改变天然橡胶的结构。天然橡胶的异构化是通过催化剂、热、光或压力变化,使天然橡胶产生异构化,改变天然橡胶分子链的规整性,抑制低温结晶。该改性方法能够显著提高天然橡胶的回弹性。

环化橡胶是分子内部形成环状结构的橡胶异构体,通常经加热或与硫酸、氯化锡、锌粉等作用而制得。按环化程度的不同,有部分环化(或单环橡胶)和全部环化(或多环橡胶)之分。环化程度不同,其性质也有差异。一般具有较高的软化点和较大的密度,有热塑性,无弹性。

(10) 天然橡胶的接枝改性

接枝共聚是近代高聚物改性的基本方法之一。由于接枝共聚物是由两种不同的聚合物分子链分别组成共聚物主链和侧链,因而通常具有两种均聚物所具备的综合性能。在合适的条件下,烯类单体可与天然橡胶反应,得到侧链连接有烯类聚合链的天然橡胶接枝共聚物,这类接枝共聚物一般具有烯类单体聚合物的某些性能,如天然橡胶与甲基丙烯酸甲酯的接枝共聚物,用于通用橡胶制品时,其补强性大大提高。用作胶黏剂时,其黏合性能明显优于单纯的天然橡胶。而天然橡胶与丙烯腈的接枝共聚物,其耐油性和耐溶剂性明显提高。

(11) 天然橡胶的老化降解

天然橡胶材料及其橡胶制品在加工、储存或使用过程中,因受外部环境因素的影响和作用,出现性能逐渐变差、直至丧失使用价值的现象称为老化。引起橡胶老化的因素非常复杂,在不同的因素作用下,老化机理也不尽相同。橡胶的老化主要有热氧老化、臭氧老化、光老化、疲劳老化等,其中热氧老化是橡胶老化中最常见最普遍的形式。

橡胶的老化过程主要发生降解和交联两种反应。这两种反应并非彼此孤立的,它们往往同时发生。但由于橡胶分子结构的特征和老化条件不同,其中一种反应占主导地位。天然橡胶的老化,主要发生降解反应,表现为相对分子质量降低、制品发黏、弹性丧失。

采取化学的或物理的方法能够延缓或阻滞橡胶的老化现象,延长橡胶制品使用寿命。化学防护法是目前提高橡胶耐老化性能的一种普遍采用的方法,例如:在橡胶中添加抗氧剂、抗臭氧剂、抗疲劳剂或屈挠龟裂抑制剂、金属离子钝化剂和紫外吸收剂等化学防护剂等。常用的物理防护法是使用石蜡等物理防老剂。石蜡在橡胶硫化过程中不参与反应,仅仅是溶解到橡胶中。当橡胶硫化完并冷却后,由于处于饱和状态,石蜡会慢慢渗出到橡胶制品的表面并形成一层物理防护膜,有效地阻止氧气和臭氧的进入,起到防老化的作用。

天然橡胶作为四大基础工业原料之一,广泛地用于航空航天、汽车、医疗卫生等领域。天然橡胶具有一系列独特的物理化学性能,尤其是其优良的回弹性、优异的抗撕裂特性、绝缘性、隔水性以及可塑性等特性,经过适当处理后还具有耐油、耐酸、耐碱、耐热、耐寒、耐压、耐磨、耐疲劳等宝贵性质。目前,世界上部分或完全用天然橡胶制成的物品已达7万种以上。

## 8.3.3 银胶菊橡胶的制备及性能

### 8.3.3.1 银胶菊橡胶的制备

银胶菊将橡胶成分储存于树皮和木质部当中,由于枝干较细,很难采取割胶的方法获得银胶菊胶乳,必须破坏其植物组织和细胞,使橡胶成分释放出来。可以通过不同形式的研磨机和挤压机对银胶菊的植物组织进行研磨和挤压,然后从研磨完全的银胶菊组织中最大限度提取银胶菊橡胶。

银胶菊橡胶的制备主要有3种方法:碱煮法、溶剂法和机械法。由于碱煮法腐蚀性太大,目前溶剂法方法和机械法方法是制备银胶菊橡胶的两大主要方法。本节将重点介绍 Bridgestone/Firestone 公司改进的溶剂法提胶工艺。

溶剂法的基本过程是:将收获的银胶菊干燥处理,然后用机械研磨的方法使银胶菊含胶细胞破碎,使橡胶颗粒最大限度地裸露,之后用天然橡胶良溶剂萃取,获得银胶菊橡胶。图 8-10 是位于美国亚利桑那州 Sacaton 的 Bridgestone/Firestone 的溶剂法提取中试装置,曾在 1988—1990 年期间生产了超过 8.8t 的银胶菊橡胶。满负荷运转时,该装置每小时可处理 860kg 银胶菊原料。

在如图 8-10 所示的加工流程中,收获的银胶菊先经过带有切刀的装置,被切削成 3~4cm 的小段,然后送入粉碎机中,将银胶菊木质组织破碎,使含胶易于释放所含的橡胶成分;粉碎的银胶菊加入抗氧化剂后与有机溶剂混合,形成匀浆,在搅拌釜中充分搅拌处理,使树脂和橡胶成分被溶解提取,温度保持在50℃(高于50℃银胶菊里面的橡胶、树脂等成分会发生热氧老化反应而变质,降低橡胶的质量);经过沉降过滤式离心机,将匀浆中的固体残渣分离除去,随后将溶液在分离器中进一步分离,分为含树脂的溶液和含橡胶的溶液,再通过蒸馏工艺回收溶剂即可得到树脂和橡胶产品。

在银胶菊的杆、枝和根中不仅含有橡胶烃,还含有 5%~10% 的树脂以及水溶性物质等。在加工过程中可以产生5种产品:高相对分子质量银胶菊橡胶、低相对分子质量银胶菊橡胶、可溶性树脂、水溶物和残渣。低相对分子质量橡胶可作为解聚橡胶(液体橡胶)的原料,也可广泛应用于胶黏剂和橡胶模塑加工领域。银胶菊树脂,是一种复杂的混合物,包括:倍半萜

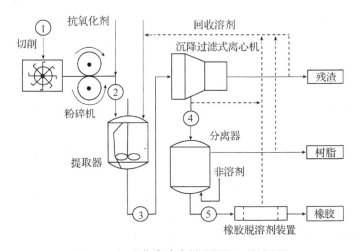

**图 8-10 银胶菊橡胶溶剂法提取工艺流程图**
1. 储藏的银胶菊  2. 粉碎银胶菊  3. 提取浆  4. 橡胶-树脂复合物  5. 银胶菊橡胶悬浮物

烯醚、三萜、脂肪酸甘油三酯等。树脂可以作为橡胶的增塑剂，也可用作木材的防护层，但银胶菊树脂成分因银胶菊种植地区、种植环境、收获时间以及加工方式不同而有很大变化。

### 8.3.3.2 银胶菊橡胶的性能

银胶菊橡胶的生胶强度较低。银胶菊橡胶的可塑性相当于三叶橡胶的水平。银胶菊橡胶受热容易导致分子链断裂，其耐热性能和在有氧气环境中的稳定性均比三叶橡胶差，这主要是因为银胶菊橡胶中所含有的不饱和脂肪酸甘油三酯较多，增加了氧化反应发生的位点。在银胶菊橡胶中加入胺类抗氧剂和二烷二硫胺甲酸锌可有效增加其稳定性。银胶菊橡胶在储存中不会发生硬化，也没有三叶橡胶所含的天然防老物质和蛋白质，但含有可溶于橡胶中的甘油三酯和萜烯类物质，所以硫化速率比巴西橡胶慢得多，需要把配方调整一下，弥补这方面的缺点，而不会影响质量。结晶性能上，新鲜的银胶菊橡胶中只有 α-晶型，而在老化的银胶菊橡胶中 α-晶型和 β-晶型并存。新鲜银胶菊橡胶中晶体的成核密度要低于老化银胶菊橡胶。

自20世纪90年代初以来，巴西三叶橡胶胶乳蛋白质致敏一直是传统NR胶乳制品（特别是NR胶乳手套）必须面对的一个严峻问题。与三叶橡胶相比，银胶菊橡胶乳含有的蛋白质种类和质量都更少，不易引发过敏。

### 8.3.3.3 银胶菊橡胶的应用

银胶菊橡胶主要分为固体胶和胶乳两大类。固体胶最主要的应用领域是轮胎产业，此外还用于制造管带、电线电缆、驼绒背、毡背、鞋类和球类等制品。银胶菊橡胶乳具有低致敏性，在医疗卫生领域有更大的应用空间。

## 8.3.4 蒲公英橡胶的制备及性能

### 8.3.4.1 蒲公英橡胶的制备

蒲公英橡胶的制备方法主要有溶剂法、湿磨法和干磨法。

溶剂法是提取橡胶常用的方法，具体操作为：将干燥储存的橡胶草根打碎并研磨，以增大其与溶剂的接触面积。先用水煮的方法对橡胶草根的粉末进行处理，除去溶于水的成分，由于橡胶不溶于水，故存在于残渣中，收集水煮后的残渣，干燥，再用能溶解橡胶的有机溶剂，如苯、甲苯、石油醚等，对残渣进行萃取，以获得溶解橡胶成分的有机溶剂溶液。对有机溶剂溶液进行浓缩，加入乙醇使其中的橡胶成分絮凝出来，即获得蒲公英橡胶产品。

溶剂法提胶是一种非常传统的提胶工艺，优点是溶剂可以循环使用，对于环境的污染较小；缺点是一般溶剂都比较昂贵，提胶过程中会损失溶剂增加提胶成本。此外，回收溶剂也会增加能源消耗，增加提胶成本。

湿磨法工艺是在有水的环境下，利用球磨机对蒲公英根部进行研磨，以达到破碎植物组织的目的。一般橡胶与植物组织的密度以及亲疏水性各不相同，橡胶疏水且密度比水轻，最终会漂浮在水面上，植物组织亲水，吸饱水分之后会沉在水底，可通过浮选的方式最终实现蒲公英橡胶的提取。菊糖可作为发酵法生产乙醇的原料。

图8-11是美国俄亥俄州立大学湿磨法提取工艺图，其基本工艺为：①干根的粉碎、储存、运输至菊糖浸提罐；②菊糖逆流漫提，剩余的根运送至主球磨机；③次级湿磨、橡胶的筛选、离心分离及浮选；④橡胶的筛选、干燥、打包。湿磨法工艺的优点是，没有溶剂消耗

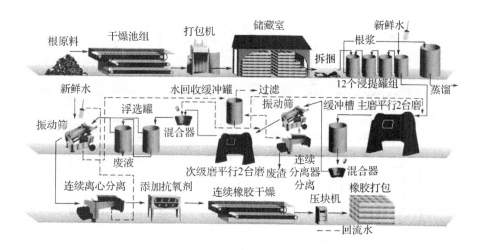

**图8-11 俄亥俄州立大学湿磨法提取工艺图**

问题，生产成本低廉；缺点是研磨工艺耗时较长，水消耗量较大，生产效率不高。

干磨法是利用蒲公英干根中橡胶的柔韧性和植物组织（尤其是外皮组织）的脆裂性，利用干磨机对蒲公英的干根进行搓揉，初步实现根皮和含胶根瓢的分离，同时经过搓揉的根瓢中的植物组织会变得非常松散，而根瓢中橡胶由于性质柔韧则不会受到损伤；其二是根瓢中的主要成分是易溶于水的聚糖成分，经过搓揉之后，将根瓢部分置于一个类似洗衣机的提胶装置，并在有水存在的条件下，对含胶根瓢进行高速离心式浸提，根瓢中的菊糖成分迅速溶于水中，残余的植物组织和橡胶部分逐渐暴露出来。再利用植物组织和橡胶的密度以及亲疏水性各不相同，橡胶疏水且密度比水轻，最终会漂浮在水面上，植物组织亲水，吸饱水分之后会沉在水底，可通过浮选的方式最终实现蒲公英橡胶的提取。而菊糖溶液既可以直接干燥得到聚糖粗品，也可以直接发酵制备乙醇。

干磨法提胶工艺环保，不使用溶剂和化学试剂，耗水量小，生产成本低廉，是目前先进的提胶工艺。使用干磨法工艺制备的蒲公英橡胶纯度可达到99%。

此外，还有研究将橡胶草根首先以碱处理，再以包括纤维素酶、果胶酶、木聚糖酶等在内的混合酶处理，培养三天后即可分出橡胶，得率和产率均较高。

橡胶草也能直接提取胶乳产品，与银胶菊相比，蒲公英橡胶草的胶乳存在于乳汁管中，尽管不能像三叶橡胶树那样采取割胶的方式获取胶乳，但橡胶草的胶乳在植物组织受到破坏之后也会自动流出来。因此，在不破坏所有的植物组织细胞的情况下，可采用切割破碎的方式获得橡胶草胶乳。获得的胶乳可在水中呈稀乳液状态，加入防凝固剂可保持胶乳稳定。

和银胶菊相似，单纯地从橡胶草中获得橡胶产品其成本太高。必须对橡胶草进行综合利用，充分利用其中的副产物，才有可能实现橡胶草的工业化和商业化，其综合利用途径如图8-12所示。橡胶草中还含有大量的碳水化合物，主要是菊芋糖和菊糖，这些碳水化合物的含量较高，适宜作为发酵工业的原料。在橡胶草早期的商业化中，菊糖是除橡胶以外的主要副产物，含量占根部干重的25%～40%，提取的菊糖可用作食品类添加剂，也可用作发酵生产乙醇的原料。加工之后剩余的残渣可用于发酵产生沼气。

此外，橡胶草中还含有大量的大分子聚合物和生物活性物质，例如：纤维素、半纤维素、木质素、多酚、类黄酮等。如果能在橡胶草生物炼制中将上述成分都充分利用起来，将极大地促进橡胶草的商业化。

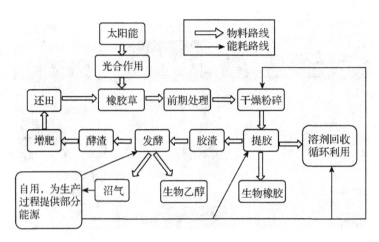

图 8-12 橡胶草综合利用示意图

### 8.3.4.2 蒲公英橡胶的性能

蒲公英橡胶的回弹率、撕裂强度、断裂伸长率及拉伸强度均与三叶橡胶和银胶菊橡胶的性质相近，硬度略高于三叶橡胶。蒲公英橡胶轮胎的滚动阻力与三叶橡胶和银胶菊橡胶的相似，而蒲公英橡胶轮胎的抗湿滑性能要比三叶橡胶轮胎的略好。总的来说，蒲公英橡胶的物理机械性能与三叶橡胶和银胶菊橡胶非常相似。

### 8.3.4.3 蒲公英橡胶的应用

蒲公英橡胶最初是作为天然橡胶临时应急替代物被开发研究的，因此，其应用领域与三叶橡胶相似，主要是用来制造轮胎、胶管、胶鞋等传统产品。此外，蒲公英橡胶中含有较多的蛋白质，容易引起敏感人群的过敏反应，不能应用在直接和人体接触的产品中，如橡胶手套等医疗产品。

## 8.4 植物色素

### 8.4.1 植物色素生产的原料

植物色素主要存在于植物细胞壁或填充在细胞腔的一些细胞组织中，也有的存在于细胞间隙和胞间层，主要通过溶剂提取的方式获得。植物色素原料对植物色素生产影响巨大，选择适宜原料、建立原料基地、有效贮存好原料是进行植物色素生产的保证。

植物色素的原料资源大致包括以下 3 种：

①树木资源  主要是各种乔木资源，例如槐树花、多穗柯树叶等。

②野生植物资源  主要是林区覆盖地或野外生长的各种野生植物，一般自生自长，自然繁殖，例如，蓝锭果、姜黄、越橘等。这类植物原料品种多，资源丰富，是发展植物色素生产、寻求新原料的主要来源，但需要做较多的毒理实验工作。

③栽培植物资源  主要是已被人们作为蔬菜、水果植物而进行人工栽培的植物，例如，红辣椒、苋菜、芭蕉树叶等。这类植物可根据生产需要而建立人工栽培基地，需要较大投资，原料成本较高，但由于人们早就长期食用，对人体无害，不需做很多的毒理实验工作。

按植物学分类法分类，植物色素原料可分为蔷薇科（山里红、野山楂）、茜草科（茜草、黄栀子）、豆科（黑豆、木蓝、槐树、苏木）等类。按原料所含色素结构的种类分类，植物色素原料又分为花青素类（玫瑰茄、山葡萄、越橘红等）、醌类（紫草红、胡桃醌等）及其他各类。花青素类色素原料所含色素色泽鲜艳，颜色多种多样，是生产植物色素的好原料。从化学结构上讲，植物色素多属于花青素类或醌类，而这两类物质的基本性质分别在第6章和第7章有较详细的讲解，本节不再赘述。

植物色素生产要求原料中所含的色素具有较高的安全性、原料中色素含量不能过低、色素色泽要鲜艳，物理化学性质对使用有利，稳定性要好；原料资源要丰富，生长容易、迅速，这样才能有足够的原料数量满足生产需要；原料要集中，资源要稳定，便于贮存。

我国幅员辽阔，植物资源丰富，品种多，但已被正式利用的只有40余种，还有很多未被充分利用，缺乏植物色素原料的分析检验等基本数据，这对发展我国植物色素工业不利。此外，我国缺少有较高使用价值的花青素原料品种，许多原料所含的花青素色素由于稳定性差、精制困难、吸湿性强，作为食品添加剂使用受到限制，所以目前已大量使用的花青素色素原料还不多，需加强开发新的原料。

## 8.4.2 植物色素的加工

### 8.4.2.1 植物色素加工前的准备

植物色素的原料很多是植物的果、花、叶等，它们的成熟都有季节性，采收也有一定季节性。为了保证色素的非采收季节正常生产，必须要贮存足够的原料，以保证生产的连续性。不同种类原料可贮存期也不完全相同，一般叶类、果类原料贮存期应短些，根皮类原料贮存期可长些。

新鲜的植物色素原料的含水率通常在40%~60%，果实原料的含水率高达80%以上，这些含水率如此高的原料是不能贮存的，因此需要采用晒干、晾干、烘干、气流干燥等方式干燥，使含水率降至15%以下，才能较好贮存。

与其他植物原料加工类似，植物色素原料根据生产的需要进行粉碎、筛选和净化等预处理，以提高产品质量和得率。需要特别指出的是：原料中含有铁质杂质，将严重影响色素的色泽，要尽量除去所有铁质杂质。

植物色素一般稳定性较差、对光、热、酶等都很敏感，易分解、破坏，所以选择加工工艺时应尽量避免。在提取过程中会带有其他杂质成分，如果胶、蛋白质、单宁、树脂、有机酸等，因此，在加工中须采用适当的精制方法除去杂质，保证色素纯度。

### 8.4.2.2 溶剂浸提法

溶剂浸提法是目前最常用的加工方法。根据不同原料选择不同溶剂进行浸提。对所用浸提溶剂要求无色无味，选择性强，即溶解色素能力强，对其他杂质如果胶、蛋白质、树脂等溶解能力弱，对人体健康危害较小，容易回收，价格便宜并容易获得等。一般使用的溶剂有水、酒精、丙酮、乙酸乙酯、石油醚等，新型的浸提溶剂是超临界液体$CO_2$。新鲜样品中的类胡萝卜素等亲脂性强的色素，多使用石油醚－丙酮混合液萃取，萃取4~5次，直至萃取液无色为止。再加石油醚，色素转入石油醚中，除去丙酮和水分。亲水性强的多用乙醇浸提。先用石油醚脱脂，再用乙醇提取，直至提取液无色为止。为避免氧化，萃取过程越快越好，最好充入氮气，密封保存于暗处。浸提方法常用的有：单罐多次浸提、罐组逆流浸提、连续浸提等。

无论是用水或有机溶剂所萃取的萃取液浓度均较低，一般为1%~8%，必须对色素萃取液进行浓缩并回收有机溶剂。浓缩是在蒸发器中进行，以饱和蒸汽加热，可采用单效蒸发和多效蒸发，一般蒸发有机溶剂多用单效蒸发，蒸发水分多用多效蒸发。植物色素大多对热很敏感，为降低蒸发温度，多采用真空蒸发，蒸发有机溶剂时可不用真空蒸发。

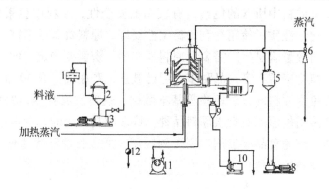

**图8-13 天然食用色素溶液浓缩工艺流程**
1. 过滤器  2. 平衡槽  3. 进料泵  4. 离心薄膜蒸发器  5. 骤冷器  6. 蒸汽喷射泵
7. 板式冷凝器  8. 浓缩液泵  9. 旋风器  10. 冷凝水泵  11. 真空泵  12. 疏水器

图8-13所示为一般植物色素溶液浓缩工艺流程。浓缩用蒸发器有多种形式，常用的是外加热式蒸发器。它加热面积大，结构简单，操作方便。另外一种带循环管式的薄膜蒸发器也有使用，结构与外加热式相似，主要特点是加热室加热管管径比达100~150，料液在长管中呈膜状上升并蒸发水分，传热系数大，传热效率高。

因为某些植物色素热敏性极强，常选用离心式薄膜蒸发器，结构如图8-14所示。其结构主要特点是，通过离心盘所产生的离心力使料液在离心盘外表面，形成薄膜，蒸发水分，这种蒸发器传热效率高，蒸发强度大，料液受热时间很短，约1~2s，适用于热敏性物料的蒸发，由于离心盘间的距离小，故对黏度大、易结晶、易结垢的物料不适用，设备结构复杂，传动系统密封易泄漏。

其主要技术特性见表8-5。

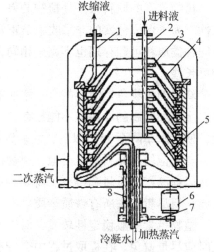

**图8-14 离心式薄膜蒸发器**
1. 浓缩液出口管  2. 进料管  3. 喷嘴
4. 离心盘  5. 间隔盘  6. 电机
7. 三角皮带  8. 空心转轴

### 8.4.2.3 压榨法

压榨法利用手工或机械的压力，使果皮内和包含在果肉细胞内的色素溶液透过被压力破碎的果皮与细胞壁而压榨出来。压榨的方法有手榨法和螺旋压榨法。手榨法只能用于小批量生产；螺旋压榨法一般利用压缩比为8:1~10:1的螺旋压榨机进行。浆果在经过压榨后，一部分色素溶液被挤压出来，但仍有一部分保留在果皮等部位中，必须用循环喷淋水喷淋洗出残余色素。得到色素溶液再经过沉降与过滤式离心分离，除去杂质以便进一步加工。

表 8-5　离心式薄膜蒸发器的主要技术特性

| 项　目 | 型　号 | | |
|---|---|---|---|
| | CT-1B | CT6 | CT9 |
| 转速(r/min) | 1500 | 600 | 400 |
| 传热面积(m$^2$) | 0.09 | 2.4 | 7.1 |
| 蒸发水分量(kg/h) | 50 | 800 | 2400 |
| 最高产品黏度(mPa·s) | 20000 | 20000 | 20000 |
| 最高浓度(%) | 85 | 85 | 85 |
| 锥形盘数量 | 1 | 6 | 9 |
| 体积(m$^3$) | 3.2 | 20 | 46 |
| 净重(t) | 0.51 | 3.4 | 8.5 |

#### 8.4.2.4　生物法

由于植物色素使用天然原料来提取，随着自然条件的变动，原料的质量、产量和价格均易波动。为了解决这个问题，人们开始采用生物法来生产植物色素。采用生化技术选取含有植物色素的细胞，在人工精制条件下，进行培养、增殖，可在短期内培养出大量的色素细胞，然后用通常方法提取。这种方法不受自然条件的限制，能在短期内生产大量的色素(如用甜菜根的根心细胞生产红色色素)。

### 8.4.3　植物色素的精制

采取一般的提取工艺浓缩得到的液体产品或由此经干燥得到的固体产品都是粗制植物色素。由于没有精制，产品吸光度低、杂质含量高，有的带有原料的特殊异味，有的具有强烈的吸水性，无法使用。这些都将直接影响到植物色素的稳定性和染着性，限制了它的应用。溶剂在萃取色素原料时，除将夹带的机械杂质用过滤、离心等方法除去外，还有许多非色素的杂质成分也被浸出，如挥发油、树脂、果胶、蛋白质、糖和淀粉等，这些杂质的存在都会降低色素产品的纯度、影响产品质量，必须设法除去。将粗制的植物色素进一步制成精制品，改善植物色素的性质，并扩大应用范围。

#### 8.4.3.1　主要杂质成分和分离

(1) 挥发油

挥发油是指植物组织经水蒸气蒸馏所得挥发性成分的总称，大部分具有香味，主要是由单萜及倍半萜类化合物组成。挥发油去除可用水蒸气蒸馏法或有机溶剂萃取法。水蒸气蒸馏法是将原料放入蒸馏锅，用水蒸气蒸馏。蒸汽通过料层，形成水-油混合蒸气，待蒸气冷凝后，将油水分离，即得副产品挥发油。此外，还可用石油醚、乙醚等有机溶剂萃取，将挥发油溶解在溶剂中，然后蒸去溶剂，回收得到挥发油。

(2) 树脂类物质

这类杂质是指油脂、蜡和树脂类物质。在室温下它们不挥发，也不能用水蒸气蒸馏出来，除去的方法是用溶剂萃取，方法有两种：一是原料在浸提前用石油醚萃取，树脂类物质则溶解其中，而后回收溶剂；二是用石油醚处理色素的萃取液的浓缩液，经过多次处理也可达到较好效果。

(3) 果胶

在许多色素原料中存有果胶,以热水萃取原料时,有大量果胶随同色素被浸出,必须除去。除去的方法可用醇沉淀法,因果胶不溶于酒精,将大量的乙醇加入色素萃取液中,形成醇—水的混合溶剂将果胶沉淀出来。据介绍,如果在醇中加入少量的苯或乙酸乙酯等,沉淀效果更佳,乙醇溶液浓度应控制在60%以上,沉淀出来的果胶用过滤或离心分离的方法分离。另一种方法是用超滤膜精制,效果也很好。

(4) 糖与淀粉

用有机溶剂萃取时,杂质糖与淀粉不会被浸出;用乙醇、丙酮等极性溶剂萃取时,有时会带出少量糖。若用水萃取则大量淀粉和糖被浸出。因此,避免用水做萃取剂,如必须用水萃取,则应将水分蒸干,再用无水酒精处理,可除去淀粉和糖。多糖类物质溶于热水而不溶于冷水,在萃取后立即冷却可分离出多糖,或将萃取液浓缩,加入等量或数倍量的乙醇,此时多糖类成分以纤维状或胶状沉淀析出。在沉淀时应注意,溶液浓度不宜过浓,否则沉淀的多糖体有时会与溶剂一起包含杂质,并形成大块胶状沉淀。反之,浓度过稀,多糖生成乳状,难于分离,且有机溶剂耗量大。因此,应适当控制溶液的浓度,但这与多糖的种类和聚合度有关。

(5) 蛋白质

用有机溶剂萃取,蛋白质不被浸出,但用水萃取时则被浸出,此时可加等量或过量的乙醇或丙酮使其沉淀,再用过滤或离心分离的方法除去沉淀。也可用盐沉淀法去除蛋白质,例如,氯化钠、磷酸钾都可做沉淀剂。

### 8.4.3.2 精制方法

目前国内外采用的植物色素精制方法种类主要包括酶法、膜分离、吸附—解吸,离子交换和凝胶色谱等方法。

(1) 酶法精制

酶法精制是利用酶的催化作用,使植物色素粗制品中的杂质通过生物反应除去,达到精制的目的。酶是具有专一性的高效催化剂,其催化作用常常在常温、近中性的条件下就能进行,特别适合不耐热植物色素的精制。日本从蚕沙中提取叶绿素作为植物色素,未经精制的产品带有某种异样气味,采用酶法精制,在pH值7的缓冲溶液中加入脂肪酶制剂,在30℃下搅拌30min,进行活化。再把活化酶液加到37℃粗制的蚕沙叶绿素中,搅拌反应1h,即可除去令人不快的刺激性气味。此外,日本还将栀子黄色素经食品加工用酶处理后制成栀子蓝色素、栀子绿色素;或将栀子果实萃取物中所含的呈色配糖体水解后,添加天然氨基酸,再经酶作用而制得栀子红色素。

(2) 膜分离精制

膜分离有3级分离体系。反渗透膜的孔径在0.5nm以下,可阻留无机离子和有机小分子;超滤膜的孔径1~10nm,可阻留各种不溶性大分子,如多糖、蛋白质等;微孔滤膜孔径在0.01~10μm,可截留固体颗粒、细菌病毒。

植物色素工业可选用适当孔径的超滤膜,使水分子甚至小分子杂质通过超滤膜,而截留溶液中的有效成分,从而使色素达到一定程度的纯化和高倍数浓缩。采用管式聚砜超滤膜可分离精制可可色素溶液,在操作温度50℃、pH=9和入口压力500kPa条件下可制得无异味的可可色素。红曲色素是利用红曲菌发酵后的产物。萃取液中含有菌体、蛋白及胶状不溶物。

将红曲菌萃取液用1~800nm孔径的纤维酯、聚酰胺、聚丙烯腈膜过滤,再减压处理,反渗透处理、干燥,可得到质量优异的红曲色素。

(3)吸附法精制

根据不同色素的性质选择合适的吸附剂,可用吸附法精制色素。意大利用吸附剂精制葡萄汁色素,可除去葡萄汁中的果胶质及某些重金属离子,所制得的精制品可作为高级葡萄酒和饮料的着色剂。我国用用吸附 - 解吸法精制后的精制萝卜红色素,除去了90%以上的糖和果胶等杂质,原有的萝卜臭味也大大降低。选用的吸附剂可以再生,吸附容量无明显变化,可反复使用。

(4)离子交换树脂精制

选择适宜的离子交换树脂也可达到精制目的。美国用磺酸型阳离子交换树脂精制葡萄皮萃取浓缩液,可除去其中的糖和有机酸,经过如此精制后的葡萄皮红色素稳定性有所提高。

(5)凝胶色谱法

当色素溶液通过凝胶柱时,比凝胶空隙小的分子可以自由进入凝胶内部,而比凝胶空隙大的分子不能进入凝胶内部,只能通过凝胶颗粒的间隙,因此移动速率有差异。分子大的物质不被排阻而随移动相走在前面,分子小的物质由于在孔隙内扩散、移动被滞留,随移动相走在后面,从而使二者分离。

## 思考题

1. 生漆的主要成分有哪些?
2. 漆酚有何结构特点?理化性质如何?
3. 在生漆的加工利用中,为什么要特别注意劳动者的保护?
4. 试举例说明生漆的改性产品和应用。
5. 紫胶的组成及理化性质如何?
6. 常见的紫胶产品有哪些?如何加工和利用?
7. 以三叶橡胶为例,说明天然橡胶的结构特点。
8. 三叶橡胶、银胶菊橡胶和蒲公英橡胶都是如何制备的?性能如何?
9. 请举例说明我国植物色素的原料和加工工艺。
10. 植物色素加工前需要有哪些准备?
11. 如何对植物色素进行精制?

## 参考文献

贺近恪,李启基,2001. 林产化学工业全书[M]. 北京:中国林业出版社.

雒礼润,贺娜,张忠利,等,2013. 生漆精制加工中试过程研究[J]. 中国生漆,32(2):43-46.

黄晓华,2017. 中日彩色生漆加工工艺的比较研究[J]. 陕西林业科技(5):83-84.

万长鑫,肖邵博,黄琼涛,等,2016. 改性天然生漆复合涂料的制备与性能研究[J]. 林产工业,43(3):24-28.

张弘,2013. 紫胶红色素提取技术及理化性质研究[D]. 北京:中国林业科学研究院博士学位论文.

刘跃明,卢贵忠,2005. 天然紫胶色素的特性及提取技术研究进展[J]. 云南农业大学学报,

20(1): 120-123.

张立群, 2014. 天然橡胶及生物基弹性体[M]. 北京: 化学工业出版社.

赵佳, 2015. 我国蒲公英橡胶商业化开发进入快车道[J]. 中国橡胶(9): 29-30.

罗金岳, 安鑫楠, 2005. 植物精油和天然色素加工工艺[M]. 北京: 化学工业出版社.

项斌, 高建荣, 2004. 天然色素[M]. 北京: 化学工业出版社.

MathewAttokaran 著, 2014. 天然食用香料与色素[M]. 许学勤译. 北京: 中国轻工业出版社.

Shun Okamoto, Takayuki Honda, Tetsuo Miyakoshi, et al., 2018. Application of pyrolysis-comprehensive gas chromatography/mass spectrometry for identification of Asian lacquers[J]. Talanta, 189: 315-323.

Takayuki Honda, Xiaoming Ma, Rong Lu, et al., 2011. Preparation and characterization of a new lacquer based on blending urushiol with thitsiol[J]. Journal of applied polymer science, 121(5): 2734-2742.

Ashok R. Patel, Pravin S. Rajarethinem, Agnieszka Grędowska, et al., 2014. Edible applications of shellac oleogels: spreads, chocolate paste and cakes[J]. Food & Function, 5: 645-652.

Shomaila Sikandar, Victor C. Ujor, Thaddeus C. Ezeji, et al., 2017. *Thermomyces lanuginosus* STm: A source of thermostable hydrolytic enzymes for novel application in extraction of high-quality natural rubber from *Taraxacum kok-saghyz* (Rubber dandelion)[J]. Industrial Crops and Products, 103: 161-168.

# 第三篇　林产原料热解利用

　　林产原料热解主要是指采用加热方式，将林产原料的纤维素、半纤维素和木质素等高分子全部降解并转化为固态、液态和气态产物的化学加工利用方法。热解技术所适用的原料范围广，不受地域和原料种类的限制。它不仅可以将木材、竹材、秸秆等农林资源及其加工剩余物，而且可以将椰子壳、杏核、核桃壳等果壳类原料以及林产原料加工废渣等转化为有用的产品。因此，热解技术是林产原料高效综合利用的主要方法和途径。

　　传统的木材烧炭和干馏是林产原料热解利用的主要形式，它们主要提供木炭和液体产物产品。随着人们对生物质资源高效利用的高度重视，以林产原料热解技术为核心的林产原料利用方式快速发展，该方式已经发展成为化学利用林产原料转化成以活性炭为主的炭材料、以可燃气和合成气为产品的气体燃料，以及化学品和燃料为产品的液体产物的主要综合利用技术。林产原料热解是生物质资源热解利用的主要内容。因此，现代林产原料热解已经和生物基材料、化学品和能源领域和产业发展必不可少的技术体系。

　　本篇主要系统阐述林产原料热解的基础知识、主要方式、设备与工艺，林产原料热解制备的木炭和活性炭的结构、性能、生产方法、生产工艺和设备、再生及应用等内容。本篇所介绍的林产原料热解利用理论和技术是生物质热解利用知识的主要内容，适用于植物生物质资源的热解利用。

# 第9章　林产原料热解基础知识

**【本章提要与要求】**　主要介绍林产原料热解的基本概念，林产原料热解的主要反应现象与主要反应产物，以及木材热解的四个基本阶段及其特点；林产原料中主要组分纤维素的热解反应机理，以及影响热解过程的主要影响因素及其规律。

要求掌握热解的基本概念与林产原料热解的主要产物，掌握林产原料热解过程的四个阶段和纤维素热解机理的四个阶段，以及林产原料热解的主要影响因素；了解质子酸和路易斯酸对纤维素热解历程和产物的影响规律。

林产原料热解技术是一种将原料转化为化学品和材料的一种传统技术。自从采用木材等林产原料作为燃料应用开始，人类就开始了植物纤维原料热解利用的探索。在石油和煤等石化资源大量开采和应用之前，利用林产原料热解炭化生产木炭等固体燃料已经得到高度重视和广泛应用。在20世纪初期，随着各种化学品的需求不断增加，利用林产原料热解生产醋酸等化学品的热解生产综合技术得到重视和快速发展。随着化石资源煤和石油的大量开采，煤化工和石油化工的快速发展，林产原料热解生产化学品的发展受到严重制约，导致其热解理论和技术的发展一直停滞不前。

我国的植物纤维资源丰富，在20世纪五六十年代，由于我国石油化工和煤化工技术力量薄弱，因此，以木材为主的林产原料通过热解生产化学品的技术途径受到高度重视，发展非常迅速。在20世纪七八十年代，随着我国石油化工关键性技术的解决，石油化工快速发展，因此，林产原料热解技术发展停滞不前。随着我国经济的快速发展，能源消耗大量增加，从生物质资源中获取生物质能源受到日益重视，利用热解技术开发生物质能源技术也得到了快速发展。

进入20世纪90年代，由于化石能源资源的日益匮乏，能源价格上涨和环境污染等问题的日益突出，从林产原料热解技术获取生物质能源重新受到广泛关注和高度重视。以生物质液化和气化为主要目的的各种热解技术和热解理论快速发展。热解技术成为林产原料高效利用的主要化学加工方法之一。

## 9.1　林产原料的种类、结构与化学组成

### 9.1.1　林产原料的种类与特点

林产原料(lignocellulose)是指以植物纤维为主要构成的生物质资源，主要包括森林资源与农作物资源，以及它们收集、加工利用过程所产生的剩余物和废弃物。从工业利用意义来看，它们具体包括以下主要类别：①木材、竹材等森林资源及其加工与采伐剩余物，如树皮、锯屑、板皮、刨花等木质加工剩余物；②农作物及其加工剩余物，如农业生产中产生稻草、玉

米秆等秸秆剩余物,以及甘蔗渣、谷壳等加工剩余物;③林业和农业加工产生的果壳类,如椰子壳、核桃壳、油茶壳、杏核、桃核及橄榄核之类果壳、果核;④竹木材料和制品使用后的废弃物,拆除旧建筑物的废旧门、窗、地板等所产生的大量的木质废弃物;⑤林产原料工业加工过程中产生的含碳有机废渣,如栲胶渣、糠醛渣、水解木素和浸提松香生产中的废明子木片等。

这些林产原料种类多,来源丰富;但是性质差异大,分布范围广,不够集中,且大多数体积大、重量轻、不利于运输。因此,一方面,要针对林产原料的特点进行开发利用;另一方面,由于林产原料的工业利用,尤其是热解利用所需要的原料消耗量大,要求林产原料的持续性供应能力较高,因此,在工业化利用之前,应深入细致调查原料资源的来源和特点,确定合理的生产规模,以保证生产能正常地进行和较好的经济效益。

热解技术对于林产原料的适应性很广。理论上,所有的林产原料都可以进行热解应用。在林产原料中,木材、竹材等具有储量丰富、灰分低和分布较集中等显著优点,是非常合适的热解原料。由于木材的再生时间相对较长,且木材已在制浆造纸、生物质材料和木制品等许多领域得到了广泛的应用,是人类日常生活和工业应用中的重要原材料,因此目前已很少直接应用木材作为热解原料。目前用于热解应用的林产原料主要是收集和加工林产原料所产生的剩余物与废弃物,生长速率快的农作物及其加工剩余物,以及工业生产过程中产生的含碳有机废渣。

另外,从热解的理论与技术来看,含碳高分子及其制品废弃物都是热解的重要原料,如废弃的树脂、塑料、废旧橡胶轮胎、污水处理厂产生的活性污泥、石油化学工业中的石油焦等。

## 9.1.2 植物细胞壁的基本结构与化学组成

林产原料的主要组织结构是细胞,物质组成主要集中在细胞壁,因此,热解过程中,林产原料发生的物理化学变化都与细胞壁的化学组成和结构变化紧密相关。因此,了解植物细胞壁的结构、化学组成等是掌握林产原料热解理论和技术的基础。

### 9.1.2.1 植物细胞壁的组织结构

植物细胞壁主要由胞间层、初生壁和次生壁所组成,如图9-1所示。次生壁是细胞壁的主要组成部分,其物质含量占细胞壁的70%以上。从物理形态来看,次生壁具有结晶区和无定形区域。在结晶区中,纤维素大分子有序排列成微纤丝,微纤丝在胞间层中与细胞壁轴呈一定的角度排列,形成致密的组织结构;其余的纤维素则以无定形结构存在。次生壁内部还可分为内层、中层和外层,如图9-1中的$S_1$、$S_2$和$S_3$部分。其中中层最厚,约为30~150个薄层所组成,内层和外层的厚度则仅由几个薄层所组成。

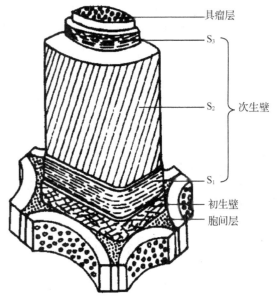

图9-1 细胞壁的组织结构和微纤丝的排列方向

#### 9.1.2.2 植物细胞壁的化学组成

植物细胞壁的主要化学组成包括半纤维素、纤维素和木质素，以及少量的胶质成分等。纤维素是 D-葡萄糖以 1,4-β 苷键结合起来的链状高分子化合物，占细胞壁化学成分的 50% 左右；它是自然界资源最丰富的有机物质，从细菌、鞭毛虫、藻类到树木都含有纤维素，是林产原料的主要组分之一。在细胞壁的构成中，结晶区的纤维素有序排列所构成的微纤丝起着细胞壁的"骨架"作用，是细胞壁具有较强力学结构的主要原因之一；以无序状态排列的纤维素链条分子排列的规则性较差，在无定形区域起着和增强凝胶状液体的衬质，使木材具有弹性和抗拉强度。

半纤维素是由五碳糖和六碳糖结构单元所组成的支链高聚糖分子，大约占林产原料质量的 20%~30%。它在细胞壁中都是无定形结构，与其他碳水化合物结合成亲水性的能高度膨胀和具有变形塑性的凝胶质衬质，在细胞壁中起填充和胶着作用。

木质素是一类由苯基丙烷单元通过醚键和碳碳键相连接的复杂无定形高聚物，是自然界贮量最丰富的芳环类化合物，它和半纤维素一起作为细胞间质填充在细胞壁的微细纤维之间，加固木化组织的细胞壁，也存在于细胞间层把相邻的细胞黏结在一起，使植物具有刚性和硬度。木质素在细胞壁中的含量约为 20%~30%，在细胞壁中木质素的含量与分布，随树种、树龄、部位等的不同而不同。

## 9.2 热解基本概念

热解(pyrolysis, thermal decomposition 或 thermal degradation)是一种热化学转化技术，其理论基础为热化学。热解是指在无氧或缺氧条件下，含碳有机高分子在较高温度下所发生的复杂物理化学变化。在加热过程中，高分子有机化合物首先分解成种类繁多的小分子产物，随后这些小分子产物之间能发生一系列的包括缩合或聚合等复杂反应，即二次反应。在热解过程中，高分子有机化合物也会发生形态与相变等物理变化，引起高分子强度等性能的变化。高分子有机物包括人工合成高分子和天然高分子。天然高分子主要包括林产原料中的纤维素、半纤维素、木质素以及动物中的壳聚糖和蛋白质等。如垃圾处理过程中废旧塑料和树脂焚烧等过程都是以人工合成高分子热解为基础。

高分子热解产物通常包括固体、液体和气体三类产物。固体产物为炭，液体产物是热解过程中所产生的可冷凝性气体小分子，气体产物则来源于热解产生的不可冷凝性小分子产物。不同形态的热解产物可以进一步加工利用成气体或液体燃料、化学品和材料。因此，热解是实现高分子材料的一种高效转化技术。它适合加工利用的原料种类繁多，分布范围很广，地域性限制少，只要是含碳的物质，几乎都可以利用；其次，热解方法能够较彻底地加工利用各种含碳原料。林产原料是来源非常丰富的可再生资源，它主要由纤维素、半纤维素和木质素等生物高分子所组成，因此，林产原料热解成为热解技术的主要内容。

## 9.3 林产植物原料的干燥

林产原料中含有大量的水分，例如新伐的木材的含水率可达 50% 以上。林产原料热解方法和应用目的的不同，林产原料中的水分对热解过程的影响也不同，产生有利或不利的效果。

例如，在热解生产热解油的过程中，原料中的水分将直接转移到热解油中，不利于热解油的利用和改性；在热解气化过程中，则原料需要具有合适的含水率，有利于生成含量更高的可燃性气体产物。同时，林产原料的热解也必然经历干燥过程。因此，林产原料干燥的基本原理及其对原料性能的影响是掌握热解应用的基本内容之一。

### 9.3.1 林产植物原料的水分及含水率

林产原料中的水分分为自由水（游离水、毛细管水）和结合水（胶体水）。自由水存在于由细胞腔与细胞壁上的纹孔所构成的大毛细管系统和由细胞壁中微细纤维与微胶粒之间的间隙所构成的微细毛细管系统中，它与细胞壁之间的亲合力比较小，容易蒸发除去。结合水存在于微毛细管系统中，通过氢键等作用，与细胞壁之间形成较强的亲合力，蒸发除去结合水需要消耗较多的能量。

在自然状态下，当林产原料中的自由水已经完全蒸发除去，而结合水还保持着最高水平时的含水率，称作纤维饱和点。处于纤维饱和点的林产原料的含水率主要取决于原料的种类。木材的纤维饱和点通常为23%~33%。

原料含水率有绝对含水率和相对含水率两种表示方法。绝对含水率表示原料中所含有的水分质量占绝干原料质量的百分率；而相对含水率则表示原料中所含有的水分质量占湿原料质量的百分率。由绝对含水率和相对含水率的定义可知，它们可以相互验证，即由一种含水率数据就可以计算得到另一种含水率。

### 9.3.2 林产原料干燥的基本过程、方法与装置

#### 9.3.2.1 干燥的基本概念

干燥是蒸发除去水分、降低物料含水率的过程。干燥过程和结果通常用干燥速率和平衡含水率表示。干燥速率通常是指单位时间内蒸发除去的水分质量。在一定的干燥条件下，物料含水率不再随干燥时间的延长而变化，干燥速率为零，此时的含水率称作平衡含水率。干燥速率与平衡含水率取决于物料种类与特性、干燥介质种类、温度和湿度等因素。

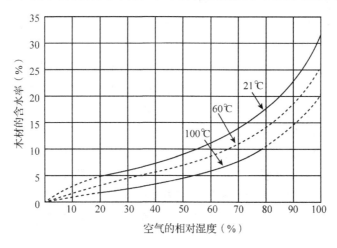

图9-2　木材的平衡含水率与干燥介质空气的温度、相对湿度之间的关系

#### 9.3.2.2 林产原料干燥的三个阶段

林产原料通常使用干燥介质进行干燥，常用的干燥介质有空气、热空气、过热水蒸气及热烟道气等。由于林产原料中水分与原料的结合状态不同以及水分在不同的界面的扩散速率不同，使林产原料的干燥过程呈现出较明显的三个不同阶段，图 9-3 是木材干燥的三个阶段。这三个阶段可以采用固体颗粒干燥的水膜模型得到很好的解释。从固体颗粒干燥过程中，水分蒸发的动力学过程可以理解为两个基本步骤：即水分从颗粒内部扩散到颗粒表面以及从颗粒表面扩散到干燥的气体介质中，所以，固体颗粒的干燥速率取决于速率较低的步骤。下面，通过图 9-3 中木材干燥的三个阶段，了解林产原料干燥的主要过程。

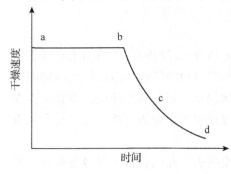

图 9-3 木材干燥过程中干燥速率的变化

(1) 外部扩散作用时期

在图 9-3 所示的干燥开始阶段（a-b 阶段），由于湿木材中存在大量的自由水和吸着水，且木块内部的自由水能迅速通过大毛细管系统扩散到木块表面，在木材表面形成一层完整的水膜，因此，在干燥的开始阶段，木材的干燥速率完全取决于水分从木材表面的水膜扩散到干燥介质中的速率。由于木材表面的水膜完整，即水分挥发的表面积相同，因此，在一定的干燥条件下，木材的干燥速率保持不变，该时期的干燥速率表现为恒速的特点，称为恒速干燥时期。

在这一阶段，干燥介质的温度、湿度和流动速度等因素将显著影响在木材表面干燥介质所形成的边界层的传质、传热速度，影响水分从木材表面向干燥介质扩散的因素，最终决定了林产原料在这一阶段的干燥速率。自由水含量越多，木材的含水率越高外部扩散作用时期越长。

(2) 中间时期

随着干燥的进行，木材中的自由水含量逐渐减少，水分通过大毛细管系统向木块表面扩散速率逐渐下降。当扩散速率赶不上表面水分蒸发速率时，木块表面水膜的完整性遭到破坏，干燥过程便由恒速干燥时期进入中间时期，即图 9-3 所示的 b-c 阶段。在该干燥阶段，水膜面积不断减少，干燥速度直线下降。直到木木材颗粒表面水膜完全消失，木块表面全部变干为止。该阶段是由蒸发自由水过渡到蒸发吸着水的时期。干燥的中间时期，通常从木材的含水率为 35% 左右时开始，至含水率达 20% 左右时结束。

(3) 内部扩散作用时期

当木材颗粒表面的水膜完成消失时，干燥进入内部扩散作用时期，即木材的干燥速率取决于木材内部的水分扩散到木材表面的速率，如 9-3 的 c-d 阶段所示。在这一阶段，木块表面形成了一层已经达到平衡含水率的干燥层，随着干燥的进行，干燥层逐渐变厚，水分的扩散速率逐渐减小，干燥速率不断降低。当木块的中心部位也达到平衡含水率时，干燥速度为零，干燥过程结束。

值得注意的是，木材具有干缩湿涨的特性。当干燥大块木材或竹材进入内部扩散作用阶段时，木块内部潮湿而表面干燥，如果它们的含水率相差较大则容易造成原料开裂而降低制品的质量。因此，在内部扩散作用的干燥阶段，尤其应当谨慎操作，控制干燥条件，防止开裂。

上述干燥的三个阶段并不是每一次实际的木材干燥过程所必须的，因为实际的干燥过程取决于原料的起始含水率和需要干燥的程度。例如，需要干燥的木材的起始含水率低于30%时，基本无恒速干燥阶段；如果仅仅需要将木材的含水率干燥到20%左右时，则不会出现内部扩散作用时期。

#### 9.3.2.3 干燥方法

林产原料的干燥方法有自然干燥和人工干燥两种。

自然干燥是采用晾晒的方式，利用太阳能蒸发原料中的水分。空气的温度、湿度及风速对干燥速率起决定作用。温度高、湿度小、风速大的天气有利于干燥。自然干燥具有不需要干燥设备、操作简单、易于实施、不消耗额外的能源、干燥成本低等优点。缺点是受气候影响大，干燥强度小、时间长，占用场地面积大，劳动强度大，干燥效果不均匀。自然干燥仅适于中小型工厂使用。

人工干燥是在各种干燥设备中通过加热或人为提供额外的能量等方式挥发去除原料中的水分。与自然干燥相比，它的优点是干燥速率快、干燥程度易于控制，占地面积小；缺点是需要专门的干燥设备和外部提供额外的能量，成本较高。大中型工厂和连续化的工业生产需要使用人工干燥的方法。

#### 9.3.2.4 林产原料的人工干燥装置

在人工干燥林产原料过程中，干燥设备的选择主要取决于林产原料的种类、外观形状、几何尺寸及含水率等。常用的有代表性的林产原料干燥装置有以下几种。

(1) 隧道式干燥装置

隧道式干燥装置由装载原料用的料车和隧道式窑构成，属半连续式干燥装置。干燥窑用砖砌筑，底部设有供料车运行的钢轨，窑体内可同时容纳多辆料车。料车为铁笼式，装上原料后，由窑体的一端进入，在向前移动的过程中，逐渐被干燥，最后从另一端卸出。

干燥介质通常为180~220℃的烟道气，由风机从窑体的一端送入，与料车同向运动，进行热质交换温度降低到70~90℃以后，产生的废烟气从窑体另一端排入烟道。通常，原料木材的含水率从40%~45%干燥至20%~25%时，约需48h；每立方米窑体工作容积每小时蒸发水分1.5kg左右。

隧道式干燥装置结构简单、操作方便、运行稳定，适于干燥木材、枝桠材、薪炭材等长度较大的原料。其主要缺点是干燥时间长、有效容积利用系数低、干燥强度小、干燥效果程度不均匀等。

(2) 回转式干燥装置（回转炉）

回转式干燥装置的本体是卧式回转圆筒，通常用钢板卷制而成，转筒的直径通常为1~2m、长度为10~15m，根据需要长度有时可以达到18m以上。安装时，其轴线与水平倾角为1°~5°。在筒体外侧大齿轮的带动下，以1~5r/min的速度回转。

林产原料由炉尾通过螺旋进料器送入回转圆筒内，随着筒体的转动逐渐向炉头移动，在移动过程中与由炉头进入的热烟气干燥介质直接接触，其中的水分逐渐挥发，最后由炉头出料装置卸出。产生的废烟气从炉尾排出。物料在干燥装置内的停留时间通常为0.5~2h，通常通过改变炉体回转速度进行调节。

回转式干燥装置常用于干燥木片、果壳、木屑等散粒状物料，不适于干燥块度较大的物料等。该干燥装置具有操作简单、运行稳定、适于连续操作等优点。

(3) 流态化干燥装置

流态化干燥设备主要是由风机、加料器、干燥管、旋风分离器等设备构成的一种连续式干燥装置。它主要适于干燥木屑之类粒度很小的原料。在干燥过程中，木屑之类小颗粒物料，在连续鼓入的热风之类干燥介质的夹带下，达到流态化状况，显著提高了干燥介质与原料之间的传热和传质速率，快速干燥木屑颗粒；含有小颗粒的干燥物料与干燥气体介质进入旋风分离器，分离得到固体颗粒与气流。例如，含水率40%~45%的木屑，随着160℃的热风以15m/s的流速通过直径0.3m和长19m的干燥管以后，木屑的含水率即可降低至20%~25%，热风的温度便降低至60℃左右。

流态化干燥装置的优点是结构较简单、操作方便、干燥速度快，便于连续作业；主要缺点是动力消耗较大，仅适用于小颗粒状物料的干燥。

## 9.4 林产原料的热解

### 9.4.1 林产原料热解的理论基础

通过加热，有机高分子的化学键能以均裂或异裂的方式发生断裂，形成自由基或离子型中间体，进一步得到小分子产物。随后，有机高分子热分解得到的这些小分子产物，在一定条件下相互之间可能再次发生复杂的反应，即二次反应。因此，热化学是有机高分子热解的理论基础。

林产原料成分复杂，主要包括纤维素、半纤维素和木质素三种有机天然高分子。它们包含的化学键种类多，包括各种碳氧键和碳碳键，既有脂肪族碳链，也有芳环结构。因此，这些化学键的断裂方式与所需的活化温度不同，热分解生成的产物复杂；而且热分解得到的小分子产物之间发生的二次反应也非常复杂。因此，林产原料热解是一个复杂的物理和化学过程。

### 9.4.2 木材热解的四个阶段

林产原料热解应用已有很长的历史，其中古代的木材干馏制备木炭以及林产原料作为能源使用的燃烧技术，其理论基础都是林产原料热解。因此，以木材为代表的林产原料的热解研究很早就得到关注。其中最突出的研究成果是1909年Klason等人所进行的木材干馏实验，该成果奠定了林产原料热解的基础，其结论至今仍被广泛认可和应用。他们通过测定在外热式干馏釜的木材干馏过程中，釜外加热温度、釜内温度以及生成的不凝性气体和馏出液的速度，分析了木材干馏过程中气体和液体生成量以及反应热的变化情况，其结果如图9-4所示。该图被称为木材干馏的Klason曲线。根据该曲线，木材干馏被大体划分为四个阶段。

(1) 干燥阶段

当加热升温至150℃之前，木材等林产原料主要发生水分的蒸发，即干燥阶段，产生的馏出液中基本上是水。同时，有少量气体产物逸出，主要来源于林产原料管道里的空气及加热原料产生的少量二氧化碳。在图9-4所示的Klason热解曲线中，该阶段主要发生在最初的2h内。

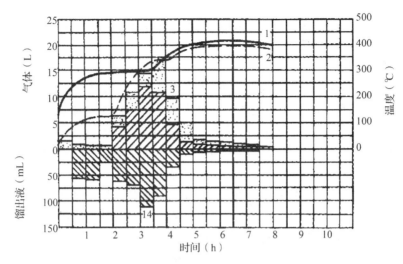

图 9-4　在外热式干馏釜中，木材热解温度、时间与产物的关系
1. 釜外温度　2. 釜内温度　3. 气体产物　4. 馏出液

在该阶段，木材中的水分蒸发需要消耗大量的热量，抑制了干馏釜内温度的升高，导致干馏釜内温度大大低于干馏釜外温度。Klason 热解曲线显示，当加热到 2h 时，干馏釜内温度低于 150℃，但干馏釜外的温度已升高到 290℃左右。

在干燥阶段，木材的化学组成基本不变。在隔绝空气的条件下将木材加热到 160℃时，木材的重量损失率仅为 2%。

(2) 预炭化阶段

当加热温度升高到 150~275℃之间时，木材等林产原料中化学性质相对不稳定的高分子组分发生较显著的热分解。这些成分主要是半纤维素、部分无定形区域的纤维素及其他糖类。反应产生的馏出液中除了反应水以外，还含有少量的醋酸、甲醇等有机物质；生成的不凝性气体中除了二氧化碳以外，还有一氧化碳等可燃性成分，且随着温度的升高而逐渐增加。在 Klason 热解曲线中，预炭化阶段处于加热时间为 2~3h 区域范围内。

从 Klason 热解曲线图上可以看出，在该阶段木材热解所产生的气体和液体产物明显增加，干馏釜内的升温速率要显著高于釜外的加热速率，这主要是由于干馏釜内木材已干燥完毕，且干燥后的木材的热容显著减少，导致木材升温速率提高。但这一阶段仍需要外界提供能量才能保证预炭化的顺利进行。

在木材等林产原料的预炭化阶段，原料的化学组成开始发生较明显变化，其颜色转变成褐色，但尚未转变成木炭。

(3) 炭化阶段

当加热温度达到 275℃以后，木材等林产原料中的纤维素和木质素组分剧烈分解，产生大量的气体和液体产物。气体产物中除二氧化碳外，一氧化碳、甲烷、氢气等可燃性成分比例随着热解温度的升高逐渐上升；热解液体产物中除含有较多的水分外，醋酸、甲醇、木焦油等有机物的含量大大增加；在 400~450℃之间，生成的液态和气态产物逐渐减少，但气体产物中的氢气和甲烷等可燃性气体成分比例继续增加。在 450℃，热分解过程基本结束，木材的固体残留物基本转变为木炭。

在图 9-4 的热解 Klason 曲线中，该阶段处于加热时间为 3~5h 范围内。可以观察到，木材热解的炭化阶段有两个显著特点：①产生了大量的气体和液体产物；②干馏釜内温度超过釜外温度。这表明，在这一阶段，木材的急剧热解产生了大量的热。因此，木材热解的炭化阶段基本不需要外界提供额外热量。

(4) 煅烧阶段

当加热温度达到450℃后，林产原料中的纤维素、半纤维素和木质素等主要高分子组分的热分解基本完成，所产生的液体和气体产物急剧减少，固体残留物已经转变为炭的基本结构。热解Klason曲线显示，在这一阶段，干馏釜外加热温度又超过了釜内温度，因此，煅烧阶段是一个吸热过程，需要吸收外界供给的热量。而且可以观察到，釜内外的温度差基本不变，表明釜内物质的热容、传热速率以及反应所需的热量变化不大。

尽管Klason把木材干馏大体分为四个阶段的研究成果是利用干馏实验观察和分析化学现象得到的，但其结论被广泛地应用于林产原料的热解，也不断被后来的研究工作者采用更加精密的仪器和更加详细的研究结果所证实。因此，把林产原料热解分为四个基本阶段成为林产原料热解的基础知识，是认识林产原料热解化学现象的基本内容。

### 9.4.3 热解过程中林产原料的物理性质与形态变化

在热解过程中，由于林产原料化学组分不断变化，林产原料热解的固体残留物的热传导、热容和强度等性质都会不断变化，并影响林产原料热解的整个过程，特别是在工业热解炉的设计中需要注意。同时，林产原料的形态结构会发生显著变化。在200℃之前，木材、竹材等植物细胞壁中结晶区由于水分的蒸发，材料的结晶度和硬度会有所提高。随着热解温度升高，原料细胞壁中的结晶结构受到完全破坏。根据电子显微镜的观察结果，细胞壁的内层、中层和内层结构在热解所产生的固体炭中已不能分辨开来，但其内部的维管束结构、薄壁组织结构和细胞腔结构在固体炭中仍能清晰可见，如图9-5所示。

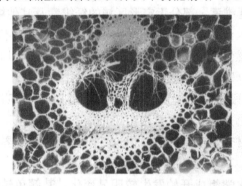 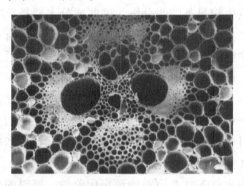

**图9-5 竹材炭化前后的横截面扫描电子显微镜照片**

左边为炭化前的竹材，右边为800℃炭化得到的竹炭

在热解过程中林产原料最显著的物理形态变化是其体积的收缩。热解过程中，构成林产原料的纤维素、半纤维素和木质素发生分解，生成一些小分子产物而挥发掉，因此，残留的固体产物会发生整体收缩。但由于构成植物原料的细胞排列具有一定的方向，呈各向异性。因此，热解过程中，植物纤维素原料在不同方向的收缩率不同。例如，竹材热解的径向收缩率比纵向收缩率要大得多，如图9-6

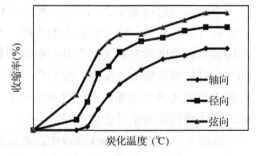

**图9-6 炭化过程中竹材的收缩率的变化**

所示。

### 9.4.4 林产原料的热解产物

从形态来看，林产原料热解的产物有3种：固体、液体和气体产物。林产原料的常规热解可以得到固态产物木炭、液态产物粗醋液和气态产物木煤气，它们的得率随原料种类、热解条件和设备等方面的不同而有较大差异。表9-1是在热解温度400℃下，1~1.5kg的3种木材分别在外热式干馏釜中热解所得到的不同状态产物的得率，以及液体和气体产物的主要组成。

#### 9.4.4.1 固体产物

在较高的热解温度下，林产原料都可以转化为炭。通常是按照林产原料的种类来命名这些炭产物的名称。木材、竹材和稻草热解生成的固体产物可以分别称为木炭、竹炭和稻草炭。有时把秸秆等农作物加工剩余物原料热解炭化生产得到的固体产物炭统称为生物质炭。木材热解得到的炭得率通常在30%左右（占绝干原料木材重量），它与热解温度、树种、树龄、取材部位及来源都有关。

表9-1 在400℃下，三种木材常规热解得到的产物得率与组成

| 产物名称 | 产物得率(占绝干原料质量%) | | |
|---|---|---|---|
| | 桦木 | 松木 | 云杉 |
| 木炭 | 33.66 | 36.40 | 37.43 |
| 粗木醋液 | 48.34 | 45.58 | 45.40 |
| 其中：沉淀木焦油 | 3.75 | 10.81 | 10.19 |
| 溶解木焦油 | 10.42 | 5.90 | 5.13 |
| 挥发酸(以醋酸计) | 7.66 | 3.70 | 3.95 |
| 醇(以甲醇计) | 1.83 | 0.89 | 0.88 |
| 醛(以甲醛计) | 0.50 | 0.19 | 0.22 |
| 酮(以丙酮计) | 1.13 | 0.26 | 0.29 |
| 酯(以乙酸甲酯计) | 1.63 | 1.22 | 1.30 |
| 反应水 | 21.42 | 22.61 | 23.44 |
| 气体 | 17.06 | 16.93 | 16.79 |
| 其中：二氧化碳 | 11.19 | 11.07 | 10.95 |
| 一氧化碳 | 4.12 | 4.10 | 4.07 |
| 甲烷 | 1.51 | 1.49 | 1.58 |
| 乙烯 | 0.21 | 0.14 | 0.15 |
| 氢气 | 0.03 | 0.03 | 0.04 |
| 损失 | 0.94 | 1.09 | 0.38 |
| 总计 | 100 | 100 | 100 |

#### 9.4.4.2 热解液体产物（粗醋液）

热解液体产物是林产原料热解生成的可冷凝性气体产物经过冷凝而得到的液态产物的总称。林产原料的热解液体产物通常含有较多的醋酸，呈酸性。通常把木材热解液体产物称为粗木醋液，由竹材或稻草热解得到的液体产物称为竹醋液或草醋液。经几天静置后，这些粗醋液通常会分成二层，上层是澄清醋液，下层为沉淀焦油。例外的情况是，由于针叶材有发

达树脂道,含有较多树脂分泌物,因此,针叶材热解得到的粗木醋液有三层,上层是粗松节油,中层是澄清木醋液,下层为沉淀木焦油。林产原料热解得到的液体产物得率与原料种类、加热速率和热解压力等条件有关。木材在常规热解方式条件下,其产率约占绝干木材质量的45%~50%。

为了进一步了解热解液体产物的组成,下面以针叶材热解得到的液体产物为例,简单介绍分层后澄清醋液、焦油和粗松节油的主要组分。

(1) 澄清木醋液

澄清木醋液是黄色至红棕色液体,显酸性,相对水的密度为1.02~1.05(20℃)。其化学组成和性质随原料树种及热解温度而异。常规热解方法得到的澄清木醋液中通常含有80%~90%的水分和10%~20%的有机物质。有机化合物的种类很多,有时多达200多种,包括羧酸、醛、酮、醇、酚类、芳烃和酯等各类有机化合物。其中羧酸主要有醋酸、甲酸、丙酸等饱和脂肪酸,丙烯酸之类不饱和脂肪酸,乙醇酸等醇酸,糠酸等杂环酸;醛类主要包括甲醛、乙醛、糠醛等;酮类主要包括丙酮、甲乙酮、甲丙酮、环戊酮等;醇类主要包括甲醇、丙烯醇等;酚类主要包括苯酚、甲酚、邻苯二甲酚、愈疮木酚、邻苯三酚等;酯类主要包括甲酸甲酯、乙酸甲酯、丁内酯等;芳烃主要包括苯、甲苯、二甲苯和萘等;还包括呋喃、甲基呋喃等杂环化合物和甲胺等胺类物质。

木材等林产原料热解所得到的醋液由于含有较多水分,且有机物质种类非常多。尽管在我国石油化工不发达的20世纪50~70年代,曾采用分离提纯的方法,从澄清木醋液中提取过甲醇、醋酸、丙酮、愈疮木酚等多种有用的有机化合物产品,但由于其中含有的有机物含量低,分离成本将非常高,因此,把其中组分进行分离提纯得到化学物质后再进行利用的途径不可取。目前,主要是把醋液作为一种有机水溶液直接进行利用,或者通过简单加工,把澄清醋液分离成几部分水溶液后再进行利用。澄清醋液可以用作杀菌剂、土壤改良剂及作物生长促进剂等。

(2) 沉淀木焦油(木焦油)

林产原料热解焦油的主要组分是酚类成分。沉淀木焦油是黑色、黏稠的油状液体,相对密度为1.05~1.15。通常含有10%左右的水分。酚类化合物主要有苯酚、甲苯酚、二甲苯酚等单元酚,邻苯二酚、愈疮木酚及其衍生物等二元酚,邻苯三酚及其衍生物等三元酚。针叶材热解木焦油中酚类含量大于阔叶材。

木焦油通过减压蒸馏可以得到不同的馏分,其中愈疮木酚之类物质是较珍贵的医药原材料。木焦油经过加工以后,可以得到药用木馏油、杂酚油、抗聚剂、抗氧剂、浮选剂、水泥防潮剂、杀虫剂、除莠剂等产品,用于各工农业部门。沉淀木焦油也可以作为黏结剂和制作炭材料的原料,包括木焦油在内的各类热解焦油有待进一步高效开发利用。

(3) 粗松节油

针叶材干馏的粗木醋液澄清后分离出来的粗松节油,为红褐色液体,相对密度为0.95~1.02。主要成分是萜烯类与萜烯醇类物质,如蒎烯、莰烯、双戊烯、雄刈萱醇等。此外,还含有少量的醛、酮类物质。可以作为精油加以开发利用。

#### 9.4.4.3 气体产物

林产原料热解都会产生不可冷凝性的气体产物,主要包括$CO_2$、$CO$、$CH_4$、$H_2$以及少量乙烯等组分。林产原料热解气体产物的得率与组成取决于原料的种类、热解温度、压力和升温速率等热解条件。随着热解温度的升高,气体产物中 $CO_2$ 及 CO 的含量减少,$CH_4$、$C_2H_4$ 及 $H_2$ 的含量增加。

木材常规热解生成的不凝性气体可以称作木煤气,其产率约占绝干原料木材质量的 16%~18%。桦木、松木和云杉在 400℃ 下常规热解所收集到的木煤气的气体组成见表 9-1。木煤气可以作为燃料燃烧直接提供热量或发电,也可以进一步精制后制备出合成气,成为合成甲醇、乙醇和烃类气体等燃料的原料。

## 9.5 林产原料主要高分子组分的热解

纤维素、半纤维素和木质素是林产原料的主要组分,林产原料的热解是这些组分热解的综合体现。因此,掌握纤维素、半纤维素和木质素热解的基本规律是深入了解林产原料热解的基础。

### 9.5.1 纤维素的热解

在林产原料的热解研究中,纤维素是由 D-葡萄糖以 1,4-β 苷键连接起来的链状高分子化合物,大分子结构明确、单一。因此,在林产原料组分热解机理的研究中,与半纤维素和木质素相比,纤维素热解机理的研究深入,已有半个多世纪的研究历史。目前,普遍接受的纤维素热分解机理是形成左旋葡萄糖酐的 β 苷键断裂方式。一般认为,该纤维素热分解过程可以分为如下四个阶段,其反应式如图 9-7 所示。

第一阶段:干燥阶段。纤维素含有较多的羟基,吸附了较多的自由水。在 100~150℃ 之间,纤维素吸附着的自由水蒸发。纤维素大分子的化学性质不变。但纤维素大分子的结晶度发生了一定的变化。

第二阶段:葡萄糖基脱水阶段。纤维素大分子中的葡萄糖基脱水反应发生在 150~240℃ 之间,纤维素的化学性质随之发生变化。该阶段反应生成的产物是反应水,主要来源于两类反应:一是纤维素大分子之间氢键的氢和氢氧根之间发生的脱水反应,即氢键的断裂;二是葡萄糖环内的氢与氢氧根之间的脱水反应,生成了具有羰基官能团的糖类分子,如图 9-7 中的阶段 II。但纤维素大分子的聚合度基本不发生变化,大分子结构未受到显著破坏。

第三阶段:热裂解阶段。温度超过 240℃ 以后,纤维素的热分解反应逐渐变得剧烈,在 300~375℃,纤维素的热分解反应最激烈,于 400℃ 左右纤维素热解基本结束。该阶段中首先发生的是纤维素大分子苷键的断裂反应,纤维素大分子结构遭到破坏发生降解。结果生成比较稳定的左旋葡萄糖酐(即 1,6-脱水-β-D-吡喃葡萄糖),以及单糖、脱水低聚糖和多糖等初级降解产物。

随着热解温度的进一步升高,脱水低聚糖及多糖等初级降解产物结构中的碳碳键及碳氧键发生断裂,裂解成一氧化碳、二氧化碳、反应水及其他产物;并且,初级裂解产物还会通过脱水、热裂解、歧化等多种化学反应转化成醋酸、甲醇、木焦油及木炭等复杂的热解产物。

第四阶段:聚合及芳构化阶段。当热解温度达到 400℃ 后,纤维素热分解产生的初级降解产物在碳碳键和碳氧键断裂过程中释放出一氧化碳之类低分子产物以后,残留的碳碳键通过芳构化反应形成碳六角环结构并最终转变成固体产物炭;同时,上述苷键断裂生成的左旋葡萄糖酐进一步转变为可冷凝的木焦油产物。

纤维素热分解的开始阶段主要发生纤维素的脱水和苷键的断裂反应,当添加其他化学试

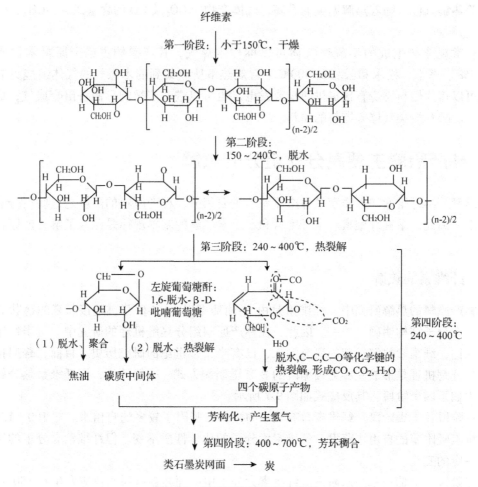

**图 9-7 纤维素热解机理示意图**

剂影响这一反应历程时,纤维素热分解反应就会发生显著的变化。表 9-2 显示了当添加化学药品的情况下纤维素在 600℃ 热分解主要产物的组成及得率情况。由表 9-2 可见,当添加了质量百分比为 5% 的磷酸、磷酸氢二钠或氯化锌时,纤维素热分解产物的得率发生了明显变化。其中最显著的变化是固体炭及反应水的得率大大增加,而焦油及其他有机产物的产率明显下降。这是由于这些质子酸和路易斯酸促进了纤维素的脱水反应,生成了更多的水,从而减少了纤维素中的氢和氧元素与碳反应生成焦油及其他有机化合物的几率,使原料中的碳元素能更多地转化成固态的炭产物。

**表 9-2 纤维素在 600℃ 热分解的产物**

| 产物名称 | 产物得率(占绝干原料重量%) | | | |
|---|---|---|---|---|
| | 纯纤维素 | 用下列化学药品处理过的纤维素 | | |
| | | 5% $H_3PO_4$ | 5% $(NH_4)_2PO_4$ | 5% $ZnCl_2$ |
| 木炭 | 5 | 24 | 35 | 30 |
| 反应水 | 11 | 21 | 26 | 23 |
| 乙醛 | 1.5 | 0.9 | 0.4 | 1.0 |
| 呋喃 | 0.7 | 0.7 | 0.9 | 3.2 |
| 丙烯醛 | 0.8 | 0.4 | 0.2 | 痕量 |
| 甲醇 | 1.1 | 0.7 | 0.9 | 0.5 |

(续)

| 产物名称 | 产物得率（占绝干原料重量%） | | | |
|---|---|---|---|---|
| | 纯纤维素 | 用下列化学药品处理过的纤维素 | | |
| | | 5% $H_3PO_4$ | 5% $(NH_4)_2PO_4$ | 5% $ZnCl_2$ |
| 2-甲基呋喃 | 痕量 | 0.5 | 0.5 | 2.1 |
| 2,3-丁二酮 | 2.0 | 2.0 | 1.6 | 1.2 |
| 1-羟基-2-丙酮,乙二醛 | 2.8 | 0.2 | 痕量 | 0.4 |
| 醋酸 | 1.0 | 1.0 | 0.9 | 0.8 |
| 2-糠醛 | 1.3 | 1.3 | 1.3 | 2.1 |
| 5-甲基-2-糠醛 | 0.5 | 1.1 | 1.0 | 0.3 |
| 二氧化碳 | 6 | 5 | 6 | 3 |
| 焦油及损失 | 66 | 41 | 26 | 31 |

## 9.5.2 半纤维素的热分解

半纤维素与纤维素都属于高聚糖，其热分解反应过程与纤维素相似。同样，在热解过程中，半纤维素先后经过脱水、苷键断裂、热裂解、缩聚及芳构化等反应过程。比较表9-2和表9-3可以看出，半纤维素与纤维素的热分解产物类似。同样，与纤维素类似，在半纤维素中添加其重量5%的 $ZnCl_2$ 处理以后，热解所产生的固体炭及反应水的得率也显著增加，焦油等有机化合物的得率显著减少，这也是由于路易斯酸 $ZnCl_2$ 促进了半纤维素的脱水作用所致。

由于半纤维素的化学性质比纤维素不稳定，因此半纤维素发生热分解的温度较低。微分热重量分析(TGA)及示差热分析(DTA)的研究结果表明，半纤维素热分解温度在木材的3种主要组分中是最低的。例如，半纤维素中的脱乙酰化半乳糖基葡萄甘露聚糖，在145℃时就开始热分解，比纤维素开始热分解的温度低。并且，半纤维素发生激烈热分解的温度范围是225~325℃，低于纤维素的剧烈热分解温度范围。

**表9-3 某些半纤维素在500℃热分解的产物**

| 产物名称 | 产物得率（占绝干原料重量%） | | | |
|---|---|---|---|---|
| | 木聚糖 | | 邻乙酰基木聚糖 | |
| | 未处理 | 5% $ZnCl_2$ | 未处理 | 5% $ZnCl_2$ |
| 木炭 | 10 | 26 | 10 | 23 |
| 反应水 | 7 | 21 | 14 | 15 |
| 乙醛 | 2.4 | 0.1 | 1.0 | 1.9 |
| 呋喃 | 痕量 | 2.0 | 2.2 | 3.5 |
| 丙酮,丙醛 | 0.3 | 痕量 | 1.4 | 痕量 |
| 甲醇 | 1.3 | 1.0 | 1.0 | 1.0 |
| 2,3-丁二酮 | 痕量 | 痕量 | 痕量 | 痕量 |
| 1-羟基-2-丙酮 | 0.4 | 痕量 | 0.5 | 痕量 |
| 1-羟基-2-丁酮 | 0.6 | 痕量 | 0.6 | 痕量 |
| 醋酸 | 1.5 | 痕量 | 10.3 | 9.3 |
| 2-糠醛 | 4.5 | 10.4 | 2.2 | 5.0 |
| 二氧化碳 | 8 | 7 | 8 | 6 |
| 焦油及损失 | 64 | 32 | 49 | 35 |

### 9.5.3 木质素的热分解

由于木质素的化学结构复杂,且木质素的结构随原料来源、提取分离方法的不同而有较大差异,使木质素热解机理的研究变得非常复杂,且难以达到一致的结论,因此,采用纯木质素研究木质素热分解的研究进展非常缓慢,到目前为止,木质素热分解历程仍不够清楚。

木质素的化学结构复杂。纤维素和半纤维素仅由脂肪族碳链所构成,是一种线性高分子结构,而木质素高分子不仅具有芳环和碳链,而且是一个三维高分子结构。因此,木质素热分解的温度范围比纤维素和半纤维素都宽,而且热分解结束的温度要高。研究结果表明,木质素热分解反应发生在250~500℃之间。从气态及液态产物的生成速度上来看,其热分解反应温度在310~420℃比较激烈。

当木质素被加热到250℃时,开始放出二氧化碳及一氧化碳之类含氧气体;当温度升高到310℃后,其热分解反应变得激烈起来,进入放热反应阶段,生成大量的挥发性气体产物。可冷凝性产物中有醋酸、甲醇、木焦油及其他有机化合物生成;不凝性气体中开始有甲烷之类烃类物质出现。温度超过420℃以后,生成的蒸汽气体产物的数量逐渐减少,热分解反应基本完成。

表9-4列出了水解木质素及用盐酸法从松树、云杉、山杨3种木材中提取出来的木质素的热分解产物组成状况。由表可知,与纤维素及半纤维素相比较,木质素热分解的木炭得率要高得多。

表9-4 几种木质素的热分解产物

| 产物名称 | 产物得率(占绝干原料重量%) | | | |
|---|---|---|---|---|
| | 水解木质素 | 盐酸法木质素 | | |
| | | 松木 | 云杉 | 杨木 |
| 木炭 | 55.80 | 50.60 | 45.66 | 44.30 |
| 反应水 | — | 15.75 | 29.15 | 30.50 |
| 酸类 | 0.48 | 1.29 | 1.28 | 1.28 |
| 甲醇 | 1.92 | 0.90 | 0.83 | 0.87 |
| 丙酮 | — | 0.29 | 0.18 | 0.27 |
| 气体 | 24.70 | 14.00 | 8.04 | 7.05 |
| 木焦油 | 7.15 | 13.00 | 13.83 | 14.25 |
| 损失 | — | 4.13 | 1.03 | 1.48 |

### 9.5.4 林产原料的热解

从许多木材热重分析曲线来看,木材等林产原料热解的质量损失是综合各组成高分子热解的结果,其剧烈热分解的温度范围大致处于250~400℃之间。原料种类不同,其剧烈热分解范围有所变化。图9-8显示了杨木及其3种主要组分的热重分析结果,从这些热重分析曲线可以看出杨木及其组分高分子的热分解温度和失重变化趋势。读者可以自行分析,并与前面有关木材、纤维素、半纤维素与木质素热解的基础知识相比较。

由于林产原料与其各组分的初级热解反应是固相分解反应,因此,它们的初级热解及其产物的相互影响不明显,这也导致它们的固体产物得率是各组分热分解的综合的结果。然后,在热解产物之间发生的二次反应过程中,由于它们是气相反应和固—气相之间的反应,因此,它们所发生的二次反应无疑是要受到各组分热解的影响,尤其是液体和气体产物的得率与组成,以及反应热。有人根据木材在高度真空(绝对压力1.33Pa)下热分解时不发生放热反应,而在高压下(3.2MPa)热分解时放热反应非常激烈推测,发生放热反应与木材热分解生成的初级产物相互之间进行二次反应有关。

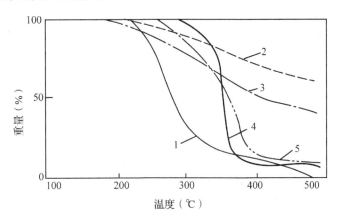

**图9-8 杨木及其主要高分子组分的热重分析结果**
1. 木聚糖  2. 酸法木质素  3. 磨木木质素  4. 纤维素  5. 杨树木材

## 9.6 影响林产原料热解的主要因素

### 9.6.1 林产原料的性质

(1) 含水率

林产原料的含水率影响林产原料热解的时间和能源消耗量,并对产品质量有一定的影响。含水率大时,增加干燥阶段所需要的时间和能源消耗,增加热解液体产物中水分含量,降低了有机物浓度;含水率太低时,升温速率提高,热解速率加快,放热反应更加激烈。

不同的热解方法和技术对林产原料的含水率有不同的要求。例如,内热式连续热解炉要求原料具有较低的含水率,通常为10%~20%;外热式热解炉次之,为15%~25%;而使用炭窑、移动式炭化炉等炭化装置时,原料的含水率允许更大一些。生物质气化所需要的含水率随气化装置不同而不同。生物质液化通常要求有很低的含水率,因为含水率越低,液化产物的性能越好。林产原料的炭化对含水率的要求则随炭的用途不同而有不同的要求。在实际热解技术应用中,考虑到干燥的能耗问题,需要综合干燥所需要的能耗和实际的热解过程来选择合适的原料含水率。

(2) 原料尺寸

林产原料的导热性通常比较差,且具有各向异性。因此,锯断、劈开甚至粉碎原料,以缩短传热距离,促进传热,提高热解速度和节省热解时间。而且原料粒度越大,原料内部热分解产物逸出的距离增长,导致二次反应发生的几率显著增大,影响产物的组成和性质。例如,二次反应时间延长,热解焦油产率增加。

另一方面,木片、木屑、果壳和秸秆等原料的颗粒度过小,则通气阻力大,也不利于传热。合适的颗粒粒度需要根据原料的形状与热解设备的种类而变化。

(3) 原料灰分

林产原料通常有一定含量的灰分，其主要成分是钾、钠、钙、镁、铁等金属的氧化物或碳酸盐，硫、氮、磷和硅等非金属氧化物和其他化合物。灰分中的部分金属化合物有时会催化林产原料热解反应的进行，影响热解反应的历程与产物；有的金属或非金属氧化物在高温热解过程中会熔化或挥发，影响设备的正常运行和产物的纯度。尤其是秸秆和农作物果壳类林产原料具有较高的灰分含量，需要更加重视这些灰分对热解过程所造成的不利影响。

(4) 原料组成与结构

林产原料的组成与结构有时会由于人为或天然的因素受到影响或破坏。如研磨、化学或生物降解和蒸煮等，不同程度地破坏林产原料的细胞壁结构，或者降解纤维素、半纤维素和木质素高分子，它们都会明显影响这些林产原料热解的基本特征与热解产物的组成，甚至影响热解技术的运用。

例如，木材的腐朽是原料在微生物的作用下，降解了木材中的生物高分子而改变了原料的化学组成和结构，因此，会改变林产原料热解过程和产物的性质。木材的腐朽是感染了木腐菌。常见木腐菌有白腐菌和褐腐菌两类，都属于真菌。白腐菌主要降解木质素，对纤维素的破坏较少，腐朽后的木材含有较多的纤维素而呈白色。相反地，褐腐菌主要破坏纤维素，腐朽后的木材含较多的木质素而呈褐色。有的真菌会使纤维素和木质素均被破坏，从而使木材结构彻底损坏。用腐朽后的木材为原料干馏时，得到的木炭质地疏松、易碎、易自燃；液态有机物的得率降低；木煤气得率增加。腐朽的木材不适于作为炭化的原料，但适于进行气化和液化。

### 9.6.2 热解温度

林产原料的热解温度是指加热原料所达到的最高温度，它是影响热解产物组成和性质的主要因素之一。在林产原料未完全热分解完成之前，热解温度决定了某一热解条件下林产原料断裂的化学键种类；热解对二次反应发生的范围和基本内容有决定性的影响。图 9-9 及图 9-10 显示了热解温度对松木和桦木常规热解产物得率的影响。由图可见，随着热解温度的升高，固体残留物木炭的得率下降，并且在 270~400℃ 下降幅度最大；而酸类、木焦油、各种有机物质、反应水及不凝性气体的得率都上升。

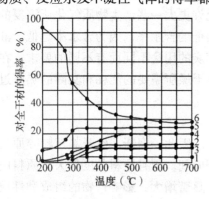

图 9-9 松木热解温度与产物得率的关系
1. 酸类 2. 木焦油 3. 其他有机物 4. 不凝性气体（木煤气） 5. 反应水 6. 木炭

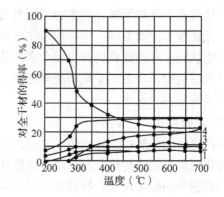

图 9-10 桦木热解温度与产物得率的关系
1. 酸类 2. 木焦油 3. 其他有机物 4. 不凝性气体（木煤气） 5. 反应水 6. 木炭

表9-5列出了松木和桦木在不同热解温度下得到的木醋液的主要成分。由表可以看出，在200℃时，热解松木和桦木得到的液体产物中，仅有少量的酸类物质存在；280℃时开始出现木焦油及其他有机物；到达400℃时，在粗木醋液中，除木焦油外，酸类及其他有机物的浓度已经达到或者接近最大值；在550℃左右，木醋液中木焦油的浓度达到最大。这表明，随着热解温度的升高，首先生成反应水及酸类物质，而其他各种有机物及木焦油在较高的温度下才逐渐生成。

热解温度对固体炭的得率和性质也有决定性的影响，它决定了林产原料基炭的元素组成、导电性和强度等性质。相关知识可以参考有关介绍木炭结构与应用方面的章节内容。

表9-5 热解温度对粗木醋液组成的影响

| 热解温度(℃) | 粗木醋液的组成(质量%) | | | | | | | |
|---|---|---|---|---|---|---|---|---|
| | 酸类 | | 木焦油 | | 其他有机物 | | 反应水 | |
| | 松木 | 桦木 | 松木 | 桦木 | 松木 | 桦木 | 松木 | 桦木 |
| 200 | 3.57 | 5.77 | — | — | — | — | 96.43 | 94.23 |
| 280 | 12.24 | 19.88 | 10.30 | 5.60 | 6.0 | 4.87 | 71.46 | 69.66 |
| 300 | 9.41 | 16.02 | 21.38 | 12.07 | 7.92 | 9.56 | 61.39 | 62.35 |
| 350 | 8.49 | 9.01 | 20.89 | 12.59 | 15.92 | 18.49 | 54.70 | 59.91 |
| 400 | 7.70 | 13.51 | 20.60 | 13.08 | 20.29 | 19.23 | 51.41 | 54.18 |
| 450 | 7.64 | 13.68 | 21.57 | 13.15 | 20.38 | 18.57 | 50.41 | 50.60 |
| 500 | 7.54 | 13.54 | 21.95 | 13.16 | 21.03 | 18.89 | 49.28 | 54.40 |
| 550 | 6.98 | 12.60 | 23.13 | 13.90 | 21.84 | 21.40 | 48.39 | 52.26 |
| 600 | 7.18 | 13.06 | 23.03 | 13.95 | 20.96 | 20.54 | 48.83 | 53.45 |
| 650 | 7.07 | 12.98 | 23.33 | 14.28 | 21.35 | 19.61 | 48.24 | 53.20 |
| 700 | 6.96 | 13.17 | 23.23 | 14.64 | 21.47 | 20.31 | 48.34 | 51.88 |

## 9.6.3 升温速度

升温速率是影响林产原料热解的主要因素之一。由于林产原料的初级热分解是一个固相反应，而且林产原料结构疏松，导热能力差，因此，升温速率是影响林产原料热解产物得率和组成的非常重要因素，同时也影响林产原料热解装置的生产能力。

在实际的热解过程中，升温速率是由加热功率、加热方式、物料的种类和性状(如堆积密度、粒度等)、热解装置等因素综合决定。升温速率是设计热解装置的一个主要考虑因素，其尺寸大小和结构、加热方式、材料都与最终设备的升温速率有关。目前，采用快速和闪速热解技术进行生物质液化过程中，要求在几秒钟范围内，将设备和原料快速升温至500～600℃，如此高的升温速率为快速和闪速热解设备的设计提出了很高的要求，这也已经成为这些热解技术应用的关键技术和难题。

## 9.6.4 热解压力

林产原料热解产生大量的挥发性气体物质，显然热解压力将对林产原料的热分解会产生较大的影响。已有研究发现，木材在高度真空状态下热分解时未观察到放热现象，而在高压下放热反应异常激烈。这可能是由于降低热解压力，大大减少了二次反应发生的几率。在试

表 9-6　压力对桦木热解产物得率的影响

| 热解釜内压力 (MPa) | 产物得率(占绝干木材重量%) | | | | | | |
|---|---|---|---|---|---|---|---|
| | 木炭 | 酸类 | 甲醇 | 甲醛 | 木焦油 | 反应水 | 木煤气 |
| 0.0007 | 19.54 | 9.35 | 1.20 | 1.20 | 37.18 | 21.00 | 9.00 |
| 0.1 | 36.51 | 6.32 | 1.42 | — | 16.96 | 22.64 | 16.03 |
| 0.84 | 40.48 | 5.44 | 1.53 | — | 9.28 | 22.28 | 21.21 |
| 9.0 | 44.00 | 4.23 | 2.57 | — | — | — | — |
| 20.0 | 33.60 | 5.67 | 3.11 | — | — | — | — |

验室条件下常规热解100kg桦木时，压力对产物得率的影响状况见表9-6。

然而，不论是真空热解还是加压热解，都对热解装置的强度和密封性能提出了更高的要求，增加了操作的复杂性。特别是真空热解时，如果设备密封性不佳，外界空气容易吸入到热解设备中，与热解产生的富含CO和$H_2$的热解气体产物混合，易发生爆炸。因此，工业上林产原料热解技术大多是在常压下进行的。

### 9.6.5 热解气氛

在热解过程中，为了提高原料的传热速率或提高某一类产物，通常都要通入某种气体作为热解气氛，它们可能参与或影响热解挥发性气体产物之间或与炭之间的二次反应，从而影响最终产物的种类和组分含量。目前，林产原料所采用的热解气氛主要有惰性气氛、氧化性气氛、还原性气氛和自发性气氛。根据基本的化学知识，可以推断气氛气体的化学性质影响热解产物的基本规律。

(1) 惰性气氛

通常是采用氮气或氩气作为反应气氛，它们在通常所使用的热解条件下，都显示出惰性，不发生化学反应。因此，采用这些气体作为气氛基本不会影响林产原料的热解过程。

(2) 氧化性气氛

氧化性气氛包括氧气、空气、二氧化碳和过热水蒸气。显然，这些气体容易氧化一些具有还原性的林产原料热解产物，包括固体产物炭，因此，氧化性气氛能够显著增加林产原料热解气体产物的得率。

(3) 还原性气氛

还原性气氛主要是指氢气。氢气气氛可以将一些小分子有机物还原成含氧量较低的有机化合物，尤其是在一些金属催化剂的作用下。因此，当有镍、钴、钼之类催化剂存在，温度为250~300℃、压力为15~20MPa的条件下，木材在氢气介质中进行热解时，木材绝大部分转化成液体及气体产物，固体残留物木炭的得率降低至4%以下。由于氢气的使用对设备的要求很高，因此，作为林产原料热解技术中氢气气氛的使用和研究都不太多。

(4) 自发性气氛

指林产原料在热解过程中产生了气体组分，形成了原料进一步热解的气氛。这种热解气氛的组成是随着热解阶段的不同而不同。

### 9.6.6 热解溶剂

溶剂热解方式是生物质热解液化的一种方式。研究表明，在高温、高压及适当的有机溶剂中，松木屑能通过热溶几乎能全部转变成液态及气态产物，不溶性的固体残渣仅占绝干原料重量的0~0.13%。

溶剂热解所使用的溶剂通常有两类：一类是高沸点溶剂，如萘等多环芳烃，这些溶剂富含氢原子，同时有利于提高热解产物的氢含量。这类溶剂可以在常压下或较低的压力下直接使用；第二类是普通的溶剂，如苯、苯酚、乙醇等具有较低沸点的溶剂。热解时，这类溶剂通常是需要在高压下或超临界状态下使用。

目前采用离子液体作为林产原料或其组分的热解溶剂也受到较多的关注。离子液体是一类在常温下以离子状态存在的有机液体，化学性质比较稳定，有的离子液体需要在350℃以上才能开始分解，蒸气压很低，是一种新型的液体溶剂。因此，使用离子液体作为林产原料热解的溶剂，不仅不需要高压设备，而且可以实现溶剂的重复利用，实现热解产物与溶剂的有效分离。但目前离子液体的成本很高是影响其在林产原料热解领域应用的主要原因之一。

### 9.6.7 催化剂或添加剂的影响

林产原料热解的催化剂有两类：一类是以溶液或形成溶液的形式存在，通过浸渍的方法，将催化剂与林产原料混合，使催化剂渗透到林产原料内部，与纤维素、半纤维素和木质素中的化学基团结合，从而改变林产原料热分解反应途径，显著改变林产原料的热解产物组成。例如，磷酸、硫酸、碳酸钠、氢氧化钾之类的酸和碱。第二类催化剂主要是一些金属催化剂，它们通常是以固相的形式与林产原料混合或放置在原料的上层。它们主要催化林产原料热解初级小分子产物之间发生的二次反应，从而改变反应产物的种类与组成。这类催化剂常用的金属是主要是镍、钴、钼等。如果采用还原性气氛进行热解，它们的催化可以大大提高液化效果。

作为例子，表9-2、表9-3、表9-7和表9-8说明了氯化锌、磷酸及碳酸钠对林产原料热解产物的影响效果。有关催化剂与添加剂对林产原料热解产物的影响，已有大量的研究报道，可以查阅相关论文与书籍等文献资料。

表9-7 在600℃下杨木及其经 $ZnCl_2$ 处理后的热分解产物

| 产物名称 | 产物得率（占绝干原料重量%） | |
| --- | --- | --- |
| | 杨树木材 | 用5% $ZnCl_2$ 处理过的杨树木材 |
| 木炭 | 15 | 24 |
| 反应水 | 18 | 18 |
| 乙醛 | 2.3 | 4.4 |
| 呋喃 | 1.6 | 7.9 |
| 丙酮，丙醛 | 1.5 | 0.9 |
| 丙烯醛 | 3.2 | 0.9 |
| 甲醇 | 2.1 | 2.7 |
| 2,3-丁二酮 | 2.0 | 1.0 |
| 1-羟基-2-丙酮 | 2.1 | 痕量 |
| 乙二醛 | 2.2 | 痕量 |
| 醋酸 | 6.7 | 5.4 |
| 2-糠醛 | 1.1 | 5.2 |
| 蚁酸 | 0.9 | 0.5 |
| 5-甲基-2-糠醛 | 0.7 | 0.9 |
| 2-糠醛 | 0.5 | 痕量 |
| 二氧化碳 | 12 | 6 |
| 木焦油及损失 | 28 | 22 |

表 9-8  磷酸处理对槭木常规热解产物的影响

| 添加剂 | 用量（重量%） | 产物得率(重量%) | | | | | | |
|---|---|---|---|---|---|---|---|---|
| | | 木炭 | 溶解木焦油 | 沉淀木焦油 | 总酸 | 甲醇 | 气体 | 反应水及其他 |
| 磷酸 | 0.0 | 39.15 | 5.36 | 3.14 | 5.81 | 1.37 | 22.66 | 22.51 |
| | 7.59 | 44.90 | 1.86 | 0.00 | 5.05 | 2.18 | 13.85 | 32.17 |
| 碳酸钠 | 0.0 | 38.7 | 9.0 | 5.0 | 7.7 | 1.7 | 17.5 | 20.5 |
| | 3.15 | 37.1 | 5.4 | 6.2 | 4.4 | 1.8 | 24.8 | 20.4 |

## 思考题

1. 说明木材热解的基本概念和木材热解的主要产物类型。
2. 说明木材热解的四个阶段以及每个阶段的特点。
3. 解释在热解过程中木材水分的蒸发过程和特点。
4. 解释纤维素热解的反应机理。
5. 根据化学反应的基本原理，解释影响木材热解的主要影响因素。
6. 请从植物原料的化学组成和结构解释植物原料热解产物的多样性和复杂性的原因。
7. 从纤维素的热解机理出发，解释路易斯酸催化植物原料热解反应的原因。
8. 说明植物原料热解在植物原料的化学利用方面的意义。

## 参考文献

黄律先, 1996. 木材热解工艺学[M]. 2版, 北京：中国林业出版社.

朱锡锋, 2006. 生物质热解原理与技术[M]. 合肥：中国科学技术大学出版社.

肖志良, 左宋林, 2012. 几种林产原料热解产物的研究[J]. 林产化学与工业, 32(2): 1-8.

左宋林, 于佳, 车颂伟, 2008. 热解温度对酸沉淀工业木质素快速热解液体产物的研究[J]. 燃料化学学报, 36(2): 144-148.

Tang M M, Roger Bacon, 1964. Carbonization of Cellulose Fibers—Low Temperature Pyrolysis[J]. Carbon, 2: 211-220.

Kanury M A, 1972. Thermal Decomposition Kinetics of Wood Pyrolysis[J]. Combustion and Flame, 18: 75-83.

Morterra C, Low M J D, 1983. The vacuum pyrolysis of cellulose[J]. Carbon, 21(3): 283-288.

Simmons M G, Gentry M, 1986. Kinetic formation of CO, CO, $H_2$, and light hydrocarbon gases from cellulose pyrolysis[J]. Journal of Analytical and Applied Pyrolysis, 10: 129-138.

Balat M, 2008. Mechanisms of Thermochemical Biomass Conversion Processes. Part 2: Reactions of Gasification[J]. Energy Sources, Part A, 30: 636-648.

Basu Prabir, 2010. Biomass gasification and pyrolysis: practical design and theory [M]. Massachusetts: Academic press.

# 第10章 林产原料热解工艺与设备

【本章提要与要求】 主要介绍林产原料热解的主要方式及其特点，林产原料热解气化的原理、气化主要方式与装置，林产原料快速热解液化的主要条件、主要方式与装置，热解油的理化性质及其利用方法与途径，热解炭化制备固体炭的主要装置以及木炭的应用。

要求掌握林产原料热解气化、液化和炭化3种主要方式的目的，热解气化的主要原理，林产原料热解气化、液化的主要方式与装置，炭化工艺特点与主要装置；了解林产原料热解气化、液化与炭化3种热解方式在发展以林产原料为主的生物质能源、化学品与材料等领域的地位和作用，以及热解油的后处理方法与应用。

随着热解理论与实际需求的发展，传统热解技术不断发展，一些新的热解技术相继出现，为林产原料综合利用提供了许多技术途径，并成为了林产原料高效和综合利用的主要方式之一。进入21世纪，除传统的炭化和干馏等热解技术外，热解气化和液化技术快速发展。以林产原料为主的生物质原料热解已发展成为与现代生物质能源、化学品与材料密切相关的一项重要技术。

## 10.1 热解方式

### 10.1.1 按热解产物分类

利用林产原料热解技术，可以将林产原料转化为气体、液体或固体产物，从而转化为能源、化学品和材料，因此，热解技术是实现林产原料高效利用的主要途径，也是现代林产原料加工利用的主要目的。按照最终转化的主要产物分类，林产原料热解利用技术分为热解气化、液化和炭化。

热解气化是在林产原料热解基础上，通过气化剂的作用，将林产原料转化为气体燃料或以合成化学品（如甲醇）为目的的合成气的热解技术。林产原料热解气化生产的气体产物主要由$CO$和$H_2$组成。热解气化是目前林产原料制备能源的主要途径，气化基本原理和方法将在本章的相关节进行介绍。

热解液化是由林产原料生产液体燃料或某些化工产品为目的的一种热解方式。实现林产原料热解液化的主要方法是快速热解、闪速热解以及溶剂热解等方式。林产原料热解液化所生产的热解油通常含有不同含量的水分、化学性质比较活泼、组分非常复杂，因此不能直接作为能源或化学品使用，需要进一步催化精炼和提质，才能达到实际应用的要求。总之，热解液化不仅涉及热解液化技术本身，而且还涉及热解油的精炼与提质等主要技术。

炭化是由林产原料生产热解固体产物炭为目的的一种热解方式。林产原料炭化时，液体副产物也是可以开发利用的非常有价值的产物。实现热解炭化技术主要是常压慢速热解。固体炭不仅可以作为固体燃料使用,而且是生产先进生物基炭材料的基本方法。生物基炭材料具有天然的生物结构,它的研究、开发与利用值得关注与重视。随着研究开发的深入与发展,生物基炭材料也必然成为炭材料领域的一个重要分支和组成。

在我国的20世纪50~70年代,常采用常压慢速热解方式,在惰性气氛或自发性热解气氛条件下,从林产原料生产得到醋酸或焦油,同时产生热解气体和固体炭等副产物。这种热解方式称为干馏。实际上,在机理与方法上,干馏与普通的热解没有显著差异。在我国石油化工还没有建立起来之前,我国主要通过木材热解生产澄清木醋液和焦油,再经分离生产醋酸和焦油,以满足工业生产和日常生活需要。为了提高醋酸和焦油的生产效率,干馏采用的原料通常是松木或明子。目前,以生产醋酸和焦油的干馏方式已很少应用。

### 10.1.2 按热解条件分类

根据热解条件的不同,可以将热解分为许多不同的方式。按照热解升温速率不同,热解可以分为慢速热解和快速热解或闪速热解;按照热解压力不同,可以分为真空热解、常压热解和高压热解;按照溶剂的性质,可以分为溶剂热解、超临界流体热解;另外,按照是否使用催化剂,可分为非催化热解和催化热解。快速热解是升温速率在500~600℃/s,且反应的挥发性产物在加热区停留时间不超过2s的条件下所进行的热解。快速热解是为制备高得率的热解液体产物而发展起来一种热解技术。

## 10.2 林产原料的热解气化

### 10.2.1 气化技术的发展历史

以林产原料为主的生物质气化是生产以一氧化碳和氢气为主要组分的可燃性气体产物的生物质热解技术,它是实现生物质原料能源化的主要方式之一。有记载的以林产原料为主的生物质气化商业应用可以追溯到18世纪30年代。19世纪50年代,以煤和木炭为原料的民用气化炉所产生的燃气(即气灯)在英国伦敦广泛应用。在19世纪80年代,民用气化炉装置被开发应用于固定式的内燃机,由此诞生了"动力气化炉"。到20世纪20年代,生物质动力气化系统的应用已由固定式的内燃机拓展到移动式的内燃机,如汽车拖拉机等,应用范围遍布全世界许多国家。第二次世界大战期间,由于民用燃料短缺,生物质气化技术迅猛发展,仅欧洲就有一百多万辆装载生物质动力气化系统交通运载工具,形成了成熟的以固定床气化为主,以木炭和优质硬木为原料的生物质气化技术。第二次世界大战后,由于廉价石油的大量开采,化石燃料基本取代了生物质燃料,生物质气化技术的发展在较长时期内停滞不前。

最近30多年时间内,由于化石能源危机对经济所表现出的严重影响,生物质气化技术重新受到广泛的重视并快速发展。目前生物质气化技术的原料已从木炭和硬木扩大到几乎所有的生物质;气化装置也由单一的固定床式发展到流化床等多种;产生的燃气不仅可以直接用作燃料,还可以用作合成气生产甲醇和烃类等液体燃料。

### 10.2.2 热解气化技术分类

林产原料的热解气化按是否使用气化剂可以分为使用气化剂和不使用气化剂两种。干馏可以认为是一种不使用气化剂的气化方式;按照气化剂的种类可分为空气气化、氧气气化、水蒸气气化、氢气气化和复合式气化等。

按设备运行方式可以将热解气化分为固定床气化、流化床气化和旋转床气化 3 种方式。固定床气化炉又可分为下吸式、上吸式、横吸式和开心式 4 种，如图 10-1 所示。固定床气化炉具有制造简便、成本低、运动部件少、热效率高和操作简单等优点，主要缺点是气化过程难于控制，气化强度和单机最大气化能力相对较低。流化床分为单流化床、循环流化床和双循环流化床等，流化床主要用于粒度较小的生物质原料的热解气化。

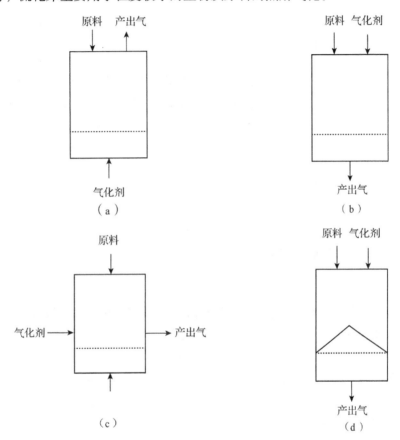

图 10-1　林产原料固定床热解气化炉的主要种类
(a)上吸式　(b)下吸式　(c)横吸式　(d)开心式

## 10.2.3　热解气化原理

下面以图 10-2 所示的下吸式气化炉和空气气化剂为例，说明林产原料热解气化的基本原理。在生物质气化炉中，林产原料经历了干燥、热解、氧化和还原四个阶段。在气化炉中，原料不仅发生了复杂的化学反应，还经历了复杂的传质和传热过程。干燥和热解已在热解基础知识进行了较详细介绍，在此主要介绍氧化和还原过程。

### 10.2.3.1　干燥和热解

如图 10-2 所示，气化炉的最上层是干燥区域，林产原料和气化剂由顶部进入气化炉，含有水分的原料与下面的热源进行热交换，物料在重力作用下往下移动，水蒸气也由于气体抽吸而克服热浮力往下移动。物料干燥后发生热解，生成炭、二氧化碳、一氧化碳、氢气、水

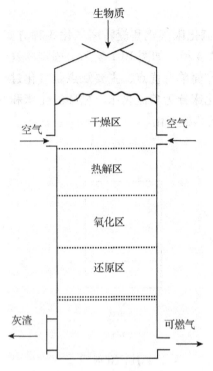

图10-2 下吸式气化炉的气化原理示意图

蒸气以及各种挥发性有机小分子物质,这些热解产物随气流向下区域移动。

#### 10.2.3.2 氧化反应

当气化剂空气与原料热解所产生的炭颗粒与挥发性有机物质一起进入气流时,混合气流中含有较高含量的氧气,因此,林产原料热解所产生的有机小分子物质会被氧化生成一氧化碳、二氧化碳和水蒸气;热解生产的固体炭也会发生部分氧化,生成一氧化碳和二氧化碳。这些氧化反应都是放热反应,它们所放出的大量热会导致该区域的温度快速上升,达到1000~1200℃,把这一区域称为氧化区域,主要发生如下的氧化反应。

$$C + O_2 \longrightarrow CO_2 + 393.51 \text{ kJ/mol}$$
$$2C + O_2 \longrightarrow 2CO + 221.34 \text{ kJ/mol}$$
$$2CO + O_2 \longrightarrow 2CO_2 + 565.94 \text{ kJ/mol}$$
$$2H_2 + O_2 \longrightarrow 2H_2O + 483.68 \text{ kJ/mol}$$
$$CH_4 + 2O_2 \longrightarrow CO_2 + 2H_2O + 890.36 \text{ kJ/mol}$$

#### 10.2.3.3 还原反应

氧化区域所发生的氧化反应消耗了大部分的氧气,使气流中氧气浓度降低到很低的程度,此时,气化进入还原反应过程,即气流中的二氧化碳、一氧化碳、水蒸气与未完全被反应的固体炭灰进一步发生还原反应,生成以一氧化碳和氢气为主要组分的气化气。由于这些还原反应主要是吸热反应,因此,经过还原区的气流温度下降,在600~900℃范围。发生的主要还原反应如下:

$$CO_2 + C \longrightarrow 2CO - 172.43 \text{kJ/mol}$$
$$C + H_2O \longrightarrow CO + H_2 - 131.72 \text{kJ/mol}$$
$$C + 2H_2O \longrightarrow CO_2 + 2H_2 - 90.18 \text{kJ/mol}$$
$$CO + H_2O \longrightarrow CO_2 + H_2 - 41.13 \text{kJ/mol}$$

### 10.2.4 热解气化的典型工艺

工业生产过程中,林产原料热解气化一般包括原料的破碎和烘干、气化、气固分离、气体冷却和净化,以及燃气的输送。相应地,生物质热解气化机组包括原料预处理设备、进料装置、气化炉、气固分离装置、气体冷却装置、气体净化装置和燃气输送设备等。生物质气化机组中的所有设备与装置都对燃气的热值和纯净度等质量指标有着非常重要的影响,但其中气化炉的影响最为关键,气化炉的结构决定了操作方式、工艺条件和气体的组成。因此,本节介绍几种主要的气化炉。

#### 10.2.4.1 上吸式固定床气化炉

如图10-1(a)所示,原料从气化炉的顶部加入,依靠重力逐渐向底部移动。在向下移动的过程中，原料与从下部上升的热气流接触，发生干燥、热解、还原和氧化等反应，最后产生一氧化碳、氢气和甲烷等可燃气体。这些可燃性气体与热解层产生的挥发性气体混合，由气化炉顶部排出。由于原料移动方向与气流方向相反，所以上吸式固定床气化炉也叫逆流式气化炉。气化过程中，可以采用风机吹入或采用罗茨风机或真空泵吸入的方式将气化剂空气从下部引入气化炉，并通过改变进风量的大小控制气化剂的供应量。

上吸式固定床气化的主要优点是：①气化效率高，可以充分利用氧化层产生的热量干燥和热解原料；②燃气热值较高，燃气中含有一些挥发性的有机物组分；③炉排受到进风的冷却，不易损坏。其最大缺点是生产的燃气中焦油含量高，一般高达 $100g/Nm^3$ 以上，其原因是由于生成的可燃气在与物料逆流接触过程中，与原料热解所产生的挥发性焦油混合，一起排出。可燃气中焦油冷却后会沉积在管道、阀门、仪表和灶具等设备和仪器上，严重影响系统的正常运行。因此，上吸式固定床气化炉一般应用在粗燃气不需要冷却和净化就可以直接使用的场合，如直接作为锅炉等热力设备的燃料气等。

#### 10.2.4.2　下吸式固定床气化炉

下吸式固定床气化炉的原理和原料的输送路线已在本章的10.2.3部分作了较详细介绍。下吸式气化炉的气化剂引入方式是采用罗茨风机或真空泵将空气从上部吸入气化炉，气化炉内的工作环境为微负压。与上吸式固定床气化炉相比，下吸式固定床气化炉的最大优点是其生产的可燃气体中焦油含量要低得多，且较易实现连续气化。其最大的缺点是炉排处于高温氧化区，容易黏结熔融的灰渣，寿命较短。这一缺点尤其是在使用高灰分含量的林产原料时显得更加严重。

对于木炭和木材等优质原料来说，下吸式固定床气化炉的运行稳定。但在使用秸秆和草类等原料的情况下，这些原料在热解过程中，体积会迅速缩小，使其依靠自重而向下移动的能力变得很差，因此，热解层、氧化层极易发生局部穿透。为了及时填充穿透空间并阻止气流短路，合理设计加料装置和炉膛形状，并辅以合理的拨火方式非常重要。

#### 10.2.4.3　循环流化床气化炉

图10-3是循环流化床气化炉的工作示意图。如图所示，循环流化床气化炉具有流化床反应器，旋风分离器和反应后固体物料的返回输送装置。流化床反应器的上部为气固稀相段，下部为气固密相段。在气固密相段，气化剂从底部经气体分布板进入流化床，原料从气体分布板上部被输送到流化床，与气化剂混合后一起向上运动，发生干燥、热解、氧化和还原等复杂反应。在气固密相段，反应温度控制在800℃左右。在稀相段，炉膛体积增大，气体流速降低，使没有转化完全的炭有足够时间发生气相反应。

与固定床相比，流化床的优点是：①气化炉的床层内传热传质效果好，气化强度高，是固定床的2~3倍以上；

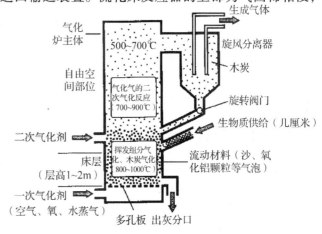

**图10-3　流化床气化炉的结构示意图**

②床层温度不是很高但比较均匀,大大降低了灰分熔融结渣的可能性;③物料的适用性较宽;④适于生物质气化的大规模化工业生产。其主要缺点是燃料气的出口温度较高,气体的显热损失较大;燃料气体中的固体颗粒较多;气化炉的启动控制复杂。循环流化床气化炉的操作特性见表10-1。

表10-1 循环流化床气化炉的操作特性

| 颗粒直径 | 运行速度 | 当量比 | 反应温度 | 固相滞留时间 | 气相滞留时间 |
| --- | --- | --- | --- | --- | --- |
| 150~360μm | 3~5$\mu_t$ | 018~0.25 | 700~900℃ | 5~8min | 2~4s |

### 10.2.4.4 双流化床气化炉

双流化床气化炉的结构示意图如图10-4所示。双流化床气化炉实质上是把热解气化反应和炭的氧化分别在两个流化床反应器中进行。如图10-4所示,左边的第一级流化床反应器中,林产原料在气化剂的作用下,发生热解、气化反应,生成气携带炭颗粒和砂子等床层物料进入旋风分离器,生成气进入燃气输送系统,而炭颗粒与床层物料进入图10-4右边的第二级流化床反应器。在第二级反应器中,炭颗粒与空气氧化剂发生氧化反应,产生了高温床层物料与高温烟气,然后一起进入分离器,高温床层物料进入第一级流化床反应器,而高温烟气则可以加热水为过热水蒸气,为第一级流化床反应器提供气化剂。

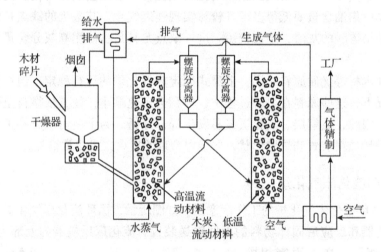

图10-4 双流化床气化炉的结构示意图

由于气化反应和炭颗粒的氧化是在不同的反应器中进行的,因此炭所采用的氧化剂和气化剂可以不同。如果在第一级流化床反应器中,气化剂采用水蒸气,则林产原料的热解气化可以生产出合成气,可以作为合成化学品和液体燃料的原料。

### 10.2.5 林产原料热解气化过程的当量比

林产原料热解气化的影响因素很多,包括原料的种类和预处理、原料的进料速率与气化剂的供给速率、气化炉内的温度和压力等。但在气化炉系统中,当量比(ER)是最重要的影响因素,它不仅直接决定了原料进料速率与气化剂供给速率之间的匹配关系,还间接决定了气化反应器内的温度和压力,以及气化气的热值与气体组分等。如果以空气作为气化剂,则当量比 ER 定义为:气化实际供给的空气量与原料完全燃烧所需空气的理论值之比。

$$ER = AR/SR$$

式中，AR 为气化时实际供给的空气量与燃料量之比(kg/kg)，简称实际空燃比，其值决定于运行参数；SR 为完全燃烧所需的最低空气量与燃料量之比(kg/kg)，简称化学当量比，其值取决于燃料特性。根据经验，生物质气化最佳当量比总是在 0.2~0.4 之间。气化当量比实际是由生物质燃料特性所决定的一个参数。

## 10.3 林产原料的热解液化

林产原料热解液化技术是生物质液化的主要方法和技术，包括快速热解或闪速热解、溶剂热解、催化热解等方法，林产原料热解液化制备的产物是热解油。目前研究与着力开发的技术主要是快速或闪速热解液化技术，本节内容主要介绍林产原料的热解液化工艺与设备，对于其他的热解液化方法可以参考阅读相关书籍或资料。

### 10.3.1 快速热解液化

林产原料快速热解液化是在中温(500~650℃)、高加热速率($10^4$~$10^5$℃/s)和极短的气体停留时间(小于2s)的条件下，使林产原料快速热分解形成挥发性小分子有机物产物，然后快速冷凝，最终得到高得率的热解油。因此，升温速率、热解温度、热解挥发性气体在热解区域的停留时间已是林产原料快速热解液化的关键参数。

### 10.3.2 快速热解液化的典型技术

林产原料等生物质的热解液化一般包括原料破碎和烘干、热解液化、气固分离、快速冷却和气体输送。其中热解液化反应器是核心装置，它的运行方式决定了液化技术的种类。快速热解液化反应器主要分为两大类：一类是流化床式的；另一类是非流化床式的。流化床式的原理主要是依靠热载体与林产原料颗粒实现快速热交换和快速热解；非流化床式的是依靠林产原料颗粒与高温反应容器器壁接触，实现快速升温和快速热解，制备出热解油。

流化床快速热解装置与热解气化装置类似，图10-5是一种流化床热解液化装置示意图。在快速热解液化过程中，需要保证热解温度不超过600℃，否则林产原料热解液化产率会显著降低。另一种快速热解装置是旋转锥式热解反应器，其结构和原理如图10-6所示。旋转锥式热解反应器是由内外两个同心锥共同组成，内锥固定不动，外锥绕轴旋转。原料颗粒和经外部加热的惰性热载体如砂子经由内锥中部的孔道喂入到两锥的底部后，由于旋转离心力的作用，它们均会沿着锥壁做螺旋上升运动。同时，又由于原料和砂子的质量密度差异较大，所以，它们做离心运动速度也会相差很大，两者之间的动量交换和热量交换由此得以强烈进行，从而使原料颗粒在沿着锥壁做离心运动的同时也在不断地发生热解，当到达锥顶时刚好反应结束而成为炭粒，砂子和炭粒旋离锥壁后落入反应器底部，热解气被引出反应器后立即进行淬冷而获得生物热解油。

旋转锥式热解反应器结构紧凑，因为它不需要惰性流化载气，避免了载气对热解气体的稀释，从而有效降低了工艺能耗和液化成本。缺点是外旋转锥必须由一悬臂的外伸轴支撑做旋转运动，而支持外轴的轴承必须要能够在高温和高粉尘工况下长时间可靠地工作，磨损相当大。此外，砂子等惰性热载体不停地在两锥壁面之间做螺旋运动，它对高温壁面的摩擦磨损也非常严重。

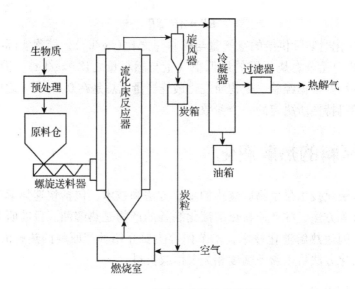

**图 10-5　一种流化床快速热解装置**

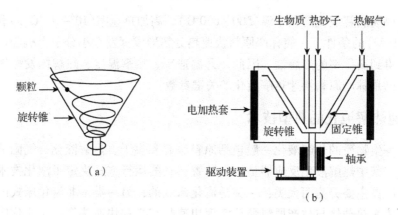

**图 10-6　旋转锥式快速热解装置的工作原理与结构示意图**
(a)工作原理　(b)反应器结构

### 10.3.3　高压热解液化

高压热解技术分为高压热解气化技术和高压热解液化技术。生物质高压热解液化所需的热解温度通常低于400℃，要显著低于高压热解气化所使用的温度。高压热解液化技术通常需要将林产原料进行预处理，主要有碱水解、酸水解和水热处理等方法，在几兆帕到几十兆帕的高压条件下，升温至一定温度，将林产原料热解制得热解油。

#### 10.3.3.1　碱水解高压热解液化

美国矿山局于20世纪60年代末期研究开发了一种碳酸钠催化水解后的一氧化碳加压热解液化技术，简称PERC法，该技术已实现了商业生产。

其基本步骤是：将原料木材干燥至含水率4%并粉碎至35目(0.495mm)后，加入其质量5%的碳酸钠催化剂，再用木材液化成的液化油调节至三者混合物中干物质含量达到20%~30%的状态，混合均匀以后加入高压釜中，通入91%的高压一氧化碳气体，在340~360℃的温度和28MPa压力下进行高压液化。用该法液化木材制得的液化油得率可以达到绝干原料木材质量的42%左右。

#### 10.3.3.2 酸预水解液化法

美国能源部与加利福尼亚州立大学联合研究开发了一种酸水解进行预处理条件下的一氧化碳高压液化。其基本步骤是：在干燥粉碎的木材中，加入其质量0.17%的硫酸催化剂，在180℃和1.0MPa条件下预水解45min。将得到的预水解产物中和后，加入占原料木材质量5%的碳酸钠作催化剂，而后在28MPa和360℃下，用一氧化碳进行高压液化。该法的木材液化油得率为绝干木材质量的35%左右。

#### 10.3.3.3 水热液化法

水热液化法是用水作为溶剂，在高压和较高温度下（300℃左右），将林产原料进行液化。目前这项技术正受到关注和重视，研究报道较多，但工业化实施例还很少。在林产原料的水热液化过程中，常加入少量酸或碱作为催化剂，促进原料的转化。例如，将粉碎后的木材100份（以质量计，下同），与500~1000份的水以及2~5份碱类催化剂碳酸钠混合成淤浆状，然后放入不锈钢反应器中，通入氮气，液化的温度和压力分别为300℃和10MPa。温度达到300℃后降温冷却。用丙酮之类有机溶剂溶解反应器内的混合物，过滤除去固体残渣后，蒸馏除去有机溶剂，便得到黑褐色的液化油。该法液化油得率占绝干原料木材质量的50%~60%，其发热量为29 300kJ/kg。

### 10.3.4 林产原料热解油的组成与应用

#### 10.3.4.1 热解油的组成

林产原料快速热解得到的热解油是一种由水分和含氧有机化合物以及少量固体颗粒所组成的复杂混合物。其中水分的含量通常为15%~25%，来源于原料中的水分和原料热解反应所产生的水。热解油中水分的测量方法有卡尔费休法、甲苯夹带蒸馏法、气相色谱法和迪安斯塔克蒸馏法等多种方法，其中卡尔费休法最为快捷方便，已作为热解油水分测定的标准方法被广泛使用。

含氧有机化合物是由林产原料热分解得到，成分复杂，包括醇、醛、酮、羧酸、酚类、糖类和芳香烃等物质。由于成分种类多，其分析检测难度很大。将典型的分离和分析方式是先将热解油通过水洗分为水相和油相，然后用乙醚和二氯甲烷的混合溶液对水相进行萃取，用二氯甲烷萃取油相，采用n-己烷提取热解油中的一些非极性物质。由此可以将热解油分离为7个部分，它们分别是水、小分子酸和醇、水溶和醚溶部分（主要是醛、酮和木质素单体）、水溶但醚不溶部分（主要是糖类）、水不溶但二氯甲烷可溶部分（主要是木质素单体和二聚物）、水不溶且二氯甲烷不溶部分（木质素热解得到的高分子物质）和非极性提取物。然后采用气相色谱、气相色谱—质谱和核磁共振等技术进行分析检测，鉴定其成分。

热解油中的固体颗粒主要是炭粉和灰分。在快速热解装置中所采用的旋风分离器对了尺寸大于10μm的固体颗粒的分离效率可达90%，而对10μm以下的颗粒的分离效率明显下降，因此，热解油中通常会含有少量的固体颗粒，有时可以达到0.3%。灰分中含有金属元素，它们会使热解油中含有一定的金属元素。这些固体颗粒和金属元素会磨损管道、腐蚀内燃机，并形成污染物。林产原料热解油中的固体颗粒含量一般采用乙醇溶解法测定。

#### 10.3.4.2 热解油的特性、提炼

研究表明，林产原料热解油是一种潜在优势明显的液体燃料以及提取和合成化学品的优质原料。但由于林产原料的水分和含氧量较高，而且还含有一定的金属元素以及微细颗粒，因此，热解油的化学性质不稳定，在储存、运输和直接应用过程中，存在容易分层、黏度较大、着火点高、容易发生聚合导致其安定性较差以及腐蚀性较强等许多缺点。林产原料热解油在应用之前，需要进一步采用物理和化学的方法进行改性提质。总之，在林产原料热解液化领域中，除快速热解装置和工艺的研究和开发外，热解油的改性和提质是影响生物质快速热解技术工业化应用的关键领域之一。

目前林产原料热解油的改性和提质方法主要有以下方法。

① 乳化法　将热解油与柴油等混合，并通过表面活性剂进行乳化，以提高其燃烧性能。

② 催化加氢法　在催化剂存在下，在高压和供氢溶剂下进行加氢，以降低热解油中的含氧量，提高其化学稳定性和燃烧性能。

③ 催化裂解法　在沸石等催化剂作用下，将热解油进一步催化形成以芳烃或以芳烃组分为主的液体燃料或化学品。

④ 高温有机蒸汽过滤　在热解油中通入高温有机蒸汽，一方面可以降低热解油的相对分子质量，另一方面通过过滤可以显著降低热解油中的固体颗粒和金属含量，提高热解油的品质。上述热解油改性和提质的主要方法的具体原理、步骤和进展已有很多文献报道，可以查阅相关文献详细了解。

## 10.4　林产原料的炭化

### 10.4.1　炭化

从现代科学技术来看，炭化是一种热解技术。林产原料的炭化是在贫氧和慢速升温条件下，林产原料在炭化装置中进行热解，以制取固体炭为目的的操作。炭化是一门古老的技术，在古代，就有利用木材炭化生产木炭，作为燃料与防腐材料使用的历史。例如，长沙马王堆出土的大量木炭，其主要作用是作为尸体的防腐剂使用。林产原料的炭化主要为固相炭化，因此，炭的形态结构仍能保持原料的基本结构，如木材的维管束结构。

过去，林产原料炭化所生产的炭主要用作燃料，使用的原料主要是木材，因此，结构简单和易于建造的炭窑一直是其主要的炭化装置。目前，由于炭化的原料种类大大增加，且对炭的质量和性能的要求不断提高，因此，一些新型炭化设备也得到了开发和利用。目前国内外使用的炭化装置，除炭窑外，还有果壳炭化炉、回转炉和流态化炉等种类。

### 10.4.2　炭化窑炉

#### 10.4.2.1　炭窑

炭窑烧炭历史悠久。因其结构简单、易于建造、不受地理条件限制、生产的木炭质量好，至今仍被个别地区使用。炭窑种类很多，生产能力相差较大，但其主要结构基本类似。我国南方常见的炭窑结构如图 10-7 所示。

炭窑应该建在原料来源丰富、运输方便、土壤黏性好、靠近水源、坡度较小的场所。筑

窑时，先向下挖出边长2~2.5m、深1m左右的正三角形的炭化室，并使进火孔顶角部位地平略高于后方。再挖直径约15cm的烟道口及扩大的烟道，使烟道通过排烟孔与炭化室相通。最后在进火孔顶角的另一侧挖出燃烧室，并使其地平向点火通气口侧倾斜，通过进火孔与炭化室相贯通。

此炭窑只适合炭化棒状原料或木材、竹材等。在装窑时，木材要截成一定长度的薪材，使其小头向下直立地紧密排列，并注意使全部薪材的上端形成中央部位略高于四周的拱状，以便构筑窑盖。

新建的炭窑在装料完毕后，要进行筑窑盖，其基本步骤是，先在炭化室薪材上端铺上一层草或树叶，并在前后烟孔位置放置4个直径15cm左右的藤圈。而后均匀地覆盖一层黏土夯实，形成厚约20cm的窑盖。再挖出4个藤圈中夯实的黏土并换成松土即可准备点火烧炭。

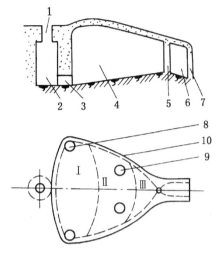

**图 10-7　常见炭窑的结构示意图**
1. 烟道口　2. 烟道　3. 排烟口　4. 炭化室
5. 进火孔　6. 燃烧室　7. 点火通气口
8. 后烟孔　9. 前烟孔　10. 出炭门

新筑成的炭窑第一次烧炭时，要经历烘窑过程，需要缓慢而均匀地加热升温，使窑体的水分蒸发干燥、材料烧解。否则，会降低窑体强度甚至造成窑体开裂损坏，严重影响炭窑寿命。

燃烧室的作用是燃烧燃料加热炭化室。燃烧过程中火焰逐渐进入炭化室，此时应控制火力不要太猛，当前后烟孔藤圈中的松土先后干燥时，挖去松土让烟气冒出并注意观察烟气的状态。当前后烟孔冒出的烟气由灰白转变成青烟以后，用泥土盖实烟孔使烟气由烟道口排出。如此操作，使炭化室中薪材的炭化由Ⅲ区逐渐移至Ⅱ区、Ⅰ区。随着炭化的进行，烟道口排出的烟气由最初的灰白色逐渐转变成黄色，最后变成青烟。此时标志着Ⅰ区薪材已炭化完毕，随即将点火通风口、烟道口等所有与外界相通的孔口用泥土封死，防止空气进入窑内。让窑体自然冷却2d左右，使木炭冷却以后，在窑体侧面开挖出炭门出炭。

炭窑筑成以后可以一直使用。从第二窑开始转入正常的烧炭作业。方法是从出炭门将炭化室中装满薪材后，封闭出炭门即可在燃烧室点火烧炭。正常烧制一窑木炭的周期约3~5d，木炭的得率为绝干原料薪材质量的18%~22%。

按照上述方法让木炭在窑内冷却以后卸出的木炭称作黑炭。若在炭化结束后，立刻将木炭扒出窑外，用潮湿的灰或砂闷熄降温所制成的木炭称作白炭。

#### 10.4.2.2　移动式炭化炉

移动式炭化是为了克服建造炭窑时劳动强度大、建造后无法搬迁的缺点而研制的一种简便炭化装置。炉体用钢制作，有圆台状及长方体状等多种类型。图10-8显示常见的圆台状移动式炭化炉的主要结构。

这种移动式炭化炉由炉体、炉顶盖、炉栅、点火通风架及烟囱等部分构成。炉体为下口直径略大于上口的圆台状，用1~2mm厚的不锈钢板卷制而成。为便于搬运及装卸，常分成上、下两段或上、中、下三段，相互间采用承插式结构。下口沿圆周方向等距离、相互间隔地设有直径约10cm的通风口及烟道口各4个。

碟形炉顶盖也由薄钢板制作，顶部中央设带盖的点火口。炉栅也为钢制，4块，呈扇形。点火通风架用钢圆焊成，框架状，烟囱用白铁皮卷制，4根，每根长约3m。

移动式炭化炉应安装在地势较高、地表干燥的空旷处。安装前清除地表杂物、铲平夯实地面。将炉栅牢固地支承在砖块或石块上呈水平状态以后，平稳地安放好下段炉体。而后将点火通风架直立地放置在炉栅中心，再将中、上段炉体承插好。承插部位用细砂土密封，以防漏气。

锯截成一定长度的点火材水平地放置在点火通风架上，烧炭用薪材直立地排列在炉内，大径级及含水率较大的薪材装填在炉体中央以便完全炭化。装满后，在炉体上部薪材顶端横铺一层燃料材并盖上炉顶盖，承插部位也用细砂土密封。

点火烧炭时，打开点火口盖，把点燃的引火物质从点火口投入炉内，引燃炉内的燃料材及点火材。以后不断地从点火口向炉内添加燃料材以保证炉内正常燃烧，直至烟囱温度升高到60℃左右时，盖上点火口盖并用细砂土密封。此后注意观察烟气的颜色并进行相应的操作。经过大约4~5h以后，烟气由灰白色变成黄色，表示进入

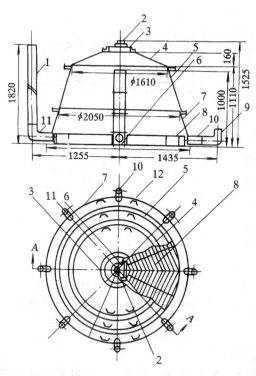

**图10-8　圆台状移动式炭化炉的结构示意图**
1. 烟囱　2. 点火口盖　3. 点火口　4. 炉顶盖
5. 炉上体　6. 点火通风架　7. 炉下体　8. 炉栅
9. 通风管　10. 通口　11. 烟道　12. 手柄

炭化阶段。此时应逐渐关闭通风口以减少吸入空气的数量，当通风口出现火焰、烟囱冒青烟并伴有嗡嗡声时，表示炭化已经完成。应立即用泥土封闭通风口。30min后除去烟囱并封闭烟道口，让炉体自然冷却至室温后出炭。

移动式炭化炉生产一炉炭的操作周期约24h，木炭得率为15%~20%。

### 10.4.2.3　果壳炭化炉

椰子壳、杏核壳、核桃壳、橄榄核等质地坚硬的果壳、果核，是生产颗粒活性炭的良好原料。果壳炭化炉是针对果壳之类粒度较小而质地坚硬的原料而专门设计的一种炭化炉型。果壳炭化炉用耐火材料砌筑，是一种横断面呈长方形的立式炭化炉，结构如图10-9所示。炉体内由两个狭长的立式炭化槽及环绕其四周的烟道组成。

炭化槽由上而下分成高度不等的三部分，包括1200mm的预热段、1350~1800mm的炭化段和800mm的冷却段。原料果壳由炉顶加入炭化槽的预热段，利用炉体的热量预热干燥，而后进入炭化段炭化。炭化段的料槽用具横向条状倾斜栅孔的耐热混凝土预制件砌成。其横断面呈长条状，长×宽为2400mm×180mm。其外侧的烟道用隔板分隔成多层，控制烟气的流向以利传热。烟道外侧炉墙上设进风口供吸入空气助燃。炭化段的温度达450~500℃，果壳炭化后生成的蒸汽气体混合物通过炭化槽上的栅孔渗入烟道，与吸入的空气接触燃烧。生成高温烟道气在烟道内曲折流动加热炭化槽后，被烟囱抽吸排出。生成的果壳炭落入冷却段自然冷却后，定期由炉底部的出料装置卸出。

通常，每8h加料一次，每1h出料一次，物料在炉内停留时间4~5h，炭化连续进行。炉内炭化区域温度，通过调节进风口吸入气量进行控制。

果壳炭化炉操作方便，劳动强度小；正常操作时不需要外加燃料；果壳炭得率高，为25%~30%；炭化尾气不污染环境。

#### 10.4.2.4 流态化炉

流态化炉又称沸腾炉，是使微小颗粒状林产原料流态化并进行炭化的炉型。有外热、内热两种加热方式；从操作上又可分为间歇式及连续式两类。现以外热连续式流态化炉为例简述其操作过程。

用螺旋加料器将微小颗粒状原料送入立式圆锥形或圆筒形炉膛下部以后，被从炉膛底部进入的空气鼓动呈流态化状态进行炭化，生成的蒸汽气体混合物和木炭颗粒随气流由炉膛顶部出料管进入旋风分离器中捕集木炭，然后气体混合物通过冷凝冷却器回收木醋液，不凝性气体导入加热炉中燃烧作为炭化的辅助热源。

流态化炉炭化时间短，产品木炭质量均匀。但操作不够稳定，"焦油障碍"问题还有待解决。

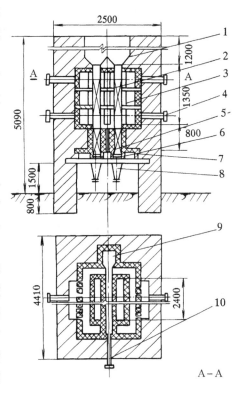

**图10-9　果壳炭化炉**
1. 预热段　2. 炭化段　3. 耐热混凝土预制板
4. 进风口　5. 冷却段　6. 出料器　7. 支架
8. 卸料斗　9. 烟道　10. 测温口

#### 10.4.2.5 回转炉

回转炉结构类似回转式干燥装置。适用于颗粒状或小块状物料的炭化，内热式的较多。

内热式回转炭化炉的基本作业过程是，由炉尾进入回转炉炉膛中的原料，在随炉体转动过程中，被炉壁带到一定高度以后落下，从而改善了与从炉头燃烧室进入的高温烟道气的接触状态，使炭化能够均匀地进行。炭化后的固体物料从炉头出料装置卸出；产生的蒸汽气体混合物随烟气从炉尾导出并经处理后排出。

回转式炭化炉结构简单、运行稳定、操作容易，也是活性炭工业中常用的一种炭化装置。

### 10.4.3　生物质炭与木炭的用途

人类应用木炭等林产原料热解所产生的炭已有几千年的历史，它广泛应用于人类的生活和生产的许多方面，是一类重要的产品与制品。生物质炭是采用包括许多林产原料在内的生物质原料采用热解炭化或气化所生产的炭化产物或气化副产物，它们来源丰富，在工业、环保和农业领域都显示出较强的应用潜力。

#### 10.4.3.1　作为燃料使用

木炭等直接作为燃料使用可以追溯到大约60万年以前，人类开始用火的时期。目前木炭和薪材仍是许多第三世界国家的主要民用燃料。在发达国家则主要作为烧烤具有独特风味食品与壁炉等的燃料。与煤等燃料相比，林产原料所制备的炭的硫与氮含量很低。因此，林产原料所制备的燃料炭环保安全，是一种绿色燃料。在过去几十年中，把各类林产原料，如农林加工废料，压制成型再经炭化制备炭棒，已受到越来越多的关注。这种方法不仅可以充分利用农林废弃物，而且可以生产出高性能的燃料炭。炭的燃料性能与炭的化学组成密切相关，碳含量越高，其热值越高，炭的燃烧性能越好。

#### 10.4.3.2 在冶炼行业的应用

用木炭炼铁，已有8000多年的历史。木炭等在冶炼领域的应用主要是两个方面：一是炭作为还原剂还原金属氧化物和盐，从而达到生产各种金属、非金属或合金的目的；二是作为表面的保护剂，或与金属形成金属碳化物来提高金属的抗腐蚀、被氧化的能力及力学性能。

与煤和焦炭相比较，用木炭冶炼的生铁杂质含量少，质地紧密、均匀、质量好，更适于生产优质钢。木炭还用于生产硅铁合金、铬铁合金及钼铁合金等多种铁合金。例如，生产1t 97%的硅铁合金，要消耗约1.2t木炭。

结晶硅是将破碎至一定规格的石英矿石、木炭及焦炭，按照一定比例放在电炉中通电加热到2000℃生产出来的。用于生产结晶硅的木炭应该强度大，灰分少，不得含有炭头等杂质。木炭是生产结晶硅的优良还原剂。每生产1t结晶硅，约需1.4t木炭。其反应过程如下：

$$SiO_2 + C \longleftrightarrow SiO + CO$$
$$SiO + C \longleftrightarrow Si + CO$$

木炭在有色冶金中用作表面助熔剂，广泛应用于铜及铜合金（铜磷合金、铜硅合金、铍青铜合金）、锡合金、铝合金、锰合金及硅合金等合金的生产过程中。木炭在熔融的金属表面形成保护层，使金属表面与气体介质隔离。以减少熔融金属的飞溅损失，并可减少金属中的气体杂质含量。

木炭是制造渗碳剂的原料。渗碳剂用于钢质零件表面渗碳，提高表面硬度。渗碳的原理是高温下，木炭氧化生成一氧化碳，一氧化碳在转变成二氧化碳的同时，放出原子态的碳。原子态碳与钢铁零件表面的铁接触，生成 $Fe_3C$ 并溶于奥氏体中，再逐渐向零件内部渗透，从而使钢铁零件表面的碳含量增加。桦木炭渗碳剂的质量标准见表10-1。

表10-1 桦木炭渗碳剂的质量标准

| 名称 | 一级 | 二级 | 名称 | 一级 | 二级 |
| --- | --- | --- | --- | --- | --- |
| 碳酸钡含量(%) | 20±2 | 20±2 | 水分 | ≤4.0 | ≤4.0 |
| 碳酸钙含量(%) | ≤2.0 | ≤2.0 | 粒度组成：<3.5mm | ≤2 | ≤2 |
| 硫含量(%) | ≤0.04 | ≤0.06 | 3.5~10mm | ≥92 | ≥92 |
| 二氧化硅含量(%) | ≤0.2 | ≤0.3 | >10mm | ≤6 | ≤6 |
| 挥发分(%) | ≤8 | ≤9 | | | |

#### 10.4.3.3 制造二硫化碳

二硫化碳是挥发性无色液体，易燃、有毒、具强折光性。沸点46℃，凝固点-109℃。对硫、磷、碘、生橡胶、各种油脂及树脂类物质等具有良好的溶解性能，常用作溶剂，广泛地应用于人造丝、玻璃纸、橡胶轮胎帘子线等制品，以及四氯化碳和黄原酸盐等化学品的生产中。制造二硫化碳的木炭要求密度及机械强度大，挥发分含量少，固定碳含量高，灰分及水分含量低。因此，常用阔叶材木炭作原料。每生产1t二硫化碳，需要木炭约0.5t，硫黄约 1.17t。

工业上采用使硫黄蒸汽通过高温木炭层的方法，在约 800℃ 下让硫与碳反应生成二硫化碳。为了提高二硫化碳的纯度，减少杂质含量，宜用不含有机物质的棒状硫黄作原料；木炭要破碎成 2~5cm 的颗粒，并预先在 500~600℃ 下煅烧除去水分及降低挥发分含量。否则，会有副反应发生而生成硫化氢、硫氧化碳及硫醇等杂质。

#### 10.4.3.4　生产活性炭

现代工业中，林产原料热解所得到的固体炭产物是生产活性炭的主要原料之一。如木炭、竹炭与椰壳炭等各种果壳炭是生产活性炭的优质原料。生产活性炭的原料炭要求具有一定的挥发分、灰分低和一定的强度。如果采用水蒸气活化，1t 原料炭通常可以生产出 0.1~0.3t 活性炭。

#### 10.4.3.5　在农林业中的应用

林产原料炭孔隙结构发达，吸附性能好，化学性质稳定，灰分中还含有多种微量元素。因此，土壤中施用少量的木炭与生物质炭以后，能提高通气性能和保持水分的性能；能促进微生物的繁殖，提高土壤的肥力；具有改良土壤的作用。并且，它们还具有吸附过剩的农药、肥料以后缓慢释放，延长农药、肥料效力的作用。

试验结果表明，土壤中施用适量的木炭或生物质炭粉末，能提高豆类作物、菠菜等茎叶类蔬菜，以及胡萝卜、萝卜、洋葱、芋头等产量；在林业方面能提高茶叶的产量和质量，促进果树萌发新根，有助于恢复老树的树势等。

在寒冷的高纬度地区，撒木炭粉还具有促进冰雪溶化、提高地温的作用。

#### 10.4.3.6　其他用途

在民间，木炭作为药已有很长的历史。尤其是在东亚地区，包括古代的中国、日本和韩国，都有使用木炭解毒、治疗胃病等方面的历史。同时，木炭粉作为饲料添加剂用于养猪、鸡、鱼等试验结果表明，木炭具有防治动物腹泻、痢疾的作用，还能促进生长，提高鸡的产蛋量的作用。木炭和竹炭还具有调湿功能，应用于室内空气湿度调节和家庭装修中。木炭还具有防腐功能，如中国长沙马王堆出土的木乃伊，其能保持 2000 多年就是由于使用了很厚的木炭作为防腐剂。木炭还用于工艺品景泰蓝及漆器的研磨抛光作业中，以增加它们的美观。

## 10.5　干馏装置与工艺

在隔绝空气的条件下加热木材以制取木炭及液态、气态产物的操作称为木材干馏。木材干馏与木材炭化的区别在于空气的供给状况不同，因此产物的种类也不一样。木材干馏是应用较为成熟的木材热解技术，在 20 世纪 50 和 60 年代，在制取大量化学品方面，曾经为我国国民经济做出了较大贡献。目前，由于木材干馏技术已较少应用，因此，本书仅作简要介绍。

### 10.5.1　木材干馏工艺

木材干馏的设备叫做干馏釜。其有内热式与外热式两种，都是用较厚的钢板制造而成的密闭式容器。我国木材干馏和明子干馏工业中使用的是外热式间歇干馏釜。木材干馏的工艺流程如图 10-10 所示。

供干馏用的木材原料，根据干馏釜的需要截断、劈裂至一定大小以后，干燥到规定的含水率供干馏使用。干馏时生成的蒸汽气体混合物导出干馏釜以后，经冷凝冷却回收粗木醋液，剩下的不凝性气体便是木煤气；固体产物木炭残留在干馏釜中，冷却后卸出。

间歇式木材干馏作业，通常由将木材原料加入干馏釜中的加料、加热升温干馏以及冷却出炭三个步骤构成。整个干馏过程的操作周期随干馏釜种类和生产能力而异，一般为 20~24h。干馏的最终温度通常为 400~450℃，但以制取木焦油为主要目的时，应提高至 550~600℃。干馏釜内的压力应保持略成正压的状态，防止从外界吸入空气。木材干馏的主要优点是木炭得率高、质量好，无炭化不完全的"炭头"存在。

### 10.5.2 明子干馏工艺

松树砍伐后留在林地上的根株，或者因灾害而倒在林地上

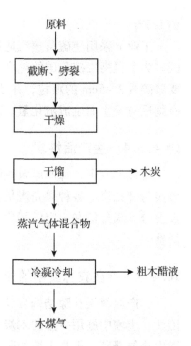

图 10-10 木材干馏工艺流程

的松木，受土壤中微生物作用导致边材部分逐渐腐烂，留下的富含树脂物质的部分称作明子。通常，由树根得到的明子称为根株明子，由树干得到的则称为树干明子。明子中的树脂含量受许多因素影响，差别很大。例如，根株明子的树脂含量主要受树种、树龄及生长状况、伐后的年龄及土壤性质等影响。以含水率20%的明子质量为基准计算时，树脂含量>21%的称作肥明子，16%~21%的为中等明子，<16%的叫瘦明子。含水率低的肥明子是明子干馏的优质原料。

明子干馏常用外热立式间歇干馏釜。其结构与平常的木材干馏釜不同之处在于釜顶及釜底均设有蒸汽气体混合物导出管。目的是让焦油能尽快地导出釜外，减少在二次反应中的损失。图 10-11 显示了一种明子干馏的工艺流程。

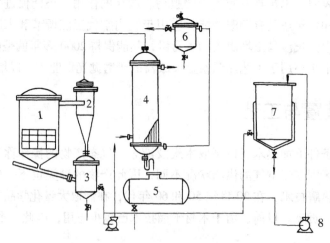

**图 10-11 一种明子干馏的工艺流程**
1. 干馏釜 2. 焦油分离器 3. 焦油贮槽 4. 冷凝器 5. 原油贮槽
6. 缓冲器 7. 油水分离器 8. 泵

干馏釜底部导出的焦油与焦油分离器中回收的焦油贮存在焦油贮槽中。冷凝器中冷凝的木醋液和原油由其底部流入贮槽中贮存，用齿轮泵送入油水分离器分离。分离出的原油与焦油贮槽中的焦油用另一台齿轮泵送至后续工段加工；剩下的木醋液另行处理。

明子干馏得到的焦油与原油的混合物称为混合原油，经加工以后，便可得到松焦油、干馏松节油、选矿油及其他产品。由焦油与原油混合而成的混合原油，在蒸馏釜中进行分馏。其加工过程如图 10-12 所示。210℃ 以前冷凝冷却得到的是粗松节油和酸水的混合物，用油水分离器将两者分离。此后，可以按下述两种方案截取馏分。一种是截取 210～270℃ 的松馏油馏分以后，将釜残重焦油排出；另一种是从 210℃ 一直蒸馏至 400℃ 左右的干点，提取轻焦油馏分以后再将釜残沥青焦炭排出。分馏得到的重焦油和轻焦油冷却至室温以后，按一定比例混合成松焦油，松焦油是橡胶工业中使用的软化剂。加工粗松节油时，用水蒸气蒸馏。截取的 170℃ 以前的馏分经过碱洗、油水分离以后，便得到干馏松节油。随后的 170～220℃ 的馏分经同样的处理后，制成选矿油产品。220℃ 以上的釜残用于生产木酚皂，也可混入混合原油中生产松焦油。松焦油中含有大量的药用成分，经过加工可以制成治疗牛皮癣药水等。

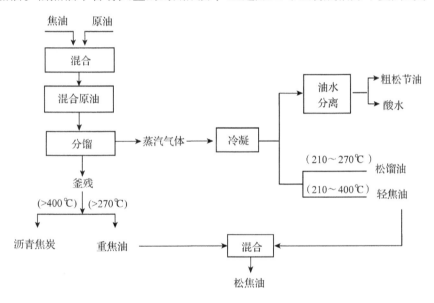

图 10-12 混合原油加工的原理与流程图

## 思考题

1. 说明林产原料热解炭化炉的主要类型，并比较它们的优缺点。
2. 解释林产原料热解气化的主要原理和主要方式，并说明气化剂与原料的当量比是影响林产原料气化关键因素的原因。
3. 说明林产原料快速热解的主要条件，并根据林产原料的热解基础理论解释热解条件对林产原料快速热解液体产物的影响规律。
4. 比较林产原料热解炭化和干馏的目的和方式上的异同。
5. 请说明木炭和生物质炭具有广泛应用价值的理由。
6. 说明林产原料热解技术在林产原料综合利用方面的意义和前景。

## 参考文献

朱锡锋, 2006. 生物质热解原理与技术[M]. 合肥：中国科学技术大学出版社.

黄律先, 1996. 木材热解工艺学[M]. 2版. 北京：中国林业出版社.

安鑫南, 2002. 林产化学工艺学[M]. 北京：中国林业出版社.

Mitsumasa Osada, Takafumi Sato, Masaru Watanabe, et al., 2006. Catalytic gasification of wood biomass in subcritical and supercritical water[J]. Combustion Science and Technology, 178: 537–552.

Kirubakaran V, Sivaramakrishnan V, Nalini R, et al., 2009. A review on gasification of biomasss[J]. Renewable and Sustainable Energy Reviews, 13: 179–186.

Ayhan Demirbas, 2009. Political, economic and environmental impacts of biofuels: A reviews[J]. Applied Energy, 86: S108–S117.

Hugo de Lasa, EnriqueSalaices, JahirulMazumder, et al., 2011. Catalytic Steam Gasification of Biomass: Catalysts, Thermodynamics and Kinetics[J]. Chemical Review, 111: 5404–5433.

Basu Prabir, 2010. Biomass gasification and pyrolysis: practical design and theory[M]. Massachusetts: Academic press.

# 第 11 章 活性炭的结构与性能

**【本章提要与要求】** 主要首先介绍金刚石、石墨、碳纳米管、富勒烯与石墨烯等单质碳材料的基本结构，木炭与活性炭等微晶质炭的微观组织结构，然后介绍了活性炭的孔隙结构、表面化学结构和它们的表征方法；最后介绍了吸附的基础知识，活性炭吸附剂的主要特点及其吸附应用的主要影响因素。

本章作为活性炭的基础知识，要求掌握单质碳材料的主要种类及其基本结构，类石墨微晶的结构与微晶质炭的微观组成，活性炭孔隙结构的主要内容，活性炭表面含氧官能团的主要种类，以及活性炭吸附剂的主要特点。了解吸附等温线与吸附等温线方程的主要类型；木炭、活性炭等传统炭材料与石墨烯、碳纳米管等现代新型炭材料在结构上的关系。

炭是一类非常重要和常见的材料，广泛应用于军事、环保、电子、化工、核能、能源等许多传统与现代高科技行业，是人类生活、工业和国防不可或缺的材料。炭材料由含碳原料制备得到，除煤、沥青等矿物质原料外，以林产原料为主的生物质资源也是制备炭材料的主要原料。正如第 9 和第 10 章所介绍，炭化是林产原料获得炭产物的热解方式，因而也是制备炭材料的主要技术。它们制备得到的木炭和竹炭等已有几千年的应用历史，因此，该方法是制备炭材料的传统方法。林产原料在此热解炭化技术基础上，进一步发展了活性炭的制备和应用。本篇从这一章开始，主要介绍林产原料炭化制备的炭和活性炭的相关基础理论、生产技术、工艺和设备等知识。

## 11.1 单质碳材料

碳原子的外层具有 4 个成对电子，可以与碳原子本身以多个单键或双键结合，形成具有零维、一维、二维和三维不同结构的种类丰富的各类单质碳材料，它们之间属于碳的同素异形体材料。传统的单质碳材料主要包括金刚石和石墨。自 20 世纪 80 年代以来，富勒烯、碳纳米管和石墨烯等新型纳米碳材料的相继发现，不仅大大丰富了单质碳材料的种类，显著促进了炭材料科学与技术的发展，也直接推动了现代纳米科技的兴起和快速发展，在现代科学与技术的发展历史中起着举足轻重的作用。

### 11.1.1 金刚石

金刚石是一种无色透明的晶体，存在于自然界，也可人工合成。金刚石中碳原子是 $SP^3$ 杂化，每个碳原子的 4 个价电子与相邻的 4 个碳原子形成 4 个单键构成了一个巨大的三维立体大分子，所有的 C—C 键长相等，为 0.154nm，如图 11-1 所示。金刚石晶体是以等轴晶系方式排列，密度为 $3.51g/cm^3$。金刚石不导电、不导热、化学性质稳定，耐酸耐碱，是一种超硬材料。

图 11-1　金刚石晶体结构

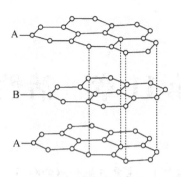
图 11-2　石墨晶体结构

### 11.1.2　石墨

石墨是黑灰色结晶体，是自然界最常见的碳同素异形体，层状结构，属于二维结构碳材料，如图 11-2 所示。六方晶系，密度为 $2.26g/cm^3$。在石墨晶体中，每个碳原子以 $SP^2$ 杂化与相邻的 3 个碳原子形成双键，构成正六角形网状平面结构（简称碳网平面），每个键长相等，都为 0.143nm。碳网平面之间依靠分子之间的作用力规整平行排列形成层状结构；各层之间距离（层间距）相等，都为 0.335nm。

石墨所具有的层状结构，以及碳原子带有的 1 个自由价电子在碳网平面内离域所形成的自由电子体系，导致石墨质地柔软，并在层内具有良好的导电和传热性能。

### 11.1.3　富勒烯

富勒烯又称巴基球、足球烯，是一种由 60 个碳原子所构成的球状大分子（C60），它是一种零维结构碳材料。它是由美国的科学家 Smalley、Curl 和英国科学家 Kroto 等人首先发现，由此他们获得了 1996 年的诺贝尔化学奖。C60 是由 2 个正五边形和 20 个正六边形镶嵌而成的一种呈正 20 面体的几何球状分子，直径约为 0.7nm，其结构如图 11-3 所示。在 C60 中，碳原子价都处于饱和状态，以 2 个单键和一个双键彼此相连，整个分子具有芳香性。C—C 之间的连接是由相同的单键和双键组成，所以整个球状分子形成了一个三维大

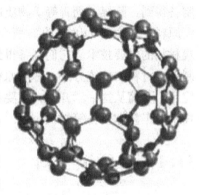
图 11-3　富勒烯 C60 的结构

π 键，具有较高的反应活性。在透射光下，富勒烯呈红色至棕色。除了 C60 外，富勒烯还有 C70，C84，…，C540 等。其中 C70 具有 25 个六边形，形似橄榄球。事实上，所有包含 32 个碳原子以上且呈偶数的碳团族都是相对稳定的，但稳定性不及 C60 或 C70。

C60 晶体为面心立方结构，晶体常数为 1.42nm。面心立方结构的 C60 晶体是靠范德华力结合的，团簇分子之间没有化学键存在，也就是 C60 晶体是一种分子晶体。相邻 C60 的中心距离为 0.984nm，相邻六角环平面间距为 0.327nm，最近原子间距为 0.336nm。

### 11.1.4　碳纳米管

碳纳米管是日本 NEC 公司电子显微镜专家 Iijima 于 1991 年发现的，是一种一维结构碳材料，其结构如图 11-4 所示。碳纳米管有单壁碳纳米管和多壁碳纳米管，它们的形成取决于制备方法。

碳纳米管的制备方法主要有石墨电弧法、气相催化沉积法和燃烧法。石墨电弧法是两个石墨电极在通电的情况下，通过放电使石墨气相蒸发而制备碳纳米管。气相催化沉积法是以苯、乙醇等有机物质为原料，在固体催化剂上炭化沉积制备碳纳米管。燃烧法是最近10年发展的一种新型碳纳米管制备方法，是控制有机蒸发的燃烧为特点的一种碳纳米管制备方法，该方法适于大规模的工业化制备。

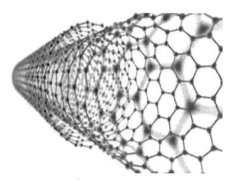

图 11-4　碳纳米管的结构

碳纳米管作为一种一维纳米材料，具有良好的导电性能、韧性和伸缩性，可以应用于各种电子器件和新型材料；而且可以通过分散组合、复合等方式可以制备出膜状、管状的新型功能材料，应用于电子、化工、催化、环保和军事领域，具有广阔的应用前景。通过20多年的大量研究与开发，不管是从碳纳米管的制备和生产，还是其结构特性和应用，都取得了巨大进展，在许多方面接近工业化应用水平。我国在碳纳米管的制备、性能分析和应用研究方面处于世界先进水平。

## 11.1.5　石墨烯

石墨烯从基本的形态来看就是构成石墨晶体的单层碳网平面。是2004年英国Manchester大学的Andre Geim和Konstantin Novoselov采用一种简单的"微机械力分裂法"剥离石墨层片所制备的一种单原子厚度碳膜，是世界上首先制备的一种二维单分子层纳米材料，具有重大的科学意义和非常广阔的应用前景，因而荣获2010的诺贝尔物理奖，单层石墨烯及其发现者如图11-5所示。

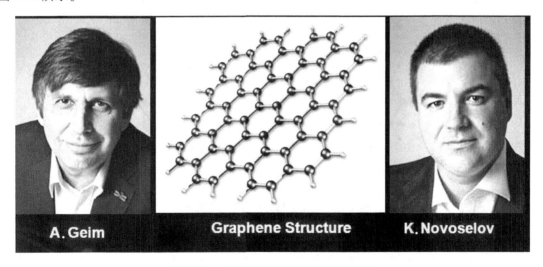

图 11-5　单层石墨烯的结构及其发明者

与石墨和碳纳米管一样，石墨烯具有优良的导电性和机械性能，尤其独特的是石墨烯具有独特的电子结构和电学性质，石墨烯的价带（$\pi$电子）和导带（$\pi*$电子）相交于费米能级处，是能隙为零的半导体。自从石墨烯被制备出来后，石墨烯的研究与开发成为现代科技领域中的热点，其结构、性能、制备和应用研究进展非常显著，石墨烯已显示了在微型能源器件、电子器件、催化方面的巨大应用潜力。

### 11.1.6 卡宾碳

卡宾碳(Carbene)是由 sp 杂化碳原子形成的叁键连接而成的链状碳分子。有关卡宾碳了解的很少。日本筑波大学的白川教授将乙炔膜氯化后，通过化学脱 HCl 反应得到了卡宾膜，尽管其物理性质等还不很清楚，但有关卡宾碳目前已受到较多关注。

## 11.2 微晶质炭

### 11.2.1 微晶质炭的种类

除本章前面所介绍的各种碳同素异形体的碳单质外，炭材料还包括炭黑、木炭、竹炭、秸秆炭、焦炭、炭纤维、玻璃炭和活性炭等常见的炭材料，它们是由各种含碳有机物质经热解炭化制得的，具有不同的结构和性能。以往认为这些材料都是无定形结构，但随着研究的深入，这些炭材料都有共同的基本结构，即类石墨微晶结构。因此，更为准确地说这些炭材料是属于微晶质炭。类石墨微晶是构成微晶质炭的基本微晶。

### 11.2.2 类石墨微晶

#### 11.2.2.1 类石墨微晶结构

1941 年，Warren 等人研究了炭黑之类的无定形炭的 X 射线衍射图后，首先提出了它们的结构中含有碳的基本微晶，即石墨状微晶。在 1951 年，Franklin 通过仔细研究石墨状微晶结构，提出石墨状微晶具有与石墨结构不同的乱层结构(random layer lattices)，其结构区别如图 11-6 所示。

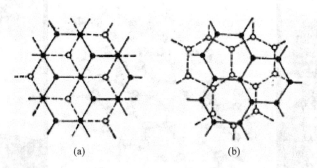

**图 11-6 石墨晶体与类石墨微晶结构**
(a)石墨晶体 (b)类石墨微晶

类石墨微晶与石墨晶体在结构上的区别主要表现在以下三个方面：一是类石墨微晶中相邻的六角形网状平面(以下都简称为碳网平面)之间的距离(即层间距)大于石墨晶体中的层间距(0.335nm)，能达到 0.35~0.37nm，且同一类石墨微晶的层间距并不完全相同。二是类石墨微晶中碳网平面不全部是以平行的方式进行重叠排列的。三是碳网平面绕着微晶的 C 轴旋转了一定的角度，类石墨微晶中不同的碳网平面所旋转的角度可能不同，且不同的碳网平面在平面内发生了一定的平移操作。Franklin 把具有这种意义的类石墨微晶结构称为乱层结构。这三个方面的因素导致类石墨微晶中不具有石墨晶体规整的微观结构。类石墨微晶的尺寸在几个纳米到几十个纳米之间。

类石墨微晶尺寸大小、层间距和规整程度主要取决于形成微晶质炭的炭化温度。炭化温度越高，则类石墨微晶的尺寸越大，层间距越接近于石墨晶体的层间距。同时，形成微晶质炭的前驱体性质也有很大的影响。如生物质碳前驱体炭化得到的炭材料中类石墨微晶尺寸通常只有几个纳米，而入炭黑、炭纤维等炭材料中的类石墨微晶有的达到几十纳米。

### 11.2.2.2 类石墨微晶的排列方式

在构成宏观材料的过程中，微晶的排列方式是影响材料最终性能的关键结构之一，因此，掌握微晶质炭中类石墨微晶的排列方式是了解和掌握微晶质炭材料的重要基础知识。根据Franklin的研究结果，如图11-7所示，在微晶质炭中类石墨微晶主要以两种排列方式存在：一种是以杂乱无章的方式；另一种是以较为有序的方式排列。

当类石墨微晶向石墨晶体的转变过程，即石墨化。微晶质炭的石墨化温度通常要达到2800℃以上。类石墨微晶以杂乱无章方式排列的微晶质炭炭材料，在热处理温度超过3000℃，仍然难以石墨化，具有这种特性的微晶质炭被称为难石墨化炭或硬质炭；类石墨微晶以较为有序方式排列的微晶质炭经过在2800~3000℃的热处理温度，类石墨微晶经过融合和生长，尺寸急剧增大，其结构接近于石墨晶体，具有这种特性的微晶质炭被称为易石墨化炭或软质炭。

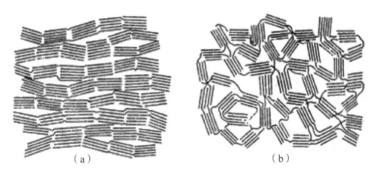

**图11-7 类石墨微晶的2种排列方式**
(a)易石墨化炭　(b)难石墨化炭

### 11.2.3 微晶质炭的微观结构组成

从碳元素的存在方式来看，微晶质炭包括类石墨微晶碳和无定形碳。前者是构成微晶质炭的基本微晶，后者是少量组成。微晶质炭的无定形炭包括未组成类石墨微晶的单层六角形碳网状平面和非组织碳。非组织碳是指脂肪族链状结构的碳，附着在芳香族结构边缘上的碳，以及参与类石墨微晶相互之间架桥结构的碳等。这些无定形炭处于石墨微晶之间。微晶碳与无定形碳的比例是决定微晶质炭物理和化学性能的基本结构。目前炭材料的研究课题中，比较准确地确定炭材料中这两类碳所占的比例是炭材料领域的重要基础课题。

木炭、竹炭以及其他的生物质炭、炭黑和活性炭等都属于微晶质炭。微晶质炭中类石墨微晶碳的含量随着炭化温度的升高而不断提高，而无定形碳的含量逐渐降低，直至接近石墨晶体的组成；其他杂元素原子的存在状态随着炭化温度的升高也发生改变。

### 11.2.4 微晶质炭微观结构的研究手段

微晶质炭微观结构的表征和分析主要包括碳原子的含量、存在状态、结合方式、类石墨微晶的尺寸、层间距等参数的分析、类石墨微晶的排列，以及除碳元素以外的其他元素的含量、存在状态等内容。这些表征和分析内容不仅包括原子的化学结构，还包括原子或分子团簇的排列状态和电子结构，需要采用大量的先进仪器和手段进行分析表征。其中，最早最为有效的是20世纪初期，Franklin利用X-射线衍射技术对类石墨微晶结构的发现以及类石墨微晶排列方式的表征分析，这一理论模型一直沿用至今，已被绝大部分的科技工作者所接受和认同。因此，X-射线衍射技术是研究分析微晶质炭微观结构的常用和强大手段。随着现代射线衍射技术和设备的不断进步，其分析的精度也在不断提高。

在微晶质炭的组成与微观结构的综合分析中，除X-射线衍射技术外，还需要采用元素分析，红外光谱、拉曼光谱、核磁共振和电子自旋共振等波谱技术，X-射线光电子能谱等能谱技术，偏光显微镜、扫描电子显微镜和透射电子显微镜等技术综合分析，才能得到较完整的微晶质炭组成与结构信息。随着现代分析方法的不断进步与涌现，相信微晶质炭的结构与组成分析将越来越精确，也将显著促进炭材料的发展。

## 11.3 木炭的组成、微观结构与性能

植物纤维原料炭化所制得的炭，如木炭、竹炭和生物质炭，都属于微晶质炭。目前，采用各类植物纤维原料及其加工剩余物生产各类炭，已成为植物纤维原料热化学转化利用的主要途径之一。因此，在了解微晶质炭的基础知识基础上，掌握由植物纤维原料制备的炭的化学组成和微观结构，以及它们的应用性能与评价方法是学习植物纤维原料基炭的重要内容，同时也可以进一步深化掌握微晶质炭的结构基础。本节的许多知识来源于木炭的知识，但它们的大部分内容都适用于其他植物纤维原料所生产的炭。

### 11.3.1 化学组成与性质

#### 11.3.1.1 木炭的元素组成

碳元素是木炭的主要元素，一般约占80%以上，除此以外，还含有少量的氧、氢、氮、磷、硅等非金属元素和钙、镁、铁、钾、钠等金属元素。在炭化过程中，随着炭化温度的不断升高，木炭中的氢、氧及氮元素不断形成气态物质而挥发，导致它们含量的逐渐下降和碳元素含量的逐渐升高，表现为木炭挥发分的降低和固定炭含量的升高。木炭中的硅、钙、镁、铁、钾、钠等非金属与金属元素，在炭化过程中不能形成挥发性物质，因此，它们随着炭的得率的降低而升高。与黑炭相比，白炭的挥发分含量较低，固定碳含量较高，这与其烧制温度比黑炭高有关。表11-1为炭化温度对木炭元素组成的影响。

木炭中硫、磷之类元素含量很少。木炭含磷量比树皮炭少，其含磷量都小于0.08%；针叶材炭含磷量更少，达到0.02%以内，最少的仅为0.0004%。因此，炭化前剥去树皮能够减少碳化物中磷元素含量。

表 11-1 炭化温度对木炭元素组成的影响

| 炭化温度 (℃) | 得率(重量%) | | 元素组成(重量%) | | | | | |
|---|---|---|---|---|---|---|---|---|
| | | | 桦木炭 | | | 松木炭 | | |
| | 桦木炭 | 松木炭 | C | H | O+N | C | H | O+N |
| 350 | 39.5 | 40.0 | 73.3 | 5.2 | 21.5 | 73.2 | 5.2 | 21.5 |
| 400 | 35.3 | 36.0 | 77.2 | 4.9 | 17.9 | 77.5 | 4.7 | 17.8 |
| 450 | 31.5 | 32.5 | 80.9 | 4.8 | 14.3 | 80.4 | 4.2 | 14.4 |
| 500 | 29.3 | 30.0 | 85.4 | 4.3 | 10.4 | 86.3 | 3.9 | 9.8 |
| 600 | 26.8 | 27.3 | 90.3 | 3.3 | 6.4 | 90.2 | 3.4 | 6.4 |
| 700 | 24.5 | 24.9 | 92.3 | 2.8 | 4.0 | 92.9 | 2.9 | 4.2 |
| 800 | 23.1 | 23.8 | 94.9 | 1.8 | 3.3 | 94.7 | 1.8 | 3.6 |
| 900 | 23.5 | 22.6 | 96.4 | 1.3 | 2.3 | 96.2 | 1.2 | 2.6 |

## 11.3.1.2 挥发分

炭化料经高温缺氧煅烧能释放出的一氧化碳、二氧化碳、氢气、甲烷及其他不凝性气体产物，导致炭化料质量减少的部分统称为挥发分。挥发分的测定方法是将干燥至衡重的炭化试样或活性炭置于带盖的挥发分坩埚内，放入850℃的马弗炉中煅烧7min，求出试样在煅烧前后的质量减少百分率，即为挥发分含量。

从挥发分的含义和测试方法来看，木炭中的挥发分主要来源于炭化料中未完全炭化的脂肪族碳链，部分没有形成类石墨微晶的芳环碳，及连接在类石墨微晶边缘上的含氧官能团和氢。因此，制备木炭的炭化温度越低，木炭的炭化程度也越低，木炭的氢、氧含量越高，碳元素含量越小，木炭的类石墨微晶结构越不发达，则木炭的挥发分越高。因此，木炭的挥发分取决于炭化温度。表11-2显示，随着制备木炭的炭化温度的升高，炭化料的挥发分含量减少；挥发分组成中的二氧化碳、一氧化碳、甲烷、乙烯的含量下降，氢气含量上升。因此，挥发分不仅在一定程度上反映了木炭中类石墨微晶结构和无定形碳之间的相对比例，而且是衡量木炭等植物纤维原料基炭质量的一个非常重要指标。

表 11-2 炭化温度对木炭挥发分含量与组成等性质的影响

| 炭化温度 (℃) | 挥发分含量 (%) | 木炭挥发分产量 (m³/100kg) | 挥发分组成体积(%) | | | | | 木炭热值 (kJ/kg) |
|---|---|---|---|---|---|---|---|---|
| | | | $CO_2$ | CO | $CH_4$ | $C_2H_4$ | $H_2$ | |
| 280 | 28.09 | 35.20 | 10.09 | 24.58 | 33.77 | 0.57 | 29.95 | 29565 |
| 330 | 26.66 | 35.51 | 8.60 | 24.89 | 33.42 | 0.25 | 32.72 | 29816 |
| 375 | 25.87 | 34.90 | 8.89 | 25.22 | 31.27 | 0.31 | 34.18 | 30274 |
| 400 | 23.93 | 32.79 | 8.91 | 24.24 | 32.66 | 0.25 | 33.77 | 31025 |
| 475 | 18.72 | 29.31 | 7.69 | 20.32 | 27.16 | 0 | 44.69 | 33777 |
| 500 | 16.79 | 28.32 | 7.01 | 18.34 | 25.83 | 0 | 48.68 | 33944 |
| 600 | 10.24 | 20.22 | 4.71 | 16.75 | 22.24 | 0 | 56.16 | 34778 |
| 700 | 6.42 | 12.21 | 6.51 | 17.76 | 17.79 | 0 | 57.78 | 35070 |

### 11.3.1.3 灰分

炭在空气中完全燃烧后,剩下的灰白色至淡红色固体残留物是灰分,又称作灼烧残渣或强热残分。灰分是由多种金属氧化物和盐类组成,主要来源于原料中的无机成分。植物纤维原料炭的灰分包括二氧化硅、金属氧化物和一些盐类物质,木炭的灰分组成,见表11-3。值得注意的是,高温灼烧会引起这些无机物质发生化学变化,灰分的无机物存在状态并不一定能反映它们在炭化物及生物质原料中的原始状态。灰分中的金属元素对于木炭的应用,如木炭的活化制备活性炭,具有一定的影响,需要引起重视。

表11-3 木炭的灰分含量及其组成

| 树种 | 灰分(%) | 灰分的元素组成与含量(重量%) | | | | | | | | | |
|---|---|---|---|---|---|---|---|---|---|---|---|
| | | Si | Fe | Al | Ca | Mg | Mn | P | Ti | B | As |
| 桦木 | 2.78 | 4.37 | 1.240 | 0.56 | 31.48 | 4.71 | 1.36 | 0.84 | 1.141 | 0.030 | 0.0007 |
| 山毛榉 | 2.42 | 2.73 | 0.283 | 0.17 | 30.15 | 5.25 | 1.37 | 1.53 | 0.048 | 0.017 | 0.0008 |
| 千金榆 | 2.18 | 1.41 | 0.231 | 0.06 | 41.92 | 6.34 | 3.10 | 2.54 | 0.034 | 0.034 | 0.0014 |
| 硬阔叶材 | 2.71 | 2.72 | 0.715 | 0.55 | 23.39 | 5.34 | 1.14 | 1.71 | 0.056 | 0.028 | 0.0012 |
| 阔叶材 | 2.45 | 2.61 | 0.500 | 0.31 | 22.38 | 5.71 | 1.18 | 1.61 | 0.049 | 0.030 | 0.0009 |
| 松树 | 0.75 | 11.50 | 1.290 | 2.03 | 26.84 | 2.29 | 2.20 | 0.96 | 0.158 | 0.046 | 0.0002 |

随着植物纤维原料的种类和生长条件不同,植物纤维原料制备的炭的灰分含量变化很大。如木炭或竹炭的灰分通常在1%~4%之间,但秸秆、稻壳等农作物加工剩余物等植物纤维原料的灰分通常大于10%,有的可以高达30%以上。在木材中,不同部位所制备的木炭的灰分含量也有较大差异,见表11-4。

表11-4 树木不同部位烧制的木炭的灰分含量

| 树种 | 灰 分(%) | | | | | |
|---|---|---|---|---|---|---|
| | 树桩 | 树干 | 树梢 | 枝桠 | 小枝条 | 树皮 |
| 松树 | 0.53 | 0.55 | 1.03 | 1.05 | 1.70 | 1.88 |
| 山杨 | 0.98 | 1.27 | 2.08 | 5.54 | 10.06 | 10.14 |
| 桦木 | 0.57 | 0.56 | 1.21 | 1.00 | 2.79 | 4.07 |

### 11.3.1.4 固定炭

固定碳是一个假定的概念,它代表在高温缺氧条件下煅烧炭化料时,木炭及其他生物质炭中保留的不含灰分的物质。固定炭含量可以用下式计算得到:

$$C = (1 - V - A) \times 100\% \tag{11-1}$$

式中 $C$——固定炭含量(重量%);
$V$——挥发分含量(重量%);
$A$——灰分含量(重量%)。

实际上,木炭中固定炭的含量在较大程度上反映了木材等生物质原料的炭化程度。炭化温度越高,碳元素含量越高,氢和氧等元素含量越低,则固定炭含量越高;反之亦然。因此,固定炭是了解炭的结构和应用性能的重要指标。

## 11.3.1.5 反应能力

众所周知,炭是一种优良的还原剂。因此,炭的反应能力通常是指在高温下,还原二氧化碳成一氧化碳的能力。木炭中类石墨微晶结构的发达程度是影响木炭反应能力的主要结构因素。对于二氧化碳还原成一氧化碳这一反应,木炭中的某些金属元素具有催化炭还原二氧化碳成一氧化碳的能力,因此,木炭中的灰分也是影响木炭反应能力的一个不可忽视的因素。

木炭等植物纤维原料炭的还原反应速率不仅和炭本身的还原能力有关,而且还与炭的孔隙发达程度有关。反应速度常数主要取决于两相之间相互接触发生反应的表面积大小和反应温度。植物纤维原料通常都有较发达的天然孔隙结构,因此,所制备的炭也具有一定的孔隙结构,是一种多孔材料,测定多孔性物质的反应表面积比较困难,因而常使用以单位质量的炭为基准的表观反应速度常数来衡量其反应速率。一些木炭的表观反应常数见表11-5。由于不同的原料的天然孔隙结构与灰分不同,因此,树种对炭的表观反应常数有较大的影响,且随着反应温度的升高而增加。

**表 11-5　一些木炭的表观反应常数**

| 树种 | 炭化设备 | 不同反应温度下的表观反应速度常数 [$cm^3/(g \cdot s)$] | |
|---|---|---|---|
| | | 800℃ | 900℃ |
| 千金榆 | 卧式干馏釜 | 1.2385 | 2.9572 |
| 水青冈 | 卧式干馏釜 | 3.6195 | 4.3310 |
| 桦木 | 立式干馏釜 | 2.3117 | 4.1692 |
| 桦木 | 隧道窑 | 2.0147 | 4.3310 |
| 杨木 | 隧道窑 | 5.4246 | 7.5066 |

## 11.3.1.6 炭的自燃及预防

由于植物纤维原料本身所具有的天然孔隙结构,木材等植物纤维原料制备的炭的孔隙结构比较发达,孔隙率一般在70%以上,比表面积有时可达200~300$m^2/g$,具有较强的吸附能力。炭容易化学吸附空气中的氧气,发生某些氧化还原反应,放出热量,致使木炭、竹炭和生物质炭等的温度升高,达到其着火点时便发生自燃。腐朽材烧制的木炭质地疏松、孔隙率大,运输及贮存时易形成碎块和炭粉,不利于通风、散热,比正常木炭容易自燃。

由植物纤维原料所制备的炭的自燃容易造成安全事故,需要预防避免。从炭化炉中取出的新鲜炭或者长期堆积的炭容易发生自燃。因此,新鲜炭尽量在较低温度下取出,或者取出后立即在密闭容器中进行冷却,以减少新鲜炭与氧气接触的浓度。储存时应尽量筛除炭屑,除去细小炭粉颗粒,堆放在通风、遮雨、无直射阳光的场所,不宜堆得太大,并远离火种等。在木炭生产过程中应严格限制使用腐朽材,并力求原料木材的大小及含水率均匀一致,以保证生产出质量均匀的木炭;提高炭化温度,提高木炭着火点。

## 11.3.1.7 热值

木炭等植物纤维原料基炭在燃烧过程中能放出大量的热,这是它们作为固体燃料使用的理论基础。木炭等燃烧热值是将它们完全燃烧时所放出的热量,通常使用量热仪进行测定。

木炭等植物纤维原料基炭的热值与它们的元素组成有关,其中碳和氢含量越高,则热值

表 11-6 炭化温度对木炭热值的影响

| 炭化温度<br>(℃) | 炭得率<br>(%) | 元素组成(不计灰分,%) | | | 高位热值<br>(kJ/kg) | 木炭发热量<br>(kJ/kg 木材) |
|---|---|---|---|---|---|---|
| | | C | H | O | | |
| 100 | 100.0 | 47.41 | 6.54 | 46.05 | 19 810 | 19 810 |
| 200 | 92.6 | 59.40 | 6.12 | 34.48 | 20 790 | 19 250 |
| 300 | 53.6 | 72.36 | 5.38 | 22.26 | 26 650 | 15 400 |
| 350 | 46.8 | 73.90 | 5.11 | 20.98 | 31 070 | 14 540 |
| 400 | 39.2 | 76.10 | 4.90 | 19.00 | 32 610 | 12 780 |
| 450 | 35.0 | 82.25 | 4.15 | 13.60 | 32 990 | 11 740 |
| 500 | 33.2 | 87.70 | 3.90 | 8.40 | 34 080 | 11 310 |
| 550 | 29.5 | 90.10 | 3.20 | 6.70 | 34 280 | 10 110 |
| 600 | 28.6 | 93.80 | 2.65 | 3.55 | 34 360 | 9830 |
| 650 | 28.1 | 94.90 | 2.30 | 2.80 | 34 570 | 9710 |
| 700 | 27.2 | 95.15 | 2.15 | 2.70 | 34 740 | 9450 |

越大。因此,炭化温度越高,制备的炭的热值也越大(表 11-6)。

### 11.3.2 炭的物理性能

#### 11.3.2.1 机械强度

对于具有固定形状的炭或其成型物,它们的强度是非常重要的性能指标。炭的机械强度分为耐压强度和耐磨强度两种,分别反映其抵抗压碎和磨损的能力。例如,耐压强度小于 8.83MPa 的木炭不适于作冶金工业的还原剂;椰子壳炭、杏核壳炭、橄榄核炭、核桃壳炭等具有较好的机械强度,尤其是椰壳炭具有极好的耐压强度和耐磨强度,因此,它们是生产颗粒活性炭的常用原料或优质原料。此在贮存、运输过程中,机械强度大的炭压溃损失少。

由于木材本身的力学性能具有各向异性,因此木炭的机械强度也显示出各向异性,其耐压强度沿纤维方向的纵向最大、径向次之、弦向最小,见表 11-7;木炭强度随树种、炭化温度和时间等炭化工艺的不同而不同,见表 11-8,桦木炭的耐压强度大于松木炭;400℃烧制的木炭耐压强度最小;炭化时间长、升温速度缓慢能提高木炭的耐压强度。

表 11-7 松木及白桦木炭的耐压强度

| 炭化<br>温度<br>(℃) | 耐压强度(MPa) | | | | | | | | | | | |
|---|---|---|---|---|---|---|---|---|---|---|---|---|
| | 松木炭 | | | | | | 桦木炭 | | | | | |
| | 炭化 3h | | | 炭化 12h | | | 炭化 3h | | | 炭化 12h | | |
| | 纵向 | 径向 | 弦向 | 纵向 | 径向 | 弦向 | 纵向 | 径向 | 弦向 | 纵向 | 径向 | 弦向 |
| 300 | 10.02 | 1.89 | 1.49 | 13.06 | 2.19 | 1.63 | 18.67 | 1.93 | 1.34 | 19.42 | 2.60 | 2.16 |
| 400 | 7.80 | 1.47 | 1.11 | 9.75 | 1.74 | 1.28 | 15.10 | 1.78 | 1.34 | 14.86 | 2.40 | 1.81 |
| 500 | 9.02 | 2.35 | 1.81 | 11.08 | 2.43 | 1.92 | 15.74 | 1.99 | 1.45 | 17.31 | 2.65 | 2.27 |
| 550 | 9.81 | 2.61 | 2.24 | 10.38 | 2.36 | 2.29 | 16.57 | 2.28 | 1.62 | 17.62 | 2.66 | 2.28 |
| 600 | 10.20 | 2.86 | 2.44 | 11.33 | 2.62 | 2.34 | 18.85 | 2.93 | 1.92 | 19.81 | 3.60 | 2.66 |

表 11-8　木炭密度与树种的关系

| 树种 | 木材密度(kg/m³) | 木炭密度(kg/m³) | |
|---|---|---|---|
| | | 隧道窑 | 室式窑 |
| 桦木 | 610 | 185~206 | 160~170 |
| 松木 | 570 | 141~147 | 130~132 |
| 云杉 | 480 | 118~125 | 110~120 |

### 11.3.2.2　导电性能

随着炭化温度的升高，木炭和竹炭由绝缘体转变为半导体。这种转变通常发生在500~600℃之间，即在这一炭化温度范围，木炭和竹炭的电阻率急剧下降，最终转变为半导体。表11-9显示了桦木炭的电阻率随炭化温度的变化情况。木炭和竹炭的导电性能也具有各向异性，其中木炭和竹炭的轴向导电性能最好，径向次之、弦向最小。

表 11-9　桦木炭的电阻率与炭化温度的关系

| 炭化温度<br>(℃) | 木炭纵向比电阻<br>(Ω·cm) | 桦木炭元素组成(不计灰分,%) | | |
|---|---|---|---|---|
| | | C | H | O+N |
| 400 | $1 \times 10^9$ | 77.2 | 4.9 | 17.9 |
| 450 | $0.8 \times 10^8$ | 80.9 | 4.8 | 14.3 |
| 500 | $0.5 \times 10^2$ | 85.0 | 4.3 | 10.7 |
| 600 | $0.7 \times 10$ | 91.3 | 3.3 | 5.4 |
| 700 | $0.4 \times 10$ | 93.3 | 2.8 | 3.9 |
| 800 | 0.6 | 94.8 | 1.8 | 3.4 |
| 900 | 0.4 | 96.5 | 1.3 | 2.2 |
| 100 | 0.3 | 97.6 | 0.6 | 1.8 |
| 1200 | 0.2 | 98.8 | 0.2 | 1.0 |

### 11.3.2.3　密度和孔隙率

#### 1）密度

多孔质材料的密度通常需要用堆积密度、颗粒密度和真密度来表示。

（1）堆积密度

又叫充填密度或松密度，是以规定条件下试样的充填体积为基准所表示的密度。堆积密度通常用量筒法测定。充填体积包括颗粒之间的空隙、颗粒内部孔隙和颗粒无孔真实体积三部分所构成，堆积密度的计算式为：

$$\rho_B = m/V_{充} = m/(V_{真} + V_{孔} + V_{隙}) \tag{11-2}$$

式中　$\rho_B$——充填密度(g/cm³)；

$m$——试样的质量(g)；

$V_{充}$——试样的充填体积(cm³)；

$V_{真}$——试样的真实体积(cm³)；

$V_{孔}$——试样颗粒内部的孔隙体积(cm³)；

$V_{隙}$——试样颗粒间的空隙体积(cm³)。

### (2) 颗粒密度

又叫块密度、汞置换密度，是以规定条件下试样的颗粒体积为基准所表示的密度。颗粒密度通常用压汞液体置换法测定。计算颗粒密度的体积包括试样颗粒内部的孔隙和颗粒无孔真实体积两部分，不包括颗粒间的空隙体积。颗粒密度的计算式为：

$$\rho_p = m/V_{颗} = m/(V_{真} + V_{孔}) \tag{11-3}$$

式中 $\rho_p$ ——颗粒密度($g/cm^3$)；

$V_{颗}$ ——试样的颗粒体积($cm^3$)。

### (3) 真密度

又叫绝对密度，是以规定条件下试样的无孔真实体积为基准所表示的密度，即仅仅包括试样颗粒的无孔真实体积，不包括试样颗粒之间的空隙体积和、颗粒内部的孔隙体积，因此真密度为：

$$\rho_t = m/V_{真} \tag{11-4}$$

式中 $\rho_t$ ——真密度($g/cm^3$)。

对于多孔质炭材料的真密度通常采用小分子气体置换法，如氮气、氩气等。这些气体分子体积小，能够渗透到多孔质炭材料内部的孔隙，而且不发生化学吸附，因此，可以全部脱附出来，对多孔质炭材料的孔隙结构影响很小。但由于用于置换的气体分子种类不同，其分子尺寸大小不同，因此能够吸附到多孔质炭材料内部的孔隙大小也有差异可以理解，不同置换分子所测定的多孔质炭材料的真密度也有差异，见表11-10。

**表 11-10　椰子壳活性炭的某些液体置换密度**

| 液体 | 置换密度($g/cm^3$) | 液体 | 置换密度($g/cm^3$) |
| --- | --- | --- | --- |
| 汞 | 0.865 | 石油醚 | 2.042 |
| 水 | 1.843 | 二硫化碳 | 2.057 |
| 丙醇 | 1.960 | 丙酮 | 2.112 |
| 氯仿 | 1.992 | 乙醚 | 2.120 |
| 苯 | 2.008 | 戊烷 | 2.129 |
| 对二甲苯 | 2.018 |  |  |

上述三种密度表示方法，是木炭、竹炭等植物纤维原料基炭以及活性炭密度表示所常用的。一般来说，它们取决于原料的种类、炭化或活化工艺等因素。表11-11显示了炭化温度对木炭密度及孔隙率的影响。木炭的真密度主要受炭化温度的影响，与树种的关系不大，其数值在1.35～1.40$g/cm^3$之间。

**表 11-11　炭化温度对木炭密度及孔隙率的影响**

| 炭化温度 (℃) | 堆积密度 ($g/cm^3$) | 真密度 ($g/cm^3$) | 孔隙率(%) | | |
| --- | --- | --- | --- | --- | --- |
|  |  |  | 总孔隙率 | 微孔部分 | 过渡孔部分 |
| 400 | 0.365 | 1.398 | 73.9 | 1.16 | 1.38 |
| 450 | 0.363 | 1.428 | 74.6 | 1.36 | 2.21 |
| 500 | 0.362 | 1.435 | 74.8 | 2.57 | 2.53 |
| 600 | 0.348 | 1.447 | 76.0 | 4.13 | 1.38 |
| 700 | 0.354 | 1.491 | 76.0 | 4.42 | 1.27 |
| 800 | 0.382 | 1.666 | 77.1 | 5.31 | 1.14 |
| 900 | 0.400 | 1.746 | 77.1 | 5.36 | 1.04 |

### 2) 孔隙率

孔隙率是多孔质材料中颗粒内部孔隙体积占颗粒总体积的百分率。它表示孔隙发达程度。其数值可以从多孔材料的颗粒密度与真密度的数值计算求得。孔隙率的计算式如下：

$$\theta = V_g/V_{颗} = \rho_p/\rho_t \tag{11-5}$$

式中　$\theta$——孔隙率($cm^3/g$)；
　　　$V_g$——孔容积($cm^3/g$)；
　　　$V_{颗}$——颗粒体积($cm^3$)；
　　　$\rho_p$——颗粒密度($g/cm^3$)；
　　　$\rho_t$——真密度($g/cm^3$)。

木炭、活性炭等多孔炭材料的孔隙率是反映它们应用性能的重要指标，它们的孔隙率不仅与其吸附应用有关，而且与其反应速率有关。孔隙率越高，吸附能力越强，参与反应的表面积越大，因此反应速率也越快。

#### 11.3.2.4 导热性能及热容

木炭、竹炭等的导热性能随着炭化温度的升高而增大，且随树种不同而异。它们的导热性能也呈现出各向异性。其中轴向的导热性能最好。木炭的纵向导热系数通常为 $0.8 \sim 1.1 kJ/(m \cdot h \cdot ℃)$，横向导热系数为 $0.3 \sim 0.5 kJ/(m \cdot h \cdot ℃)$。

### 11.3.3 木炭质量标准

我国规定的木炭质量指标包括水分、灰分、固定碳、颗粒度及杂质含量五项。不同树种木炭的质量要求见表11-12，表11-13列出了11种工业木炭的工业分析结果。

表11-12　木炭的质量标准(LY 217—1980)

| 指标名称 | | 规格 | | | | | |
|---|---|---|---|---|---|---|---|
| | | 硬阔叶材 | | 阔叶材 | | 松木 | |
| | | 特级 | 一级 | 特级 | 一级 | 特级 | 一级 |
| 水分(%) | ≤ | 7 | 7 | 7 | 7 | 7 | 7 |
| 灰分(%) | ≤ | 2.5 | 3.0 | 3.0 | 4.0 | 2.0 | 2.5 |
| 固定碳(%) | ≥ | 86 | 82 | 80 | 76 | 75 | 70 |
| 装车时小于12mm颗粒(%) | ≤ | 5 | 5 | 6 | 8 | 6 | 8 |
| 炭头及其他夹杂物(%) | ≤ | 1 | 3 | 1 | 3 | 1 | 3 |

表11-13　十一种木炭的工业分析结果

| 木炭种类 | 产地 | 水分,% | 灰分,% | 挥发分,% | 固定碳,% |
|---|---|---|---|---|---|
| 杂木白炭 | 中国福建 | 7.35 | 3.29 | 8.63 | 88.08 |
| 相思树木炭 | 中国台湾 | 5.14 | 2.45 | 24.77 | 72.78 |
| 姥芽栎白炭 | 日本(备长炭) | 9.90 | 1.74 | 5.82 | 92.44 |
| 栎类白炭 | 日本 | 10.20 | 3.57 | 6.79 | 89.64 |
| 蒙古栎白炭 | 日本 | 10.20 | 2.67 | 5.79 | 91.54 |
| 蒙古栎黑炭 | 日本 | 7.50 | 1.41 | 13.51 | 85.08 |
| 松木黑炭 | 日本 | 8.50 | 1.20 | 17.49 | 81.31 |

(续)

| 木炭种类 | 产　地 | 水分,% | 灰分,% | 挥发分,% | 固定碳,% |
|---|---|---|---|---|---|
| 麻栎黑炭 | 日本(佐苍炭) | 6.40 | 3.84 | 16.03 | 80.13 |
| 山核桃木炭 | 美国 | 6.29 | 1.57 | 26.24 | 72.19 |
| 山毛榉木炭 | 原南斯拉夫 | 5.17 | 1.07 | 24.03 | 74.90 |
| 木炭 | 印度 | 5.73 | 6.24 | 43.32 | 51.44 |

## 11.4　活性炭的微观组织结构

从微观结构来看，与炭黑、木炭、竹炭一样，活性炭也是一种微晶质炭材料，即六角形碳网平面所构成的类石墨微晶是组成活性炭的基本微晶。由植物纤维原料所制备出的活性炭中，类石墨微晶通常是紊乱和交错排列的，因此这些活性炭是一种难石墨化炭。除基本微晶外，活性炭还包括少量的无定形炭组成。有关类石墨微晶结构和无定形碳的来源已在第 11 章进行了较详细的介绍。

随着新型活性炭的不断出现，这种以紊乱排列的类石墨微晶为基本结构的微观模型已不能适用于所有活性炭品种，如用氢氧化钾活化所制备的比表面积达 3000m²/g 甚至更高的活性炭。由理论计算可知，由单个石墨层片（包括两面）所形成的比表面积只有 2600m²/g，用类石墨微晶作为基本微晶的活性炭微观结构难以解释高比表面积存在的方式。目前，还没有一种较合理的结构模型来解释这种现象。另外，在不同的时期，有人提出过活性炭的不同结构模型，如 1942 年 Riley 提出的邻四苯撑的立体结构，如图 11-8 所示，但其合理性仍还不能被证实。

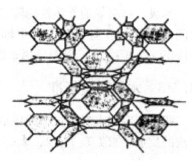

图 11-8　Riley 提出的邻四苯撑结构

## 11.5　活性炭的孔隙结构

### 11.5.1　孔隙的形成

一般来说，活性炭中孔隙的形成主要来源于两种情况：一是活性炭微观结构中类石墨微晶紊乱排列所形成的空隙；二是在制备过程中，通过活化所产生的孔隙。但具体来说，活性炭孔隙结构的形成非常复杂。由于制备活性炭的活化方法不同，其工艺过程不同，原料所经历的化学物理变化过程存在很大差异。气体活化法的孔隙形成过程是由于氧化性气体高温选择性氧化原料炭中的部分碳原子所致；化学试剂活化法制备活性炭的孔隙结构形成则与活化剂的种类有关，形成原因较复杂。后面的章节将专门介绍不同活化方法的造孔原理。

### 11.5.2　孔隙的形状

活性炭中孔隙形状具有多样性，且大多数不规则，这是造成活性炭孔隙结构非常复杂的主要原因之一。活性炭中孔隙的形状有两端开口的毛细管状，或一端封闭的进口缩小形状的孔隙，如墨水瓶状，也有两个平面之间的裂口呈现规则形状的狭缝孔、V 形孔、锥形孔和其他不规则形状等。用氯化锌处理泥煤或木屑制造的活性炭中的孔隙形状主要是墨水瓶状。用水蒸气活化的活性炭则不具有这种孔型。炭前驱体的结构和性质、制造方法以及工艺条件都会影响活性炭的孔隙形状。由于目前还没有一种比较有效的手段对孔隙的形状作出观察或表征，因此，对这种影响的了解还处于非常模糊的阶段。目前主要依据吸附/脱附等温线所形成的滞回归圈的形状来推断活性炭孔隙形状。

### 11.5.3 孔隙的尺寸与分类

具有一定的孔隙结构是活性炭、硅胶、沸石和吸附树脂等多孔质材料的最基本特征，不同尺寸大小的孔隙表现出不同的物理化学特性，因此，孔隙的分类是掌握这些材料的基本知识。迄今为止，根据孔隙尺寸大小，主要有两种孔隙分类法：一种是杜比宁(Dubinin)的分类法；另一种是1972年国际理论与应用化学联合会(IUPAC)的分类法，它是以杜比宁分类法为基础而制定的。

杜比宁分类法把孔隙分为微孔、次微孔、过渡孔和大孔，并规定：微孔半径<0.6~0.7nm，次微孔的孔隙半径为(0.6~0.7nm)~(1.5~1.6nm)，过渡孔的孔隙半径为(1.5~1.6nm)~(100~200nm)，大孔的孔隙半径为大于(100~200nm)。

IUPAC分类法把孔隙分为微孔、中孔和大孔，并规定：微孔是指孔宽或孔隙直径小于2nm的孔隙，中孔是指孔宽或孔隙直径为2~50nm之间的孔隙，大孔是指孔宽或孔隙直径大于50nm的孔隙。由于IUPAC分类法简明，便于使用，因此常用IUPAC分类法来描述活性炭中孔隙大小。

### 11.5.4 各类孔隙的特点和性质

多孔质材料的主要性能是具有较强的吸附作用，每一类孔隙在吸附过程中的作用和吸附机理不同，因此，掌握各类孔隙在吸附过程中的作用和和吸附行为非常重要，它是活性炭制造工艺、应用、吸附理论研究的基础。

#### 11.5.4.1 大孔

大孔孔宽在50nm以上，而吸附质分子或粒子尺寸在几个埃(Å)到1nm左右范围内，它们在大孔中的吸附行为与在平面上的吸附相似。大孔的比表面积很小，其吸附能力非常有限。在活性炭中，大孔比表面积很低，在$0.5~2m^2/g$的范围内，与中孔和微孔的比表面积相比非常低，所以大孔的吸附作用几乎可以忽略不计。在吸附过程中活性炭的大孔主要起着输送通道的作用，使被吸附的分子很容易扩散至活性炭颗粒内部，达到中孔和微孔。在实际的吸附应用场合，颗粒活性炭具有一定比例的大孔有时是非常重要的。

#### 11.5.4.2 中孔

中孔的尺寸比大孔小，但比被吸附的分子要大得多。吸附质分子或粒子在中孔的吸附行为主要是多层吸附和毛细凝聚，即它们首先在中孔表面发生单分子层，然后是多分子层吸附，形成连续的吸附层或吸附膜。在中孔的吸附过程中，多层吸附后易发生毛细凝聚，引起中孔的容积充填。了解多分子层吸附和毛细凝聚是认识吸附过程的重要理论基础，其理论发展已经比较成熟，可以参考有关书籍或其他文献学习掌握。限于篇幅，在此不做详细介绍。

在液相吸附过程中，活性炭的中孔主要用于吸附溶液中的较大分子或粒子，应用于溶液除色等场合。在气相吸附过程中,活性炭的中孔也起着输送通道的作用,吸附质气体分子是经过大孔、中孔而扩散进入活性炭颗粒内部的微孔中被吸附。中孔表面也是添加催化剂的主要场所,所以活性炭既是优良吸附剂也是优良的催化剂载体。

普通活性炭的中孔容积通常在 $0.02 \sim 0.10 \text{cm}^3/\text{g}$ 的范围内,比表面积在 $20 \sim 70\text{m}^2/\text{g}$ 之间。但随着活性炭制备技术的发展,现已能制备出中孔孔容达 $1.0\text{cm}^3/\text{g}$ 以上的、中孔特别发达的活性炭,中孔比表面积可达 $600 \sim 1000\text{m}^2/\text{g}$。

### 11.5.4.3 微孔

由于微孔孔宽与吸附质分子或粒子的尺寸在同一数量级,因此,气体或蒸汽在微孔中的吸附行为是容积充填,不存在分层吸附和吸附膜的概念,更不会发生毛细凝聚现象。可以认为,对于微孔吸附而言,微孔的比表面积已失去它的物理意义。同时,杜比宁等人在研究活性炭对蒸汽吸附时还发现,被吸附蒸汽的体积远远超过活性炭微孔的容积所容纳的体积,这是因为蒸汽分子在吸附力大的作用下,缩短了分子间的距离,而压缩成类似液态所致。

普通活性炭是以微孔为主,微孔是活性炭吸附气体或蒸汽的主要场所。微孔孔容通常小于 $1.0\text{cm}^3/\text{g}$。气体或蒸汽在微孔中的吸附不同于在大孔、中孔(过渡孔)或无孔吸附剂表面上的吸附。其主要特点是在微孔的整个容积中存在着吸附力场的叠加,或称力场的叠加效应。被吸附的蒸汽分子进入微孔后,将受到孔周壁吸附力的同时作用,将受到的合力远大于吸附剂其他孔表面上对蒸汽分子的吸附力。因此,微孔的吸附势比中孔、大孔以及具有相同化学性质的无孔吸附剂的吸附势高得多,相应地,微孔的吸附热也要高得多。

## 11.5.5 孔隙结构的表征方法

### 11.5.5.1 比表面积

1g 活性炭所具有的颗粒外表面积与颗粒内部孔隙的内表面积之总和称作比表面积。

由于吸附是在表面上发生的现象,因此比表面积是反应活性炭孔隙发达程度和吸附能力的主要指标。比表面积越大,孔隙结构越发达,吸附能力越强。与其他多孔质材料相比,活性炭具有高的比表面积。目前工业生产的活性炭的比表面积通常低于 $2000\text{m}^2/\text{g}$,在 $800 \sim 1500\text{m}^2/\text{g}$ 最为普遍;采用 KOH 等高比表面积制造方法,制备的活性炭的比表面积可以高达 $3000\text{m}^2/\text{g}$ 以上。

比表面积常通常是根据吸附剂的吸附等温线计算得到。采用 BET 吸附等温线方程分析吸附剂的氮气吸附等温线是最常用的方法,即根据吸附等温线,采用 BET 方程计算出吸附剂的单分子层吸附量,再经过吸附质分子横截面积的大小换算成试样的比表面积。

### 11.5.5.2 比孔容积和孔隙率

(1) 比孔容积

1g 多孔质材料所含有的颗粒内部孔隙的总体积称作比孔容积,简称为比孔容。比孔容大的活性炭孔隙结构发达。

比孔容积可以由颗粒密度与真密度的数值按下式计算:

$$V_g = 1/\rho_p - 1/\rho_t \tag{11-6}$$

式中 $V_g$——比孔容积($\text{cm}^3/\text{g}$);

$\rho_t$——真密度；

$\rho_p$——颗粒密度。

活性炭的比孔容积也可以用在接近饱和压力的条件下吸附的气体体积计算得到。在低于吸附质气体的临界温度条件下，气体吸附质是以接近液体状态吸附并充满在孔隙中，把吸附的气体体积量换算成吸附温度下吸附质液体的体积，便得到吸附剂的比孔容积。此时常用氦气或氮气作吸附质。

此外，生产上常用水作吸附质来测定活性炭的比孔容积，并将其称作水容量。水容量越大的活性炭比孔容积就越大。

(2) 孔隙率

孔隙率计算公式见式(11-5)。

### 11.5.5.3 孔径分布

孔径分布表示随着孔隙尺寸大小变化的孔容积分布状况，是掌握活性炭孔隙结构的最佳手段。从孔径分布状况，可以掌握孔隙结构的特点，即哪一类孔隙比较发达。图 11-9 表示一种活性炭的孔径分布。表示孔径分布的方法有孔径分布微分曲线外和孔容积累积曲线表示，如图 11-10 所示。

孔径分布的测定方法有压汞法、吸附法、X-射线小角度散射法、电子显微镜法及分子筛法等。通常，压汞法用于测定孔宽大于 10nm 以上的孔隙；吸附法可以测定孔宽 0.5~30nm 的孔隙；X-射线小角度散射法可以分析孔宽小于 0.5nm 的孔

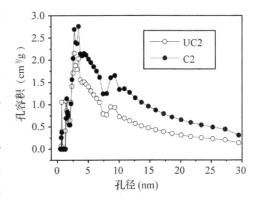

**图 11-9　一种活性炭的孔径分布图**

隙，且可以测试封闭孔隙的情况，但难以测定孔宽大于 90nm 以上的孔隙。由于活性炭的孔径分布范围较广，从孔宽几个埃直至几十纳米，主要包含微孔和尺寸较小的中孔。有时需要综合利用多种方法才能得出活性炭的孔径分布。

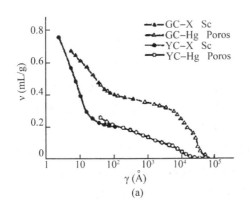
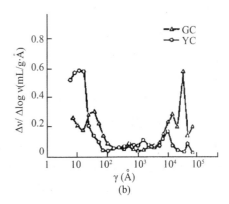

**图 11-10　孔径分布曲线**

(a) 活性炭的孔容积累积分布曲线　(b) 活性炭的微分孔容积分布曲线

GC：水处理用成型颗粒活性炭　　YC：椰子壳不定型颗粒活性炭　　XSc：X-涉嫌小角散射法　　HgPores：压汞法

## 11.6 活性炭的化学结构

### 11.6.1 活性炭的基本化学结构

活性炭、木炭和炭黑等微晶质炭的基本化学结构是，$SP^2$ 杂化的碳原子通过芳构化和芳环稠合，形成六角形碳网平面，并进一步形成类石墨微晶。因此，活性炭的表面总体表现为非极性。同时，由于类石墨微晶端面上的碳原子易于与其他原子结合形成化学键，形成具有不同极性的官能团。因此，这两种结构共同影响活性炭的表面化学性质，并显著影响活性炭的应用性能。

### 11.6.2 元素组成和存在方式

#### 11.6.2.1 元素组成

活性炭含有碳、氧和氢等元素，其中碳元素是活性炭的主要构成元素。以扣除灰分后的总质量为基准计算，通常碳含量在80%以上，氧含量在20%以下，氢含量小于2%。除此以外，活性炭中通常还含有少量的其他金属和非金属元素。其中非金属元素主要包括钙、镁、硅、锰、铁、铝、钾、钠等，非金属元素主要有磷、氮、硫、砷、氯、硼等。

这些少量元素的来源与活性炭的生产原料、生产方法、工艺以及设备有关。活性炭的生产原料是影响活性炭中的少量金属和非金属元素种类和含量的主要因素。它们通常是无机物灰分。木质活性炭灰分含量都较低，一般为2%~5%；煤质活性炭的灰分较高，通常大于5%，有时高达20%以上；一些经提纯或人工合成的高分子原料所制备的活性炭的可以低到0.01%以下。在活性炭的生产方法中，磷酸活化法生产的活性炭中含有质量百分比达2%左右的磷元素，而氯化锌活化法生产出的活性炭具有一定的氯元素含量。生产设备中的一些金属元素有时也会通过溶解或反应进入活性炭产品中，影响其少量元素组成。活性炭的生产工艺中，活化温度越高，碳元素的含量越高，氢和氧元素的含量越低。

#### 11.6.2.2 元素的存在形式

活性炭等微晶质炭的碳原子主要以 $SP^2$ 杂化的形式存在于类石墨微晶以及一些游离的碳网平面中；也有少量的碳原子以 $SP^3$ 杂化形式存在于类石墨微晶周围以及未完全炭化的脂肪族化合物中。金属元素则主要以灰分的形式存在于活性炭中。灰分是在活性炭中的存在方式目前还不是非常清楚。但从活性炭的酸洗和水洗结果来看，灰分中的成分有多种存在状态。

除了灰分以外，活性炭中的其他非碳元素有两种存在方式：一种是与类石墨微晶端面或单层碳网平面边缘上的碳原子结合，形成表面化合物，影响活性炭的表面化学结构与极性。第二种是以杂原子的形态进入类石墨微晶或游离的单个碳网平面的结构之中。据研究，炭中的氧、氢、氮等元素主要是和基本微晶的边缘上的碳原子相结合方式存在。

### 11.6.3 活性炭表面官能团

#### 11.6.3.1 活性炭表面含氧官能团的种类

由于制备活性炭的原料和活化剂通常都含有氧元素，且活性炭在与空气接触时，空气中的氧气易被吸附在活性炭的表面等原因,活性炭表面(包括孔隙表面和颗粒表面)通常都会含有含氧基团。因此,氧是活性炭等炭材料中除碳元素外最常见的元素,活性炭的表面化学结构是以表面含氧官能团为主要特征。有关炭的表面化学结构一直是炭材料研究的主要内容之一,已有半个多世纪的研究历史。活性炭表面含氧官能团的研究是理解其他元素表面官能团的基础,所以本节主要介绍含氧表面官能团。

长期的研究已经表明,活性炭等微晶质炭的表面主要存在两类表面含氧官能团,即酸性含氧官能团和碱性含氧官能团。酸性表面含氧官能团的结构模型如图 11-11 所示,它主要包括 4 类:羧基、内酯基、酚羟基和羰基。在图 11-11 中,$I_a$ 表示加热至 200℃ 能够从微晶质炭表面除去的羧基,它仅存在于 150~200℃ 氧化过的试样中;$I_b$ 表示加热到 325℃ 以上能够除去的羧基;Ⅱ 表示呈内酯型存在的羟基;Ⅲ 是酚羟基;Ⅳ 表示能与羧基Ⅱ反应生成内酯或邻位羟基内醚的醌基或羰基。

目前,微晶质炭表面存在的碱性表面含氧官能团的了解还较少。一些研究认为,活性炭的碱性表面含氧官能团主要是吡喃酮、苯并吡喃类等含氧官能团所引起,其结构如图 11-12 所示,它们是弱碱,可以进行水解。

活性炭等微晶质炭表面的含氧官能团在水溶液中可以通过电离、水解等作用,影响活性炭在水悬浮液中的酸碱性。酸性表面含氧官能团是活性炭的水悬浮液呈酸性,碱性含氧官能

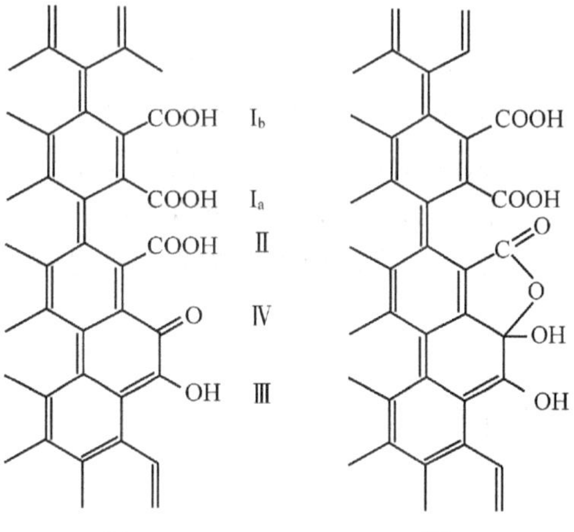

**图 11-11 微晶质炭表面酸性含氧官能团种类**

(a)敞开型 (b)内酯型

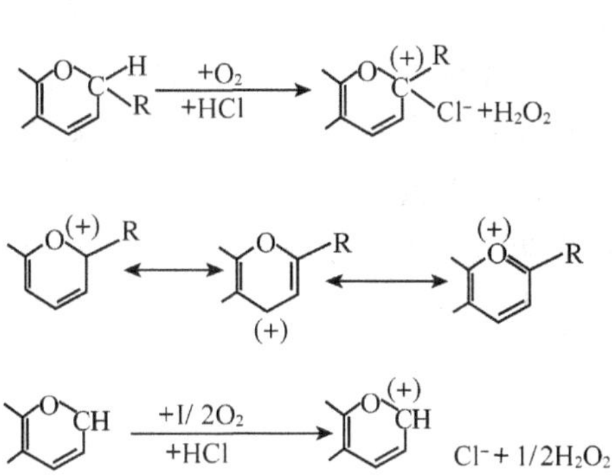

**图 11-12 微晶质炭表面碱性含氧官能团**

团则使其呈碱性。在不同温度下的热处理可以使这些含氧官能团去除，从而改变活性炭等微晶质炭的表面化学性质。例如，通过400℃的热处理，羧基和内酯基基本能够去除；通过800℃的热处理，酚羟基能够基本去除；而羰基以及碱性基团则需要1000℃的热处理。

#### 11.6.3.2 表面含氧官能团的分析

在早期，活性炭表面含氧官能团的分析方法主要采用化学反应法，即根据官能团与具有特定的有机官能团的化学试剂进行反应，从而推断表面含氧官能团的种类和含量。例如，羧基可以与重氮甲烷、醇、氯乙酰、亚硫酰二氯等反应；酚羟基可以与对硝基氯化苯甲酰、2,4-二硝基氟代苯等反应；羰基能与乙醇盐反应后再与羟胺反应生成等。由于该方法较为繁琐，且表征方法的重现性较差，因此，该方法已较少使用。

目前应用最为广泛的是 Boehm 滴定分析方法，该方法的基本原理是根据活性炭表面含氧官能团酸性强弱的不同，分别采用不同强度的碱性试剂进行滴定。采用的碱试剂分别为乙醇钠、氢氧化钠、碳酸钠和碳酸氢钠，其中①与碳酸氢钠进行中和反应的官能团是 Ⅰ（$Ⅰ_a$ + $Ⅰ_b$）；②与碳酸钠能进行中和反应的官能团是 Ⅰ + Ⅱ；③与氢氧化钠能进行中和反应的官能团是 Ⅰ + Ⅱ + Ⅲ；④与乙醇钠能进行中和反应的官能团是 Ⅰ + Ⅱ + Ⅲ + Ⅳ。最后通过差法计算得到不同酸性官能团的含量。碱性含氧官能团的含量则通常采用盐酸滴定的方法进行。该方法简单，准确度较高。

目前，大量的仪器也已应用于活性炭等炭表面官能团的分析和表征。主要的方法和仪器有红外光谱法、X-射线光电子能谱法、程序升温脱附法。这些方法各有优缺点，有的主要用于官能团种类的定性表征，但定量分析结果较差；有的主要用于不同官能团的定量分析，如程序升温脱附法。对于活性炭等微晶质炭的表面含氧官能团的表征与分析，需要结合多种方法才能得到较为准确的结论。有关它们在活性炭等微晶质炭表面官能团表征与分析方面的应用，可以参考相关文献。

## 11.7 活性炭的吸附性能

### 11.7.1 吸附

活性炭的孔隙结构发达、比表面积大、吸附能力强，因此是一种广泛使用的吸附剂。

吸附是一种表面现象。当两相接触时，两相的表面之间会形成一个不同于体相的区域，即界面。界面与体相最显著的差异是两相物质的浓度不同于体相，其中物质浓度增加的现象称为正吸附，反之称为负吸附。在发生吸附所涉及的两相中，能将其他物质聚集到自己表面上的相物质为吸附剂，被聚集在吸附剂表面上的相物质为吸附质。吸附在吸附剂表面上的物质脱离吸附剂表面的过程叫做脱附或解吸。

活性炭是固体，因此，活性炭可以和气相或液相形成固—气和固—液界面，即可以发生液相吸附和气相吸附。活性炭发生吸附作用的部位，是孔隙的表面以及孔隙内的空间。通常用单位质量的活性炭所吸附的气体成分或者溶质的量来表示吸附量。吸附量受温度、压力（或浓度）等因素的影响。

## 11.7.2 吸附的作用力和吸附热

### 11.7.2.1 吸附的作用力

(1) 范德华力

由分子之间的作用力所引起的吸附称为物理吸附。分子之间的范德华引力包括色散力、诱导力和取向力三部分组成。

物理吸附是一种可逆吸附。在发生物理吸附的过程中，吸附质与吸附剂表面之间不发生化学反应，因此，通过改变吸附条件，容易实现吸附质在吸附剂表面的吸附与脱附，达到物质分离的目的。物理吸附是一个放热过程。

活性炭是一种非极性吸附剂，通常以物理吸附为主。工业上，利用物理吸附的可逆性，活性炭可以应用于有机溶剂回收以及许多气相吸附分离等应用领域。

(2) 化学键力

由吸附剂与吸附质之间的化学键力所引起的吸附称为化学吸附。在发生化学吸附的过程中，吸附质与吸附剂表面的离子或原子之间形成了新的化学键，从而使吸附质分子吸附在吸附剂表面。由于化学键力的作用力大，因此化学吸附非常稳定，吸附与脱附不可逆，通常需要显著提高温度，才能实现化学吸附的脱附。而且脱附后，吸附剂的表面不能恢复到原来的状态，吸附质也可能发生了化学变化，产生了新的产物。

化学吸附具有很强的选择性。化学吸附的发生取决于吸附剂的表面化学性质以及吸附温度。活性炭中类石墨微晶的缺陷以及表面官能团是引起活性炭发生化学性质的主要原因。在高温下，活性炭容易发生化学吸附。例如，活性炭对氧气吸附的初期，发生的是化学吸附。氧分子与活性炭表面发生化学反应，生成羰基、羧酐等表面含氧官能团。脱附时，它们不是以氧气分子的形态，而是以一氧化碳、二氧化碳之类的气体形态从活性炭上脱离；同时，活性炭的表面也无法恢复到吸附以前的状态。

在发生化学吸附的过程中，往往同时发生物理吸附。活性炭吸附水溶液中的金属离子或有机化合物时，通常在开始吸附阶段会发生少量的化学吸附，然后再进行物理吸附；而且随着吸附温度的升高，化学吸附发生的比例增大。吸附温度是影响物理吸附与化学吸附的主要因素。例如，在-195℃下，活性炭所吸附的氧大部分属于物理吸附；此后随着温度的提高，对氧气的化学吸附量增加，并在350℃左右达到最大值。

物理吸附与化学吸附的主要特点见表 11-14。

表 11-14 物理吸附与化学吸附的主要特征

| 项 目 | 物理吸附 | 化学吸附 |
| --- | --- | --- |
| 吸附的作用力 | 分子间引力 | 化学键力 |
| 吸附热 | 较小，约 10kJ/mol | 较大，几十至一百多 kJ/mol |
| 吸附层状态 | 单分子层或多分子层 | 仅能形成单分子层 |
| 温度对吸附的影响 | 低温有利于吸附；温度比吸附质沸点高得多时不发生吸附 | 高温有利于吸附；温度比吸附质沸点高得多时能发生吸附 |
| 吸附速度 | 快 | 较慢 |
| 吸附的选择性 | 小 | 大 |
| 吸附的可逆性 | 可逆 | 绝大多数不可逆 |
| 脱附状态 | 容易脱附；脱附后吸附质的性质不变 | 难脱附，脱附后吸附质的性质发生了变化 |

### 11.7.2.2 吸附热

吸附通常是放热过程,脱附是吸热过程。伴随着吸附所产生的热量叫做吸附热。吸附热数值的大小直接反映了吸附剂与吸附质两者之间作用力的大小,是辨别吸附过程中物理吸附与化学吸附机理的主要依据,也是吸附分离技术中工程工艺设计的基础数据。

吸附热有两种表示方法:积分吸附热和微分吸附热。积分吸附热表示吸附剂开始吸附到某一吸附平衡状态所放出的热量总和。从微观来说,它是表示吸附质分子或离子吸附在吸附剂表面时,所覆盖的吸附剂表面积对应的吸附热。微分吸附热表示在吸附过程中某一瞬间(或某一吸附剂表面覆盖度)所放出的热量。它反映了吸附过程中吸附热大小的变化过程。通过分析微分吸附热,可以了解吸附剂表面不均匀性状态,这是掌握吸附剂表面结构的重要热力学参数。

物理吸附的吸附热通常低于 50 kJ/mol,而化学吸附的吸附热则显著高于物理吸附热,有时高达 200~500 kJ/mol。活性炭吸附一些气态物质所产生的吸附热,在发生物理吸附的情况下,其积分吸附热大约是吸附质气体的气化潜热的 2 倍,见表 11-15。

**表 11-15　一些气态物质吸附在活性炭上的积分吸附热**

| 吸附质 | 积分吸附热(吸附温度)<br>(kJ/mol) | 汽化潜热<br>(kJ/mol) |
| --- | --- | --- |
| $CH_4$ | 19.2(20℃) | — |
| $C_2H_6$ | 31.5(20℃) | — |
| $C_3H_8$ | 40.78(20℃) | — |
| $C_4H_{10}$ | 48.37(20℃) | — |
| $C_2H_4$ | 28.94(20℃) | — |
| $CO_2$ | 30.86(20℃) | — |
| $CS_2$ | 53.38(25℃) | 28.60 |
| $CH_3OH$ | 57.13(25℃) | 39.06 |
| $CHCl_3$ | 62.55(25℃) | — |
| $CCl_4$ | 70.47(25℃) | 33.49 |
| $(C_2H_5)_2O$ | 61.30(25℃) | 28.89 |
| $C_6H_6$ | 67.14(25℃) | 32.70 |
| $C_2H_4$ | 28.94(25℃) | — |
| $C_3H_7OH$ | 68.39 | — |
| $C_2H_5Br$ | 57.96 | 28.68 |
| $C_2H_5I$ | 58.38 | 32.70 |
| $CH_4$ | 18.77 | — |

### 11.7.3 吸附等温线

#### 11.7.3.1 吸附曲线

在一个吸附体系中,根据热力学原理,吸附剂的平衡吸附量可以表示为:

$$W = f(P, T, X, Y_1, Y_2, \cdots) \tag{11-7}$$

式中　$W$——平衡吸附量;

$P$——达到吸附平衡时的相对压力(气相吸附)或平衡浓度(液相吸附);

$T$——吸附温度；

$X$——吸附剂的特性；

$Y_1$，$Y_2$，……——表示吸附质1，2，……。

当吸附剂和吸附质都确定的吸附体系中，如活性炭作为吸附剂，则上述公式可以表示为：

$$W = f(P, T) \quad 或 \quad W = f(C, T)$$

通常把表示平衡吸附量、温度、相对压力或者平衡浓度之间关系的曲线叫做吸附曲线。根据测定吸附曲线的条件，把吸附曲线分为3类：吸附等温线、吸附等压线和吸附等量线。吸附等温线是表示在一定温度下，平衡吸附量与吸附质的平衡压力（或浓度）之间关系的曲线；吸附等压线是表示在一定压力下，平衡吸附量与吸附温度之间的关系曲线；吸附等量线是表示当平衡吸附量固定不变时，吸附质的相对压力或浓度与吸附温度之间的关系曲线。由于在实际的分析测定过程中，吸附等温线的测定较容易实现，且运用吸附等温线可以计算分析吸附剂的比表面积、比孔容积、孔径分布和吸附热等孔隙结构参数，了解吸附剂与吸附质的作用力大小。因此，吸附等温线是吸附曲线的研究和学习的主要内容。

### 11.7.3.2 吸附等温线

在恒定的温度下，吸附剂的吸附量与平衡相对压力或浓度的变化曲线，随吸附剂与吸附质封闭体系的不同而不同。也就是说，吸附等温线的形状和特征体现了吸附剂以及吸附质的性质与特性。因此，吸附等温线是表征吸附剂的性能和分析吸附机理的主要方法和依据。

根据大量的吸附剂与吸附质体系所测试的吸附等温线，在20世纪80年代初期，科学家按照吸附等温线的形状把吸附等温线大致分为A，B，C，D，E 5种类型，如图11-13所示。A类为直线型，称Henry型；B类兰格缪尔（Langmuir）型；C为弗来因德利希（Freundlich）型；D型为BET（Brunauer-Emmet-Teller）型；E型为阶梯型吸附等温线。每一种类型的吸附等温线所反映的吸附剂与吸附质体系不同，取决于吸附剂的孔隙结构、表面性质、吸附质的性质等因素。目前，根据吸附等温线的形状分析

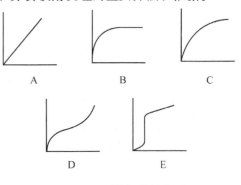

**图11-13 吸附等温线的类型**

吸附体系与过程，已成为吸附基础与应用领域的一种非常重要的分支，内容丰富。如有兴趣，可以参考相关专业书籍进行了解。

## 11.7.4 吸附等温线方程

每一种吸附等温线类型通常用一种吸附等温线方程进行定量描述。这一吸附等温线方程是计算和分析吸附等温线的基础。目前有多种描述吸附等温线的方程式，其中最常用的有弗来因德利希方程、兰格缪尔方程、BET方程3种。前两者适用于化学吸附，也适用于多孔质吸附剂对气体或蒸汽的物理吸附；后者适用于物理吸附。下面将介绍主要和常用的3种吸附等温线方程。

### 11.7.4.1 弗来因德利希方程

该吸附等温线方程是一个经验式。1814年，迪·绍歇尔（De Sausser）在整理试验数据时

就已经使用了该方程。后来，弗来因德利希因经常使用该方程而被广泛的承认。

该方程所代表的吸附等温线的形状如图 11-13 中 C 类所示，即吸附量的增加速率从气相吸附质平衡压力的增加而降低。因此，吸附量与压力的小于 1 大于零的乘方呈正比：

$$V = kP^{\frac{1}{n}} \tag{11-8}$$

式中　$V$——吸附量；
　　　$P$——吸附质气体的压力；
　　　$k$——常数，取决于温度及吸附体系的性质等；
　　　$n$——常数，大于 1。

该方程式可以用于单分子层吸附体系，如平衡压力处于中等压力以下的化学吸附和一些物理吸附中。平衡压力很大时不适用。因为该方程式表示吸附量可以随着平衡压力的增加而无限增加，这实际上是不可能的。它适用于气相吸附，如活性炭对二氧化硫、氯气、三氯化磷及水蒸气的吸附；也适用于液相吸附，如活性炭对水溶液中的醋酸、苯酚、苯磺酸的吸附等。

将式(11-8)转换为对数形式：

$$\lg V = \lg k + \frac{1}{n}\lg P \tag{11-9}$$

即以 $\lg P$ 为横坐标、$\lg V$ 为纵坐标作图即可得到一条直线。该直线在纵坐标上的截距为 $\lg k$ 的数值，斜率为 $1/n$ 的数值。据此可以求出该吸附体系的此方程的常数 $k$ 及 $n$ 的具体数据。

#### 11.7.4.2　兰格缪尔方程

1918 年，兰格缪尔为了解释 B 型吸附等温线提出了该方程。它是通过理论推导出来的第一个吸附等温线方程。推导该方程的理论基础是吸附平衡是一种动态平衡，处于吸附平衡状态时吸附速度与脱附速度相等。该方程的理论假设是：

①吸附剂表面是单分子吸附；

②吸附剂的表面性质相同、均匀一致、无差异；

③吸附在吸附剂表面上的吸附质分子相互之间无作用力，处于吸附状态的吸附质分子从吸附剂表面脱附的几率与其周围是否被吸附质占据无关。

兰格缪尔方程式如下：

$$V = V_m \cdot \frac{kP}{1 + kP} \tag{11-10}$$

式中　$V$——吸附量；
　　　$V_m$——单分子层饱和吸附量；
　　　$P$——吸附质气体的压力；
　　　$k$——常数，取决于温度及吸附体系的性质，与吸附热有关。

当吸附质气体压力很小时，式中 $kP$ 值远小于 1，则 $1 + kp \approx 1$，式(11-10)变为下式：

$$V = V_m \cdot kP \tag{11-11}$$

式(11-11)表示吸附量与吸附质气体的压力呈正比，即吸附等温线在低压段是一条直线，符合亨利型吸附等温线的形状(图 11-13 的 A 类)。

相反，当吸附质气体的压力很大时，则 $kP$ 远远大于 1，$(1 + kP) \approx kP$，式(11-10)可以简

化成式(11-12):

$$V = V_m \tag{11-12}$$

此时表示吸附量达到单分子层饱和吸附量以后，不再受压力的影响，即吸附等温线在高压段变成与横坐标平行的一条直线。

式(11-10)还可以改写成(11-13):

$$\frac{P}{V} = \frac{1}{V_m \cdot k} + \frac{P}{V_m} \tag{11-13}$$

即以 $P/V$ 为纵坐标、$P$ 为横坐标作图，如能得到一条直线，则表示兰格缪尔方程适用于该吸附体系。并且，由直线斜率等于 $1/V_m$ 及直线在纵坐标上的截距等于 $1/(V_m \cdot k)$ 的关系，可以求出符合该吸附体系的常数 $V_m$ 和 $k$ 的数值。

兰格缪尔吸附等温线方程适用于化学吸附、微孔型吸附剂对蒸气气体的物理吸附，以及吸附剂在液相吸附场合吸附的某些情形。

### 11.7.4.3 BET 方程

1938 年，布鲁瑙尔(Brunauer)、爱梅特(Emmett)和泰勒(Teller)在兰格缪尔的吸附理论假设和方程的基础上，提出并推导了适用于多分子层吸附理论的 BET 方程。该理论认为，吸附剂表面吸附了一层吸附质分子以后，由于吸附质分子之间存在着范德华力因而能继续吸附，结果在吸附剂表面形成了多层的吸附质分子。吸附剂表面吸附的第一层吸附质分子，依靠的是吸附剂与吸附质之间的吸附力；而第二层以后，则依靠吸附质分子之间的范德华力进行吸附。因此，第一层与以后各层的吸附热也不同；第二层以后各层的吸附热彼此都相同，接近于吸附质的液化热。吸附量等于各层吸附量的总和；吸附达到平衡以后，各吸附层都处于动态平衡状态。即存在下列 BET 方程：

$$V = V_m \cdot \frac{CP}{(P - P_o)[1 + (C-1)\frac{P}{P_o}]} \tag{11-14}$$

式中 $V$——吸附量；

$V_m$——第一层饱和吸附量(即单分子层饱和吸附量)；

$P$——吸附质气体的压力；

$P_o$——试验温度下吸附质气体的饱和蒸汽压；

$C$——与吸附热有关的常数。

常数 $C$ 有下式计算：

$$C = A\mathrm{e}^{(E_1-E_2)/RT} \tag{11-15}$$

式中 $A$——常数；

$E_1$——第一层的平均吸附热；

$E_2$——吸附质气体的液化热；

$R$——气体常数；

$T$——绝对温度。

式(11-14)可以改写成下式：

$$\frac{P}{V(P_o - P)} = \frac{1}{V_m C} + \frac{C-1}{V_m C} \cdot \frac{P}{P_o} \tag{11-16}$$

在测定一系列的 $P$、$V$ 值以后，以 $P/V(P_o - P)$ 为纵坐标、$P/P_o$ 为横坐标作图，如能得到一条直线，则表示 BET 方程适用于该吸附体系。并且，由直线的斜率等于 $(C-1)/V_m C$ 及直线在纵坐标上的截距等于 $1/(V_m C)$，按下式求出 $V_m$ 值以后，再求出常数 $C$ 值。

$$V_m = \frac{1}{\text{截距} + \text{斜率}} \tag{11-17}$$

通常，应用在液氮温度下吸附剂的氮气吸附等温线，用 BET 方程计算活性炭的比表面积。方法是按上述方法测定出活性炭试样对氮气的单分子层饱和吸附量 $V_m$ 数值以后，按下式计算比表面积：

$$S = \frac{V_m \cdot N \cdot A_m}{22400 \cdot G} \tag{11-18}$$

式中　$S$——试样的比表面积($m^2/g$)；
　　　$V_m$——试样被一层氮气分子完全覆盖时所需氮气的体积(标准状况下)(mL)；
　　　$N$——阿伏伽德罗常数($6.023 \times 10^{23}$)；
　　　$A_m$——吸附质分子的截面积(液氮温度下氮气分子的截面积为 $0.162 nm^2$)($m^2$)；
　　　$G$——试样的质量(g)；
　　　22400——标准状况下 1mol 气体的体积(mL)。

式(11-16)所示的 BET 方程适用于物理吸附与多分子层吸附，特别是非常适用于无孔或大孔表面的吸附体系。但在微孔质吸附剂上的应用存在一些问题。例如，对于表面结构非常不均匀的活性炭来说，偏离 BET 理论方程较大。

在吸附等温线上，相对压力处于 0.05~0.35 时，吸附等温线经常是线性的。压力低于该范围时，由于出现吸附剂表面能量的不均匀性，BET 方程不适用；压力高于该范围时，由于物理吸附与毛细凝聚相结合，导致 BET 理论中关于除了第一层以外的其余各层吸附热的假设不能实现，因此也不适用。

## 11.8　活性炭吸附的特点与影响因素

### 11.8.1　活性炭吸附剂的特点

工业吸附剂种类较多，除活性炭外，还包括硅胶、沸石、活性白土、膨润土和吸附树脂等。这些多孔性材料的孔隙结构与表面化学性质是决定吸附剂吸附能力和吸附特点的基础，掌握吸附剂的主要特点是正确选择吸附剂和制定合适吸附工艺的主要依据。活性炭吸附剂具有以下主要特点。

(1) 非极性与疏水性

由于活性炭孔隙的孔壁主要是组成类石墨微晶的六角形碳网平面，因此，总体上活性炭孔隙表面表现为非极性，在与溶液接触过程中表现出疏水性。根据相似极性易相吸附的原理，可以判断活性炭适于吸附非极性物质，对极性物质的吸附能力较差。在实际应用过程中，活性炭表现为易于选择性吸附气体中的有机成分以及水溶液中的有机物质，但对水溶液中的大多数金属离子，以及有机溶剂中的水分、无机或其他有机成分的选择性吸附能力较差。这是活性炭能够广泛应用于废水处理和净化，以及废气处理的主要原因之一。

然而，在活性炭孔隙表面的局部区域，由于存在一些表面的极性官能团，导致活性炭的局部区域呈现出极性，从而表现出对有些极性成分的较强吸附能力。例如，通过硝酸等氧化剂的氧化，可以提高活性炭对水溶液中铅和铁等重金属离子的吸附能力。这为拓宽活性炭的应用领域提供了理论与技术基础。但表面极性官能团在活性炭孔隙表面所占的比例不大，难以改变活性炭整体的疏水性质。

(2) 比表面积大、微孔发达

与活性白土、硅胶以及吸附树脂等吸附剂相比，活性炭孔隙结构的显著特点之一是比表面积大，通常在 $1000m^2/g$ 以上，吸附量大；而其他许多吸附剂的比表面积通常每克几百平方米，见表 11-16。

表 11-16 几种吸附剂的主要性质

| 性 质 | 吸附剂 | | | |
| --- | --- | --- | --- | --- |
| | 颗粒活性炭 | 硅胶 | 矾土 | 粒状活性白土 |
| 真密度($g/cm^3$) | 2.0~2.2 | 2.2~2.3 | 3.0~2.6 | 2.4~2.6 |
| 颗粒密度($g/cm^3$) | 0.6~1.0 | 0.8~1.3 | 0.9~1.9 | 0.8~1.2 |
| 充填密度($g/cm^3$) | 0.35~0.6 | 0.50~0.85 | 0.5~1.0 | 0.45~0.55 |
| 孔隙率(%) | 33~45 | 40~45 | 40~45 | 40~45 |
| 比孔容积($cm^3/g$) | 0.5~1.1 | 0.3~0.8 | 0.3~0.8 | 0.6~0.8 |
| 比表面积($m^2/g$) | 800~1500 | 200~600 | 150~350 | 100~250 |
| 平均孔径(nm) | 1.2~2 | 2~12 | 4~15 | 8~18 |

活性炭孔隙结构的另一个显著特点是其具有发达的微孔，因此，活性炭对低浓度的吸附质具有很强的富集作用，可以使气相或水溶液中的有机成分浓度降低到一个很低的值。这一特点决定活性炭可以广泛应用于废气和废水的深度处理和净化，因此，活性炭可以广泛应用于饮用水以及医药用水的终端处理过程。

(3) 性质稳定、可以再生

除硝酸、高锰酸钾、高氯酸等强氧化剂外，活性炭对其他的酸、碱、有机物等表现出高的化学稳定性，而且能承受较高的温度和压力；不溶于水和有机溶剂。因此，活性炭能够应用大多数的气相和液相使用场合，限制很少。但值得注意的是，活性炭不能应用于含有较多氧化性气体的高温场合。

活性炭与其他许多吸附剂一样，也可以进行再生，采用合适的方法和工艺恢复活性炭的吸附能力，从而实现活性炭的重复利用。

## 11.8.2 活性炭吸附过程的主要影响因素

### 11.8.2.1 气相吸附

在低于气体吸附质临界温度的情况下，气体吸附质吸附到活性炭等富含微孔与中孔的吸附剂内，可以近似理解为气体吸附质的液化过程，气体吸附质在活性炭等吸附剂中以近似液体的形式存在，其密度与液体类似。因此，有利于气体液化的因素也就有利于活性炭对气体的吸附。

(1) 体系的温度和压力

对于物理吸附来说，显然提高吸附温度和降低压力，都不利于活性炭对气体的吸附，因为它们不利于气体的液化；相反，降低温度和提高体系压力则有利于活性炭对气体的吸附。在不可逆的化学吸附中，在一定的温度范围内，提高温度有利于活性炭的吸附；且通常提高体系压力也有利于化学吸附。表 11-17 列出 4 种常规活性炭在不同温度下对苯和甲苯的吸附率。

表 11-17　不同温度下活性炭对苯、甲苯蒸汽的吸附能力

| 吸附质 | 吸附温度(℃) | 吸附率(重量%) | | | |
|---|---|---|---|---|---|
| | | AC-11 | AC-12 | AC-21 | AC-32 |
| 苯 | 20 | 37.58 | 58.25 | 38.65 | 22.75 |
| | 25 | 36.93 | 58.18 | 37.12 | 22.01 |
| | 30 | 36.78 | 58.01 | 36.59 | 21.33 |
| 甲苯 | 20 | 37.32 | 61.08 | 37.82 | 21.05 |
| | 25 | 36.09 | 60.85 | 37.40 | 20.50 |
| | 30 | 34.91 | 60.11 | 37.32 | 20.39 |

(2) 吸附质的沸点和临界温度

在一定的吸附条件下，沸点越低的吸附质越容易被液化，越有利于活性炭的吸附。同样，对于临界温度越高的吸附质，则在活性炭吸附过程中越容易被液化，因此越容易被活性炭所吸附。当吸附温度高于吸附质的临界温度时，在吸附过程中，吸附质不可能被液化，活性炭对它们的物理吸附能力就很弱。因此，在常温下，活性炭对氮气、氢气、氧气、一氧化碳等气体的物理吸附能力很弱。表 11-18 列出了一些气体吸附质的临界温度与在活性炭上的吸附量。

表 11-18　气体的沸点和临界温度对活性炭吸附的影响

| 气体名称 | 吸附量(15℃)(cm³/g) | 沸点(℃) | 临界温度(℃) | 相对分子质量 |
|---|---|---|---|---|
| 光气 | 440 | 8.3 | 182.0 | 98.9 |
| 二氧化硫 | 380 | −10.0 | 157.5 | 64.0 |
| 氯化甲烷 | 277 | −24.1 | 143.1 | 50.5 |
| 氨气 | 181 | −33.3 | 132.3 | 17.0 |
| 硫化氢 | 99 | −61.8 | 100.4 | 34.0 |
| 氯化氢 | 72 | −83.7 | 51.4 | 36.5 |
| 一氧化氮 | 54 | −88.7 | 36.5 | 44.0 |
| 乙炔 | 49 | −83.3 | 36.0 | 26.0 |
| 二氧化碳 | 48 | −78.5 | 31.0 | 44.0 |
| 甲烷 | 16 | −161.5 | −82.1 | 16.0 |
| 一氧化碳 | 9 | −192.0 | −140.0 | 28.0 |
| 氧气 | 8 | −183.0 | −118.4 | 32.0 |
| 氮气 | 8 | −195.8 | −147.0 | 28.8 |
| 氢气 | 5 | −252.8 | −239.9 | 2.0 |

(3) 吸附质气体的相对压力

吸附质气体的相对压力越大，相当于吸附质浓度越高，则活性炭对该气体吸附质的吸附量就越大。值得注意的是，吸附质的相对压力与吸附体系的压力是影响活性炭等吸附剂吸附的两个不同因素，不能混淆。

(4) 吸附质分子的尺寸大小

由于活性炭的吸附场所是孔隙，因此孔隙对吸附质分子具有分子筛效应，即活性炭孔隙大小对吸附质分子具有选择性，只有当吸附质分子能够进入活性炭的孔隙时，活性炭才表现出对某种吸附质表现出明显的吸附作用。吸附温度越高，吸附质分子的动力学尺寸越大，需要更大尺寸的孔隙才能产生有效吸附。由此可以看出，活性炭的孔隙结构是影响活性炭吸附

能力的主要结构因素之一。

表征吸附剂吸附量通常是以单位质量吸附剂所吸附的吸附质的质量或物质的量表是。这两种不同的表示方法有时会引起吸附量大小的顺序发生变化。例如，某种活性炭对四氯化碳和三氯甲烷的吸附量，以克为单位表示时，前者比后者大；而用物质的量的单位摩尔表示时，两者却几乎相等。尤其是比较同族化合物的吸附量时，在通常情况下，活性炭对同族化合物的质量吸附量随相对分子质量的增大而增加，但以物质的量表示时，却相反。

(5) 多种气体吸附质共存

当多种气体吸附质共存时，不同的吸附质分子之间发生竞争吸附。容易理解，多种气体吸附质共存的情况下，活性炭对其中任何一种吸附质的吸附量会小于该吸附质单独存在时的吸附量。这种竞争吸附速率的快慢取决于各种吸附质在吸附剂中的热力学和动力学因素。

在实际吸附体系中，碰到的往往是混合气体，当活性炭对其中的某一组分的吸附量很小时，共存气体的吸附便可以忽略不计。如常温下用活性炭吸附回收空气中的溶剂时，便可与忽略对空气的吸附量。

### 11.8.2.2 液相吸附

液相吸附比气相吸附复杂得多，其原因主要是：①液相吸附不仅涉及吸附剂与吸附质的作用，而且还涉及吸附剂与溶剂的作用，以及溶质与溶剂的作用；②溶剂与溶质在吸附剂中将发生竞争吸附，影响吸附剂对溶质的吸附能力；③在溶液中，溶质还与溶剂会产生溶剂化效应，导致溶质分子尺寸大小发生变化，以及溶质分子发生电离等现象。因此，包括活性炭在内的吸附剂在溶液中的吸附，不仅与吸附质种类、吸附剂的特征有关，而且还与溶质分子的溶剂化效应密切相关。

(1) 吸附质(溶质)分子的大小与极性

与气相吸附类似，吸附剂的孔隙对于液相中的分子同样具有分子筛效应，因此，对于某一吸附剂，吸附质分子尺寸大小是影响其吸附量的主要原因。

正如前所述，活性炭的表面总体上表现为疏水性，因此，极性越低的吸附质分子越有利于活性炭的吸附。同样可以理解，对于极性较强的吸附剂，有利于吸附极性较强的吸附质。由于活性炭表面的极性官能团能增加活性炭的极性吸附点，因此，含有不同极性表面官能团种类和数量的活性炭在液相吸附中具有不同的吸附量。

(2) 吸附质的溶剂化效应

吸附质在溶剂中的效应首先表现为一定的溶解度。溶质在溶剂中的溶解度越大，则意味着溶质与溶剂的作用力越强，活性炭等吸附剂对溶质的吸附能力就越弱；相反，则越有利于吸附剂的吸附。例如，改变溶剂种类，提高溶质在溶剂中的溶解度，则不利于吸附剂的吸附。从这一点来看，活性炭在溶液中吸附溶质可以看作溶质在溶剂中溶解的相反过程。

表 11-19 中列示了当平衡浓度为 0.1mmol/L 时，活性炭对溶解在水中和乙醇中的 3 种有机化合物的吸附量。

当然，对于化学吸附来说，上述规律不一定成立。例如，极易溶解于水的氯醋酸，活性炭仍能表现出较强的吸附能力，这可能是发生了化学吸附的缘故。

溶质在溶剂中的另一个效应表现溶质的电离。弱电解质和强电解质溶质在水溶剂中发生电离作用，形成相应的离子。由于活性炭是一种疏水性的吸附剂，因此，溶质的电离作用越强，则活性炭对溶质的吸附能力就越弱；相反，则越强。

表 11-19　溶剂种类对吸附的影响

| 活性炭样品 | 吸附量(mmol/g) | | | | | |
|---|---|---|---|---|---|---|
| | 亚甲基蓝 | | 孔雀绿 | | 茜素红 | |
| | 水溶液 | 乙醇溶液 | 水溶液 | 乙醇溶液 | 水溶液 | 乙醇溶液 |
| A | 0.84 | 0.26 | 1.07 | 0.11 | 1.25 | 0.35 |
| B | 0.70 | 0.15 | 0.74 | 0.03 | 1.00 | 0.43 |
| C | 0.37 | 0.07 | 0.45 | 0.02 | 0.62 | 0.14 |
| D | 0.30 | 0.08 | 0.34 | 0.01 | 0.45 | 0.17 |
| E | 0.44 | 0.12 | 0.19 | 0.02 | 0.39 | 0.12 |
| F | 0.73 | 0.07 | 1.10 | 0.05 | 0.95 | 0.24 |

(3) 溶液的温度和 pH 值

溶液温度，即吸附温度，不仅影响吸附质在溶液中的溶解度，而且会影响吸附质在溶剂中的存在状态，如弱电解质吸附质的电离程度。因此，与气相吸附相比，吸附温度对活性炭的液相吸附要复杂得多，相关研究很多，不同的吸附体系表现出不同变化规律。

水溶液的 pH 值会显著影响溶质分子的存在状态。例如，苯酚在碱性条件下，以苯酚阴离子的形式存在，在酸性条件下则主要以苯酚分子的形式存在，以疏水性为主要表面特征的活性炭有利于吸附苯酚分子，而不利于离子形式的苯酚溶质。溶液的 pH 值对于活性炭吸附溶液中的弱电解质吸附质有非常显著的影响，其影响机理也较复杂，可参考相关文献了解。

(4) 共存的混合吸附质

活性炭对多种吸附质共存的混合溶液的吸附，情况比较复杂，需要谨慎对待。通常，在一种吸附质单独构成的纯溶液中易于吸附的物质，在混合溶液中往往也能优先吸附，但也有例外。

某些吸附质能够改变其他特定吸附质在混合溶液中的溶解状态，从而对其吸附性能产生影响。这是导致混合溶液中各种吸附质的吸附性能发生变化的原因之一。例如，碘化钾能增加碘在水中的溶解度，使活性炭对碘的吸附能力减少。氯化钠能减少脂肪酸在水中的溶解度，使其吸附量增加等。

## 11.9　活性炭的主要性能指标

为了能够全面掌握一个产品和材料的应用性能，需要制定有效的质量指标来评价该产品和材料的应用性能和等级，使生产和应用之间很好地衔接起来。活性炭是一种应用非常广泛的产品，应用于不同场合的活性炭的质量指标具有较大差异。对于一种化工产品来说，其质量指标体系通常需要包括化学组成、物理性能和化学性质。活性炭的质量指标体系见表 11-20，具体一种活性炭的质量指标内容要根据应用要求选择其中部分指标进行规定。

目前，我国已建立了较为完整的活性炭质量指标体系，大部分活性炭质量指标测试方法已有国家标准或行业标准。这些标准中所测试的项目和方法又依木质炭和煤质炭而有所不同。世界上，主要有美国、德国、日本等国家的检测标准以及方法，有的存在一定的差异，在实际使用过程中需要注意。活性炭的质量指标体系随着活性炭应用领域的不断扩大，也是不断发展变化的。

表 11-20 活性炭的质量指标体系

| 性　能 | 指标项目 |
|---|---|
| 物理性能 | 颗粒大小与分布<br>密度：堆积、表观、真实密度<br>强度：摩擦强度、研磨强度<br>流体层阻力<br>电导率 |
| 化学组成 | 含水率<br>灰分<br>挥发分<br>酸溶物，醇溶物<br>铁，铅等金属离子含量，砷、氯、硫酸根、磷酸根、硫等阴离子含量<br>表面官能团的含量 |
| 化学性质 | pH 值<br>着火点 |
| 吸附性能 | 气相吸附：常用四氯化碳、苯蒸气、丁烷等吸附质的吸附量表征<br>液相吸附：常用碘、亚甲基蓝、焦糖、糖蜜、苯酚、醋酸、ABS 值等吸附质的吸附能力来表示<br>穿透曲线：表示活性炭的动态吸附能力 |
| 孔隙结构 | 比表面积、比孔容积、孔径分布 |

## 思考题

1. 说明活性炭的微观组织结构和类石墨微晶结构的特点。
2. 说明活性炭的孔隙大小及分类，不同类型孔隙在吸附过程中的作用和吸附机理。
3. 说明活性炭表面的主要含氧官能团种类，分析氧化剂能改变活性炭的表面化学性质的原因。
4. 请解释活性炭具有很强吸附能力的原因，以及活性炭作为吸附剂的主要特点。
5. 说明吸附等温线的主要类型以及服从的吸附等温线方程。
6. 分析活性炭吸附与活性炭的结构之间的关系。
7. 说明利用吸附等温线计算吸附剂的比表面积的方法与步骤，并分析用不同的吸附质测试同一种活性炭的比表面积时会得到不同大小的比表面积的原因。

## 参考文献

安鑫南, 2002. 林产化学工艺学[M]. 北京：中国林业出版社.
高尚愚译, 1984. 活性炭的基础与应用[M]. 北京：中国林业出版社.
Iijima S, 1991. Helical microtubules of graphitic carbon[J]. Nature, 354(6348): 56-58.
Zhibin Yang, Jing Ren, Zhitao Zhang, et al., 2015. Recent Advancement of Nanostructured Carbon for Energy Applications[J]. Chemical Reviews, 115(11): 5159-5223.
Norio Iwashita and Michio Inagaki, 1993. Relations between Structural Parameters Obtained by X-ray Powder Diffraction of Various Carbon materials[J]. Carbon, 31(7): 1107-1113.
Hernandez J G, Hernandez-Calderon I, Luengo C A, 1982. Microscopic Structure and Electrical Properties of Heat treated Coals and Eucalyptus Charcoal[J]. Carbon, 20(2): 201-205.
Lewis I C, 1982. Chemistry of Carbonization[J]. Carbon, 20(6): 519-529.

Ishizaki C, Marti I, 1981. Surface Oxide Structures on A Commercial Activated Carbon[J]. Carbon, 19(6): 409-412.

Fawape, Toseph Adeola, 1996. Effects of Carbonization Temperature on Charcoal from Tropical Tree[J]. BioresoureTechnolog, 57(1): 91-94.

Ralph T. Yang, 2003. Adsorbents: Fundamentals and Applications[M]. New Jersey: John Wiley & Sons, Inc.

# 第12章 活性炭生产方法与工艺设备

**【本章提要与要求】** 主要介绍生产活性炭的活化方法:气体活化法、化学药品活化法的活化原理以及各类活化方法的影响因素;气体活化法生产不定型颗粒活性炭、成型活性炭与粉状活性炭的生产工艺流程与以斯列普炉为主要类型的活化设备;氯化锌活化法和磷酸活化法生产粉状活性炭和成型活性炭的生产原理、工艺流程与主要设备;并简要介绍了以氢氧化钾为代表的制备高比表面积活性炭的碱金属化合物活化法的基本原理和工艺。

要求掌握气体活化法、磷酸活化法和氯化锌活化法的活化原理、主要工艺流程、斯列普炉和转炉等主要气体活化与化学药品活化设备,掌握气体活化法和磷酸活化法等化学药品活化法的主要影响因素;比较了解气体活化法与化学药品活化法的异同,以及碱金属氢氧化物或碳酸盐活化方法的原理与应用。

世界活性炭的工业化生产开始于20世纪初期。在这100年的活性炭生产发展历史过程中,由于活性炭应用范围不断扩大,产品种类不断增多,活性炭的生产技术不断涌现,已经形成了系列的生产方法、生产设备和工艺,成为工业产业中的重要组成部分。我国活性炭的工业化生产始于20世纪50年代,已发展成为世界上活性炭的最大生产国和活性炭用量最大的国家,各种活性炭生产技术在我国都得到应用,部分生产技术水平已经达到国际先进水平。本章是以我国活性炭的生产方法、设备和工艺现状为基础,来介绍活性炭的生产技术。

## 12.1 活性炭的种类、生产原料与方法

### 12.1.1 活性炭的种类

活性炭随着其外观形状、原料种类、制造方法和用途等不同,有各种各样的名称。

按其生产原料可分为木质活性炭、果壳活性炭、煤质活性炭等。

根据制造方法的不同,可分为气体活化法或称物理法活性炭(用高温水蒸气、二氧化碳、烟道气或空气等活化制得)、化学药品活化法或称化学法活性炭(用氯化锌、磷酸、碱金属氢氧化物或其他的化学试剂活化制得)及混合活化法活性炭。

根据形状不同,主要分为粉状活性炭、颗粒活性炭和纤维状活性炭。其中颗粒活性炭为定型和不定型颗粒活性炭,定型颗粒活性炭指具有一定形状的颗粒,目前主要有圆柱形、球形和蜂窝形等,其中以圆柱形最普遍。不定形颗粒活性炭的形状不规则,也叫破碎颗粒活性炭。粒子直径小于0.071mm的活性炭为粉状活性炭;破碎活性炭的粒度通常用范围来表示,如20~40目,表示破碎颗粒活性炭的粒度范围为20至40目;成型颗粒活性炭的粒度直径主要有1.0mm、1.5mm、2.0mm、2.5mm、3.0mm、4.0mm等各种规格。

根据用途,可大致分为气相吸附活性炭、液相吸附活性炭、催化剂及催化剂载体活性炭。

在每一类中，又可根据其应用的具体对象不同，进一步细分，如液相吸附活性炭中有脱色用活性炭、脱臭用活性炭和水处理活性炭等。按活性炭的机能可分为高比表面积活性炭、分子筛活性炭、添载活性炭、生物活性炭等。

随着对活性炭结构认识的不断深入、应用领域的不断拓展以及活性炭生产方法的不断发展和创新，以上的分类并不能包括全部的活性炭品种，如目前正在应用于电池和超级电容器用活性炭；在制造方法上正处于研究阶段的铸型法以及具有活性炭相似孔隙结构的气凝胶炭的生产等。

## 12.1.2 制备活性炭的原料种类和生产方法

### 12.1.2.1 制备活性炭的原料

从理论意义上说，含碳有机物质都可以作为制备活性炭的原材料。但由于受到工艺过程、设备、生产成本和产品性能方面的制约，许多原料不具有实际的生产价值。目前，制备活性炭的原料主要有植物纤维原料、煤和人工合成的高分子材料等。

①植物纤维原料 包括木材、竹材等森林资源，以及它们的加工剩余物，如木屑、竹屑及一些边材料，废弃的木材与竹材等；椰子壳、杏核壳、核桃壳、橄榄核和油茶壳等果核壳类植物原料；麦秆、稻秆、棉秆等农作物生产过程中的剩余物。

②矿物质原料 主要包括煤、石油焦等矿物质原料及其加工剩余物。

③人工合成高分子 主要包括高分子树脂、废旧的轮胎橡胶等。

在目前活性炭的工业化生产过程中，所使用的原料主要是木材、竹材等的加工剩余物，果壳类原料以及煤。由于木材和竹材等森林资源的用途非常广泛，已较少直接采用木材和竹材来生产活性炭，更多是使用其加工剩余物，如木屑等。随着生物质产业的快速发展，一些生物质化学加工和生物化学加工所生产的剩余物，如甘蔗渣、各种木质素剩余物以及生物质气化炭残渣等，也是人们目前感兴趣的活性炭原料，以实现生物质资源的综合利用。

### 12.1.2.2 活性炭的制造方法

生产活性炭的主要任务是在炭中制造出发达的孔隙结构，即使炭具有活性，因此，生产活性炭的方法叫活化。活化的方法通常是选择合适的化学物质，通过某些反应，在炭中形成孔隙，所采用的以活化为目的的化学物质称为活化剂。

目前，世界上所使用的活性炭工业化生产方法主要有气体活化法和化学药品活化法，以及气体活化和化学药品混合活化法。

气体活化法是以各种含碳有机物经炭化后制得的炭化物为原料，采用具有氧化性的水蒸气、氧气、二氧化碳或烟道气等气体为活化剂，通过高温反应，制备出具有发达孔隙结构的活性炭产品的过程。

化学药品活化法是直接采用含碳有机物为原料，通过浸渍在含碳原料中加入合适的化学药品，通过较高温度的处理进行炭化，然后回收其中的化学药品，制备出具有发达孔隙结构的过程。

这两种活化方法的活化原理和生产工艺有很大的不同，且其活性炭产品的性质和用途也有非常大的差异。因此，需要掌握不同活化方法的活化原理、活化工艺和主要设备以及不同活化方法所生产的活性炭的主要特点，是学习活性炭生产的主要内容。本章内容主要阐述气体活化法和化学药品活化法的活化原理、生产工艺和设备。

## 12.2 气体活化法的基础知识

### 12.2.1 气体活化法的基本原理

　　气体活化法的基本原理是采用氧化性气体,如二氧化碳、水蒸气、氧气或它们的混合气体作为活化剂,通过活化剂与炭反应,生成一氧化碳、二氧化碳等气体产物,消耗部分炭,从而在炭化料中形成了空隙,即活性炭的孔隙,从而达到制造出发达孔隙结构的目的。植物纤维原料,如木材、果壳类原料,经过炭化得到的炭化料以及煤通常是以气体活化法生产活性炭。因此,气体活化法是氧化性气体与炭的反应作为基础,了解这些反应的特征是掌握气体活化法的前提。

### 12.2.2 气体活化法的活化反应

#### 12.2.2.1 水蒸气活化

　　当温度高于750℃时,炭与水蒸气发生反应,主要发生水煤气反应。

$$C + H_2O \longrightarrow CO + H_2 \tag{1}$$

早期的研究认为,水煤气反应的反应历程为如下,其中 $C^*$ 表示原料炭中的反应活性点。

$$C^* + H_2O \longrightarrow C^*(H_2O) \tag{2}$$

$$C^*(H_2O) \xrightarrow{i_1} C(O) + H_2 \tag{3}$$

$$C^* + 1/2H_2 \underset{j_2}{\overset{i_2}{\rightleftharpoons}} C(H) \tag{4}$$

$$C^*(O) \xrightarrow{j_3} CO \tag{5}$$

由上述反应历程可以计算出水煤气反应的反应速率方程如下:

$$V = \frac{K_1 P_{H_2O}}{1 + K_2 P_{H_2O} + K_3 P_{H_2}} \tag{12-1}$$

式中　$V$——反应速率(%/h);

　　　$P_{H_2O}$,$P_{H_2}$——分别表示水蒸气和氢气的分压(atm);

　　　$K_1$,$K_2$,$K_3$——为速率常数,分别为 $K_1 = i_1$;$K_2 = i_2/j_2$;$K_3 = i_1/j_3$。

　　从水煤气反应的速率方程(12-1)可以看出,反应所产生的氢气对水煤气反应有抑制作用,但产物一氧化碳没有抑制作用。反应历程所表示的基元方程(3)和(4)解释了这一现象。另外,一氧化碳与水蒸气在较高温度下可以发生水—汽转换反应(6),促进了一氧化碳从炭表面脱除。除上述反应外,炭与二氧化碳也将发生反应(7),促进活化。

$$CO + H_2O \longrightarrow CO_2 + H_2 \tag{6}$$

$$C + CO_2 \longrightarrow 2CO \tag{7}$$

　　水蒸气与炭发生的水煤气反应是吸热反应,因此,在水蒸气活化过程中需要不断供热,其活化温度通常在750~950℃之间。

$$C^* + H_2O \longrightarrow C^*(H_2O)$$

$$C^*(H_2O) \xrightarrow{i_1} C(O) + H_2$$

$$C^* + 1/2H_2 \underset{j_2}{\overset{i_2}{\rightleftharpoons}} C(H)$$

$$C^*(O) \overset{j_3}{\longrightarrow} CO$$

### 12.2.2.2 二氧化碳活化

当温度上升至800℃后,二氧化碳与原料炭发生了较显著的氧化反应(8)。原料炭的部分碳原子与二氧化碳生成了不可冷凝性气体产物一氧化碳而被消耗掉,所形成的空隙就是活性炭的孔隙,制得孔隙结构发达的活性炭。使用二氧化碳作为活化剂的活化温度通常在800~950℃之间。反应(8)是吸热反应,因此,二氧化碳过程中需要不断补充能量才能保证活化的顺利进行。

$$C + CO_2 \longrightarrow 2CO \tag{8}$$

反应式(8)的反应历程被认为是由下面的反应(9)和反应(10)所组成。

$$C^* + CO_2 \underset{k_{-1}^1}{\overset{k_1^1}{\rightleftharpoons}} C^*(O) + CO \tag{9}$$

$$C^*(O) \overset{k_2^1}{\longrightarrow} CO \tag{10}$$

根据上述反应历程,可以推导出炭与二氧化碳的反应速率方程为(12-2):

$$V = \frac{b_1[CO_2]}{1 + b_2[CO] + b_3[CO_2]} \tag{12-2}$$

式中  $V$——反应速率(%);

$[CO]$,$[CO_2]$——分别表示一氧化碳和二氧化碳的浓度,用分压表示;

$b_1$,$b_2$,$b_3$——速率常数,分别为:$b_1 = m \times k_1' \times [C^*]$;$b_2 = \frac{k_{-1}'}{k_2'}$;$b_3 = \frac{k_1'}{k_2'}$。

从反应速率方程(12-2)可以看出,反应产物一氧化碳对二氧化碳的活化有抑制作用。其主要原因是由于反应机理中反应(9)是一个可逆反应,反应进行较慢。也有人认为,是由于生成的一氧化碳与炭的反应活性中心结合,如反应式(11)所示,影响了活化的进行。

$$C^* + CO \rightleftharpoons C^*(CO) \tag{11}$$

在实际的生产过程中,较少使用纯的二氧化碳作为活化剂生产活性炭,通常是使用烟道气代替二氧化碳活化。但由于烟道气除主要组分二氧化碳外,还会含有少量水蒸气和空气。而少量水蒸气的存在,所发生的水-汽转换反应(6),可能会影响二氧化碳对炭的活化。

### 12.2.2.3 氧气(或空气)的活化反应

当用氧气或空气作为活化剂时,在600℃左右,氧气就会和原料炭发生显著的氧化反应(12)和(13),而且生成的一氧化碳与氧气也会发生氧化反应(14)。尽管在氧气的氧化过程中会生成大量的二氧化碳,由于氧气或空气活化所采用的活化温度低于二氧化碳活化所发生的温度,因此,生成的二氧化碳不能对炭进行活化。

$$C + O_2 \longrightarrow CO_2 \tag{12}$$

$$C + 1/2O_2 \longrightarrow CO \tag{13}$$

$$CO + 1/2O_2 \longrightarrow CO_2 \tag{14}$$

由于炭和氧(空气)的氧化反应都放出大量的热,引起反应区域中原料炭快速温度上升,这样不但容易造成原料炭的局部过热，使活化反应温度难以控制；而且，由于反应进行得太快，往往造成活化剂气体来不及渗透到原料炭颗粒内部，就在颗粒外表面上与碳起反应，造成颗粒表层烧失严重，达不到有效活化的效果。因此，工业上通常不采用空气或氧气进行活化，仅仅在水蒸气活化或二氧化碳活化过程中使用少量空气，利用它们在活化反应中的放热反应，调节和控制活化反应的温度，达到更好的活化效果。

#### 12.2.2.4 混合气体活化

工业上常使用混合气体活化法生产活性炭。混合气体活化法的主要依据是：①使用混合活化剂可以提高活化效率；②采用混合活化剂活化可以生产出孔隙结构更加发达且合理的活性炭产品；③利用不同活化反应的放热和吸热特点，实现活化过程的热平衡，提高热的利用效率，降低能耗。

工业生产上实现混合气体活化法的方式有两种：第一种为采用混合气体作为活化剂，通常使用水蒸气与空气、烟道气和空气、烟道气与水蒸气等混合气体作为活化剂，这两种活化剂的含量对活化效果具有比较大的影响。第二种方式为分段活化，即依次或交替采用两种气体活化剂进行活化。在活化过程中，两个阶段的活化温度和时间对活化效果的影响显著。

表 12-1 和 12-2 显示了采用分段的混合活化法活化煤质和木质颗粒炭制备活性炭过程中，活化剂种类及活化温度对活性炭产品的吸附性能的影响。

**表 12-1　两段活化法制得的煤质颗粒活性炭的吸附能力**

| 活化条件 | | 吸附能力 | | | |
|---|---|---|---|---|---|
| 第一阶段(℃) | 第二阶段(℃) | 四氯化碳(%) | 苯(%) | 碘(mg/g) | 亚甲基蓝(mg/g) |
| 水蒸气，900 | 水蒸气，900 | 48 | 25 | 750 | 110 |
| 水蒸气，900 | 空气，600 | 52 | 28 | 830 | 132 |
| 水蒸气，900 | 水蒸气+二氧化碳，900 | 55 | 31 | 710 | 174 |

**表 12-2　两段活化木质活性炭的吸附能力**

| 活化条件 | | | | 吸附能力 | | | |
|---|---|---|---|---|---|---|---|
| 第一阶段 | | 第二阶段 | | 苯胺蓝(g/g) | 焦糖色[①] | 亚甲基蓝脱色力(mg/g) | 味精脱色[②] |
| 活化剂 | 温度(℃) | 活化剂 | 温度(℃) | | | | |
| 水蒸气 | 800 | 水蒸气 | 800 | 0.12 | 1.50 | 120 | 1:6 |
| 水蒸气 | 800 | 空气 | 550 | 0.22 | 1.75 | — | — |
| 水蒸气 | 800 | 烟道气 | 800 | — | — | 200 | 1:8 |

注：①焦糖色以比色单位为基准；②味精脱色为实物脱色能力之比。

### 12.2.3 活化反应动力学

#### 12.2.3.1 活化动力学过程

气体活化过程是一个涉及固体原料炭和气体活化剂的气固两相反应体系，过程复杂。其基本过程包括气体活化剂从气流到炭颗粒表面、从炭颗粒表面到内部的扩散过程，活化剂与炭的反应过程，反应产物从炭内部脱附、向炭颗粒表面与气流的扩散等连续过程。

当活化温度较低时，反应速率较低，整个活化过程取决于活化剂与原料炭的反应速率，此时为反应动力学控制；当活化温度较高时，反应速率增快，气体活化剂扩散到炭颗粒内部以及反应产物脱附并扩散到炭颗粒外部的速率成为决定性因素,此时的活化过程是扩散控制。

### 12.2.3.2 扩散动力学控制过程

气体的扩散可以用菲克定律[式(12-3)]确定:

$$\frac{dq}{dt} = -D \cdot S \frac{C-C'}{\delta} \tag{12-3}$$

式中 $q$——以扩散方式透过炭表面薄膜的活化剂量;
$t$——时间;
$D$——分子扩散系数;
$S$——炭表面薄膜的表面积;
$\delta$——炭表面上生成的薄膜厚度;
$C$——气流中活化剂的浓度;
$C'$——炭表面上活化剂的浓度。

扩散系数取决于气体的温度,如式(12-4)所示:

$$D = D_0 \left(\frac{T}{T_0}\right)^m \tag{12-4}$$

式中 $D_0$——在压力 $P_0$ 和绝对温度 $T_0$ 时的扩散系数;
$D$——在任意压力 $P$ 和绝对温度 $T$ 时的扩散系数;
$m$——1.5~2(对真实气体,$m$ 接近 1.7)。

薄膜厚度 $\delta$ 是雷诺准数 $Re$ 的函数。例如,对圆柱体的表面,其厚度可按下式求得:

$$\delta = ed \, Re^{0.8} = ed \left(\frac{\omega d \rho}{\mu}\right)^{0.8} \tag{12-5}$$

式中 $e$——常数;
$d$——圆柱体的直径;
$\omega$——气体流速;
$\rho$——气体密度;
$\mu$——气体黏度。

综合式(12-3)和式(12-5)所得:

$$\frac{dq}{dt} = -D \cdot S \frac{C-C'}{ed} \left(\frac{\mu}{\omega d \rho}\right)^{0.8} \tag{12-6}$$

式中 $\frac{\mu}{\rho} = \gamma$(动力学黏度),而该动力学黏度 $\gamma$ 和温度的关系为:

$$\gamma = \gamma_0 \left(\frac{e+T_0}{e+T}\right) \left(\frac{T}{T_0}\right)^{2.5} \tag{12-7}$$

利用上述公式,可以判断在扩散控制活化反应速率情况下各种活化条件的影响。从综合式(12-6)可以看出,随着活化剂气流速率 $\omega$ 的增加,原料炭颗粒表面的薄膜厚度 $\delta$ 减少,传质和传热速率增快,扩散速率增加,促进活化进程。活化温度升高会导致扩散系数 $D$ 和气体动力学黏度都提高,减少了活化温度对扩散速率的影响。因此,活化温度对扩散控制的活化过程影响不大。

但气体在炭颗粒内部孔隙的扩散情况更加复杂,它不仅与上述因素有关,而且还与孔隙大小以及颗粒尺寸有关。因此，对于扩散控制的活化过程中需要综合考虑活化剂从气流扩散到原料炭颗粒表面和从炭颗粒表面扩散到炭内部孔隙的扩散速率。

### 12.2.3.3 反应动力学控制过程

当气体活化速率处于反应动力学控制区时，活化速率取决于各种气体活化剂与炭的反应速率。反应速率方程与反应速率常数、活化能、吸附或脱附常数，以及原料炭的表面反应活性位点浓度有关。活化反应速率方程可以根据物理化学的反应动力学基础知识以及相关文献，并根据上述各类气化剂与炭发生的反应机理进行推导计算。

## 12.2.4 孔隙结构的形成与发展过程

在气体活化过程中，原料炭的孔隙结构的形成与发展主要经历了三个阶段。

(1) 打开炭化料中类石墨微晶之间的孔隙

气体活化所采用的原料炭化料中，紊乱排列的类石墨微晶之间形成了空隙，是活性炭孔隙形成的基础。由于炭化过程中产生的焦油以及无定形炭沉积或充填在类石墨微晶之间，导致原料炭化料中类石墨微晶之间的孔隙的实际吸附能力很弱。在活化初期，活化剂首先氧化沉积或填充在类石墨微晶之间的焦油和无定形炭，打开或畅通炭化料中原有的被封闭或堵塞的孔隙。这一阶段通常发生在炭化料的烧蚀率为10%之前。

(2) 产生新的孔隙

当沉积或充填在类石墨微晶之间的焦油和无定形炭被氧化烧蚀后，类石墨微晶表面的碳原子暴露，能与活化剂直接接触与作用，使类石墨微晶中的部分碳原子被氧化烧蚀，从而在类石墨微晶中产生新的孔隙。在炭化料与气体活化剂发生的气—固相反应中，由于固体表面的不均匀性，因此，活化剂与类石墨微晶之间发生了选择性氧化，形成了新的孔隙。在该阶段，原料炭的烧失率通常低于50%，制得的活性炭主要以微孔为主。

(3) 孔隙的扩大

随着活化的不断进行，孔壁的碳原子不断被活化剂氧化烧蚀，导致孔隙不断扩宽；甚至引起相邻孔隙之间孔壁的烧蚀，使孔径显著扩大。在这一活化阶段，炭化料的烧失率通常大于50%，且随着烧失率的增加，活性炭的孔隙结构中微孔数量减少，相应地中孔越来越发达。

需要指出的是，气体活化过程中，新孔的形成及孔隙的扩宽并不是两个截然不同的阶段。在新孔的形成阶段也伴随着孔隙的扩宽；同样，在孔隙的扩宽阶段也存在新孔的形成。新孔的形成和孔隙的扩宽可能主要取决于孔隙的纵向与横向活化反应所需的活化能和活化速度。据研究发现，活化剂在纵向与横向的反应能力不同，它们可能与炭化料的性质、活化剂种类以及活化温度等活化工艺条件有关。

在气体活化过程中，应该注意，由于活化温度太高或原料炭的性质等原因，有可能出现原料炭的烧失率较高，但制备的活性炭孔隙结构却不发达的现象。出现这一现象的原因主要是活化剂与原料炭之间的活化反应太快，导致活化剂来不及扩散到原料炭的内部，使活化反应主要发生在原料炭的表面。因此，通常原料炭的烧失率与活性炭的孔隙结构参数的大小变化关系来表示原料炭在某一条件下的活化效率。在某一烧失率下，原料炭的孔隙发展越明显，则意味着其活化效率越高。

### 12.2.5 气体活化的主要影响因素

根据气体活化的主要内容与特点，可以推断，气体活化过程主要受原料炭的性质、活化剂种类以及活化工艺等因素的影响。

#### 12.2.5.1 原料炭的种类和性质

(1) 原料炭的种类

由于气化反应是发生在气—固相之间的反应，因此，原料炭固有的孔隙结构对气体活化的效果将产生较显著的影响。例如，用于气体活化的原料炭主要有煤质炭与木质炭。首先，煤质炭比木质等生物质原料炭的比表面积要小得多，木质炭的比表面积通常在 $200 \sim 400 m^2/g$，但煤质炭的比表面积却只有 $20 \sim 50 m^2/g$。因此，在活化过程中，与木质炭相比，煤的活化难度较大，需要采用较苛刻的活化工艺条件，才能达到较好的活化效果。在木质等生物质原料炭中，由于不同种类的生物质原料所固有的孔隙结构不同，活化剂在原料炭中的扩散过程和活化效果不同。例如，质地松软的杉木炭、松木炭等，比质地坚硬的硬杂木炭容易活化。

(2) 原料炭的灰分

原料炭的灰分中的碱金属、铁、铜等的氧化物及碳酸盐，对碳与水蒸气的活化反应可能具有催化作用。试验证明，用水蒸气活化煤质炭时，如果先用稀盐酸进行处理，除去原料炭中部分灰分以后再进行活化，那么与未处理的相比较，制得的活性炭的比表面积可增加 $200 \sim 350 m^2/g$。这是因为在稀盐酸处理的过程中，除去了灰分中部分起催化作用的组分，在一定程度上降低了水蒸气与碳的反应速度，使之与水蒸气向原料炭颗粒内部的扩散速度相适应，活化得更加均匀的结果。

(3) 生产原料炭的炭化温度

生产原料炭的炭化温度决定了原料炭的挥发分和固定炭的含量，对原料炭的孔隙结构也有较明显的影响，因此，显著影响原料炭的活化效果。

随着炭化温度的提高，原料炭的得率提高，挥发分含量较低，固定炭的含量升高。经验表明，作为气体活化法生产活性炭的原料，木质原料的合适炭化温度为 $500 \sim 800℃$，煤质原料为 $600 \sim 700℃$。为了保证原料炭的质量，活性炭厂通常都对原料炭的含水率、挥发分和灰分等有相应的规定。

(4) 原料炭的颗粒度

气体活化反应速率由化学反应速率和扩散速率两者共同决定。通常，在一定范围内适当降低原料炭的粒径，缩短活化剂气体扩散到其颗粒内部进行活化反应的距离，能够缩短活化时间，提高活化炉的生产能力。但是，原料炭的颗粒大小，首先要满足各种活化炉和活性炭产品的用途的具体要求。并且，应该尽可能地均匀一致，以利于均匀地活化。

(5) 无机盐的影响

表12-3 中列示了用无机盐浸渍处理前后，石墨电极碳与水蒸气在 $1000℃$ 的相对反应速度。可见，钴、铁、镍、钒等无机化合物对碳与水蒸气的反应具有催化作用。在金属催化剂的作用下，木质炭的气体活化易形成中孔发达的活性炭。

表 12-3 处理前后石墨电极碳与水蒸气的相对反应速度

| 浸渍处理剂 | 处理前后的灰分含量(%) | 相对反应速度 |
| --- | --- | --- |
| 未处理 | 0.005 | 1 |
| 0.1MCo(NO$_3$)$_3$ | 0.14 | 27 |
| 0.1MFe(NO$_3$)$_3$ | 0.14 | 32 |
| 0.1MNi(NO$_3$)$_3$ | 0.14 | 19 |
| 0.1MNH$_4$VO$_3$ | 0.03 | 22 |

### 12.2.5.2 活化剂的种类

不同的活化剂与炭所发生的活化反应、反应活化能和反应速率都不同，必然导致活化效果以及所制得的活性炭的孔隙结构与吸附性能都存在较大差异。表 12-4 列出了不同活化剂活化松木炭所制备的活性炭的吸附性能。活化剂与炭的反应速率过快，则容易造成炭表面烧蚀严重，不利于原料炭内部孔隙结构的发展，例如，空气或氧气活化剂；较慢的反应速率，则有利于气体活化剂扩散在原料炭内部，形成孔隙，有利于微孔的形成与发展，例如，二氧化碳活化剂。

表 12-4 不同活化剂活化制得的活性炭的吸附能力(松木炭)

| 活化条件 | | 不同吸附质的吸附能力(mg/g) | | | |
| --- | --- | --- | --- | --- | --- |
| 活化剂 | 温度(℃) | 2,4-二氨基偶氮苯 R | 丽春红 R | 苯胺蓝 | 碘 |
| 空气 | 600 | 340 | 100 | 50 | 360 |
| 空气 | 740 | 160 | 80 | 50 | 400 |
| 空气 | 790 | 150 | 80 | 60 | 420 |
| 空气 | 860 | 140 | 80 | 60 | 420 |
| 空气 | 910 | 130 | 100 | 60 | 400 |
| 水蒸气 | 770 | 370 | 190 | 160 | 600 |
| 水蒸气 | 825 | 370 | 170 | 170 | 600 |
| 水蒸气 | 880 | 362 | 160 | 210 | 620 |
| 二氧化碳 | 880 | 320 | 120 | — | — |
| 水蒸气(活化气煤半焦) | 900 | 四氯化碳(%) 64 | | | 946 |

### 12.2.5.3 活化工艺参数

在气体活化过程中，活化温度、气体活化剂的用量以及活化时间是气体活化的主要工艺参数。其中活化温度是最主要的影响因素，因为它决定了活化反应进行的程度以及活化反应速率。气体活化剂的浓度是影响活化反应速率的重要影响因素，活化剂的用量实际是由活化剂的流量所控制。气体活化剂的流量越大，则在单位时间和单位反应面积上的活化剂浓度就越高；在一定的流量范围内，其反应速率就越大。反应时间则是影响活化反应达到的程度的重要影响因素。

(1) 活化温度

气体活化剂与炭的活化反应速率，随着活化温度的升高而增加，活化作业应在较高的温度下进行。不同的活化剂所需要的活化温度不同。通常，水蒸气为 850~950℃、烟道气为 900~950℃、空气为 600℃左右。在此活化温度范围内，在工业生产过程中，实际的活化温度的使用还与原料炭的种类、性质、所需要生产的活性炭产品的孔隙结构和吸附性能,以及活化炉型有关。

活化温度对于所制得的活性炭孔隙结构有非常重要的影响。在活化的温度范围内,采用较低的活化温度所制得的活性炭是以微孔为主;采用较高的活化温度,较易获得中孔较发达的活性炭。但活化温度太高,由于活化反应速率太快,容易造成炭表面烧蚀,不利于孔隙结构的发展。

(2) 活化剂的用量

活化剂的用量增加,活化装置内活化气体的流量增加,在一定范围能提高活化反应的速度,缩短活化时间。但当活化剂用量增加到一定程度以后,活化反应速度便不再增加而成为一个定值。

当活化剂的流量较低,即活化剂的用量较低时,活性炭的微孔容积大,而高流量,即高用量时,由于高流量使颗粒外表面易烧失,产生不均匀活化而导致微孔容积反而减少。

在工业生产上,活化剂气体的实际用量通常为理论的好几倍,就是为了促进活化作业能较快地完成,提高活化装置的生产能力。

(3) 活化时间

在其他条件固定的条件下,随着活化时间的延长,产品活性炭的得率减少,比孔容积及平均孔隙尺寸大小增加,比表面积在增加到一定程度以后便不再增加甚至开始减少,结果使产品活性炭的孔隙结构在活化过程中不断发生变化,最终影响活性炭对不同吸附质的吸附能力。

图 12-1 表示水蒸气活化经过化学处理的木屑炭过程中,活化时间对产品活性炭吸附三种吸附质能力的影响状况。

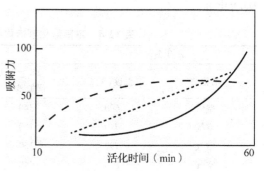

图 12-1 活化时间对活性炭吸附能力的影响

由图 12-1 可见,在活化时间由 10min 增加到 60min 的过程中,与产品活性炭对亚甲基蓝的吸附能力呈直线增加趋势不同的是,对孔雀绿的吸附能力初期增加很快,后期则趋向于定值。而对苯胺蓝的吸附能力正好相反,初期增加很慢,到后期增加很快。因此,为了以较高的得率生产出吸附性能卓越的活性炭产品,工业生产上应该根据产品用途等具体情况,确定合理的活化时间。

## 12.3 气体活化法生产活性炭的典型工艺

气体活化法既可以生产颗粒活性炭,也可以生产粉状活性炭。生产活性炭的主体设备叫做活化炉,活化炉有多种类型。随着原料种类、活化炉类型及对产品活性炭要求的不同,气体活化法生产活性炭的工艺也有一定的差异。下面主要介绍不定型颗粒活性炭、成型颗粒活性炭和粉状活性炭的典型气体活化法生产工艺和设备。

### 12.3.1 气体活化法生产不定型颗粒活性炭

不定型颗粒活性炭又叫破碎状颗粒活性炭,通常用质地坚硬的含碳原料生产。常用的植物纤维原料有椰子壳、杏核壳、核桃壳和橄榄壳等炭化料以及煤作为活化原料。工业生产不定型颗粒活性炭的活化设备有斯列普炉、回转炉、流态化炉、焖烧炉等。目前,主要采用斯列普炉活化果壳炭生产不定型颗粒活性炭。下面主要介绍斯列普炉活化果壳炭生产不定型颗粒活性炭的生产流程与工艺以及斯列普炉的基本结构。

#### 12.3.1.1 工艺流程

以果壳炭为原料，用斯列普炉生产触媒载体用不定型颗粒活性炭的工艺流程如图 12-2 所示。生产其他品种的不定型颗粒活性炭时，根据产品活性炭的质量要求，可以适当调整工艺步骤。

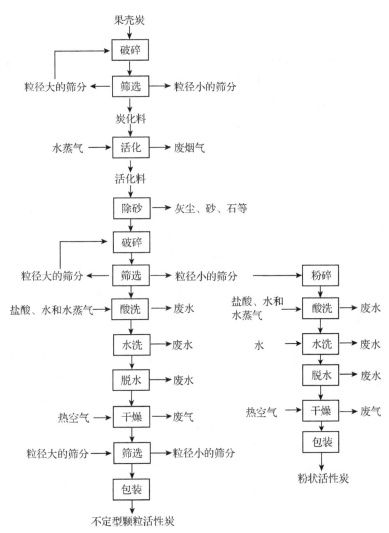

图 12-2　不定型颗粒活性炭的生产工艺流程

#### 12.3.1.2 主要工艺操作

(1) 备料

斯列普炉又叫鞍式炉，适于活化颗粒状炭化料。对原料炭的主要要求是：具有足够的重度和强度，以保证能依靠自身的重量在活化道中向下移动；为了防止活化道堵塞并达到均匀活化的目的，原料炭的颗粒大小应在规定范围内；灰分在活化过程中不能熔化；为了防止堵塞水平气体通道造成膨胀事故，原料炭中粒径小于 0.5mm 的组分应尽可能少，不得大于原料炭总量的 1%。

备料工段包括原料炭的除杂、破碎和筛选，把颗粒度调整到符合活化炉的工艺要求。对于正常生产的炭化料，通常不需要专门的除杂；如果有砂石或金属等其他杂物，可以通过过筛除去。破碎和筛选方法是将贮存在料仓中的原料炭，由定量给料装置连续送入破碎机中破碎后，输送到筛选机筛选出粒径合格的炭化料供活化使用，粒径大的筛分返回料仓再重新破碎，粒径小的筛分用于生产粉状活性炭或成型颗粒活性炭。

破碎设备通常使用双辊式破碎机。通过调节其双辊之间的间隙大小，可以控制破碎产品的粒度，以提高粒径合格筛分的得率。

筛选设备常用具有双层筛网的振动筛，将破碎后的物料筛分成粒径较大、合格及较小三个筛分。两层筛网的规格尺寸应分别与活化工序所要求的炭化料粒度的上、下限相一致。通常，斯列普炉活化时，要求椰壳炭化料的粒度为 0.7~4.5mm，杏核炭化料为 0.5~3.2mm。粒径合格筛分的得率一般为原料炭重量的 95% 左右。

在备料工段，破碎、筛选及输送设备应该严格密封，并设有吸尘装置，以防止炭尘外泄污染环境。

(2) 活化

活化过程是在斯列普炉中进行的，采用的活化剂通常是水蒸气。由于活化过程中生成的烟道气也参加了活化反应，因此，实际上是水蒸气和烟道气的混合气体完成了活化过程。活化阶段的操作条件主要通过控制斯列普炉的生产条件来实现。

(3) 活化料的除砂、破碎和筛选

经过活化处理的炭化料叫活化料。活化料已经形成了活性炭所具有的孔隙结构和吸附能力，因此可以直接作为活性炭使用。活化料通常需要通过进一步除砂、破碎和筛选，提高活性炭产品的质量，达到应用要求。

除砂的目的是除去由原料炭带入或活化过程中混入活化料中的砂石等杂质及灰尘，减少杂质含量。采用的方法是先用振动筛筛去灰尘及细小的杂质，再用除砂机除去颗粒较大的杂质。常用粮食加工行业中使用的鱼鳞板状除砂机，借助振动和风力的共同作用，利用砂石与炭料两者之间相对密度的差异将杂质除去。其除砂率可达 98% 左右。

破碎和筛选是为了将活化料的颗粒度调整到符合产品活性炭的规格。

破碎、筛选设备与前述的备料工段类似，但双层振动筛的筛网尺寸应根据产品活性炭的规格选定。经过破碎和筛选，得到粒径合格的颗粒活性炭产品；粒径小的筛分，经粉碎和后处理，用于生产粉状活性炭产品。

(4) 酸洗

某些应用场合，对活性炭产品纯度有较高要求，因此，在生产过程中，有时需要通过酸洗，降低活化料的杂质和灰分含量，调节 pH 值，使质量指标符合产品活性炭的要求。

酸洗和水洗操作包括酸洗、水洗、调节 pH 值及脱水等步骤。

酸洗是将一定数量的活化料和工业用盐酸加入酸洗设备中，并加水至浸没活化料层为止。接着直接通入水蒸气加热煮沸，让杂质与盐酸反应转变成可溶性盐类，以便在随后的水洗过程中除去。工业盐酸的用量随活化料中杂质含量状况及对产品活性炭质量要求而异，一般为活化料重量的 8%~20%。用直接蒸汽加热煮沸以后，应维持沸腾状态 1.5~2h，让盐酸与杂质充分地发生反应。

酸洗时应搅拌,可以用机械、压缩空气或人工进行。

酸洗所用的设备通常是酸洗桶或酸洗池,应具有较好的耐腐蚀性能和一定的耐热性能。常用不锈钢、玻璃钢、工程塑料等耐腐蚀材料制作;也有用钢板或水泥制作以后,再用石墨板、辉绿岩板等进行衬砌的;个别工厂直接用花岗岩砌筑。

酸洗设备中设置假底以便滤出废水。假底通常用木板、竹片、橡胶板、尼龙滤布等制作。排出的废水与水洗废水等合并,经澄清回收炭粉后,流入废水处理系统处理后排放。

酸洗桶(池)的容积大小取决于生产能力,单个容积一般为 1~5m³。

(5)水洗

酸洗结束后需要进行水洗。水洗可以在原来的酸洗桶中进行,但通常都将炭浆转移到水洗桶中水洗。水洗桶(池)的结构与酸洗桶(池)类似。

水洗的方法是用水连续漂洗,除去炭料中水溶性杂质。通常用自来水或洁净的河水、井水进行洗涤。对杂质含量要求特别严的炭种,水洗的后期也可用冷凝水、甚至蒸馏水洗涤。水洗结束前,抽样检查炭料中的铁盐含量、酸溶物含量等指标,达到规定后即可结束水洗操作。

(6)调节 pH 值

对于 pH 值有特定要求的活性炭产品,水洗结束后应将 pH 值调整到规定的标准。方法是向水洗桶的炭料中加入适量的酸或碱,将 pH 值调整到规定要求,而后通蒸汽煮沸 10min 即可。

(7)脱水

脱水的方法可以使用离心机或真空吸滤装置。脱水后的湿炭含水率约 50%~60%,送干燥工段干燥,也可以直接包装供用户使用。

(8)干燥

干燥的目的是使活性炭的含水率达到规定的要求。使用的干燥装置有沸腾式干燥器、隧道式干燥器、箱式干燥器等。干燥介质可用热空气或烟道气,用热空气较好。

(9)筛分及包装

干燥以后再次用双层振动筛进行筛分,以保证产品活性炭的粒径符合规定的要求。包装的方式及规格根据用户的要求决定,通常每包重 20kg。用内层塑料袋、中层牛皮纸袋、外层编织袋包装。

在一系列后处理中,由于除去了杂质、灰分,并损失少量粉状活性炭,最后产品破碎状活性炭的得率为活化料重量的 90%。

### 12.3.1.3 斯列普炉

**1)斯列普炉的主要结构**

斯列普炉由炉本体和蓄热室两部分组成。单炉年产活性炭的能力有 200t、300t、500t 和

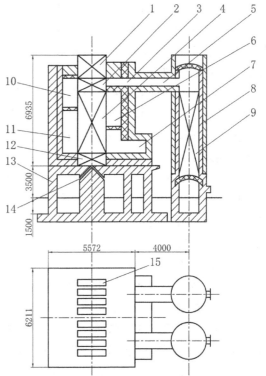

**图 12-3 年产 500t 活性炭的斯列普炉的主要结构**

1. 预热段 2. 补充炭化段 3. 上近烟道 4. 活化段
5. 上连烟道 6. 中部烟道 7. 下连烟道(燃烧室)
8. 蓄热室 9. 格子砖层 10. 上远烟道 11. 下远烟道 12. 冷却段 13. 支承及基础 14. 下料口
15. 加料槽盖

1000t 几种规格。年产活性炭 500t 规格的斯列普炉的主要结构，如图 12-3 所示。

（1）炉本体

炉本体总高约 12m，由炉体（高约 7m）及支座（高约 5m）。支座位于地面以下的基础部分深约 1.5m。

炉体为立方体，由炉墙、炉芯及烟道三部分构成。

炉墙用砖砌筑。内层耐火砖，厚 230mm；外层普通砖，厚 370mm；两层之间设 50mm 厚的保温绝热层。炉墙的横截面呈"日"字形，中间由 464mm 的耐火砖隔墙呈"日"字状将炉膛分隔成左右两部分，称作左右两个半炉。左右两个半炉通过底部的下连烟道（燃烧室）相连通。

炉芯由 30 种不同规格形状的异型耐火砖砌筑。在每个半炉的炉芯中形成 4 个相互独立的活化槽，每个活化槽的中下部又由 3 列计 36 条活化道构成，如图 12-4 所示。

活化槽的上部为加料槽，其开口在炉体顶部，用具有水封的加料槽与外界隔绝。炭化料在加料槽中被炉体预热，因此该部分又称作为预热段。预热段下面的活化道，自上而下分别由补充炭化段（高 850mm）、活化段（高 3920mm）及冷却段（高 1200mm）组成。冷却段的底部与安装在炉体下部的定体积出料装置相连，出料时通过双层闸门及汽封装置防止外界的空气进入炉内。

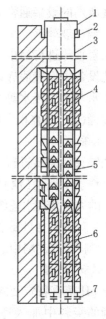

**图 12-4　活化槽与活化道剖视图**
1. 加料槽　2. 水封槽　3. 加料槽（预热段）　4. 补充炭化段　5. 活化段　6. 冷却段　7. 出料装置

两个半炉中的烟道用隔板自上而下分隔成上近烟道、上远烟道、中部烟道、下远烟道和下近烟道五部分，并由下连烟道（燃烧室）将左右两个半炉的下近烟道相连接。在点火烘炉升温阶段，下连烟道作为燃烧室使用；正常运转时，燃烧室的炉门用耐火砖封住。上近烟道与蓄热室相连接。

位于各个烟道的炉墙上，设置了空气进口管及人孔。从空气进口管中送入炉内的二次空气，供活化过程中生成的可燃性气体燃烧，以维护炉温，使活化反应能正常进行下去。人孔供清理炉灰及检修使用；活化炉正常运行时，人孔用砖砌实，并将热电偶、测压导管及视火孔等观察测量装置砌在其中。

（2）蓄热室

蓄热室的作用是蓄积活化过程中生成的高温烟道气的热量，用于加热活化用的水蒸气并使其过热至高温，以提高活化效率，减少活化炉的热量消耗。

蓄热室通常为立式圆筒体，结构如图 12-5 所示。其外壳为钢板卷制，外径 2600mm，高 11000mm（包括地下基础部分 1500mm）。左右两个半炉各有一个蓄热室，分别通过各自顶部的上连烟道与活化炉本体相连；底部则经烟道通向烟窗。

蓄热室的内径为 1600mm。其室壁由外层钢板（厚 6mm）、内层耐火砖（厚 mm）及中层的保温材料硅藻土构成；室壁的中部及下部各设人孔一只，供检修时使用。蓄热室腔体的下部有耐火材料制作的带有删孔的拱架。拱架上支承着换热面积达 240m² 的作为热交换介质的耐火砖，它们呈格子状排列，共有 56 层；拱架的下方设有活化用水蒸气喷出盘管（即水蒸气进口管），通向烟窗的烟气出口管也设置在拱架下方的室壁上。

## 2) 物料流程

经破碎筛选合格后的炭化料，由特制的炭斗车运到活化炉底部后，用电动葫芦提升至炉顶并加入加料槽内，利用炉体的热量预热。在活化槽中，炭化料借助于自身重力的作用，在逐渐下移的过程中均匀地分散到其下方的各条活化道中。在补充炭化段，物料被高温活化气体间接加热而进一步进行炭化；进入活化段后，物料与高温活化气体反复直接接触，进行活化并最终变成活化料；在冷却段，依靠炉体的散热降温，让活化料冷却准备卸出；最后通过安装在炉体底部的定体积出料装置，定期卸至炉外。通常，每班8h加料一次，重约1500kg；每小时卸料70kg。物料在活化炉内共经过50~72h。

## 3) 活化气体的流程

在斯列普炉的左右两个半炉和蓄热室中，需要定期切换活化气体的流向。如图12-6所示，当左半炉蓄热室的烟道闸阀关闭后，活化用水蒸气由左蓄

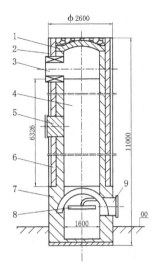

**图12-5　斯列普炉蓄热室**

1. 耐热混凝土拱顶　2. 钢板外壳　3. 上连烟道
4. 室腔内的热交换介质耐火砖　5. 中部人孔
6. 硅藻土保温层　7. 耐火砖　8. 水蒸气喷出盘管
9. 烟气出口管

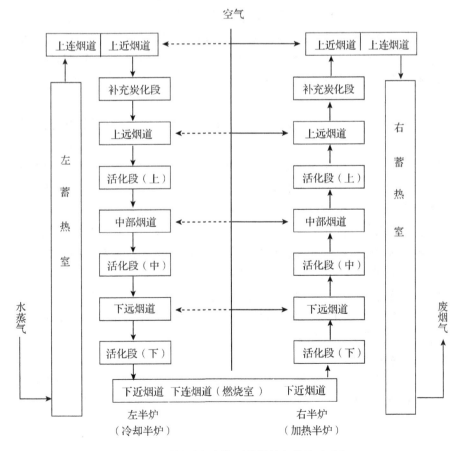

**图12-6　活化过程中斯列普炉的气体流动途径**

热室底部水蒸气喷出管进入，在上升过程中与蓄热室内炽热的格子砖热交换，过热至1000~1100℃后由蓄热室顶部的上连烟道进入左半炉上近烟道。左蓄热室在与水蒸气换热过程中，本身的温度逐渐下降。

进入左半炉的过热水蒸气，穿过补充炭化段间接加热炭化料后达到上远烟道。此后，它首次穿过活化段（上部）进入中部烟道，接着再次穿过活化段（中部）进入下远烟道，而后第三次穿过活化段（下部）进入下近烟道，最后从下连烟道（燃烧室）进入右半炉。高温过热水蒸气在反复穿过活化段沿着活化段中的水平气体道流动的过程中，直接与炭化料接触进行活化反应。在此过程中，炭化料逐渐转变成活化料，活化剂水蒸气被逐渐消耗，活化反应中生成的一氧化碳、氢气、甲烷等可燃性气体逐渐混入活化气流之中。

前已述及，水蒸气与炭的活化反应是吸热反应。因此，随着活化的进行，左半炉炉温逐渐下降，故处于这种状况下的左半炉称作冷却半炉。

活化气体从下近烟道和下连烟道进入右半炉以后，沿着与左半炉完全相反的途径流动，并最终由右蓄热室的底部烟道排入烟窗。

在右半炉中，活化气体含有大量的可燃性成分。为了将炉温维持正常的活化温度（850~950℃），利用设置在各烟道处的空气进口管定量地通入二次空气让其燃烧，以提高炉温保证活化炉正常运行。因此，右半炉的炉温逐渐上升，处于此刻的右半炉称作加热半炉。在加热半炉中，起活化作用的除了水蒸气以外，燃烧产生的烟道气也参与了活化反应。

进入右蓄热室顶部的烟道气温度达到1000~1100℃，在由上向下流动的过程中，将室腔内的格子砖加热，温度降到300~400℃的废烟气从底部烟气出口管流向烟窗。

在加热半炉中，要严格控制供给炉内的空气数量，使炉气中的氧气含量在0.2%以内，以防止过量的氧气导致炭料烧失。冷却半炉中也要供给少量的空气，目的是防止炉内气体渗入空气管道造成危险，并使活化时生成的可燃性气体部分燃烧，以防止炉温下降过度，造成左右两个半炉温度差别太大。

活化炉应在正压状态下运行，以防止从外界向炉内吸入空气造成局部燃烧过热，炉内压力应保持在10Pa以上。

活化气体的流向，通常每隔30min左右切换一次。切换周期长，两个半炉之间的温差大，不利于活化的进行；切换周期短，操作频繁，增加了操作人员的负担。处于图12-6气体流动状态的斯列普炉进行活化气体流向切换时，按照打开左半炉的空气闸阀、关闭右半炉的空气闸阀；打开右半炉的水蒸气闸阀、关闭左半炉的水蒸气闸阀。打开左半炉的烟道闸阀、关闭右半炉的烟道闸阀的顺序进行。切换以后，活化用水蒸气便从右蓄热室的底部进入，然后沿着与图12-6中完全相反的方向流动，即经过右蓄热室、右半炉、左半炉及左蓄热室，最后由左蓄热室的底部烟道进入烟窗。此时，右半炉变成冷却半炉、左半炉变成加热半炉。

切换操作用压缩空气带动的气动装置完成。压缩空气的压力应在0.3MPa以上。有的斯列普炉采用人工切换，省去了气动装置系统。

**4）斯列普炉主要操作条件**

用斯列普炉生产不定型果壳活性炭时，年产500t产品活性炭的活化炉的主要操作条件见表12-5。当斯列普炉生产其他品种的活性炭（如煤质成型颗粒活性炭）时，操作条件应作适当地调整。

表12-5 年产500t果壳活性炭的斯列普炉主要操作条件

| 项 目 | 指 标 | 项 目 | 指 标 |
|---|---|---|---|
| 蓄热室顶部温度(℃) | 1000~1100 | 每8h加料量(t) | 约1.5 |
| 活化段温度(℃) | 850~950 | 出料周期(h) | 1或另作规定 |
| 活化用水蒸气压力(MPa) | 0.2%±10% | 每次出料量(kg) | 约70 |
| 活化用水蒸气流速(kg/h) | 750~950 | 炭料在炉内经过的时间(h) | 50~72 |
| 二次空气压力(KPa) | 0.3~0.4 | 活化气体流向切换周期(h) | 0.5 |
| 炉内压力(Pa) | 10~50 | 切换用压缩空气的压力(MPa) | 0.3 |
| 加热半炉炉气中含氧量(%) | ≤0.6 | 下连烟道温度(℃) | 900~950 |
| 加料周期(h) | 8或另作规定 | | |

#### 5) 开炉和停炉

**(1) 开炉**

将新建的活化炉或者处于室温静止状态下的活化炉点火加热升温至高温工作状态的作业叫做开炉。在加热升温过程中，炉体的水份逐渐蒸发干燥，新建炉的筑炉用的耐火材料通过高温烧结作用发生性质变化并形成足够的强度，炉体尺寸发生热胀。因此，开炉是很重要的作业，应该严格地按照规定的升温曲线谨慎加热升温，操作不当将导致炉体损坏等事故。新建造的活化炉第一次点火使用时，尤其应该小心对待。

开炉作业需要的时间随炉型及其生产能力而异。炉体越大，使用的筑炉材料越多，通常所需的时间也越长。下面以年产500t果壳活性炭的斯列普炉为例，对开炉操作进行简要说明。

开炉前应准备好合格的炭化料30t左右。炉中加满炭化料(约11t)以后，封闭所有的人孔，用盲板遮挡二次进口管。在燃烧室点燃煤气之类燃料加热，新建的活化炉应严格按照表12-6中规定的升温速度进行调节火力；升温速度不得超过规定。并且，加热强度应该均匀，防止火力忽大忽小造成炉温骤升、骤降。

表12-6 年产500t果壳活性炭斯列普炉首次开炉操作规程

| 序号 | 操作内容及要求 | 所需时间(d) |
|---|---|---|
| 1 | 从燃烧室点燃至下近烟道达到250℃ | 3 |
| 2 | 下近烟道保持250℃，提高其他各烟道温度 | 2 |
| 3 | 下近烟道温度由250℃升至400℃ | 3 |
| 4 | 下近烟道保持400℃，使下远烟道温度升至300℃ | 2 |
| 5 | 下近烟道由400℃升至500℃，下远烟道由300℃升至400℃ | 1.5 |
| 6 | 下近烟道由500℃升至600℃ | 1.5 |
| 7 | 下近烟道由600℃升至700℃，并使下远烟道达到650℃以上 | 2 |
| 8 | 打开下远烟道的空气闸阀，使中部烟道温度达到650~700℃ | 2 |
| 9 | 打开中部烟道的空气闸阀，使上远烟道温度达到650~700℃ | 2 |
| 10 | 打开上远烟道的空气闸阀，使上近烟道温度达到700℃以上 | 2 |
| 11 | 打开上连烟道的空气闸阀，提高蓄热室温度，同时继续提高炉内各点温度。当蓄热室顶部温度达到900~1100℃时，开始从一个蓄热室底部送入活化用水蒸气，同时调节其他的空气闸阀、烟道闸阀的开启状态，使活化气体从另一个蓄热室底部烟道进入烟囱。随后，定期进行切换操作 | 8 |
| 12 | 按照规定要求，调整工艺参数，并使活化料质量达到标准 | 7 |

当下近烟道温度达到400℃以后，炉内应保持正压状态，使下远烟道处的炉压维持在10Pa以上，防止炉料燃烧或发生事故。为此可开动返回风机，使流向烟窗的炉气部分返回炉内。这样处置还具有回收废气中的热量，提高炉内气流速度及缩小炉内温差的作用。下远烟道、中部烟道、上远烟道及上连烟道，都必须在温度达到650℃以后，才能相应地打开各自的空气闸阀，向炉内送入二次空气帮助炉气燃烧，相邻两个测温点（如下近烟道与下远烟道等）之间的温差不宜太大，最好控制在120℃以内。并且，炉气中的氧气含量不应超过0.2%。当蓄热室顶部温度达到900~1100℃时，开始通入活化用的水蒸气，并开始切换操作。以后，逐渐调整运转状态，使工艺参数及活化料质量达到规定，开炉作业便完成。

从燃烧室点火加热时开始，便按照规定的时间进行卸料、加料。蓄热室开始通入水蒸气以前卸出的炭料及以后卸出的吸附能力达不到要求的炭料，返回炉中重新进行活化。

加热升温过程中如遇煤气熄火，重新点火之前必须分析炉内一氧化碳气体的含量，只有当其浓度小于0.03mol/L时才能点火。

升温期间应有人专门负责调节加固炉体用的拉杆松紧程度，每天一次。开炉结束后关闭返回风机。

(2) 停炉

停炉时，应使炉内各处的温度均匀而缓慢地降低，防止高温炉体因局部骤冷而损坏。降温速度应控制在每昼夜60~100℃。

停炉作业分两个阶段进行。第一阶段仍定期进行切换操作，但逐步增加卸炭次数，减少进入炉中的水蒸气及空气的数量，并减少烟道抽力，直至中部烟道温度降低到600℃为止，约需要5~7d。第二阶段停止切换操作，关闭所有的切换阀，并用耐火泥将炉体所有与外气相通的孔口封闭；但应从两个蓄热室的底部通入少量水蒸气，并适当加大卸料装置的水蒸气的供应量，使炉内维持正压状态；继续加大卸料量并注意及时加料；当中部烟道温度达到300~400℃时，停止加料并将炉料全部卸出，盖好炉顶加料槽盖，让炉体自然冷却至室温状态。

停炉期间，也应有专人负责调节炉体拉杆松紧程度，每天一次。停炉过程中发现烟窗潮湿，应进行烘烤，防止损伤缩短其使用寿命。

### 6) 斯列普炉的主要优缺点

斯列普炉通过蓄热室回收废烟气的热量，将活化剂水蒸气过热至高温，并且烟道气也参加了活化反应，因此不但活化效果好，产品质量均匀、得率高，而且，正常运行时不需要外加燃料；机械化程度高、生产能力大、使用寿命长、作业环境好，是气体活化法生产活性炭的优秀炉型之一。但是，斯列普炉结构复杂，需要多种不同规格的异型耐火砖，筑炉技术要求高，投资大；电、水蒸气等不间断地连续供应能力要求高。经过几十年的发展，斯列普炉是以煤和果壳为原料生产活性炭的主要炉型，并出现了多种规格。

## 12.3.1.4 主要技术经济指标及质量标准

(1) 原材料和水电消耗定额

每生产1t成品活性炭（包括颗粒炭与粉末炭两部分）的主要消耗见表12-7。

表 12-7 斯列普炉生产 1t 椰壳活性炭的主要消耗

| 原料 | 数量(t) | 能源 | 数量(t) |
|---|---|---|---|
| 果壳炭 | 3.8~4.5 | 水蒸气(t) | 30~40 |
| 工业盐酸 | 0.12 | 电（kW·h） | 500~600 |
| 水 | 20~30 | | |

**(2) 不定型颗粒活性炭的质量标准**

以果壳为原料生产的不定型颗粒活性炭，应用于回收溶剂、气体精制、水处理、黄金提取、味精精制及触媒载体等多种领域。表 12-8 及表 12-9 列出了主要的木质味精用颗粒活性炭和乙酸乙烯合成催化剂载体活性炭质量的国家标准。

表 12-8 木质味精精制用颗粒活性炭（GB/T 1380.3—1999）

| 项 目 | 指 标 | |
|---|---|---|
| | 一级品 | 二级品 |
| 碘吸附值(mg/g) | ≥1000 | ≥900 |
| 强度(%) | ≥90.0 | ≥90.0 |
| 表观密度(g/mL) | 0.45~0.55 | 0.32~0.47 |
| 粒度(800~280μm,%) | ≥90 | ≥90 |
| 水分(%) | ≤10.0 | ≤10.0 |
| pH 值 | 4.0~7.5 | 4.0~7.5 |
| 灰分(%) | ≤3.0 | ≤4.0 |
| 铁含量(%) | ≤0.10 | ≤0.15 |

表 12-9 乙酸乙烯合成触媒载体活性炭（GB/T 13803.5—1999）

| 项 目 | | 指 标 | |
|---|---|---|---|
| | | A 类 | B 类 |
| 表观密度(g/mL) | | 0.385~0.420 | 0.385~0.440 |
| 水分(%) | | 3 | 3 |
| 粒度(%) | >710μm | 0.5 | 0.5 |
| | 335~600μm | 87 | 85 |
| | <300μm | 1.5 | 3.0 |
| 平均粒径(μm) | | 440~490 | 440~490 |
| 乙酸吸附量(mg/g) | | 530 | 500 |
| 乙酸锌吸附量(g/100mL) | | 7 | 6 |
| 强度(%) | | 73 | 70 |
| pH 值 | | 5~7 | 5~7 |

## 12.3.2 气体活化法生产粉状活性炭

由于原料炭的形状不同，采用气体活化法生产粉状活性炭的活化炉有多管炉、沸腾炉、焖烧炉和土耙炉等炉型。下面以多管炉及沸腾炉活化法为例说明气体活化生产粉状活性炭的主要工艺。

### 12.3.2.1 多管炉水蒸气活化法

**1）多管炉**

根据活化管横断面形状的不同，多管炉有圆形与矩形两种，前者应用的较为普遍。圆形多管炉的结构如图 12-7 所示，是一种立式活化炉，横截面为长方形。

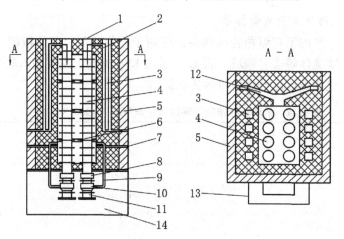

**图 12-7 圆形多管式活化炉**

1. 活化管盖 2. 过热水蒸气管 3. 水蒸气过热室 4. 活化管 5. 活化炉炉体
6. 烟气挡板 7. 二次空气进口管 8. 炭冷却器 9. 煤气管 10. 烟气分离器
11. 定体积出料器 12. 烟道 13. 燃烧室 14. 支座

炉体用砖砌筑（内层为耐火砖，外层为普通砖），支承在两个支座上。炉膛内有两排直立的活化管，每排 4～6 根。活化管为圆筒形，内径 15～20mm、高 500～550cm，由每节长 25cm 的管节相互承插连接构成。除顶部及底部各有一节用铸铁制造外，其余均用耐火黏土制成。活化管管节如图 12-8 所示。

活化用水蒸气，由水蒸气过热管在活化炉炉壁中的过热室内过热至 300～400℃ 以后，由活化管上部的水蒸气导入管送入活化管内部，与从活化管顶部加入管内的炭化料一同在向下移动的过程中进行活化。完成活

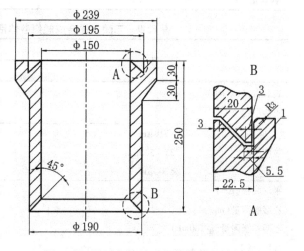

**图 12-8 圆形多管炉活化管管节剖视图**

化后的活化料，在活化炉底部的套管式木炭冷却器中被水间接冷却，进入煤气分离器与活化过程中生成的不凝性气体分离，最后定期由定体积出料器卸出。

从煤气分离器中分离出来的煤气，由煤气管送入活化炉炉膛中燃烧以维持炉温。燃烧用空气由炉膛上的二次空气进口管从大气中吸入。燃烧生成的高温烟气，在炉膛内设置的挡板引导下曲折地上升，使活化管均匀地受热，最后由炉膛上部经烟道导入烟窗。正常操作时，不需要外加燃料。

多管炉的结构简单，容易建造，投资少；其操作简便，产品质量稳定，正常运行时不需

要外加燃料,适于中小型工厂使用。但其水蒸气过热温度低、活化能力差;物料间接受热,活化程度不太均匀;活化管易损坏,维修比较频繁。

**2) 主要操作**

多管炉水蒸气活化法生产粉状活性炭的示意流程如图12-9所示。

(1) 备料

多管炉适用于质地松软的颗粒状原料炭的活化。常用的原料种类有松木炭、桦木炭等。原料炭经人工除去炭头之类杂质以后,用双辊式破碎机破碎,再经双层振动筛筛选出粒径为3~30mm的筛分供活化用。

(2) 活化

多管炉开炉时,用设置在炉体下方的燃烧室点火加热升温。新炉由室温升温至正常工作状态,约需25~30d。转入正常工作运行后,封闭燃烧室。

活化炉运行时,每隔30~60min卸料及加料各一次;物料在炉内经过约20~30h;中部炉膛温度控制在1100~1200℃。每生产1t活化料活化用水蒸气量为4~5t;每根活化管年产量为8~10t。

(3) 活化料的除砂和粉碎

气体活化法生产粉状活性炭时,与上述生产不定型颗粒活性炭一样,活化料后处理的工艺步骤与操作条件随所生产的活性炭品种而异。

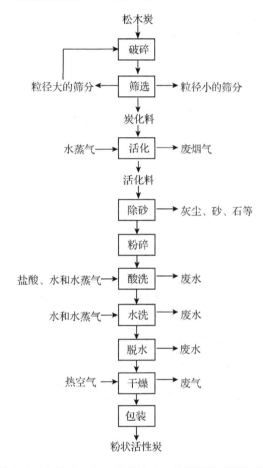

**图12-9 多管炉水蒸气活化法生产粉状活性炭的流程图**

多管炉水蒸气活化法生产出来的活化料,粒度比前述不定型颗粒活性炭小得多,因此不能用鱼鳞板状除砂机除砂。生产上通常使用风力或减压抽吸的方法将砂石等杂质除去,并用电磁铁除去铁屑之类夹杂物。

常用的粉碎设备用球磨机、雷蒙磨、轴承磨及振动磨等,一般粉碎至100~200目(0.15~0.07mm)。粉碎的目数大(粒径小),还能在一定程度上提高产品活性炭的吸附能力,但是过滤性能变差。

粉碎后的活化料可以直接作为粉状活性炭使用。但其杂质含量高、呈碱性,多数场合下应进一步精制。

(4) 酸洗、水洗和调节pH值

酸洗和水洗、调节pH值及脱水等操作与前述生产不定型颗粒活性炭类似。酸洗时,工业盐酸的用量为活化料粉末重量的10%~20%,通入直接水蒸气煮沸时间为1~4h。

水洗采用热水及自来水进行漂洗。对杂质含量规定特别严格的炭种,后期需要用冷凝水或蒸馏水洗涤,直到杂质含量达到要求为止。必要时,水洗结束后调整炭料的pH值。方法是向水洗桶炭料中加入一定量的酸(如醋酸)或碱(如氢氧化钠或碳酸钠),调节 PH 值至规定标准后,直接通蒸汽煮沸约 10min,冷却后用离心机或真空吸滤装置脱水,脱水后的湿炭可直接供应用户使用,或进行干燥处理。

(5) 干燥及包装

方法与生产不定型颗粒活性炭相同。

### 3) 要技术经济指标及质量指标

(1) 原材料和水电消耗定额

使用圆形多管炉水蒸气活化法,生产 1t 粉状活性炭的主要原材料和水电消耗见表 12-10。

**表 12-10　圆形多管炉水蒸气活化法生产 1t 粉状活性炭的主要原材料和水电消耗**

| 原材料 | 数量(t) | 水电能源 | 数量 |
| --- | --- | --- | --- |
| 松木炭 | 4 | 水蒸气(t) | 6~8 |
| 工业盐酸 | 0.2~0.4 | 电(kW·h) | 300~500 |
| 水 | 30~50 | 煤(干燥用)(t) | 0.6~0.8 |

(2) 粉状活性炭的质量指标

气体活化法生产的粉状活性炭与后面将要介绍的化学药品活化法生产的粉状活性炭相比较,最大的特点是活化过程中未使用化学药品。因此,产品中不可能存在作为活化剂使用的化学药品残留物,用途不受限制,广泛地应用于医药、食品、饮料、油脂及水处理等多种工业部门,质量标准随其用途不同。气体活化法和化学药品活化法生产的粉状活性炭都可以用医药精制,这是活性炭的重要应用领域,它们需要相同的质量标准。表 12-11 列出了针剂用活性炭质量的国家标准。

**表 12-11　针剂用活性炭质量国家标准(GB/T 1380.4—1999)**

| 项　目 | 指　标 | |
| --- | --- | --- |
| | 氯化锌法或磷酸法 | 物理法 |
| 亚甲基蓝脱色力(mg/0.1g) | ≥11 | ≥11 |
| 硫酸奎宁吸附力(mg/g) | ≥120 | ≥120 |
| pH 值 | 5~7 | 5~7 |
| 水分(%) | ≤10.0 | ≤10.0 |
| 铁(Fe)(%) | ≤0.02 | ≤0.02 |
| 氯化物(Cl)(%) | ≤0.1 | ≤0.1 |
| 硫酸盐($SO_4$)(%) | ≤0.1 | ≤0.1 |
| 灰分*(%) | ≤3.0 | ≤3.0 |
| 酸溶物(%) | ≤0.8 | ≤0.8 |
| 重金属(以 Pb 计) | 合格 | 合格 |
| 水溶性锌盐(Zn)(%) | ≤0.005 | — |
| 硫化物(S) | 合格 | 合格 |
| 氰化物(CN) | 合格 | 合格 |
| 未炭化物 | 合格 | 合格 |

注:* 指出厂包装时数值。

## 12.3.2.2 沸腾炉空气—水蒸气活化法

### 1) 沸腾炉

沸腾炉是一种流态化活化炉，它适用于生产粉状及细小颗粒活性炭。按照操作方式的不同，沸腾炉有间歇式与连续式两种。间歇式沸腾炉的结构如图12-10所示。

沸腾炉外形为立式圆筒状。外层炉壁用钢板卷制，内层为耐火砖砌筑，通过下侧附属的燃烧室对炉膛间接加热。

在沸腾炉中，炭料在活化气体的鼓动下呈流态化状态进行活化反应。因此，强化了传热传质过程，缩短了活化时间，并具有产品质量均匀等优点。但是，有操作技术要求较高，单炉生产能力不大，气体分布板上的小孔易堵塞之类问题尚需进一步解决。

### 2) 工艺操作

沸腾炉空气-水蒸气活化法生产粉状活性炭的示意如图12-11所示。

(1) 原料炭

沸腾炉只能活化粉状或细小颗粒状的原料炭，并且要求粒度应该均匀一致。因此，常用木屑炭、水解木素炭或者木炭屑作为原料。

(2) 活化

开炉时，在燃烧室点火加热。新炉第一次使用时，应按照规定的升温曲线烘炉7~10d。当活化室温度达到320℃以上时，起动螺旋进料器向炉内加入原料炭300kg；同时起动空气压缩机，将空气从炉底部经过气体分布板送入炉膛内。此后应注意调节送入的空气量，使其随着进料量的增加而逐渐增加。

在炉膛中，被炉膛壁加热至高温的原料炭与空气接触进行活化反应并放出热量，使炉温进一步上升。经过1~2h，当炉温达到800℃左右时，在向炉膛内送入空气的同时，开始供给水蒸气。方法是将两者在管道内混合以后，经过预热室预热，再由分布板均匀地分散到炉膛中供活化使用。

通过调节空气和水蒸气的比例及流量，使炉膛中的炭料在沸腾的状态下活化，并保持活

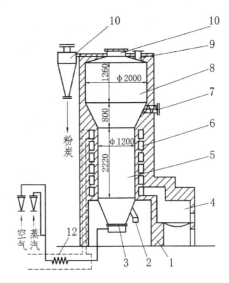

**图 12-10  间歇式沸腾活化炉**
1. 支座  2. 卸料口  3. 气体分布板  4. 燃烧室  5. 活化室
6. 高温烟气通道  7. 螺旋进料器  8. 分离室  9. 防爆孔
10. 气体出口管  11. 旋风分离器  12. 预热室

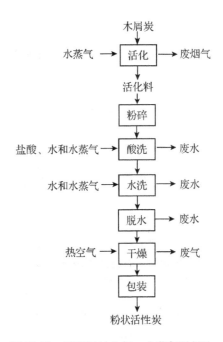

**图 12-11  沸腾炉的空气、水蒸气活化法生产粉状活性炭流程图**

化室的温度为 800~850℃。活化后的气体从活化炉顶部的气体导出管导出。经旋风分离器回收夹带的炭粉以后，排空或返回活化炉底部的燃烧室燃烧。

经过一定时间活化以后，取样化验。吸附能力达到规定要求后，停止向活化炉内供给空气和水蒸气，打开卸料口阀门卸出活化料。活化料得率为原料炭重量的 30%~37%；活化操作周期 6~8h；每吨活化料消耗燃料煤约 3t。

(3) 活化料的后处理

活化料经粉碎后，进行酸洗、水洗、脱水及干燥等精制处理，方法同前。

#### 12.3.2.3 气体活化法生产粉状活性炭的其他方法

除了上述两种生产粉状活性炭的方法以外，在气体活化法中，土耙炉空气-水蒸气活化法及焖烧炉烟道气活化法，也用于生产粉状活性炭。尽管这些活化设备具有结构简单、容易建造、投资少等优点，但由于操作条件比较差、劳动强度大、得率较低、产品质量波动大等缺点，目前已较少应用。

### 12.3.3 气体活化法生产成型颗粒活性炭

成型颗粒活性炭是将原料炭或煤粉碎以后，与煤焦油等胶黏剂混合成型，再经过干燥、炭化和活化等工艺过程所生产出来的具有一定形状的颗粒活性炭。最常用的原料是煤，有时也用木屑炭或木炭为原料。以煤或木炭为原料，生产成型颗粒活性炭的流程示意如图 12-12 所示。

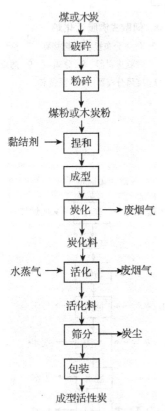

图 12-12 成型颗粒活性炭的水蒸气活化生产工艺流程

#### 12.3.3.1 工艺操作

(1) 原料炭

用于气体活化法生产成型颗粒活性炭的主要原料来源于两种：煤和植物纤维原料的炭化料。

根据成煤条件和年代差异，煤有很多种类，主要包括泥煤、褐煤、烟煤及无烟煤等。各种煤都可以用来生产活性炭，它们是生产活性炭的大量而价廉的原料。但是，要生产出吸附性能好、机械强度大、杂质含量少的高品位活性炭，就应该选择灰分含量低、含硫少、挥发分适当的煤作为原料。此外，有些煤具有高温下软化胶结的性能，这不利于生产孔隙结构发达的活性炭产品。

各种木炭、粉状果壳炭或秸秆炭等植物纤维原料的炭化料，都可以作为成型颗粒活性炭的原料。与煤相比，木炭及木炭屑的优点是灰分少、不含硫，可用于生产杂质含量少的成型颗粒活性炭。

另外，在活性炭的工业应用过程中，会产生大量的废弃粉状活性炭，也可以作为成型颗粒活性炭的原料，但该生产技术还需要进一步完善。

(2) 黏结剂

黏结剂的主要作用是与煤粉或木炭粉混合，使固体粉状物料之间相互交联并塑化，以便制得具有足够强度的成型物。黏结剂的主要要求是：对煤粉或木炭粉应具有良好的渗透性、浸润性及黏接性；灰分含量少；与煤粉或木炭粉的混合物应具有良好的可塑性；成型物的机械强度大等。

常用的黏结剂有煤焦油、木焦油及煤沥青等，煤焦油是煤的干馏产物，木焦油是木材干馏的液体产物，煤沥青是煤焦油分馏加工的残留物。它们的主要性质与作为成型颗粒活性炭黏结剂的主要质量指标分别见表12-12至表12-14。

表12-12 煤焦油的主要质量指标

| 项 目 | 指 标 | |
|---|---|---|
| | 一级 | 二级 |
| 外观 | 黑色黏稠油状液体 | |
| 相对密度(20℃) | 1.20 | 1.18 |
| 沥青含量(%) | 52~60 | >50 |
| 水分(%) | ≤2 | ≤4 |
| 馏分范围(℃) | 95~360 | |
| 黏度($E_{80}$)(s) | 50 | |
| 游离炭含量(%) | ≤6.0 | |
| 灰分(%) | ≤0.15 | |

表12-13 木焦油的主要质量指标

| 项 目 | 指 标 | 项 目 | 指 标 |
|---|---|---|---|
| 外观 | 黑色黏稠油状液体 | 酚类物质含量(%) | 10~55 |
| 相对密度(20℃) | 1.05~1.15 | 水分(%) | ≤4 |
| 沥青含量(%) | 40~60 | 黏度($E_{80}$)(s) | 30~40 |
| 醋酸含量(%) | 1~2 | 灰分(%) | ≤0.2 |

表12-14 煤沥青的主要质量指标

| 项 目 | 指 标 | |
|---|---|---|
| | 一级 | 二级 |
| 软化点(℃) | 75~90 | 75~90 |
| 游离炭含量(%) | ≤20 | ≤25 |
| 灰分(%) | ≤1.0 | ≤1.5 |

(3) 破碎及粉碎

原料煤或炭在破碎之前，先由人工除去夹杂的石块、木块等杂质，再用电磁分离器除去铁类杂质。

块状的原料煤，为了降低能耗，通常分两步将它们破碎至要求的粒度，首先用鄂式破碎机或捶式破碎机破碎成粒度小于15mm的碎块，再用球磨机之类粉碎设备粉碎。

粉碎后粉末的粒度越细，越有助于成型物强度的提高。为了保证成型物有足够的强度，通常粉碎至180目以上(粒径在0.08mm以下)。

在粉碎过程中，煤粉及木炭粉容易飞扬导致粉尘污染，并会自然或与空气按一定比例形成爆炸性混合物。因此，粉碎工段的设备应严格密封，并应配备完善的通风、吸尘、集尘及除尘系统，采取相应的防火、防爆措施，以确保安全和保护环境。

(4) 捏和

捏和是利用捏和机的搅拌和挤压作用，把按照一定比例配合的黏结剂与煤粉或木炭粉充分混合均匀,并最终形成可塑性物料供成型使用的操作。

经验表明,黏结剂焦油中的沥青含量,对产物成型颗粒活性炭的机械强度和吸附能力有显著的影响。沥青含量为60%±5%的焦油作为黏结剂使用时,效果最好。焦油中的沥青含量,可以通过向其中加入沥青的方法提高,或者用加入重油之类低沸点馏分的方法降低。

另一方面,黏结剂焦油的用量对成型物的性质也有很大的影响。黏结剂用量不足时,物料的可塑性差,难成型,成型物表面粗糙并容易断裂;用量太多时,成型物容易变形,在随后的加工过程中容易黏结、结块,使颗粒形状遭到破坏。黏结剂的最佳用量随所生产的活性炭品种而异。通常,随着成型物粒径的减少,黏结剂用量有增大的倾向。表12-15中列示了一种生产回收溶剂用活性炭与吸附用活性炭的捏和用料配比。

表 12-15　两种成型颗粒活性炭捏和时的配料比例

| 成型颗粒活性炭 | 配料的质量比(%) | | |
|---|---|---|---|
| | 煤粉 | 煤焦油 | 水 |
| 回收溶剂用活性炭 | 64~66 | 22~28 | <8 |
| 吸附用活性炭 | 65~67 | 29~32 | <8 |

煤焦油在使用之前,应将其沥青含量调节至55%~65%,并要加热到60~90℃以后再与煤粉混合。捏和机应该通过夹套,用水蒸气加热保温,使物料温度达到30~60℃,有利于塑化及成型。此外,捏和时加水可能会降低成型物的机械强度。

(5) 成型

捏和后的物料用螺旋挤压成型机或液压成型机成型。前者是连续式成型机械,后者为间歇式。

螺旋挤压成型机的结构如图12-13所示。捏和后的物料由加料斗加入机筒中,在螺杆的推动下,经过端部的花板中小孔挤压成圆柱状炭条排出。花板上的小孔直径大小随成型颗粒活性炭的规格而异,有1.5~8mm多种尺寸供选择、更换。

液压成型机由预压制块机和高压成型机两部分构成。捏和过的物料首先在预压制块机中,以1MPa的压力压制4min形成圆柱状炭饼;而后将其放入高压成型机中,经过花板压制成炭条。表12-16列出了气体活化法生产回收溶剂用活性炭和吸附用活性炭时,一种高压成型机的成型压力及使用的花板孔径。

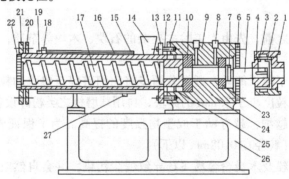

图 12-13　螺旋挤压成型机剖视图

1. 靠背轮　2. 轮圈　3. 勾头轮　4. 平键　5. 短轴　6. 端冒　7. 备帽　8. 油杯孔　9. 轴承座上盖(半开式)　10. 轴承(7615)　11. 接头　12. 螺栓　13、20. 法兰　14. 加料斗　15. 机筒　16. 夹套　17. 螺杆　18. 水、气管出口接头　19. 堵板　21. 卡头　22. 花板　23. 轴承　24. 轴承座　25. 密封环　26. 机座　27. 水、气管出口接头

表 12-16　高压成型机的成型压力及花板孔径之一例

| 压制的活性炭种类 | 成型压力（MPa） | 花板孔径（mm） |
| --- | --- | --- |
| 回收溶剂用活性炭 | 12~23 | 3.5~4.0 |
| 吸附用活性炭 | 14~23 | 1.73~1.85 |

螺旋挤压机或液压成型机压制成的炭条，应该表面光滑、相互不黏结并具有一定的韧性。为防止刚压制成的炭条相互黏结，可洒些煤粉或木炭粉在其表面，而后进行干燥和炭化。

(6) 干燥及炭化

干燥及炭化在内热式回转炉中进行，常用煤气或重油作燃料。控制炉头燃烧混合室温度为 600~800℃、炉体中部温度为 400~600℃、炉尾温度为 200~300℃。

使用直径 1600mm、长 11000mm、倾斜度为 2°~5° 的内设抄板的回转炉进行炭化时，转速 2~3r/min 为，加料速度为 1.5~2.0t/h，出料速度为 1.0~1.5t/hmin；物料在炉内经过的时间约 30min。炭化得到的炭化料应该不结块、质地坚硬。其得率占原料重量的 70% 左右。挥发分含量为 10%~15%，耐磨强度应大于 85%，水容量为 22%~35%。

炭化生成的废烟气中含有大量的轻油及焦油等有机物质，可以用冷凝冷却器、喷淋水洗塔及电滤器等装置进行回收处理，或者用复燃器烧却以后再经烟窗排放，以防止污染大气。

(7) 活化

炭化料使用斯列普炉或回转炉等活化炉活化。斯列普炉的结构及操作前已述及，现以回转炉为例进行说明。

新建或大修后的回转炉开炉时应严格按照升温曲线烘炉；已经使用过或曾经高温烘烤过的炉体，从冷炉重新启动时仍应按规定缓慢加热升温，通常应在 4~5d 内将中部温度升高至 500℃。并且，在炉体中部温度达到 300℃ 以后，应该每隔 1h 将炉本体转动半周，以防变形。

炉体中部温度达到 500℃ 以后，启动回转装置使炉体连续运转，并检查炉内砌体、指示仪表及燃烧系统的运行情况。全部正常时，通过炉尾加料装置连续加入炭化料，并适当加大炉头燃烧室的火力。炉体中部温度达到 700℃ 后，开始定量地向炉内通入过热水蒸气进行活化，并将工艺条件逐渐调整到正常状态。

正常运行时，炉头温度为 900~1050℃、中部温度为 800~900℃、炉尾温度为 500~700℃；活化用过热水蒸气温度为 300~400℃；炉膛内呈负压状态，压力控制在 -120~-80Pa；物料在炉内经过的时间为 2~3h。

需要停炉时，首先停止燃烧室加热燃烧。接着适当关闭烟道挡板以减少烟囱的抽力，停止加料并停止向炉内通入过热水蒸气，让炉体自然冷却。卸完炉料，炉体中部温度降至 500℃ 时，停止回转，但仍应定期将炉体转动半周，以防止变形，直至温度降至 300℃ 为止。

(8) 筛分和包装

活化料冷却后，用双层振动筛筛选合格的筛分进行包装。

### 12.3.3.2　活化转炉

回转炉在化学工业、建材工业等工业领域中广泛地用于干燥、焙烧等作业。木材热解及活性炭工业中常用它进行干燥、炭化及活化作业。根据加热方式的不同，回转炉有内热式及外热式两种。随着用途的不同，回转炉的结构虽然也有些差异，但主要结构基本类似。图 12-14 是气体活化法生产活性炭的内热式回转炉的结构示意图。

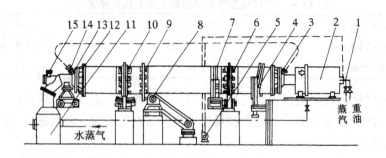

**图 12-14　内热式气体活化回转炉结构图**
1. 烧嘴　2. 燃烧室　3. 炉头　4. 卸料装置　5. 通风机　6. 支承轮　7. 测温装置
8. 变速器　9. 回转齿轮　10. 支承轮　11. 活化用水蒸气过热器　12. 炉尾
13. 进料管　14. 空气管　15. 窥视镜

(1) 回转炉本体

回转炉本体是用厚度 10mm 以上的钢板卷制而成的卧式圆筒体，直径 1.5~2.0m、长 10~20m，内衬轻质耐火砖和石棉保温隔热层，炉本体轴线以尾高头低的状态与水平线夹角 1°~5° 安装。炉体重量由固定在其外侧的两只承轮支承在它们下方的两对托轮上。安装在炉体中部的大齿轮，通过电动机驱动的皮带轮变速器变速系统的传动，以 1~3r/min 的速度带动炉体回转。为了测定炉膛内部的温度状况，炉本体上安装了 3 只热电偶，分别通过固定在炉本体外侧的铜环和炭刷，将温度信号传送到指示仪表。炉本体在靠近炉头的一端设有卸料装置，它是由一根与炉膛相通的直径 80mm 的螺旋状钢管与翻板阀构成，炉本体每转动一周，便定量地卸料一次。

(2) 炉头燃烧室

燃烧室由烧嘴燃烧煤气或重油生成高温烟道气，与过热水蒸气混合后进入炉本体内部作为活化气体供活化使用，并保持活化反应所需的温度。

燃烧室由钢板卷制，呈卧式圆筒状，内衬耐火砖及保温隔热材料。前端设置烧嘴，后端由炉头套筒及迷宫式密封装置与炉体相连。为了保护密封装置不因高温而损坏，其外部设有环形夹套冷却室，借助于风机的抽力从外界吸入空气冷却，换热后的热空气送至烧嘴助燃。活化用水蒸气在炉尾烟道中经过热器过热以后，从密封装置附近沿炉头套筒周围方向均匀分布的 3 个水蒸气进口管进入炉内，其所形成的局部正压有助于炉体的密封，以避免从外界吸入空气而干扰活化的正常进行。

(3) 炉尾排烟及进料装置

排烟装置也是钢板卷制的圆筒体，内衬耐火砖。其一端伸入炉本体内部，它也与炉头一样通过迷宫式密封装置与炉本体相连并用空气夹套冷却；另一端则与烟道相连通。

进料管安装在排烟装置上，活化用物料能沿进料管直接落入回转炉本体的炉膛中。

烟道内设置了水蒸气过热器，活化用水蒸气由此过热后送入活化炉内部。

炉尾排烟装置由其底部安装的 4 只脚轮支承在轨道上，以适应热胀冷缩的变化。也有的回转炉将炉尾固定不动，在炉头燃烧室底部安装脚轮可以在轨道上移动。

回转式活化炉结构比较简单，操作方便，易于调节，产品质量均匀，适于中小型活性炭厂使用；但有充填系数低，占地面积大、炉膛温度较难测定，活化过程中要消耗燃料等缺点。

## 12.3.3.3 原材料消耗定额及产品质量标准

(1) 煤质成型颗粒活性炭的主要原材料消耗定额

目前生产成型颗粒活性炭的主要原料是煤，因此，在活性炭品种中，煤质成型活性炭是其主要种类。表12-17列举了生产煤质成型颗粒活性炭的主要原材料消耗状况。

**表12-17　生产1t成型颗粒活性炭的主要原材料消耗定额**

| 项　目 | 指　标 | |
|---|---|---|
| | 回收溶剂用活性炭 | 吸附用活性炭 |
| 煤(t) | 4 | 4.2 |
| 焦油(t) | 2 | 2.3 |
| 稀释用重油或回收油(t) | — | 0.1 |
| 燃料用重油(t) | 0.3 | 0.3 |
| 水蒸气(t) | 10 | 10 |

(2) 成型颗粒活性炭的质量标准

煤质成型颗粒活性炭有很多种类，包括脱硫用煤质颗粒活性炭、净化水用煤质颗粒活性炭、回收溶剂用煤质活性炭、触媒载体用煤质颗粒活性炭、空气净化用煤质颗粒活性炭、防护用煤质颗粒活性炭以及高效吸附煤质颗粒活性炭等，它们都有相应的国家标准，并规定了相应的质量指标。表12-18列示了回收溶剂用煤质颗粒活性炭质量指标的国家标准。

**表12-18　煤质颗粒活性炭 净化水用煤质颗粒活性炭**（GB/T 7701.2—2008）

| 项　目 | 指　标 | 项　目 | 指　标 |
|---|---|---|---|
| 水分(%) | ≤5 | 粒度(%) | |
| 强度(%) | ≥90 | >5.50(mm) | ≤5 |
| 着火点(℃) | 350 | 2.75~5.50(mm) | 不规定 |
| 四氯化碳吸附率(%) | ≥54 | 1.00~2.75(mm) | ≤15 |
| 装填密度(g/L) | 实测 | <1.00mm | ≤1 |

# 12.4　化学药品活化法生产活性炭

## 12.4.1　化学药品活化法

### 12.4.1.1　化学活化法的基本原理

化学药品活化法是制备活性炭的常用方法，已有很长的发展历史，并已形成了许多化学活化种类。化学药品活化法是将选择合适的化学试剂，通过混合、浸渍方法使之渗透到含碳原料之中，然后在一定的温度下，将浸渍有化学试剂的含碳原料进行炭化，最后回收炭化料中的化学药品，得到具有发达孔隙结构的活性炭。

化学药品活化法制备活性炭的孔隙主要来源于回收炭化物中的化学药品所留下的空隙。这些化学药品起着制造孔隙的作用，因而这些化学药品被称为活化剂。化学药品活化法的活化温度通常大于400℃，因此，在炭活化过程中，作为活化剂的化学药品除起制造孔隙作用外，还可能参与原料的热解反应，改变原料炭化历程，影响炭化温度和炭的得率等。不同的活化剂对原料的炭化影响不同。

### 12.4.1.2 化学药品活化法的活化剂

在化学药品活化法的研究历史中，已有许多无机酸、碱和盐类化合物作为活化剂使用，见表12-19。在这些活化剂中，氯化锌和磷酸活化剂具有很好的活化效果，因此，成为目前工业化的两种主要化学药品活化法：即氯化锌活化法和磷酸活化法。

表12-19 化学药品活化法的活化剂种类

| 氯化锌 | 生石灰 | 硫酸 | 氯化铝 | 硫酸钙 | 氢氧化钾 | 二氧化硫 |
|---|---|---|---|---|---|---|
| 氯化镁 | 消石灰 | 磷酸 | 氯化钙 | 硫酸钾 | 氢氧化钠 | |
| 氯化锡 | 磷酸钙 | 硼酸 | | 硫化钾 | | |
| | | 硝酸 | | 硫氢酸钾 | | |

### 12.4.1.3 化学药品活化法的原料

化学药品活化过程中，活化剂是以水溶液的形式通过浸渍等方法渗透至原料内部。为了保证活化剂的水溶液能渗透并高度分散在原料中，要求原料对含有活化剂的水溶液具有良好的湿润性能。根据有机化学基础知识可以判断，具有较高极性的原料通常有较高的氧含量，即含有较多的含氧基团。因此，一般来说，化学药品活化法所使用的原料要求其氧含量大于25%，并有一定的氢含量。同时，由于制备活性炭的原料通常为固体，所以需要原料具有一定的孔隙度。

木屑等加工剩余物的植物纤维原料，是化学药品活化法的主要工业原料。其主要原因是植物纤维原料不仅含有较高的氧含量，而且具有较丰富的天然孔隙。相反，煤，尤其是高等级煤，尽管有很高的碳含量，但由于氧含量很少，极性低，且孔隙很少，因此，煤的化学药品活化法效果差。煤主要用水蒸气等气体活化法，而不采用化学药品活化法生产活性炭。但值得注意的是，一些煤化程度低的煤，由于还含有较高的氧含量，且具有一定的孔隙度，采用磷酸作为活化剂，也具有一定的活化效果。

## 12.4.2 氯化锌活化法

氯化锌活化法制造活性炭已有一个世纪的历史。1900年首次由奥司脱里杰(Ostrejko)公开氯化锌活化生产活性炭的专利，随后在德国和荷兰开始用此法生产商品活性炭。由于氯化锌活化法会带来的环境污染问题，中国、欧洲、日本和美国等主要活性炭生产国现都已很少使用。然而，由于氯化锌活化法的活化机理、生产工艺的发展最为成熟，并且是掌握其他化学活化法的主要基础，因此，本教材仍将其作为重点进行介绍。

### 12.4.2.1 活化原理

氯化锌是一种路易斯酸，而且对植物纤维具有很强的润涨能力。因此，在氯化锌活化过程中，氯化锌起到如下的主要作用，从而制备发达孔隙结构的活性炭。

(1) 氯化锌的润胀作用

当木屑等植物纤维原料中浸渍了一定比例的氯化锌(锌屑比)时，氯化锌的电离作用能使植物纤维原料中大量的纤维素和半纤维素发生润胀，且随着温度的升高和水分的不断蒸发，在植物纤维原料中氯化锌溶液浓度不断提高，润胀作用不断增强，最终导致氯化锌高度分散在植物纤维原料的细胞壁中，使纤维素等组分转变成胶体状态。

当植物纤维原料浸渍了较高比例的氯化锌溶液时，在低于100℃下，氯化锌对植物纤维原料的润胀作用就能发生；在较小锌屑比的情况下，原料在150~200℃进行浸渍便能发生润胀。在氯化锌润胀植物纤维原料的过程中，会产生热，导致物料温度升高，促进了润胀作用的进一步发生。

(2) 催化水解作用

氯化锌作为一种强的路易斯酸，在润胀木屑等植物纤维原料的同时，还显著催化原料中半纤维素和纤维素的水解，降解这些高分子化合物。例如，用纤维素、木屑作原料，用浓度为15%~65%的氯化锌溶液浸渍后，在140℃以内这些原料就能水解得到葡萄糖、戊醛糖、糖醛酸和糖醛等，它们的相对分子质量都在160~240之间。最终使植物纤维原料与氯化锌形成较均匀的塑性物料。

(3) 催化脱水和催化炭化

根据一般的化学反应机理可知，由于纤维素和半纤维素中含有大量的羟基，作为路易斯酸的氯化锌能够促进植物纤维原料中纤维素和半纤维素的脱水。实验证明，在150℃以上，氯化锌对含碳原料中的氢和氧具有很强的催化脱水作用，使它们更多地以水分子的形态从原料中脱除，从而减少了它们在热解过程中与碳元素生成许多不同的有机化合物如焦油等的几率，使原料中的碳更多地保留在固体产物炭之中，显著提高了活性炭的得率。因此，用氯化锌法生产活性炭时，活性炭的产率高达原料重量的40%左右。也就是说，大多数植物原料中碳元素重量的80%左右都转变成了活性炭。与气体活化法相比，大大地提高了原料的利用率。

依靠氯化锌溶液的润胀作用、催化水解和催化脱水的共同作用，使木屑等植物性原料的炭化反应历程发生了改变，显著降低炭化温度，即具有催化植物原料炭化的作用。根据 X 射线衍射分析和拉曼光谱分析，在氯化锌的作用下，木屑等植物原料炭化所形成的炭的微晶质结构较未加任何添加剂的情况下提前出现。

(4) 强化传热过程

与气体活化法中所使用的气体传热介质相比，液态和固体氯化锌的导热系数要高十几倍以上。因此，浸渍了氯化锌溶液的木屑等植物原料经润胀与水解作用所形成的均匀塑性物料，其传热性能大大加强，结果使物料快速且均匀地受热，不致于发生局部过热，且大大的缩短了炭活化时间。

(5) 氯化锌的骨架造孔作用

在氯化锌的润胀、水解等作用下，植物纤维原料能形成塑性物料，氯化锌高度分散在原料中。当升高温度进行炭化时，原料热解产生的新生炭沉积在氯化锌骨架上，炭化完毕后形成了高度分散有氯化锌的炭，工业上称为活化料。洗出活化料中的氯化锌所留下的空隙，构成了活性炭孔隙结构的主要组成部分。氯化锌的这一骨架造孔作用决定了在氯化锌活化过程中，锌屑比是影响氯化锌活化法生产活性炭中的关键因素，产品活性炭的孔隙容积随着活化剂氯化锌用量的增加而增大。研究也表明，炭活化后的活化料，在回收过程中溶解出的氯化锌的体积近似等于所得产品活性炭的孔容。

### 12.4.2.2 影响氯化锌活化法的主要因素

**1)浸渍比**

由于目前氯化锌活化法生产活性炭的主要原料是木屑,因此,浸渍比也称为锌屑比。锌屑比是氯化锌法生产活性炭配料时所使用的无水氯化锌与绝干原料的质量之比。如前所述,氯化锌法生产活性炭时,活化料中氯化锌所占有的体积,近似等于产品活性炭的孔隙容积。可以看出,它是影响氯化锌活化法活性炭孔隙结构的最重要因素,改变锌屑比是调控氯化锌活化法活性炭孔隙结构的主要方法。在工业生产过程中,锌屑比通常用料液比(物料与氯化锌溶液的体积比)来控制。

表12-20中,当锌屑比在100%~350%之间变动时,产品活性炭的孔隙结构、吸附性能及强度都随之发生有规律的变化。在该锌屑比范围内制得的产品活性炭的颗粒密度、比表面积及强度,均随锌屑比的增加而减少;平均孔隙半径及最大分布的孔隙半径都随着锌屑比的增加而变大。活性炭对苯蒸汽的吸附能力却出现两种截然相反的状况:在吸附过程中,当苯蒸汽的相对压力较低时,0.12与0.20,随着锌屑比的增加,活性炭的苯吸附量减少;相反,在苯蒸汽的相对压力较大时,0.90与1.0,随着锌屑比的增加而增加。这主要是由在不同相对压力下苯的不同吸附原理所引起的。

**表12-20 锌屑比对产品活性炭性质的影响**

| 锌屑比 (%) | 颗粒密度 ($g/cm^3$) | 比表面积 ($m^2/g$) | 平均孔隙半径 (nm) | 最大分布孔隙半径(nm) | 强度 (%) | 在下列相对压力下的吸苯率(mg/g) | | | |
|---|---|---|---|---|---|---|---|---|---|
| | | | | | | 0.12 | 0.20 | 0.90 | 1.0 |
| 100 | 0.527 | 1567 | 0.75 | 1.6 | 85 | 431 | 448 | 516 | 519 |
| 150 | 0.491 | 1499 | 0.93 | — | 83 | 409 | 428 | 605 | 612 |
| 200 | 0.419 | 1367 | 1.11 | 2.9 | 76 | 376 | 391 | 659 | 669 |
| 250 | 0.391 | 1341 | 1.37 | — | 73 | 337 | 383 | 795 | 808 |
| 350 | 0.346 | 1299 | 1.76 | 4.5 | 63 | 310 | 323 | 986 | 1002 |

**2)原料的种类和性质**

(1)原料的种类

不同的植物纤维原料具有不同的孔道结构、强度以及天然树脂含量,影响活化剂氯化锌溶液向植物纤维原料内部的渗透,最终影响氯化锌的活化效果和活性炭的孔隙结构与吸附能力。例如,松木屑的树脂含量比杉木屑高,不利于氯化锌溶液的渗透。生产上通常将其存放一段时间,让树脂自然挥发一部分以后再使用。同样地,质地坚硬的硬杂木屑也比质地疏松的木屑难浸透,需要更长时间的浸渍。

在氯化锌活化法的工业生产过程中,不同的植物原料所采用的工艺参数需要做出相应的调整。经验表明,用氯化锌法生产糖液脱色用活性炭时,由于应该使用比较大的锌屑比,结果原料种类对产品活性炭的焦糖脱色力的影响很显著。通常用杉木屑最好,松木屑次之,而硬杂木屑生产出来的活性炭焦糖脱色力则较差。但是,通过调整工艺条件,现在已经能够使用各种木屑,以及甘蔗渣、油茶壳等其他植物纤维原料,用化学法生产出各种合格的活性炭产品。

(2)原料的含水率

工艺木屑含水率影响氯化锌溶液向木屑颗粒内的渗透速度,影响浸渍或捏和所需的时间。

当木屑含水率处于纤维饱和点以上时，渗透速度缓慢。例如，间歇法生产活性炭在浸渍池中用氯化锌溶液浸渍含水率大于30%的木屑时，浸渍时间需要8h以上；连续法生产活性炭时，要求木屑的含水率在15%以下，在捏和机中木屑和氯化锌溶液捏和15~30min便能达到充分浸渍。木屑含水率较大时，配料时可以适当提高氯化锌溶液的浓度以保证所规定的锌屑比。但是，木屑含水率过大便无法采用提高锌屑比的方法来生产孔径大的活性炭品种。

此外，用氯化锌法生产成型颗粒活性炭时，工艺木屑的含水率对成型性能及产品活性炭的强度也有一定的影响。

(3) 原料的颗粒度

用氯化锌法生产粉状活性炭时，木屑颗粒度在3.33~0.38mm(6~40目)范围内对产品质量未观察到显著的影响。原料粒度过大，则活化剂氯化锌不容易渗透至原料颗粒内部，导致活化不均匀，影响产品质量；当原料颗粒度分布较宽时，不利于确定浸渍工艺参数，导致活化效果不佳，同样影响产品性能。原料木屑颗粒度大小对氯化锌法生产成型颗粒活性炭的影响状况见表12-21。

**表12-21　木屑颗粒度对氯化锌法生产成型颗粒活性炭性能的影响**

| 木屑的颗粒度 (mm) | 锌屑比为80%时 | | 锌屑比为200%时 | |
|---|---|---|---|---|
| | 强度(%) | 颗粒密度(g/cm³) | 强度(%) | 颗粒密度(g/cm³) |
| <0.25 | 93 | 0.732 | 83 | 0.464 |
| 0.4~0.6 | 91 | 0.728 | 86 | 0.458 |
| 0.8~1.0 | 91 | 0.726 | 85 | 0.472 |
| 1.6~2.0 | 86 | 0.658 | 85 | 0.475 |

由表12-22可见，锌屑比比较小(80%)时，产品活性炭的耐磨强度和颗粒密度，随着木屑颗粒度的变大而减少；锌屑比比较大(200%)时，木屑颗粒度在0.25~2.0mm(60~9目)，对产品活性炭的耐磨强度和颗粒密度影响不显著。

3) 活化温度和时间

活化温度是影响氯化锌活化的另一个关键因素。它不仅显著影响活性炭的性质，而且决定活化过程中氯化锌的消耗量。表12-22中列示了活化温度对氯化锌法所生产的颗粒活性炭性质的影响。可以看出，随着活化温度的提高，活化反应速度加快，活化过程所需要的时间减少。活化过程所需的时间随活化装置的种类而异。通常，采用间歇式平板炉的氯化锌活化法生产活性炭时，炭活化时间需要2.5~4h，用连续式回转炉则仅需要30~45min。

**表12-22　活化温度对氯化锌法活性炭性质的影响**

| 锌屑比 (%) | 活化温度 (℃) | 在下列相对压力下的吸苯率(mg/g) | | 耐磨强度 (%) | 颗粒密度 (g/cm³) | 比孔容积(cm³/g) | | | |
|---|---|---|---|---|---|---|---|---|---|
| | | 0.12 | 0.91 | | | 微孔 | 过渡孔 | 大孔 | 合计 |
| 80 | 400 | 451 | 538 | 88 | 0.634 | 0.513 | 0.099 | 0.384 | 0.996 |
| | 500 | 588 | 544 | 87 | 0.615 | 0.555 | 0.063 | 0.425 | 1.043 |
| | 600 | 466 | 612 | 88 | 0.630 | 0.529 | 0.053 | 0.430 | 1.012 |
| | 700 | 421 | 454 | 92 | 0.658 | 0.478 | 0.038 | 0.454 | 0.970 |
| | 800 | 409 | 430 | 93 | 0.709 | 0.462 | 0.024 | 0.398 | 0.877 |

(续)

| 锌屑比(%) | 活化温度(℃) | 在下列相对压力下的吸苯率(mg/g) | | 耐磨强度(%) | 颗粒密度(g/cm³) | 比孔容积(cm³/g) | | | |
|---|---|---|---|---|---|---|---|---|---|
| | | 0.12 | 0.91 | | | 微孔 | 过渡孔 | 大孔 | 合计 |
| 200 | 400 | 476 | 825 | 88 | 0.499 | 0.542 | 0.390 | 0.430 | 1.490 |
| | 500 | 596 | 956 | 76 | 0.405 | 0.678 | 0.410 | 0.789 | 1.886 |
| | 600 | 592 | 910 | 80 | 0.427 | 0.674 | 0.361 | 0.756 | 1.791 |
| | 700 | 562 | 820 | 85 | 0.451 | 0.638 | 0.294 | 0.738 | 1.670 |
| | 800 | 500 | 756 | 87 | 0.501 | 0.606 | 0.254 | 0.568 | 1.441 |

由表12-22可以看出，无论锌屑比的大小，500℃下制得的活性炭吸苯率及比孔容积都最大，而耐磨强度及颗粒密度都最小。因此，生产吸附能力好的活性炭产品时，活化温度500℃左右最适宜；若需提高活性炭的耐磨强度，则应适当提高活化温度。

#### 12.4.2.3 氯化锌活化法生产粉状活性炭的工艺

氯化锌活化法主要用于粉状活性炭，但也可以生产成型颗粒活性炭。

**1)氯化锌活化法生产粉状活性炭**

(1)工艺流程

氯化锌活化法生产粉状活性炭的工艺流程如图12-15所示。

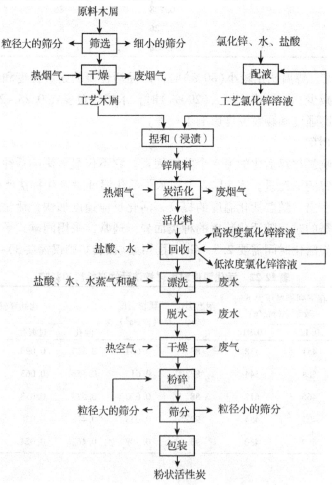

图12-15 氯化锌活化法生产活性炭的工艺流程图

(2) 工艺操作

① 工艺木屑的准备　木屑是氯化锌活化法生产活性炭的主要原料，主要包括杉木屑、松木屑及杂木屑等，不同种类的木屑需分别存放。收购的原料木屑需经过除杂、筛选和干燥，制得工艺木屑。

通过筛选，可以得到合适粒径范围的木屑，同时除去砂砾、细粉末、树皮及木等杂质。筛选使用双层振动筛。取粒径为6~40目(3.33~0.38mm)的木屑。若采用油茶壳和枝条材等还需用粉碎机捣碎成细粉。

筛选后的木屑通常需要干燥，使其达到工艺要求的含水率。木屑干燥所采用的设备常为回转炉和气流干燥装置。在回转炉中木屑与干燥介质气流直接接触，通过热交换达到干燥的目的。例如，用于干燥的转炉可采用钢板卷焊制成的圆筒体 $\Phi 916 \times 100mm$，转速为4r/min时，其加工能力为 $4m^3/h$（折算为500~600kg/h），全套装置动力为10kW/h。气流式干燥装置一般都用热风管进行热交换干燥。前者干燥木屑易自然着火，后者不易自然。例如，由用钢板卷焊制成 $\Phi 500mm$、长55m排列成Ω形几组连接的干燥管。一般入口处的管径小些，为 $\Phi 400mm$。用煤气和重油燃烧炉供热，使含水率25%的木屑经气流干燥达含水率为5%的备用原料，直接送入贮料仓，烟气温度由230℃降至110℃进入旋风分离器排放废气，干燥木屑温度不能过高，否则易自燃着火。使用的热气量为 $3500m^3/h$。由于砂石、泥等杂物的密度较高，沉积在干燥管下端，必须定期清除。

工艺木屑含水率的高低，取决于所采取的工艺条件，需要灵活掌握。如果捏和工艺使氯化锌溶液渗透到木屑中，则木屑含水率需要低于30%，甚至达到5%~20%以下；如果采用浸渍工艺，则木屑的含水率达到35%时，也可以不干燥，而通过提高氯化锌溶液的浓度达到良好的渗透效果。同时要注意，木屑的含水率不要太低，否则容易造成由于木屑颗粒的内部孔隙组织受到干燥而收缩从而劣化渗透效果。

经筛选和干燥处理的木屑为工艺木屑。干燥后的木屑通常需要经旋风分离器分离得到工艺木屑，然后集中收集在贮料仓，用风送或人工搬运到积料仓以备浸渍或捏和配料。

② 工艺氯化锌溶液的配制　工艺氯化锌溶液是由工业氯化锌、水及工业盐酸配制成的具有一定浓度和pH值的氯化锌水溶液，其浓度和pH值随生产的活性炭品种而异。在实际的工业操作过程中，工艺氯化锌溶液的配制方法是将工业氯化锌粉末溶解在水中或回收工段回收的高浓度氯化锌溶液中，达到规定的浓度数值以后，再用工业盐酸将溶液的pH值调节到规定的数值。

工业氯化锌是白色粉末状固体。相对密度为2.91(25℃)，熔点为313℃，沸点为732℃，易溶于水，暴露在空气中时易吸湿潮解；100g水在20℃时能溶解368g氯化锌，100℃时能溶解614g。除水以外，氯化锌还可以溶解在甲醇和乙醇等有机溶剂中。作为活化剂使用的氯化锌规格见表12-23。

**表12-23　氯化锌活化剂的规格**

| 项　目 | 规　格 | 项　目 | 规　格 |
| --- | --- | --- | --- |
| 氯化锌(%) | ≥96，≥98* | 碱金属(%) | ≤1 |
| 重金属(%) | ≤0.001，≤0.0025* | 水不溶物 | ≤0.5 |
| 铁盐(%) | ≤0.01 | 次氯酸根 | 无反应 |
| 硫酸盐(%) | ≤0.01，≤0.025* | | |

工艺氯化锌溶液的浓度大小取决于生产的活性炭品种。通常，生产吸附大分子类杂质用的活性炭（主要的活性炭指标为焦糖脱色力），即平均孔隙半径比较大的活性炭，使用浓度较高的氯化锌溶液；反之，则用浓度较低的溶液。例如，生产糖用脱色活性炭时，配制成氯化锌溶液的浓度为50%～58%（相当于50～57°Be′/60℃，一般用50%）、pH值为3～3.5的工艺氯化锌溶液；生产药品类脱色精制用活性炭时，则要求使用浓度为45%～47%（相当于45～47°Be′/60℃）、pH值为1～1.5的工艺氯化锌溶液；生产植物油脱色用活性炭则使用40～45°Be′/40℃，一般采用42°Be′、pH值为1～1.5的氯化锌溶液浓度。

为了便于测定，生产上常用波美度（°Be′）表示氯化锌溶液的浓度。由于溶液的波美度大小取决于溶液的浓度和温度，波美度数值随溶液温度的上升而减少。表12-24列出了在15.6℃下氯化锌溶液的波美度、相对密度和百分比浓度之间的对应值。用波美度表示溶液的浓度时，必须标记上测量时的溶液实际温度。例如，45～46°Be′/60℃的氯化锌溶液的浓度，与46～47°Be′/30℃的氯化锌溶液浓度实际上是等同的，而不是前者比后者的浓度低。

表12-24　15.6℃下，氯化锌溶液的波美度、相对密度和百分比浓度

| 波美度(°Be′) | 相对密度 | 百分比浓度(%) | 波美度(°Be′) | 相对密度 | 百分比浓度(%) |
| --- | --- | --- | --- | --- | --- |
| 0 | 1.000 | 0 | 51 | 1.5426 | 48.48 |
| 1 | 1.0069 | 0.76 | 52 | 1.5591 | 49.54 |
| 10 | 1.0741 | 7.91 | 53 | 1.5761 | 50.60 |
| 20 | 1.1600 | 16.98 | 54 | 1.5934 | 51.66 |
| 30 | 1.2609 | 26.90 | 55 | 1.6111 | 52.72 |
| 35 | 1.3182 | 31.93 | 56 | 1.6292 | 53.80 |
| 36 | 1.3303 | 32.94 | 57 | 1.6477 | 54.88 |
| 37 | 1.3426 | 33.95 | 58 | 1.6667 | 55.97 |
| 38 | 1.3551 | 34.96 | 59 | 1.6860 | 57.06 |
| 39 | 1.3679 | 35.97 | 60 | 1.7059 | 58.15 |
| 40 | 1.3810 | 36.98 | 61 | 1.7262 | 59.23 |
| 41 | 1.3942 | 38.02 | 62 | 1.7470 | 60.30 |
| 42 | 1.4078 | 39.05 | 63 | 1.7683 | 61.37 |
| 43 | 1.4216 | 40.09 | 64 | 1.7901 | 62.44 |
| 44 | 1.4356 | 41.12 | 65 | 1.8125 | 63.52 |
| 45 | 1.4500 | 42.16 | 66 | 1.8354 | 64.68 |
| 46 | 1.4645 | 43.21 | 67 | 1.8590 | 65.86 |
| 47 | 1.4796 | 44.26 | 68 | 1.8831 | 67.72 |
| 48 | 1.4948 | 45.32 | 69 | 1.9079 | 68.19 |
| 49 | 1.5104 | 46.37 | 70 | 1.9333 | 69.36 |
| 50 | 1.5263 | 47.43 | | | |

氯化锌和盐酸都具有毒性和腐蚀性。吸入氯化锌或氯化氢的蒸汽或烟雾会导致鼻膜和呼吸道的损伤；人体直接接触氯化锌固体、氯化锌水溶液或盐酸时，都会造成皮肤灼伤或溃烂。因此，进行有关作业时，应穿戴好劳保防护用品，并谨慎操作。

③浸渍或捏和　浸渍和捏合是工艺木屑与工艺氯化锌溶液的混合方式，目的是使氯化锌溶液通过扩散渗透到木屑颗粒内部，从而使氯化锌分散在木屑颗粒中。捏和或浸渍后的物料称作锌屑料。

捏和是通过捏和机的挤压和剪切力，使工艺木屑与工艺氯化锌水溶液搅拌混合均匀，并加速溶液向木屑颗粒内部渗透的操作。

浸渍法是在耐酸材料制作的浸渍池中，将用工艺氯化锌溶液浸渍工艺木屑数小时（通常8h以上），有时会辅助人工拌和以缩短浸渍时间，浸渍方式主要依靠人工操作，劳动强度大，浸渍时间长，但可以使用含水率较高的原料木屑进行生产。

捏和方式主要是在捏和机中进行，通常都是通过机壳内一对平行的之字状搅拌臂，以相反的方向转动混合物料，并依靠捏和机的挤压和剪切力，加速氯化锌溶液向木屑颗粒内部的渗透。捏和方式所需要的时间短，通常可在十几分钟内达到要求。浸渍方式适合于炭活化过程的间歇式工作，而捏和方式则主要应用于连续式的生产过程。

捏和或浸渍时，使用的工艺木屑与工艺氯化锌溶液的重量之比称作料液比。工业中规定的锌屑比就是通过控制料液比达到的。表12-25列出了一种糖用脱色活性炭的捏和工艺条件。

在捏和或浸渍工艺中，捏和或浸渍的温度和时间是两个主要的工艺参数，它们直接影响氯化锌溶液在工艺木屑等植物原料中的渗透好坏，从而直接影响产品活性炭的质量。一般情况下，适宜的浸渍或捏和温度为60℃，在此温度下，10min已满足渗透效果，但生产中常用10~15min为宜。

**表12-25　一种生产糖液脱色用活性炭及工业用活性炭的捏和操作工艺**

| 项　目 | | 糖液脱色用活性炭 | 工业用活性炭 |
| --- | --- | --- | --- |
| 工艺氯化锌溶液 | 浓度（°Be′/60℃） | 50~57 | 45~47 |
| | pH值 | 3~3.5 | 1~1.5 |
| 工艺木屑含水率（%） | | 15 | 15 |
| 料液比 | | 1:(4~5) | 1:3 |
| 捏和时间（min） | | 10~15 | 10~15 |

④炭活化　炭活化是氯化锌活化法生产活性炭工艺的关键过程，它决定了氯化锌的损耗、炭的得率、产品活性炭的质量和对环境的污染程度等。常用的炭活化装置有连续式回转炉和间歇式的平板炉。

在炭活化过程中，随着炭活化温度的不断升高，由于木屑高分子组分的不断水解以及氯化锌的不断熔融及其在木屑颗粒内部的渗透，大约250℃开始，锌屑料逐渐转变为黏胶状的塑化物料；在270~330℃之间氯化锌熔化起泡剧烈，由于放热和物料的导热性能提高，物料升温很快，在10~15min内物料就可升至350℃，此时，黏胶状的物料就变成了松散乌黑的含锌炭化料，起泡现象消失。

在炭活化过程中，锌屑料中的氯化锌发生形态上的变化以及化学反应。首先，锌屑料中的氯化锌会不断地熔融。随着温度的升高，氯化锌的蒸气压不断上升，易挥发而随气流逸出到废气中，不仅显著增加氯化锌活化过程中氯化锌的损耗，而且大大增大尾气净化处理难度，易引起环境污染。在物料温度升高到600℃之前，氯化锌主要发生水解反应，氯化锌转变为锌的氢氧化物，同时放出氯化氢气体，增大了对设备的腐蚀和环境的污染。

$$ZnCl_2 + H_2O \longrightarrow Zn(OH)Cl + HCl \uparrow$$

当物料升高到600℃后，氯化锌主要发生锌的氢氧化物的分解反应，导致氯化锌转变为氧化锌，并放出氯化氢气体。

$$Zn(OH)Cl \longrightarrow ZnO + HCl \uparrow$$

表 12-26　氯化锌的饱和蒸汽压与温度的关系

| 温度(℃) | 428 | 508 | 584 | 610 | 689 | 732 |
|---|---|---|---|---|---|---|
| 饱和蒸汽压(×133.32Pa) | 1 | 10 | 60 | 100 | 400 | 762 |

值得注意的是氯化锌的饱和蒸汽压在400℃以上时,随着温度的升高而迅速增加(表12-26)。因此,在实际生产过程中,炭活化温度应控制在500~600℃之间。

⑤氯化锌的回收　在活化料中,氯化锌之类含锌化合物含量高达70%~90%,它们是氯化锌、氯化锌水解产生的氢氧化物及其高温下分解形成的氧化锌,活性炭部分仅占活化料重量的10%~30%,因此,必须在炭活化之后进行氯化锌的回收操作。

回收工序的主要评价指标是氯化锌的回收效率,即活化料经回收工序得到的氯化锌占活化料中含锌化合物质量的百分比。回收的氯化锌一般可达浸渍或捏和前所加入的氯化锌总重量的70%~90%。提高氯化锌的回收效率,有利于减少整个生产过程中氯化锌的消耗量,显著降低生产成本,且减少产品活性炭中锌杂质含量,有利于提高产品活性炭质量。工艺上要求最终湿炭的锌含量要低于1%或回收液的波美度小于1°Be′为止。另外,活化料中氯化锌之类化合物的含量越高,则回收得率就会越高,说明在炭活化过程中,氯化锌由于蒸发所导致的损失就越少。

回收的基本原理是利用氯化锌易溶于水,且其水解形成的氢氧化物和氧化锌易与盐酸反应,将活化料与稀盐酸浸渍混合,是活化料中的含锌化合物转变为氯化锌溶液,再通过过滤等固液分离的方法实现氯化锌的回收。在这一过程所发生的化学反应主要有:

$$Zn(OH)_2 + 2HCl \longrightarrow ZnCl_2 + 2H_2O$$
$$ZnO + 2HCl \longrightarrow ZnCl_2 + H_2O$$

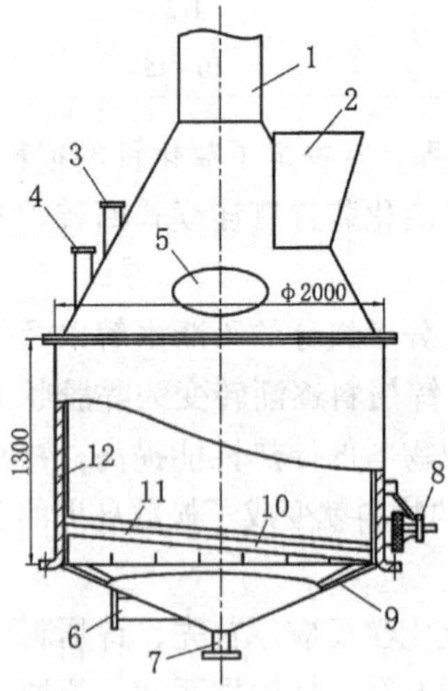

回收的设备为回收桶或回收池,两者的操作方法相似。回收桶的结构如图12-16所示。它是由钢板外壳制作的圆桶体,钢板内外用耐酸纤维封涂贴面,内衬辉绿岩板之类耐酸材料以防腐蚀;上部设有排气罩管,下部有滤孔板、出料口、回收液排出口等,底部为锥形,具有假底。典型的钢制回收桶的尺寸为Φ2m,高1.3m。外设真空泵和抽水泵、真空罐、加热蒸汽喷管等。另外,还有回收氯化锌液贮槽、送液泵、盐酸高位槽等。

为了提高抽出效果,可采用逆向连续浸提器,加大过滤面积,改进过滤材质,可用聚乙烯多孔烧结凸凹板或波纹板、管等为过滤板,装有活动搅拌器,既可减轻劳动强度,又可提高浸提效果。进出液管设置程序控制启闭阀门,提高抽提效力。这个方案既省钱又可行,是一个比较好的方法。

图12-16　回收桶的结构示意图

为了高效率的回收氯化锌,实现回收工艺的零排放,同时达到氯化锌的循环利用,废水排放,采用氯化锌"梯度液"的多次回收工艺,具体步骤如下:第一次回收:从回收桶的加料口加入一定量的仍有余热的活化料,再加入上一批回收时除送去配制工艺氯化锌溶液后留下来,浓度一般为20%~30%的高浓度的氯化锌回收液,直至浸没活化料料面,而后加入少量的工业盐酸或不加盐酸,并使溶液温度达到70~80℃。与活化料充分搅拌接触、沉降并抽滤干净，所得的回收液返回前一工序供配制工艺氯化锌溶液使用。第一次回收得到的氯化锌溶液的浓度可达 40~56°Bé'/60℃。第二次回收：可将余下的工业盐酸（总量控制在活化料重量的 4%~5%）全部加入回收桶中，然后加入上一批活化料回收时留下来的氯化锌"梯度液"（即前一批次的第三次回收液），并加热到 70~80℃，充分搅拌，使活化料中所有的氧化锌和氢氧化锌全部转化成氯化锌。并将回收得到的氯化锌溶液贮存在梯度贮存池中，以供下一批活化料的回收使用。同样，用上一批回收时保存下来的其他氯化锌"梯度液"，按照浓度由高到低的顺序，对同一批的活化料进行反复回收，并将回收得到的氯化锌溶液也按回收的顺序分别贮存在贮槽中，以供下一批活化料回收使用。最后，用热水进行洗涤浸提，直到滤液的波美度为零。

每一批活化料通常需要回收 6~8 次，共需 1.5~4h。

在回收时，氧化锌及氢氧化锌与盐酸的反应应尽量在第一次和第二次回收时完成。否则，难以达到好的回收效果。在回收过程中，其他一些金属化合物也会与盐酸反应成可溶性的金属盐，以及活化料中已存在的可溶性金属盐都会溶解到回收得到的氯化锌溶液中。且随着循环使用次数的增加，它们在回收的氯化锌溶液中的含量会不断累积增大，导致回收液的波美度值不能反映氯化锌的真实含量，并造成浑浊。这种现象被称作"假波美度"现象。若使用这种氯化锌溶液配制工业氯化锌溶液，必然使产品活性炭的质量变差，最终导致生产不能正常进行。这种"假波美度"现象应及时注意并进行处理。目前较好的处理方法是向具有"假波美度"现象的回收液中加入一定比例的硫酸锌（慢慢加入固体的硫酸锌并不断搅拌），让它与可溶性的氯化钙和氯化镁反应生成相应的硫酸钙和硫酸镁沉淀，再过滤除去即可达到消除"假波美度"现象。实际操作中，常需再加少量盐酸，使锌转化成氯化锌。

⑥漂洗　漂洗包括酸洗、水洗和调节 pH 值三个步骤。目的是降低活化料中的铁及其他杂质的含量，提高纯度，使产品活性炭的铁盐、氯化物、灰分及 pH 值等质量指标达到规定的标准。

酸洗操作是用一定量的工业盐酸和蒸汽对回收过氯化锌的活化料进行蒸煮的工艺过程。其目的是除去活化料中的铁氧化物、灰分、长期贮运过程中积存的灰尘及钙、镁等无机物可溶性盐类，其主要的反应式为：

$$Fe_2O_3 + 6HCl \longrightarrow 2FeCl_3 + 3H_2O$$
$$CaO + 2HCl \longrightarrow CaCl_2 + H_2O$$
$$MgO + 2HCl \longrightarrow MgCl_2 + H_2O$$

工业生产上酸洗的主要工艺是，用占物料 5% 的工业盐酸加入物料中，并加热水至浸没物料面为止，然后用蒸汽加热至 90℃ 以上，作用 2h，再用水抽泵抽干漂洗液排放。

一般氯化锌法生产的粉状活性炭主要用于液相吸附，考虑到在液相吸附过程中，活性炭中的金属及非金属杂质可能溶解在吸附所处的溶液体系中，而影响最终产品质量，因此对液相吸附用活性炭的铁含量及灰分含量都有较严格的要求。如活性炭用于葡萄糖、维生素 C、柠檬酸等产品的脱色时，其铁含量均有严格要求。维生素 C 生产工艺要求活性炭的含铁量不能高于 100mg/L，否则就要发生粉红色的结晶，直接降低维生素 C 的质量；在金霉素生产工艺中要求活性炭的铁含量不能超过 200mg/L，否则就会有蓝色出现。

水洗的目的主要是降低物料的酸性和氯根的含量。氯化锌法的水洗工艺过程一般是用水并通入蒸汽得到超过 90℃ 的热水进行漂洗。另外也用山区水质好且水源充足的山水进行漂洗。漂洗的时间由生产过程中对氯根含量的要求所确定。

活性炭的 pH 值对氯化锌法活性炭的过滤速度、脱色力高低以及吸附速度都有明显的影响。因此，通常在水洗后要调整活性炭的 pH 值。一般情况下，若活性炭的 pH 值要求小于 5，可通过水洗的方式就可达到目的；若活性炭的 pH 值要求大于 5，直至显碱性，则要用其他的碱性试剂进行调整。目前调整活性炭 pH 值的主要试剂有碳酸钠、碳酸氢钠、氨水，有时也用碳酸氢铵。在使用固体的碱性试剂进行调整时，一般首先要把碱性试剂溶解形成溶液后再利用。如果活性炭的 pH 值要求准确度高，则可用缓冲溶液进行调整。如在调整针剂活性炭的 pH 值，就可采用醋酸和氨水的混合溶液进行调制。

一般活性炭的 pH 值由它的用途所决定。如葡萄糖液脱色用活性炭的 pH 值要求在 4.5~6.5 之间，是酸性炭；药用活性炭的 pH 值要求为 7，是中性炭；味精用及其他用活性炭有要求 pH 值在 8 以上。总之，调整活性炭的 pH 值是许多液相用活性炭都必须进行的工序。

漂洗的设备与回收所使用的设备一样，都为同样大小的内衬耐酸胶泥砖带滤底的圆形桶，附加设施有盐酸加入管道、蒸汽管、真空贮罐和连接水抽泵等。

⑦脱水干燥　漂洗后得到的物料中含有 80%~90% 的水分，为了便于干燥操作、降低干燥阶段的能量消耗、提高干燥速度，必须在干燥之前，进行物料的脱水。物料的脱水一般采用高速离心机进行。

离心机脱水分为间歇式和连续式脱水。采用间歇式离心机时，带水的物料需装袋后才能放入离心转盘中；采用连续式离心机脱水则不需装袋，直接送入转盘中即可。一般前者的脱水方式较后者所导致的流失炭较少，湿炭的含水率较低。因为活性炭的孔隙中会吸附大量的水，采用离心机脱水后得到的湿炭含水率为 50%~65%。但含水率为 50% 的湿粉状活性炭已适合脱色活性炭的要求。且经过长期存放的湿活性炭未发现有变质。因此，有时脱水后得到的湿活性炭即可作为产品销售。

在湿活性炭的干燥过程中，干燥温度对产品活性炭的质量有较大的影响。干燥过程除要达到产品活性炭的含水率要求外，还要注意干燥温度对产品活性炭质量的影响。干燥温度一般要求高于 120℃，但当干燥床的温度超过 140℃ 时，由于大幅度的翻动，会带进大量的空气导致炭的燃烧而降低产品活性炭的得率和质量；如果干燥温度超过 250℃，就要注意少量空气的进入也会导致活性炭的氧化燃烧。当然，干燥温度达到 300℃ 左右时，活性炭即可达到快速干燥的目的，提高干燥效果，同时又有利于进一步除去氯根。但这时一定要防止空气进入干燥炉膛中。如果采用低温 120℃ 左右进行干燥，采用犁田式的翻动，这样既可避免烧失和飞扬，又可得到良好的一级品糖用脱色粉状活性炭。

干燥设备有隧道式烘房、平板烘炉、回转烘炉、沸腾干燥炉、强化干燥装置等。平板烘炉的热效率很低，劳动强度和操作条件恶劣，已基本淘汰。隧道烘炉使用者也不多。活性炭生产中常用的干燥设备为内热式或外热式回转炉。为了充分利用热能，可在转炉中通入烟囱用热烟道气加热烟囱壁干燥物料。为了改善和提高烟囱壁热量的利用，可尽量放大烟囱直径，并在筒壁上加上一定数量的翘板，将烟囱固定装在炉体上，随着炉体的转动而转动。间歇式热空气沸腾干燥炉在粉状活性炭，尤其是化学药品活化法生产的活性炭，很少使用，它能较好地应用于不定型颗粒活性炭的干燥。

强化干燥装置是干燥与粉碎相结合的工艺设备，干燥速度快。设备由燃烧炉、棒状沸腾干燥粉碎器、旋分分离器、袋滤器、空气压缩机和螺旋装料包装器等，技术复杂、投资大、效能较好。其结构如图 12-17 所示。在它的沸腾干燥粉碎器中有多层钢棒磨齿，磨齿间距为 2cm。干燥介质采用热烟道气（一般可用优质煤、重油等）。湿炭在用螺旋输送器输送至干燥炉内后，被热烟道气吹浮并分散，湿炭在干燥的同时受到高速转动的钢棒的打击和通过磨齿间隙时的研磨，不定型的颗粒可以粉碎至200目左右，粉状活性炭经旋分分离器集中到袋滤器中，即可收集到70%的细炭，粗炭粒就留在强化干燥器内反复加热干燥磨碎。强化干燥装置对湿炭的干燥时间较短，因此，可以采用经空气调整到温度为350～400℃的高温烟道气作为干燥介质，可取得良好的效果。

⑧粉碎 为了提高粉状活性炭的比表面积和吸附能力、吸附速度，一般尽可能减少活性炭颗粒的粒径。因此，若不采用强化干燥设备，在干燥之后要进行粉碎。但由于活性炭的粒度不利于活性炭在液相吸附场合的过滤，活性炭过细(即目数太大)，其过滤速度严重下降，造成活性炭在实际使用过程的困难。同时，活性炭的pH值和颗粒形状也会影响活性炭的过滤速度。在粉碎过程中，不同粉碎方式得到的粉状活性炭颗粒的形状不同，如球磨机磨出的炭粒呈片状，强化干燥装置和振动磨磨出的呈球状，雷蒙磨磨出的呈橄榄形。呈片状的活性炭颗粒形成的滤饼的过滤速度不及球形

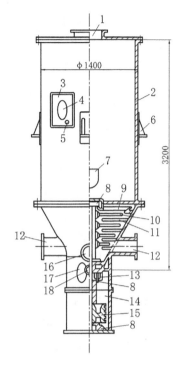

**图 12-17 强化干燥装置**
1. 出口 2. 壳体 3. 人孔 4. 视孔 5. 测温孔
6. 支座 7. 湿炭进口 8. 轴承 9. 轴支架 10. 动齿
11. 固定齿 12. 热烟气进口 13. 冷却水环 14. 联轴器
15. 皮带轮 16. 排渣孔 17. 联轴器装卸孔 18. 冷风进口
（冷水出口和冷风出口分别在其进口的对面）

和橄榄形的颗粒形成的滤饼。由此可见，活性炭的粉碎过程中必须慎重的选择粉碎方法和机械装置。

⑨混合 将不同批量或不同方法生产的产品活性炭进行较大规模的混合，可以提高实际生产过程中产品活性炭质量的稳定性，也可以将不同性能的活性炭调整为新的活性炭品种。由于目前活性炭的生产水平比较低，现有的设备和工艺过程都无法保证每一批量的产品活性炭的质量达到均匀稳定，这经常造成产品活性炭的质量不合格和损失。这样既影响活性炭生产企业的声誉，又给用户带来使用上的困难。因此，基于当前所采用的活性炭生产设备和工艺水平，混合工序是必要的。

混合工序所需的设备一般要求容积大，结构复杂、投资也大，且操作麻烦。在没有混合器的情况下，可采用搅拌混合和气流喷动搅拌，但这种装置的混合效果不太明显。目前较好的混合装置采用丫形大容量，容积达 $5m^3$，甚至更大的容积，进行转动混合，使物料不断改变料层位置以达到充分混合。有时，为了调整混合前活性炭的pH值，经常在混合设备的横轴中通入一根能通入洗酸或稀碱等溶液的喷液管。但一般这种设备的转速较慢，装卸料既麻烦又慢。

⑩包装 包装工序一般是在混合器的出口处，经质量检验合格后，就进行包装。在粉状活性炭的包装过程中，一般先用牛皮纸袋包装，第二层用塑料袋，然后再用涂胶编织袋或纸箱进行包装。每包一般装20～25kg。也有客户需要大包装，这时需要用木箱进行最后的包装。包装后的产品仍需经质量检测合格才能作为活性炭商品供客户使用。

目前所采用的包装工艺所存在的主要问题：生产效率低，粉炭飞扬严重，产品损失和操作环境恶劣，是氯化锌等化学法活性炭生产企业产生粉状污染的主要来源。由于我国所采用的手工包装过程中，由于粉状活性炭的粒度小、容重小，因此粉状活性炭在装袋，不易排掉袋中的空气，使粉状活性炭浮在袋中，这样袋中空气冲出时就会引起严重的扬炭。因此，还需等粉状活性炭在袋中沉降，并根据称量再添减炭量后，才能封口。封口时，要把包装袋的沿口折叠几层后用缝包机封口，然后用塑料袋包装，但由于炭粉黏附在塑料袋口导致难黏合。可以看出，这种包装方法不能流水作业，同时造成成品损失严重，且难于进行小包装装入袋后。虽然颗粒活性炭的包装情况要好一些，但仍是手工操作，也有因容量小而使包装困难。现在，这些问题能采用如下的改进方法进行改善。即首先把产品活性炭贮存在大料仓内，用螺旋输送机输送到套有不留有空间和空气的包装袋的给料管中，给料管中贮存的压缩粉状活性炭就压入包装袋中，包装袋随着装入的成品活性炭向下移动，待称量达到包装量时就可关闭螺旋输送机，再封口。有的采用真空包装也较好的解决了这一问题，但投资成本较高。

(3) 炭活化设备

常用的炭活化装置有连续式回转炉和间歇式的平板炉。间歇操作的平板炉具有结构简单、容易建造等优点，且其外热式的加热方式有利于减少炭活化过程的氯化锌损耗；其缺点是依靠手工操作，劳动强度大；尤其是炭活化过程中生成的废气难以集中处理，环境污染严重。因此，采用平板炉的氯化锌活化法生产活性炭的方式已经被我国政府明令禁止。

用于化学药品活化法生产活性炭的回转炉有内热式和外热式两种。两者的主要区别是外热式回转炉内高温加热气流与物料不直接接触，是靠炉壁辐射加热物料，因此对制造回转炉的材料有严格要求，但可以有效防止气相氯化锌和氯化氢气体在高温下的逸出炉外，大大降低氯化锌的损耗，缓解了对环境造成的污染，且有利于产品质量的提高；内热式是通过热气流直接与物料接触来加热物料，热效应高，水分干燥快，物料易炭化；但装置的密封性能相对较差，不利于废气收集，废气的处理量大。目前，日本较多使用外热式，而我国主要使用内热式回转炉。图12-18为内热式回转炉的结构，主要由炉头、炉尾及炉本体三部分组成。

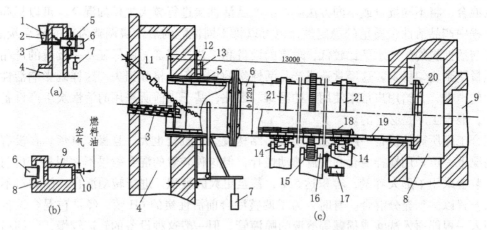

**图12-18 化学药品活化法生产活性炭的内热式回转炉**

(a)炉尾全貌　(b)炉头全貌　(c)炉本体及其安装

1. 加料斗　2. 圆盘加料器　3. 螺旋进料器　4. 烟道　5. 套筒　6. 炉本体　7. 平衡锤　8. 出料室
9. 燃烧室　10. 烧嘴　11. 链条　12. 密封填料　13. 压圈　14. 托轮　15. 回转齿轮　16. 变速器
17. 电动机　18. 刮刀　19. 耐火砖　20. 炉头异形耐火砖　21. 支承轮

在采用回转炉进行炭活化时，浸渍或捏和后的锯屑料从加料斗经圆盘加料器计量后，用螺旋进料器连续不断地加入炉本体的炉膛中，随着炉本体的转动而逐渐由炉尾向炉头运动。在运动过程中，与炉头燃烧室生成的高温烟道接触升温并完成炭活化，转变成活化料，最后落入炉头出料室，定期取出送至回收车间。炭活化过程生成的废烟气从炉尾烟道导出，经废气处理系统处理后排放。内热式回转炉进行炭活化时的主要操作条件见表12-27。

表12-27 内热式回转炉生产氯化锌法活性炭的主要操作条件

| 项 目 | 指 标 | 项 目 | 指 标 |
| --- | --- | --- | --- |
| 炉头热烟道气温度(℃) | 700~800 | 炉膛的物料容积充填系数(%) | 15~20 |
| 活化区物料温度(℃) | 500~600 | 物料在炉膛内经过的时间(min) | 30~45 |
| 炉尾废烟气温度(℃) | 200~300 | 炉本体回转速度(r/min) | 1~3 |
| 炉膛内的压力(Pa) | 略呈负压 | | |

由于生产针剂活性炭等产品仅需要使用较低锯屑比，有利于采用回转炉的氯化锌活化工业生产技术。对于糖用活性炭等产品，由于需要使用较高的浸渍比，造成锯屑料在炭活化过程中易黏结结块，黏附在回转炉的炉壁上，容易造成堵塞事故或大大缩短回转炉的使用寿命，因此，氯化锌糖用活性炭的氯化锌活化法的回转炉工业生产技术还没有很好地解决，制约了氯化锌活化法的进一步发展。

(4) 主要原材料消耗定额及产品质量标准

主要原材料消耗定额：氯化锌活化法生产1t粉状活性炭时，内热式回转炉活化法与平板炉活化法的主要原材料消耗定额见表12-28。

表12-28 氯化锌活化法生产1t粉状活性炭的主要原材料消耗定额

| 项 目 | 回转炉 | 平板炉 |
| --- | --- | --- |
| 木屑(含水率<40%)(t) | 约3.5 | 约3.5 |
| 工业氯化锌(t) | 0.5~0.6 | 0.25~0.4 |
| 工业盐酸(t) | 1.0 | 1.0 |
| 水蒸气(t) | 1~1.5 | 1~1.5 |
| 燃料煤(t) | 5 | 7.5 |
| 电(kW·h) | 500~800 | 300~500 |
| 水(t) | 60~100 | 60~100 |

产品质量标准：氯化锌活化木屑可以生产糖液脱色用活性炭、工业炭、针剂炭和水处理炭等活性炭品种。以糖液脱色用活性炭为例，其质量标准见国家标准(GB/T 13803.4—1999)，见表12-29。

表12-29 糖液脱色用活性炭质量标准(GB/T 13803.4—1999)

| 项 目 | 优级品 | 一级品 | 二级品 |
| --- | --- | --- | --- |
| A法焦糖脱色率(%) | ≥100 | ≥90 | ≥80 |
| B法焦糖脱色率(%) | ≥100 | ≥90 | ≥80 |
| 水分(%) | ≤10 | ≤10 | ≤10 |
| pH值 | 3.0~5.0 | 3.0~5.0 | 3.0~5.0 |
| 灰分含量(%) | ≤3.0 | ≤4.0 | ≤5.0 |
| 酸溶物(%) | ≤1.00 | ≤1.50 | ≤2.00 |
| 铁含量(%) | ≤0.05 | ≤0.10 | ≤0.15 |
| 氯化物含量(%) | ≤0.20 | ≤0.25 | ≤0.30 |

#### 12.4.2.4 氯化锌法生产颗粒活性炭

使用氯化锌溶液浸渍质地坚硬的植物纤维原料（如椰子壳等）之后进行炭活化的方法，可以生产不定型颗粒活性炭。据报道，在第一次世界大战后，用氯化锌活化椰子壳和杏核壳，制造了高强度高吸附能力的气体和蒸汽吸附用活性炭。但由于氯化锌溶液对质地坚硬的椰子壳之类植物纤维原料的浸透能力较差，难以充分发挥氯化锌活化法的优势，因而这种方法已很少使用。

用氯化锌活化法生产成型颗粒活性炭，可以不加黏胶剂而直接依靠物料本身的黏性进行成型。有时为了提高活性炭的强度，也可以添加少量的黏胶剂，如硅胶、聚乙烯醇等。

氯化锌活化法生产成型颗粒活性炭的工艺流程如图 12-19 所示。

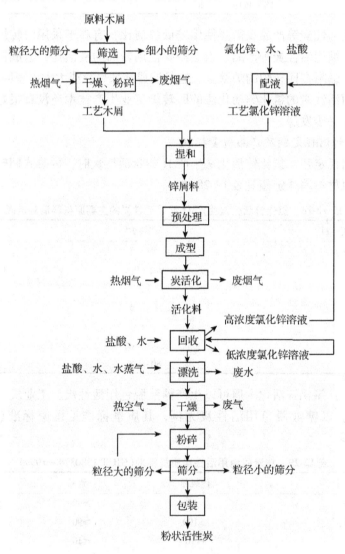

图 12-19 氯化锌活化法生产成型颗粒活性炭流程图

1) 生产工艺

(1) 原料的筛选、干燥和粉碎

木屑原料首先要经过筛选除去大块杂质及细小的尘埃。为了便于控制锌屑比，易于粉碎，一般要把木屑干燥至含水率15%以下。常用的干燥设备为回转炉和气流式干燥器等。

由于原料的粒度对颗粒活性炭的强度有较大的影响，粒度越小则强度越大。因此，经除杂和干燥后的木屑要粉碎至粒度达180目以上。作为锌屑塑化料拌和的表面光滑剂木炭粉也要粉碎至200目以上。木屑用自由式粉碎机粉碎。自由式粉碎机主要由两只平行的固定式圆盘及处于两者之间的回转式圆盘构成。圆盘皆用铸铁制造，表面镶有互相交错的几圈同心圆状磨齿。当回转式原盘以高速(2471r/min)回转时，木屑被磨齿击碎，并由风选机筛选出符合粒度需要的细木屑，作为工艺木屑使用。

(2) 工艺氯化锌溶液的配制

氯化锌活化法生产成型颗粒活性炭要求工艺氯化锌溶液的浓度通常大于50%，且具有较高的酸度，以强化氯化锌溶液对木屑的水解糖化作用。因此，在氯化锌溶液中还要加入占溶液总量的4%~6%的工业盐酸。其配制方法同氯化锌活化法生产粉状活性炭的工艺相同。

(3) 工艺木屑和工艺氯化锌溶液的拌料、捏和、碾压

由于工艺木屑和工艺氯化锌溶液的配制用量比例，即锌屑比，对产品活性炭的孔隙结构有决定性的影响，并对其他性能也有较大的影响。例如，生产醋酸乙烯合成触媒载体用成型颗粒活性炭的锌屑比采用150%，生产合成聚乙烯触媒载体用成型颗粒活性炭的锌屑比采用80%。氯化锌活化法生产颗粒活性炭时，一般锌屑比不要太高。如果以木粉与固体氯化锌之比计，则通常在1:(0.5~2)之间。

捏和是在捏和机中进行。在配制锌屑料时，先将定量的工艺木屑投入捏和机的料仓中，然后按配比加入温度为60~70℃的工艺氯化锌溶液，在充分搅拌并保持60℃左右捏和15~30min，直到物料软化成熟为止。也可以采用连续捏和机，定时定量加入工艺木屑和氯化锌溶液，达到同时捏和和输送物料。输送物料一般用双螺旋输送机。

碾压工艺的主要作用是使物料进一步并均匀地软化和熟化。通过碾压可以破坏植物组织结构，使氯化锌溶液更易于深入渗透到木屑内部。采用的设备为双滚筒或多滚筒碾压或带槽的滚筒碾压。在目前所采用的工艺条件下，可采用投资少而又耐酸腐蚀的石碾槽盘碾压，其效果较好。

(4) 塑化

塑化是将原料木屑浸渍料加热水解糖化，产生浆状的水解糖醛混合物的过程。

木屑浸渍料经过捏和和碾压充分混合均匀后，氯化锌溶液已深度渗透到木屑内部，且使木屑颗粒之间较为紧密，但物料还缺乏一定的黏结性，即可塑性，这样的物料在挤压成型时易断裂，且成型得到的颗粒表面粗糙，从而影响产品的质量。为了获得光滑高强度的产品，必须进行物料的塑化。具体操作过程为：塑化可在捏和机或碾压设备中进行，物料在150℃左右(有的要求在180℃)，经过反复地捏和和碾压，最后得到的物料要具有黏结可塑性，手感细腻富有浆性，手捏能成型。塑化后的物料的含水率不能大，要求在12%~15%之间，太高或太低都不利于成型。

塑化工序中，最重要的工艺参数是塑化温度和时间，其中塑化温度是关键。对于植物纤维原料来说，塑化温度一般选择在130~160℃之间；塑化时间则要根据物料的性质、塑化温度、塑化设备等因素而定。当工艺氯化锌溶液的浓度和锌屑比以及塑化温度一定时，塑化时间短则塑性不够，而塑化时间过长则导致物料焦化，两者都不利于成型。塑化时间，短可以为0.5h左右，长可以2h左右。在塑化过程中，既要保证物料搅拌均匀，有时要提高捏合或碾压的物料温度，因此要采取加热和保温设施，以大大缩短塑化的时间，这样对设备在加热

密封、保温和耐腐蚀等方面提出了更高的技术要求。

(5) 成型

成型工艺是制造成型活性炭的关键工序，它直接影响产品活性炭的外观和质量，尤其是对成型颗粒活性炭的强度。强度是颗粒活性炭的关键性指标。一般需要采用较大的挤压成型压力才能获得高强度的成型活性炭。因此，正确选择成型机非常重要。

成型设备主要有螺旋挤压机和油压挤压机两种。前者有单螺旋挤压机和双螺旋不等距螺旋挤压机，后者有间歇式立式油压挤压机和卧式油压挤压机。过去使用的是单螺旋挤压机，但它在成型过程中，由于压力小，以至经常出现堵孔现象，所以被淘汰而改用油压机成型。现在也有用双螺旋不等距螺旋挤压机。目前国内使用的油压机的总压力为 100~300t，使用的成型压力在 300~500kg/cm² 之间，开孔率占总承受面积的 15%~40%。由于油压机所产生的压力与受压面积和开孔率，模头的孔径大小、形状、孔长度都有密切关系，因此，模头的设计和开孔率以及它们所需达到的成型压力都要通过实验才能得到和完善。在设计时，模头开孔直径应比需要生产的颗粒活性炭的直径略大一点，克服由于在干燥和炭活化过程中引起的颗粒收缩而达不到活性炭颗粒直径的要求的问题。目前生产的颗粒活性炭直径主要 1.2mm、1.5mm、2.0mm、2.0~5.0mm 等几种。

颗粒长度可用切颗机切断成一定长度的颗粒达到。若用回转炉进行干燥炭化时，则不需要切断，因为颗粒在旋转干燥的运动过程中会产生扭力而自行折断成粒，其产生的颗粒长度一般为颗粒直径的 2~3 倍。

另外，塑化料的含水率对成型质量有很大关系，过高则成型颗粒易变形且易黏成饼，难于操作；过低则挤压困难。挤压成型后的颗粒应表面光滑致密，有一定的强度，搬运时不易破碎。

(6) 干燥

塑化成型后得到的成型颗粒中含有大量的水分，如果直接进行炭活化，容易造成颗粒表面产生裂缝、粉化等严重影响颗粒活性炭强度的不利现象。因此，必须在炭活化之前，对颗粒成型料进行干燥。干燥过程中，要注意的是，升温要较缓慢速度，防止高温快速干燥，干燥温度一般为 120~150℃，也不能太高，同时要降低干燥介质的相对湿度。工艺上一般用缓慢通风长时间干燥。手工操作以烘房热空气干燥，也可采用隧道形干燥室，颗粒成型料在链式料盘中移动干燥。

(7) 炭活化

与氯化锌活化法生产粉状活性炭相比，氯化锌活化法生产成型颗粒活性炭的炭活化工艺中，炭活化温度同样是影响氯化锌的损耗、炭的得率、产品活性炭的质量和污染的程度等(产品的质量和成本)最重要的因素。但不同的是，在生产成型颗粒活性炭时，升温速度对产品活性炭质量的影响也非常重要。因此，在氯化锌活化法生产成型颗粒活性炭的炭活化工艺中，主要的问题是严格控制升温速度和炭活化温度。如果升温过快过高，不仅会造成氯化锌的损耗提高，以及由此所造成的污染加剧，而且会导致产品表面粗糙和裂缝的产生，并容易损坏生产设备。从而引起产品活性炭的质量下降、成本提高和污染的加剧。

在炭化阶段要求采用低温缓慢炭化工艺，炭化温度不能超过 450℃，并严防炉内烧料。若采用回转炉进行炭活化，则回转炉的倾斜角不宜过大，一般要小于生产粉状活性炭时的倾斜角；转速要慢，以获得优质的炭化成型颗粒。活化温度控制在 600℃ 以下，活化时间为 1h 左右。在生产工艺过程中，成型颗粒活性炭的质量控制中，颗粒活性炭的比表面积用水容量来控制,强度用磨损强度来控制。

炭活化常用内热式回转炉。其尺寸通常为,外径2.3m、内径1.9m、长20m、倾斜度2°、转速1.75r/min、电机功率55kW。主要操作条件见表12-30。

表12-30 炭活化内热式回转炉制备成型颗粒活性炭的主要操作条件

| 项 目 | 指 标 | 项 目 | 指 标 |
|---|---|---|---|
| 进料量($m^3/h$) | 1.5 | 烟道气出口温度(℃) | 150 |
| 出料量($m^3/h$) | 0.46 | 煤气用量($m^3/h$) | 300 |
| 物料在炉内经过的时间(h) | 2 | 空气用量($m^3/h$) | 400 |
| 烟道气进口温度(℃) | 550 | | |

(8) 回收及漂洗

回收及漂洗的原理和方法与氯化锌活化法生产粉状活性炭的相同。但为了减少活化料移动过程中的破碎损失,成型颗粒活化料的回收和漂洗在同一个设备中进行。回收工艺与氯化锌活化法也基本相同,不同的是用氯化锌溶液的"梯度液"浸提成型颗粒活化料时,浸提时间大大延长,需要回收8~10次,时间长达几十小时。其浸提得到的氯化锌溶液的"梯度液"的贮存和使用也与粉状活性炭的生产工艺相同。

当回收的活化料中氯化锌含量降低到3%~5%(有的为1%)以下时,开始加工业盐酸并水蒸气煮沸进行酸洗,再用热水反复洗涤,直至活化料的锌含量小于0.15%,使活化料的pH值达到3~5,即可完成漂洗。

回收及漂洗设备通常为一组用混凝土建造的方形洗涤池。其内衬耐酸瓷砖,池底为耐酸材料过滤层,下部设出液口,上部设出料口。

(9) 水蒸气活化(煅烧脱吸)

氯化锌成型颗粒活性炭分为煅烧脱吸和不煅烧脱吸两种。煅烧脱吸是将干燥的成型颗粒活性炭在水蒸气中进行高温活化的过程,常用回转炉水蒸气进行活化。成型颗粒活性炭的煅烧脱吸的作用是,提高产品活性炭的比表面积、微孔和次微孔的发达程度,提高了活性炭的水容量;由于物料在回转炉内的滚动和相互摩擦,以及在高温下的热处理,降低了产品颗粒活性炭的磨损率,同时提高其强度;改变产品活性炭的表面性质,使其由酸性变成碱性;减少了堆积密度等。

在成型颗粒活性炭的煅烧活化工艺中,活化温度、活化时间和水蒸气用量是制约水蒸气活化所得产品活性炭性能的三大主要因素,其中活化温度和水蒸气用量是关键。活化条件为,活化气体为过热至700℃的水蒸气和含有微量氧温度为800℃以上的烟道气混合气体,水蒸气用量为1:(0.5~1.5)之间,活化时间为1.5~2h。具体条件依产品成型颗粒活性炭的品种而定。为了增加混合活化剂与活性炭的接触时间,并延长活化时间,在回转炉内必须装置6个偏向上方角度的抄板。

(10) 再干燥

氯化锌活化法成型颗粒活性炭的干燥不仅要使产品活性炭的含水率达到规定的标准,而且要通过干燥时的高温加热,改善产品活性炭的微观结构,导致成型颗粒的体积收缩,从而达到提高强度的目的。因此,干燥温度常提高到600℃左右,因为在该温度下进行干燥,产品成型颗粒活性炭的吸附能力和耐磨强度均较好(表12-31)。干燥设备一般采用内热式回转炉。长20m、外径1.9m,内衬耐火砖,倾斜度2°、转速1.9r/min。物料在炉内的干燥时间为

1.5~2h。

表 12-31　干燥温度对氯化锌活化法成型颗粒活性炭的性质的影响

| 干燥温度<br>(℃) | 相对压力 0.8 时的<br>吸苯率 (mg/g) | 耐磨强度<br>(%) | 颗粒密度<br>(g/cm³) | 比孔容积<br>(cm³/g) |
|---|---|---|---|---|
| 550 | 885 | 79 | 0.435 | 1.720 |
| 600 | 876 | 84 | 0.500 | 1.627 |
| 700 | 670 | 86 | 0.537 | 1.315 |
| 800 | 624 | 89 | 0.601 | 1.134 |

(11) 破碎、筛选和包装

活化干燥后，成品成型颗粒活性炭要通过一定规格的筛子进行筛选，以除去细小颗粒以及粉炭，并使成型颗活性炭产品的粒度达到规定要求，然后进行包装。筛分设备使用双层的振动平筛或回转圆筛。粒径合格的颗粒活性炭就进行包装，粒径大的筛分返回破碎机进行破碎；粒径小的筛分加工成粉状活性炭或返回捏和工序作为原料炭使用。

为了得到符合使用过程中所需要的粒度，有时需要把干燥后的成型颗粒活性炭破碎，然后进行筛选，筛选出符合粒径要求的筛分进行包装。例如，生产醋酸乙烯载体用活性炭及合成聚乙烯触媒载体用活性炭时，分别要求粒度范围在 0.3~0.6mm 及 0.3~0.7mm，则要进行破碎和筛选。

破碎用双辊式破碎机。为了提高合格的颗粒活性炭的得率，分三级进行破碎。各级两辊之间的距离，分别调节成 3mm、1.5mm 和 0.7mm，合格的颗粒活性炭得率可达 60%~70%。

**2) 主要原材料消耗定额及产品质量标准**

氯化锌活化法生产醋酸乙烯合成触媒载体活性炭的主要原材料消耗状况见表 12-32。

表 12-32　生产 1t 醋酸乙烯合成触媒载体活性炭的主要原材料消耗定额

| 项　目 | 指　标 | 项　目 | 指　标 |
|---|---|---|---|
| 原料木屑 (m³) | 19 | 压缩空气 (km³) | 5.5 |
| 制造氯化锌用锌锭 (t) | 0.5 | 氮气 (m³) | 100 |
| 工业盐酸 (t) | 2.2 | 煤气 (km³) | 15.5 |
| 水蒸气 (t) | 1.1 | 电 (kW·h) | 1870 |
| 水 (t) | 100 | | |

氯化锌活化法生产的醋酸乙烯合成触媒载体活性炭的主要质量指标见表 12-33。

表 12-33　醋酸乙烯合成触媒载体活性炭的质量标准

| 项　目 | 指　标 | 项　目 | 指　标 |
|---|---|---|---|
| 粒度范围 (mm) | 0.3~0.7 | 充填密度 (g/mL) | 0.284 |
| 醋酸吸附量 (mg/g) | 700 | 灰分 (%) | 3.9 |
| 醋酸锌吸附量 (g/100mL) | 2.89 | 耐磨强度 (%) | 60 |

#### 12.4.2.5　氯化锌活化过程中的污染和处理方案

目前，我国所采用的氯化锌法生产活性炭的工艺和设备，都会产生较严重的废气和废水污染，对周围环境造成很大的危害，必须进行有效的防治。

(1) 废气的产生、组成及处理方法

氯化锌活化过程中废气的来源主要来源于炭活化过程。在加热炭活化过程中，浸渍料受热首先蒸发大量水分,同时在90℃以上有盐酸蒸汽挥发,当温度升高到某一温度后,氯化锌气体开始蒸发逸出。另外,处于熔融状态的氯化锌遇到蒸发冷凝的水滴时会产生氯化锌的气溶胶气体。浸渍料的炭活化也会产生成分复杂的焦油类物质和其他的挥发性有机气体,它们都会随其他废气排出。因此,氯化锌活化法生产活性炭过程中产生的废气的主要成分包括:二氧化碳、氮气、一氧化碳等不凝性气体和可凝性水蒸气,以及具有腐蚀性的氯化氢、氯化锌、氧化锌和木屑热分解所产生焦油和其他有机物质。据估计,年产1000t氯化锌活化法活性炭过程中,炭活化炉中产生的废气中约有100~150t氯化氢,氯化锌及氧化锌约150~300t,以及其他的有害物质。将废气进行有效的处理,不仅可以防止对环境污染,而且还能回收氯化锌和盐酸等物质,降低能耗。

采取的对策主要是:改进工艺和工艺设备,减少或消除污染废气的生产;回收利用,使废气达到国家排放标准。目前在实际生产中所采用的炭活化设备必须改进以增强其密闭性能,并设计具有良好的收集装置,以便于完全收集所排放的废气;其炭活化工艺宜分开进行,在采用回转炉时,采用专用的回转炉进行炭化,而后再进行活化,可以大大的降低废气的产生。目前在治理氯化锌活化过程中废气的方法主要是依靠回收的办法。采用的回收设备要求简单易行、投资少、设备耐用。且要求回收工艺收率高、单耗少、回收费用低。

图12-20是一种氯化锌活化法产生的废气的处理流程,主要是通过沉降除尘、冷凝冷却、喷淋洗涤及电滤等方法,将其中的氯化氢、氯化锌、氢氧化锌和其他可凝性的有机物质回收后排放。

(2)废水的来源、组成及处理方法

氯化锌活化法生产活性炭过程中,废水来源于后处理车间的酸洗、水洗和脱水工序。这些废水中除了含有活性炭粉末外,还含有氯化锌、盐酸等无机物,特别是锌离子浓度可高达38~255mg/L,远远高于国家排放标准5mg/L的规定,必须加以处理。

在氯化锌法制取活性炭的回收和漂洗工艺过程中,产生的废水中常夹带了约10%的细

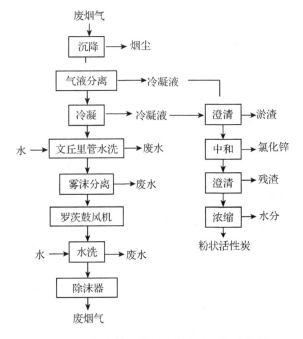

**图12-20 氯化锌回转炉废烟气处理的流程图**

炭。因为氯化锌法会产生凝聚系炭，这部分炭质轻，飘浮在水面上易流失，有时能达到10%以上。这对活性炭得率、氯化锌单耗活性炭生产成本都有很大的关系。因此，收集回收漂洗过程中流失的细粉末活性炭很有经济价值，也防止了环境污染和消除了粉尘污染源。

酸洗、水洗和脱水过程所产生的废水中，氯化锌的含量要占总氯化锌单耗的1/5~1/3以上。若在漂洗粗活性炭时不按操作而使漂洗次数增多，不仅会造成大量的废水，而且会造成锌耗增高，因此在漂洗粗活性炭的生产过程中，一定要按操作规程进行，力求6~7次回收氯化锌完全干净，仅含锌1%以下为好。而且要求操作中严防滴漏流失，更不允许放流氯化锌的任何浓度的溶液，使氯化锌的损失降低到最低水平。必须改进现行的漂洗设备，可采用连续循环逆向浸提加热加压多罐法，既可提高回收洗净效果，又可减少污水量和污水浓度。

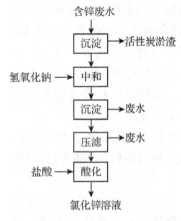

图12-21 中和沉淀法处理含锌废水流程图

细粉末炭的收集方法：因细粉末炭在水中呈悬浮状，不易分层、分离和沉淀。细粉末炭在液体（水）中产生电位电离，而且在液体pH值适当时，其细粉末炭所带的电子会相互集聚，这样有利于对流失炭的分离（水与炭的分离）和收集。为此，将流失和排放的前几次带细炭污水，调节其pH值为3时，即可将污水通过尼龙筛网的离心脱水分离机取得所有的细粉末炭，现在工厂一般采用析流溢流板池，将流失炭析流沉淀收集，或者用框板过滤器分离而得细粉末炭。

中和沉淀法处理含锌废水的示意如图12-21所示。

含锌废水的处理方法除中和沉淀法外，还有电渗析法和离子交换法等，我国常用中和沉淀法处理。

（3）粉尘的来源及处理方法

由于氯化锌活化生产粉状活性炭的过程中，干燥及采用现行包装设备都会产生使粉状活性炭逸出而造成大量的粉尘，污染环境，并造成工作环境的恶化。治理粉尘污染最有效的方法是改善设备性能和工艺条件。

### 12.4.3 磷酸活化法生产活性炭

磷酸活化法是目前世界上一种生产粉状活性炭的主要方法，它的原料主要是木屑。磷酸活化法从20世纪90年代初开始得到较广泛的应用，其研究逐渐深入，工业生产技术不断改进和完善。我国的磷酸活化生产技术是在20世纪末至21世纪初才得到较广泛应用，其研究也开始得到较广泛重视。迄今为止，磷酸活化法的活化机理已基本清楚，工业生产技术基本成熟，已经成为取代氯化锌活化法生产粉状活性炭的主要工业生产技术。

#### 12.4.3.1 磷酸活化机理

磷酸有正磷酸、偏磷酸、焦磷酸和聚磷酸等几种。磷酸活化法生产活性炭所用的磷酸为正磷酸。磷酸属于中强酸，具有腐蚀性、脱水性和氧化性，能灼伤皮肤，会从空气中吸收水分。

在磷酸活化过程中，活化剂磷酸与氯化锌活化法中的氯化锌所起的作用类似。首先，在浸渍阶段，磷酸能催化植物原料中纤维素和半纤维素的水解，使高聚糖降解为低聚糖。然后通过磷酸的催化脱水作用，使原料中的氢和氧结合生成水而留下碳，从而大大的提高活性炭的得率。通过这些作用，磷酸改变了植物原料的炭化历程，大大降低了炭化温度。由于磷酸是一种中等强度的质子酸,与氯化锌相比,有更强的催化纤维素脱水能力,因此,磷酸活化法的活化温度比氯化锌法低,通常在450~500℃之间。高浓度的磷酸对植物纤维原料的纤维素也具有润涨作用,导致磷酸活化过程产生凝缩系炭成分。同时有研究发现磷酸在低于150℃的温度下会引起植物原料中聚合物特别是木质素部分解聚。这种解聚作用是塑性的,使植物结构具有重新调整的可能性,成为磷酸活化木屑制备成型活性炭的理论基础。与氯化锌一样,磷酸也起着新碳骨架作用,因此,当洗脱掉炭中的磷酸成分时,便得到了发达的孔隙结构。

磷酸活化法生产活性炭所用的磷酸为正磷酸。在活化过程中,磷酸将随着温度的升高,正磷酸在213℃以上时,通过磷酸分子间的脱水部分转变成焦磷酸($H_2P_2O_7$),进一步加热便转变成偏磷酸($HPO_3$)。同时,在磷酸与植物纤维原料中的组分作用过程中,磷酸与木质素与高聚糖中的部分官能团发生作用,形成磷酸酯结构,这是磷酸活化法形成含磷官能团的化学基础,也是形成发达孔隙结构的重要原因。

磷酸活化木屑等植物纤维原料是制备粉状活性炭的主要方法,同时也可以生产成型颗粒活性炭。工业上,目前技术上的原因,目前主要用于生产粉状活性炭,高性能成型颗粒活性炭的生产技术还在进一步发展过程中。磷酸活化法生产成型活性炭的工艺流程与氯化锌法生产成型活性炭的相同,其技术障碍是成型活性炭的强度还有待提高。

### 12.4.3.2 磷酸活化法生产粉状活性炭工艺

磷酸活化法生产粉状活性炭的生产流程如图12-22所示。其生产工艺流程以及所采用的设备与氯化锌活化法基本相同。磷酸活化法的生产工艺流程分为原料的筛选与干燥、磷酸溶液的配制、磷酸溶液与木屑的浸渍、炭活化、磷酸回收、漂洗、干燥、粉碎与包装。但它们在操作条件以及工艺条件上存在一定的差异。

(1) 工艺木屑

目前,磷酸活化法所用的原料通常是木屑或竹屑,活性炭生产企业在木材或竹材加工企业收购木屑和竹屑后,通过筛选、干燥等过程除去大块径的原料,并尽可能去除砂砾、树皮、铁屑等杂质,得到工艺木屑或竹屑。木屑与竹屑的筛选和干燥工艺条件以及设备与氯化锌活化法相同。得到的工艺木屑或竹屑的含水率在15%~30%之间,具体的含水率大小主要取决于浸渍和炭活化工艺与设备。工艺木屑粒度通常是6~40目。

(2) 浸渍

在浸渍过程中,首先要配制工艺磷酸溶液。工艺磷酸溶液是由商品磷酸、水及工业硫酸配制的具有特定浓度和pH值的磷酸水溶液,其浓度和pH值随所生产的活性炭种类而异。工艺磷酸溶液的配制方法是将高浓度的磷酸和回收工段回收得到的磷酸溶液进行混合,配制合适浓度的磷酸溶液;有时可以用工业硫酸调节磷酸溶液的pH值。工艺中所要求磷酸规格为:波美度为48°Be′(60℃),pH值为1.10。浸渍比通常在(1~3):1之间。对于生产纯度高的活性炭产品,有时需要采用食品级的磷酸进行配制。

工艺木屑原料通常采用机械或人工运送至搅拌器中与工艺磷酸溶液搅拌浸渍。也可以采用在螺旋输送木屑原料至活化炉过程中,喷洒工艺磷酸溶液,通过螺旋搅拌达到浸渍的目的。为了稳定活性炭的质量,控制浸渍温度可以达到更好的效果,浸渍温度一般控制在60~100℃之间。

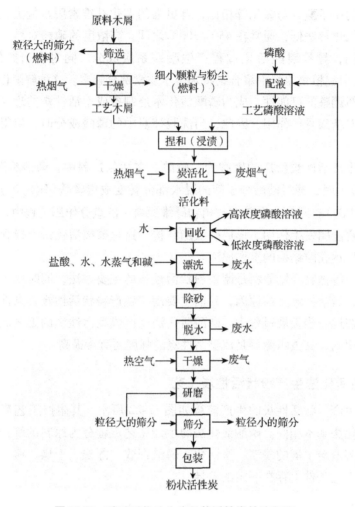

**图 12-22　磷酸活化法生产粉状活性炭的流程图**

(3) 炭活化

磷酸炭活化都采用回转炉，其结构与氯化锌活化法类似，其结构示意图见氯化锌活化部分，主要为内热式转炉。目前，与 20 世纪 90 年代相比，在最近 10 多年的时间内，我国磷酸活化法的生产水平取得非常显著的进展，尤其是磷酸活化转炉结构的改进和应用水平上，转炉中抄板的使用以及转炉长度(有的达到 40m 以上)的增加，使磷酸活化法活性炭的转炉的生产能力提高了将近 1 倍，且活性炭的质量指标得到显著提高。

磷酸活化法的活化温度为 450～500℃，比氯化锌活化的温度稍低。在内热式转炉中，含有一定空气含量的燃气与浸渍磷酸的木屑等物料直接接触，可以达到较好的活化效果。目前，工业上，采用磷酸活化法可以生产出灰分低于 4%，亚甲基蓝吸附值达 170mL/g，焦糖脱色力达到 100% 的活性炭产品，应用于糖液、食品和医药脱色。

(4) 磷酸的回收

从转炉得到的炭化料，稍加冷却后，可以直接用料车或密封的输送带运送到回收桶，加入磷酸"梯度液"萃取回收磷酸。回收桶的结构与氯化锌活化法中所采用的回收桶相似，回收的方法也是采用梯度回收方法。经炭活化后，部分磷酸转变为焦磷酸和偏磷酸，在回收过程中与水反应转变为正磷酸。但磷酸中少量与炭结合形成的含磷基团，则难以再转变为磷酸得到回收；同时，少量与木屑原料中的钙、镁、铁等金属形成的磷酸盐，也难以实现回收。

木屑等原料的灰分在磷酸的作用下能溶解到回收的磷酸溶液中，因此，新鲜的磷酸溶液循环使用几次后，磷酸溶液中累积的金属离子会明显降低活性炭的品质，降低亚甲基蓝吸附值和焦糖脱色力，增加活性炭灰分含量，此时，需要处理回收磷酸中金属离子。处理回收后的磷酸溶液中金属离子所使用的方法主要有两种：第一种是采用与氯化锌活化法中类似的方法，即在回收的磷酸溶液中加入工业硫酸，然后通过板框过滤除去硫酸钙等沉淀物质，达到除去金属离子的效果；第二种是采用阳离子交换树脂除去金属离子。第一种方法简单易行，成本较低，但处理效果不佳；第二种方法处理效果好，技术要求较高，且成本较高。因此，在大型的磷酸活化生产活性炭企业，通常用第二种。

磷酸回收工序完成后，整个磷酸活化过程中的磷酸消耗基本就可以确定。在磷酸活化过程中，磷酸的消耗量取决于炭活化过程磷酸的挥发、磷酸回收的效率以及与活性炭化学结合的磷酸，其中磷酸的挥发和磷酸回收效率是影响磷酸消耗的主要因素。单位每吨活性炭所消耗的磷酸量对活性炭的成本会产生明显的影响，因此，降低磷酸活化过程中磷酸的消耗量是活性炭生产企业降低活性炭生产成本的重要技术之一。目前，国内活性炭生产企业的磷酸消耗水平可以达到每吨活性炭产品的磷酸消耗量可以达到0.03t磷酸以下的水平（即<3%），有的甚至能达到1%的水平。

(5) 漂洗、脱水、干燥、混合和包装

磷酸活化法的漂洗、脱水、干燥、混合和包装所采用的工艺和设备，完全可以采用与氯化锌活化法相同的工艺和设备。

### 12.4.3.3 废水废气处理

磷酸活化过程由于原料本身热分解所产生的挥发性物质、燃料燃烧所产生的废气、磷酸回收以及漂洗工序所产生的废水，因此，磷酸活化生产车间需要对废水和废气进行处理，使其达到国家排放标准。与氯化锌活化法相比，由于在活化温度范围内磷酸的挥发性很低，因此，磷酸活化对环境所产生的污染要低得多，生产车间环境明显改善。在磷酸活化过程中，在尾气中不会形成如氯化锌活化所产生的气体凝胶，因此，磷酸活化所产生的尾气处理技术比氯化锌活化相对容易实现。

磷酸活化所产生的废气可以采用多级水喷淋、除尘等方式净化尾气，并回收挥发至尾气中的磷酸，降低生产成本。废水可以采用多级沉降的方式处理。通常是首先采用多个沉降池将废水中的细炭沉降回收，然后加入石灰中和搅拌废水，再多级沉降处理废水与石灰反应产生的沉淀，最终实现废水的处理，达到排放标准。

### 12.4.4 碱金属化合物活化法

碱金属化合物作为活化剂制备活性炭的方法称为碱金属化合物活化法。所采用的碱金属化合物活化剂主要是KOH、NaOH、$K_2CO_3$、$Na_2CO_3$ 4种，其中以KOH最常见，其活化效果最好。碱金属化合物活化法的应用起源于高比表面积活性炭的制备与开发。美国AMOCO公司最早用KOH活化法开发出了生产比表面积大于2500$m^2/g$的高比表面积活性炭的生产工艺。此后，大量研究开展了碱金属化合物活化制备活性炭的机理、工艺和活化剂种类等方面的研究工作。目前，美国、日本等多个发达国家已实现了KOH活化生产高比表面积活性炭的工业化生产，我国已实现了中试规模的生产。

高比表面积活性炭通常是指比表面积大于$2000m^2/g$的活性炭品种。高比表面积活性炭由于有比普通活性炭高得多的比表面积，孔隙结构非常发达，因此，在超级电容器电极材料、催化剂载体、气体储存以及一些要求很高的吸附领域场合有广阔的应用前景，受到世界各国的普遍关注，是一种高附加值活性炭产品。

#### 12.4.4.1 碱金属化合物活化原理

在碱金属化合物活化法中，KOH活化效果最好，KOH活化的研究最多，其他的碱金属化合物的活化原理类似。

KOH活化所采用的原料主要是煤、石油焦以及各种含碳原料的炭化物。在活化过程中，KOH主要发生以下反应：

$$4KOH + =CH_2 \longrightarrow K_2CO_3 + K_2O + 3H_2 \tag{1}$$

$$2KOH + CO_2 \longrightarrow K_2CO_3 + H_2O \tag{2}$$

$$2KOH \longrightarrow K_2O + H_2O \tag{3}$$

钾化合物与炭的反应：

$$K_2CO_3 + 2C \longrightarrow 2K + 3CO \tag{4}$$

$$4KOH + C \rightleftharpoons 4K + CO_2 + 2H_2O \tag{5}$$

$$6KOH + C \rightleftharpoons 2K + 3H_2 + 2K_2CO_3 \tag{6}$$

$$K_2O + C \rightleftharpoons 2K + CO \tag{7}$$

上述反应(1)和(2)主要发生在温度低于500℃的条件下。原料中存在的未完全炭化的组分与KOH发生反应(1)，原料热解产生的二氧化碳与KOH易发生反应(2)；KOH的脱水反应需要较高温度，通常大于700℃。随着活化温度的升高，KOH及其衍生物将与炭发生氧化还原反应(4)、(5)、(6)和(7)，导致原料炭的烧蚀，从而形成了发达的孔隙结构。钾化合物与炭的反应发生的温度通常高于650℃。KOH活化过程中，孔隙的形成也与活化过程所产生的单质钾渗透到炭结构的内部有关。因此，KOH活化炭的机理是炭的烧蚀和钾的渗透作用。

在碱金属化合物活化法中，NaOH作为活化剂所发生其他的活化反应与KOH类似。使用$K_2CO_3$或$Na_2CO_3$作为活化剂时，则发生在上述(1)~(7)反应中与碳酸盐有关的反应。

#### 12.4.4.2 KOH活化法的影响因素

(1) 原料

KOH活化所采用的原料主要是中间相沥青、煤、焦炭、各种含碳原料炭化得到的炭，如木炭、竹炭等。炭原料的来源不同，其活化效果有区别，但目前还没有一致的结论。例如，对于不同级别的煤原料来说，煤的级别越高，则KOH活化所制得的活性炭的比表面积越高。对于炭化物的原料，则制备炭的炭化温度对活化效果也有影响。

(2) 活化温度

活化温度是KOH活化的关键影响因素之一。KOH活化温度在700~900℃之间，通常在800℃较适宜。KOH与炭的活化反应一般需要达到700℃以上才具有活化效果，因此，过低的温度不具有活化效果；活化温度太高，炭烧蚀严重，且产生较多的单质钾，大大加剧了生产的危险性。在700~900℃之间，随着活化温度的提高，活性炭的比表面积和比孔容积都显著提高，在800~850℃之间提高尤为显著。

### (3) 碱炭比

碱炭比是活化剂 KOH 与原料炭的质量之比。与其他化学试剂活化法相似，KOH 活化剂与原料的质量比是影响活化效果的关键因素。KOH 活化法的碱炭比在 $(1\sim10):1$ 之间，通常在 $(3\sim5):1$ 较为合适。根据许多原料炭的 KOH 活化研究结果，最为合适的碱炭比为 4:1，此时活性炭的比表面积最大。表 12-34 显示了不同碱炭比下 KOH 活化石油焦制备的活性炭的孔隙结构与得率。

**表 12-34 不同碱炭比下 KOH 活化石油焦的活化效果**

| $R_{KOH/shell}$ | $S_{BET}$ | $V_{mic}$ (mL/g) | $V_{mes}$ (mL/g) | Y(%) |
|---|---|---|---|---|
| 1:1 | 1040 | 0.533 | 0.0231 | 87 |
| 2:1 | 1008 | 0.515 | 1.1241 | 80 |
| 3:1 | 1715 | 0.860 | 0.0449 | 78 |
| 5:1 | 3006 | 1.537 | 0.0291 | 62 |
| 7:1 | 4150 | 2.300 | 0.2599 | 43 |
| 10:1 | 4578 | 2.630 | 0.2366 | 35 |

另外，KOH 活化过程中的气氛种类与气体流量对活化效果都有影响，可以参考相关研究结果。

#### 12.4.4.3 KOH 活化工艺流程

目前，在我国，包括 KOH 在内的碱金属化合物活化法都还没有实现工业化生产；美国和日本等国已经实现了 KOH 活化石油焦等原料的小规模化工业生产，其主要的工艺流程如图 12-23 所示。

为了去除杂质，提高活性炭产品的纯度，需要对原料进行筛选和除杂，其工艺和方法与气体活化法类似。

经筛选和除杂的原料需要进一步粉碎达到一定的粒度，以提高 KOH 与原料颗粒的接触面积，提高活化效果。粉碎达到的粒度通常在 60~120 目范围中。粒度过大，不利于活化；粒度过小，则不利于后续的过滤等操作。

原料与 KOH 的混合可以采用两种方式：第一种与粉状原料与固体 KOH 直接混合；第二种是 KOH 溶液与粉状原料浸渍混合。混合方式的选择与原料形状有关。混合时的碱炭比取决于活性炭的比表面积要求。如果要求活性炭比表面积越高，其碱炭比也要求越高；通常是在 $(3\sim4):1$ 之间。

混合后得到的物料需要进行干燥。其干燥温度大约 100~200℃。干燥后的物料进行升温活化，活化温度通常是 800~850℃。温度过高，不仅容易造成炭的严重烧蚀，而且会导致较多的 KOH 及其衍生物的挥发，增大 KOH 的损耗，增加生产的危险性。在氮气气氛下进行活化有利于提高活化效果。

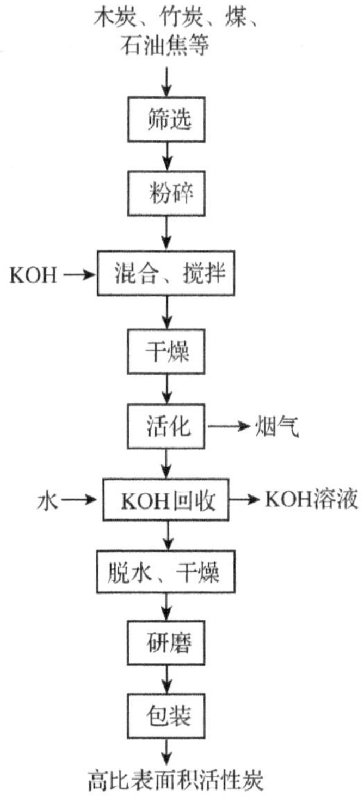

活化料中含有大量的 KOH，必须回收 KOH。可以采用水洗的方式进行，然后用水进行漂洗。

**图 12-23 KOH 活化法生产活性炭的工艺流程示意图**

脱水、干燥与研磨的方式和设备与活性炭的其他生产方法类似。

## 思考题

1. 说明生产活性炭的主要活化方法及其活化过程中孔隙的形成过程。
2. 说明气体活化法的活化机理和影响因素。
3. 说明在气体活化法的工艺过程中，斯列普炉的主要结构以及它所具有的优点和缺点。
4. 在气体活化过程中，解释通常采用水蒸气或烟道气进行活化，而不采用空气或氧气进行活化的原因。
5. 说明氯化锌活化法的主要原理及其活化过程的主要影响因素。
6. 比较化学药品活化法和气体活化法在工艺上的异同之处。
7. 解释化学活化过程中，回收和漂洗的原理和意义。
8. 与气体活化法相比，分析化学药品活化法存在的主要优点和缺点与优点。
9. 分析斯列普炉和回转炉两种气体活化炉的结构以及它们在热能利用方面的差异。

## 参考文献

安鑫南，2002. 林产化学工艺学[M]. 北京：中国林业出版社.

日本碳素学会汇编，1986. 活性炭的基础与应用[M]. 高尚愚译. 北京：中国林业出版社.

立本英机，安部郁夫著，2002. 活性炭的应用技术：维持管理及存在的问题[M]. 高尚愚译. 南京：东南大学出版社.

黄律先，1996. 木材热解工艺学[M]. 2版. 北京：中国林业出版社.

Koenig P C, Souires R G, Laurendeau N M, 1985. Evidence for two-site of char gasification by carbon dioxide[J]. Carbon, 22: 531-536.

# 第13章 活性炭应用与再生

**【本章提要与要求】** 主要介绍活性炭应用的发展历史,活性炭在气体净化精制与溶剂捕集回收等气相领域,在水处理与净化、溶液脱色、分离精制、溶剂回收等液相领域,以及在新型能源储能器件和催化领域等方面的应用与进展,简要介绍了活性炭在农业、医疗、民用等领域的应用;在活性炭的再生利用方面,主要介绍活性炭的主要再生方法和原理。

要求掌握活性炭在气相与液相领域的主要应用场合,活性炭再生的主要方法与原理;结合影响液相和气相吸附的主要影响因素,理解活性炭吸附剂的主要特点。了解活性炭在环境保护、化工、医药、能源和电子等领域的广泛应用及其前景,再生对于废弃活性炭资源化利用的意义,进一步深化认识林产化工在国民经济建设中的重要地位和作用。

活性炭作为一种孔隙结构高度发达的多孔质炭材料,物理和化学稳定性,无毒无味,结构可控,它不仅已经广泛应用于环保、化工、食品、医药、电子和军事等工业领域,而且在室内或密闭空间的空气净化等民用领域也得到广泛应用,成为国民经济和人们生活不可缺少的材料和产品。为了提高活性炭的使用寿命,降低使用成本,在活性炭的应用过程中,需要对失效的活性炭进行再生,恢复其应用功能,因此,活性炭再生是活性炭应用的重要技术。随着活性炭应用领域的不断扩大以及环境对废弃资源利用要求的不断提高,活性炭再生技术为活性炭产业可持续健康发展发挥着越来越重要的作用。

## 13.1 活性炭的应用

### 13.1.1 活性炭应用发展历史

炭的使用可以追溯到公元前1550年古埃及用炭作为药物的事情。从18世纪末开始,谢勒和方塔纳首先科学证明了木炭对气体有吸附能力;随后,洛维茨首先记载了木炭对各种液体具有脱色能力,并导致木炭于1794年首次获工业应用于英国精制糖厂的脱色。20世纪初期,氯化锌和水蒸气活化法工业生产活性炭的相继实现,粉状活性炭逐渐作为清洁剂与脱色剂应用于化学工业、制糖工业以及其他食品工业。1927年末,美国芝加哥市发生了一次苯酚污染水的严重事件,活性炭首次成功应用于废水的净化,使活性炭的应用进入了一个新的大市场。在第一次世界大战期间,为了应对德军所使用的毒气氯气,开启了防毒面具用活性炭的开发与应用,开创了活性炭作为催化剂或催化剂载体的研究。在20世纪30年代中期,活性炭在有机蒸汽的吸附和气体的净化过程中得到应用。

时至今日,活性炭不但在食品、饮料、制糖、味精、制药、化工、电子、国防等工业部门及环境保护中获得了广泛的应用,而且作为家用净水器、冰箱除臭剂、防臭鞋垫及香烟过滤嘴等制品中的核心材料,已经与人们的日常生活的关系越来越密切。

总的来说，从吸附的场所来看，可以分为气相和液相的吸附应用；从处理的作用来看，活性炭在吸附领域的应用大致可以归纳为精制、捕集或回收、分离3种。精制是用活性炭吸附除去气体或液体中不需要的杂质成分，以提高产品的纯度或其他性能。捕集或回收是通过活性炭的吸附/脱附，富集混合气流或液体中的某一组分的操作。分离是通过活性炭的吸附，将气体或液体的多种组分进行分离的操作。

## 13.1.2 活性炭在气相吸附中的应用

气相吸附中常使用颗粒活性炭，通常是让气流通过活性炭层进行吸附。根据吸附装置中活性炭层所处状态的不同，吸附层有固定层、移动层和流动层几种。但是，在电冰箱和汽车内的脱臭器之类小型吸附器中，是依靠气体的对流和扩散进行吸附。

### 13.1.2.1 气体精制

(1) 精制工业用原料气体或工艺气体

活性炭用于精制多种工业用原料气体或者工艺气体，以除去它们中所含有的各种杂质，提高纯度和使用价值。表13-1中展示了用活性炭精制的一些气体以及要除去的杂质成分名称。可以看出，活性炭精制气体主要是除去气流中的小分子或低沸点气体中的少量大分子和高沸点的组分。

表13-1　活性炭精制原料气体及工艺气体

| 气体名称 | 精制出去的组分 |
| --- | --- |
| 氢气 | $Hg$, $CO_2$, $CH_4$, $H_2S$, $N_2$, $NH_3$ |
| 氩气 | $H_2$, $N_2$, $Ar$, $Ne$, $O_2$, $CO_2$ |
| 氯气 | 烃类氯化物 |
| 氯化氢 | 烃类氯化物 |
| 二氧化碳 | 无机和有机硫化物、油和臭气 |
| 乙炔 | 无机和有机硫化物、高级炔烃、二烯烃、磷化氢、丙酮、聚合物 |
| 乙烯 | 无机和有机硫化物、乙炔、二烯烃 |
| 水煤气 | 无机和有机硫化物、聚合物 |
| 裂解气 | 无机和有机硫化物、聚合物 |
| 烟道气 | 无机和有机硫化物、油 |
| 惰性气体 | 无机和有机硫化物、油 |
| 原料用空气 | 无机和有机硫化物、油和臭气 |

(2) 空气净化

在一些相对密闭的空间内，如仪器室、工作室、空调室、地下室、飞船及海底设施中的空气，由于外界污染或者受密闭环境中人群活动的影响，常含有体臭、吸烟臭、烹饪臭、油、有机及无机硫化物、腐蚀性成分等气体组分，且随着密闭时间的延长而不断累积，不仅会影响精密仪器的使用准确性，甚至腐蚀精密仪表，而且会对密闭空间的人体健康造成很大危害。采用活性炭净化这些气体是目前的主要方法。

(3) 工业排气处理

在各种工业领域，所排出的气体中，很多情况下需要采用活性炭进行净化处理，这是活性炭应用于环境保护的主要领域之一。例如，化工厂、皮革厂、造漆厂以及使用各种有机溶剂场所排出的气体中，含有各种有机溶剂、无机及有机硫化物、烃类、氯气、油、汞及其他对环境有害的成分;原子能设施中排出的气体中,含有放射性的氪、氙、碘等物质;煤、重油燃烧生成的烟气中,含有二氧化硫及氮氧化物,它们是污染大气、形成酸雨的有害成分,这些场所,主要采用活性炭吸附方法进行净化,然后再排放。

(4)废气净化

在火力发电厂和垃圾焚烧过程中,煤的燃烧和垃圾的焚烧处理都会产生大量的气体,含有不同的对环境和人体健康有害的物质,需要除去,才能排放。随着包括我国在内的世界各国的环境保护要求越来越严格,以及这些废气对环境的危害,各种有害成分的排放指标要求越来越高。这些废气主要包括硫的氧化物、氮的氧化物、二恶英以及金属汞蒸气等污染物。它们都可以采用活性炭吸附法除去。处理不同的物质,活性炭的性能和处理方法都有一定差异。

(5)其他气相精制的用例

活性炭用于其他精制气体的用例很多。例如,防毒面具、香烟过滤嘴、冰箱除臭器、汽车尾气处理装置等,都是利用活性炭卓越的吸附性能,将气体中有毒的、人体不利的或有臭味的成分除去。例如,在香烟过滤嘴中加入 100~120mg 活性炭以后,如表 13-2 所示,就能有效除去烟气中大部分对人体有害的组分。

表13-2 活性炭过滤嘴对香烟烟气成分的过滤效率

| 烟气成分 | 过滤效率(%) | 烟气成分 | 过滤效率(%) |
| --- | --- | --- | --- |
| 甲烷 | 0 | 丙烯醛 | 64 |
| 乙烯 | 9 | 苯 | 68 |
| 乙烷 | 0 | 甲苯 | 68 |
| 乙炔 | 13 | 甲醇 | 85 |
| 丙烷 | 12 | 甲酸甲酯 | 67 |
| 丙烯 | 8 | 丙酮 | 68 |
| 丁烷 | 42 | 丁二酮 | 74 |
| 异戊二烯 | 62 | 2-甲基呋喃 | 73 |
| 甲醛 | 10 | 2,5-二甲基呋喃 | 79 |
| 乙醛 | 41 | 乙腈 | 66 |

### 13.1.2.2 气相回收及捕集

(1)溶剂回收

在石油化学工业、印刷业、合成树脂工业、橡胶工业及干洗业等许多行业中,往往需要使用大量的有机溶剂。它们容易挥发,随空气进入大气不仅造成有机溶剂的损失,增加生产成本,而且污染环境,必须捕集回收。

目前,回收溶剂的方法有冷凝法、吸收法和吸附法3种。冷凝法仅适于回收浓度高的有机溶剂,在低浓度的场合不适用。吸收法适用范围较窄,仅限于处理低级醇、有机酸和含氮化合物。活性炭吸附法是让气体通过充填了活性炭的吸附塔,使溶剂成分有选择性地被吸附住,而后再通过解析回收溶剂的方法。其特点是对低浓度的有机溶剂蒸汽也具有很高的回收效率。

活性炭吸附法能回收的有机溶剂种类很多,主要包括挥发性的有机化合物,如苯、甲苯、二甲苯,甲醇、乙醇、异丙醇,乙醚,丙酮、甲乙酮,乙酸甲酯、乙酸乙酯,汽油及其他石油馏分，二氯乙烯、三氯乙烯、四氯乙烯、三氯甲烷、四氯化碳等。

吸附法回收溶剂的工艺简单，由吸附、脱附、干燥和冷却4个步骤构成。在固定床吸附装置中，这4个步骤都在同一个吸附装置中完成。使用两个吸附装置轮流操作，就可以连续不断地进行回收作业。

回收时，让含有溶剂的空气流过吸附装置中的活性炭层，溶剂即被吸附，几乎不含溶剂的纯净空气从吸附装置中排出。即将达到炭层的穿透状态时进行切换，让水蒸气或热的惰性气流通过该吸附装置，将吸附在活性炭上的溶剂分子进行脱附，冷凝后回收；同时，活性炭获得再生，干燥后冷却，供下一轮回收时使用。回收作业也可以在活性炭流动床装置中进行，与固定床相比较，可以大大提高装置的工作效率。

用活性炭回收有机溶剂的优点是当有机溶剂的浓度低达 $1\sim 20 g/m^3$ 时也能有效地进行回收；回收装置简单，投资少，容易操作；运行费用低，回收的费用不超过溶剂价格的 5%～20% 等。

(2) 气相组分的捕集或回收

活性炭除用于从空气中回收有机溶剂以外，还广泛地用于从其他气相成分中捕集和回收各种有关物质。表13-3中列举了这方面的一些实例。

表13-3 活性炭在其他气相捕集或回收中的应用实例

| 气体名称 | 捕集回收的组分 |
| --- | --- |
| 煤的干馏气体 | 苯、汽油等C5以上的烃类 |
| 天然气 | 液化石油气等 |
| 裂解气体 | $CH_4$、$C_2H_6$、$C_3H_8$、$C_4H_{10}$、$C_5H_{12}$等 |
| 发酵气体 | 酒精、丙酮等 |
| 烟道气 | 二氧化硫 |
| 汽车挥发的气体 | 汽油 |
| 原子反应堆排气 | 放射性碘、氪、氙 |
| 各种工业性排气 | 苯、甲苯、二甲苯、戊烷、己烷、二硫化碳、氯乙烯、环己烷、甲醇、乙醇、丁醇、丙酮、丁酮、醋酸酯、环氧乙烷、香料成分、四氯化钛、二氯化钛、氧化氮等 |

下面以防止汽车中汽油挥发装置为例，说明活性炭在捕集回收方面的具体应用。该装置的工作原理如图13-1所示。汽车停止时，由于气温升高，太阳照射等原因，使油箱、化油器、气缸等处汽油挥发。挥发出去的气体通过装置中的活性炭层（过滤器）吸附，防止扩散到外界。当汽车开动行驶时，通过吸气管的负压和排气管的压力，使压力动作阀动作，让滤气器中一部分空气经过活性炭层以后再进入吸气管中。此时，活性炭层所吸附的汽油脱附，随空气进入气缸中燃烧；同时，活性炭获得再生。这种装置中只充填了几百克颗粒状活性炭，就不仅能防止汽油挥发到外界污染空气，还能够节约汽油，而且使用十分方便。

### 13.1.2.3 分离气体

利用活性炭对不同种类的气体具有不同的吸附能力，常用活性炭吸附法分离气体组分。使用活性炭从天然气中分离汽油组分时，初期，活性炭逐渐被包括甲烷等相对分子质量小的烃类物质在内的组分所饱和，如图13-2所示中的(a)。但是随着吸附时间的延长，由于活性炭具有对相对分子质量大的同族化合物吸附能力大的特性，所吸附的甲烷等低级烃类逐渐被

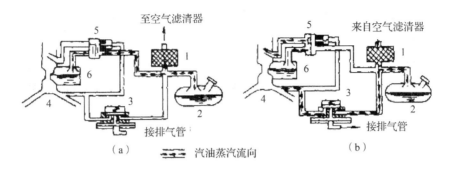

**图 13-1 汽车汽油的活性炭罐回收装置工作原理**
(a)吸附状态(停车时) (b)脱附状态(开车行驶时)
1. 活性炭吸附装置 2. 油箱 3、5. 压力动作阀 4. 吸气管 6. 浮子室

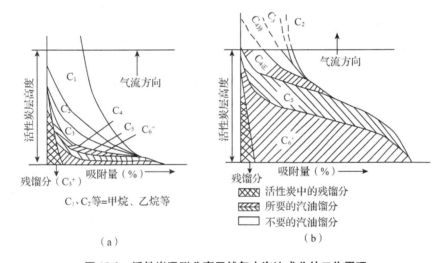

**图 13-2 活性炭吸附分离天然气中汽油成分的工作原理**
(a)吸附初期 (b)吸附后期

相对分子质量大的己烷、戊烷等置换出来。结果如图 13-2 所示中的(b)，活性炭中吸附保留的主要是汽油组分，而甲烷、乙烷、丙烷之类相对分子质量小的组分则穿过活性炭层，保存在气相中，从而达到分离的目的。

变压吸附技术是活性炭分离气体组分的常用技术。利用该技术，使用活性炭分子筛可以分离空气中的氧气和氮气，分离城市煤气中的二氧化碳或氮气，能分离某些反应产物中的同分异构体等。

## 13.1.3 活性炭在液相吸附中的应用

活性炭在液相中主要用于脱色精制，有时也用于捕集回收或分离。

液相扩散速度比气相小得多，为了在短时间内获得吸附效果，因此常常使用粒度很细小的粉末状活性炭。但是，在处理量很大的场合，由于颗粒活性炭的使用操作方便，容易再生，因此，颗粒状活性炭的用例不断增加。表 13-4 中列示了液相中使用活性炭的主要操作方式。

表 13-4 液相中使用活性炭的主要操作方式

| 活性炭种类 | 采用方法 | 操作方式 |
|---|---|---|
| 粉末活性炭 | 间接接触法 | 一段接触式 |
| | 成层过滤法 | 多段分批添加式 |
| | 连续接触法 | 多端逆流接触式 |
| 颗粒活性炭 | 渗漉法 | 固定床式 |
| | | 连续移动层式 |
| | | 间歇移动层式 |

### 13.1.3.1 液相脱色精制

活性炭液相脱色精制主要应用于制糖、食品、酿造、医药、化工等领域,是活性炭开始应用于工业的主要领域。表 13-5 中列举了目前活性炭在该领域应用的常见场合。从表可以看出,活性炭主要除去产生较深颜色的物质。同时,活性炭起到如下的主要作用:除去在可见光波长以外具有吸光性的物质,除去颜色的前躯体物质,除去有臭味的物质或调整香味,除去臭味的前躯体物质,除去浑浊及可能导致浑浊的物质,除去起泡性及保泡性物质,除去妨碍结晶的物质,除去胶体物质,除去对胶体有保护性的物质,除去生理性有害物质,以及除去促进产品变质的物质等。因此,活性炭应用于液相脱色精制过程起着一种综合精制效果。

表 13-5 活性炭脱色精制的主要应用场合和作用

| 工业种类 | 工业部门 | 产品名称 | 活性炭精制效果 |
|---|---|---|---|
| 食品工业 | 精制糖 | 甘蔗糖 | A、B、C、D |
| | | 甜菜糖 | A、B、C |
| | | 糖蜜 | A、B、C、J、捕集甜菜及谷氨酸 |
| | 淀粉糖 | 葡萄糖 | A、B、C、D、F |
| | | 水饴糖 | A、B、D、F |
| | 乳制品 | 乳糖 | A、B、D、F |
| | 酿造 | 清酒 | A、E、D、防止火落菌 |
| | | 啤酒 | A、E、D、防止冷雾 |
| | | 葡萄酒、果酒、酱油 | A、E |
| | | 威士忌、朗姆、白兰地、伏特加、食用醋 | E |
| | 油脂 | 食用油 | A、B、F、G |
| | | 人造奶油、可可脂、猪油 | A、F、G |
| | 食品添加剂 | 味精、核酸调味品、乳酸、柠檬酸、酒石酸、戊烯二酸、抗坏血酸 | A、B、D、F |
| | | 调味品 | A、E、F |
| | | 琼脂、果胶、明胶 | A、F |
| | 其他 | 糖浆、果汁 | A、F |
| | | 糖果屑 | A、F、J |
| 医药工业 | 医药品 | 抗菌性物质、磺胺制剂、生物碱、维他命、荷尔蒙 | A、B、D、F、H |
| | 注射剂 | 针剂、注射用水 | 除去致热源 |
| 化学工业 | 橡胶 | 再生橡胶 | 防止药剂渗透 |
| | 石油 | 液体石油馏分 | A、F、脱硫 |

(续)

| 工业种类 | 工业部门 | 产品名称 | 活性炭精制效果 |
|---|---|---|---|
| | | 酸类、盐类、胺类吸收液、废油 | A、B、I、J |
| | 高分子 | 合成树脂、合成纤维原料及中间体 | A、F、防止副反应 |
| | | 纺线浴、溶剂及溶液 | A、B、F、J |
| | 染料染色 | 染料中间体 | H、防止副反应 |
| | | 洗涤液等 | A、防止渗透 |
| | 无机 | 磷酸、硼酸、盐酸、明矾、碱、碳酸盐 | A、B |
| | | 双氧水 | 除去有机杂质 |
| 其他工业 | 工业油脂 | 矿物油、油剂 | A、B、F、J |
| | | 蜡 | A、B、F |
| | | 界面活性剂 | A、F |
| | | 可塑剂、羊毛脂、硬化油、蓖麻油、甘油 | A、B、F、I |
| | 金属加工 | 电镀液 | 除去油脂及其分解产物、J |
| | | 脱脂溶剂 | B、除去油脂、J |
| | 干洗 | 干洗液 | A、脱酸、B、J |
| | 采矿 | 浮选选矿液 | 除去浮选选矿液、调整 |
| 分析 | 色谱分析 | 分析试样 | 除去生物化学试样中妨碍分析的成分 |

注：A. 脱色；B. 除去胶体物质；C. 提高结晶性；D. 提高产品稳定性；E. 调整香味；F. 脱臭；G. 去除白土臭；H. 提高纯度和得率；I. 除去起泡性物质；J. 再利用。

### 13.1.3.2 水处理

水处理是活性炭应用广、潜力最大的部门。饮用水的质量直接关系人体健康；排水及废水是否处理会对地球环境有重大影响。发达国家活性炭用量的50%以上与水处理有关；我国出台了较高标准的废水排放标准，人们对水质质量也越来越重视，我国活性炭在该领域的应用逐渐增多。

(1) 处理上水（自来水）

上水用活性炭处理的目的是提高水质，除去臭气、臭味、腐殖质、油类、农药、洗涤剂等对人体有害的物质。

(2) 处理生产用水

活性炭在处理各种生产用水中获得广泛应用。如在酿造业、清凉饮料业及制冰业，使用活性炭除去地下水中的颜色、臭味、胶体物质、洗涤剂、农药及其他有机物质，或者除去自来水中的游离氯气、臭味等；电力、化学等工业部门用活性炭处理锅炉用水及锅炉回流水的脱油；医药工业用活性炭除去水中的致热源；电子工业使用活性炭制取超纯水；海运业使用活性炭制造饮用水；水族馆中用活性炭除去自来水中的氯气等。

此外，活性炭还用于保护离子交换树脂，净化工厂的循环用水等。

(3) 处理工业生产废水

用活性炭处理生产废水时，可以除去废水中的 BOD、COD、TOC、颜色、臭味、油、苯酚、汞及其他金属、放射性元素等。此外，还可以除去妨碍生物处理的物质，难于分解的物质等。处理后的工业生产废水，可以循环使用。

(4) 处理下水（污水）

下水是各种废水汇集成的污水，成分极其复杂。进行处理时，通常将凝聚沉淀法（物理法)、活性污泥法(生物法)与活性炭吸附法配合使用,以提高处理效果,降低处理成本。活性炭处理通常和生物法配合使用,或置于其后作为终级处理。经过处理,可以除去颜色、农药、洗涤剂、臭味,以及 BOD、COD、TOC 等杂质,作为工农业用水而再次利用或排放。

### 13.1.3.3 液相捕集或回收

活性炭在液相捕集或回收中,不仅需要活性炭对目标物质具有高的吸附能力,而且也需要有优良的脱附能力,便于回收。在液相中吸附在活性炭上的吸附质由于往往具有较低的挥发性,因此,不能通过加热或降低压力达到脱附的效果,比活性炭捕集或回收气相中吸附质的难度大,技术要求更高。因此,液相中活性炭用于捕集或回收的应用没有气相中的普遍。表 13-6 是活性炭应用于液相捕集或回收的一些实例。

因此,活性炭应用于液相领域的捕集或回收技术难点是发展有效的脱附技术。炼焦工业过程产生的废水中含有苯酚,用活性炭吸附后可以用苯置换或用氢氧化钠水溶液中和脱附。制碘业捕集海水中碘时,首先通过氧化,以游离碘的形态让活性炭吸附;脱附时,用氢氧化钠水溶液中和成碘化钠的形态。捕集矿砂中的金时,一般采用以氰化金的形态被活性炭吸附,而后在高温下使活性炭燃烧,让金留在灰分中进行回收。

在生物化学药品的生产过程中,往往由于目的成分的稳定性差而限制了吸附或脱附时的工艺条件。因此,常常使用改变 pH 值或改变溶剂的方法进行捕集。

**表 13-6　活性炭应用于液相捕集或回收的实例**

| 部门 | 捕集或回收的产品 |
| --- | --- |
| 医药工业 | 抗菌性物质、维他命、荷尔蒙、酵素(酶)、核酸类物质、其他生物化学药品及生物碱 |
| 食品工业 | 核酸类物质、植物成分 |
| 炼焦工业 | 苯酚 |
| 制碘工业 | 碘 |
| 采矿工业 | 金、银、钯、铽、汞、铀、铅、镧 |
| 其他 | 水中的有机溶剂 |
| 分析 | 水中的有机物(CCE、CAE) |

### 13.1.3.4 液相分离

活性炭色谱柱可以用于分离糖及糖的衍生物、核酸类物质、氨基酸、脂肪酸、抗菌性物质、生物碱及色素等。但是,由于其吸附能力太大而难于脱附(解吸)、有时呈现催化性、选择性不强、表面的不均质性等原因,因而只有在特殊场合下才用作色谱柱的充填剂。

活性炭分子筛是疏水性的吸附剂,也用于液相分离。其特点是在亲水性的沸石类分子筛难于发挥选择性吸附性能的、以甲醇或水为溶剂的溶液中,也能够发挥作用。

随着今后微量化学和生命科学的进展,生物化学药品等精度高的分离技术显得非常必要,活性炭色谱法的应用将取得进一步发展。同时,也由于活性炭等多孔质炭材料在孔隙结构方面的精确调控难度,也大大制约了活性炭在这一领域的应用。

## 13.1.4　活性炭在催化领域的应用

### 13.1.4.1　活性炭作催化剂

活性炭由于具有微晶质碳的结构,比表面积大,其表面存在下列一些与催化剂有关的特性：①对有机化合物的吸附能力强；②其本身具有导电性及授受电子的机能；③表面具有不成对电子及由此而产生的授受氢原子的机能；④活性炭表面具有丰富可调的表面官能团；⑤具有化学吸附氧气而活化氧的能力。活性炭本身作为催化剂使用的催化反应见表13-7。

表13-7 活性炭作为催化剂催化的反应

| 反应名称 | 反应温度（℃） | 反应名称 | 反应温度（℃） |
|---|---|---|---|
| 1. 卤化及脱卤化反应 | | 3. 氧化及氧化脱氢反应 | |
| $C_2H_4 + Cl_2 \rightarrow CH_2ClCH_2Cl$ | >100 | 烷基苯 + $1/2O_2 \rightarrow$ 烯烃基苯 + $H_2O$ | 350~400 |
| $CO + Cl_2 \rightarrow COCl_2$ | 100~150 | 仲醇 + $1/2O_2 \rightarrow$ 酮 + $H_2O$ | 200~300 |
| $COCl_2 + CH_2O \rightarrow CH_2Cl_2 + CO_2$ | 150~200 | $C_6H_5CH_3 + O_2 \rightarrow C_6H_5CHO + H_2O$ | 150~300 |
| $C_6H_6 + 6Cl_2 \rightarrow C_6Cl_6 + 6HCl$ | 160~300 | $NO + 1/2O_2 \rightarrow NO_2$ | 30~100 |
| $CH_4 + Cl_2 \rightarrow CH_3Cl + HCl$ | 300~450 | $H_2S + 1/2O_2 \rightarrow S + H_2O$ | 25~200 |
| $C_2H_4Cl_2 \rightarrow CH_2CHCl + HCl$ | 300~400 | 环己烷 + $O_2 \rightarrow$ 环己酮等 | 59 |
| $S_2Cl_2 + 2SO_2 + 3Cl_2 \rightarrow 4SOCl_2$ | 200 | $SO_2 + 1/2O_2 \rightarrow SO_3$ | 30~130 |
| $C_2H_4Cl_2 + RH \rightarrow C_2H_4 + RCl + HCl$ | 300~400 | $2Fe^{2+} + 2H^+ + 1/2O_2 \rightarrow 2Fe^{3+} + H_2O$ | 0~55 |
| $CF_2ClCH_3 \rightarrow CF_2CH_2 + HCl$ | 400~550 | $Pd + 2H^+ + 1/2O_2 \rightarrow Pd^{2+} + H_2O$ | 60~150 |
| $RX + H_2 \rightarrow RH + HCl$ | 200~350 | 烷烃 + $1/2O_2 \rightarrow$ 单烯烃 + $H_2O$ | 250~350 |
| 2. 脱氧化应 | | 4. 其他反应 | |
| 烷烃 → 烯烃 + $H_2$ | 400~500 | 醇 → 烯烃 + $H_2O$ | 150~300 |
| 烯烃 → 二烯烃 + $H_2$ | 400~500 | α-烯烃 → β-烯烃 | 150~300 |
| 醇 → 酮、醛 + $H_2$ | 300~350 | 邻位氢 → 对位氢 | -200~500 |
| 烷烃或烯烃 → 芳香族 + $H_2$ | 400~500 | 烷烃或烯烃 → 低级烷烃或低级烯烃 | 450~500 |
| 环烷烃 → 芳香族 + $H_2$ | 400~500 | $NO + H_2 \rightarrow 1/2N_2 + H_2O$ | 450~700 |
| | | $H_2 + D_2 \rightarrow 2HD$ | 200~400 |

活性炭作为催化剂使用过程中，还起着其他的作用。表13-8 中列示了活性炭用作吸附剂及催化剂时，活性炭能发挥作用的一些性能。

表13-8 活性炭性能在各种用途中的应用

| 应用场合 | 所利用的活性炭性能 | | | |
|---|---|---|---|---|
| | 吸附性 | 微孔吸附 | 催化性 | 炭的反应性 |
| 回收二硫化碳 | + | + | + | |
| 除去气体中的油类 | + | + | | |
| 除去硫化氢 | + | + | + | |
| 除去二氧化硫 | + | + | + | + |
| 除去氮氧化物 | + | | + | |
| 除去臭氧 | + | | + | + |
| 除去游离氯 | + | | + | + |
| 除去过氧化氢 | + | | + | |
| 催化剂及其载体 | + | | + | |

### 13.1.4.2 活性炭作为催化剂载体

活性炭不仅具有高的比表面积和发达可控的孔隙结构，而且具有表面极性可调的表面官能团，因此，活性炭不仅可以直接作为催化剂使用，也可以作为载体，负载许多金属及其氧化物催化剂，尤其是贵重和稀有金属，大大提高了催化剂的活性，减少贵重和稀有金属的使用量，显著降低了催化剂的成本。活性炭可以直接作为催化剂使用，也可以在其表面担载活性成分作为载体使用。表13-9列出了许多活性炭作为催化剂载体的实例。

表13-9 活性炭作为催化剂载体催化的反应

| 反应名称 | 担载的物质 | 反应温度(℃) |
|---|---|---|
| $HC \equiv CH + HCl \rightarrow CH_2 = CHCl$ | $HgCl_2$ | 100~150 |
| $H_2C = CH_2 + CH_3COOH \rightarrow H_2CCH = CH_2COOH$ | $Zn(OAc)_2$ | 190~220 |
| $H_2C = CH_2 + 1/2O_2 \rightarrow CH_3CHO$ | $PdCl_2$ | |
| $H_2C = CH_2 + O_2 + CH_3COOH \rightarrow H_2C = CHCH_2OCH_3$ | $Pd(OAc)_2$ | 200~250 |
| $H_2C = CH-CH = CH_2 + 2CH_3COOH + 1/2O_2 \rightarrow CH_3COOCH = CHOCOCH_3 + H_2O$ | Pd-Te | 70 |
| $RC(OH)R' + 1/2O_2 \rightarrow RCOR' + H_2O$ | Pd、Pt | 100~200 |
| $ROH + RCHO + 1/2O_2 \rightarrow ROCOR' + H_2O$ | Pd | 150 |
| $CH_2 = CH_2 + HCl + 1/2O_2 \rightarrow H_2C = CHCl + H_2O$ | Pd、Pt | 200~300 |
| $2CO + 2ROH + 1/2O_2 \rightarrow ROCOCOOR + H_2O$ | Rh | 200~300 |
| $C_6H_6 + 6Cl_2 \rightarrow C_6Cl_6 + 6HCl$ | $AlCl_3$ | 400~500 |
| $COCl_2 + H_2O \rightarrow CO_2 + 2HCl$ | Fe | 500~600 |
| $C_nH_{2n+2} \rightarrow C_nH_{2n} + H_2$ | Co、Ni、Fe、Mo | 400~500 |
| $CH_3OH + CO \rightarrow CH_3COOH$ | Rh、Ir、Pd、Ni、Co、Sn、Pb | 150~300 |
| $C_4H_5X(X=1, Br) + CO + CH_3OH \rightarrow C_6H_3COOCH_3 + HX$ | Pd | 80~150 |
| $CH_2X_2(X=Cl, Br, I) + 2CO + 2CH_3COOH \rightarrow CH_2(COOCH_3)_2 + 2HX$ | Pd、Co、Rh | 80~150 |
| $N_2 + 3H_2 \rightarrow 2NH_3$ | Fe、Ru-K | 200~300 |
| $2HI \rightarrow H_2 + I_2$ | Pt | 350~450 |

## 13.1.5 活性炭用做电极材料

活性炭已经成功应用于超级电容器的电极材料，是影响超级电容器性能的关键材料。超级电容器是电化学双层电容器(EDLCs)，是一种新型储能元件，它具有高的功率密度和较长的循环寿命($10^5 \sim 10^6$次充/放电循环)，能够提供大功率密度放电，可以广泛用于交通、家庭电子产品、医疗电子产品、军用电子产品等方面。与作为吸附剂的普通活性炭相比，作为超级电容器电极材料的活性炭具有比表面积高、孔隙结构高度发达、纯度高等特点，是世界各国在炭材料领域研究开发的主要热点之一，并不断提高超级电容器的性能，不断拓展它在各个领域的应用。

通过表面改性，活性炭具有催化氧气的还原能力，因此，活性炭可以作为燃料电池的电极材料。目前，世界许多国家投入大量的人力和财力努力开发高性能的燃料电池的活性炭电极材料。

## 13.1.6 活性炭在医疗上的应用

### 13.1.6.1 血液透析(人工肝脏辅助装置)

血液透析用于治疗肝脏疾病、肾脏疾病以及药物中毒的患者。采用血液透析装置，除去血液中的有毒有害物质,从而达到治疗效果。例如,针对肾脏病患者,通过血液透析,活性炭可以吸附除去透析液中的肌酸、尿酸及尿中的其他有毒物质。

目前,用于血液透析的活性炭要求是纯度高、并经过表面被覆处理的表面光滑的球状活性炭,以防止活性炭颗粒之间因相互摩擦形成粉尘而污染血液,并避免血液直接接触活性炭而发生溶血或凝血作用等危害。

已经成功试验过的被覆材料有硝化纤维素与白蛋白、聚2-羟乙基甲基丙烯酸酯、动物胶、硝化纤维素、纤维素和丙烯酰胺等。理想的被覆材料要求溶于水,且被覆到活性炭表面以后便无法用物理方法使其溶化的材料。溶剂可以考虑使用乙醚及甲醇之类能够充分脱附的溶剂,以免缓缓地脱附至血液中而进入人体。被覆活性炭还应能够承受在121℃下加热杀菌21min的处理条件。

#### 13.1.6.2 药物缓释

活性炭是优良的吸附剂,具有把所吸附着的药物慢慢地释放出来的性质。由活性炭吸附抗癌药物而制成的制剂,注入人体后,在注射了制剂的周围人体组织中,游离状态的抗癌药物能保持一定浓度,有利于维持药效。当由于体液的稀释或代谢作用使抗癌药物浓度降低后,从活性炭上立即释放出药物进行补充。此外,由于药物是吸附在活性炭上,在人体组织中是局部存在,有利于附着到癌症病变的组织表面发挥疗效。对人体全身的副作用,要比使用药物的水溶液时小。

#### 13.1.6.3 口服药物

活性炭很早就作为口服药使用,用于吸附因胃酸过多及消化道内发酵而生成的气体及有毒物质。但是,由于它也吸附酶素、维生素及矿物质等,因而使用不当会干扰消化。服用活性炭的剂量,一次为0.5~5g,每天2~20g。

活性炭能吸附肠胃中有毒物质的种类:有毒性的胺类,食物分解生成的有机酸以及细菌产生的代谢物质,吸附后随大便排出。因此,活性炭也是一种解毒剂。

### 13.1.7 其他用途

#### 13.1.7.1 一次性取暖用手炉

利用活性炭的吸附作用和催化作用调节铁粉的氧化速度,让氧化热缓缓释放的一次性取暖用手炉,其形状及大小类似口罩。使用时放在腹部、膝盖等畏寒处,可发热至60℃左右并维持6~8h,适于在高寒地区、野外作业或病人使用。

#### 13.1.7.2 在农业上的应用

活性炭吸附农药后施入土壤中,可以长期维持农药的有效浓度发挥药效,不但延长了农药的有效期,而且减轻了农药对环境的污染。活性炭吸附除莠剂施用时,也能长期具有抑制杂草生长的功能。

在土壤中施用活性炭能提高地温,增加水容量,能改善通气性能,并可促进固氮菌之类微生物的繁殖,从而促进农作物的生长。

随着人类社会的进步,人们对环境和生活质量的要求不断提高,活性炭这种化学稳定性好、无毒性和可来源于天然材料的吸附剂产品必将发挥越来越大的作用，新用途也将不断得到开发。

## 13.2 活性炭的再生

将使用后达到吸附饱和状态失去吸附能力的活性炭，用物理、化学或生物化学的方法，把所吸附的物质除去，使活性炭恢复吸附能力的操作称作活性炭的再生。

活性炭通过再生能重复使用多次，从而减少活性炭的消耗，节约成本；同时，通过再生实现活性炭资源再利用，也可以防止使用后的活性炭造成二次污染。另一方面，在活性炭用于捕集、回收或分离的场合，让活性炭所吸附的物质从活性炭上脱离出来加以利用，正是吸附作业的目的所在。

### 13.2.1 再生原理及分类

吸附是放热过程，相反，脱附是一个吸热过程。吸附时，吸附剂活性炭、吸附质及媒介三者之间受亲和力的作用，在一定条件下达到平衡状态，即吸附饱和状态。此时，要将活性炭上的吸附质脱离出来，可以采用以下一些改变平衡条件的方法进行脱附：①降低媒介中吸附质的浓度(或压力)，改变平衡关系，让吸附质从活性炭上脱附，即减压再生；②通过从外部加热提高温度之类方法，改变平衡关系，即加热脱附；③改变吸附质的化学性质，即化学再生；④使用对吸附质亲和力大的溶剂萃取，即溶剂再生；⑤使用对活性炭亲和力比吸附质还大的溶剂置换，即置换再生。

当吸附质是高沸点的有机物之类难脱离的物质，以上脱附法不适用时，可以用分解或氧化的方法将有机类吸附质除去。氧化分解再生方式有：①用氧化性气体在高温下进行焙烧再活化；②利用微生物进行氧化分解的生物再生；③利用液相氧化的湿式氧化分解。

### 13.2.2 再生方法

#### 13.2.2.1 脱附再生法

脱附再生法是一种基本上不改变吸附质性质的方法。优点是能够回收吸附质，活性炭可以反复使用，损失少。但是它主要适用于物理吸附的体系。脱附再生通常采用下列一些方法进行。

(1) 减压再生

变压吸附技术是活性炭分离气体的主要方法。它是在等温条件下，反复地进行吸附质气体的压力升高、降低的压力循环操作，实现气体分离。该法的原理是利用高压状态及低压状态下平衡吸附量的差异达到分离的目的；由加压、吸附、减压、脱附4个步骤构成。在高压状态下达到吸附饱和状态的活性炭，到低压状态时吸附质便发生脱附，活性炭获得再生，到下一个循环中又可以进行吸附。

活性炭分子筛从空气中分离出纯度高达99.99%的氮气就是采用这种方法。此外，该法还用于精制氢气、除湿、制造氧气、除去空气中的二氧化碳、回收一氧化碳和二氧化碳等场合。

(2) 加热脱附

该法是从外部加热使吸附质脱附的再生方法。在气相中用于回收溶剂之类的活性炭，基本上都是使用该法再生。加热脱附时，使用水蒸气作热源的场合，又叫水蒸气再生。除了水蒸气以外；也可使用温度为 100~200℃ 的惰性气体作为热源进行再生。根据不同的加热方式，加热再生方法已有电热再生、微波再生等物理方法。

(3) 化学再生

利用酸、碱或氧化剂之类化学药品与吸附质发生化学反应，改变吸附质的化学性质和吸附能力，使其从活性炭上脱附的方法称作化学再生。

例如，采用氢氧化钠溶液可以再生吸附了苯酚的活性炭。在此过程中，氢氧化钠水溶液与将活性炭中的苯酚反应，使苯酚转化成钠盐，显著减少苯酚在活性炭的吸附能力，从而实现脱附。此外，采用类似的原理，氢氧化钠溶液也可以再生吸附了硝基苯酚、氯酚及醋酸等物质的活性炭。

(4) 溶剂再生及置换再生

与吸附在活性炭吸附剂上的吸附质相比，应用对吸附质或活性炭具有更大亲和力的有机溶剂，使活性炭上的吸附质脱附或置换下来的方法。

例如，用活性炭吸附处理焦化厂的洗涤废水时，废水中所含有的有机酸、碱、中性油等焦油衍生物质吸附在活性炭上。然后，在 70~80℃ 下用苯溶剂萃取，就可以使吸附在活性炭中的焦油脱附。得到的萃取液经蒸馏除去苯，得到溶剂苯和焦油物质；活性炭中残留的苯用水蒸气蒸出，冷凝后在静置式分离器中分离出苯，与从萃取液蒸馏得到的苯都可以反复使用。最终活性炭也可以实现重复利用。

### 13.2.2.2 氧化分解再生法

在水处理之类场合，吸附质是多种有机物质，而且包括许多相对分子质量大、沸点高的物质。活性炭吸附这一类物质以后，不容易脱附，需要用氧化分解法进行再生。氧化分解再生包括以下几种方式：

(1) 化学氧化分解再生

化学氧化分解再生法是在溶液状况下采用氧化剂氧化吸附在活性炭中的有机物质，从而实现活性炭再生的方法。

在实验室研究使用过的化学氧化剂包括氯水、溴水、高锰酸钾、重铬酸钠、臭氧、双氧水等。由于双氧水氧化有机物之后生成水，因此，是一种较理想的氧化剂。有实验显示，活性炭经第一次双氧水氧化再生后，其吸附能力能恢复至新炭的 71%；第二次、第三次再生后，则分别下降至新炭吸附能力的 50% 及 20% 以下。

在液相条件下，空气也是实现氧化再生的一种氧化剂，但需要在较高压力和较高温度下才可以实现活性炭的再生，这种再生方法也称作湿式氧化再生。例如，将含有 6%~8% 吸附饱和的粉状活性炭的浆料，与压缩空气一同经预热器加热后，送至氧化反应器，可以在 180~220℃ 和 3.5MPa 压力下实现再生。再生后经过气液分离器除去气体以后，再生的活性炭浆料又可用于水处理中。活性炭的回收率达 95% 左右，反复再生使用 23 次后，灰分含量由 5.4% 增加到 14%，碳含量由 80% 降低至 60%，但处理水时效果变化不大，再生费用占处理水总费用的 20% 左右。该方法的优点是空气再生不会增加新的物质，且可以将有机物质直接分解成二氧化碳与水，不会造成二次污染，得到的活性炭浆料可以直接使用。

采用液相氧化剂氧化分解再生的主要问题是反应的选择性问题。有些吸附质无法完全氧化分解而残留在活性炭之中；而且，氧化分解有时会氧化活性炭，引起活性炭的孔隙结构和表面化学结构发生显著变化，影响了活性炭的再生效果。由于存在这样的问题，也影响该方法的应用推广。

（2）微生物再生

该法是利用微生物的氧化分解作用，使吸附在活性炭上的有机物质分解进行再生的一种方法。微生物再生的原理是活性炭的脱附与微生物的氧化分解协同作用的结果，其原理如图 13-3 所示。

在使用活性炭吸附塔处理水时，由于微生物的作用，吸附塔的吸附容量往往比理论值大得多。据认为，这是由于在活性炭颗粒的表面滋生了嫌气性生物膜及好气性生物膜所致，使扩散并吸附在活性炭表面上的大分子有机物吸附质，首先嫌气性分解成小分子吸附质，而后发生小分子吸附质的脱附、扩散，并进一步被好气性分解成二氧化碳和水。结果，活性炭获得再生，重新具备了吸附大分子有机物吸附质的能力。

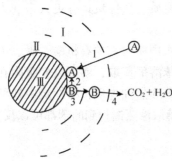
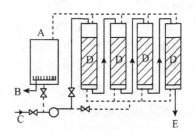

图 13-3　活性炭的微生物再生
原理示意图
Ⅰ. 好气性生物膜　Ⅱ. 嫌气性
生物膜　Ⅲ. 活性炭颗粒
A. 大分子有机物吸附质
B. 小分子吸附质
1. 扩散及吸附　2. 嫌气性分解
3. 脱附及扩散　4. 好气性分解及扩散

图 13-4　微生物再生活性炭处理
印染沸水流程示意图
A. 活性污泥储槽　B. 空气
C. 印染废水　D. 活性炭填
料塔　E. 处理后的水

利用这一原理，对处理印染工厂废水的活性炭吸附塔，采用吸附 10h，用好气性活性污泥混合液再生 14h 的方法运转，取得了比较满意的结果。图 13-4 表示采用微生物再生的四塔式活性炭处理印染废水的流程。

此外，污水处理场往往在微生物曝气处理池中加入粉末状活性炭，利用生物降解和吸附的共同作用进行污水的深度处理。

### 13.2.2.3　焙烧再活化再生法

将使用后吸附了各种有机物质的活性炭加热至高温，让吸附的有机物质炭化后，再用水蒸气等含氧气体进行活化，使活性炭获得彻底再生的方法称作焙烧再活化。

液相吸附中使用过的活性炭经脱水处理后进行焙烧再活化时，随着温度的升高，吸附在活性炭上的各种有机物质按其性质的不同，分别发生水蒸气蒸馏、脱附或炭化、氧化和反应产物的脱附等作用。炭化得到的固体残留物附着在活性炭上，经过活化处理以后转变成活性炭结构的一部分。

活化时所用的含氧气体活化剂有水蒸气、二氧化碳、空气及它们的混合物等。活化需要在专门的设备活化炉中进行。如第三篇第 5 章中所述，活化炉有斯列普炉、回转炉、沸腾炉以及图 13-5 所示的多层炉等。凡是气体活化法生产活性炭中使用的活化炉都可以用于再生。

使用后的活性炭进行焙烧再活化再生时，可以自己设置炭、活化装置进行再生，也可以委托有关活性炭厂进行。

焙烧再活化再生法是三种再生方法中再生效果最好、适用性最广泛的一种再生方法。它对吸附了任何一种有机物质吸附质的活性炭都能够有效地进行再生。再生以后的活性炭的吸附性能，可以恢复到与新炭相当的水平。因此，经过几次脱附再生或者氧化分解再生的活性炭，为了恢复其吸附能力，往往用焙烧再活化法彻底地再生一次。

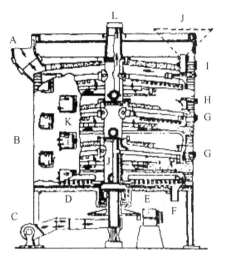

**图 13-5　多层炉**
A. 烟道气出口　B. 钢板外壳　C. 冷却用空气鼓风机　D. 砂封　E. 产品出口　F. 烧嘴　H. 空气　I. 进料装置　J. 进料料斗　L. 热风　K. 人孔

#### 13.2.2.4　电化学氧化再生

电化学再生方法的主要原理是在两个电极之间放入吸附饱和的活性炭，加入电解液，通入电流后活性炭在电场的作用下，一端呈阳极，另一端呈阴极形成电解槽，分别发生氧化反应和还原反应。活性炭孔隙内部的吸附质发生分解脱附达到再生的目的。阴极和阳极的再生机理不一样，阴极的再生机理很明确，首先吸附质从活性炭表面脱附，阴极附近 $OH^-$ 生成导致附近溶液 pH 值的增加，促进表面官能团和残留的吸附质，如苯酚、甲苯等转变成阴离子形式。其次脱附出来的吸附质会被阳极的氧化性物质或者电解液中的氧化性组分氧化。阳极的再生机理还不是很明确，目前来看很有可能是吸附质直接被氧化掉而不发生脱附，有待于进一步研究。研究表明，活性炭在阴极的再生效率一般高于阳极，一般常用氯化钠作为电解质，一般随着电解质的浓度的增加而增加，如果浓度过大再生效率会下降，电流增大再生效率也会相应提高。电化学再生优点是再生效率比较高，缺点是能耗比较大。

### 思考题

1. 介绍活性炭应用的主要领域，说明影响气相吸附与液相吸附因素的异同之处。
2. 说明活性炭再生的主要方法及其基本原理，以及活性炭再生的意义。
3. 请解释对于某一种具体的吸附质来说，是否活性炭的比表面积越大，它对这种吸附质的吸附能力就越强。
4. 根据活性炭的结构特点，解释活性炭能够广泛应用于环保、医药、食品、电子和军事等众多领域的理由。
5. 分析吸附温度对活性炭在气相与液相中吸附的影响。

### 参考文献

日本碳素学会汇编., 1986. 活性炭的基础与应用[M]. 高尚愚译. 北京：中国林业出版社.

立本英机,安部郁夫著,2002. 活性炭的应用技术:维持管理及存在的问题[M]. 高尚愚译. 南京:东南大学出版社.

Luo L, Ramirez D, Rood M J, et al., 2006. Adsorption and electrothermal desorption of organic vapors using activated carbon adsorbents with novel morphologies[J]. Carbon, 44(13): 2715 - 2723.

Foo K Y, Hameed B H, 2012. Microwave-assisted regeneration of activated carbon[J]. Bioresource Technology, 119: 234 - 240.

Han Y Z, Chen W Y, Chen J L, et al., 2006. Microwave-assisted Solvent Regeneration of Activated Carbon[J]. Environmental Science & Technology, 29(8): 25 - 27.

Francisco Salvador, Nicolas Martin-Sanchez, Ruth Sanchez-Hernandez, et al., 2015. Regeneration of carbonaceous adsorbents. Part I: Thermal Regeneration[J]. Microporous and Mesoporous Materials, 202: 259 - 276.

Francisco Salvador, Nicolas Martin-Sanchez, Ruth Sanchez-Hernandez, et al., 2015. Regeneration of carbonaceous adsorbents. Part II: Chemical, Microbiological and Vacuum Regeneration[J]. Microporous and Mesoporous Materials, 202: 277 - 296.

# 第四篇　林产原料水解利用

林产原料水解是林产化工的重要组成部分，是通过对林产原料多聚糖苷键的水解分解作用，使多聚糖转化成单糖和低聚糖，再利用化学和生物化学的方法，将这些单糖和低聚糖加工转变成糠醛、木糖醇、生物乙醇、饲料酵母以及其他工业和民用产品。

我国是一个农业大国，不仅林产资源来源广泛，农作物资源极其丰富，它们的主要组分都是纤维素、半纤维素和木质素。采用水解技术，将这三大素转变为能源和化工产品，实现三大素全组分高值化利用是生物质化学加工的主要内容和必然发展趋势。玉米作为三大农作物之一，年产量已经超过 $2\times10^8$ t，玉米芯年产则达到 $4000\times10^4$ t，目前我国以林产原料水解利用技术的主要知识内容为基础，形成了玉米芯生产糠醛和木糖醇产品的庞大产业，为包括林产原料在内的生物质资源的全值化利用提供了成功的范例。

本篇主要系统阐述了林产原料水解的化学基础，以及将林产原料水解产物加工成糠醛及其衍生物、木糖醇、饲料酵母、生物乙醇的生产原理、生产流程和工艺以及生产设备等内容。

# 第14章 林产原料水解基础

**【本章提要与要求】** 本章主要介绍林产原料多聚糖的组成和结构，林产原料的水解机理、水解反应动力学和水解影响因素等基础理论知识，以及以酸水解和酶水解为重点的水解方法和工艺，并简要介绍了其他新型水解方法。

要求掌握林产原料的原料特性及其多聚糖组成，林产原料的预处理要求，水解方法、原理以及影响因素；掌握纤维素、半纤维素稀酸水解机制和水解动力学。了解林产原料的其他新型水解方法以及水解技术在林产原料化学利用过程的重要意义。

## 14.1 林产原料

地球上每年光合作用形成的林产原料多达 $2000 \times 10^8$ t。从化学本质而言，它们主要是由生物高分子组成，其中纤维素占50%左右，半纤维素和木质素各占20%~30%。纤维素和半纤维素都可通过水解反应转变为相应的低聚糖和单糖，可以进一步采用化学和生物化学的方法将它们转变为各种产品。因此，林产原料的化学利用一直受到人们的高度重视，并且随着矿物资源的不断枯竭，该领域将越来越受到人们的青睐，成为世界科技和产业应用的主要领域。

### 14.1.1 水解原料种类

水解工业的原料主要是林业资源及其加工剩余物（如树木、树枝、树根等）、农作物及其加工剩余物（秸秆、果壳核及加工剩余物等）及野生植物等。

(1) 木材资源

木材水解原料包括针叶材和阔叶材。针叶材主要有云杉、松木、冷杉、落叶松等；阔叶材主要有白桦、白杨等。

(2) 农林生产剩余物

主要包括林区采伐剩余物，木材加工厂产生的木屑、刨花和木片，以及制材厂产生的加工剩余物等。此外，我国是农业大国，有大量农业废弃物，主要包括玉米芯、玉米秆、稻草、麦秆、高粱秆和棉籽壳等。

(3) 工业生产的多聚糖类废液和废渣

林产原料生产过程中，包括栲胶生产过程、林产原料水解过程以及生物乙醇生产过程产生的大量废渣可以用作水解生产原料。另外，纤维板厂、啤酒厂、淀粉厂、食品厂、纸浆造纸厂所产生的废液，也可以用作水解生产的林产原料。

(4) 制糖工业的副产物糖蜜

糖蜜分为甜菜糖蜜和甘蔗糖蜜两种，其基本组成差异不大，都可用作食用酵母、药用酵母和饲料酵母的生产原料。除糖蜜外，用玉米为原料生产葡萄糖时，葡萄糖结晶分离时得到的母液或木糖生产结晶分离时得到的母液都可作为酵母生产的原料。

(5) 其他水解原料

我国野生植物、浆果资源丰富，含淀粉和糖类的野生植物和浆果等均可作为饲料酵母的生产原料。这类原料含有较多聚糖类化合物，经水解后获得的糖液即可加以利用。

选用水解原料时应遵守以下原则：具有足够多的纤维素和半纤维素多聚糖的有效成分；尽可能开展综合利用，包括林、农业剩余物和工业废渣、废液；含有害物质少，且易于除去；原料充足，易于收集，价格低廉，加工方便等。

## 14.1.2 化学组成

林产原料主要由纤维素、半纤维素和木质素组成，水解生产则主要利用了林产原料中的纤维素和半纤维素。纤维素是由葡萄糖基以 β-1,4 苷键连接而成的大分子多聚糖，半纤维素多聚糖的化学结构和组成则相对复杂，分为以针叶材和阔叶材为代表的含聚戊糖的原料，针叶材中的半纤维素基本上是由半乳糖葡萄糖甘露聚糖和阿拉伯糖葡萄糖醛酸木聚糖组成的，而阔叶材中的半纤维素则基本上是由葡萄糖醛酸木聚糖组成的。如图 14-1 和表 14-1 所示。

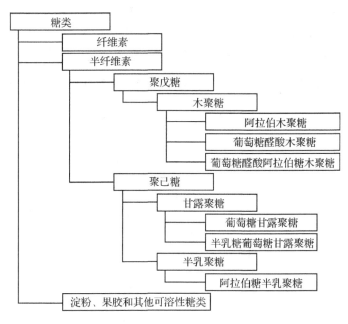

**图 14-1　林产原料多聚糖基本组成**

**表 14-1　各种木材原料绝干物的糖类含量**

| 组　成 | 对绝干物质含量(%) | | | | | |
|---|---|---|---|---|---|---|
| | 云杉 | 松木 | 冷杉 | 落叶松 | 白桦 | 山杨 |
| 聚戊糖 | 5.1 | 6.0 | 5.2 | 7.8 | 22.1 | 16.3 |
| 聚己糖 | 58.7 | 59.3 | 52.5 | 57.7 | 40.3 | 45.4 |
| 纤维素 | 46.1 | 44.1 | 41.2 | 34.5 | 35.4 | 41.8 |
| 糖醛酸 | 4.1 | 4.0 | 3.6 | 3.9 | 5.7 | 8.0 |
| 乙酰基 | 1.3 | 2.2 | 0.8 | 1.4 | 5.8 | 5.6 |
| 灰　分 | 0.3 | 0.2 | 0.5 | 0.1 | 0.1 | 0.3 |

(续)

| 组 成 | 对绝干物质含量(%) | | | | | |
|---|---|---|---|---|---|---|
| | 云杉 | 松木 | 冷杉 | 落叶松 | 白桦 | 山杨 |
| 树脂(乙醚萃取) | 0.9 | 1.8 | 0.7 | 1.1 | 0.9 | 2.8 |
| 半纤维素水解液中的单糖 | | | | | | |
| 半乳糖 | 1.0 | 2.0 | 0.8 | 16.7 | 1.3 | 0.8 |
| 葡萄糖 | 2.0 | 2.8 | 2.9 | 1.0 | 1.9 | 1.7 |
| 甘露糖 | 9.6 | 9.6 | 6.9 | 4.5 | 1.2 | 0.8 |
| 木糖 | 4.1 | 3.9 | 3.1 | 4.2 | 20.7 | 16.7 |
| 阿拉伯糖 | 0.8 | 1.5 | 1.5 | 3.6 | 0.9 | 0.7 |
| 纤维素水解液中的单糖 | | | | | | |
| 葡萄糖 | 51.2 | 49.0 | 45.8 | 36.3 | 30.3 | 46.4 |
| 木糖 | 0.9 | 1.4 | 1.3 | 1.0 | 3.5 | 1.1 |
| 甘露糖 | 1.3 | 2.5 | 2.0 | 2.3 | 1.0 | 0.7 |

表 14-1 列举了各种去皮木材试样的化学组成。以糖类的总含量计,针叶材纤维素聚己糖含量多,而阔叶材半纤维素聚戊糖多。表 14-2 列举了含聚戊糖较多的农业加工剩余物所含各种糖类和木质素含量,包括玉米芯、棉籽壳、燕麦壳等。我国主要利用玉米芯作为水解工业中糠醛的生产原料,而美国和其他一些国家则主要利用燕麦壳和甘蔗渣作为原料。对于水解生产,除了考虑原料中的聚戊糖的含量以外还要充分考虑到其中灰分的含量。

表 14-2 主要农业生产加工剩余物的糖类与木质素等的含量(绝干料基%)

| 含量(%)<br>(质量基) | 农作物加工剩余物种类 | | | | | | |
|---|---|---|---|---|---|---|---|
| | 玉米芯 | 棉籽壳 | 葵花籽壳 | 燕麦壳 | 稻壳 | 棉籽 | 麦秆 |
| 纤维素 | 31.5 | 31.4 | 22.6 | 28.9 | 27.9 | 40.8 | 38.2 |
| 聚戊糖 | 34.8 | 21.4 | 18.4 | 33.6 | 17.2 | 13.6 | 23.6 |
| 聚糖醛酸 | 7.4 | 7.7 | 10.1 | 5.4 | 4.4 | 9.7 | 4.6 |
| 半纤维素单糖得率 | 37.9 | 24.9 | 19.7 | 34.7 | 18.1 | 20.6 | 20.5 |
| D-半乳糖 | 2.1 | 0.8 | 0.9 | 1.3 | 1 | 2 | 0.8 |
| D-葡萄糖 | 3.4 | 1.6 | 0.8 | 1.1 | 3.5 | 3.1 | 1.1 |
| D-甘露糖 | — | 微量 | 0.5 | — | | 0.1 | 0.5 |
| L-阿拉伯糖 | 3.8 | 0.8 | 4.2 | 3.3 | 2 | 1.2 | 1.6 |
| D-木糖 | 31.2 | 20.6 | 13.2 | 32.8 | 13.7 | 11.3 | 13.3 |
| L-鼠李糖 | — | 0.4 | 0.5 | — | | | |
| 纤维素单糖得率 | 33.4 | 34.2 | 25.6 | 28 | 29.1 | 38.3 | 37.4 |
| D-葡萄糖 | 34.9 | 34.9 | 25.1 | 32.2 | 31 | 40 | 35 |
| D-木糖 | 2.6 | 1.8 | 2.4 | 微量 | 1.9 | 2.5 | 3.1 |
| D-甘露糖 | — | 0.9 | 0.4 | | | | |
| 木质素 | 15.2 | 30.6 | 29.1 | 17.2 | 19 | 25.5 | 25.1 |
| 灰分 | 1.1 | 2.5 | 2.1 | 7.7 | 18 | 3.5 | 5.2 |

## 14.2 林产原料水解工艺

为了将各种林产原料中的多聚糖转变成单糖,人们研究了多种水解分解方法,其目的都是为了破坏多聚糖中的苷键,将多聚糖转变成单糖后进一步加工生产出各种产品。

林产原料常用的水解方法有化学法和生物法。化学法通常指酸水解法，工业生产中多采用无机酸作为催化剂，如硫酸、盐酸、磷酸等，也可以采用有机酸和无机酸盐等作为催化剂，在一定温度下对林产原料进行水解。水解方法一般按照催化剂种类进行分类，例如，硫酸水解法、盐酸水解法、磷酸水解法、无机酸盐催化水解法、有机酸催化水解法等。其中，硫酸水解法又可以分为浓硫酸水解法和稀硫酸水解法。生物法主要指酶水解法，是将微生物产生的酶作为催化剂来对林产原料进行水解。工业上常用的林产原料水解方法是稀酸法。

按照林产原料多聚糖分解的顺序，可将稀酸水解分为一步法和两步法。一步法是传统的水解工艺，是将林产原料加到酸液中，在一定反应条件下直接进行水解处理的方法。一步法的缺点是产物在反应器中停留时间过长，糖降解比较严重。两步法的主要原理是利用半纤维素和纤维素水解条件的差别分别进行水解，先在较低的温度和酸性较弱(甚至无酸)的条件下水解分离半纤维素，之后在较高温度和酸性较强的条件下分离纤维素，这样就避免了产物在反应器中停留时间过长的问题，减少了糖的降解。两步法水解的半纤维素糖得率较高，可达75%~90%，同时可部分溶解纤维素，纤维素糖得率也可以达到50%~70%。

### 14.2.1 原料预处理和贮存

水解工艺对原料有一定的要求，为此必须对原料进行一些预处理，使其颗粒度、杂质、水分含量等能满足工艺的要求。

对水解原料进行预处理，首先采用过筛的方法除去大块杂质，之后将原料粉碎至一定的颗粒度，使催化剂容易渗透进原料颗粒内部，从而保持均匀的水解速度。其次要降低林产原料的水分含量，这样有利于进入原料颗粒内部的催化剂浓度保持不变。

为了保证生产的连续进行，在水解厂内必须贮存有一定数量的原料。贮存的原料数量根据工厂的生产规模和运输条件而定。原料较长时间的贮存有利于平衡原料的水分，但时间过长会使其内部产生热量，有时温度甚至会达到80℃，容易引发火灾，因此必须保持良好的通风条件。

原料的贮存通常采用露天的方式，该方式的优点是堆放量大、投资少、设备简单；缺点是易受雨水和微生物的侵蚀，容易使原料腐朽，使其有效组分减少。

### 14.2.2 林产原料的稀酸水解

稀酸水解工艺所采用的硫酸浓度一般不超过2%~3%，在该浓度的硫酸作用下，常温时多聚糖很难水解成单糖，因此，稀酸水解需要在一定的反应温度下才能进行。同时，在这样的反应条件下，水解产生的部分单糖也会进一步分解，降低糖的得率。多聚糖分子的结构单元环是单糖基，它们以O-苷键连接。因此，水解过程的目的是使苷键断裂。下面分别介绍纤维素和半纤维素的酸水解反应和机理。

#### 14.2.2.1 纤维素酸水解反应与机理

多聚糖分子的结构单元环是单糖基，单糖基直接以O-苷键连接。因此，水解的目的就是要破坏苷键。

线形纤维素大分子(1)具有规律的化学结构，是由β-D-吡喃葡萄糖单元环以β-1,4苷键连接而成。

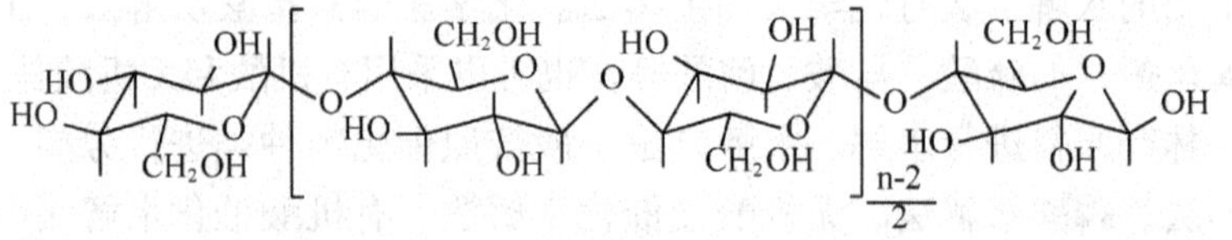

$$(1)$$

其中，$n$ 为多聚糖聚合度。

如下图所示，纤维素稀硫酸水解反应是多聚糖苷键酸催化断裂机理的一个实例。在稀酸与纤维素(1)的作用过程中，水合氢离子与苷键和葡萄糖单元环上的两个氧原子作用，引起这些氧原子的部分质子化(2)。

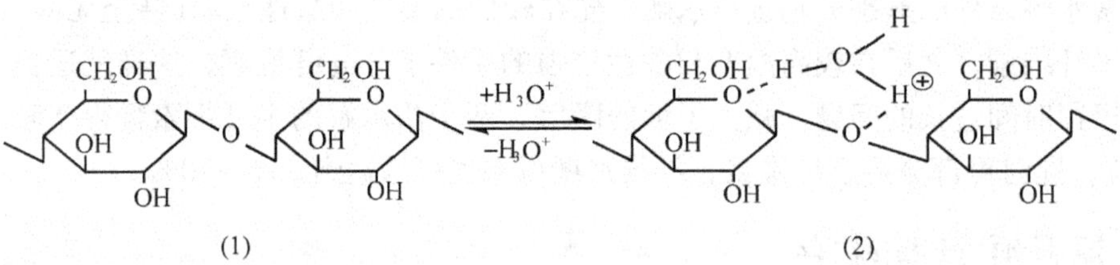

苷键首先被质子化，并断裂：

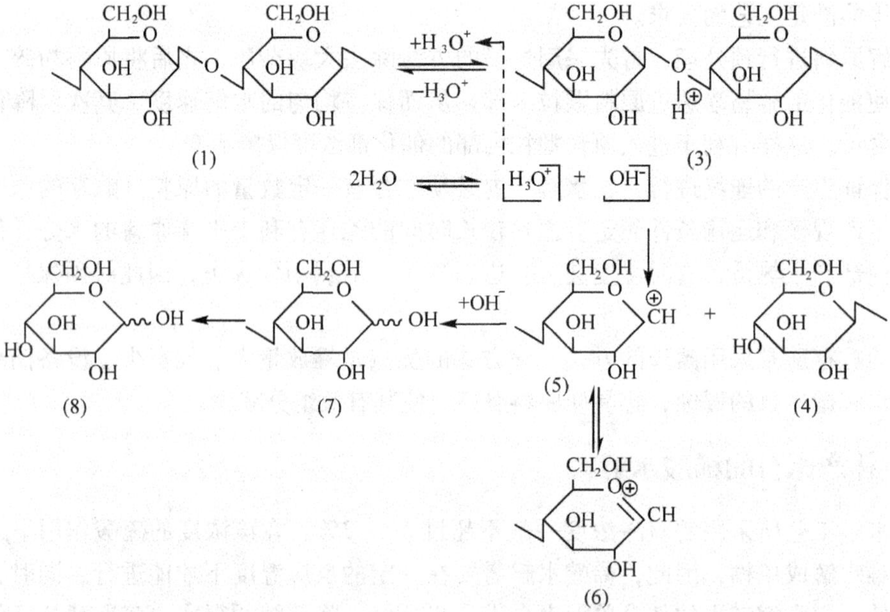

水解反应第一阶段，含有自由电子云的苷键氧原子首先质子化，形成𨦡离子(3)，使苷键活化。由于𨦡离子(3)的离解，会形成部分纤维素大分子(4)和正碳离子(5)，它与𨦡离子(6)处于平衡状态。由于碳原子和氧原子间分布有正电荷，称𨦡离子(5)和(6)的平衡系统为碳𨦡离子。当正碳离子(5)与水相互作用时，形成第二个纤维素碎片(7)，D-葡萄糖(8)是中间产物完全水解的产物。在反应的最后阶段，解离的氢离子参与反应，重新得到水合氢离子。酸在整个反应中起催化剂的作用。

在水解反应中，形成的中间产物有纤维二糖(9)、纤维三糖(10)、纤维四糖、纤维五糖、纤维六糖等低聚糖。因此，水解液中由于不完全水解通常也存在一定浓度的低聚糖。

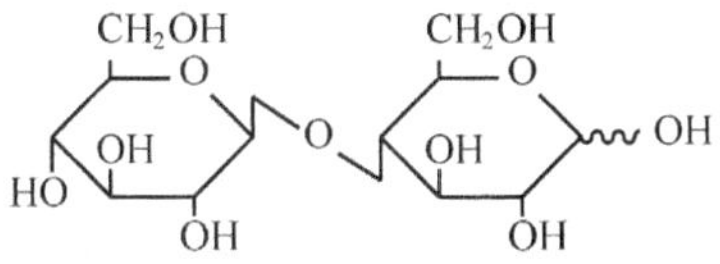

### 14.2.2.2 半纤维素酸水解反应与机理

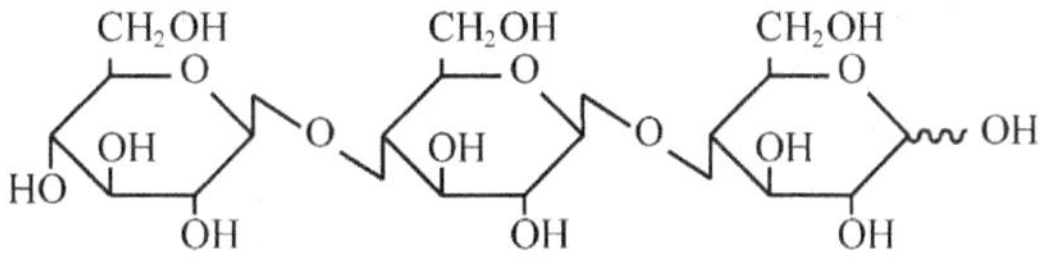

半纤维素稀酸水解过程与纤维素类似,但水解产物种类较多,受到原料种类、产地、颗粒度、酸种类和浓度、反应温度以及反应时间等因素的影响。如下图所示,以聚戊糖为例说明半纤维素酸水解过程:

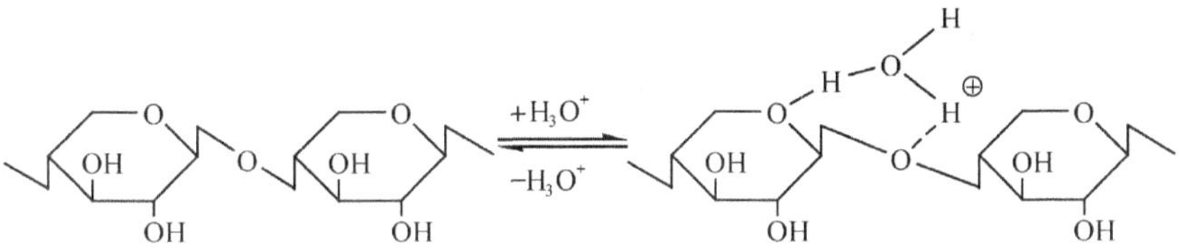

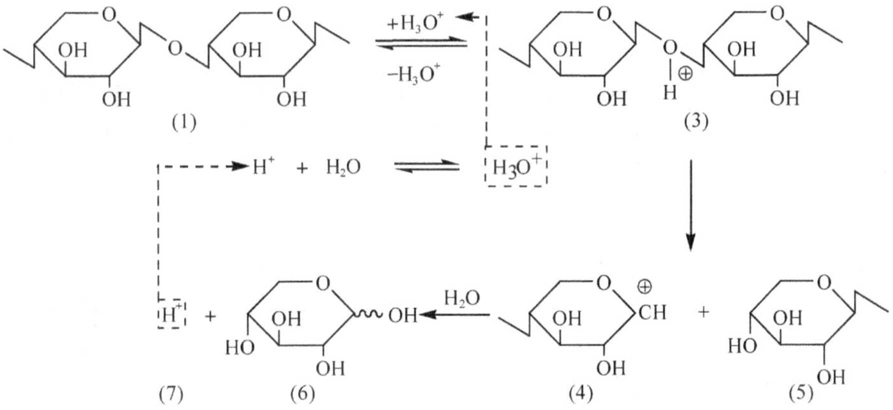

首先酸在水中解离生成的氢离子与水结合生成水合氢离子($H_3O^+$),它能使半纤维素大分子(1)中糖苷键的氧原子迅速质子化(2),形成共轭酸(3),使苷键键能减弱而断裂形成部分半纤维素大分子(5),末端形成的正碳离子(4)与水反应最终生成单糖(6),同时又释放出质子(7)。质子又与水反应生成水合氢离子,继续参与新的水解反应。

半纤维素水解产生的糖在酸性溶液中会进一步降解,并且由于糖环上羟基质子化重排和不同反应条件下结构的差异,导致半纤维素水解产物复杂多样。

### 14.2.2.3 水解反应动力学机理

在研究林产原料纤维素和其他多聚糖的酸催化水解反应的特性时,首先必须了解两个化学动力学的基本概念:反应的分子性质和反应历程。

化学反应的分子性质是按照林产原料直接参与单元反应的原始反应物微粒(分子、离子、自由基)的数量确定的。所有的单元反应可以分为单分子反应和双分子反应。以纤维素(1)完

全水解为葡萄糖的化学计算方程式为例,在形式上应属于双分子反应(计算一个苷键):

$$P_1 + nH_2O \longrightarrow P_2$$

(1)      (2)

显然,多级反应要用二级反应方程来描述。如果反应物之一的组分是恒定的(其中,稀酸水解多聚糖时,水的浓度可以认为是恒定的),就选用一级反应方程式。

当描述水解动力学时,同样要考虑催化剂的影响。多聚糖苷键的水解机理包括一系列的单元反应阶段:

(1)      (3)      (6)      (4)      (5)

纤维素(1)苷键质子化,形成𬭩离子(3),正碳离子同 $OH^-$ 按双分子机理相互作用,𬭩离子(3)按单分子机理断裂。多聚糖苷键质子化的程度取决于介质中酸的活性。𬭩离子(3)的分解速度与其稳定性有关。所带电子和其空间排列情况等因素都会影响到它的稳定性。这一阶段的反应速度随反应温度的提高而加快。

在酸催化作用下,多聚糖转换的连续性可以用下面的通式表示:

$$P_n \xrightarrow[K_t, t°]{+ mH_2O} (m+1)D_{n/m+1} \xrightarrow[K_t, t°]{+(n-m)H_2O} nG \xrightarrow[K_t, t°]{-3H_2O} F \xrightarrow[K_t, t°]{-H_2O} R \quad (14-1)$$

式中    $k_1$——多聚糖 P 水解速度常数;

        $k_1$——中间(低聚糖、糊精)D 水解速度常数;

        $k_2$——单糖 G 分解反应速度常数;

        $k_3$——呋喃衍生物 F 形成其转化产物 R 的反应速度常数;

        $n$, $n/(m+1)$——多聚糖和低聚糖相应的聚合度;

        $m$, $n-m$——参与反应的水分子数。

多聚糖水解过程中,如果经过了形成水解中间产物(低聚糖)的阶段,那么低聚糖的均相水解速度比难水解多聚糖的多相水解速度要高得多,那么过程中总的速度常数 $k_1$ 则由较慢的阶段的速度常数 $k_1$ 确定。

### 14.2.2.4 影响水解速度因素

如果可以确定各种工艺参数与反应速度的关系,那么便可以定量地估算各种参数对多聚糖水解速度的影响。为此,俄罗斯学者沙尔柯夫提出了以下方程式:

$$k_1 = \alpha_1 C_{Ad} \lambda_1 \delta_1 \tag{14-2}$$

式中　$\alpha_1$——酸催化活性系数；
　　　$C_{Ad}$——溶液中酸浓度；
　　　$\lambda_1$——温度系数；
　　　$\delta_1$——多聚糖反应性能系数。

下面分别研究每种参数对水解速度的影响。

(1) 催化剂活性和浓度的影响

纤维素 β-1,4 苷键的水解速度取决于 $H_3O^+$ 离子的浓度，这与酸浓度和酸离解程度有关。反应介质中的酸性通常以 $\alpha_1 C_{Ad}$ 之积表示。酸催化活性见表 14-3。

$$\alpha_1 = k_1 / k_{1(HCl)} \tag{14-3}$$

式中　$k_1$——纤维素水解速度常数；
　　　$k_{1(HCl)}$——盐酸中的水解速度常数。

表 14-3　各种酸的催化活性系数

| 酸种类 | | 酸离解常数 $K$ | 纤维素水解时，酸催化活性系数 $\alpha_1$ | |
|---|---|---|---|---|
| | | | 100℃ | 180℃ |
| 强酸 | HCl | — | 1.00(2mol/L) | 1.00(0.1mol/L) |
| | $HNO_3$ | — | 0.95(2mol/L) | 0.26*(0.1mol/L) |
| | $H_2SO_4$ | $K_2 = 1 \times 10^{-2}$ | 0.57(1mol/L) | 0.51(0.05mol/L) |

| 酸种类 | | 酸离解常数 $K$ | 纤维素水解时，酸催化活性系数 $\alpha_1$ | |
|---|---|---|---|---|
| | | | 100℃ | 180℃ |
| 弱酸 | $H_3PO_4$ | $K_1 = 7.1 \times 10^{-3}$ | 0.19(0.67mol/L) | 0.19(0.033mol/L) |
| | | $K_2 = 6.3 \times 10^{-8}$ | | |
| | | $K_3 = 5.0 \times 10^{-13}$ | | |
| | HCOOH | $K = 1.8 \times 10^{-4}$ | — | 0.025(mol/L) |
| | $CH_3COOH$ | $K = 1.75 \times 10^{-5}$ | — | 0.015(mol/L) |

注：* 在 180℃ 时 $HNO_3$ 部分地分解成氧化氮。

由表 14-3 可见，硫酸比盐酸的催化活性低，这是由于硫酸第二级离解进行的不完全(盐酸按一级离解)，在溶液中氢离子活性系数较低的缘故：

$$H_2SO_4 + H_2O \longrightarrow HSO_4^- + H_3O^+$$
$$HSO_4^- + H_2O \longrightarrow SO_4^{2-} + H_3O^+$$

在 25℃ 时，浓度为 0.5% 的硫酸溶液离解程度按一级离解可达 100%，而按二级仅为 16.7%。在 25℃ 到 200℃ 的温度范围内，随着温度的提高，$H_2SO_4$ 的离解常数按二级计算 $k_2$ 值按下式规律逐渐减小：

$$\lg k_2 = -509.56/T + 5.162 - 0.01826T \tag{14-4}$$

式中　$T$——绝对温度(K)。

当温度高于 160℃ 时，溶液中氢离子浓度只能按一级离解确定。

(2) 温度的影响

为了简化多聚糖水解动力学的研究，通常在等温条件下进行。反应速度常数和反应温度的关系以阿仑尼乌斯(Arrhenius)方程式确定：

$$k_1 = Ae^{-E/RT} \tag{14-5}$$

式中 $A$ —— 指数因子；

$R$ —— 气体常数，等于 8.314 [J/(mol·℃)]；

$E$ —— 活化能(kJ/mol)；

$T$ —— 绝对温度(K)。

为了表示反应温度对多聚糖水解速度的影响，利用反应温度系数 $\gamma$ 计算，它表明反应温度提高 10℃ 时反应速度变化的特性：

$$\gamma = \frac{k_{1(T+10)}}{k_{1(T)}} = \frac{\lambda_{(T+10)}}{\lambda_T} \tag{14-6}$$

对温度 $T$ 的系数 $\gamma$ 的确定：

$$\lambda_T = \lambda_{T0} \gamma^n \tag{14-7}$$

式中 $\lambda_{T0}$ —— $T_0$ 温度下的已知系数；

$n$ —— $T_0$ 和 $T$ 之间 10℃ 范围的数目。

为了降低活化能，催化剂应保证在低于不加催化剂的反应温度下，能使水解反应继续进行。活化能 $E$ 应能使所有反应物分子都转变为活化状态。$E$ 值按下式计算：

$$E = \frac{R T_1 T_2}{T_2 - T_1} \ln \frac{k_1(T_2)}{k_1(T_1)} \tag{14-8}$$

式中 $T_1$, $T_2$ —— 相应温度范围(一般为 10 K)内的起始和终止温度；

$k_1(T_2)$, $k_1(T_1)$ —— 相应温度下的水解速度常数($min^{-1}$)。

在表 14-4 中 $k_1$ 为 0.5 mol $H_2SO_4$ 溶液时的值。$k_1$ 值随温度的提高而增加，同时 $\gamma$ 值在 130~240℃ 温度范围内从 3 降到 2。

表 14-4　纤维素水解过程动力学

| $T$(℃) | $k_1$($min^{-1}$) | $\gamma$ | $E$(kJ/mol) |
|---|---|---|---|
| 130 | 0.001 | — | — |
| 140 | 0.003 | 3.0 | 140 |
| 150 | 0.008 | 2.7 | 147 |
| 160 | 0.022 | 2.8 | 155 |
| 170 | 0.058 | 2.6 | 155 |
| 180 | 0.15 | 2.6 | 155 |
| 190 | 0.37 | 2.5 | 159 |
| 200 | 0.88 | 2.4 | 159 |
| 210 | 2.0 | 2.3 | 155 |
| 220 | 4.2 | 2.1 | 147 |
| 230 | 8.6 | 2.1 | 147 |
| 240 | 17.2 | 2.0 | 133 |

纤维素水解过程的 $E$ 值很高，这证明了它难水解的动力学特性。为了便于计算，均假设反应在等温条件下进行，而实际生产过程中则是在温度变化的非等温条件下进行的。

(3) 多聚糖反应性能对水解速度的影响

林产原料中的各种多聚糖，在水解反应中的反应性能不同。多聚糖反应性能以系数 $\delta_1$ 确定，将均一的棉纤维素（$k_{1c}$）作为比较的标准。

$$\delta_1 = k_1 / k_{1c} \tag{14-9}$$

纤维素在多相条件下用稀酸进行水解，反应很明显地分成两个动力学阶段——快阶段和慢阶段，使多聚糖中的半纤维素和纤维素得以分离。纤维素反应性能低和水解速度的差异是由其多聚糖的结构特点所决定的。这些特点包括：纤维素大分子结构有不均一性，其中包含规整区和不规整区；链分子间存在着氢键；纤维素单元环的结构特性等。

沙尔科夫还认为，造成纤维素反应性能低和水解速度的差异主要是由各种反应试剂对纤维素大分子有不同的可及度所导致的。纤维素微纤丝——大量纤维素分子的固态聚集体是由平行分布的大分子所组成的，并且大分子的纵向规整度是不同的。每个纤维素分子都连续地有 10~12 个微纤维的结晶区和非结晶区。

催化剂进入纤维素微纤丝的非结晶区，在接近于单相的条件下进行水解[图 14-2(a)]。这些组分会很快溶解，并快速水解，其特点是单相水解，属于易水解多聚糖的水解。而结晶区纤维素大分子的水解速度则取决于多聚糖内部催化剂可以达到的内表面的量。这个过程是在多相条件下进行的，其特点是反应速度慢，在纤维素中对应的组分属于难水解多聚糖。纤维素的易水解组分的水解速度比难水解组分水解速度快 32 倍。

当把纤维素进行适当地有限水解时，会使分子和物质重新排布，形成具有微晶粉状的纤维素特性大分子结构。林产原料水解时形成的水解纤维素不会分解成单个的聚集体，这是因为木质素的网状结构起到了阻碍作用。

学者别特洛巴夫洛夫斯基则认为，天然纤维素具有瓣形结构，是高度结晶的物质，由一束束折叠分子组成的微块所构成[图 14-2(b)]。结晶微块在纵向上被由分子链通过的区段连接起来。单个微块和分子链通过的区段间的分界处便是无定形区。这些区域是特殊的瓣形，它能起到预防纤维素微纤丝在液相介质中纤维素润胀时产生的分散力作用。

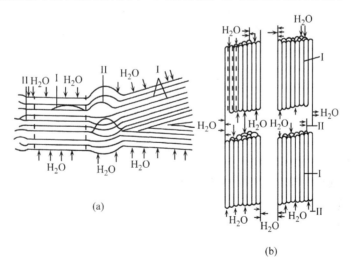

**图 14-2 纤维素大分子结构和反应性能**
(a) 沙尔科夫 (b) 别特洛巴夫洛夫斯基
Ⅰ. 整齐组分 Ⅱ. 不整齐组分

有学者认为，分子间的相互作用和纤维素聚合链化学结构的破坏表明了对纤维素水解速度的基本影响。下图表明基本分子内分子间的两个分布在高定向组分中的纤维素分子碎片的氢键的分布。

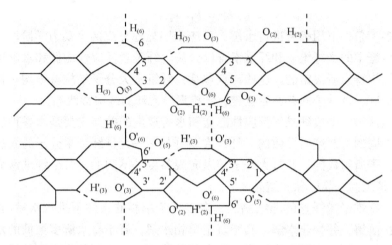

由于氢键的限制，降低了纤维素的溶解性和苷键的水解速度。当纤维素水解时，分子间和分子内的氢键都被破坏，并且苷键和氢键具有同样被破坏的可能性。

### 14.2.2.5 宏观动力学因素的影响

原料的水解速率还与水解原料的化学组分、植物的组织结构和组织结构单元细胞及其细胞壁的结构，以及水解原料的颗粒组成等因素有关。

(1) 扩散过程

水解过程中催化液体对原料的浸透过程，以及水解原料颗粒中形成的单糖的移出过程可以称为扩散过程。依靠毛细管的润湿作用，催化剂溶液能很快地浸透干原料。扩散浸透过程取决于水解锅中酸的浓度梯度、水解原料颗粒中酸的浓度梯度和原料颗粒度。水解原料颗粒表面积的大小则会影响原料的浸透速度和浸透时间，不均匀的渗透会使单糖得率下降。

扩散速度用裴卡定律确定：

$$\frac{dG_d}{dt_d} = D'f\frac{\Delta C}{l} \tag{14-10}$$

式中 $G_d$——扩散单糖量；

$D'$——扩散系数；

$f$——水解原料颗粒的表面积；

$\Delta C$——水解颗粒内部和外部单糖浓度差；

$l$——扩散距离。

由此扩散时间为：

$$t_d = \frac{G_d l}{D'f\Delta C} \tag{14-11}$$

令

$$g = \frac{D'f}{l} \tag{14-12}$$

那么

$$G_d = g\Delta C t_d \tag{14-13}$$

或
$$g = \frac{G_d}{\Delta C t_d} \quad (14\text{-}14)$$

称 $g$ 为单位传质系数，它表示在 1h 内的 1kg 原料，在单糖浓度差为 $\Delta C = 1\%$ 时，转化的单糖，$g$ 的单位为 $h^{-1}$。

扩散速度取决于扩散的方向及原料的孔隙度。随温度的增加，水解温度系数和扩散的温度系数都增大，水解速度增加的比例多于单糖扩散速度增加的比例。由于单糖从大块水解原料中扩散出来的速度比较慢，因此单糖的损失量最多会达到单糖量的 10%。

(2) 流体动力学因素

流体动力学因素会影响单糖在反应条件下的停留时间。水解锅液体贮量低于料位时，会使得水解原料颗粒扩散，导致单糖的反应条件受到影响，这样就增加了单糖在反应区停留的时间和单糖的分解深度。由于原料组分的水解溶解，原料的体积在水解的过程中会缩小。渗滤体积速度 $v_p(m^3/s)$，它取决于流体动力学条件和水解锅的几何特性，对层流流动的液体，以过滤方程式确定其 $v_p$：

$$v_p = \frac{\Delta p F}{\rho \eta H} \quad (14\text{-}15)$$

式中　$\Delta p$—— 滤层的压力差 (Pa)；

　　　$\rho$—— 水解原料单位流体阻力 ($m^{-2}$)；

　　　$\eta$—— 渗滤液体黏度 (Pa·s)；

　　　$F$—— 过滤面积 ($m^2$)；

　　　$H$—— 过滤层高度 (m)。

令 $g = F/H$，则：

$$v_p = \frac{\Delta p}{\rho \eta} g \quad (14\text{-}16)$$

式中　$g$—— 水解锅的几何因素。

当垂直渗滤时，几何因素

$$g = \frac{F}{H_c + h} \quad (14\text{-}17)$$

式中　$F$—— 水解锅横截面积 ($m^2$)；

　　　$H_c$—— 水解锅锥部过滤层相对高度，等于锥部体积比基面面积。

提高 $g$ 值具有很大的实际意义，在水平或结合渗滤水解时是可以达到的。$\Delta p$ 和 $\eta$ 值取决于水解规程，$p$ 值取决于原料特性及水解深度。

单糖在反应区停留的时间，同样受到从水解原料层洗出的单糖不均匀性的影响。对此以系数 $\beta$ 说明：

$$\beta = \frac{G'_x}{G_x} \quad (14\text{-}18)$$

式中　$G'_x$—— 相应洗出单糖量；

　　　$G_x$—— 滤层中单糖量。

洗出单糖的不均匀性与液流流体动力学结构特点有关。在优选渗滤速度时，需考虑流体的雷诺准数，当 $Re \geq 80$ 时，因流体动力学因素造成的单糖分解量最小。当 $\beta = 0.75 \sim 0.9$ 时，由于流体动力学因素使水解形成的单糖分解大约在 3%~8%。

(3) 水解液比

水解液比是指风干水解原料的重量比上加入硫酸的重量,水解工业中有大液比和小液比之分。在小液比(硫酸加入量比较小)的水解条件下,水解速度和单糖得率明显降低。这是因为林产原料的无机组分(灰分)和酸发生了中和反应,同时由于水解产品的溶解降低了催化剂的浓度。

原料中的灰分会影响介质的酸性。灰分的阳离子是 $K^+$、$Ca^{2+}$、$Mg^{2+}$ 和 $Na^+$;阴离子是 $SO_4^{2-}$、$PO_4^{3-}$、$Cl^-$、$CO_3^{2-}$ 及 $SiO_3^{2-}$,大部分阳离子会与无机和有机的阴离子相结合。

在大液比情况下(即有大量的酸剩余),灰分实际上不影响介质的酸性。当液比低于 10~12 时,其中和作用会降低溶液中酸的浓度,其结果是降低水解速率和单糖得率。

在过大的液比的情况下,酸在原料颗粒内部的扩散速度降低,导致原料颗粒内部的酸浓度明显低于颗粒外部的流动液体的酸浓度,最终降低原料的水解速率减小。在小液比的水解过程中,由于水解产物的稀释作用,使溶液中酸的浓度明显降低,不利于水解的进行,所以采用大液比时要提高催化剂的浓度。

### 14.2.3 林产原料酶水解

林产原料酶水解是利用微生物分泌的纤维素酶作为催化剂,在水的作用下使纤维素发生降解的过程。与酸水解相比,纤维素酶水解有许多优点,主要包括:①纤维素酶水解设备简单,无需耐酸、耐压、耐热材料,能耗低,通常在 45~50℃ 的温度下进行;②酶水解生成的糖不会进一步分解,且酶水解不产生对发酵有害的副产物,从而简化了下一步的糖液净化工艺;③纤维素酶的生产原料与酶水解原料同为纤维原料,自然界中纤维素原料资源丰富、价格低廉等。

#### 14.2.3.1 纤维素酶的一般特性与分类

纤维素酶是一类纤维素水解酶的总称,来源于自然界能降解纤维素的微生物。纤维素酶能催化纤维素的苷键断裂,生成最终产物 D-葡萄糖,即纤维素发生水解。

根据 $C_1$-$C_x$ 酶学说,纤维素酶由 $C_1$ 酶、$C_x$ 酶和 β-葡萄糖苷酶(纤维二糖酶)组成。$C_1$ 酶主要破坏结晶纤维素,使其活化,$C_x$ 酶则将经 $C_1$ 酶活化的纤维素分解成纤维二糖,最后由 β-葡萄糖苷酶降解纤维二糖为葡萄糖。天然纤维素在以上三种酶的协同作用下,最终被分解成葡萄糖。

随着分析手段的提高和人们对纤维素酶的深入研究,证实了 $C_1$ 酶、$C_x$ 酶、和 β-葡萄糖苷酶这三种酶的确切结构和功能。

①$C_1$ 酶——内切型葡聚糖酶 该酶又称为 β-1,4-葡聚糖水解酶,它会随机地作用于纤维素内部的结合键,使不溶性甚至结晶纤维素解聚生成无定形纤维素和可溶性纤维素降解物。

②$C_x$ 酶——外切型葡聚糖酶 该酶主要作用于上述酶的水解产物。从纤维素聚合物的非还原性末端起,顺次切下纤维二糖或单个地依次切下葡萄糖。该酶又称为 β-1,4-葡聚糖纤维二糖水解酶。

③β-葡萄糖苷酶 该酶也称为纤维二糖酶。它能水解纤维二糖为葡萄糖。对纤维三糖、纤维四糖等短链纤维低聚糖都有水解能力,随着葡萄糖聚合度的增加,其水解速度下降。此外,最终产物葡萄糖会抑制纤维二糖酶的催化作用。

纤维素酶对天然纤维素的水解,是几种酶协同作用的结果。只有当内切型葡聚糖酶和外切型葡聚糖酶共同存在时，才有较强地破坏结晶纤维素的能力。纤维素酶水解模式如图14-3所示。

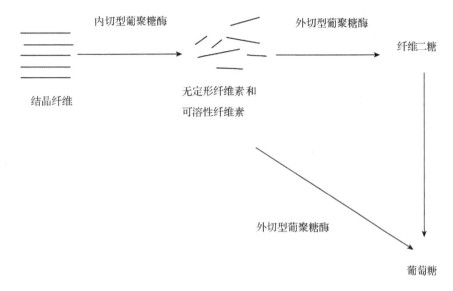

图14-3　纤维素酶水解模式图

### 14.2.3.2　纤维素酶水解工艺过程

纤维素酶水解工艺过程如图14-4所示。由图可见，纤维素酶水解主要包括纤维素酶的制取、原料的预处理、酶水解和糖液利用等步骤。

(1) 纤维素酶的制取

自然界中能产生纤维素酶的微生物很多，因真菌类菌种较易分离纯化，且所产生的纤维素酶是胞外酶，容易提取，故对真菌类的纤维素酶研究较多。目前应用最多的是绿色木霉和康氏木霉。

纤维素酶的制取过程是菌种经扩大培养，达到足够的菌种数量后再进行产酶发酵的过程。在扩大培养的过程中，需要控制温度、pH值、通风和时间等条件。待菌种扩大培养后即可加入培养液，在酶发酵槽中进行产酶发酵。在产酶发酵过程中，主要控制的条件也是温度、pH值、通风和时间等。但因菌种的繁殖和产酶发酵所需的条件一般不同，所以此过程所控制的条件需要经过探索后保持在产酶的最佳条件，以保证酶的产量处于较高的水平。

培养基的组成对产酶及酶活性有很大的影响，其中，碳源和氮源对产酶的影响较大。楸、杨、黄波罗等树种的木粉作为碳源可得到活性较高的纤维素酶，桦、水曲柳次之，而红松和雪松则不能产酶。蛋白胨作为氮源时酶活性最高，而四种无机氮源($NaNO_3$、$(NH_4)_2SO_4$、$NH_4Cl$、$NH_4NO_3$)中任何一种单独作氮源时，酶的活性都较低。

产酶发酵结束后，即可过滤得到酶液。如果需要制成酶制剂则需进一步将酶液净化提纯，如果是将纤维素酶液直接应用于林产原料的水解，则无需提纯。

(2) 纤维素原料的预处理

天然纤维素结晶度高，不易被纤维素酶水解分解。在林产原料中，纤维素通常被木质素包围，使酶与底物难以接触，影响纤维素的酶水解。因此，在酶水解前，需要对天然纤维素原料进行适当的预处理，以降低其结晶度，促进纤维素的酶水解。常用的处理方法有物理法、

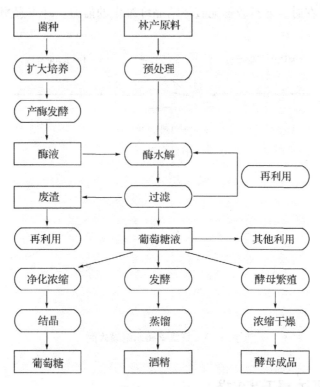

**图 14-4　纤维素酶水解基本工艺过程图**

化学法和生物法。目的是对纤维素的结晶区加以破坏使之成为无定形纤维素或脱除木质素。

物理法主要是利用球磨机等机械破坏或电子射线及 γ-射线照射等方法使高结晶度的纤维素微粉化，从而降低纤维素的结晶度和增加纤维素的比表面积。常用的方法有机械粉碎、爆破粉碎、冷冻粉碎和 γ-射线照射等。物理法预处理的缺点是能耗高，且木质素仍保留在原料中。化学法是利用化学药剂使天然纤维素结晶度下降或部分脱除原料中木质素的方法。常用的化学试剂有硫酸、磷酸、氢氧化钠、丁胺等。化学法处理效果显著，但药剂的分离、回收较困难。生物法是利用微生物（如白腐菌类）分解木质素，得到疏松的木材组织结构，有利于纤维素酶对底物的作用，可提高酶水解过程中糖的得率。

纤维素原料的预处理方法有很多，各有优缺点。在选用时不仅要考虑酶解的效果，还要考虑现有的条件和处理成本。

（3）纤维素酶解工艺

图 14-5 是农业加工剩余物纤维素酶水解的工艺流程图。此工艺以稻草、玉米芯及其他含纤维剩余物为原料，其水解工艺过程包括原料预处理（粉碎、酸预水解）、酶液制取、纤维素酶水解和单糖的生物乙醇发酵等步骤。具体工艺过程是：将原料粉碎到 2mm 左右，加入 0.9% 硫酸溶液混合，在水解器中搅拌混合物，110℃下水解时间 5.5 h，单糖得率为半纤维素的 75%。菌种经扩大培养后，加入到纤维素浓度为 6.5g/L 的培养液中，在发酵槽中产酶发酵，温度为 30℃，pH 为 4.5，成熟醪液经分离过滤得到酶液。

将经过预水解后的纤维木质素制成浓度为 5% 的悬浮液，作为酶水解的培养液。纤维素酶水解在酶水解器中进行，温度控制在 45℃，时间为 40h。酶解后，水解液中含葡萄糖 2.1%，糖得率为纤维素的 40%。水解液经蒸发浓缩，糖浓度达到 11.2% 后，送往酒精车间进行发酵、蒸馏，最后得到 95% 的酒精。

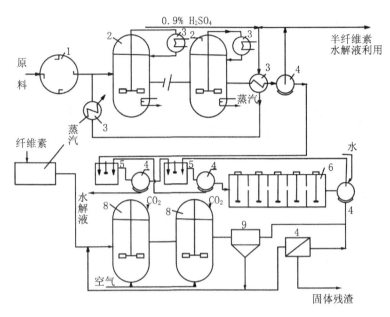

**图 14-5　林产原料酶水解工艺流程图**
1. 粉碎机　2. 预水解器　3. 热交换器　4. 过滤器　5. 回收酶的贮槽
6. 酶水解器　7. 灭菌器　8. 产酶发酵槽　9. 离心机

### 14.2.4　爆破水解法

爆破水解法是在高温(200~240℃)和水存在(液态或汽化状态)的条件下,经过一段时间,压力瞬间骤降,由于水降压沸腾,原料颗粒发生爆炸产生细纤维(纤维分离)的方法。当高压热蒸汽进入纤维原料中,并渗入纤维内部的空隙时,渗进植物组织内部的蒸汽分子瞬时释放,使蒸汽内能转化为机械能并作用于生物质组织细胞层间。当充满压力蒸汽的物料骤然减压时,孔隙中的气体剧烈膨胀,产生"爆破"效果,可部分剥离半纤维素、纤维素、木素,并将原料撕裂为细小纤维。

该方法有以下几方面作用:①酸性水解作用及热降解作用;②机械断裂作用;③氢键破坏作用。其中,半纤维素最容易发生分解降解,半纤维素脱除的乙酰基,还会形成该过程的催化剂——醋酸。经过该方法处理的原料,其中的半纤维素几乎完全变成溶解的单糖、低聚糖和其他分解产物,木质素转换为溶解组分(基本上是单酚和二酚)和不溶低分子组分。同时,部分碳水化合物深度解聚产物(其中有呋喃衍生物)会与木质素聚合形成新的产物,并且纤维素同样也会发生某些变化。经上述处理后,纤维素酶水解速度大大增加,这是由于木质素与碳水化合物间的键部分破坏和物理结构被部分破坏所导致的。

爆破水解法被认为是酶水解原料预处理的最佳方法之一。它的特点是断裂多聚糖苷键的专一性不高,因此在反应混合物中含大量的碳水化合物的分解产物,该方法可以用于各种原料的预处理。其缺点是水解过程不可避免地形成糠醛、5-羟甲基糠醛和其他单糖等降解副产物,降低了水解液的纯度。

## 14.3　其他新型水解方法

除了常用的酸、酶水解技术之外,一些新型的绿色水解技术也不断地被开发和研究,如固体酸水解和离子液体水解等。

## 14.3.1 固体酸水解

与传统的质子酸催化剂相比,固体酸催化剂是一类非均相催化剂,它具有较好的催化水解效果且后续处理简单。固体酸催化剂种类很多,主要包括 X 型、Y 型、ZSM-5 等沸石分子筛,MCM-41、SBA-15、MSU 等介孔硅分子筛,$SO_2$-$4M_xO_y$ 系列固体超强酸以及强酸性离子交换树脂等。

固体酸催化纤维素水解的原理不同于传统酸水解纤维素的原理,固体酸与纤维素的相互作用发生在固体酸表面而非溶液中。固体酸的水解过程大致可分为 3 步:①纤维素水解为可溶性葡聚糖;②可溶性葡聚糖的糖苷键吸附在固体酸活性位上;③葡聚糖进一步发生水解反应,得到葡萄糖并释放到液相中。磺酸化非晶型碳固体酸,催化水解机理:首先固体酸中的 $H^+$ 攻击纤维素,使纤维素水解为纤维二糖,然后通过糖苷键与催化剂活性位的吸附作用力,纤维二糖吸附到催化剂上,纤维二糖进而水解为葡萄糖。

固体酸催化水解纤维素工艺的优点主要可归纳为以下几点:①大大简化产物与酸的分离过程,节省生产成本;②避免了传统液体酸催化水解过程中酸的后处理工序,更加符合环保节能的理念;③催化反应在固体酸表面发生,对设备的腐蚀性较小,大大减少设备资金的投入;④固体催化剂可重复利用。但是由于固体酸催化水解反应为固体催化的固—液反应,水解产率不高,所以近年来先后出现了提高固体酸催化水解纤维素产率的研究报道。研究方向主要包括:①合成新型可催化水解纤维素固体,从而提高糖化率;②改变固体酸物理结构,产生如纳米片、纳米管状固体酸催化剂,从而提高糖化率。Suganuma 等所开发的—$SO_3H$、—OH、—COOH 的非晶型碳固体催化剂,其催化能力远高于 Nafion、Amberlyst-15、H 型沸石等常用固体酸催化剂。此种碳材料的酸度为 4.3mmol/g,与酸度为 20.4mmol/g 的硫酸比较,在相同反应条件下,其水解纤维素得到葡聚糖的产率为硫酸的 2 倍。

固体酸催化剂对设备的腐蚀性较小,且易于再生,已经在许多酸催化反应中使用。伴随着高性能的固体酸催化剂的开发,固体酸催化剂将得到越来越多的关注,有望广泛应用到木质纤维素的化学转化利用过程中。

## 14.3.2 离子液体水解

传统的水解方法都有各自的弊端,找到一种绿色环保的溶剂,通过均相水解的方法水解纤维素才是解决纤维素水解难题的关键。离子液体是在室温或室温附近温度下呈液态的由离子构成的物质,又称为室温离子液体、室温熔融盐、有机离子液体等。与传统水解方法相比,采用离子液体水解的工艺,具有原料无需预处理、耗酸少、反应条件温和、水解活性高、反应快、对反应器的抗腐蚀性要求低、还原糖得率高等一系列优点。2002 年,Rogers 等首先发现离子液体 1-丁基-3-甲基咪唑氯([bmim]Cl)可溶解纤维素,这为纤维素的均相水解创造了条件。至今已经合成出了十几种能够溶解纤维素的离子液体,并且溶解性能越来越强,可以在更低的温度下溶解更多的纤维素。

以离子液体 1-丁基-3-甲基咪唑氯为溶剂,溶解 4% 的微晶纤维素,以酸性离子液体 1-磺酸丁基-3-甲基咪唑氯为催化剂,加入 15% 的 DMF 作为共溶剂降低体系黏度,从而实现了纤维素的高效均相水解。在温度为 100℃,酸性离子液体催化剂用量 0.7 g,水含量 3% 的条件下,反应 30min 即可将微晶纤维完全水解,达到 95% 的还原糖收率,且对于高聚合度的滤纸与棉

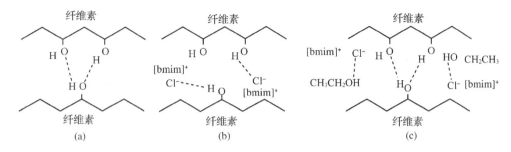

**图 14-6　纤维素在离子液体[bmim]Cl 中溶解及析出的机理**

花也有很好的水解效果。

图 14-6（a）是纤维素分子之间通过氢键相互作用所形成的超分子结构，图 14-6（b）所示，当纤维素加入到离子液体中时，作为强氢键受体的 $Cl^-$ 会与纤维素支链上的羟基质子结合形成氢键。这种氢键作用打断了纤维素分子内和分子间原本形成 O—H⋯O 氢键，转而形成 O—H⋯Cl 氢键，这样纤维素就可以逐渐溶解于[bmim]Cl 中。当向上述溶解了纤维素的离子液体中加入少量醇类或水时，原本溶解的纤维素又会重新析出，这是因为醇分子中质子活性更高，离子液中 $Cl^-$ 优先与醇中的质子形成氢键，削弱甚至打断了 $Cl^-$ 与纤维素羟基质子之间的氢键，使原本断开的纤维素分子间氢键再次形成，从而使纤维素再次从离子液体中析出，如图 14-6（c）所示，所以含有活泼质子氢的极性溶剂也不能作为共溶剂。乙醇和异丙醇与离子液体可以形成氢键，所以能够互溶，而恰恰可能是由于它们与离子液体形成的氢键强于纤维素和离子液体之间的氢键，阻止了纤维素在离子液体[bmim]Cl 中的溶解，因此 DMSO 和 DMF 更加适合用作共溶剂。

离子液体具有很好的稳定性，再回收的过程中纤维素的转化几乎保持不变。离子液体无臭、无污染，不易燃烧，且易与产物分离，易回收，可反复多次循环使用，在木质纤维素的转化利用中使用离子液体，可以实现环保、绿色转化的目标，因此越来越受到广泛关注。

## 思考题

1. 从林产原料化学组成说明林产原料水解的工艺方法。
2. 解释林产原料纤维素和半纤维素的水解机制。
3. 分析在林产原料稀酸水解过程中影响单糖得率的主要因素。
4. 说明林产原料酶水解原理和工艺过程。
5. 解释新型林产原料水解方法的特点。
6. 理解水解对于林产原料加工利用过程中的作用。

## 参考文献

金强，张红漫，严立石，等，2010. 生物质半纤维素稀酸水解反应[J]. 化学进展，22(04)：654 – 662.

徐明忠，庄新姝，袁振宏，等，2008. 农业废弃物高温液态水水解动力学[J]. 过程工程学报，8(5)：41 – 944.

徐明忠，庄新姝，袁振宏，等，2008. 木质纤维素类生物质稀酸水解技术研究进展[J]. 可再生能源，26(3)：43 – 47.

卫民，赵剑，刘军利，等，2013. 植物纤维原料水解生产乙醇的研究进展[J]. 生物质化学工程,47(3):48-51.

安鑫南,2002.林产化学工艺学[M].北京:中国林业出版社.

张矢,1992.林产原料水解工艺学[M].北京:中国林业出版社.

Suganuma S, Nakajima K, Kitano M, et al., 2008. Hydrolysis of cellulose by amorphous carbon bearing $SO_3H$, COOH, and OH Groups[J]. Journal of the American Chemical Society, 130(38): 12787 - 12793.

Orozco A, Ahmad M L, Rooney D, et al., 2007. Dilute acid hydrolysis of cellulose and cellulosic bio-waste using a microwave reactor system[J]. Process Safety and Environmental Protection. 85(5): 446 - 449.

Yang Z G, Kang H Y, Guo Y F, et al., 2013. Dilute-acid conversion of cotton straw to sugars and levulinic acid via 2-stage hydrolysis [J]. Industrial Crops and Products, 46: 205 - 209.

Fan S P, Jiang L Q, Chia C H, et al., 2014. High yield production of sugars from deproteinated palm kernel cake under microwave irradiation via dilute sulfuric acid hydrolysis [J], Bioresource Technology, 153: 69 - 78.

# 第15章 林产原料水解化学加工利用

**【本章提要与要求】** 本章主要介绍林产原料水解液的化学加工生产糠醛和木糖醇的方法及工艺，主要包括：糠醛生产原理、糠醛蒸馏与精制工艺过程及影响因素，糠醛的性质、用途及其深加工产品；介绍木糖醇生产原理、精制纯化工艺过程与木糖醇用途。

要求掌握林产原料水解液生产糠醛的原理、糠醛蒸馏与精制工艺过程及影响因素；掌握木糖醇生产原理与精制纯化工艺过程；了解糠醛的深加工产品以及糠醛与木糖醇的性质和用途。

随着化石资源的日益枯竭以及化石资源的大量消耗所带来的日益恶化的环境问题，利用来源丰富、可再生、环境友好的林产原料获得各种化学品、能源和新型材料成为林产化工领域的主要方向之一。我国是农林业大国，每年产生的农林加工剩余物就多达 $40 \times 10^8 t$，这些资源的应用前景非常广阔，有效地开发和利用这些可再生资源可以解决目前人们只能利用化石能源来进行生产生活的窘境，同时对促进农业生态经济系统的良性循环和国民经济可持续发展都具有重要的战略意义。

水解是林产原料高效利用的主要技术和领域。第14章已经介绍了林产原料水解的基础理论以及主要方法和工艺。林产原料水解液的进一步加工分为化学转化和生物化学转化两大类别，这两种方法可以制取不同的产品。本章将阐述在林产原料的水解技术基础上，利用化学转化的方法生产产品的原理、工艺和主要设备。

## 15.1 糠醛生产基本原理

糠醛是1882年德国人德博涅耳在利用硫酸作用于糖和淀粉制取甲酸时意外发现的。1922年，美国用燕麦壳生产出第一吨商品糠醛，从此开始了工业化生产糠醛的历史。我国的糠醛生产始于1942年(天津)，中华人民共和国成立后特别是近二十年发展很快，是糠醛的出口大国。糠醛是一种最常见的来源于木质纤维素类生物质的工业化学品，年产量超过 $20 \times 10^4 t$。糠醛是最具竞争力的生物质基平台化合物之一，是目前唯一的完全利用农林加工剩余物为原料获得的重要化工原料。糠醛具有醛基、二烯基醚官能团，化学性质十分活泼，能够发生氧化、加氢、缩合等反应制取多种衍生物，被广泛应用于医药、农药和合成塑料等领域，是呋喃环系最重要的衍生物之一。糠醛及其衍生物需求量大，且逐年增加，世界上糠醛的产量每隔10年增加1倍。目前全世界有30多个国家利用农林加工剩余物生产糠醛，中国是糠醛生产大国，占世界糠醛总产量70%左右。美国、印度、巴西、多米尼加等国家也有相当的产量。

### 15.1.1 糠醛理化性质

#### 15.1.1.1 糠醛物理性质

糠醛是一种有苦杏仁刺激性气味，无色至琥珀色的透明油状液体。糠醛的物理性质见表15-1。

表 15-1 糠醛的物理性质

| 指标名称 | 性能 | 指标名称 | 性能 |
| --- | --- | --- | --- |
| 相对分子质量 | 96.08 | 临界压力(MPa) | 5.62 |
| 外观 | | 临界温度(℃) | 397 |
| 　新品 | 无色透明油状液体 | 蒸汽密度(空气为1.00) | 3.31 |
| 　陈品 | 黄色至琥珀色油状液体 | 蒸汽扩散系数($cm^2/s$) | |
| 沸点(℃/101.3kPa) | 161.7 | 17℃ | 0.076 |
| 冰点(℃) | 零下36.5 | 25℃ | 0.087 |
| 折射率(钠-D线，589.26nm) | | 50℃ | 0.107 |
| 　$n_D^{20}$ | 1.5261 | 闪点 | |
| 　$n_D^{25}$ | 1.5235 | 　闭口杯 | 60.0 |
| 比重 | | 　开口杯 | 68.3 |
| 　$d_4^{20}$ | 1.1598 | 着火点(℃) | 393 |
| 　$d_4^{20}$ | 1.1545 | 空气中爆炸极限(体积%) | |
| 　$d_4^t$ | 1.1811(1−0.000895t) | 　下限(125℃/98.6kPa) | 2.1 |
| 比重温度系数 | 0.001057 | | |

#### 15.1.1.2 糠醛化学性质

糠醛的化学结构是呋喃型杂环醛，因此也称为呋喃甲醛：

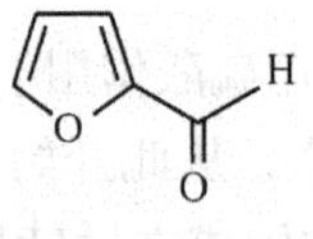

呋喃杂环既表现出二烯化物的性质，又表现出芳香族化合物的性质。糠醛的呋喃环的反应能力高于苯，可看作环二烯醚。在呋喃环中引入 α-取代基，例如，—CHO、—$CH_2OH$、—CH=$CH_2$、—CHCH—、—CO—$CH_3$等，可以形成反应能力很强的呋喃化合物。糠醛含有醛基官能团，因而化学活性很高，反应能力强；与空气接触时，特别是在糠醛中含有酸时，会自动氧化变成棕色，甚至变成黑褐色树脂状物质。因此，糠醛可以作为基础原料合成大量的工业化学品。

## 15.1.2 糠醛生产原理

### 15.1.2.1 生产糠醛的反应过程

植物纤维原料中半纤维素富含聚戊糖,是生产糠醛的原料,其聚戊糖的含量越高,越有利于糠醛的生产。糠醛的生产过程中,在酸性催化剂的作用下,原料中的聚戊糖经水解反应降解为戊糖,通过进一步脱水转变为糠醛,其反应式如下所示。

$$(C_5H_8O_4)_n + n H_2O \xrightarrow{H^+} n C_5H_{10}O_5$$
聚戊糖　　　水　　　　　　戊糖

$$C_5H_{10}O_5 \xrightarrow{-3H_2O} C_5H_4O_2$$
戊糖　　　　　　糠醛

在糠醛生产中,林产原料中聚戊糖的水解反应以及水解形成的单糖(戊糖)转化成糠醛的脱水反应,都需要使用合适的催化剂来加快反应的进行。常用的催化剂有硫酸、过磷酸钙、盐酸等。其中盐酸的催化活性最高,硫酸的催化活性相当于盐酸的一半,磷酸盐也能使反应介质产生酸性。

硫酸是糠醛生产中最常用的催化剂,采用中压小酸液比的工艺方法。为了提高糠醛得率,国内外都先后进行了重过磷酸钙催化剂制取糠醛的试验和生产。法国利用这种工艺方法制得糠醛的得率达到13%以上,对设备无腐蚀,并且副产品为腐殖酸磷肥。使用盐酸催化剂时,水解速度快,糠醛的得率为12%~18%,要求机械自动化程度高。此外,芬兰等国还利用不加酸的工艺来生产糠醛,该工艺是依靠原料在水解过程形成的醋酸来起到催化作用的。

### 15.1.2.2 生产糠醛的反应动力学和影响因素

**1) 生产糠醛的反应动力学**

林产原料中的聚戊糖经酸(多数用硫酸)催化,在水解锅内高温高压的条件下,先发生水解反应形成单糖(戊糖),随后戊糖脱水转换成糠醛,这种方法称为直接法,因其过程和设备简单而被广泛采用。这种直接法生产,除了会发生上述的两种反应以外,生成的糠醛在反应区还会进一步转化而造成损失。因此,整个水解过程中糠醛的生成量既取决于多糖的水解速度和戊糖的脱水速度,也受糠醛二次转化的影响。为提高糠醛产率,并尽可能减少树脂化等损失,应从反应动力学的角度对该过程加以分析。

$$聚戊糖 \xrightarrow[K_1]{水解} 戊糖 \xrightarrow[K_2]{脱水} 糠醛 \xrightarrow[K_3]{缩合} 树脂$$

设 $K_1$、$K_2$、$K_3$ 分别为多糖水解速度常数、戊糖脱水生成糠醛速度常数、糠醛树脂化速度常数。许多研究结果表明:在稀酸溶液中,D-木糖催化转变为糠醛的动力学可应用一级反应动力学方程式来描述。图15-1表明单糖分解速度常数 $K_2$ 与反应温度、催化剂 $H_2SO_4$ 浓度的关系,D-木糖的原始含量($G_0$)为0.666mol,按直线斜率计算,过程活化能 $E=140$kJ/mol。按不同的实验数据其平均值 $E=110 \sim 140$ kJ/mol。

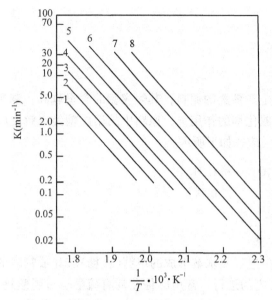 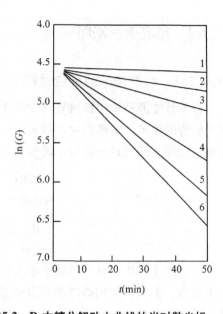

图 15-1　温度对 D-木糖脱水速度常数的影响　　图 15-2　D-木糖分解动力曲线的半对数坐标

$H_2SO_4$ 浓度(mol)：1～1.1，2～3.75，3～4.5，3～4.5，4～　　温度 373°K，$H_2SO_4$ 浓度(mol)：1～1.1，2～3.75，3～4.5，
5.35，5～6.2，6～7.15　　　　　　　　　　　　　　　　　　4～5.35，5～6.2，6～7.15

温度与氢离子浓度对木糖分解速度常数 $K_2$(1/min) 的经验公式如下：

$$K_2 = \frac{[H^+]}{0.05} \cdot 10^{\frac{700}{T+14.17}} \tag{15-1}$$

式中　$[H^+]$——氢离子摩尔浓度；

$T$——绝对温度(K)。

图 15-2 给出了在一定的温度条件下，催化剂浓度为 10%～15%（质量基）时，木糖脱水动力学研究的结果。动力学曲线在半对数坐标上的直线表明，在所研究的情况下应用一级方程式是合适的。

在 $t$ 瞬时内，糠醛的理论得率，按下式计算

$$F_x = \mu G_0 (1 - e^{-K_2}) \tag{15-2}$$

式中　$\mu$——常数，$\mu = MC_5H_4O_2/MC_5H_{10}O_5 = 0.64$（$MC_5H_4O_2/MC_5H_{10}O_5$——糠醛与戊糖相应的相对分子质量）；

$K_2$——木糖分解速率常数；

$G_0$——戊糖原始量。

式(15-2)在强化从反应区排出含糠醛蒸汽时才能成立，实际上在反应区形成糠醛的同时也进行糠醛的分解反应，因此要以式(15-3)计算实际得率。

$$F_X = \frac{\mu G_0 K_2}{K_3 - K_2} (e^{-K_2 t} - e^{-K_3 t}) \tag{15-3}$$

式中　$K_3$——糠醛分解速率常数。

糠醛实际得率取决于单糖的反应能力，各种单糖反应能力顺序为：木糖 > 阿拉伯糖 > 糖醛酸。

考虑到多糖水解速率常数 $K_1$，原料中聚戊糖($P$)的糠醛得率以式(15-4)计算：

$$F_X = K_1 K_2 P \left[ \frac{e^{-K_1 t}}{(K_2 - K_1)(K_3 - K_1)} - \frac{e^{-K_2 t}}{(K_2 - K_1)(K_3 - K_2)} + \frac{e^{-K_3 t}}{(K_3 - K_1)(K_3 - K_2)} \right]$$

$$\tag{15-4}$$

研究表明,戊糖脱水形成糠醛的速度比聚戊糖水解的速度低。因此,在这个多阶段过程中,脱水为限制阶段,脱水反应为限速反应。为考察温度对几个阶段反应的影响,有人对比了在120~180℃范围内$K_1$、$K_2$和$K_3$的变化,结果如图15-3所示。由图15-3可知,提高反应温度可加速糠醛的形成,但同时也加快了糠醛的树脂化而损失了糠醛得率,因此,糠醛生产不宜在较高的温度下进行。根据图15-3的数据和式(15-4)可以近似计算出糠醛得率。当以含聚戊糖的原料制备糠醛时,糠醛同戊糖的相互作用会明显影响到$K_2$、$K_3$。

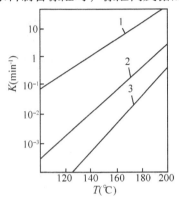

**图15-3 反应温度 $T$ 和过程各阶段的速度常数 $K$ 的关系**
1. 聚戊糖水解速度常数  2. 木糖脱水速度常数
3. 糠醛树脂化速度常数

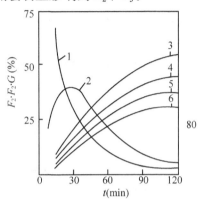

**图15-4 反应区中贮液对糠醛得率的影响**
1. 未反应木糖量对原含量的百分比 $G$  2. 糠醛在反应区的平均含量  3、4、5、6. 不同贮液下,从反应器排出糠醛量(液比:3~1.0,4~1.5,5~2.0,6~2.5)

在最优化的工艺参数下制备糠醛时,除了考虑化学动力学因素外,还要考虑流体力学、传热和传质等宏观动力学因素的影响。糠醛的制备是一个多相反应体系,具有以下特点:在水解原料的内部和表面存在催化剂浓度梯度;水解分解从表面到内部逐步进行,水解原料的物理结构、含水率及工艺规程决定了溶液中单糖和糠醛在液相和汽相中的扩散速度和方向。动力学因素会影响水解和脱水过程的速度,形成的糠醛在反应区的滞留时间以及糠醛二次转化的深度。糠醛损失量的80%是由于原料颗粒内分子扩散速度低造成的,20%是由于从水解锅排出糠醛蒸汽时的输送过程造成的。

图15-4给出了水解锅贮液量对糠醛得率的影响,糠醛得率以原料中理论含醛量的百分数来表示。其原料是阔叶材木片,反应温度为170℃,硫酸浓度为0.8%。从图15-4可见,水解时间为90~120min时,戊糖几乎完全脱水形成糠醛,糠醛在反应区贮量很小。随着水解锅中贮液的增加,糠醛得率降低。水解锅中水量越多,糠醛分子向水解物料表面扩散的速度越慢,糠醛分子到达水解物料表面并蒸发转移到汽相的速度也越慢。原料颗粒的尺寸也会影响糠醛分子扩散的时间,当增大原料木片尺寸时,糠醛的得率也会下降。事实上,水解制备糠醛的过程中,必须采用颗粒尺寸较小的原料,水解锅中的贮液量尽可能控制在低贮液量的范围内,并尽快地从反应区排出糠醛,才能确保其较高的得率。

**2)影响糠醛得率的主要因素**

从方程式15-4和15-5可以看出影响糠醛得率的主要因素有以下几点:

(1)原料种类

糠醛的得率与原料中聚戊糖的含量有直接关系,不同种类的原料有不同的聚戊糖含量,生产的糠醛得率也不相同,见表15-2。生产糠醛的原料一般都是秋冬季节收购,贮存期长,所以必须妥善保存，保持良好的通风，防止雨淋霉烂造成聚戊糖含量的降低。此外，还必须清除原料中夹带的各种无机杂质，如泥沙、石块等。还要通过原料的预加工使其颗粒均匀达到规定标准。

(2) 催化剂的种类和浓度

目前我国水解生产中多采用硫酸，虽然不同种类的酸有不同的催化活性，但硫酸容易获得，比较经济，所以被普遍采用。

硫酸的浓度会直接影响反应速率常数 $K_1$、$K_2$、$K_3$。降低硫酸浓度，则反应速率下降，可能导致多糖水解不完全，降低糠醛得率；如果硫酸浓度过高，反应剧烈，原料焦化，形成的糠醛易被分解，也会降低糠醛得率。在实际的糠醛生产过程中，使用硫酸浓度通常是 5%~8%（质量分数），液比是 1:(0.3~0.5)，即 100kg 风干植物原料加酸液 30~50kg。

(3) 反应温度

反应温度不仅影响糠醛得率，也会影响反应速度，即影响到设备的生产能力。

在不同的温度下，糠醛分解动力学曲线如图 15-5 所示；温度与糠醛分解速度常数的关系如图 15-6 所示。由图可见，糠醛的分解速度随温度升高而增加，糠醛的损失量随着温度的升高和反应时间的增加而增加。

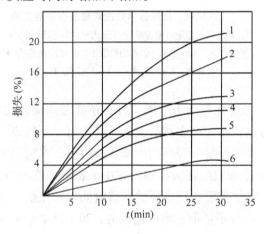

**图 15-5　在各种不同温度下糠醛分解动力曲线**
1. 180℃　2. 170℃　3. 160℃　4. 150℃
5. 140℃　6. 130

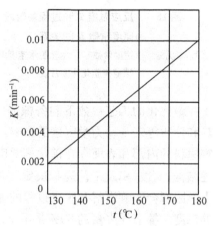

**图 15-6　温度与糠醛分解分解速度常数的关系**

反应温度同时影响到聚戊糖的水解速度常数（$K_1$）和戊糖脱水形成糠醛的速度常数（$K_2$），但反应温度对速率常数影响的程度是不一样的。由图 15-3 可知，在同一温度下，聚戊糖的水解速度常数高于戊糖脱水形成糠醛的速度常数，糠醛分解速度常数低于形成糠醛的速度常数；并且随着温度的增加比值 $K_2/K_3$ 也会增加，所以提高温度能够提高糠醛的得率，并且能提高设备的生产能力。

(4) 糠醛汽抽出速度

糠醛在水解锅中形成以后，应尽快使它离开反应区，以免发生分解或缩合反应。但在实际过程中，固体物料中糠醛的进一步反应所造成的损失总是难以避免。如果能够加快糠醛排出，就可以减少损失而提高得率。可以利用式(15-5)估计出由于料层高度 $H(m)$，蒸汽在料层中的运动速度 $v(m/s)$ 和反应温度 $t(℃)$ 等因素造成的糠醛损失 $l_{tr}(\%)$。

$$l_{tr} = e^{-142}H^{5.6}v^{-1.8}t^{29.6} \tag{15-5}$$

加快糠醛汽的抽出速度,具体措施就是增加蒸汽通入量,但不能过量通入蒸汽,否则会起到相反的作用。这是因为如果水解锅中积水过多,会影响糠醛的蒸发而增加糠醛的残留量,造成糠醛损失的增加,降低糠醛得率。

(5)氧化反应

糠醛与氧气在温室下接触也会被氧化,这是一种自动氧化反应。若温度较高,并且有酸等杂质存在时,自动氧化反应会更加剧烈,最终生成甲酸等有机酸和酸性聚合物。

在间歇式水解锅中装料时会带进空气,形成的糠醛在气相中被氧化,戊糖也同时被氧化,而且戊糖的氧化速度是糠醛的3倍。糠醛因氧化而分解的损失约占糠醛形成量的30%~35%。若用惰性气体取代空气可以提高糠醛得率。实际生产中可以用先抽空气,然后利用吹水蒸气的办法赶除原料颗粒间和毛细管里的空气,可以达到相同效果。

## 15.2 糠醛生产工艺

### 15.2.1 原料种类和特征

糠醛生产原料主要有玉米芯、葵花籽壳、棉籽壳、甘蔗渣、稻壳、阔叶材等。这些原料中聚戊糖的含量较高,介于16%~35%之间(表15-2)。不同种类的原料聚戊糖含量不同,而同种原料,由于产地不同,气候条件不同,其聚戊糖的含量也不相同,如玉米芯中聚戊糖的含量,从我国的中原到东北各省,由于产地不同,其聚戊糖含量有逐渐增加的趋势。

常用于糠醛生产植物原料的聚戊糖含量、糠醛对绝干原料的理论得率及实际得率见表15-2。

表15-2 含聚戊糖原料的糠醛得率

| 原料 | 聚戊糖含量(%) | 糠醛对绝干原料的平均得率(%) | |
|---|---|---|---|
| | | 理论得率 | 实际得率 |
| 玉米芯 | 30~35 | 24 | 11 |
| 燕麦皮 | 32~35 | 25 | 11 |
| 棉籽壳 | 21~27 | 18 | 9 |
| 葵花籽壳 | 18~25 | 16 | 9 |
| 稻壳 | 17~20 | 15 | 8 |
| 甘蔗渣 | 23~25 | 18 | 9 |
| 白桦 | 22~25 | 17 | 8 |
| 白杨 | 16~20 | 13 | 7 |
| 栲胶渣 | 19~20 | 14 | 6 |

从表15-2可以看出,各种植物纤维原料用于糠醛生产,其实际得率低于理论得率的50%。造成这种现象的原因有两点:一是在水解器中形成的糠醛还未离开反应区就部分分解;二是原料的贮存过程中常会发热自燃或霉烂变质,使聚戊糖含量下降,导致糠醛的得率下降。

原料的物理性质与糠醛得率有很大的关系。例如,含水量、颗粒大小、酸的渗透性、装锅密度等。生产过程中,水分过大的原料须进行干燥,颗粒过大的原料须粉碎至适当大小。原料水分过大,在混酸后不能保证酸的浓度,降低了酸催化能力。原料颗粒过大,不但运输困难,而且在混酸时影响酸液在原料中的充分渗透,混酸不均匀,也会影响糠醛的得率。原

表15-3　常用植物纤维原料的装锅密度

| 原料名称 | 装锅密度(kg/m³) | 原料名称 | 装锅密度(kg/m³) |
| --- | --- | --- | --- |
| 棉籽壳 | 200~220 | 稻壳 | 115~220 |
| 玉米芯 | 180~220 | 木屑 | 120~150 |
| 葵花籽壳 | 150~220 | 麦秆 | 110~120 |

料的装锅密度会影响糠醛得率、蒸汽消耗及设备利用率等。现将常用植物纤维水解原料的装锅密度列于表15-3所示。

林产原料中聚戊糖含量以及装锅密度是确定水解锅体积和糠醛生产能力的主要因素。因此，在确定糠醛生产规模和设计水解锅时，就应该先考虑原料的这些因素。

### 15.2.2　糠醛生产工艺

按照水解原理和形成糠醛的过程可以把制取糠醛的方法分为：直接法（一步法）和间接法（两步法）。

直接法是把含聚戊糖的原料装入水解锅中加热到一定温度，在催化剂的作用下，使聚戊糖水解生成戊糖，同时戊糖脱水形成糠醛。间接法是聚戊糖的水解反应和戊糖的脱水反应分成两步分别在不同的设备中完成。应用间接法生产糠醛的目的是为了提高糠醛的得率。在工业规模上曾试验戊糖水解液的脱水，对含5%~6%的戊糖水解液连续通入蒸汽，在反应器中进行脱水反应。反应温度为160~170℃，反应时间为4 h，$H_2SO_4$浓度为1%，但得到的糠醛得率只有5%~6%，且蒸汽消耗大。因此，目前各国糠醛生产大多采用直接法。

除了上述分类以外，还可以根据水解原料利用的程度分类，分为一段水解法和二段水解法。

①一段水解法　只对原料中的半纤维素进行一段水解，水解的残渣（纤维木质素）作为燃料使用。这种水解方法主要以硫酸和盐酸作为催化剂，也可以不加酸进行无酸水解。

②二段水解法　先对原料中的半纤维素进行第一段水解，之后再升温进行二段水解——纤维素水解，这样可以提高植物原料的利用效率。

#### 15.2.2.1　一段水解工艺流程

**1）基本工艺流程**

水解工段是生产糠醛过程中最重要的部分。我国比较典型的水解工艺流程是间接式中压串联水解工艺，如图15-7所示。

图15-7介绍的糠醛生产工艺流程：林产原料玉米芯等，从备料工段经斗式提升机，送到混酸机。浓硫酸经浓硫酸库经酸管，压至浓酸计量槽，计量后慢慢进入以放好温水的配酸槽中，配成6%~8%的稀酸，在混酸机中以固液比1∶0.4进行均匀混合后送入水解锅。装料结束后，关闭上盖进行升压。升压期间排除锅内的空气，减少对产品的氧化作用和使锅内蒸汽压力和其温度相适应，保持水解压力为0.5 MPa。之后，经排醛管排出糠醛蒸汽，经分离器分离杂质后，送去冷凝，排醛后，水解锅内余压排出锅内残渣到喷放器中。水解反应过程排出的水蒸气中糠醛浓度经增浓、高峰、低峰三个阶段。但这三个阶段曲线的形状，如各阶段所占时间的长短，可能达到的糠醛浓度等，随原料的种类和水解条件而改变。提高反应温度和硫酸浓度，都可使高峰阶段提前，但温度的影响更为明显，如图15-8所示。

总之，单锅操作时，糠醛平均浓度低，水解和蒸馏汽耗大；而且蒸汽用量不平稳，高峰

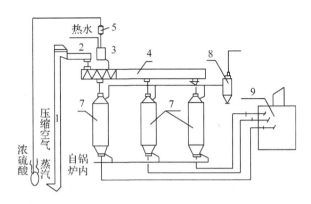

**图 15-7 我国典型糠醛工艺流程**
1. 斗式提升机  2. 螺旋输送机  3. 混酸机  4. 酸槽  5. 酸计量槽
6. 配酸槽  7. 水解锅  8. 分离器  9. 木质素喷放器

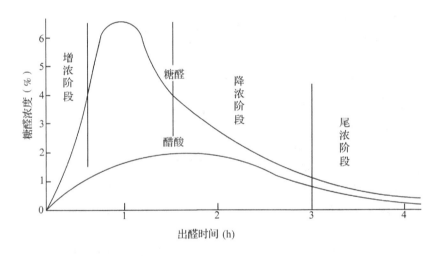

**图 15-8 糠醛水解单锅生产全浓度变化曲线**

阶段出醛多而要加大用汽量,低峰阶段为保证糠醛浓度则要减少蒸汽用量,这样就影响到蒸馏和汽相中和等操作。

生产上通常采用双锅串联,即将前一台水解锅后半期(低峰阶段)抽出的含醛较少的蒸汽通到第二台水解锅,作为该水解锅出醛时的加热蒸汽。采用双锅串联可以提高并稳定糠醛浓度,一般可以由4%提高到5%~6%。这样,水解工序生产每吨糠醛蒸汽用量由25t降到17t,同时也节省蒸馏加热蒸汽。此外,又可提高并稳定有机酸(以醋酸为主)浓度,既可以发挥有机酸的催化作用,同时又为管道汽相中和创造了良好条件。采用双锅串联,还可以改进锅炉时间的生产操作和适当延长出醛时间,增加一部分糠醛得率。但是,串联锅数增多,醛汽中糠醛浓度提高后,糠醛分解量也会增多。而且,串联操作每一锅会产生约为 0.05~0.1 MPa 压力降。串联锅数越多,压力降也越大,反应温度随压力降的增大而下降,影响到正常的水解操作所要求的温度条件。因此,对于有机酸得率较高的原料和煤价较高的地区,可以考虑增加串联的锅数,如改用三锅串联。

**2) 水解工艺条件**

水解时间随原料种类、水解条件和水解锅的容积变化,见表15-3。

(1) 水解用的蒸汽

水解用的蒸汽，一般采用饱和蒸汽，为了降低锅底积水，也可用温度较低的蒸汽，以防蒸汽温度过高而使锅底原料焦化。

(2) 水解压力和温度

水解温度和压力温度是水解最重要的影响因素，它直接影响排醛的时间、排醛的浓度、水解周期、糠醛得率、汽耗量和残渣中的醛含量等。

(3) 排醛时间

排醛时间随水解压力的不同而改变，不同水解压力下的排醛时间见表15-5。其条件为水解锅容积 $5m^3$，原料为棉籽壳，单锅水解。

提高水解压力与醛浓度的关系。水解棉籽壳，含水率为13.49%，绝干原料含醛率为15.5%。分别选用水解操作压力：0.75 MPa 和 1.0 MPa。在试验过程中使用了足够的水解出醛时间，根据醛汽分析结果，醛浓度和醋酸浓度变化曲线如图15-9所示。从糠醛浓度变化曲线可以看出：出醛的浓度随着水解操作压力的提高而增加，醛浓度高峰随着水解操作压力的提高而提前；出醛时间随着水解操作压力提高而缩短。

表15-4 不同水解压力下排醛时间

| 水解压力（MPa） | 水解出醛时间（min） |
| --- | --- |
| 0.50 | 240 |
| 0.75 | 130 |
| 1.00 | 80 |

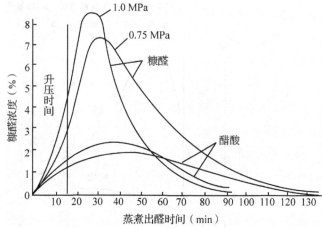

图15-9 不同压力下排醛时间和糠醛浓度

在不同的操作压力下，有不同的出醛时间，从而得出糠醛生产操作周期。表15-5 中随着水解操作压力的提高而生产操作周期缩短。

提高水解压力与糠醛产量和得率的关系：在不同水解压力下，糠醛的产量和得率的结果

表15-5 不同水解压力下糠醛的生产周期

| 水解操作压力(MPa) | 出醛时间(min) | 糠醛生产操作周期(min) |
| --- | --- | --- |
| 0.5 | 240 | 280 |
| 0.75 | 105~110 | 140~150 |
| 1.00 | 60~75 | 100~115 |

表15-6 不同水解操作压力下糠醛得率

| 锅次 | 水解操作压力（MPa） | 绝干原料含醛率（%） | 绝干原料糠醛得率（%） | 得率（%） |
| --- | --- | --- | --- | --- |
| 1 | 0.50 | 18.54 | 9.25 | 49.9 |
| 2 | 0.50 | 18.54 | 9.66 | 52.1 |
| 3 | 0.75 | 15.50 | 8.51 | 54.9 |
| 4 | 0.75 | 15.50 | 9.05 | 58.4 |
| 5 | 1.00 | 15.50 | 8.38 | 54.1 |
| 6 | 1.00 | 15.50 | 8.90 | 57.4 |

见表15-6。从表中结果可以看出，提高水解操作压力，能大幅度的缩短水解出醛时间，对糠醛的产量和得率有所提高，达到理论产醛率的55%以上。

**3) 水解设备**

**(1) 酸料搅拌器**

酸料搅拌器又称混酸机，生产上常用的液比是1:(0.3~0.5)。由于林产原料密度小、体积大、酸液量少（小液比），为了保证混酸效果，使酸液均匀分布在植物原料表面，并能渗透到植物原料内部，对酸料搅拌器的要求较高。均匀混酸是提高糠醛得率的关键措施之一。

**(2) 水解锅**

水解锅是糠醛生产的重要设备。根据工艺操作特点，要求水解锅能承受操作压力和高温作用以及浓度为5%~10%硫酸溶液的腐蚀，结构上有利于水解残渣的顺利排放，使排放后锅内的残渣量减少。糠醛生产中的水解锅有带蒸球的立式水解锅、带搅拌的立式水解锅等。蒸球和带搅拌的立式水解锅都具有搅拌原料的作用，可以强化水解反应过程。常用的有立式间歇水解锅和立式连续水解锅两种。立式水解锅示意图如图15-10所示。

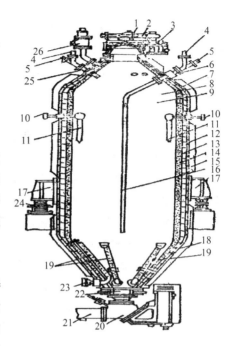

图15-10 立式水解锅示意图
1. 上盖 2. 传导机构 3. 上颈 4. 供热水
5. 供浓酸 6、25. 混合器 7. 水解锅球形部
8. 放气接管 9. 取样检测接管 10. 放水解液
接管 11. 悬挂过滤管 12. 水解锅圆筒部分
13. 混凝土层 14. 耐酸砖 15. 隔热层
16. 中央供酸管 17. 支撑耳 18. 下椎体
19. 过滤管 20. 快开阀 21. 排放管 22. 下
颈体 23. 排水解液或供汽接管 24. 重量计
传送器 26. 安全阀

### 15.2.3 糠醛蒸馏与净化

经过前一工序的加工得到的含糠醛冷凝液（原液），是糠醛的中间产品。其中含糠醛4%~5%，含水90%以上，还有甲醇、丙酮、乙醇、糠酸和少量甲醛、乙醛、甲基糠醛等杂质，必须经过蒸馏浓缩和提纯，才能得到商品糠醛。

#### 15.2.3.1 糠醛蒸馏原理

从表15-7可见，在糠醛冷凝液中，甲基糠醛等比糠醛沸点高的组分在蒸馏过程中成为尾

表15-7 糠醛及其伴生物的主要性质

| 组成 | 相对分子质量 | 沸点<br>(℃/101.3kPa) | 冰点<br>(℃) | 闪点<br>(℃) | 比重<br>($d_4^{20}$) | 折射率<br>($n_D^{20}$) | 比热<br>[J/(g·℃)] | 汽化潜热<br>(kJ/kg) |
|---|---|---|---|---|---|---|---|---|
| 甲醇 | 32.04 | 64.7 | -97.8 | -1 | 0.793 | 1.3312 | 2.512 | 1129.43 |
| 甲酸 | 46.03 | 100.8 | 8.6 | 66 | 1.220 | 1.3714 | 2.131 | 494.04 |
| 醋酸 | 60.05 | 118.1 | 16.7 | 38 | 1.046 | 1.3715 | 2.043 | 405.07 |
| 乙醛 | 44.05 | 20.2 | -123.5 | -38 | 0.783 | 1.3392 | | 570.24 |
| 丙酮 | 58.08 | 56.5 | -94.6 | -18 | 0.791 | 1.3591 | | 523.35 |
| 糠醛 | 98.06 | 161.7 | -36.5 | 60 | 1.1598 | 1.5261 | 2.152 | 450.08 |
| 甲基糠醛 | 110.05 | 187.0 | | | 1.1090 | 1.5300 | 1.742 | |

馏分，沸点低于糠醛的其他组分成为头馏分。实际上，有机酸的蒸馏特性是随着糠醛浓度变化的，醋酸在稀糠醛溶液蒸馏时成为尾馏分，在浓糠醛溶液蒸馏时成为头馏分。

(1) 糠醛—水溶液蒸馏平衡组成

糠醛—水溶液的沸点，随着混合液中两组份含量的变化而改变。混合液的沸点低于两组分中任意一种纯组分的沸点。当糠醛质量浓度达到35.2%（相当于摩尔浓度9%）时，混合物即形成共沸物。因此，糠醛—水溶液有处于最低沸点的共沸物，见表15-8。

糠醛原液（浓度5%~6%醛汽冷凝液）蒸馏得到有最低沸点（97.8℃或97.9℃）的恒沸物，其摩尔浓度为9.2%，质量浓度35.2%。当蒸馏质量浓度超过35.2%的糠醛溶液时，汽相中糠醛浓度低于液相中糠醛浓度，糠醛比水难于挥发。因此，糠醛冷凝液蒸馏分两步进行，第一步得到粗糠醛，第二步再得到精糠醛。

(2) 糠醛在水中的溶解度

糠醛和水是部分相溶的，其溶解度在不同的温度下不同，见表15-8。

表15-8　101.3kPa下糠醛—水溶液汽液相平衡组成（重量%）

| 沸点（℃） | 糠醛浓度（质量%） | | 沸点（℃） | 糠醛浓度（质量%） | |
|---|---|---|---|---|---|
| | 液相 | 汽相 | | 液相 | 汽相 |
| 99.90 | 0.2 | 1.5 | 98.13 | 9.0 | 30.5 |
| 99.82 | 0.4 | 3.0 | 98.07 | 10.0 | 31.7 |
| 99.74 | 0.6 | 4.4 | 98.02 | 11.0 | 32.6 |
| 99.67 | 0.8 | 5.8 | 97.98 | 12.0 | 33.3 |
| 99.60 | 1.0 | 7.0 | 97.95 | 13.0 | 33.9 |
| 99.42 | 1.5 | 10.0 | 97.93 | 14.0 | 34.4 |
| 99.25 | 2.0 | 12.7 | 97.92 | 15.0 | 34.7 |
| 99.11 | 2.5 | 15.0 | 97.91 | 16.0 | 34.8 |
| 98.99 | 3.0 | 17.1 | 97.91 | 17.0 | 34.9 |
| 98.87 | 3.5 | 19.0 | 97.90 | 18.0 | 35.0 |
| 98.76 | 4.0 | 20.7 | 97.80 | 18.4 | 35.2 |
| 98.66 | 4.5 | 22.2 | 97.80 | 18.4~84.2 | 35.2 |
| 98.58 | 5.0 | 23.6 | 98.70 | 92.5 | 35.8 |
| 98.50 | 5.5 | 24.8 | 100.60 | 95.5 | 39.7 |
| 98.43 | 6.0 | 25.8 | 109.50 | 97.7 | 55.6 |
| 98.37 | 6.5 | 26.8 | 122.50 | 98.4 | 71.7 |
| 98.31 | 7.0 | 27.7 | 146.00 | 98.8 | 90.5 |
| 98.26 | 7.5 | 28.5 | 154.80 | 99.2 | 95.7 |
| 98.21 | 8.0 | 29.2 | 158.80 | 99.6 | 97.7 |
| 98.17 | 8.5 | 29.9 | 161.70 | 100.0 | 100.0 |

从表15-9可以看出，糠醛在水中的溶解度随温度的上升而增加，其临界温度为120.9℃，在这个温度下糠醛不再分层，糠醛的浓度为50.7%（量）蒸馏得到的恒沸物，冷却后即分成两层，上层为糠醛的水溶液，下层为水的糠醛溶液。在糠醛蒸馏操作中，选择的分层温度（分醛温度）应尽可能保证多地分出糠醛，又不宜使分醛温度过低而影响塔的操作。一般为40~50℃分醛比较合适，所得粗糠醛含醛为92%~93%。上层糠醛水溶液回塔，下层水的糠醛溶液为粗糠醛，进入下一步继续精制。

表15-9　不同温度下糠醛和水的互溶情况

| 温度(℃) | 水层中糠醛浓度(重量%) | 糠醛层中糠醛浓度(重量%) |
|---|---|---|
| 10 | 7.9 | 96.1 |
| 20 | 8.3 | 95.2 |
| 30 | 8.8 | 94.2 |
| 40 | 9.5 | 93.3 |
| 50 | 10.4 | 92.4 |
| 60 | 11.7 | 91.4 |
| 70 | 13.2 | 90.3 |
| 80 | 14.8 | 88.7 |
| 90 | 16.6 | 86.5 |
| 97.9 | 18.4 | 84.1 |
| 120.9 | 50.7 | 50.7 |

糠醛和水的部分互溶以及互溶随温度而改变的规律是浓缩原液中所含糠醛的重要依据，由此建立的分层倾析操作并结合依据挥发性差异建立的蒸馏操作，可以将原液加工为浓度为93%左右的粗糠醛，成为进一步精制的中间产物。糠醛—水恒沸组成、蒸汽和沸点的关系见表15-10。

表15-10　糠醛—水恒沸组成、蒸汽压和沸点的关系

| 沸点(℃) | 蒸汽压(kPa) | 糠醛含量(重量%) | 沸点(℃) | 蒸汽压(kPa) | 糠醛含量(重量%) |
|---|---|---|---|---|---|
| 30 | 3.76 | 29.45 | 70 | 34.15 | 34.30 |
| 35 | 5.09 | 30.50 | 75 | 42.23 | 34.60 |
| 40 | 7.07 | 31.30 | 80 | 52.15 | 34.80 |
| 45 | 9.29 | 31.95 | 85 | 63.31 | 35.00 |
| 50 | 12.43 | 32.55 | 90 | 76.11 | 35.10 |
| 55 | 16.37 | 33.10 | 95 | 90.69 | 35.17 |
| 60 | 21.24 | 33.55 | 97.8 | 101.3 | 35.20 |
| 65 | 27.21 | 33.95 | 100.0 | 107.44 | 35.22 |

蒸馏工艺还要考虑到生产规模和对产品质量标准的要求。我国糠醛生产中，虽然也有些工厂那个采用较完善的多塔流程，但众多的小厂采用较简易的工艺流程即一塔一釜的流程，一塔用于原液的蒸馏，一釜用于粗糠醛的净制，如图15-11所示。

蒸馏塔操作条件：正常操作时，要求严格控制原料进料量、供水供汽量、塔顶温度、塔釜温度、塔釜中液位和塔底废水中含醛量等，以保证在接近得到恒沸组分的情况下，节约蒸汽和减少塔底废水跑醛损失，其正常操作条件见表15-11。

表 15-11 蒸馏塔正常操作条件

| 指标名称 | 工艺要求 | 备注 |
|---|---|---|
| 糠醛原液入塔温度(℃) | >60 | |
| 塔顶温度(℃) | 98 | 保证糠醛浓度接近恒沸组成 |
| 塔釜温度(℃) | 104 | 保证塔底废水中糠醛含量小于0.05% |
| 塔釜压力(MPa) | 0.02 | |
| 塔釜液位高度 | 标志线范围 | 保证热传热面浸没在余馏水中以控制 |
| 分层温度(℃) | 60左右 | |

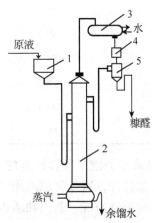

图 15-11　糠醛蒸馏工艺流程
1. 糠醛原液高位槽　2. 蒸馏塔
3. 冷凝器　4. 冷却槽　5. 分醛罐

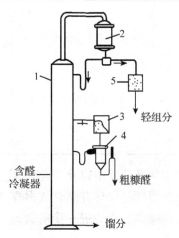

图 15-12　单独分离轻组分的一塔流程图
1. 蒸馏塔　2. 分凝器　3. 冷凝器
4. 分醛罐　5. 轻组分冷却器

上述糠醛蒸馏工艺是国内应用最多的一个流程。其流程特点包括：设有糠醛原液高位槽，易于控制进料量，使蒸馏塔工作稳定，塔顶流出含轻组分(甲醇、丙酮等)的糠醛蒸汽，经过冷凝冷却后在分醛罐中分层，轻组分随水层回流入塔。但其缺点为未单独分离轻组分。

可以单独分离轻组分的一塔流程，如图 15-12 所示。在糠醛原液蒸馏过程中，最后浓缩糠醛不是靠增加塔板数达到的，而是利用倾析的方法——把含醛蒸汽(恒沸物)冷凝冷却到一定温度后，在分醛罐(倾析器)中分层，在一般工艺流程中都是在含醛冷凝进入分醛罐之前，尽量把轻组分分离出去。采用图 15-12 所示的工艺流程既能浓缩糠醛，又能分离轻组分的简单蒸馏工艺流程。轻组分从塔顶汽相中引出，经冷凝器后部分回流入塔，部分送去进一步加工，得甲醛产品和回收带走的糠醛。含有恒沸物组分的糠醛液从精馏段相应的塔板上引出。在这塔板上面，易挥发组分浓度增加，在其汽液相中糠醛含量都减少。塔顶可馏出易沸杂质(轻组分)。

### 15.2.3.2　粗糠醛的精制

原液经上述过程的浓缩后，得到的粗糠醛浓度约92%～93%，还含有少量的有机酸、低沸点与高沸点杂质，必须进一步加以精制才能达到商品糠醛的质量。整个精制过程包括补充中和与精馏脱水除杂质等内容，要求精制糠醛的纯度在98.5%以上，酸度低于0.02%，水分低于0.2%。

(1) 补充中和

虽然蒸煮时已对醛汽进行了汽相中和，粗糠醛中仍含有有机酸0.2%～0.4%，中和这些有机酸的方法有包括：①首先根据含酸量的化验结果，计算出用碱量，在强烈搅拌的条件下，在粗糠醛贮罐中加入稍过量于计算量的饱和碱液，至pH值为7左右，中和后需静置20min，使中和反应的产物上浮，然后利用真空将静置分层的粗醛吸入下一工序；②在蒸馏塔分醛罐中或其后步骤中加碱中和，如图15-13所示。图15-13(a)和(b)都是连续式的操作，前者加碱液于分醛罐，其优点是，当醛层呈中性时水层呈碱性，因而在其回流入塔顶后能在塔内继续中和酸。后者对分醛罐流出的粗糠醛加碱，由于利用了管道内流体的湍流状态，所加的碱液便和粗醛中的酸充分混合而中和良好，其耗碱量与间歇式搅拌中和的基本相等。

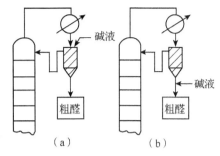

**图 15-13 粗糠醛补充中和**
(a) 分醛罐中加碱中和
(b) 分醛罐流出后中和

(2) 粗糠醛的脱水和除杂

粗糠醛的脱水和除杂采用蒸馏方式完成。糠醛于常压下的沸点为161.7℃，在这一温度下，糠醛极易发生树脂化反应而影响其纯度和得率。因此，粗糠醛的脱水和除杂需在真空下进行。生产上常采用的真空度为84.8~85.12kPa，其相应的沸点在99~100℃。纯糠醛沸点与绝对压力和真空度的关系，见表15-12。在简单蒸馏过程中，甲醇等易挥发组分和水是头馏分，糠醛是主馏分，甲基糠醛是尾馏分。在精馏过程中，上述各组分可在一个塔的不同塔段同时取出或分别用不同的塔加以分开。

**表 15-12 纯糠醛的沸点与绝对压力和真空度的关系**

| 沸点(℃) | 绝对压力(kPa) | 真空度(kPa) | 沸点(℃) | 绝对压力(kPa) | 真空度(kPa) |
| --- | --- | --- | --- | --- | --- |
| 39.9 | 1.06 |  | 116.24 | 24.67 | 76.63 |
| 55.86 | 1.76 | 99.54 | 126.34 | 36.04 | 65.26 |
| 67.69 | 3.31 | 97.99 | 135.94 | 48.82 | 52.48 |
| 75.04 | 4.67 | 96.63 | 146.84 | 68.87 | 32.43 |
| 86.2 | 7.45 | 93.85 | 153.94 | 82.27 | 19.03 |
| 96.1 | 11.03 | 90.27 | 159 | 94.03 | 7.27 |
| 105.08 | 16.97 | 84.33 | 161.7 | 101.3 | 0 |

生产上常用83.8~85.12kPa，相应的沸点为99~100℃。在精馏过程中，甲醇、醋酸和水都是头馏分，糠醛是主馏分，在间歇精馏时，待头馏分取出后，得到纯糠醛，而甲基糠醛是尾馏分，到精馏末尾才能除去。

### 15.2.3.3 粗糠醛精馏工艺

**1) 间歇工艺流程**

我国糠醛生产中多采用间歇工艺，如图15-14所示该工艺具有流程简单，投资少，易操作等优点，但产品质量不稳定，粗糠醛含水量高，馏程范围不好控制，需要反复蒸馏。

糠醛间歇真空精馏时，要求真空度在80kPa以上，此时操作温度是90~100℃。糠醛沸点和真空度关系见表15-13。

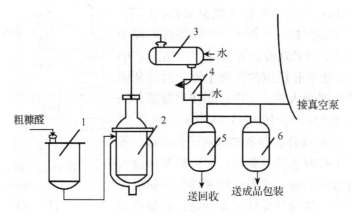

**图 15-14 粗糠醛间歇精馏工艺流程**
1. 补充综合槽 2. 真空精制锅 3. 冷凝器 4. 冷却器
5. 头馏分贮槽 6. 成品贮槽

**表 15-13 糠醛沸点和真空度的关系**

| 绝对压力 (kPa) | 糠醛沸点 (℃) | 绝对压力 (kPa) | 糠醛沸点 (℃) | 绝对压力 (kPa) | 糠醛沸点 (℃) |
| --- | --- | --- | --- | --- | --- |
| 1.06 | 39.9 | 7.45 | 86.2 | 34.06 | 124.74 |
| 1.63 | 55.86 | 8.11 | 88.9 | 41.23 | 131.6 |
| 2.78 | 64.57 | 9.18 | 92.1 | 83.13 | 154.4 |
| 3.31 | 67.67 | 10.77 | 95.1 | 94.03 | 159 |
| 4.67 | 75.04 | 12.03 | 96.76 | 98.95 | 160.9 |
| 5.85 | 81.5 | 16.97 | 105.08 | 101.3 | 161.9 |
| 6.92 | 84.3 | 24.67 | 116.24 | 108 | 163.8 |

粗糠醛开始蒸馏时，头馏分中有低沸点物，溶液易沸腾，真空度由 66.5kPa 逐步升到 83.79kPa，，温度由 60℃ 逐步升到 100℃ 左右。此时，真空度和温度没有稳定的关系。待两者都达到规定的指标时，窥视镜中流动的液体是澄清透明，一般是再过 10min 后才改罐取成品。改罐前，将管道用符合要求的商品糠醛洗 2~3 次，收集成品的过程中，当真空度逐渐升到 95.97kPa，温度下降后又开始回升，即行停止。

精制锅是普通钢板焊接而成，中间为圆筒形，上、下为椭圆形，上盖用法兰螺栓固定在锅体上，盖上开有人孔和精制糠醛汽体出口管，在管上接分馏柱，其内装瓷环。分馏柱顶接冷凝冷却器，锅体外装有加热夹套。一般锅体积为 1.5~2.5m³，锅体高径比为 1.1~1.2。夹套内蒸汽压力为 0.4MPa。锅内真空度为 101.3kPa，锅底装排污管口，以便在糠醛精制结束后排污清洗。

**2) 连续工艺流程**

**(1) 单塔连续精制**

连续操作有利于保证糠醛产品的纯度和提高收率。图 15-16 所示是糠醛单塔连续精制工艺流程。

来自高位计量槽(1)的粗糠醛，通过预热器(2)和流量计(3)，从精馏塔(4)的第 16 块塔板进料，塔用外加热器(12)加热。塔内低沸点物、水和糠醛形成共沸物——头馏分，上升部分到塔顶，入冷凝器(5)和辅助冷凝器(6)，全部回流入塔，从塔顶的塔板上液相取出醛水混合物，经醛水冷却器(7)，入醛水贮槽(8)，冷却分层后，粗糠醛送回高位计量槽(1)。醛水送

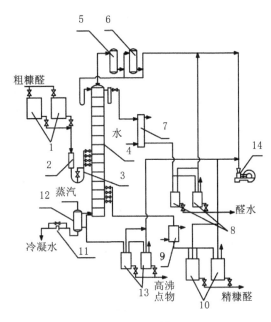

**图 15-15 粗糠醛连续精制工艺流程**

1. 粗糠醛高位计量槽  2. 预热器  3. 流量计  4. 精馏塔  5. 低沸点物冷凝器
6. 低沸点物辅助冷凝器  7. 醛水冷却器  8. 醛水贮槽  9. 精糠醛冷却器
10. 精糠醛贮槽  11. 疏水器  12. 釜外加热器  13. 高沸点物贮槽  14. 真空泵

回原液蒸馏塔高位槽。精糠醛则从塔的下部第4、6、8块塔板上液相取出，经过精糠醛冷却器(9)入经糠醛贮槽(10)。从塔釜外加热器的循环管道取出高沸点物(包括树脂杂质等)入高沸点物贮槽(13)。

本系统控制真空度 82.6~84kPa，塔顶汽相温度为 52~53℃，精糠醛的温度为 113~114℃，塔釜温度 115~116℃。塔底取高沸点物量约占粗糠醛量 10%，其中含糠醛 60%~70%，可用糠醛原液和水稀释，除去树脂状物质后，再回收利用。

粗糠醛精制时，树脂化损失约1%。设备要求严密，操作时，上、下各出真空度和温度控制稳定。精制塔多为泡罩塔，塔径为 250~300mm，由 36 块塔板组成，也可以筛板塔和填料塔。

(2) 三塔四塔连续精制

我国糠醛连续精制流程有如图 15-16 的三塔式流程和图 15-17 的四塔式流程所示。

如图 15-17 所示四塔式流程的初馏塔与前述的初馏塔相同，初馏塔之塔顶冷凝液分醛罐分层，水层回流，醛层取出。醛层经中和器(3)中和，送入低沸物塔，低沸物塔塔顶取出低沸物，塔底取出脱去轻组分的粗糠醛，经冷却在分醛罐(5)中分层，水层返至初馏塔进料，醛层再送到脱水塔(6)进料，该塔可不设精馏塔，即塔顶进料。脱水塔的塔顶冷凝液仍会分层，分醛罐(7)中的水层亦回到初馏塔进料。醛层可流至分醛罐(5)和其中的醛层并在一起作为该塔的进料，也可以直接回流到该塔塔顶。该塔的塔底取出液作为精制塔(8)的进料。精制塔的进料液已是脱除了微量水分比较纯净的糠醛，通过该塔的分离，塔顶获得色泽清彻的成品精醛，塔底排出含有高沸点物质较多的糠醛残液。糠醛残液通过间歇精馏或其他途径可回收其中的糠醛。四塔式流程的初馏塔和低沸物塔为常压操作，脱水塔和精制塔为减压蒸馏塔。

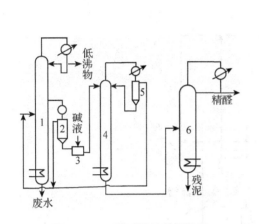 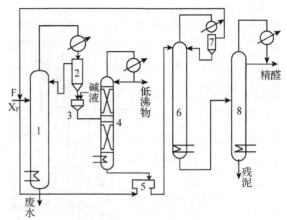

图 15-16　三塔式连续精馏流程
1. 初馏塔　2、5. 分醛罐　3. 中和器
4. 脱水塔　6. 精制塔

图 15-17　四塔式糠醛连续精馏流程
1. 初馏塔　2、5、7. 分醛罐　3. 中和器
4. 低沸物塔　6. 脱水塔　8. 精制塔

四塔式糠醛连续精馏流程的特点是：糠醛初馏塔塔顶冷凝液进一步冷却后，在分醛罐分层，糠醛层经碱液中和，而后作为低沸物塔的进料。由于糠醛层的量相对于初馏塔的进料量要小得多，因而低沸物塔的直径要比初馏塔小，且物料经过中和，该塔可用价廉的碳钢材料制造，不过需要承受低沸物塔的热负荷。

如图 15-16 所示三塔式流程。三塔式流程和四塔式流程的主要区别在初馏塔上。三塔式流程的初馏塔塔顶取出低沸物，在进料板上边的某一块板处侧管线液相采出糠醛—水的恒沸物。因而该塔是带有侧管线的初馏塔，起着四塔式流程中初馏塔和低沸物塔的作用。

三塔式流程的特点是：初馏塔为带有侧管线液相采出的塔，因而可以节省单独设置低沸物塔所消耗的加热蒸汽和冷凝水量。但是，由于侧管线取出是液相，要求塔精馏段的回流比很大，侧管线以上塔段的直径与提馏段塔径相等，塔顶馏出液的量却很少，因而在塔的设备费用方面，显得不够经济合理。

### 15.2.4　糠醛生产中副产品

#### 15.2.4.1　醛汽中和处理

使用林产原料水解的过程中，半纤维素脱乙酰基形成醋酸，木质素脱甲基形成甲酸，其得率随原料种类和水解条件而变化，玉米芯和棉籽壳分别约为 2% 和 4%。这些有机酸转入醛汽中，使醛汽变为酸性，会腐蚀设备，因此，要用纯碱溶液中和醛汽中的有机酸，其中和反应(以醋酸为例)：

$$2CH_3COOH + Na_2CO_3 \rightarrow 2CH_3COONa + H_2O + CO_2 \uparrow$$

反应过程中 $CO_2$ 会产生大量泡沫，如果在高速气流范围汽相中和，泡沫可自行消灭。为此，多采用管道汽相中和，其流程如图 15-18 所示。

化碱锅(1)内配好的 10%~12% 碳酸钠溶液，过滤后流至压碱罐(2)，两台压碱罐交替使用。压碱罐依靠空气压缩机送来的压缩空气将碱液送到汽相中和罐(4)。中和后的醛汽和中和液在旋风分离器(5)中分离。醛汽送去回收热能或冷凝，中和液送去制造结晶醋酸钠。中和效率可达 85%。

由于热醛汽遇到冷碱液会使部分糠醛冷凝，糠醛在碱性介质中又会分解，既影响糠醛得率，又影响醋酸钠生产。因此，碱液先经预热器(3)预热到 90℃ 左右经过针型阀送入中和管，为此中和管和旋风分离器都需要保温层。

醛汽中和时，纯碱溶液的浓度越高，所生成的醋酸钠浓度也越高，因而在精制蒸发时消耗的热量也越少。但碱液的浓度也不宜过高，否则在遇冷时容易析出结晶，且难以重新溶解。因此，汽相中和用的纯碱液，一般配制成 12%~13% 的浓度（以绝干碳酸钠计），中和所得的醋酸钠

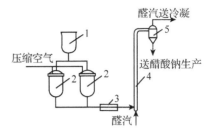

图 15-18　醛汽汽相中和工艺流程
1. 化碱锅　2. 压碱锅　3. 预热器
4. 汽相中和管　5. 旋风分离器

的浓度约为 17%（以无水体计）。中和液的 pH 值控制在 7.5~8.0。中和过程中会产生大量的 $CO_2$ 泡沫，影响正常操作，为此在设计中和管道时，醛汽应达到 40~50m/s 的高速，有利于消泡，实际多采用与排醛管同样直径的管道，中和反应时间 0.1~0.5s，实际管长约 6m。

#### 15.2.4.2　醋酸钠的生产工艺

醋酸钠是一种化工原料，应用于印染、医药等工业部门。用于制取冰醋酸、丙酮、呋喃丙烯酸、醋酸酯、氯乙酸和氯三乙酸等化工产品。

（1）原理

经汽相中和所得的醋酸钠原液，含有大量杂质且颜色较深，其浓度又比较小，必须予以浓缩、脱色和过滤除杂等处理，才能得到成品。

以玉米芯和棉籽壳为原料，每生产 1t 糠醛可得 0.5t 醋酸钠。醋酸钠有两种形式：三结晶水醋酸钠（$CH_3COONa \cdot 3H_2O$）和无水醋酸钠（$CH_3COONa$）。

（2）生产工艺

精制结晶醋酸钠生产工艺：中和液约含醋酸钠 17%，经过滤除去树脂状物质后，进入真空蒸发器浓缩到 18~20°Bé'。然后，在脱色槽中先用稀醋酸调节 pH 值 6.0~6.5，并用间接蒸汽加热到 80℃ 后，加入活性炭，蒸汽用量按照脱色效率和溶液质量而定，一般是占总浓缩液量 2%~3%，可以一次（或分批）加入。蒸汽加完之后，用压缩空气搅拌 20min，取样比色合格后，送去过滤（真空吸滤或板框压滤）除去杂质。清液再经第二次蒸发，浓度达到 28~30°Bé'（约含醋酸钠 45%）时，即可放入结晶罐。结晶罐应配有搅拌和冷却装置，边搅拌边冷却，精制结晶醋酸钠慢慢析出，结晶大约一昼夜结束（随气温而变化，气温低结晶快），取出进行离心分离。如果因夹带母液造成颜色较深，在离心分离机上用清水洗涤，即得成品，其中含醋酸钠 59% 左右。母液一般返回脱色罐重新加工，循环若干次后，颜色较深的废母液用浓硫酸处理，使其分解成醋酸，通过蒸馏可的稀醋酸，供调节酸度用。结晶醋酸钠生产工艺流程如图 15-19 所示。

#### 15.2.4.3　热能回收

生产 1t 糠醛大约需要 40t 水蒸气，其中一半用于蒸煮，压力要求 0.8~1MPa，另一半用于蒸馏、精制，压力 0.3MPa。从水解锅引出的醛汽带有大量的热能，过去曾试用汽相入塔蒸馏，因浓度波动大、操作不稳定，蒸馏设备庞大等原因，现仍用液相入塔，醛汽冷凝冷却耗用大量水。如果回收和利用醛汽的热能，可以节省大量蒸汽，这是节约用煤和解决锅炉生产能力不足的有力措施。

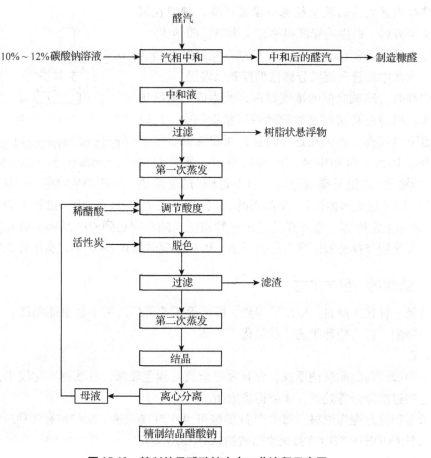

**图 15-19　精制结晶醋酸钠生产工艺流程示意图**

(1) 利用醛汽废热生产二次蒸汽

水解锅中排出的压力在 0.8~1MPa 的醛汽，在废热锅炉内可以产生压力在 0.3MPa 的二次蒸汽，供糠醛蒸馏和精制。废热锅炉由换热器和汽包两部分组成，亦可用外加热式蒸发器结构。换热部分因醋酸关系，应用耐酸材料，一般管内走醛汽，管间走软水。

(2) 利用醛汽废热作为蒸馏塔的热源

水解压力为 0.4~0.6MPa 所得的醛汽，不值得通过废热锅炉产生二次蒸汽，可直接送往蒸馏塔底作为加热用蒸汽，同样可以达到节约蒸汽的目的。由于醛汽含酸又易堵塞，用醛汽加热时往往采用外加热釜式。

### 15.2.4.4　糠醛渣的利用

植物原料水解生产糠醛过程会产生大量的糠醛渣。我国大部分糠醛厂都是以玉米芯为原料，1t 糠醛需要原料玉米芯(含水率为 15%以下)11~12t 消耗 0.6MPa 饱和蒸汽 35~40t，而糠醛渣的产量(含水 25%~40%)达糠醛产量的 10 倍之多。它们主要是木质素和纤维素及其降解物，具体组成见表 15-14。目前，糠醛渣主要作为供汽锅炉的燃料。从糠醛渣的组成来看，其挥发组分高，灰分低，热值(13.95MJ/kg)接近低值煤，因此，以糠醛渣代煤进行利用也是可行的方案，糠醛渣含水率高不利于燃烧是其主要的技术障碍。

我国大部分糠醛厂都是以玉米芯为原料，每吨糠醛耗玉米芯为(含水率为 15%以下)11~

12t，耗 0.6MPa 饱和蒸汽 35~40t，而醛渣的产量(含水 25%~40%)达糠醛产量的 10 倍之多，醛渣代煤组成见表 15-14。

表 15-14　糠醛渣代煤的组成

| 成　分 | 含　量 | 成　分 | 含　量 |
| --- | --- | --- | --- |
| 全水分(风干水分+烘干水分)(%) | 28.57 | 含硫(%) | 1.08 |
| 灰分(%) | 2.97 | 含碳(%) | 38.98 |
| 挥发分(%) | 49.53 | 含氢(%) | 2.54 |
| 发热量(低位发热量)(MJ/kg) | 13.95 | | |

醛渣燃烧过程问题：

①新排出的醛渣含水率高达 45%~50%，这样的湿醛渣不能直接去燃烧，必须进行干燥使含水率降至 20%~30%。一般利用锅炉干燥器对湿醛渣进行干燥，之后送到锅炉供料斗中。

②从烧渣技术的发展过程来看，有种以醛代煤的燃烧方式：一种使用适量的煤和醛渣混合后进行燃烧，一般混合比例为 2∶1(煤∶渣)。这种烧法，煤耗下降幅度低，且煤需要预先粉碎。该法适用于快装锅炉，这是广泛采用的方法。

③燃烧过程中还有一些问题有待解决：醛渣含有泥沙等杂质，炉温太高将泥沙烧至熔融状，遇冷后冷结在对流管等部位形成结焦，影响锅炉正常运行；炉内燃烧剧烈，形成正压运行，热量从炉门及炉墙缝隙大量喷出，热损增大，降低热效率，醛渣因质轻和沸腾燃烧而造成不完全而增大损失。

④烧渣的效果：按醛渣的热值 13.95MJ/kg 计，每 2.1t 醛渣相当于 1t 标准煤，而每生产 1t 商品糠醛的同时可以得到 10t 多的醛渣，据相当多的厂家统计，每生产 1t 商品糠醛需要 2.5~4t 标准煤炭。可见：生产 1t 商品糠醛同时可得到相当 4t 多标准煤的醛渣，所以采用烧渣可以保证糠醛生产的热能自给。

### 15.2.5　糠醛渣综合利用

植物原料经过糠醛水解之后，其化学组成产生了变化。玉米芯糠糠醛渣化学组成见表 15-15。

表 15-15　玉米芯糠醛渣化学组成(对绝干水解原料%)

| 外　观 | 化学成分 | | | | | |
| --- | --- | --- | --- | --- | --- | --- |
| | 聚戊糖(%) | 纤维素(%) | 木质素(%) | 灰分(%) | 酸含量(%) | 水分(%湿基) |
| 棕褐色松散颗粒 | 4.59 | 31.08 | 28.29 | 6.74 | 7.7 | 66.75 |

我国糠醛生产种原料费用占产品成本的 1/3 以上，经糠醛水解之后水解锅中的纤维木质素仍含多糖达到 35% 以上。对这些多糖进行进一步的水解利用以提高原料的综合利用率，降低产品成本，这是提高经济效益的有效途径之一。

#### 15.2.5.1　糠醛渣生产乙酰丙酸

乙酰丙酸又名左旋糖酸，或称戊隔酮酸，分子式是 $CH_3COCH_2CH_2COOH$。乙酰丙酸分子含有三个活性基团，一个羰基(—CO—)、一个羧基(—COOH)和一个 α-氢，在有机酸中化学性质比较活泼，有作为化工原料可以合成许多衍生物产品。生产乙酰丙酸的原料较多，除纤维素外，其他六碳糖类均可以作为制取乙酰丙酸的原料，如淀粉、废蜜糖、葡萄糖母液、废纸浆等。糠醛生产的糠醛渣是生产乙酰丙酸的原料。

(1) 乙酰丙酸生产工艺

对糠醛渣在180℃以上稀硫酸溶液(2%~5%)中进行水解，使其纤维素水解成葡萄糖，葡萄糖再经脱水生成羟甲基糠醛后，最终分解成乙酰丙酸和甲酸。这些反应是在一台水解锅中进行，其反应式如下。

$$(C_6H_{10}O_5)_n + nH_2O \xrightarrow[\Delta]{H^+} nC_6H_{12}O_6 \text{(葡萄糖)}$$

$$nC_6H_{12}O_6 \xrightarrow[\Delta]{-3H_2O} \text{5-羟甲基糠醛}$$

$$\text{5-羟甲基糠醛} \xrightarrow{H^+} CH_3COCH_2CH_2COOH + HCOOH$$
乙酰丙酸　　　甲酸

$$CH_3COCH_2CH_2COOH \rightleftharpoons \text{假乙酰丙酸}$$

乙酰丙酸生产工艺流程如图15-20所示。用2%硫酸，在11MPa蒸汽压力下，将生产糠醛后的纤维木质素水解成乙酰丙酸。然后用石灰乳中的水解液中的硫酸，控制中和终点的pH在2.5~3.0，以保留乙酰丙酸不受中和。木质素和石膏一起过滤，滤液真空蒸发浓缩后，再经两次真空蒸馏，即得含乙酰丙酸90%以上的成品。

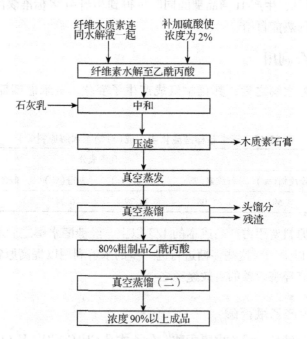

图15-20　乙酰丙酸生产工艺流程图

还有一种方法是固体酸催化法。经高温焙烧的分子筛固体酸催化剂在无氧高压反应釜中（120~220℃）催化葡萄糖降解反应，乙酰丙酸的收率达到40%，该反应条件温和，催化剂表现出高活性，产物中不含无机酸，不会产生大量废液废渣，不会腐蚀设备，催化剂与原料和产物易分离，符合当今化学工业绿色化的发展方向。

经高温焙烧的分子筛固体酸催化剂在无氧高压反应釜中（120~220℃）催化葡萄糖降解反应，乙酰丙酸的收率达到40%该反应条件温和，催化剂表现出高活性，产物中不含无机酸，不会产生大量废液废渣，不会腐蚀设备，催化剂与原料和产物易分离，符合当今化学工业绿色化的发展方向。

由于绝大多数生物质不溶于水和其他溶剂，固体酸难以直接降解生物质，因此可把生物质先液化为小分子，然后再用固体酸催化生产乙酰丙酸。固体酸是环境友好型催化剂，不会腐蚀反应设备，反应结束后易与产物分离，甚至可回收再利用，对环境污染小，因此有很好的发展前景。

(2) 乙酰丙酸的纯化

转化为乙酰丙酸的过程是一个复杂的反应过程。在反应过程中每生成一分子乙酰丙酸的同时会产生一分子的甲酸。乙酰丙酸和甲酸都是羧酸类物质，都有较强的亲和力，易溶于水，同时降解产物中还含有未反应的糖，中间产物糠醛以及其他小分子副产物和高聚物副产物。因此要得到纯度较高的产品，必须对降解产物混合物进行分离纯化，从混合物的水溶液中分离出乙酰丙酸，分离纯化是制备生产乙酰丙酸过程中重要的环节之一。

减压蒸馏法是目前乙酰丙酸生产企业采用得最多的纯化方法。稻草和蔗渣的盐酸催化液化产物在55℃减压蒸馏得到粗乙酰丙酸产品，其 $^1$HNMR、$^{13}$C-NMR 的分析结果基本与标准品的分析结果相一致，GC-MS分析发现初产品中乙酰丙酸含量达到93.5%，还含有1.42%的乙酰丙酸乙酯副产物。尽管减压蒸馏法是目前工业上用得最多的纯化方法，但在减压蒸馏过程中乙酰丙酸经常会发生脱水反应生成 α-当归内酯（4-羟基-3-戊烯酸-γ-内酯）β-当归内酯（4-羟基-2-戊烯酸-γ-内酯）、乙酰丙酸乙酯等副产物，从而降低了产品的得率。同时，蒸馏时需要的能耗也较大。

还有溶剂法纯化，在室温下三辛基胺的醇溶液或酯溶液可反应性地把乙酰丙酸从其水溶液中萃取出来，但是该方法纯化效率不高，这些溶剂容易燃烧，从而限制了其在工业上的应用。

### 15.2.5.2 糠醛渣制备邻醌植物激素

林产原料经过二次水解制备乙酰丙酸后，得到稀酸缩合木质素，用稀硝酸氧化降解，生成红棕色溶液，在用氨水中和稀释后，可得一种邻醌植物激素。其有效成分具有下列分子结构：

其中，R 为—$CH_2$ 或—$CH_2CH_2$，R' 为—O—$CH_3$，—OH 或—COOH。

据植物生理试验指出，该技术具有良好的保绿作用，对促进植物根系生长有显著的作用。邻醌具有高的氧化电位，能促进植物的氧化还原反应。

(1) 原理

制备邻醌植物激素的原料，植物原料经二次水解制乙酰丙酸后的木质素为原料。高温高压下这种木质素酸水解时，木质素结构单元——苯甲基结构的某些碳氢链被碳碳键所代替，形成"稀酸缩合木质素"，其化学反应活性低于一般天然木质素。但可用稀硝酸逐步氧化降解，最后完全溶解，生成具有邻醌结构的物质。激素有效成分在苯环中含有 5 个取代基，除邻位醌外，还有 1 个硝基和 1~2 个羧基，而非缩合木质素不能形成这种结构。

其他工业木质素，例如：经二次水解制生物乙醇过程得到的木质素，因为其水解条件不如制乙酰丙酸的水解条件剧烈，木质素中残留纤维素较高，木质素纯度低。这样木质素制成的邻醌激素中有效成分低，含有固体纤维素残渣。所以以乙酰丙酸残渣木质素制取邻醌植物激素最合适。

邻醌植物激素对促进幼苗根系生长，提高移栽成活率有显著作用，应用于水稻、麦子、棉花、茶叶、等作物，均有一定的增产效果。邻醌植物激素对皮肤、黏膜有刺激作用，有抑菌、杀菌作用，可用作防腐剂、有机合成剂、制作医药和染料。

稀酸缩合木质素降解形成邻醌植物激素的反应如下：

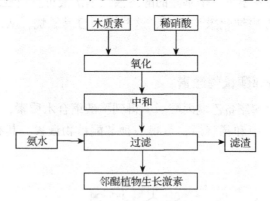

反应时生成的主要副产物是草酸，约占绝干木质素重量的 7% 左右，可用石灰乳沉淀后回收。其他副产品还有琥珀酸、硝基酚、顺丁烯二酸等，数量少，一般不回收。

(2) 生产工艺

首先要制备其原料——稀酸凝缩木质素。稀硫酸浓度为 5%，固液比 1:4，水解压力 1.30~1.35MPa，反应温度 195~200℃，反应时间为 1h。生产工艺流程图 15-21 所示。

**图 15-21 邻醌植物生长激素生产工艺流程示意图**

木质素在搪瓷反应釜中用稀硝酸氧化。为了防止二氧化氮($NO_2$)外逸，在搪瓷反应釜出口接上回流冷凝器和二氧化氮吸收装置。木质素装入反应釜后加水并在搅拌下加入一半量的硝酸，升温到 70℃，反应 1h 后，再慢慢滴加其余的硝酸，继续升温。升温速度不能太快，以防釜内物料冲出来。酸加完后，在温度 104~106℃下反应 4~6h。反应过程逸出的二氧化氮，用氨水或碱液吸收，反应完毕后，冷却到40℃，用氨水中和，搅拌0.5h后，用真空吸滤。所得滤液为邻醌植物生长激素成品，得率约为84%（干渣重量计）冲洗后即可直接使用。

（3）工艺条件

用玉米芯糠醛生产残渣-纤维木质素生产邻醌植物生长激素的工艺条件见表15-16。

**表15-16 用纤维木质素生产邻醌植物生长激素的工艺条件**

| 控制项目 | | 工艺要求 |
|---|---|---|
| 氧化条件 | 稀硝酸浓度比(%) | 8~9 |
| | 固液比 | 1:(4~5) |
| | 反应温度(℃) | 104~106 |
| | 反应时间(h) | 4~6 |
| 中和条件 | 中和温度(℃) | <40 |
| | 中和终点(pH值) | 7~8 |
| | 搅拌时间(min) | 30 |
| 真空吸滤条件 | 温度(℃) | 80~90 |

### 15.2.6 糠醛质量标准

**表15-17 工业糠醛技术要求（GB/T 1926.1—2009）**

| 项目 | | 优级 | 一级 | 二级 |
|---|---|---|---|---|
| 外观 | | 浅黄色至琥珀色透明液体，无悬浮物及机械杂质 | | |
| 密度($\rho_{20}$)(g/cm$^3$) | | 1.158~1.161 | | |
| 折光率($n_D^{20}$) | | 1.524~1.527 | | |
| 水分(%) | | 0.05 | 0.10 | 0.20 |
| 酸度(mol/L) | ≤ | 0.008 | 0.016 | 0.016 |
| 糠醛含量(%) | ≥ | 99.0 | 98.5 | 98.5 |
| 初馏点(℃) | ≥ | 155 | 150 | — |
| 158℃前馏分(%) | ≤ | 2 | — | — |
| 总馏出物(%) | ≥ | 99.0 | 98.5 | — |
| 终馏点(℃) | ≤ | 170 | 170 | — |
| 残留物(%) | ≤ | 1.0 | — | — |

## 15.3 糠醛的深加工与应用

### 15.3.1 醛基上的反应

#### 15.3.1.1 氧化反应

醛基能发生自动氧化和催化氧化反应：

①自动氧化　糠醛在有氧(空气或氧气)存在时,可自动吸收氧被氧化为糠醛等物质或树脂,同时颜色变暗或变黑。

糠醛自动氧化的机理至今尚未完全明确。有些学者认为氧首先是与呋喃环起作用,同时也部分的氧化醛基而形成糠醛,见上反应式。

糠醛自动氧化过程如图 15-22 所示。从氧吸收曲线 1 可知最初氧吸收的很慢,随后曲线突变为急升。氧化所产生的酸度曲线 2 与曲线 1 相似,且两条曲线在相当长的一段有重合。这说明由于糠醛吸收氧化反应形成酸性物质造成酸度。

糠醛的自动氧化作用可以加入碱性物质(碱、氨、有机酸)或抗氧剂使其氧化诱导期延长,即延缓氧化过程的时间。但不能完全阻止氧化。当糠醛氧化达到 7%~8% 之后,就可以停止吸收氧化,产生阻止自动氧化的作用。

避免糠醛自动氧化的唯一有效的方法是把它保存在惰性气体中,不与空气接触。糠醛在贮存和运输过程可将容器中空气抽出,注入氮气,或加入碱性物质或阻氧剂。

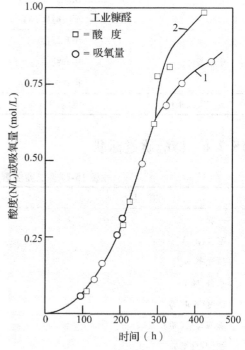

图 15-22　自动氧化反应与形成酸的关系

②催化氧化　在催化剂(如 $Ag_2O$)作用下,氧化糠醛制取糠酸。

### 15.3.1.2　氢化反应

糠醛的氢化反应在不同的反应条件下,可得到不同的氢化物。

当无水存在时,以 Cu-Cr 为催化剂,在较缓和的条件下氢化时,仅能使醛基氢化成糠醇,不会氧化呋喃环。

氢化可以在液相或气相中进行：气相反应是常压，200℃左右；液相反应在10MPa和160℃左右下进行。

当以铬酸铜为催化剂时，糠醛可以很快的氢化成甲基呋喃：

$$\text{furfural} \xrightarrow[220 \sim 250°C]{CuCrO_3} \text{2-methylfuran}$$

### 15.3.1.3 康尼查罗歧化反应

糠醛在5%浓度的NaOH水溶液作用下，一个糠醛分子被氧化为糠酸(盐)，一个糠醛分子被还原为糠醇。

$$\text{furfural} + NaOH \xrightarrow{H_2O} \text{furan-2-COONa} + \text{furan-2-CH}_2OH$$

### 15.3.1.4 柏琴反应

糠醛可在脂肪酸盐或有机碱的作用下同酸酐缩合生成 α-呋喃丙烯酸。

$$\text{furfural} + (CH_3CO)_2O \xrightarrow[150℃回流7h]{CH_3COOK} \text{furan-2-CH=CH-COOH} + CH_3COOH$$

### 15.3.1.5 缩合反应

①安息香缩合反应　糠醛的沸腾溶液用氰化钠溶液处理，随后在冰上冷却可生成1，2-二呋喃乙醇酮。

$$2 \text{ furfural} \xrightarrow{NaCN} \text{furan-CH(OH)-CO-furan}$$

②树脂(糠酮)缩合　糠醛与丙酮作用，脱1分子水，形成亚糠基丙酮，再脱1分子水，形成二亚糠基丙酮。

$$\text{furfural} + H_3CCOCH_3 \xrightarrow[NaOH]{-H_2O} \text{furan-CH=CH-COCH}_2$$

$$\xrightarrow[-H_2O]{\text{furan-CHO}} \text{furan-CH=CH-CO-CH=CH-furan}$$

③醇醛缩合　糠醛在酸存在时，可以和醇类发生醇醛缩合反应。

$$\text{furfural} + 2C_2H_5OH \xrightarrow[H_2O]{HCl} \text{furan-CH(OC}_2H_5)_2$$

### 15.3.1.6 与氨反应

糠醛在氨液中,在高压和镍催化剂作用下,进行还原性的烷化时,可生成呋喃甲胺。

$$\text{furfural} + NH_3 \xrightarrow[\text{Ni}]{H_2} \text{呋喃-CH}_2\text{NH}_2 + H_2O$$

糠醛与氨作用,还可以得到偶氮三甲呋喃。

$$3\,\text{furfural} + 2NH_3 \longrightarrow [\text{呋喃-CH}]_3^{N_2} + 3H_2O$$

脱羧反应:糠醛在汽相中相互作用,在催化剂(硅酸铝、碱和碱土金属等氧化物和氢氧化物等)存在下,可脱去羧基而生成呋喃。

$$\text{furfural} \xrightarrow[\substack{-CrO_3,\ -MnO_2\\400\sim415\,°C}]{+H_2O} \text{呋喃} + CO_2 + H_2$$

## 15.3.2 糠醛呋喃环上的反应

### 15.3.2.1 加成反应

**氢化加成** 在催化剂镍(硅藻土在镍或镍骨架)催化下,糠醛可直接转化为四氢糠醛。

$$\text{furfural} \xrightarrow{\text{镍催化剂}} \text{四氢吡喃-CHO}$$

当无水存在时,糠醛在 Ni-Cr 催化下,醛基和呋喃环均可被氢化,可得四氢糠醇。

$$\text{furfural} \xrightarrow[\substack{(Ni\text{-}Re+Cu\text{-}Cr)\\170\sim180\,°C\\7\sim10.5\,MPa}]{+3H_2} \text{四氢呋喃-CH}_2OH$$

### 15.3.2.2 取代反应

① 卤化  糠醛在二硫化碳里,在苯甲酰基的过氧化物存在时,可被氧化生成5-氯糠醛。

$$\text{furfural} + Cl_2 \xrightarrow[(C_6H_5CO)_2O_2]{CS_2} Cl\text{-呋喃-CHO} + HCl$$

当糠醛在 $CS_2$ 或氯仿中,可被溴化为5-溴糠醛:

$$\text{furfural} + Br_2 \xrightarrow[\text{或 }CHCl_3]{CS_2} Br\text{-呋喃-CHO} + HBr$$

②硝化 糠醛与发烟硝酸作用，在醋酸酐作用硝化可得 5-硝基糠醛或 5-硝基糠醛二醋酸酐。

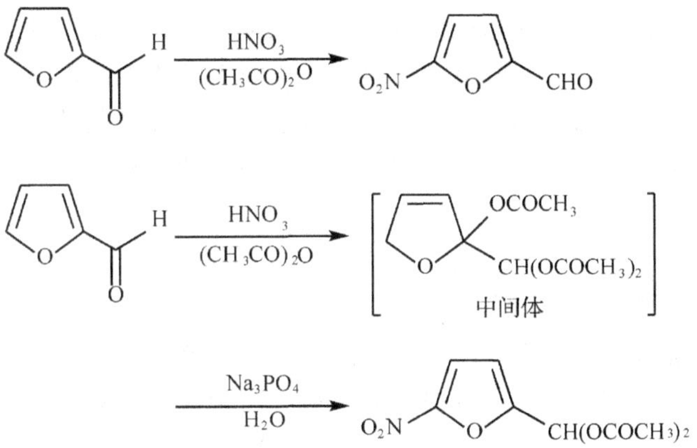

### 15.3.2.3 开环反应

(1) 氧化

气相催化反应，糠醛在高温下转变成丁烯二酸。

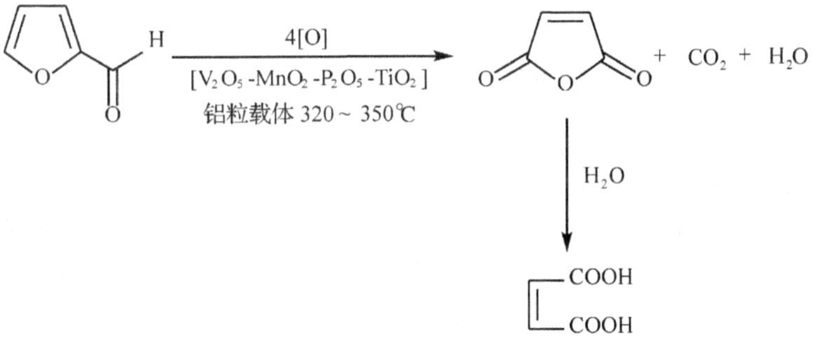

液相催化氧化，得反丁烯二酸。

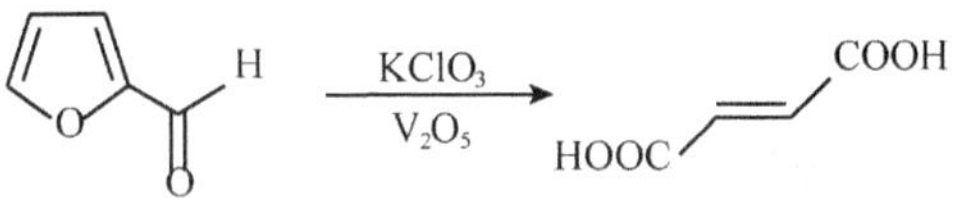

(2) 氢化

在有水和氢离子存在下，进行糠醛的氢化时，由于水分子作用，而使环开裂，生成二元醇和三元醇的混合物。

氢化，在有水和氢离子存在之下，进行糠醛的氢化时，由于有水分子作用，而使环开裂，生成二元醇和三元醇的混合物。

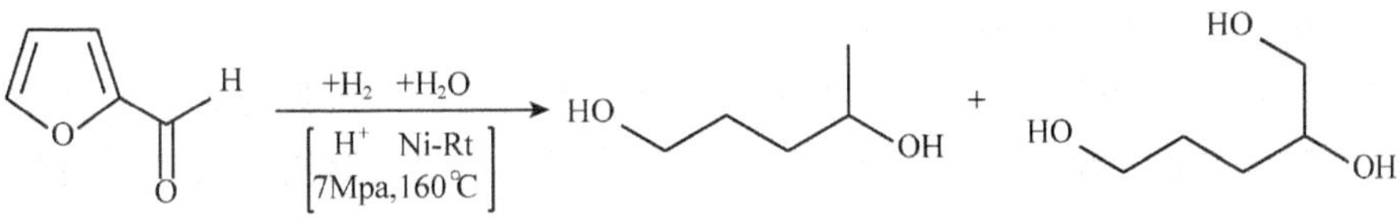

(3) 氯化

通过氯化反应可得糠氯酸。

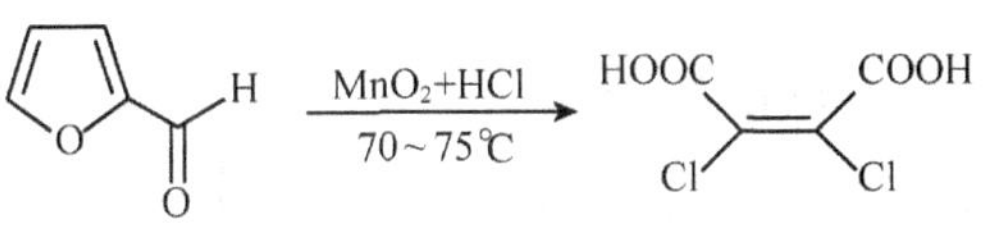

### 15.3.3 一般用途

糠醛的实际应用范围很广,因为糠醛具有高的反应能力,并能合成各种化合物。糠醛及其衍生物广泛用作有机溶剂。合成呋喃型聚合物是工业上利用糠醛的重要路线。目前世界上糠醛生产总量的50%以上用于合成糠醇,并进一步合成铸造用的树脂,生产其他用途的呋喃树脂只占糠醛产量的15%,用作净化润滑油的选择性溶剂的糠醛量约占15%。其余糠醛用于合成衍生物,各种农药、医药等。

#### 15.3.3.1 糠醛在食品行业中的应用

在食品行业中,糠醛可直接用作防腐剂,由其衍生的糠酸和糠醇也可用作防腐剂,同时它们都是合成高级防腐剂的原料。如以糠醛为原料可以合成苹果酸,苹果酸是生物体三羧酸的循环中间体,口感接近天然果汁并具有天然香味,与柠檬酸相比产生热量更低、口味更好,因此广泛应用于多种酒类、饮料、果酱、口香糖等多种食品中,并有逐渐替代柠檬酸的势头,是目前世界食品工业中用量最大和发展前景较好的有机酸之一;此外,以糠醛为原料还可以合成麦芽酚和乙基麦芽酚,麦芽酚和乙基麦芽酚具有令人愉快的焦糖香味,具有增香、增甜、保香、防腐和掩盖异味等功能,是优良的增香剂和食品添加剂。

#### 15.3.3.2 糠醛在香料合成中的应用

以糠醛为原料合成香料的研究起源于20世纪60年代,如今已成为比较重要的一类香料产品。以糠醛为原料直接或间接合成的香料产品达数百种,它们作为香味修饰剂和增香剂广泛应用于食品、饮料、化妆品等行业。这些香料产品中已获得美国香味料和萃取物质制造者协会(FEMA)、欧盟食用香料名单(COE)和国际食品香料工业组织实践法规(IOFI)批准使用的有近百种,应用量较大的有糠酸甲酯、糠酸乙酯、糠酸丙酯、糠酸丁酯、糠酸仲丁酯、糠酸异戊酯、糖酸己酯、糠酸辛酯、乙酸糠酯、丙酸糠酯、α-呋喃丙烯酸甲酯、硫代糠酸甲酯以及糠醛异丙硫醇缩醛等。

#### 15.3.3.3 糠醛在药物合成领域的应用

在药物合成领域,以糠醛为原料可合成200多种医药和农药产品,并广泛用作灭菌剂、杀虫剂、杀螨剂及其他具有生理活性的医药和农药。目前,应用量较大的有治疗缺铁性贫血的富马酸亚铁、治疗细菌感染的磺胺嘧啶、抗血吸虫药物呋喃双胺、利尿药物糠胺等众多的医药产品。

#### 15.3.3.4 糠醛在合成树脂领域的应用

在合成树脂领域,用糠醛作原料合成的树脂具有耐高温、机械强度好、电绝缘性优良并耐强酸、强碱和大多数溶剂腐蚀的特点。其中,糠醛树脂、糠酮树脂、糠醇树脂等广泛用于制作塑料、涂料、胶泥和黏合剂。此外,由糠醛和苯酚可生成类似电木的苯酚糠醛树脂,用来浸渍砂轮和制动衬带。

#### 15.3.3.5 糠醛在有机溶剂方面的应用

在有机溶剂方面,糠醛及其衍生物是一类特殊的有机溶剂,在石油加工过程中作选择溶剂,并用于从其他C4烃类中萃取蒸馏丁二烯,用于精制润滑油、松香、植物油、蒽等化工原料,还可作硝化纤维素的溶剂和二氯乙烷萃取剂。

糠醛是选择性溶剂。它对于芳香烃、烯烃、极性物质和某些高分子物质的溶解能力大,而对于脂肪烃等饱和物质以及高级脂肪酸等溶解能力小。石油工业上精制润滑油,就是利用这种性质,将润滑油中芳香族合格不饱和物质提炼出去,以提高润滑油的黏度和抗氧化性能,同时还可以降低硫和碳渣的含量。此外,糠醛还可以改进柴油机燃料的质量。这种性质也应用于动植物油脂的精炼和从鳕鱼肝油中提炼维生素A等方面。

糠醛也萃取蒸馏沸点相近化合物的,如四个碳(C4)的碳氢化合物中加入抗糠醛后,可以改变组分间的相对挥发度,可以将1,3-丁二烯提取和精制出来。同样,还可以从石油中取得芳香族化合物。

### 15.3.4 糠醛深加工产品

#### 15.3.4.1 糠醛的氢化产品

糠醛(1)在实际应用上最主要的衍生物是通过加氢和脱羧基形成的产品,见下式:

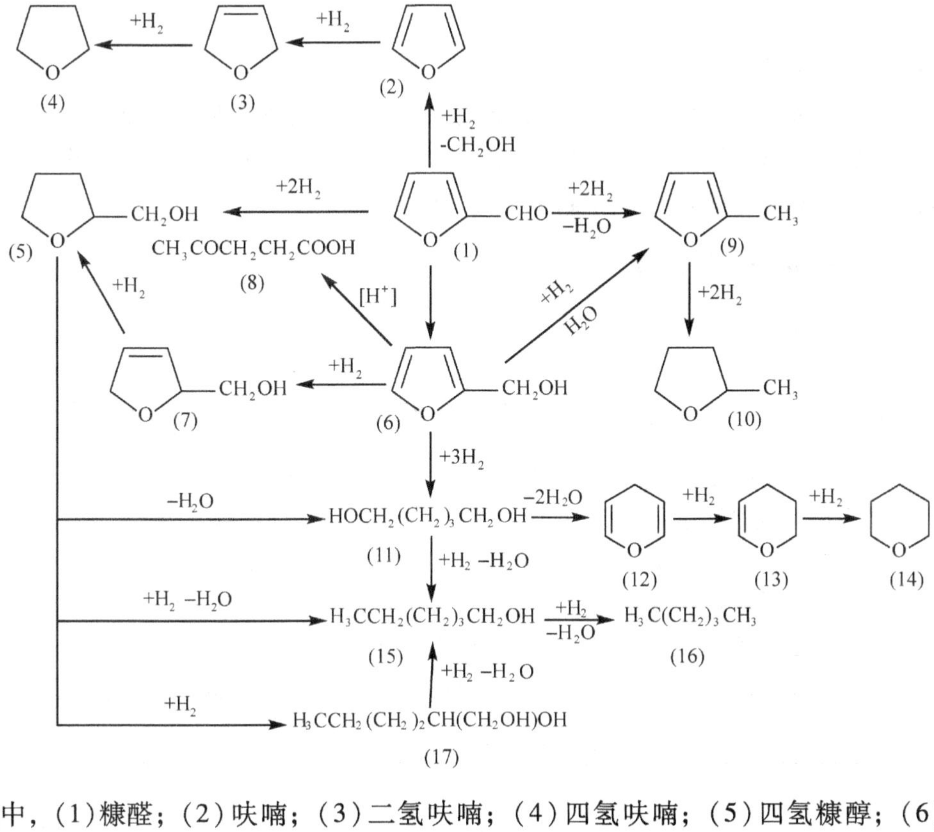

式中,(1)糠醛;(2)呋喃;(3)二氢呋喃;(4)四氢呋喃;(5)四氢糠醇;(6)糠醇;(7)二氢糠醇;(8)乙酰丙酸;(9)2-甲基呋喃;(10)2-甲基四氢呋喃;(11)戊二醇;(12)吡喃;(13)二氢吡喃;(14)四氢吡喃;(15)戊醇;(16)正戊烷;(17)1,2-戊二醇

糠醛转化的程度和衍生物的得率决定于所用的催化剂和过程的工艺参数。糠醛的氢化反应按其催化剂、反应压力、反应温度等条件的不同,可以在羰基和呋喃环上进行,分别得到糠醇、四氢糠醇、甲基呋喃等重要化工原料。

(1) 糠醇

糠醇生产是以糠醛为原料，催化加氢而得。主要用途：酸性催化可缩合成树脂，用作汽车、拖拉机等内燃机铸造工业的砂芯黏合剂，还可做耐酸、耐碱和耐热的防腐蚀燃料。

(2) 四氢糠醇

四氢糠醇生产原料一般为糠醇。用作树脂和染料的溶剂、除莠剂（阻碍植物生长的化学剂）及增塑剂。

(3) 甲基呋喃

甲基呋喃生产以糠醛为原料，通过催化加氢而得。常用于溶液的聚合过程。

(4) 呋喃和四氢呋喃

呋喃和四氢呋喃生产是糠醛催化加氢而得。四氢呋喃是良好的溶剂。

### 15.3.4.2 糠醛树脂生产

糠醛可以直接用做合成树脂，例如，与丙酮和甲醛相互作用合成糠醛丙酮甲醛树脂，用作玻璃钢等黏合剂和防腐涂料；还可以与苯酚、甲醛相作用而得到糠醛苯酚甲醛树脂，用于木制品生产。

### 15.3.4.3 其他方面

糠醛进行催化氧化顺丁烯二酸（马来酸）用作农药、不饱和聚酯树脂、水溶性漆、医药等生产的重要原料。糠醛还用于生产医药和兽药，如硝基呋喃类药物，可用于某些细菌性感染治疗。同样，还可以用作防腐剂、消毒剂、杀虫剂和除莠剂。

## 15.3.5 糠醛加氢产品及用途

### 15.3.5.1 糠醇

糠醇又称呋喃甲醇，分子式为 $C_5H_6O_2$ 或 $C_4H_3OCH_2OH$，结构式：，相对分子质量为98.10；无色透明油状，具有微弱芳香气味和酷辣味；在日光和或空气中可自动氧化，颜色由黄色变为棕黄或深红色；常温下可与水互溶，但在水中不稳定；溶于乙醇、乙醚、苯和氯仿等多种有机溶剂，不溶于石油烃类物质，与亚麻油可局部混合；糠醇遇酸可发生放热爆炸性反应，产生不易溶化黄褐色或黑色树脂；糠醇蒸汽与空气能形成爆炸性混合物；在盐酸、磷酸和顺丁烯二酸等酸性物质催化下缩合树脂，见表15-18。

由于糠醛分子结构具有侧链醛基，呋喃环中有两个双键和环状醚型氧原子，因而具有很

表15-18 糠醇主要性质

| 项 目 | 指 标 | 项 目 | 指 标 |
| --- | --- | --- | --- |
| 沸点（℃/101.3kPa） | 170 | 黏度（25℃）（$10^{-3}$Pa·s） | 4.62 |
| 比重 $d_{20}^{20}$ | 1.135 | 液体比热（0℃）[J/(g·℃)] | 1.976 |
| 折射率 $n_D^{20}$ | 1.4868 | 自燃点（℃） | 400 |
| 闪点（℃） | 75 | 着火温度范围（℃） | 61～117 |
| 表面张力（20℃）（dyn/cm） | 38.2 | 空气中蒸气燃烧体积浓度（%） | 1.8～16.3 |

强的氢化性，即可被不同条件下氢化还原成糠醇、甲基呋喃或四氢糠醇等产品。

糠醇用酸性催化剂可以缩合成树脂。这种糠醇树脂又称呋喃树脂，主要用作汽车、拖拉机等内燃机铸造工业的砂芯黏合剂。它不仅节约了亚麻仁油等植物油，而且还可以提高铸件的质量和促进铸造过程的机械化和自动化。这种糠醇树脂黏合剂一般指糠醇得尿素和甲醛的改性产物。使用时直接和砂子掺合，用量只占砂子的2%。根据使用单位的要求，可以生产各种型号的树脂。

糠醇树脂还可制造耐酸、耐碱和耐热的防腐蚀涂料。浸渍这种树脂后进行固化是另一重要用途。例如，用黏度较低的呋喃浸渍多孔材料（如岩石、混凝土等），可以延长地下混凝土管道的寿命，在有涌水危险的矿井中将岩石用树脂浸渍后就地固化，可以消除岩层的渗水现象。此外，糠醇还可用作环氧树脂中降低黏度的组成物等。

### 15.3.5.2 四氢糠醇

四氢糠醇是无色或黄色透明液体，相对分子质量102.135，与水可以任意比例混合，低毒性，对皮肤有中等刺激，对金属无腐蚀。四氢呋喃物系衍生物与呋喃化物不同，具有高度的稳定性。

四氢糠醇具有广泛的实际应用，做树脂和染料的溶剂、塑料工业的增塑剂、发动机燃料的填充剂、阻冻剂印染工业的润湿剂和分散剂等。

### 15.3.5.3 糠醛合成树脂

以糠醛为原料，在酸催化剂作用下，糠醛很容易树脂化，形成深色的低聚物和聚合物。随着反应温度和酸浓度的增加，糠醛的聚合速度急剧增加，形成三维结构的不溶聚合物。由于糠醛合成的均聚物机械强度不高，没有得到实际的应用。以糠醛与丙酮、苯酚、尿素和甲醛缩合的产物为基础合成的树脂具有很大的意义。

(1) 糠醛—丙酮单体（FA）

当利用工业糠醛或粗糠醛为原料时，可以产生出 FA 及其变体 FAM。工业糠醛—丙酮单体的制备是在碱性介质中糠醛和丙酮的缩合反应为基础。糠醛和丙酮缩合的工业产物基本上是由呋喃亚甲基丙酮，及杂质二呋喃亚甲基丙酮及呋喃亚甲基二丙酮组成。糠醛—丙酮单体树脂能与环氧树脂结合，形成呋喃环氧树脂。

酸催化剂(苯磺酸占单体量的2%)作用下，呋喃亚甲基丙酮的均聚反应，经过可溶性低聚合物中间产物形成阶段，最终形成不溶性的缝合聚合物。聚合过程主要发生在乙烯基：

$$\text{furan-CH=CH-CO-CH}_3 \longrightarrow [-CH-CH-]_n \text{ (furan, COCH}_3\text{)}$$

缩合过程是在 C=O 基参与下进行，形成三维(体型)结构，同时分离出水。该单体在高于100℃时完全硬化。

FA单体在制造无水泥聚合混凝土、胶黏剂涂料和聚合溶液等方面得到了广泛的应用；用在木材改性方面有广阔的前景，呋喃聚合物能与木材高分子组成牢固结合的复合体。

(2) 酚糠醛甲醛合成树脂

低聚树脂是由糠醛同酚醇在马来酸酐催化剂作用下，以脱水木糖醇或双苷醇为增塑剂，在96~98℃下反应4~5h缩聚而形成，获得的产品是低聚物的混合物。这种类型树脂在酚醛阶段的结构式是可以用下式表示：

$$—CHOHC\text{—}\underset{\text{furan}}{\overset{\text{OH}}{\text{C}_6H_3}}—CH—\overset{\text{OH}}{\underset{\text{furan}}{\text{C}_6H_3}}—CH—\overset{\text{OH}}{\text{C}_6H_3}—CH—\text{furan}$$

该树脂应用在各种压制塑料、层压塑料、电工用纸质电木和其他聚合材料。用这种树脂改性桦木可以制得物理机械性能良好的材料。利用糠醛同样可以生产脲素糠醛树脂，木质素糠醛树脂(LF-1)等。

### 15.3.5.4 糠醇合成树脂

以糠醇为原料合成的呋喃树脂得到了极其广泛的应用。这首先是由于这种树脂有着良好的工艺性质。

糠醇的均聚物(称为PFR)是糠醇在有机酸(草酸、甲酸)或无机酸(正磷酸)作为催化剂进行缩聚得到的。

通过糠醇的缩聚反应也可以制成树脂，一般称为呋喃树脂，树脂含游离糠醇20%~30%缩聚呋喃树脂，用来生产碳精电极的胶黏剂以及制备耐腐涂料和油灰填料等。尿素呋喃树脂是呋喃树脂中应用最广，由糠醇、尿素及甲醛相互作用形成的。这种树脂是用糠醇改性的甲醛尿素树脂，糠醇消耗量为230~390kg/t树脂。当尿素树脂同糠醇缩合时，可形成能另一种新的树脂，其糠醇消耗量为430~460kg/t。尿素呋喃树脂和呋喃树脂，主要用于铸造业，作为砂芯的胶黏剂，这样形成的砂模能适应于热和冷的固化条件，具有很高的热稳定性和机械强度，可以用于各种金属——铸铁、钢和有色金属的铸造。这些种类的呋喃树脂在胶合板、家具等得到了广泛应用。

### 15.3.5.5 四氢呋喃合成树脂

以四氢呋喃为单体，能制出高弹性和高机械强度的聚合物。聚四亚甲基乙二醇氧化物或聚丁烯氧化物的均聚物是四氢呋喃在醋酸酐介质中与盐酸反应经缩聚作用而形成的，合成时形成1,4-丁二醇的二醋酸酯和1,4-丁二醇(四甲基乙二醇)等中间产物。四氢呋喃的均聚物和共聚物，用于制备轮胎工业中的弹性耐寒泡沫聚氨酯等。

以上仅举出一些较为重要的糠醛及其衍生物在聚合物化学工业中的一些实际用，而且其应用还正在逐渐地扩大。

## 15.4 木糖醇生产工艺

木糖醇主要是以农林加工剩余物为原料生产制备的。在20世纪60年代初，我国木糖醇的生产开始起步。于20世纪60年代末，建成以玉米芯为起始原料，得到结晶木糖醇的生产线，木糖醇年产量约300t。20世纪80年代后期，木糖醇生产工艺日益成熟，随着木糖醇的不断开发使用，其国际市场需求量大大增加。木糖醇对糖尿病人具有医疗作用，把它作为一种食品添加剂，先后在日本、芬兰、意大利等国建立了木糖醇生产。制备食用木糖醇的工艺过程是水解生产各种产品工艺过程中最复杂的工艺。其过程分为以下几个基本工艺阶段：含聚戊糖原料的机械预处理和化学提纯；戊糖-己糖二段水解；戊糖水解液的氢化前预处理；木糖液的氢化；木糖醇液的净化；木糖醇液浓缩和木糖醇结晶。

目前，生物法发酵生产木糖醇是一条绿色经济的新型木糖醇生产途径。通过生物法发酵生产木糖醇可避免剧烈的化学反应、不需要耐高温高压设备和催化剂的参与，并且由于菌种的特异性、酶的专一性和转化的单一性等方面的特性，使得生物法生产木糖醇具有环保、节能、高效等众多优势，极具工业化发展潜力，受到国内外的广泛研究和关注。

### 15.4.1 木糖醇生产的基本原理

净化的木糖溶液中，单糖形成下面异构体的动力平衡。

在弱酸中，主要是吡喃式单糖(1a)、(1b)而(1c)和(1d)很少。氢化时与氢相互作用的是无环形(1)。pH值提高到弱碱范围时，平衡向形成无环形异构体方向移动，在氢化时这种异构体相对含量减少。

单糖催化液相加氢是吸附在催化剂表面上的氢和木糖之间相互作用下进行的。由于吸附作用降低了羰基还原反应的活化能。

$$\begin{array}{c}\text{CHO}\\|\\ \text{H—C—OH}\\|\\ \text{HO—C—H}\\|\\ \text{H—C—OH}\\|\\ \text{CH}_2\text{OH}\\(1)\end{array} \xrightarrow[\text{Ad}]{+H_2} \begin{array}{c}\text{CH}_2\text{OH}\\|\\ \text{H—C—OH}\\|\\ \text{HO—C—H}\\|\\ \text{H—C—OH}\\|\\ \text{CH}_2\text{OH}\\(2)\end{array}$$

D-木糖(1)在加氢时与固体催化剂形成活性络合物，并把氢吸附在其表面上。该络合物转化成木糖醇(2)，从催化剂表面解吸出来。

木糖醇加氢过程，必须在催化剂最大活性和木糖最稳定的情况下进行。但是这两方面要求的pH值是不同的。D-木糖在pH值3.5~4时最稳定；催化剂需要碱性介质时有利的醋酸使其活性大大降低。同时，当pH值从5.5增到8.5，会急剧地增加木糖的分解并形成酸性和染色化合物。

影响木糖转化成木糖醇转化率的因素包括催化剂种类、反应温度、氢气压力、反应时间、木糖糖浆的纯净程度等。

### 15.4.2 含聚戊糖原料预处理

目前在木糖醇生产中利用3种原料：玉米芯、甘蔗渣和棉籽壳。而对组织较大规模的木糖醇生产时桦木是很有前途的可利用原料。

原料机械与处理包括对原料的粉碎(玉米芯)，过筛除去生物解聚的原料。玉米芯粉碎到10~30mm的组分应达90%以上。我国木糖醇厂对原料的预处理，主要是采用水处理，一般采用水温120~130℃使玉米芯中的水溶物能充分溶出，水预处理的时间为2~3h，从玉米芯的原料可洗出干物质量的2%~3%。

### 15.4.3 半纤维素的水解工艺

含聚戊糖原料的半纤维素水解是决定着戊糖水解液的质量和木糖醇得率中最重要的工艺操作，这一过程的工艺参数应能避免D-木糖的二次转换。

在水解锅中对玉米芯进行预处理以后加入稀酸，使其酸浓度达到1.5%~2%，通入蒸汽时物料沸腾，水解压力提高到不超过0.2MPa，温度不超过125℃，水解时间3~4h，水解液引出液比达5~6，水解液中还原糖含量达到5%~6%，得率为绝干玉米芯33%~35%。

### 15.4.4 戊糖水解液的化学组成

表15-19给出棉籽壳和玉米芯戊糖水解液化学组成的特性。

戊糖水解液中主要的戊糖是木糖，单糖发生分解，形成呋喃化物(糠醛、5-羟甲基糠醛)，有机酸(甲酸、乙酰丙酸)，和类似腐殖质的染色物质。染色物质的形成主要是与糠醛及分解产物的缩聚转化以及这些物质与溶解木质素组分的相互作用有关。

戊糖水解液中易挥发组分中有乙醛、丙酮、甲醇、甲酸甲酯、丙醛、乙醇、乙酸乙酯。

表15-19 戊糖水解液基本指标

| 指　标 | 棉籽壳 | 玉米芯 |
| --- | --- | --- |
| 还原糖浓度(%) | 6.0~6.5 | 6.2~7.5 |
| 纯度(%) | 5.5~7.5 | 7.0~7.5 |
| 各种单糖对还原糖组成(%) | | |
| D-木糖 | 75~80 | 65~78 |
| L-阿拉伯糖 | 2~5 | 7~10 |
| 戊糖总量 | 80~95 | 80~92 |
| D-葡萄糖 | 3~5 | 7~11 |
| D-半乳糖 | 2~5 | 3~4 |
| 己糖总量 | 5~8 | 8~15 |
| 糖醛酸对还原糖(%) | 10~15 | 10~15 |
| 未转化糖对还原糖(%) | 10~15 | 5~10 |
| 有机酸浓度(%) | 0.9~1.25 | 0.85~1.0 |
| 醋酸 | 0.6~0.8 | 0.3~0.5 |
| 甲酸 | 0.02~0.07 | |
| 乙酰丙酸 | 0.2~0.3 | |
| 糠醛对还原糖(%) | 0.1~0.3 | 0.2~0.5 |
| 5-羟甲基糠醛对还原糖(%) | 0.025 | |
| 酚对干物(%) | 0.001~0.02 | |
| 氯化物对干物(%) | 0.7~1.1 | 0.25~0.3 |
| 干物(%) | 8.0~9.0 | 9.5~10.0 |
| 无机物对还原糖(%) | 2.5~3.0 | 2.4~4.0 |
| $H_2SO_4$浓度 | 0.9~1.2 | 1.0~1.3 |
| 颜色(司登未尔) | 115~250 | 105~250 |

## 15.4.5　戊糖水解液的氢化前预处理

食用木糖醇必须对半成品进行深度的净化,除去其杂质。为此,采用多段木糖醇结晶流程。

图15-23介绍了戊糖水解液制备和氢化前预处理的工艺流程,其所用原料为棉籽壳。

原料装入间歇式水解锅(3),进行缓和渗滤法半纤维素水解(120~130℃),戊糖水解液在蒸发器(5)中冷却,自蒸发器在水预热器(6)冷凝,100℃左右的水解液送去转化。所得到的己糖水解液送去生产饲料酵母。

### 15.4.5.1　水解液的转化

半纤维素酸水解的特点采用比较缓和的多糖水解速度和中间产品的水解速度。为此,就必须进行低聚糖的补充水解(转化)这种低聚糖指的是糊精或未转化的糖。在水解液中其含量主要是取决去水解工艺参数。在工业水解锅中,在温和的条件(110~120℃,1%的硫酸溶液)进行棉籽壳的水解时。

由于转化水解液中还原糖含量的为10%~15%,转化可以在常压下或加压下进行,如硫酸浓度为1.5%,温度为100℃,转化进行3h;当温度提高到120~130℃时,进行30~40min。

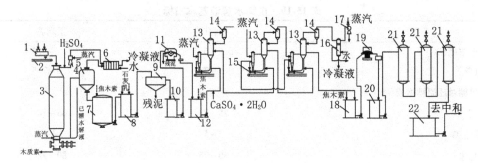

**图 15-23 戊糖水解液制备与净化工艺流程**
1. 混合器 2. 传送带 3. 水解锅 4. 喷射式预热器 5. 蒸发器 6. 预热器 7. 转化器
8. 中和器 9. 澄清器 10. 澄清液贮槽 11、19. 压力过滤机 12. 搅拌贮槽 13. 蒸发器
14. 飞沫分离器 15. 循环泵 16. 冷凝器 17. 蒸汽喷射泵 18. 浓缩中和液搅拌槽
20. 贮槽 21. 离子交换器 22. 木糖液贮槽

### 15.4.5.2 水解液中和和脱色

为了降低水解液的酸度和除去 $SO_4^{2-}$ 离子，采用石灰乳中和离子交换净化水解液。在80℃下进行2h，达到残酸0.05%~0.1%。石灰乳中和水解液中的硫酸，依据中条件形成具有不同溶解度的石膏变体：二水石膏、半化石膏及无水石膏。当中和温度低于80℃时，形成溶液度最低的二水石膏，易于通过中和液的澄清除去石膏。

还可以利用碳酸钙溶液中和水解液中的硫酸。无论用哪种中和剂，重要的是适当的控制中和终点，绝大部分的无机酸被中和掉，而有机酸不被中和，如醋酸被中和而形成醋酸钙，因其溶解度很高难于在中和液澄清液时除去，在蒸发过程也很难除去，最后导致污染糖液和降低离子交换过程质量；如有机酸不被中和，由于其挥发性强，可在蒸发过程中除去。如果中和液中残酸够高，会腐蚀蒸发设备。

在木糖醇生产中，1t原料可形成胶体染色物质20kg左右。戊糖水解液用焦木质素脱色，当焦木质素耗量达到水解液中干物质量的15%~20%时，在分机处：转化器(7)、中和器(8)、搅拌贮槽(12)和(18)，及中和液真空蒸发器(13)的前与后(图15-23)加入。中和液的脱色在80~85℃下，不断搅拌进行40min。向中和液加焦木质素能防止在蒸发器中形成锅垢，减少发泡率30%~40%并且提高浓缩后中和液的过滤速度。焦木质素耗量约为水解液中绝干物质量的20%~25%或生产1t木糖醇消耗800~840kg。利用这种吸附及净化水解液，可以使水解液的色度降低2/3至4/5。

从中和液中分离硫酸钙、焦木质素以及其他悬浮物颗粒是在间歇操作的澄清器和板框过滤机中进行。过滤温度低于80℃，pH为4，压力位0.3MPa。除了用吸附法除去木质素腐殖质染色物质外，还可以利用表面活性絮凝剂，如季铵盐，加量为中和液中干物质量的0.1%~0.3%，若再加2% $H_3PO_4$ 其效果会提高。

利用絮凝法能高效地净化水解液和中和液，方法是：向水解液或中和液加入15~30mg/L水溶性阳离子型絮凝剂。这种方法能使焦木质素的用量减少1/2~2/3。

焦木质素不同于其他类型的脱色炭，只能部分地从水解液除去无机杂质，而无机杂质主要是通过离子交换净化除去。

### 15.4.5.3 中和液真空蒸发

预先浓缩中和液能减少送去氢化的液体量并可以部分除去易挥发杂质如醋酸等,并且还会随着浓缩程度的提高,使溶解的石膏析出,悬浮在糖浆中和沉积在加热表面上。蒸发过程的副反应是糖类与非糖有机杂质反应形成新的色泽。所以蒸发工艺能确保糖浆的质量和纯度。

工业上利用二效或三效真空蒸发无糖中和液,多用升膜或降膜中央循环管蒸发器。中和液浓缩到干物质含量38%~40%,糖浆纯度达80%~85%。强制循环蒸发器效率较高,按蒸发水分计为8.5t/h。三效蒸发器控制参数:一效81℃,0.048MPa;二效69℃,0.028MPa;三效52℃,0.013MPa。中和液浓度为7.5%,一效达到10%;二效后16%;三效后达40%。

为了防止加热管或循环管石膏化可向中和液或蒸发器循环管加入二水石膏晶体悬浮液,作为晶种,其量为每立方米液流加0.3~0.5kg。微细晶种是由石灰乳加入到硫酸而得到。

### 15.4.5.4 中和液的离子交换净化

纯度为80%~85%的木糖浆-中和液含干物量2%~2.4%的灰分,其中25%是Si化物,大约12%为Mg盐,8%为Ca盐,20%左右的硫和5%左右的含磷化合物。含氮化合物(为干物质量的0.5%~0.8%),包括游离的氨基酸、蛋白质、铵盐。还含有有机酸和$H_2SO_4$。

为除去上述杂质采用含阳离子和阴离子的离子交换系统。每个离子交换系统可有阳离子柱和阴离子柱组成,或有三个离子柱(阳—阴—阴)组成。

目前在我国木糖醇生产上常用的离子交换树脂包括:

①强酸阳离子交换树脂 即磺酸型,苯乙烯-二乙烯苯磺酸树脂。其特点是强度大,对酸、碱氧化剂均比较稳定,可在pH1~14范围内正常工作。

②酚醛强酸阳离子交换树脂 由酚磺醛和甲醛在酸性介质中缩聚而成。它能除去木糖浆中灰分,还能很好的吸附有机阳离子,如色素、胶体、氨基酸等。

③弱碱三聚氰胺树脂 用三聚氰胺—胍—甲醛缩聚而成。能吸附色素,对有机污染抵抗能力强。

④弱碱330树脂 属于环氧性弱碱性阴离子交换树脂。对色素的吸附不如弱碱三聚氰胺树脂,并且在弱酸盐吸附的不仅是阴离子,而且还能形成带重金属的络合物。

⑤多孔性离子交换树脂 属于一种新型树脂,其特点是强度高,抗有机污染力强,能吸附有机色素、洗脱性能也好。

考虑离子交换剂的性质,酚醛强酸阳离子交换树脂主要吸收无机盐的阳离子和带颜色和含氮化合物含量从2%~4%下降到0.9%~1.0%。弱碱三聚氰胺树脂吸收$SO_4^{2-}$离子、部分有机酸和80%的带颜色物质,这种树脂能排出60%的硫酸和30%有机酸。701#树脂能从糖浆中净化出硫酸盐、糖醛酸和低级脂肪酸。糖浆经离子交换净化后,实际上已不含硫酸。

⑥离子的负荷 300kg单糖/m³树脂。由于要用洗涤水稀释木糖浆,其干物质浓度在离子交换净化后降到12%~18%,净化后糖浆纯度不低于96%,pH5.5~6,有机酸为干物质的0.25%左右,灰分为干物质的0.85,净化的糖液不应带黄色,离子交换净化的单糖损失为10%~20%。用5% $Na_2CO_3$(NaOH)溶液回收阴离子,用2%的$H_2SO_4$溶液回收离子。

### 15.4.6 木糖加氢

我国木糖醇生产中,镍铝合金经碱溶去铝以后得到活性镍。使用方法有两种方式:一种是粉末状催化剂与木糖液混合，打入反应器中，催化剂处于悬浮状态与加氢反应；另一种是块状催化剂，固定在反应器中，木糖液通过时被催化剂加氢。生产中多用后面这种形式，因为这样的固定式催化可连续使用几个月，操作方便。

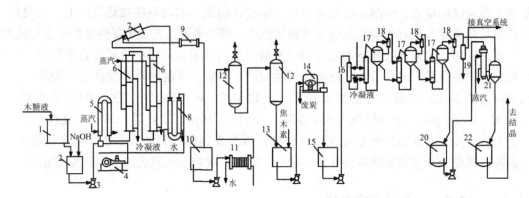

**图 15-24　木糖加氢和木糖醇溶液净化的工艺流程**

1. 木糖液贮槽　2. 搅拌贮槽　3. 缓冲容器　4. 压缩机　5、16. 预热器　6. 反应器　7. 高压分离器
8、11. 冷却器　9. 低压分离器　10. 贮槽　12. 离子交换柱　13. 澄清器　14. 压力过滤器　15. 澄清木糖醇贮槽
17. 真空蒸发器　18. 飞沫分离器　19. 冷凝器　20、22. 木糖醇浆贮槽　21. 蒸发器

图 15-24 介绍了木糖溶液的催化加氢和木糖醇溶液的净化工艺工艺流程。按该流程净化的木糖液从贮槽(1)送到搅拌槽(2)，用浓度为 2% 的 NaOH 溶液进行碱化到 pH 值达 8~9，在缓冲器(3)中糖液与氢气混合，氢气是压缩机(4)在 10~12MPa 下供给的，在预热器(5)中加热反应液到反应温度和送到内部装有固定催化剂的反应器(6)中，反应器高度为 10m，直径为 0.65m。

反应器的加热是由反应器上不同高度的 3 个点通入间接蒸气到其夹套中，这样便于调整温度。液相加氢是在平均温度 115~120℃ 下进行，等到实际完全转化了戊糖在高压分离器(7)中，分离 $H_2$，并在冷却器(8)中冷却，和送去循环使用。氢气是由电解水得到的。木糖醇液经低压分离器(9)，送到贮槽(10)，和送去进行离子交换净化。

1t 商品木糖醇氢气耗量为 350~400m³，催化剂耗量为 24kg/t。D-木糖氢化时，糖液中含的其他单糖也要发生还原反应醛基被氢化，转化成相应的多元醇：戊糖转化为戊糖醇，己糖转化为己糖醇；L-阿拉伯糖还原成 L-阿拉伯糖醇(3)；D-葡萄糖还原成山梨醇(4)，它是木糖醇生产中的主要多元醇杂质。其他的己糖醇形成的不多，D-甘露糖还原成 D-甘露糖醇(5)；D-半乳糖还原成卫矛醇(6)。

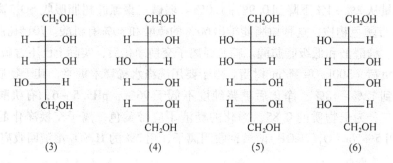

在催化剂加氢过程中，伴随发生单糖 C—C 键断裂，形成属于多元醇的有二元、三元和四元醇，其中有乙二醇(7)、丙三醇(8)、丙二醇(9)、丁四醇有三个异构物：D-(10)，L-

(11)和内消旋季戊四醇(12),这些都属于杂质。

$$\begin{array}{cccccc}
CH_2OH & CH_2OH & CH_2OH & CH_2OH & CH_2OH & CH_2OH \\
| & | & | & H-|-OH & HO-|-H & H-|-OH \\
CH_2OH & CHOH & HOHC & HO-|-H & H-|-OH & H-|-OH \\
& | & | & HOH_2C & HOH_2C & HOH_2C \\
& CH_2OH & H_3C & & & \\
(7) & (8) & (9) & (10) & (11) & (12)
\end{array}$$

在多元醇的杂质中也发现了季戊四醇(13)。

$$\underset{(13)}{HOH_2C-\underset{\underset{CH_2OH}{|}}{\overset{\overset{CH_2OH}{|}}{C}}-CH_2OH}$$

提高催化加氢过程的工艺参数(温度提高到200~230℃,氢气压力提高到15~20MPa),反应的低分子产物得率急剧提高:丙三醇达30%~35%,乙二醇和丙三醇的总的率达30%~35%;其余的单糖转化为丁四醇、木糖醇和山梨醇。这个过程称为氢解或加氢分解。从植物原料中制取各种氢解产物或混合物的前景是广阔的。

## 15.4.7 木糖醇溶液净化、浓缩、结晶

氢化后得到的木糖醇溶液中含9%~12%的干物质,干物质中灰占1.5%。氢化过程中由于形成有机酸(其中含木糖酸),pH值从7.5~8降到4~6。

氢化物中的主要杂质是多元醇,表15-20中列出了木糖醇生产中间产品中多元醇组成。

**表15-20 多元醇组成**(对干物质%)

| 中间产品 | 乙二醇 | 丙三醇 | 丁四醇 | 季戊四醇 | 山梨醇 |
| --- | --- | --- | --- | --- | --- |
| 氢化物 | 0.14 | 0.21 | 0.14 | 0.20 | 5.1 |
| 离子交换净化后木糖醇溶液 | 0.13 | 0.20 | 0.07 | 0.16 | 5.0 |
| 醇膏 | 0.10 | 0.25 | 0.08 | 0.13 | 5.4 |
| 成品木糖醇 | 0.03 | 0.06 | 0.02 | 0.04 | 1.7 |

从表15-22数据可见,木糖醇溶液中的主要多元醇是山梨醇,且多元醇杂质总量超过其干物质量的10%。木糖醇的纯度89.5%~94%。

进一步加工木糖醇溶液的工艺流程(参见图15-21),包括离子交换净化以除去无机盐及有机酸。离子交换器组的循环时间为18h,离子交换及再生时间为4h。焦木质素在接触式澄清器13中进行吸附净化,焦木质素的耗量为干物质含量的2%。溶液的颜色主要取决于氢化过程的工艺参数-氢化的温度和介质的pH值。

净化和脱色后的木糖醇溶液,含干物质5.2%,把它送到直流蒸发器组,先浓缩到45%~65%,最后蒸发到含干物质92%。蒸发器组17各效的沸点和压力:第Ⅰ效108℃,0.13MPa;第Ⅱ效90℃,0.065MPa;第Ⅲ效64℃,0.016MPa,最后利用降膜式蒸发器21,进行适当的补充浓缩,沸点为92℃,二次蒸汽55℃,0.016MPa。虽然在真空下进行蒸发,温度低于100℃,也会发生木糖醇的局部热解,使其产生颜色。

为了提高真空蒸发的生产能力,缩短木糖醇在高温下停留时间,可以用强制循环取代自然循环进行蒸发。从表3-3可以看到,在净化蒸发过程中高沸点多元醇的组成变化不大,只

有部分乙二醇和丙三醇在真空蒸发过程被排出。

芬兰等国家把层析分离技术应用于木糖液的提纯和氢化后木糖醇和其他多元醇之间的分离。层析分离的树脂以磺化聚苯乙烯与二乙烯苯共聚物为基础的强酸阳离子交换树脂。

蒸发过的木糖醇浆含干物质浓度92%，纯度90%~95%（按多元醇总量计），色度小于3（司登未尔），温度90℃。木糖醇结晶速度取决于晶核形成速度和晶体增长动力学。木糖醇结晶初期，其结晶速度用如下方程式来表示：

$$v_n = k_1 c_0 n \tag{15-7}$$

式中　$v_n$——晶种形成速度；

　　　$k_1$——诱导其常数；

　　　$c_0$——木糖醇浆的最初浓度；

　　　$n$——诱导过程级数。

生产过程为了减少诱导的时间，提高过程的速度，往往在木糖醇过饱和溶液中加入晶种。晶种的增长速度决定于它的表面积和溶液浓度：

$$\frac{dc}{dt} = kfc - \frac{k'f}{c} \tag{15-8}$$

式中　$c$——溶液中木糖醇浓度；

　　　$k, k'$——晶体增长和溶解速度常数；

　　　$f$——晶体表面积。

在结晶槽（1）中（图15-25）缓慢冷却，木糖醇浆降到40℃~45℃，在形成过饱和溶液的情况下，进行结晶。结晶槽的冷却是通过其夹套加入冷却达到的，为使结晶槽内木糖醇液均匀冷却，装有转速为4min$^{-1}$的搅拌器。结晶时间为24h（或更长）。通常木糖醇液的冷却速度为0.5~1℃/h，若冷却速度过快，过饱和系数快速增长，形成小的木糖醇晶体，不利于结晶过程。结晶槽内温度为55~58℃时，加入木糖醇悬浮物作为品种，其量为晶体量的0.2%~0.3%。

结晶形成的醇膏是木糖醇晶体在母液中的高黏度悬浮物。醇膏干物质含量为92%时，其密度为1.396g/cm³。为了降低醇膏的黏度，通常把计量槽（2）中的废醇浆加入结晶槽。在40℃下在离心机（4）中使晶体与母液分离。废醇液中干物质含量为85%左右。

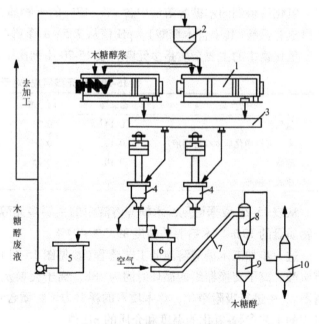

**图15-25　木糖醇的结晶和干燥**

1. 结晶槽　2. 废醇膏计量槽　3. 醇膏分配器　4. 离心机
5. 废醇膏贮槽　6. 结晶木糖醇贮斗　7. 气流干燥器
8. 旋风分离器　9. 商品木糖醇贮斗室　10. 集尘室

分离出的木糖醇晶体湿度为2%~4%，为了防止存放时结块，在气流式或滚筒式干燥机中进行干燥，以60℃的空气为干燥介质，干燥到湿度为1.5%，商品木糖醇湿度为1.2%~2%。

木糖醇一次结晶得率约为木糖醇浆干物质的50%。为了减少木糖醇随废醇液带走的损耗，将废醇液浓缩，进行二次结晶：先把废醇液浓缩到含干物质89%~92%，在降温到35℃，结晶40~50h，并在温度降到45~50℃时加入占废醇液量0.3%~0.4%的晶种。分离出的木糖醇溶解后与净化后的木糖醇溶液混合。二次结晶后的废醇液用于制备1,4-脱水木糖醇。通过二次结晶商品木糖醇的得率为80~100kg；二次结晶则可提高到110~120kg。

从木糖醇—饱和水溶液结晶出木糖醇方法的主要缺点就是产品得率低。这是因为木糖醇在水中溶解度高，而且溶液中含有大量山梨醇和其他多元醇，见表15-21。

表15-21 结晶时山梨醇对于木糖醇得率和质量影响

| 原醇浆中山梨醇含量<br>（占干物质%） | 木糖醇得率<br>（占原醇浆中干物质%） | 结晶木糖醇参数 | | | 动力黏度<br>（40℃下，MPa·s） |
|---|---|---|---|---|---|
| | | 熔点(℃) | 湿度(%) | 山梨醇含量(%) | |
| 0.10 | 69.1 | 93 | 0.11 | 0.09 | 46 |
| 2.22 | 68.3 | 92.5 | 0.13 | 0.60 | 63 |
| 5.56 | 66.2 | 92.5 | 0.11 | 0.97 | 97 |
| 8.00 | 65.5 | 92.5 | 0.10 | 1.34 | 118 |
| 10.00 | 59.6 | 92.5 | 0.15 | 1.27 | 144 |
| 11.1 | 57.3 | 92.5 | 0.16 | 1.41 | 180 |
| 14.0 | 56.5 | 91.5 | 0.24 | 1.42 | 189 |
| 16.7 | 48.8 | 91.5 | 0.22 | 1.42 | 277 |
| 22.2 | 39.4 | 91.5 | 0.36 | 2.21 | 342 |

从表15-21的数据可以看出：含干物质90%的木糖醇结晶时，随着山梨醇浓度的增长，木糖醇的得率及质量都下降。

木糖醇溶液中山梨醇的不良影响与醇浆的黏度有关，这导致结晶速度的下降。在山梨醇的存在下提高了木糖醇的溶解度和降低了溶液的过饱和程度。大量山梨醇和其他杂质存在于木糖醇晶体表面的裂纹的空隙中（65%~82%），在母液中含量不多。为此，用少量冷水洗涤可以达到有效净化。

## 15.5 木糖醇性质及应用

### 15.5.1 木糖醇性质

木糖醇为非旋光性物质；相对分子质量152.15；具有稳定的斜方晶形；熔点94~94.5℃；结晶热效应23.9kJ/mol；常压下沸点216℃，在这样高的温度下发生分解，木糖醇热容量，在15~50℃为1.54J/(g·℃)；燃烧热17kJ/g；木糖醇溶于一些极性溶剂：水、吡啶、甲酰替二甲胺[$HCON(CH_3)_2$]、二甲基砜；有机溶剂：甲醇和乙醇。木糖醇溶于水的热效应为22.6kJ/mol.

### 15.5.2 木糖醇的主要用途

#### 15.5.2.1 应用在食品工业

木糖醇可以作为甜味剂加工成各种食品，如糖果、巧克力、饮料、果酱、糕点和饼干等，其主要作为糖尿病人专用食品，也是防龋齿视频的主要原料之一。

### 15.5.2.2 应用在医药工业

木糖醇能降低糖尿尿病人的血糖值,并减轻三多症状(多尿、多饮、多食),且其在人体内的代谢不需要胰岛素的参与,所以是糖尿斌人的辅助治疗剂。又因木糖醇能提供热量、能保肝还有润肠作用,所以可以做缓泻剂。

### 15.5.2.3 应用在轻化工业

木糖醇可以代替甘油做保湿剂;在纸浆中作增韧剂;在卷烟中做保湿剂;木糖醇和脂肪酸生成酯类,是一种食品工业的油水乳化剂;还可以作为油漆涂料生产中原料,生产木糖醇改性酚醛树脂等。

## 15.5.3 木糖醇质量指标

①外观和感观为白色结晶或晶状粉末,味甜、无异味,易溶于水,微溶于乙醇和甲醇。
②项目指标见表15-22。

表15-22 我国木糖醇质量指标(GB 1886.234—2016)

| 项目 | 指标 | 项目 | 指标 |
| --- | --- | --- | --- |
| 含量(以干基计)(重量%) | 98.5~101.0 | 其他多元醇(重量%) | ≤1.0 |
| 干燥减量(重量%) | ≤0.50 | 镍(Ni)(mg/kg) | ≤1.0 |
| 灼烧残渣(重量%) | ≤0.10 | 铅(Pb)(mg/kg) | ≤1.0 |
| 还原糖(以葡萄糖计)(重量%) | ≤0.20 | 总砷(以 AS 计)(mg/kg) | ≤3.0 |

## 思考题

1. 根据林产原料特点说明糠醛的生产方式。
2. 简述由玉米芯生产糠醛的原理。
3. 简述玉米芯水解过程的影响因素。
4. 简述糠醛蒸馏精制的原理是什么?有何特点?
5. 糠醛渣的综合利用有哪些方法?
6. 简述木糖醇生产过程。
7. 木糖醇生产中原料预处理有哪些方法?
8. 简述木糖醇生产中常用精制方法。
9. 木糖醇主要用途有哪些?

## 参考文献

高美香,刘宗章,张敏华,2013. 生物质转化制糠醛工艺的研究进展[J]. 化工进展,32(4):878-884.

王涛,王东,2011. 糠醛产业现状与发展趋势[J]. 新材料产业 (1):69-71.

李志松,2010. 糠醛生产工艺研究综述[J]. 广东化工,37(3):40-41.

张璐鑫,于宏兵,2013. 糠醛生产工艺及制备方法研究进展[J]. 化工进展,32(2):425-432.

金强,张红漫,严立石,等,2010. 生物质半纤维素稀酸水解反应[J]. 化学进展,22(4):

654-662.

刘菲, 郑明远, 王爱琴, 等, 2017. 酸催化制备糠醛研究进展[J]. 化学进展, 36(1): 156-165.

安鑫南, 2002. 林产化学工艺学[M]. 北京: 中国林业出版社.

张矢, 1992. 植物原料水解工艺学[M]. 北京: 中国林业出版社.

成英, 闫书磊, 明立雪, 2008. 木糖醇的生产工艺及应用研究进展[J]. 甘肃石油和化工. 22(3): 18-21.

王关斌, 王成福, 2005. 功能性甜味剂——木糖醇[J]. 中国食物与营养 (10): 28-29.

王步江, 李宁, 杨公明, 2005. 酵母菌转化木糖生产木糖醇[J]. 食品研究与开发, 26(6): 112-114.

曾雷, 宾冬梅, 杨均衡, 2002. 木糖醇制取工艺研究[J]. 中国林副特产(2): 28-29.

Yemis O, Mazza G, 2011. Acid-catalyzed conversion of xylose, xylan and straw into furfural by microwave-assisted reaction[J]. Bioresource Technology, 102(15): 7371-7378.

Zhang L, Yu H, Wang P, *et al.*, 2013. Conversion of xylan, d-xylose and lignocellulosic biomass into furfural using $AlCl_3$ as catalyst in ionic liquid[J]. Bioresource Technology, 130: 110-116.

# 第 16 章 林产原料水解生物加工利用

【本章提要与要求】 本章介绍林产原料水解液的微生物发酵生产生物乙醇的生物化学基础、生产原理、原料的预处理方法、微生物菌种培养的过程和特点、工艺过程与影响因素的控制与生物乙醇的精制方法和过程；介绍林产原料水解液生产饲料酵母的工艺过程、条件控制与生产工艺流程。

要求掌握林产原料水解液的生物发酵生产乙醇的工艺、生物乙醇发酵的现象与特征、影响生物乙醇发酵的因素、生物乙醇蒸馏浓缩净化工艺；掌握饲料酵母生产工艺、发酵常用菌种、发酵液预处理方法、发酵过程影响因素；熟悉酵母浓缩、分离和干燥生产工艺。了解渗透汽化双膜法生产生物乙醇的技术。

将林产原料转化为各种有用产品，除采用化学方法加工外，依靠微生物作用的生物化学加工也是一种重要手段。随着生物技术的不断发展和进步，这一方法必将得到更多的应用，在林产原料转化中发挥越来越大的作用。

所谓微生物是指难以用肉眼观察到的微小生物，包括在生物学上属于细菌、真菌、单细胞藻类、原生动物等类群的原核生物及一部分真核生物。他们广泛存在于自然界中，在物质循环和生态系统的构建中起着不可替代的作用。微生物由于其种类多、生长繁殖快和代谢活动多样性等特点，可以分解各种各样的物质，产生各种各样的代谢产物，而且速度很快。因此，微生物自古以来就被人类利用，为人类造福和服务。当然，也有一些微生物是病原菌，是危害人类的祸首。

利用微生物进行物质转化制造有用产品，有着悠久的历史，从几千年前的酿酒、制醋、制酱，到生产乙醇、酵母、抗生素，再到现代基因工程菌产生的各种珍稀贵重产品，形成了一条生物加工的长河。利用微生物转化林产原料的例子古已有之，例如食用菌、药用菌等。本章将阐述以林产原料的水解技术为基础，利用生物转化的方法制备各种产品的生产原理、工艺和主要设备。

## 16.1 微生物加工的共性技术及原理

### 16.1.1 发酵液预处理

林产原料水解后形成棕色、具有特殊气味的液体混合物，被称为水解液。由于这种水解液的温度高、酸度大、毒性组分浓度高，而微生物所需要的无机营养盐的含量却很低，不适合直接用微生物加工。表 16-1 木材水解液成分平均含量表所示，更多成分是不利于生物发酵过程的。因此，需要对这种水解液进行预处理。

表 16-1　木材水解液成分平均含量表

| 成　　分 | 含　　量 | 成　　分 | 含　　量 |
| --- | --- | --- | --- |
| 还原物(%) | 3.0~3.8 | 甲醇(mg/L) | 20~400 |
| 单糖(%) | 2.8~3.3 | 乙醇(mg/L) | 5~25 |
| 　D-葡萄糖 | 1.3~2.0 | 甲醛(mg/L) | 50~150 |
| 　D-半乳糖 | 0.05~0.1 | 乙醛(mg/L) | 5~25 |
| 　D-甘露糖 | 0.4~0.7 | 丙醛(mg/L) | 0.7~1.2 |
| 　D-木　糖 | 0.3~0.8 | 丙酮(mg/L) | 0.4~2.0 |
| 　L-阿拉伯糖 | 0.1~0.2 | 甲酸甲酯(mg/L) | 0.6~6.0 |
| 　L-鼠李糖 | ≤0.02 | 乙酸乙酯(mg/L) | 0.4~0.5 |
| 低聚糖与糊精(%) |  | 萜烯类(mg/L) | 0.1~5.0 |
| 　转化前 | 0.1~0.4 | 宁烯($C_{10}H_{16}$)(mg/L) | 0.15~0.20 |
| 　转化后 | 0.02~0.03 | α-蒎烯(mg/L) | 0.2~0.3 |
| 糖醛酸(%) | 0.1~0.3 | 对-伞酚烃(异丙基苯甲烷)(mg/L) | 0.8~1.0 |
| 糠醛(%) | 0.02~0.12 | 酚类(mg/L) | 50~500 |
| 5-羟甲基糠醛酸(%) | 0.03~0.18 | 　其中挥发酚类(mg/L) | 2~20 |
| 　乙酰丙酸 | 0.1~0.3 | 溴化物 | 0.2~0.6 |
| 　甲酸 | 0.03~0.1 | 木质素腐殖质 | 0.15~0.25 |
| 　乙酸 | 0.2~0.5 | 悬浮物 | 0.05~0.1 |
| 　丙酸 | 0.01~0.03 | 胶体物 | 0.04~0.8 |
| 　总挥发酸(以醋酸计) | 0.3~0.6 |  |  |
| 氨基酸 | 0.02~0.04 |  |  |

预处理即是在培养液进入酵母繁殖槽之前，除掉培养液中妨碍酵母生长繁殖的成分，如糠醛、$SO_2$及有机胶体物质等，并添加适量的营养盐，并满足酵母生长繁殖的适宜温度。

由于培养液的种类不同，预处理的侧重点和处理深度也不完全一样。对于林产原料水解液，需要适当稀释培养液并且稍微提高营养盐用量。水解酒糟中除含有戊糖和极少量己糖外，还含有糠醛、萜烯、甲醇、甲酸、醋酸等易挥发性有害物质，以及腐殖质、木质素、单宁等不挥发性有害物质。这些有害物质对酵母的新陈代谢有较大危害，必须除去。

#### 16.1.1.1　水解液转化

林产原料半纤维素多糖水解的中间产品——水溶性低聚糖，是在加热原料和反应开始阶段形成的。水解液的转化，就是将低聚糖进行补充水解，使之转化为单糖。转化的目的就是提高可吸收糖的得率，从而提高产品得率。水解液的转化是在100℃，常压或加压条件下进行的，水解液中的硫酸作为转化催化剂。转化时间以低聚糖充分水解为准。

在转化过程中，约有80%的低聚糖水解，这样水解液中汇总单糖的浓度可提高约0.2%，也就是使水解液中原有还原糖的含量提高5%~10%。

#### 16.1.1.2　水解液中和

中和的主要任务是降低水解液的酸度。以石灰乳作为中和剂，中和水解液中的硫酸和有机酸。中和过程使pH值从1.3增加到3.5~5。也可采用氨水中和，但是在氨水中和的同时会给水解液中带入过剩的氮，使中和液中氮化合物高达700mg/L(以氮计)或者更高，这对发酵过程有不良影响。

中和过程形成沉淀残渣——硫酸钙和可溶性的有机酸铵盐，因中和条件不同，形成的硫酸钙有三种结晶变体：无水硫酸钙 $CaSO_4$、半水硫酸钙 $CaSO_4 \cdot H_2O$ 和二水硫酸钙 $CaSO_4 \cdot 2H_2O$，它们的溶解度不同，并与温度有关。

从表 16-2 数据可以看出，任何温度下 $CaSO_4 \cdot 2H_2O$ 的溶解度都低于 $CaSO_4 \cdot \frac{1}{2}H_2O$。因此，在水解液中和时，要保证结晶出 $CaSO_4 \cdot 2H_2O$，而析出 $CaSO_4 \cdot 2H_2O$ 的条件之一就是饱和溶液。硫酸钙饱和溶液是稳定的，不会引起工艺设备石膏化。

表 16-2　石膏溶解度与温度的关系

| 温度(℃) | 20 | 30 | 40 | 50 | 60 | 70 | 80 | 90 | 100 |
| --- | --- | --- | --- | --- | --- | --- | --- | --- | --- |
| $CaSO_4 \cdot \frac{1}{2}H_2O$ | 0.880 | 0.757 | 0.590 | 0.500 | 0.420 | 0.330 | 0.270 | 0.215 | 0.180 |
| $CaSO_4 \cdot 2H_2O$ | 0.206 | 0.210 | 0.211 | 0.207 | 0.200 | 0.195 | 0.185 | 0.175 | 0.168 |

中和温度不同，形成的硫酸钙晶体种类不同：

<80℃—$CaSO_4 \cdot 2H_2O$

80~90℃—$CaSO_4 \cdot 2H_2O + CaSO_4 \cdot \frac{1}{2}H_2O$

90~120℃—$CaSO_4 \cdot \frac{1}{2}H_2O$

>120℃—$CaSO_4 \cdot \frac{1}{2}H_2O + CaS$

因此在中和过程中，为了能够结晶出 $CaSO_4$，必须在低于 80℃下进行。

### 16.1.1.3　无机营养盐添加

无机营养盐对于培养酵母具有重大意义。林产原料水解液虽含有必要量的微量元素，但 N、P、K 含量缺乏，这就需要以营养盐的形式加入到培养液中。通常把营养盐溶液加入到中和液中，数量为每吨酵母 90kg 氮、48kg 磷（以 $P_2O_5$ 计）、35kg 钾。

利用磷酸二氢钙效果最佳，因为它的含磷量比其他两者高，且水溶性能好。采用硫酸铵作为营养盐的氮源。为防止在废水中积累氯元素，采用含钾的硫酸盐作为钾的营养源。

为了防止局部过碱而造成单糖分解现象，需要充分搅拌水解液与中和剂。可用机械搅拌器或用空气进行搅拌，用空气搅拌能凝聚出部分木质素腐殖质，提高水解液质量。

### 16.1.1.4　中和液净化和冷却

水解液含有的腐殖质等不挥发性有机胶体物质的去除是极其重要的，也是较复杂的过程。这些胶体物质对产品的产量和质量影响较大，其影响随着有机胶体与糖量的比值的增加而加大。酵母具有很大的活性表面积，每克压榨酵母细胞对营养物质的吸收，降低了其繁殖速度，并加深了饲料酵母成品的色泽，从而降低了产品的产量和质量。有机胶体物质的浓度一般为 0.3% 左右，糖的浓度为 0.6% 左右，这样有机胶体与糖的比为 1:2，假如培养液的糖浓度为 1.2% 时，则有机胶体与糖的比为 1:4，这些酵母细胞吸收营养物质的机会就更多，相应酵母的数量也增多了，则相对每个酵母细胞受到有机胶体物质的危害也就少了，所以去除有机胶体就更加重要。

通常除去有机胶体物质的方法有以下几种：

①氧化法　即向槽中通入空气，使有机胶体沉淀的方法。一般是在80℃左右通入空气，使有机胶体失去稳定性而下沉。在通气气泡的作用下使胶体颗粒相互碰撞而结成大颗粒沉淀。此过程一般在氧化器中进行，沉淀后取上清液即可。

②冷澄清法　有机胶体物质具有随温度的降低和时间的延长而逐渐"老热"即凝聚沉淀的特性。将热液体尽快降温到30℃左右，然后进行澄清除去有机胶体物质。实践证明该法效果良好，处理费用较低。

与冷澄清相比，热澄清在近100℃的条件下进行，在此温度下，有机胶体物质处于高度分散状态，胶体颗粒甚小，因此达不到澄清的目的，只有除掉颗粒较大的机械杂质。所以经热澄清后的培养液仍含有较多的有机胶体物质。30℃左右的冷澄清法具备了有机胶体的凝聚条件，澄清过程中大部分胶体物质沉淀下来，有80%~90%的有机胶体物质被除去。另外，澄清和酵母繁殖是处于等温或接近等温的条件下，留在槽中的少量有机胶体物质在酵母繁殖期间仍处于分散状态，浮选和分离时都能从废液中排出，对产品的产量影响很小。

降低培养液pH值是基于腐殖质胶体物质在越接近中性时越易于沉淀的特性的处理方法，如果将培养液的pH值降低，则使有机胶体物质处于稳定状态，使之保留在废液中而不影响产品的产量和质量。但必须培育耐酸的菌种，一般培养液pH要降低至4~4.5。经冷却澄清后，便可与营养盐溶液即磷酸二氢铵和硫酸铵一起加入酵母繁殖槽。

(1) 中和液沉淀澄清

水解液进行中和反应后，悬浮物含量可增加9~10倍。悬浮物的80%是由$CaSO_4 \cdot 2H_2O$组成，其余为细分散的木质素和木质素腐殖质。采用澄清器分离悬浮物。

沉淀颗粒的沉降速度介于0.25~2.5mm/s。工业条件下颗粒沉降速度大于0.3~0.4mm/s，这种颗粒约占悬浮物质量的90%。在澄清器中平均净化程度可达80%~90%。

(2) 中和液真空冷却

中和液经真空冷却，不仅降低了温度，而且由于其中所含的糠醛、甲基糠醛、萜烯和其他易挥发杂质的蒸发(蒸发量分别达：糠醛33%~40%；甲基糠醛20%~30%；萜烯10%~20%)，使中和液纯度提高。冷却液得率为原中和液的7%~8%。冷却水经过换热，温度约60℃，被输送到水解车间，用于配制水解用的酸溶液。

(3) 中和液气吹与冷沉淀

胶体—可溶性的木质素腐殖质对于生产酵母的发酵过程有不良影响。这些物质吸附在细胞壁的表面，破坏代谢过程，污染商品。在中和过程中，水解液pH值的提高促进了胶体物质的凝聚，进一步冷却时，这种凝聚作用会持续进行。中和液从80~85℃冷却到35~45℃，悬浮物的含量约增长到0.03%。往中和液中通入空气吹中和液，是使胶体物质失去稳定性的有效方法。

气吹过程除了使木质素腐殖质复合体凝聚，还由于蒸发作用分离出糠醛(约10%)以及其他易挥发杂质。

(4) 培养液的絮凝净化

水解液中的胶体和悬浮物质的稳定性是不同的。当冷却水解液、在中和条件下改变pH值以及气吹氧化时都会使水解液中部分残渣沉淀出来。然而，由于大部分木质素腐殖质胶体具有很高的稳定性，在水解液经过上述处理后，仍存在于溶液当中，这就导致酵母繁殖时酵母得率下降以及质量降低。

分散系统按聚集和沉淀稳定性可分为：粗分散系统（悬浮液、乳浊液），颗粒尺寸约为 $10^{-6}$ m；居中分散系统（细悬浮液）颗粒尺寸为 $10^{-6} \sim 10^{-7}$ m；高分散系统（胶体）颗粒尺寸 $10^{-7} \sim 10^{-9}$ m。水解液中悬浮物颗粒尺寸为 $(5 \sim 7) \times 10^{-4}$ m，属于粗分散系统；胶体物质的颗粒尺寸小于 $10^{-6}$ m。

絮凝作用是破坏胶体聚集稳定性的有效方法。这种方法就是在加入水溶性的聚合表面活性物质后，使之形成易沉淀的胶体絮状物。据比较，具有四价铵基的高分子电解质——阳离子絮凝剂具有很好的效果，例如聚二甲基二烯丙基氯化铵。

1%浓度的絮凝剂水溶液，在热澄清之前加到中和液中，或者在冷澄清之前加入到通气吹过的中和液中，其耗量为 40 g/m³。加入的絮凝剂必须同中和液充分搅拌 1 min，以提高净化效果。在这种情况下，所有絮凝剂与胶体结合，从中和液中析出，形成具有很高沉淀速度的粗而稠密的絮状沉淀。

图 16-1 的数据介绍了在冷沉淀（40℃）时，加入 30 mg/L 絮凝剂时中和液中悬浮物质的沉淀效果，图中的曲线是在向中和液通气吹之后进行沉淀悬浮物得到的。

把上述几种方法配合使用才能保证从中和液中净化除去胶体和悬浮物质。从图 16-2 中可以看出：在中和、真空-冷却、通气吹氧和絮凝作用时，木质素腐殖质胶体被直接破坏，在热澄清和冷澄清时，其以残泥的形式被分离出来。

利用絮凝的方法净化中和液，可以增加绝干酵母量 2%~4%的真蛋白（得率从 39%~42%增加到 45%~46%）。由于提高了酵母的质量，因而可以提高经济效益。

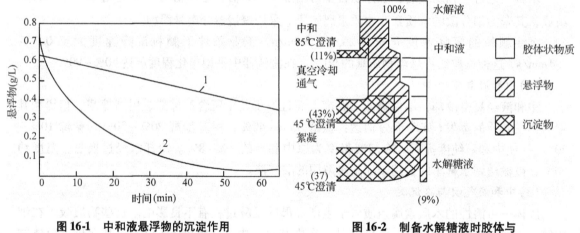

图 16-1　中和液悬浮物的沉淀作用
1. 通气后　2. 絮凝后

图 16-2　制备水解糖液时胶体与悬浮物质相对含量的变化

## 16.1.2　菌种扩大培养

菌种对于发酵生产来说是极其重要的，选育一个优良菌种对提高产品产量和质量，降低成本都能起很大作用。优良菌种还要与培养条件、工艺设备等相配套，以充分发挥其作用。

在微生物加工生产中，为了满足生产所需的菌种量，通常是采用从原始斜面试管菌种开始培养，并逐渐扩大培养到生产用量位置的纯粹培养办法，这一培养过程就是菌种扩大培养。在此过程中，菌种数量不断增多，并逐渐适应培养环境。菌种扩大培养一般分为三个阶段，即实验室阶段、种母工段纯粹培养阶段和车间扩大培养阶段。

### 16.1.2.1 实验室阶段

该阶段是从试管斜面培养基接种开始，扩大到能满足种母工段接菌用种量为止，是在实验室中进行，见表16-3。

**表16-3 实验室培养阶段**

| 培养阶段 | 培养基种类 | 含糖量(%) | 培养温度(℃) | 培养时间(h) |
| --- | --- | --- | --- | --- |
| 斜面试管 | 麦芽汁-琼脂 | 8~10 | 30~32 | 48 |
| 液体试管 | 麦芽汁 | 10~12 | 30~32 | 16~24 |
| 三角瓶 | 麦芽汁 | 10~12 | 30~32 | 16~18 |
| 大三角瓶 | 麦芽汁 | 10~12 | 30~32 | 8~10 |

### 16.1.2.2 种母工段培养

此阶段包括小种母槽、大种母槽和中间繁殖槽培养三次扩大。上述三个槽内部设有通风、搅拌和调温设施。表16-4为种母扩大培养阶段。

**表16-4 种母扩大阶段**

| 培养阶段 | 培养基种类 | 培养温度(℃) | pH值 | 培养时间(h) | 残糖(%) |
| --- | --- | --- | --- | --- | --- |
| 小种母槽 | 麦芽汁、中和液 | 32±2 | 5±0.2 | 24 | 1.6~2.0 |
| 大种母槽 | 中和液 | 34±2 | 5±0.2 | 12 | 0.8~1.0 |
| 中间繁殖槽 | 中和液、酒槽 | 34±2 | 5±0.2 | 6~8 | 0.4左右 |
| 繁殖槽 | 酒槽 | 34±2 | 5±0.2 | 8~12 | 0.4以下 |

### 16.1.2.3 车间扩大培养阶段

车间扩大培养是采用连续扩大培养法。底液为水解液，并加入正常生产2倍的营养液，接入中间繁殖槽的全部菌种，利用通风搅拌进行培养。

### 16.1.3 生物乙醇发酵生物化学

酵母能吸收培养液中的有机化合物，但不能吸收$H_2CO_3$，因此它属于多形态微生物，按呼吸形式属于不定形厌氧生物，也就是能在无氧和有氧条件下发育。

生物乙醇发酵时，在无氧条件下，发生己糖发酵转换，导致它的不完全氧化并伴随能量的释放。在这样的氧化反应中，反应的诱导体是氢而不是氧，会产生碳水化合物的中间产物（例如乙醛）。无氧生物化学过程是在酵母细胞内部进行的，经半透膜吸入单糖和必需的无机营养物。代谢产物——乙醇、$CO_2$和杂质从细胞内分离到发酵糖液中。生物乙醇发酵的基本生物化学过程——水解液中碳水化合物组分D-葡萄糖的转换过程，如图16-3所示。

①D-葡萄糖(1)在己糖激酶的作用下发生磷酸化。该酶的催化活性在$Mg^{2+}$存在下会得到提高。三磷酸腺苷(ATP)是$H_2PO_3$基的载体。三磷酸腺苷失去1分子磷酸变为二磷酸腺苷(ADP)。D-葡萄糖在这个反应中酯化成吡喃式，其反应性能增加。形成D-葡萄糖(葡萄糖-6-磷酸酯)磷酸酯的速度决定发酵的总速度。

②葡萄糖-6-磷酸酯(2)被己糖异构酶异构成果糖-6-磷酸酯(3)。

③在三磷酸腺苷作为残留磷酸的载体的参与下，以磷酸果糖激酶为催化剂，果糖-6-磷酸

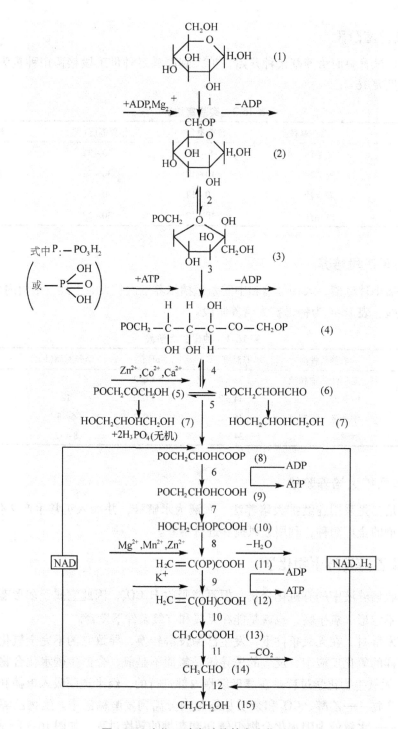

图 16-3 生物乙醇发酵的基本生化过程

酯(3)在 C1 上的羟基被酯化,吡喃环断裂而形成不稳定的果糖-1,6-二磷酸酯。

④在醛缩酶的作用下,由于逆反应在二磷酸果糖分子中的 C—C 键断裂(碳链分解反应),形成两个丙糖:磷酸二羟基丙酮(5)和 3-磷酸甘油醛(6),后者在磷酸三糖脱氢酶的作用下促进相互转换。平衡系统的基本组分是 3-磷酸甘油醛(6),它还要参与进一步的转换。醛缩酶被 $Zn^{2+}$、$CO^{2+}$、$Ca^{2+}$ 离子活化。在发酵的诱导期[形成乙醛(12)之前],在醛移位酶参与下

形成副产品磷酸甘油并继而形成甘油(7)。

⑤在无机磷酸的参与下,被磷酸三碳糖脱氢酶氧化成3-磷酸甘油醛(6)变成1,3-二磷酸甘油酸(8)。转换一分子葡萄糖需要二分子$H_3PO_4$。氧化过程的载体是NAD(烟酰胺嘌呤磷酸核苷酸)。它作为无氧脱氢辅酶,具有从磷酸甘油醛取下氢的能力。

⑥3-磷酸甘油酸(9)是在磷酸甘油酶激酶的作用下形成的,磷酸残留物诱导体是二磷酸腺苷,在这样情况下它转变为三磷酸腺苷。

⑦在磷酸甘油酸变位酶的作用下,3-磷酸甘油酸(9)异构成2-磷酸甘油酸。

⑧酸(10)脱水后形成磷酸烯醇丙酮酸(11),催化剂是烯醇化酶,它能被$Mg^{2+}$、$Mn^{2+}$、$Zn^{2+}$所活化。该酶最大活性是在pH5.2~5.5时;在pH4.2时发生酶分子的凝聚,在pH3~4时酶发生变性。

⑨在磷酸烯醇丙酮酸变位酶和二磷酸腺苷的作用下,由磷酸烯醇丙酮酸脱磷酸,变为烯醇丙酮酸(12)。

⑩由于不稳定烯醇丙酮酸(12)异构化,转变成其酮式——丙酮酸(13),其稳定性提高。

⑪丙酮酸(11)在脱羧酸的作用下,形成乙醛(14)。在$NAD \cdot H_2$和生物乙醇去氢酶的作用下,乙醛(14)被还原成乙醇。在这种情况下,辅酶通过氧化成NAD而被回收。

其他己糖,如D-甘露糖和D-半乳糖同样按上述流程被合成为乙醇。生物乙醇发酵总的化学计算式按下式计:

$$C_6H_{12}O_6 \longrightarrow 2C_2H_5OH + 2CO_2$$

考虑到ATP的作用,生物乙醇发酵过程以下式计:

$$C_6H_{12}O_6 + 2ADP + 2H_3PO_4 \longrightarrow 2C_2H_5OH + 2CO_2 + 2ATP$$

## 16.2 生物乙醇生产工艺

### 16.2.1 生物乙醇生产的原料选择

目前,我国生产乙醇的原料主要是谷物和马铃薯等。然而从节约粮食的角度出发,应用非食用原料生产乙醇是更加合理的。据研究,以木材加工的剩余物、谷物和马铃薯生产乙醇时,其各自的乙醇得率如下:

从表16-5可看出,每吨绝干木材加工剩余物的乙醇产量相当于0.6t谷物或1.7t马铃薯的产量。采用木材加工废料生产乙醇既可节约大量的粮食,又能提高木材的利用率,对发展多种经营是十分有益的。

木材加工剩余物经烯酸高压水解后得到的水解液,再经过生物加工——发酵得到乙醇。除了利用木材加工剩余物水解制备乙醇外,还可利用木材亚硫酸盐制浆得到的废液生产乙醇和饲料酵母等,这是由于废液中含有己糖、戊糖等糖类,其中己糖可被酵母发酵产生乙醇。

表16-5 不同原料生产乙醇得率

| 原料种类 | 乙醇得率(kg/t 原料) |
| --- | --- |
| 木材加工剩余物(绝干料) | 170~200 |
| 谷物 | 280~310 |
| 马铃薯 | 93~117 |

### 16.2.2 生物乙醇生产菌种选择

林产原料经水解特别是酸法水解后得到的糖液,具有下列特点:糖液浓度较低,含有阻碍发酵的物质,如甲醛、甲酸等。因此,这种原料在乙醇发酵时所用的酵母菌和粮食制酒时有所不同，要求需要符合下述条件：对糖液中的不良杂质，如糠醛、腐殖质、甲酸、二氧化硫等有较大的抵抗力；乙醇的产率较高，能适应醪液中的乙醇的浓度；对杂菌的抵抗力强；能再在较高的温度和酸度下进行发酵等。

乙醇生产过程，能否获得满意的乙醇得率，选择优良的乙醇发酵微生物是其生产的关键环节之一。

理想的乙醇发酵微生物应包括以下主要特性：具备快速发酵多种碳水化合物底物的能力；对乙醇耐受力强，能发酵产生高浓度乙醇；发酵副产品含量低；渗透压耐受力强；温度耐受力强；细胞重复再循环具有高活力；适当的凝絮和沉淀特性，有利于细胞再循环。

例如：Rasse 33 号啤酒酵母（Saccharomyces cerevisiac Rasse 33），此菌来自波兰，酵母细胞为球形，大小为 $(2 \sim 4) \mu m \times (6 \sim 36) \mu m \times 72 \mu m$。在液体中培养 24 h，稍为浑浊。菌落形态为表面光滑，色泽为乳灰黄色、中央隆起，它对 $SO_2$ 的抵抗力强，特别适用于在亚硫酸盐制浆废液中发酵，其发酵率可达 80% 左右。

### 16.2.3　糖液发酵生产乙醇工艺

#### 16.2.3.1　水解糖液特点

木材水解液经过中和、净化和冷却之后即可进行生物乙醇发酵，这时木材水解糖液可简称为"木材糖液"，它具有以下特征：

①木材糖液的组成复杂，其中除单糖之外还含有其他杂质，甚至还含有对酵母有害的物质。

②木材糖液中可发酵性糖的浓度较低。其中可发酵己糖（葡萄糖、甘露糖、半乳糖、果糖）能被发酵成生物乙醇，而戊糖（木糖、甲基戊糖等）仍被留在醪液中不被发酵。

③木材糖液中的酵母营养物质缺乏，必须另外添加营养盐。

④木材糖液中含有还原性的非糖类物质（糠醛、腐殖质胶体等）。它们对可发酵糖含量的测定有影响，使测定值偏高，而相应的生物乙醇得率偏低。

### 16.2.4　生物乙醇发酵的现象与特征

#### 16.2.4.1　生物乙醇发酵的现象

生物乙醇发酵主要是糖在酵母酶的作用下按正常发酵形式发酵生成生物乙醇和二氧化碳，其化学反应可用下式表示：

$$C_6H_{12}O_6 \longrightarrow 2C_2H_5OH + 2CO_2$$

但在生物乙醇发酵过程中同时能发生异型发酵和氨基酸发酵。当把酵母菌种接入到水解糖液中之后，由于酵母的总表面很大，对糖起了很大的吸附作用，同时被扩散到细胞内即酶作用生成生物乙醇和二氧化碳，然后又通过细胞膜排出，生物乙醇扩散到醪液中，二氧化碳则溶于液体迅速达到饱和后形成气泡吸附于酵母细胞表面。当超过吸附能力时，气泡便从溶液中放出，被酵母吸附的二氧化碳气泡的浮力等于酵母细胞重量时，便一起上升到液面，气泡破裂后放出二氧化碳，酵母细胞又可以重新沉下。在发酵后期，二氧化碳生成量少，仅能使醪液饱和时，必须使其与醪液中的某种介质表面相接触而放出。

通常情况下，二氧化碳多半靠与器壁表面接触同时带着糖液中的物料上升到液面而放出，这种类型的发酵称为"被动式发酵"。

当发酵醪液变得浓厚黏稠时，气泡达到液面不易破裂放出二氧化碳，形成的大量泡沫持久不散，有时甚至从器内溢出。这种类型的发酵称为"泡沫发酵"。

### 16.2.4.2 生物乙醇发酵的特征

生物乙醇发酵的动态变化过程可分为三个阶段：前发酵、主发酵和后发酵。这三个阶段会表现出生物乙醇发酵的速度和酵母繁殖的速度以及相应的现象。

(1) 前发酵

前发酵期主要是酵母的适应生长繁殖时期，糖的消耗较少，而大部分用于酵母本身的生长繁殖上，所以相对于糖消耗的生物乙醇得率不高，二氧化碳放出较少。

前发酵期是生物乙醇发酵最危险的时期，因为这一时期最易感染杂菌。前发酵期的长短取决于酵母的浓度。当水解糖液为酵母所适应，并达到一定所需酵母密度时，便转入主发酵阶段。

(2) 主发酵

主发酵时发酵过程的主要阶段，酵母大量消耗糖而生成生物乙醇和二氧化碳，大量起泡，发出声响，发酵液不断上下回旋流动，同时产生热量，可使醪液温度升高32~36℃，所以有时需要冷却。随着糖浓度的降低，发酵速度逐渐下降，而进入后发酵阶段。

(3) 后发酵

后发酵是一种速度慢、安静且平稳的发酵状态，二氧化碳的放出较少且逐渐减少，泡沫衰退。生物乙醇发酵过程的特征可通过发酵速度和酵母繁殖速度表示出来如图16-4所示。

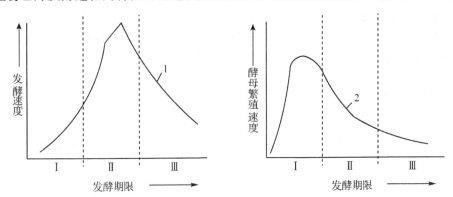

**图16-4　酵母繁殖速度与生物乙醇发酵速度的变化关系**

Ⅰ. 前发酵　Ⅱ. 主发酵　Ⅲ. 后发酵曲线
1. 形成生物乙醇的速度曲线　2. 酵母繁殖的速度

曲线1表示在发酵过程中的发酵速度，可用生物乙醇生成速度表示，曲线2表示发酵期间酵母本身的繁殖情况，可用细胞发芽的数目表示。

从图16-4的曲线可见，发酵速度主要在主发酵阶段迅速增长，而酵母生长繁殖主要在前发酵阶段。因此，可以利用高浓度酵母开始发酵，以减少用于酵母繁殖生长的糖消耗，提高生物乙醇得率，并缩短发酵时间。

## 16.2.5 影响生物乙醇发酵的因素

木材糖液乙醇发酵的最适宜条件应该是在保证最短时间内，有最大量的糖转变成乙醇。

它与下列诸多因素有关：

#### 16.2.5.1 酵母的种别和数量

木材水解乙醇生产通常多用 RasseXII 或 RasseII 号乙醇酵母菌种，可以尽快地产生所需要的酶类，并能适应非糖物质的毒性，具有较强的发酵能力。

乙醇发酵的速度与酵母数量成正比关系，可用下式表示：

$$C = Yt \tag{16-1}$$

式中　$Y$——活酵母素(kg)；
　　　$t$——一定糖量的发酵时间(h)；
　　　$C$——常数。

当已知每公斤酵母每小时所能发酵糖的数量时，便可通过应用酵母数量来选择快或慢的发酵条件。

#### 16.2.5.2 糖液的浓度和性质

糖的浓度对发酵速度有一定的影响。当葡萄糖浓度在 1%~8% 时，发酵速度受糖浓度的影响不大。而当糖的浓度低于 1% 或高于 10%~20% 时，发酵速度会逐渐减慢，这是因为糖量的不足或生成乙醇所产生的影响。

木材糖液乙醇发酵一直是以最大速度进行，直到糖浓度降到 1% 以下时才能逐渐减慢，进入后发酵阶段，而在后发酵阶段之后仍有剩余的未发酵的糖(即发酵不完全)，这是糖损失和降低乙醇得率的因素之一。

糖的性质对发酵也有一定的影响，甘露糖与葡萄糖相似，但半乳糖发酵缓慢而且不完全，只有在高浓度酵母条件下才能发酵完全，因此必须驯育酵母对半乳糖的发酵能力。

#### 16.2.5.3 氢离子浓度

木材糖液的发酵必须在最适宜的氢离子浓度下才能有最大的发酵速度。发酵最适宜的 pH 值主要决定于糖液和酵母的特性以及酸的性质等条件。木材水解糖液发酵的最适宜 pH 值为 4.8~5.2，pH 值过大会产生大量泡沫，甚至硬化，当接近中性时又易被杂菌感染，夏季为避免杂菌感染可降低到 pH 4~4.5，但发酵速度会有显著下降。

#### 16.2.5.4 发酵温度

发酵温度与发酵速度之间的关系主要是与酵母中酶的作用相适应。提高温度时，发酵速度可增加，反之则降低。实际上在 0℃ 左右发酵即开始，但速度极为缓慢，而在 50℃ 时，发酵停止，酶被破坏。

木材糖液最适宜的发酵温度为 28~32℃，温度再高时，速度减慢，易感染杂菌，乙醇也会被 $CO_2$ 带走而损失。酵母的繁殖也需要消耗更多的糖。

当然，在生产上是希望能够在尽可能高的温度之下发酵，因为这会使中和液冷却时降低的温差较小，蒸馏醪液时也会减少热量的消耗。

#### 16.2.5.5 有害杂质

木材糖液中含有的某些物质对酵母的正常生理机能有破坏或阻碍作用，被认为是有害物质，如甲醛、甲酸、糠醛、萜烯类以及各种腐殖质和木质素胶体物质等。

甲酸的毒性主要在于它可在溶液中引起活性酸度。糠醛含量大于1%时，就会使发酵停止。有机胶体物质可吸附于酵母细胞表面使之失去活性。此外，有些重金属盐类在一定浓度范围内，可使酵母忍受或刺激发酵作用。

#### 16.2.5.6 营养物质和生长素

在糖液进行正常乙醇发酵的同时，伴随着酵母细胞本身的繁殖和衰亡的过程。因此，必须控制在正常发酵过程中具有一定量的活细胞，也就是在一定时间内新生的细胞数等于死亡的细胞数。有人研究指出。当增殖的细胞稍多于死亡的细胞时可增加发酵速度。为了维持酵母的质量，保证必需的繁殖生长速度，可采用定期通入适量空气或加入营养物质及生长素的方法。定期通入适量空气可使酵母正常繁殖，提高对糖的利用能力。营养物质是维持酵母正常生命活动所必需的，主要的有氮、磷、钾、镁等，通常以酵母易于利用的盐类形式供给。各种营养盐的供给是需要根据糖液中原有含量的多少而定。生长素可促进培养酵母很快地适应环境，并可使衰弱酵母复活，增加乙醇得率。常用的生长素有酵母的自身分解液和麦芽汁等。

### 16.2.6 生物乙醇发酵工艺流程

图16-5是连续生物乙醇发酵工艺流程。

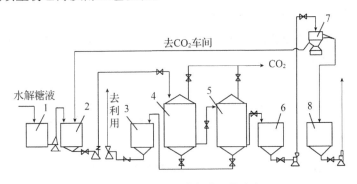

**图16-5 生物乙醇发酵工艺流程**
1. 糖液贮槽  2. 酵母槽  3. 死酵母悬浮液贮槽  4. 头发酵槽
5. 尾发酵槽  6. 醪液贮槽  7. 分离机  8. 分离醪液贮槽

水解糖液浓度为3.2%~3.5%、pH值为4.0~16.5的水解糖液从贮槽(1)送到酵母槽(2)，并与分离机送来的酵母悬浮液(体积比为10:1)相混合。在酵母槽中酵母与新培养液(水解糖液)接触时产生酵母的活化作用。酵母与培养液的混合液从酵母槽送至生物乙醇发酵的头发酵槽(4)，进行前发酵和主发酵，形成80%~90%的乙醇。然后在相连接的尾发酵槽(5)中进行后发酵，此时基本上是吸收难发酵的半乳糖。一般在2~3个头发酵槽中有一个进行后发酵。

在生物乙醇发酵过程中形成两种基本代谢产物——从酵母细胞分离出来并转到培养液中的乙醇，和以小气泡形式吸附在细胞表面的二氧化碳。二氧化碳向上浮动，当达到液体表面便转入大气。而酵母细胞在重力作用下向下沉，并进入新的发酵循环。由于细胞和二氧化碳的运动强化了发酵槽中的循环。

按上述流程,生物乙醇醪液从尾发酵槽(5)或中间贮槽(6),送到分离机(7),以便分离出酵母悬浮液。悬浮液完全返回酵母槽(2),其酵母浓度为90~120g/L(压榨酵母)。死酵母悬浮液送搅拌贮槽(3),再送去蒸发。从发酵槽清除死的和低活性酵母细胞能促进高活性酵母细胞的循环。

生物乙醇生产应用中的连续发酵槽,由钢板焊接而成,内衬防腐的耐酸砖衬里。发酵槽上的盖关紧密封,以免二氧化碳泄露。发酵槽下锥部装有带刮板的搅拌器并缓慢搅拌,以除去死的和低活性的酵母以及机械杂质,因而发酵槽同时兼有澄清除杂的作用。死的和低活性酵母送到搅拌贮槽(3),再送去利用。系统分离出去的酵母可用酵母繁殖予以补偿。

生物乙醇发酵时,生化过程的抑制剂对其有不良影响,其中包括糠醛和其他毒性物质。生物乙醇发酵时糖液中氮化物的最高允许浓度为0.7g/L,为降低糠醛和5-羟甲基糠醛的不良影响,可以用提高生物乙醇发酵糖液中酵母的浓度去实现。

近年来,人们对固定酵母细胞的固定进行了广泛的研究,采用这种固定方法,固定细胞体系中细胞浓度比培养液中活动细胞的含量高10倍,提高了发酵槽的生产能力。

### 16.2.7 生物乙醇精馏浓缩和净化工艺

为制备成品乙醇,乙醇醪液从发酵工段送到精馏工段,在多塔连续精馏设备中进行醪液蒸馏和净化除杂。

#### 16.2.7.1 蒸发系数 K 及醪液中的杂质

混合物中各组分具有各不相同的挥发度,因而经过精馏可分离为单一组分。各组分的特性可由蒸发系数 $K$ 来表示:

$$K = \frac{Y}{X} \tag{16-2}$$

式中  $X$, $Y$——平衡状态时,液相和汽相组分相应的浓度。

组分的浓度一般用摩尔%表示。而在实际应中常以容量%或重量%表示。乙醇和含乙醇的半成品通常以容量%表示。

图16-6给出了101.3kPa下,水-乙醇二元混合物和 $Y=f(X)$ 和 $ta=f(X)$ 的依赖关系曲线。按此可以算出乙醇的蒸发系数 $K_a$。最大的 $K_a$ 值(约13)表明乙醇水溶液的特性,即随着乙醇浓度的提高,$K_a$ 值逐渐减少到1。

在图16-6中相平衡线与对角线交于A点,该点 $X = Y$,在101.3kPa下,乙醇与水形成恒沸混合物,含91.7%(mol)乙醇,沸点78.15℃;当压力降低时,恒沸点移向 $X$ 高值方向,当压力为9.33kPa,沸点27℃时,$X=100\%$,在此条件下的真空蒸馏可以获得无水乙醇。

醪液中的不挥发组分以及多数挥发性杂质对上

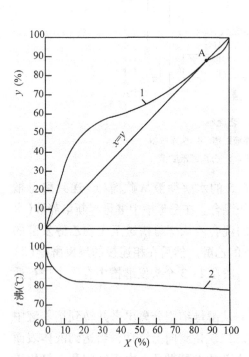

图16-6 101.3kPa下,水-乙醇二元混合物和 $Y=f(X)$ 和 $ta=f(X)$ 的依赖关系曲线

述汽-液平衡系统有一定的影响。醪液中含有下列组分（在沸点下）：丙酮(56.4)、甲醇(616.7)、醋酸乙酯(77.1)、乙醇(78.3)、甲基乙基丙酮(79.6)、丙醇(97.2)、水(100)、异丁醇(108.0)、丁醇(117.50)、醋酸(118.1)。除上述组分外，工业半成品中含有的易挥发杂质都属于酯、醚、醛、酮、醇、有机酸等物质。

由于醪液中所含的杂质量不大，在计算醪液蒸馏时，一般可忽略它的影响。醪塔的塔板数可按乙醇-水体系的平衡曲线确定，如图16-6所示，当杂质浓度加大时，其对平衡混合物的影响随之增大，此时精馏塔的计算不能按二元混合体系进行，而要按三元乃至更复杂的多元组成体系进行。

### 16.2.7.2 醪液蒸馏和精馏工艺流程

图16-7介绍了醪液蒸馏和生物乙醇精馏的工艺流程。容量浓度为1%~1.4%的生物乙醇醪液从发酵车间送至醪液贮槽，送到醪塔的分凝器预热，而后送入该塔的加料板上精馏。在提馏段生物乙醇被蒸馏，残留量少于0.02%。在醪塔的精馏段，生物乙醇的浓度被提高到20%~35%。经放气管分离二氧化碳。

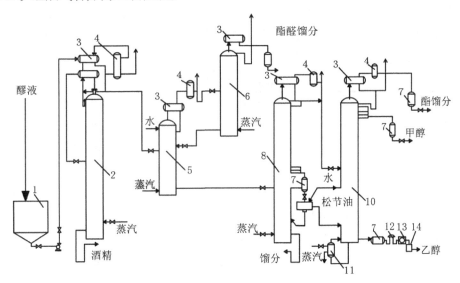

**图16-7 醪液蒸馏和生物乙醇精馏工艺流程**
1. 生物乙醇醪液贮槽 2. 醪塔 3、4、7. 分凝器 5. 分馏塔 6. 酯醛塔
8. 生物乙醇塔 9. 杂醇油分离器 10. 甲醇塔 11. 外加热器
12. 观察罩 13. 检验仪器 14. 生物乙醇槽

醪塔是蒸馏工段主要的耗汽设备，耗汽量占该工段总耗汽量的75%。采用合理的热利用流程可以降低汽耗，如二次利用的热量，利用生物乙醇蒸汽冷凝放出的热量加热水解用水等。醪塔的回流比一般为1.2~1.7，为了降低汽耗，缩小或取消返回醪塔的回流。当制备浓度为20%~25%的生物乙醇冷凝液时，由于热损失，在醪塔中总是不能形成足够量的回流。由于在提馏段醪液未被加热到沸点，回流在加料板上形成。当加热醪液到50~65℃时，醪塔可以在无回流的条件下工作。这种醪液蒸馏的方法，可以减小对返回液蒸发所需的热量。该法蒸汽消耗可减少20%~25%。

制备精馏生物乙醇流程的特点是拥有分馏塔和酯醛塔，分馏塔用于蒸馏出易挥发物质（酯、醛、酮等），从水溶液中除去这些杂质是比较方便的。分馏的过程决定着精馏生物乙醇的量。以酯醛馏分形式分馏出来的易挥发杂质，送至酯醛塔补充浓缩。生物乙醇溶液从酯醛塔塔釜返回分馏塔(5)。浓缩的酯醛馏分组成中约含 40% 的酯、15% 的醛、以及一定量的生物乙醇和水。流程中的酯醛塔可以缩小随酯醛馏分带走的生物乙醇的损失。

采用直径为 1.25m、1.5m 或 1.8m，塔高为 8~16m 的泡罩塔作为分馏塔。其分凝器换热面积为 30.6m²、40m² 或 60m²，冷凝器换热面积 20m²。为提高分馏塔的工作效率，在其上部塔板供给热水。酯醛塔也是泡罩塔，直径 0.3m，塔高 5~7m。分凝器换热面积为 10m²，冷凝器为 5m²。

生物乙醇塔能够得到符合标准浓度和不含杂醇油的生物乙醇。在馏分中残留生物乙醇含量为 0.01%~0.02%。泡罩型生物乙醇塔，直径为 1.6~3.2m，塔高 10~19m，套管式分凝器换热面积为 15m² 和 35m²，抽气冷凝器 7.5~40m²，馏分换热器 6~15m²，杂醇油馏分蛇管换热器为 1.2m²。

在甲醇塔最后净化生物乙醇除去酯和甲醇馏分，以酯醇混合物形式排出。为防止加热甲醇塔的加热蒸汽冷凝液稀释生物乙醇，通过外加热器用间接蒸汽加热。

采用塔径 0.9~1.25m 和塔高 8~17m 的泡罩塔作为甲醇塔。其分凝器换热面积 14m² 或 35m²，抽气冷凝器 5m² 或 40m²，排甲醇馏分的冷凝器 3.5m²，外加热器 8m² 或 11m²，冷却甲醇和生物乙醇的蛇管冷却器 1.2m²。经检测装置计算数量和浓度后，成品生物乙醇送入容积为 9m³ 和 25m³ 的成品生物乙醇计量贮罐。

表 16-6 各塔工作参数

| 指 标 | 醪塔 | 分馏塔 | 酯醛塔 | 生物乙醇塔 | 甲醇塔 |
|---|---|---|---|---|---|
| 塔板数精馏段 | 4~6 | 15~20 | 12~16 | 40~44 | 28~30 |
| 提馏段 | 20~22 | 15~16 | 12~20 | 20~22 | 28~30 |
| 生物乙醇容积浓度(%)上部塔板 | 20~30 | 80~90 | 3~5 | 96~97 | 4~8 |
| 加料塔板 | 1.1~1.4 | 20~30 | 85~90 | 15~20 | 96~97 |
| 锅部 | 0.01~0.02 | 15~20 | 63~65 | 0.01~0.02 | 96.0~97.0 |
| 温度(℃)上部塔板 | 86~87 | 76~78 | 64~66 | 78~90 | 65~68 |
| 加料踏板 | 98~100 | 86~88 | 78~80 | 92~94 | 80~81 |
| 锅部 | 102~105 | 94~96 | 80~84 | 103~105 | 82~84 |
| 蒸汽耗量(%) | 76 | 3 | 2 | 12 | 7 |

各塔的基本特性：泡罩塔型醪塔，直径 2m，塔高一般为 12~18m，可采用精馏塔作为醪塔，醪塔装有换热面积为 15.50m² 或 74m² 双行程套管式分凝器或换热器换热面积为 6m²，乙醇收集在容积为 45~70m³ 的贮槽中。

当醪液塔石膏化时，降低了乙醇的提取程度，增加了随馏分带走的损失，醪液蒸馏的蒸汽耗量升高。防止醪塔的石膏化，定期清洗可提高该工段的效率。真空蒸馏与常压蒸馏相比，醪液中石膏的溶解程度较高，因而真空蒸馏乙醇时，可减少醪塔的石膏化。

为降低乙醇冷凝液中的杂质，尝试制取含 60%~70% 的高浓度乙醇冷凝液，可以通过增加醪塔精馏段的塔板数到 6~9 块来实现。该法冷凝液中的有机酸浓度、酯浓度均比一般工艺低。分馏塔前，浓乙醇冷凝液用乙醇塔的馏分稀释到乙醇含量 25%~30%，然后再按一般流程加工。由于稀释加水不会进一步蒸发，不增加汽耗。

进一步浓缩和净化乙醇，若制备工业乙醇，按二塔流程进行；若制备工业精馏乙醇，则按四塔操作进行。杂醇油中的高级醇类属于中间杂质，在乙醇塔精馏段被浓缩。原则上，杂醇油的排除是在丙醇、丁醇和戊醇三个相应的塔区进行的，这会导致乙醇的损失加大。实际上，杂醇油从一个塔区排出。用水洗涤杂醇油，并把洗涤水送回发酵工段或乙醇塔，以此回收乙醇。并从高级醇浓度最高的塔区排出高级醇，以制备商品。

乙醇贮存在成品库中，为测量产品的体积采用容积为 $6m^3$ 的锥形计量槽或容积为 $10m^3$ 的圆筒形计量槽。贮存乙醇采用容积为 $80m^3$、$100m^3$ 或 $250m^3$ 的贮槽。由于甲醇和乙醇属于易燃物质，其贮存设备应设在室外的专门场地上。

以上工艺流程可以从 1t 绝干针叶材获得 180L 乙醇，或从 $1m^3$ 原料得到 60~70L 乙醇。当采用掺有阔叶材的针叶废料时，糖液中可发酵糖含有量为 70%~80%，从 100kg 可发酵糖制乙醇，得到 55~60L 乙醇。

## 16.2.8 渗透汽化双膜法

双膜法生产燃料乙醇是首先将渗透汽化优先透醇膜与发酵装置耦合，实现发酵液中乙醇的原位分离，降低乙醇对发酵反应的抑制，从而实现连续操作，提高发酵速度和产量。然后将所得到的较高浓度的乙醇渗透液用普通精馏浓缩得到 90%~95%（质量分数，下同）的乙醇。最后用渗透汽化优先透水膜对 90%~95% 的乙醇进行脱水获得 99% 以上的生物乙醇。

### 16.2.8.1 渗透汽化在连续发酵过程中的应用

传统的发酵过程一般都是采用间歇发酵，但是这种发酵过程产率低，设备庞大，质量也不稳定，而且间歇发酵法只能生产 8%~10% 以下的乙醇溶液。乙醇的产生对微生物的生长起着典型的非竞争性抑制作用，1%~2% 的浓度就能使酵母的生长速度受到抑制，浓度为 10% 时就可能使其完全停止生长。因此如果能够使发酵产生的抑制性产物乙醇及时脱除，就能够加快发酵速度，提高乙醇的产率。乙醇对酵母的抑制作用跟发酵方式也有关系，在连续发酵下，当乙醇浓度达到 7%，酵母仍然能正常繁殖。渗透汽化用于乙醇发酵的新工艺，其流程如图所示，其中所使用的膜为亲乙醇性渗透汽化膜如图 16-8 渗透汽化与乙醇发酵的耦合工艺图所示。

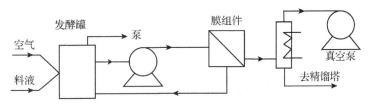

**图 16-8 渗透汽化与乙醇发酵的耦合工艺图**

由于使用这种方法分离出来的乙醇浓度比较高，因而可以减少精馏过程中的能量消耗。渗透汽化膜组件与乙醇发酵过程相耦合，并与间歇发酵进行了比较，发现耦合过程中乙醇的体积产率及其浓度都比间歇发酵过程提高 2 倍以上。但是它也有缺点，就是必须对渗透出来的乙醇蒸气进行低温浓缩，而且由于在进料侧老龄化细胞、无机盐和非挥发性产物的聚集所造成的膜污染和浓差极化，使渗透汽化性能下降。

#### 16.2.8.2 渗透汽化在燃料乙醇中应用

燃料乙醇主要作为汽车燃料使用,是一种新型绿色清洁型燃料。在这种燃料中,乙醇既是一种能源,又是一种良好的汽油增氧剂和高辛烷值调和组分,用以代替四己基铅和甲基叔丁基醚(MTBE)。乙醇作为一种新兴、无污染、可再生清洁能源,具有良好的发展前景。图16-9 是美国 MTR 公司采用连续发酵—渗透汽化—精馏耦合工艺生产燃料乙醇的流程示意图。

国内外对燃料乙醇的工业化应用研究大都集中在将工序末期约95%的乙醇通过透水的PV 膜制成99.5%以上的无水乙醇。采用从发酵液制备无水乙醇的精馏—渗透汽化膜技术,将94%的乙醇制成99.85%的无水乙醇时,其投资成本和操作费用比恒沸精馏法(苯为恒沸剂)分别节约28%和40%。

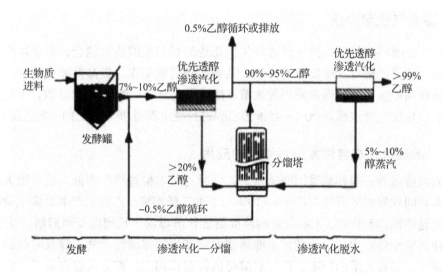

图16-9　连续发酵—渗透汽化—精馏耦合工艺生产燃料乙醇流程示意图

### 16.2.9　燃料乙醇国家标准

表 16-7 为燃料乙醇国家标准。

表 16-7　燃料乙醇国家标准(GB 18350—2001)

| 项目 | 指标 | 项目 | 指标 |
| --- | --- | --- | --- |
| 外观 | 清澈透明,无肉眼可见悬浮物和沉淀物 | 水分(%)(v/v)≤ | 0.8 |
|  |  | 无机氯(以 $Cl^-$ 计)(mg/L)≤ | 32 |
| 乙醇(%)(v/v)≥ | 92.1 | 酸度(以乙酸计)(mg/L)≤ | 56 |
| 甲醇(%)(v/v)≤ | 0.5 | 铜(mg/L)≤ | 0.08 |
| 实际胶质(mg/100mL)≤ | 5.0 | pH 值① | 6.5~9.0 |

注:①2002年4月1日前 pH 值暂按5.7~9.0执行。

## 16.3　饲料酵母生产

### 16.3.1　饲料酵母生产原料

酵母生产开始于19世纪60年代,当时以谷物为原料生产压榨酵母和乙醇,所以这类工厂被称为"乙醇酵母厂"。以后又考虑到酵母繁殖需要大量的空气，因此采用向酵母棚通入空气的方法，以提高酵母产量。酵母生产的原料也由原来的食用原料（谷物）扩充到非食用原料：糖蜜、农林废料水解液、亚硫酸废液等，为酵母工业的发展提供更为广阔的前景。

饲料酵母生产采用非食用原料，其原料来源广泛，价格低廉，主要包括含纤维素、半纤维素的林业、农业废料，含纤维的工业废渣、废液，糖厂的糖蜜及野生植物、浆果等。主要可以分为以下四类：

(1) 林业和农业生产废料

主要是林区的采伐剩余物，制材厂的加工剩余物，木材加工厂的木屑、刨花和木片等。农业废弃物：玉米芯、玉米杆、稻草、麦秆、高粱杆和棉籽壳等。

(2) 工业生产中含多糖类的废液和废渣

如制糖厂的蔗渣，食品厂的废渣，水解厂和生物乙醇厂的酒糟，纤维板厂、啤酒厂、淀粉厂、食品厂、纸浆造纸厂的废液都可以作为饲料酵母生产的原料。

(3) 制糖工业的副产物糖蜜

糖蜜有甜菜糖蜜和甘蔗糖蜜两种，其基本组成差异不大，都可作为生产食用酵母、药用酵母和饲料酵母生产的原料。除糖蜜外，用玉米为原料生产葡萄糖时，葡萄糖结晶分离时得到的母液或木糖生产结晶分离时得到的母液都可作为酵母生产的原料。

(4) 含淀粉和糖类的野生植物和浆果

我国野生植物、浆果资源丰富，均可作为饲料酵母生产的原料。这类原料含多糖类，多数原料需经水解获得糖液后再利用。

当选用饲料酵母生产原料时，应遵守以下原则：易于被酵母利用，单位原料酵母得率高；含有害物质少，且易于除掉；原料充足，易于收集，价格低廉，加工方便。节约粮食，利用林、农业剩余物和工业废渣、废液，开展综合利用，减少污染，变废为宝。

### 16.3.2 饲料酵母生产常用菌种

饲料酵母生产所采用的菌种需具备下列条件：能充分利用己糖、戊糖和有机酸等，并能在较高的糖液浓度中繁殖；繁殖能力强，对不良环境条件如高温、低 pH 值、糠醛、$CO_2$ 等的抵抗能力强，且不易被杂菌感染；产量高，蛋白质、维生素含量丰富，且易被动物吸收；酵母个体大，易于与醪液分离，且具有相对稳定性，不易产生变异。

饲料酵母生产中常用的菌种是产朊圆酵母和热带假丝酵母。产朊圆酵母蛋白质和维生素 B 族含量较高，能利用己糖和戊糖，且在不添加生长素的条件下也可生长，因此常用于木材水解液和亚硫酸废液生产饲料蛋白质的过程中。热带假丝酵母是石油蛋白生产的重要酵母菌种，也可用于林、农业剩余物和工业废料的生物处理与利用。

### 16.3.3 酵母繁殖工艺与设备

#### 16.3.3.1 酵母繁殖最佳条件选择

在间歇式生产酵母时，酵母繁殖过程可分为三个阶段，即前发酵、主发酵和后发酵。

前发酵期是菌种对环境的适应期，繁殖能力弱，出芽率少，需氧量也较少。

主发酵期酵母繁殖速度极快，糖量消耗也快，绝大多数酵母进行出芽繁殖，此阶段需氧量最大。

后发酵期培养液中营养物质渐近，而代谢产物增多，使环境恶化，出芽细胞逐渐减少，需氧量也减少。

菌种的生命活动与周围环境条件有着密切的联系，因此菌种生产受到许多因素的影响。为了提高产品的产量和质量，发挥设备的生产能力，必需为菌种的生长繁殖选择并提供最佳条件。其中主要控制好以下条件：

(1) 温度

温度是影响微生物生命活动的重要因素，所以选择和控制菌种生长繁殖最适宜的温度，是微生物生产加工必不可少的条件之一。不同种类或同一种类不同种的微生物要求的最适温度是不同的。同一种微生物，其最适繁殖温度与最适发酵温度也不同。

当温度较低时，繁殖速度减慢，甚至停止繁殖。在适宜温度范围内温度较高时，繁殖速度较快，而超过范围时，繁殖速度一般可以加快，但得到的菌种在保存期间易自熔。如温度过高则可造成菌种死亡。在生产中，希望使用耐高温的菌种，因为这样可以减少冷却器的冷却面积和冷却水用量，且培养液不易感染杂菌，还可缩短反应时间。在微生物繁殖过程中，培养液的温度会不断升高，这是因为微生物繁殖过程中放出大量的热量，因此，在菌种繁殖槽中应设有冷却设备，以便随时调节温度。

(2) 酸度

培养液酸度过高或过低都会影响微生物新陈代谢的正常进行，直接影响产品的产量和质量，甚至造成菌种的死亡。所以在微生物加工生产中把控制培养液酸度作为一项很重要的生产指标对待。

微生物加工生产中表示培养液酸度有两种方法：一种是用中和1mL培养液所消耗0.1mol浓度的氢氧化钠溶液的量来表示，称为酸度；另一种是用培养液氢离子浓度，即pH值来表示。

各种微生物都有其最适pH范围。以酵母为例，一般来说酵母最适pH范围为5.0~5.5。在酸性较强的培养液中，酵母很少繁殖，甚至死亡。在酸性过弱的培养液中同样对生产不利，在较高碱性培养液中酵母也无法生存。培养液的pH值的变化可影响酵母细胞的带电状态，直接影响到膜的渗透性、酶的形成、酶活的大小和代谢途径。

例如在饲料酵母的生产中，酵母的代谢作用和杂菌的感染，都会引起培养液酸度的变化。如饲料酵母生产中多采用水解糖液或水解酒糟为培养液，其中都含有一定数量的有机酸，当有机酸被酵母利用后，培养液的酸度会下降。生产中感染杂菌后，也会使培养液酸度升高。为保证培养液式中在最佳pH条件下，生产中应注意检查，及时调整。

当培养液pH值发生变化时，一般可采用无机酸或碱进行调节。在培养液pH值上升时，也可考虑用未经中和的酒糟来调节。若培养液pH值下降时，有条件的工厂可采用氨水来中和，这样既可以调节培养液的pH值，又可补充氮源。

(3) 糖液浓度

培养液糖浓度的高低，对发酵设备的生产能力及产品的产量和质量都有影响。一般来说糖的浓度越高，设备的生产能力越大培养液中有机胶体物质与糖液浓度比值越小，产品质量就越好。所以在以酒糟作培养液时，因糖浓度低，就要尽量除掉酒糟中的有机胶体物质，以便减少对产品质量的影响。

在酵母生产中，随着培养液糖浓度的降低，酵母得率有所提高。但考虑到设备的生产能力和维持酵母正常的生命活动，糖浓度也不可过低，当糖浓度低于0.2%时，酵母就很难繁殖了。糖浓度高固然能提高设备的生产能力，但由于在高糖浓度下酵母繁殖旺盛，所需的溶解氧量也相应增多，一般的通风设备很难满足酵母新陈代谢所需的氧量，反而会影响产量。同时由于强力通风使耗电量也增加，成本也会提高。另外，糖浓度过高时，导致培养液渗透压过大，对酵母的生命活动造成不良影响。当糖浓度超过2%时，就应向通入的空气中加入氧气。

(4) 接种量

菌种的繁殖速度，在一定范围内，随着菌种浓度的提高而加快。提高接种量也能相应地提高设备生产能力，但接种量也不可过高，否则会使糖液消耗在过多菌种的呼吸及其他生理作用上。同时对培养液中的溶解氧量的需求也增加，反而使产量下降。当接种量低于下限时，因菌种少则繁殖速度减慢，因此繁殖时间延长，设备生产能力降低，并有使高产菌种发生变异的可能。

接种量的大小应根据所用菌种、培养液的组成和设备的溶氧效率等来确定。正常生产中，菌种主要靠生产过程中分离回收的菌种来补充。根据生产中菌种的状态和生产的需要，可定期更换或补充部分新培养的菌种。生产中最好有5%~10%的新鲜菌种，而90%~95%的菌种是分离回收的。从饲料酵母生产实践来看，使用分离回收的菌种是有利的，因它们对培养液和培养条件适应性更强。

(5) 氧的供给

饲料酵母与无生物乙醇酵母生产时属于好氧发酵，所以在其他条件不变的情况下，酵母生长繁殖的好坏直接取决于氧的供给。培养液中溶解氧量越多，则营养物质转变为酵母生物质的速度进行得越快。

酵母所需的氧是溶解状态的氧，为了使培养液中溶解足够的氧，就必须在酵母繁殖过程中，连续向培养液中通入大量空气。由于采用的酵母繁殖槽的形式不同，其空气分散系统和溶氧效果也不一样，为了保证酵母繁殖所需的溶解氧，通常要通入过量的空气。

在饲料酵母生产的条件下，每升培养液最多只能溶解7mg氧。当氧气供应不足时，则酵母不能充分利用营养物质合成酵母生物质，繁殖缓慢。溶解氧量减少到每升培养液1mg时，酵母停止繁殖。在缺氧和无氧条件下，酵母进行生物乙醇发酵。不同的发酵阶段和不同的酵母菌龄，所需的氧量是不一样的。

(6) 营养盐

生产中营养盐加入量要根据菌种细胞的组成、菌种新陈代谢过程中的消耗量和培养液中原有的量。以饲料酵母为例，从其灰分组成可知，在培养酵母时，培养液中除含有C、H、O等元素外，还应有N、P、K、Mg、Fe、Mn等元素。其中C、H、O等元素在制备的培养液中已足够，K、Mg、Fe、Mn等元素也因植物中含有的数量可满足酵母的需求，一般无需补充，唯有N、P等元素因数量不足还需添加。常用的氮源有硫酸铵、尿素、硝酸铵等，常用的磷源为过磷酸钙和磷酸等。

### 16.3.3.2 消除泡沫和防止感染

在酵母繁殖过程中，不仅应提供最佳条件，而且还要考虑泡沫的消除杂菌感染的防止和处理。

(1) 泡沫的消除

在饲料酵母生产中，由于培养液含有有机胶体物质，因此容易产生泡沫。尤其在酵母繁殖中产生大量二氧化碳，并在连续、强烈的通风搅拌下，使泡沫产生量更大。大量的泡沫占据了繁殖槽的有效容积，降低了设备利用率；泡沫过多时会溢出繁殖槽，容易感染杂菌且造成酵母的损失；泡沫吸附大量的酵母使醪液中酵母浓度降低，从而降低产量。因此必须随时消除泡沫，以维持生产的正常进行，常用的消泡方法包括以下两种。

①化学消泡法　该法是添加能降低泡沫局部表面张力的物质来破坏气泡，达到消泡的目的，该物质被称为消泡剂。饲料酵母生产所用的消泡剂应是对酵母无毒，对氧的供给无不良影响，且不影响产品的质量，来源广泛，价格便宜。

②机械法　该法也是酵母生产中常采用的消泡方法。利用设在搅拌轴上的消泡装置，在旋转时产生的剪切力、压缩力和冲击力使气泡破裂。也可以把泡沫引到繁殖槽外，在专门的消泡槽中消泡。饲料酵母生产中，多采用化学消泡剂和机械消泡装置相结合的方法，即在繁殖槽内装有消泡装置，同时加入一定量的消泡剂，消泡效果好。

(2) 防止杂菌感染

在发酵生产中，把除了生产用菌种以外的其他微生物感染的现象都称为杂菌感染。杂菌感染与否主要取决于培养液的组成、培养条件和无菌操作的情况等。

生产中，杂菌的感染会消耗培养液中的营养物质，且能产生代谢产物而使酵母的生长繁殖受到抑制，造成产品产量和质量的下降，甚至造成生产失败。因此，无论使用哪种培养液都不可忽视防止杂菌感染的问题。生产中要健全规程，强化管理，严格进行无菌操作，坚持以防为主的原则。但在生产中要做到完全不感染杂菌也并非易事，一旦感染杂菌应积极采取除菌措施。生产上常采用的除菌方法是酸化法和水洗法。

①酸化法　感染杂菌后，用酸调节繁殖槽中醪液的酸度，使 pH 降至 3.5～3.7，经过两小时处理，就可抑制杂菌的繁殖或消灭杂菌。

②水洗法　在连续生产中，常采用水洗法除菌。该法是先停止向繁殖槽中加培养液，把醪液中的酵母用离心分离机全部回收在洗涤槽里，用清水洗涤。个体较小的杂菌可在分离时随废水排掉，洗至酵母乳液经显微镜检查时，没有杂菌或有很少杂菌时为止。酵母再经扩大培养即可，此法在饲料酵母生产中使用效果较好。

在酵母繁殖过程中，应经常检查，一旦发现杂菌感染应及时处理，并找出感染源，以便彻底解决问题。

### 16.3.3.3　酵母繁殖设备

酵母繁殖槽是饲料酵母生产的关键设备，它的生产效率、溶氧速率和溶氧电耗等指标都决定着饲料酵母生产的成本和受益。生产中良好的繁殖槽(发酵槽)应具备如下条件：

①溶氧速率高。好氧发酵过程，微生物需要大量的氧。1g 酵母在繁殖过程中所需溶解氧量平均为 80mg/h，所以需要繁殖槽能供给足够的溶解氧。这就要求繁殖槽有较高的氧传递速率，使醪液中始终保持有足够的溶解氧量。

②良好的混合效果。有利于营养物质、氧气的传递。

③良好的调温设施。好氧发酵中放出大量的热，使醪液温度升高，所以要设置冷却装置，保证繁殖温度在适宜范围以内。

④结构简单、造价低、操作方便，不易被杂菌感染。

⑤较高的生产能力，动力消耗低。

酵母生产中常用的繁殖槽有以下几种。

(1) 通气繁殖槽

这种繁殖槽利用空气压缩机或鼓风机将空气通入繁殖槽内。利用气泡的运动搅拌醪液,是一种最早使用的繁殖槽。

(2) 机械搅拌式繁殖槽

该设备是压缩空气经空气分散器,以细小的气泡分散在醪液中,并在机械搅拌作用下增强了溶氧效果。不同的原料糖液,不同的菌种和最终产品,常采用不同的搅拌装置和不同的搅拌速度。这种繁殖槽溶氧效率高,传质效果好,对不同的发酵适应性强,技术成熟。机械搅拌式繁殖槽根据搅拌装置形式的不同可分为普通桨叶式和涡轮式。

普通桨叶式繁殖槽槽体为钢板焊制的圆柱体,内设桨叶式搅拌器和管式空气分散器,上部装有消泡装置。涡轮式机械搅拌繁殖槽的槽体也是圆柱体,用钢板焊制或钢筋混凝土制成。槽内设有调温用冷却水管和空气分配器。其结构如图16-10所示。

(3) 空气提升式繁殖槽

该设备是借助空气分配装置的作用,使空气与培养液充分混合,降低密度,从而使含酵母的气液混合物上升(空气提升作用),并在一定的范围内循环,不断为酵母提供溶解氧。空气提升式繁殖槽的空气分配装置如图16-11所示。

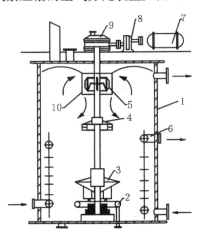

图16-10 涡轮式机械搅拌繁殖槽

1. 槽体 2. 空气分配环管 3. 下涡轮 4. 上涡轮
5. 消泡轮 6. 冷却蛇管 7. 电动机 8. 减速箱
9. KO减速箱 10. 圆筒罩

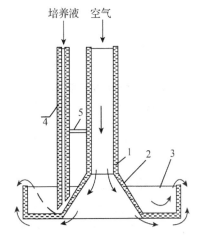

图16-11 空气提升式繁殖槽的分散装置

1. 空气入管 2. 喇叭口 3. 环形区
4. 培养液导管 5. 支撑

(4) 自吸式繁殖槽

自吸式繁殖槽最初应用于醋酸发酵,后来又应用在饲料酵母和面包酵母的生产上。它具有如下优点:

效率高,比普通机械搅拌发酵槽效率提高3~4倍,这样可以减少设备的总容积、设备投资和占地面积;酵母繁殖周期短,成熟醪液中酵母浓度高,减少了废液量,提高了分离效率;实现了自动化、连续化,降低了劳动强度。未使用空气压缩机,设备结构简单,氧的利用率高且便于操作。

自吸式繁殖槽一般是用钢板焊接成的圆柱体封闭容器。结构如图16-12所示。

## 16.3.4 酵母浓缩、分离和干燥

饲料酵母在经过扩大培养和繁殖后，从繁殖槽引出的成熟醪液中，酵母干物质的含量是因培养液的组成和供氧速度的不同而异。食用酵母生产的成熟醪液中酵母的干物质可达15~20g/L，而用水解酒糟和亚硫酸废液酒糟生产饲料酵母时，其成熟醪液中仅为13~15g/L压榨酵母。为制取含水率9%以下的饲料酵母成品，必须将酵母从醪液中分离出来并进一步浓缩和干燥。

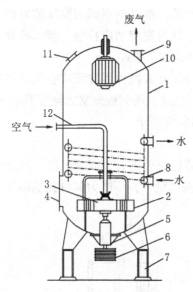

图16-12 自吸式繁殖槽结构示意图
1. 槽体 2. 定子轮 3. 转子轮 4. 人孔 5. 机械密封
6. 皮带轮 7. 支架 8. 冷却管 9. 排废气管
10. 消泡轮 11. 视镜 12. 进气管

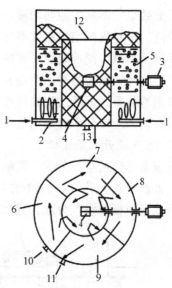

图16-13 浮选器工作原理图
1. 空气 2. 空气分散管 3. 电机 4. 消泡器
5. 含气液体 6、7、8、9. 隔板合成的四个部分
10. 悬浮液入口 11. 废水排出口 12. 内套管
13. 浓缩液出口

#### 16.3.4.1 酵母的浮选

自繁殖槽引入的成熟醪液首先进入浮选器进行浓缩。浮选器为圆形容器，其浮选原理如图16-13所示。器内装有内套管，内套管与外器壁之间的环形空间被4块隔板隔成4部分。每块隔板都与器底保持一定距离。酵母成熟醪液经接管进入环形空间的第一部分。空气经鼓泡器进入环形空间，形成小气泡吸附在酵母细胞上并向上浮动流入内套管。醪液在环形空间第一部分分离出部分酵母后的液体，经第一块分隔板下的缝隙进入第二、三和第四部分，经四次浮选分离。每部分的泡沫都流入内套管中，被浓缩的含酵母泡沫在消泡剂和机械消泡装置的作用下将泡沫消除。酵母浓缩液从接管引出，进一步分离，废液从环形空间下部管排出。

浮选器容积为50~250m³，生产能力为100~160m³。图16-14为浮选器结构图。

为防止酵母细胞被空气带走，浮选器应有密封的上盖，飞起应收集、净化、回收酵母。浮选器和繁殖槽没有上盖不仅会造成酵母损失，而且污染环境。在无密封上盖的工厂，车间内每立方米空气中含20万个酵母细胞，在距离繁殖槽15~20m处的空气中每立方米约含5万个，在距离酵母车间5km处仍发现有酵母细胞。

#### 16.3.4.2 酵母的分离

为了进一步浓缩酵母悬浮液，需采用酵母分离的方法。目前最普遍采用的分离方法是机械分离，即离心式分离机分离。常用的分离机为碟片式如图16-17所示，其转速为4800~

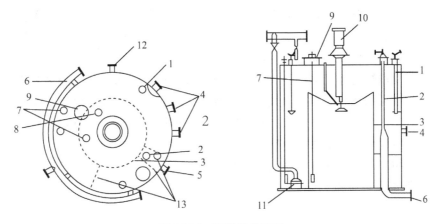

**图 16-14 浮选器结构图**
1. 喷洒碱管 2. 排废水控制管 3. 套管 4. 悬浮液入口 5. 废水排出口 6. 空气总管
7. 清洗水管 8. 消泡剂管 9. 人孔 10. 电机 11. 空气分散器 12. 浓缩液出口 13. 隔板

6500r/min。该法是利用酵母细胞与醪液的质量不同，在高速旋转的转子产生的离心力作用下，使轻、重质点分开。酵母细胞为重质点，沿间距为 0.8~1mm 的碟片间隙被甩到转子的外下侧，由下部浓缩物出口排出。废醪液则因比酵母细胞轻而被挤向中心轴，上升至废醪液出口排出。

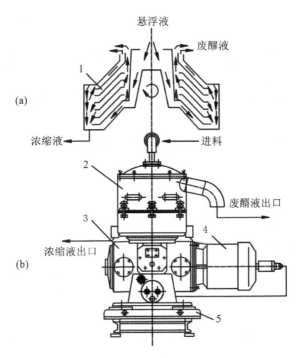

**图 16-15 酵母分离机**
(a)转子工作图 (b)外形图
1. 锥形叶片 2. 转子 3. 传动装置 4. 电机 5. 机架

### 16.3.4.3 酵母悬浮液的蒸发

经分离后的酵母悬浮液的酵母干物质含量为 10% 左右，经质壁分离(乳化)后可直接采用滚筒式干燥机生产饲料酵母干粉,但干燥用汽量大。当采用喷雾干燥时,因乳液酵母干物质含量低,则会降低设备生产能力和增大干燥能耗量。所以还需蒸发,以进一步提高酵母干物质浓度。为使酵母中维生素不遭破坏,常采用真空蒸发。

分离后的酵母浓缩物经贮槽送至离壁分质器(乳化槽),用间接蒸汽加热至80~90℃,维持一段时间,使酵母质壁分离,排除气体,形成均一的乳液。该乳液经真空蒸发后,浓缩液收集到贮槽中,二次蒸汽则经气沫收集器回收乳液滴返回蒸发器,蒸汽经冷凝器,冷凝液手机贮槽中,不凝性气体经真空系统排出。

生产上常采用二效或三效真空蒸发,温度不超过80~85℃。经二效蒸发后,酵母乳液的干物质浓度分别可达20%和35%。

#### 16.3.4.4 饲料酵母的干燥

成品饲料酵母的含水率一般应低于9%。为达到这一指标,需对蒸发后的酵母乳液进行干燥。常用的干燥方法是喷雾干燥和滚筒干燥。

(1)喷雾干燥

该法是利用高压喷雾或离心喷雾装置,将酵母乳液喷成细小的雾滴,被通入的热空气迅速干燥成细小的颗粒的方法。高浓度的酵母乳液经贮槽用泵送至喷雾干燥器上部的转盘(离心喷雾),转盘以8000~12000r/min的高速旋转,将酵母乳液分散成极小的雾滴。这些雾滴与经过滤除尘并被预热至270~300℃的热空气接触,只经几秒就能将酵母雾滴干燥至含水6%~10%的酵母粉。

干酵母粉经喷雾干燥器的锥底,由螺旋输送机送到旋风分离器,并在酵母贮斗进行计量和包装。随废气带走的酵母粉在另一旋风分离器内回收,空气被抽风机排入大气。器内应保持一定的负压,操作时应控制好进、出口空气温度和器内压力及进料量,防止湿料、焦粉和结块现象。

喷雾干燥器的生产能力取决于载热体的含水率,见下式。

$$W = \frac{F(W_1 - W_2)}{1000} \tag{16-3}$$

式中  $W$——蒸发水分量(kg/h);

$F$——干燥空气耗量(kg/h);

$W_1$,$W_2$——干燥物料室进、出口载热体湿含量(g/kg)。

喷雾式干燥法生产能力大,对湿介质干燥均匀,成品质量好,且干燥后呈粉末状,可直接包装不必再进行粉碎。图16-16喷雾式干燥法制备干酵母流程图。

(2)滚筒干燥

该法干燥采用双滚筒干燥机,其生产能力小(蒸发量1t/h),多用于中小型企业。双滚筒干燥机可分为非浸入式和浸入式两种,生产中多采用前者。

非浸入式双滚筒干燥机结构如图16-17所示。

该机是由两个水平放置的钢制空心滚筒组成,滚筒中心都有空心轴,由电子带动旋转。两滚筒间隙为1mm,滚筒内通入0.4MPa的蒸汽,其表面温度为120~140℃。量滚筒相向转动,转速为4~8r/min。

酵母乳液用泵打到干燥机两滚筒上部的分散槽中,分散槽将酵母乳液均匀地分散在两滚筒之间呈三角形断面的空间中。乳液在筒壁上形成薄层并被加热至沸腾,随着两滚筒相向转

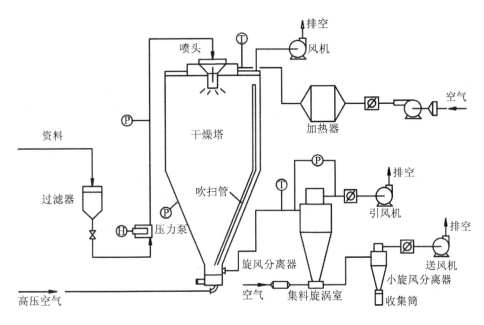

**图 16-16　喷雾式干燥法制备干酵母**

动，水分被蒸发。当黏附的酵母薄层转至干燥机外侧的刮刀时，被刮下并落入两侧的螺旋输送机里，经粉碎即为饲料酵母成品。蒸发出的水分(蒸汽)被抽风机排到室外。滚筒每转一周可分四个过程，即浓缩、干燥、刮料和升温，由于滚筒不断转动，使四个过程连续进行。因此只需几秒就能将乳液干燥完毕。

双滚筒干燥机运行时操作压力要严格控制，不可超压运行，并保持滚筒表面温度。两滚筒间的乳液高度要稳定，分料槽要均匀分料。上刮刀应保持水平，与滚筒接触良好，以避免局部漏刮现象。两滚筒要保持水平，调节好正常间隙。开机时应以最

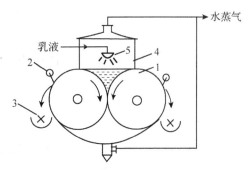

**图 16-17　双滚筒干燥机结构示意图**
1. 滚筒　2. 刮刀　3. 螺旋输送器
4. 汽罩　5. 分散槽

低转速启动，然后缓慢提至正常转速，否则容易发生刮刀啃滚现象。浸入式双滚筒干燥机的特点是，两滚筒间距较大，且滚筒下部浸在酵母乳液料槽中。

喷雾干燥和滚筒干燥生产的产品都是粉末状，对环境污染较大，可考虑生产颗粒状饲料酵母，以消除污染，改善环境。

### 16.3.5　饲料酵母生产工艺流程

以水解酒糟为原料的中小型饲料酵母厂生产工艺流程如图 16-18 所示。

将温度为 100℃ 左右的酒糟排到缓冲槽中，然后用泵送至澄清槽。酒糟中的固型杂质(石膏渣等)在该槽沉淀下来，上清液用泵送到板式换热器，酒糟被冷却至 30~40℃ 送到澄清槽，澄清时间为 20~24h(冷澄清处理)。上清液用泵送入繁殖槽，澄清槽内的沉淀待槽内清液用完后排掉。营养盐溶液由溶解沉淀槽泵入高位槽，再根据进料量的大小适量流加到繁殖槽。菌种扩大培养后，按接种量加入繁殖槽，正常生产中一段分离机分离出的酵母乳液，部分返

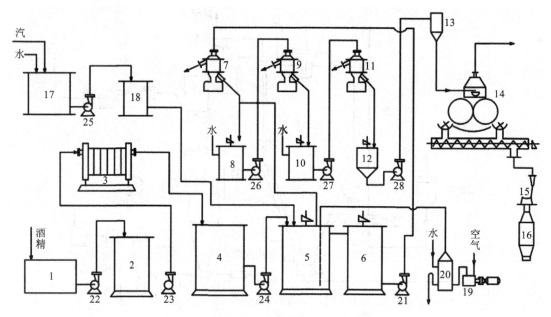

**图 16-18　以水解酒糟生产饲料酵母的工艺流程**

1. 缓冲槽　2、4. 澄清槽　3. 板式换热器　5. 繁殖槽　6. 消泡槽　7、9、11. 离心分离器
8、10. 洗涤槽　12. 乳化槽　13. 乳液高位槽　14. 双滚筒干燥机　15. 粉碎机　16. 贮料斗
17. 营养盐溶解沉淀槽　18. 营养盐高位槽　19. 通风机　20. 空气洗涤塔
21、22、23、24、25、26、27、28. 泵

回繁殖槽作为菌种。压缩空气由通风机的出口进入空气洗涤塔的底部，除掉空气中的机械杂质和杂菌，同时进行热交换，经洗涤、降温的压缩空气由洗涤塔上部排出并经繁殖槽下部送入槽内。空气在发酵槽中经分配管喷入培养液中，在分配装置的作用下分散成细小的气泡。

繁殖槽内液量控制在 70m³，占繁殖槽总容积的 35%，其余空间均被泡沫充满。泡沫从繁殖槽上部引出，送入消泡槽，在机械消泡器和化学消泡剂的作用下，消除泡沫得到酵母悬浮液，从槽底抽出并打入分离机。

酵母悬浮液经一段分离后乳液中压榨酵母浓度达到 80~90g/L，进入洗涤槽。洗涤后的一段酵母乳液依次送入二段、三段分离，其乳液浓度分别提高到 150~200g/L 和 350~400g/L。三段酵母浓缩液送入乳化槽，间接加热至 80~90℃ 进行质壁分离。

经质壁分离的乳液泵至乳液高位槽，乳液靠自重流入滚筒干燥机的分料槽里，均匀地落入干燥机两滚筒间，随着滚筒的转动，乳液被逐渐干燥。水分被蒸发后由抽风机排出室外。从滚筒表面刮下的酵母干片落入两侧的螺旋输送器并送入粉碎机。粉碎成粒度为 60~80 目的粉状物暂时贮存在贮料斗，然后分装入带，每袋 25kg 即为成品。

图 16-19 为大型饲料酵母厂的工艺流程图。

经预处理后的培养液经繁殖槽的培养液导管进入槽中，营养盐溶液和经扩大培养的菌种同时加入到繁殖槽中。培养液与除菌空气在槽中的充气室充分混合，并在槽内形成循环。发酵好的成熟醪液进入浮选器中进行浮选。浮选后，废液经气体分离器分离出气体，废液由泵送入贮槽。浮选后的浓悬浮液经气体分离后泵入酵母悬浮液贮槽，再经泵送入一段分离机分离、洗涤。废水排入贮槽，浓酵母悬浮液进入浓酵母悬浮液贮槽，并用泵打入离心分离机进行二段分离和洗涤。废液排入酵母悬浮液贮槽，酵母浓缩液排入浓缩液贮槽。

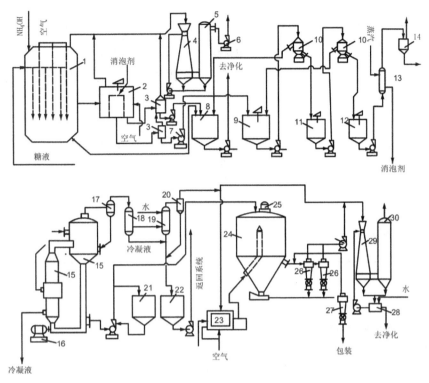

**图 16-19 酵母生产工艺流程图**

1. 繁殖槽  2. 浮选器  3. 气体分离器  4、29. 洗涤器  5、17、20、30. 飞沫捕集器  6. 风机  7. 离心泵  8. 贮槽  9. 悬浮液贮槽  10. 分离机  11. 浓酵母悬浮液贮槽  12. 酵母浓缩液贮槽  13. 质壁分离器  14. 高位槽  15. 蒸发器  16. 循环泵  18. 冷凝器  19. 混合冷凝器  21. 酵母浓缩物贮槽  22. 气压箱  23. 燃烧室  24. 喷雾干燥器  25. 喷雾器  26、27. 分离器  28. 返回水贮槽

　　酵母浓缩液从其贮槽用泵打入质壁分离器,经蒸汽间接加热至 80~90℃ 乳化。乳化后均匀的乳化液被送入乳液高位槽,排出气体。酵母乳液从高位槽送入真空蒸发器进一步浓缩。二次蒸汽从真空蒸发器上部排出,悬浮液经飞沫捕集器回收,蒸汽则经冷凝器和混合冷凝器冷凝,冷凝液进入气压箱。不凝气体再经飞沫捕集器排出。蒸发后的酵母浓缩物被打入酵母浓缩物贮槽。

　　酵母浓缩物从贮槽被打入喷雾干燥器上部的喷雾器,分散的雾滴与经燃烧室加热的热空气充分接触而被干燥成粉末。废气经分离器回收酵母粉,气体被排出。饲料酵母粉末则经喷雾干燥器下锥部的螺旋输送器送至分离器,废气经分离器回收酵母粉,产品则从分离器经成品贮料斗,计量包装。

## 16.3.6　饲料酵母产品质量标准

饲料酵母国家轻工行业标准见表 16-8。

**表 16-8　饲料酵母标准(QB/T 1940—1994)**

| 项目 | 级别 | | |
| --- | --- | --- | --- |
| | 优等品 | 一等品 | 合格品 |
| 色泽 | 淡黄色 | | 淡黄至褐色 |
| 气味 | 具有酵母的特殊气味,无异臭味 | | |

(续)

| 项 目 | 级 别 | | |
|---|---|---|---|
| | 优等品 | 一等品 | 合格品 |
| 粒度 | 应通过 SSW0.400/0.250mm 的试验筛 | | |
| 杂质 | 无异物 | | |
| 水分(%) ≤ | 8.0 | 9.0 | |
| 灰分(%) ≤ | 8.0 | 9.0 | 10.0 |
| 碘反应(以碘液检查) | 不得呈蓝色 | | |
| 细胞数(亿个/g) ≥ | 270 | 180 | 150 |
| 粗蛋白质(%) ≥ | 45 | 40 | |
| 粗纤维(%) ≤ | 1.0 | | 1.5 |
| 砷(以 As 计)(mg/kg) ≤ | 10 | | |
| 重金属(以 Pb 计)(mg/kg) ≤ | 10 | | |
| 沙门氏菌 | 不得检出 | | |

## 思考题

1. 简述林产原料水解糖液的特点，预处理的方法有哪些？
2. 简述生物乙醇发酵的现象与特征。
3. 简述生物乙醇发酵工艺的影响因素。
4. 简述发酵醪液蒸馏原理。
5. 饲料酵母生产工业原料有哪些？
6. 简述饲料酵母发酵的原理。
7. 简述饲料酵母生产的影响因素。
8. 简述酵母繁殖槽的要求。

## 参考文献

李秋园，代淑梅，杨粤，2017. 玉米秸秆发酵生产燃料乙醇的预处理技术研究进展[J]. 食品安全质量检测学报，8(12)：4551-4556.

曲音波，赵建，刘国栋，2018. 纤维素乙醇工业化的必由之路——组合生物精炼[J]. 生物产业技术(4)，20-24.

祝其丽，何明雄，谭芙蓉，等，2015. 木质纤维素生物质预处理研究现状[J]. 生物技术进展，5(6)：414-419.

孙曼钰，彭太兵，何士成，等，2018. 联合生物加工木质纤维素生产生物乙醇的研究进展，46(8)：5-10.

励飞，万杰，缪礼鸿，等，2011. 稻草稀酸水解发酵制备饲料酵母的工艺研究[J]. 中国酿造，229(4)，48-51.

石陆娥，应国清，唐振兴，等，2006. 酵母的开发利用研究进展[J]. 中国食品添加剂(5)：62-65.

程忠刚，2010. 酵母源生物饲料的研究应用[J]. 猪业科学(11)：68-69.

安鑫南，2002. 林产化学工艺学[M]. 北京：中国林业出版社.

张矢，1992. 植物原料水解工艺学[M]. 北京：中国林业出版社.

Johnson E, 2016. Integrated enzyme production lowers the cost of cellulose ethanol [J]. Biofuels Bioprad Bioref, 10: 164 - 174.

Argyros A, Tripathi S A, Barrtt T, *et al.*, 2011. High ethanol titers from cellulose by using metabolically engineered thermophilic anaerobic microbes [J]. Applied and Enviromental Microbiology, 77(23): 8288 - 8294.